中国油气田开发志

《中国油气田开发志》总编纂委员会　编

新疆油气区油气田卷（下）

石油工業出版社

图书在版编目（CIP）数据

中国油气田开发志·新疆油气区油气田卷／《中国油气田开发志》总编纂委员会编．北京：石油工业出版社，2011.9
ISBN 978-7-5021-8389-9

Ⅰ．中…
Ⅱ．中…
Ⅲ．①油田开发－概况－新疆
②气田开发－概况－新疆
Ⅳ．TE3

中国版本图书馆 CIP 数据核字（2011）第 069330 号

出版发行：石油工业出版社
（北京安定门外安华里 2 区 1 号　100011）
网　址：www.petropub.com.cn
编辑部：（010）64523538　发行部：（010）64523620
印　刷：北京华正印刷有限公司

2011 年 9 月第 1 版　2011 年 9 月第 1 次印刷
889×1194 毫米　开本：1/16　印张：102.5
字数：3011 千字　印数：1—2200 册

定价（上、下）：600.00 元
（内部发行）

《中国油气田开发志》总编纂委员会

《中国油气田开发志》新疆油气区编纂委员会

顾　问：张　毅　谢　宏　谢志强　戴明梓　唐　健　徐卫喜

主　任：陈新发

副主任：孙晓岗　杨学文　聂海光　潘仁杰　闻玉贵（常务）

成　员：况　军　朱水桥　赵玉建　陈荣灿　张学鲁　欧阳可悦　张　峰　王国辉　刘明高　徐洪德　张建国　张建华　王月华　何湘君　钱根宝　许树谦　王嘉淮　文中新　何亿成　秦　娟　李松英

专　家　组

组　长：闻玉贵（兼）　蔡志山

副组长：顾方闰　杨瑞麒　王连芳

成　员：高鼎城　彭顺龙　杨万盛　胡寿章　武长江　杨钦魁　呼玉堂　于成乐　秦　娟　巴生澜

编　纂　人　员

（按姓氏笔画排序）

丁明华　马秦晋　马海斌　马增辉　王中武　王兆峰　王成宏　王　宏　王如燕　王延杰　王金泰　王波生　王国先　王建新　王建国　王轶斐　王致友　王　彬　王　震　王　鹏　尹相荣　木合塔尔·买买提　邓　琳　孔垂显　卢军强　史建英　刘云利　刘明高　刘　静　宋元林　许长福　闫亚洲　闫旭东　任　香　朱铁军　朱喜萍　孙新革　李一峰　李远刚　李春涛　李家宁　李培俊　李群星　李维轩　李勤良　沈月文　沈永根　沈晓燕　沈　楠　陈书良　陈春勇　陈建全　陈新志　张节经　张会勇　张乐园　张亚顺　张红军　张传新　张宗琴　张旺青　张　胜

张耀江　杜军社　杜雪彪　邹明德　肖　东　肖明国　汪学华
汪政德　何　帆　何贤英　吴承美　杨生榛　杨永恒　杨艳君
孟庆生　欧阳可悦　单守会　罗志彤　周绪国　周金燕　周　朋
郎风江　范　杰　屈　娟　赵　军　赵建伟　赵　斌　贺　凯
胡　勇　胡新平　胡新玉　祝艳敏　段　畅　赵　蕾　钱根宝
秦旭升　秦　军　秦　莉　徐多悟　徐学成　聂建疆　夏　兰
桂来疆　倪　斌　谈继强　高翔录　唐晓川　郭晓坤　姚鹏翔
盛云霞　黄继红　姬承伟　赖　年　喻克全　彭永灿　彭振忠
彭通曙　舒振辉　曹菊兰　路建国　谭文东　蔡圣权　熊玲霞
霍　进　魏利燕

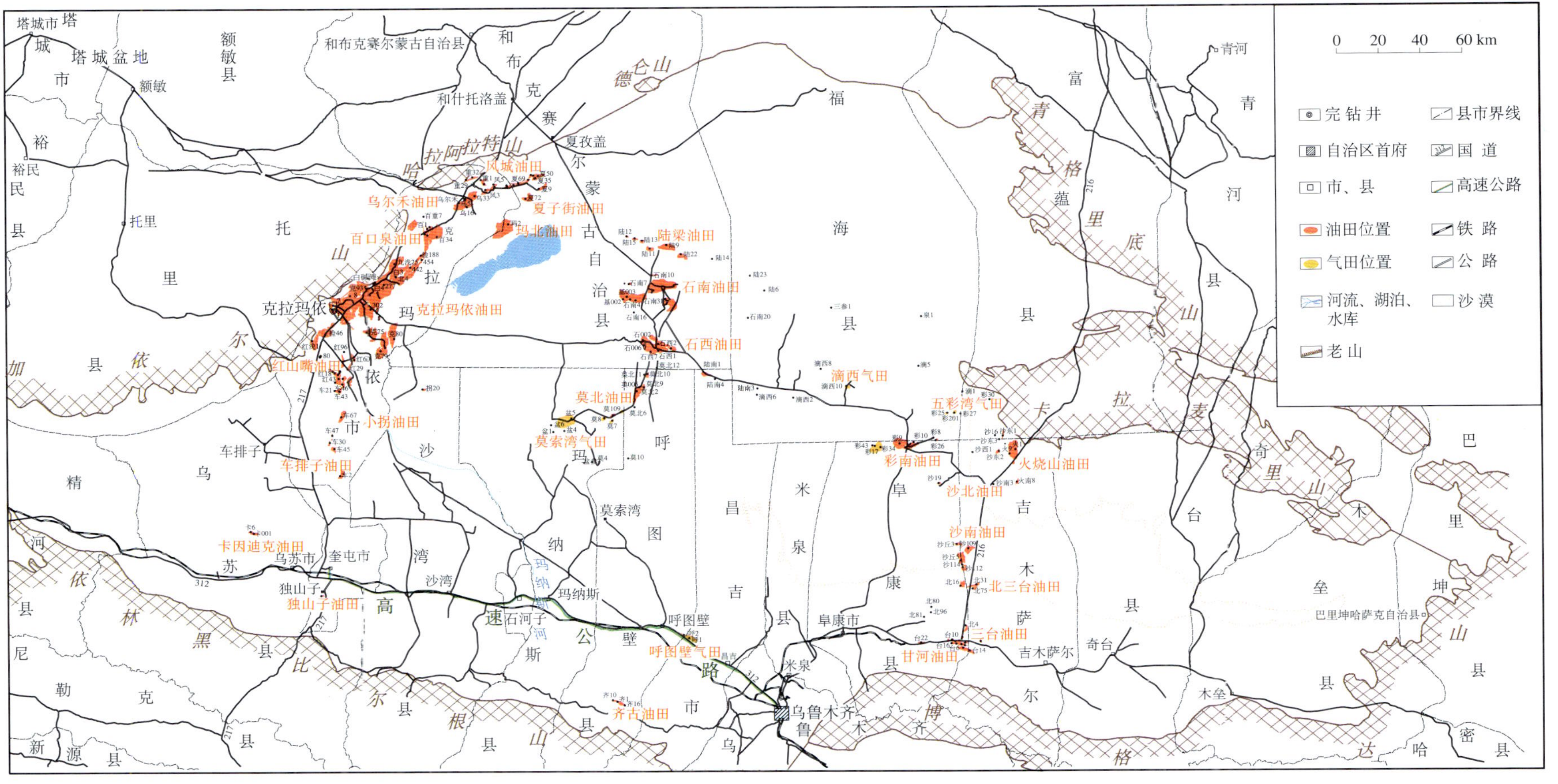

新疆油气区油气田分布图

凡例

1．本志是中国油气田开发领域的专业志书，实事求是地记述中国油气田开发的历史和现状，具有保存史实、决策参考和资料应用等多重功能。

2．本志内容涵盖油气田地质、开发部署与方案实施、钻采工程、地面生产系统等油气田开发的各个方面；遵照横排竖写原则，分类项纵述其发展、演变过程。力求突出重点，突出特色。

3．本志体裁采取述、记、志、传、图、表、录等形式，以专志为主。采用卷、篇、章、节、目结构。

4．本志按三个层次编写。油气田为基本编写单元，按单个油气田编写油气田志，根据油气田的差异，分为详写、简写、略写三种编写形式，并以油气区为单元汇编成《中国油气田开发志·××油气区油气田卷》；按油气区编写《中国油气田开发志·××油气区卷》，由同一油气区企业机构管理的其他地区的油气田也纳入该油气区卷内；在全国层面上编写《中国油气田开发志·综合卷》。

5．人物记述，坚持“生不立传”原则。对油气田开发重要人物以简介或名录形式记之，但对已故人物立传简记；以事系人的油气田开发人物，记入专志中相关章节或大事记中。

6．本志采用现代语体文行文，使用国家统一的简化汉字，做到严谨、朴实、简洁、流畅。

7．本志专业名词术语参照SY/T 5745《采油采气工程常用词汇》、SY/T 6174《油气藏工程常用词汇》、SY/T 5313《钻井工程术语》等标准统一，组织机构名、会议名、开发方案、职务等专名，为保留历史原貌均采用当时的名称。

8．本志计量单位执行SY/T 6580《石油天然气勘探开发常用量和单位》，但属历史部分，按各历史时期的单位记写。物理量单位统一用符号表示。

9．本志时限。古代与近代部分，上限以有油气开采记录的年份为起始；现代部分，上限以发现井的出油时间为起始，下限终止到2005年12月31日。

10．本志历史纪年。中华人民共和国成立以前，采用历史纪年，公元纪年以括号附后；中华人民共和国成立以后一律采用公元纪年。

11．本志资料来自历史文献、档案和访谈实录，均经过核实。引用原文，概加引号；除重要引文外，一般不再注明出处。

12．本志中地图，不作为划界依据。

《中国油气田开发志·油气田卷》篇目

卷号	卷名	卷号	卷名
1	大庆油气区油气田卷	16	中原油气区油气田卷
2	吉林油气区油气田卷	17	河南油气区油气田卷
3	辽河油气区油气田卷	18	江汉油气区油气田卷
4	大港油气区油气田卷	19	江苏油气区油气田卷
5	冀东油气区油气田卷	20	华东油气区油气田卷
6	华北（中国石油）油气区油气田卷	21	西南（中国石化）油气区油气田卷
7	新疆油气区油气田卷	22	南方（中国石化）油气区油气田卷
8	青海油气区油气田卷	23	西北油气区油气田卷
9	塔里木油气区油气田卷	24	东北油气区油气田卷
10	吐哈油气区油气田卷	25	华北（中国石化）油气区油气田卷
11	玉门油气区油气田卷	26	渤海油气区油气田卷
12	长庆油气区油气田卷	27	南海东部油气区油气田卷
13	西南（中国石油）油气区油气田卷	28	南海西部油气区油气田卷
14	南方（中国石油）油气区油气田卷	29	东海油气区油气田卷
15	胜利油气区油气田卷	30	延长油气区油气田卷

编纂说明

《中国油气田开发志·新疆油气区油气出卷》是《中国油气田开发志》30卷油气区油气田卷的第7卷，由中国石油天然气股份有限公司新疆油田分公司承编。

新疆油气区是我国石油开采最早的地区之一，从清宣统元年（1904年）在独山子油田开掘第一口油井到公元2005年，已有近100年的勘探开发历史。新疆油气区所属准噶尔盆地油气资源丰富，1937年发现独山子油田，1955年发现中华人民共和国成立后第一个大油田——克拉玛依油田。经过几代石油人的艰苦创业，努力拼搏，到2005年，相继发现并开发了25个油（气）田，原油生产能力从中华人民共和国成立初期的年产几千吨发展为年产千万吨的规模，从单一石油开发发展到油气并举，成为中国陆上第四大产油区。经过几十年的开发实践，在大型砾岩油藏、砂岩油藏、浅层稠油油藏、裂缝性火山岩油藏、气田开发以及配套工艺技术等诸多方面积累了丰富经验，为中国石油工业发展作出了重要贡献。

为落实中国石油天然气集团公司的安排部署，组织好《中国油气田开发志·新疆油气区油气田卷》的编纂工作，新疆油田分公司和新疆石油管理局于2006年11月16日成立由新疆油田分公司总经理陈新发任主任的编纂委员会，同时组建26个编纂组，聘请14位有关方面老领导、老专家成立专家组，参与开发志编纂中的咨询、审稿以及研究解决专业技术方面的难点问题。编纂委员会办公室负责编纂委员会与专家组、各编纂组协调联络，信息反馈和督促各油气田志编纂任务的完成。

自2006年底开始，各编纂组抽调熟悉油田开发历史、精通业务、有较强文字能力的编纂人员近300名，在承担繁忙生产任务的同时，收集、整理了大量的油田勘探开发历史资料，走访有关老领导和老专家，以对几代石油人负责的精神，认真编纂，反复修改完善志书。编纂委员会专家组认真学习领会志书编纂精神实质，坚持志书科学性、真实性、全面性、连续性及成果权威性的原则，对送审稿进行认真审查和评议。于2009年底，先后完成油气田志的初审、二审、三审和终审，并通过编纂委员会最后的审查验收。

本卷以新疆油田分公司所属的25个油气田为基本编写单元，分别编纂成志。考虑到准噶尔盆地西北缘稠油是一种特殊油品，稠油产量占新疆油田分公司总产量的三分之一，为了对稠油开发有一个全面的认识，经请示《中国油气田开发志》总编纂委员会，决定将西北缘稠油油藏单独撰写一篇“西北缘稠油专记”。本卷分为上、下两册。

本卷按照《中国油气田开发志》总编纂委员会《〈中国油气田开发志〉油气田篇编纂要求》，横分门类按7个部分记述，并根据油田实际，在“节”和“目”的设置上略有不同。本卷体例以志为主，述、记、图、表、录为辅，力争做到述而不论，秉笔直书，突出重点，写出特色。

本卷时间上限为1909年，下限至2005年12月31日。纪年沿用历史习惯，并根据本区实际，1949年前采用年号纪年（括注公元纪年），1949年开始采用公元纪年。

计量单位按国家标准执行。

资料来源主要为历年新疆石油管理局、新疆油田分公司及有关单位库存档案、院（厂）志、资料汇编、有关书籍以及亲闻亲历者的回忆等。资料数据力求翔实可靠。数据来源以中国石油新疆油田分公司中心数据库的数据为准。对油田勘探开发做出突出贡献的人物，按照“以事系人”的原则，将其活动和事迹载入有关章节。

本卷力求真实全面记录新疆油气区不同时期对各油气田地质特征认识的发展过程、油气田开发重大事件的决策和实施过程以及开发配套工艺技术的发展和应用情况，为我国石油行业提供有价值的历史文献资料，起到存史留鉴，资政教化的作用。由于油田开发历史漫长，有部分资料可能收集不全，加之编纂时间紧，编纂人员经验不足，在编纂过程中难免有疏漏之处，恳请读者多加指正，以待下次修志时予以修正。

《中国油气田开发志》新疆油气区编纂委员会

2009年12月

本卷总目录

上 册

下 册

1991 年 5 月 11 日，彩南油田发现井——彩参二井喜喷工业油流

（新疆油田分公司彩南作业区提供）

1993 年 4 月，中国石油天然气总公司副总经理周永康（左四）到彩南油田视察工作

（新疆油田分公司彩南作业区提供）

彩南油田景观

（摘自《新疆油田公司彩南油田画册》，2000年）

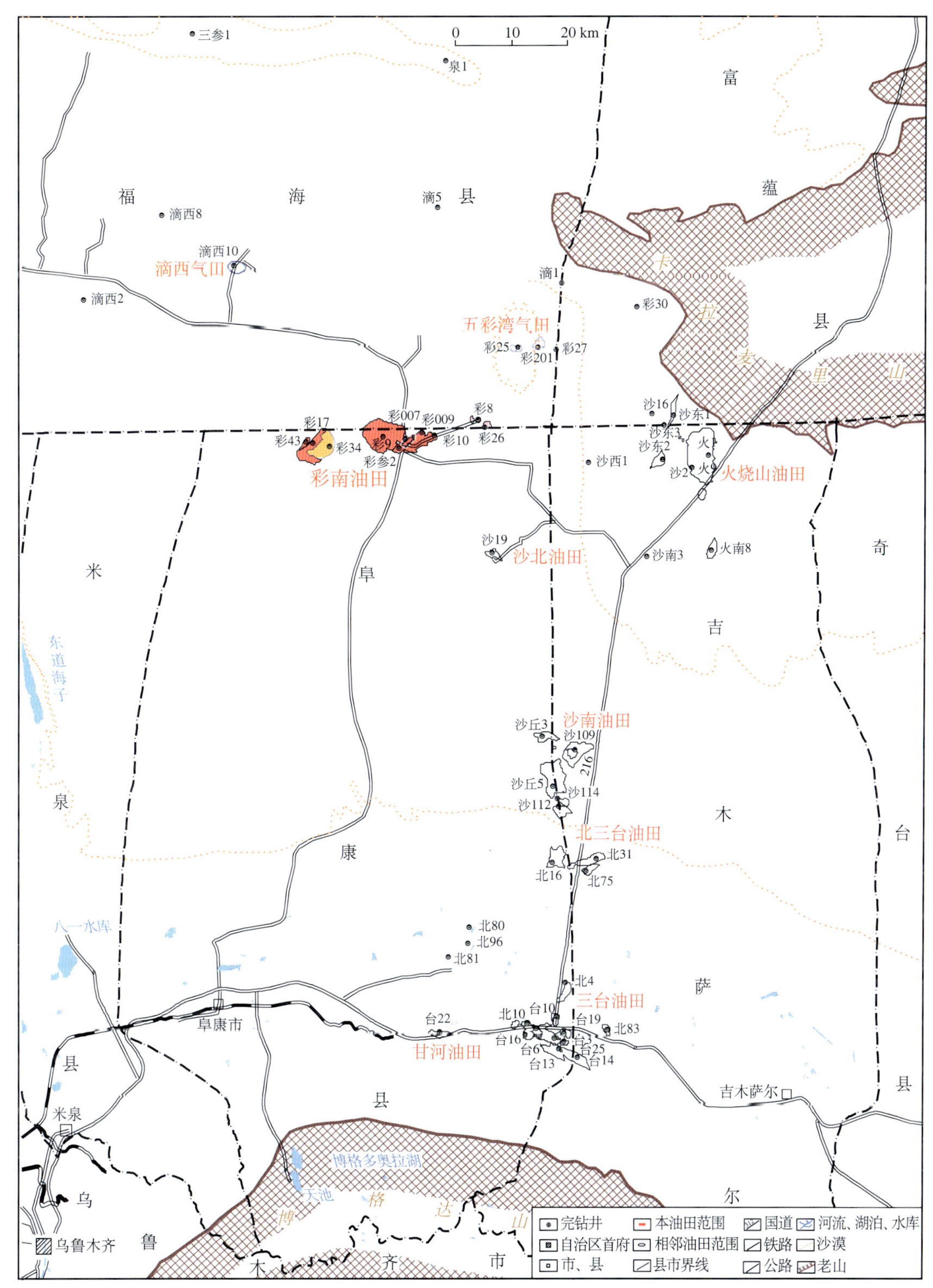

彩南油田地理位置图

（新疆油田分公司勘探开发研究院编制）

北
0 1000 2000 3000 4000 5000 m
彩21
彩135
彩136
彩8
C301
彩20
彩26
彩41
-1300
-1350
-1400
-1450
-1500
-1550
彩15
彩008
彩10
彩14
彩13
彩009
彩006
彩017
C101
彩007
彩12
彩015
彩012
彩014
彩004
彩002
彩9
彩011
彩005
彩010
彩参2
彩001
彩018
-1590
-1600
-1650
-1700
-1750
-1800
彩18
彩19
彩003
彩404
彩502
彩45
彩016
彩31
彩401
彩34
彩403
彩17
彩501
彩43
彩504
彩39
彩402
彩16
-1850
-1900
-1950
井位
断层
J_2x_2顶部构造等值线，m
-1610
三工河含油面积
西山窑含油面积
含气面积
彩南油田构造井位图

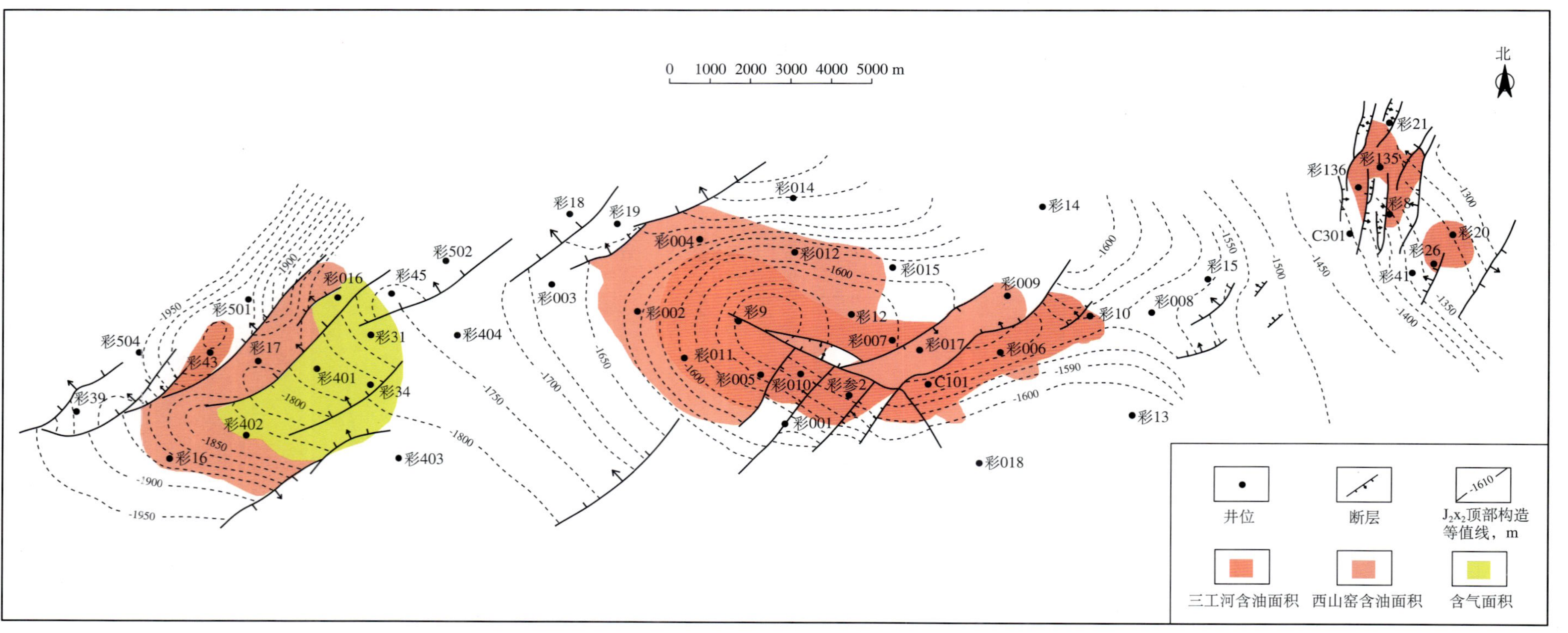

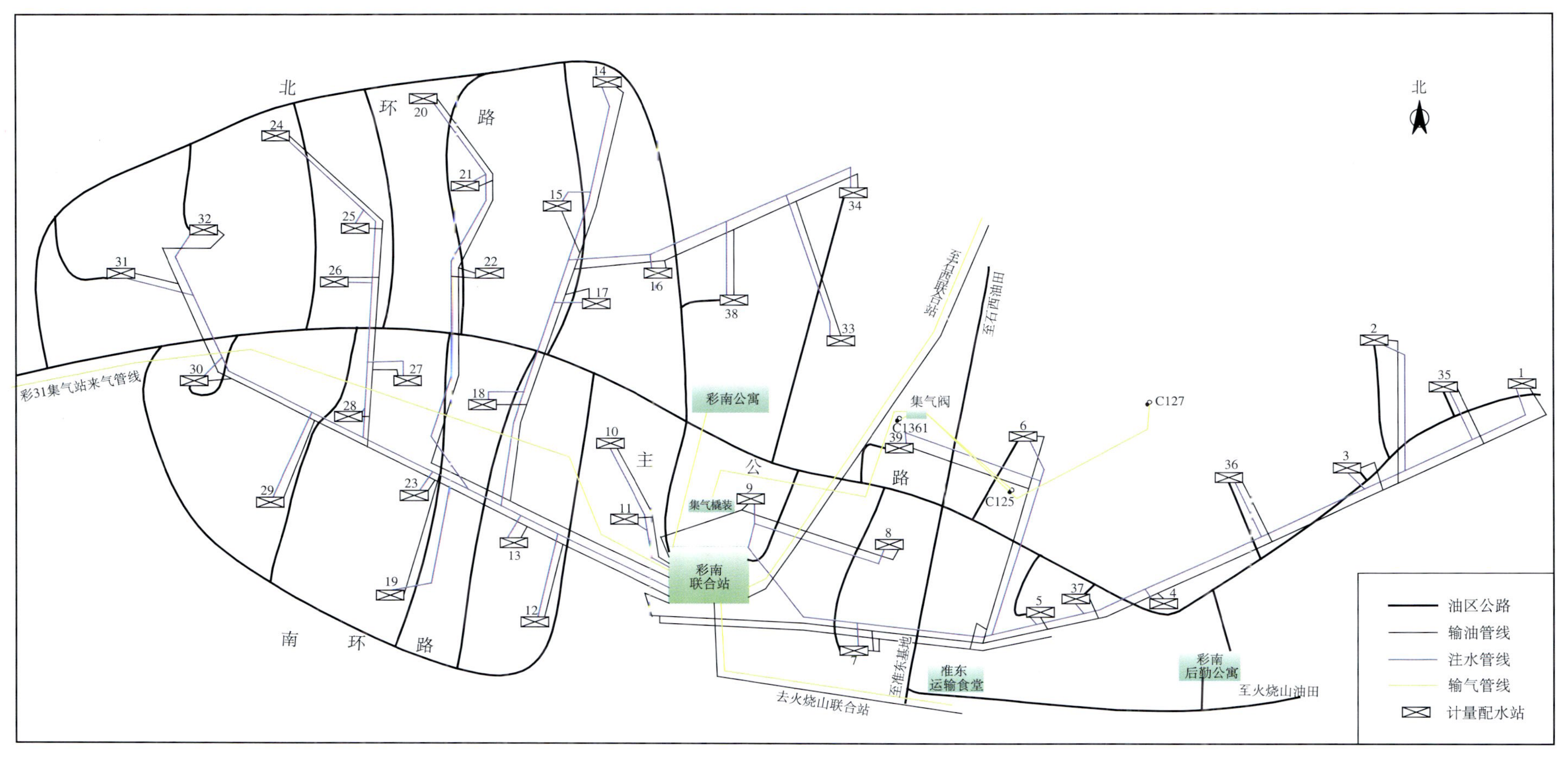

彩南油田地面生产系统示意图
（新疆油田分公司彩南油田作业区编制，2005 年）

《彩南油田志》编纂委员会

主　任：刘辉元

副主任：沈　楠　杜文军

成　员：秦旭升　刘国庆　董新民　厚之强　盛保民　惠　毅

《彩南油田志》编纂组

组　长：沈　楠　杜文军

副组长：张　胜　冯业庆　卢军强

成　员：曹菊兰　赵　军　苏成祥　罗兴旺　姜　军　张　武
章　彤　张　淼　谢文强　杨俊涛　刘建忠　李冬林
罗端林　陈亚颐　倪江勇　李建萍

本志目录

概　述

彩南油田因位于古尔班通古特沙漠腹地五彩湾南部而得名，1991年发现，1993年投入开发，由新疆油田分公司彩南油田作业区管理，是新疆油气区第一个沙漠百万吨级整装油田。

一

彩南油田位于昌吉回族自治州阜康市境内，南距乌鲁木齐市约140km，距阜康市区约110km，东从火烧山方向进入古尔班通古特大沙漠45km，南从阜康方向进入沙漠70km。地表布满近南北向沙梁，局部有蜂窝状沙丘分布，植被稀少，仅在沙谷低凹处和较平缓处有少量多年生草本植物和灌木红柳、梭梭等。平均地面海拔690m，相对高差30～45m，流沙覆盖厚度约200～350m。气候条件恶劣，年平均气温10℃左右，温差可达40℃，夏季酷热，冬季严寒，春秋季多风沙，无任何地表水，年降水量约150mm，年蒸发量1500mm以上，是典型的内陆盆地干旱沙漠油田。开发后建有阜康石油基地至彩南油田、彩南至火烧山油田及彩南至石西油田、克拉玛依市的沥青公路，分别与国道316、国道217连接，交通便利。

二

彩南油田位于准噶尔盆地中央坳陷东端白家海凸起东斜坡带上，是一个被五彩湾凹陷与东道海子北凹陷、昌吉凹陷包围，受基底构造活动影响和控制的近东西向背斜、断鼻构造。受海西运动的影响，褶皱发育，构造走向基本以近东西为主。古生代石炭纪晚期彩南鼻状隆起基本形成，在此基础上接受了中新生代的沉积。

彩南油田由彩9井—彩10井为主的彩南背斜和彩9井控制的彩中背斜两个背斜构造组成。彩中背斜在基底构造格局下，受侏罗纪晚期及燕山期构造作用的影响，被两组正断层切割，其中一组呈北东走向，对油气分布具有一定控制作用；另一组为北西—南东向正断层，断层数量少，断裂形成时间较晚，断距较大，对油气控制作用不明显。

彩南油田在石炭系基底之上，沉积地层自下而上为上二叠统下仓房沟组，三叠系下统上仓房沟组、中上统小泉沟组，侏罗系下统八道湾组、三工河组、中统西山窑组、上统石树沟群，白垩系下统吐谷鲁群，古近—新近系、第四系。含油层系为侏罗系下统三工河组（J_1s）与中统西山窑组（J_2x）。三工河组油藏为构造油藏，上部J_1s_1以灰色、深灰色泥岩为主，分布稳定；中部J_1s_2是一套上细下粗的灰色砂岩、砂砾岩、砾岩，是彩南油田的主要储油层；下部J_1s_3为灰色砂、泥互层。西山窑组油藏为构造—岩性油藏，以煤层底为界，上部J_2x_1以深灰、灰色泥岩为主夹薄层砂岩，厚度为80～100m，下部J_2x_2为灰色中—细砂岩夹粉砂岩块状层，是主要储油层。三工河组和西山窑组油藏均属河流相沉积，三工河组油藏属中等容量、中孔隙、中渗透砂岩油藏，西山窑组油藏属中小容量、低渗透—特低渗透厚层砂岩油藏。

两套油层流体性质基本相同，原油性质具有“五低二高”的特点，即密度低（0.826g/cm^3）、黏度低（50℃下3.56mPa · s）、胶质含量低（0.88%～1.60%）、酸值低（0.055%）、初馏点低（87～107℃），含蜡量高（11.39% ~ 13.05%）、凝固点高（16 ~ 21℃）。天然气为原油溶解气，组分以甲烷为主，密度为 0.57 ~ 0.6465g/cm^3，甲烷含量 79.95% ~ 88.39%，体积系数 0.0055。地层水为 $NaHCO_3$ 型，总矿化度为 8145 ~ 11228mg/L。

三

彩南地区勘探工作始于 1956 年，由新疆石油管理局发现中央坳陷东端的白家海凸起。1964 年新疆石油管理局地质调查处（以下简称地调处）完成准噶尔盆地东部地区综合地质研究，评价了白家海凸起地质构造及含油气远景。

1987 年完成地震区域概查，进一步落实了白家海鼻状构造展布情况及与邻区的关系，确定其周围被南面的昌吉凹陷、西北面的东道海子北凹陷、东北面的五彩湾凹陷 3 个生油凹陷所包围。1988 年冬及 1989 年，在白家海地区加密地震测线，证实彩南为一个背斜构造，轴向近东西。

1990 年 10 月，在准噶尔盆地中央隆起东端白家海凸起彩南背斜东圈闭上部署彩参 2 井，设计井深 4200m，主探侏罗系及二叠系，兼探三叠系及石炭系。1990 年 10 月 21 日开钻，1991 年 3 月完钻，5 月 11 日在三工河组 2381.5 ~ 2389.0m 井段试油，5.0mm 油嘴产油 49t/d、天然气 4529m^3，发现彩南油田。

1991 年上半年，在彩南背斜几个不同高点上自西向东部署的彩 9 井、彩 10 井和彩 8 井均在三工河组油藏获得工业油气流。部署三维地震 122.5km^2，通过三维地震资料精细处理解释，于 1991 年下半年至 1992 年上半年，在构造相对较高部位陆续部署评价井 14 口，除彩 008 井未获油流、彩 001 井在西山窑组获低产油流外，其余均获得工业油气流。1992 年 4 月在彩 002 井西山窑组试采，获日产 9.34t 工业油流，发现西山窑组油藏。

至 1992 年 8 月底，彩南油田钻各类探井 20 口，开发资料井 4 口，开发试验井 21 口，试油 25 口 38 井层，获工业油流 21 井层，其中三工河组 8 口 13 井层，西山窑组 8 口 8 井层，基本搞清了三工河组及西山窑组两个油藏的油水界面、含油范围、储层性质、流体性质、油层温度、压力系统及油藏类型。

1997—1999 年，彩 31 井、彩 34 井西山窑组获工业气流，发现彩 31 井区油气藏。2002 年通过钻评价井 3 口，三维地震资料标定和精细构造解释，查清西山窑组油气藏构造形态为一被 12 条断层复杂化的南西倾伏的鼻状构造，断裂均为正断层，北东向，断裂延伸距离较长，断距较大。

2002 年 12 月 1 日彩 43 井在三工河组 2685.0 ~ 2681.0m 井段试油，初期 5.0mm 油嘴产油 27.97t/d，产气 2630m^3/d，发现了彩 43 井区侏罗系三工河组油藏。之后钻评价井两口，并对三维地震资料重新进行处理和解释，查明沿彩 39—彩 43—彩 45 井一带侏罗系发育一组北北东向正断裂，呈雁状分布，三工河组、西山窑组构造整体为一南、南西倾的单斜，彩 43 井区在三工河组发育断鼻圈闭。

截至 2005 年底，彩南油田探明含油面积 76.89km^2，石油地质储量 5805.91 × 10^{4}t；溶解气地质储量 77.07 × 10^{8}m^3；探明气藏含气面积 12.45km^2，天然气地质储量 22.72 × 10^{8}m^3。

四

1992 年 4 月，彩南油田进入试验开发，至年底投产油井 19 口，建成产能 10.17 × 10^{4}t/a，动用含油面积 3.0km^2，地质储量 400 × 10^{4}t。1992 年底完成彩南油田三工河组—西山窑组油藏开发方案编制，开始产能建设。采用反九点法布井，三工河组井距 425m × 600m，西山窑组井距 300m × 425m，两套井网错开呈 45°。至 1993 年 10 月，油田 4 个主力区层即彩 10、彩参 2、彩 9 井区三工河组和彩 9 井区西山窑组投入开发，投产井数184口，动用含油面积43.7km^2，动用地质储量4246×10^{4}t，日产水平达到3000t，标志着彩南油田具备百万吨的年产能力。1994年8月建成自动化管理配套的139.4×10^{4}t年产能力。

彩南油田1994年建成后年稳产百万吨以上至2003年，是油田的高产、稳产阶段。1995—1996年三工河组油藏主要利用充足的天然能量开采，西山窑组油藏注采同步，至1996年底全油田机械采油量超过55%，采出程度9.6%，综合含水23.8%。

1997年对彩9井区和彩10井区进行第一轮加密；2000年对彩10井区进行了第二次加密；2001年在彩参2井区加密。三次加密共部署油水井66口，三个主力区块采油速度分别提高1.2%～3.0%。至2002年底，三工河组油藏以高于方案设计0.6%～1.8%的采油速度开发10年，采出程度24.7%。

西山窑组油藏1995年实现最高年产油量73.5×10^{4}t，采油速度达到3.4%。之后油藏含水快速上升，地层压力迅速下降。注水见效范围扩大，见效井累计达到73%，但约有30%的采油井因水淹而产量大幅度下降或丧失了产能。由于三工河组油藏的高产稳产，西山窑组油藏开采形势的恶化尚未危及全油田产量形势。

2003年开始，三工河组油藏含水上升速度加快，平均含水上升率2.65%，年水平自然递减达到28%以上，至2005年底，三工河组油藏采出程度43.6%，综合含水71.0%。

西山窑组油藏从1998年进入快速递减阶段。由于注采矛盾加剧，压力场分布极不均匀，难以形成有效的水驱系统，至2005年底，彩9西山窑组油藏年产油仅8.66×10^{4}t，采出程度21.3%，综合含水79.8%。

由于西山窑组油藏开采形势一直未得到扭转而三工河组油藏随采出程度的提高也进入快速递减阶段，油田年产量由2002年的120.5×10^{4}t下滑至2005年的74.2×10^{4}t。

五

截至2005年底，彩南油田除彩10、彩参2、彩9井区三工河组油藏和彩9井区西山窑组油藏4个主力区层外，另有10个小规模油藏陆续投入开发，即彩43、彩007、彩009、彩8、彩26、C301井区三工河组油藏；彩007、彩009、彩10、彩参2井区西山窑组油藏。动用含油面积66.2km^2，石油地质储量5059×10^{4}t。共有油水井594口，其中采油井496口，产油1818t/d，产气36.9×10^{4}m^3/d，年产油74.2×10^{4}t。采油速度1.5%，采出程度31.6%，综合含水72.7%，油田已进入中高含水采油阶段，油田累计采油1596×10^{4}t。注水井共有98口，日注水7875m^3，月度注采比1.01，累积注采比0.50，存水率0.4，累计注水1711×10^{4}m^3。

六

在彩南油田的勘探和开发建设中，一直贯彻中国石油天然气总公司“新体制、新技术、高速度、高水平、高效益，打出九十年代新水平，闯出一条新的开发沙漠油田的路子”的指导方针，取得连续10年百万吨稳产的开发效果，形成了彩南油田的开发特色。

彩南油田开发方案1992年6月开始编制，12月15日通过审定。在1992年4月进行开发实验的基础上，于1992年8月投入开发，使开发超前介入。同时勘探开发联手攻关，将原部署的300m×425m反九点法井网抽稀为425m×600m反九点法井网，使建成100×10^{4}t产能节省投资2亿元，为高效产能建设和方案的高水平提供有力的科学依据。方案中提出了三工河组油藏和西山窑组油藏两个不同的开发指标，达到了特低渗，强非均质储层储量占油田一半的高水平指标。

1994年底自动化系统建成投入运行，建成了新疆油田第一套SCADA系统，实现了“百万吨油田百人管理”的开发建设目标。至2005年，自动化系统具有单井油气水自动计量、抽油机井监控和集中处理站、天然气处理站生产过程数据监测、采集、处理、控制及信息传输等功能，在整个油田开发过程中起到了至关重要的作用，被中国石油天然气总公司评为“高效合理开发油田的典范”。

大事记

1990 年

10 月　新疆石油管理局准东勘探开发公司（以下简称准东公司）根据二维地震资料部署了彩参 2 井，设计井深 4200m，主探侏罗系及二叠系，兼探三叠系及石炭系。10 月 21 日由准东勘探开发公司 6049 钻井队开钻。钻至 2372m 侏罗系三工河组中部（J_1s）砂层时，发现了良好的油气显示，并取出油浸级岩心 4.33m，石炭系钻揭厚度 504.5m 后未见油气显示。

1991 年

2 月 27 日　中国石油天然气总公司副总经理周永康到正在钻进的彩参 2 井检查工作，查看了岩心和有关资料，明确指出要重视侏罗系，争取有所发现。

5 月 11 日　彩参 2 井在侏罗系三工河组 2381.5 ～ 2389m 井段试油，射开 7.5m 含油砂层，用 5mm 油嘴试产，获得日产原油 49t、天然气 4529m^3 的工业油气流，发现彩南油田。

5 月 29 日　准东公司成立彩南指挥部。

6 月 10 日　准东公司在二维地震解释的彩南背斜的几个不同高点上自西向东部署的彩 9 井、彩 10 井和彩 8 井均在三工河组油藏获得工业油气流，其中彩 9 井 6.0mm 油嘴日产油 52.2t、彩 10 井 6.0mm 油嘴日产油 81.2t、彩 8 井日产油 7.5t。

8 月 6 日　中国石油天然气总公司总经理王涛、副总经理周永康、李天相到彩南油田视察指导工作。确定了以“新的工艺技术和新的管理体制，高速度、高水平、高效益开发建设彩南油田”的工作方针。

1992 年

4 月 2 日　彩南油田彩 002 井获日产 9.34t 工业油流，这是在新含油层系侏罗系西山窑组获得的重大发现，展现了彩南油田具有多层含油的喜人前景。

6 月 5 日　准东公司彩南油田筹建处成立。

11 月 10 日　火—彩输水管线投产，结束了彩南油田生产、生活用车拉水用的局面。组织了 1 号计配站的投产工作，C1027 井、C1032、C1029 井顺利改进了系统。组织了试验站的投产工作，共有两座计量站（1 #、2 #）的原油改进了试验站系统。

是年　新疆石油管理局勘探开发研究院（以下简称勘探开发研究院）完成彩南油田三工河组—西山窑组油藏开发方案的编制，方案设计优先动用油藏三工河组高产区和彩 9 井区三工河组及油层厚度大于 10m 范围内的西山窑组。

1993 年

2 月 18 日　C1036 井投产，标志着彩南油田投入全面开发。

3 月 10 日　经中国石油天然气总公司储量委员会审查批准，彩南油田共探明叠加含油面积 57.2km^2，石油地质储量 6252×10^4t，可采储量 1435.5×10^4t，伴生气储量 $63.98\times10^8m^3$，可采储量 $14.72\times10^8m^3$。

4 月 8 日　中国石油天然气总公司副总经理周永康视察了彩南油田，并指出“彩南有一个好油田，有一个好方案，有一个好领导班子，有一个好的职工队伍。”

10 月 20 日　彩南油田集中处理站的投产使用，共有 10 个计量站的原油改进了处理站装置。

10 月 28 日　彩南油田日产水平达到 3000t，标志着彩南油田具备年产百万吨的生产能力。三工河组油藏彩 9 井区以 425m × 600m、彩 10 井区以 400m × 560m、彩参 2 井区以 300m × 425m 的反九点法面积注水井网全面投入开发。西山窑组油藏油以 300m × 425m 的反九点法面积注水井网、采取整体压裂改造投产，注采同时的技术政策全面投入开发。

12 月 20 日　彩南联合站集输系统和注水系统投产使用。

12 月 27 日　彩南油田提前 4 天完成了 62×10^4t 的原油生产任务。

1994 年

1 月 18 日　准东公司彩南油田作业区（以下简称彩南油田作业区）成立。其核心是以“两新三高”为指针，实行专业化管理，以“油公司”模式组建队伍，人少精干高效，作业区现场生产员工基本达到了人人会采油、会开车、会维修、会操作微机，实现了一人多岗、一专多能。油田专业技术服务和水电生活供给按甲乙方服务合同管理，与同样规模油田的传统管理模式相比，减少职工近 2000 人。

6 月 18 日　由新疆石油管理局油田建设工程公司（以下简称油建公司）承建的彩南油田集中处理站原油处理系统全面投产成功。这套具有原油加热、油气分离和一段、二段热化学脱水功能的多功能处理器，属国内首创，年处理能力 100×10^4t。

11 月 11 日　彩南油田原油年产量突破百万吨大关，成为准东第一个年产量超百万吨的油田。

1995 年

6 月 15 日　彩南油田天然气处理站 DCS 系统建成，系统采用日本横河 DCS，实现了天然气站自动化监控管理。建成集中处理站视频监控系统，系统通过电缆连接至前线中控室，实现了对集中处理站 4 个关键场所的监控。

8 月 10 日　中国石油天然气总公司专家小组对彩南油田进行评估验收，对彩南油田开发建设给予高度评价。

9 月 29 日　准东公司彩南油田作业区改由新疆石油管理局直接领导和管理，名称为“新疆石油管理局彩南油田作业区”。

10 月 25 日　彩南油田作业区召开党委扩大会议，讨论确定了彩南精神，即“沙漠为家的主人翁精神，奉献为荣的自我牺牲精神，两新为纲的开拓进取精神，三高为本的求实重效精神”。

12 月 31 日　彩南油田原油年产量 150.51×10^4t，达到历史最高峰。

1996 年

6 月 10 日　勘探开发研究院组织对彩南油田储量重新进行升级复算，新增探明储量 209×10^4t，彩南油田侏罗系三工河组、西山窑组油藏探明储量共计 6461×10^4t，溶解气储量 $66.4 \times 10^8 m^3$。

9 月 11 日　由油建公司承建的“彩南—石西—克拉玛依”输气管道工程投运，于次日凌晨北京时间 5:10 将彩南油田的天然气输到克拉玛依。

是年　彩南油田主要生产方式已由自喷采油转为机械采油，机械采油量占全油田产量比例超过 55%。

1997 年

8 月 17 日　全国政协副主席杨汝岱来彩南油田视察指导工作。并在书画室欣然挥毫题词：“弘扬彩南精神，为祖国石油工业再创辉煌”。

9 月 24 日　新疆维吾尔自治区党委书记王乐泉参观彩南油田，称彩南公寓为“沙漠绿洲”，是古尔班通古特大沙漠一颗璀璨明珠。

1998 年

9 月 9 日　彩南油田开发六周年庆祝大会召开。

12 月 29 日　油建公司承建的“彩南—石西—克拉玛依”输油管线开始投产工作。

是年　彩南油田西山窑组油藏开始进入递减阶段。主要采取提高注采比、分注、调剖、补层、压裂等措施完善注采关系、提高油层动用程度。通过以上措施，注采对应程度由 68% 提高至 76%，油层动用程度由 78% 提高至 88%。

1999 年

6 月 1 日　彩南油田作业区在三维地震资料解释成果的基础上，以不同层系为目的层相继钻探了彩 31 井、彩 34 井，经试油均在西山窑组获工业气流，其中彩 31 井日产气 6877m^3、彩 34 井日产气 52252 m^3，发现了彩 31 井区油气藏。

9 月 18 日　彩南油田天然气处理站在例行每年一次年检工作中，在对 501−3 号液化气储罐进行氮气置换作业时，发生严重爆炸事故，从事故现场详细勘察分析认为导致储罐爆炸的直接原因是置换过程液化气储罐内积聚了一定量的液氮，造成储罐底部材质低温脆化发生爆炸。此次事故未造成人员伤亡。

2000 年

5 月 12 日　彩南油田 SCADA 系统实现了基地远程监控，中心控制室监控人员移至基地中心控制室工作。

7 月 8 日　上午 9:00，彩南油田累计生产原油达到 1000×10^4t。彩南油田隆重召开生产原油一千万吨祝捷大会。

2001 年

5 月 1 日　彩南油田三工河组油藏聚合物驱试验开工典礼在 C1109 井场举行。

5 月 11 日　彩南油田举行油田发现 10 周年暨彩参 2 井爱国主义教育基地揭幕仪式。彩南油田发现井彩参 2 井自 1991 年 5 月 11 日喜获工业油气流后至今仍生产正常，已累计产油 75000t，产气 820 多万方。

2002 年

12 月 1 日　彩 43 井在三工河组 J_1s^{2-1} 2685 ～ 2681m 井段试油，初期 5.0mm 油嘴产油 27.97t/d，产气 2630m^3/d，从而发现了彩 43 井区侏罗系三工河组油藏。

是年　彩南油田三工河组油藏以高于方案设计 0.6% ～ 1.8% 的采油速度高速高效开发了 10 年时间，全区采出程度 36.2%，压力保持程度 81.5%，平均每采出 1% 地质储量地层压降仅为 0.12MPa，平均含水上升率 1.4%，各项生产指标均优于方案设计指标。

2003 年

1 月　彩南油田三工河组油藏进入递减阶段。油井含水上升速度加快，平均含水上升率 2.65%，年绝对油量递减达（11.7 ～ 10.6）$\times 10^4$t。主要采取的技术对策为注聚合物调驱三次采油技术及开展油藏精细描述，挖掘油藏潜力，提高油藏采收率。

11 月 26 日　彩南油田集中处理站污水处理系统改造工程竣工。新改造的污水处理系统处理量为 10000m^3/d。

2004 年

5 月 12 日　彩南油田建成集中处理站污水处理自动化管理系统，系统采用江汉石油学院 JSmanager 控制技术。SCADA 系统软硬件升级，建成、投运了自动化数据 WEB 发布系统。

10 月 2 日　新疆维吾尔自治区主席司马义·铁力瓦尔地等自治区领导深入彩南油田作业区视察指导工作。

2005 年

6 月 12 日　彩南油田建成彩 31 气田自动化系统和彩 10 井区东线混输泵站自动化系统。

12 月底　彩南油田探明含油面积 56.95km^2（叠合面积），石油地质储量 5819.09×10^4t，可采储量 2486.97×10^4t；探明溶解气地质储量 $77.01 \times 10^8 m^3$，可采储量 37.76×10^8m。已经投入开发的有 6 个

区块9个油藏：彩9井区西山窑组、三工河组油藏、彩10井区西山窑组、三工河组油藏、彩参2井区西山窑组、三工河组油藏、彩8井区三工河组油藏、彩31井区西山窑组油藏、彩43井区三工河组油藏。累计投入开发的含油面积为46.25km^2（叠合面积），石油地质储量5071.94×10^{4}t，可采储量2307.65×10^{4}t；溶解气地质储量51.46×10^{8}m^3，可采储量31.63×10^{8}m^3。

第一章

油 田 地 质

彩南油田在区域构造上位于准噶尔盆地中央坳陷东端白家海凸起的东北端，油田主体为一被断层复杂化的鼻状构造，包含两套含油层系，即侏罗系三工河组和西山窑组，油藏埋藏深度为 2250 ~ 2700m，形成多种类型的油气藏：彩南背斜区的三工河组中渗透块状砂岩底水油藏，西山窑组低渗透层状砂岩油藏，彩 8 井区三工河组透镜状砂岩油藏，彩 43 断块区三工河组砂岩油藏，彩 31 断鼻区西山窑组砂岩带气顶油藏。

第一节　地层与构造

一、地层

1990 年彩南地区完成二维地震详查，根据二维地震解释，该地区有 P^{t_1}、T^{t_1}、J^{t_2} 等反射层，预测有二叠纪、三叠纪、侏罗纪等地层存在。1990 年 10 月部署并钻探了彩参 2 井，设计井深 4200m，主探侏罗系及二叠系，兼探三叠系和石炭系，1991 年 3 月完钻，其井深 3752m，井底地层为石炭纪，其上钻遇的地层有二叠系下仓房沟群，三叠系上仓房沟群、小泉沟群，侏罗系八道湾组、三工河组、西山窑组、石树沟群，白垩系吐谷鲁群，古近系，第四系。与邻区对比，该井缺失了上石炭统、下二叠统和中二叠统。随后钻探的 7 口探井中，只有构造低部位的彩 11 井钻遇了中二叠统平地泉组（P_2p）和将军庙组（P_2j）。

表 1-1　彩南油田地层层序及岩性、电性特征表

界	系	统	组	地层代号	沉积厚度 m	地层岩性	测井电阻率 Ω · m
新生界	第四系			Q	226 ~ 328	风成砂	
	古近系			E	210	泥岩、砂岩	8 ~ 50
中生界	白垩系	下统	吐谷鲁群	K_1tg	1195 ~ 1312	泥岩	2 ~ 7.5
	侏罗系	上统	石树沟群	$J_{2-3}sh$	392 ~ 550	泥岩	2 ~ 5.0
		中统	西山窑	J_2x	135 ~ 145	泥岩—细砂岩	X_1：5 ~ 7.5 X_2：25 ~ 50
		下统	三工河	J_1s	290 ~ 300	泥岩—砂砾岩—砂岩	SG_1：5 ~ 10 SG_2：25 ~ 35
			八道湾	J_1b	274 ~ 300	砂岩—砂砾岩	5 ~ 100
	三叠系	中上统	小泉沟群	$T_{2-3}xq$	72 ~ 166	泥岩—粉砂岩	5 ~ 45
		下统	上仓房沟群	T_1ch	134 ~ 218	粉细砂岩—泥岩	10 ~ 15
古生界	二叠系	上统	下仓房沟群	P_2ch	163 ~ 208	泥岩—砂质泥岩	3 ~ 15
	石炭系	中统	巴塔玛依内山	C_2b	（500）未穿	火山岩	20 ~ 50

注：摘自《准噶尔盆地东部彩南油田三工河组—西山窑组油藏开发方案》，1992 年 12 月。

1992 年 12 月，由勘探开发研究院孙川生、欧阳可悦等完成的《准噶尔盆地东部彩南油田三工河组—西山窑组油藏开发方案》对地层做了详细描述（表 1–1）。

彩南油田经预探和评价证实主要储层为侏罗系三工河组和西山窑组，在油田开发方案编制及实施过程中，按照旋回对比、厚度控制、逐井追索、剖面闭合的方法对已完钻的探井和开发井进行了细分对比，确定三工河组自上而下划分为 3 个砂层组，即 SG_1、SG_2、SG_3，其中 SG_2 为主要储层，按沉积韵律自上而下又细分出 7 个砂层，即 SG_2^1—SG_2^7。西山窑组以中部煤层为标志，划分为上、下两个砂层组，即 X_1、X_2。主要储层为 X_2 砂层组，按其旋回性自上而下又细分为 4 个砂层，即 X_2^1—X_2^4。

1996 年 5 月，勘探开发研究院在彩南油田侏罗系油藏储量升级复算过程中，对储层细分进行了复查。根据电性特征，将三工河组 SG_2 砂层组由原来的 7 个砂层合并为 6 个砂层（SG_2^1—SG_2^6），其中 SG_2^2—SG_2^4 为主要油层。

彩 31 井区、彩 43 井区、彩 8 井区地层与彩南背斜区为同一区域地质背景，地层划分和储层细分与彩南背斜区一致。

二、构造

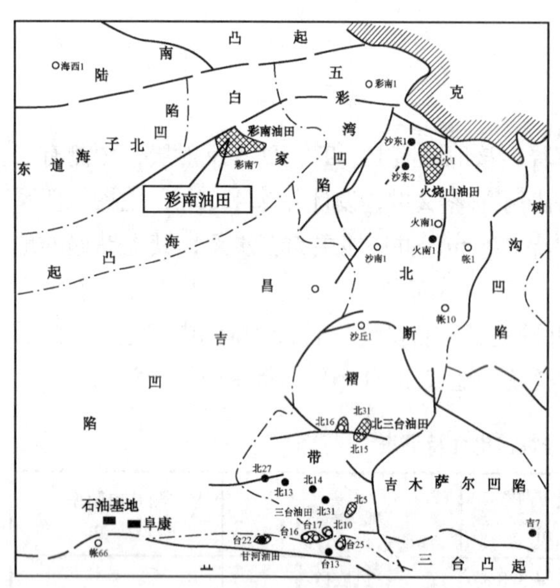

图 1–1　彩南油田区域地质构造图
（新疆石油管理局勘探开发研究院编制，1998 年 2 月）

20 世纪 50 年代地调处在准噶尔盆地沙漠覆盖区进行了重磁力调查，解释发现了中央坳陷东端一个 150km² 的基岩隆起，称为白家海凸起，凸起上有局部重力高。凸起位于五彩湾凹陷之中，有极好的含油前景。1987 年，地调处与法国 CGG 公司合作完成了盆地沙漠覆盖区的地震区域概查，进一步落实了白家海鼻状构造展布情况及与邻区的关系（图 1–1），白家海鼻状构造轴向近东西，长 27km，宽 10km，是一个向东抬升敞开、向西倾没的鼻状构造，由三叠纪、侏罗纪地层组成，其下缺失二叠纪地层，在北冀发现有正断裂，断距 100m 左右。

1988 年白家海凸起区完成概查测网，1989 年继续加密测网进行普查，测网密度达到 4km×4km 至 3km×3km，甚至 2km×2km，累计完二维测线长度 1629km。

（一）彩南背斜区

1990 年，地调处地球物理研究所吴永剑、郑新梅在《准噶尔盆地莫索湾—滴水泉地震地质解释成果》中，确认白家海鼻状构造南北两翼和西倾围斜显示清晰，在鼻状构造上又有小背斜（彩南背斜）存在。作为超覆于石炭系之上的二叠系 P^{t2} 层，显示出由西向东下倾的趋势。基于这一认识提出在彩南背斜部署一口参数井（彩参 2 井）的建议，以便获取详细的地震地质参数，探明圈闭的含油气情况（图 1–2）。建议被采纳，1990 年 10 月部署并钻探了彩参 2 井，该井 1991 年 5 月 11 日在三工河组试油获工业油气流，发现了彩南油田，后经 7 口预探井实钻证实了背斜的含油性。与此同时在彩南及邻区 616km² 范围内进行高分辨率地震详查，完成了二维剖面 32 条，总长 1070km，采用 60 次覆盖，25m 道距，使测网密度达到 1km×1km；1992 年上半年完成 122.5km² 的三维地震精查，采用 30 次覆盖，面元为 50m×100m。之后部署钻探了 11 口评价井，通过钻探证实彩南构造幅度较低，地层倾角平缓，仅

1° ~ 3° ，沿轴部及南翼发育有正断层（图 1–3，表 1–2）。1996 年 5 月开发井全部完钻后证实的构造形态和断裂分布等与三维地震的解释基本一致。

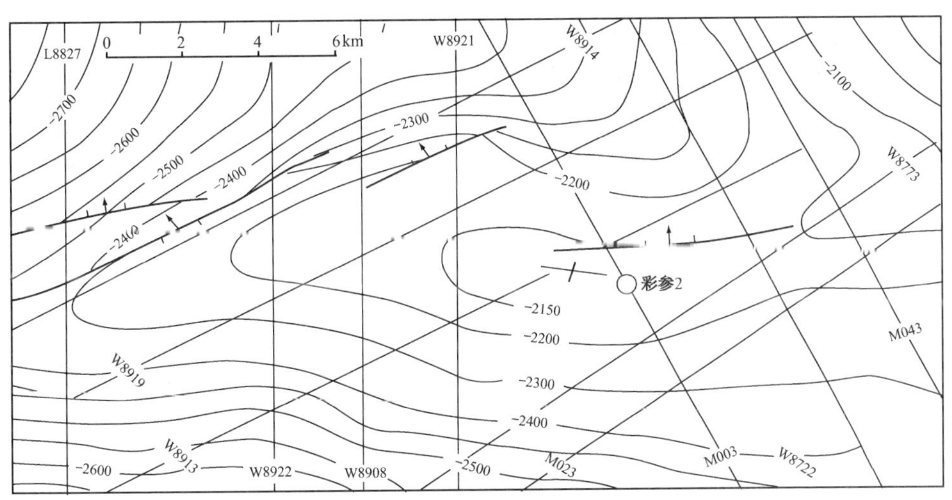

图 1–2　彩南背斜地震 J[t1] 构造图

（新疆石油管理局地调处地球物理研究所编制，1990 年 5 月）

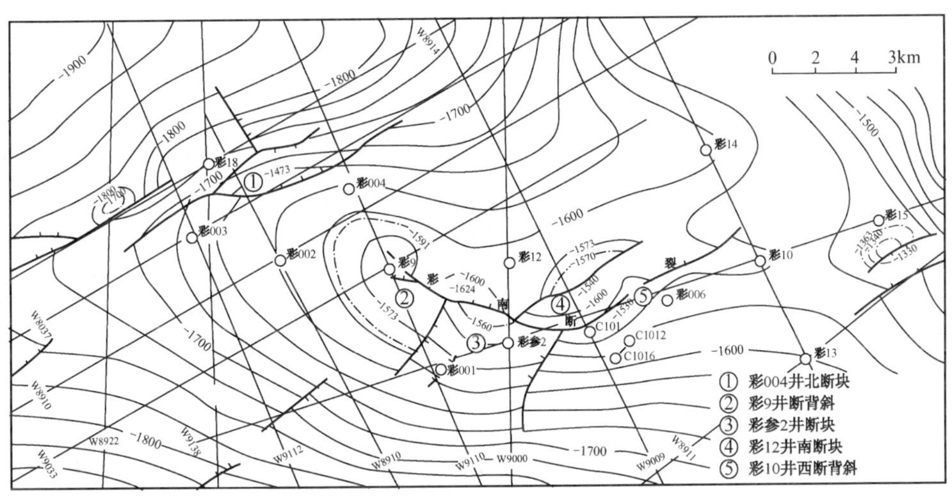

图 1–3　彩南油田西山窑组顶界构造图

（新疆石油管理局勘探开发研究院编制，1992 年 12 月）

表 1–2　彩南背斜断裂要素表

断层	断层性质	断开层位	目的层断距 m	断层产状			
				走向	倾向	倾角（°）	断裂长度 km
彩 004 井西断裂	正断层	K，J	54	北东	北西	70	5.4
彩 9—彩 10 井断裂	正断层	K，J	80	南东—北东	北西—北东	70	11.92
彩参 2 井西断裂	正断层	K，J	35	北北东	南东	60	2.5
彩参 2 井东断裂	正断层	K，J	40	北北东	北西	60	3.0
彩 12 井南断裂	正断层	K，J	40	北东	南东	55	4.18

注：摘自《准噶尔盆地东部彩南油田三工河组—西山窑组油藏开发方案》，1992 年 12 月。

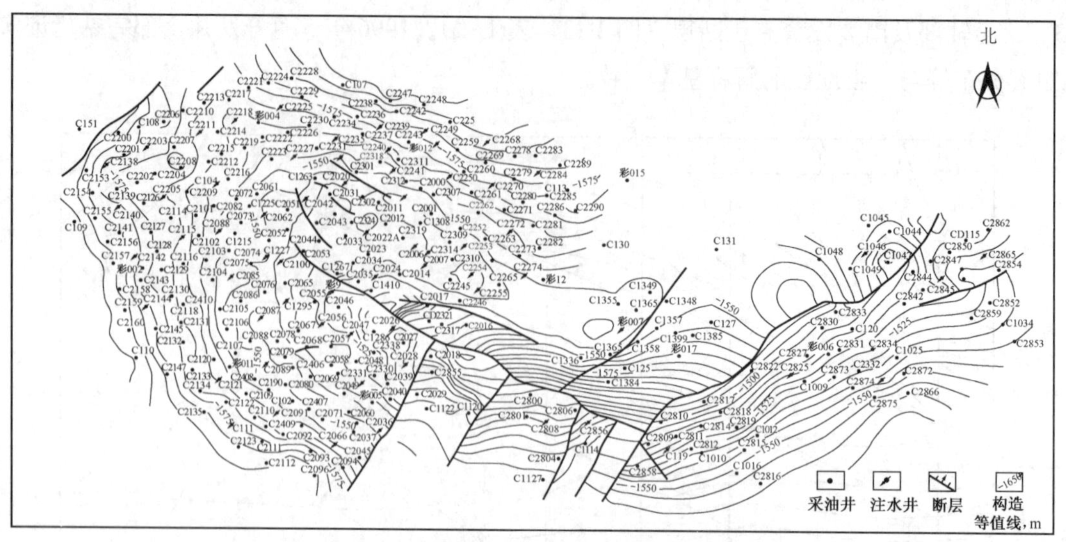

图 1–4 彩南油田西山窑组油藏砂层顶部构造图
（新疆油田分公司彩南油田作业区编制，2005 年 7 月）

2005 年，彩南油田作业区在彩 9 井区西山窑组油藏精细描述研究中对油藏构造提出了一些新的认识（图 1–4）：彩 9 井—彩参 2 井北断裂是一条形成相对较早且被一组呈北东走向的断裂剪切错断的断层，断层北侧半鼻隆明显拉长，油气水分布复杂；断层东南侧则受到挤压剪切，断层向东南方向垂直断距增大，而西北方向逐渐减小并消失。

（二）彩 8 井区

1991 年 6 月对预探井——彩 8 井钻探、试油，发现了该井区三工河组油藏。1996 年完成三维地震 77.5km^2，面元 50m × 50m，同年完成第一轮滚动开发井 4 口，证实该油藏处于白家海凸起东端斜坡带上，西距彩 10 井 7.8km，构造为一个受基底控制的低幅、宽缓背斜，并受一系列断裂切割、夹持，形成多个断块、断鼻圈闭。本区发育一系列北东—南西向延伸的正断层，断层最大断距可达 50m，最小断距 15m，延伸长度 0.7 ~ 3.3km，且均为高角度正断层，倾角一般大于 70°。彩 8 井区三工河组油藏由彩 26、C301 和彩 8 井区 3 个小型油藏组成（图 1–5）。

（三）彩 31 井断鼻区

1992 年 4 月，经二维地震资料解释发现了彩南背斜西南方向的断鼻并钻探了彩 17 井，试油获得了

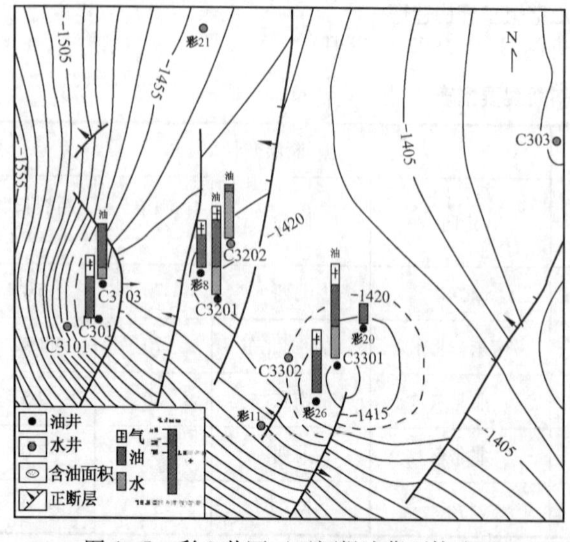

图 1–5 彩 8 井区三工河组油藏顶构造图
（新疆油田分公司准东公司研究所编制，2002 年 12 月）

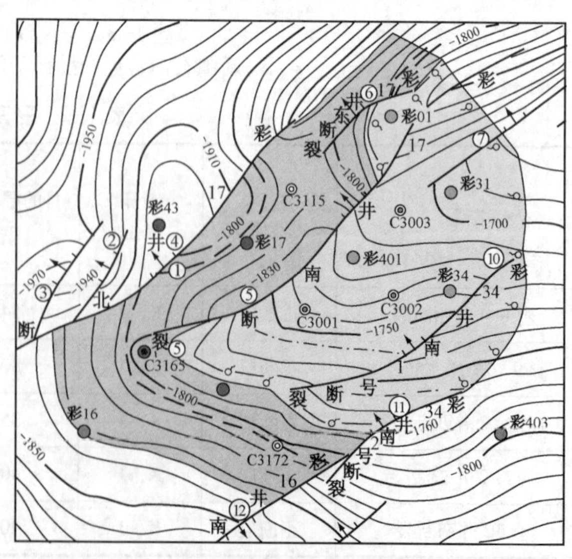

图 1–6 彩 31 井区西山窑组油藏顶构造图
（新疆油田分公司勘探开发研究院编制，2002 年 12 月）

油气流。1993 年在该区块部署并完成三维地震 135km²，1997—1999 年相继钻探了彩 31 井、彩 34 井，经试油均在西山窑组获工业气流。2002 年部署并钻探了评价井 3 口（彩 402、彩 403、彩 404），查清了彩 31 井区西山窑组与彩 9 井区西山窑组同属于一个大型背斜构造，彩 31 井区处于背斜西部的倾覆端，距彩 9 井 9.1km。西山窑组构造为一被 12 条断层复杂化的向南西倾伏的鼻状构造（图 1–6）。鼻隆北侧有彩 17 井北断裂，南侧有彩 16 井南断裂和彩 34 井南 2 号断裂，断裂均为正断层性质，并对油气藏形成遮挡。鼻隆上倾（北东）方向受岩性遮挡，形成岩性—构造圈闭，在圈闭内部又被彩 17 井南断裂、彩 34 井南 1 号断裂切割控制。

（四）彩 43 井断块区

1991—1992 年进行的高分辨率二维地震详查中，在彩 31 井断鼻西侧，彩 17 井北断裂上盘发现了断块构造。于 2002 年部署钻探了彩 43 井，经试油获得了工业油流，发现了彩 43 井区三工河组油藏。随后完成了该区 135km² 的三维地震，面元 80m × 40m，经彩 43 井垂直地震（VSP）、各探井合成地震记录的标定，得到侏罗系三工河组地震地质解释结果：沿彩 39—彩 43 井一带侏罗系发育一组北东向正断裂，呈雁状分布，彩 43 井区三工河组顶面构造为向东北倾伏的断鼻（图 1–7，表 1–3）。

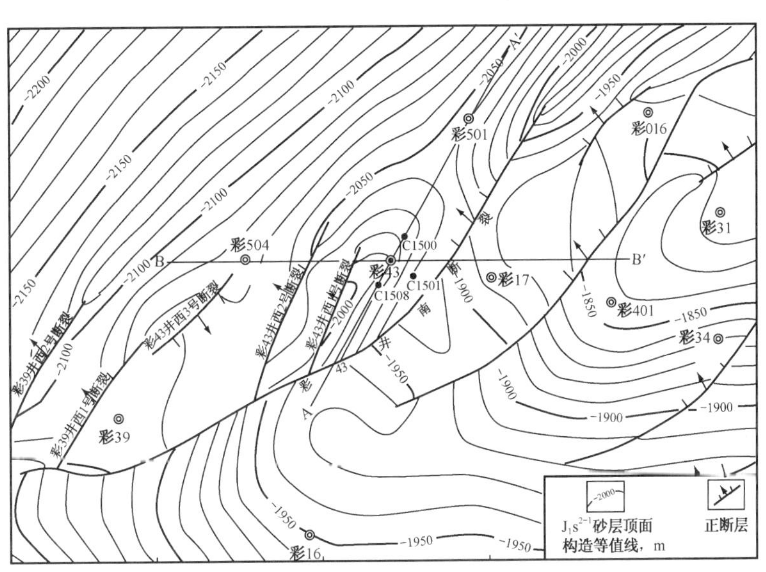

图 1–7　彩 43 井区三工河组油藏顶构造图
（新疆油田分公司勘探开发研究院编制，2003 年 12 月）

表 1–3　彩 43 断块断裂要素表

断层编号	断层性质	断开层位	目的层断距 m	断层产状			
				走向	倾向	倾角（°）	断裂长度 km
彩 43 井南断裂	正	K，J，T	50 ~ 100	北东	北西	70° ~ 80°	8.2
彩 43 井西 1 号断裂	正	J	20 ~ 50	北东	北西	70° ~ 80°	1.5
彩 43 井西 2 号断裂	正	J	50	北东	北西	70° ~ 80°	1.9
彩 43 井西 3 号断裂	正	J_2t，J_1s	20 ~ 50	北东	南东	60°	1.1
彩 39 井西 1 号断裂	正	K，J	50 ~ 100	北东	北西	70° ~ 80°	1.8
彩 39 井西 2 号断裂	正	K，J	50 ~ 100	北东	北西	70° ~ 80°	3.2

注：摘自《彩南油田彩 43 井区块侏罗系三工河组新增探明石油储量报告》，2003 年 12 月。

第二节　储　层

一、沉积相

（一）彩南背斜区

1992 年 10 月，勘探开发研究院油田开发室、油区勘探室共同研究，欧阳可悦、尤新第、薛新克等编写的《准噶尔盆地东部彩南油田三工河组—西山窑组油藏储层特征研究》，根据彩南油田已完钻 21 口取心井的岩心观察以及对岩矿、粒度、常规物性、特殊物性资料和测井响应特征对比分析，建立并确定了三工河组 J_1s^2 砂层组和西山窑组 J_2x^2 砂层组沉积相带划分系统及其分布和演变规律。

三工河组主要储集砂体为中部的 SG_2 砂层组，沉积厚度 40 ~ 80m，由东北向西南增厚。砂体连续性好，分布稳定且各砂层间没有稳定的泥岩隔层，属叠加沉积块状储集体。依据 6 口井的重矿物分析资料统计，稳定矿物白钛石的相对含量由彩中背斜的彩 8 井向彩南背斜方向逐渐增大，指明了物源方向来自东北方的卡拉麦里山。依据 6 口井加密采集的 92 块粒度分析资料统计，粒度概率曲线为二段、三段、多段式（图 1-8），*C*—*M* 图（图 1-9）等判定 SG_2^4、SG_2^3 为辫状河流相（图 1-10），并将其细分为砂质河道、砾质河道、心滩等微相；判定 SG_2^2、SG_2^1 为曲流河相（图 1-11），并将其细分为河道、边滩、决口扇等微相。

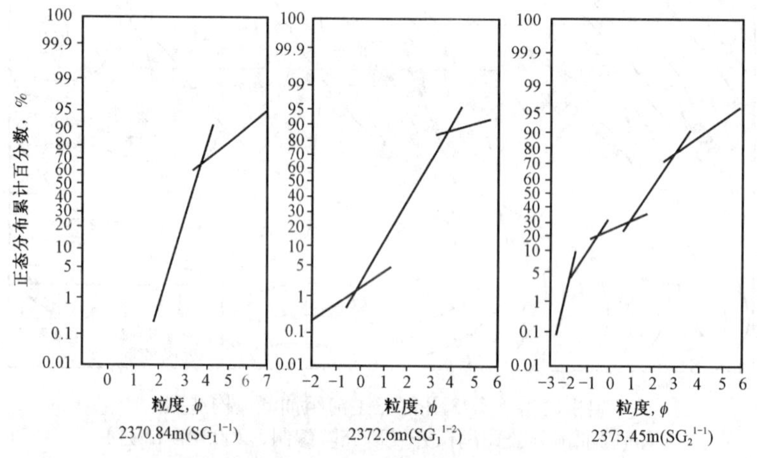

图 1-8　彩 005 井三工河组粒度概率曲线

（新疆石油管理局勘探开发研究院编制，1992 年 12 月）

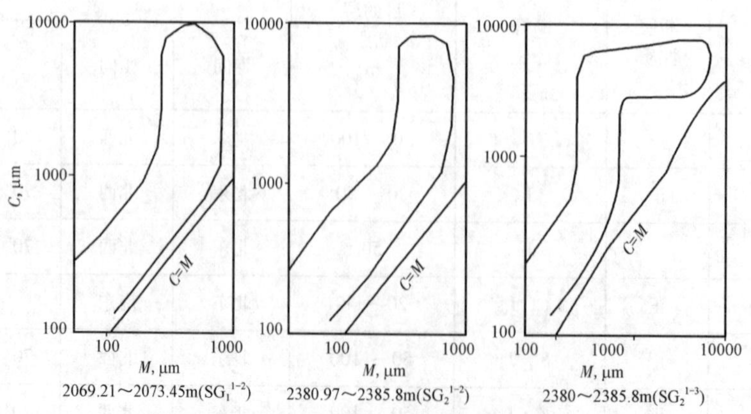

图 1-9　彩 005 井三工河组 *C*—*M* 图

（新疆石油管理局勘探开发研究院编制，1992 年 12 月）

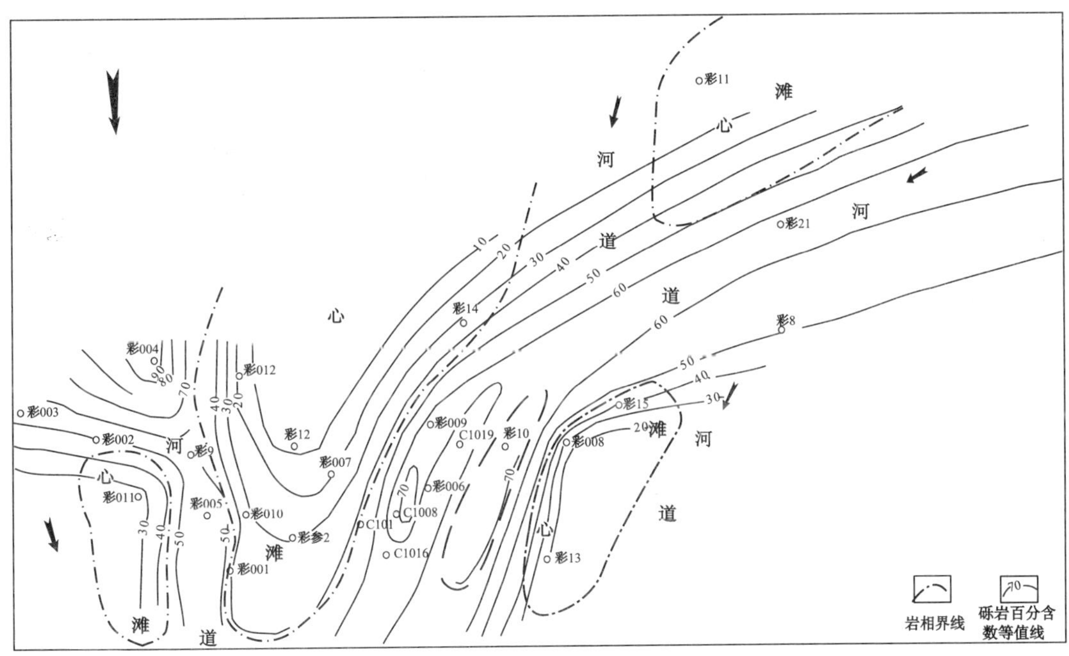

图 1–10　彩南油田三工河组 SG_2^3 岩相图

（新疆石油管理局勘探开发研究院编制，1992 年 12 月）

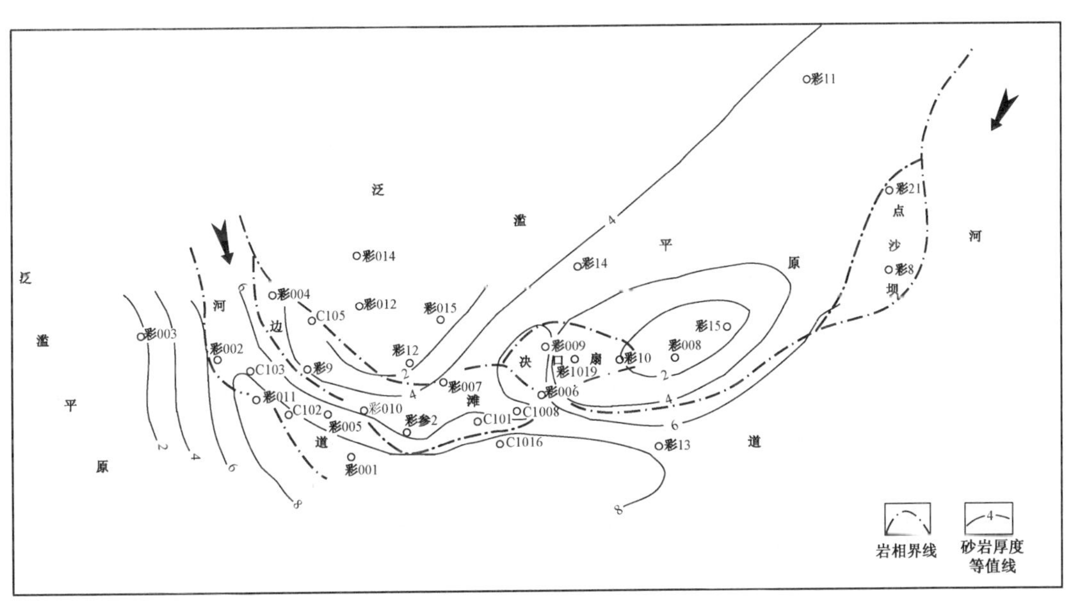

图 1–11　彩南油田三工河组 SG_2^1 岩相图

（新疆石油管理局勘探开发研究院编制，1992 年 12 月）

西山窑组依据 3 口井重矿物分析资料，稳定重矿物含量在平面上的分布由北向南逐渐增高，重矿物组合以白钛石、锆石和石榴石为主，其次为电气石、尖晶石和重晶石，表明卡拉麦里山的火山碎屑岩是本区西山窑组沉积的主要物源。

依据 4 口井 73 个粒度分析资料统计，小于 0.001mm 的泥质含量由底部的 X_2^4 砂层向上至 X_2^2 呈增加趋势，粒度概率曲线（图 1–12）呈两段式，无滚动组分，细截点位置在 2 ～ 3ϕ 之间，跳跃组分斜率大，含量达 6%，悬移组分小于 4 %。结合其砂体非均质特征及 *C—M* 图（图 1–13）判定 X_2 砂层组为分流河亚相沉积，依据岩性、电性特征细分为分流平原、主河道、次河道等微相（图 1–14）。

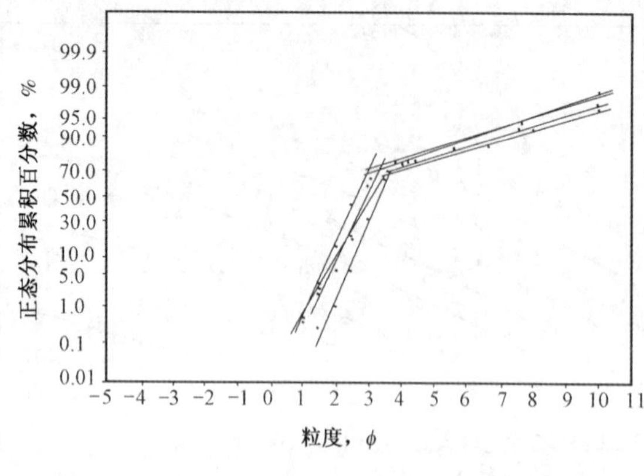

图 1-12 彩 9 井区西山窑组 X_2 段粒度分布曲线
（新疆石油管理局勘探开发研究院编制，1992 年 12 月）

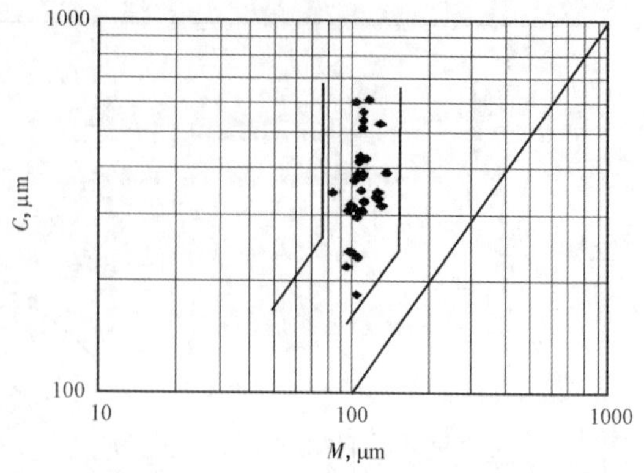

图 1-13 彩 012 井区西山窑组 C—M 图
（新疆石油管理局勘探开发研究院编制，1992 年 12 月）

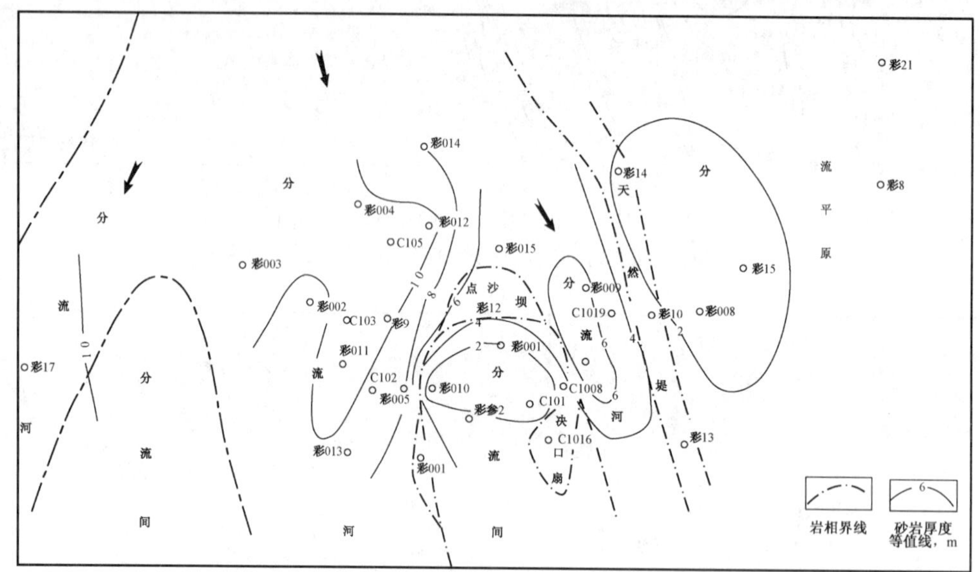

图 1-14 彩南油田西山窑组 X_2^3 岩相图
（新疆石油管理局勘探开发研究院编制，1992 年 12 月）

1995 年 10 月，在全部开发井完钻投产后，彩南作业区与局研究院合作对西山窑组沉积相做了深入研究。认定西山窑组属于三角洲平原沉积。根据岩心观察及化验分析鉴定，西二砂层组细分为 6 种微相，即分流河道、心滩、天然堤、决口扇、分流间、废弃河道（图 1-15）。

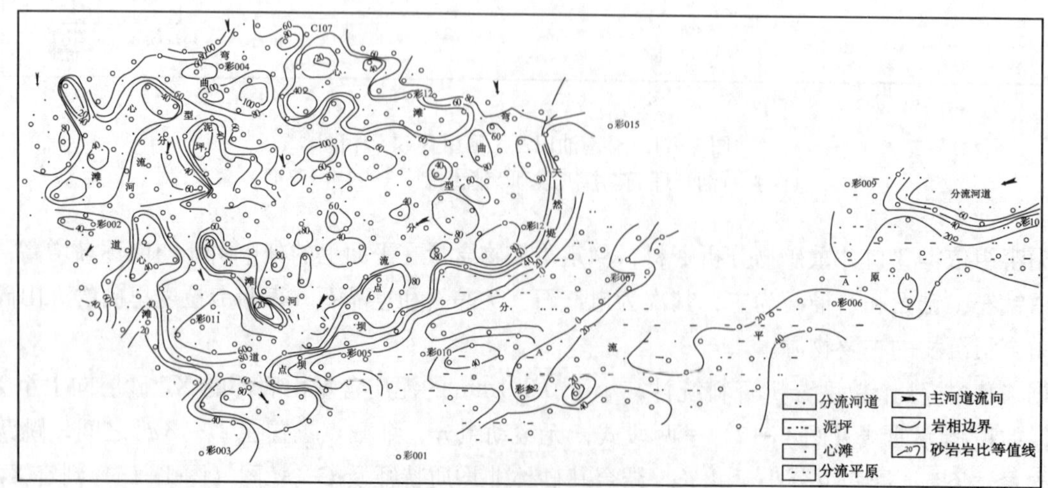

图 1-15 彩南油田西山窑组 X_2^2 岩相图
（新疆石油管理局勘探开发研究院编制，1996 年 12 月）

2005 年 3 月，彩南油田作业区李兴训等人在彩 9 井区三工河组精细油藏研究中对彩南油田三工河组油藏沉积相进行了研究，认为彩南三工河组为辫状河三角洲前缘沉积亚相。划分为两个大的沉积体系：湖退沉积体系域和湖进沉积体系域，据此把 J_1s^2 分为 $J_1s^{2\text{-}1}$ 和 $J_1s^{2\text{-}2}$ 两个准层序，划分它们的标志为湖退沉积的河漫滩泥岩和湖进沉积的前三角洲和滨浅湖泥岩，这两套泥岩在全区范围内沉积稳定，电性都表现为高自然伽马（GR）值、高密度（DEN）值和低电阻率（RT）值，呈现较明显的 V 形，可作为区域性的标志层。平面上细分为水下分流河道、河口坝、河道间等微相，其中占主导地位的沉积微相为水下分流河道，而河口坝不太发育（图 1–16）。

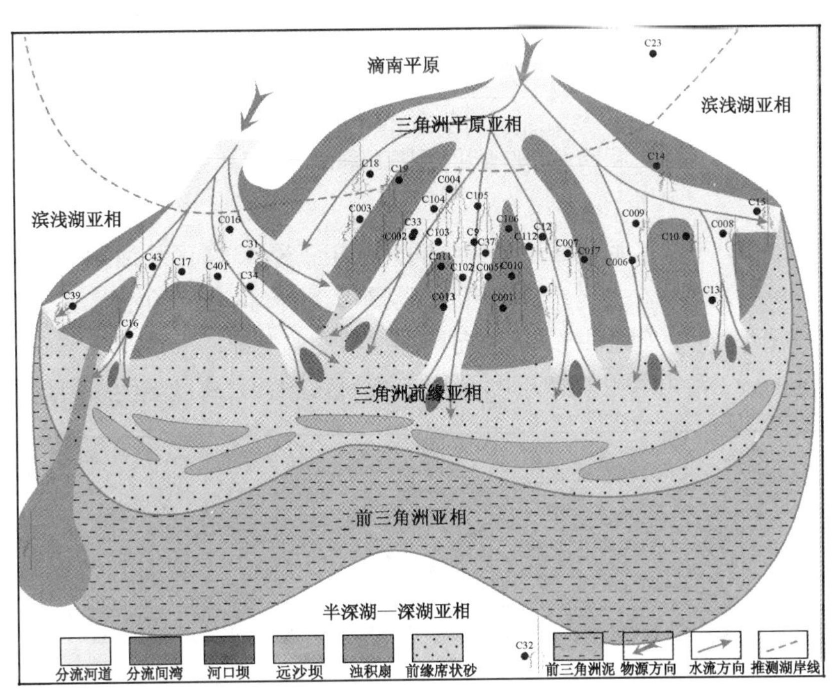

图 1–16　彩南油田三工河组沉积相模式图
（新疆油田分公司彩南油田作业区编制，2005 年 10 月）

（二）彩 8 井区

2002 年 12 月，由新疆油田分公司准东采油厂勘探开发研究所（以下简称准东厂研究所）编制了《彩 8 井地区侏罗系三工河组油藏新增石油探明储量报告》指出，根据区域对比，彩 8 井地区侏罗系三工河组自上而下分为两套岩性段，上部（J_1s^1）泥岩、粉细砂岩互层段厚度 85m 左右，主要为一套湖相泥岩向沼泽—河漫滩的过渡沉积，下部（J_1s^2）砂砾岩互层段沉积厚度仅 30m 左右，为一套辫状三角洲相沉积，微相为分流河道。

（三）彩 31 井区

2002 年 3 月新疆油田分公司成立了彩 31 井区块西山窑组油气藏描述项目组，由中国石油新疆油田分公司勘探开发研究院（以下简称勘探开发研究院）承担，准东采油厂和准东测井分公司协作完成了沉积相研究，认为彩 31 井区西二段（J_2x^2）砂体是彩南地区西二段发育的 3 个三角洲前缘复合朵体（图 1–17）中的最西边一个朵体。在井区内的彩 016 井、彩 17 井、彩 34 井、彩 403 井均处在水下分流河道上，彩 401 井、彩 402 井位于河口沙坝处，彩 16 井发育水下分流河道、席状砂、远沙坝沉积，而彩 31 井、彩 003 井已经处于远沙坝、水下堤、决口扇等沉积砂体不发育的位置，反映彩 31 井以东沉积砂体逐渐减薄，砂体尖灭于彩 003 井以东附近。

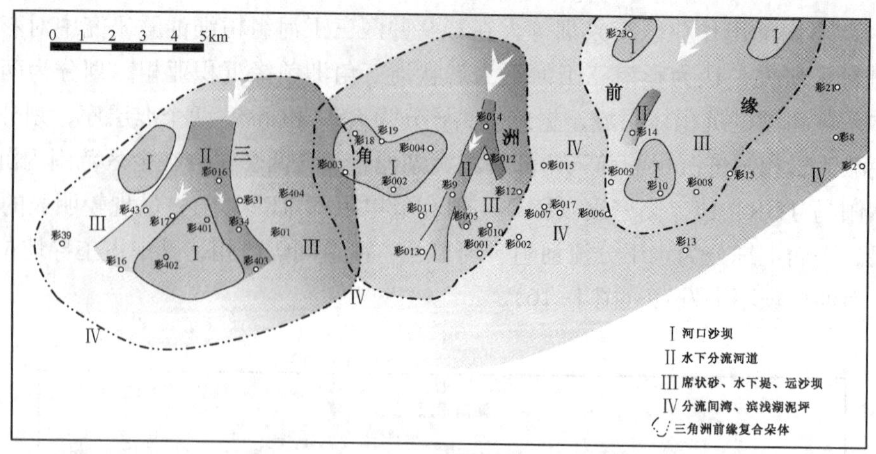

图 1–17 彩南油田侏罗系西山窑组砂层沉积相平面图
（新疆油田分公司勘探开发研究院编制，2002 年 12 月）

（四）彩 43 井区

2003 年 3 月成立的彩 31 井区油藏描述项目组同时承担了彩 43 井区块油藏描述工作。根据岩心描述、岩屑录井及测井资料的对比，井区内侏罗系三工河组 J_1s^2 为辫状河三角洲水下分流河道、河口沙坝及河道间砂体沉积（图 1–18）。砂体由彩 43 井向南部逐渐变薄变细，沿彩 31—彩 17 井和彩 43—彩 45 井一线为砂层发育区，三工河组沉积末期 J_1s^1 为湖进三角洲沉积，发育区域性湖相泥岩盖层。

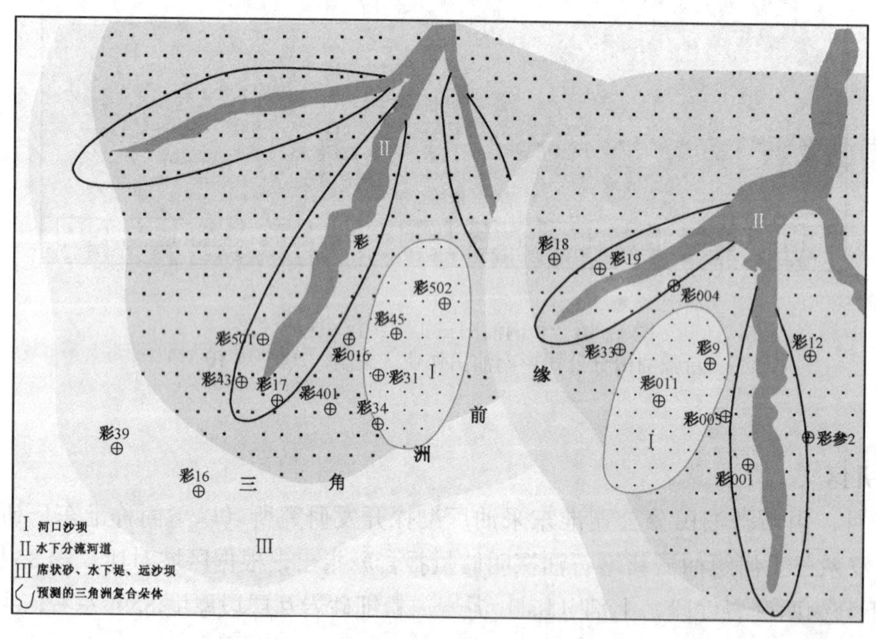

图 1–18 彩南油田彩 43 井区侏罗系三工河组
J_1s^{2-1} 砂层沉积相平面图
（新疆油田分公司勘探开发研究院编制，2003 年 12 月）

二、岩性物性

（一）彩南背斜区

1992—1995 年，勘探开发研究院的研究人员在开发方案和油田投产后的射孔方案编制过程中对三工河组、西山窑组储层进行了系统研究，确定了两套储层具有以下特征：由彩 006 井油基泥浆取心采集 94 块饱和度样品分析，三工河组储层确定油层含油饱和度平均为 57.3%；据 9 口井 758 块岩心常规物性样品分析，平均孔隙度为 19%，平均空气渗透率为 165mD（图 1–19）；渗透率服从于正态概率分布，变异系数为 0.718 ～ 0.818，平均为 0.743，非均质程度较高；储层中孔隙度、渗透率的变化在剖面上受岩性及胶结程度的影响比较大，孔隙度、渗透率相关性较好（图 1–20）。储层孔隙类型以粒间溶孔、粒间孔为主，其次为粒内溶孔、晶间孔、界面孔，偶见微裂缝，孔隙组合类型以粒间溶孔—粒间孔一粒内溶孔为主；平均孔隙半径在 3.5 ～ 110μm，统计面孔率为 0.004% ～ 12.69%，孔喉配位数 0 ～ 4，储集性能较好的砂层 (SG_2^3、SG_2^2) 其平均孔隙半径为 39.3μm 和 61.5μm。平均面孔率为 6.58% 和 7.22%，孔喉配位数分别为 3.09 和 3.12。储层胶结物主要为泥质和少量碳酸盐，泥质含量 6.5%，胶结物中黏土矿物以高岭石为主，相对含量为 43.8%，其次为绿泥石（40.2%）、伊利石（7.63%）和伊蒙混层（8.32%）。据 11 口井的压汞资料分析，储层压汞曲线形态属分选较差的细歪度型（图 1–21），分选系数 2.79，孔喉中值 10.6μm，歪度 1.38，变异系数 0.2451；平均排驱压力 0.02MPa，对应最大孔喉半径 39.6μm；饱和度中值压力 1.41MPa．中值孔喉半径 0.53μm；退汞效率一般在 25% 左右，孔喉体积比平均为 2.76；主要渗滤孔喉半径区间为 1.172 ～ 75μm，大于 1μm 的喉道半径占总喉道的 57%。属中等孔隙、中等渗透、特小孔道细喉道储层。

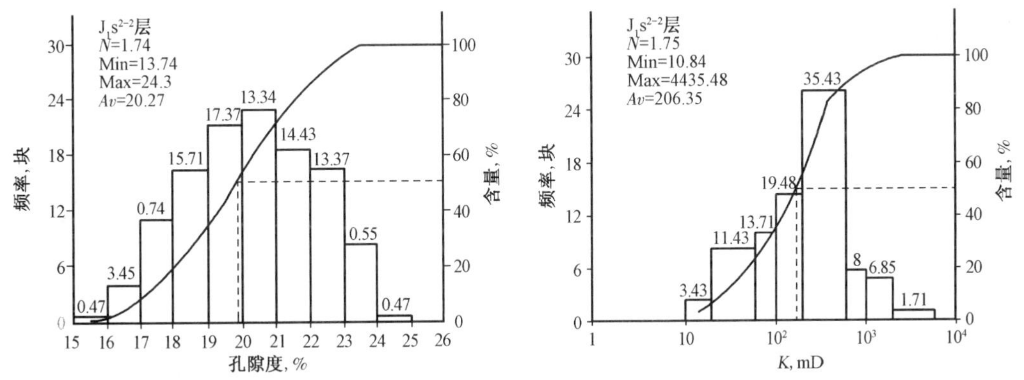

图 1–19　彩南油田三工河组油藏油层孔隙度、渗透率分布直方图
（新疆石油管理局勘探开发研究院编制，1992 年 12 月）

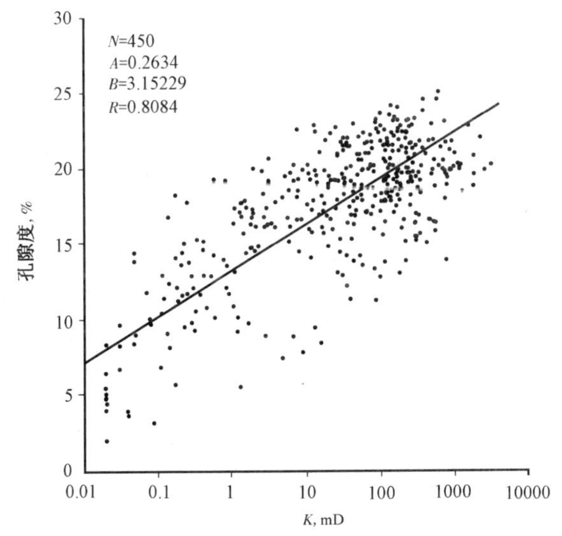

图 1–20　彩南油田三工河组油藏油层孔渗交绘图
（新疆石油管理局勘探开发研究院编制，1992 年 12 月）

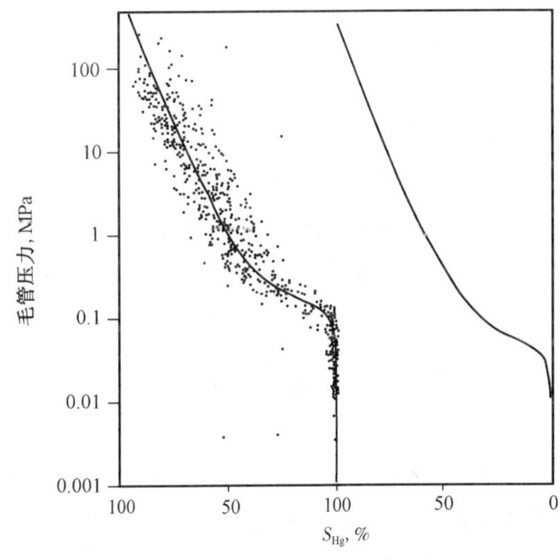

图 1–21　彩南油田三工河组 J 函数和毛管压力曲线
（新疆石油管理局勘探开发研究院编制，1992 年 12 月）

西山窑组储层，通过 5 口井 338 块样品分析，储层孔隙度为 8.1% ～ 25.79%，平均 13%，油层平均孔隙度为 15%，空气渗透率变化范围在 0.1 ～ 259.9mD，平均为 2.81mD，孔隙度与渗透率相关性较

好（图1–22），渗透率级差为2599，非均质系数118.18，变异系数0.8591，非均质程度很高。据5口井106块铸体薄片、扫描电镜、X衍射资料分析，储层孔隙类型以粒间溶孔、粒间孔为主，其次为粒内溶孔和杂基中溶孔，见有少量的晶间孔和微裂缝；平均孔隙半径21.5～69.07μm，统计面孔率0.04%～7.42%，孔喉配位数为0～2，孔隙发育程度和孔隙连通程度较差；储层胶结物以泥质为主，局部有碳酸盐，泥质含量为10%左右，泥质中黏土矿物以高岭石为主，相对含量56.95%，其次为伊利石（17.94%）、绿泥石（15.17%）和伊蒙混层（10.27%）。扫描电镜资料证实高岭石、绿泥石、伊蒙混层呈片状、蜂巢状充填在孔隙中或依附在颗粒表面，使石英次生加大孔隙空间减小。储层毛管压力曲线形态属分选差的略粗歪度型（图1–23），分选系数为1.98，孔喉中值为11.88μm，歪度−0.81，变异系数0.1991，孔喉主要集中在2.344～0.037μm范围内。饱和度中值压力为5.92MPa，对应中值孔隙半径0.213μm。在20.48MPa进汞压力下最大饱和度61%～88%，平均79%。退汞效率平均40.11%，孔喉体积比平均1.4929。

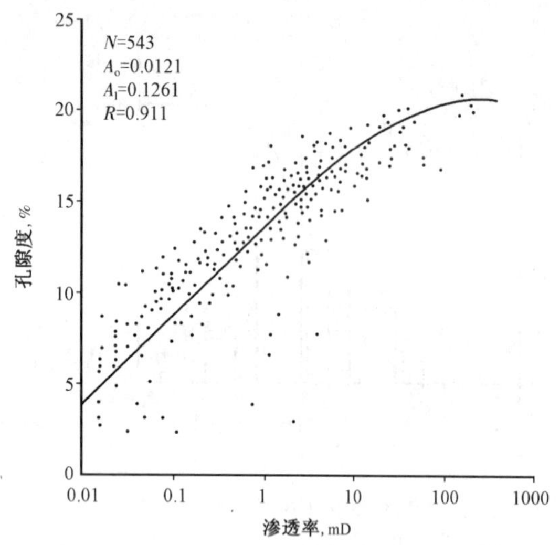

图1–22　彩南油田西山窑组油藏油层孔渗交绘图
（新疆石油管理局勘探开发研究院编制，1992年12月）

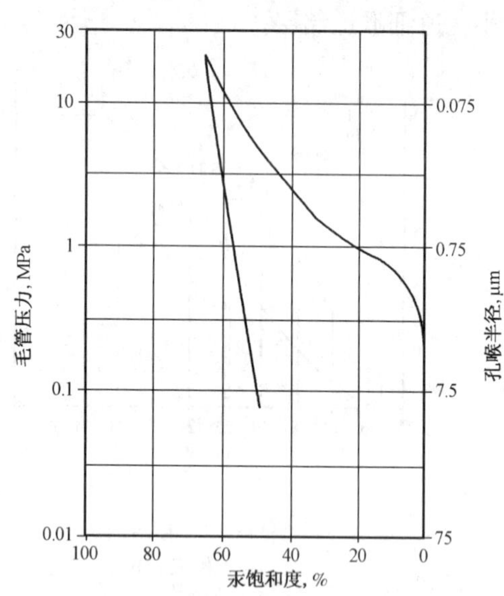

图1–23　彩南油田西山窑组毛管压力曲线
（新疆石油管理局勘探开发研究院编制，1992年12月）

（二）彩8井区

2002年，在探明储量计算过程中，依据已完钻的5口探井和750个岩心分析数据得到了以下认识：J_1s^2砂层组岩性以中、粗砂岩为主，细砂岩及砂砾岩较少；颗粒接触类型以接触式及接触—孔隙式为主，分选好—中等，磨圆差，多次棱角状；碎屑以石英、长石和霏细岩为主要成分，其中石英含量65%～10%，长石含量25%～4%，霏细岩含量55%～5%；胶结物以方解石为主，平均含量8.4%，高岭石、黄铁矿和泥质极少；黏土矿物以高岭石为主，伊蒙混层、伊利石次之。据180块常规物性资料分析，储层孔隙度为1.5%～25.1%，平均13.2%，空气渗透率在0.005～1128.2mD之间，平均1.7mD；油层孔隙度为10.6%～25.1%，平均17.9%；渗透率0.5～863.8mD，平均8.4mD。据32块铸体薄片分析，储层孔隙类型以粒间溶孔、粒间孔为主，粒间溶孔占30%～94%，粒间孔占0～80%，粒内溶孔占5%～35%，个别见微裂缝；最大孔径500μm，孔径均值13～242μm，平均96.8μm；面孔率0.17%～11.2%，平均4.9%，孔吼配位数0～3。根据32块压汞分析资料，三工河组储层毛管压力曲线形态为中偏细歪度，排驱压力0.05～0.94MPa，饱和度中值压力2.3～14.8MPa，最大孔吼半径0.4～15.9μm，平均毛管半径0.12～3.18μm，在20.48MPa压力下最大进汞饱和度45%～80%，视退汞效率14%～41%。

本区三工河组储层为中等孔隙、低渗透、弱敏感性、分选中等的储集层。

（三）彩 31 井区

2002 年彩 31 井区块西山窑组油气藏描述项目组，依据 10 口井的 141.02m 岩心、1702 个岩心化验分析数据，得到了以下认识：西山窑组储层岩性主要为灰色中—细砂岩，碎屑成分以石英、长石为主，平均含量 61.7%（石英 33%、长石 28.7%），岩屑以凝灰岩为主，平均含量 17.07%，颗粒分选性好，磨圆中等，呈次棱角状，以缝合线—线状方式接触；胶结物以泥质为主，胶结类型为接触式，黏土矿物以高岭石为主（相对含量 48.84%），其次为伊蒙混层（21.32%），伊利石（19.47%）和绿泥石（10.37%）。据 3 口井 137 块气层样品分析，孔隙度为 9.05% ~ 18.43%，平均 13.506%，空气渗透率 0.042 ~ 13.848mD，平均 0.696mD；据 5 口井 216 块油层样品分析，孔隙度 12.00% ~ 21.20%，平均 15.359%，空气渗透率 0.038 ~ 145.872mD，平均 3.622mD。据 107 块铸体薄片资料统计，储层孔隙类型主要为粒间孔及粒间溶孔，次为粒内溶孔和基质溶孔；喉道宽度 7.2 ~ 18.2μm，平均 3.32μm。平均孔喉配位数 0 ~ 1；总面孔率 0.01% ~ 3.55%，平均 1.105%；孔喉分选系数 0.3 ~ 0.8，平均 0.6；孔喉变异系数 0.1 ~ 0.2，平均 0.16；孔喉偏度 −0.75 ~ 0.29，平均 −0.01。据 98 块压汞资料统计，储层排驱压力 0.025 ~ 2.171MPa，平均 0.617MPa；饱和度中值压力 0.051 ~ 1.760MPa，平均 0.269MPa；最大孔喉半径 0.360 ~ 29.171μm，平均为 2.619μm；平均毛管半径 0.130 ~ 8.531μm，平均为 0.985μm；在 20.48MPa 压力下，最大进汞饱和度 59.8% ~ 93.05%，平均 78.415%，退汞效率 18.72% ~ 51.69%，平均 38.92%。

（四）彩 43 井区

2003 年 12 月，彩 43 井区块三工河组油气藏描述项目组依据 2 口井获取的 54.81m 岩心、617 个岩心分析数据得到三工河组储层性质的以下认识：J_1s^2 砂层组岩性主要为灰色中细砂岩，碎屑成分以岩屑为主，石英、长石次之；颗粒磨圆多为次圆状—次棱角状，分选中—好，胶结类型主要为压嵌—孔隙式；填隙物主要为高岭石，含量为 2% ~ 3%，方解石 2.5%，胶结程度致密—中等。据 20 块 X 衍射样品分析，三工河组 J_1s^{2-1} 储层中黏土矿物以高岭石为主，相对含量为 49.2%，其次为绿泥石（26.2%）、伊蒙混层（12.3%）和伊利石（11.8%）。据 2 口井 139 块岩心物性分析，孔隙度 2.4% ~ 19.74%，平均 13.36%，空气渗透率 0.012 ~ 318.000mD，平均 5.07mD；油层孔隙度 12.00% ~ 19.74%，平均 15.09%，空气渗透率 0.059 ~ 318.000mD，平均 13.35mD。根据 12 块铸体薄片分析，储层孔隙类型以粒间孔为主占 95.8%，其中原生粒间孔占 55.8%，剩余粒间孔占 40.0%；孔径平均值 72μm，统计面孔率平均 2.3%，孔喉配合数 0 ~ 1。根据 32 块压汞资料统计分析，储层毛管压力曲线形态为偏细歪度，喉道分选中等，平均排驱压力 0.32MPa，平均饱和度中值压力 1.77MPa，平均最大孔喉半径 11.845μm，平均毛管半径 3.571μm，平均退汞效率 28%。

第三节　流体与渗流

一、流体性质

（一）油藏

1992 年，勘探开发研究院孙川生、欧阳可悦等人在编制彩南油田开发方案过程中对三工河组和西山窑组油藏的流体性质进行了系统研究，根据 4 口井的裸眼电缆测试（RFT）和 25 口井 38 层的试油试采测试资料，确定了三工河组和西山窑组油藏的原始压力系统、地层温度系统和油水界面（表 1−4）。彩南背斜区各区块为统一压力系统（p_i=9.15−0.0076H）、统一温度系统（t=18.76+0.0253D），具有各自的油水界面。

三工河组油藏根据彩参 2、C101、彩 005 等 3 口井油层高压物性（PVT）取样分析结果，得到了地层油性质资料，并建立了饱和压力与海拔深度的相关关系和不同压力条件下，地层油体积系数、气油比、黏度及密度的回归关系，求得了各区块地层油性质（表 1–5）。三工河组油藏属于中－高饱和程度的未饱和油藏。

西山窑组油藏根据彩 004、彩 011 两口井油层高压物性取样分析结果，得到地层油性质，并建立了不同压力条件下地层油体积系数、气油比、黏度及密度等参数的回归关系。西山窑组亦属于高饱和程度的未饱和油藏。

表 1–4　彩南油田油藏特征表

区块		层位	油藏中部深度 m	中部海拔 m	原始地层压力 MPa	压力系数	地层温度 ℃	地温梯度 ℃ /100m	油水界面海拔 m	天然驱动类型
彩南背斜区	彩 9	J_1s	2345	−1665	21.8	0.924	78.0	2.5	−1696	弹性、溶解气底水混合驱
	彩 9	J_2x	2295	−1595	21.27	0.927	76.8	2.5	−1658	弱弹性、溶解气边水混合驱
	彩参 2	J_1s	2345	−1669	21.83	0.923	78.0	2.5	−1698	弹性、溶解气边底水混合驱
	彩 10	J_1s	2345	−1642	21.63	0.926	78.0	2.5	−1672	弹性、溶解气边底水混合驱
	彩 007	J_1s	2345	−1683	21.94	0.923	78.0	2.5	−1696	弹性、溶解气边底水混合驱
	彩 009	J_1s	2345	−1672	21.86	0.924	78.0	2.5	−1696	弹性、溶解气边底水混合驱
彩 8 井区		J_1s	2093	−1427	18.82	0.900	70.0	2.5	−1432	弱弹性、溶解气底水混合驱
彩 43 井区		J_1s	2686	−2026	24.36	0.910	83.0	2.6	−2042	—

注：摘自《准噶尔盆地东部彩南油田三工河组—西山窑组油藏开发方案》，1992 年 12 月。

表 1–5　彩南油田地层油性质表

区 块		层位	饱和压力 MPa	地饱压差 MPa	饱和程度 %	气油比 m^3/m^3	压缩系数 $10^{-4}MPa^{-1}$	体积系数	地层油黏度 mPa · s	地层油密度 g/cm^3
彩南背斜区	彩 9	J_1s	15.5	6.30	71.1	70.0	16.8	1.178	1.55	0.754
	彩 9	J_2x	19.0	2.27	89.3	90.0	11.6	1.210	3.35	0.735
	彩参 2	J_1s	15.6	6.23	71.5	70.1	16.8[4]	1.180	1.55	0.754
	彩 10	J_1s	15.4	6.23	71.2	69.8	16.8[4]	1.176	1.55	0.754
	彩 007	J_1s	15.8	6.14	72.0	70.4	16.8	1.182	1.55	0.754
	彩 009	J_1s	15.6	6.26	71.4	70.0	16.8	1.180	1.55	0.754
彩 8 井区		J_1s	15.86	2.96	84.3	68.9	—	—	—	—
彩 43 井区		J_1s	无 PVT 资料							

注：摘自《准噶尔盆地东部彩南油田三工河组—西山窑组油藏开发方案》，1992 年 12 月。

地面流体性质依据 25 口井地面原油取样分析，确定彩南背斜区三工河组和西山窑组两油藏，原油性质具有五低二高的特点（表 1–6），即密度低、黏度低、胶质低、酸值含量低、初馏点低；含蜡量高和凝固点高。依据 12 口井溶解气样分析结果，溶解气组分中甲烷含量较高，相对密度较低。依据 16 口井的水样分析结果，地层水主要为重碳酸钠型（$NaHCO_3$），矿化度平均为 9774mg/L，氯离子含量平均为 4412mg/L。

彩 8 井区三工河组油藏与彩 43 井区三工河组油藏均属于弹性溶解气、底水混合驱动的未饱和油藏（表 1–4），原油和溶解气性质与彩南背斜区基本一致（表 1–5、表 1–6）。彩 43 井区三工河组油藏地层水矿化度较高，且水型为封闭的氯化钙（$CaCl_2$）型；彩 8 井区三工河组油藏以低矿化度的重碳酸钠型（$NaHCO_3$）为主。

表 1–6　彩南油田地面流体性质表

区块		层位	原油性质							溶解气性质		地层水性质		
			密度 g/cm^3	黏度（50℃）mPa·s	胶质 %	酸值 %	含蜡 %	凝固点 ℃	初馏点 ℃	甲烷含量 %	相对密度	矿化度 mg/L	Cl^- mg/L	水型
彩南背斜区	彩参 2	J_1s	0.8265	3.49	0.93	0.84	12.25	17	101	88.28	0.637	—	—	—
	彩 10	J_1s	0.8223	3.45	1.60	0.03	11.39	16	87	79.95	0.647	11228	4723	$NaHCO_5$
	彩 9	J_1s	0.8289	3.95	—	0.05	13.05	17	107	—	—	8145	3538	$NaHCO_6$
	彩 9	J_2x	0.8274	3.33	0.88	0.04	12.70	21	101	88.39	0.570	9948	4975	$NaHCO_7$
彩 8 井区		J_1s	0.8480	5.60	—	—	9.92	20	86	92.75	0.642	4795	2107	$NaHCO_8$
彩 43 井区		J_1s	0.8370	5.52	—	—	14.84	20	—	95.62	0.587	17864	10678	$CaCl_2$

注：摘自《准噶尔盆地东部彩南油田三工河组—西山窑组油藏开发方案》，1992 年 12 月。

（二）气顶油藏

2002 年 3 月，彩 31 井区西山窑组油气藏描述项目组对油气藏进行了滚动描述，确定西山窑组为带气顶的饱和油藏。

据彩 31 井区 3 井 3 个气层测压资料，建立了气顶压力（p_{gi}）与海拔（H）关系（p_{gi}=18.6555−0.002056H）；据实测的 68 个地温资料，建立该区块温度（t）与深度（D）关系（t=0.02619D+12.83），由此得到气顶中部压力 22.16MPa，压力系数 0.92，气层中部温度 76℃。据彩 17 井测压资料，油层地层压力为 23.40MPa，压力系数为 0.94，中部温为 78℃。据 10 口井试油试采结果，油气界面位置在 −1785.0m，油水界面位置在 −1834.0m（表 1–7）。

据彩 401 井、彩 016 井气顶相态分析，露点压力 19.55MPa，地露压差 2.61MPa，根据稳定气油比计算凝析油含量分别为 $15g/m^3$、$40g/m^3$，确定西山窑组为微含凝析油的气顶油藏。据 8 口井 22 个地面油气样品分析确定：气顶气相对密度 0.583，甲烷含量 94.55%；气顶凝析油密度 $0.784g/cm^3$，50℃黏度为 1.53mPa·s，含蜡量 6.80%，凝固点　16℃；油环的地面原油密度 $0.836g/cm^3$，50℃黏度 4.54mPa·s，含蜡量 17.25%，凝固点 23℃。据 3 口井 4 层 9 个水样分析，地层水为重碳酸钠（$NaHCO_3$）型，平均矿化度 15933mg/L，氯离子含量 7755mg/L。

表 1–7　彩 31 井区西山窑组油气藏参数表

井号	补心海拔 m	气层顶界 m		气层底界 m		油层顶界 m		油层底界 m		水层顶界 m	
		深度	海拔	深度	海拔	深度	海拔	深度	海拔	深度	海拔
彩 16	658.5	2490.0	−1831.5	—	—	—	—	—	—	2492	−1833.5
彩 17	660.5	2471.5	−1811.0	—	—	—	—	2494.5	-1834.0	—	—
彩 016	679.3	2455.00	−1775.7	2464.0	−1784.7	—	—	—	—	—	—
彩 402	667.9	2452.5	−1784.6	—	—	2457.0	−1789.1	—	—	—	—
平均		—	−1753.3	2464.0	−1784.7	2457.0	−1789.1	2494.5	−1834.0	2492	−1833.5

注：摘自《彩南油田彩 31 井区块西山窑组新增石油、天然气探明储量报告》，2002 年 12 月。

二、渗流规律

1992 年，在彩南油田开发方案编制过程中，依据 C101 井、彩 006 井 9 块岩心样品测定，自吸驱替水排比为 0.169、油排比为 0，确定三工河组为弱亲水储层。依据 4 块岩样油水相对渗透率实验资料，匀整后得出：油层束缚水饱和度在 40% 左右，残余油饱和度为 20% 左右；油水两相等渗点在含水饱和度 70% 左右，水相渗透率在含水饱和度 70% 以后迅速增大（图 1–24）。

西山窑组油藏彩 012 井、C110 井、C1266 井、C2305 井 7 块岩心样品测定岩石润湿性为强亲水，自吸驱替水排比为 0.8 ~ 0.861，平均为 0.825，油排比为 0。根据 3 个岩样油水相渗实验确定，油层束缚水饱和度为 43%，残余油饱和度为 23%；油水两相等渗点含水饱和度为 63%（图 1–25）。

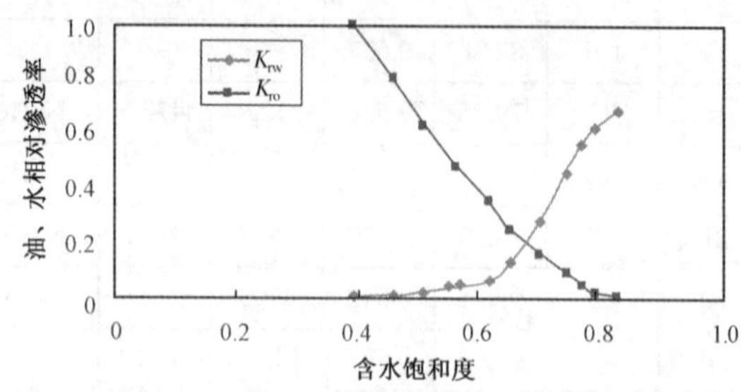

图 1–24　三工河组油藏相渗曲线
（新疆石油管理局勘探开发研究院编制，1992 年 12 月）

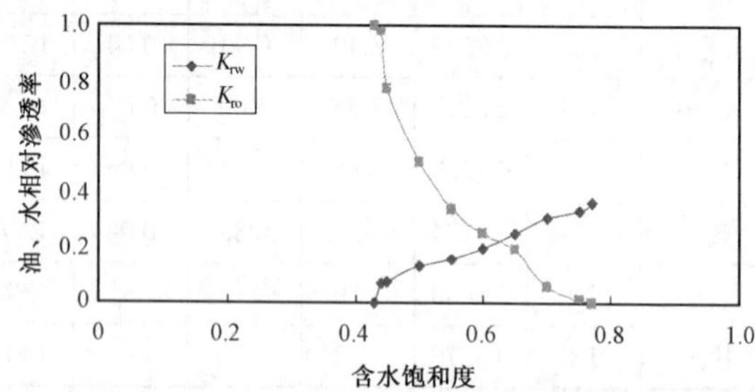

图 1–25　西山窑组油藏相渗曲线
（新疆石油管理局勘探开发研究院编制，1992 年 12 月）

2004 年，彩南油田作业区与勘探开发研究院在彩 9 井区三工河组油藏注水适应性研究中对储层敏感性作了进一步分析，3 个样品的速敏实验表现出弱的速敏伤害，无临界速度；5 个样品的水敏实验显示水敏指数为 0.56 ~ 0.78，属弱水敏性；4 个样品的盐敏实验确定临界盐度为 5300mg/L。

第四节　油气储量

彩南油田截至 2005 年底已探明四个区块（彩南背斜区、彩 8 井区、彩 31 井区、彩 43 井区）的 14 个油藏和 1 个气顶油藏，全油田探明含油面积 56.95km²（叠合面积），石油地质储量 5806×10⁴t，可采储量 2367.2×10⁴t；溶解气地质储量 77.07×10⁸m³，可采储量 28.03×10⁸m³（表 1–8）；探明天然气地质储量 22.01×10⁸m³，可采储量 16.51×10⁸m³（表 1–9）。截至 2005 年底，除彩 31 井区西山窑组气顶油藏未投入开发外，其余油藏已全部投入开发。

表 1–8　彩南油田原油储量参数表

油藏单元		层位	储量类别	计算面积 km²	有效厚度 m	孔隙度 %	含油饱和度 %	地面原油密度 g/cm³	体积系数	石油 地质储量 10⁴t	石油 可采储量 10⁴t	原始气油比 m³/t	溶解气 地质储量 10⁸m³	溶解气 可采储量 10⁸m³
彩南背斜区	彩 007 井区	J_2x	I	2.4	2.2	17	54	0.829	1.239	163	32.3	108	1.88	0.37
		J_1s	I	2.0	7.5	19	60	0.826	1.220	126	44.1	96	1.21	0.43
	彩 009 井区	J_2x	I	4.3	3.7	15	46	0.829	1.241	73	23.4	108	0.79	0.25
		J_1s	I	0.3	11.4	19	60	0.826	1.220	26	9.2	96	0.25	0.09
	彩 9 井区	J_2x	I	26.1	13.7	16	56	0.829	1.235	2148	687.4	108	23.20	7.42
		J_1s	I	11.6	11.8	20	59	0.826	1.220	1089	632.6	96	10.45	6.23
	彩 10 井区	J_2x	I	4.4	1.6	17	54	0.826	1.235	47	15.1	108	0.51	0.16
		J_1s	I	6.2	15.1	20	61	0.823	1.218	773	425.2	96	7.42	3.91
	彩参 2 井区	J_2x	I	1.7	3.0	17	56	0.829	1.235	32	10.2	108	0.35	0.11
		J_1s	I	3.5	14.7	22	61	0.828	1.221	447	272.7	96	4.29	2.62
	J_1s 小计		I	23.6	—	—	—	—	—	2461	1383.8	—	23.62	13.28
	J_2x 小计		I	38.9	—	—	—	—	—	2463	768.4	—	26.73	8.31
	小 计		I	62.5	—	—	—	—	—	4924	2152.2	—	50.35	21.59

续表

油藏单元		层位	储量类别	计算面积 km²	有效厚度 m	孔隙度 %	含油饱和度 %	地面原油密度 g/cm³	体积系数	石油 地质储量 10^4t	石油 可采储量 10^4t	原始气油比 m³/t	溶解气 地质储量 10^8m³	溶解气 可采储量 10^8m³
彩8井区	C301井区	J_1s	Ⅰ	0.5	7.4	15	57	0.848	1.166	23	6.2	82	0.19	0.05
	彩26井区	J_1s	Ⅰ	1.3	3.9	17	59	0.848	1.166	37	10	82	0.30	0.08
	彩8井区	J_1s	Ⅰ	0.5	3.5	19	52	0.848	1.166	13	3.4	77	0.10	0.03
	小计		Ⅰ	2.3	—	—	—	—	—	73	19.6	—	0.59	0.16
彩31井区		J_2x	Ⅱ	10.7	13.2	14	56	0.836	1.239	747	179.3	342	25.55	6.13
彩43井区		J_1s	Ⅱ	1.4	7.8	14	59	0.837	1.220	62	16.1	79	0.58	0.15
合计			Ⅱ	76.9	—	—	—	—	—	5806	2367.2	—	77.07	28.03

注：依据新疆油田分公司中心数据库数据资料编制，2009年。

表1–9　彩南油田气顶气储量参数表

气藏单元	层位	储量类别	计算面积 km²	有效厚度 m	有效孔隙度 %	含气饱和度 %	地层压力 MPa	地层温度 ℃	标准压力 MPa	标准温度 ℃	气体偏差系数	天然气 地质储量 10^8m³	天然气 采收率 %	天然气 可采储量 10^8m³
彩31井区	J_2x	Ⅱ	11.80	9.80	14.0	65.0	22.16	76	0.101	20	0.894	22.01	75.0	16.51

注：依据新疆油田分公司中心数据库数据资料编制，2009年。

一、彩南背斜区

1992年10月，由勘探开发研究院、地调处地球物理研究所薛新克等人编写了《准噶尔盆地东部彩南油田三工河组油藏—西山窑组油藏石油地质储量计算报告》，以油藏为计算单元，采用容积法计算了彩南油田储量（表1–10），并于1993年3月经全国矿产储量委员会石油天然气专业委员会评审，定为Ⅱ类探明储量。

表1–10　1992年彩南油田储量参数表

区层		储量类别	含油面积 km²	有效厚度 m	孔隙度 %	含油饱和度 %	原油密度 g/cm³	体积系数	石油 地质储量 10^4t	石油 可采储量 10^4t	溶解气 地质储量 10^8m³	溶解气 可采储量 10^8m³
三工河组	彩10井区	Ⅱ	9.6	15.6	19	60	0.823	1.218	1154	392.4	11.31	3.85
	彩9井区	Ⅱ	20.6	9.7	19	59	0.826	1.22	1517	515.8	14.87	5.06
	彩010井区	Ⅱ	0.8	17.5	20	63	0.828	1.221	120	40.8	1.18	0.40
	彩参2井区	Ⅱ	3.2	16.0	22	60	0.828	1.221	458	155.7	4.49	1.53
	小计	Ⅱ	34.2	—	—	—	—	—	3249	1104.7	31.85	10.83
西山窑组	彩9井区	Ⅱ	39.7	12.8	16	53	0.829	1.239	2883	778.4	30.85	8.33
	彩10井区	Ⅱ	4.7	4.5	16	53	0.826	1.235	120	32.4	1.28	0.35
	小计	Ⅱ	44.4	—	—	—	—	—	3003	810.8	32.13	8.68
合计		Ⅱ	78.6	—	—	—	—	—	6252	1915.5	63.98	19.50

注：摘自《彩南油田三工河组—西山窑组油藏石油地质储量计算报告》，1993年12月。

1996 年 5 月，由勘探开发研究院孙宗宝等人编写了《准噶尔盆地东部彩南油田侏罗系油藏升级复算储量报告》，在油田全面投产、开发井网完善的基础上，对全油田地质储量进行了复算，并上报国家储委批准升级为 I 类探明储量（表 1–11）。

复算后含油面积减少了 9.4km²、平均有效厚度减少了 4.5m，影响到原油储量减少了 881×10⁴t；西山窑组油藏采用容积法标定采收率由 27% 提高到 32%，可采储量增加了 91.3×10⁴t，但由于地质储量减少，影响全背斜区可采储量减少了 120.2×10⁴t。

2002 年 7 月，由中油新疆研究院朱亚婷、杨玉珍等人编写了《彩南油田彩 10 井区侏罗系三工河组油藏探明储量复算（核算）报告》，计算结果及其变化见表 1–12。储量增加原因是有效厚度增加了 4.7m，使储量增加了 234×10⁴t，同时由于标定采收率由 35% 提高至 55%，可采储量增加了 236.5×10⁴t。

表 1–11　1996 年彩南油田储量参数表

区层		储量类别	含油面积 km²	有效厚度 m	孔隙度 %	含油饱和度 %	原油密度 g/cm³	体积系数	石油		溶解气	
									地质储量 10⁴t	可采储量 10⁴t	地质储量 10⁸m³	可采储量 10⁸m³
三工河组	彩 10 井区	I	6.2	10.4	20.0	62.0	0.823	1.218	539	188.7	5.17	1.81
	彩参 2 井区	I	3.5	14.7	22.0	61.0	0.828	1.221	447	156.5	4.29	1.50
	彩 009 井区	I	0.3	11.4	19.0	60.0	0.826	1.22	26	9.1	0.25	0.09
	彩 007 井区	I	2.0	7.5	19.0	60.0	0.826	1.22	126	44.1	1.21	0.42
	彩 9 井区	I	12.1	13.7	21.0	60.0	0.826	1.22	1414	494.9	13.57	4.75
	小计	I	24.1	—	—	—	—	—	2552	893.2	24.50	8.57
西山窑组	彩 10 井区	I	4.4	1.6	17.0	54.0	0.826	1.235	47	15.0	0.51	0.16
	彩参 2 井区	I	1.7	3.0	17.0	56.0	0.826	1.235	32	10.2	0.35	0.11
	彩 009 井区	I	4.3	3.7	15.0	46.0	0.829	1.241	73	23.4	0.79	0.25
	彩 007 井区	I	0.9	2.2	17.0	54.0	0.829	1.239	12	3.8	0.13	0.04
	彩 9 井区	I	31.8	13.9	16.0	56.0	0.829	1.235	2655	849.6	28.67	9.18
	小计	I	43.1	—	—	—	—	—	2819	902.1	30.45	9.74
合计			67.2	—	—	—	—	—	5371	1795.3	54.94	18.32

注：摘自《准噶尔盆地东部彩南油田侏罗系油藏升级复算储量报告》，1996 年 12 月。

表 1–12　彩南油田彩 10 井区三工河组储量参数变更对比表

对比年份	含油面积 km²	有效厚度 m	有效孔隙度 %	含油饱和度 %	原油密度 g/cm³	体积系数	石油		溶解气	
							地质储量 10⁴t	可采储量 10⁴t	地质储量 10⁸m³	可采储量 10⁸m³
1996 年复算	6.2	10.4	20	62	0.823	1.218	539	188.7	5.17	1.81
2002 年核算	6.2	15.1	20	61	0.823	1.218	773	425.2	7.42	3.91
对比	0.0	4.7	0	−1	0.000	0.000	234	236.5	2.25	2.10

注：摘自《彩南油田彩 10 井区三工河组油藏探明储量复算（核算）报告》，2002 年 12 月。

2002 年 7 月，杨玉珍、徐春华等人编写了《彩南油田彩 9 井区侏罗系西山窑组油藏探明储量复算（核算）报告》，计算结果及其变化见表 1–13。储量减少的原因是含油面积减少了 5.7m²（图 1–26），使储量减少了 507×10⁴t，可采储量相应减少了 162.2×10⁴t。

表 1−13　彩南油田彩 9 井区西山窑组储量参数变更对比表

对比年份	含油面积 km²	有效厚度 m	有效孔隙度 %	含油饱和度 %	原油密度 g/cm³	体积系数	石油 地质储量 10⁴t	石油 可采储量 10⁴t	溶解气 地质储量 10⁸m³	溶解气 可采储量 10⁸m³
1996 年复算	31.8	13.9	16	56	0.829	1.235	2655	849.6	28.67	9.18
2002 年核算	26.1	13.7	16	56	0.829	1.235	2148	687.4	23.20	7.42
对 比	−5.7	−0.2	0	0	0.000	0.000	−507	−162.2	−5.47	−1.76

注：摘自《彩南油田彩 9 井区西山窑组油藏探明储量复算（核算）报告》，2002 年 12 月。

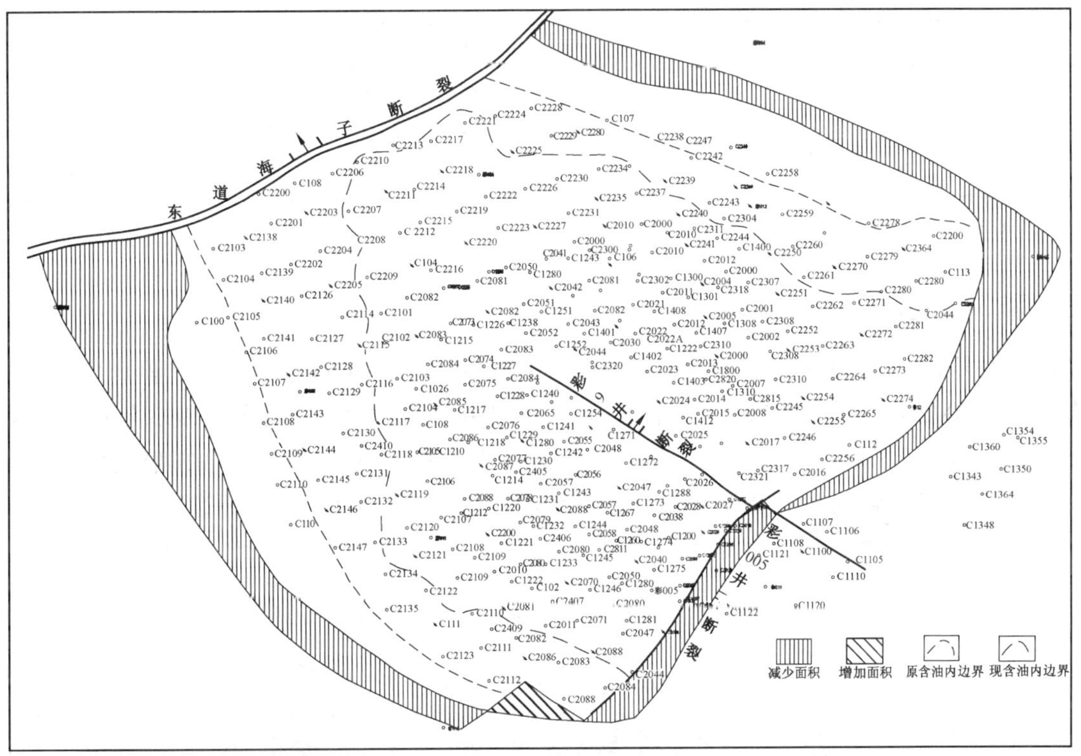

图 1−26　彩 9 井区西山窑组油藏含油面积变更图
（新疆油田分公司勘探开发研究院编制，2002 年 7 月）

2003 年 7 月，朱亚婷、杨玉珍等人编写了《彩南油田彩 9 井区三工河组油藏储量核算报告》，计算结果及其变化见表 1−14。储量减少的原因是含油面积减少了 0.5m²，有效厚度减少了 1.9m，使储量减少了 325×10⁴t，由于标定采收率由 35% 提高至 58%，可采储量增加了 137.7×10⁴t。

表 1−14　彩南油田彩 9 井区三工河组储量参数对比表

对比年份	含油面积 km²	有效厚度 m	有效孔隙度 %	含油饱和度 %	原油密度 g/cm³	体积系数	石油 地质储量 10⁴t	石油 可采储量 10⁴t	溶解气 地质储量 10⁸m³	溶解气 可采储量 10⁸m³
1996 年复算	12.1	13.7	21	60	0.826	1.22	1414	494.9	13.57	4.75
2003 年核算	11.6	11.8	20	59	0.826	1.22	1089	632.6	10.45	6.23
对 比	−0.5	−1.9	−1	−1	0.000	0.00	−325	137.7	−3.12	1.48

注：摘自《彩南油田彩 9 井区三工河组油藏储量核算报告》，2003 年 12 月。

二、彩 8 井区

彩 8 井区侏罗系三工河组油藏由 C301 井区、彩 8 井区和彩 26 井区三个独立的油藏组成，发现时间为 1991 年 8 月，2002 年全部完钻开发井 8 口。2002 年 12 月，准东厂研究所张品雁、谭文东等人编写了《彩 8 井地区侏罗系三工河组油藏新增石油探明储量报告》。经计算上报 I 类探明储量为 73×10^4t（表 1–15）。

表 1–15　彩 8 井区侏罗系三工河组油藏储量参数表

井区	储量类别	含油面积 km^2	有效厚度 m	有效孔隙度 %	含油饱和度 %	原油密度 g/cm^3	体积系数	原油储量		溶解气储量	
								地质储量 10^4t	可采储量 10^4t	地质储量 10^8m^3	可采储量 10^8m^3
C301	I	0.5	7.4	15	57	0.848	1.166	23	6.2	0.19	0.05
彩 8	I	0.5	3.5	19	52	0.848	1.166	13	3.4	0.1	0.03
彩 26	I	1.3	3.9	17	59	0.848	1.166	37	10.0	0.3	0.08
合计	I	2.3	—	—	—	—	—	73	19.6	0.59	0.16

注：摘自《彩 8 井地区块侏罗系三工河组新增探明石油储量报告》，2002 年 12 月。

三、彩 31 井区

1992 年 6 月彩 17 井完井后，于侏罗系西山窑组 2486.5 ～ 2494.5m 井段试油，经压裂改造，3.5mm 油嘴获日产气 $5048m^3$，日产油 3.26t，从而发现了彩 17 井区西山窑组油气藏。1993 年在该区块部署并完成三维地震 $135km^2$，1997—1999 年相继钻探了彩 31 井、彩 34 井，经试油均在西山窑组获工业气流。1999 年 10 月上交控制含气面积 $29.9km^2$，天然气地质储量 $72.8\times10^8m^3$（图 1–27）。

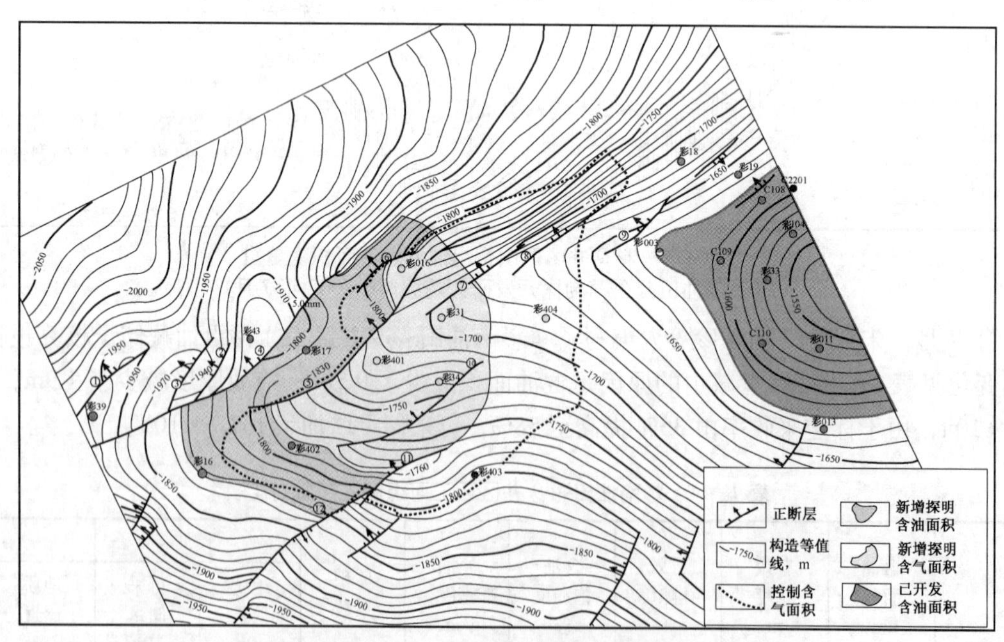

图 1–27　彩 31 井区勘探历程图
（新疆油田分公司勘探开发研究院编制，2002 年 12 月）

2002 年 12 月，在新增 3 口评价井（彩 402、彩 403、彩 404），取心进尺 59.98m，收获率 100%，试油 4 井 10 层（其中油层 3 层、气层 2 层、气水层 1 层、水层 4 层）等资料基础上，由勘探开发研究院、准东厂研究所徐新会、张有平等人编写了《彩南油田彩 31 井区西山窑组新增石油、天然气探明储量报告》，确定了该区的探明储量（表 1—16）。

表 1—16 彩 31 井区西山窑组油藏油、气储量参数表

油气项	储量类别	含油气面积 km²	有效厚度 m	孔隙度 %	含油气饱和度 %	原油密度 g/cm³	体积系数	石油地质储量 10^4t	气顶气地质储量 10^8m³	溶解气地质储量 10^8m³	石油可采储量 10^4t	天然气可采储量 10^8m³
气顶	Ⅱ	11.8	9.8	14	66	—	0.00485	—	22.01	—	—	16.51
油环	Ⅱ	10.7	13.2	14	56	0.84	1.24	747	—	25.55	179.3	6.13

注：摘自《彩南油田彩 31 井区块西山窑组新增石油、天然气探明储量报告》，2002 年 12 月。

四、彩 43 井区

2002 年 12 月，彩 43 井在三工河组 J_1s^{2-1} 的 2681 ～ 2685m 井段试油，5.0mm 油嘴，日产油 27.97t，日产气 2630m³，从而发现了彩 43 井区块侏罗系三工河组油藏。2003 年对井区三维地震资料进行了重新处理，重新落实了构造，并部署开发试验井 3 口，新增取心 1 口井（C1500），新增试油 3 井 4 层，其中油层 2 井 2 层，水层 1 井 2 层。2003 年 12 月，由中油新疆研究院、准东厂研究所何周、曹新峰等人编写了《彩南油田彩 43 井区侏罗系三工河组新增探明石油储量报告》。计算并上报了彩 43 井区三工河组Ⅱ类探明石油储量（表 1—17、图 1—28）。

表 1—17 彩 43 井区侏罗系三工河组油藏储量参数表

储量类别	含油气面积 km²	有效厚度 m	孔隙度 %	含油气饱和度 %	体积系数	原油密度 g/cm³	石油		溶解气	
							地质储量 10^4t	可采储量 10^4t	地质储量 10^8m³	可采储量 10^8m³
Ⅱ	1.4	7.8	14	59	1.22	0.837	62	16.1	0.58	0.15

注：摘自《彩南油田彩 43 井区块侏罗系三工河组新增探明石油储量报告》，2003 年 12 月。

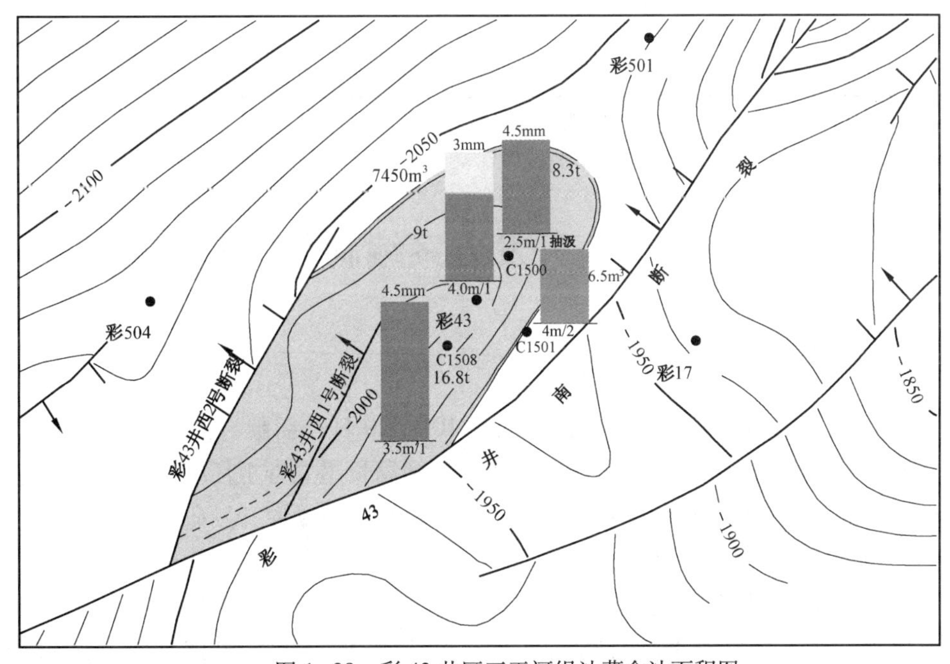

图 1—28 彩 43 井区三工河组油藏含油面积图
（新疆油田分公司勘探开发研究院编制，2003 年 12 月）

第二章

开发部署与调整

彩南油田是准噶尔盆地腹部按“两新三高”（新体制、新技术、高速度、高水平、高效益）指导方针开发的第一个整装沙漠油田。投入开发的有侏罗系三工河组和西山窑组两套层系，动用含油面积 $66.2km^2$，动用石油地质储量 5059×10^4t。在开发过程中，适时采取了井网加密、封隔边底水、合理注水、调整注采对应关系、CDG 调驱等措施，使彩南油田实现了高产稳产。截至 2005 年底，累计产油 1596.4×10^4t，采出程度 31.5%，综合含水 72.7%（表 2–1）。

表 2–1　彩南油田各开采单元开发概况表

开采单元	开采层位	发现时间	开发时间	动用含油面积 km^2	动用地质储量 10^4t	可采储量 10^4t	2005 年产油 10^4t	累积产油 10^4t	采油速度 %	采出程度 %	综合含水 %	气油比 m^3/t
彩 9	J_1s	1992 年 6 月	1993 年	13.6	1215	677	26.87	489.9	2.2	40.3	75.5	158
	J_2x	1992 年 4 月	1993 年	28.5	2311	720	10.93	464.5	0.5	20.0	79.8	229
彩 10	J_1s	1991 年 8 月	1993 年	6.5	799	434	20.13	394.3	2.5	49.3	71.3	130
	J_2x	1992 年 4 月	2003 年	8.7	120	39	2.65	24.3	2.2	20.3	53.0	220
彩参 2	J_1s	1991 年 5 月	1993 年	3.5	447	273	11.77	216.0	2.6	48.3	70.0	144
	J_2x	1992 年 4 月	2002 年	1.7	32	10	1.55	6.4	4.8	20.1	34.8	223
彩 43	J_1s	2000 年 8 月	2003 年	1.4	62	16	0.20	0.8	0.3	1.2	71.5	204
彩 8	J_1s	1991 年 8 月	1996 年	2.3	73	20	0.11	0.4	0.2	—	77.8	186
油田合计				66.2	5059	2188	74.20	1596.4	1.5	31.6	72.7	211

注：(1) 依据中国石油新疆油田分公司中心数据库数据资料编制。
(2) 表中彩 9 井区含彩 007 井区，彩 10 井区含彩 009 井区。

第一节　开发方案编制与实施

一、开发方案编制

1991 年 5 月，彩南油田第一口探井出油。同年 10 月 20 日，新疆石油管理局在准东石油基地召开彩南油田开发概念设计研讨会并成立领导小组，管理局副局长赵立春担任组长。小组下设地质、油藏工程、钻井工程、采油工艺、地面设计和经济评价 5 个专业组，由勘探开发研究院、钻井工艺研究所、油田工艺研究所、勘察设计研究院、准东勘探开发公司等单位着手彩南油田开发概念设计的编制。1992 年 1 月完成开发概念设计，同年 3 月通过了中国石油天然气总公司开发生产局的审查。

完成开发概念设计后，方案编制组建立了油藏三维地质模型，同时开展了油水层间隔夹层性质与分布、垂直与水平渗透率、边底水能量、补给速度、油水井产能及吸水能力、不同隔夹层条件下油井的临界生产压差等现场试验及研究。1992 年 9 月底，由孙川生、欧阳可悦、许树谦、武兆俊、王金泰、刘小凯、郭颖芳等编制了彩南油田开发方案的初稿，同年 10 月，由中国石油天然气总公司开发生产局组织专家组听取了方案汇报，最终于 1992 年 12 月 15 日获得通过。

（一）方案部署原则

按照中国石油天然气总公司提出的指导方针，根据彩南油田油藏地质特点，制定了 10 条开发原则。

（1）采用总体部署、分步实施的开发程序，井网设置西山窑组一次到位，三工河组采用较稀井网，同时两套井网要充分考虑后期调整和交换，留有较大灵活性。将油田高产主力区优先投入开发，配套建成 100×10^4t/a 生产能力。西山窑组外围低产区暂不开发，作为油田稳产接替区，根据需要逐年动用，以确保油田有较长时间的稳产期。

（2）油田要实现高速开采，力争一次投资能采出较多的可采储量，同时要求采出可采储量 40%，含水 60% 前保持稳产 5 年。

（3）三工河组油藏充分利用弹性水压驱动天然能量进行开采。分区优化注入时机，延长无水和低含水采油期，早期尽可能延长自喷开采，以获得较高的采收率。西山窑组立足于早期合理有效注水，保持地层压力下开采。

（4）针对三工河组底水油藏特点，除充分利用好天然能量和有限的隔夹层作用外，根据不同井的情况，分别制定射孔原则和合理工作制度，防止底水过早锥进，有效控制含水上升速度，尽可能在保持临界速度下开采，充分发挥油井生产潜力，实现较高速度开采。

（5）针对西山窑组存在垂直微裂缝的可能性，井网部署要适应防止注入水过早沿裂缝发生水窜，注水井在射孔排液时不宜采用压裂方式投产，即使采用挤油投产，也要适当控制规模，以避免造成垂直裂缝而影响水驱效果。

（6）针对沙漠油田特点，在地面条件较差地区，选择部分丛式井。同时在钻井过程中搞好井控及油气层的保护，简化井身结构，不下技术套管，缩短建井周期，节约投资，提高效益。

（7）地面工程建设以火烧山油田为依托，充分利用已建成的 150×10^4t/a 原油处理装置和水电配套工程，适应沙漠特点，尽量简化油气水地面集输和电力系统，油田生产监测因地制宜实现自动化管理，地面设计各项工程尽可能减少材料和能耗，以降低投资成本。

（8）采油工艺搞好防砂和清蜡工作，尽量减少井下作业量，力争做到自喷期不作业，转抽后 600 天不检泵，自喷期采用调节油嘴保持稳产，上抽后用调整抽油机生产参数或增加生产压差实现稳产。在搞好西山窑组油层整体压裂改造的同时，需防止裂缝水淹水窜。

（9）油田实行新的管理体制和办法，不建采油厂，采用作业区模式实行专业化管理，尽量减少一线工作人员。

（10）引进新的经营机制，全面推行项目管理，建立甲乙方合同制，从 1992 年开发建设起从钻井到地面建设，建立监督约束机制，对成本进行控制，提高经济效益。

（二）开发方案部署

（1）开发层系划分：考虑到三工河组油藏油层有效厚度 15m，层内压力、流体及储层性质相近，采用一套井网开发。西山窑组与三工河组之间发育约 100m 厚的稳定泥岩，储层性质和驱动类型与三工河组油藏有较大差别，且油藏油层有效厚度达 12.8 ～ 14.5m，采用另一套井网进行开发。

（2）开采方式优选：研究表明，三工河组油藏水体分布较广，边底水体积为油体积的 26.5 ～ 60.7 倍，水体能量充足。基于这种情况，确定三工河组油藏彩 10、彩参 2 及彩 009 井区生产初期利用一部分天然能量，少注水、晚注水，甚至不注水；彩 9 井区水驱能量的补给不如彩参 2 和彩 10 井区，在与西山窑组井网重叠部位立足于注水开发，注采比暂控制在 0.6 ～ 0.8 范围内；外围地区边底水能量也较充足，暂不考虑注水，以后视地层压力变化情况进行调整。

西山窑组油藏彩9井断鼻区饱和程度高，无边底水存在，油藏驱动类型主要为溶解气驱动，采取早期注水保持地层压力开采。

（3）注采井网设计：彩南油田油层非均质程度较高，采用面积注水方式，开发初期选择反九点法注采井网，油井含水达40%后逐步调整为五点法注采井网。根据油藏不同特点，西山窑组采用井距300m×425m一次到位，三工河组因储层渗透率较高，先选择井距425m×600m进行开发，两套井网错开呈45°角。

（4）注水时机选择：三工河组油藏边底水驱动能量充足，确定在地层压力等于或略低于饱和压力时（相当于原始地层压力0.7～0.8倍）开始注水；西山窑组油藏立足于早期注水。

（5）采油速度设计：三工河组和西山窑组油藏稳产初期单井产油量定为20～25t/d和10t/d，稳产期采油速度分别为3.0%和2.0%。

（6）注采压力系统配置：三工河组油藏初期生产压差选择0.8～1.0MPa，利用天然能量开采1～2年，地层压力降到18.0～19.0MPa前注水。油井含水后，生产压差逐步放到3.3MPa；西山窑组油藏初期生产压差根据产能需要按1.0～1.5MPa设计，注水井井口注入压力不超过2.5MPa，以保证不超过油层破裂压力和发生注入水沿裂缝水窜。油井含水40%后，注采总压差允许放大到9.4MPa左右。

（7）射孔原则的制定：提交射孔井段按井组进行，射孔井段底界距油水界面一定距离，夹层发育不好的井，射孔底界至少控制在油水界面8m以上；油井射孔程度控制在0.3～0.45之间，连续射孔厚度控制在5m以内；采用无电缆油管传输或降低液面负压射孔。

（8）部署结果及指标预测：共设计油水井226口（采油井178口，注水井48口），利用老井11口，需钻新井215口，钻井进尺52.81×10^4m，动用含油面积34.2km^2，动用地质储量4246×10^4t，其中三工河组油水井142口（采油井113口，注水井29口），设计单井日产油量20～25t，前两年利用天然能量开采，年产油量91.5×10^4t，采油速度3.0%；前五年平均年产油量81.9×10^4t，平均年注水量194.0×10^4m。开采15年，预计含水达88.5%，经济极限采收率可达到35%左右；西山窑组设计油水井84口（采油井65口，注水井19口），设计单井日产油10t，开发前五年平均年产油量19.5×10^4t，采油速度为1.96%，平均年注水量29.3×10^4m^3，开采15年，预计含水达85.4%，经济极限采收率可达到32%。两套层系合计前五年平均年产油量为101.4×10^4t，年采油速度为2.4%，开采15年，预计含水达87.9%时，经济极限采收率可达34%（表2-2）。

表2-2 彩南油田开发方案主要指标

井区	层系	地质储量 10^4t	含油面积 km^2	井网井距 m×m	井数，口			需钻新井口	钻井进尺 10^4m	单井日产油量 t	区日产水平 t	年产能力 10^4t	采油速度 %
					总井数	油井	水井						
彩009	J_1s	256	2.8	反九点法 300×425	9	8	1	8	1.96	20	160	4.8	1.9
彩007	J_1s	146	3.5	反九点 300×425	14	11	3	13	3.19	20	220	6.6	4.5
彩10	J_1s	1154	9.6	反九点 400×560	32	24	8	30	7.35	25	600	18.0	1.6
彩参2	J_1s	578	4.0	斜反九点 350×500	34	30	4	32	7.97	25	750	22.5	3.9
彩9	J_1s	1115	14.3	反九点法 425×600	53	40	13	51	12.50	25	1000	30.0	2.7
	J_2x	997	9.5	反九点 300×425	84	65	19	81	19.60	10	650	19.5	2.0
合计	—	4246	34.2	—	226	178	48	215	52.81	19	3380	101.4	2.4

注：依据彩南油田各区块开发方案编制。

1993 年 6 月，为了满足国家对原油的需求，新疆石油管理局决定将原作为彩南油田稳产接替块彩 9 井区西山窑组外围提前投入开发，由欧阳可悦等编写的《彩南油田侏罗系西山窑组油藏未动用区开发布井意见》批准后付诸实施。布井范围以西山窑组 J_2x_2 砂层组顶界构造海拔 −1600m 为最大外边界，北东部以彩 012 井、C106 井、C1258 井外推 400m 井距，采用已开发区 300m × 425m 反九点面积注水井网外推，共布油水井 135 口（采油井 103 口，注水井 32 口），设计单井日产能力 10t，年产油能力 30.9 × 10^4t，初期单井日注水 45m^3，年注水量 52.56 × 10^4m^3。1994 年实施过程中，为确保产能到位，又在彩 9 井区以东的西山窑组增布 19 口扩边井，设计年产能力 2.3 × 10^4t。同年在彩 9 井区三工河组彩 9 井断裂以北地区增布 8 口井加深至 $J_1s_2^6$ 油层，生产 $J_1s_2^5$—$J_1s_2^6$ 后上返进行加密试验，设计年产能力 4.8 × 10^4t。以上三次共增布开发井 162 口，设计年产能力 38.0 × 10^4t。

二、开发方案实施

方案于 1993 年 1 月开始实施，至 1994 年底共完钻新井 365 口，总进尺 90.47 × 10^4m，利用老井 23 口，共建成产能 139.4 × 10^4t/a。其中三工河组油藏井网油水井总数 143 口（采油井 114 口，注水井 29 口），建成产能 69.71 × 10^4t/a；西山窑组油水井总数 245 口（采油井 186 口，注水井 59 口），建成产能 69.69 × 10^4t/a。方案实施后最高年产油量达到 150.33 × 10^4t，采油速度达到 2.9%，超过设计产能。

1995 年 8 月，中国石油天然气总公司领导和专家组成的后评估团对彩南油田的开发建设进行了后评估，给予该建设项目高度评价，被总公司誉为范例油田。

第二节 开发调整

彩南油田在开发方案的实施过程中，对井网偏稀储量动用不够充分的区域进行了井网加密调整。

一、三工河组油藏调整方案与实施

1995—1996 年，在彩 9 井区北部 C1279 井组利用 C1402、C1403、C1405 等井上返三工河组主力油层，将原 425m × 600m 井距变为 300m × 425m 井距，进行加密井网开采试验。试验结果表明，只要采取合理的注采比，井组采油速度可提高 0.5% ~ 0.8%，含水上升率下降 0.5%，油井生产情况良好。之后三工河组油藏在综合含水 40% 以前实施了三次井网加密（表 2−3）。

表 2−3 彩南油田三工河组油藏三次加密产能设计与实施情况对比表

加密轮次	区块	层位	方案设计			方案实施			产能到位率 %
			生产井数 口	单井产量 t/d	年产能力 10^4t	投产井数 口	单井产量 t/d	建成产能 10^4t/a	
第一次加密	彩 10	J_1s	7	15	15.15	7	16	15.5	102
	彩 9	J_1s	22	15		22	16		
第二次加密	彩 10	J_1s	16	15	7.2	16	20	9.6	133
第三次加密	彩 10	J_1s	5	15	6.75	5	20	9.0	133
	彩参 2	J_1s	9			9			
	彩 9	J_1s	1			1			

注：依据彩南油田三工河组油藏历年加密调整方案和新疆油田分公司中心数据库数据资料编制。

第一次加密为1996年12月至1997年5月，由勘探开发研究院王展旭、祝芸等编写了《彩南油田彩9井区与彩10井区三工河组油藏加密布井意见》，部署加密井29口（直井27口，水平井2口），井距由425m×600m加密到300m×425m，设计直井单井产量15.0t/d，水平井50.0 t/d，年产能力15.15×10^4t。方案当年全部实施完毕，达到设计产能，加密后彩9和彩10井区三工河组采油速度分别提高0.9%和3.8%。

第二次加密2000年2月开始，彩南油田作业区沈楠、唐东等编写了《彩南油田彩10井区三工河组油藏加密布井意见》，共部署加密井16口，井距由400m×560m加密为280m×400m，设计单井产量15.0t/d，新建产能7.2×10^4t/a。方案当年完成，钻井成功率93.3%，建成产能9.6×10^4t/a。

第三次加密为2001年2月，沈楠、唐东等编写了《彩南油田彩10、彩参2井区三工河组油藏加密布井意见》，共部署加密井15口，设计产能6.75×10^4t/a，当年全部完成，建成产能9.0×10^4t/a。

二、西山窑组油藏调整方案与实施

1999年3月由彩南作业区李兴训、勘探开发研究院刘顺生、朱亚婷等编写的《彩9井区西山窑组油藏试验区加密调整布井方案》获局审查通过。加密调整分两轮进行，第一轮在油藏东北部面积约10km^{2}的试验区（试验区储量占油藏地质储量的17.7%）及井网不完善的地区部署加密井22口，设计单井产能8t/d，年产能力5.3×10^4t。方案全部实施，达到设计产能的有8口，未达设计产能的14口(其中水淹井6口)，建成产能2.9×10^4t/a。加密调整后试验区井网由300m×425m反九点井网转为行列注水，井排距212m。彩9井区西山窑组油藏1995年产量达到高峰（72.6×10^4t），1998年开始产量递减加剧。

1999年7月，朱亚婷、沈楠等编写了《彩9井区西山窑组油藏第二轮加密调整部署意见》。根据第一轮加密随钻跟踪情况，认为宜采用不规则加密方式，在井距较大的部位部署加密井13口，设计单井能8.0t/d，年产能力3.1×10^4t。实施7口，6口井达到设计产能，1口水淹，建成年产能力1.4×10^4t。

第三节　油田动态监测

彩南油田在开发过程中，利用先进的测井技术装备，对油井的产液剖面、注水井的吸水剖面、油水井的压力、井下技术状况、流体性质等进行监测，为科学开发油田提供了依据。

一、监测方案

1995年底，两套层系开发井网初步形成，动态监测进入系统化、日常化管理。2001年11月，依据中国石油天然气集团公司勘探与生产分公司《油藏动态监测管理条例》，彩南油田作业区编制了《“十五”期间彩南油田动态监测方案》，确定监测项目6项：油、水井地层压力监测；油井产液剖面监测；注水井吸水剖面监测；油、水井系统试井；流体性质监测及井下技术状况监测。监测井网井点采取固定井点控制，监测项目和测试密度按照新油开[1999]9号《新疆油田动态监测资料录取规定》要求确定(表2–4)。

二、压力监测

油田开发初期，试井工作以机械压力计进行压力恢复和压力降落测试。1995年，存储式电子压力计替代了机械压力计，2000年高精度电子压力计开始应用。“九五”和“十五”期间累计录取压力资料3303井次（表2–5)。

表 2–4　彩南油田“十五”油藏动态监测系统方案汇总表

监测内容		油井，口		注水井口	测试井数，口			测试率%	布井方式	测试密度
		自喷	抽油		自喷	抽油	注水井			
油井地层压力		34	378	74	15	70	—	20.6	点状	半年
注水井地层压力		34	378	74	—	—	36	48.6	点状	半年
油层温度		34	378	74	11	70	—	19.7	点状	半年
产出剖面		34	378	74	8	37	—	10.9	点状	一年
吸水剖面		34	378	74	—	—	28	37.8	点状	一年
流体	原油全分析	34	378	74	5	55	—	14.6	点状	年
	PVT	34	378	74	1	—	—	0.2	点状	一年
井下技术状况	出砂（井径）	34	378	74	—	4	—	1.0	点状	一年
	时间推移测井	34	378	74	—	—	2	2.7	点状	一年
系统试井	采油井	34	378	74	—	6	—	1.5	点状	一年
	注水井	34	378	74	—	—	9	12.2	点状	一年

注：依据新疆油田分公司中心数据库数据资料编制。

表 2–5　历年压力监测工作量汇总表

分项	“九五”监测方案	实际测试井次					“十五”监测方案	实际测试井次					合计
		1996 年	1997 年	1998 年	1999 年	2000 年		2001 年	2002 年	2003 年	2004 年	2005 年	
油井地层压力	140	156	171	213	201	238	170	252	239	326	296	295	2387
水井地层压力	32	32	60	61	62	81	72	82	80	99	103	121	781
油井系统试井	10	6	6	3	2	3	6	0	2	4	4	3	33
水井系统试井	11	10	14	10	11	10	9	10	4	11	11	11	102

注：依据新疆油田分公司中心数据库数据资料编制。

三、产液、吸水剖面监测

自喷井产液剖面监测自 1993 年起采用 DDL—Ⅲ七参数数控测井系列，2003 年开始使用 EXCELL–2000 测井系列。该测井系列中连续流量计组合测井仪增加了持气率仪，能准确探测油井产出物中气的含量，为三相解释提供准确的基本数据。应用了笼式全井眼流量计，提高了对井下流体的覆盖面积，并采用了霍尔传感器来感应流量的变化，比以往的流量计测量精度有所提高。

抽油井产液剖面监测应用环空测井技术，地面仪器主要采用 SD–2 和 JC535、JS535、SGX3A 等数控测井系统，井下仪器相继引用江汉油田研制的 JLS–ϕ25 和 JS92–V、SX–23DB 系列，成为油田抽油井环空测试的主要测试仪器。

从投入开发至 2005 年，累计测试产液剖面 567 井次，其中环空产液剖面 375 井次，自喷井产液剖面 192 井次（表 2–6）。

注水井吸水剖面测试主要采用连续流量计测井和放射性同位素载体法测井。连续流量计测井 1996 年起采用 DDL–Ⅲ数控系统，2002 年后陆续使用 EXCELL–2000 测井系统。2002 年以后采用了放射性同位素载体法，同位素由 ^{131}Ba 改用 ^{113m}In，其颗粒的粒径随储集层物性及注入量的高低进行选择，且半衰期为 99.8 分钟，使环境污染降到最低。

自 1995 年以来全油田累计测吸水剖面 474 井次（表 2–7）。

表 2–6　历年产液剖面工作量汇总表

分项	“九五”监测方案	实际测试井次					“十五”监测方案	实际测试井次					合计
		1996 年	1997 年	1998 年	1999 年	2000 年		2001 年	2002 年	2003 年	2004 年	2005 年	
自喷井	39	40	39	33	25	24	8	15	9	4	3		192
抽油井	5	7	13	16	21	23	37	37	52	54	66	86	375
合计	44	47	52	49	46	47	45	52	61	58	69	86	567

注：依据新疆油田分公司中心数据库数据资料编制。

表 2–7　历年吸水剖面工作量汇总表

分项	“九五”监测方案	实际测试井次					“十五”监测方案	实际测试井次					合计
		1996 年	1997 年	1998 年	1999 年	2000 年		2001 年	2002 年	2003 年	2004 年	2000 年	
同位素	—	48	45	30	32	47	—	52	46	36	41	37	414
流量计	—	3	6	1	8	—	—	2	4	8	8	20	60
合计	16	51	46	27	32	47	28	54	50	44	49	57	474

注：依据新疆油田分公司中心数据库数据资料编制。

四、工程测井

套管质量监测使用的测量仪器有 36 臂井径仪、40 臂井径仪及高精度 40 臂井径仪，每年监测 2 ~ 3 井次。

管外窜漏监测应用放射性同位素测井及连续流量计测井两种方法。

至 2005 年，累计工程测井 122 井次，其中微井径 27 井次，校深 16 井次，固井质量检查 76 井次，其他 3 井次（表 2–8）。

表 2–8　历年工程测井工作量汇总表

分项	“九五”监测方案	实际测试井次					“十五”监测方案	实际测试井次					合计
		1996 年	1997 年	1998 年	1999 年	2000 年		2001 年	2002 年	2003 年	2004 年	2005 年	
微井径	—	5	4	2	2	1	—	—	3	2	4	4	27
校 深	—	—	—	—	—	—	—	—	—	7	5	4	16
固井质量	—	2	2	1	1	6	—	5	5	24	21	9	76
其 他	—	—	—	—	—	—	—	1	—	—	1	1	3
工程测井	6	7	6	3	3	7	6	6	8	33	31	18	122

注：依据新疆油田分公司中心数据库数据资料编制。

五、储层剩余油饱和度测试

2003—2004 年，共进行了 3 井次的硼中子测井，利用注硼前后测井曲线的差异评价地层的可动水含量和剩余油的分布状况。

2002 年，采用过套管地层电阻率与裸眼电阻率的幅度差值的分析方法，对储层水淹状况、剩余油饱和度作出评价，至 2004 年共进行了 5 井次的测井（CHFR）。

以 C1103 井为例，2002 年 4 月 9 日进行 CHFR 测井，测前日产液 44.6t，含水 85.6%，CHFR 测量

结果（图 2−1）显示，三段射孔井段的下部两处射孔段 CHFR 电阻率明显低于裸眼井电阻率，而上部射孔段 CHFR 电阻率与裸眼井电阻率相当。据测试结果分析：中、下两射孔段已被水淹，顶部的射孔段中、下半部分也有水淹显示，上半部分含油饱和度依然较高，在射孔段的以上部位还有未动用的层段。

解释的结论与生产动态、油藏研究的结果一致，经产液剖面资料证实，结论准确。据此采取了封隔措施，将 2358.0m 之下的射孔段进行封隔，在其上的 2340.0 ～ 2343.0m 井段补孔作业，措施后日产油 33.5 t，含水率 4.1%。

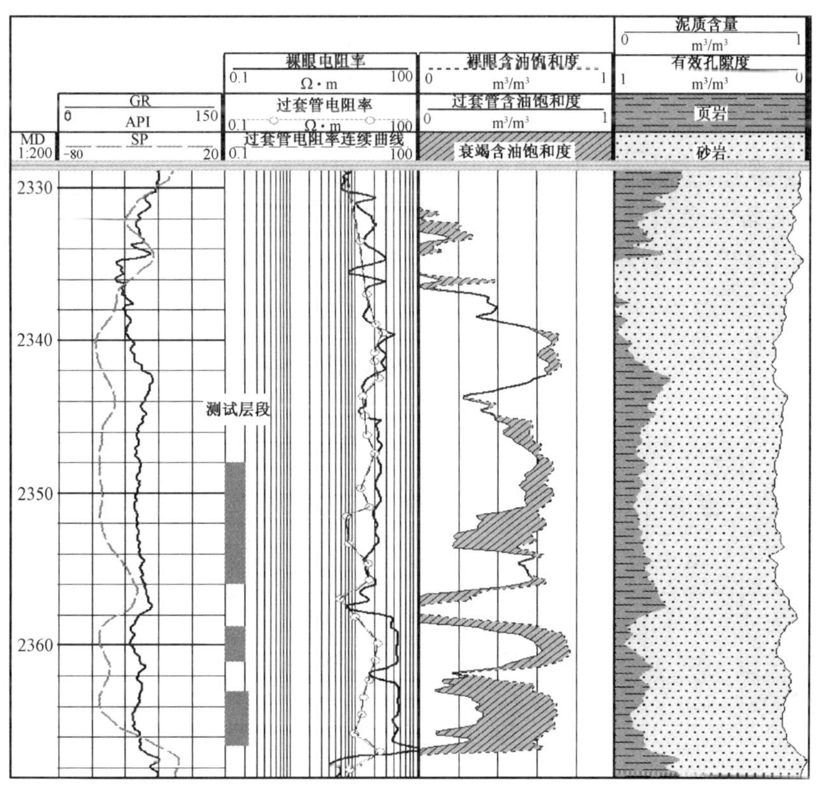

图 2−1　C1103 井 CHFR 测量分析结果
（新疆石油管理局测井公司编制，2002 年 4 月）

六、油气水分析监测

原油分析采用抽提法分析原油中硫、蜡、胶质、沥青质的含量和原油的密度、凝固点，采用逆流式毛细管黏度计进行黏度分析。

含水分析初期采用蒸馏法，开发中后期原油含水方式以游离水为主，配套采用离心法。氯离子、矿化度等性质分析采用络合滴定法和中和滴定法。

天然气分析初期应用 SC−4 和 SC−7 气相色谱仪，2002 年起应用工作站式的全自动 SP−3400 气相色谱仪，分析甲烷、乙烷、丙烷、丁烷、戊烷、H_2S、CO_2 等组分。

第四节　开发过程控制

为了对彩南油田开发过程实施有效控制，针对开发过程中暴露出来的矛盾，采取了一系列措施，保证了油田年产油量连续 10 年（1994—2003 年）在 100×10^4t 以上运行，实现了高效开发。

一、压力控制

（一）三工河组投（转）注

按照方案部署，1995—1997年，先后在彩9井区北部小井网试验区、南部油藏高部位及彩参2井区高部位投注了5口井。投注后，对隔层好、射孔底界距油水界面较远的注水井采用0.4～0.6的注采比，无隔层注水井点采用0.2～0.4的小注采比，保持油藏边部与中部有一合理的压差（约0.5/0.7MPa），既发挥底水的作用，又不致因边部与中部压差过大，导致边水向油藏中部快速侵入。

2003年3月，根据彩10井区采液速度持续攀升的状况，分别在油藏低压区转注3口油井，以弥补地层能量的不足。通过注水，井组周围亏空得到一定程度的补偿，部分油井液量趋于稳定。

2004年，彩南油田作业区编制了《三工河组油藏注水方案》，加大了三工河组转注工作力度。至2005年底，转注总井数达到26口，油藏全面转入水驱开发。

通过加强注采管理，合理配注，三工河组油藏压力不断下降的状况逐步得到遏制，由1998—2001年平均下降0.44MPa转为基本不降，压力保持程度由2002年的81.6%缓慢回升为2005年的82.1%（表2–9）。

表2–9　三工河组油藏历年地层压降速度统计表

时间	彩9井区			彩参2井区			彩10井区			全油田		
	注采比 %	地层压降 MPa	压力保持程度 %	注采比	地层压降 MPa	压力保持程度 %	注采比	地层压降 MPa	压力保持程度 %	注采比	地层压降 MPa	压力保持程度 %
1997年	0.23	0.42	89.4	0.23	−0.02	89.4	0.00	0.06	91.4	0.16	0.15	90.1
1998年	0.21	0.56	86.8	0.31	0.27	88.2	0.00	0.41	89.5	0.16	0.41	88.2
1999年	0.20	0.15	86.1	0.32	0.23	87.1	0.00	0.57	86.9	0.15	0.32	86.7
2000年	0.22	0.38	84.4	0.31	0.32	85.7	0.00	0.64	84.0	0.15	0.45	84.7
2001年	0.31	0.54	81.9	0.27	0.88	81.6	0.00	0.35	82.4	0.18	0.59	82.0
2002年	0.25	0.11	81.4	0.38	0.09	81.2	0.00	0.02	82.3	0.18	0.07	81.6
2003年	0.40	−0.41	83.3	0.50	0.30	79.8	0.00	0.04	82.1	0.35	−0.02	81.7
2004年	0.50	0.00	83.3	0.64	−0.41	81.7	0.21	0.11	81.6	0.47	−0.1	82.2
2005年	0.52	0.01	83.2	0.64	0.05	81.5	0.32	0.03	81.4	0.47	0.03	82.1

注：依据新疆油田分公司中心数据库数据资料编制。

彩9西山窑组油藏1993年投入开发同时投注，但地层压力依然快速下跌至1997年的13.71MPa。之后由于采液量逐步下降，相对注采比的提高，地层压力逐步回升到2005年的18.16MPa，压力保持程度由64.5%提高到85.4%。

全油田从1997年到2005年，月注采比由0.59逐渐提高到1.01，累计注采比由0.35上升到0.50，油田的年注水量由144×10^{4}m^{3}提高到257×10^{4}m^3，储层能量得到补充，地层压力下降趋势得到遏制，2002年后逐年回升。

（二）西山窑组优化注水，合理调控

1992年开始，根据对彩9井区西山窑组油藏裂缝发育情况的研究结果，制定了“注采同时，初期温和，内高外低，随时调整”的注水开发政策。油藏月平均注采比由初期的0.5左右逐步上提至1.1，并根据油藏不同部位的不同情况区别对待。在裂缝比较发育或有一定边底水的地区以0.8注采比注水，并适当控制采油速度；对仅在近井地带发育裂缝的油藏中部地区，采用1.0～1.2的注采比注水。

通过优化注水，83% 以上的油井见到注水效果，使油藏在连年高速开采的情况下（采液速度 3.5%，采油速度 2.8%），最大限度地遏制了地层压力的快速下降和含水的快速上升。

二、含水控制

（一）堵水

针对西山窑组水窜水淹比较严重的情况，从 1995 年开始着手研究适合其地质特征的堵水工艺，至 2005 年共实施 93 井次，有效 28 井次，累计增产原油 9200t，堵水井平均含水由措施前 93% 下降到 88%，措施有效率 30%，效果不理想。

针对三工河组油藏部分油井含水过快上升严重影响油井产能发挥的情况，根据隔层发育特征和油水接触关系，从 1997 年至 2002 年 12 月采取机械隔水或与化学堵水结合的卡堵水措施共 129 井次，单井日增水平 3.0 ~ 6.5t，累计增油 31.74×10^4t，使措施井的平均含水率由隔水前的 67.9% 下降到隔水后的 4.8%，提高了措施井的产能，有效地控制了整个油藏的含水上升速度，延长了中低含水采油期。之后由于油水界面的上升，此类措施锐减。

（二）分层注水

1995 年，针对西山窑组油藏高速开采过程中水窜水淹严重、层间矛盾突出的问题，当年对 5 口注水井采用液力投捞分注工艺进行分注，分注级别有一级两层和两级三层，有效率 100%，明显见效油井 15 口，见效油井含水率由分注前 29% 下降到 20%。2002 年对油藏南部主力生产区油井见效差的 6 个井组采取分注措施，扩大了注水波及程度，降低了油井含水。截至 2005 年底，共分注 30 口井，分注程度为 30.6%。

（三）化学调剖和调驱

1996 年西山窑组注水井首次采用 50 ~ 100m^3 的注剂量进行调剖 5 井次，实施后没有改变剖面的吸水状况。1997 年实施 500m^3 堵剂、胶质水泥封口剂和黏土絮凝体系的调剖试验 12 口井，有效率 100%，较好地改善了注水井吸水剖面。

1999 年，根据对国内外同类油藏 CDG 调驱试验的调研及勘探开发研究院室内实验的结果。在彩参 2 井区三工河组开展 CDG 深度调驱先导试验 2 个井组，9 口油井见效，日增油 30t。随后彩 9、彩 007 井区三工河组油藏实施了 6 个井组，全部见效，日增油 27.9t。

CDG 凝胶调驱试验结果显示，尽管增油明显，但注水井吸水剖面不均的状况没有改善。2000 年对配方及工艺做了适当调整，对吸水剖面不均的井，先注入一定量的调堵剂，再进行 CDG 深部调驱。在彩 9 井区实施 4 个井组，全部有效，吸水剖面较 1999 年有一定改善，油井见效 20 口，累计增油 7284t，日增油 36.1t。截至 2005 年底，共进行 CDG 深部调驱 21 井组，为彩南油田的控水稳油起到了重要作用。

2001—2003 年三工河组油藏开展了聚合物驱先导试验，至 2003 年底，在彩参 2、彩 9 井区三工河组共实施 9 个井组，油井见效 35 口，累计增油 13274 吨。2004 年 3 月，经新疆油田公司开发处审查批准《彩南油田三工河组油藏聚合物驱先导性试验研究》项目现场实施方案，确定彩 9 井区聚合物驱油以连片、连续、分散建站、大注入量方式分批分步实施 9 个井组，设计连续注入 5 年（2004—2008 年），总注入量为 168.75×10^4m^3，加上 2003 年的注入量，平均注入井组 SG_2^2 层孔隙体积 0.36PV。

2004 年方案开始实施，截至 2005 年 12 月，彩 9 井区实施聚合物调驱 9 个井组，相关油井 53 口，累积注入微凝胶聚合物溶液 50.73×10^4m^3，注入孔隙体积 0.13PV，已有 41 口油井见效，表现出增油明显，有效期较长的特点。彩参 2 井区注入 6 个井组，彩 10 井区注入 4 个井组，累积注入微凝胶聚合物溶液分别为 24.42×10^4m^3 和 4.2×10^4m^3，注入孔隙体积分别为 0.15PV 和 0.02PV（表 2–10）。

表 2–10　三工河组油藏聚合物注入量统计表

时间	彩 9 井区			彩参 2 井区			彩 10 井区			合计	
	井组	注入量 10^4m^3	孔隙体积 PV	井组	注入量 10^4m^3	孔隙体积 PV	井组	注入量 10^4m^3	孔隙体积 PV	井组	注入量 10^4m^3
2003 年	5	11.71	0.04	4	9.84	0.06	—	—	—	9	21.55
2004 年	7	17.28	0.05	5	7.17	0.04	—	—	—	13	24.45
2005 年	9	21.74	0.04	6	7.41	0.05	4	4.2	0.02	19	33.25
小计	—	50.73	0.13	—	24.42	0.15	—	4.2	0.02	—	79.35

注：依据彩南油田 2003—2005 年开采地质年报编制。

三、递减率控制

为了有效地控制油藏递减，开展了提液、储层改造、补层回采、加密、长关井复产等多种措施，使油田综合递减率由 1998 年的 7.6% 降低到 2003 年的 4.8%。

（一）提液

1993—2003 年油田生产压差逐年放大，1993—1996 年，自喷井油嘴直径平均为 3.56mm，1998 年为 4.62mm，2000 年为 5.21mm；油井转抽后换大泵井也逐渐增多，ϕ44mm、ϕ56mm 泵径的井 1997 年分别为 13 口和 1 口，2000 年为 75 口和 6 口，2003 年最多时达 113 口和 24 口。三工河组油藏稳产初期合理生产压差为 0.8 MPa，采油速度定为 3%，加密和提液后，1999—2002 年间采油速度高达 4.3% ~ 4.4%，高于方案设计 0.6% ~ 1.8%。

（二）储层改造

储层改造主要是对西山窑组油藏实施压裂和酸化措施。彩 9 西山窑组油藏投产初期，油井普遍采用大强度（总液量 $100m^3$ 以上），高砂比（35% ~ 55%）压裂，取得了显著的增产效果，单井日产油量由压裂前的 2t 上升为 15t（3.5mm 油嘴生产）。但边部油井压裂后，自喷期短或无自喷期，含水上升快，产量下降快，原因是边部井射孔底界离油水界面较近，且与下部水层之间无良好隔层，较大压裂规模产生的高角度裂缝沟通了边底水。1995 年开始优化压裂设计，把边部井的压裂液用量、加砂量都限制在原设计要求的 65% 左右，实施后的油井生产均较正常，含水、产量稳定。

随着油藏开采地层压力降低，部分油井裂缝闭合，对于产能明显偏低且低含水的井实施压裂，至 2005 年共措施 87 井次，有效 72 井次，有效率 82.8%，有效井单井增油量 628t，累计增油量 4.52×10^4t。对于层间矛盾突出的油水井，采取分层改造提高油层动用程度，共实施 12 井次，增产原油 1.29×10^4t。

1995 年以来，西山窑组油藏共实施酸化 52 井次，有效 39 井次，有效率 75%，累计增油量 1.14×10^4t；注水井酸化增注 73 井次，增加注水量 $11.23 \times 10^4m^3$。以上措施对稳定和恢复地层压力减缓慢递减起到了积极作用。

（三）长关井复产

1998 年以后彩南油田水淹井长关井在 130 口左右，主要集中在西山窑组油藏。2000 年选择油藏有利部位，剩余地质储量较大，油水关系清楚井况良好的 3 口高含水井进行径向侧钻技术挖潜复产，有效 2 口井，累计增油 1.04×10^4t。其中 C2133 井作为油水过渡带侧钻试验井，2001 年 9 月 15 日开钻，10 月 5 日完钻，水平段长 65m，2001 年 10 月 22 日投产，稳定日产液 30t，日产油 15t，含水率 50%。截至 2005 年，通过措施共恢复长关井 42 口，累计增油 6.89×10^4t。

第三章

钻井与采油工程

第一节 开发钻井

1991年5月11日，准东钻井公司6049钻井队（队长朱勤俭、指导员张志扬）承钻的彩参2井完井试油，获工业油流，发现彩南背斜侏罗系三工河组油藏。1992年4月，又在彩002井，发现侏罗系西山窑组油藏。

彩南油田从1992年10月正式投入开发至1994年9月，历时两年，在彩2井区、彩9井区和彩10井区，共钻开发井383口，总进尺900686m。建成新疆石油管理局第一个百万吨级的整装沙漠油田。

从1997年开始，彩南油田进入调整期，分别采用扩边、直井、水平井、老井侧钻等技术，实施油田的调整、稳产。到2005年12月31日，彩南油田共钻直井633口，进尺1515975m，其中开发井587口，进尺1392510m；探井46口，进尺123465m。丛式井、水平井14口，进尺34621m；老井开窗侧钻井7口，进尺16529m。

彩南油田地面沙丘起伏，流沙厚度达300～500m；第三系与白垩系交界面为不整合，且交界面上下地层压力低、渗透率高，极易发生漏失；三工河组油藏为低压高渗，西山窑组油藏为低压低渗，油层保护难度大。通过对探井钻井资料认真分析研究和开发先期钻井试验，综合应用了沙漠油田钻井技术、近平衡压力钻井技术、屏蔽暂堵保护油气层技术、防漏及堵漏技术、喷射钻井和优选参数钻井技术、固控工艺技术、井控工艺技术、近平衡固井工艺技术、复合离子聚合物钻井液技术、井口小型工具自动化技术等成熟配套钻井技术。试验应用了沙漠丛式井等新技术。做到了优质、快速、安全钻井。新疆石油管理局钻井公司、准东公司、彩南指挥部共同完成的《彩南沙漠油田成套钻井技术》1994年获新疆维吾尔自治区科技进步二等奖（主要完成人：张洪生、杨龙、陈建国等）。

一、沙漠油田钻井

对钻井设备进行改造，将钻台和机泵设备及钻井液循环系统加盖防沙棚，将动力机空气过滤器由一级提高到二级；井口预埋9～10m防沙导管；在井场和驻地首次使用三合土垫层；钻机基础改为预制水泥条；利用沙层松散的特点，将鼠洞管两端加以改造，用水力冲沙的方法把钻鼠洞和下鼠洞管合为一道工序一次完成；选用高坂土含量、滤失量控制在10mL以内、适当黏度和切力的钻井液冲鼠洞和钻表层，解决了地表流沙层钻井坍塌的难题，表层施工时间缩短了一天，1993年获经济效益360万元。

二、复合离子聚合物钻井液

彩南油田油层的压力系数为0.93，但渗透率较高。现场使用复合离子聚合物FA−367、XY−27和SK−2配成的低密度钻井液，满足了近平衡压力钻井、电测、固井等工艺的施工，使电测一次成功率由72%提高到80%，井径扩大率由11%下降到6.4%，复杂时率由12%下降到6%，1993年获直接效益200万元。

三、喷射钻井和优选参数钻井

1993年在彩南油田全面推广应用喷射钻井、优选参数钻井技术，钻井泵压上三台阶（17 ~ 20MPa）的占80%，上二台阶（14 ~ 15MPa）的达100%，钻机月速平均提高了1400m/(台·月)，机械钻速平均提高了1.82m/h，节约成本2000万元。32845钻井队303天钻井26口，平均建井周期11.3天，全年完成钻井进尺62293m，创造了新疆管理局队年进尺的最高纪录。

四、储层保护

1993年，在彩南油田完钻的135口井中全部推广应用了屏蔽暂堵保护油气层技术。在钻入油层前50m在原钻井液的基础上，加入屏蔽暂堵剂轻钙2%、重钙1%、SAS3%、短棉绒1% ~ 2%等将钻井液转化为完井液，渗透率恢复值达到85%左右，防透失水由全失降至5mL，有效地保护了油层。

五、防漏、堵漏

彩南油田普遍存在井漏问题。1992—1993年，对于新近系与白垩系交界面上下（即350 ~ 650m左右）漏失，基本上采取以下工艺：发现井漏后强行钻进至漏失层以下50m左右，注水泥、提钻、换钻头、下钻。待水泥已胶结且强度尚未完全发挥时，将水泥塞钻掉，水泥堵漏一次成功率达到85%。其他井段则采取桥堵工艺，一次成功率达到72.5%。1993年获经济效益120万元。

调整井钻井阶段，全井采用防、堵漏工艺技术。即钻进漏失层前，在钻井液中加入级配合理的堵漏剂，不开振动筛，钻穿漏失层，然后再筛掉堵漏剂。后续钻井中如发生井漏，即采取桥堵工艺堵漏。

六、固控

所有钻机全部配备了振动筛、除砂器、除泥器三级净化设备，并制定了设备维修保养制度，各种设备的使用率达到了100%，使钻井液、完井液含砂量低于0.5%以下，保护了油层，降低了钻井泵易损件损耗。

七、井控

全部井队配备了液压防喷器及井口装置，制定了详细的井控技术措施，并狠抓落实，为近平衡压力钻井及漏失情况下的钻井提供了保障，1993—1994年未发生一次井喷事故。

八、井口小型工具

全部井队配备了动力头、液气大钳、电动小绞车或气动小绞车，缩短了辅助生产时间，保护了钻具，减轻了工人劳动强度，1993年获经济效益540万元。

九、简易套管头

针对彩南油田低压、易漏特征，推广应用了简易套管头。其特点是结构简单，使用方便，可满足油田井控技术和完井需要，取消完井前割焊井口的工作量，既保证了安全又提高了经济效益。

十、丛式井

1992—1994年，在彩南油田共钻3个丛式井组12口井。应用丛式井井身剖面三维空间轨迹设计方法，编制丛式井防碰扫描及待钻轨迹预测的计算机软件。选用增、稳、降斜钻具结构，使用有线随钻测斜系统，增强了轨迹控制能力。成功地实现了每口井绕障（邻近直井）及轨迹控制，中靶率100%。一个丛式井平台上最多6口井，减少了地面井场和基础施工费用，节约了拆迁、安装、筑路费用，节省了地面集输投资，增加储层的裸露长度，提高了单井产量。

1992年，应用丛式井钻井技术，在彩10井区三工河组油藏钻成我国沙漠地区第一组丛式井组2口井（C1010、C1016）。该丛式井组由准东勘探开发公司钻井公司6049钻井队承钻（使用大庆130型钻机），1992年3月18日开钻，历时65天。C1010井在1350.35m定向造斜，采用有线随钻测斜仪代替传统的单点测斜仪，省时省力，一次造斜成功。该井斜深2572.09 m，垂深2400m，水平位移559.83 m，最大井斜角39°，闭合方位角297°，钻井周期20.2d，实钻轨迹符合地质设计要求，完全进入靶区。

新疆石油管理局钻井公司32818钻井队承钻的C2028丛式井平台，共设计6口井，该平台第一口C2018井，于1993年7月26日开钻，到第6口井（C2039井）1994年4月4日完井。在施工中，采用了“有线随钻测斜仪”，平均每口井的造斜时间由原来使用单点测斜仪的78.25h，下降到20.50h，时间仅为原来的1/3，该平台钻井周期最短的为18天20小时（C2027井），最小靶心距为9.87m（C1299井），水平位移最大为305.19m（C2027井），中靶率达100%，各项指标均符合设计要求。

十一、水平井

1997年在彩南油田彩10井区调整井开展了水平井实验。井身剖面选择直—增—稳—增—水平的五段制。在轨迹控制上，用双弯螺杆钻具造斜。用转盘钻双稳定器下部钻具组合稳斜。在稳定器和短钻铤上接抗压钻杆、加重钻杆和钻铤形成倒装钻具组合，在水平段钻进。用MWD进行随钻测斜。钻成CHW01和CHW02两口中半径砂岩油藏水平井。这两口井均由钻井公司45204队承钻。

CHW01井于1997年6月8日开钻，当年8月14日完井，钻井周期67.13天，机械钻速为9.32m/h，钻机月速为1223m/（台·月），完钻斜深2704m，垂深2316.18m，最大井斜90.01°(2689m处），最大水平位移529.51m。

CHW02井于1997年8月21日开钻，11月12日完井，钻井周期为82.83天，机械钻速为6.05m/h，钻机月速为1011.60m/（台·月），完钻斜深2792m，垂深2332.40m，最大井斜90.7°，最大水平位移592m。

十二、开窗侧钻定向井

2000年7月，利用定向侧钻斜井技术对C1041井进行侧钻，在2115m处开窗，最大井斜13.3°，侧钻井段232.4m（2115～2347.4m），完钻井深2347.4m，垂深2344.01m，水平位移33.27m。

2001年6月，针对C1059井井底位移约120m，在2210m处（距油层约120m）发育2套煤层的特殊情况，应用定向侧钻斜井技术，在2022.62m处开窗，开窗位置高于煤层100m。最大井斜34°，侧钻井段379.93m（2022.62～2402.55m），完钻井深2402.55m，垂深2350m，水平位移114m。

2002年，C1018井在2248m处开窗，侧钻井段100m（2248～2348m），完钻井深在2348m，井底位移12.36m。

十三、侧钻水平井

为在老油区挖潜增效，2001—2005年，在彩南油田钻成侧钻水平井4口（C2133、C2282、C2071、C1067），井眼直径117mm，平均斜深2442.19m，垂深2298.24m，水平段长80.61m，水平位移219m，造斜率（11°～26.96°）/30m，最大井斜角91°。有三种实钻剖面，一是直（原套管内井段）—增—水平；二是直—斜直（使用斜向器）—增—水平；三是直—增—稳—增—水平。

侧钻定向井、水平井取得了较好的增油效果，具体数据见表3-1。

表3-1　侧钻前后生产情况统计表

井号	侧钻日期	侧钻前			侧钻后			累计增油 t
		产液 t/d	产油 t/d	含水 %	产液 t/d	产油 t/d	含水 %	
C1018	2002年3月30日	8.2	2.1	74.6	21.6	7.4	65.7	603
C1041	2000年11月12日	30.5	9.1	70.0	35.2	34.0	4.6	20319
C1059	2001年7月30日	30.7	0.3	98.9	32.3	23.3	27.8	10952
C2133	2001年10月22日	7.4	0.4	94.3	22.4	8.7	61.3	5631
C2282	2002年7月4日	3.6	0.1	96.5	8.6	7.6	12.0	531
C2071	2003年5月21日	4.0	0.4	93.0	8.4	0.2	98.0	—
C1067	2005年8月	22.0	0.6	97.3	26.2	4.7	82.0	—
合计		—	12	—	—	81	—	38036

注：依据新疆油田分公司中心数据库数据资料编制。

第二节　完　井

一、完井方式

直井采用套管射孔完井方式，水平井采用筛管悬挂完井方式，套管内侧钻水平井采用封隔器加筛管（预钻孔筛管或割缝筛管）完井。

二、井身结构

彩南油田开发直井一般采用两层套管井身结构，表层采用ϕ311.2mm钻头钻至300m，下入ϕ244.5mm套管，管外水泥浆返至地面；然后采用ϕ215.9mm钻头钻达设计井深（2550～2750m），下入J55或N80ϕ139.7mm油层套管，水泥返至2050（J_1s）～2250m（J_2x）。

部分复杂井和特殊工艺井采用三层套管井身结构，表层采用ϕ444.5mm钻头钻至300m，下入N80ϕ339.7mm套管，管外水泥浆返至地面；然后采用ϕ311.2mm钻头钻至1350～1700m，下入ϕ244.5 mm技术套管，管外水泥浆返至600～950m；最后采用ϕ215.9mm钻头钻达设计井深（2550～2750m），下入J55或N80ϕ139.7mm油层套管，水泥返至2050（J_1s）～2250m（J_2x）。

三、固井

（一）直井固井

为提高彩南油田的固井质量，采取了以下技术措施：优选水泥浆配方，保证较高的早期强度，适当的稠化时间以满足施工时间要求；按设计安装套管扶正器，保证套管的居中度；加强简易套管头现场试验及应用，改善井口控制条件；推广使用双胶塞固井，刮清套管内壁泥饼，提高下部结构及套管鞋处的水泥胶结质量；推广使用车载水泥浆过渡罐，保证水泥浆密度均匀；保持连续施工作业；根据实测井径、套管尺寸，钻井液及水泥浆流变参数，优选顶替排量，使水泥浆上返速度达到1.28m/s，实现紊流顶替；使用紊流隔离液等技术。在1993年完井的127口井中，固井合格率98.4%，优质率84.3%。

（二）定向井、水平井固井

使用定向井、水平井专用的套管附件（如强制式回压阀、自锁胶塞及刚性扶正器等），应用计算机预测技术、旋流注水泥技术、零析水水泥浆技术、复合套管带多级管外封隔器技术等，保证了固井质量。

四、射孔

油田开发期间，射孔方式为电缆传输射孔和油管传输负压射孔两种。一般井采用电缆传输射孔，对高压层、气层和使用高聚能弹时采用油管传输射孔；大部分井使用 YD−89 弹，并选择部分井试用了 SDP102 深穿透弹，使用高聚能弹时采用 YD−127 弹；孔密一般为 16 孔 /m，对于重复射孔井段和挤灰通道的井段孔密为 10 孔 /m 或 12 孔 /m，均采用螺旋布孔方式；射孔液一般选用清水和油田污水，2005 年，对新开发的滴 12 井区使用的射孔液是在油田污水中加入 0.3% 的防膨剂。

第三节 采 油

彩南油田 1992 年投入开发，两年后逐渐由自喷生产转为抽油生产，1996 年大部分井已改为抽油生产。

一、自喷采油

彩南油田三工河组油藏油井大部分射孔后自喷，西山窑组油藏油井大部分压裂后自喷，对部分射孔后或压裂后仍不能自喷的井，采取人工气举方式诱喷。气举诱喷前，一般在井下 800m 或 1000m 油管处安装单向气举阀。为确保安全诱喷，1998 年以后诱喷介质由空气改为氮气。2000 年开始应用连续油管氮气气举诱喷，该工艺适用于井下带有封隔器、中深层油井排液及新井诱喷，具有安全可靠、作业深度大、周期短、效率高的特点。

自喷井采用新疆石油管理局克拉玛依机械厂（以下简称克机厂）生产的 KY24.5/65 采油树井口，油嘴一般为 3 ～ 5mm，嘴子套用井口盘管炉热油循环加热保温，出口温度可达 40℃左右（析蜡点 35℃）。井口装有嘴子套放空取样器，扣有保温盒。油井大部分采用 $2\frac{7}{8}$in N80 平式油管，用 ϕ58mm 刮蜡片清蜡，三工河组油藏自喷期较长的井采用固定电动绞车清蜡，其他井采用车载绞械清蜡，清蜡周期一般两天一次，深度 800 ～ 1000m，10 天深通一次，深度 1500m。

二、机械采油

彩南油田开发至 1996 年，生产方式陆续由自喷采油转为游梁式抽油机有杆泵抽油。井口沿用自喷期保温方式，1997 年选取部分低产气量、高含水井采用井口不加热的冷输方式生产。2003 年对产气量低的 8 口井改用电加热器加热保温，截至 2005 年底，已应用 50 口井。

（一）抽油设备

按照彩南油田开发工艺方案，三工河组及西山窑组油藏油井选择以 CYJY12−4.2−73HF 游梁式抽油机为主、CYJY10−4.2−53HB 型抽油机为辅。为节能降耗，1999 年对 C2231、C2016 两台常规游梁式抽油机采用“下偏杠铃复合平衡”技术进行节能改造试验。改造后，在不降低整机性能的情况下，电机功率由 45kW 降低到 22kW。至 2005 年底已累计完成 92 台抽油机节能改造，改造后电机运行电流平均下降 9 ～ 10A，功率因数由 0.4 提高到 0.89，平均节电率达到 10% 以上。同年，新疆第三机床厂研制成功调径变矩节能抽油机，并在新投井上使用。2005 年，滴 12 井区八道湾组油藏投入开发，油井平均井深

1100m，抽油机采用新疆第三机床厂生产的 CYJ5−1.8−18HPF 五型机。

油井主要使用的抽油泵为整筒管式泵和杆式泵，根据不同机型和抽油机参数及地质配产要求，泵径主要为 38mm、44mm、56mm，平均泵挂深度 1800m。针对井下管柱腐蚀、偏磨较严重，有杆泵免修期短等长期困扰油田井下作业的问题，2005 年引进水力喷射泵采油工艺，在 2 口腐蚀结垢和偏磨严重的抽油井（C2105、C2106）试用，延长检泵周期。同年，针对腐蚀结垢卡泵和压裂后出砂卡泵的问题，试用了防砂泵。

抽油杆主要使用 ϕ 19mm、ϕ 22mm D 级杆，采用两级组合。

1992—2002 年，抽油井使用两种老式光杆密封盒，分别装在普通井口和偏心井口上，这种密封盒存在易拉伤光杆、密封不严、填料不规范，劳动强度大等问题。2002 年试验 GF 型密封盒，该密封盒更换密封圈方便，与老式密封盒相比，密封圈使用期延长 25%。2005 年推广应用 ϕ 28KL−W 多功能密封盒，这种密封盒密封圈使用期长达 120 ~ 150 天。

（二）抽油井管理

1. 抽油井参数优化

油田开发初期，确定抽油井生产参数主要以开发方案为依据，凭经验人工设计。1997 年对彩 9 井区的 25 口抽油井进行的系统效率测试统计：地面效率 45.41%，井下效率为 41.41%，系统效率为 20.92%。2002 年对油田 42 口抽油井做了系统效率测试，平均系统效率 27.12%。2003 年，彩南油田与新疆油田公司勘探开发研究院合作，引进 OPT 公司的 PEOfficeProdDesign 优化设计软件，进行抽油井生产参数优化，当年完成 29 口井。2004 年根据优化设计结果，实施 143 口井的参数优化，其中三工河组油藏油井 81 口，平均单井泵效提高 9.3%，累计增油 2538.5t；西山窑组油藏油井 62 口，平均单井泵效提高 6.7%，累计增油 3595.8t。通过优化设计，确定了彩南油田大部分抽油井的优化参数。同年测得系统效率为 31.7%，井下效率为 47%，地面效率为 65.9%。

2. 抽油井工况诊断

彩南油田油井工况诊断最初采用美国 Theta 公司 RodDiag（抽油杆应力分析系统）软件，该软件能对油井的杆柱受力情况、泵工况进行分析，达到随时判断油井生产工况的目的，但需要人工导入自动化系统采集的示功图数据。1994 年应用该软件诊断分析抽油井 400 井次，分析时间由常规的 3 天缩短至 0.5 天，符合率达 93.7%。其缺点是局限于单井诊断，无法进行批量数据处理，分析判断过于简单。2004 年引进奥伯特石油技术公司（OPT）PEOffice 4.5 石油工程应用软件开展抽油井工况诊断，并新增了动态控制图制作功能。2005 年根据动态控制图，结合油藏动态分析和自动化管理，对目标井采取储层改造 90 井次，执行调开制度 145 口井，调整工作制度 142 井次，使合理区比例提高 5%。采用 PEOffice 软件中的 ProdDiag 抽油井生产故障诊断模块，平均每天诊断 300 井次，年提交上修 80 余井次，热洗、碰泵措施 632 井次，减轻或解除了油井带病生产状况，提高了油井抽油时率。

三、采气

彩 31 气田 2005 年投入开发，共有 6 口气井：C3001、C3002、C3003、彩 016、彩 34、彩 401，日产气 $30 \times 10^4 m^3$。井口采用注乙二醇防冻的节流降压工艺，其工艺流程为：井口产气通过注醇器与集气站来乙二醇混合，经过节流阀节流降压至 8.6MPa，集输至集气站，进站压力 8.4MPa，温度 12 ℃。单井采气管线管径为 DN50 或 DN65，井口设置紧急切断阀、注醇器，采气管线上设安全阀（图 3−1），采用定期井口放喷方式清除井底积液。

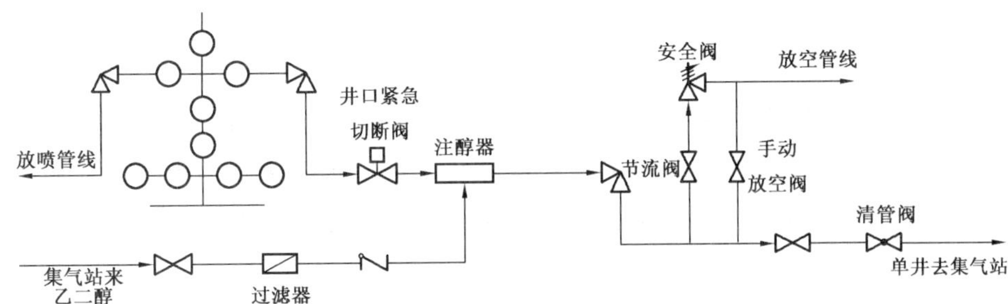

图 3-1　井口节流降压工艺流程图
（新疆油田分公司彩南油田作业区编制，2005 年 12 月）

第四节　注　水

彩南油田投入全面开发后，以保护储层为目的，选取油田各区块储层样品，通过分析确定了水质标准。在试注基础上，根据油田启动压力低、吸水指数高、破裂梯度小的特点，确定注水管网采用一个压力系统。

一、注水水质

1994 年，彩 9 井区西山窑组油藏的 C2007、C2024、C2049、C2062、C2068 油井首先转注，采用克机厂生产的 KY24.5/65 型井口，注水采用柱塞泵加压注入清水。同年建成彩南含油污水处理系统，采用集中增压、清污水混注的方式满足油田注水需求。注水初期，井口注水压力较低，单井均采用节流阀节流降压工艺。2000 年后，随着采出污水量的增加，污水处理系统不能满足需要，造成悬浮物、含油等超标。2003—2004 年，对彩南含油污水处理系统予以改造，采用重力除油、沉降过滤代替水力旋流、压力过滤，改造后注入水水质全部达标（表 3-2）。

表 3-2　彩南油田注入水水质标准

序号	项目	技术指标	序号	项目	技术指标
1	溶解氧含量，mg/L	≤ 0.50	7	硫酸盐还原菌含量，个 /mL	≤ 10^2
2	悬浮物含量，mg/L	≤ 3	8	总铁含量，mg/L	≤ 0.4
3	悬浮物颗粒直径，μm	≤ 2.0	9	含油量，mg/L	≤ 20
4	游离二氧化碳含量，mg/L	≤ 10	10	滤膜系数	≥ 15
5	硫化物含量，mg/L	≤ 5	11	腐蚀速度，mm/a	<0.076
6	腐生菌 TGB，个 /mL	≤ 10^3			

注：摘自新疆石油管理局企业标准 Q/XJ 0486—93《彩南油田注水水质标准》，1993 年。

二、分层注水

1995 年，引进应用了液力投捞分层注水工艺，可进行一级两层和两级三层分注。管柱结构由 KYDT-114 单筒桥式配水器和 KCY211-115 封隔器组成，配水器芯子采用液力或钢丝打捞，芯子上装有陶瓷水嘴或钨钢水嘴。1995—1996 年，对 5 口井进行一级两层分注，合计 10 层，分层配注合格率 92%，周围 15 口油井明显见效。1997—2005 年，共实施分注 25 口井，其中一级两层分注 17 口，两级三层分注 8 口，合计 58 层，分层配注合格率 85%。1998 年，开始使用井下电子流量计进行分层水量调试。

截至 2005 年，底彩南油田共有注水井 98 口，其中合注井 68 口，分注井 30 口，日注水 8456m³。

三、增注

彩南油田水井增注主要针对西山窑组油藏，该储层为低—特低渗透性、小孔道、中细孔喉、强非均质性砂岩。由于注水开发过程中注入水的矿化度远小于地层水矿化度，造成黏土矿物膨胀、破碎、微粒运移以及由于注水水质影响而导致油层伤害，表现为单井注水压力上升，注水量减少，因此需要进行增注。

（一）化学增注

酸化增注从1994—2000年共实施29井次，注水压力平均下降1.1～1.5MPa，主要采用盐酸预处理，主体酸为土酸，为解除无机物、有机物以及聚丙凝胶的堵塞，部分井加入氧化降解剂。2001—2004年为解除胶质、沥青质、无机物沉淀对油层的污染，先后采用复合酸、硝酸、缓速酸增注43井次，施工后注水压力平均下降1.7MPa。2005年为减轻黏土膨胀对油层的二次伤害，实施缩膨降压8井次，其中5口井施工后注水压力平均下降0.5MPa，合计日增注水量53.2m3。

（二）提压增注

2005年对长期注水压力高而注不进的7口水井，采用3ZY50−4/20−6和3ZY125−14.5/20−6三柱塞泵以及3DZJ125−6/25注聚泵提压增注，增压幅度0.9～1.8MPa，均能达到配注量要求。

第五节　增产措施

彩南油田开发过程中，根据不同时期不同油井的具体情况，分别实施了压裂、酸化等增产措施。针对西山窑组油藏低压、低渗透特性，采用常规压裂能保证油井产能达到设计要求。随着油田开发阶段的变化，压裂液及压裂工艺进一步改进，应用了控底水压裂、转向压裂等新工艺，取得了一定的认识。针对西山窑组油藏不同时期暴露出来的堵塞机理，应用不同的酸化体系，结合化学堵水，实现稳油控水的目的。

油田开发处于中低含水阶段，可采取调剖、分注等工艺解决层间矛盾，进入中高含水阶段，为实现油田稳产，针对储层中隔层不发育，原有的天然裂缝开启加剧，或产生人工裂缝等不具备分注条件的油水井实施隔水、调剖措施。1998年后油田进入递减阶段，含水继续上升，水淹关井增加，注水压力上升，注采矛盾加剧，除采取酸化增注和打加密井措施外，适时进行了大剂量调堵和“2+3”调驱措施，有效提高了水驱波及体积和驱油效率。

一、水力压裂

（一）常规压裂

彩南油田西山窑组油藏为低压、低渗透性储层，油井只有通过压裂改造才能达到设计产能。1992—1993年实施两次压裂试验，共8口井均有效，增产2.5倍左右。通过压裂试验，适时提出压裂改造的基本方针：西山窑组油藏平均厚度不大，采用中型压裂规模，平均砂比要求达到40%以上，泵注排量2.5～3.0m3/min，顶替液量小于或等于井筒容积，压后及时返排；压裂作业采用一条龙施工方式，为提高安全性，施工时井口必须加装保护器。

1993—1994年，开展以常规水力压裂为主的西山窑组油藏油井改造58口，可对比井55口，有效井54口，成功率98.1%。压裂后单井产量18.6t/d，为油藏开发方案设计产能10t/d的1.86倍。当年单井平均生产69天，平均产油1340t。1995—2000年，油藏稳产时期，压裂工艺采用常规压裂方式，压裂液为瓜尔胶。通过总结油藏投产期的压裂经验，为避免压裂使油水层上下沟通或新补的层与老层沟通，针对少数油藏边部井和中部补层井，压裂规模做了适当限制，加砂及用液量都为投产初期的 60% 左右。压裂方式的改进，明显地改善了油藏边部井的压裂效果。

2001—2005 年，油藏进入含水上升、产量下降期，压裂液得到进一步改进。2001 年采用低聚合物压裂液施工 16 井次，水基瓜尔胶防膨压裂液施工 6 井次，据 17 口可对比分析井统计，当年累积增油 7780t。2002 年推广低聚合物压裂液，同时试用无伤害的清洁压裂液对部分井施工。当年完成压裂施工 64 井次，其中低聚合物压裂液施工 53 井次（新井 30 井次，老井 23 井次），清洁压裂液（新井压裂）施工 11 井次，单井加砂量 4 ～ 20m3，平均砂比 15.9% ～ 34.1%，用液量 110m3 左右。2003—2005 年，共实施压裂 96 井次，其中老井 74 井次，压后单井产能 3.5t/d，达到设计要求，取得良好的增产效果。

（二）特种压裂

1. 控底水压裂

常规压裂表明：有底水的油井经压裂后大多含水 80% 以上。2004 年对 C2875 井首次采用控底水压裂，压后含水基本维持在 20% 以内。同一天采用控底水压裂的油井 C2866，压后 5 天内含水上升到 70% 以上，生产 50 多天后含水一直在 70% 左右。说明控底水压裂工艺对有底水油井是适宜的。但 2005 年采用控底水压裂的 9 口井中，只有补层压裂的 C1013 井压后产油量由 3.7t/d 增至 17.7t/d，含水由 51.7% 下降至 18%，其余井基本无效。

2. 转向压裂

为提高老井重复压裂效果，2005 年 6—7 月间对 5 口井开展高强度暂堵剂暂堵裂缝转向压裂试验，其中两口储层物性好、剩余油相对富集、措施前含水相对较低的油井效果好，1 口储层物性差的井次之，其余 2 口高含水井均无效。2005 年累计施工 16 口井，措施有效率 87%，当年累计增油 2169.9t，部分井压裂前后裂缝转向数据见表 3-3。

表 3-3　转向压裂前后裂缝监测情况表

井号	油层中深 m	压裂顺序	统计方位（°）	裂缝高 m	裂缝长 m	倾向	倾角（°）	备注
C2237	2268	1 ①	北东 84.4	22.7	149.3	北	4	转向明显，初始转向角度 55°，平均裂缝面夹角 21.7°
		2 ②	北东 62.7	21.3	184	西北	1	
C2025	2286	1 ①	北东 87.0	18.7	194.7	北	2	转向明显，初始转向角度 33°，平均裂缝面夹角 19.7°
		2 ②	北西 73.3	17.3	197.3	北	1	
C2090	2281	1 ①	北西 76.6	18.7	210.7	北	3	转向明显，初始转向角度 36.7°，平均裂缝面夹角 29.2°
		2 ②	北东 74.2	21.3	215.3	北	3	
C2847	2224.5	1 ①	北西 89.3	17.3	125.3	北	2	转向明显，初始转向角度 44.7°；平均裂缝面夹角 10.1°
		2 ②	北西 79.2	20	152	北	3	
C2806	2248	1 ①	北东 79.2	14.6	154.7	北	2	转向明显，初始转向角度 30.8°；平均裂缝面夹角 17.7°
		2 ②	北西 83.1	16	184	北	2	

① 1 使用暂堵剂前裂缝（原压裂裂缝）；

② 2 使用暂堵剂后裂缝。

注：摘自《彩南油田转向压裂总结》，2005 年 12 月。

二、酸化

彩南油田西山窑组油藏属于低渗透性砂岩油藏，随着油田开发阶段的变化，暴露出不同的堵塞机理。针对油田开发初期钻井完井污染、近井地带脱气区的无机物结垢堵塞伤害，采用深穿透缓速酸、复合酸解堵，对钙质结垢物、硅泥质堵塞物、黏土矿物进行溶蚀，提高酸液溶蚀能力，增加解堵半径，减少酸液的二次污染。1994—1995 年采用复合酸酸化油水井各 1 口，累计增油 5674t，效果显著。1998—2005 年主要采用氟硼酸体系、稠化酸体系、胶凝酸体系进行解堵。针对纵向产液剖面不均匀、高渗透层高含水的油井，利用机械卡封，实施细分层酸化，提高低含水层、低渗透层的动用程度，以实现稳油控水的目的，累计实施 76 井次，占油井酸化总数的 78%，见效 46 井次，累计增油 9281t。

三、隔水

1996 年针对三工河组油藏物性较好，投产时未压裂，地层无微裂缝，管外固井质量及隔层发育较好，但下层见水的抽油井，应用电桥隔底水工艺，累计施工 135 井次，成功率达到 96%，累计增油 18.3×10^4t，平均单井增油 1358.1t，占当年措施增产量的 60.2%。

四、堵水

1995—2000 年，共施工化学堵水 36 井次，先后采用石灰乳、酚醛树脂、水玻璃—氯化钙、膨润土、硅土聚合物钻井液、聚合物强凝胶等，平均单井增油 43 ~ 150t。

为提高油井堵水效果，2001 年堵剂改为有机交联的聚合物凝胶和 KZ-1 无机胶凝堵剂，施工 3 口井，2 口井见效，增油 8.4t/d。同年还引进"卡堵一体化"管柱（图 3–2）在 C1240 井开展先导性试验，措施前含水 60%，措施后不含水，日增油量 13.2t，年累计增油 4831t。2003 年在三工河组油藏堵水施工 8 井次，有效率 87.5%，平均单井增油 9.5t/d。2003—2005 年实施"卡堵一体化"措施 38 井次，有效 29 井次，累计增油 1.1×10^4t。

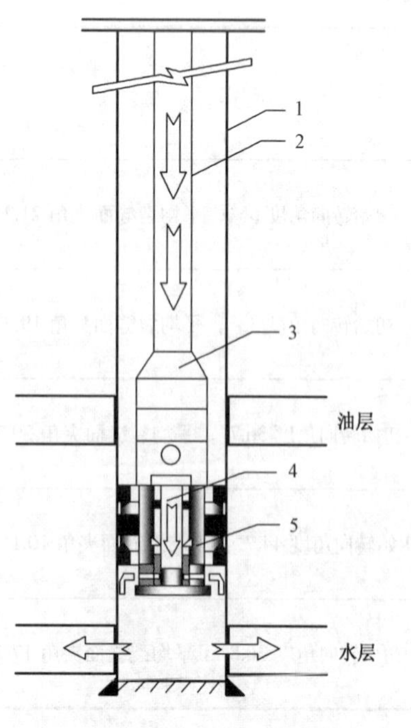

图 3–2　卡堵一体化管柱
1—套管；2—油管；3—液压坐封工具；4—注入插管；5—可钻挤注桥塞

五、调剖

（一）深部调剖

1998 年以前，彩南油田改善水驱效果主要采用常规、小规模调剖作业，1998 年在 C2227 井上采取 DDG 深部调剖，施工液量 1200m^3，措施后井组含水上升得到控制，井组当年累计增油 812t。1999—2005 年实施 27 个井组，累计增油 3×10^4t，平均井组增油 1111t。

（二）"2+3"调驱

"2 + 3"技术是介于二次和三次采油之间的一种调驱技术，是在充分调剖的基础上进行有限度的三次采油，施工液量在 3000 ~ 6000m^3 之间。调剖段塞采用强度较弱的堵剂封堵远井地带，强度中等的堵剂封堵较近井地带，高强度堵剂封堵近井地带；驱油段塞采用高效驱油剂。调剖段塞以冻胶类堵剂为主，驱油段塞以凝胶或高效驱油剂为主，液量比例各占 50% 左右。2000—2002 年实施 16 个井组，累计增油 7204t，平均井组增油 450t。

（三）聚合物驱

1998 年以后，彩南油田进入递减阶段，根据油藏地质特征、剩余油分布和原油物性开展聚合物驱研究，并在三工河组油藏应用该技术提高油藏采收率。2001—2002 年首先在彩参 2 三工河组油藏试验改性聚合物驱 2 个井组，累计增油 1.28×10^4t，平均井组增油 6396t。

三工河组油藏 2003—2005 年推广应用聚合物驱，采用连续注入或段塞式注入，以段塞式为主，共实施 19 个井组，注入聚合物 $79.35\times10^4\text{m}^3$，累计增油 3.78×10^4t。

（四）CDG 调驱

CDG 凝胶是由低浓度聚合物和交联剂形成的分子胶团，聚合物浓度低，一般为 600 ~ 1200mg/L，由于没有足够的聚合物形成连续的网状凝胶，因此不能形成常规本体凝胶，而是形成分散的胶束凝胶，在地层中具有一定的流动性，可封堵高渗透层水流通道，使后续凝胶和注入水转向，提高波及系数，启动低渗透层。施工液量在 5000 ~ 8000m^3 之间。1999—2002 年实施 13 个井组，累计增油 2.4×10^4t，平均井组增油 1846t。

六、其他增产措施

（一）井下气锚

针对部分区块井底脱气严重的井，2003 年试验在抽油泵底部安装气锚，当年应用 10 井次，平均泵效提高 15%，累计增油 2434.5t。2004—2005 年累计应用 30 井次，平均泵效提高 12%，累计增油 4051t。

（二）微生物采油

2002 年，在彩 9 井区 8 口井进行 KBS 系列微生物强化采油试验，措施当年增产 1455t，投入产出比 1:5.17。2003 年推广应用了 16 口井，增油 1006t。

（三）人工地震采油

2002 年，选取彩 9 井区南部 C1205 井、北部 C2402 井、东部 C1354 井作为震源井，开展地震采油试验，共实施 2 轮，未取得增产效果。

第六节　油水井维护与修井

彩南油田开发初期油水井即采取井口保温和防蜡措施。开发中期，因钻井速度过快，造成许多油井的井身轨迹出现“狗腿”现象，加之油井产液中富含硫化物以及硫酸盐还原菌，对抽油杆、油管、抽油泵产生腐蚀，造成井下管杆失效加剧。为此先后开展清防蜡、防砂、防偏磨、防泵漏等一系列油井维护性措施。

一、油水井维护

（一）防蜡与清蜡

油田开发初期，抽油井主要采用热油车组热熔清蜡、装有尼龙刮蜡器的抽油杆清蜡，热洗周期一般为 110 天。对含水大于 50% 的油井，热洗液用油田产出水；对含水小于 50% 的井，热洗液用油田产出原油。

2001 年，彩南油田开始开展微生物清防蜡试验研究。经过 2001—2002 年的现场试验和摸索，2003 年应用微生物清防蜡 80 口井，施工周期 3 次 / 年，减少了油井日常清防蜡工作量。该方法不占生产井时率，从而提高了油井产量。

2005 年，选择 36 口井进行化学清防蜡试验。通过投放 KLQ−001 清防蜡剂和 KLF−002 防蜡剂，取得较好的清防蜡效果。通过检泵对杆管结蜡状况观察，化学清防蜡剂对油井的清防蜡率大于 70%，当年推广应用 120 口井。

（二）防腐、防偏磨

因油井井下偏磨、腐蚀结垢和泵漏失不断加剧，2004 年检泵作业 524 井次。为降低检泵井次，2005 年采取了内衬防磨油管、防磨双向保护节箍，尼龙刮蜡杆换为扶正杆、H 级抽油杆换为 D 级、加重杆和三点扶正杆组合使用等措施。为减少井下硫化物对管杆的腐蚀，采取井下投除硫棒、悬挂防垢筒、井口投放杀菌剂等措施，至 2005 年底检泵井次下降 39%，节约费用 1180 万元。

二、修井

（一）小修

小修作业过程中，为保护油层，压井液应与油层最大限度的配伍。2001 年开始压井液使用联合站处理后的油田污水，2005 年对新区投产井采用油田污水加防膨剂的压井液。

1996 年，油井开始应用电缆传输桥塞 Y453−108 或机械桥塞 KCY453−114 实施隔水上返工艺，由于该工艺快捷并增油效果显著，截至 2005 年已累计施工 299 井次，施工成功率达 98%，有效率达 89%。

（二）大修

彩南大修作业由井下作业公司大修队施工，大修设备主要有修井机 (SJX5500TXJ450)、泥浆泵组 (ZB−600/TBD236VB 与 QZB50−13/TBD234VB)、套装水罐 (TZSG−50)、泥浆净化系统 (TZSG−50)、防喷井控系统 (2FZ18−35)、液压远控房等。主要进行井内落物打捞、解卡、修套补套、侧钻加深等措施。1996 年吐哈石油勘探局井下作业公司大修队曾在彩南油田承担大修作业，共完成 6 井次。1997 年吐哈大修队撤走后，新疆局井下公司大修队进驻彩南油田，截至 2005 年底大修作业 103 井次。

1. 套管修理

1996 年 7 月，C2259 井首先发现套管损坏，至 2005 年底累计发现套损井 38 口，已处理 29 口。套损类型为套管缩径、弯曲变形、破漏、错断等。

套管缩径变形修理：对于套管变形不太严重的井，采用“萝卜头式”胀管器，利用井下管柱的悬重及冲击来修复变形位置。大部分套管变形均采用铣锥、磨鞋、胀管器和偏心辊子整形器及多级胀管器等工具进行修复。1996—2005 年，累计修复套管缩径变形油水井 16 口，其中套管缩径修复 8 口，套管变形修复 8 口，还有 3 口套管缩径变形油水井待处理。

套管破裂修理：2002 年 7 月发现 C2240 井、C2225 两口水井套管出现腐蚀孔洞、裂缝、节箍渗漏等套损状况。根据研究试验了套管贴补技术，将预制好的 ϕ108mm 无缝衬管送入贴补位置，利用爆炸将其胀大并贴补在套损段。1998—2005 年，累计修复套管破漏油水井 13 口。

2. 侧钻

2000 年开始进行大修侧钻，恢复油井产能。首先实施 C1041 井、C1059 井，其中 C1041 井因固井质量差，导致下部油层含水后底水从管外上窜，致使上部油层无法利用，后经隔水、堵水、重复射孔、大修等多次措施，井况异常复杂。C1059 井因钻井过程中井斜控制不当，目的层位落入断陷的水层中，含水高达 98.9% 而关井，累计采油仅 470t。

该工艺首先在选定侧钻井特定深度固定斜向器，利用斜向器导斜，再由专用工具在套管的侧面开窗，从窗口另钻新井眼。从 2000 年起，陆续侧钻了 6 口井：C1018 井、C1041 井、C1059 井、C2133 井、C2282 井、C2071 井，侧钻后初期单井平均日增产油量 10t。

3. 打捞

打捞作业的目的是取出井下落物，包括钢丝绳、油管、抽油杆、尼龙刮蜡器、抽油泵等。采取的打捞工具包括公锥、母锥、抽油杆打捞器、滑块捞矛、可退式打捞矛、卡瓦打捞筒、磁铁打捞器、外钩、内钩、一把抓、套铣捞筒等。

打捞施工主要采取常规的反憋洗法、活动下砸法、悬吊法、套铣法、爆炸切割法和倒扣法等。对于复杂的打捞作业，施工中大量使用打捞筒、震击器、套铣管、高效磨鞋及铣鞋等国内外先进打捞工具。1996—2005 年，共进行复杂打捞大修作业 46 井次，成功率 100%。

第四章

地面生产系统

彩南油田是新疆石油管理局管辖的第一个整装开发的沙漠油田（也是我国第一个沙漠整装油田），地面生产系统除彩南油田外，还包括后来开发的滴 2、滴 12 等油区。

第一节　油气集输

一、油气集输系统建设

彩南油田油气集输系统是分阶段建成的。1992 年建成了 3 座采注计量站和 1 座集油实验站及生活小区，1993 年油气集输、油田注水、原油外输系统建成投产，联合站因多功能处理器未完工采取了临投措施。油气集输系统于 10 月 18 日投产运行，注水系统于 12 月投运。1994 年多功能处理器、采出水处理系统、自动化信息系统等全面建成投产，实现了百万吨油田百人管理的开发建设目标。地面生产系统设计单位为新疆石油管理局勘察设计研究院，项目负责人王守云，地面工程设计获国家金质奖。施工单位为新疆石油管理局油建公司，该工程获鲁班奖。

2004 年，在彩 007 井区建成燃气电站供气系统，建有 3 个气井井场、1 座集气站及集气管道。

2005 年，投入开发的滴 12、滴 2、彩 8、彩 43 等远离联合站的井区，建具备计量、注水功能的计量注水集中拉油站，原油拉至彩南联合站处理。

2005 年，彩 31 气藏集气系统建成投产，当年投产气井 6 口，建集气站 1 座，设有集气管汇、生产分离器、计量分离器、气液计量仪表、相变加热炉、井场乙二醇加注设施等，建集气管道 12.77km，单井注醇管道 6.649km。

二、油气集输流程

油气集输采用井口加热单管进计量站至处理站的二级布站密闭流程，井场采用盘管加热炉加热原油，至 2005 年彩南油田建计量配水站 39 座，其中 5 座站为端点加药站，采注计量站设有计量管汇，计量分离器、水套加热炉和配水间，油井、水井计量和站内数据采集全部采用远程控制和操作，详见自动化系统的采注计量站部分。

远离联合站的滴 2、滴 12、彩 8、彩 43 井区，建计量注水集中拉油站，于 2005 年建成投产，建筑形式为橇装，站内建有 2 个 10 井式多通阀橇，1 座计量橇，1 座水套炉，2 ~ 3 座 100m^3 储油罐，1 座注水泵房和一座 5 井式配水撬，滴 12 井区还建有 1 座防膨剂加药泵房，所产原油用油罐车拉运至彩南联合站处理，天然气除自用外放空燃烧。彩南油田油气集输流程如图 4-1 所示。

彩 31 井区集气流程为单井油气混输进集气站，在集气站进行分井计量，经 600kW 加热炉加热油气混输至天然气处理站，集气站设 8 井式计量管汇 1 套（预留两个空头）、计量分离器算座，计量周期 7 天。

三、集输管网

集油区的出油管线、集油管线采用钢管，外用聚氨酯黄夹克保温，埋地敷设，埋深 1.4m。1993 年一期工程建成油气集输管道 34.897km。随着投产年限的延长和油田调整，油区的集油管网进行了调整和更新。为降低东线的井口回压，1998 年自 5 号站到处理站增加了 1 条 DN250，长度 3.37km 的集油副线，投产后回压降低很少。2005 年，在 4 号站和 5 号站之间开始建设油气混输增压泵站用来降低东线回压。

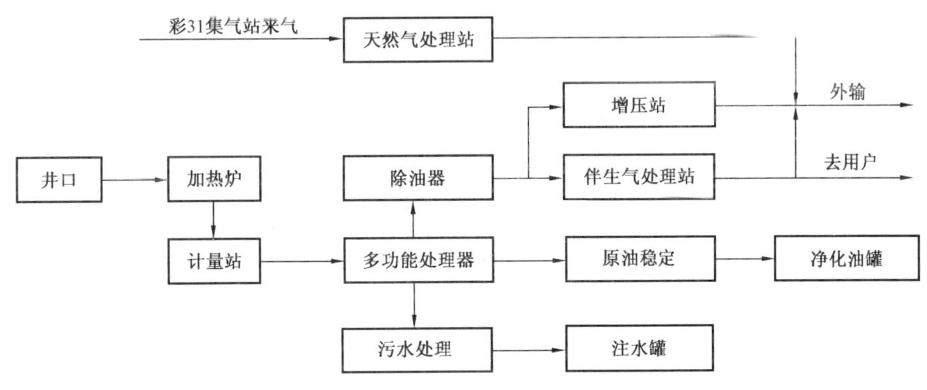

图 4−1　油气集输系统流程框图
（新疆油田防呢公司彩南油田作业区编制，2005 年 12 月）

彩 31 集气站至天然气处理站的集气管线沿油区巡井公路伴行，设计承压为 10MPa，温度 40 ~ 50℃，集输压力为 8.2MPa，全长 12.77km。

第二节　油气水处理

一、油气分离和原油脱水

油气水处理在联合站内进行，处理能力为 150×10^4t/a，油气分离和原油脱水采用了 3 台多功能处理器来完成，多功能处理器具有原油加热、油气分离和一段、二段热化学脱水功能，出口原油含水率可达到 0.5% 以下，大大缩短了工艺流程，一座设备完成多座设备的功能，也为实现全密闭处理流程，降低回压创造了条件。

二、原油外输

联合站净化油罐与外输泵站共用，设有 5000m^3 罐 6 座，净化原油由外输泵经 DN250 输油管道输到火联站储油罐，与火联站的净化原油经火—三线输至三台油库。

三、天然气处理

天然气处理由彩南联合站的伴生气处理站、彩 31 气藏气处理站和天然气外输增压站三部分组成。

（一）伴生气处理站

天然气处理站处理能力 10×10^4m³/d。处理装置是利用火烧山油田未安装的整套处理设备，伴生气采用压缩机增压、分子筛干燥脱水、膨胀机制冷、凝液复热的处理工艺生产干气、轻质油和液化气。天然气处理站主要设备有原料气压缩机、干燥塔、换热器、膨胀机等。1998 年对处理工艺进行了优化和对膨胀机更新，装置运行良好，烃产量最高可达 18t/d。

（二）彩 31 气藏气处理站

彩 31 气藏气处理站于 2005 年建成投产，处理站设计处理能力 $40 \times 10^4 m^3/d$。采用注醇防冻、节流制冷、脱水脱烃的工艺处理，处理后的气藏气与增压站的油田伴生气混合后外输，其工艺流程如图 4−2 所示。

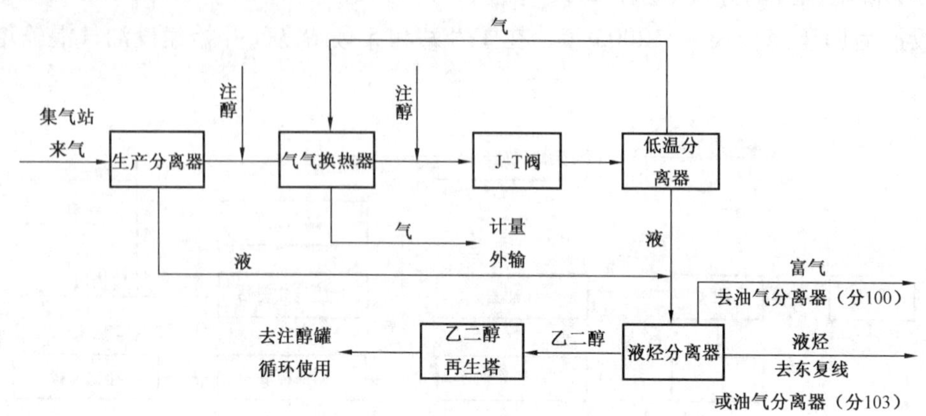

图 4−2　彩 31 气田气处理流程框图
（新疆油田防呢公司彩南油田作业区编制，2005 年 12 月）

集气站来气 7.2MPa，22℃，进生产分离器进行分离，分离出的天然气注入乙二醇，与外输天然气换热到 3℃，经 J−T 节流阀降压到 3.4MPa，−10℃，进低温分离器进行气液分离，分离出的天然气复热后，满足烃露点、水露点不高于 −5℃的要求，从彩南增压站出口管汇处进入外输管线。

生产分离器分出的烃液经节流后与低温分离器来烃液混合，之后进三相分离器进行分离，分离出的气相进入分 100 分离器；分离出的乙二醇水溶液进入乙二醇再生装置再生，再生后的乙二醇溶液（质量浓度 80%）循环使用；分离出的混烃进东线集油管线或分 103 分离器。

（三）天然气外输

天然气外输归油气储运公司管理，在天然气处理站附近建有增压站，有 8 台进口燃气压缩机，型号分别为 4L−7/3−15（6 台）、4L−4/15（2 台），外输能力 $1.296 \times 10^4 m^3/d$，设有 4A 型脱水脱烃分子筛 2 套。

四、油田采出水处理

1994 建成投产，主要设备包括 2 座 $1000m^3$ 采出水缓冲罐、2 台采出水提升泵、一台水力旋流器、2 台卧式压力采出水处理器、4 台核桃壳采出水过滤器、2 座 $2000m^3$ 采出水注水罐。采出水处理能力为 10000 m^3/d。

2003 年 6 月，针对原有采出水处理系统实际处理能力不足，处理后水质达不到油田注水水质指标而进行了全面改造。改造后的处理系统采用混凝沉降技术，增加了 2 座 $2000m^3$ 调储罐，2 座 240 m^3 反应罐，2 座 $400m^3$ 污泥浓缩池，采出水处理能力为 $10000m^3/d$。

到 2005 年，实际处理采出水 $5500m^3/d$。处理后采出水达到彩南油田注水标准，全部用于油田回注。

五、清水处理

1994 年建成投产。清水处理系统设备主要包括 2 座 $1000m^3$ 清水调节罐、2 座 $2000m^3$ 清水注水罐、3 台全自动清水过滤器，清水处理能力为 7200 m^3/d。

火烧山处理站旁转水站来水进入 2 座 1000m³ 清水调节罐，经提升泵增压进过滤器去除悬浮物和机杂，加入缓蚀剂、除氧剂、杀菌剂和催化剂，使其达到注水水质标准，然后进入 2000m³ 清水注水缓冲罐。

六、供热

联合站原油加热由多功能处理器和热稳定处理器自供，室内采暖和其他生产用热由锅炉供热。锅炉房设供热锅炉 4 台，其中两台蒸汽锅炉型号 WNS4−1.25−YQ，单台供热量 4t/h，1993 年投产。2005 年扩建 2 台常压热水锅炉，型号 CWNS4−90/70−Q，单台供热量 4t/h，负责联合站冬季供暖，供热面积约 8504m³。

第三节　流体注入系统

彩南油田流体注入系统包括注水系统和注聚合物系统。

一、注水系统

（一）注水站

联合站的注水站于 1993 年底建成投产。设计注水能力 11000m³/d ，注水压力 16MPa。主要设备包括 2 座 2000m³ 净化水注水罐、2 座 2000m³ 清水注水罐。注水泵房内安装有 DF140-150×11 高压离心注水泵 3 台、5ZB42/12 五柱塞泵 2 台、22kW 通风机 2 台、10t 行吊 1 台等设备。

（二）注水管网

彩南油田注水系统采用单干线多井配水间流程，共建成注水干线 4 条：东干线、西干线 8 # 站注水干线、9 # 站注水干线。东线挂配水间 11 座，注水井 28 口，西线挂配水站 26 座，辖注水井 81 口，8 #、9 # 站注水干线挂配水间 2 座，辖注水井 6 口。

2002 年，新建 D60×5 注水管线 5.19km，D76×7 注水管线 0.9km，D114×10 注水管线 1.71km。

2003 年，新建 D60×6 注水管线 5.579km，D114×10 注水管线 1.25km。

配水间与采油计量间合建成采注计量站，配水间内设 6 井式配注管汇和洗井管汇，采用 DN25 高压电子水表计量单井注水量，采用 DN50 高压电子水表计量洗井水量。

2005 年，滴 12 计量站建成 2 个 5 井式注水橇，1 座注水泵房，设 2 台三柱塞注水泵。

二、注聚合物系统

（一）注聚合物实验站

注聚合物实验站于 1999 年建成投产，设在彩南联合站内。主要设备有 2 台 100LG72−25(Ⅰ)×7 注聚泵，储水罐利用彩南联合站的 2 座 1000m³ 清水调节罐。注聚合物站设计能力 1500m³/d。

（二）注聚合物管网

注聚合物系统建成 DN150 玻璃钢管线 1.3km、DN100 玻璃钢管线 0.9km、DN80 玻璃钢管线 0.45km、DN65 玻璃钢管线 0.39km、DN50 玻璃钢管线 1.1km，D73×6 管线（利旧油管）4.1km。

（三）井口设施

1999—2005 年共有 24 口三工河组油藏注水井实施了聚合物驱油试验。采用在井场双配液罐轮流配液，注聚合物泵连续柱入的工艺，配液罐和注聚泵均为橇装移动式，所有井口设施由实施方勘探开发研究院和华隆公司配置，施工周期结束后移至他用。

第四节 地面配套系统

一、供水

彩南油田的供水由沙南水源地地下水和油区水源井两部分组成。

（一）沙南水源供水

1993 年，沙南水源地的地下水经火烧山联合站附近的转水泵站增压后经长度为 52.54km、DN250 的火彩输水线输至彩南油田联合站。2005 年，最大日供水能力 4300m^3，其中用于生活用水 800m^3，其余用于补充油田注水。

（二）油区水源井供水

随着注水量的不断增加，为缓解外供水量不足的矛盾，1997—2005 年，在油区附近陆续打水源井 9 口，平均井深 550m、单井日产水 250m^3。

彩南油区有 7 口水源井，水源 1、水源 2、水源 17、水源 21、水源 22、水源 7 的水由 DN80 管线接至联合站清水罐；水源 20 为绿化专用。边探井区水源井有 2 口，水源 18 为彩 43 井区专用供水井；滴水 4 为滴 12 井区专用供水井。

二、供电

（一）电源

彩南油田有三台发电厂、彩南燃气电站两个电源。

1. 三台发电厂

1991 年，三台发电厂完成第一期工程，建成 2×12MW 发电机组（1 号机、2 号机），1996 年开始第二期工程，扩建了 1 台 12MW 发电机组（3 号机），发电总容量达到 3×12MW。

发电机出线电压 6.3kV，经 15MV · A 三线卷变压器升压到 110kV 和 35kV 向油田输电。有两回 110kV 输电线路，一回送往火烧山和彩南变电所（简称电—火—彩线路），另一回送往基地变电所（简称电—阜线）。

2. 彩南燃气电站

彩南燃机电站位于彩南联合站北侧，与 110kV 彩南变电所毗邻。2004 年 9 月，第一期工程 2×7.5MW 燃气发电机组建成投产。

发电机出线电压为 10.5kV，由两回 10kV 电缆线路通过 2 台隔离变压器以后送至 110kV 彩南变电所 10kV 配电室，将彩南变电所与电站来电结合成一个整体。既可直接向用户配送电力，又可升压后向外输电。因其发电热效率高，可带基本负荷，也可参加调峰。

（二）110kV 彩南变电所

110kV 彩南变电所位于彩南联合站西北侧，于 1993 年建成投产。主变容量为 2×10MV · A，电压等级为 110/35/10kV，安装了两台 10MV · A 三相三绕组降压变压器，110kV、35kV 和 10kV 侧均为单母线分段，在 10kV 侧安装了两组补偿电容器，补偿容量共 2×6000kvar。

110kV、35kV 和 10kV 配电装置均为户内布置。110kV 进出线规划 4 回，实际 2 回，1 回至火烧山变电所，1 回至滴南变电所；35kV 出线规划 4 回，实际 2 回，1 回至沙 19 简易变，1 回备用；10kV 出线 18 回，送往油区、联合站、天然气处理站、彩南油田公寓和油气储运公司彩南站。

（三）35～110kV 输电线路

110kV 火—彩线路 56.4km、110kV 彩南变电所至 35kV 滴南简易变电所线路 37.356 km，35kV 滴

南简易变电所至滴 12 井区 35kV 变电所线路长度 6.925km。

2006 年 11 月 29 日，110kV 彩—滴线和 35kV 滴南简易变电所成功投运。

彩南—滴 12 井区 110kV 输变电工程由三部分组成：(1) 彩南—滴 4 井 110kV 输电线路 37.356km，前期降压 35kV 运行；(2) 35kV 滴南变电所 1 座；(3)滴 4 井—滴 12 井区 35kV 输电线路 6.925km，前期降压 10kV 运行。

（四）彩南油田 10kV 电网

彩南油田共有 8 条油区专用 10kV 架空线路：井一线（包括彩 8 井区线路）、井二线、井三线、井四线、井五线、井六线、滴 2 线、滴 3 线，总长度 280km；带配电变压器台数 580 台，0.4kV 线路 50km，承担了 717 口油水气井的用电负荷。经测试，目前彩南油田电力负荷有功功率为 9000kW，无功功率为 9800kvar，其中 6 条油区线路所带负荷有功功率为 4500kW，占总功率 50% 比例。

三、自动化信息系统

1994 年 11 月，彩南油田自动化系统建成投运，建成了新疆油田第一套 SCADA 系统，系统采用美国 BAKER CAC 公司软件、硬件产品，引进井下地面管理一体化系统，实现油田自动化管理，达到了“百万吨油田百人管理”的开发建设目标。彩南油田自动化系统曾被中国石油天然气总公司在石油系统内推广应用。

1995—2005 年，自动化系统进行 2 次升级改造，具备油气水三相自动计量，抽油机井监控和集中处理站、天然气处理站生产过程数据监测、采集、处理、控制及信息传输等功能，被中国石油天然气总公司评为“形成工业能力优秀项目”。

（一）彩南油田自动化系统发展历程

1994 年 11 月，彩南油田建成了新疆油田第一套 SCADA 系统，系统采用美国贝克公司软件、硬件产品。

1995 年，建成了天然气处理站 DCS 系统，系统采用日本横河 μXL，实现了天然气站自动化监控管理。

1995 年，建成集中处理站视频监控系统，系统通过电缆连接至前线中控室，实现了对集中处理站 4 个关键场所的监控。

1998 年，彩南油田局域网建成投运。

1999 年 10 月，SCADA 系统进行国产化改造，采用北京安控公司软、硬件产品。

2000 年 5 月，SCADA 系统实现了基地远程监控，中心控制室监控人员移至基地中心控制室工作。

2002 年，石西—彩南—准东基地光缆建成投用。

2003 年，天然气处理站 DCS 系统国产化升级改造，采用和利时 DCS 系统，利用 VPN 技术实现了基地远程监控。

2004 年，建成集中处理站采出水处理自动化管理系统，系统采用江汉石油学院 JSmanager 控制技术。SCADA 系统软硬件升级，建成、投运了自动化数据 Web 发布系统。

2005 年，建成彩 31 气田自动化系统和混输泵站自动化系统。

（二）彩南油田自动化系统组成

彩南油田生产自动化系统包括油田井站 SCADA 系统和天然气处理站 DCS 系统。

1. SCADA 系统

SCADA 系统是一个以数据采集、监控、报警和报表输出等功能为一体的大型自动化系统，主要负责彩南油田 1 座集中处理站、1 座集气站、1 座混输泵站、39 座采注计量站、492 口抽油井、108

口水井、6 口气井的日常生产管理；系统前台采用 Intellution IFIX 组态软件，后台采用 ORACLE 关系型数据库；系统采用三层网络结构，数据通信以无线和有线相结合的方式，组成现场终端、前线中控室和基地中控室的三级数据网络。

2. 天然气处理站 DCS 系统

1995 年，DCS 系统建成投运，采用日本横河 μXL 系统。2003 年采用和利时 MACS SmartPro 分布控制系统进行了升级改造，负责天然气处理站生产系统的监测、控制和管理。

（三）彩南油田自动化系统的应用

1. 油井

彩南油田抽油井井场上安装的 RPC，通过相匹配的外围仪表设备，对油井各项生产数据进行采集分析与判断，并与设定值相比较，采取相应的控制动作，使现场工作变得有序而简洁。

示功图实时采集、在线控制及功图诊断；通过引进美国 BACKER CAC TOOLS 公司生产的 lynes 井下压力计，实现油层中部压力数据实时采集及连续监测级；通过安装在井场的各种仪表，实现对井口回压、温度、负荷、位置等生产数据的实时采集；通过相关故障诊断软件及示功图诊断软件实现了抽油机自动启停、空抽控制、定时启停、负荷超限自动停机等。

2. 采注计量站

通过 RTU 自动选井控制箱、液位传感器、含水分析仪、旋进漩涡流量计及相应配套设备，实现单井自动选井、油气水三相连续计量；注水井压力、流量实时采集；分离器压力、液位、温度实时采集；水套炉出口油温、烟温实时采集等；通过可燃气体报警器，能够对生产过程中的油气泄漏做出实时监测；通过水套炉燃烧控制器对其运行状况进行实时监控，并实现了故障诊断，自动切断关火等功能。

3. 集中处理站、天然气处理站

集中处理站自动化系统包括 1 台原油及采出水处理系统 RTU 和 1 台清水注水系统 RTU，原油及采出水处理系统 RTU 实现对集中处理站多功能原油处理过程的压力、温度、原油处理流量、采出水处理流量、原油储罐液位监测、操作间可燃气体浓度检测等数据实时采集监测，清水注水系统 RTU 实现对集中处理站清水注水系统的水罐液位、注水系统压力、离心泵排水量等数据进行采集监测，两台 RTU 共同完成整个集中处理站工艺数据的采集监测。

采出水处理自动控制系统采用江汉石油学院 JSmanager V2.0 采出水处理系统，对采出水处理系统进行生产数据、报警的监测，参数的设定，模拟流程，数据的查询、统计、分析和报表的输出、打印。

天然气处理站 DCS 系统通过对天然气处理工艺流程各功能区相关的温度、压力、流量、液位等参数的采集监测，由监控人员或 DCS 系统自动根据监测的参数变化情况，操作调节工艺控制调节阀，对现场生产工艺进行调节控制。

4. 中心控制室

中心控制室是油田生产指挥的中心，对全油田生产动态监控，完成数据处理和报表生成。

中心控制室 SCADA 系统实现了井、站、集中处理站采集参数的显示和采集值越限或故障报警；单井选井（键控或排序）计量和阀位状态监测；抽油机停机报警和集中处理站 RTU 掉电报警；RPC、RTU 及网络通信中断报警；外输日报表、注水日报表、集中处理站日报表、采油日报表、综合日报表和采油日志生成打印，各种动态生产数据及日志数据的查询打印；抽油井启停控制、空抽控制和连抽带喷控制；仪表量程，报警范围设置；建立彩南油田开发数据库；油井生产数据动态分析等功能。

附　　录

附录一　附　图

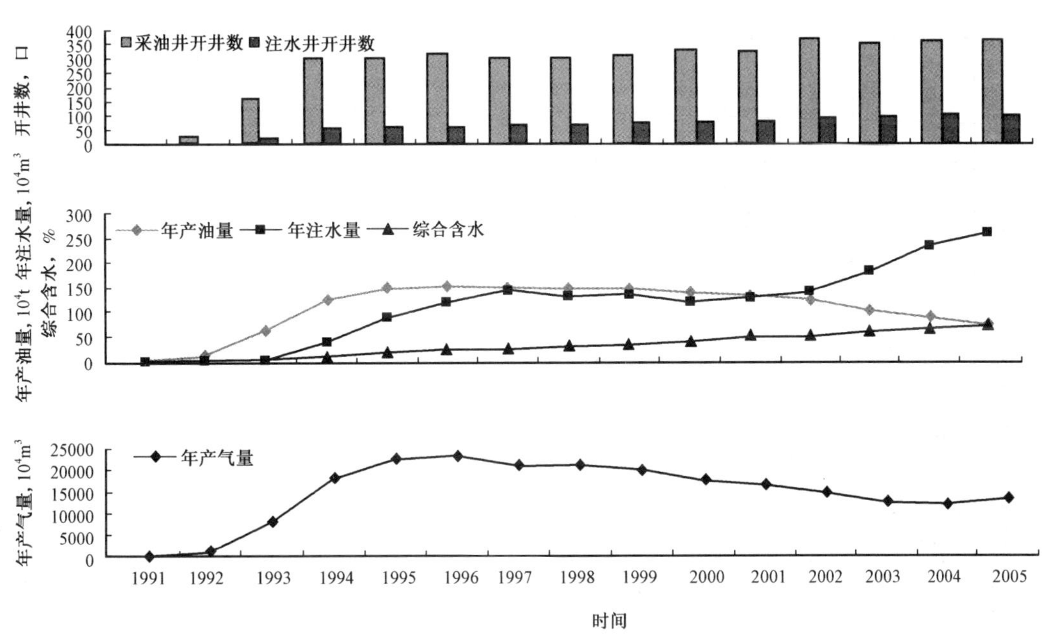

附图 1　油田开发综合曲线图

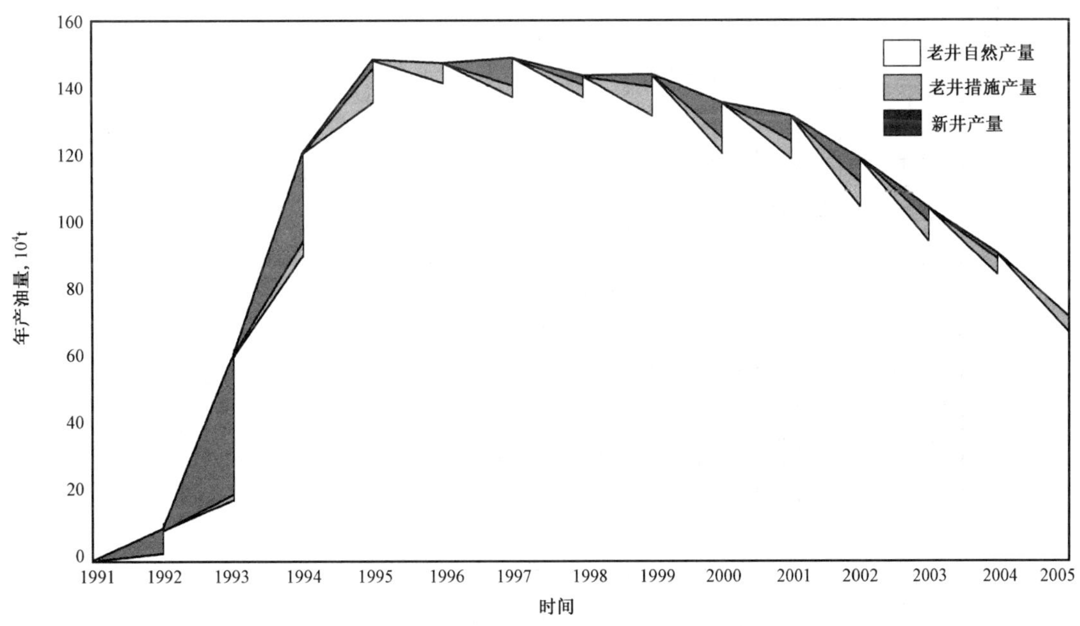

附图 2　历年产量构成曲线图

附录二 附 表

附表 1 油田地质综合数据表（已开发区块）

区块层位	岩性	油层深度 m	有效厚度 m	含油面积 km^2	地质储量 10^4t	油藏类型	孔隙度 %	渗透率 mD	原始油层压力 MPa	原油密度 g/cm^3	含硫量 %	天然气甲烷含量 %	地层水性质	
													矿化度 mg/L	水型
彩 9 J_1s	砂岩	2380	13.5	11.6	1089	岩性—构造	20	165.0	21.88	0.826	—	—	10845	$NaHCO_3$
彩 9 J_2x	砂岩	2230	13.6	26.1	2148	断鼻	16	10.5	21.27	0.829	—	88.39	10210	$NaHCO_3$
彩 10J_1s	砂岩	2320	10.4	6.2	773	构造	20	165.0	21.72	0.823	—	79.95	16764	$NaHCO_3$
彩 10 J_2x	砂岩	2233	4.5	4.4	47	构造—岩性	16	1.6	20.78	0.814	—	—	11670	$NaHCO_3$
彩参 2 J_1s	砂岩	2380	14.7	3.5	447	岩性—构造	22	165.0	21.83	0.828	—	88.28	10845	$NaHCO_3$
彩参 2 J_2x	砂岩	2260	5.1	1.7	32	构造—岩性	17	1.6	20.90	0.826	—	—	11670	$NaHCO_3$
彩 43 J_1s	砂岩	2630	7.8	1.4	62	岩性—构造	20	40.0	24.90	0.837	—	95.62	17864	$CaCl_2$
彩 31 J_2x	砂岩	2427	13.2	10.7	747	带气顶岩性—构造	14	0.7	22.20	0.836	—	94.55	15933	$NaHCO_3$
彩 8 J1s	砂岩	2102	4.8	2.3	73	构造	18	7.5	17.90	0.842	—	92.75	5182	$NaHCO_3$

注：（1）依据新疆油田分公司中心数据库数据资料编制。

（2）彩 9 井区含彩 007 井区；彩 10 井区含彩 009 井区。

附表 2 历年油田开发综合数据表

时间	动用地质储量 10^4t	动用可采储量 10^4t	采油井		核实产油量		综合含水 %	气油比 m^3/t	采油速度 %	采出程度 %	注水井数 口	注水量	
			总井数 口	开井数 口	年 10^4t	累计 10^4t						年 10^4m^3	累计 10^4m^3
1991	—	—	2	2	0.5049	0.5049	—	—	—	—	—	—	—
1992	716	157.5	35	30	8.9434	9.4483	2.1	83	1.25	1.32	—	—	—
1993	4246	954.6	184	161	63.2914	72.7397	3.6	186	1.49	1.71	16	1.5273	1.5273
1994	6268	1437.1	334	300	120.6226	193.3623	9.6	154	1.92	3.08	52	37.8658	39.3931
1995	6268	1437.1	327	299	148.4851	341.8474	17.7	149	2.37	5.45	59	90.2219	129.615
1996	5371	1795.3	324	312	151.4025	493.2499	23.8	155	2.78	9.17	61	118.8377	248.4527
1997	5371	1795.3	354	303	150.0001	643.2500	22.3	130	2.79	11.98	65	143.7868	392.2395
1998	5371	1865.2	362	305	145.0158	788.2658	28.7	139	2.70	14.68	66	130.4604	522.6999
1999	5371	1865.2	385	306	146.2817	934.5475	33.7	134	2.72	17.40	73	132.951	655.6509
2000	5327	1851.0	413	331	139.0803	1073.6278	39.0	135	2.61	20.15	74	117.9088	773.5597
2001	5371	2134.7	429	325	131.7986	1205.4264	49.1	116	2.45	22.44	75	128.4489	902.0086
2002	5171	2196.1	478	371	120.0949	1325.5213	51.5	123	2.32	25.63	85	138.9714	1040.9800
2003	4877	2197.6	463	354	104.9348	1430.4561	58.6	123	2.15	29.33	93	179.8036	1220.7836
2004	4908	2159.4	477	361	91.7720	1522.2281	66.7	146	1.87	31.02	98	231.6258	1452.4094
2005	5059	2187.9	496	370	74.1995	1596.4276	72.7	211	1.47	31.56	98	258.2603	1710.6697

注：依据新疆油田分公司中心数据库每年 12 月份的开发数据编制。

附录三　人物名录

（一）领导人名录

新疆石油管理局彩南油田开发建设指挥部

指　挥：

赵立春（1991年5月—1993年12月）

准东公司彩南油田指挥部

指　挥：

姜建衡（1991年5月—1993年12月）

政　委：

陈长庚（1991年5月—1993年12月）

准东公司彩南油田筹建处

主　任：

陈长庚（1992年6月—1994年1月）

准东公司彩南油田作业区

经理、党委书记：

任德政（1994年1月—1995年9月）

总工程师：

陈振生（1994年1月—1995年9月）

总地质师：

李兴训（1994年1月—1995年9月）

新疆石油管理局彩南油田作业区

经理、党委书记：

任德政（1995年9月—1998年10月）

总工程师：

陈振生（1995年9月—2000年1月）

总地质师：

李兴训（1995年9月—2000年1月）

新疆油田公司彩南油田作业区

经理、党委书记：

邵祖伟（1998年10月—2005年1月）

经理、党委书记：

刘辉元（2005年1月—2005年12月）

总工程师：

陈振生（2000年1月—2005年12月）

总地质师：

李兴训（2000年1月—2005年12月）

（二）劳动模范名录

2003年

克拉玛依市劳动模范：李兴训

附录四　获奖项目

序号	项目名称	获奖等级	时间	项目完成者
1	彩南沙漠油田高速高效勘探开发建设	国家科技进步二等奖	1996 年	谢宏、赵立春、张国俊、孙川生、李立威、许树谦、李溪滨、董培基
2	彩南沙漠油田简况、探明及开发	中国石油天然气总公司重大科技进步奖	1994 年	谢　宏、赵立春、张国俊、孙川生、李立威、许树谦、李溪滨、董培基
3	彩南油田彩 9 井区西山窑组油藏定量表征及三维建模	新疆维吾尔自治区科学技术进步二等奖	2001 年	李兴训、王志章、沈　楠、朱亚婷、唐　东、王　勇、尹东迎、季卫民、章　彤
4	彩南地区油田滚动勘探开发的研究	新疆维吾尔自治区科学技术进步二等奖	2003 年	李兴训、陈振生、沈　楠、秦旭升、张　武、欧亚平、唐东、罗兴旺、张胜
5	彩南油田彩 9 井区西山窑组油藏定量表征及三维建模	新疆油田分公司技术创新一等奖	2000 年	沈　楠、朱亚婷、唐　东、郑　强、尹东迎、覃建华、张　武、巴拉提·库尔班、章　彤
6	彩南油田滚动勘探开发研究	新疆油田分公司技术创新一等奖	2002 年	李兴训、沈　楠、张　武、欧亚平、唐　东、罗兴旺、张　胜、季卫民、章　彤
7	彩南高温油藏段塞式聚合物驱先导试验研究	新疆油田分公司技术创新一等奖	2003 年	李兴训、董汉平、乔　琦、李永新、张　武、吕夕夕、沅　楠、顾鸿君、楼仁贵

附录五　征引文献

序号	文献名	作者	出版（编制）时间	出版社（现存地）
1	《中国石油地质·新疆油气区》（卷十五）	新疆油气区石油地质志编写组	1993 年	石油工业出版社
2	《准噶尔盆地油气田开发的回顾与思考》（1950—2000 年）	《准噶尔盆地油气田开发的回顾与思考》编写组	2006 年	石油工业出版社
3	《新疆通志·石油工业志》（第 40 卷）	《新疆通志·石油工业志》编纂委员会	1999 年	新疆人民出版社
4	《新疆石油管理局勘探开发研究院院志》	勘探开发研究院院志编纂委员会	1999 年	新疆油田勘探开发研究院

编纂始末

2006年11月，彩南油田作业区在接到新疆油田分公司关于编纂《彩南油田志》的任务通知后，作业区领导高度重视，立即成立了以经理刘辉元为主任，副经理杜文军和总地质师沈楠为副主任的编纂委员会，组织地质、工艺、集输、安全环保、生产运行等部门10余人参与开发志的编纂工作，明确了职责和时限。编纂工作启动以来，作业区领导多次召开有关会议，明确编纂思路，了解工作进展情况，协调解决相关问题。

《彩南油田志》编纂工作分为学习培训、资料收集、分类编纂、汇总整理、专家审查、整改完善几个阶段。在编纂过程中，编纂人员遇到了许多问题和困难：一是全体编纂人员均是兼职工作；二是作业区为专业化管理生产单位，资料不全，搜集整理困难；三是编纂人员没有志书编纂经验。尽管如此，编纂人员还是在生产任务紧张、工作十分繁忙的情况下，六改其稿，保证分阶段任务的完成。根据新疆油田分公司草拟的油气田篇编写提纲，结合我们所掌握的彩南油田的勘探开发历程和特点，2006年11月提出了《彩南油田志》的初步编纂思路：以勘探开发历程为主线，以重大认识和发现为主要内容，辅以写事，略以记人。2009年2月，根据《中国油气田开发志》总编纂委员会精神，参照《百口泉油田志》，对编纂思路进行了调整，从技术报告模式转变为以写事为主，力求真实再现油田发展的历史。2009年9月，给《中国油气田开发志》新疆油气区编纂委员会报送审查稿，经过专家组成员的审议，认为编写基本符合要求，需根据油田实际情况略作调整。

本志编纂过程中共收集整理基础文字资料100余册，图片、图表资料80余幅，走访老一辈石油工作者20余人。

由于编纂水平有限，难免存在疏漏，敬请广大读者、专家给予指正。

《彩南油田志》编纂组

2009年12月

编号：07−009

夏子街油田志

《夏子街油田志》编纂组　编

1979 年 10 月，夏子街油田第一口发现井——夏 9 井钻井现场
（欧阳可悦摄，1979 年）

2004 年 5 月，中国石油天然气集团公司副总经理王宜林（左二）
在夏子街油田慰问现场员工
（《新疆石油报》记者摄）

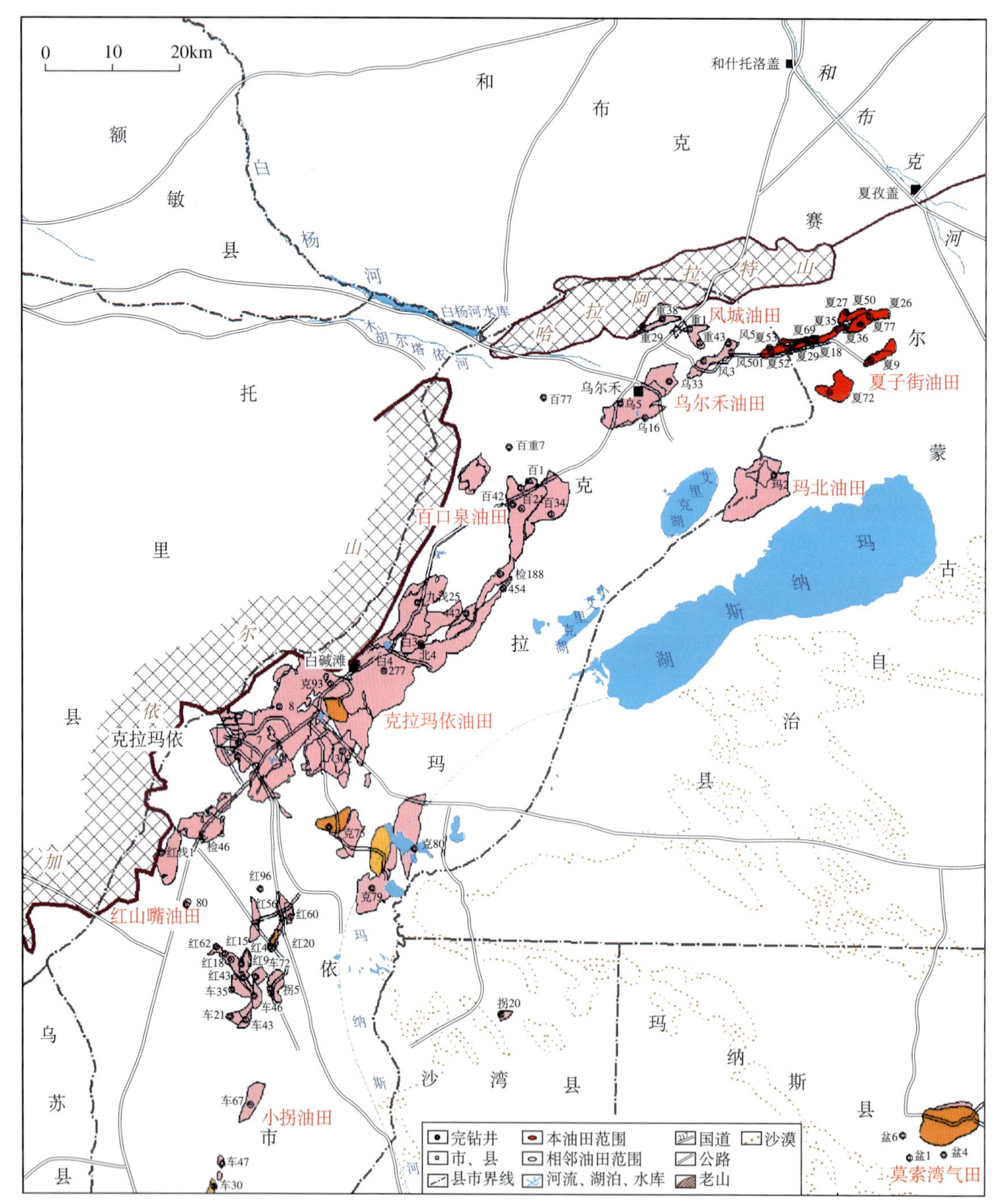

夏子街油田地理位置图

（新疆油田分公司勘探开发研究院编制）

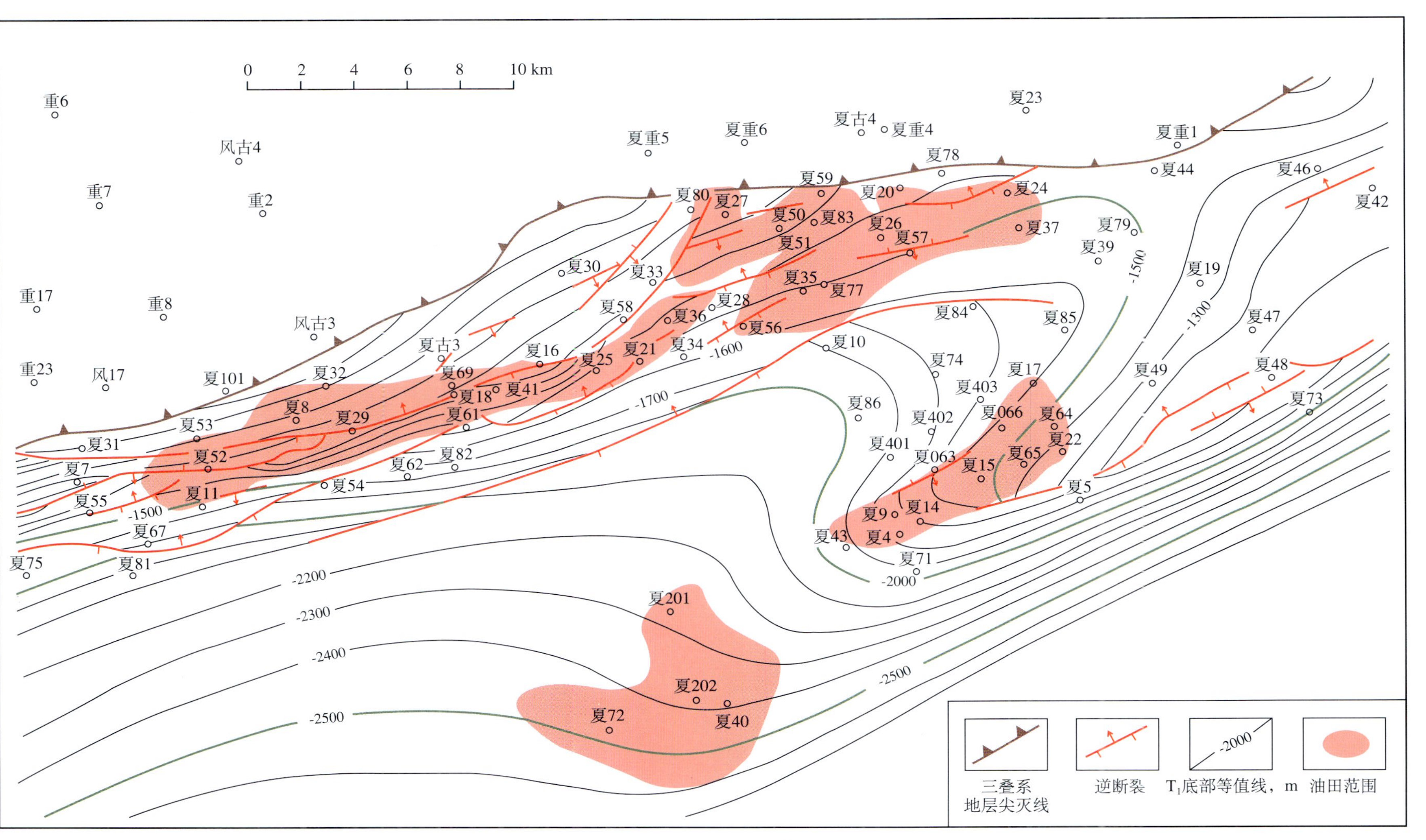

夏子街油田构造井位图

（新疆油田分公司勘探开发研究院编制）

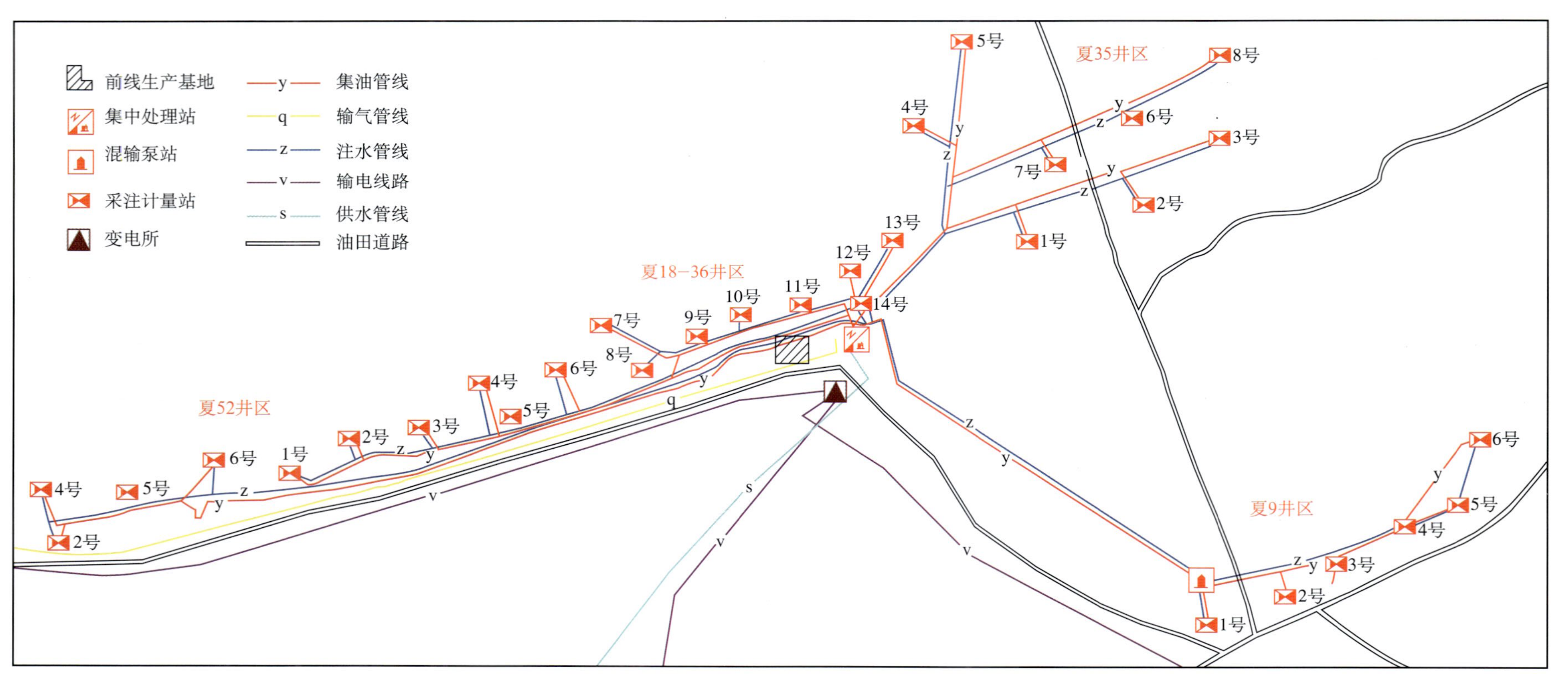

夏子街油田地面生产系统示意图

（新疆油田分公司勘探开发研究院编制，2005 年）

《夏子街油田志》编纂委员会

主　任：欧阳可悦

副主任：阎亚洲　钱根宝

成　员：尚建林　王延杰　朱志宏　邹正银

《夏子街油田志》编纂组

组　长：欧阳可悦

成　员：邓　琳　李群星　刘云利　张传新　王金泰

王志友　舒振辉　王　勇　陈学杰

本志目录

本卷目录

概　述

夏子街油田是准噶尔盆地西部隆起乌—夏断裂带东端的一个油田，1979年发现，1991年投入开发，因附近有一地名夏孜盖（夏子街为译音）的村庄而得名。由中国石油新疆油田分公司百口泉采油厂管理开发夏子街作业区。

一

夏子街油田在和布克赛尔蒙古自治县境内，西南距克拉玛依市区120km。地处荒漠戈壁，地势起伏较大，北高南低，地面海拔400 ~ 499m，平均海拔460m。地表大部分地区被很薄一层砾石层所覆盖，除可看到一些干枯的河床、季节性冲沟外，无河流、农田和湿地。沿河床、冲沟、地势低洼处有稀疏的荒漠植物生长，主要有红柳、梭梭、骆驼刺和耐碱性的干枝梅等植物。油田内时常可见到国家二级保护动物鹅喉羚以及野兔、狐狸和狼的踪影。油田气候属于典型的大陆干旱性气候，夏季干旱少雨，干燥酷热，年日照期200天左右，最高气温可达45℃；冬季最低气温达−40℃，年冰冻期110天左右；平均年降雨（雪）量97.6 ~ 114.1mm，年均蒸发量1933.4mm。每年4月和10月是油田主要的风季期，风向多为西北，最大风力可达12级。油田内有一条三级柏油路与217国道连接，并有多条沥青和沙石路与各开发区块和集油站、集输处理站相通，有线和无线通信网络覆盖整个油田。

二

夏子街油田区域地质属于新疆准噶尔盆地西部隆起二级构造单元乌—夏断裂带。油田南邻盆地中央坳陷西北侧的玛湖凹陷，东邻陆梁隆起，西与百—乌断裂带风城油田相邻，北靠哈拉阿拉特山，是一个以夏—红北断裂带为主要成藏带，以岩性、构造与次一级断裂组合成藏为辅的油田。油田范围内已确定的较大断裂15条，分西南—东北向和北南向两组，以南西—北东向为主。由于断裂的分割将油田自然划分为13个区块，平面上和纵向上又可分为18个油藏，9个气顶气藏。夏子街油田基底岩性以石炭系安山岩、玄武岩为主，其上沉积地层自下而上为二叠系佳木河组、风城组、夏子街组、乌尔禾组，三叠系百口泉组、克下组、克上组、白碱滩组，侏罗系八道湾组、三工河组、西山窑组、头屯河组、齐古组，白垩系吐谷鲁组，以及古近—新近系地表沉积，沉积最大厚度约6000m。主要烃源岩层为二叠系风城组和夏子街组。

夏子街油田储层是以洪积扇沉积为主，火山喷发相次之的沉积储集体。以沉积岩为主的二叠系、三叠系、侏罗系储层具有近物源、规模大、平面和纵向上变化大，储层非均质性强的特点。二叠系、三叠系、侏罗系储层均沉积厚度较大，岩性较粗，储层孔隙度变化范围5.86% ~ 14%，渗透率变化范围0.088 ~ 3.29mD。油藏储集类型一是二叠系风城组凝灰岩油藏，储集空间以溶蚀孔洞为主的储集体；二是以三叠系百口泉组、克下组、克上组砾岩和砂砾岩油藏，储集空间以低孔隙、低渗透率为主的储集体；三是以侏罗系八道湾组含砾砂岩、砂岩油藏，储集空间以孔隙为主的中、高孔渗储集体。

夏子街油田油品性质多样，有普通黑油，也有稠油。普通黑油的原油凝固点变化在 -2 ～ 15.24℃，含蜡量 2.7% ～ 3.6%，原油黏度（50℃）在 5.69 ～ 14mPa · s，地面原油密度 0.839 ～ 0.878g/cm^3，稠油的地面原油密度 0.920 ～ 0.961g/cm^3。

三

夏子街石油地质勘探工作始于 1954 年，以中苏石油股份公司 1/54 地质调查队完成夏子街西部地质填图为起点，1955—1958 年新疆石油管理局钻构造浅井共完钻 19 口，个别井在侏罗系八道湾组地层中见到稠油显示。1958—1959 年钻 4 口中深探井和一口参数井，其中三口探井试油获低产油流。1959 年 7 月新疆石油管理局地质调查处（以下简称地调处）进行地面地质调查和重磁力、电法勘探，用光点地震仪器完成地震测线剖面 1284km，勾画出乌尔禾—夏子街地区的构造形态和地质结构，查明了夏子街地区主干断裂的分布，发现夏子街构造。1979 年，新疆石油管理局成立西北缘研究大队，对乌尔禾—夏子街地区进行整体解剖和研究，部署夏 9 井、夏 21 井。其中，夏 9 井 1979 年 7 月 23 日开钻，同年 11 月 2 日完钻，12 月 12 日在三叠系百口泉组 2010.4 ～ 2062.4m 试油，射孔后用 6mm 油嘴自喷生产，日产油 5.89t，日产气 844m^3，发现夏子街油田。

1979—1985 年底，油田内基本探明夏 21 井断褶带中、下三叠统油藏共 13 个，气顶气藏 8 个；基本探明夏 9 井鼻隆中、下三叠统油藏 2 个。共探明叠加含油面积 42.7km^2，探明石油储量 5877 × 10^{4}t；天然气叠加含气面积 16.1km^2，天然气地质储量 82.55 × 10^{8}m^3。

1992—2004 年底，探明夏 9 井区侏罗系八道湾组油藏 1 个，夏 69 井区、夏 72 井区二叠系风城组油藏 2 个，气顶气藏 1 个；探明叠加含油面积 24.2km^2，石油地质储量 1979 × 10^{4}t；探明含气面积 2.7km^2，天然气储量 8.28 × 10^{8}m^3。

至 2005 年底，油田实际探明叠加含油面积 54.4km^2, 探明石油地质储量 4346 × 10^{4}t；技术可采储量 614.1 × 10^{4}t；探明叠加含气面积 14km^2，探明天然气地质储量 44.94 × 10^{8}m^3，技术可采储量 22.42 × 10^{8}m^3。

四

1989 年，夏子街油田开始开发前期工作展开。在夏 18—36 井区钻开发控制井 6 口，开发试验井组井 11 口，在夏检 301 井油基钻井液取心 250m，在 X1016 井和 X1023 井上进行雾化钻井试验，取得了大量油藏储层岩性、物性、含油性和渗流特征资料。1990 年 7 月进行评价试油取资料会战，共试油 16 井 21 层，获工业油流 15 井 16 层。进行开发三维地震资料采集，满覆盖面积 240km^2，面元 25m × 50m，经过处理与解释，比较清楚的勾画了夏子街油田储层基本构造特征。上述工作为夏子街油田开发方案的编制打下了基础。1991 年 3 月，新疆石油管理局勘探开发研究院开发室完成《夏子街油气田夏 18 － 36 井区中、下三叠统油藏开发布井方案》和《夏子街油田夏 9 井区中、下三叠统开发布井方案》，经中国石油天然气总公司开发局审查后通过。1991 年 4 月，新疆石油管理局夏子街油田开发建设指挥部成立，夏子街油田投入全面开发。1993 年 5 月，夏子街油田主体开发工程全面建成，交付百口泉采油厂夏子街作业区投产。

至 2005 年 12 月底，夏子街油田先后有 14 个单元的油藏，9 个气顶气藏投入开发，主要经历了三个阶段。

（一）上产阶段（1991—1992 年）

夏 9 井区三叠系油藏、夏 18-36 井区三叠系油藏、夏 35 井区三叠系克上组油藏、夏 52 断块三叠系百口泉组油藏、夏 27 井区三叠系克上组油藏、夏 26 井区三叠系克上组油藏、夏 29 井断块三叠系克上组油藏等 7 个区块，自 1991 年 3 月起陆续投入开发。其中最先开发夏 9 井区三叠系油藏和夏 18—36 井区三叠系油藏，实施过程中，根据对油藏地质特征的新认识，及时进行扩边、完善注采井网等调整措施。针对夏 18—36 井区中、下三叠统各层组油水界面不统一的情况，将原设计的两套井网（百口泉组、克下组）调整为四套井网（百口泉一套，克下组三套）；将原设计的以不规则四点法面积注水井网为主改为以边外注水的弧形井网为主，线状井网和面积井网为辅；停钻 21 口井，对 30 口井进行了层系调整。从夏 9 井区全面开发到 1992 年 12 月夏 26 井区开发钻井工作完成，实施总井数 314 口，年产能 41.36×10^4t。其中油井 210 口，实际开井 155 口，日产油 1117t，综合含水 2.8%，1992 年产油 28.1460×10^4t。注水井 104 口，投注 67 口，开井 66 口，日注水量 1338m³，年注水 18.1672×10^4m³。在七个开发区块中，除夏 18—36 井区两个主力区块达到并超过设计产能外，其他五个区块均未达到设计产能，油田初期整体开发效果较差。

（二）**递减阶段**（1993—1995 年）

油田主力开发区夏 18—36 井区产量占整个油田产量 85%，属于饱和油藏，投入开发即进入溶解气驱动阶段。由于地面注水系统建设与开发井投产不同步，投注时间滞后 11 个月，致使夏 18 － 36 井区中、下三叠统油藏投产后能量消耗快，地层压力下降快，气顶气下窜严重，气油比急剧上升，产量快速递减。全油田 1993 年产量 24.0274×10^4t，1994 年下降到 14.2564×10^4t，油量递减 40%。1994 年底，随着注入水开始见效弥补地下亏空，下降趋势得到遏制，生产特点表现为“一高两缓”：即高气油比生产，平均气油比在 1100m³/t 左右；产量下降速度趋于变缓，递减幅度减缓。

（三）**稳产阶段**（1995—2005 年）

1995 年起开始油田全面的综合治理，对水井实施补孔、分注、调剖、增注、维修等措施，对油井实施开采层位调整、补孔等措施，较大程度上改善了油田的稳产状态。1996 年开始进入低水平稳产阶段。1996—1999 年，年产量持续稳定在 12×10^4t 左右，综合不递减。2000—2002 年，因优化注水措施及调参效果变差，加上油田实施进攻性措施力度减小，投入不够，油田产量又呈现递减趋势，2000 年底油田产量降到 11.3×10^4t。为此再次实施大量上返补层措施，对未开发砂层组加以动用，积极滚动扩边，整个油田产量呈现回升趋势，生产基本趋于稳定。

至 2005 年底，油田共完钻各类探井和开发井 412 口，其中探井 91 口，评价井 18 口，开发井 303 口，历年上报工程和地质报废井 101 口。2005 年底实际有采油井 184 口，采气井 10 口，注水井 81 口，长关井 31 口，年产原油 14.13×10^4t，年注水量 65.94×10^4m³，年产天然气 13392.8×10^4m³，累计生产原油 199.54×10^4t，累计注水 1018.22×10^4m³，累计生产天然气 20.2445×10^8m³。采油速度 0.57%，可采储量采出程度 50.75%；天然气采气速度 1.91%，可采储量采出程度 63.56%，含水率 52.7%，水驱指数 0.71%，累计注采比 0.74，平均井底流压 6.43MPa，油田处于开发的中期阶段。

五

经过 17 年的开发实践，形成了夏子街油田自身开发的特点。

(1) 油田开发体现了油藏整体评价、整体开发的理念。1990 年用近一年的时间对已探明的 9 个区块 12 个层系，共计 2694×10^4t 基本探明地质储量进行了有针对性的开发可行性评价，解决了油田认识不请楚的四个问题，开创了复杂难采油气藏开发前期评价的新方法和新的工作方式。

(2) 油田由于其储层岩性、物性、电性和含油性关系复杂，影响了构造、油藏性质、油气水界面分布的识别。为此，在新疆油气区率先应用了开发三维地震和空气雾化钻井技术，在油田整体开发过程中实施了配套的钻井、采油工艺技术，为提高油田开发效果发挥了作用，也为新疆油田开发此类油藏提供了技术储备。

(3) 夏子街油田以遏止产量递减为目标的稳油控水综合治理工作取得突出成绩。通过全油田油井排查，精细油藏描述，调整开发单元对应关系，实施对储层的压裂改造措施，上返补层措施、隔水措施以及滚动扩边措施，挖掘了油藏潜力，为老区治理积累了经验。获得新疆石油管理局“综合治理典型油田”荣誉称号。

大事记

1954 年

2 月　中苏石油股份公司地质调查队在苏方队长乌瓦洛夫、中方地质师张恺带领下，完成克拉玛依—乌尔禾（部分夏子街）地区 1:10 万比例地质填图。并通过调查发现乌尔禾地区和夏子街地区西部白垩系地层，以及地面具有丰富的沥青脉露头和油砂矿，指出这一地区深部地层勘探含油气远景广阔。

1955 年

5 月　为配合进一步的地调，新疆石油公司开始部署实施浅层井钻探，其中在夏子街地区钻浅层井 19 口，部分井在侏罗系八道湾组地层见到稠油显示。

1958 年

5 月　新疆石油管理局克拉玛依矿务局乌尔禾钻井处 3257 钻井队在夏子街地区承钻的夏 1 井开钻，钻至三叠系克下组 1949.86m 完钻，经试油获低产油流。之后，乌尔禾钻井处又相继完钻了夏 2、夏 3 和夏 4 井，其中夏 4 井见到好的油气显示，证实夏子街地区是一个具有丰富油气藏资源的勘探领域。

1959 年

7 月　新疆石油管理局地质勘探会议决议，派克拉玛依矿务局北准噶尔大队 302/59 地质调查队，进入乌尔禾—夏子街地区开展地震面积详查，落实夏子街地区的断裂分布和构造特征，为深入勘探作准备。

12 月　新疆石油管理局第一次油气勘探科学研究会在克拉玛依召开，局科学研究所作了《乌尔禾—夏子街地区的含油气评价》报告，提出了乌尔禾—夏子街地区 5 个油气成藏的有利条件：(1) 夏子街地区在白垩系一直处于隆起较高地带，各层系发育广泛而明显的不整合接触，不整合关系造成了油气运移的通道；(2) 夏子街断裂带具有对油气成藏良好的封闭作用；(3) 三叠系是夏子街地区主要的储油层；(4) 夏子街断裂斜坡带的 5 个隆起是油气聚集的有利场所；(5) 夏子街背斜夏 4 井区具有侏罗系和二叠系成藏的条件。这 5 个有利条件的提出为勘探乌尔禾—夏子街地区油气藏理清了思路，指明了方向。

1960 年

2 月　克拉玛依矿务局北准噶尔大队 302/59 地质调查队，完成乌尔禾—夏子街之间地区地震详查工作，并提交总结报告。提出了夏子街向斜北缘断裂发生在 1500m 以下地层内的概念，以及它与乌尔禾南线的断裂相连接，成为该地区主断裂，控制了三叠系沉积和成藏的结论。并提出了在断裂以南即下盘进行深井钻探的意见。

1961 年

3 月　根据石油部局、厂长会议精神，新疆石油管理局党委第十三次扩大会议决议，成立以队长宋立勋，队号为 105/60 的陆梁－夏子街地区综合研究队。该队的主要任务是深入夏子街地区腹地详查，加强油气勘探研究工作，为规模勘探提供依据。

1962 年

3 月　地调处宋立勋、李溪滨等人完成了《夏子街—陆梁地区构造、含油气专题研究总结报告》。

报告分析了夏子街地区普查、地震详查和探井所取得的各方面成果，从夏子街地区构造演化研究入手，结合浅层井和几口探井取心、试油、取样化验资料，对夏子街地区构造与地层之间的组合关系，出油气井点与地层间、平面分布的关系，对油源与成藏条件的关系做了详细的分析与研究，对夏子街地区的勘探开发前景作了非常乐观的评价。

1976 年

7 月　新疆石油管理局地质处（以下简称地质处）成立了乌尔禾—夏子街地区攻关研究项目组，主要成员由杨成美、夏明生、孟长生、范光华、贺洪义、陈桂娥等人组成。因 60 年代经济困难和文化大革命影响而中断的乌尔禾—夏子街地区地质综合研究工作得以恢复。

1979 年

2 月　为适应新疆油田大发展的需要，新疆石油管理局成立了西北缘研究大队，主要人员由地调处、新疆石油管理局勘探开发研究院（以下简称勘探开发研究院）、地质处等单位抽调组成。乌尔禾—夏子街地区油气勘探评价工作全面启动。

12 月 12 日　由新疆石油管理局钻井公司（以下简称钻井公司）32836 钻井队承钻的，位于夏子街背斜东部断鼻上的夏 9 井，在三叠系百口泉组 2010.4 ~ 2062.4m 井段试油，6mm 油嘴自喷生产，日产油 5.89m^3，日产气 844m^3。一个以三叠系储层为主要目的层的油藏被发现。夏 9 井成为夏子街油田标志性发现井。

1980 年

12 月 15 日　勘探开发研究院区域勘探室完成《乌尔禾—夏子街预探区年度阶段总结》报告。报告通过对夏子街地区地层划分对比，沉积特征、构造和油气水分布等方面的研究，提出“这一地区是一个找油比较现实的地区”，为夏子街地区的勘探增强了信心。

1981 年

12 月　由西北缘研究大队林隆栋、赵白等人完成的《乌尔禾—夏子街地区油气资源初步评价》报告在新疆石油管理局准噶尔盆地勘探技术座谈会上发表，该报告总结了这一地区勘探三个阶段所取得的成果，对地层划分变动做了描述，对构造及构造发展、断裂的组合与划分，夏子街地区沉积发展史，成藏模式做了多方面的研究，列举了勘探多个新目标、新领域，推动了夏子街地区油气勘探的全面开展。

1982 年

3 月　由勘探开发研究院区域室完成的《准噶尔盆地西北缘夏子街地区二叠系—侏罗系储层物性及储层评价》研究报告完成。

4 月　西北缘研究大队张应骞完成了《夏子街地区石油地质》综合研究报告。

5 月　由勘探开发研究院油区室李一峰等人承担的《准噶尔盆地西北缘乌尔禾—夏子街地区油、气、水研究小结》报告完成。

6 月 11 日　位于夏子街前缘断褶区带上，由钻井处 32838 钻井队完钻的夏 21 井，在三叠系克下组 1513.5 ~ 1531m 井段试油，4mm 油嘴得日产油 0.17t，日产气 19900m^3。夏子街油田最大的含油气区块—夏 21 井区三叠系油气藏被发现。

1983 年

12 月　新疆石油管理局向国家储委申报的夏 9 井区三叠系油藏探明含油面积 4.61km^2，探明石油地质储量 1040×10^4t；夏 21 井区三叠系油藏探明含油面积 4.28 km^2，探明石油地质储量 943×10^4t 的储量报告获得通过。

1984 年

12 月　新疆石油管理局申报的夏子街油田夏 21 井断褶区三叠系油藏新增探明石油储量 2896×10^4t，新增探明天然气储量 36.35×10^8m^3 获国家储委审查通过。

1985 年

12 月　新疆石油管理局申报的夏子街油田夏 18—36 井区、夏 50 井区三叠系克下组油藏，夏 26 井区、夏 35 井区三叠系克上组油藏新增探明储量获得国家储委审查通过。四个油藏单元共探明含油面积 $23.1km^2$，石油地质储量 1801×10^4t。

1989 年

8 月　新疆油田第一块开发三维地震采集在夏子街油田完成。施工由管理局地质调查处 315 地震队实施，采集的三维地震满覆盖面积为 $240km^2$，面元 $25m \times 50m$。该地震资料的获得为更进一步加强夏子街地区的综合研究提供了新的手段，为搞清夏子街断褶带构造特征，地层分布提供了更加直观的数据信息。

10 月　围绕夏子街油田多个认识不清楚的问题，新疆石油管理局在夏子街油田开展了前期油藏评价工作。重点在夏 21 井区开辟一个开发试验井组，部署评价井 6 口，控制井 12 口。在两口井上开展了空气雾化钻井试验，在试验井组和评价井上开展了大型压裂增产措施试验，在夏检 301 井开展了气顶气相态取样以及系统取心、试油、试采取资料工作。为夏子街油田开发做了大量的准备工作。

1990 年

7 月 19 日　新疆石油管理局成立夏子街油田开发前期评价会战指挥部。指挥赵立春，副指挥邓志学、齐春生，成员有欧阳可悦、任宗荣、张水昌、吴心邃、谭世德、马成、杨志新等人组成。具体任务是在五个月的期限内，负责完成对夏子街油田开发前期评价取资料会战的组织领导、技术把关、资金控制、施工队伍管理以及最终的方案研究成果上报等项工作。

7 月 22 日　为加快评价工作的节奏，开发前期评价会战指挥部决定由邓志学、欧阳可悦、王延杰、吴永强、尤波等人组成现场工作组，进驻夏子街地区试油处 132 队，展开以试油、取资料为主的前期评价工作。

10 月 1 日　新疆石油管理局党委副书记、局长谢志强带领机关党委、工会有关领导，携带大量慰问品深入夏子街油田开发前期评价会战前线，慰问了在现场施工的钻井队、采油队、修井队和试采队，对夏子街地区前期评价会战职工鼓舞很大。

1991 年

3 月　由勘探开发研究院欧阳可悦等人编制完成的《夏子街油田夏 18—36 井区中、下三叠统油藏开发布井方案》，在北京经中国石油天然气总公司开发局组织专家审查获得通过。方案共设计开发井 155 口，油井 104 口，注水井 51 口，区日产水平 940t，年产油能力 28.2×10^4t, 钻井进尺 25.84×10^4m，产能进尺比为 1.091t/m。

4 月 1 日　新疆石油管理局夏子街油田开发会战指挥部成立。指挥由管理局副总工程师冯力胜担任，副指挥有闻玉贵、王旌沙、潘仁杰等人担任。夏子街油田开发会战由此全面展开。

4 月 5 日　新疆石油管理局批准百口泉采油厂成立夏子街综合大队。

8 月 15 日　百口泉采油厂为配合管理局夏子街油田的开发会战，成立了夏子街油田开发领导小组，丁玉甫任组长，金武林、李仲侃、张水昌任现场指挥，徐乃华、陈向东、杨泽明、耿玉宽任副指挥。下设 6 个专业组，全面启动建设和接受整装油田的相关工作。

8 月 20 日　局开发建设会战指挥部召开第一战役誓师动员大会，提出通过 40 天会战，实现日产原油 100t 的目标。

10 月 1 日　夏子街油田日产原油突破预定 100t 的计划生产指标，实际达到日产 120t 的水平。

11 月 8 日　由新疆石油管理局油田建设工程公司（以下简称油建公司）承建的夏子街油田配套电站、水源站两大工程全面投产。

11 月 20 日　由新疆石油管理局机械筑路公司承建的全长 20.3km 的夏子街油田连接省 217 道的油

田公路竣工通车。

1992 年

5 月 9 日　夏子街油田 X1020 井发生强烈井喷，经局开发建设会战指挥部组织，百口泉采油厂修井大队以及修井 7 联队的 14 名干部和职工奋力抢救，成功制服了井喷。

6 月 30 日　夏子街油田日产原油突破 1100t。

7 月 1 日　中国石油天然气总公司总经理王涛在管理局谢志强、谢宏等领导的陪同下驱车冒雨视察了正在建设的夏子街油田。

7 月 28 日　在大港全国油气田管理经验交流会上，闻玉贵代表新疆石油管理局夏子街油田开发会战项目经理部，作了《推行配套项目管理搞好夏子街油田产能建设》的经验交流报告。周永康副总经理在这次会议上对夏子街油田的开发会战给予高度评价，并概括出夏子街油田开发会战的四条基本经验：一是前期工作抓得紧；二是产能建设整体方案较为先进合理；三是有一套完善的监督和质量控制体系；四是后勤管理工作抓的比较好。

1993 年

4 月 26 日　夏 21 井区 X1071 井因固井质量问题发生井喷，百口泉采油厂修井大队积极组织干部和职工抢险，奋战 72 小时成功制服井喷。

6 月 21 日　新疆石油管理局决定撤销夏子街综合大队，成立夏子街采油大队。夏子街采油大队下设注水队，输油队，定员共 130 人。

8 月 25 日　由新疆石油管理局勘察设计研究院设计，油田建设工程公司承建的夏子街油田天然气增压站试车投产成功。

11 月 15 日　新疆石油管理局组织勘探开发研究院专家一行 3 人对夏子街油田地质构造、油气藏特征、生产现状进行全面详细论证，对夏子街油田产量下滑主要问题和主要矛盾进行分析排查。

1994 年

3 月 14 日　夏子街采油大队车库因装有天然气铁皮炉口的皮管烧坏起火，发生爆炸引发火灾，造成车库部分屋顶塌落，主体结构严重破坏，车库内停放的 1 辆黄河热油车、2 辆国产客货车、1 辆北京 212 小车全部烧毁。

1995 年

8 月 19 日　由中国石油天然气总公司组织的专家组一行 13 人到达夏子街油田，对夏子街油田的开发会战结果进行后评估。

11 月 27 日　新疆石油管理局百口泉采油厂撤销夏子街采油大队，成立夏子街采油作业区。成立大会召开之际，管理局局长戴明梓、副局长赵立春到会祝贺。

1996 年

1 月 30 日　由新疆石油管理局采油工艺研究院（以下简称采研院）和百口泉采油厂共同研究实施的夏子街油田油井防砂试验获得成功，当月增油 1063t。该试验为夏子街油田措施井的稳产，原油集输管网的正常生产提供了技术支撑和保证。

11 月 4 日　夏子街作业区青年工人马彪荣获中国石油天然气总公司首届青年岗位能手称号。

1997 年

3 月 7 日　新疆石油管理局召开夏子街油田综合治理方案研讨会。副局长赵立春、副总地质师顾方润以及开发处、采油处、勘探开发研究院、采油工艺研究院、百口泉采油厂专家到会共同讨论治理对策，制定了综合治理的任务和目标，并将《夏子街油气田综合治理方案》列为新疆石油管理局 1997 年十大重点科技攻关项目之一。提出的目标是：通过治理，实现地层压力的恢复和稳定，含水上升率小于 8%，年产油量由 12×10^4t 上升到 14.5×10^4t，稳产两年以上。

12月16日　由勘探开发研究院完成的《夏子街油田夏69井区二叠系风城组油气藏探明储量报告》，在广西北海经国家油气储委审查获得通过。新增原油地质储量 103×10^4t，新增天然气储量 $8.28 \times 10^8 m^3$。

1998年

3月27日　夏子街油田综合治理阶段实施成果审查会议召开。参加会议的有局开发处、勘探开发研究院、采油工艺研究院和百口泉采油厂等单位技术人员约40人。会上，总结了百口泉采油厂夏子街油田治理一期实施井措施的情况，分析了治理工作中存在的问题，对下一步工作提出了具体的要求，为综合治理工作全面实施并实现目标打下了基础。

7月　《夏子街油气田综合治理方案》在勘探开发研究院、采研院、百口泉采油厂等单位协同配合下顺利完成。方案包括一个主报告，13个专题研究报告，两个布井意见。报告系统的分析了油田开发以来存在的主要问题，有针对性地提出了具体治理措施和实施方案，为夏子街油田全面治理制定了切实可行的方针政策，具体治理措施和实施方案包括压裂、酸化、补层、堵水、新透镜、转注、分注、增注等措施工作量294井次，其中注水井措施工作量118井次，油井措施工作量161井次。

1999年

10月11日　夏子街作采油业区采油技术能手张建国在新疆石油管理局第四届青工技术比赛中取得个人总分第一名的好成绩。

2000年

7月28日　夏子街油田夏21井区X1203井在上返射孔作业生产时，发生井喷事故。新疆油田公司主管安全的领导亲临现场指挥，在百口泉采油厂、井下作业公司等单位通力配合下，成功制止井喷事故，X1203井恢复正常生产。

10月12日　夏子街作业区夏18—36井区2号站在水套炉试压及改流程过程中，对安全重视不够，操作过程中没有采取安全防护措施，致使作业区助理工程师龚伦毅中毒窒息死亡。

2001年

4月5日　夏子街油田遭受特大沙尘暴袭击，风力最大时达到12级，狂风持续了9个小时，造成油田38口井停产。风停后，夏子街作业区广大干部和职工迅速恢复停产井的生产。当天影响交油量56t。

10月　由油田建设工程公司负责施工的夏子街油田污水处理完善配套系统工程顺利完成。

2002年

4月　夏子街油田全面试行化学防蜡技术，大大减少了热化清蜡对油气生产的影响。同时实施高油气比井管柱及地面工艺配套，扩大对高效气锚及井下三相分离器的使用范围，均取得良好的效果。以上措施的实施，使夏子街天然气产量稳中有升，达到日产 $33 \times 10^4 m^3$ 的水平。

12月　中国石油新疆油田分公司勘探开发研究院（以下简称勘探开发研究院）和百口泉采油厂研究所联合完成《乌尔禾—夏子街地区油气地质特征及远景评价》研究报告。该报告系统的分析了乌尔禾—夏子街地区油气成藏的规律，总结了该地区勘探开发的经验，为夏子街地区进一步的滚动开发提出了新的领域。

2003年

9月26日　夏子街作业区基地公寓竣工典礼仪式在夏子街油田举行。新疆油田公司党委副书记阿不拉海提—克优木同志亲临现场祝贺，并为公寓竣工剪彩。

2004年

4月7日　新疆石油管理局供电公司施工的夏子街油田正规变电所正式投产，从此夏子街地区结束了单电源供电的历史。

5月4日　位于夏子街油田断裂前缘带上的第一口深层探井——夏72井，在二叠系风城组4808～

4826m 射孔，经大型压裂用 3.5mm 油嘴试采，日产油 42.8t，日产气 3230m³。夏子街油田二叠系深部勘探获得重大突破。

5 月 7 日　中国石油天然气集团公司副总经理王宜林在新疆石油管理局、油田公司领导的陪同下，慰问了在夏子街油田夏 72 井区试油会战的试油公司职工，并颁发了嘉奖令。

12 月　勘探开发研究院完成的《夏子街油气田夏 72 井区二叠系风城组新增探明石油储量报告》获国家油气储委审查通过。夏 72 井区二叠系风城组共新增探明含油面积 14.6km²，探明石油地质储量 1549×10^4t，可采储量 154.9×10^4t。

2005 年

6 月 20 日　夏子街油田通过综合治理以及夏 29 井区克上组油藏的扩边开发，当月平均日产油水平达到 500t，创下自 1995 年以来夏子街油田区日产的最高水平。表明夏子街油田在稳产的基础上，产量开始回升。

8 月 29 日　位于夏子街油田夏 21 井断裂上盘的夏 23 井区检 528 井取出侏罗系八道湾组含油岩心，夏子街油田滚动开发向浅层稠油油藏进军。

第一章

油 田 地 质

夏子街油田处于准噶尔盆地西部隆起的二级构造乌—夏断裂带上，是一个由断裂控制的复杂断褶构造油田。平面上它主要由以夏 21 井断褶区为主的断块—构造砾岩油气藏和断褶区前缘带夏 9 井区鼻状构造砂砾岩油藏、夏 72 井区背斜火山岩油藏等三大区块组成。纵向上既有深层二叠系异常高压稀油饱和油藏，中深层三叠系带气顶的稀油饱和油藏和稀油未饱和油藏。油田地质情况复杂而多样，是一个由多套储层组合、多种岩性分布、多种原油性质组成的复合型油田。

第一节　地层与构造

一、地层

1954—1958 年，根据中苏石油股份公司地质调查队对油田西端露头区的普查和部分钻井资料揭示，夏子街地区普遍存在一套较完整从古生代到中新生代地层。其中三叠系和侏罗系是主要的含油层。

1959 年，新疆石油管理局科学研究所根据地调处 302/59 地震队地震解释结果，对这一地区的地层和含油关系做了初步的评价：夏子街地区从白垩纪到二叠纪地层较全，各层系油气显示 90% 以上都与下伏地层不整合面油气运移和断裂遮挡有关，夏子街地区是一个多油层的地区。

1978 年，新疆石油管理油田研究所乌尔禾研究队夏明生、孟长生等人在前人研究的基础上，对夏子街地区三叠系以上地层做了较系统的研究和对比，完成了夏子街地区探井大分层数据表，自上而下划分为：白垩系吐谷鲁组（K_1tg），侏罗系的齐古组（J_3q）、头屯河组（J_2t）、西山窑组（J_2x）、三工河组（J_1s）、八道湾组（J_1b），三叠系的白碱滩组（T_3b）、克上组（T_2k_2）、克下组（T_2k_1）、百口泉组（T_1b），二叠系的乌尔禾组（P_2w）、夏子街组（P_2x）、风城组（P_1f）、佳木河组（P_1j）。1980 年，勘探开发研究院勘探室吴庆福等人提出了油田石炭系—二叠系划分方案，其中对夏子街油田钻遇的二叠系划分为中二叠统乌尔禾组、夏子街组，下二叠统风城组和佳木河组。

夏子街油田在勘探和开发过程中经大量探井和开发井实钻结果，自上而下钻遇了 14 套层组（表 1–1），其中白垩系与侏罗系、侏罗系与三叠系、三叠系与二叠系为区域性不整合，钻井试油证实侏罗系的八道湾组、三叠系的克上组、克下组、百口泉组和二叠系的风城组等五个层组为含油气层组。

1990—1991 年，勘探开发研究院欧阳可悦、王延杰、邓琳等人，在编制夏子街油田夏 9 井区、夏 18 – 36 井区中下三叠统开发方案过程中，对百口泉组、克下组、克上组储集层进行了细分与对比，确定了各自的细分层系统。

百口泉组，钻揭最大厚度 295m，按电性、岩性及沉积旋回划分为三个砂层组，即 B_1、B_2、B_3。其中 B_1、B_2 砂层组，为主要含油层，B_1 砂层组沉积厚度 21.7 ~ 77m，又细分为三个砂层，即 B_1^1、B_1^2、B_1^3，B_2 砂层组视厚度 12.5 ~ 50.8m，没有细分；B_3 为非含油层，视厚度为 30 ~ 60m，与下伏二叠系乌尔禾组为不整合接触（图 1–1）。

表 1–1　夏子街油田含油层系简表

层位			层位代号	厚度 m	岩性岩相简述
系	统	组			
侏罗系	下统	八道湾组	J_1b	48 ~ 88	河流相：中细砂岩、含砾不等粒砂岩、砂砾岩；与下伏地层不整合接触
三叠系	中统	克上组	T_2k_2	72 ~ 393	沉积相；灰色、灰绿色砂质不等粒砾岩为主，间夹不稳定的薄层砂质泥岩
		克下组	T_2k_1	201 ~ 425	灰色块状砾岩砂质、砾岩夹薄层砂质泥岩，浅灰绿色、灰色砂质砾岩夹中—细砂岩；与下覆地层整合接触
	下统	百口泉组	T_1b	58 ~ 295	洪积相浅灰绿色砂质砾岩和砾岩与下伏地层不整合接触
二叠系	下统	风城组	P_1f	810	流纹质熔结角砾凝灰岩

注：依据夏子街油田历年开发（射孔）方案编制，2009 年。

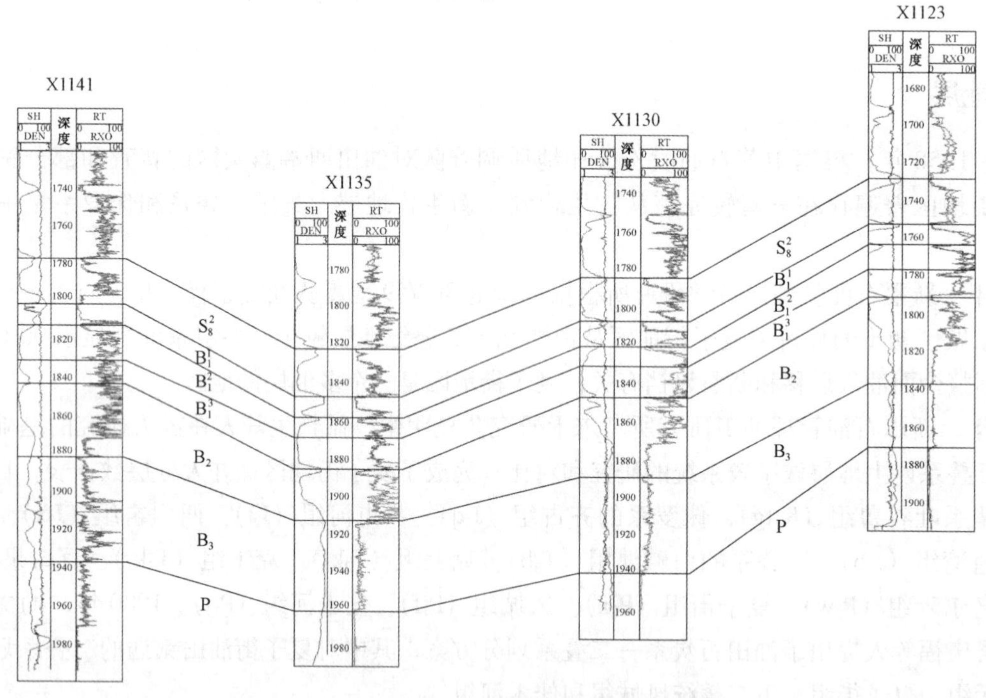

图 1–1　下三叠统百口泉组储层电性对比图
（新疆石油管理局勘探开发研究院开发室编制，1991 年 12 月）

克下组，钻揭厚度 201 ~ 425m，按电性、岩性及沉积旋回自上而下划分为 3 个砂层组，即 S_6、S_7、S_8 砂层组。S_6 为较稳定的泥岩隔层，是全区对比的标志层；S_7 内细划分为 S_7^1、S_7^2、S_7^3、S_7^4、S_7^5 五个砂层和 10 个小层（$S_7^{2\text{-}1}$、$S_7^{2\text{-}2}$、$S_7^{2\text{-}3}$、$S_7^{3\text{-}1}$、$S_7^{3\text{-}2}$、$S_7^{3\text{-}3}$、$S_7^{4\text{-}1}$、$S_7^{4\text{-}2}$、$S_7^{5\text{-}1}$、$S_7^{5\text{-}2}$）；S_8 细分层为 S_8^1、S_8^2 两个砂层。主要油层分布在 S_8^1、S_8^2、S_7^4、S_7^5 四个砂层中，S_7^3 砂层以上主要为含气层（图 1–2）。

克上组，钻揭厚度 72 ~ 393m，根据岩性、沉积旋回和测井响应特征，细分对比后，自上而下划分为 5 个砂层组（S_1、S_2、S_3、S_4、S_5）和 7 个砂层（S_2^1、S_2^2、S_4^1、S_4^2、S_5^1、S_5^2、S_5^3）。其中 S_5、S_4、S_3 为主要含油层，其他以气层为主（图 1–3）。

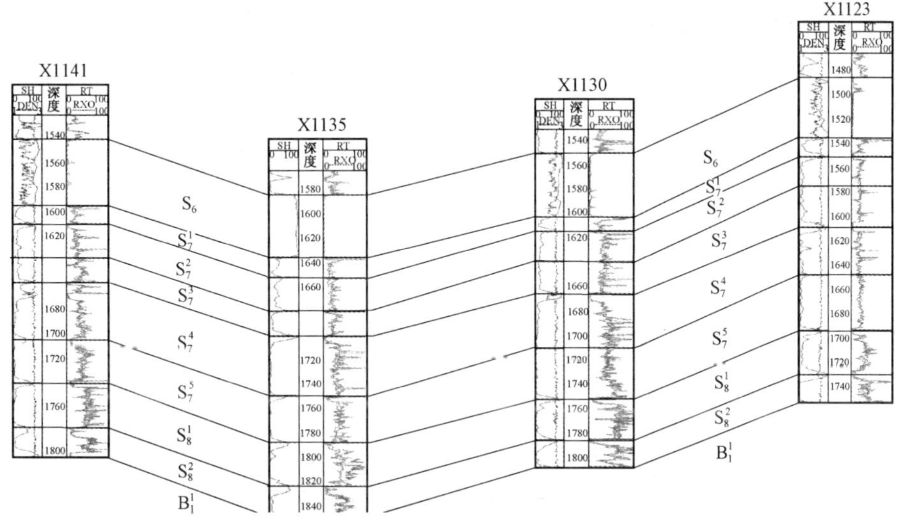

图 1–2　中三叠统克下组储层电性对比图
（新疆石油管理局勘探开发研究院开发室编制，1991 年 12 月）

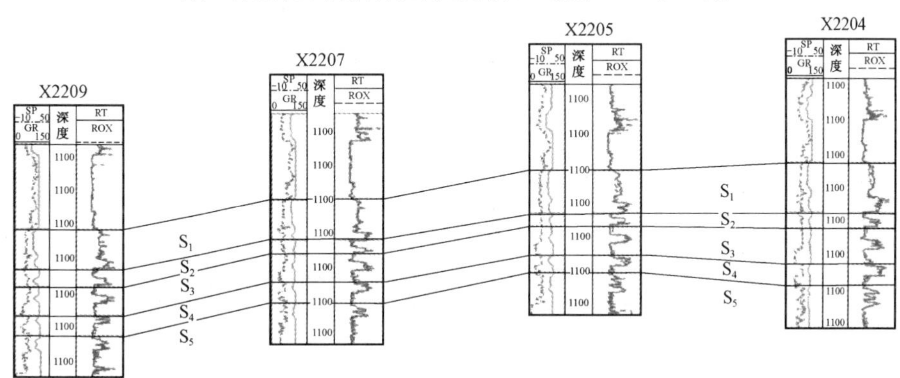

图 1–3　中三叠统克上组储层电性对比图
（新疆石油管理局勘探开发研究院开发室编制，1991 年 12 月）

1992 年 4 月，勘探开发研究院油区勘探室肖好等人在上报夏 9 井区八道湾组油藏储量时对八道湾组储层做了细分对比。八道湾组，钻揭厚度 48 ～ 100m，按电性、岩性及沉积旋回对比，自上而下细分为 3 个砂层组（J_1b^1、J_1b^4、J_1b^5），与乌尔禾—风城邻区对比缺失了 J_1b^2、J_1b^3 砂层组。J_1b^4、J_1b^5 又各分为 2 个砂层（J_1b^{4-1}、J_1b^{4-2}、J_1b^{5-1}、J_1b^{5-2}），含油层为 J_1b^{4-2}、J_1b^{5-1}（图 1–4）。

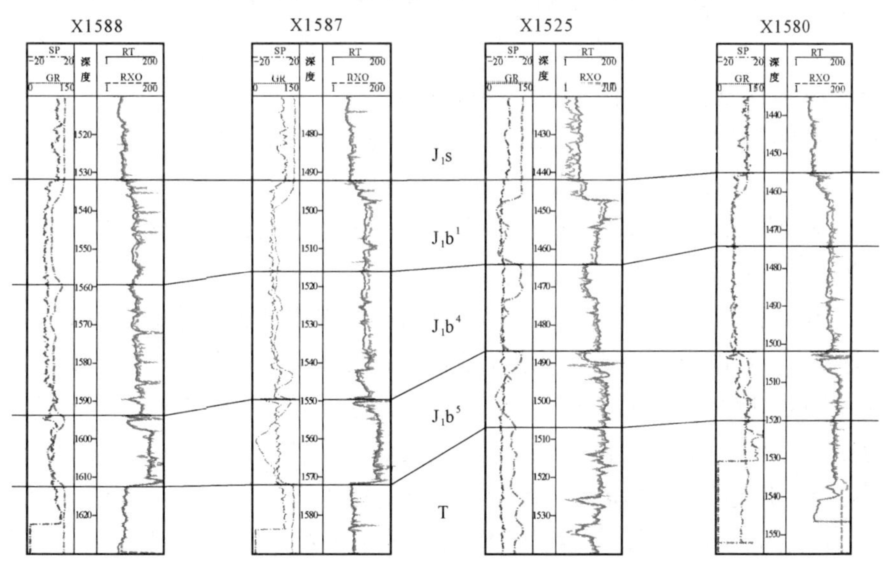

图 1–4　侏罗系八道湾组储层电性对比图
（新疆石油管理局勘探开发研究院勘探室编制，1992 年 4 月）

2004 年，勘探开发研究院勘探所在计算夏 72 井区二叠系风城组探明储量中，对风城组进行了细分对比。在该井区风城组钻揭厚度 350 ~ 400m，按岩性和测井综合响应特征，自上而下分为三个岩性段：风一段（P_1f^1）、风二段 (P_1f^2)、风三段 (P_1f^3)。其中，风三段是主要含油层段，岩性为凝灰岩、角砾岩和凝灰熔岩。根据岩性组合及火山喷溢成岩性特征，以伽马、声波和电阻率曲线特征，又细划分为 3 个期次：第一期次地层平均厚度 11m，主要岩性为凝灰岩，仅在个别井上发育较薄的角砾岩，伽马值 40 ~ 120API 左右，声波时差值普遍小于 65 μs/ft 以下；第二期次地层平均厚度 11m，主要岩性为气孔凝灰岩和气孔角砾岩，伽马值在 120API 以上，声波时差值普遍大于 70 μs/ft；第三期次地层平均厚度在 5m 左右，岩性为角砾岩和凝灰岩互层，伽马值在 80 ~ 110API 之间，声波时差值普遍在 67 μs/ft 以上（图 1–5）。

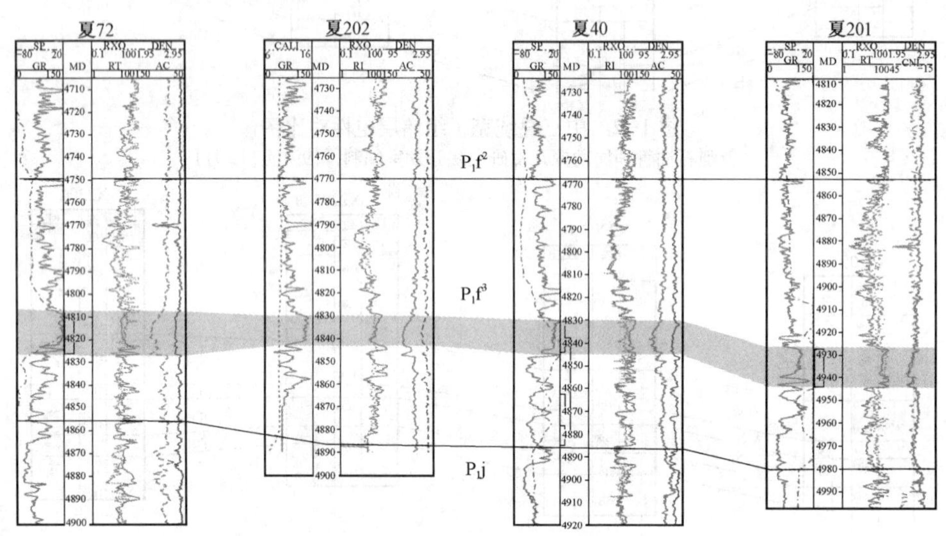

图 1–5　风城组储层电性对比图
（新疆油田分公司勘探开发研究院勘探所编制，2004 年 12 月）

二、构造

1959 年 7 月，302/59 地震队开始在乌尔禾—夏子街地区展开地震详查工作。同年 12 月，局研究所根据该队详查阶段结果，对乌尔禾—夏子街地区含油评价指出：“乌—夏地区是一个被断裂所复杂化的由北向南倾斜的单斜，其上有 5 个局部隆起，靠西部为艾里克鼻状隆起，中部为夏子街构造，其东为红旗坝构造与 55 号、62 号隆起。此 5 个构造均为潜伏构造”。

1960 年 2 月，302/59 地震队完成对乌尔禾—夏子街地区的地震详查，在该队的总结报告中，根据反射法地震资料及成果图，进一步确定了夏子街向斜北缘断裂带和夏子街构造。

1962 年 3 月，地调处宋立勋等人在完成的《夏子街—陆梁地区构造、含油专题研究总结报告》中，第一次提出夏红北断裂和夏子街断阶构造带的概念。

1979 年，夏子街地区勘探工作重新启动，部署并实施二维数字地震测线 263.9km，其中拉重点连井剖面 5 段，探井连 9 口。1980 年 1 月夏 9 井获工业油流，发现了夏子街油田。1981 年 12 月，新疆石油管理局西北缘研究大队林隆栋、赵白在《乌尔禾—夏子街地区油气资源初评》报告中指出：夏子街油田构造总体称之为夏红北断褶区，它是由夏红北断裂、夏红南断裂、夏 2 井—枯树林断裂、夏 10 井断裂等一组近似东西向断裂组成的断阶构造带。断阶挤压形成的夏子街背斜具有三个显著的特点：一是三叠系顶部遭受剥蚀，其翼部或围斜三叠系沉积较厚；二是构造不对称，北缓南陡，构造呈狭长状；三是在构造陡翼都发育有断层。在这样的构造中油气聚集主要在构造的倾没端，范围狭长，夏子街油田属于多油藏组合类型。

1982 年 4 月，勘探开发研究院区域研究室张应骞完成的《夏子街地区石油地质》研究报告中指出；夏子街构造是由三叠系组成的构造，东西长约 15km，西部宽约 7km，在夏 15 井区圈闭，形成一个高点；东部窄约 3 ～ 4km，在夏 19 井以东消失，在夏 19 井以西向西倾没，构造高差约 500m，南翼倾角约 12º，北翼缓约 8º ～ 10º，北部夏 17 井至夏 10 井之间为一低凹带。构造北有夏红北断裂，南有夏红南断裂，故夏子街构造是一个在夏子街断阶带中向西倾没的鼻状构造。报告中还指出；从已有的地震资料可看出，夏红北断裂以北还有与之平行的乌兰林格断裂，除夏子街构造发育三条主断裂外，在断阶带中还存在数条东西向的小断裂，但因断距小，在钻井资料中很难发现。

1985 年 11 月，勘探开发研究院区域室徐洪德等人在《准噶尔盆地西北缘乌尔禾—夏子街地区石油地质特征》报告中，描述了夏 21 井区的夏红北断裂、夏红南断裂、夏 21 井断裂、夏 10 井断裂、夏 26 井断裂，夏 9 井区的夏 4 井断裂、夏 9 井断裂等，还提出了在夏 21 断褶区构造带上，夏红北断裂与夏 21 井断裂之间，存在多个因断裂挤压形成的“半背斜构造”，如夏 21 井背斜、夏 29 井背斜和夏 35 井背斜等，描述了夏 9 井鼻状构造。并指出这些构造是油气成藏的有利地区。

1989 年，新疆石油管理局为尽快开发夏子街油田提供确切依据，部署并实施了局内第一块开发三维地震。地震覆盖了夏 21 井断褶区，满覆盖面积 240km^2，面元 25m × 50m。根据三维地震资料处理结果，地调处地震解释人员与勘探开发研究院开发研究人员紧密配合，依据开发部署分三阶段对全区构造进行解释。用地震解释成果指导开发钻井部署，用开发钻井结果检验、校正地震解释成果，最终较清晰地描述了地震覆盖区内夏红北断裂、夏 21 井北断裂、夏 21 井断裂、夏 10 井断裂、夏 29 井断裂、夏 33 井断裂、夏 35 井断裂和夏 23 井断裂的走向和倾向。以及夏 18—夏 36 井区断块、夏 21 井区断背斜、夏 29 井区断块、夏 52 井区断块、夏 27 井区断块、夏 35 井区断背斜等构造特征及产状，为夏子街油田开发提供了较为准确的构造依据（图 1–6）。

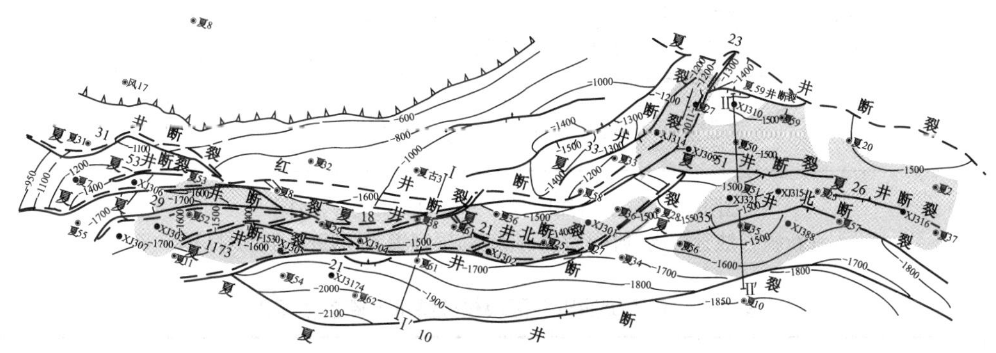

图 1–6　夏 21 井断褶带构造特征图

（新疆石油管理局地调处地物所编制，1992 年）

1990 年 12 月至 1992 年 7 月，夏子街油田投入全面开发。经开发井钻井证实，夏子街油田划分为夏 21 井断褶区构造带和夏 9 井区鼻状构造区。

夏 21 井断褶区构造带：是一个由夏红北断裂和夏 10 井断裂夹持的，呈东西向分布的条带状油气聚集带。断褶区总体构造为断块加断背斜群。区内自西向东分别有夏 52 井断块、夏 53 井断块、夏 29 井断背斜、夏检 305 断块、夏 18 井断块、夏检 302 井断块、夏 21 井断背斜、夏 27 井断块、夏 35 井断背斜、夏 26—夏 50 井向斜等组成。夏 21 井断褶区内断背斜既有向北倾的，又有向南倾的，但背斜长轴方向均为北东—南西向，自西向东沿夏 52 井—夏 29 井—夏 1084 井—夏 25 井—夏 35 井—夏 26 井一线分布。夏 21 井断褶区断裂性质主要由一系列压扭性的逆断裂及逆掩断裂组成，多呈北东向分布。断面上陡下缓，绝大多数北西向倾斜，在剖面上呈叠瓦状排列，形成断阶。主要断裂有夏红北断裂、夏 21 井北断裂、夏 21 井断裂、夏 29 井断裂、夏 18 井断裂、夏 23 井断裂、夏 35 井断裂和夏 10 井断裂等。

其中夏红北断裂规模最大，它贯穿整个油田，长约 17.5km，三叠系底水平断距 50 ~ 300m，垂直断距 400 ~ 550m；断面倾角上陡下缓，由 75º 变化到 35º。而其他断裂相对规模较小。

夏 9 井鼻状构造区：属夏子街—红旗坝推覆体前缘断褶带，是夏子街背斜构造的一部分。由夏 4 井断裂和夏 9 井断裂所夹持，处于夏子街背斜向西南倾没的过渡区。夏 4 井断裂是夏子街背斜南翼的一条主断裂，全长 22km，走向北东，西至夏 4 井附近消失，其上盘三叠系拖曳形成长轴背斜。夏 9 井断裂位于夏 4 井断裂西北，走向与夏 4 井断裂平行，断面倾向东南，与夏 4 井断裂呈 Y 型，全长约 3.4km。夏 9 井区构造形态近似为鼻隆，三叠系百口泉组底部构造海拔 −1300 ~ −1900m，构造高部位由岩性遮挡形成圈闭，闭合高度约 600m。

夏子街背斜在三叠纪末期受构造运动的影响，东部地区抬升，背斜顶部三叠系的白碱滩组、克上组甚至整个三叠系遭受剥蚀，形成“秃顶”。而夏 9 井区处于夏子街背斜的西部倾没端，构造位置低，剥蚀厚度小，克下组以下地层得以保留，故形成了夏 9 井区三叠系油藏（表 1−2，图 1−7）。

2002 年，在夏 40 井区部署实施了 248km² 的三维地震，面元为 25m × 50m，经处理和解释后，发现了二叠系的夏 40 井背斜。2003 年 6 月，在该背斜上钻探了夏 72 井，2004 年 5 月 4 日，在风城组 4808 ~ 4826m 井段试油，压裂后获日产 42.8t 的高产油流。从而证实了夏 40 井背斜为含油气构造。

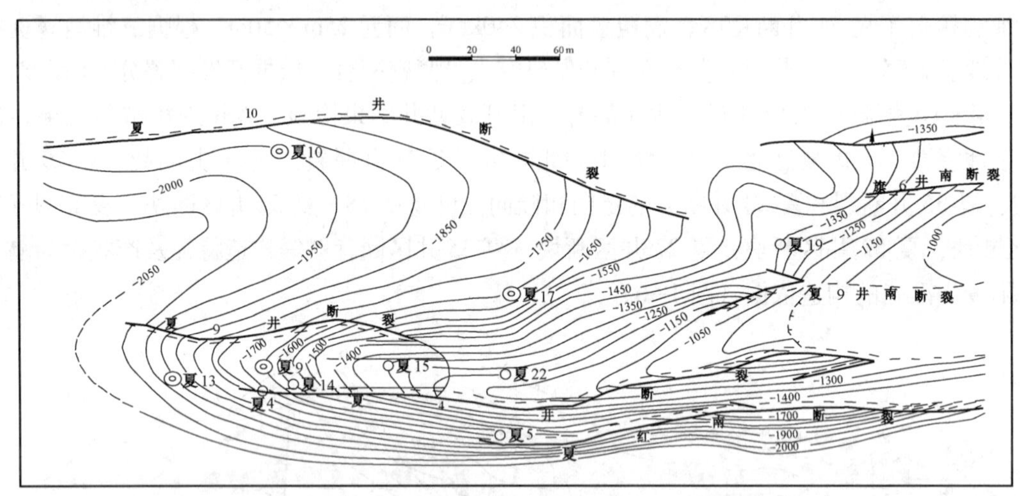

图 1−7 夏子街油田夏 9 井区百口泉组构造图
（新疆石油管理局勘探开发研究院勘探室编制，1983 年 12 月）

表 1−2 夏子街油田各区块构造特征及断裂要素表

区块	层位	构造形态	平均地层倾角	断层名称	断层走向	断层倾角	落实程度
夏 9 井区块	J_1b	鼻状隆起	3° ~ 9°	夏 4 井断裂	NE—SW	未断开	X1540 井钻遇
				夏 9 井断裂	NE—SW	未断开	—
	T_2k_1	鼻状隆起	3° ~ 10°	夏 4 井断裂	NE—SW	70°	—
				夏 9 井断裂	NE—SW	60°	—
	T_1b	鼻状隆起	3° ~ 11°	夏 4 井断裂	NE—SW	60°	—
				夏 9 井断裂	NE—SW	50°	—
夏 69 井区块	P_1f	东南倾单斜	60°	夏红北断裂	N—E	35° ~ 75°	夏 69 井钻遇
				夏 8 井断裂	N—W	60°	夏 8 井钻遇
				风古 3 井南断裂	N—E	50°	夏 101 井钻遇

续表

区块	层位	构造形态	平均地层倾角	断层名称	断层走向	断层倾角	落实程度
夏 21 井断褶区	T_2k_2、T_2k_1、T_1b	断裂切割的背斜	—	夏红北断裂	N—E	75°	X1057 井等
				夏 21 井断裂	N—E	55°	—
				夏 18 井断裂	N—E	55°	X1070 井等
				夏 29 井断裂	E—W	75°	—
				夏 21 井北断裂	NE—E	65°	X1134 井
				夏 23 井断裂	E—W	65°	—
				夏 35 井断裂	N—E	50°	夏 35 井
				夏 10 井断裂	N—E	65°	—

注：依据夏子街油田历年开发（射孔）方案编制。

夏 40 井背斜为一不规则背斜圈闭（图 1–8）。圈闭内成藏主要受 3 条逆断裂控制，其中夏 72 井南断裂近北西向展布，延伸长度约 4.5km，为逆断层，倾向北东，断距 0 ～ 40m；南部大断裂是呈西南—东北向展布，延伸长度约 8km，为逆断裂，倾向西北，断距 100 ～ 400m；夏 40 井南断裂切入背斜南翼，呈西南—东北向展布，延伸长度约 4.6km，为逆断裂，倾向西南，断距 0 ～ 60m。该断裂将上盘地层推高，形成一个范围较小、地层较陡的断鼻，为圈闭最高点，海拔 −4300m。背斜圈闭面积 29.1km²，闭合度 300m，溢出点海拔 −4600m，高点埋深为 4700m（表 1–3）。

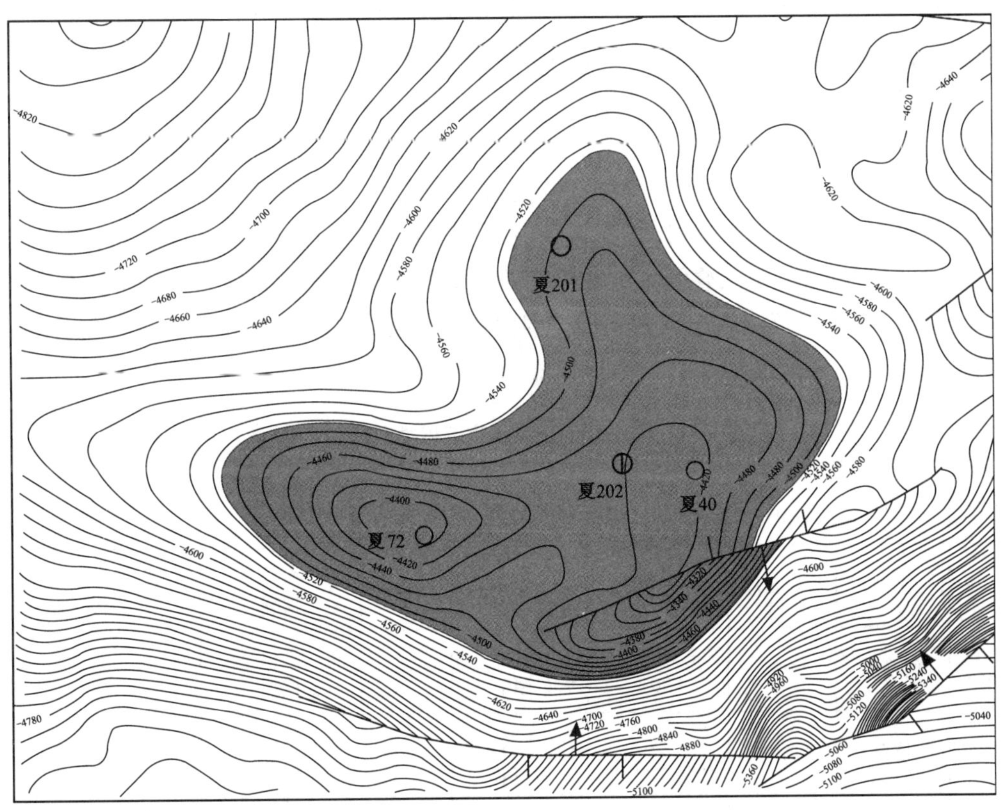

图 1–8　夏子街油田夏 72 井区二叠系风城组构造图
（新疆油田分公司勘探开发研究院勘探室编制，2004 年 12 月）

表 1–3　夏 72 井区主要断裂要素表

序号	断层名称	断层性质	倾向	走向	断距 m	延伸长度 m
1	夏 72 井南断裂	逆断层	NE	NW	0 ~ 40	4520
2	夏 40 井南断裂	逆断层	SW	NE	0 ~ 60	4600
3	南部大断裂	逆断层	NW	NE	100 ~ 400	8260

注：摘自《夏子街油田夏 72 井区二叠系风城组油藏新增探明石油储量报告》,2004 年 12 月。

第二节　储　层

一、沉积相

1981 年 12 月，新疆石油管理局局西北缘研究大队林隆栋、赵白等人在《乌尔禾—夏子街地区油气资源初评》报告中，利用探井的取心和电测资料，对夏子街地区三叠系沉积岩相做了初步的描述，指出主要为洪积扇相沉积。1983 年后，夏子街油田经过多次不同层系储量研究和计算，以及开发方案的编制和综合地质研究，将油区内三叠系、侏罗系储层划为两种沉积类型—洪积相、辫状河流相。

（一）洪积相

洪积相沉积主要见于油田的中、下三叠统储层中。

1990 年 12 月至 1991 年 3 月，勘探开发研究院王延杰、欧阳可悦等人在夏 9 井区和夏 18—夏 36 井区中、下三叠统油气藏开发布井方案研究中，依据开发区域探井和部分开发控制井取心资料、测井资料，结合开发三维地震资料，经过纵向和横向上的剖面对比，以及岩石结构、构造的研究，将开发区域内的中—下三叠统的百口泉组、克拉玛依组划为洪积扇沉积。

1995 年 12 月，勘探开发研究院王延杰、邓琳等人根据夏 18—夏 36 井区和夏 9 井区中、下三叠统百口泉组、克拉玛依组油藏开发井实施的结果，在编制油藏射孔方案过程中，依据已完钻探井、开发井的取心资料、测井资料，对夏子街油田洪积相沉积做了详细描述，建立了洪积扇亚相微相划分系统（表 1–4），认为夏子街油田中、下三叠统为一套正旋回陆源粗碎屑沉积，隶属于夏子街复合洪积扇扇体的西侧翼（图 1–9）。在油区范围内表现为扇顶、扇中亚相的沉积。平面上，夏子街洪积扇自东向西、由北向南、由扇顶向扇中演变。

表 1–4　夏子街油田洪积扇沉积类型及主要特征

相	亚相	微相	沉积厚度	砾岩岩比	粒度中值	分选度	典型层理	韵律性	电阻率值
洪积扇	扇顶	主槽	厚—最厚	最高 >90%	最大	很差	洪积层理	无韵律	高、反旋回
		侧缘槽	中等	最高 >90%	略小于主槽	差	洪积层理	无韵律	高、正旋回
		槽滩	薄—中等	高 90% ~ 70%	小于主槽、侧缘槽	差	洪积层理	无韵律	中—高
		漫洪	薄—中等	无—最小 <20%	一般小，有时较大	最差	—	无韵律	低

续表

相	亚相	微相	沉积厚度	砾岩岩比	粒度中值	分选度	典型层理	韵律性	电阻率值
洪积扇	扇中	辫流线	薄—中等	高 90% ~ 70%	中等，略小于槽滩	差	洪积层理 大型交错层理	不稳定韵律层	中—高 正旋回
		辫流沙岛	薄	中等 70% ~ 50%	略小于辫流线	差	多层系大型交错层理	不稳定韵律层	中
	扇缘	—	厚—最厚	小 <20%	小	—	不规则洪水层理	河道沉积有韵律性	低
	扇间	滩地	薄	高 90% ~ 70%	与槽滩接近	差	洪积层理	无	中—高
		凹地	中等	中等 50% ~ 20%	小于辫流线	砾岩差，砂岩有所改进	—	不稳定韵律层	中

注：摘自《夏子街油田夏 18—36 井区三叠系油藏精细描述》，2004 年 12 月。

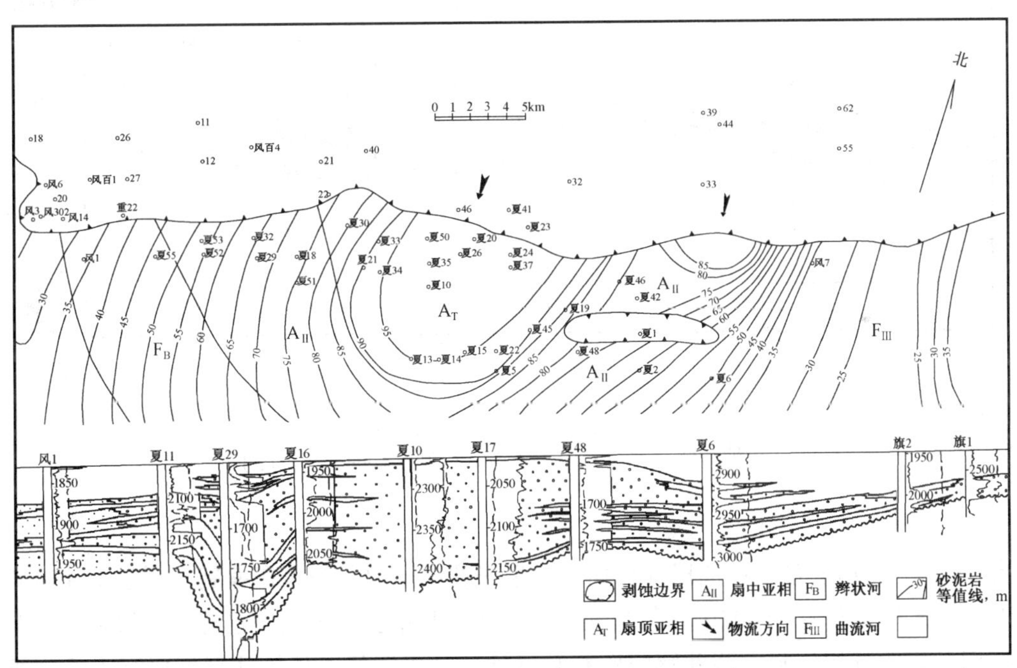

图 1–9 夏子街地区三叠系沉积相图
（新疆石油管理局勘探开发研究院开发室编制，1993 年 9 月）

2004 年 12 月，石油大学（北京）王志章等人在《夏子街油田夏 18—36 井区三叠系油藏精细描述》研究报告中，根据油田已实施的探井、开发井资料，利用三维地震波阻抗反演进行了中、下三叠统克下组、百口泉组各砂层组沉积特征的描述和研究。做出的不同层组阻抗图展示了夏子街油田强阻抗区主要为洪积扇沉积的反映，与井岩心和测井资料描述的洪积扇沉积特征具有相似的形态，以及相同的扇控范围。据此，夏子街油田中、下三叠统储层洪积相沉积特征以宏观的模式得以建立（图 1–10、1–11）。

（二）辫状河流相沉积

辫状河流相沉积主要见于夏子街油田侏罗系八道湾组储层中。

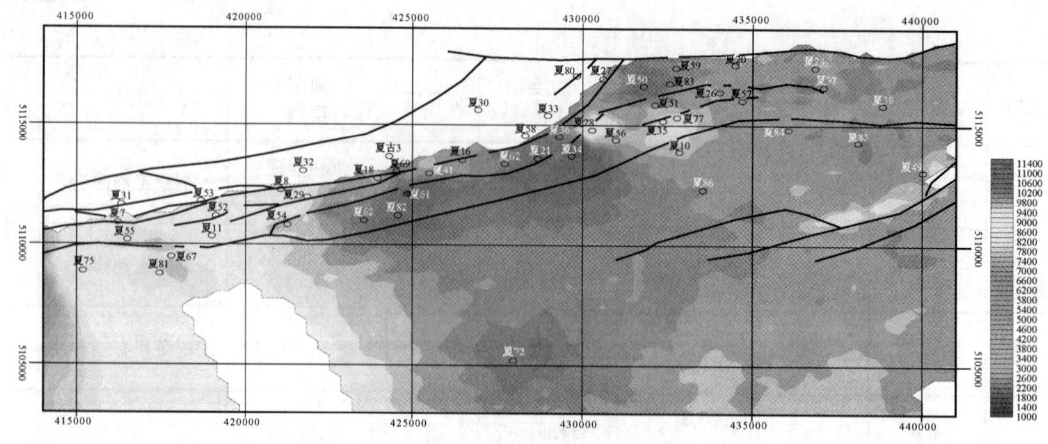

图 1–10　夏子街油田百口泉组平均波阻抗平面图
[石油大学（北京）王志章等人编制，2004 年 12 月]

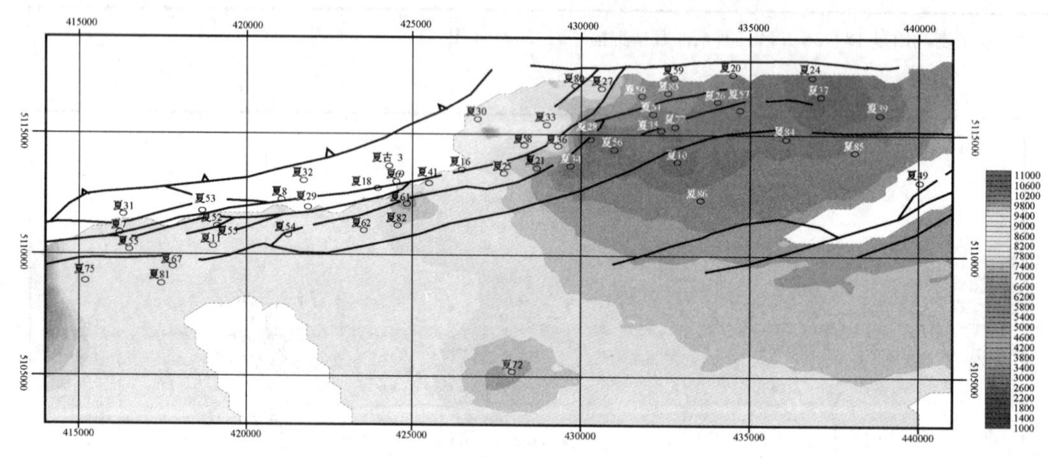

图 1–11　夏子街油田克下组平均波阻抗平面图
[石油大学（北京）王志章等人编制，2004 年 12 月]

2004 年 11 月，中国石油新疆油田分公司百口泉采油厂冯旭军等人在编制《夏子街油田夏 9 井区侏罗系八道湾组油藏开发方案》研究中，与长江大学合作，利用夏子街油田已开发区块钻遇侏罗系八道湾组的井，根据其岩心分析资料、测井解释资料和试油、试采资料，从单井划相研究入手，通过剖面的对比，将夏子街油田侏罗系八道湾组沉积岩相定为辫状河流相，并细分为分辫状河道、心滩和泛滥平原等微相。夏 9 井区八道湾组油藏主要分布在辫状河道和心滩微相，主要物源来自西北方向的哈拉阿拉特山，岩性以近物源的中粗砂岩为主（图 1–12）。

二、火山岩相

火山岩相见于夏子街油田风城组，主要分布在夏 69 井区和夏 72 井区。

2004 年 12 月，勘探开发研究院任军民等人在完成的《夏 72 井区二叠系风城组新增探明储量报告》中，根据风城组岩心描述、测井解释和分析化验资料，按火山岩成因机制和岩石类型组合将其平面上划分出三个微相带（表 1–5、图 1–13），剖面上表现出火山活动的多期性，导致了目的层段的岩性与岩相的旋回性，构成了不同的垂向演化模式（图 1–14）。

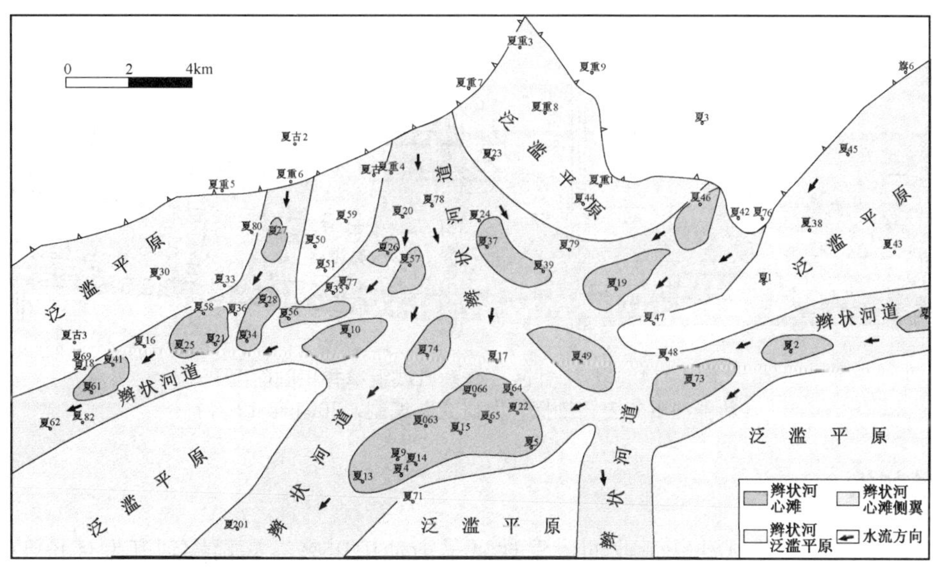

图 1–12　夏子街油田八道湾组沉积特征图

（长江大学编制，2004 年 11 月）

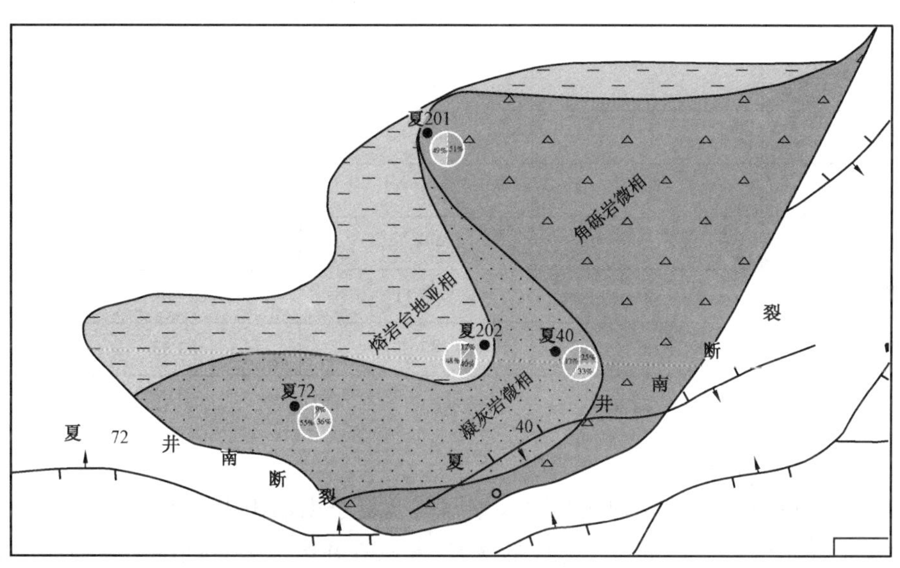

图 1–13　夏 72 井区石炭系火山岩岩相图

（新疆油田分公司勘探开发研究院编制，2004 年 12 月）

表 1–5　夏 72 井区二叠系风城组火山岩相类型表

相	亚相	微相	作用方式	岩石类型
火山岩相	近火山口亚相	角砾岩微相	爆发作用	火山碎屑岩
		凝灰岩微相		
	熔岩台地亚相	凝灰熔岩微相	溢流作用为主，爆发作用为辅	熔岩、细粒火山碎屑岩

注：摘自《夏 72 井区二叠系风城组新增探明储量报告》，2004 年 12 月。

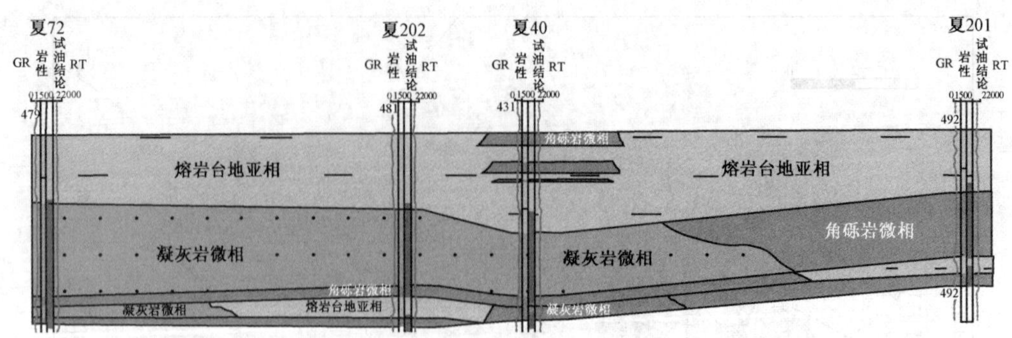

图 1–14　夏 72 井区二叠系风城组单井相剖面图
（新疆油田分公司勘探开发研究院编制，2004 年 12 月）

三、岩性物性

1980 年 1 月，自夏 9 井试油获工业油流发现夏子街油田以来，从预探到开发评价和开发井实施，取出岩心实长 1682.93m，选取岩心样品 8837 块，进行了常规、特殊和微观样品分析化验（表 1–6），揭示了夏子街油田包括两类储层：三叠系砂砾岩孔隙性储层和二叠系火山岩裂缝—孔洞性储层。

表 1–6　夏子街油田取心统计表

层位	取心井数 口	取心进尺 m	岩心实长 m	分析样品数 块
侏罗系八道湾组	13	159.14	139.71	1368
三叠系克拉玛依组	54	1152.38	1003.74	4598
三叠系百口泉组	21	499.74	476.64	2184
二叠系风成组	8	65.11	62.84	687
合 计	96	1876.37	1682.93	8837

注：依据夏子街油田历年开发（射孔）方案编制。

（一）砂岩、砾岩孔隙型储层

1993 年 10 月，勘探开发研究院刘明高等人编写的《夏子街油田中、下三叠统油藏描述研究》，以及 2004 年石油大学（北京）王志章等人完成的《夏 18—36 井区三叠系精细油藏描述》报告，对夏 21 井断褶区、夏 9 井区三叠系百口泉组及克拉玛依组储层特征进行了系统描述：夏子街油田三叠系储层是一套以砾岩沉积为主的粗碎屑储层，砾岩厚度占地层沉积厚度的 60% ~ 75%，砾石砾径 2 ~ 50mm，最大可达 80mm，砾石成分主要为凝灰岩、流纹岩和变质岩，储层特征表现为特厚层、低容量、特低渗透、小孔隙、微细喉、非均质性较强的储集层（表 1–7、表 1–8、表 1–9、表 1–10）。

表 1–7　夏子街油田三叠系储层岩石结构特征表

层位	圆度，%		分选，%		胶结程度，%			胶结类型，%
	次棱	次棱—次圆	中等	差	中	中—致密	致密	孔隙—接触混合式
克上组	44.8	44.8	0	100	49.5	9.7	40.8	80.2
克下组	59.1	28.1	45.7	50.3	5.7	40.6	53.7	63.6
百口泉组	52.3	22.3	36．6	56.7	7.7	19.3	73.0	64.7

注：摘自《夏子街油田中、下三叠统油藏描述研究》，1993 年 10 月；《夏 18—36 井区三叠系精细油藏描述》，2004 年。

表 1–8　夏子街油田三叠系岩矿成分与黏土矿物相对含量统计表

层位	地 区	石英 %	长石 %	岩屑，%			填隙物 %	黏土矿物相对含量，%			
				火山岩	砂岩、泥岩	合计		伊 / 蒙混层	伊利石	高岭石	泥绿石
克上组	夏 21 断褶区	7.6	4.9	41.6	36.1	77.6	9.9	30.9	19.4	31.2	18.5
克下组	夏 21 断褶区	6.3	3.0	71.6	9.0	80.6	9.8	29.2	30.4	24.5	15.9
	夏 9 井区	10.5	6.5	62.1	10.6	72.7	10.3	20.4	13.4	56.6	9.6
百口泉组	夏 21 断褶区	3.6	2.3	72.8	11.2	84.0	10.1	42.6	29.9	18.3	9.2
	夏 9 井区	7.8	9.7	74.0	3.2	77.2	5.3	35.3	13.3	32.7	18.9

注：摘自《夏子街油田中、下三叠统油藏描述研究》，1993 年 10 月；《夏 18—36 井区三叠系精细油藏描述》，2004 年。

表 1–9　夏子街油田三叠系孔隙类型及储层物性统计表

层位	原生孔，%	次生孔，%				储层物性	
		粒间溶孔	粒内溶孔	晶间溶孔	合计	孔隙度 %	渗透率 mD
克上组	12.44	77.94	9.50	0.12	87.56	13.4	7.27
克下组	8.60	15.37	32.45	43.22	91.40	12.0	8.26
百口泉组	1.86	82.29	15.71	0.14	98.14	10.0	6.76

注：摘自《夏子街油田中、下三叠统油藏描述研究》，1993 年 10 月；《夏 18—36 井区三叠系精细油藏描述》，2004 年。

表 1–10　夏子街油田三叠系储层孔隙特征表

层位	孔隙半径 μm	面孔率 %	配位数	渗流喉道半径 μm	排驱压力 MPa	中值压力 MPa	非进汞体积 %	退汞效率 %	评价
克上组	48.6	2.58	0 ~ 3	18.7 ~ 0.15	0.14	9.22	42.5	37.4	Ⅱ
克下组	35.1	0.55	0 ~ 3	9.4 ~ 0.15	0.22	6.47	34.0	40.9	Ⅱ
百口泉组	21.4	0.19	0 ~ 2	9.4 ~ 0.07	0.28	8.62	38.0	33.9	Ⅲ

注：摘自《夏子街油田中、下三叠统油藏描述研究》，1993 年 10 月；《夏 18—36 井区三叠系精细油藏描述》，2004 年。

2004 年 11 月，百口泉采油厂冯旭军等人编写的《夏 9 井区侏罗系八道湾组油藏开发方案》中，描述了八道湾组储层基本特征：八道湾组储层为一套辫状河流相沉积，主要岩性为中—细砂岩、含砾不等粒砂岩和砂砾岩，胶结类型以接触式为主，次为孔隙—接触式，孔隙类型以粒间溶孔为主，其次为粒间孔及晶间孔、粒内溶孔、界面孔、微裂隙等，储层属于中等容量、低渗透性、中大孔隙、微细喉道、孔隙分选差的储层（表 1–11、表 1–12）。

表 1–11　夏子街油田侏罗系储层岩矿特征表

层位	主要岩性	岩矿成分				胶结物成分	胶结程度	胶结类型
		石英，%	长石，%	砾石，%	岩屑，%			
J_1b	中细砂岩	22.6	15.0	20.3	42.1	高岭石、泥质	中等	接触式为主

注：摘自《夏 9 井区侏罗系八道湾组油藏开发方案》，2004 年 11 月。

表 1–12　夏子街油田侏罗系储层孔隙类型与孔隙结构特征表

层位	孔隙类型	孔隙组和类型	储层物性		孔隙结构特征			
			孔隙度 %	渗透率 mD	饱和度中值压力 MPa	孔吼中值半径 μm	排驱压力 MPa	最大孔吼半径 μm
J_1b	次生粒间溶孔	粒间溶孔—粒间孔	15.8	13.4	4.24	1.07	0.27	1.37

注：摘自《夏 9 井区侏罗系八道湾组油藏开发方案》，2004 年 11 月。

（二）火山岩裂缝—孔洞型储层

2004 年 12 月，勘探开发研究院任军民等人在《夏 72 井区二叠系风城组探明储量报告》中，对夏 72 井区二叠系风城组火山岩储层做了描述：风城组储层岩性主要为一套溢流相的气孔状流纹质熔结凝灰岩和气孔状流纹质熔结凝灰火山角砾岩，以及部分爆发相的火山角砾熔岩、凝灰质熔岩组成，储层物性属中孔、特低渗，不同岩性物性差异较大；储层中以原生气孔、溶孔和裂缝共同组成了储集空间和渗流通道。溶孔包括粒间溶孔、粒内溶孔、基质溶孔和收缩溶孔，以基质溶孔为主，裂缝主要为构造缝和冷凝收缩缝，裂缝不发育；储层属于强—极强非均质性裂缝—孔洞型储层（表 1–13、表 1–14、表 1–15）。

表 1–13　夏 72 井区二叠系风城组储层岩性与物性统计表

层　位	凝灰岩		凝灰熔岩		角砾岩		储层平均孔隙度 %	储层平均渗透率 mD	油层平均孔隙度 %	油层平均渗透率 mD
	孔隙度 %	渗透率 mD	孔隙度 %	渗透率 mD	孔隙度 %	渗透率 mD				
风城组	19.99	0.75	11.77	1.19	9.97	0.28	13.23	0.4	14.2	0.61

注：摘自《夏 72 井区二叠系风城组探明储量报告》，2004 年 12 月。

表 1–14　夏 72 井区二叠系风城组岩性孔隙类型及特征统计表

层位	岩性	孔隙类型	孔隙直径 μm	面孔率 %	分选系数	均质系数	裂缝宽度 μm	裂缝密度 mm/cm²	裂隙率 %
风城组	凝灰岩	气孔	644.1	6.3	171.2	0.53	—	—	—
	角砾岩	气孔 / 半充填缝	313.4	0.93	177.9	0.45	26.83	2.05	0.05
	凝灰熔岩	气孔 / 半充填缝	307.1	0.47	191.7	0.43	35.4	1.36	0.037

注：摘自《夏 72 井区二叠系风城组探明储量报告》，2004 年 12 月。

表 1–15　夏 72 井区二叠系风城组储层孔隙结构特征表

层位	岩性	孔隙度 %	渗透率 mD	饱和度中值压力 MPa	孔喉中值半径 μm	排驱压力 MPa	最大孔喉半径 μm	平均毛管半径 μm
风城组	凝灰岩	22.3	0.155	14.49	0.05	0.02	38.9	9.98
	角砾岩	8.98	0.85	15.87	0.047	1.81	0.47	0.12
	凝灰熔岩	21.0	0.098	—	—	2.38	0.31	0.09
	平　均	13.23	0.40	15.32	0.048	1.21	14.86	3.81

注：摘自《夏 72 井区二叠系风城组探明储量报告》，2004 年 12 月。

第三节　流体与渗流

一、流体性质

1982 年 5 月，勘探开发研究院勘探室李一峰完成《准噶尔盆地西北缘乌尔禾—夏子街地区油、气、水研究小结》报告，第一次对夏子街地区油藏的流体性质做了分析与评述。报告依据 15 口井 74 个原油分析样品、3 口井 10 个天然气分析样品和 12 口井 63 个水分析样品资料，得出结论：夏子街油田三叠系中下部封闭条件好，三叠系克上组底部油田水中按离子相对含量较高，克下组、克上组顶部有气顶存在，原油、天然气和油田水性质的变化反映夏子街地区油气运移是“多期”。

1991 年 3 月，夏子街油田投入开发后，在油田勘探开发阶段所取资料基础上，又陆续取得了大量油、气、水分析资料、高压物性资料、地层压力和温度资料以及天然气分析资料（表 1–16）。这些资料表明，夏子街油田包括了气顶油藏、常规油藏、异常高压油藏等三种流体类型的油藏。

表 1–16　夏子街油田油藏流体、气体取样与压力取样统计表

层位	测压井层	测温井层	地面流体取样，个			高压物性取样 个	相态取样 个
			油样	气样	水样		
八道湾	6	2	8	—	9	1	—
克上组	6	6	12	5	5	1	—
克下组	23	10	34	34	20	10	1
百口泉	33	18	30	23	11	8	2
风城组	2	2	16	2	3	1	—

注：依据夏子街油田历年开发（射孔）方案编制。

（一）气顶油藏流体性质

夏子街油田中、下三叠统带气顶油藏主要集中于夏 21 井断褶区，有 10 个因断裂分割的区块，11 个油藏和 8 个气顶气藏组成。油藏均为带气顶的饱和油藏，油藏流体性质具有低含蜡、低凝固点、低黏度、低含硫和低胶质含量等特点。油藏埋深 1570 ～ 1860m，油藏中部海拔 −1080 ～ −1425m，油藏原始地层压力 13.9 ～ 17.5MPa。油层分布在百口泉组、克下组和克上组中下部，气顶主要分布于这三套储层的顶部。由于各断块油层储集物性的不同，其油气界面、油水界面也不同，油藏流体性质也稍有差异。根据夏 21 井区 X1080 井试气相态取样分析，本区油气藏临界点 C 位于泡—露包络线左侧的高部位，其临界温度 T_c 为 75℃，临界压力 p_c 为 39.06MPa。将本区油藏压力、温度点在相图上，它位于包络线内左下部（A 点），据临界点较远，反映该点流体完全处于气液两相共存的状态，属饱和油气藏。

另外根据夏检301井纯气层相态取样的组分分析资料证实，气体甲烷含量达95.01%（体积百分比），属于干气（表1–17、表1–18、表1–19、表1–20，图1–15）。

表1–17　夏子街油田中、下三叠统油藏特征表

层位	平均中部深度 m	平均中部海拔 m	地层压力 MPa	压力系数	地层温度 ℃	地温梯度 ℃/100m	油气界面 m	油水界面 m	天然驱动类型
T_2k_2	1570	−1080	15.7	1.003	41.1	2.47	−1025	—	溶解气驱、气顶驱
T_2k_1	1720	−1260	16.3	0.948	44.8	2.47	−1175	−1320	溶解气驱、气顶驱
T_1b	1760	−1300	16.6	0.943	45.8	2.47	−1390	−1405	溶解气驱

注：依据夏子街油田历年开发（射孔）方案编制。

表1–18　夏子街油田中、下三叠统油藏地层流体性质表

层位	饱和压力 MPa	密度 g/cm³	体积系数	地层油黏度 mPa·s	溶解度 m³/m³	压缩系数 $10^{-4}MPa^{-1}$
T_2k_2	15.7	0.751	1.155	2.40	86	14.84
T_2k_1	16.3	0.721	1.324	0.52	119	15.95
T_1b	16.6	0.708	1.370	0.48	121	15.95

注：依据夏子街油田历年开发（射孔）方案编制。

表1–19　夏子街油田中、下三叠统油藏地面流体性质表

层位	原油密度 g/cm³	原油黏度 30℃ mPa·s	凝固点 ℃	含蜡 %	胶质 %	含硫 %	初馏点 ℃
T_2k_2	0.850	41.19	-4.0	2.74	24.45	—	144.0
T_2k_1	0.830	12.73	-13.28	3.67	21.85	—	124.9
T_1b	0.820	6.16	-12.58	3.58	13.50	—	113.5

注：依据夏子街油田历年开发（射孔）方案编制。

表1–20　夏子街油田中、下三叠统油藏气、水性质表

层位	相对密度	甲烷含量 %	乙烷含量 %	丙烷含量 %	丁烷含量 %	戊烷含量 %	氮气含量 %	二氧化碳含量 %	水型	氯离子含量 mg/L	矿化度 mg/L
T_2k_2	0.623	86.89	2.62	0.59	微	微	9.01	0.18	$NaHCO_3$	3451.4	6743.1
T_2k_1	0.625	88.98	4.11	1.12	0.62	0.26	4.24	0.25	$NaHCO_3$	2140.2	4932.8
T_1b	0.633	88.36	5.48	1.34	0.69	0.40	4.51	0.18	$NaHCO_3$	2225.3	4756.5

注：依据夏子街油田历年开发（射孔）方案编制。

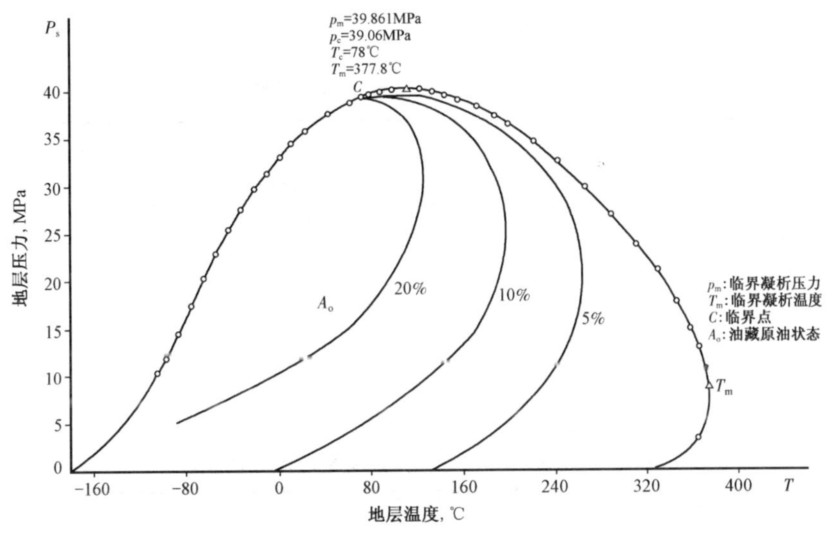

图 1–15　X1080 井相图

（新疆石油管理局勘探开发研究院编制，1996 年 5 月）

另外，据 2 口井地面相态取样先后做的井流物组分分析、等组分膨胀试验和定容衰竭实验，以及 PVT 模拟，得出中、下三叠统主要油藏均为带气顶的饱和油藏。

1997 年 11 月，新疆勘探开发研究院罗建玲等人完成《夏子街油田夏 69 井区二叠系风城组油气藏探明储量报告》，该区块是一带气顶的饱和油藏，并对流体性质做了分析（表 1–21、表 1–22、表 1–23）。

表 1–21　夏 69 井区二叠系风城组油藏特征表

平均中部深度 m	平均中部海拔 m	地层压力 MPa	压力系数	地层温度 ℃	地温梯度 ℃ /100m	油气界面 m	油水界面 m	天然驱动类型
1557.5	−1095.5	15.1	0.97	40.7	2.0	−1105	−1185	溶解气驱、气顶驱

注：摘自《夏子街油田夏 69 井区二叠系风城组油气藏探明储量报告》，1997 年 11 月。

表 1–22　夏 69 井区二叠系风城组油藏地面流体性质表

原油密度 g/cm^3	原油黏度 (50℃) mPa · s	凝固点 ℃	含蜡 %	含胶质 %	含硫 %	初馏点 ℃
0.8358	5.69	−16	4.13	—	—	117

注：摘自《夏子街油田夏 69 井区二叠系风城组油气藏探明储量报告》，1997 年 11 月。

表 1–23　夏 69 井区二叠系风城组油藏溶解气、水性质表

相对密度	甲烷含量 %	乙烷含量 %	丙烷含量 %	丁烷含量 %	戊烷含量 %	氮气含量 %	二氧化碳含量 %	水型	氯离子含量 mg/L	矿化度 mg/L
0.7025	84.3	5.97	2.16	0.70	0.4	1.43	2.32	$NaHCO_3$	12523.4	73216.6

注：摘自《夏子街油田夏 69 井区二叠系风城组油气藏探明储量报告》，1997 年 11 月。

（二）常规油藏流体性质

夏子街油田常规油藏分布于夏 9 井区的中下三叠统百口泉组、克下组油藏和侏罗系八道湾组油藏。夏 9 井区中下三叠统油藏各层组压力系数相近，流体性质变化不大（表 1–24、表 1–25、表

1–26、表 1–27）。

表 1–24 夏 9 井区三叠系油藏特征表

层位	平均中部深度 m	平均中部海拔 m	地层压力 MPa	压力系数	地层温度 ℃	地温梯度 ℃ /100m	天然驱动类型
J_1b	1490	−1060	14.42	0.96	44.6	—	溶解气驱
T_2k_1	1802	−1456	18.75	0.98	46.76	2.1	—

注：依据夏 9 井区历年开发（射孔）方案编制。

表 1–25 夏 9 井区三叠系油藏地层流体性质表

层位	饱和压力 MPa	地饱压差 MPa	饱和程度 %	密度 g/cm^3	体积系数	地层油黏度 mPa · s	溶解度 m^3/m^3	压缩系数 $10^{-4}MPa^{-1}$
J_1b	3.46	10.94	24	0.779	1.086	6.5	20.4	27.9

注：摘自《夏 9 井区侏罗系八道湾组油藏开发方案》,2004 年 11 月。

表 1–26 夏 9 井区三叠系油藏地面流体性质表

层位	原油密度 g/cm^3	原油黏度（30℃）mPa · s	凝固点 ℃	含蜡 %	胶质 %	含硫 %	初馏点 ℃
J_1b	0.856	29.00	-0.60	3.6	—	—	110.0
T_2k_1	0.847	19.17	-5.70	6.1	27.7	—	115.2
T_1b	0.848	21.86	-10.0 ~ 16.5	2.77	21.7	—	86.0

注：依据夏 9 井区历年开发（射孔）方案编制。

表 1–27 夏 9 井区三叠系油藏气、水性质表

层位	相对密度	甲烷含量 %	乙烷含量 %	丙烷含量 %	丁烷含量 %	戊烷含量 %	氮气含量 %	二氧化碳含量 %	水型	氯离子含量 mg/L	矿化度 mg/L
J_1b	—	—	—	—	—	—	—	—	$NaHCO_3$	4430.00	5200.0
T_2k_1	0.7115	73.5	8.15	3.69	1.98	0.53	10.89	55.1	$NaHCO_3$	1984.06	4132.5
T_1b	0.7115	79.9	5.48	1.74	0.81	0.21	6.15	—	$NaHCO_3$	1984.06	7044.5

注：依据夏 9 井区历年开发（射孔）方案编制。

（三）二叠系风城组高压异常油藏流体性质

夏子街油田异常高压油藏主要分布于夏 72 井区二叠系风城组。2004 年 12 月，新疆勘探开发研究院任军民等人完成的《夏子街油田夏 72 井区二叠系风城组油藏新增探明储量报告》分析，夏 72 井区风城组油藏中部深度 4817m，中部海拔 −4417m，平均地层压力 83.123MPa，压力系数 1.73，油藏温度

114℃，地温梯度 0.0215℃ /100m，具有不活跃的边水，PVT 取样证实为高饱和程度的未饱和油藏（表 1–28），地面原油性质属常规黑油类型（表 1–29、表 1–30）。

表 1–28 夏 72 井区二叠系风城组油藏地层流体性质表

饱和压力 MPa	地饱压差 MPa	饱和程度 %	密度 g/cm³	体积系数	地层油黏度 mPa · s	溶解度 m³/m³	压缩系数 $10^{-4}MPa^{-1}$
40.185	42.94	48.3	0.6398	1.6	0.41	219	1.5804

注：摘自《夏子街油田夏 72 井区二叠系风城组油藏新增探明储量报告》。

表 1–29 夏 72 井区二叠系风城组油藏地面流体性质表

原油密度 g/cm³	原油黏度 50℃ mPa · s	凝固点 ℃	含蜡 %	含胶质 %	含硫 %	初馏点 ℃
0.8598	12.02	8 ~ -7	3.8	—	—	148

注：摘自《夏子街油田夏 72 井区二叠系风城组油藏新增探明储量报告》。

表 1–30 夏 72 井区二叠系风城组油藏气、水性质表

相对密度	甲烷含量 %	乙烷含量 %	丙烷含量 %	丁烷含量 %	戊烷含量 %	氮气含量 %	二氧化碳含量 %	水型	氯离子含量 mg/L	矿化度 mg/L
0.695	80.74	6.6	3.6	1.0	0.38	6.1	0.13	$NaHCO_3$	5268	11818

注：摘自《夏子街油田夏 72 井区二叠系风城组油藏新增探明储量报告》。

二、渗流特征

夏子街油田储层渗流特征可按油藏类型和储层岩性进行分类。

（一）中、下三叠统砾岩油藏储层渗流特征

1991 年油田投入开发前后，在夏 18—夏 36 井区、夏 9 井区等取得润湿性分析样品 41 块，储层敏感性试验分析样品 9 块；据润湿性样品分析认为，储层以较强亲水为主。储层敏感性实验结果证实：当水的配伍性、注入水流速、累积流量发生变化时，对储层渗透率的影响最大；不同矿化度水对储层渗透率的影响损失可达到 80%，具有较强的水敏感性；速敏、体积流量敏感性小于水敏感性渗透率损失率，而储层中的高岭石、伊 / 蒙混层是造成中、下三叠统储层具有中—强水敏感性的主要原因（表 1–31）。因此，开发注入水的配伍性，注水速度中等是中、下三叠统油藏开发的关键。

从中、下三叠统油藏水驱试验平均相渗透率曲线（图 1–16、图 1–17 ）可以看出，油藏的油水两相流动区在 35% ~ 70% 之间，可流动范围约为 35% 左右，束缚水饱和度 35%，残余油饱和度 30%；两相流交点（等渗点）饱和度约为 52%。水驱试验证实中、下三叠统油藏束缚水饱和度较高，随着含水饱和度的增加，油相渗透率下降较快，水相渗透率上升较慢。

表 1–31　夏子街油田中、下三叠统油藏储层敏感性分析评价表

评价类别	层位	孔隙度 %	原始渗透率 mD	最终渗透率 mD	K_w/K_o %	渗透率损失率 %	敏感程度	临界速度 mL/min	反向驱后渗透率提高幅度 %
水敏性	T_2k_1	18.70	24.28	0.927	20.88	79.12	中强	—	—
	T_1b	13.93	4.44	2.425	19.05	80.95	中强	—	—
速敏性	T_2k_2	16.09	12.38	7.03	56.74	43.26	中等	0.49	—
	T_2k_1	16.95	23.93	7.77	32.47	67.53	中等	0.415	—
	T_1b	20.20	6.12	2.25	36.76	63.24	中等	—	—
体积流量敏感性	T_2k_2	14.04	4.59	1.015	22.11	77.89	中强	—	—
	T_2k_1	15.10	10.03	2.87	28.37	71.63	中强	—	11.55
	T_1b	14.21	4.34	11.39	32.02	67.98	中强	—	12.24

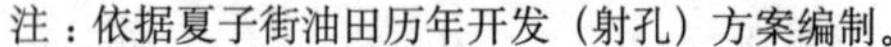
注：依据夏子街油田历年开发（射孔）方案编制。

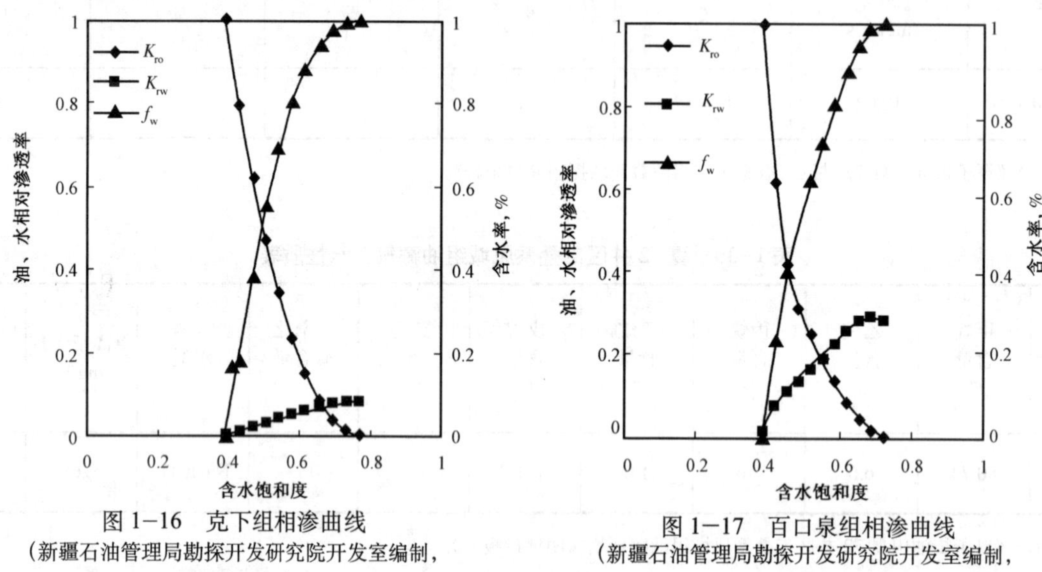

图 1–16　克下组相渗曲线
（新疆石油管理局勘探开发研究院开发室编制，1992 年 4 月）

图 1–17　百口泉组相渗曲线
（新疆石油管理局勘探开发研究院开发室编制，1992 年 4 月）

（二）风城组火山岩油藏

2004 年送往中国石油勘探开发研究院 2 口井 6 个核磁共振分析样品分析结果（表 1–32）表明：测试水测孔隙度 7.65% ~ 16.16% 不等，平均为 13.1%；可动流体饱和度 20.0% ~ 35.39%，平均为 30.3%；可动孔隙度 2.4% ~ 5.53%，平均 3.84%；孔隙连通性较差，有效孔隙占总孔隙的三分之一，束缚水饱和度较高，平均为 69.7%；火山岩储层自身渗流能力较差。

表 1–32　夏 72 井区二叠系风城组油藏核磁共振样品测试结果表

样品号	岩性	样品深度 m	水测孔隙度 %	核磁孔隙度 %	可动流体孔隙度 %	核磁渗透率 1 mD	核磁渗透率 2 mD	可动流体饱和度 %	束缚水饱和度 %
夏 201 (1)	气孔角砾岩	4937.48	7.65	7.06	2.50	0.153	0.093	35.39	64.61
夏 201 (2)	凝灰熔岩	4921.95	12.51	11.98	2.40	0.264	0.271	20.00	80.00

续表

样品号	岩性	样品深度 m	水测孔隙度 %	核磁孔隙度 %	可动流体孔隙度 %	核磁渗透率 1 mD	核磁渗透率 2 mD	可动流体饱和度 %	束缚水饱和度 %
夏 201（3）	凝灰熔岩	4921.05	16.07	16.00	4.92	0.332	0.338	30.73	69.27
夏 202（1）	气孔凝灰岩	4830.1	16.16	15.78	5.53	0.451	0.424	35.06	64.94
合计	—	—	13.10	12.71	3.84	0.300	0.282	30.30	69.70

注：摘自《夏子街油田夏 72 井区二叠系风城组油藏新增探明储量报告》，2004 年 12 月。

第四节　油气储量

一、夏 21 井断褶区气顶油藏

1979 年 12 月，夏 9 井获工业油流发现了夏子街油田。1982 年 6 月夏 21 井获工业油气流，证实了夏 21 井断褶区中、下三叠统为带气顶的油藏。1983 年 12 月，在夏 21 井断褶区完钻探井 11 口，取心实长 272.09m，试油 39 层，获工业油气流 7 井 18 层的基础上，由勘探开发研究院夏明生等人完成了《夏子街油田夏 21 井区三叠系油气储量计算报告》，计算并上报探明区块 1 个，油藏 2 个，气顶气藏 2 个（表 1–33、表 1–34）。同月，经全国矿产储量委员会审核通过。

表 1–33　夏子街油田中、下三叠统砾岩油藏 1983 年储量计算参数表

探明年度	区块	储量类别	层位	含油面积 km^2	有效厚度 m	孔隙度 %	含油饱和度 %	原油密度 g/cm^3	体积系数	原油地质储量 10^4t
1983 年	夏 21 井区	Ⅲ	T_1b	3.12	10.1	9.7	60	0.826	1.26	120
		Ⅲ	T_2k_1	4.28	45.4	11.0	60	0.809	1.26	823
		合 计		—	—	—	—	—	—	943

注：摘自《夏子街油田夏 21 井区三叠系油气储量计算报告》，1983 年 12 月。

表 1–34　夏子街油田中、下三叠统砾岩气顶气藏 1983 年储量计算参数表

探明年度	区块	储量类别	层位	含气面积 km^2	有效厚度 m	孔隙度 %	含气饱和度 %	体积系数	气顶气储量 10^8m^3
1983 年	夏 21 井区	Ⅲ	T_2k_1	4.28	44.8	13.0	76	0.0063	30.07
		Ⅲ	T_2k_2	2.60	22.9	13.1	76	0.00695	8.53
		合 计		—	—	—	—	—	38.60

注：摘自《夏子街油田夏 21 井区三叠系油气储量计算报告》，1983 年 12 月。

1984 年 12 月，根据新增完钻探井 17 口，试油 54 层工业油气流，勘探开发研究院勘探室匡立春等人完成《夏子街油田夏 21 井断褶区三叠系储量计算报告》，对夏 21 井断褶区 5 个区块，6 个油藏，4 个气顶气藏进行了探明储量的计算。其中 1983 年已计算储量的夏 21 井区经新的一轮构造研究，以及新完

钻井的资料补充，外围进一步扩边，新增部分纳入到总体的夏18—夏36井区范围内一并进行了储量计算（表1−35、表1−36）。计算结果同年获得全国矿产储量委员会审查通过。

表1−35　夏子街油田中、下三叠统砾岩油藏1984年储量计算参数表

探明年度	探明区块名称	层位	类别	含油面积 km²	有效厚度 m	孔隙度 %	含油饱和度 %	原油密度 g/cm³	体积系数	地质储量 10^4t
1984年	夏52断块	T_1b	Ⅲ	2.1	16.2	10.0	60	0.852	1.14	153
1984年	夏53断块	T_1b	Ⅲ	3.2	15.4	10.0	60	0.847	1.26	199
1984年	夏27断块	T_2k_2	Ⅲ	3.53	15.2	12.6	60	0.849	1.14	302
1984年	夏29断块	T_2k_2	Ⅲ	3.57	16.8	12.6	60	0.864	1.14	341
1984年	夏18-36井区	T_2k_1	Ⅲ	12.40	26.2	12.6	60	0.834	1.26	803
		T_1b	Ⅲ	10.40	29.8	10.0	60	0.823	1.26	1095

注：摘自《夏子街油田夏21井断褶区三叠系储量计算报告》，1984年12月。

表1−36　夏子街油田中、下三叠统砾岩气顶气藏1984年储量计算参数表

探明年度	区块名称	层位	类别	含气面积 km²	有效厚度 m	孔隙度 %	含气饱和度 %	体积系数	气储量 10^8m^3
1984年	夏18-36井区	T_2k_1	Ⅲ	6.6	27.7	12.6	76	0.0063	9.93
1984年	夏29井区	T_2k_2	Ⅲ	3.57	8.1	12.6	76	0.0069	4.00
		T_2k_1	Ⅲ	1.90	65.9	12.6	76	0.0063	19.00
		T_1b	Ⅲ	0.90	26.7	10.0	76	0.0054	3.40
合 计		—	—	—	—	—	—	—	36.33

注：摘自《夏子街油田夏21井断褶区三叠系储量计算报告》，1984年12月。

1985年12月，勘探开发研究院勘探室罗卫刚等人完成《夏子街油田夏21断褶区三叠系1985年新增储量计算报告》。报告在对构造进一步论证，新增部分分析化验资料的基础上，再次对夏18—夏36井区三叠系克下组储量进行了计算。同时完成夏21断褶区东部夏26井区、夏35井区克上组、夏50井区克下组等4个油藏、1个气藏气藏的储量计算。夏21断褶区中、上三叠统油藏新增Ⅲ类探明含油面积23.1km²，石油地质储量1801×10^4t；Ⅲ类探明含气面积14.37km²；新增探明气顶气地质储量7.6×10^8m^3（表1−37、表1−38）。

表1−37　夏子街油田中、下三叠统砾岩油藏1985年储量计算参数表

探明年度	探明区块名称	层位	类别	含油面积 km²	厚度 m	孔隙度 %	饱和度 %	原油密度 g/cm³	体积系数	地质储量 10^4t	可采储量 10^4t
1985年	夏18-36井区	T_2k_1	Ⅲ	9.6	29.7	12.6	56	0.828	1.298	1283	257
1985年	夏26井区	T_2k_2	Ⅲ	4.7	4.0	12.0	51	0.857	1.032	96	10
1985年	夏35井区	T_2k_2	Ⅲ	3.8	9.3	9.7	51	0.847	1.155	128	26
1985年	夏50井区	T_2k_1	Ⅲ	5.0	12	11.6	51	0.855	1.032	294	29

注：摘自《夏子街油田夏21断褶区三叠系1985年新增储量计算报告》，1985年12月。

表 1–38　夏子街油田中、下三叠统砾岩气顶气藏 1985 年储量计算参数表

探明年度	区块名称	层位	类别	含气面积 km^2	有效厚度 m	孔隙度 %	含气饱和度 %	体积系数	天然气地质储量 10^8m^3	可采储量 10^8m^3
1985 年	夏 35 井区	T_2k_2	Ⅲ	1.6	45.2	9.7	76	0.007	7.6	—

注：摘自《夏子街油田夏 21 断褶区三叠系 1985 年新增储量计算报告》,1985 年 12 月。

夏 21 井断褶区各区块 1992 年相继投入开发。1995 年，根据各区块共计投产 284 口开发井，开发后储量与产量、含油面积和有效厚度、油水界面与原储量存在比较大的矛盾，对断褶区油藏构造、断裂形态及展布、储层展布及油气水分布产生了新认识，由勘探开发研究院开发室邓琳等人结合油田射孔方案的编制，对各区块储量进行了复算。复算后，夏 21 井断褶区中下三叠统各区块总地质储量由原来的 5637×10^4t 减为 1780×10^4t，气顶气储量由原来的 $82.5\times10^8m^3$ 减为 $36.66\times10^8m^3$。复算结果经全国矿产储量委员会评审通过后，均升级为 Ⅰ 类探明储量（表 1–39、表 1–40）。

表 1–39　夏子街油田夏 21 井断褶区中、下三叠统石油地质储量复算表

区块	层位	类别	含油面积 km^2	有效厚度 m	有效孔隙度 %	含油饱和度 %	地面原油密度 g/cm^3	原油体积系数	石油地质储量 10^4t	溶解气地质储量 10^8m^3
夏 18-36 井区	T_1b	Ⅰ	6.4	16.8	9	48	0.82	1.370	277	3.35
夏 53 井断块	T_1b	Ⅰ	0.5	10.7	9	48	0.842	1.399	14	0.18
夏 52 井断块	T_1b	Ⅰ	4.7	9.7	9	48	0.842	1.399	118	1.50
小 计	T_1b	Ⅰ	—	—	—	—	—	—	409	5.03
夏 18-36 井区	T_2k_1	Ⅰ	7.2	25.1	12	49	0.83	1.32	668	7.95
夏 50 井区	T_2k_1	Ⅰ	3.3	9	12	51	0.855	1.032	151	未动用
小 计	T_2k_1	Ⅰ	—	—	—	—	—	—	819	7.95
夏 29 井断块	T_2k_2	Ⅰ	1.4	11.9	11	50	0.864	1.32	60	0.45
夏 35 井断块	T_2k_2	Ⅰ	4.2	14.2	12	51	0.848	1.238	250	2.18
夏 26 井断块	T_2k_2	Ⅰ	2.5	10.8	12	51	0.850	1.238	113	0.98
夏 27 井断块	T_2k_2	Ⅰ	2.0	8.4	14	51	0.848	1.140	89	0.69
夏 26 井断块	T_2k_2	Ⅰ	4.0	2.4	12	51	0.850	1.238	40	0.35
小 计	T_2k_2	Ⅰ	—	—	—	—	—	—	552	4.65
合 计	—	Ⅰ	—	—	—	—	—	—	1780	17.63

注：摘自《夏子街油田夏 21 断褶区中、下三叠统油气探明储量复算报告》,1996 年 5 月。

表 1–40　夏子街油田夏 21 井断褶区中、下三叠统气顶气地质储量复算表

区 块	层位	类别	含气面积 km^2	有效厚度 m	有效孔隙度 %	含气饱和度 %	地面标准温度 K	地面标准压力 MPa	原始地层压力 MPa	平均地层温度 K	气体偏差系数	天然气储量 10^8m^3
夏 18-36 井区	T_2k_1	Ⅰ	5.0	35.7	14	58	293	0.101	15.42	314	0.82	25.15
夏 18-36 井区	T_2k_2	Ⅰ	2.8	12.1	14	56	293	0.101	13.10	295	0.80	4.28

续表

区块	层位	类别	含气面积 km²	有效厚度 m	有效孔隙度 %	含气饱和度 %	地面标准温度 K	地面标准压力 MPa	原始地层压力 MPa	平均地层温度 K	气体偏差系数	天然气储量 10^8m^3
夏 29 井断块	T_1b	I	0.6	17.6	9	58	293	0.101	16.58	319	0.82	1.01
夏 29 井断块	T_2k_1	I	1.4	22.3	13	58	293	0.101	15.42	315	0.82	4.07
夏 29 井断块	T_2k_2	I	0.5	6.2	13	56	293	0.101	13.10	295	0.82	0.35
夏 35 井断块	T_2k_2	I	0.4	25.6	12	56	293	0.101	14.10	314	0.80	1.12
X1080 井断块	T_1b	I	0.4	9.1	10	58	293	0.101	17.06	320	0.82	0.4
夏 52 井断块	T_1b	I	0.2	13.3	10	58	293	0.101	16.35	318	0.82	0.28
合计	—	—	—	—	—	—	—	—	—	—	—	36.66

注：摘自《夏子街油田夏 21 断褶区中、下三叠统油气探明储量复算报告》,1996 年 5 月。

二、夏 9 井断鼻区油藏

截至 1983 年 12 月，在夏 9 井区完钻探井 8 口，取心实长 317.43m，试油 35 层，获工业油气流 3 井 12 层的基础上，由勘探开发研究院夏明生等人完成了《夏子街油田夏 9 井区三叠系储量计算报告》，同月经国家储量委审核通过（表 1–41）。

表 1–41　夏子街油田中、下三叠统砾岩油藏 1985 年储量计算参数表

探明年度	区块	储量类别	层位	含油面积 km²	有效厚度 m	孔隙度 %	含油饱和度 %	原油密度 g/cm³	体积系数	原油地质储量 10^4t
1983 年	夏 9 井区	Ⅲ	T_1b	3.69	9.8	10.8	55	0.874	1.120	168
		Ⅲ	T_2k_1	4.61	31	14.5	56	0.854	1.120	872

注：摘自《夏子街油田夏 9 井区三叠系储量计算报告》，1983 年 12 月。

夏 9 井区中下三叠统油藏 1991 年投入开发，1995 年根据 48 口开发井实际生产情况，以及对油藏构造、储层展布和油气水分布规律的新认识，勘探开发研究院开发室阎新民等人结合夏 9 井区射孔方案的编制，对 1983 年计算的储量进行了复算。复算后的地质储量由原来的 1040×10^4t 减少为 698×10^4t，可采储量 139.6×10^4t。复算结果经全国矿产储量委员会审查获得通过（表 1–42）。

表 1–42　夏子街油田夏 9 井区克下组、百口泉组油藏储量复算表

储量类别	层位		含油面积 km²	有效厚度 m	孔隙度 %	含油饱和度 %	原油密度 g/cm³	体积系数	原油地质储量 10^4t	溶解气地质储量 10^8m^3
I	T_1b	B_1	2.6	10.5	13	48	0.848	1.124	129	—
I		B_2	0.3	6.7	13	48	0.848	1.124	9	—
小计			—	—	—	—	—	—	138	1.07

续表

储量类别	层位		含油面积 km^2	有效厚度 m	孔隙度 %	含油饱和度 %	原油密度 g/cm^3	体积系数	原油地质储量 10^4t	溶解气地质储量 10^8m^3
I	T_2k_1	S_7^2	1.1	5.5	13	48	0.847	1.115	29	—
I		S_7^3	0.9	4.2	13	48	0.847	1.115	18	—
I		S_7^4	1.9	8.4	13	48	0.847	1.115	76	—
I		S_7^5	2.2	8.1	13	48	0.847	1.115	84	—
I		S_8	4.8	15.5	13	48	0.847	1.115	353	—
小计			4.8	24.6	13	48	0.847	1.115	560	6.16
合 计			—	—	—	—	—	—	698	—

注：摘自《夏 9 井区克下组、百口泉组油藏已开发探明（升级）储量报告》，1992 年 10 月。

1992 年 4 月，勘探开发研究院勘探室肖好等人在对夏 9 井区 9 口过层探井和 4 口八道湾组专层评价井、118.52m 岩心、11 井 24 井层试油等资料基础上，对夏 9 井区侏罗系八道湾组储量进行了研究和计算，并完成了《夏子街油田夏 9 井区侏罗系八道湾组油藏储量计算报告》，1992 年 5 月获全国矿产储量委员会评审通过（表 1–43）。

表 1–43 夏子街油田侏罗系八道湾组砂岩油藏 1992 年储量计算参数表

探明年度	区块	层位	储量类别	含油面积 km^2	有效厚度 m	有效孔隙度 %	含油饱和度 %	原油密度 g/cm^3	体积系数	石油储量 10^4t	可采储量 10^4t	溶解气储量 10^8m^3
1992 年	夏 9 井区	J_1b	Ⅲ	6.4	5.1	15	56	0.856	1.086	216	49.7	0.43

注：摘自《夏子街油田夏 9 井区侏罗系八道湾组油藏储量计算报告》，1983 年 12 月。

三、夏 69、夏 72 井区火山岩油藏

1997 年 4 月，位于夏 21 井断褶区上盘的探井夏 69 井在二叠系风城组顶部试油，经压裂改造用针阀控制，获得日产天然气 15.3556 × 10^4m^3，产凝析油 9.94t 的工业油气流后，油气藏被发现。同年 11 月，勘探开发研究院勘探室罗建玲等人就此一口井资料，完成《夏子街油田夏 69 井区二叠系风城组油气储量报告》，并报全国矿产资源委员会评审获得通过。新增Ⅱ类探明含油面积 3km^2，探明石油地质储量 103 × 10^4t；Ⅱ类探明含气面积 2.7km^2，气顶气地质储量 8.28 × 10^8m^3（表 1–44、表 1–45）。

表 1–44 夏子街油田夏 69 井区二叠系风城组火山岩油藏储量计算参数表

探明年度	区块名称	层位	类别	含油面积 km^2	有效厚度 m	孔隙度 %	含油饱和度 %	原油密度 g/cm^3	体积系数	石油储量 10^4t	可采储量 10^4t
1997 年	夏 69 井区	P_1f	Ⅱ	3.0	10.1	10	57	0.836	1.399	103	20.6

注：摘自《夏子街油田夏 69 井区二叠系风城组油气储量报告》，1997 年 11 月。

表 1–45　夏子街油田夏 69 井区二叠系风城组火山岩气藏储量计算参数表

探明年度	区块名称	层位	类别	含气面积 km^2	有效厚度 m	孔隙度 %	含气饱和度 %	体积系数	气储量 10^8m^3	可采储量 10^8m^3
1997 年	夏 69 井区	P_1f	Ⅱ	2.7	29.3	12	61	143.06	8.28	4.14

注：摘自《夏子街油田夏 69 井区二叠系风城组油气储量报告》,1997 年 11 月。

2004 年 5 月，夏 72 井在 4808 ~ 4826m 的井段试油，经大型压裂后，获得高产工业油流，从而发现了夏 72 井区风城组火山岩异常高压油藏。2004 年 12 月，新疆油田分公司勘探开发研究院任军民等人利用已完钻的夏 201、夏 202 评价井，以及夏 40、夏 72 探井的测井、录井和试油资料，研究和计算完成了《夏子街油田夏 72 井区二叠系风城组油藏新增探明石油储量报告》，上报探明含油面积 14.6km²，探明石油地质储量 1549 × 10⁴t。并于同月经国土资源部评审通过（表 1–46）。

至此，夏子街油田二叠系风城组火山岩油藏共探明含油面积为 17.6km²，探明石油地质储量 1652 × 10⁴t，探明含气面积 2.7km²，探明天然气储量 8.28 × 10⁸m³，储量均为未开发储量。

表 1–46　夏子街油田夏 72 井区二叠系风城组火山岩油藏储量计算参数表

探明年度	层位	含油面积 km^2	有效厚度 m	有效孔隙度 %	含油饱和度 %	原油密度 g/cm^3	体积系数	原油		溶解气	
								地质储量 10^4t	可采储量 10^4t	地质储量 10^8m^3	可采储量 10^8m^3
2004 年	P_1f	14.6	16.1	17	63	0.852	1.383	1549	154.9	34.37	3.44

注：摘自《夏子街油田夏 72 井区二叠系风城组油藏新增探明石油储量报告》,2004 年 12 月。

截至 2005 年底，夏子街油田共有探明Ⅰ类含油面积 30.4km²，原油地质储量 2478 × 10⁴t，溶解气地质储量 24.86 × 10⁸m³，原油可采储量 393.2 × 10⁴t，溶解气可采储量 9.43 × 10⁸m³；探明Ⅱ类、Ⅲ类含油面积 24km²，原油地质储量 1868 × 10⁴t；探明Ⅰ类含气面积 11.3km²，气顶气地质储量 36.66 × 10⁸m³，气顶气可采储量 18.33 × 10⁸m³；探明Ⅲ类含气面积 2.7km²，气顶气地质储量 8.28 × 10⁸m³。

第二章

开发部署编制与调整

夏子街油田开发是新疆石油管理局多次研究，反复论证基础上决定开发的油田之一。其主要原因就是油田开发前还存在着构造、油气藏性质、油气水分布、油藏产能等四个不清楚的问题，它阻碍了决策层开发的决心。为此，从 1989 年 8 月—1990 年 11 月，开展了开发前期试验和评价取资料会战。在历经一年多的开发试验和评价研究工作基础上，以及取得大量资料的条件下，根据对油藏的新认识，管理局决定夏子街油田开发工作全面启动。从 1990 年 12 月勘探开发研究院开发室编制《夏子街油田夏 9 井区中、下三叠系油藏开发布井方案》开始，到 2005 年 3 月《夏子街油田夏 29 井断块克上组油藏开发布井意见》实施，先后投入开发了 10 个单元，动用地质储量 2478×10^4t，可采储量 393.2×10^4t（表 2–1）。截至 2005 年 12 月全油田总井数 265 口（采油井 184 口，注水井 81 口），当年产油 14.13×10^4t，累积产油 199.54×10^4t，采出程度 7.38%，综合含水 52.7%。

表 2–1　夏子街油田已开发单元开发概况表

开发区块	层位	发现时间	开发时间	累计动用			开发方式	2005 年采油 10^4t	累积采油 10^4t	采油速度 %	采出程度 %	综合含水 %
				含油面积 km^2	地质储量 10^4t	可采储量 10^4t						
夏 9	T_2k_1	1980 年	1991 年	4.8	560	30.4	注水	0.59	16.41	0.11	2.93	63.0
	T_1b	1979 年	1991 年	2.6	138	22.0	注水					
夏 18—36	T_2k_1	1982 年	1991 年	7.2	668	139.1	注水	5.32	95.35	0.80	14.27	51.3
	T_1b	1982 年	1991 年	6.4	277	68.5	注水	1.92	51.07	0.69	18.44	57.7
夏 35	T_2k_2	1983 年	1992 年	4.2	250	40.0	注水	0.13	6.63	0.05	2.65	61.6
夏 52	T_1b	1984 年	1992 年	4.7	118	18.6	注水	0.17	10.64	0.14	9.02	39.2
夏 53	T_1b	1984 年	1992 年	0.5	14	2.2	注水					
夏 27	T_2k_2	1983 年	1992 年	2.0	89	14.2	注水	0.03	3.26	0.03	3.67	65.0
夏 26	T_2k_2	1983 年	1992 年	6.5	153	24.5	注水	0.70	9.40	0.46	6.14	33.6
夏 29	T_2k_2	1984 年	2005 年	1.4	60	9.6	注水	2.98	2.98	4.96	4.96	21.8
其他	—	—	—	—	151	24.1	—	2.29	3.80	—	—	—
合计	—	—	—	43.6	2478	393.2	—	14.13	199.54	0.57	8.05	52.7

注：依据新疆油田分公司中心数据库的数据资料编制。

第一节　开发方案编制与实施

一、夏 9 井区三叠系油藏

1990 年 12 月，由勘探开发研究院开发室王延杰等人编制了《夏子街油田夏 9 井区中、下三叠统油藏开发布井方案》，经管理局审批后第一个投入开发。

方案根据 1983 年上报三叠系油藏含油面积和地质储量，结合油藏地质研究和试油、试采资料，选用 300m 井距四点法面积注水井网，百口泉组和克下组一套井网合层开发。共布井 40 口（采油井 28 口，注水井 12 口）。其中利用探井 3 口，开发控制井 3 口，需钻新井 34 口。平均井深 2100m，总进尺 7.14×10^4m，开采方式采用抽油方式，单井设计产能 8t/d，全区日产油水平 224t，年产能力 6.72×10^4t（图 2–1）。

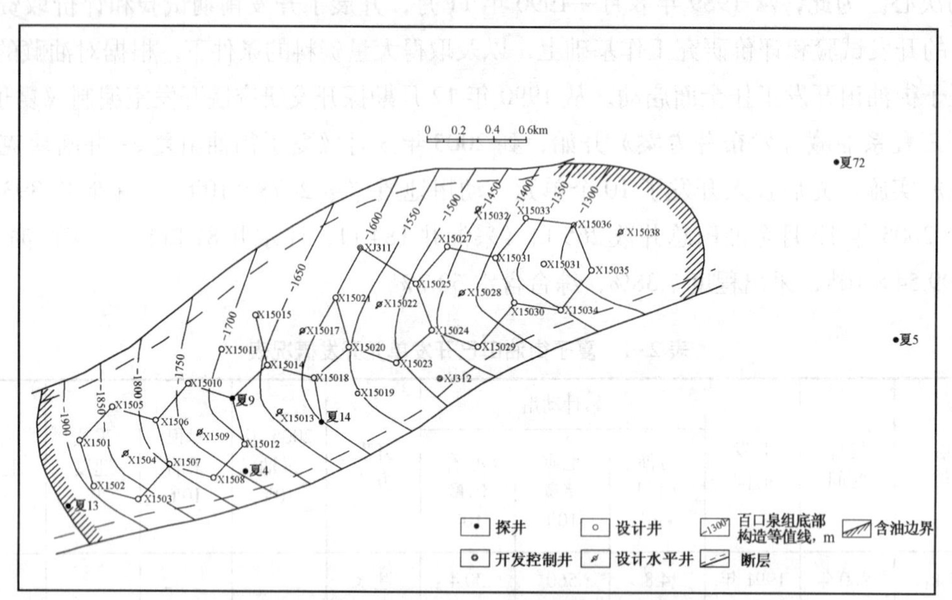

图 2–1　夏 9 井区中下三叠统油藏开发井网图
（新疆石油管理局勘探开发研究院开发室编制，1990 年 12 月）

方案于 1991 年 2 月开始实施。根据完钻井资料分析，夏 9 井区平面构造仍为一个鼻隆构造，但所有完钻井均未钻遇原构造图上的夏 4 井断裂和夏 9 井断裂，油藏鼻隆两翼含油边界还有多宽不清楚。地震解释的断裂能否形成遮挡还有疑问。1991 年 11 月下旬，勘探开发研究院开发室王延杰编写了《夏 9 井区克下组、百口泉组油藏扩边布井意见》。新布扩边开发井 13 口，利用老井 1 口，设计钻新井 12 口。这样夏 9 井区三叠系油藏实际共布井 53 口，其中采油井 37 口，注水井 16 口，利用老井 7 口，钻新井 46 口。设计机抽单井日产油 8t，区日产油水平 296t，年产能力 8.88×10^4t，进尺 9.54×10^4m。

从 1991 年初开钻，到 1992 年 3 月底钻井工作基本结束，完钻新井 41 口，全区新老井总数 48 口，其中采油井 32 口，注水井 16 口，注采井数比为 1:2，因构造低部位井含水较高的原因，少实施 5 口油井。实施中钻取心井 2 口，取心进尺 76.33m，收获率 98.24%，完成总进尺 5.36×10^4m。

由于夏 9 井区开发井采取了负压射孔、大规模高砂比压裂等一系列新工艺措施，油井初期产量超过设计产能，平均油井日产油达到 9t，如按实际初期产量计算，年产能规模可达到 8.64×10^4t，说明通过油层改造措施能见到好的开发效果。但是，由于油藏投注较晚（1992 年 6 月才投注）油井产量也递减快，到 1992 年 7 月全区已投产的 31 口（1 口井待投）油井平均单井产油只有 3.8t，区日产水平只有 117.8t，油井递减大，产量稳不住，实际产能没有达到设计水平。

二、夏 18—夏 36 井区三叠系油藏

夏 18—夏 36 井区是夏子街油田主力开发区，1983—1985 年底曾分三次计算上报三叠系百口泉组和克下组油藏累计探明含油面积 25.1km²，累计探明石油储量 3321 × 10⁴t。探明储量占油田总储量的 56.5%，单位面积储量丰度较高。但是，由于勘探阶段对油藏的构造特征、储层展布及变化、油藏性质、油气水分布规律、流体性质以及单井产能等基本情况认识不十分清楚，因此油藏一直没有得到有效开发。

1989 年初，为落实夏子街油田最关键的构造问题，新疆石油管理局首先在夏 21 断褶区部署实施了 240km² 的开发三维地震数据采集，并对数据进行了处理，为油藏地质研究打下基础。同时，为确保夏子街油田有效开发，勘探开发研究院开发室于 1989 年 2 月，在夏 21 井背斜高部位开辟了一个井组的试验区，设计开发试验井 7 口，设计油基钻井液取心井 1 口，通过运用新的钻井工艺、压裂工艺、采油工艺，力求获得单井高产和进一步获取油藏资料。该意见实际钻井 5 口，在评价井夏检 301 井上油基钻井液取心 250m；试采 5 井 7 层，地面密闭相态取样 3 井层，系统试井 2 井层，PVT 取样 2 井层；钻井过程中开展了泡沫雾化钻井的试验和不同规模的压裂工艺试验，取得多项油藏数据资料。1989 年 5 月，勘探开发研究院开发室陈克银等人编写了《夏子街油田夏 18—36 井区百口泉组试采井井位调整意见》，在年初已部署试验井组的基础上，扩大对试验区外围的评价，又在夏 18 断块布控制井 10 口，在夏 21 井背斜内增布开发控制井 6 口。使开发试验工作由单一井组的求产能、取资料转为以了解整个夏 18—夏 36 井区油气藏构造特征、储层物性变化、油气水分布规律、油藏类型，为编制油藏整体方案取得详细资料为目标的油藏开发评价工作。

1990 年 7 月，新疆石油管理局组织油藏地质、采油、钻井、试油、测井工程队伍及研究人员，对夏 18—夏 36 井区开展了开发前期取资料工作会战。会战主要完成了两方面内容：一是对面积为 240km²，面元为 25m × 25m 的三维地震资料进行了精细解释，获得 6 个层断裂平面构造分布图以及大量剖面切片，提高了三维覆盖区构造解释的精度，使油藏含油面积、规模进一步落实，开发布井的方向基本明确；二是恢复了 10 口探井、评价井的试油，完成已部署的 6 口评价井、控制井的钻井工作。试油 13 井层，试采 11 口井 21 井层，其中在百口泉组 18 井层、克下组 10 井层获得工业性油气流。系统试井 6 井层，PVT 取样 15 井层，测复压 13 井次，测静压 26 井次，干扰试井 2 井次，取原油分析样品 38 个，气样全分析 54 个，水样全分析 30 个，测流压 18 口井 70 井次，测井温 14 口井 17 井次。经过会战，获得大量的基础资料，使编制夏 18—夏 36 井区三叠系油藏开发布井方案的条件基本成熟。

1991 年 4 月，《夏子街油田夏 18—夏 36 井区中、下三叠统油气藏开发布井方案》由勘探开发研究院开发室欧阳可悦等人编制完成。同月，中国石油天然气总公司开发局组织专家在北京对方案进行了审查并通过了该方案。鉴于油气藏是以断块背斜构造为背景，受断裂构造控制、岩性以砾岩为主带气顶的饱和油气藏，确定如下开发原则：(1) 以开发油藏为主，气顶气暂不开发；(2) 油层厚度大，百口泉组和克下组为两个独立的油气组合，故采用两套层系分别开采；(3) 原油性质好，油水黏度比低，储层润湿性为中亲水，采取早期注水开发方式；(4) 油井投产实施压裂改造措施，机械采油方式开采；(5) 根据油区内断裂分布、断块格局、构造走势以及油藏含油面积分布，采用 350m 不规则四点法井网布井。面积较大的井区采用均匀井网布井，面积较小的断块采用不规则加弧形井网布井，百口泉组、克下组两套开发井网交叉错开 150 ~ 200m；(6) 油层厚度 5m 以下的含油面积不部署开发井。按照以上原则，夏 18—夏 36 井区中、下三叠统油藏共在三个断块上一次性布井 155 口，其中油井 104 口，注水井 51 口，利用老井 19 口，需要钻新井 136 口，布井范围 9.8km²，动用石油储量 1858.8 × 10⁴t。油井单井产量设计以井区内 52 个井层的试油试采资料和三口井的系统试井资料，计算得到视采油指数并以数理统计的方法和试井指示曲线方法求得油藏每米采油指数，然后以合理的油层动用厚度和合理的生产压差，

计算得到单井的产量：克下组油井单井日产油 10t，百口泉组单井日产油 8t。

根据开发井网部署，方案产能设计规模为：百口泉组总井数 73 口，采油井 50 口，注水井 23 口，利用老井 7 口，需钻新井 66 口，单井设计产能 10t/d，区日产油水平 400t，建成产能 12.0×10^4t，采油速度 2.87%。克下组总井数 82 口，采油井 54 口，注水井 28 口，利用老井 12 口，需钻新井 70 口，单井设计产能 8t/d，区日产油水平 540t，建成产能 16.2×10^4t/a，采油速度 2.67%。全区合计区日产水平 940t，建成产能 28.2×10^4t/a。需钻新井 136 口，进尺 25.84×10^4m，产能进尺比为 1.091t/m（图 2–2）。

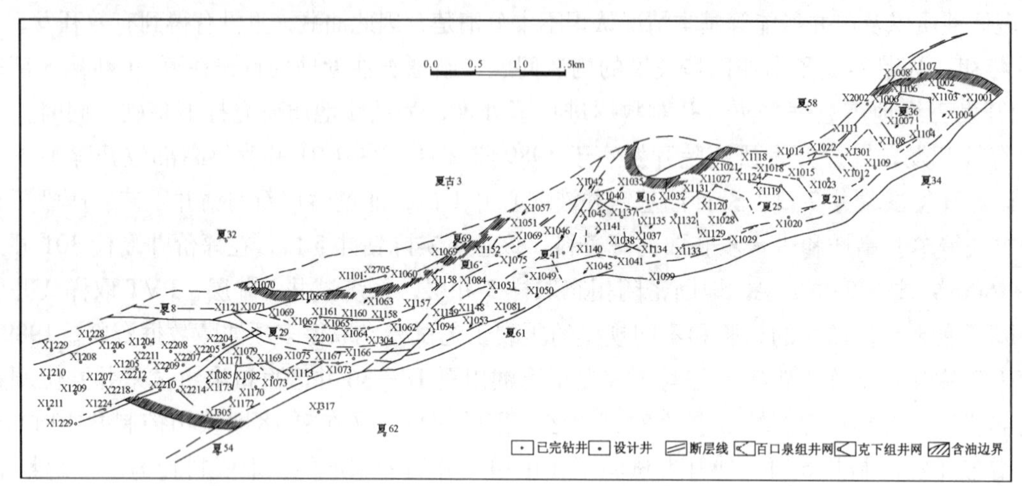

图 2–2 夏子街油田夏 18—夏 36 井区三叠系油藏开发井网部署图
（新疆石油管理局勘探开发研究院开发室编制，1991 年 4 月）

1991 年 5 月夏 18—夏 36 井区三叠系油藏全面投入开发。针对油藏是一具有多套油气水系统，狭长复杂断块油气藏的特点，管理局夏子街油田开发建设指挥部采取了“整体部署，分步实施，加强跟踪研究，深化油藏认识，及时调整开发部署”的做法，取得了较好的效果。在实施中根据不断增加的新井资料，对开发部署做了如下的调整：一是在实施中发现夏 21 井北断裂及夏检 302 断块，并在夏检 302 断块内试油证实为一含油断块，为此 1992 年 2 月，勘探开发研究院开发室卞德智等人编写了《夏子街油田夏 18—36 井区三叠系克下组、百口泉组扩边布井意见》，在夏检 302 井断块克下组设计新井 8 口，其中采油井 5 口，注水井 3 口，百口泉组设计新井 7 口，新增日产油水平 92t，新增年产油能力 2.76×10^4t，钻井进尺 2.92×10^4m；二是将原克下组 S_8 砂层组、百口泉组两套开发井网，改为克下组 S_7^1、S_7^4、S_8 砂层组三套以及百口泉组一套共计四套井网；三是将以四点法面积注水井网为主的开发井网，改为以边外注水的弧形井网为主，辅以线形及面积注水井网的布井方式，调整后的井网坚持保护气顶开发的原则；四是调整停钻了可能出现的空井或低效井 21 口（克下组油井 16 口，水井 5 口），减少年产油能力 4.8×10^4t，对 30 口井进行了开发层组的调整，并增布扩边井 16 口（克下组采油井 4 口，百口泉组采油井 4 口，注水井 8 口），增加日产水平 72t，年产油能力 2.16×10^4t。

1992 年 7 月，夏 18—夏 36 井区三叠系油藏开发实施基本完成，共完钻投产新井 146 口，全区新老井总数 165 口，其中采油井 104 口，注水井 61 口（利用老井 19 口）。日产油水平达到 944t，年产能力达到 28.32×10^4t。克下组、百口泉组油藏单井初期日产油量平均分别达到 10t 和 8t。但是，由于该区油藏属于带气顶的饱和油气藏，加上油气藏储层物性差，天然能量低，油藏开发后未及时注水，产量递减快，能量消耗快，稳产难度大，使该区开发中期不得不进行了调整。

三、夏 35 井区三叠系克上组油藏

1991 年 6 月，勘探开发研究院在夏 35 井区三叠系克上组油藏已交探明储量含油面积内部署一口取资料井—夏检 308 井。根据这口井完钻后获得的较好油气显示，新疆石油管理局将该井区三叠系克上组

油藏开发提到议事日程。1991 年 11 月底，勘探开发研究院开发室邓琳等人完成了《夏 35 井区三叠系克上组开发布井意见》。该布井意见根据夏 35 井区克上组油藏具有气顶，构造低部位存在不活跃边水（油气界面 −1025m，油水界面 −1150m），含油面积呈环带状展布的特点，为避免油气混采影响开采效果，决定暂不动气顶，在油气界面和油水界面之间沿油环条带状布井。采用 350m 井距不规则四点法和反九点法面积井网，布井 27 口，其中采油井 20 口，注水井 7 口，利用老井 4 口，需钻新井 23 口（图 2–3），平均井深 1700m，钻井进尺 3.91×10^4m。单井设计产能 6t/d，区块日产油水平为 120t，年产能力为 4.2×10^4t。

方案 1992 年付诸实施，12 月底实际共钻各类井 19 口，全区投产油井 16 口，区日产油水平 66t，平均单井日产油 4.1t，建成产能 1.98×10^4t/a，当年产油 1.09×10^4t。由于地层能量低，自喷条件差，在未注水的情况下产量递减大，油气比上升很快，开发效果差。

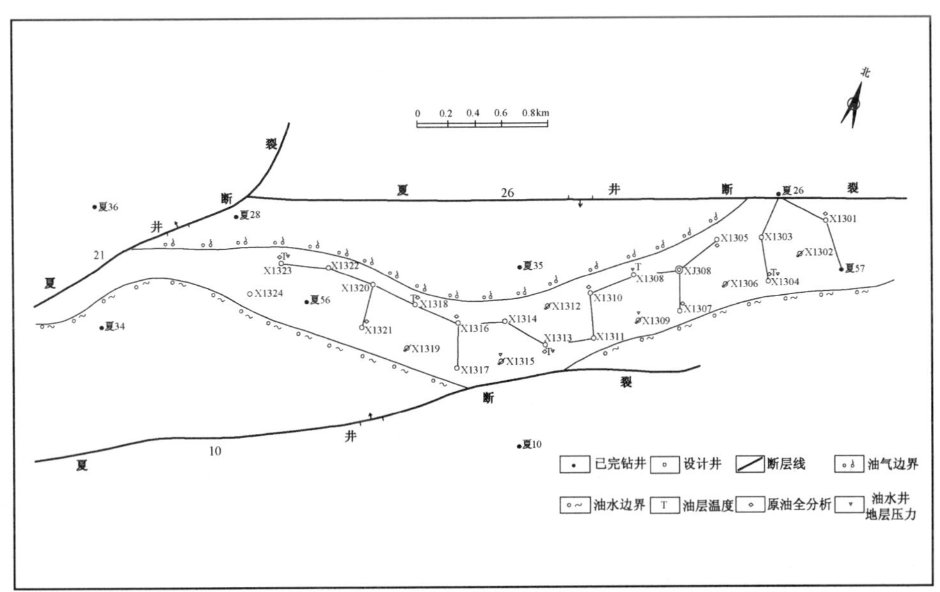

图 2–3　夏 35 井区克上组开发井网部署图

（新疆石油管理局勘探开发研究院开发室编制，1991 年 11 月）

四、夏 52 井区三叠系百口泉组油藏

夏 52 井区位于夏子街油田西部，开发区包括夏 52 井断块和夏 53 井断块两个单元。含油层系为三叠系百口泉组，勘探阶段夏 52 井断块和夏 53 井断块各有试油井 2 口，各有 1 井 1 层获得工业油流。1991 年 11 月，夏 52 井区作为夏子街油田开发的接替区块被纳入评价目标，分别在夏 52 井断块部署控制井 3 口（X1204 井、X1208 井、X1211 井），在夏 53 井断块部署控制井 2 口（X1230 井、X1235 井）。同年 12 月，邓琳等人编写了《夏子街油田夏 52 断块、夏 53 断块三叠系百口泉组油藏开发布井意见》，根据夏 52 井区三叠系百口泉组油藏构造特点、沉积特征、储集层物性特点和流体性质，分别对夏 52 井断块、夏 53 井断块进行了井网部署。

夏 52 井断块：采用不规则四点法井网，井距为 350m，布井 31 口，其中采油井 21 口，注水井 10 口，利用老井 4 口，需钻新井 27 口。设计井深 2100m，进尺 5.67×10^4m。开采方式采用注水开发，机械采油方式。设计单井日产油 8t。区日产油量 168t，年产油能力 5.04×10^4t。注采比按 1:1 设计，配注系数 1.472，单井日注水量 25m^3, 区日注水 250m^3，年注水量 7.5×10^4tm^3，采油速度 3.2%。

夏 53 井断块：采用 350m 井距排状井网，共布井 16 口，其中采油井 11 口，注水井 5 口，利用老井 2 口，钻新井 14 口。平均井深 2000m，进尺 2.8×10^4m。开发方式采用注水保压、机械采油方式。设计单井日产油 6t，区日产油量 66t，年产能力 2×10^4t。注采比按 1:1 设计，配注系数 1.64，单井日注水量 20m^3, 区日注水量 100m^3，年注水量 3×10^4m^3，采油速度 1.0%（图 2–4）。

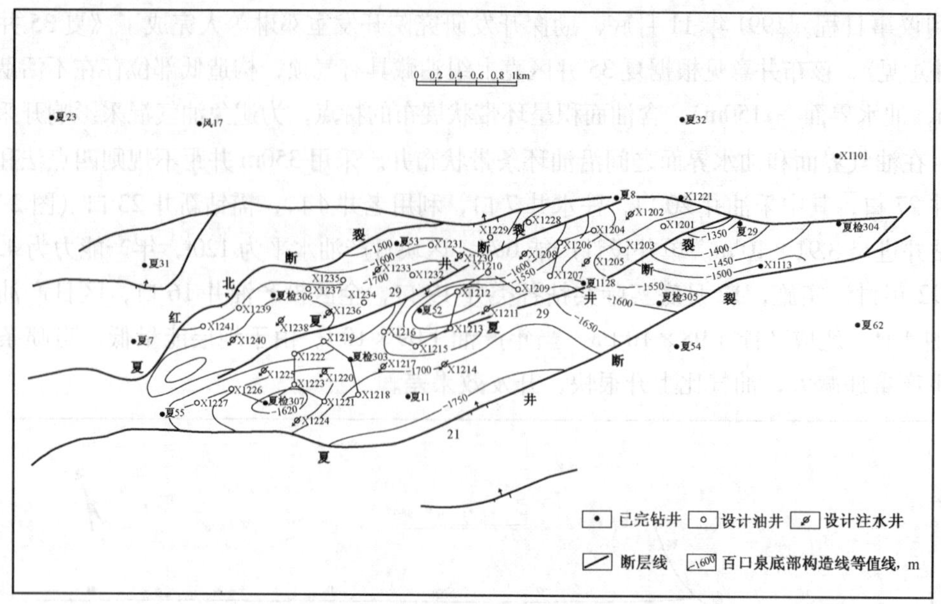

图 2–4　夏 52 井断块、夏 53 井断块开发井网部署图
（新疆石油管理局勘探开发研究院开发室编制，1991 年 12 月）

该意见于 1992 年 2 月开始实施，实施过程中因夏 53 井断块油藏变差，产量低，钻井重点集中于夏 52 井断块，到 1992 年 12 月，夏 52 井区三叠系百口泉组共完钻新井 32 口，全区新老井总数 34 口，其中采油井 30 口，注水井 4 口。投产开井 28 口，区日产油水平 116t，平均单井日产油 4.1t，建成产能 3.48×10^4t，当年产油 1.17×10^4t，采油速度 1.0%，综合含水 1%。1993 年 12 月底，陆续转注 7 口井，油井数变为 23 口，水井增加到 11 口，平均日产水平为 75.2t，年产油 2.2549×10^4t，采油速度 1.71%。

五、夏 27 井区三叠系克上组油藏

夏 27 井区三叠系克上组断块油藏 1984 年探明含油面积 3.53km²，探明石油地质储量 302×10^4t。1992 年 5 月，卞德智等编写了《夏子街油田夏 27 井断块三叠系克上组油藏开发布井意见》，根据三维地震解释资料，结合仅有的夏 27 井和夏检 314 井钻井、测井和试油录井资料，对构造断裂变化引起的含油面积变化、储量的变化做了预测，估算可开发布井的面积约 1.2km²，储量 120×10^4t。布井意见选用不规则四点法注水井网，300 ~ 350m 井距，设计开发井 16 口。其中采油井 11 口，注水井 5 口，利用老井 2 口（夏 27 井、夏检 314 井），需钻新井 14 口，平均井深 1430m，钻井进尺 2×10^4m。设计单井产油 7t/d，区日产水平 77t，年产油量 2.31×10^4t。注采比按 1.2 设计，配注系数为 1.61，单井日注水量 25m³，区日注水量 124m³，年注水量 3.7×10^4m³（图 2–5）。

1992 年 5 月开始实施。实施过程中，经钻井、测井资料分析，发现夏 27 井断块断层交会的东西两头向上抬升，西部已完钻的 X1613 井白碱滩组以及克上组已被剥蚀，八道湾组地层直接不整合超覆沉积在克上组之上，东北部的 X1602 等井克上组砂层厚度变薄，泥质含量较高，储层明显变差。为此，1992 年 10 月勘探开发研究院开发室编写了《夏子街油田夏 27 井断块三叠系克上组油藏开发井网调整意见》，内容包括：(1) 西部 X1614 井取消不钻；(2) 东北部 X1601 井、X1604 井取消不钻；(3) 将夏 27 井、X1608 井、X1609 井、夏检 314 井由采油井改为注水井，将 X1602 井、X1605 井、X1606 井、X1610 井、X1612 井由注水井改为采油井。调整后夏 27 井断块设计开发井 13 口，其中注水井 4 口，采油井 9 口，单井设计产油能力 7t/d，区产油能力 63t/d，年产油能力 1.89×10^4t。单井设计注水量 25m³/d，区注水量 100m³/d，年注水量 3×10^4m³。

1992 年 12 月底，夏 27 井断块克上组油藏共完钻新井 11 口，利用老井 2 口，投产 12 口井，区日

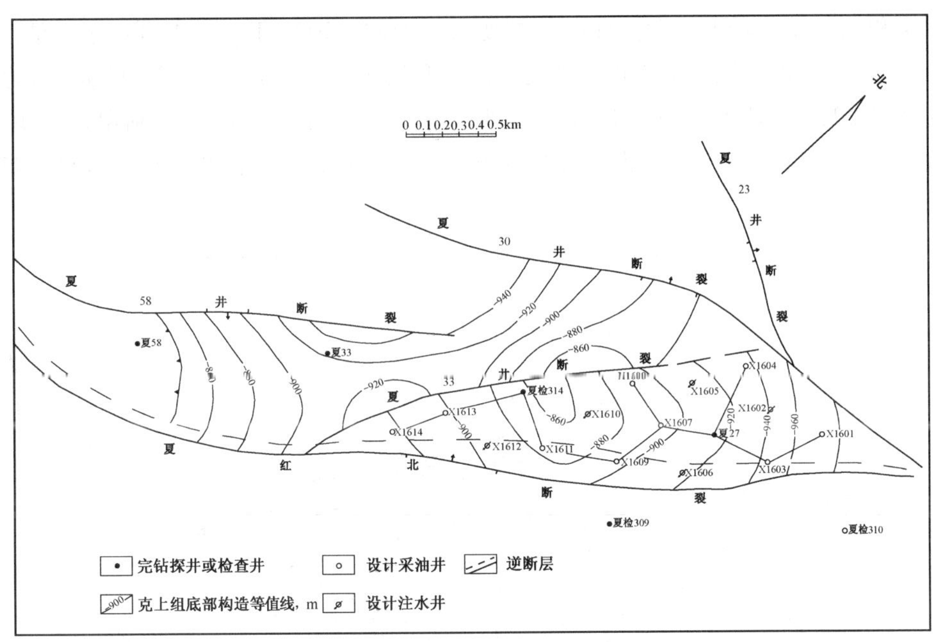

图 2-5　夏 27 井区开发井网部署图
（新疆石油管理局勘探开发研究院开发室编制，1992 年 5 月）

产油水平 36t，建成产能 1.08×10^4t/a，当年产油 0.30×10^4t。1993 年 12 月底的采油井为 10 口，注水井 2 口，平均日产水平 28t，当年采油 0.84×10^4t，采油速度 0.94%。

六、夏 26 井区三叠系克拉玛依组油藏

1992 年 1 月，为了满足夏子街油田滚动开发的需要，由勘探开发研究院开发室欧阳可悦等人编制了《夏子街油田夏 27 断块、夏 26 井区资料井布井意见》。分别在夏 26 井背斜和夏 37 井背斜部署了两口评价资料井（夏检 315 井、夏检 316 井）。目的是通过取资料，为滚动开发做准备。两口井实施后，夏检 315 井在克上组 S_3、S_4 砂层组连续取心 45.6m，收获率达 94.9%，含油岩心长 37.5m，油层主要发育在 S_3 砂层，经试油 S_5 砂层获工业油流。夏检 316 井完钻后经试油也获得工业油流。

1992 年 7 月，勘探开发研究院开发室张梅英等编制了《夏子街油田夏 26 井—夏 50 井克拉玛依组油藏开发布井方案》。对夏 26 井区和夏 50 井区采用一次性布井，以 350m 井距四点法井网为基本井网，在探井、评价井和控制井出油井点控制的范围内，设计克上组、克下组开发井共计 35 口，其中采油井 24 口，注水井 11 口，其中利用老井 3 口，需钻新井 32 口。设计平均井深 1700m，需钻井进尺 5.44×10^4m，单井设计日产油能力 7t，区日产油能力 168t，年产油能力 5.04×10^4t（图 2-6）。

方案于 1992 年 10 月开始实施，到 1993 年 12 月底，共完钻油水井 26 口，（采油目的层主要是夏 26 井区克上组，夏 50 井区克下组油藏由于产量低，储量不落实，基本没有动用）其中油井 20 口，水井 6 口，平均单井日产油 1.8t，区日产油水平 36t，建成产能 1.08×10^4t/a，当年产油 1.05×10^4t。实际开发指标与布井方案设计指标相比差距大，开发效果差。

七、夏 29 井断块三叠系克上组油藏

夏 29 井断块三叠系克上组油藏位于夏 21 断褶区中西部。1996 年，在第一次清理资源复算储量过程中，核实含油面积 1.4km²，石油地质储量 59.98×10^4t，可采储量 9.6×10^4t。2004 年底，已有 6 口下部百口泉组采油井上返本层采油，平均单井日采液 7.9t，日产油 5.8t，含水 26.6%，累计采油 2.32×10^4t，开发效果较好。基于上述情况，结合对老三维地震资料的重新处理解释，发现夏 29 井断块

克上组油藏断层和构造变化较大，含油面积相继变大。为此，2005 年 1 月由百口泉采油厂冯旭军、仇建平等人编制了《夏子街油田夏 29 井断块克上组油藏开发布井意见》。在夏 29 井断块新解释的含油面积内，部署油水井 22 口，其中采油井 17 口，注水井 5 口；需钻新井 12 口，利用老井 10 口。平均井深 1500m，钻井进尺 1.8×10^4m。方案设计以抽油方式生产，新井单井日产油 6t，新建产能 1.62×10^4t/a（图 2–7）。

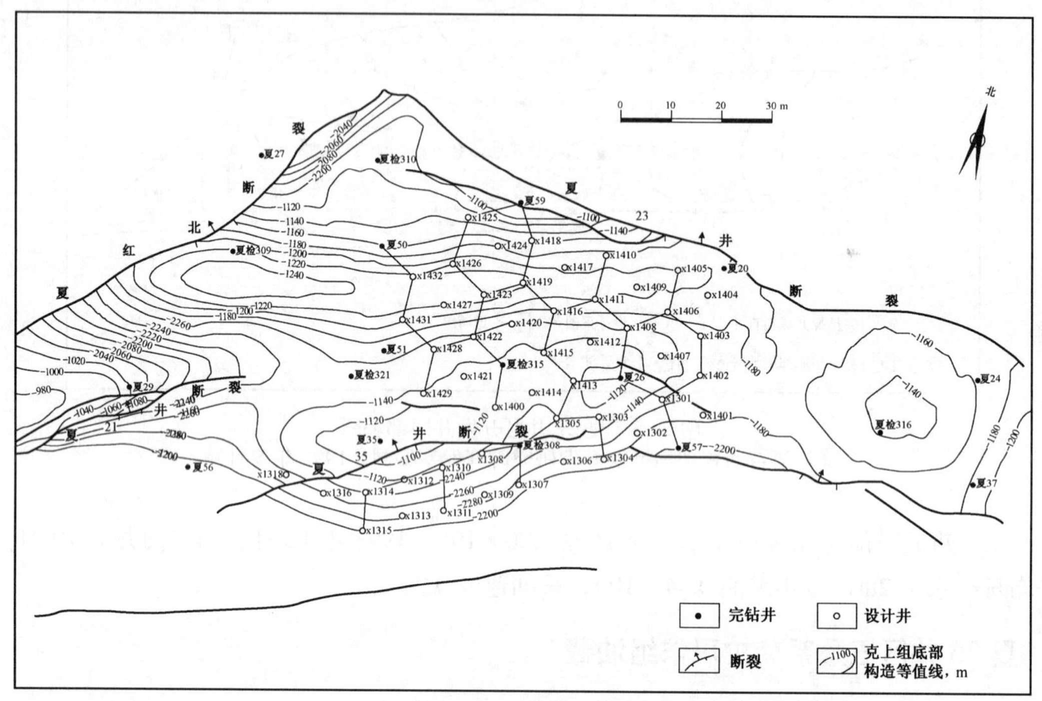

图 2–6　夏 26 井—夏 50 井区克拉玛依组油藏开发井网部署图
（新疆石油管理局勘探开发研究院开发室编制，1992 年 7 月）

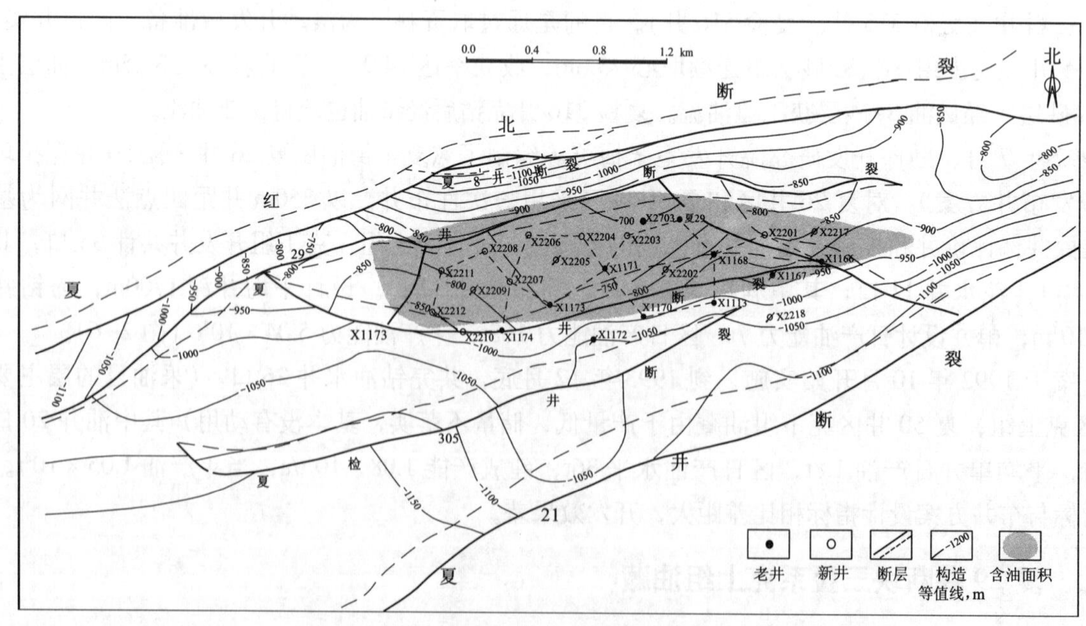

图 2–7　夏 29 井断块克上组油藏开发布井井网图
（新疆油田分公司百口泉采油厂编制，2005 年 1 月）

2005 年 2 月开发布井意见开始实施。到 12 月底完钻井 12 口，利用老井 6 口，全区共有油水井 18 口，其中油井开井 16 口，注水井转注 2 口，日产油水平 110t，平均单井日产油 6.8t，建成产能

$3.30 \times 10^4 t/a$，当年产油 $2.98 \times 10^4 t$，累计采油 $2.98 \times 10^4 t$。综合含水 29.7%，开发效果较好，油藏地质储量有增加的潜力。

第二节　综合治理

夏子街油田自 1991 年全面投入开发以来，根据钻井、测井、实际生产动态资料，以及对三维地震资料的重新解释与勾画，对油田地下情况的认识有较大变化。特别是 1992 年、1995 年和 1996 年连续三年储量复算后，全油田石油地质储量由复算前的 $5877 \times 10^4 t$，减少到 $2478 \times 10^4 t$，减少了 57.84%；气藏储量由复算前的 $82.55 \times 10^8 m^3$，减少到 $36.66 \times 10^8 m^3$，减少了 55.6%。与此同时，各区块的问题及矛盾也逐渐暴露出来。由于储层物性差、油气水分布复杂、投产时开采技术不能适应地下情况、注水工作滞后、油藏能量没有得到及时的补充、含水上升快等原因，油田整体开发表现出产量递减快、地层压力下降快、气油比急剧上升的趋势。年产油量从 1992 年全面建成投产时的 $28.1 \times 10^4 t$，降至 1994 年的 $14.3 \times 10^4 t$，两年内年产油量降了将近一半。地层压力由 1991 年开发初期的 16MPa 下降到 1994 年的 11.5MPa，相应的气油比由 $357m^3/t$ 上升到 $882m^3/t$，单井产量由 1992 年平均日产 5.2t 下降到 1994 年平均日产油 2.9t，区日产油水平由 936t 下降到 477t，开发形势十分严峻。

为了遏制夏子街油田产量快速递减的趋势，改善开发效果，1997 年 3 月 7 日，新疆石油管理局成立了以主管开发副局长赵立春为组长，副总地质师顾方闰为副组长的夏子街油田综合治理项目组，由科技处、开发处、采油处、勘探开发研究院、百口泉采油厂主要领导和 40 多名地质油藏工程、采油工程专业技术人员组成。并决定将夏子街油田综合治理列入管理局“九五”期间重点治理的阵地仗之一和管理局 1997 年十大重点科技攻关项目之一。力求通过综合治理，改善开发状况，遏制住油田产量下滑的趋势，确保油田稳产。综合治理研究内容包括地质油藏工程、注采工艺两大部分。提出的目标是“实现地层压力的恢复和稳定，年产油量由 $12 \times 10^4 t$ 上升到 $14.5 \times 10^4 t$ 稳产两年，年产气量 $1.32 \times 10^8 m^3$ 稳产 10 年。同时建立夏子街油田合理的开发技术政策界限和配套的工艺技术系列”。

1997 年二季度起，各项研究工作全面展开。同年 8 月，经研究确定了夏子街油田一期综合治理工作部署并付诸实施。1998 年 7 月，通过一年的攻关研究，由新疆勘探开发研究院、采油工艺研究院、百口泉采油厂刘顺生、胡复唐、朱志宏、杨学文、刘焕华、陈学杰、张金钟、喻文等协同完成了《夏子街油田综合治理方案》及 13 个专题报告、两个布井意见。

一、综合治理方案编制

（一）综合治理前期研究

通过综合治理前期研究一年多的工作，重新认识了地下情况，比较全面地描述了油藏地质特征、开发特征、存在的问题和潜力，为夏子街油田综合治理方案的制订提供了依据。

1. 通过油藏研究，实现了对油藏的再认识

（1）通过三维地震资料的二次解释，结合开发井钻井与测井资料，修改断裂 7 条，新发现断裂 9 条，使油区内断裂由原来的 22 条增加到 31 条。并对区域内 9 条主断裂的侧向封闭性及 24 条断裂的垂向封闭性进行了定性、定量分析。

（2）通过三维地震资料重新解释研究确认夏子街地区是一个复合洪积扇体，夏 18—夏 36 井区、夏 52 井区为西侧扇，夏 26—夏 35 井区、夏 9 井区为东侧扇，亦是复合洪积扇的主体部位。高阻抗区相当于扇顶，中阻抗区相当于扇中，低阻抗区相当于扇缘。

（3）进一步细分了储层。夏子街油田主体开发方案将克下组和百口泉组划分为 $S_7^{1\text{-}3}$、S_7^{4+5}、S_8 和 T_1 四个层组。经过研究认为，克下组和百口泉组的砂层还可以进一步细分，在资料对比的基础上将 T_2k_1

和 T_1 划分出 11 个砂层，相邻砂层之间的隔层有 2 个发育好，4 个发育较好，1 个发育较差，3 个基本不发育。在有隔层的部位，隔层厚度都大于 2m，这些区域具有分层注水的条件。

（4）对储层油砂体的连续性进行了定量描述。研究表明夏子街油田各区块储层砂砾岩体的分布受控于古地形和古水流方向。平行水流方向上，克下组油砂体的长度一般为 600m，百口泉组油砂体延伸长度以 300 ~ 1200m 为主。在垂直水流方向上，油砂体的延伸长度更小一些，克下组均小于 600m，百口泉组 300 ~ 900m。

（5）对应力场的分布特征进行了描述。研究证实夏子街地区水平最大主应力的方向约为 70°，即北东东与该区主干断裂的走向基本一致。最小主应力梯度范围为 0.015 ~ 0.121MPa。平面应力场分布具有中间低，东西两端高的特征。

（6）对裂缝分布特征进行了描述。据 128 块薄片资料统计，在 30 个薄片中含有微裂缝，占薄片总数的 23.44%，平均裂缝率 0.11%。这些微裂缝在压裂投产后可能会相互沟通形成良好渗流通道。

2. 揭示了开发中存在的主要问题

通过研究，找到了影响夏子街油田开发效果的主要因素：一是井网偏稀且难以正规加密。研究认为合理的井距为 250 ~ 280m，实际井距为 300 ~ 400m，有 36.5% 含油面积未被水驱控制，76 口油井单向对应注水井；二是有 24 口注水井与相关的 57 口采油井注采不对应；三是注水见效程度低，含水上升快，有 36.1% 的油井注水不见效，有 17.8% 的油井见效后很快水淹，含水上升率达 6%，最高区块达 16.8%；四是分注程度低，全油田地质需要分注井 68 口，注水井中因无隔层（或隔层太薄）、油层发育差及固井质量差不具备分注条件的井 37 口，实际分注 18 口，占地质需要分注井的 26.5%；五是油层动用程度低，克上组、克下组、百口泉组各开发层系油层厚度瞬时动用程度只有 41.7%、42% 和 58%；六是压力保持程度低，仅保持在 69% 左右；七是气顶气窜严重；八是有 27% 的注水井不满足配注要求，抽油井平均泵效为 23.2%，举升效率低，主力开采单元井筒潜力未得到充分发挥。

3. 找到了油田潜力所在

通过研究认为油田存在以下潜力：一是有 70.4% 可采储量（259.8×10^4t）未被采出，主要分布在开发区块未动用油层段和区块外围；二是油田具有注采对应补层或上返补层，提高储量动用程度，增强注水提高油藏驱动能量的潜力；三是油藏举升系统具有提高排液能力，增大采液量的潜力；四是新技术、新工艺的应用，增产、增注提高油井生产能力的潜力。

4. 进一步确认了注水开发的可行性

通过对 53 口明显见效井和 43 口一般见效井的分析，见效后油井日产油分别上升了 28.1% 和 12.6%，说明油田是适合注水开发的。通过周期注水等优化注水措施，油田的注水波及体积、吸水状况、开发效果可得到进一步改善。

5. 制定了开采技术界限

通过研究制定的主要开采技术界限是：地层压力保持在原始压力附近，对不具有气顶的油藏油层压力保持在原始地层压力的 85% ~ 90%，近期内先恢复到饱和压力附近；油层压力恢复速度控制在每年上升 0.5MPa 左右，注水井在破裂压力以下注水；含水上升速度不超过 6%，注水强度一般控制在 1.5 ~ 2.2m³/（m · d）。

（二）综合治理方案部署

综合治理方案的指导思想与部署原则是：（1）以有效注水为先导，立足于注水保持压力的基本原则，注够水，注好水，增强油藏的稳产基础；（2）以完善井网和完善注采对应关系为基本出发点，依靠老井挖潜，少钻新井；（3）坚持油气并举，取得最大的经济效益；（4）充分发挥成熟的配套工艺技术的作用，针对油气藏难以解决的技术难点问题，强化攻关试验；（5）综合治理方案以夏 18—夏 36 井区、夏 9 井区为主阵地整体部署分步实施；（6）方案要以经济效益为中心，依靠科学技术，强化油藏的经营管理，提高油田的整体管理开发水平。

综合治理主要措施包括钻调整井、老井压裂、酸化、补层、堵水、转注、分注、增注等。措施总工作量 294 井次，其中钻新井 15 口，注水井工作量 118 井次，采油井措施 161 井次（表 2–2）。

表 2–2　夏子街油田综合治方案措施部署表

井区	钻井口	注水井，口						采油井，口								合计口
		转注	分注	增注	补层	大修	调剖	压裂	酸化	挤液	补层	堵隔水	封窜	大修	其他	
夏 18—夏 36 井区	15	10	27	10	21	2	22	22	—	—	28	24	—	2	6	189
夏 26—夏 35 井区	—	—	1	4	—	—	—	—	13	3	21		1			43
夏 52 井区	—	1	1	6	—	—	4	—	8	—	—	—	—	1	—	21
夏 9 井区	—	—	—	—	—	—	9	2	—	3	7	14	4	—	2	41
合 计	15	11	29	20	21	2	35	24	21	6	56	38	5	3	8	294

注：摘自《夏子街油田综合治理方案》,1998 年 7 月。

二、综合治理方案实施与效果

1997 年，在对夏子街油田进行了综合治理研究工作的同时，一期综合治理工程付诸实施，以夏 18—夏 36 井区和夏 9 井区三叠系油藏为重点，进行了以分注、增主、调参、补孔为主的井下作业 63 井次。1998—2000 年按照综合治理方案部署进行二期治理，以钻调整井、油层改造、分注、补层、调剖为主要内容作业 145 井次，两期治理共进行了 208 井次，其中钻新井 8 口，分注 16 井次，增注 8 井次，调剖 15 井次，压裂酸化 20 井次，油水井补层上返 35 井次，调参 11 井次，转抽 9 井次，转注 3 井次，大修 3 井次，防砂 11 井次，维修 54 井次，其他 15 井次。并加强注采管理，进行变强度注水 280 井次。

通过以上工作，油田开采面貌出现好转趋势，表现在：(1) 主力开采单元夏 18-36 井区从 1997 年起产量回升，连续 4 年年产油量在治理前的 1996 年产油量 7.9997×10^4t 以上运行，最高年产油量达 9.3536×10^4t（1998 年），以后 4 年的年产油量与 1996 年产量基本持平；(2) 全油田产量递减趋势有所减缓，以治理前的 1992—1996 年和治理后的 1997—2000 年两个时间段的平均递减率进行对比，由年递减 19% 降为 2.5%；(3) 油田平均含水上升率由 1997 年底以前的 12.2% 降为 4.1%，2000—2005 年进一步降为 0.9%，综合治理见到了成效。但由于油藏条件复杂，治理难度大，二期工程量没有全部到位，综合治理年产油量目标值没能实现。

表 2–3　夏子街油田夏 18—夏 36 井区综合治理前后年产油量对比表

分期	综合治理前	综合治理后								
分年	1996 年	1997 年	1998 年	1999 年	2000 年	2001 年	2002 年	2003 年	2004 年	2005 年
年产油量 10^4t	7.9997	9.2056	9.354	9.24	8.991	7.921	7.932	7.978	8.412	7.238

注：依据夏子街油田夏 18—夏 36 井区开发地质月报统计数据编制。

第三节　油田动态监测

一、油田动态监测系统建立与实施

从 1991 年 9 月开始，夏子街油田各区块陆续投入开发，到 1993 年油藏动态监测系统基本建立。其中作为夏子街油田主要开发区的夏18—夏36井区和夏9井区三叠系油藏，根据中国石油天然气总公司关于新开发区取资料要求，对油气藏监测系统作了如下的安排：

(1) 所有新井投产后，均要求在三叠系百口泉组、克下组两套井网中的油井初期普遍测一次静压、流压和井温。然后每套井网挑选三分之一井一个季度测一次地层压力，每月测一次流压和温度。油井转抽后按抽油井测压要求进行测压。

(2) 新井生产稳定后，百口泉组、克下组两套井网各挑选四分之一井进行系统试井，并相应的进行产液剖面测试。

(3) 所有注水井在注水前必须测一次地层压力，转注后测吸水剖面一次。生产正常后，每年测一次吸水剖面。

(4) 新井投产后，百口泉组、克下组两套井网中油井均要做流体半分析，其中抽二分之一井做全分析，并坚持每半年做一次半分析（油、水分析）。

(5) 为摸清油气藏注水后井下水驱特征及油井生产规律，分别将百口泉组、克下组油藏两套非井网上的老探井修复后做观察井利用（共12口），射开周围生产井与之对应层位，每月进行地层压力测试，能生产的井进行干扰试井。

动态监测系统建立后，监测工作成为夏子街作业区主抓的工作之一。从1991年9月油田开发建设以来，夏子街油田年平均油井测静压50井次，测复压78井次，测流压165井次，测井温160井次，测产液剖面30井次；注水井测压26井次，测吸水剖面25井次；原油采样分析320井次，水分析160井次，干扰试井27井次。特别是1994年油田气油比开始大幅度上升后，针对气顶气气窜对油井的影响，加强了对气窜井的识别和监测，分别在夏21井区、夏18井区、夏1080井区和夏29井区4个区块，28口井上开展了气窜井监测工作。1997年油田全面开展综合治理工作后，决定开发气顶气，在气顶气产量与油井溶解气产量的劈分过程中，油田动态监测资料起到了很关键的作用。

二、油水井测压

1991年油田投入开发后，采用存储式电子压力计，在环空井中直接测试，根据试井设计设置采点密度和测试总时间，关井时间由过去的48h延长到170h左右。2000年以后，又先后采用贵州凯山仪表厂、湖北江汉仪表厂、北京瑞比德仪表厂等国内生产的存储式电子压力计，以及加拿大SPERTK高精度电子压力计。地面直读压力测试装置、电缆试井车、电缆防喷器等试井设备也得到应用。油水井测压得以正常进行，也可以开展分层测压、干扰试井、脉冲试井、探边测试等试井项目。

三、产液剖面监测

油田开发初期，自喷井产液剖面采用两参数测井方法，地面仪器主要采用MX−240、SD−81模拟测井系统，井下使用的仪器为1in组合仪、KC83−1型找水仪，能定量地测出生产井体积流量及持水率。20世纪90年代中期以后，采用JS92−V、DDL−3、EXCLL−2000等五参数和七参数数控测井系列，提高了测井资料解释处理水平。油田开发中期，随着抽油井数的增多，产液剖面测试主要以环空法为主，地面仪器采用SD2、AT+数控测井系统，井下使用的仪器有JLS−25、JS92−V、LH−25型等分测仪。这些仪器能同时测量流体流量、持水率、接箍、温度和压力五个参数，并适用于5$^1/_2$in和7in套管内环空测试。历年来采用环空法测产液剖面280井次，为油田动态分析和综合治理提供了依据。

四、吸水剖面监测

吸水剖面监测主要采用同位素（铟）放射性测井，半衰期为99.8min，它以骨质活性炭为载体配置同位素悬浮液，其颗粒的粒径按储集层物性及注水量的高低进行选择，同位素由井下释放器释放地面系统自动控制。油田开发早期，地面仪器采用 SD−81、JD−581 模拟测井系统，井下为 FCIC−155B 型测试仪，这些仪器能准确地计算绝对吸水比、相对吸水量和吸水强度，不足是只能在合注井中测试。以后地面采用 SSC−93A、AT+ 数控测井系统，井下采用 YXZ−126、YXZ−138 四参数和五参数组合仪，可在合注井以及偏心配注井中进行吸水剖面测试。

五、工程测井

油田开发工程测井主要是利用声波、放射性示踪以及机械接触等手段，检查油井套管及井身技术状况的测井方法，如检查套管的损伤、腐蚀及内径的变化，检查射孔质量、管柱结构，检查套管外水泥胶结质量、管外窜漏及封堵效果等。

油田开发期间对油井套管固井质量进行测试共有 56 井次。查窜找漏采用放射性同位素测井方法。检查油井射孔及套管质量采用微井径仪、X-Y 井径仪及 40 臂井径仪，取得比较好的效果。

六、油气水分析监测

油气水流体性质常规分析，是在常压下对地面原油、天然气及油田水物理化学性质进行的定期监测分析。这些分析项目分别由新疆石油管理局、油田公司研究院化验中心和百口泉采油厂地质所化验室来完成。原油物性分析主要分析原油密度、黏度、凝固点、馏分、酸值。含水分析主要采用离心法，用电子天平称重，分析计量精度比较高。油田水性质分析主要分析油田水中阴、阳离子及矿化度等；天然气分析主要包括甲烷、乙烷、丙烷、丁烷、戊烷、H_2S、CO_2 等组分。

对于油田注入水的分析主要分析注入水的含铁、悬浮物、含油、含硫、溶解氧、腐生菌、硫酸盐还原菌、铁细菌、游离二氧化碳、摩滤系数、腐蚀率等。

第三章

钻井与采油工程

第一节　开发钻井

1979 年 12 月 12 日，钻井公司 32836 钻井队（队长王金岭，指导员蔡志忠）承钻的夏 9 井在三叠系百口泉组试油获工业油流，发现夏子街油田。从 1991 年开始，夏 9 井区、夏 18—夏 36 井区、夏 35 井区、夏 52 井断块、夏 53 井断块、夏 27 井区、夏 26 井区、夏 29 井断块等区块先后投入开发。截至 2005 年 12 月底，夏子街油田共钻井 412 口，其中探井 91 口，评价井 18 口，开发井 303 口，进尺 67.64×10^4m，其中钻开发井 303 口，进尺 52.036×10^4m。

主要应用了六种钻井工艺技术。

一、钾盐聚合物防塌钻井液

1980 年，夏 14 井三开后，进行的 46 趟提下钻中，就有 21 趟划眼，用时 21 天；在井深 3400m 时，井壁又出现了严重垮塌，迫使该井从 2800 ~ 3400m 连续划眼达 12 天之久。为解决钻井中的井壁垮塌问题，新疆石油管理局钻井处钻井液化验室成功研制出 KCL/PAM 水玻璃防塌钻井液，在夏子街油田二叠系大段泥岩地层使用未出现井壁垮塌和划眼情况。1982 年，夏子街油田钻井普遍使用氯化钾防塌钻井液，效果良好，提下钻顺畅，电测成功率高，且井眼规则，平均井径扩大率小于 15%，完井作业一次成功。

二、空气雾化钻井

1988 年，新疆石油管理局引进美国英格索兰公司全套空气钻井设备，1989 年，在夏子街油田 X1023、X1016 井进行空气雾化钻井试验，即以压缩空气为循环介质的空气钻井和在空气中加入一定比例的防腐蚀液体、发泡剂、稳定剂等形成雾状流体作为循环介质的雾化钻井。空气雾化流体与各种钻井液相比，密度最低，能有效地发现、评价和保护油气层，机械钻速比用液相钻井液钻井提高 10 倍左右，钻井成本大幅度下降。但由于夏子街油田三叠系油藏大都带有气顶，该项技术没有推广实施。

三、屏蔽暂堵保护油气层

如何解决低压低渗油气层的保护问题，成为钻井工艺技术要解决的核心问题。1991—1992 年，新疆石油管理局钻井公司在夏子街油田开发钻井中，开展钻井完井液对低压低渗透油气藏损害机理的研究，首次开展屏蔽暂堵技术的研究和现场试验，依据 2/3 架桥原理，根据储层的孔喉尺寸及其分布规律，将完井液中的固相颗粒的粒径调整到与之相匹配，在一定正向压差下，在很短时间内迅速使井壁周围孔喉堵塞，使渗透率急剧下降，形成一个薄而“不透水”屏蔽环，阻止后续钻井液滤液对储层的不断浸入，经取心验证，屏蔽环厚度为 10 ~ 15mm。投产时用深穿透射孔弹将屏蔽环射穿，使储层流体渗流到井筒，达到保护油层的目的。全井采用聚合物水泡油低密度钻井液，并在打开油气层前先加入

3%QC-1 作为架桥粒子和充填粒子，然后在 4 个循环周内均匀加入 3%SAS 作为可变形粒子，以满足再次充填和微细孔喉封堵的需要。经 195 口井的应用，渗透率恢复值大于 60%，提高口井出油量 45% 以上，钻井液、完井液性能优良，满足了快速安全钻井的要求。1992 年，夏子街油田完井的 130 口井口口出油，被中国石油天然气总公司命名为“整装油田开发的样板”。该项技术后来在新疆油区各油田全面推广应用。

四、喷射钻井与优选参数相结合的优化钻井

1991—1992 年，在夏子街油田推广应用喷射钻井与优选参数相结合的优化钻井技术，提高了机械钻速，减少了钻井液对油层的浸泡时间。经 297 口井的应用，平均钻机月速达 3462m/ 台月，平均机械钻速为 18.78m/h，最高机械钻速 46.49m/h，最高钻机月速达 8353m/ 台月。

五、刚性满眼钻具组合

刚性满眼钻具利用与钻头同尺寸的扶正器提高刚度，达到解放钻压，提高钻井速度和井身质量的目的。1991—1992 年，在夏子街油田推广普及以刚性满眼钻具为主的防斜打直技术。解决了提高井身质量与提高机械钻速的矛盾，经 195 口井应用，井身质量全部合格，其中优质率达 70%。

在 1992 年夏子街油田开发钻井会战中，由于全面推广应用屏蔽暂堵保护油层、喷射钻井与优选参数相结合的钻井配套技术，钻井公司 32833 队（队长袁尊虎，指导员李国民，技术员张建新、谢旗）全年开钻 32 口，完井 32 口，用 8.95 个钻机月，钻井进尺 50474m，平均钻机月速为 5640m/ 台月，创当时新疆大庆 130 钻机年累进尺最高水平。钻井公司《夏子街油田低压、低渗油气藏钻井配套技术》获 1993 年新疆维吾尔自治区科技进步二等奖（主要完成人潘仁杰、聂海光、杨金荣等）。

六、全过程欠平衡钻井

2003 年，钻井公司 70107 钻井队承钻的夏 72 井，在三开井段首次实现了全过程欠平衡钻井施工，裸眼段钻进长度达到了 1511m，创全国欠平衡进尺最高纪录。为保证欠平衡钻井作业的安全有效进行，在施工过程中使用了先进的欠平衡钻井设备 Williams7100 旋转控制头及地面配套系统、井下 ϕ244.50mm 套管阀、新疆石油管理局钻井工艺研究院自行研制的带压测井连接头以及欠平衡钻井数据采集系统。上述装置的成功应用实现了包括边喷边钻、不压井起下钻、带压测井等全过程欠平衡施工。2004 年在夏 202 井首次应用新疆钻井工艺研究院自制的套管阀实施全过程欠平衡钻井再获成功。夏 72 井、夏 202 井均获高产工业油气流，为准确查清夏 40 井背斜二叠系风城组、佳木河组的含油气情况，准确评价其勘探潜力打下了坚实基础。

第二节　完　井

一、完井方式

夏子街油田开发井全部采用套管射孔完井方式。

二、井身结构

普遍采用二开井身结构，常规稀油直井一般采用二开井身结构，ϕ273mm（J55 钢级，壁厚 8.89mm）表层套管或者 ϕ244.5mm（J55 钢级，壁厚 8.94mm）表层套管下入井深 150m，水泥浆返至地面；一般采油井下入 ϕ139.7mm 套管（N80 钢级，壁厚 7.72mm），注水井下入 ϕ139.7mm 套管（N80

钢级，壁厚 9.17mm），双管监测井下入 ϕ 177.8mm 套管（N80 钢级，壁厚 9.19mm），水泥浆返至上克拉玛依组开发层位顶界以上 200m。

三、固井

1991—1992 年，夏子街油田应用以提高顶替效率为主的优化固井技术。使声幅测井合格率提高 43%，解决了该油田声幅测井固井质量差的问题。

四、射孔

高孔密、深穿透、无杵堵的负压射孔是夏子街油田大力推广使用的技术。在油井投产前射孔普遍采用无杵堵的 YD-89 有枪身射孔弹，全部实行负压射孔方式。在密度为 1.0g/cm^3 的优质水基无固相无伤害的射孔压井液中，采用压风气举方式造负压 4 ~ 6MPa，使油井射孔对油层造成的污染大大降低。

（一）射孔弹

经试验研究表明，在射孔密度 12 孔 /m 不变时，穿透深度从 20cm 提高 35cm 时，油井的产率可以从 0.6 上升到 0.95，进行了射孔弹的优选，如表 3–1 所示。对比各种射孔弹的性能，优选应用当时穿透能力最强的 YD-89 型射孔弹。

表 3–1　各种类型射孔弹的性能参数对比

项目 型号	穿透深度（不带枪身）(45# 钢)mm	穿透深度（带枪身）(45# 钢)mm	孔径 mm	耐温 ℃	耐压 MPa	孔密 孔 /m	下井深度 m
73-400	70 ~ 80		8 ~ 10	<180	<140	8 ~ 10	
YD-73	110	6 ~ 70	8 ~ 10	<180		8 ~ 10	>1000
YD-89	120	100	8 ~ 12	<180		8 ~ 10	

注：依据新疆石油管理局测井公司射孔资料编制。

（二）射孔方式

夏子街油田的负压射孔工艺是新疆石油管理局第一次在整装油田开发中大面积应用的。对于负压值控制，边干边摸索，负压值从 2MPa 试起，经过十几口井的探索性试验，摸清了夏子街油田不同区块，不同层位的最佳负压值，夏 18—夏 36 井区均为 4MPa，射孔后大部分井有油气显示，压裂后部分井有自喷生产能力，夏 9 井区、夏 26—夏 35 井区、夏 27 井区、夏 52 井区均为 5MPa，大部分井压裂后有油气显示，部分井资料统计见表 3–2。

表 3–2　不同区块负压值效果对比表

项目 井号	区块	层位	油层中部深度 m	原始地层压力 MPa	负压值 MPa	备注
1539	夏 9	T_2k_1	1801.0	16.20	4.5	无油气显示
1531	夏 9	T_2k_1	1671.0	16.20	6.0	油气显示明显
1119	夏 18—夏 36	T_1	1842.25	17.52	3.0	无油气显示
1127	夏 18—夏 36	T_1	1755.5	17.52	5.0	油气显示明显
1018	夏 18—夏 36	T_2k_1	1873.35	15.96	3.0	无油气显示
1031	夏 18—夏 36	T_2k_1	1728.0	15.96	5.0	油气显示明显

注：依据新疆石油管理局测井公司射孔资料编制。

（三）射孔液

射孔时，活性盐水的配方为 2% 氯化铵（或氯化钾）+（0.1% ~ 0.2%）水湿表面活性剂。

第三节　采　油

夏子街油田各区块油井投产统计，油井措施投产后有 40% 的井有较短的自喷生产期，一般 3 ~ 6 个月，其余大部分井为抽油投产，油田以机械采油为主。

一、自喷采油

油田投产初期部分油井有一段自喷期。自喷井采油树为克拉玛依机械厂生产的 KY24.5/65 型井口。采油管柱 $2^7/_8$in 壁厚为 5.51mm TBG 油管，材质为 N-80，下至油层顶界，通常用 2.5 ~ 4mm 油嘴生产，井口全部采用水套炉或盘管炉加热保温。自喷井清蜡采用手摇绞车和电动绞车下刮蜡片清蜡，一般采用 ϕ1.8mm 清蜡钢丝和 ϕ58mm 刮蜡片。按照原石油部“十全十准”的规定，对自喷井录取油压、套压、油层压力、流动压力、产量、含水率、气油比、出水层位、分层产量、分层压力等 10 项资料。通过系统试井，确定自喷井的工作参数。

二、机械抽油

夏子街油田具有“低压、低孔、低渗、非均质性强”的特点，根据地质油藏工程方案的配产要求并对产量、技术和经济等因素进行了综合考虑，确定本区使用游梁式抽油机深井泵采油。采用克拉玛依机械厂的 CYJ10-3-48B（Q）型抽油机；ϕ38mm 管式泵；D 级抽油杆，根据不同的下泵深度，采用三级组合：ϕ25mm（30%）＋ ϕ22mm (30%)+ϕ19mm（40%）；或两级组合：ϕ22mm (50%)+ϕ19mm (50%)。配套应用的技术还有：套管定压放气阀，可调偏心式盘根盒，尼龙刮蜡器，油管锚等。

夏子街油田投产初期，泵效偏低，主力区块夏 18—夏 36 平均泵效仅有 28.5%。造成泵效低的原因：一是油藏低孔、低渗，供液能力差，调查 153 口油井有 54 口供液不足，平均泵效只有 12.8%；二是结蜡影响，153 口油井在一年内因结蜡原因检泵 82 井次，严重结蜡井泵效只有 9.5%；再就是高饱和油藏，气锁比较普遍，油井普遍进行过压裂，压裂砂对泵效也造成一定影响。

为提高泵效，有 12 口井试验下油管锚，减少冲程损失，平均泵效由 24.6% 提高到 41%。泵下尾管加深至油层顶部的抽油井占 87.3%，平均泵效提高 8% ~ 10%。采油工艺研究院研制的 ϕ50mm 定压放气阀，安装方便，定压范围 0.2 ~ 0.5MPa，减少了气体对泵的影响。对气油比 500 ~ 1000m^3/t 的油井安装防气泵和气锚。2000 年，在夏子街高气油比井使用井下高效气锚 2 口，其中 X1006 井泵效由原来的 9.8% 提高到 17.8%。为提高抽油泵的充满系数，采油工艺研究院研制了负压抽油工艺和抽油泵增压补偿技术，也在夏子街油田进行了应用。

通过以上措施，使大多数油井平均泵效稳定在 25% ~ 35%，连开井平均免修期由 345 天延长至 425 天。

截至 2005 年底，夏子街油田共有抽油井 241 口，其中连开井 155 口，间开 33 口，关井 50 口，还有 3 口自喷井，平均泵效 23.7%，系统效率 19%，吨液耗电 32.4kW · h。

第四节　注　水

夏子街油田开发初期采用笼统注水。开发过程中油田含水上升快，油层动用程度下降，产液剖面的动用程度由 1992 年的 54.4% 下降至 2000 年的 39.7%，吸水剖面由 1992 年的 75.4% 降至 2000 年的 54.8%。针对上述情况，开展了注水井增注、分注等综合治理措施，有效改善油田开发效果。

一、水质

夏子街油田开发初期注入水采用该地区水源井的产出水。初期编制采油工程方案时根据岩心分析资料，确定注入水应达到如表 3–3 所列的标准。

夏子街油田清水处理系统基本正常，检测结果，清水的十项指标中，悬浮物和滤膜系数两项未达标。

表 3–3　注入水水质指标

序号	项目		标准
1	悬浮物固体含量，mg/L	清水	≤ 2.0
		污水	≤ 5.0
2	溶液氧含量，mg/ L		≤ 0.30
3	总铁含量，mg/ L		≤ 0.40
4	硫化物含量，mg/ L		≤ 5.0
5	二氧化碳含量，mg/ L		≤ 10.0
6	腐生菌含量，个 /mL		≤ 1000
7	硫酸盐还原菌含量，个 /mL		≤ 100
8	含油量，mg/ L		≤ 30.0
9	腐蚀率，mm/a		≤ 0.10
10	滤膜系数		≥ 15

注：(1) 摘自新疆石油管理局企业标准《克拉玛依油田注水水质标准》，1991 年 1 月。
(2) 悬浮物固体含量不包括含油。

污水处理系统于 2001 年 12 月 24 日临时投产，2003 年竣工正式投产。污水处理系统一开始由于药剂选择不合适，延迟了达标时间，截至 2005 年底，污水处理站处理后的水质，悬浮物含量由 21.4mg/L 降至 4.3mg/L，硫酸盐还原菌含量由 10000 个 /mL 降至 10 个 /mL。

二、分注

从 1993 年开始分注 8 口井，1994 年分注井增至 23 口，截至 2005 年底共有分注井 28 口，全部为一级两层地面油套分注，这种工艺用 Y111 或 Y211 压重式封隔器分隔上下两层，油管注下层，油管套管环形空间注上层。地面控制两层配注水量便于调节，配注准确度高，但易造成套管腐蚀。另外，一级两层地面分注井不能测吸水剖面，影响了动态监测。

在后期的注水井维修过程中，逐渐更换油套分注为单管分注，截至 2005 年底，已有 6 口井采用偏心配水分注工艺。

三、增注

注水开发过程中，由于部分注水井达不到配注要求，现场实施了化学法解堵增注和机械法增注，实践结果化学法增注有 60% 的井有效期不到半年，分析与强水敏性地层特点有关，而提压增注取得了较好的效果。

(一) 化学法增注

JDR － 1 酸液是根据夏子街油田低压力系数、强水敏性储层特点筛选出来的一种增注剂，它对油藏储层岩心的溶蚀率为25%，远高于常规土酸。考虑到返排和防膨，酸液体系中添加了ZP-1助排剂和NT-2防膨剂及SH-1缓蚀剂，有效的提高注水效果。从1993年到1998年期间，共实施了10口井。

从2001年起，夏子街油田应用了采油工艺研究院研制的络合解堵工艺，JD-2解堵剂，耐温可达160℃，7%的水溶液pH值为1～2，具有络合和酸溶双作用。络合剂可以与钙、镁离子形成络合物，并稳定地溶于水中，不再受酸、碱、碳酸根离子的影响，而且在油藏条件下保持这种亲和力，从而达到清除井眼周围污垢，实现水井增注的目的。截至2005年底，共实施17井次，措施后注水压力普遍下降2～5MPa，平均单井增注2030 m^3。

（二）提压增注

1992—1993年，夏子街油田注水泵站共有5台泵，正常运转只有三台泵，采用的是上海大隆公司制造的柱塞泵，出口泵压平均10.5～12MPa，而大多数注水井井口压力在10MPa以上，所以达不到配注要求，统计1993年数据，在85口注水井中，注不进的井有29口，占注水井总数的34.1%。从1995年起，注水泵站将原柱塞泵更换为离心泵，额定工作压力达18 MPa，配合化学法增注，缓解了配注不满足问题。

第五节　增产措施

夏子街油田油藏厚度较大，但储层渗流条件较差，油层均为较致密的砾岩和砂砾岩，属于渗透性差、非均质程度高、压力系数低的油层。油井投产必须进行压裂改造才能正常生产，压裂作为一项增产措施，在夏子街油田开发中具有举足轻重的作用。共进行水力压裂272井次，平均有效率84.1%，平均单井增产792.7t，在经济和技术上都是可行的（图3–1）。

图3–1　夏子街油田油井压裂施工现场
（新疆油田分公司勘探开发研究院提供，2005年）

为了提高夏子街油田整体压裂改造水平，压裂设计全部应用了BJ压裂程序。BJ压裂设计程序根据油层厚度，压力梯度和破裂压力，以试验压裂井资料，确定处理半径、裂缝高度、泄油面积，并计算加砂量、液量、砂比等主要施工参数，使夏子街油田油井投产措施取得较好的效果。

夏子街油田储层水敏矿物含量高，黏土胶结物遇水膨胀运移，将会降低油层渗透率。压裂前用防膨液对地层黏土胶结物进行防膨预处理，防膨液一般用量40 m^3，处理半径为2m。油田压裂272井次中，采用先期防膨井数占总井数的96.4%，经处理后的压裂井都收到好的压裂效果。

开发初期田箐乳化压裂液一直是油田现场应用的一种压裂液（即WOT-60型），共压裂井10口，成功率为80%。早期的田箐乳化压裂液是现场用田箐液和原油通过混砂车混合，作为前置液和携砂液注入，由于油液比是用罐车阀门开启程度控制，油液比偏差较大，导致施工中冻胶性能不稳定，交联性能差，携砂困难，平均砂比低。后对泵注工艺作了改进，前置液先用无水原油压开地层，后单独用田菁冻胶液携砂，最后顶替一定量无水原油，从而提高了施工成功率。改进后的 WOT-60 型压裂液黏度高，稳定性好，携砂能力强，滤失量少，摩阻比水低 40% 左右，对油层渗透率伤害也较小，与地层液体配伍性好，并且压后 4h 完全破胶，解决了油田原用的 WOT-60 型压裂液存在的问题。为使加砂压裂后近井地带裂缝不过早闭合，影响压裂效果，顶替液由过量顶替改为等量顶替，最大限度发挥压裂增产的作用。为了减少地层黏土胶结物膨胀，在压裂液中加入浓度 1% ~ 0.5%KCl 作为黏土稳定剂保护油层。

从 1993 年以后，油田全面采用低残渣、高增黏性的瓜尔胶压裂液，完全替代了田箐乳化压裂液。为提高大厚度油层的压裂效果，采取了投球选压，一般投球 50 ~ 200 枚，堵孔率 40% ~ 60%。

第六节　堵水调剖

一、机械找、隔水

2002 年，机械找隔水 10 口井，其中智能找水实施 3 口，用的是从胜利油田引进的智能开关，每井分 3 层定时开关测试地层流压，从测试资料分析未能找到确定的含水层，试验不成功。常规机械隔水实施 7 口井，隔下抽上 4 口，隔上抽下 3 口，其中无效 3 口，分析无效原因是隔水后管外窜造成。

2003 年，针对油层上部套管漏失井增多，加大了对高含水井找漏治理，首先对高含水井油层上部进行套管试压，封隔漏失点进行隔抽，如含水下降达到隔抽目的，下次检泵时即对该漏点采取堵漏措施，保证该井正常生产。

二、注水井调剖

对夏子街油田需要分注但由于地质条件、井况等原因无法分注的井，采用了水井调剖工艺。该工艺采用两种调堵剂，比较有效地缓解了注入水沿高渗透通道或强吸水层突进，避免油井含水上升过快或暴性水淹。

(1) 自生微粒调剖剂。其封堵机理是两种溶液在地层中相遇产生的微粒随流体一起流动，优先进入高渗透层，在高渗透层聚积，对高渗透通道造成深部堵塞，使高、低渗透层渗透率趋于相同，增大驱油面积，达到增油控水的目的。

(2) 复合调堵剂。由自生微粒调堵剂和体膨型颗粒堵剂组成，用于裂缝发育的水井调剖，以大剂量深堵为主，处理半径 8 ~ 12m，自生微粒调剖剂能封堵大孔道，体膨型颗粒堵剂遇水膨胀，对垂直裂缝封堵好。

夏子街油田水井调剖同时，在对应的高含水油井上进行堵水，取得了较好的稳水增油效果。从 1997 年开始，共实施了 9 口井的调剖堵水，增产 2529t。

第七节　油水井维护与修井

一、油水井维护

（一）清防蜡

夏子街油田原油含蜡量为 2.66% ~ 7.89%，但有些井结蜡比较严重，这与高气油比井气体膨胀吸热，油温降低有关。开发初期清蜡方式采取的是尼龙刮蜡器和普通热油熔蜡，清蜡周期 12 ~ 180 天不等。清蜡中发现存在的问题主要是尼龙刮蜡器老化和缺损；热洗清蜡液渗漏地层，返排率低。基于上述问题，采用了短路热洗管柱和化学防蜡技术。热洗管柱有两种，即温控防漏热洗管柱和 Z231 皮碗封隔器防漏热洗管柱。其中皮碗封隔器防漏热洗管柱经改进，解决了检泵上提时的泄油问题，使皮碗不再被刮坏。采用温控防漏热洗管柱见到明显效果，它减轻了因热洗液漏失而造成的污染，改变了以前热洗后几天甚至十几天产油、产气都大幅度下降的状况。同时，单井热洗液量减少 30%，年减少热洗用液 1200 m^3，节约清蜡成本 10.8 万元，取得较好的效果。

（二）防砂措施

油井出砂主要是细粉砂，砂粒粒径小于 0.1mm。针对油井出砂特点，作业区除了对出砂井实施必要的冲砂措施外，主要还采用过比较成熟的绕丝筛管防砂，以及羟基铝防砂、酚醛树脂防砂和氯化钙稀水泥防砂等。

油井防砂主要在 1995—1997 年间，共实施 26 井次，有效 16 井次，有效率 61.5%，累积增油 2838t，

（三）分注管柱更换

夏子街油田各区块油藏投入开发后分注合格率比较低，主要原因是 Y341-114 分注管柱封隔器坐封不严，较短时间发生窜漏。针对这种情况，作业区及时检查注水井管柱，更换封隔器或更新注水管柱，提高注水井的分注合格率。

二、修井

小修作业的主要内容是投产、维修与维护、增产措施的准备，其主要项目有射孔投产、补层改层、转注分注、转抽复抽、检泵维修、清砂解堵、找隔水、找堵漏、查封窜等。

据 1994—2001 年统计，对管类、杆类、绳类的破损和落物处理，采取倒、套、磨、铣、捞等技术，完成复杂打捞作业 4 口。此外，完成封窜井 2 口、扩套井 2 口、解卡井 1 口，以及其他大修井 5 口，共完成大修井 14 口，成功率 100%，提高了老井利用率。

第四章

地面生产系统

第一节　油气集输

夏子街油田油气集输系统于1991年底建成投产，设计单位是新疆石油管理局规划设计院，项目负责人陶志江。集油区分集油系统和集气系统，集油系统采用井口—计量配水站—处理站的二级布站流程，后开发的夏52井区，因地形起伏大、集输半径大，造成井口回压高达1.6MPa。所以，在此区设立中间接转站，由二级布站改成三级布站，因该区产量低，加之气井采气需要，转油站至处理站的集油管道改为集气管道，原油改用罐车拉运至处理站。夏9井区由于集输半径大，回压高，该区也一度改为单站拉油，后来为降低拉油成本，在2005年底决定新建油气混输泵站1座，将该区油气集输工艺建设成为两级半布站流程。35井区也因回压高，由密闭集输改为单站拉油，利用了一段集油管道作为集气管道。集气系统采用气井经集气管道输至处理站天然气净化装置的一级布站流程，全区共有生产气井9口。

油区分井计量在计量站进行，计量方式为：液相采用计量分离器玻璃管液位计间断计量，气量计量最初采用孔板差压流量计，后改为旋进旋涡流量计，因原油物性好，井场采用不加热常温输送，计量配水站设水套加热炉，供站区采暖和给油气加热，为确保安全，后来将带压运行的水套炉改为常压运行。

第二节　油气水处理

油气水处理在夏联站内进行，原油处理能力50×10^4t/a，1991年建成投产，由于夏子街油田投入开发后，油田产油不能达到预期产量，且递减很快，已设计完成的原油外输管道未施工，原油采用罐车拉运的方式输至百口泉油田百联站。

一、原油脱水

原油脱水采用热化学和电化学相结合的脱水工艺，一段脱水、油气分离、原油加热由带火筒的三相分离器完成，其流程图见4-1。

二、天然气处理

天然气净化装置建于1991年，建设规模为10×10^4 ~ 15×10^4m³/d。气源为油田伴生气和高压气井气两部分组成，伴生气处理系统由外输气压缩机及其进出口分离器、冷却器、三甘醇脱水装置以及轻油罐等组成。建有压缩机房3座，先后安装了11台压缩机，其中9台为国产2MT10-2.8-11.4/45压缩机，因机组振动大，泄漏点多，厂家倒闭等原因已停止使用，后安装两台进口DPC-2804MH压缩机，目前仍在使用。气井来高压气经进站两相分离器处理后，与增压后的伴生气混合，经三甘醇脱水装置脱水后，进入 D273×7 输气管道，流程如图 4–2 所示。

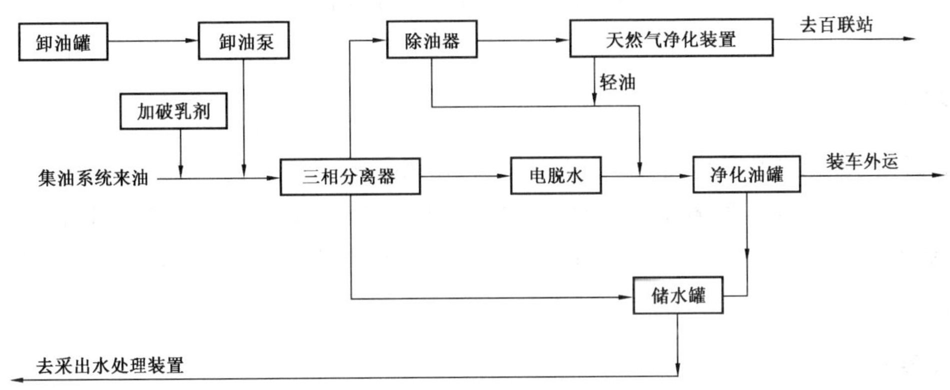

图4–1 原油脱水工艺流程框图
（新疆油田分公司勘探开发研究院编制）

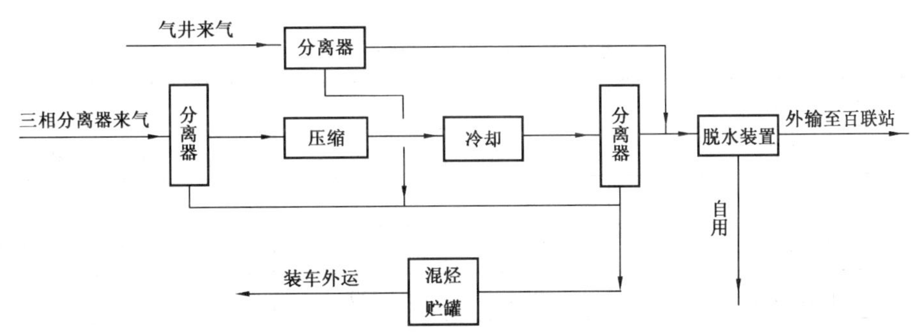

图 4–2 天然气处理工艺流程框图
（新疆油田分公司勘探开发研究院编制）

三、采出水处理

采出水处理系统与油气处理系统同期建成，处理能力为 900m³/d，处理合格的净化水用于油田注水。

其流程是：三相分离器来的采出水首先进入 200m³ 重力沉降罐，经提升泵增压后进入 200m³ 斜板沉降罐，沉降、除油后，进入 2×10m³ 缓冲罐（由烧结管过滤器充当）。然后经提升泵提升进入过滤系统，过滤系统由一级双滤料过滤器和二级改性纤维过滤器组成，滤后的达标净化水送至 2×1000m³ 注水罐，用于油田注水。流程见图 4–3。

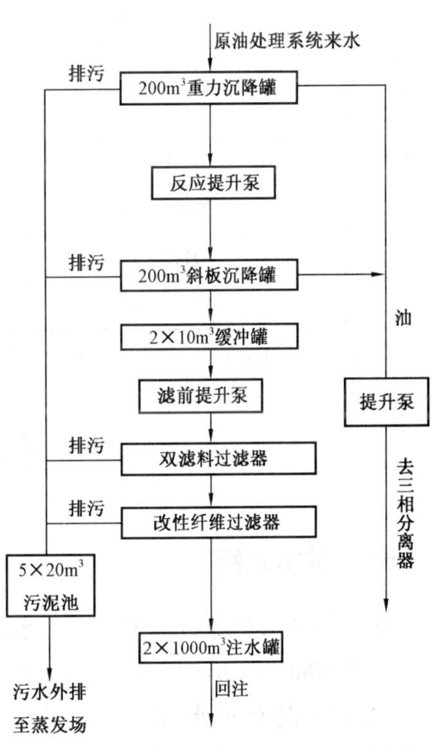

图 4–3 污水处理流程框图
（新疆油田分公司勘探开发研究院编制）

四、供热系统

站内设 3×2t/h 燃气蒸汽锅炉的锅炉房 1 座（由燃煤锅炉改造成燃气），2001 年扩建了 1 台 4t/h 燃气蒸汽锅炉，2004 年对水处理进行了改造，更换了 2 台处理量为 6t/h 的水处理设备。目前，锅炉房总容量 10t/h，主要用于原油处理站和天然气增压站建筑采暖、污水处理系统、卸油罐、污油罐及天然气增压站设施的保温伴热和生产用汽。

第三节 注水系统

一、注水站

夏子街油田注水站1991年建成投产，设有2座1000m³注水罐，注水泵房内安装上海大隆泵厂生产的柱塞泵5台，注水能力2300m³/d，因泵厂停产无配件供应，1994年新建泵房1座，内设DF120–150×12离心泵2台，并预留1台空位，一用一备，注水能力2880m³/d，泵压18MPa，并配套设置了分水器和流量计。

二、注水管网

注水系统采用单干管多井配水间流程。至2005年底，注水系统有注水井86口，配水间30座，油区注水系统状况见表4–4。

表4–4 注水系统现状一览表

序号	项目	单位	参数	备注
1	注水井	口	86	目前正常开井数据最高78口
2	配水间	座	30	—
3	井口压力	MPa	17.5	注水井最高井口油压
4	区注水量	m³/d	2200	—
5	注水管网			
(1)	D168×12+D114×9	km	2+1.8	夏18—夏36井区7至13号配水间
(2)	D168×12+D114×9	km	6+1.8	夏18—夏36井区1至6号配水间
(3)	D168×12	km	11.95	夏52井区
(4)	D168×12	km	5.6	夏9井区
(5)	D168×12	km	1.677	夏35、夏26、夏27井区
	D114×10	km	3.681	1至3号配水间
	D114×10	km	4.246	6至8号配水间
	D114×10+D89×10	km	1.066+1.538	4至5号配水间

注：摘自《新疆油田分公司2005年地面工程现状报告》，2005年12月。

第四节 地面配套工程

一、供水系统

夏子街供水水源为地下水，在水源地有水源井6口，水源井安装200QJ50–156/10型潜水泵，技术参数：Q=50m³/h；H=158m；N=22kW。单井平均产水量初期为700m³/d，总产水能力4200m³/d。

水源地设有扬水泵站，内设离心泵4台，其中100D–45×5型泵2台（Q=85m³/h；H=225m；N=90kW）；DA–150×8型泵2台（Q=162m³/h；H=225m；N=150kW）200m³水罐2座，经扬水泵增压，经D273×7输水管线14km，进入注水站1000m³清水罐，处理后用于油田注水和生产生活用水。

二、供电系统

1991—1993 年，油区用电取自专为油田开发组建的临时发电机组，共有 500kW 柴油发电机 5 台，500kW 燃气发电机组两台和配套的配电设施，并建成了油区供电电网。

1993 年建成乌尔禾 110/35kV 变电所（容量为 2×10000kV·A），架设了百口泉—乌尔禾 110kV 输电线路 33km；在夏联站建设 35/110kV 变电所，并建成乌尔禾—夏联站 35kV 输电线路 37km。建成投产以后，临时发电机组停运，油田供电改为供电电网供给。

附　录

附录一　附　图

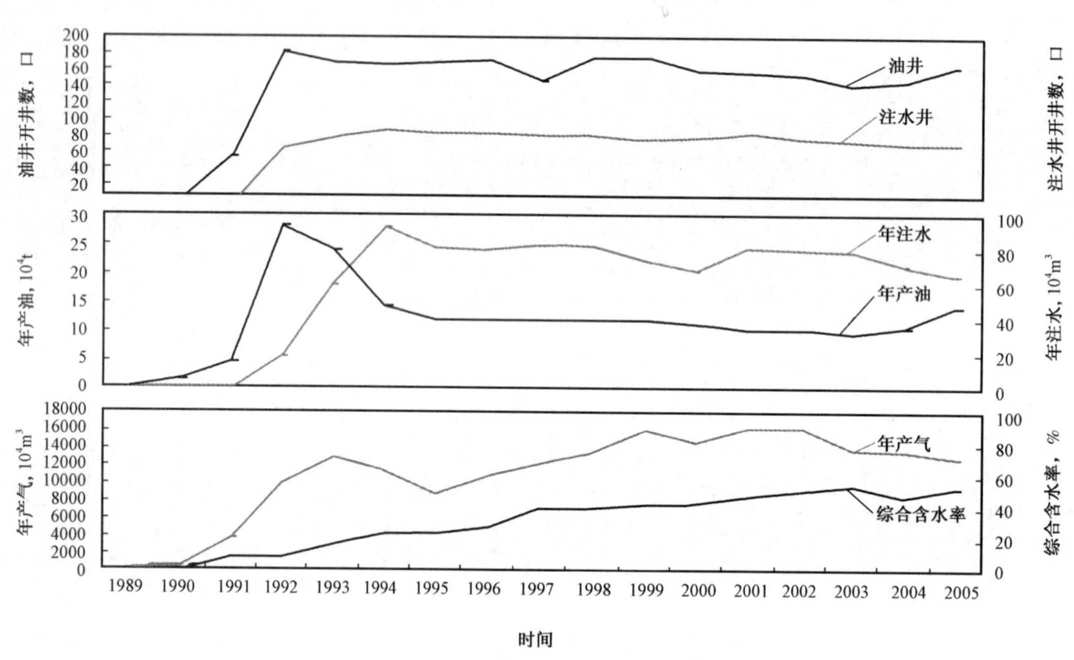

附图1　夏子街油田开采综合曲线图

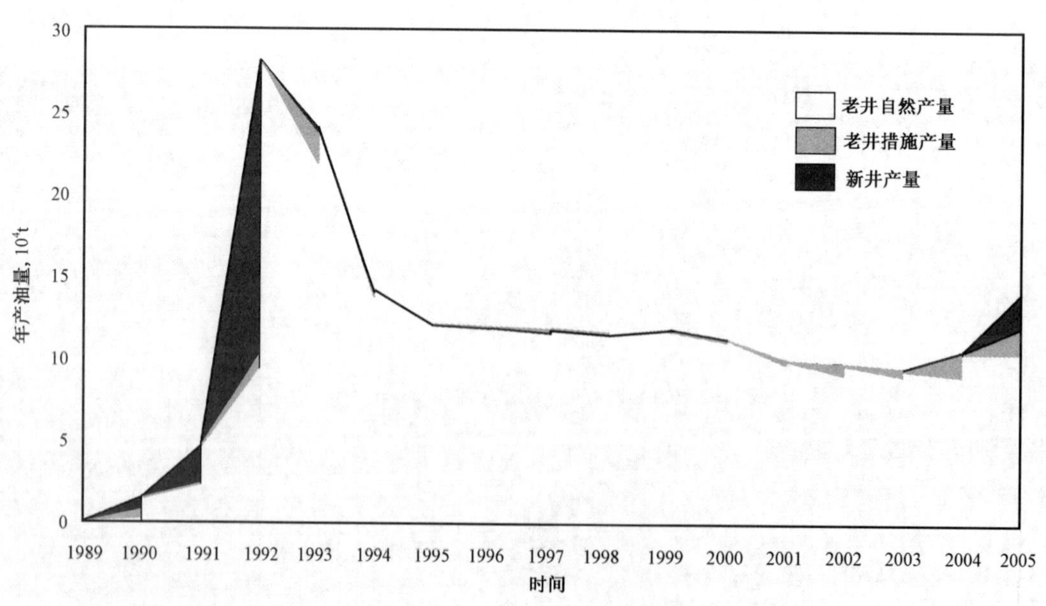

附图2　夏子街油田产量构成曲线图

附录二　附　表

附表 1　夏子街油田油气藏参数表

油气藏名称		油气藏类型	驱动类型	中部埋深 m	地层压力 MPa	地层温度 ℃	原油密度 g/cm³	地层油黏度 mPa·s	地层水		
									矿化度 mg/L	氯离子 mg/L	水型
油藏	夏 26 井区块 T_2k_2	断块	溶解气驱	1570	15.7	41.1	0.850	2.4	4962.8	2836.2	$CaCl_2$
	夏 27 井断块 T_2k_2	断块	溶解气驱	1365	13.9	36.1	0.848	2.65	4962.8	2836.2	$CaCl_2$
	夏 35 井区块 T_2k_2	断块	溶解气驱	1570	15.7	41.1	0.848	2.4	4962.8	2836.2	$CaCl_2$
	夏 50 井区块 T_2k_1	断块	弹性驱	1720	16.3	44.8	0.855	0.52	4932.8	2140.2	$NaHCO_3$
	夏 18—夏 36 井区块 T_2k_1	断块	气顶、溶解气驱	1720	16.3	44.8	0.830	0.52	4932.8	2140.2	$NaHCO_3$
	夏 18—夏 36 井区块 T_1b	断块	溶解气驱	1760	16.6	45.8	0.820	0.48	4756.5	2225.3	$NaHCO_3$
	夏 29 井断块 T_2k_2	断块	溶解气驱	1570	—	—	0.864	—	—	—	—
	夏 52 井断块 T_1b	断块	溶解气驱	1860	17.5	48.3	0.842	0.47	4923.5	2624.3	$NaHCO_3$
	夏 53 井断块 T_1b	断块	溶解气驱	1860	17.5	48.3	0.842	0.47	4923.5	2624.3	$NaHCO_3$
	夏 9 井区块 J_1b	构造岩性	弹性驱	1430	14.42	44.6	0.856	6.5	5200	2900	$NaHCO_3$
	夏 9 井区块 T_2k_1	构造岩性	溶解气、弱弹性驱	1800	18.75	46.76	0.847	—	4132.46	1984.06	$NaHCO_3$
	夏 9 井区块 T_1b	构造岩性	溶解气、弱弹性驱	—	18.75	—	0.848	—	4132.46	1984.06	$NaHCO_3$
	夏 69 井区块 P_1f	断块	气顶、溶解气驱	1557.5	15.1	40.72	0.836	5.69	73216.64	12523.42	$NaHCO_3$
	夏 72 井区块 P_1f	层状背斜	弹性驱	4827	77.3	114	0.856	0.72	11097.4	4615.2	$NaHCO_3$
气顶气藏	夏 1080 井断块 T_1b	断块	弹性驱	—	17.06	47	—	—	—	—	—
	夏 18—36 井区块 T_2k_2	断块	弹性驱	—	13.1	22	—	—	—	—	—
	夏 18—36 井区块 T_2k_1	断块	弹性驱	—	15.42	41	—	—	—	—	—
	夏 29 井断块 T_1b	断块	弹性驱	—	16.58	46	—	—	—	—	—
	夏 29 井断块 T_2k_1	断块	弹性驱	—	15.42	42	—	—	—	—	—
	夏 29 井断块 T_2k_2	断块	弹性驱	—	13.1	22	—	—	—	—	—
	夏 35 井区块 T_2k_2	断块	弹性驱	—	14.1	41	—	—	—	—	—
	夏 52 井断块 T_1b	断块	弹性驱	—	16.35	45	—	—	—	—	—
	夏 69 井区块 P_1f	断块	弹性驱	1517.5	13.75	40	—	—	—	—	—

注：依据夏子街油田各区块历年探明储量报告编制。

附表 2　夏子街油田历年开采综合数据表

时间	采油井口		核实产油量			核实产水量			含水率 %	采油速度 %	注水井口		注水量			注采比		气油比 m³/t	开发地质储量 10^4t	可采储量 10^4t	采出程度 %
	总数	开数	日 t	年 10^4t	累计 10^4t	日 t	年 10^4t	累计 10^4t			总数	开数	日 m³	年 10^4m³	累计 10^4m³	月	累计				
1989	11	9	17	0.2130	0.2130	0	0.0043	0.0043	0	0.01	0	0	0	0	0	0	0	489	240	72.0	0.01
1990	18	5	60	1.5541	1.7671	1	0.0382	0.0425	0.9	0.06	0	0	0	0	0	0	0	199	240	72.0	0.07
1991	72	57	502	4.6684	6.4355	46	0.4217	0.4642	8.4	0.19	1	1	2	0	0	0	0	357	3130	693.4	0.26
1992	227	181	893	28.1460	34.5815	89	1.9627	2.4269	9.0	1.14	67	66	1338	18.2	18.2	0.43	0.12	352	4577	1030.1	1.40
1993	220	168	515	24.0274	58.6089	106	3.68	6.1069	17.1	0.97	85	79	1594	60.2	78.4	0.43	0.28	724	4235	915.0	2.37
1994	209	166	342	14.2564	72.8653	105	3.762	9.8689	23.4	0.58	92	88	2874	92.9	171.3	0.95	0.43	882	4235	915.0	2.94
1995	208	170	272	12.1361	85.0014	85	3.9662	13.8351	23.9	0.49	93	84	2247	81.8	253.1	0.81	0.53	871	4235	915.0	3.43
1996	208	171	352	12.0818	97.0832	138	3.4536	17.2887	28.2	0.49	93	84	2179	80.3	333.4	0.85	0.58	872	2478	395.6	3.92
1997	210	148	319	12.2310	109.3142	214	8.3383	25.627	40.2	0.49	93	82	2406	82.8	416.2	0.74	0.61	1163	2478	396.3	4.41
1998	217	175	331	12.1093	121.4235	215	7.0959	32.7229	39.4	0.49	93	83	2504	82.0	498.2	0.83	0.63	1451	2478	395.6	4.90
1999	217	175	359	11.8839	133.3074	266	7.8834	40.6063	42.6	0.48	94	77	2327	74.1	572.3	0.86	0.65	1251	2478	395.6	5.38
2000	218	160	296	11.3047	144.6121	227	9.6034	50.2097	43.4	0.46	95	79	2139	68.5	640.8	0.75	0.65	1318	2478	452.8	5.84
2001	218	158	261	10.2293	154.8414	239	8.8391	59.0488	47.8	0.41	95	85	2055	81.2	722.0	0.74	0.66	1650	2478	393.2	6.25
2002	211	155	255	10.1933	165.0347	272	9.1632	68.212	51.6	0.41	94	79	2207	80.3	802.3	0.91	0.67	1587	2478	393.2	6.66
2003	166	143	274	9.7954	174.8301	321	10.0024	78.2144	54.0	0.40	82	76	1985	79.3	881.6	0.88	0.7	1504	2478	393.2	7.06
2004	169	147	297	10.5766	185.4067	264	12.0202	90.2346	46.9	0.43	81	72	1761	70.7	952.3	0.68	0.72	1132	2478	393.2	7.48
2005	184	165	361	14.1327	199.5394	387	12.8366	103.0713	52.7	0.57	81	72	1927	65.9	1018.2	1.29	0.74	701	2478	393.2	8.05

注：依据新疆油田分公司中心数据库每年 12 月份的开发数据编制。

附表3　夏子街油田气顶气藏开发数据

时间	上年末日产气 10^4m^3	井数，口			产气量，10^4m^3									累计产气量 10^4m^3	动用储量 10^4t
		总井数	老井	新井	日产	老井日产	新井日产	月产	老井月产	新井月产	年产	老井年产	新井年产		
2000	12.55	6	4	2	9.77	6.61	3.16	302.8	204.8	98	2921.5	2625.8	296	7111.6	44.94
2001	9.77	6	6	0	11.5	11.5	0	356.5	356.5	0	4545.9	4545.9	0	11657.5	44.94
2002	11.5	9	9	0	11.05	11.05	0	342.7	342.7	0	3610.3	3610.3	0	15267.8	44.94
2003	11.05	10	10	0	15.08	15.08	0	467.5	467.5	0	4976.8	4976.8	0	20244.6	44.94
2004	15.07	10	10	0	28.61	28.61	0	842.4	842.4	0	9483.8	9483.8	0	115702.8	44.94
2005	28.61	10	10	0	26.03	26.03	0	807.0	807.0	0	9115.5	9115.5	0	124862.9	44.94

注：依据新疆油田分公司中心数据库每年12月份的开发数据编制。

附录三　人物名录

（一）领导人名录

1. 会战领导人名录

新疆石油管理局夏子街油田开发前期评价会战指挥部领导人名录

指 挥：

赵立春 （1990年7月—1991年4月）

新疆石油管理局夏子街油田开发建设指挥部领导人名录

指 挥：

冯力胜（1991年4月—1992年7月）

王旌沙（1992年4月—1992年12月）

2. 百口泉采油厂夏子街油田开发会战指挥部领导人名录

临时党委书记：

丁玉甫 （1991年8月—1992年9月）

指 挥：

金武林（1991年8月—1992年9月）

李仲侃（1991年8月—1992年9月）

张水昌（1991年8月—1992年9月）

3. 夏子街油田领导人名录

党总支书记：

耿玉宽（1990年1月—1992年9月）

陈向东（1992年9月—1993年11月）

杨公民（1993年11月—1995年9月）

佟曙光（1995年9月—1996年7月）

佐效仪（1996年7月—2000年8月）

佟曙光（2000年8月—2001年8月）

梁　军（2001年8月—2002年5月）

陈志新（2002年5月—2003年12月）

刘学功（2003年12月—2005年12月）

综合大队队长：

闫亚洲（1990年1月—1993年6月）

采油大队长：

陈向东（1993年6月—1993年12月）

杨公民（1993年12月—1995年9月）

夏子街采油作业区经理：

陈向东（1995年9月—2001年8月）

梁　军（2001年8月—2003年9月）

韩德熙（2003年9月—2003年12月）

刘学功（2003年12月—2004年12月）

陈志新（2004年12月—2005年12月）

工程总监：

赛　肯（2002年3月—2005年12月）

地质总监：

王 岩（2002年3月—2005年12月）

（二）劳动模范名录

1994 年

克拉玛依市新疆石油管理局劳动模范：王玉环

1994 年

中国石油天然气集团公司劳动模范：王玉环

1996 年

获得全国“五一”劳动奖章：王玉环

1998 年

克拉玛依市新疆石油管理局劳动模范：王玉环

附录四　获奖项目

序号	项目名称	获奖等级	获奖时间	项目完成者
1	夏子街油田五低油藏开发十项配套技术	新疆石油管理局科技成果一等奖	1993 年	闻玉贵、潘仁杰、王旌沙、卞德智等
2	夏子街油田低压低渗油气藏钻井配套技术	新疆维吾尔自治区科技进步二等奖	1993 年	潘仁杰、聂海光、杨金荣

附录五　征引文献

文献名	作　者	出版（编制）时间	出版社（现存地）
《中国石油地质志·新疆油气区》（卷十五）	新疆油气区石油地质志编写组	1993 年	石油工业出版社
《百口泉采油厂厂志》	《百口泉采油厂厂志》编纂委员会	1999 年	新疆人民出版社
《克拉玛依市乌尔禾区区志》	克拉玛依市乌尔禾区志编委会	1999 年	新疆人民出版社
《新疆通志·石油工业志》（第 40 卷）	《新疆通志·石油工业志》编纂委员会	1999 年	新疆人民出版社
《新疆石油管理局勘探开发研究院院志》	勘探开发研究院院志编纂委员会	1999 年	新疆油田分公司勘探开发研究院
《新疆石油管理局钻井公司志》	《新疆石油管理局钻井公司志》编纂委员会	2002 年	新疆人民出版社
《准噶尔盆地油气田开发的回顾与思考》（1950—2000 年）	《准噶尔盆地油气田开发的回顾与思考》编写组	2006 年	石油工业出版社

编纂始末

2006年11月16日，新疆油田分公司和新疆石油管理局联合下发了关于《中国油气田开发志·新疆油气区油气田卷》编纂工作的通知。按照通知中油田篇编纂组织分工要求，公司机关评价处、百口泉采油厂、研究院高度重视，迅速组织了以公司油藏地质总监欧阳可悦为主任，以百口泉采油厂厂长阎亚洲、研究院副院长钱根宝为副主任的《夏子街油田志》编纂委员会，组织百口泉采油厂、研究院从事过夏子街油田开发方案编制、管理和现场实施的地质、工程、安全环保、生产运行等部门10余人，参与了油田志的编纂工作。编纂工作根据不同专业人员对油田掌握的情况，分工明确，职责和时限具体，要求清楚。编纂工作开展后组织了多次讨论会，了解工作进展，协调解决相关问题，推动工作有序进行。

《夏子街油田志》编纂工作分为学习培训、资料收集、分类编组、汇总整理、专家审查、修改完善等几个阶段。在编纂过程中，编纂人员遇到了许多问题和实际困难：一是所有抽出来的编纂人员均担负着油田开发方案编制、科研项目研究、生产管理和现场实施工作，兼职编纂的时间难以保证；二是油田从勘探到开发历程跨度较大，编纂人员大多数是年轻同志，熟知油田变迁经历的人员少，资料收集整理困难；三是无论工作资历长短的编纂人员均没有志书编纂的经验，需要边干边学、边学边干。尽管如此，编纂人员还是在繁忙的工作之余，加班加点，认真地收集各方面资料，精心策划，力求保证各专业、各阶段分工任务顺利地完成。

志书编纂期间，通过参加公司组织专家授课培训，组织学习，逐步掌握了志书编纂方法，领会了《中国油气田开发志》总编纂委员会的编纂思路和要求，学习了《〈中国油气田开发志〉油气田篇编纂过程中若干问题的说明》等文件、历次编纂工作会议纪要和相关学习材料，学习了《大民屯油田志》、《胜坨油田志》和《百口泉油田志》等编纂范例。经过学习、培训，编纂人员在基本掌握志书编纂方法的基础上，根据新疆油田分公司编拟的油气田篇编纂提纲，结合收集到的夏子街油田资料，初步制定了编纂思路，并从2007年初开始投入到《夏子街油田志》的编纂进程中。

《夏子街油田志》的编纂思路是以勘探历程为主线，以重大认识和发现为主要内容，辅助以写事，略以记人。2007年3—7月，根据《中国油气田开发志》总编纂委员会郑州和大连会议精神，参照整改后的《大民屯油田篇》编写内容，在走访老一代的石油工作者的基础上，全面开展了编纂工作。2008年6月13日，第一次给《中国油气田开发志》新疆油气区编纂委员会报送了初稿。经过专家审核组的认真审阅和评议，提出了很多意见和建议，对志书编写内容的不足，存在的问题逐句逐条地进行分析和判别。为此，做了第二次编纂思路上的调整，进一步明确了分工，重点在概述、油田地质、开发部署与调整、大事记要和附录等章节方面加强资料的消化吸收和数据的核实，理清勘探开发事件的脉络，以事系人，在叙事中突出夏子街油田的特点，在编纂中更加注意志书的整体性和连贯性。2009年3月31日，第二稿交付专家组再审，专家组进一步提出删减文字数量，调整结构，修改章节和规范编写体例的意见。为此，编纂组按照专家意见进一步做了大的修改和统稿。

2009年6月，《夏子街油田志》第三稿完成。本稿编纂过程中共收集整理基础文字资料170余册，图片、图表和多媒体资料260余幅，勘探开发数据约15万个，走访当年夏子街油田勘探开发各个阶段的当事人16余人次，文字和图表经过反复修改，基本达到报送审查的条件。

由于编纂水平有限，本志仍存在许多疏漏，敬请读者和专家指正。

《夏子街油田志》编纂组

2009年12月

编号：07-010

风城油田志

《风城油田志》编纂组　编

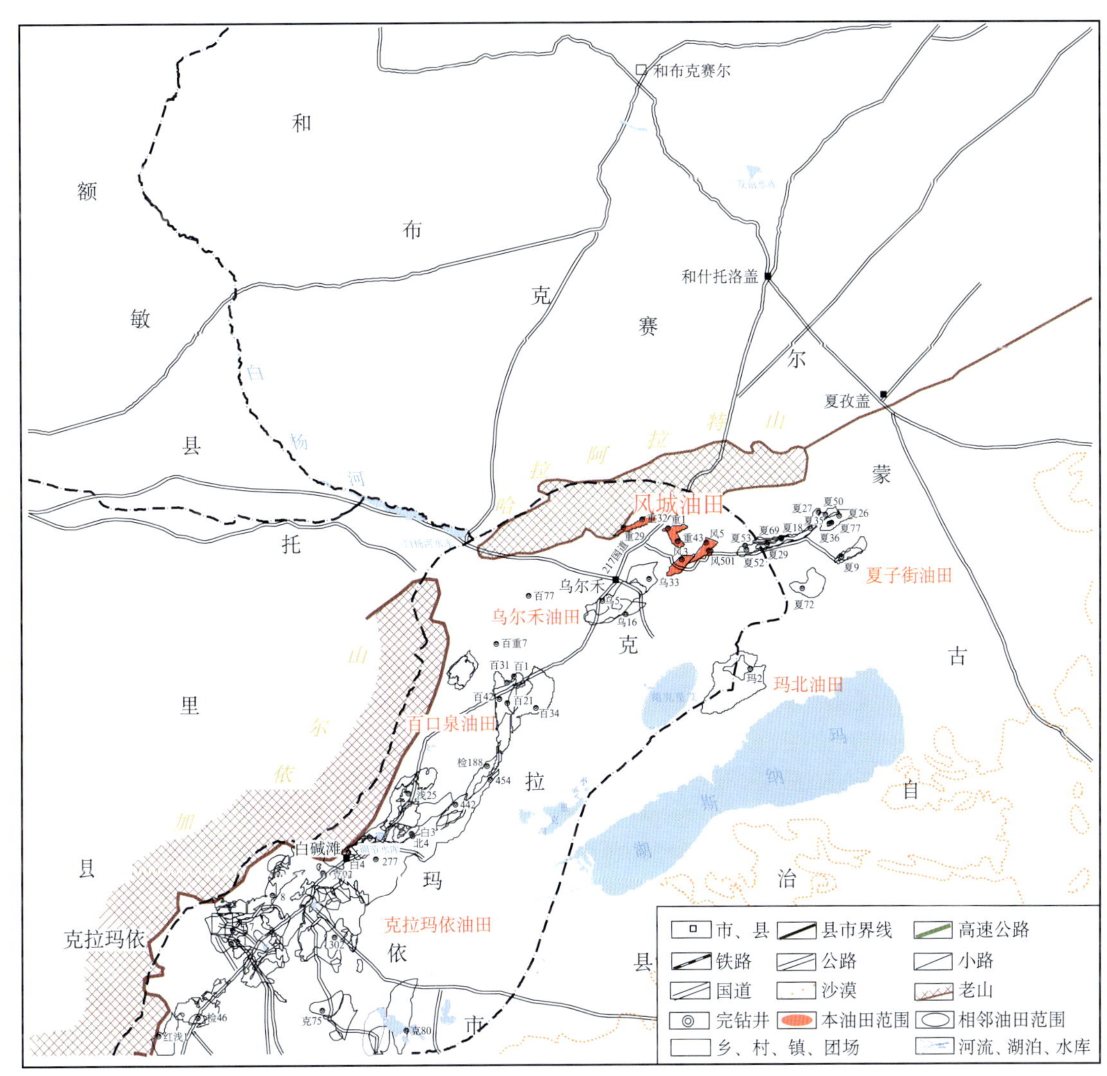

风城油田地理位置图

（新疆油田分公司勘探开发研究院编制）

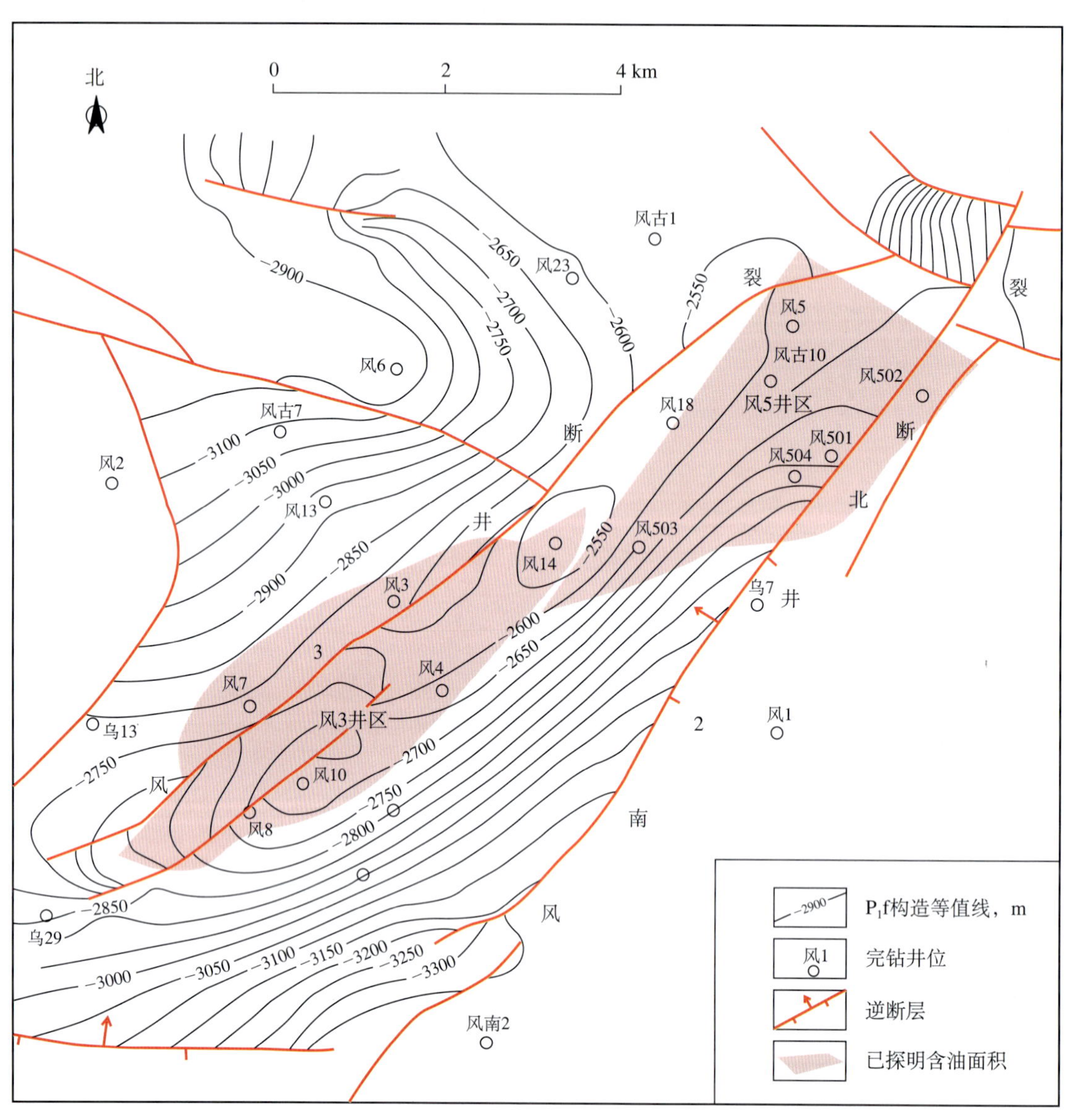

风城油田风城组油藏构造井位图

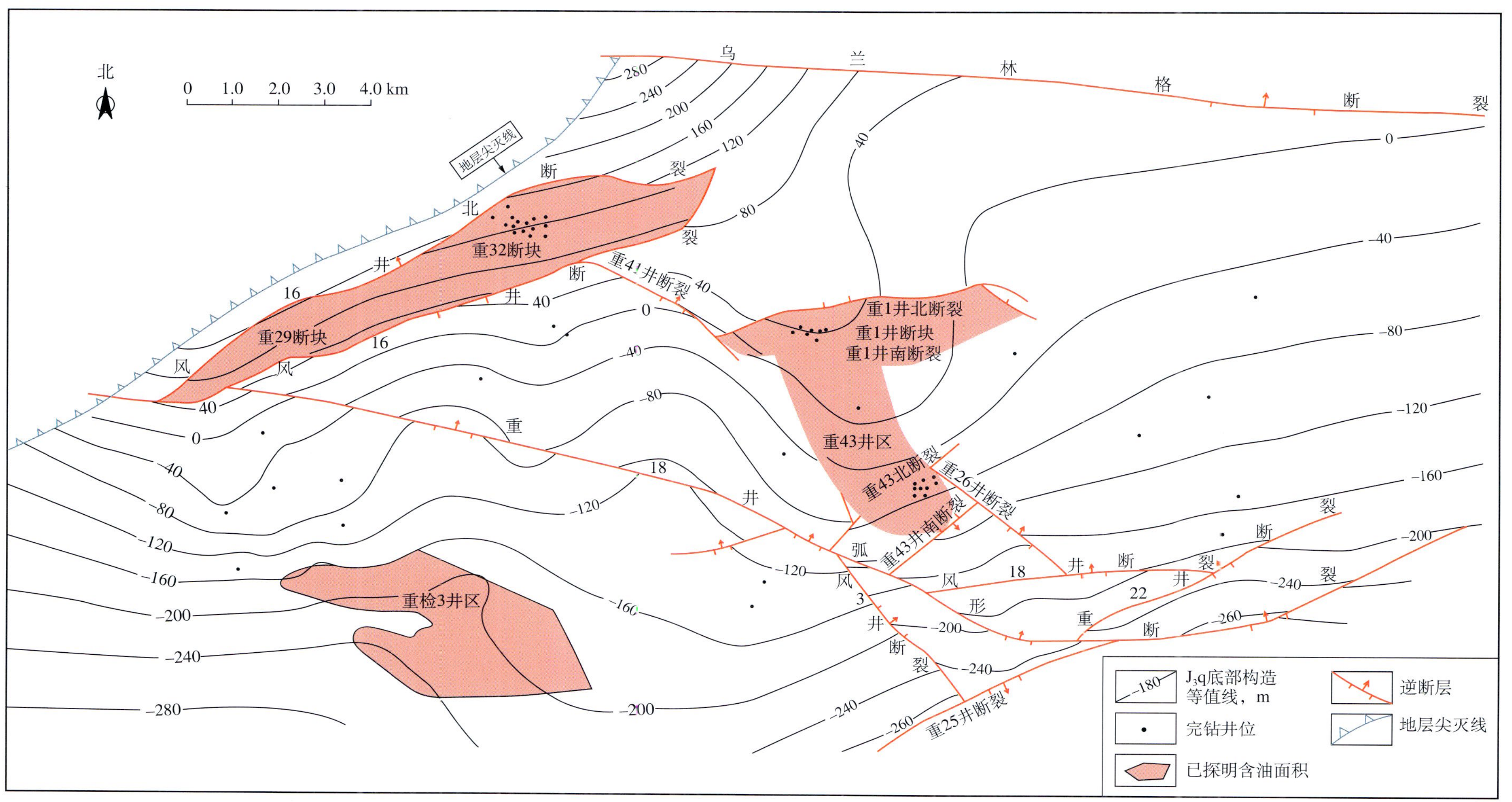

风城油田侏罗系油藏构造井位图

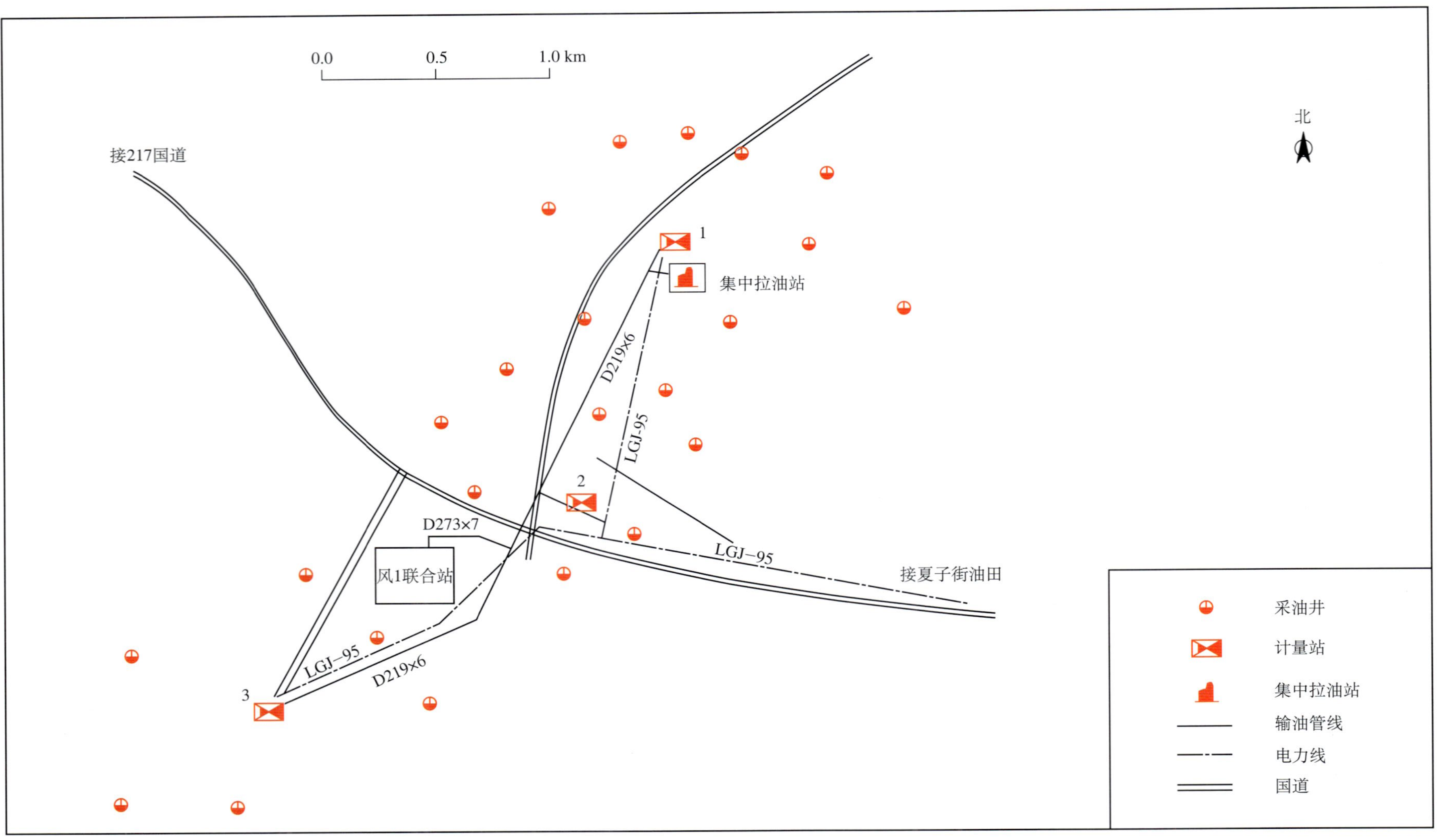

风城油田地面生产系统示意图

（新疆石油管理局勘察设计研究院编制，2005年）

《风城油田志》编纂委员会

主　任：况　军

副主任：钱根宝　张学鲁　王月华

成　员：王延杰　喻克全　王　宏　张金钟　王济新

《风城油田志》编纂组

组　长：孙新革

成　员：段　畅　单守会　胡新玉　刘云利　朱铁军　高翔录

宋　思　曾荣超　王　鹏

本志目录

本志目录

概　述

风城油田是既有稀油又有稠油的油田，因地表发育风蚀地貌（克拉玛依市乌尔禾魔鬼城）而得名，1981 年 12 月发现，1983 年投入试采，由中国石油新疆油田分公司百口泉采油厂管理。

一

风城油田在克拉玛依市乌尔禾东北约 10km，西南距克拉玛依市区约 130km，东邻夏子街油田，南邻乌尔禾油田。地面海拔 280 ～ 530m，平均约 380m。由于风化作用，残丘陡坎四处可见，冲沟纵横，形成了独特的地质地貌景观。大陆干旱气候，温差为 −40℃ ～ 40℃，降雨量少，蒸发量大。基本没有植被，西南侧乌尔禾周围为绿洲，有农田作物和胡杨、红柳等。217 国道从油田北部通过，交通方便。

二

风城油田稀油油藏属块状弹性底水驱动油藏，位于乌—夏逆掩断裂带下盘风城背斜上；稠油油藏属浅层构造岩性油藏，位于乌—夏断裂带西段。北以乌兰林格断裂为界，南邻玛湖凹陷北部斜坡带。

油田所钻遇的地层自下而上为石炭系、二叠系、三叠系、侏罗系八道湾组、侏罗系齐古组和白垩系吐谷鲁群，白垩系覆盖整个油田。稀油储层二叠系风城组是以泥质白云岩为主的残留海相沉积，孔隙度 3.1% ～ 12%，渗透率 4.8 ～ 28.8mD，属孔隙—裂缝性中—差储层。稠油储集层白垩系吐谷鲁群、侏罗系齐古组、侏罗系八道湾组为中粗砂岩和不等粒砂岩为主的河流相沉积，孔隙度 23% ～ 29%，渗透率大于 450mD，属中—好储层。

风城组稀油油藏地面原油密度 0.880 ～ 0.893g/cm^3；50℃原油黏度 22.69 ～ 363.9mPa · s。浅层稠油性质变化较大，原油密度在 0.916 ～ 0.996g/cm^3 之间；50℃原油黏度 1920 ～ 1150000mPa · s，属于超稠油；白垩系吐谷鲁群油藏埋藏较浅，部分出露地表，形成地表油砂。

三

1956—1958 年，新疆石油管理局在风城地区进行地质详查，先后钻 48 口构造浅井，有 18 口见到油气显示，在白垩系吐谷鲁群、上侏罗统齐古组、下侏罗统八道湾组见到稠油和沥青砂。1957 年，在风城背斜南翼钻 141 井，井深 2035.7m，1958 年试油曾在百口泉组获日产 0.3m^3 低产油流。

1980 年，经过地震详查，查实风城背斜的构造形态，在背斜南翼 141 井附近钻风 1 井。1981 年在背斜顶部钻风 3 井，7 月 23 日开钻，12 月 16 日完钻，井深 3266.06m，21 日试油，在二叠系风城组获得日产 72.6t 的高产工业油流，发现了风城油田。相继部署风 2、风 4、风 5、风 6、风 7 等一批探井和评价井，1985 年上报风 3 井区风城组Ⅲ类探明含油面积 10.4km^2，石油地质储量 895 × 10^{4}t。1984 年 4 月风 5 井在二叠系风城组压裂后试油获日产油 5.9t，日产气 958m^3，发现了风 5 井断块下盘二叠系风城组稀油油藏；1999 年利用三维地震资料在风 5 井断块上盘部署风 501 井，中途测试获高产工业油流，发现了上盘二叠系风城组油藏；2001 年上报风 5 井区二叠系风城组油藏探明储量 681×10^4t，含油面积 6.3km^2。

1990 年，在乌—夏断裂带风南断鼻高点钻风南 1 井，1991 年完钻，油气显示活跃，试油未获工业油流。

1982 年 9 月，新疆石油管理局勘探开发研究院（以下简称勘探开发研究院）区域室夏明生、伍致中等编制《乌尔禾—风城地区浅层重质油资源预测及勘探部署意见》，部署评价井 21 口。位于夏红北断裂上盘地层超覆尖灭带的重 1 井 11 月 29 日开钻，1983 年 1 月 16 日完钻，井深 415m，在白垩系吐谷鲁群和侏罗系齐古组连续取出饱含稠油岩心 83.89m。4 月 28 日至 11 月 20 日由新疆石油管理局油田工艺研究所在齐古组 264.5 ~ 275.0m 井段进行注蒸汽吞吐试验，3 轮累积注蒸汽 6185t，累计产油 1023t，油汽比 0.165，证实风城油田上侏罗统齐古组超稠油油层，适宜于热力开采。1984 年 9 月，重 32 井进行了注蒸汽吞吐试验，试验层位齐古组（J_3q），射孔厚度 13m，周期注汽量 2415t，周期产油量 259.8t，平均日产油 6.73t，周期油汽比 0.108。截至 1984 年底，完钻稠油探井 14 口，获得了 8 口井岩心物性分析资料，4 口井地面原油分析资料，2 口井密闭取心资料，热采试油 2 口井（重 1、重 32），1985 年计算表外储量 6.0888×10^8t，其中吐谷鲁群 1.0362×10^8、齐古组 3.7832×10^8t、八道湾组 1.2694×10^8t。

截至 1993 年底，重 1 井、重 43 井、重 29 井、重 32 井四个断块共钻各类井 40 口，其中取心井 20 口，先后进行了 26 井层的热采试验，累积吞吐 47 井次，第一周期最高油汽比 0.23，第二周期最高油汽比 0.28。1991—1993 年报批Ⅲ类探明储量 3320×10^4t，含油面积 12.5km^2，其中重 1 井断块齐古组稠油探明含油面积 2.7km^2，地质储量 1536×10^4t；重 43 井区八道湾组稠油探明含油面积 3.8km^2，地质储量 594×10^4t；重 32 井断块齐古组稠油探明含油面积 4.4km^2，地质储量 977×10^4t；重 29 井断块齐古组稠油探明含油面积 1.6km^2，地质储量 213×10^4t。

四

1981 年 12 月，风 3 井获得高产工业油流和风 7、风 14 等预探井相继出油后，1983 年 2 月在风 3 井周围以 500m 井距布风 301 井、风 302 井、风 303 井进行先导性开发试验。同年 12 月风 303 井投产获得高产油流后，又部署风 304、风 306、风 307、风 309 共 4 口第二轮开发试验井，依靠天然能量开采。1984 年底，5 口井平均日产油 155t，年产油 3.896×10^4t，累计产油 4.0163×10^4t。

1985 年初，编制《风 3 井二叠系开发试验方案》，是年投入开发，仍然依靠天然能量开采，全油田有 11 口生产井，平均单井日产油 33.5t，当年产油 8.0×10^4t。由于工作制度不合理，底水锥进，油田含水上升快，下盘全水淹，上盘三口高产井因高含水关井，单井日产量降到 10t 以下。为发挥油藏自喷作用，降低含水率，采用间歇开采方式，到 1987 年底，共有采油井 9 口，报废井 11 口，单井平均日产油 3.6t，当年产油 0.9×10^4t。此后，产量继续下降。

超稠油注蒸汽吞吐试验在 1983—1984 年重 1 井和重 32 井试油获得技术成功之后，1985—1995 年用进口锅炉，在 5 个井组和 2 口单井共 15 口井层进行注蒸汽吞吐试采，重 1 井组 3 口井单井周期平均产油 770t，单井平均日产油 14.2t，平均油汽比 0.22，效果较好；重 32 井组 3 口井单井周期平均产油 305t，单井平均日产油 10.5t，平均油汽比 0.13，效果较好；重 33 井组 3 口井单井周期平均产油量 72t，平均油汽比 0.05，效果差；重 5 井组、重 40 井组注蒸汽焖开后只出水。

1994 年，采用斜井钻机在重 1 井区钻成国内第一口斜直水平井——FHW001 井，垂深 264m，水平段长度 212m，总水平位移 524m，与 3 口直井和 5 口温度观察井组成试验井组，1995 年 4 月 20 日至 1996 年 10 月进行注蒸汽吞吐试验。由于 3 口直井间汽窜严重，改用间歇汽驱，即关闭水平井由直井高速注汽，停注后水平井开井生产。经过 11 轮次的间歇汽驱，共注汽 11037m^3、产液 6592t、产油 2426t、累积油汽比 0.22、累积采注比约 0.60。以试验区汽驱面积计，采出程度约 12%。

截至 2005 年底，风城油田稀油开井数 9 口，年产油量 0.38 × 10^{4}t，年产液 0.61 × 10^{4}t，累计产油 38.04 × 10^{4}t，综合含水 37.5%，采出程度 8.93%；稠油仍处于试采阶段，无开发井。

五

风城油田的稀油开发及稠油热采试验，有以下经验教训：

（1）风城油田稀油是裂缝性块状底水油藏，应该严格控制生产压差及采油速度，延长无水期，增加产油量。由于试采开发初期生产压差和采油速度过大造成底水锥进，使油井过早水淹；开发初期取资料不全面、不及时，观察井的资料利用率不高，导致初期水淹程度高，严重影响了后续的开发。

（2）风城超稠油黏度大，地层能量低，单井和井组注蒸汽吞吐试采成功，对开发此类油藏做了有益的技术探索，对进一步在油藏工程、采油工艺、地面工程等方面开展相关现场试验，寻找切实可行的浅层超稠油高效开发的生产方式提供了重要技术储备。

大事记

1981年

7月23日　由新疆石油管理局钻井处（以下简称钻井处）32878队承钻风城背斜上的风3井开钻，12月16日钻至3266.06m完钻，12月21日试油处试油，在3200～3233m井段的二叠系风城组获7mm油嘴日产油72.6t，天然气6874m^{3}的工业油气流，发现了风城油田。

1982年

9月　勘探开发研究院夏明生等人编写的《乌尔禾—夏子街地区浅层重质油资源预测及勘探部署意见》中，制定了风城地区重质油开发短期的三年规划及长期规划：1983年部署21口评价井，1984—1985年部署83口一次开发井，1986年开始编制该区的重质油开发方案。

1983年

1月　钻井处32878队于1982年11月29日开钻的位于夏红北断裂上盘地层超覆尖灭带的重1井钻至415m完井，在白垩系吐谷鲁群和侏罗系齐古组连续钻井取心，取出含油、饱含油稠油岩心83.89m。3月23日—11月20日试油处对重1井齐古组264.5～275.0m井段进行试油，先冷试油稠不出，后采用注蒸汽吞吐，3轮累计注汽6185t，累计产油1023t，油汽比0.165。

12月　勘探开发研究院徐洪德、罗卫钢等人编写的《对乌尔禾—风成城地区井下石炭、二叠系地层划分的初步意见》研究报告，根据电性、岩性特征将风城组划分为六个岩性段：风一段、风二段、风三段、风四段、风五段、风六段，代表了1983年底以前对风城组小层划分的意见。

1984年

4月　风城油田在风5井二叠系风城组3156～3200m压裂后试油，日产油5.9t，日产气958m^3，发现了风5井断块下盘二叠系风城组油藏。

12月　勘探开发研究院开发一室任花莉等人编制了《风3井区二叠系开发试验方案》，1985年1月开始实施，至1985年底共完钻试验井21口，试油7井12井层，获工业油流6井7井层。

1985年

7月　勘探开发研究院区域室尤兴弟编写完成了《准噶尔盆地西北缘乌尔禾—风城地区下二叠统风城组沉积相分析》研究报告，将风城组分为五段：风一段、风二段、风三段、风四段、风五段，其中风二段是主要储层，基本上奠定了1984年以后对风城组小层划分方案。

11月　勘探开发研究院区域勘探室徐洪德等人编写完成了《准噶尔盆地西北缘乌尔禾—风城地区石油地质特征》研究报告，确认该区地层自上而下主要有12套：白垩系吐谷鲁群（K_1t），侏罗系齐古组（J_3q）、三工河组（J_1s）、八道湾组（J_1b），三叠系的白碱滩（T_3b）、克拉玛依组（T_2k）、百口泉组（T_1b），二叠系的乌尔禾组（P_2w）、夏子街组（P_2x）、风城组（P_1f）、佳木河组（P_1j）和石炭系。

12月　风城油田风3井区风二段上报石油地质储量895.00×10^{4}t，含油面积10.40km^2，溶解气储量9.0×10^{8}m^3。

1986年

7月1日　石油工业部部长王涛在局市党委书记张毅、局长谢志强陪同下到风城油田检查工作，称赞风城采油工人是“与魔鬼打交道的人”。

12 月　任花莉等人编制了《风 3 井区二叠系风城组油藏开发试验射孔方案》，射孔方案计算开发试验区动用含油面积 7.28km^2，地质储量 534 × 10^{4}t。

是年　风城油田风 3 井区由于开发初期油嘴偏大，导致暴发性水淹，原油含水由 1985 年底的 0.9% 上升至 53.8%，日产原油由 368t 下降到 52t，全年少产油近 8 × 10^{4}t。

1989 年

2 月　百口泉采油厂成立风城—夏子街试采队，管理风城油田。

是年　风城油田报批重 1 井断块齐古组稠油控制储量 609 × 10^{4}t，重 32 井断块齐古组稠油控制储量 2479 × 10^{4}t。

1991 年

4 月　百口泉采油厂成立夏子街综合大队，管理风城油田。

是年　勘探开发研究院油区勘探室张明玉、寇向荣等人编写的《风城油田重 1 井断块、重 43 井区侏罗系稠油油藏储量报告》，上报重 1 井断块齐古组石油地质储量 1536 × 10^{4}t，含油面积 2.7km^2，上报重 43 井区八道湾组石油地质储量 594 × 10^{4}t，含油面积 3.8km^2。

1992 年

11 月　勘探开发研究院稠油开发室常毓文、张为民编写了《风城油田侏罗系超稠油油藏水平井注蒸汽开发可行性研究》，该报告通过开发指标和经济指标评价，认为该类油藏利用水平井进行注蒸汽开发是可行的，并确定了 3 口水平井和 8 口直井的组合方式。

是年　勘探开发研究院杨瑞麒等对风城地区油砂资源进行了调查，确定风城地区地表及埋深 60m 以上的油砂资源量 118.9 × 10^{4}t。

1993 年

9 月　勘探开发研究院稠油开发室常毓文、陈振琦、孙新革等人编制完成了《风城油田重 1 井区齐古组超稠油油藏水平井试验区地质及油藏工程设计》，标志着风城稠油水平井开发试验即将进入实施阶段。

1994 年

6 月　勘探开发研究院油区勘探室何周、杨海波等人编写的《风城油田重 32 井断块侏罗系齐古组稠油油藏探明储量报告》，上报重 32 井断块齐古组石油地质储量 1536 × 10^{4}t，含油面积 2.7km^2，上报重 29 井断块齐古组石油地质储量 594 × 10^{4}t，含油面积 3.8km^2。

8 月　新疆石油管理局在风城油田重 1 井区侏罗系齐古组超稠油油藏，首次采用斜井钻机钻成国内第一口斜直水平井——FHW001 井。该井垂深 264m，水平段长度 212m，总水平位移达 524m，完钻井深 650m。建成 1 口斜直水平井、3 口竖直井和 5 口温度观察井试验井组，1995 年 4 月 20 日开始注汽进行吞吐阶段的试验。

1995 年

11 月　百口泉采油厂采油十队接手管理风城油田。

1996 年

3 月　勘探开发研究院动态室许长福、朱亚婷等人编写的《风城油田风 3 井二叠系风城组油藏油气探明储量复算报告》，对风 3 井二叠系风城组油藏地质储量进行了核实，复算地质储量 426.00 × 10^{4}t，含油面积 6.6km^2，溶解气储量 4.8 × 10^{8}m^3。

5 月　百口泉采油厂采油八队接手管理风城油田。

1999 年

是年　新疆石油管理局钻井公司（以下简称钻井公司）6026 队承钻的风 501 井于 9 月 28 日开钻，2000 年 4 月 3 日完钻，完钻井深 3484m，该井钻至上盘风城组 1059.14m 深度后发生卡钻事故，在处理事故过程中，地层外溢原油，利用原钻具进行中途测试，地层出油 78.4m³，折算日产油 93.1m³，从而发现了风 5 井区上盘二叠系风城组油藏。

2001 年

12 月　中国石油新疆油田分公司勘探开发研究院（以下简称勘探开发研究院）何周、刘文峰等人编写的《风城油田风 5 井区块新增石油探明储量报告》，上报风 5 井区二叠系风城组探明石油地质储量 681.00×10⁴t，含油面积 6.30km²。

2005 年

12 月　风城油田稀油开井数 9 口，年产油量 0.38×10⁴t；稠油仍处于试采阶段，无开发井。

第一章

油 田 地 质

第一节　地层与构造

一、地层

1954 年，中苏石油股份公司地质调查处勒·依·乌瓦洛夫编写的《乌尔禾—黑油山地质工作总结报告》中指出，在乌尔禾地区，出露于地表最老的地层是古生代，其上超覆沉积了上白垩纪的吐谷鲁系。

1957 年，新疆石油管理局地质调查处（以下简称地调处）3/56 队徐志群、宋立勋编写的《地质调查处乌尔禾区地质总结报告》中描述了哈拉阿拉特山及其山前地带的地层情况，确认出露在地表的地层有古生代泥盆系、白垩系吐谷鲁群与艾里克组、新生代古近系红砾山层、新近系苍棕色层及第四纪沉积。由浅钻所钻遇的地下地层有古生代、三叠纪、侏罗纪、白垩纪、新近纪苍棕色层及第四纪。

1981 年 12 月，新疆石油管理局地质处的林隆栋及勘探开发研究院西北缘研究队的赵白等人编写的《乌尔禾－夏子街地区油气资源初步评价》中，根据 1954—1981 年的勘探钻井成果，确认井下钻遇的地层有石炭系、二叠系、中生界及新生界，将二叠系又细分为夏子街组、下乌尔禾组、上乌尔禾组。

进入 20 世纪 80 年代，风 1、风 3、风 5、风 7 等探井的完钻，进一步揭示了风城地区古生代地层层序。对风城地区井下揭露的一套暗色含碳酸盐岩地层（风 3 井出油层位），在地震剖面中位于区域上可以连续追踪对比的强反射层 P^{t1}—C^{t1} 之间，初期人们称它为佳木河组或海相层，根据层序定为中—上石炭统（C_{2+3}）。

1982—1983 年，新疆石油管理局委托美国地质调查所和贵阳地球化学所对地面出露的佳木河组岩石绝对年龄进行测定，结果为 221 ～ 291 百万年，表明佳木河组时代属二叠纪；同期兰州地研所王惠和勘探开发研究院古生物室陆继军等人根据孢粉分析一致认为风城地区井下暗色含碳酸盐岩地层时代亦应属二叠纪，并将该套地层命名为“风城组”。

1985 年 6 月，勘探开发研究院区域勘探室孟长生等人在综合了钻井、地震、测井、岩矿、古生物、绝对年龄测定和区域对比资料，编写的《准噶尔盆地西北缘井下石炭系、二叠系层序》研究报告，统一了西北缘井下石炭系、二叠系划分方案，将风城组、佳木河组划归二叠系下统。

1985 年 11 月，勘探开发研究院区域勘探室徐洪德等人编写的《准噶尔盆地西北缘乌尔禾—风城地区石油地质特征》研究报告，确认该区地层发育较全，自上而下实钻地层主要有 12 套（表 1−1），其中齐古组、八道湾组、风城组三套地层为含油储层，前二者为稠油储层，后者为稀油储层。在整个剖面中存在 5 个区域不整合面，即石炭系与二叠系、二叠系与三叠系、三叠系与侏罗系、侏罗系内部的齐古组与其以下地层、齐古组与白垩系等不整合接触关系。各层系都存在从南向盆地边缘超覆、剥蚀、减薄、尖灭的现象。

1992 年 4 月勘探开发研究院油区勘探室张明玉、寇向荣等人编写的《风城油田重 1 井断块、重 43 井区侏罗系稠油油藏储量报告》，根据钻揭齐古组井的岩性和电性特征，将齐古组自上而下划分为 J_3q^1、J_3q^2、J_3q^3 三个砂层组，其中 J_3q^2、J_3q^3 砂层组沉积稳定，分布于整个风城地区，是主力储集层（图 1–1），其电性特征为块状高阻，高时差，自然电位大幅度负异常。J_3q^1 砂层组在风城地区构造低部位井中发育。

表 1–1　风城地区地层层序划分表

系	统	组	层位	厚度 m	岩性岩相简述
白垩系	下统	吐谷鲁群	K_1tg	100 ~ 1200	厚层状灰绿色泥岩、细砂岩、砂质泥岩，与下伏地层不整合接触
侏罗系	上统	齐古组	J_3q	0 ~ 200	灰色泥质粉砂岩及中细砂岩，岩矿成分为岩屑，次为石英、长石，沉积相为河流相
	下统	三工河组	J_1s	0 ~ 280	深灰、灰色泥岩，砂岩，砂泥岩互层
		八道湾组	J_1b	0 ~ 350	砂岩、砂砾岩、浅灰和深灰色泥岩夹煤层和碳质泥岩，沉积相为辫状河流相，与下伏地层不整合接触
三叠系	上统	白碱滩组	T_3b	0 ~ 300	厚层状灰色、灰白色泥岩，夹砂岩、粉砂岩为主
	中统	克拉玛依组	T_2k	0 ~ 400	灰色、绿灰色、杂色砂砾岩与棕色泥岩不等厚互层
	下统	百口泉组	T_1b	0 ~ 230	棕色砂质泥岩、泥质小砾岩、砂质小砾岩及砂砾岩
二叠系	上统	上乌尔禾组	P_3w	0 ~ 401	棕褐色砾岩及同色砂质泥岩
	中统	下乌尔禾组	P_2w	0 ~ 1400	灰色、褐色泥岩及灰绿色、灰色砾状砂岩
		夏子街组	P_2x	600 ~ 1200	褐色、杂色和灰绿色砾岩，砂岩夹薄层褐色砂质泥岩
	下统	风城组	P_1f	400 ~ 1400	深灰色泥质白云岩、白云质泥岩夹层状细—粗粒砂岩的混合沉积，沉积相为残留海相，储层是裂缝—孔隙性的双重介质储层
		佳木河组	P_1j	562（未穿）	杂色粗碎屑岩、火山碎屑岩，夹中基性喷发岩
石炭系			C		火成岩为主

注：摘自《准噶尔盆地西北缘乌尔禾—风城地区石油地质特征》，1985 年 11 月。

报告中根据八道湾组在剖面上的岩性组合及沉积旋回特征，自上而下分为 J_1b^1、J_1b^{2+3}、J_1b^4、J_1b^5 四个砂层组。其中 J_1b^5 砂层组分布最广，J_1b^1 砂层组次之，J_1b^{2+3} 和 J_1b^4 砂层组仅出现在局部地区。在重 43 井区只有呈不整合接触的 J_1b^1 和 J_1b^5 两个砂层组（图 1–2、图 1–3），J_1b^1 砂层组较薄且变化大，厚约 8 ~ 15m，岩性较细；J_1b^5 砂层组较稳定，厚约 20 ~ 25m，分为上、下两个岩性段，上部以中细砂岩为主，富含稠油；下部岩性较粗，胶结致密，含油性较差；最底部为致密砾岩，其含油性较差。

1983 年 12 月，勘探开发研究院徐洪德、罗卫钢等人编写的《对乌尔禾—风城地区井下石炭、二叠系地层划分的初步意见》研究报告，根据电性、岩性特征将风城组自上而下划分为六个岩性段，其中风二段是主要储层（表 1–2）。

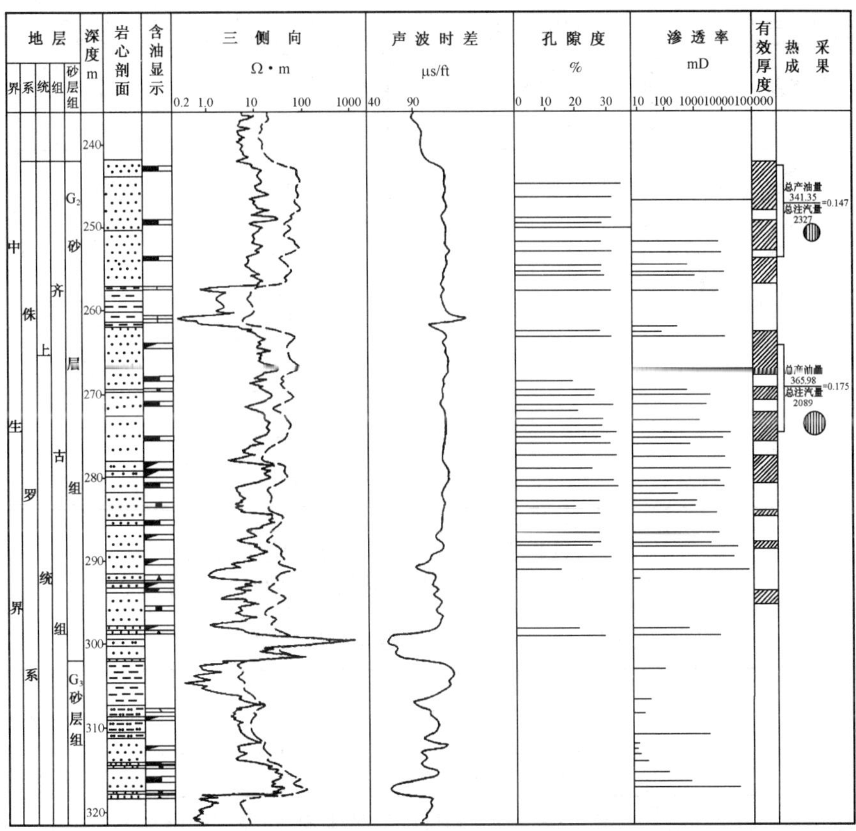

含砾不等粒砂岩 饱含油 砂岩 泥岩 含油 油斑 油浸

图 1-1 风城地区重 1 井齐古组四性关系图
（新疆石油管理局勘探开发研究院编制，1992 年 4 月）

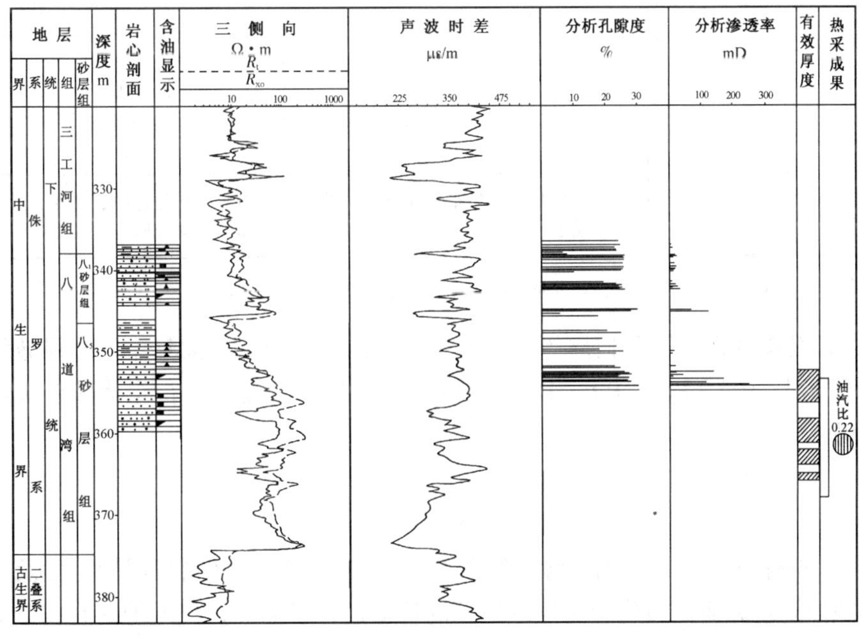

砂砾岩 砂岩 饱含油 油斑
含砾砂岩 泥质砂岩 含油 油浸

图 1-2 风城地区重 046 井八道湾组四性关系图
（新疆石油管理局勘探开发研究院编制，1992 年 4 月）

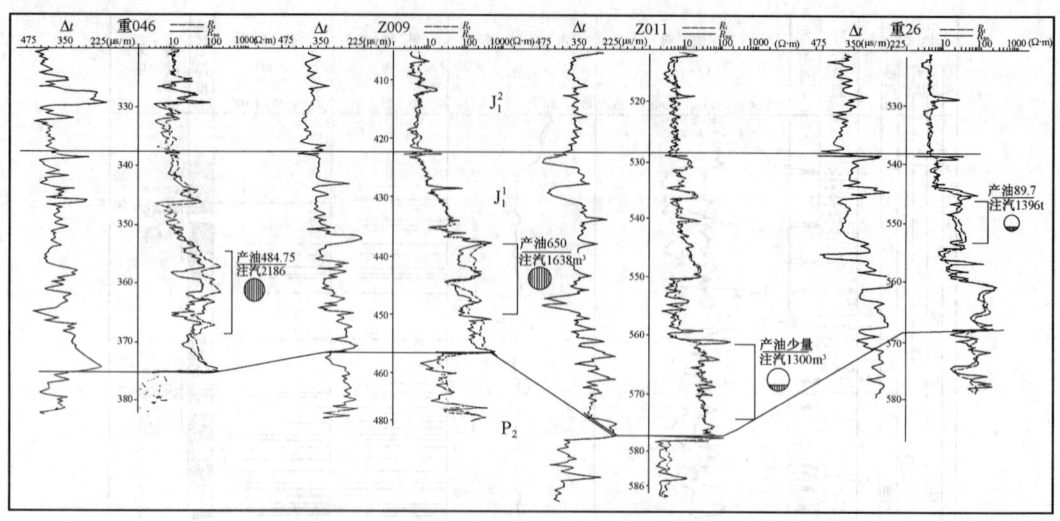

图 1–3　风城地区重 43 井八道湾组电性对比图
（新疆石油管理局勘探开发研究院编制，1992 年 4 月）

表 1–2　风城地区风城组小层划分表

组	段	厚度 m	曲线特征	岩性岩相简述
风城组	风一段	35 ~ 74	受风化程度不同变化较大	低阻泥岩
	风二段	118 ~ 165	厚层不规则状高阻层与厚层低阻间互，自然电位负差大	灰、灰黑色白云质泥岩，泥质白云岩为主，夹浅灰色层状细—粗砂岩
	风三段	124	呈锯齿状，自然电位较低，负差异不明显，密度值较风二段增高	深灰色含硅泥质白云岩与含硅白云质泥岩互层，局部硅质（主要为燧石）富集，呈条带及团块状分布
	风四段	89	无明显起伏的高阻层	灰、灰黑色含硅泥质白云岩与含泥硅质白云岩薄层状不等厚互层
	风五段	99	高低起伏显著，低密度，高孔隙	为浅灰、深灰色泥硅质白云岩及含泥白云质硅质岩，局部由于热液侵蚀已变成浅灰白色次生石英岩，孔洞发育
	风六段	113	呈锯齿状，自然电位较低，负差异不明显	为灰、灰黑色白云质泥岩及泥质白云岩，局部可能含硅质

注：摘自《对乌尔禾—风成城地区井下石炭、二叠系地层划分的初步意见》，1983 年 12 月。

2001 年 12 月，勘探开发研究院何周等在计算风 5 井区风城组新增储量中，将风城组自上而下细分为五个岩性段，即 P_1f^1、P_1f^2、P_1f^3、P_1f^4、P_1f^5。并认为风城组与上覆夏子街组为整合接触，与下伏佳木河组为不整合接触。

二、构造

1982 年 11 月，勘探开发研究院西北缘研究队蒋维三等人编写的《哈拉阿拉特山及风城—夏子街地区的构造特征与找油问题》研究报告中对风城地区的构造进行了描述，风城地区在构造上系克—乌断阶带向东北之延伸，地震资料显示该区浅部侏罗系、白垩系为向东南缓倾之单斜层，并逐层向北西方向超覆，其中断裂切割较少。下伏的三叠系、二叠系和石炭系则有明显的褶曲和断裂，构造线的主要走向为北东向，但有北西向构造干涉（图 1–4）。根据该区最重要的两个不整合面（二叠系和三叠系之间、三叠系和侏罗系之间）划分三个构造层，每一个构造层内部还有不整合面存在，但其规模较小。地震剖面显示，向着盆地内部褶皱越来越弱，幅度越来越小，继之过渡为一平缓的单斜层。

1984 年 5 月，勘探开发研究院蔡迪霖、刘新等人对跨越了黄羊泉—夏子街部分地区总面积约 570km² 范围内的 103 条地震测线进行了重新解释，编写的《乌尔禾—风城地区地震构造研究及油气评价》报告中，将风城背斜分为 4 个次级区块：风 3 井背斜、风 5 井背斜、风 14 井断鼻、乌尔禾南背斜。

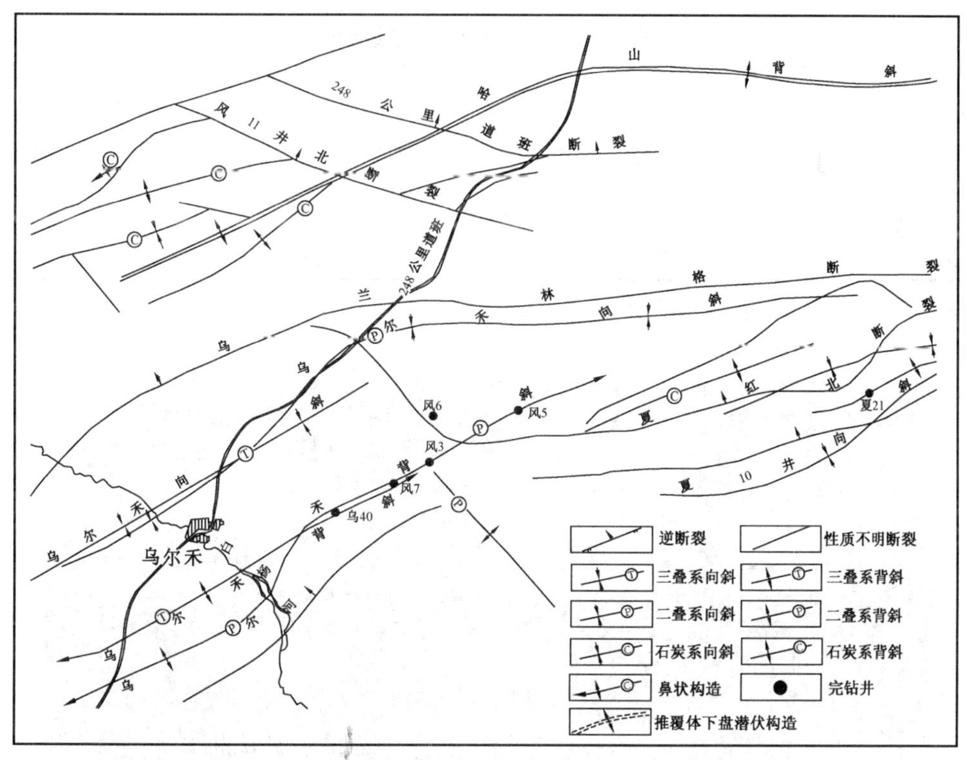

图 1–4　风城地区构造纲要图
（新疆石油管理局勘探开发研究院编制，1982 年 11 月）

风 3 井背斜为风城背斜的南高点，北东—南西走向，西翼不对称，西北翼平缓、东南翼较陡，背斜宽约 1000m，长短轴之比 8:1，闭合高度 280m（图 1–5）。风 3 井逆断裂沿背斜轴部切过，断面南倾，向上断入乌尔禾组，断裂上下两盘的风二段顶部落差 50 ~ 200m 左右。乌尔禾南断裂，位于风 3 井断裂南部风 318 井附近。断裂走向与风 3 井断裂基本平行，但倾向相反，断面北倾，为逆断裂。断裂向上断入乌尔禾组。风二段顶部在此断裂上下两盘落差 50 ~ 200m。此断裂沿东北方向延伸入本区。

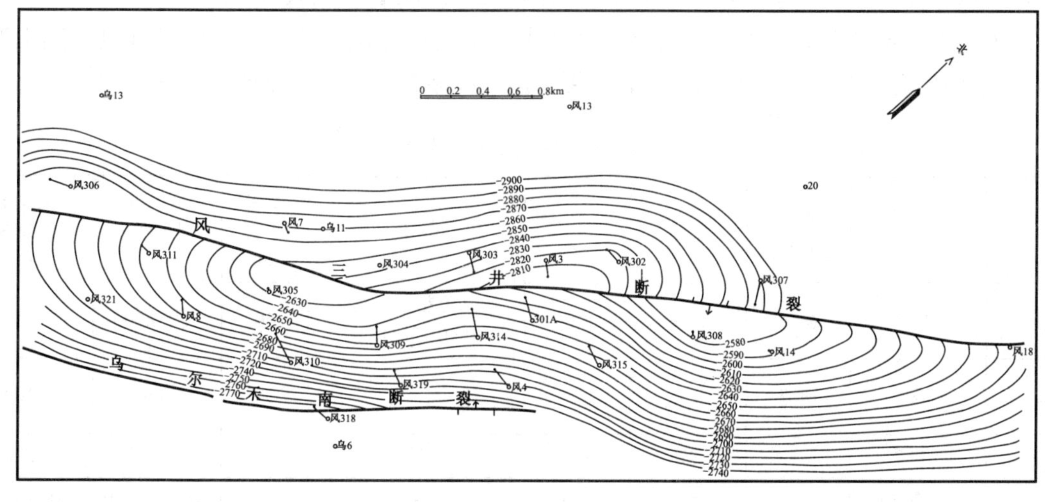

图 1–5　风 3 井区风城组风二段顶部构造图
（新疆石油管理局勘探开发研究院编制，1996 年 3 月）

风5井背斜后经探井钻探证实为以推覆为主的断裂控制的断块，断裂倾向老山。上盘二叠系风城组顶部为东南倾的单斜，地层倾角约5°～10°；下盘二叠系风城组为乌7井北断裂、夏7井北断裂和夏21井断裂所夹持的断块，平面上呈长条状，断块内地层东南倾，二叠系风城组圈闭面积16.1km²（图1-6、图1-7）。三条断裂断开的最高层位为三叠系顶部，断面上陡下缓，倾向北东、北西（表1-3）。

表1-3　风5井区断裂要素统计表

断裂名称	断裂性质	断开层位	走向	倾向	倾角（°）
夏21井断裂	逆断层	P—T	北东	北西	30～40
夏7井北断裂	逆断层	P—T	南东	北东	25～35
乌7井北断裂	逆断层	P—T	北东	北西	35～45

注：摘自《风城油田风5井区块新增石油探明储量报告》，2001年12月。

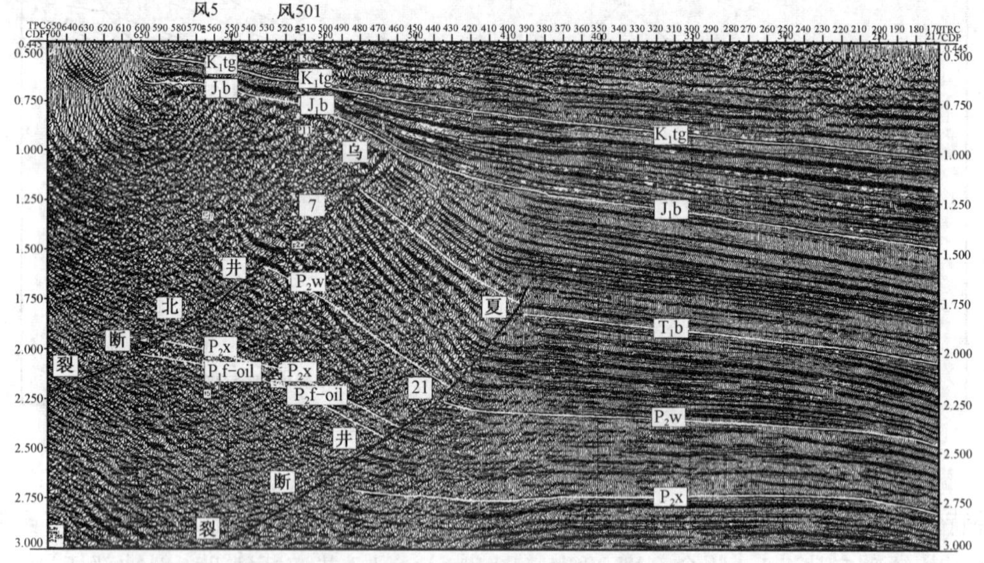

图1-6　风5井区过风5—风501井地震剖面
（新疆油田分公司勘探开发研究院编制，2001年12月）

1985年11月，勘探开发研究院区域勘探室徐洪德等人编写的《准噶尔盆地西北缘乌尔禾—夏子街地区石油地质特征》研究报告，对风城地区构造特征作了进一步阐述：风城地区的断裂属于乌尔禾—红旗坝断裂带组成部分，华力西期是断裂带的形成期和主要推复期，印支期进一步强烈推复，燕山期定型。自北向南主要断层有：哈一井断裂、夏红北断裂、风3井断裂、乌尔禾南断裂（表1-4）。

表1-4　风城地区主要断层要素表

断层名称	断开最高地层	断层性质	走向	倾向	倾角	断层长度 km	最大水平断距 m	最大垂直断距 m
哈一井断裂	侏罗系	逆掩	北东	北西	上、下30°～40° 中10°～15°	30	大于6500	
夏红北断裂	三叠系	逆掩	北东	北西	上25°～30° 下0°～15°	32	1750	1100
风3井断裂	二叠系	逆冲	北东	南东	45°	4	50	200
乌尔禾南断裂	三叠系	逆冲	北东	北西	45°～60°	10.5	100～150	100～200

注：摘自《准噶尔盆地西北缘乌尔禾—夏子街地区石油地质特征》，1985年11月。

1987 年，由勘探开发研究院开发室的过洪波编写的《风城地区（上盘）石油地质特征及找油新领域》中新发现 3 条断裂：风 16 井断裂、重 1 井北断裂、乌兰林格南断裂。按照断裂带推复构造模式，报告将风城地区构造分为推复体（图 1–8）和超覆尖灭带（图 1–9）两种构造模式。

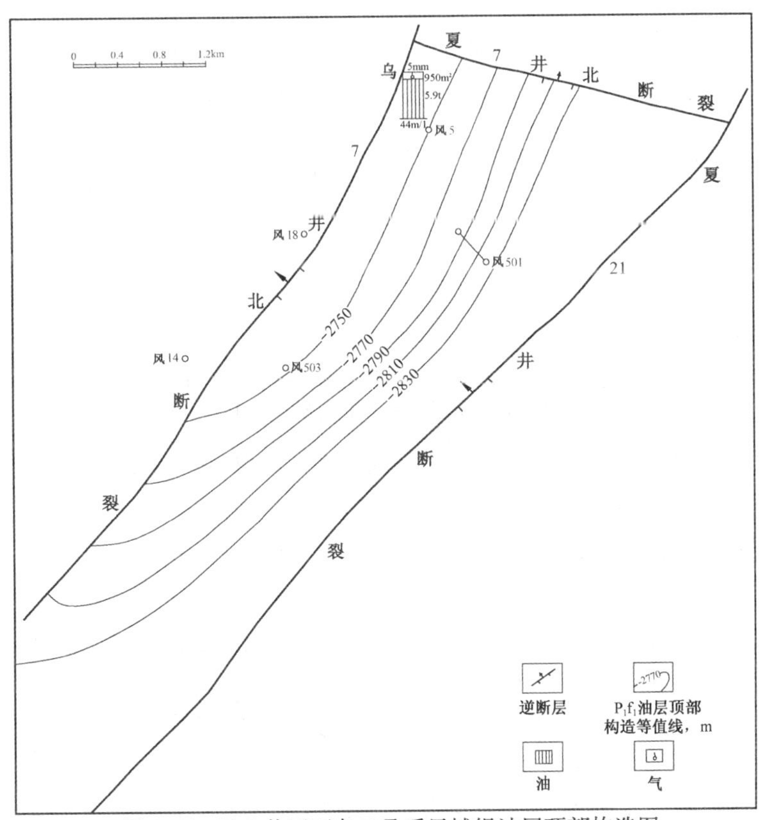

图 1–7 风 5 井区下盘二叠系风城组油层顶部构造图
（新疆油田分公司勘探开发研究院编制，2001 年 12 月）

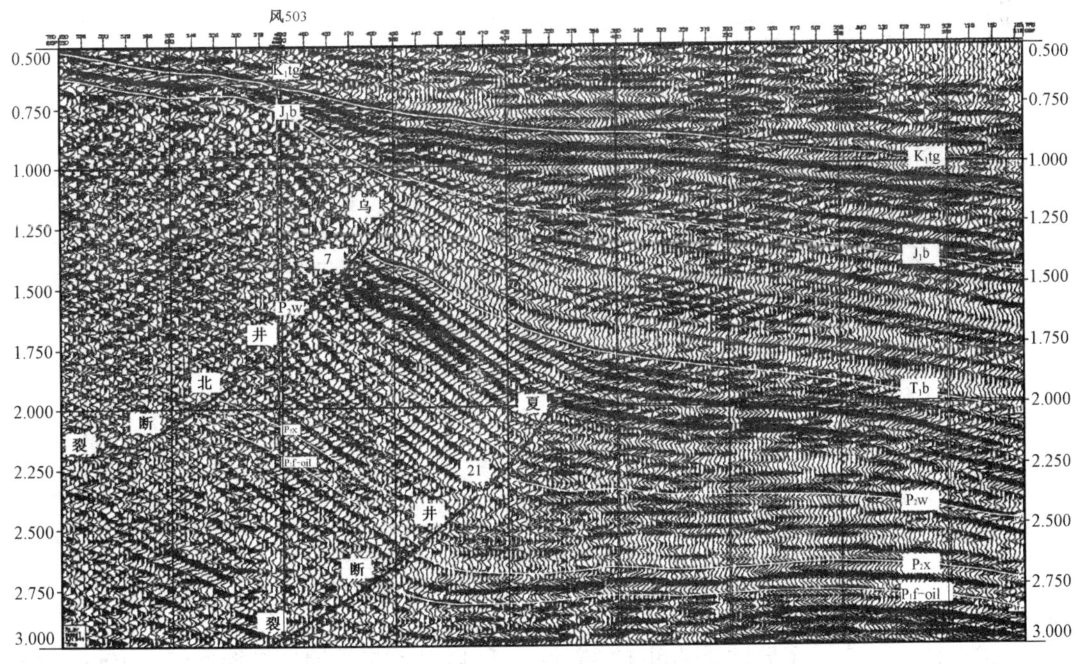

图 1–8 风城油田过风 503 井地震剖面图
（新疆油田分公司勘探开发研究院编制，2001 年 12 月）

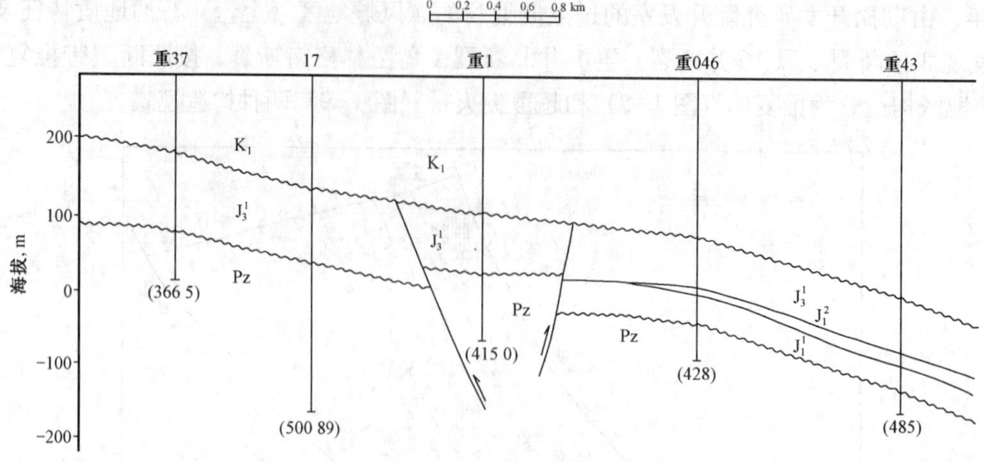

图 1−9　风城油田过重 37—重 43 井构造剖面图
（新疆石油管理局勘探开发研究院编制，1992 年 4 月）

截至 1991 年，风南地区完成 60 次覆盖地震剖面 8 条，共 218.425km，地调处的刘楼军、郭勇等人通过对风南地区地震资料的解释，编写的《风南地区地震解释新成果》一文中，证实了乌尔禾南等 4 条断裂的存在，同时新发现并命名了风南 1 井断裂，落实了风南断鼻构造的存在，查明了风南背斜的位置（图 1−10）。

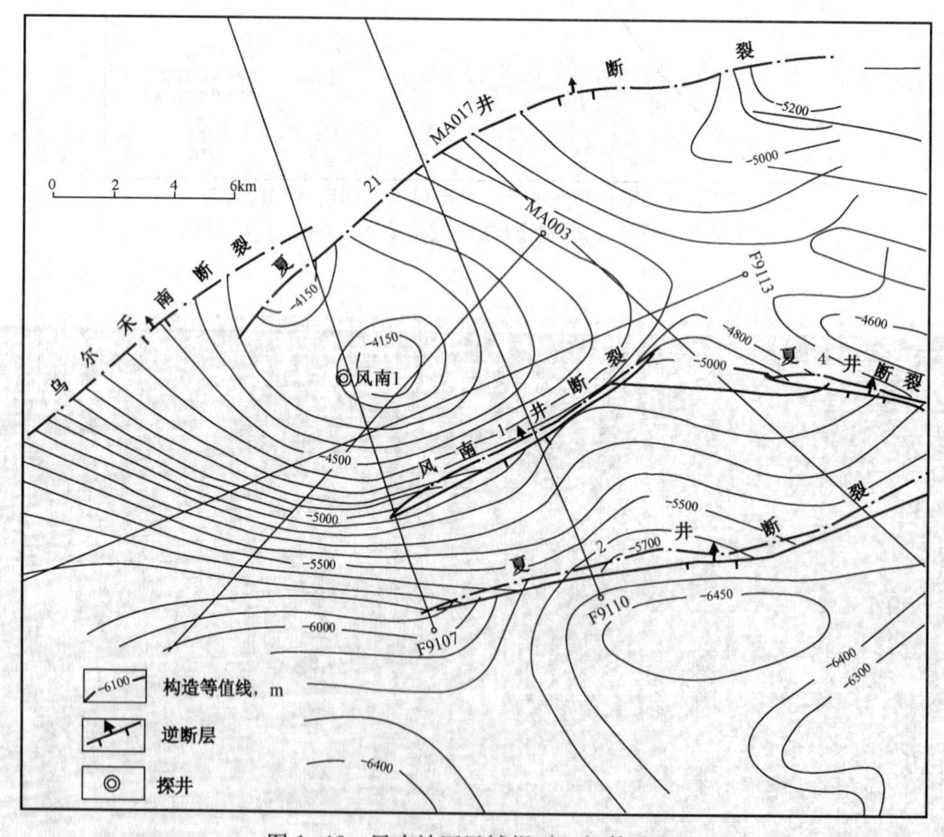

图 1−10　风南地区风城组（P_2f）构造图
（新疆石油管理局地调处编制，1991 年 12 月）

1992 年 10—11 月，完成了风城北部重 1 井断块、重 43 井区三维地震勘探，面元 10m × 20m，覆盖次数 2 × 15，满覆盖面积 3.53km²。1994 年 4 月，地调处黄凯等人编写的《准噶尔盆地西北缘重 1 井区三维地震地质解释》报告中，将重 1 井背斜形态等进行了详细描述：重 1 井区有一北东—南西向的、长宽比例为 2:1 的短轴背斜；重 1 井南断裂是为 4 条近东西走向的断裂组合，重 1 井北断裂是由北西走向和近东西走向的两组断裂组成，其中北西走向的断裂有 11 条，东西走向的断裂 3 条。

2003 年 12 月，东方公司技术发展中心地质研究中心李晓恒等与新疆石油管理局低效油田开发公司刘瑞兰、李金华等人合作编写的《重 32（二维）、重 1、43（三维）区块地震资料精细解释、圈闭描述及储层横向预测》报告认为，风城北部浅层超覆尖灭带断层比较发育，比较落实的断裂有乌兰林格断裂、风 16 井断裂、风 16 井北断裂、重 1 井北断裂、重 1 井南断裂、重 18 井弧形断裂（表 1–5）。

表 1–5　风城油田侏罗系断裂要素统计表

断裂名称	长度 km	断距 m	走向	倾向	倾角 （°）	性质
重 18 井弧形断裂	19.841	15 ~ 25	近东西	北	50 ~ 60	逆断层
乌兰林格断裂	22.135	15 ~ 25	近东西	北	55 ~ 60	逆断层
风 16 井北断裂	8.445	10 ~ 15	北东	北西	45 ~ 55	逆断层
风 16 井断裂	7.33	10 ~ 15	北东东	北西	45	逆断层
重 41 井断裂	2.654	10 ~ 15	北西	北北东	40 ~ 45	逆断层
重 26 井断裂	2.374	10 ~ 15	北西	北北东	40 ~ 45	逆断层
重 1 井北断裂	4.396	10 ~ 15	北东东	南南东	45	逆断层
重 1 井南断裂	2.856	10 ~ 15	近东西	北东	45	逆断层
重 43 井北断裂	2.329	10 ~ 15	北东	北西	45	逆断层
重 43 井南断裂	1.595	10 ~ 15	北东	南东	45	逆断层
风 18 井断裂	3.952	10 ~ 15	北	近东西	45	逆断层
重 22 井断裂	4.175	10 ~ 15	北东	北北西	45	逆断层
风 3 井断裂	2.679	10 ~ 15	北北西	北东	45	正断层
重 25 井断裂	5.675	10 ~ 15	北东	南东	45 ~ 55	正断层
重 42 井东断裂	1.041	8　10	北北西	北北东	35 ~ 40	正断层

注：摘自《重 32（二维）、重 1、43（三维）区块地震资料精细解释、圈闭描述及储层横向预测》，2003 年 12 月。

第二节　储　层

风城油田已探明的 5 个油藏（区块）中，包括 3 套储层，自上而下为齐古组、八道湾组及风城组（表 1–6）。

表 1–6　风城油田储层特征表

区　块	层 位	地层厚度 m	储层厚度 m	储 层 岩 性	沉积相	储层分类	储 集 类 型	储层物性		非均质性
								孔隙度 %	渗透率 mD	
重 29—重 32 断块	J_3q	60.0	10.1	中细砂岩	河流	好	孔隙	29.0	450	弱
重 1 井断块	J_3q	90.0	30.1	中细砂岩	河流	好	孔隙	29.0	560	弱
重 43 井区	J_1b	25.0	9.5	不等粒砂岩	河流	中	孔隙	23.0	460	弱
风 3 井区	P_1f	350.0	29.5	泥质白云岩	残留海相	中	孔隙—裂缝	3.1	4.8	强
风 5 井区上盘	P_1f	180.0	31.1	泥质白云岩	残留海相	中	孔隙—裂缝	12.0	28.8	强
风 5 井区下盘	P_1f	350.0	17.7	泥质白云岩	残留海相	差	孔隙—裂缝	8.0	4.8	弱

注：依据风城油田个区块探明储量报告编制。

一、沉积相

（一）风城组残留海相沉积

1983 年 12 月，徐洪德、罗卫钢等人编写的《对乌尔禾—风城地区井下石炭、二叠系地层划分的初步意见》一文中，有关风城组沉积特征描述为：风城组为一套灰、灰黑色含碳酸盐岩地层，以白云质泥岩和泥质白云岩为主。硅质条带与团块发育，大量的层纹构造与广泛分布的黄铁矿晶体，属于静水环境的沉积。据岩心发射光谱分析，Sr、Ba 比高达 5.6 ~ 7.6，Ba 含量高达 1000 ~ 5000μg/g。有机碳含量亦高，平均 1.29%。局部见到棘皮动物化石碎屑，并发现有管状藻、葛万藻、伊万诺夫藻、有孔虫、钙球及介形虫等海相化石。从岩石组合特征、古生物特征和地化指标来看：风城组为一套潟湖或海湾相环境的沉积。

1985 年 7 月，勘探开发研究院区域勘探室尤兴弟等人编写的《准噶尔盆地西北缘乌尔禾—风城地区下二叠统风城组沉积相分析》中进一步对风城组沉积相进行了研究，认为该区风城组属于残留海相的沉积，即它远离广海，与广海毫无联系的一个独立的小海盆。它的沉积环境相当于一个巨大的湖泊，只是湖水不是淡水而是海水，因此也可以说是海水湖相的沉积。

2001 年 12 月，勘探开发研究院何周、刘文峰等人编写的《风城油田风 5 井区块新增石油探明储量报告》中对风 5 井区的沉积相特征描述为：风城组为一套灰、深灰色泥质白云岩、白云质泥岩夹层状细—粗粒砂岩的混合沉积，沉积相为残留海相；上盘风城组主要为扇三角洲沉积，岩性为白云质砂岩、白云质砂砾岩；下盘风城组沉积相主要为浅湖亚相，岩性为泥质白云岩和白云质泥岩。

（二）侏罗系河流相沉积

根据 1985 年 11 月勘探开发研究院区域勘探室徐洪德、史宣玉、尤兴弟等人编写的《准噶尔盆地西北缘乌尔禾—风城地区石油地质特征》中叙述，侏罗系上统齐古组为灰色、灰白色、灰绿色砂岩夹褐红色泥岩，北部主要为河流相，向南过渡为浅湖相。下统八道湾组为浅灰色、灰白色不等粒砾岩、含砾砂岩夹煤层及炭质泥岩，砾石成分石英含量高，园度好，砂泥质—钙质胶结，属山区河流相沉积，沉积旋回的后期局部变为沼泽环境。

1993 年 9 月，常毓文、陈振琦、孙新革等人编制的《风城油田重 1 井区齐古组超稠油油藏水平井试验区地质及油藏工程设计》中，进一步对风城油田齐古组进行了沉积环境分析，认为重 1 井区齐古组为一套辫状河流相沉积，主要岩性为灰、灰绿色砂砾岩、中细砂岩、泥质砂岩，并按沉积特征及测井响应进一步细分为心滩、河道、漫滩三种微相，其物源来自西北部哈拉阿拉特山（图 1–11）。

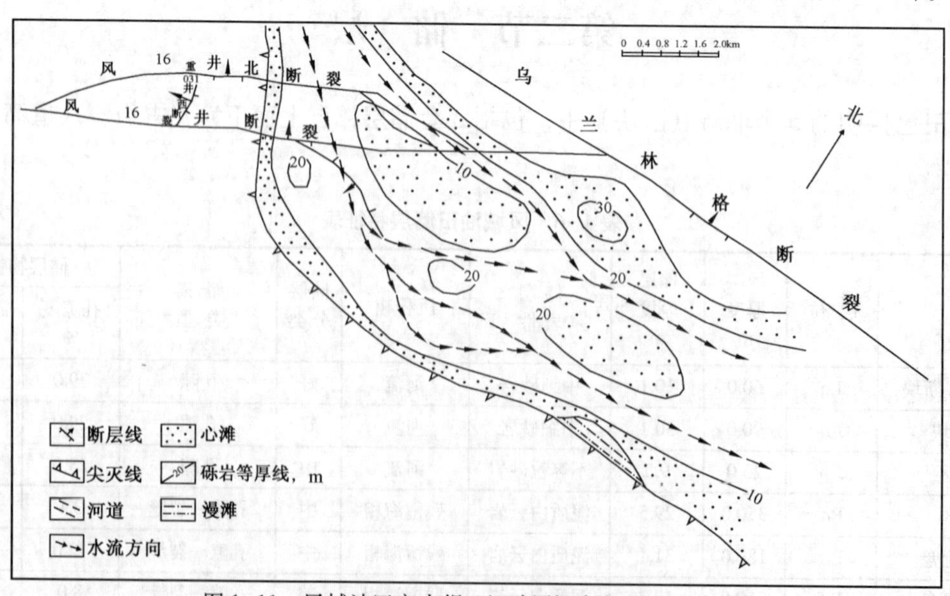

图 1–11　风城油田齐古组 G^1_2 砂层沉积相平面分布图
（新疆石油管理局勘探开发研究院编制，1996 年 1 月）

据粒度正态概率图多为二段式和三段式，细截点在 3 ~ 5ф 之间，粗截点在 1 ~ 3ф 之间，其中悬浮总体占 30% ~ 50%，跳跃总体占 30% ~ 50%，牵引总体占 10% ~ 20%，甚至更少，反映了河流沉积的一般特点（图 1–12）。由 *C*—*M* 图发育 PQ、QR、RS 三段，说明具有滚动和悬浮、逆变悬浮、均匀悬浮三种搬运方式，与标准辫状河流的 *C*—*M* 图相似（图 1–13）。

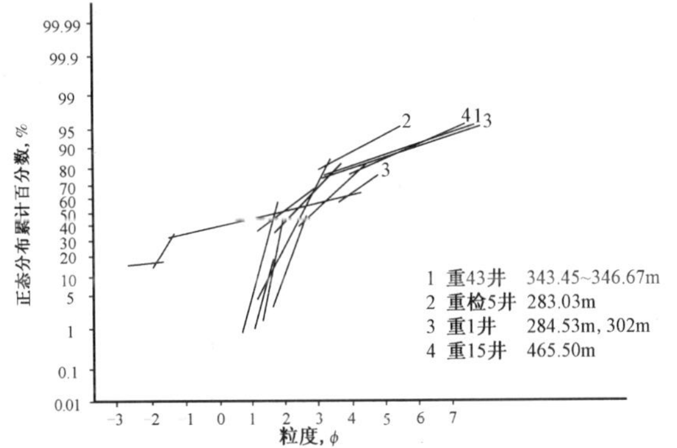

图 1–12　重 1 井区齐古组 G_2^2 砂层微粒正态分布图
（新疆石油管理局勘探开发研究院编制，1996 年 1 月）

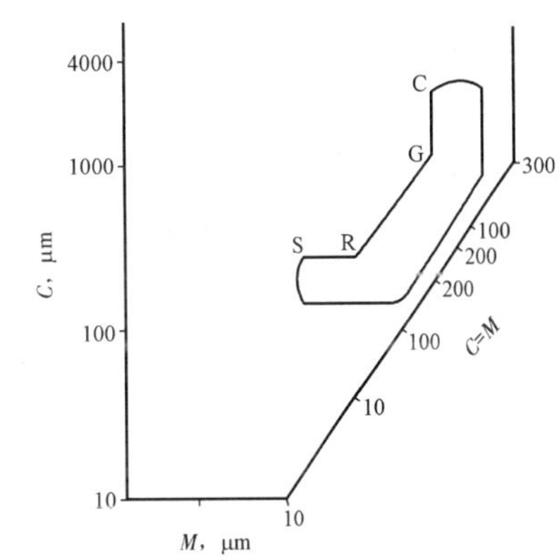

图 1–13　重 1 井区齐古组 *C*—*M* 图
（新疆石油管理局勘探开发研究院编制，1996 年 1 月）

二、岩性物性

（一）二叠系双重介质储层

自风 3 井区风城组获高产油流后，许多专家对风城组储层做了大量的研究工作：1984 年 5 月成都地质学院陈布科编写了《准噶尔盆地西北缘风城组的储集特征及成岩作用》，1985 年 1 月，勘探开发研究院区域勘探室鲜继渝等人编写了《风城地区风城组岩矿及储层特征的探讨》报告，1985 年 7 月，尤兴弟等人编写了《准噶尔盆地西北缘乌尔禾—风城地区下二叠统风城组沉积相分析》报告，1985 年 12 月勘探开发研究院区域勘探室李一峰、徐清来在综合前人资料及认识的基础上，编写了《风城组储层研究小结》，对风城组储集特征进行了比较系统的阐述：风城组岩石主要由泥质、白云质、硅质三种成分以及陆源碎屑砂质所组成。据风 5、风 7 井岩矿薄片资料统计（表 1–7）：黏土矿物土要为伊利石、蒙皂石，风 306 井电镜扫描分析的泥质部分只有结晶差、形态不规则的高岭石；据风 4 井、风 8 井有效孔隙度统计，泥岩有效孔隙度集中在 4% ~ 9% 之间，粉砂岩则集中在 4% ~ 7% 之间，风 3 井断裂上盘孔隙度为 6% ~ 11.85%，下盘为 4.14% ~ 8.77%，背斜轴部孔隙度相对高些，两翼有变低趋势，纵向上从风三段往下逐渐变小。

表 1–7　风 7 井各段岩矿组分表

组分 / 层段	泥质 %	白云质 %	硅质 %	砂质 %	黄铁矿 %	其他 %
风一段	50.25	14.39	1.38	9.56	1.70	22.72
风二段	32.63	36.20	4.45	21.76	1.86	3.10
风三段	29.06	52.25	8.06	4.5	1.19	4.94
风四段	47.67	20.00	26.67	5.0	0.66	—

注：摘自《风城地区风城组岩矿及储层特征的探讨》，1985 年 1 月。

据 83 块铸体薄片资料统计分析，基质孔隙类型主要有晶间孔、晶间溶孔、溶蚀孔、粒间（溶）孔、粒内（溶）孔、晶内溶孔、层间溶孔、铸（溶）模孔等。裂缝分为构造缝和非构造缝，构造缝：通过岩心观察到的构造缝垂向延伸较长，5 ~ 120cm 不等，少数可达数米长，风一段充填物大都为方解石和白云石，风二段以下多为石英，少数为方解石和白云石充填或半充填，在充填不满的缝内皆可见油迹或油气外渗；非构造缝：主要包括层间缝、压溶缝、缝合线等，经观察缝合线相对较发育，次为层间缝，局限性较大，缝宽（镜下）一般 20 ~ 70μm 左右，形态多样，大体平行层理分布。镜下所见到的非构造缝多半被沥青和稠油充填，从岩心、镜下观察到风二段以下均可见到不同程度的洞穴、晶洞，如风 5、风 7、风 9、风 18、风 308 等井，特别是风 7 井第 37 筒（3558.78 ~ 3559.48m）0.7m 的岩心中发育着近 200 个晶洞。风城组各岩段孔隙组合类型略有差异，以风二段组合类型最复杂，为晶间孔—晶间溶孔—溶蚀孔（包括基质微溶孔）—微裂缝—粒间（溶）孔—晶内溶孔—粒内（溶）孔—层间溶孔—铸（溶）模孔。

1996 年 3 月，勘探开发研究院区动态室许长福、朱亚婷编写的《风城油田风 3 井区二叠系风城组油藏油气探明储量复算报告》中，对该区压汞毛管曲线 110 块样品特征进行评价表述为，该区毛管压力曲线形态和特征参数反映出基质储层条件差，具小孔低容量的特点（图 1−14）。

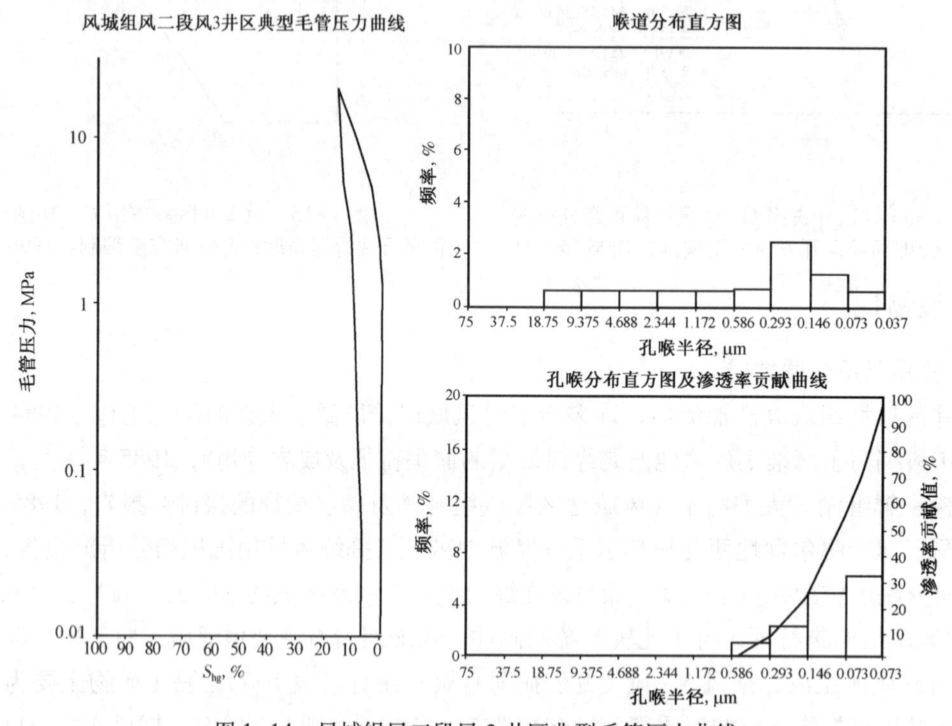

图 1−14　风城组风二段风 3 井区典型毛管压力曲线
（新疆石油管理局勘探开发研究院编制，1996 年 3 月）

2001 年 12 月，勘探开发研究院何周、刘文峰等人编写的《风城油田风 5 井区块新增石油探明储量报告》中对风 5 井区的储层特征描述如下：

据风 5 井、风 501 井录井和风 5、风 501、风 503、风 504 井岩矿薄片分析资料，上盘风城组（P_1f^{1-2}）储层岩性为白云质砂岩、白云质砂砾岩，砂屑成分主要是石英，其次为变泥岩，胶结物为白云石和泥质，团块构造。下盘风城组（P_1f^{1-1}、P_1f^{1-2}）储层岩性为泥质白云岩、白云质泥岩，白云石呈粉晶、细晶级它形或半自形晶体，呈散晶状分布于泥质岩中，黏土矿物主要为伊利石、蒙皂石。

根据铸体分析，风城组风二段基质孔隙主要为晶间孔、晶间溶孔及溶蚀孔，孔隙组合主要是以次生孔隙为主的双重介质孔隙系统，组合类型为晶间孔—晶间溶孔—溶蚀孔—微裂缝。根据风 5 井岩心描述和风 501 井 FMI 成像测井资料，风城组风二段储层裂缝发育，裂缝类型有斜交缝、网状缝和直劈缝，裂缝密度为每米 3 ~ 10 条，裂缝宽度一般为 0.2 ~ 10mm，裂缝长度垂向为 5 ~ 120cm；风 5 井断块风城组储层属裂缝—孔隙性的双重介质储层。

据风 504 井上盘风城组岩心物性分析资料，58 块孔隙度样品分析，孔隙度为 6.8% ~ 18%，平均为 13.8%，空气渗透率为 0.25 ~ 54.6mD，平均为 3.21mD，属低孔、特低渗储集层；据风 5、风 503 井下盘风城组岩心物性分析，79 块孔隙度样品分析，孔隙度为 0.4% ~ 11.7%，平均为 3.2%，15 块含油样品分析，孔隙度为 4.4% ~ 11.7%，平均为 6.8%；49 块渗透率样品分析，空气渗透率为 0.08 ~ 101.35mD，平均为 0.698mD，属低孔、特低渗储层。

（二）侏罗系孔隙性储层

1996 年 1 月，新疆石油管理局杨瑞麒、常毓文等人编写的《风城油田侏罗系超稠油油藏水平井注蒸汽开发可行性研究》一文中，根据 51 口取心井及岩心分析化验资料，对风城地区齐古组稠油储层特征做了研究。

该区齐古组储层岩性以中—细砂岩为主、分选较好，泥质胶结为主、胶结中等—疏松的孔隙性储层；主要孔隙类型有粒间孔和粒间溶孔，孔隙直径一般为 21 ~ 160μm，目估面孔率 6% ~ 10%，最大可达 22%，孔喉配位数主要为 2，压汞毛管压力曲线显示孔隙结构分为四类（表 1–8、图 1–15），Ⅰ、Ⅱ类为主要储层，Ⅲ类为次要储层，Ⅳ类为非储层。根据该区齐古组物性分析资料，齐古组 G_2、G_3 砂层组油层平均孔隙度分别为 29.2%、27.6%；G_2 砂层组油层空气渗透率为 100 ~ 8000mD；该区垂直渗透率变化在 160 ~ 3280mD 之间，为高孔、高渗储层。

表 1–8　风城油田侏罗系毛管压力曲线分类参数表

参数 类别			ϕ %	K mD	孔喉均值 mm	分选系数	变异系数	排驱压力 MPa	饱和度中值压力 MPa	孔喉半径 mm
Ⅰ	G_3	5	29.01	456.9	0.00165	3.41	0.3709	0.02	0.22	0.6482
	G_2^2	1								
Ⅱ	G_2^2	4	28.39	394.6	0.0006	3.67	0.343	0.06	2.34	0.4902
Ⅲ	G_2^2	3	27.82	68.6	0.0002	2.95	0.2413	0.11	10.4	0.2305
	G_2^1	1								
Ⅳ	G_3	2	10.45	<0.01	0.00008	1.72	0.1267	1.28	11.53	0.1069

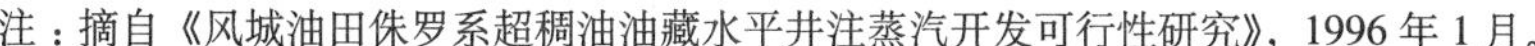
注：摘自《风城油田侏罗系超稠油油藏水平井注蒸汽开发可行性研究》，1996 年 1 月。

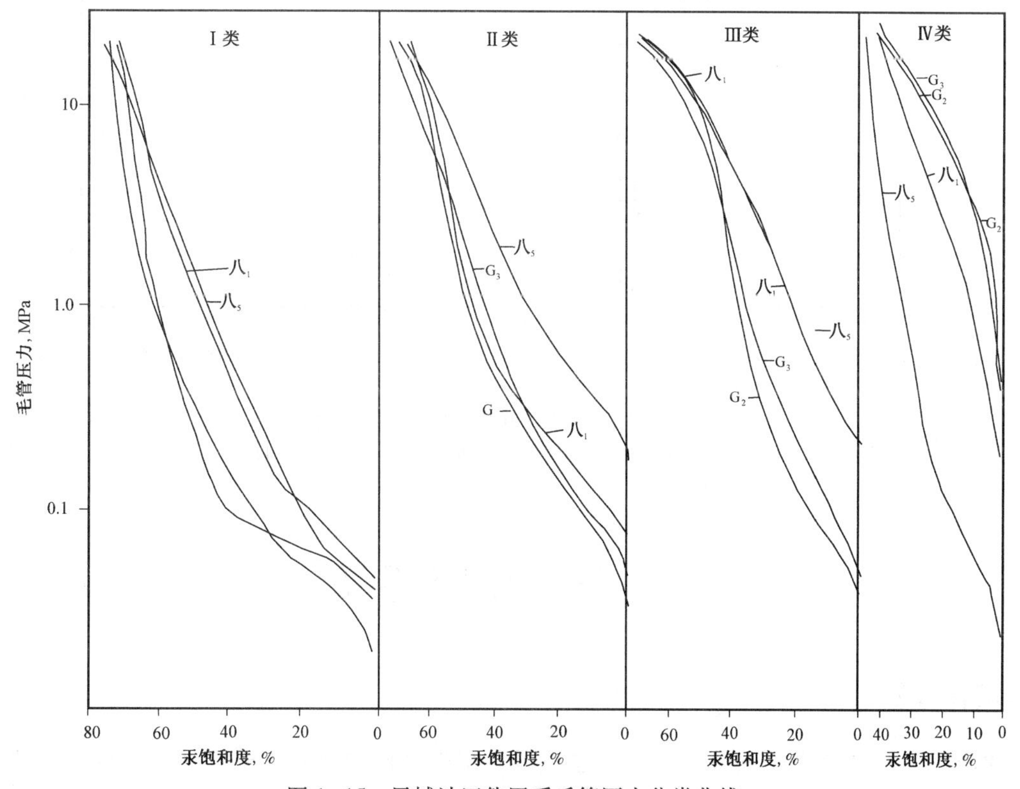

图 1–15　风城油田侏罗系毛管压力分类曲线
（新疆石油管理局勘探开发研究院编制，1996 年 1 月）

1992 年 4 月，勘探开发研究院张明玉、寇向荣等人编写的《风城油田重 1 井断块、重 43 井区侏罗系稠油油藏储量报告》中，对八道湾组的储层特征做了如下描述：

八道湾组储层的主要岩性是中细砂岩（约占 80.6%），其次是粗砂岩、含砾不等粒砂岩及砾状砂岩（约占 12% ~ 18%），砂岩颗粒的主要成分为石英及流纹岩岩屑，其次为长石及凝灰岩岩屑；胶结方式以接触—孔隙式为主，杂基含量 8% ~ 10%，杂基成分以高岭石为主，方解石次之，个别井伊 / 蒙混层矿物含量较高（占杂基总量的 31%）。据岩心铸体资料，八道湾组的孔隙类型主要有 3 种：原生粒间孔约占总孔隙的 47%，粒间溶孔占总孔隙的 40%，晶间孔及杂基溶孔占总孔隙的 7%，其余界面孔、微裂缝等约占总孔隙的 5% ~ 6%。八道湾组主要孔隙组合类型为原生粒间孔—粒间溶孔—晶间溶孔。

根据其主力油层——J_1b^5 砂层组 64 块油浸级以上含油样品的物性分析资料求得 J_1b^5 砂层组孔隙度均值、中值、峰值分别为 24.4%、24%、25%，空气渗透率均值、中值、峰值分别为 110mD、30mD、346mD。根据区内 4 口井 14 块含油样品的压汞资料，J_1b^5 砂层组的平均毛管压力曲线及累计渗透率贡献值曲线（图 1-16），根据地质混合经验分布法求得各项储层参数，并由此计算出八道湾组的储层综合参数值在 0.45 ~ 0.75 之间，其物性及孔隙结构特征综合评价为：中等孔隙度、中—高渗透率、大孔隙、中—细喉道，孔隙分选较好的中等储层。

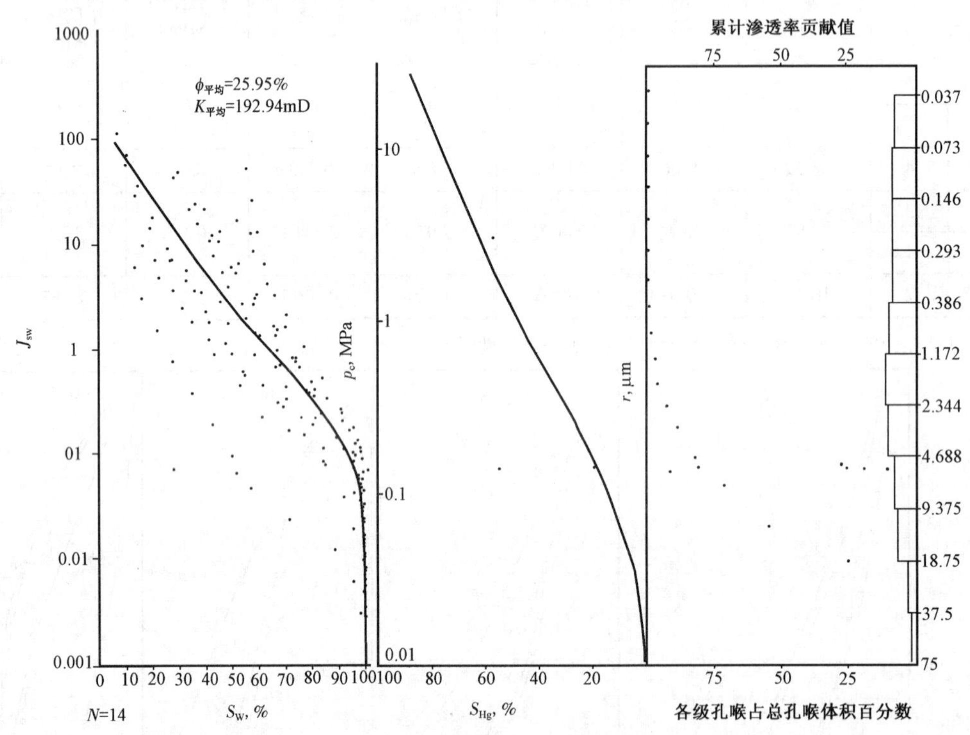

图 1-16　重 43 井区八道湾组平均毛管压力曲线
（新疆石油管理局勘探开发研究院编制，1992 年 4 月）

第三节　流体与渗流

一、流体性质

风城油田包括两种类型的油藏：深层二叠系风城组裂缝性块状底水稀油油藏；浅层侏罗系稠油油藏，流体性质具有较大的差异。

（一）二叠系风城组稀油油藏

1996 年 3 月，勘探开发研究院动态室许长福、朱亚婷等人编写的《风城油田风 3 井区二叠系风城组油藏油气探明储量复算报告》，依据 7 井 12 井层的测试资料，风 3 井背斜上下盘原始油水界面处于同一海拔高度，为 −2920m，平均油层中部海拔深度 −2768.7m，平均原始地层压力 44.5MPa，压力系数 1.433，原始油层温度 78.0℃，油藏压力属于偏高压型，油藏各项参数见表 1−9。

表 1−9　风城油田风 3 井区风城组油藏参数表

油藏名称	油藏类型	油藏中部深度 m	中部海拔 m	原始地层压力 MPa	压力系数	地层温度 ℃	油水界面	驱动类型
P_1f	构造	3105	−2768.7	44.5	1.433	78.0	−2920	底水—弹性—溶解气混合驱

注：摘自《风城油田风 3 井区二叠系风城组油藏油气探明储量复算报告》，1996 年 3 月。

据 4 口井高压物性（PVT）样品分析，风 3 井区风城组平均饱和压力为 22.45MPa，地饱压差 22.05MPa，饱和程度 50.5%，属于未饱和油藏，上下盘高压物性略有差异（表 1−10）。

表 1−10　风城油田风 3 井区地层油性质参数表

项目	饱和压力 MPa	体积系数		密度 g/cm^3		压缩系数 $10^{-4}MPa^{-1}$	黏度 mPa · s		溶解度 m^3/m^3
		饱压	地压	饱压	地压		饱压	地压	
上盘	21.92	1.283	1.247	0.749	0.770	12.43	2.5	3.06	98
下盘	23.32	1.294	1.255	0.756	0.777	13.23	1.5	1.96	103

注：摘自《风城油田风 3 井区二叠系风城组油藏油气探明储量复算报告》，1996 年 3 月。

据 13 口井 139 个地面油气水样品分析，风 3 井区风城组原油属于较高密度、高胶质的稀油，溶解气偏湿气型，地层水为较高矿化度的重碳酸钠型（表 1−11）。

表 1−11　风城油田风 3 井区地面原油性质参数表

项目	原油						溶解气		地层水		
	密度 g/cm^3	胶质含量 %	石蜡含量 %	凝固点 ℃	黏度（50℃）mPa · s	初馏点 ℃	相对密度	甲烷含量 %	氯离子含量 mg/L	总矿化度 mg/L	水型
上盘	0.880	54.9	2.678	-10.5	88.3 35.2	126.9	0.726	74.1	18346	60954	$NaHCO_3$
下盘	0.892	59.0	5.847	-7.7	128.4 49.9	146.7	0.747	76.4			

注：摘自《风城油田风 3 井区二叠系风城组油藏油气探明储量复算报告》，1996 年 3 月。

2001 年 12 月勘探开发研究院何周、刘文峰等人编写的《风城油田风 5 井区块新增石油探明储量报告》确认，风 5 井区二叠系风城组上下盘油藏性质各异，上盘油藏属于正常压力系统的普通稠油油藏，下盘油藏属于底水正常压力的未饱和稀油油藏。

据 5 井 16 层测试资料，风 5 井区上盘平均油层中部海拔深度 −453m，平均原始地层压力 9.84MPa，压力系数 1.14，原始油层温度 30.55℃；下盘平均油层中部海拔深度 −2803m，平均原始地层压力 37.81MPa，压力系数 1.18，原始油层温度 79.90℃，油藏压力正常，油藏各项参数见表 1−12。

表 1–12　风城油田风 5 井区风城组油藏参数表

项目	油藏类型	油层中部深度 m	油层中部海拔 m	原始地层压力 MPa	压力系数	原始地层温度 ℃	驱动类型
上盘	岩性	861	-453	9.84	1.14	30.55	弹性驱
下盘	岩性构造	3211	-2803	37.81	1.18	79.90	

注：摘自《风城油田风 5 井区块新增石油探明储量报告》，2001 年 12 月。

据 1 井 2 个高压物性（PVT）样品分析，风 5 井区风城组上盘平均饱和压力为 6.23MPa，地饱压差 4.37MPa，属普通稠油油藏，下盘平均饱和压力为 21.05MPa，地饱压差 17.4MPa，属未饱和油藏（表 1–13）。

表 1–13　风城油田风 5 井区地层油性质参数表

项目	饱和压力 MPa	体积系数		密度，g/cm^3		压缩系数 $10^{-4}MPa^{-1}$	黏度，mPa•s		溶解度 m^3/m^3
		饱压	地压	饱压	地压		饱压	地压	
上盘	6.23	—	1.043	—	0.8614	10.44	51.04	61.52	32.36
下盘	21.05	—	1.225	—	0.7909	15.80	1.75	2.24	72.33

注：摘自《风城油田风 5 井区块新增石油探明储量报告》，2001 年 12 月。

据 5 井 81 个地面油气水样品分析，风 5 井区原油属于较高密度的稀油，溶解气偏湿气型，地层水为较高矿化度的重碳酸钠型（表 1–14）。

表 1–14　风城油田风 5 井区地面原油性质参数表

项目	密度 g/cm^3	胶质含量 %	石蜡含量 %	凝固点 ℃	黏度（50℃）mPa · s	初馏点 ℃	溶解气		地层水		
							相对密度	甲烷含量 %	氯离子含量 mg/L	总矿化度 mg/L	水型
上盘	0.893	—	3.512	-14.04	128.9	150.9	0.732	79.29	6233.67	13570.46	$NaHCO_3$
下盘	0.886	63.7	3.76	-9.05	44.35	156.8	0.730	75.83	8845.88	18123.07	

注：摘自《风城油田风 5 井区块新增石油探明储量报告》，2001 年 12 月。

（二）侏罗系浅层稠油油藏

1996 年 1 月，新疆石油管理局杨瑞麒、常毓文等编写的《风城油田超稠油油藏水平井注蒸汽开发地质及油藏工程研究》报告中，对风城油田侏罗系齐古组的流体性质记述如下：齐古组沥青质含量较低，含硫微量，黏温反应十分敏感，特别是在温度加到 50℃以前，黏度变化大，原油黏度折算到地层温度下（13℃）齐古组的原油黏度为 500000mPa·s，属超稠油（表 1–15）。

表 1–15　风城油田侏罗系齐古组地面原油性质参数表

密度 g/cm^3	胶质含量 %	酸值 mg（KOH）/g	石蜡含量 %	凝固点 ℃	黏度（50℃）mPa · s	地层水		
						氯离子含量 mg/L	总矿化度 mg/L	水型
0.9638	8 ~ 24.2	4.758	1.56 ~ 2.7	15	21712	1945	4913	$NaHCO_3$

注：摘自《风城油田超稠油油藏水平井注蒸汽开发地质及油藏工程研究》，1996 年 1 月。

根据 1992 年 11 月常毓文、张为民等编写的《风城油田侏罗系超稠油油藏水平井注蒸汽开发可行性研究》报告中记述：八道湾组地面脱气油密度为 0.9163 ~ 0.9667g/cm^3，平均为 0.955g/cm^3，50℃时地面脱气油黏度为 600 ~ 18500mPa·s，折算到油层温度下原油黏度为 300000mPa·s。地层水总矿化度为 9489mg/L，氯离子含量 3466mg/L，水型为重碳酸钠型。

二、渗流规律

根据勘探开发研究院稠油综合研究室的郚巧梅编写的《风城油田侏罗系稠油油藏储层特征》，本区侏罗系岩心润湿性分析样品共 39 块，其中齐古组 9 块，八道湾组 30 块：测定结果，均具有亲水的特点，其中齐古组为弱亲水，平均水排比 0.170；八道湾组以中亲水为主，部分为弱亲水和强亲水，平均水排比 0.40。

截至 2005 年，侏罗系稠油油藏敏感性仅有一块盐敏样品，结论是无盐敏特征。

第四节　油气储量

风城油田从 1985 年上报风 3 井区二叠系风城组探明地质储量开始，到 2005 年底共上报石油探明储量区块 6 个，合计探明原油地质储量 4427×10^4t，可采储量 943.80×10^4t，溶解气地质储量 9.58×10^8m^3，可采储量 1.09×10^8m^3。其中只有风 3 井区二叠系风城组探明地质储量经过复算（表 1–16）。

表 1–16　风城油田探明石油储量数据表

区块	层位	储量类别	含油面积 km^2	有效厚度 m	有效孔隙度	含油饱和度	地面原油密度 g/cm^3	地层原油体积系数	石油		溶解气		备注
									地质储量 10^4t	可采储量 10^4t	地质储量 10^8m^3	可采储量 10^8m^3	
风 3 井区	P_1f	Ⅰ	km^2	54.4	0.031	0.57	0.887	1.253	426.00	57.60	4.80	0.36	复算
风 5 井区	P_1f	Ⅱ	6.30	31.1	0.12	0.67	0.880	1.225	681.00	116.60	4.78	0.73	新增
重 1 井断块	J_3q	Ⅲ	2.70	30.2	0.29	0.68	0.955	1.00	1536.00	353.30	—	—	新增
重 43 井区	J_1b	Ⅲ	3.80	9.5	0.23	0.75	0.954	1.00	594.00	118.80	—	—	新增
重 29 井断块	J_3q	Ⅲ	1.60	7.6	0.29	0.63	0.958	1.00	213.00	53.20	—	—	新增
重 32 井断块	J_3q	Ⅲ	4.40	11.3	0.29	0.71	0.954	1.00	977.00	244.30	—	—	新增
合 计			25.00	—	—	—	—	—	4427.00	943.80	9.58	1.09	—

注：依据风城油田各区块探明储量报告编制，2009 年。

一、风 3 井区二叠系风城组探明储量

1985 年由勘探开发研究院区域勘探室匡立春、夏明生、徐洪德等人根据风 3 井区的勘探成果，利用容积法计算并上报了风 3 井区二叠系风城组储量：Ⅲ类探明含油面积 10.40km^2，石油地质储量 895×10^4t、溶解气地质储量 9.0×10^8m^3。石油可采储量 224×10^4t、溶解气可采储量 2.25×10^8m^3（表 1–17、图 1–17）。

表 1–17　风城油田风 3 井区 1985 年探明储量数据表

计算单元	含油面积 km²	有效厚度 m	孔隙度 %	含油饱和度 %	地面原油密度 g/cm³	地层原油体积系数	地质储量 10^4t	采收率 %	石油		溶解气	
									地质储量 10^4t	可采储量 10^4t	地质储量 10^8m³	可采储量 10^8m³
上盘	6.5	22.7	8.2	73	0.882	1.252	622	25	623	156	6.2	1.55
下盘	3.9	15.0	9.0	73	0.854	1.257	273	25	272	68	2.8	0.7
合计	10.4						895	25	895	224	9.0	2.25

注：摘自《风城油田风 3 井区风城组背斜油藏储量报告》，1985 年。

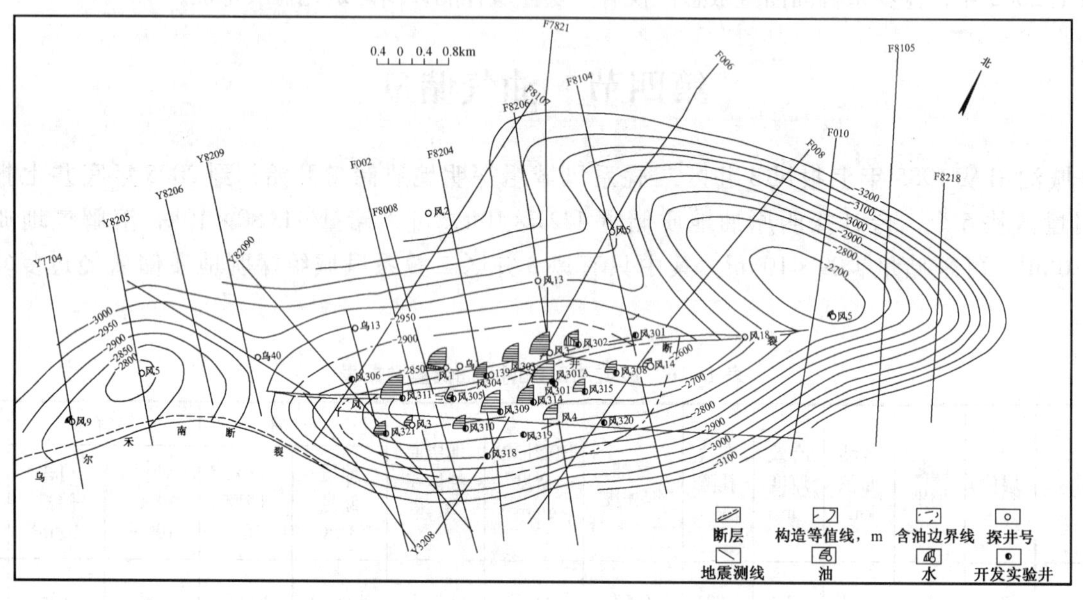

图 1–17　风城油田风 3 井区 1985 年探明储量范围图
（新疆石油管理局勘探开发研究院编制，1985 年 12 月）

该区于 1983 年投入开发试验，共钻开发试验井 21 口，在 1985 年以后的开发试验过程中，因生产井含水上升过快导致陆续关井，到 1995 年底生产井开井数仅剩 6 口，单井平均日产油 3.3t，累计采油量 33.5×10^4t，按Ⅲ类地质储量计算采出程度仅为 3.74%。1996 年由勘探开发研究院动态室与百口泉采油厂合作，进行了开发动态研究，并由勘探开发研究院动态室许长福、朱亚婷等人依据油井静态和生产动态资料，利用容积法划分为裂缝和基质两个系统对风 3 井二叠系风城组油藏地质储量进行了复算：Ⅰ类探明含油面积 6.6km²，石油地质储量 426×10^4t，溶解气地质储量 4.8×10^8m³（表 1–18、图 1–18）。

表 1–18　风 3 井区风城组储量复算结果参数表

计算单元（储量参数）			含油面积 km²	有效厚度 m	有效孔隙度	含油饱和度	地面原油密度 g/cm³	地层原油体积系数	石油		溶解气储量 10^8m³
									地质储量 10^4t	可采储量 10^4t	
裂缝系统	风二段	上盘	4.1	24.0	0.0070	1.0	0.880	1.248	48	—	0.5
裂缝系统	风二段	下盘	2.5	22.9	0.0077	1.0	0.892	1.256	31	—	0.4
裂缝系统	风二段	小计	6.6	22.9	0.0074	1.0	0.886	1.252	79	—	0.9
裂缝系统	风三段	上盘	3.9	19.0	0.0068	1.0	0.885	1.251	36	—	0.4
裂缝系统	风四段	上盘	2.5	52.6	0.0073	1.0	0.889	1.255	68	—	0.8
裂缝系统	合计		6.6	54.4	0.0072	1.0	0.887	1.253	183	—	2.1

续表

计算单元			含油面积 km²	有效厚度 m	有效孔隙度	含油饱和度	地面原油密度 g/cm³	地层原油体积系数	石油 地质储量 10^4t	石油 可采储量 10^4t	溶解气储量 10^8m^3
基质系统	风二段	上盘	4.1	14.0	0.036	0.57	0.880	1.248	84	—	0.9
		下盘	2.5	15.1	0.039	0.61	0.892	1.256	65	—	0.8
		小计	6.6	14.2	0.038	0.59	0.886	1.252	149	—	1.7
	风二段	上盘	3.9	12.4	0.030	0.58	0.885	1.251	60	—	0.7
	风四段	上盘	1.4	26.2	0.025	0.53	0.889	1.255	34	—	0.3
	合计		6.6	29.4	0.031	0.57	0.887	1.253	243	—	2.7
总计			6.6	—	—	—	—	—	426	57.6	4.8

注：摘自《风城油田风3井区二叠系风城组油藏油气探明储量复算报告》，1996年3月。

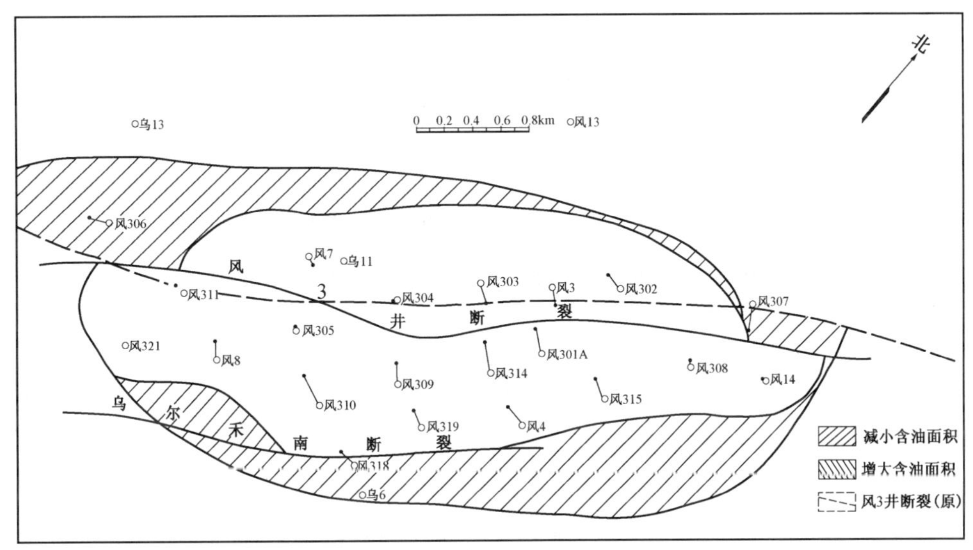

图1-18　风城油田风3井区1996年储量复算含油面积变更图
（新疆石油管理局勘探开发研究院编制，1996年3月）

风3井区二叠系风城组油藏复算储量与原探明储量变化较大的原因主要有3点：(1) 对油藏地质认识程度不同，初期评价资料较少仅仅针对风二段采用孔隙型油藏的储量计算方法进行计算，未考虑裂缝对油藏的复杂影响，单纯按油水界面投影圈定含油面积，夸大了实际的含油面积；(2) 初期有效厚度的划分沿袭孔隙型油藏的做法，与复算采用的裂缝—孔隙双重介质模型差别较大；(3) 初期分析孔隙度采用的是热解法孔隙度分析值，确定的有效孔隙度明显偏高。复算孔隙度则建立在岩心抽取法分析值基础上求取，确定的有效孔隙度比前者低得多。以上三方面原因造成复算储量与原探明储量相比减少 469.00×10^4t，含油面积减少 3.8km²。

二、风5井区二叠系风城组探明储量

1984年4月风5井在二叠系风城组3156～3200m井段试油，压裂后获日产油5.9t，日产气958m³，发现了风5井断块下盘二叠系风城组油藏。1997年实施了三维地震，满覆盖面积为330km²，面元为25m×50m，解释后落实了风5井断块圈闭，并部署了风501井。该井于1999年9月28日开钻，钻至上盘风城组1059.14m深度后发生卡钻，卡点904m。在处理卡钻过程中，地层外溢原油，利用原钻具进行中途测试，测试流动时间 20 小时 12 分钟，地层出油 78.4t，折算日产油 93.1t，从而发现了风 5 井区上盘二叠系风城组油藏。2000 年 4 月 3 日风 501 井完钻，完钻井深 3484m。2000 年 5 月 5 日，射开二叠系风城组 3400 ~ 3420m 井段，抽吸日产油 5.7m³，压裂后 4mm 油嘴试产，获日产油 42.7t，日产气 2808m³。进一步证实了风 5 井断块下盘二叠系风城组油藏的存在。2001 年由何周、刘文峰等根据风 5 井区的勘探成果，利用容积法计算了风 5 井区二叠系风城组储量，上报Ⅱ类探明石油地质储量 681.00×10⁴t，含油面积 6.30km²（表 1−19、图 1−19、图 1−20）。

表 1−19　风城油田风 5 井区 2001 年探明储量数据表

计算单元	层位	含油面积 km²	有效厚度 m	有效孔隙度	含油饱和度	地面原油密度 g/cm³	地层原油体积系数	石油			溶解气储量 10^8m^3
								地质储量 10^4t	采收率 %	可采储量 10^4t	
上盘	P_1f^{2-1}	1.3	9.5	0.14	0.57	0.904	1.043	85	—	19.6	0.24
	P_1f^{2-2}	0.8	32.3	0.12	0.57	0.890	1.043	151	—	34.7	0.44
	合计	1.3	31.1	0.12	0.57	0.890	1.043	236	23	54.3	0.68
下盘	P_1f^{2-1}	1.7	9.7	0.079	0.66	0.879	1.225	62	—	8.7	0.57
	P_1f^{2-1}	5.7	5.8	0.079	0.70	0.881	1.225	131	—	18.3	1.22
	P_1f^{2-2}	3.8	16.9	0.071	0.70	0.894	1.225	233	—	32.6	2.14
	P_1f^{2-2}	3.8	16.9	0.0041	1.00	0.894	1.225	19	—	2.7	0.17
	合计	5.7	17.7	0.08	0.67	0.880	1.225	445	14	62.3	4.10
总计		6.3	—	—	—	—	—	681	—	116.6	3.91

注：摘自《风城油田风 5 井区块新增石油探明储量报告》，2001 年 12 月。

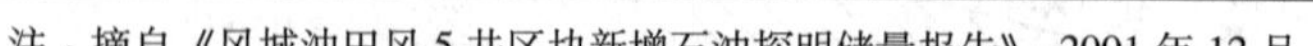

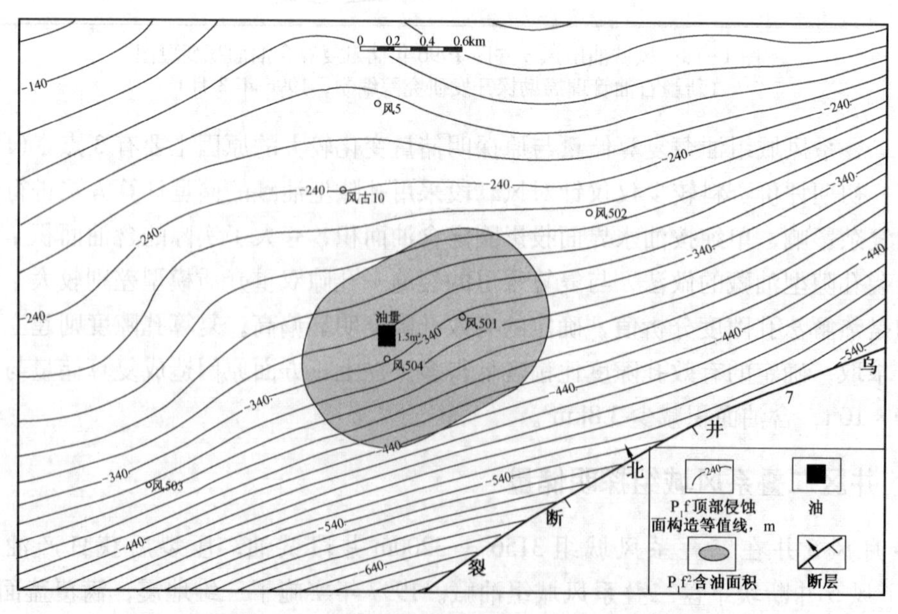

图 1−19　风 5 井区上盘二叠系风城组 2001 年探明储量含油面积图
（新疆油田分公司勘探开发研究院编制，2001 年 12 月）

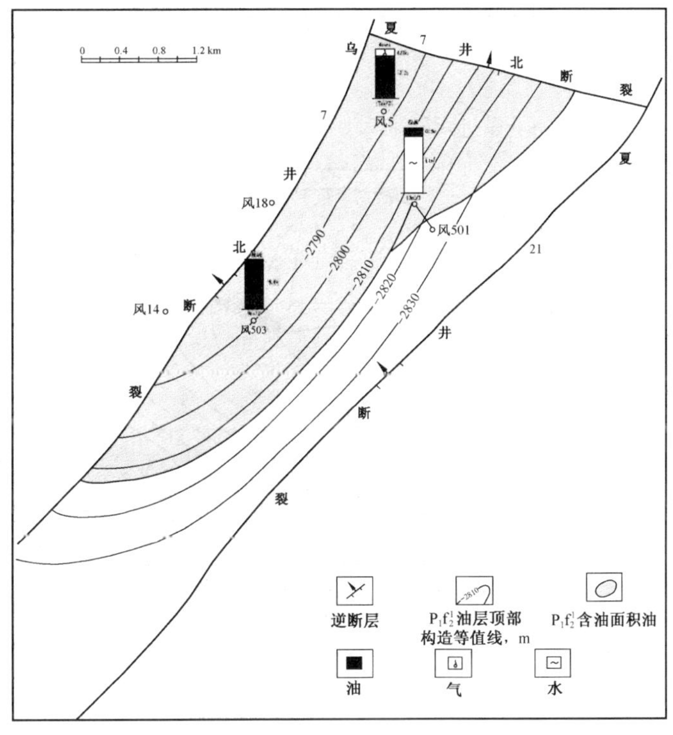

图 1–20　风 5 井区下盘二叠系风城组 2001 年探明储量含油面积图
（新疆油田分公司勘探开发研究院编制，2001 年 12 月）

三、浅层侏罗系稠油油藏探明储量

1983 年 1 月，位于夏红北断裂上盘地层超覆尖灭带的重 1 井在白垩系吐谷鲁群和侏罗系齐古组连续钻井取心，取出含油、饱含油稠油岩心 83.89m，揭开了风成地区浅层稠油大规模勘探评价的序幕。1983—1987 年，风城地区相继完钻了 33 口稠油专层探井，检查井 3 口，取心井 36 口，其中密闭取心 7 口。进行了测网密度为 1.5km × 2km 的二维地震及小道距地震勘探工作。在 7 口井中进行了常规试油和注蒸汽吞吐试验。1989 年为落实风城地区稠油资源，又完钻评价井 4 口，开辟了 4 个热采试验井组 11 口井、21 井层的吞吐试验。但限于热采井控制程度较低等问题，1989 年仅报批重 1 井断块齐古组稠油控制储量 609 × 10^4t，重 32 井断块齐古组稠油控制储量 2479 × 10^4t。

为进一步落实重 1 井断块齐古组及重 43 井区八道湾组的稠油储量，验证其热采价值，1991 年又在重 1 井断块完成 8 条浅层高分辨率地震测线，完钻评价井 1 口，热采试验井 4 口，其中取心井 2 口，获含油、饱含油岩心 32.05m，进行了 4 井层的注蒸汽热采试验。同年在重 43 井区八道湾组完钻评价井 2 口，热采试验井 4 口，其中取心井 3 口，获含油、饱含油岩心 27.83m。开辟了两个热采试验井组（重 43 井组、重 45 井组），进行了 8 井层的热采试验。

1992 年 4 月张明玉、寇向荣等根据重 1 井断块齐古组及重 43 井区八道湾组的勘探成果，利用容积法计算并上报了重 1 井断块齐古组Ⅲ类探明石油地质储量 1536 × 10^4t，含油面积 2.7km^2（表 1–19、图 1–21），上报重 43 井区八道湾组Ⅲ类石油地质储量 594 × 10^4t，含油面积 3.8km^2（表 1–20、图 1–22）。

表 1–20　重 1 井断块、重 43 井区探明储量数据表

区块	层位	储量类别	含油面积 A km^2	有效厚度 h m	孔隙度 ϕ	含油饱和度 S_{oi}	地面原油密度 ρ_o g/cm^3	地层原油体积系数 B_{oi}	地质储量 10^4t
重 1 井断块	J_3q	Ⅲ	2.7	30.2	0.29	0.68	0.955	1.00	1536
重 43 井区	J_1b	Ⅲ	3.8	9.5	0.23	0.75	0.954	1.00	594

注：摘自《风城油田重 1 井断块、重 43 井区侏罗系稠油藏储量报告》，1992 年 4 月。

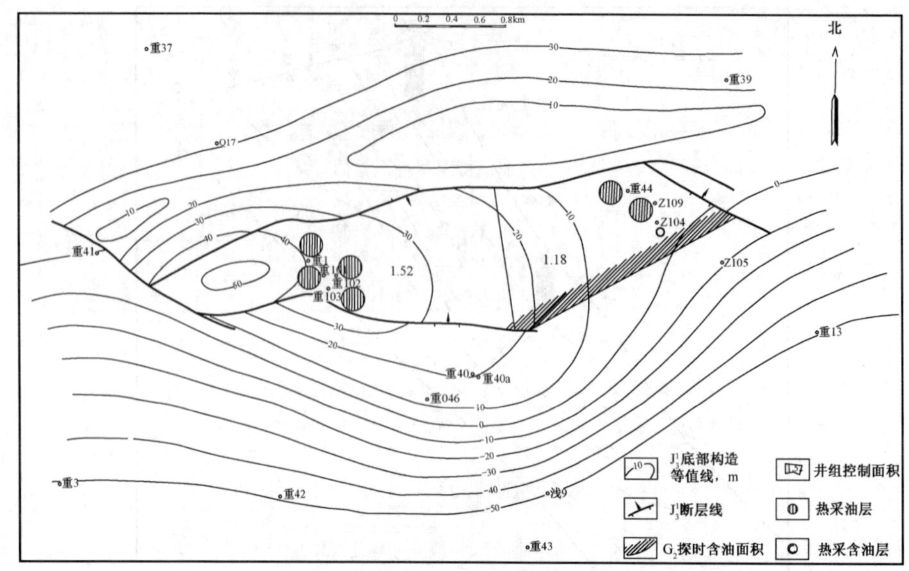

图 1–21　重 1 井断块 1991 年探明储量含油面积图
（新疆石油管理局勘探开发研究院编制，1992 年 4 月）

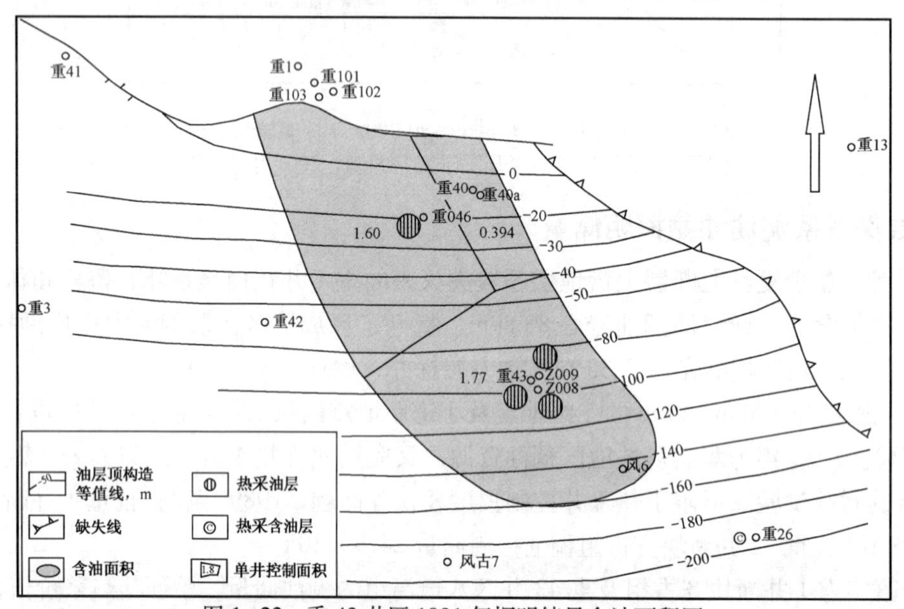

图 1–22　重 43 井区 1991 年探明储量含油面积图
（新疆石油管理局勘探开发研究院编制，1992 年 4 月）

1992—1993 年在重 32 井断块、重 29 井断块完钻热采试验井 7 口，其中取心井 3 口，获含油、饱含油岩心 73.22m，进行了 7 井层的注蒸汽热采试验。1993 年底何周、杨海波等利用容积法计算并上报了重 32 井断块齐古组Ⅲ类探明石油地质储量 977×10^4t，含油面积 4.4km²（表 1–21、图 1–23），上报重 29 井断块齐古组Ⅲ类石油地质储量 213×10^4t，含油面积 1.6km²（表 1–21、图 1–23）。

表 1–21　重 32 井断块、重 29 井断块探明储量数据表

区块	层位	储量类别	含油面积 km²	有效厚度 m	有效孔隙度	含油饱和度	地面原油密度 g/cm³	地层原油体积系数	石油地质储量 10^4t
重 32 井断块	J_3q	Ⅲ	4.4	11.3	0.29	0.71	0.954	1.00	977
重 29 井断块	J_3q	Ⅲ	1.6	7.6	0.29	0.63	0.958	1.00	213
合计	—	—	6.0	(10.1)	0.29	0.71	0.954	1.00	1190

注：摘自《风城油田重 32 井断块侏罗系齐古组稠油油藏探明储量报告》，1994 年 6 月。

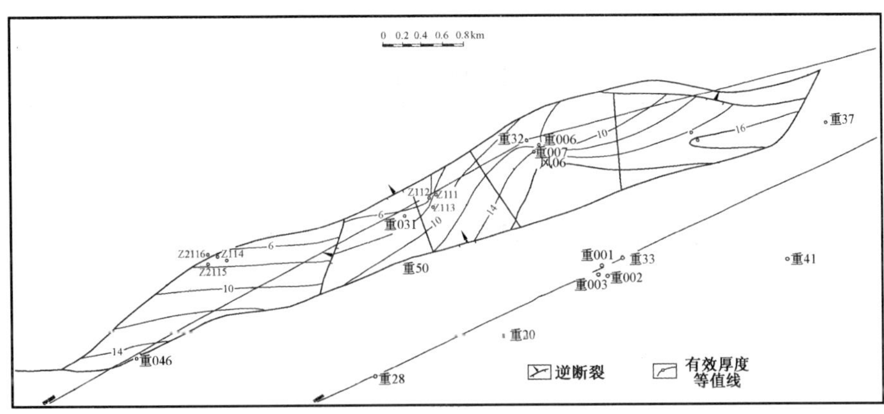

图 1–23 重 32 井断块、重 29 井断块 1993 年探明储量含油面积图
（新疆石油管理局勘探开发研究院编制，1994 年 6 月）

第二章

开发部署与实施

风城油田发现于1981年风3井，经过投产准备阶段，于1985年开始开发试验，试验主要针对风3井区二叠系风城组油藏，试验区范围内完钻开发试验井15口，由于投产后底水锥进过快，导致大面积水淹，没有正式投入开发。稠油油藏原油黏度高，受经济技术条件的制约，没有投入经济开发，截至2005年底，仍处于热采试验阶段。

第一节　风3井区风城组油藏试验开发

一、开发试验方案编制的前期工作

1981年12月，风3井获得高产工业油流后被列为新疆石油管理局重点勘探区块，为进一步探明含油范围及高产油带的分布，又先后钻了风7、风14等探井。1983年2月，在风3井周围以500m井距部署了第一轮开发试验井：风301井、风302井、风303井；同年12月，风303井获得高产工业油流后又部署了第二轮开发试验井：风304井、风306井、风307井、风309井。截至1985年3月底，共完钻开发试验井6口（风301A井、风302井、风303井、风304井、风307井、风309井），开井5口，平均井日产油34.6t，区日产油173t，区累计产油5.1545×10^4t，综合含水19.2%。

二、试验方案部署

1985年3月，根据1984年底《石油部开发司潜山及特殊油藏会议纪要》关于在风3井区周围约为11.3km^{2}范围内开辟开发试验区，重点做好储量计算、底水块状裂缝油藏数值模拟、岩电关系研究和测井解释等四方面工作的要求，完成了《风3井区二叠系开发试验方案》的编制。试验方案由勘探开发研究院开发一室任花莉、钱根宝等编制，时任开发一室主任的孙川生、齐春生和院副总地质师刘敬奎进行了审核，局副总地质师赵立春进行了审批。

（一）试验目的和任务

试验目的和任务一是通过钻井、取心、试油等项工作，进一步搞清风城地区构造形态，储层性质及油藏特点；二是进一步研究油、气、水层在测井信息上直接的或间接的显示，为测井定性或半定量的划分油、气、水层提供依据；三是寻找裂缝高产带，搞清油、气、水分布及产油规律，落实地质储量和产油能力，为编制整体开发方案提供依据；四是为双重介质油藏的合理开发部署和油藏研究提供方法，积累经验。

（二）试验内容和要求

（1）进行系统取心，建立岩电关系，加强岩样化验分析工作，为此确定风306井取心65m，并系统进行岩样分析，建立相应图版，以提供必要的解释参数。

(2) 选两三口井进行分层试油，以了解油水分布规律，同时在 1985 年设计井中选一口作观察井，裸眼完成（暂定风 311 井），并要求每月测试一次，观察压力变化和油水界面上升情况。

(3) 加强测井工作，在试验区待钻井中选择风 305 井、风 306 井进行斯伦贝谢测井，其余井进行德莱赛测井，根据测井、岩性、试油资料建立孔隙度、渗透率、含油饱和度图版，划分油气水层和识别裂缝。

(4) 待风 306 井、风 308 井、风 8、风 4 井完钻后，根据新老井地层对比，利用试油、试井、电测、岩性资料判别油气水层，求准储量参数，分别采用压降法，物质平衡法和容积法核算地质储量。

(5) 进行系统试井，确定油井合理工作制度和停喷流压界限。

(6) 进行底水块状裂缝油藏渗吸、裂缝物理模型室内试验和双重介质的数值模拟，为研究其渗流特征，确定合理开采的政策界限，预测见水时间以及研究生产压差、射开程度对水锥的影响。

(7) 搞好测压工作，进行油井干扰试验，了解油层连通状况；利用复压曲线求渗滤参数，解释边界影响、断层反映。

（三）试验井网部署

方案依据开发试验内容和对油藏的认识，在风 3 井附近采用 800 ~ 1000m 井距，新部署 12 口开发试验井：风 305 井、风 310 井、风 311 井、风 312 井、风 313 井、风 314 井、风 315 井、风 316 井、风 317 井、风 318 井、风 319 井、风 320 井（图 2−1），连同 1983 年 2 月及 12 月部署的两轮开发试验井，累计部署开发试验井 19 口。

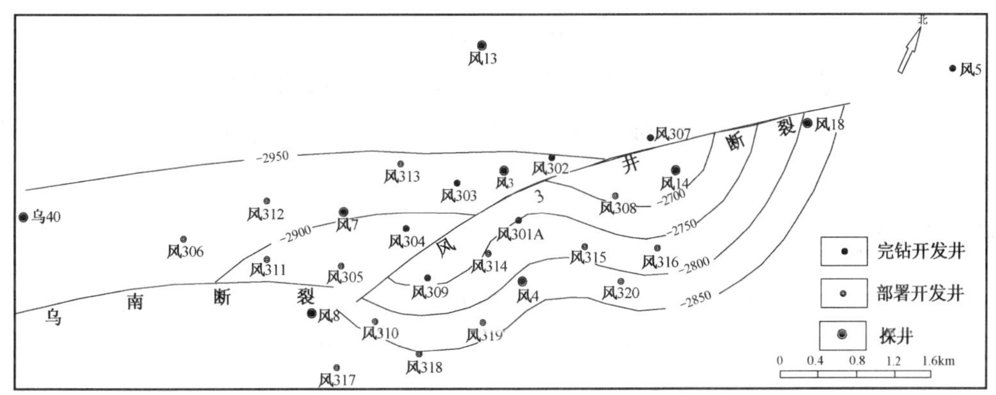

图 2−1　风城油田风 3 井区开发试验井位部署图

（新疆石油管理局勘探开发研究院编制，1984 年 1 月）

三、试验方案实施

截至 1985 年 12 月底，包括前 2 轮开发试验井在内，累计完钻开发试验井 15 口（风 301A 井、风 302 井、风 303 井、风 304 井、风 305 井、风 306 井、风 307 井、风 308 井、风 309 井、风 310 井、风 311 井、风 314 井、风 315 井、风 318、风 319），累计完钻探井 5 口（风 3 井、风 4 井、风 7 井、风 8 井、风 14 井），该区共完钻各类井 20 口。1985 年 1—10 月，风 3 井区风城组取心 8 口，取心进尺 214.76m，实长 180.76m，平均收获率 84.18%。试油 7 井 12 井层，获工业油流 6 井 7 井层，干层 1 井 4 井层，水层 1 层。试采井 13 口，其中 3 口井不出。试油试采期间取得高压物性 4 口，实测地层压力 8 口井 11 井次，复压 15 口井 28 井次，并在风 3、风 301A、风 309 这 3 口井进行了系统试井，对风 301A 井开展了压力降落测试。

从 1985 年 11 月至 1986 年 10 月，全区开井数由 7 口增加至 12 口，平均油嘴由 4.8mm 到 3.6mm，平均井日产油由 38.1t 降为 5.1t，区日产油由 212t 降为 63t，综合含水由 0.9% 上升至 52.7%，累产油 20.42×10^4t。从表 2−1 可以看出，风 3 井区风城组试验初期油嘴偏大，导致底水快速锥进，含水上升过快，开发试验没有达到预期效果。

表 2-1　风 3 井区风城组开发数据表

时间	总井数 口	开井数 口	平均油嘴 mm	生产天数 d	单井日产油 t	日产液量 t	累计产油量 10^4t	井底流压 MPa	综合含水 %
1985 年 11 月	11	7	4.8	13.8	38.1	269	1.32	27.53	0.9
1985 年 12 月	14	11	4.4	23.9	40.3	407	14.43	26.83	0.8
1986 年 1 月	14	10	4.5	25.0	31.7	320	15.41	27.30	1.2
1986 年 2 月	14	10	4.7	21.2	22.4	254	16.04	25.80	11.9
1986 年 3 月	14	12	4.8	22.3	19.3	260	16.76	26.05	10.9
1986 年 4 月	15	13	4.7	21.3	20.6	308	17.56	28.11	13.1
1986 年 5 月	15	12	4.6	21.6	20.9	294	18.38	25.50	10.0
1986 年 6 月	16	13	4.5	16.5	17.0	237	19.04	28.37	6.6
1986 年 7 月	16	11	4.4	19.6	14.4	213	19.53	26.39	25.6
1986 年 8 月	16	11	4.4	20.3	13.8	195	20.0	—	22.1
1986 年 9 月	16	11	4.4	17.1	6.6	164	20.22	28.42	56.0
1986 年 10 月	17	12	3.6	16.2	5.1	142	20.42	—	52.7

注：依据新疆油田分公司中心数据库数据资料编制。

通过试验得出以下几点认识：第一，风 3 井区二叠系风城组油藏属块状弹性底水驱动油藏，油井产能受构造、裂缝发育程度控制；第二，油藏不同储集类型具有不同的生产特点；第三，油藏弹性能量利用程度高，天然能量大，油井自喷能力强；第四，油藏底水比较活跃，采用大压差生产，油井含水上升快，开发效果差。

四、开发现状

截至 2005 年 12 月底，风城油田风 3 井区风城组油藏实际开井数 9 口，年产油量 0.38×10^4t，年产液 0.61×10^4t，年产气量 $146.3 \times 10^4m^3$；累计产油量 38.04×10^4t，累计产气量 $3126.8 \times 10^4m^3$，综合含水 37.5%，采出程度 8.93%。

第二节　稠油开采试验

稠油开采试验经历了单井吞吐到井组试采到斜直水平井与直井汽驱试验这三个热采试验阶段，由于该区稠油原油黏度高，受当时技术经济条件的制约，一直没有形成规模化生产能力。

一、重 1、重 32 单井吞吐试验

1983 年 3 月 23 日至 11 月 20 日对重 1 井齐古组 264.5 ~ 275.0m 井段进行了试油，先冷试油稠不出，后采用注蒸汽吞吐，3 轮累积注汽 6266t，累计产油 1033t，油汽比 0.165。

对重 1 井原油评价结论是：(1) 重 1 井的原油是低含蜡、低含硫、高酸值、高黏重质油；(2) 轻质油含量低，无法直接生产汽油和煤油；(3) 原油中正烷烃全部消失，异戊二烯烃也基本消失，要对该原油进行二次加工时必须和加氢过程相结合，以改善其产品性能；(4) 该原油 300 ~ 500℃可利用的润滑油收率为 30% ~ 31%，可用来生产黏温性能要求不很高的电气用油、冷冻机油和润滑脂原料油等；(5) 该原油 500℃以后的渣油占原油的 65% 以上，可生产质量很好的普通沥青，若采用溶剂脱沥青工艺和氧化工艺，则可生产性能很好经济价值较高的特种沥青。

1984 年，专门进行了小道距浅层地震勘探，同时对重 32 井进行了注蒸汽吞吐试验，试验层位 J_3q，射孔厚度 13m，周期注汽量 2415t，周期产油量 259.8t，平均日产油 6.73t，周期油汽比 0.108，由于注汽采用的是国产锅炉，蒸汽出口干度仅为 15% ~ 30%，生产效果较差（表 2–2）。

表 2–2　重 1 井、重 32 井注蒸汽试采成果表

井号	层位	周期	总注汽量 m^3	生产时间 d	周期产油 t	平均日产油 t	油汽比
重 1	J_3q	1	2003	20.7	344.7	16.65	0.17
		2	2174	44.1	322.57	7.31	0.15
		3	2089	42.5	365.98	8.61	0.176
	J_3q	1	2327	46.8	341.35	7.29	0.147
	K_1t	1	1424	11.7	87.7	7.48	0.062
重 32	J_3q	1	2415	38.6	259.8	6.73	0.108

注：依据新疆油田分公司百口泉采油厂数据库资料编制。

二、井组蒸汽吞吐试验

1985—1989 年，为落实超稠油试验效果，及工业开采价值，利用进口锅炉，开展了 5 个井组和 2 口单井共 15 井层的注蒸汽吞吐试采（表 2–3），其中对 7 口井进行了化学降黏措施。

表 2–3　风城油田 5 井组注蒸汽试采成果表

井组	井号	层位	射开厚度 m	累积注汽量 m^3	蒸汽干度 %	累计产油 t	生产时间 d	平均日产油 t	油汽比	备注
重 1 井组	Z101	J_3q	26	3241.2	69	564	41.5	13.6	0.17	一轮
			26	3573.5	70	997	110.6	9.0	0.28	二轮
	Z102	J_3q	24	3086.6	70	548	28.4	19.3	0.18	一轮
	Z103	J_3q	23	3826.8	70	844	45.5	18.6	0.22	一轮
			23	3763.8	65	899	85.6	10.5	0.24	二轮
重 32 井组	Z006	J_3q	15	2286.6	68	138	16.5	8.4	0.06	一轮
			15	2549.2	70	304	30.7	9.9	0.12	二轮
	Z007	J_3q	13	2198.4	70	401	31.9	12.5	0.18	一轮
			13	2393.3	70	542	43.4	12.5	0.23	二轮
	重 32	J_3q	13	2625.5	70	144	15.5	9.3	0.05	一轮
重 33 井组	Z001	J_3q	9	1262.6	69	59.3	14.7	4.0	0.05	一轮
	Z002	J_3q+ J_1b	16.2	2081	62	129	9.4	13.8	0.06	
	Z003	J_1b	7	1186.6	70	28.3	4.2	6.7	0.02	
			7	1366.7	70	169	8.1	20.9	0.12	二轮
重 5 井组	Z107	J_3q	11	1903.7	73	4	—	—	0.00	一轮
	Z108	J_3q	29	1963.9	65	—	—	—	—	
重 40 井组	重 40	J_3q	20	2739.5	70	9.6	7.2	1.3	0.00	汽窜

注：依据新疆油田分公司百口泉采油厂数据库资料编制。

重1井组：齐古组油藏50℃原油黏度7370～26825mPa·s，平均12176mPa·s（折算油藏温度15℃时的原油黏度大于500000mPa·s）。注化学降黏剂后，利用进口活动锅炉注汽，单井周期平均产油达到770t，平均油汽比达到0.22，单井平均日产油14.2t，取得了较好的效果，与重1井1984年蒸汽吞吐效果对比，进口锅炉蒸汽干度（68%）明显高于国产锅炉（30%左右），使周期产油量和油汽比得到明显提高，生产时间延长，效果得到改善，但由于注汽量很高，生产时间短，造成油汽比仍然较低。

重32井组：齐古组油藏50℃原油黏度3878～12650mPa·s，平均8096mPa·s（折算油藏温度15℃时的原油黏度大于500000mPa·s）。注化学降黏剂后，利用进口活动锅炉注汽，单井周期平均产油305t，平均油汽比0.13，单井平均日产油10.5t，效果尚可，但生产时间仍较短，造成周期产量低，油汽比低。此外，重32井区齐古组油藏1990—1993年间又进行了7口井13个周期的蒸汽吞吐试采，累计注汽35932t，累计采油6612.3t，油汽比为0.18，效果与前期一致。

重33井组：齐古组油藏50℃原油黏度19390mPa·s（折算油藏温度15℃时的原油黏度大于1000000mPa·s），利用进口活动锅炉注汽后，单井平均生产只有9.1d，单井周期平均产油量只有72t，平均油汽比0.05，效果差；该井组Z003井射开八道湾组取得了一定产量，但效果一般。

重5井组：齐古组因原油黏度很高（70℃黏度24000～71500mPa·s，折算油藏温度15℃时的原油黏度大于3000000mPa·s），开井基本无产量。

重40井组：齐古组70℃黏度31100mPa·s，折算油藏温度15℃时的原油黏度大于3000000mPa·s，注蒸汽焖开后不出或出水。

三、斜直水平井与直井蒸汽吞吐汽驱试验

1991—1995年，新疆石油管理局承担“八五”国家重点科技攻关项目《石油水平井钻采成套技术》中的《新疆风城地区超稠油油藏水平井开发试验研究》课题。1991年重点进行立项论证、调研等准备工作。1992年利用数值模拟和物理模拟进行了油藏水平井注蒸汽开发的可行性研究。1993年，在可行性研究的基础上编制了试验区的地质及油藏工程设计。1994年，进行了钻井实施、地面建设等工作。当年8月，在风城油田重1井区侏罗系齐古组超稠油油藏首次采用斜井钻机钻成国内第一口斜直水平井——FHW001井，垂深264m，水平段长212m，总水平位移达524m。建成1口斜直水平井、3口竖直井和5口温度观察井的试验井组。1995年4月20日开始注蒸汽进行吞吐阶段的试验。

试验区齐古组中部深度260m，油层连续厚度13.5m，孔隙度33%，渗透率3200mD，含油饱和度80%，原油相对密度0.958g/cm³，50℃原油黏度12176mPa·s（折算油藏温度20℃原油黏度在500000mPa·s以上）。

首先3口直井吞1轮生产，由于吞吐井间汽窜严重，改用间歇汽驱，即关闭水平井由竖直井高速注汽，停注后水平井开井生产。经过这样11轮次的间歇汽驱，共注汽11037t、产液6592t、产油2426t、累积油汽比0.22、累积采注比约0.60。以试验区汽驱面积计，采出程度约12%。由于当时试验区无过冬条件，1996年末停止试验，将这套技术转移到克拉玛依油田的九$_8$、九$_6$区相继钻了7口斜直水平井继续试验。

风城油田齐古组超稠油油藏通过1984—1996年注蒸汽热采试验取得以下认识：(1)风城超稠油黏度大、地层能量低，虽然蒸汽吞吐初期日产能力较强，但递减快，生产周期短，油汽比低，采注比低；(2)埋深小于300m，50℃原油黏度小于16000mPa·s，采用隔热管注蒸汽吞吐，油汽比大于0.20；(3)埋深小于500m，50℃原油黏度小于20000mPa·s，采用隔热管注蒸汽吞吐，油汽比大于0.20；(4)50℃原油黏度大于20000mPa·s，注蒸汽吞吐效果较差。

第三节 油田动态监测

风 3 井区开发试验初期，动态监测使用的仪器设备比较单一，提供的参数较少，随着测井技术装备的发展，动态监测和资料处理能力有所提高。

一、油井测压

1981 年以前的勘探和评价井，均采用 CY613、JY72−1 型弹簧管机械式压力计进行油井测压，由于仪器精度不够高，实施操作问题比较多，已不适应油田开发的需要。1981 年后，采用了存储式电子压力计，在环空井中直接测试，根据试井设计设置采点密度和测试总时间，提高了测试资料的质量，关井时间由过去的 48 小时延长到 170 小时左右，2000 年以后，现代试井解释技术及地面直读压力测试装置、电缆试井车、电缆防喷器等试井设备得到应用，1981—2005 年累计测压 73 井次。

二、产液剖面测井

开发初期，油田自喷井产液剖面采用两参数测井方法，地面仪器主要采用 MX−240、SD−81 模拟测井系统，井下使用的仪器型号为 1 型组合仪、KC83−1 型找水器。20 世纪 90 年代中期以后，五参数和七参数数控测井系列得到应用，截至 2005 年底累计测产液剖面 4 井次（风 301、风 311、风 309、风 334）。

三、工程测井

开发工程测井是利用声波、放射性示踪以及机械接触等手段，检查油井套管及井身技术状况，1993—2005 年，风 3 井区共进行工程测井 8 井次。

四、油气水分析监测

油气水流体性质常规分析，是在常压下对油井产出到地面的原油、天然气及油田水物理化学性质进行的定期监测分析。这些分析项目分别由勘探开发研究院实验室和百口泉采油厂地质所化验室承担。原油物性分析包括原油的密度、黏度、凝固点、馏分、酸值等。含水分析主要采用离心法，用电子天平称重。油田水性质主要分析油田水中阴阳离子及矿化度等；天然气分析主要分析甲烷、乙烷、丙烷、丁烷、戊烷、H_2S、CO_2 等组分。

第三章

钻井与采油工程

第一节　开发钻井

风城背斜钻井1957年141井开始，1981年12月12日，钻井处32878钻井队（队长郑洪兵、技术员冯云安）承钻的风3井在二叠系风城组获工业油流，发现风城油田。1981年底，风3井区二叠系风城组油藏开始投入开发试验。1983年重1井经蒸汽吞吐试采发现风城油田稠油油藏，经进一步勘探，于1994年进行了水平井开采试验。截至2005年底，共钻井89口，进尺165545.68m。

一、KCl 防塌钻井液

从1980年开始，风城油田钻井普遍使用KCl防塌钻井液效果良好，起下钻顺畅，电测成功率高，且井眼规则，平均井径扩大率小于15%，完井作业一次成功。如风1井（完钻井深3570m）64次起下钻只有3次轻微卡阻。

二、硬地层取心

20世纪80年代初期以前，在石炭系硬和极硬的白云质流纹岩地层取心时，因没有硬地层取心钻头，往往采用两三只取心钻头，前一两只不装岩心爪，待有一定岩心长后，最后一次再装岩心爪割心。

1983年，新疆石油管理局钻井工艺研究所（以下简称钻研所）、钻井处等单位针对上述难题开展攻关，新研制的JYQ－Ⅱ型人造金刚石取心钻头，在石炭系硬和极硬地层使用情况良好，单只进尺可达4.5m，取代老式人造金刚石取心钻头。1983年8月，钻井处32831钻井队在风5井积极配合钻井工艺研究所，创造了单只JYQ－Ⅱ型人造金刚石取心钻头进尺20小时30分，进尺4.5m，机械钻速0.22m/h的好成绩，一只人造金刚石取心钻头相当于普通硬质合金取心钻头（相同地层）的11.4倍，为在石炭系下部地层采用人造金刚石取心钻头，从操作和技术措施方面提供了宝贵经验。《人造金刚石硬地层JYQ－Ⅱ型取心钻头》1988年获石油部科技进步三等奖（主要完成人：杨希贤、李恩波、杨树林、匡延伦、邱传敏）。

为了攻克硬地层取心速度慢的问题，1983年从美国引进了克里斯坦森250−P取心工具，使用效果良好。

三、斜直水平井

1994年8月，钻井公司2046队在风城油田重1井区侏罗系齐古组超稠油油藏，首次采用国产第一台ZJ−15X型斜井钻机钻成国内第一口斜直水平井——FHW001水平井。

该井使用的斜井钻机倾角30°，A点斜深650.0m，垂深264.0m，水平位移524.1m，水平延伸段长240m，最大井斜90.55°，闭合方位角138.02°，井口倾角31.5°。造斜点井深104m，第一造斜率

7.34° /30m，第二造斜率 7.0° /30m，斜深 / 垂深比 2.46，水平位移 / 垂深比 1.98。

保持井壁稳定及润滑性良好的钻井液、完井液。该井钻进中选用了 KCl 聚合物屏蔽钻井液体系，优选的配方如下：3% 膨润土基浆 +0.2%FA367+0.6%JT888+5% ～ 7%KCl+2%SAS+2% ～ 3%SPNH+3%QCX−1+0.5%SHY+2%SMP。在大斜度段及水平井段实测证明，钻井液中加入 2%SMP、2%SAS、0.5%SHY 后，摩擦系数为 0.0349，扭矩 8 ～ 15kN · m 起下钻畅通无阻。为了避免井下漏失或固井井漏二造成井壁失稳，使用了屏蔽技术，选用 QCX−1 和 SAS 为主屏蔽剂。经测定，漏失速度可降低到 0.051 ～ 0.102mL/cm² · h，承压能力可达 6MPa 未击穿。经反排解堵后渗透率恢复达 80% 以上。

四、欠平衡定向井

2000 年 4 月，钻井公司 6026 队在风城油田风 5 井区钻成第一口大斜度欠平衡定向探井－风 501 井，获得重大油气发现，确定了一个新的含油区块。该井应用从国外引进的 Williams 欠平衡装置，成功地将欠平衡工艺与定向井工艺技术结合起来，进行大斜度边溢边钻欠平衡钻井，顺利钻达设计井深。该井造斜点深度 2886m，斜深 3484m，最大井斜 51.1°，井底水平位移 421.39m。

第二节　完　井

一、完井方式

（一）稀油井

采用固井射孔方式完井。

（二）稠油井

风城稠油直井完井采用固井射孔方式完井。

FHW001 井完井方式采用不锈钢绕丝筛管完井，完井管柱结构如下：ϕ244.5mmN80 技术套管下至水平段始端 450.14m，ϕ177.8mm 悬挂器、封隔总成及伸缩短节坐在 ϕ244.5mm 套管末端、下挂 ϕ127mm 绕丝筛管直至人工井底 644.87m。筛管连环外径 143mm、筛管外径 141mm，打孔基管内径 111.96mm。筛管缝宽 0.35mm、打孔管孔径 10mm、孔密 178 孔 /m。

为消除绕丝筛管热应力，悬挂、密封总成下的伸缩短节有 1.5m 长的伸缩距，为了消除竖直井蒸汽短路至水平井，在对应竖直井部位的绕丝筛管上各接一根 ϕ127mm 光管。为了避免绕丝筛管下井时损坏和堵塞，采取了两条措施，每根筛管加一个刚性扶正器，筛管、外缝均充填石蜡，该石蜡在 60℃下可融化。

二、井身结构

（一）稀油井井身结构

在 1984 年所钻的开发试验井中，井身结构主要采用三层套管。

一开：采用 ϕ444.5mm 钻头钻开地层至 130m 左右，下入 ϕ339.7mm × 9.65mm 表层套管，水泥返至地面，封固地表疏松地层。

二开：采用 ϕ311.2mm 钻头钻至二叠系上统 1800m 左右，下入 ϕ244.5mm × 10.03mm 技术套管，水泥返至地面。

三开：采用 ϕ215.9mm 钻头钻至目的层，下入 ϕ139.7mm × 7.72mm 油层套管，水泥返至 2000m 左右。

（二）稠油直井井身结构

一开：采用 ϕ444.5mm 钻头钻开地层至 60m 左右，下入 ϕ339.7mm × 9.65mm 表层套管，水泥返至地面，封固地表疏松地层。

二开：采用 ϕ244.5mm 钻头钻至目的层，下入 ϕ177.8mm × 9.19mm 油层套管，水泥返至地面。

三、固井

（一）稀油井

玻璃漂珠水泥固井。为降低固井水泥浆密度，解决低压油、气、水层和裂隙多的松软地层固井易于漏失问题，1983 年钻研所选用烧煤电厂飞灰漂选加工的空心玻璃质微球加入水泥浆，室内试验水泥浆相对密度可降至 1.20 ～ 1.50g/cm³，凝固后强度可大于 6.27MPa。10 月在风城油田风 303 井、风 14 井现场试验获得成功。配合使用羟乙基纤维素（HEC）复合降失水剂，基本可解决地层压力系数 1.20 左右低压易漏层固井问题。该技术后来在其他低压易漏地层固井中被普遍采用。

（二）稠油井

1994 年，钻研所根据风城浅层超稠油热采水平井固井技术的要求，有针对性地开展了大量的室内试验及研究，如水泥浆的分散性、零析水、紊流条件研究；超稠油热采水平井固井水泥浆颗粒沉淀对比试验；水泥石抗高温强度衰减试验及水泥浆对套管黏结强度试验等。稠油水平井水泥浆技术在 FHW001 井的固井施工中的应用获得成功，保证了国内第一口超稠油斜直水平井的顺利钻成。

四、射孔

（一）稀油井

1983—1985 年，风 3 井区二叠系油藏试验区投入开发初期，采用 73−400 或 WS−73 型射孔弹电缆传输磁性定位跟踪射孔，孔密为每米 8 孔，射孔液为清水。1999 年以后该区上返调整时，采用 YD−89 型、YD−127 Ⅱ型射孔弹，油管传输磁性定位跟踪射孔，孔密为 16 孔 /m，射孔液为 PC−X 系列。

（二）稠油井

风城试采井射孔主要采用 73−400 型射孔弹，电缆传输磁性定位跟踪射孔，孔密为 9 孔 /m，射孔液为清水。

第三节 采 油

一、稀油

风 3 井区风城组储层类型为裂缝—孔隙型双重介质储层，底水块状油油藏，依靠天然能量进行开采。1983—1985 年，风 3 井区 21 口井射开二叠系风城组试采，1986 年主力生产井水淹，1999 年部分井上返开采夏子街组，同时配套电力网开始对老井实施转抽，1999—2000 年，增钻 4 口新井开采佳木河组或夏子街组。2005 年该油田开井 10 口（不包括报废利用井 3 口），日产液 25t，日产油 6t，含水 36%。

（一）自喷采油

1985 年以前投产的 21 口老井中，18 口井采用压裂改造方式投产，3 口井采用挤油方式投产。自喷井采油树为克拉玛机械产生产的 KY24.5/65 井口，采油管柱为 $2^7/_8$in 的 N80 油管下至油层顶界，井口全部采用保温箱保温，利用套管气采用井口盘管炉加热输送。

（二）机械采油

开发初期，1983—1999 年该区无电力网，大多数井停喷后无法转抽生产。1987 年 7 月引进试用天然气发动机作动力，采用游梁式抽油机有杆泵抽油生产 5 口井，井号是风 305、风 308、风 310、风 315、风 321。1999 年夏子街油田电力网延伸至风城油田，才开始全面转抽生产。

抽油采用 KY24.5/65 井口，由采油树大四通、抽油井三通、胶皮闸门、可调偏光杆密封盒组成。井口用保温箱保温，抽油机型以常规 CYJ10–3–53B 配 22kW 电机为主，抽油杆采用 H 级二级杆组合（ϕ 22mm × 29%+ϕ 19mm × 71%），抽油泵以 ϕ 44mm 整筒管式泵为主。

风 3 井区为底水油藏，为了有效地控制底水锥进达到稳油控水的目的，先后进行调整泵径由 ϕ 44mm 管式泵更换为 ϕ 38mm 整筒管式泵，抽油机冲次主要为最小的 6 次 /min。

（三）增产措施

该油藏底水十分发育，油藏属构造缝，裂缝多为高斜缝和垂直缝。

压裂措施受地层微裂缝影响，导致压力分散，形不成有效裂缝，压裂液滤失性以及设备能力限制等因素的影响，平均单井加砂量只达 3 ~ 5m³，砂比小于 15%。9 口井生产两年后水淹，致使部分井报废。

1999 年以后该区调整时，采用先酸化解堵后压裂，并先期加入造板剂控制滤失的改造措施，单井加砂量有所提高，平均达 12m³/ 井，风 335 井最高单井加砂量达 17m³，平均砂比 15.7%。这种施工方式应用于 3 口井，效果和以前相比变化不大，而且增加了压裂成本，以后没有进一步试验。

（四）油水井维护及修井

1. 油井维护

自喷井清蜡采用人工绞车下刮蜡片方式清蜡，一般采用 ϕ 2.0mm 清蜡钢丝和 ϕ 58mm 刮蜡片，井口至计量间出油管线根据井口回压情况，采用热洗方式清蜡。

投产初期抽油井采用热油清蜡方式，1995 年开始运用热化学液清蜡工艺，采用油田处理污水加水基清防蜡剂作为热洗介质（加药浓度为 0.25%）。

2. 修井作业

本区小修作业的主要任务是射孔投产，压裂酸化改造，转抽、检泵，上返补层，复抽等，使用的都是常规修井工艺。采用下桥塞打底灰的方法上返补层，上返施工 4 口井。

大修工艺主要是挤封水层、钻塞回采、解卡打捞，补贴回接套管等。风 309 井 1999 年进行了落物打捞二次固井、回采作业。小件落物打捞利用了 ϕ 73mm 正扣钻杆和外钩或套铣筒进行清蜡钢丝、刮蜡片的打捞；套管修复工艺上，使用了 ϕ 105mm、ϕ 110mm、ϕ 114mm、ϕ 115mm、ϕ 116mm 系列梨形磨鞋，ϕ 105mm × 0.3m 套铣钻头、ϕ 114mm × 2m 套铣管、ϕ 118mm 复式铣鞋等一系列套管修复工具。最终由于该井在 1120m 套管破损严重无法修复，停止施工。

二、稠油

风城浅层超稠油 1983—1996 年，以新疆石油管理局油田工艺研究所（以下简称油研所）为主前后 4 次上现场开展注蒸汽采油试验，经过长达 6 年的实践，开创出一套新的采油工艺。回顾这段历程，可分为竖直井单井吞吐开采、竖直井—水平井井组开采两个阶段。

（一）竖直井单井吞吐开采

竖直井均用 7in 油层套管射孔完井，下 $2^7/_8$in 平式光油管，初始装 KY65–25（通径 65mm、耐压 25MPa）常温井口，1989 年后改装 KR14–337（通径 65mm、耐压 14MPa、耐温 337℃）热采井口。注汽压力 3 ~ 5MPa，井口蒸汽干度 70% ~ 75%。油井自喷期很短即转抽，抽油机用 3 型，如 CYJ3–1.8–6.5HY 等，用 19mm 的 C 级抽油杆、ϕ 57mm 管式抽油泵或 ϕ 56mm 流线型抽油泵，常用冲程 1.8m、冲次 5 ~ 6 次 /min 生产。井口大都备有土油池，采出的油冬季凝固可装车运走。

风城浅层超稠油油藏埋深度 300 ~ 600m，原油黏度高，15℃下黏度 50×10^4 ~ 300×10^4mPa · s，井口温度 35℃以下不出油。油藏不连片、厚度差异大，且裂缝发育，吞吐生产一般达不到经济油汽比，只有个别井效果好，前后 3 次注蒸汽吞吐试采结果见表 3-2。

表 3-2 风城浅层超稠油三次单井吞吐试采结果

时间	注汽锅炉	试采区块	主 要 结 果
1983—1984 年	3t/h 国产炉	重 1 井	吞吐 3 轮，每轮每米油层注汽 190 ~ 210t，生产 20 ~ 44d，采油 310 ~ 366t，油汽比 0.150 ~ 0.170
		重 32 井	吞吐 1 轮，每米油层注汽 186t，生产 39d，采油 260t，油汽比 0.108
1989 年	9t/h 美国炉	重 1 井、重 32 井、重 33 井、重 5 井、重 43 井	共吞吐 7 轮（前 2 井各 2 轮），每轮每米油层注汽 140 ~ 180t；重 5 和重 1 分别生产 0.5 ~ 98 天，采油 2 ~ 410t，油汽比 0.002 ~ 0.259
1991 年	9t/h 美国炉	重 45 井组、重 43 井组、重 44 井组	共对其 12 口井吞吐 1 ~ 3 轮，共 19 轮次，每轮每米油层注汽 172 ~ 300t，生产 12 ~ 58d，采油 160 ~ 903t，油汽比 0.063 ~ 0.407。其中最好的是重 43 井组的 Z009 井，3 轮吞吐总生产 126d，注汽 5005t，产液 2688.8t，采油 1777t，油汽比 0.355

注：依据新疆油田分公司采油工艺研究院提供的资料编制。

（二）竖直井—水平井井组开采

为解决特稠油、超稠油的开发，中国石油天然气总公司于 1991 年 4 月，在北京召开中国石油天然气公司“八五”重点科技攻关水平井开采技术立项论证会。开发司副司长万仁溥建议对风城超稠油采用水平井开采，新疆局签订了“八五”（1991—1995 年）国家级攻关课题《新疆风城地区浅层超稠油油藏水平井开发试验研究》，由副局长赵立春负责，参加单位有清华大学核能技术设计研究院、中科院化学所、西南石油学院，研究内容包括地质油藏工程、钻井完井和采油工程。

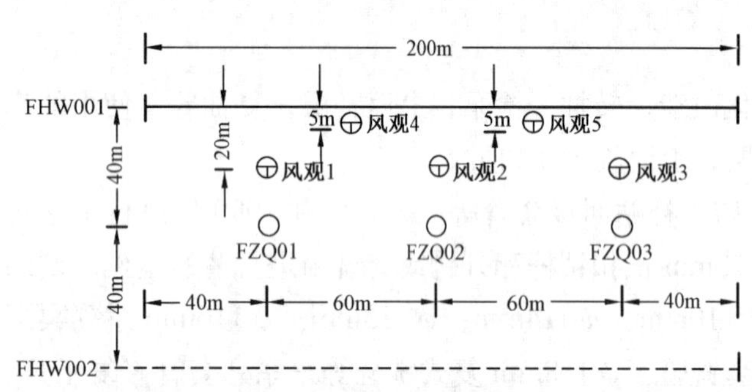

图 3-1 竖直井—水平井平面布井
（新疆石油管理局勘探开发研究院编制，1996 年 1 月）

竖直井—水平井井组的设计方案由 1 口水平井（FHW001、水平段长 200m）、3 口竖直井（FZQ01、FZQ02、FZQ03）、5 口温度观察井（风观 1、风观 2、风观 3、风观 4、风观 5）组成，参见图 3-1。

采油工程采用一套特殊的工艺技术。

1. 生产管柱

三口竖直井均用 7in 油层套管射孔完井，下 $2^7/_8$in 平式光油管，装 KR14-337 热采井口。选用 CYJ3-1.8-6.5HY 抽油机，19mm 的 C 级抽油杆、ϕ56 流线型管式抽油泵，冲程 1.8m、冲次 5 ~ 6 次 /min 生产。

斜直水平井系 $9^5/_8$in 套管下端用密封悬挂器总成下挂 5in 绕丝筛管完井。考虑到注汽和抽油需要，油研所彭顺龙、黄晓东等人首次采用双油管生产管柱，主管系 $3^1/_2$in 油管，下至水平井段始点，用作下泵抽油；副管系 $2^3/_8$in 油管，下至水平井段长 2/3 处，用作注汽、井下降黏、井下测试以及冲砂洗井。地面装 $3^1/_2$in × $2^3/_8$in 双管热采井口。

抽油杆柱由 ϕ70 管式斜抽泵、ϕ38mm 长 80m 加重杆、19mm 的 C 级抽油杆（抽油杆上带有扶正器和防脱器）、CYJX5-1.8HB 斜井抽油机组成，参见图 3-2。

2. 温度观察井监测

油研所王增善、樊玉新等人采用预固井温度观察井对油层温度监测。这种井用 $2^7/_8$in 油管下部连接一段非金属管作套管下入井内，非金属管位于油层井段，管内下入一串热电偶温度计，每米油层布一个测温点，油层顶、底界各布两三个对比点，用水泥固井完井。井下温度通过电缆传至地面，由计算机处理。由于油层部位采用了非金属管，避免热量上下传导，能更准确测出油层各部位任意时间的温度，以及温度随时间的变化规律。所建的 5 口温度监测井，1995—1996 年，连续两年取得一系列表明蒸汽流向和温度高低的资料参见图 3–3。

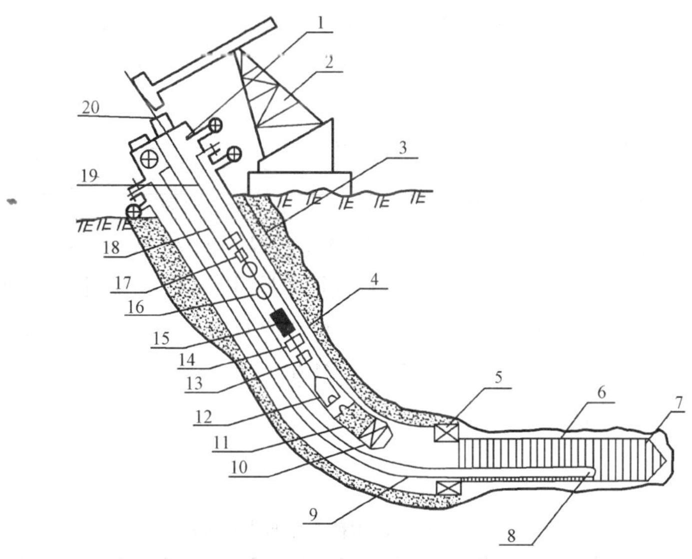

图 3–2　斜直水平井生产管柱结构示意图
（新疆石油管理局采油工艺研究院编制，1996 年 3 月）

1—双管井口；2—抽油机；3—表层套管；4—技术套管；5—悬挂总成；6—绕丝筛管；7—套管引鞋；8—副油管引鞋；9—副油管；10—主油管引鞋；11—筛管；12—斜抽泵；13—脱接器；14—防脱器；15—加重杆；16—扶正器；17—抽油杆螺纹锁定器；18—主油管；19—抽油杆；20—光杆

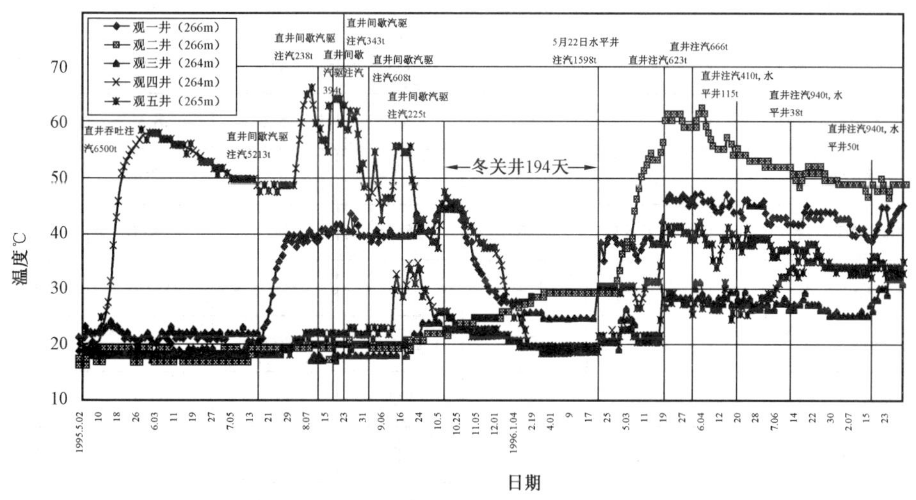

图 3–3　5 口温度观察井温度—时间变化曲线（1995 年 4 月—1996 年 8 月）
（新疆石油管理局百口泉采油厂油研所编制，1996 年 12 月）

3. 井下作业

斜直水平井从副油管注入化学降黏剂，可获得降黏增产效果。如第 6 轮抽油时，从副油管连续注入浓度 1% 化学降黏剂 30 ～ 40kg，比前一轮多产油 89t。

斜直水平井进行过 3 次冲砂洗井。冲砂液从副管注入，均为清水，排量 330L/min、泵压 2.0 ～ 2.5MPa，冲洗出粉砂。冲砂要在井下温度较高、井筒内稠油尚未凝固时及时冲洗，这是确保冲砂效果的重要措施。

4. 地面设施及流程

为满足试验要求，地面建成一套独立的注汽、抽油系统。该系统装有 9t/h 及 7t/h 高压锅炉各一台，燃料用由管道输来的夏子街有天内产的天然气，用车拉水，卸入储罐通过水处理装置后供给锅炉。采油系统备有 2 个 $60m^3$ 储罐，采出的油用车及时拉运。备有一套独立的供电系统。所有输汽、输油管道均有保温层和拌热副管，但全套流程保温仍不能满足冬季要求，在跨两年的试验中，冬季停工了 194 天。

5. 注采简况

按设计方案，竖直井、斜直水平井单井吞吐后，转入竖直井注汽水平井抽油。但因超稠油黏度高，实践结果低压注不进汽，高压则汽窜。为此，改变原设计方案，对竖直井高速大排量注汽，汽窜则关井，停注后开水平井生产，名之为“间歇汽驱”，这是从生产实践中总结出来的方法。

1995 年 7 月—1996 年 8 月，除去冬季停井实际作业时间 195 天，共完成 11 轮次间歇汽驱，注汽 11037t、采液 6592t、产油 2426t、采出程度 12%、累计油汽比 0.22、累计采注比 0.60。下表 3-3 是有代表性的 7 个轮次的典型数据。本井组生产后期尚有旺盛的生产能力，但因管理困难，流程保温不满足要求，冬季要停工，且计划改用克拉玛依油田的九 $_8$、九 $_6$ 区新钻的斜直水平井替代，故停止了 FHW001 井的试验。

表 3-3　7 个轮次间歇汽驱典型数据

年度		1995 年			1996 年			
序号		1	2	3	1	2	3	4
日期		8.24—9.05	9.05—9.17	9.18—10.04	5.19—5.30	5.31—6.18	6.19—7.14	7.14—8.20
注汽	注汽量，t	608.0	313.0	224.0	624.0	666.0	525.8	987.0
	井口干度，%	72	71	72	70	70	73	68
	井口压力，MPa	3.0	2.7	2.5	4.5	4.5	4.2	4.4
	注入速度，t/h	8.1	8.0	8.0	8.2	8.3	8.4	8.0
	焖井时间，h	24	35	41	12	26	29	38
采油	生产时间，h	230.5	235.0	280.5	190.0	290.0	525.5	713.0
	产液量，t	764.0	484.7	536.5	406.3	598.6	1007.0	1224.9
	产油量，t	215.5	190.5	279.3	86.0	186.0	340.0	444.0
	含水率，%	71.8	60.7	47.9	78.8	67.4	66.2	63.7
	采注比，t/t	1.26	1.55	2.39	0.65	0.90	1.92	1.24
	油汽比，t/t	0.35	0.61	1.24	0.14	0.28	0.65	0.45
	停抽井口温度，℃	38	43	35	48	48	44	42
	停抽井口回压，MPa	0.19	2.50	0.00	0.00	0.00	0.00	0.00

注：依据新疆油田分公司采油工艺研究院提供的资料编制。

6. 几点认识

（1）竖直井—水平井井组开采试验是成功的，其采油工艺可供借鉴。

（2）间歇汽驱要保持连续、不能间断，随着油层吸入热量的增多，产油量随即增多；改变注入参数和注入方式，可营造新的汽驱通道，提高产油量。

（3）所有温度观察井都显示出油层上、中、下部位温度依次增高，表明从竖直井渗到水平井的是热水而不是蒸汽，这表明，提高蒸汽干度将是提高开采效果的关键因素。

第四章

地面生产系统

第一节　油气集输

风城油田风3井区1985年进行试验性开发，地面集油系统采用井场加热单管进计量站—集中拉油站的二级布站流程，井场设1座25kW加热炉，采用 ϕ800计量分离器进行油气计量，计量站设有 15×10^4kcal/h水套加热炉，为油气加热和计量房采暖。截至2005年底，共建设采油井场25口，14×4井式84-Ⅰ型采油计量站3座，其中1座为集中拉油站；油区建集油管道3.35km，其中D273×7管道0.1km，D219×6管道3.25km。建单井出油管道D76×3.5共13.48km。单井出油管道及集油管道采用加强级沥青玻璃布防腐，埋地弹性敷设。1985年以前采用单井建高位储油罐用油罐车拉油的生产方式。

集中拉油站设值班室1座，设 ϕ2200×6400卧式油气分离器2座，分离出的少量天然气除自用外放空，分离出的油进6座 $60m^3$ 储油罐，然后用油罐车拉运到百口泉油田联合站处理。

1986年，拟在风3井区建设风1联合站，新建了两座 $500m^3$ 储油罐，但由于地质情况不确定，联合站的其他地面设施停止建设。

第二节　供　电

1999年，从夏子街油田扬水泵站35kV临时变电所引接了1条10kV架空线路向风3井区供电，线路导线为LGJ-95，线路长度9.0km，设10/0.4kV杆架式变电站9座。2000年风3井区油井加密，建LGJ-95型10kV架空线路0.045km，建LGJ-50型10kV架空线路2.0km，设10/0.4kV杆架式变电站7座。

附　录

附录一　附　图

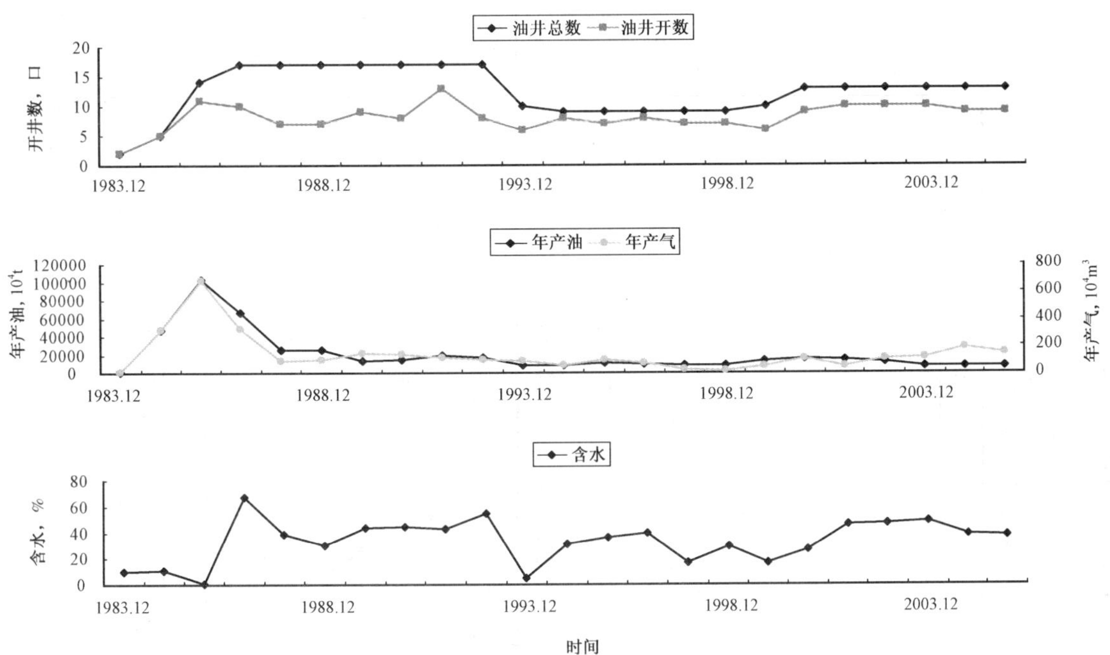

附图 1　油田开发综合曲线图

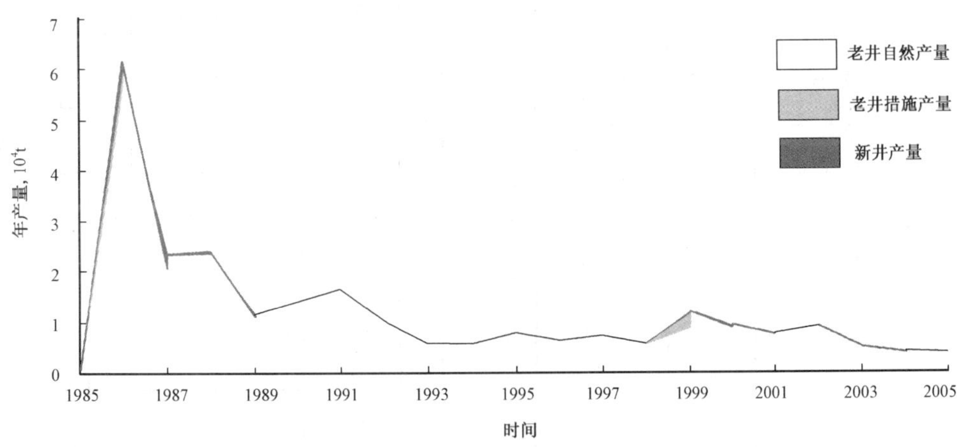

附图 2　历年产量构成曲线图

附录二 附 表

附表 1 综合地质数据表

区块	油藏类型	层位	油层深度 m	有效厚度 m	孔隙度 %	渗透率 mD	含油饱和度 %	原始油层压力 MPa	地层原油物性			脱气原油物性				地层水性质		天然气相对密度
									油层温度 ℃	饱和压力 MPa	体积系数	密度 g/cm^3	黏度(30℃) mPa·s	凝固点 ℃	含蜡量 %	水型	总矿化度 mg/L	
风 3	构造	P_1f	3124.7	19.9	5	4.8	74.69	44.58	85.5	22.57	1.2494	0.881	65.3	−14	7.22	$NaHCO_3$	60954	0.714
风 5	岩性构造	P_1f	3211	16.9	12	0.698	100	38.29	79.9	20.42	1.2250	0.894	102.1	−9.05	3.76	$NaHCO_3$	18123	0.73
重 1—重 32	岩性	J_3q	390	5.5	26	500	56	3.61	13.3	—	1.0000	0.963	32100	8.1	2.24	$NaHCO_3$	4913	—
重 43	岩性	J_1b	430	9.8	26.2	568	57	4.07	21.0	—	1.0000	0.955	19394 (50℃)	11.5	1.2	$NaHCO_3$	9489	—

注：依据风城油田各区块探明储量报告编制。

附表 2 风城油田历年开发综合数据表

时间	采油井		核实产油量			核实产液量			含水率 %	采油速度 %	产气量		开发储量		采出程度 %
	总井数 口	开井数 口	日 t	年 10^4t	累计 10^4t	日 t	年 10^4t	累计 10^4t			年 10^4m^3	累计 10^4m^3	地质储量 10^4t	可采储量 10^4t	
1983	2	2	34	0.1056	0.1452	38	0.1179	0.1575	10.5	0	9.6	11.3	—	—	0
1984	5	5	169	3.6217	3.7669	191	4.5292	4.6867	11.3	0	315.0	326.3	—	—	0
1985	14	11	321	7.6646	11.4315	324	9.0419	13.7286	0.8	0.86	676.8	1003.1	895	224.0	1.28
1986	17	10	66	6.0882	17.5197	201	8.0866	21.8152	67.1	0.68	326.6	1329.7	895	224.0	1.96
1987	17	7	59	2.3563	19.8760	97	5.0676	26.8828	38.9	0.26	87.9	1417.6	895	224.0	2.22
1988	17	7	77	2.3886	22.2646	110	3.2224	30.1052	29.9	0.27	95.0	1512.6	895	224.0	2.49
1989	17	9	37	1.1698	23.4344	66	1.9567	32.0619	44.0	0.13	145.5	1658.1	895	71.6	2.62
1990	17	8	49	1.4039	24.8383	89	2.4855	34.5474	44.8	0.16	140.5	1798.6	895	71.6	2.78
1991	17	13	29	1.6455	26.4838	50	2.6720	37.2194	42.7	0.18	111.9	1910.5	895	71.6	2.96

续表

时间	采油井		核实产油量			核实产液量			含水率 %	采油速度 %	产气量		开发储量		采出程度 %
	总井数 口	开井数 口	日 t	年 10^4t	累计 10^4t	日 t	年 10^4t	累计 10^4t			年 10^4m^3	累计 10^4m^3	地质储量 10^4t	可采储量 10^4t	
1992	17	8	27	1.0184	27.5022	60	2.5505	39.7699	54.6	0.11	97.1	2007.6	895	71.6	3.07
1993	10	6	5	0.5729	28.0751	5	1.4469	41.2168	5.4	0.06	90.1	2097.7	895	71.6	3.14
1994	9	8	18	0.5666	28.6417	26	0.9445	42.1613	30.9	0.06	57.5	2155.2	895	71.6	3.20
1995	9	7	16	0.7864	29.4281	25	1.1991	43.4604	35.9	0.09	100.6	2255.8	895	71.6	3.29
1996	9	8	17	0.6352	30.0633	28	0.9219	44.2823	40.0	0.15	74.8	2330.6	426	57.6	7.06
1997	9	7	31	1.1353	31.1986	37	1.4482	45.7305	16.5	0.27	23.0	2353.6	426	57.6	7.32
1998	9	7	30	0.8836	32.0822	43	1.3089	47.0394	29.4	0.21	16.5	2370.1	426	57.6	7.53
1999	10	6	49	1.5154	33.5976	59	1.9550	48.9944	16.9	0.36	52.2	2422.3	426	57.6	7.89
2000	13	9	15	1.1116	34.7092	20	1.3103	50.3047	26.6	0.26	105.2	2527.5	426	57.6	8.15
2001	13	10	26	0.8991	35.6083	49	1.5353	51.8400	46.5	0.21	50.5	2578.0	426	57.6	8.36
2002	13	10	10	1.0321	36.6404	19	1.7502	53.5902	47.5	0.24	101.7	2679.7	426	57.6	8.60
2003	13	10	14	0.5840	37.2244	27	1.0220	54.6122	48.7	0.14	112.0	2791.7	426	57.6	8.74
2004	13	9	11	0.4316	37.6560	18	0.9623	55.5745	38.4	0.10	188.8	2980.5	426	57.6	8.84
2005	13	9	9	0.3810	38.0370	15	0.6135	56.1880	37.5	0.09	146.3	3126.8	426	57.6	8.93

注：(1) 依据新疆油田分公司中心数据库每年 12 月份的开发数据编制。

(2) 1983 年前试采油量 0.0396×10^4t。

附录三　人物名录

百口泉采油厂风城—夏子街试采队

队　长：

闫亚洲（1989年2月—1992年8月）

指导员：

耿玉宽（1989年2月—1992年8月）

地质员：

陈　勇（1989年2月—1992年8月）

百口泉采油厂夏子街综合大队

大队长：

陈向东（1992年8月—1993年12月）

大队长：

杨公民（1993年12月—1995年11月）

百口泉采油厂采油十队

队长兼指导员：

胡常德（1995年11月—1996年5月）

地质员：

土克林（1995年11月—1996年5月）

百口泉采油厂采油八队

队　长：

金文武（1996年5月—2005年12月）

指导员：

刘步芳（1996年5月—2005年12月）

附录四　获奖项目

序号	项目名称	获奖等级	获奖时间	项目完成者
1	风城油田风3井区二叠系风城组油藏描述及二次开发可行性研究	新疆石油管理局科技成果一等奖	1994年	张　辉、丁振华等
2	风城地区稠油藏水平井注蒸汽开发地质及油藏工程研究	新疆石油管理局科技成果一等奖	1996年	杨瑞麒、常毓文、王嘉淮、孙新革等

附录五　征引文献

文献名	作者	出版（编制）时间	出版社（现存地）
《中国石油地质志·新疆油气区》（卷十五）	新疆油气区石油地质志编写组	1993年	石油工业出版社
《百口泉采油厂厂志》	《百口泉采油厂厂志》编纂委员会	1999年	新疆人民出版社
《新疆石油管理局勘探开发研究院院志》	《新疆石油管理局勘探开发研究院院志》编纂委员会	1999年	新疆油田分公司勘探开发研究院

编纂始末

2007年初，新疆油田公司勘探开发研究院在接到新疆油田公司关于编纂《风城油田志》的任务通知后，院领导高度重视，立即成立了以院长况军为主任的《风城油田志》编纂委员会，以开发所副所长孙新革为编纂组组长，联合百口泉采油厂、风城作业区，组织了地质、工艺、地面等部门10余人参与开发志的编纂工作，明确了职责和时限。

《风城油田志》编纂工作分为学习培训、资料收集、分类编纂、汇总整理、专家审查、整改完善几个阶段。在编纂过程中，编纂人员遇到了许多问题和困难：一是全体编纂人员均是兼职工作，编纂时间难以保证，大部分只能在业余时间进行；二是油田开发历程跨度较大，资料不全，搜集整理困难；三是编纂人员没有志书编纂经验，需要边学边干。尽管如此，编纂人员还是在生产任务紧张、工作十分繁忙的情况下，加班加点，保证分阶段任务的完成。通过参加培训，组织学习，掌握志书编纂方法，领会了《中国油气田开发志》总编纂委员会的编纂思路和要求，学习了《大民屯油田志》、《百口泉油田志》编纂方式、编纂内容，准噶尔盆地油气区开发志编纂要求等。经过学习、培训，编纂组成员在掌握志书基本编纂方法的基础上，参照《大民屯油田志》的编纂模式，结合所掌握的风城油田的勘探开发历程和特点， 2008年底完成初稿交专家审核组审查。经过专家的评议，对《风城油田志》提出了许多具体的修改意见，编纂组调整了编纂思路，在以写事为主的同时，以事系人，突出风城油田稀油和稠油并举的特点。同时，由于初稿篇幅字数超额较多，因而对初稿进行了大幅精简，特别是概述部分，去除了大量的图片及图表，同时对地质部分的内容进行了丰富完善。

经过资料录入、分类编纂、汇总整理阶段，经过耐心细致的工作，按照《中国油气田开发志》油气田篇的要求，经过调整修改，至2009年6月中旬，完成了《风城油田志》第二稿。后经过专家多次审查，编纂组进行认真修改，相继完成了《风城油田志》的第三稿、第四稿。2009年10月，经过多次的修改完善，完成了《风城油田志》的第五稿。2009年12月通过《中国油气田开发志》新疆油气区编纂委员会的审查验收。

本志编纂过程中共收集整理基础文字资料100余册，图片图表资料100余幅。期间，《百口泉油田志》的主编聂建江提供了大量资料及技术指导，一并予以感谢。

由于编纂水平和时间限制，可能存在疏漏，敬请读者、专家给予指正。

《风城油田志》编纂组

2009年12月

编号：07-011

玛北油田志

《玛北油田志》编纂组　编

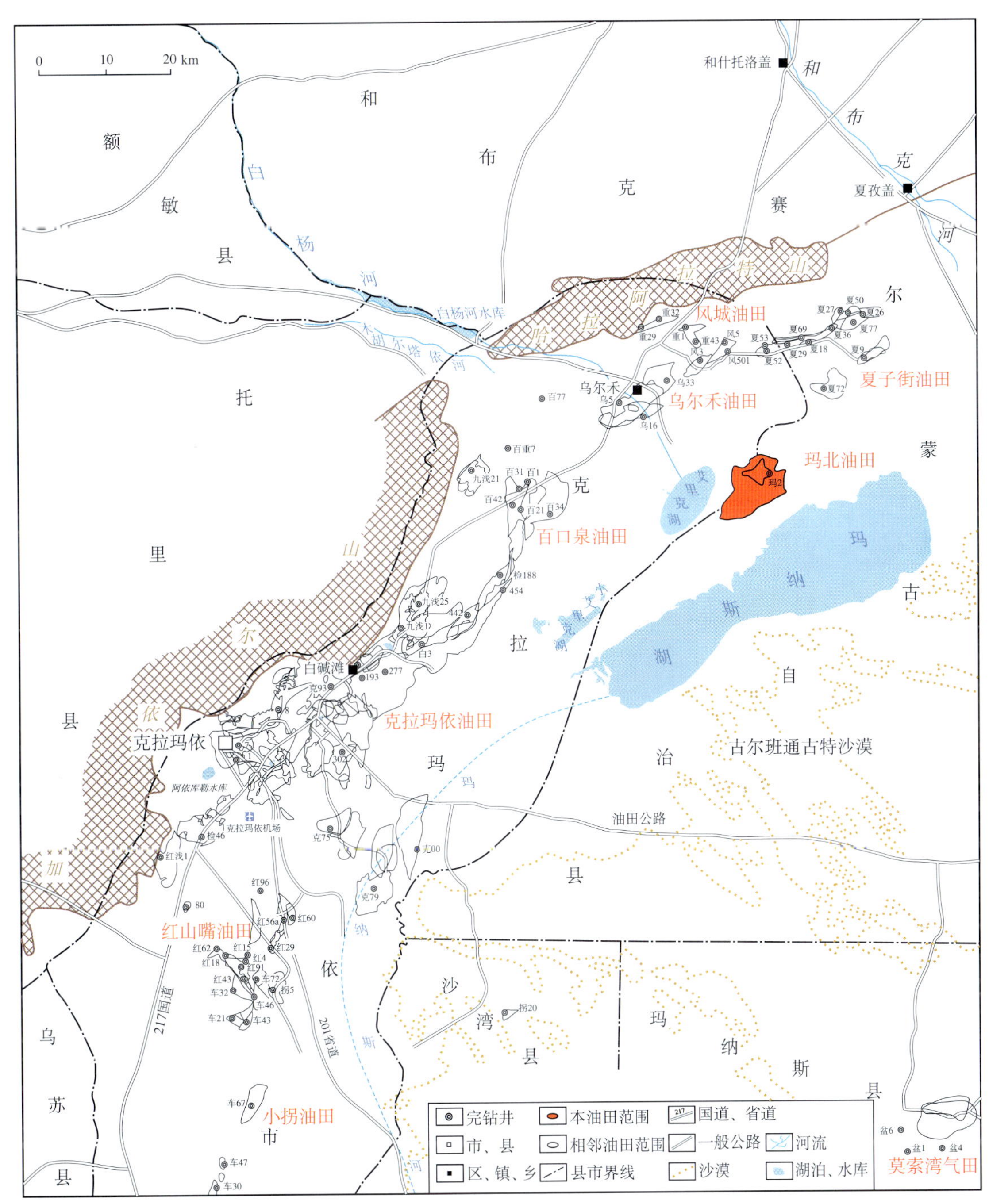

玛北油田地理位置图

（新疆油田分公司勘探开发研究院编制）

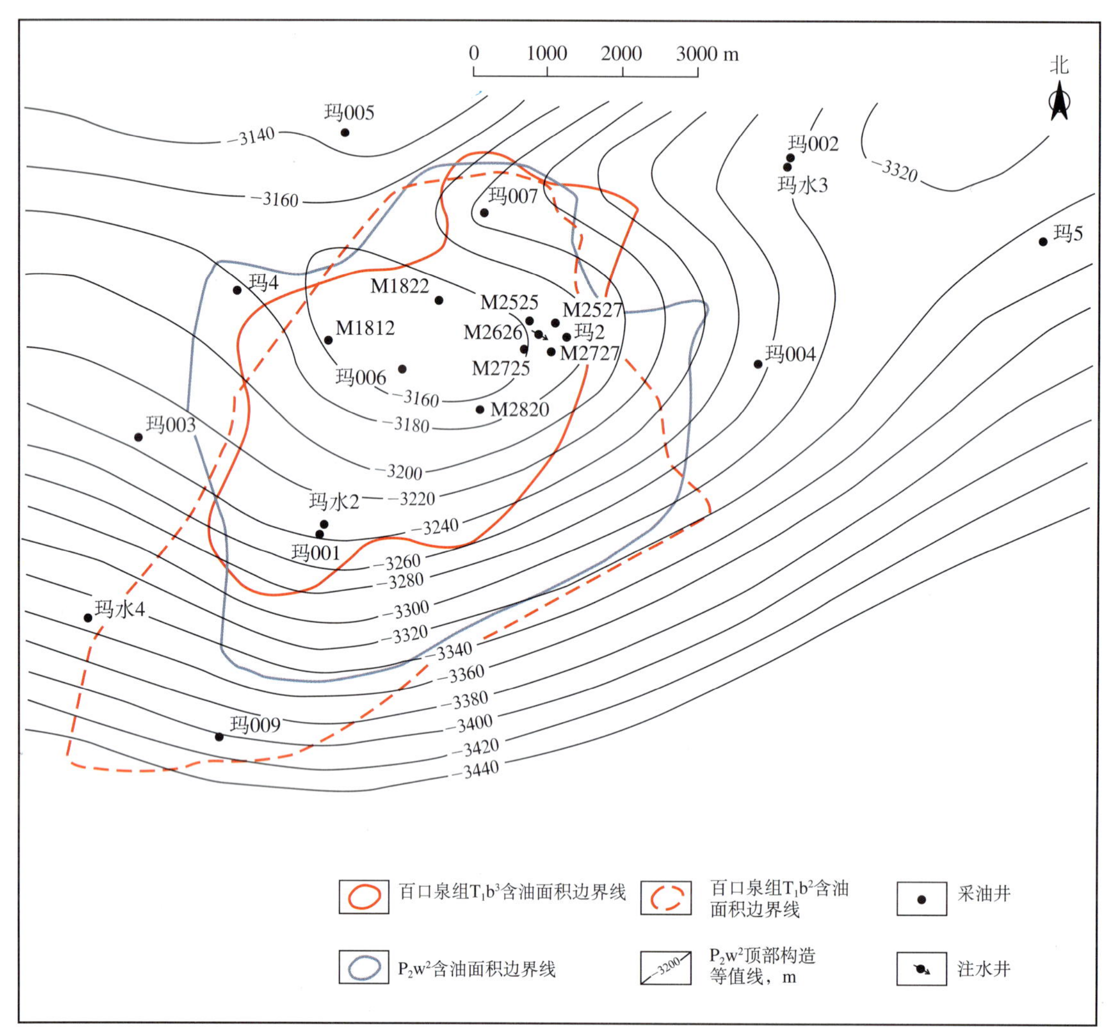

玛北油田构造井位图

（新疆油田分公司勘探开发研究院编制，2005 年）

《玛北油田志》编纂委员会

主　任：况　军

副主任：钱根宝　朱志宏

成　员：王延杰　邹正银　黄小平　姚玉萍

《玛北油田志》编纂组

组　长：彭永灿

成　员：王丽荣　赵　蕾　华美瑞　周　勇　易任之　沈晓燕
米热尼莎·吐尔逊

本志目录

概　述

玛北油田是准噶尔盆地西北缘斜坡地带的一个低孔、特低渗、低能的油田，位于和布克赛尔蒙古自治县境内，西南距在克拉玛依市区东北约 100km 处。位于已干涸的玛纳斯湖以北约 10km，并因此得名。玛北油田 1992 年发现，1997 年投入试验开发。油田地表为戈壁砾石，植被稀少、地势平坦，平均地面海拔 340m。有油田公路与 217 国道在乌尔禾相连接，交通方便。最高气温 42.9℃，最低气温 −35.9℃。最大冻土深度 197cm。年总降水量最大 133.5mm，最小 58.5mm。全年主导风向为西北风，八级以上大风天数 64 ～ 82 天。

玛北油田的勘探工作始于20世纪80年代初。新疆石油管理局地质调查处（以下简称地调处）在油田地区内进行了二维数字地震勘探，地震测线35条，总长417.6km，测网密度达2km × 2km～2km × 1km，经解释证实该地区处于乌—夏断阶带下盘的斜坡带，在单斜构造背景下，发现了局部的低幅度背斜圈闭。该区处于玛湖生油凹陷的北斜坡区，是油气向北运移的指向，有利于油气藏的形成。

1992年初，在背斜圈闭上部署了第一口预探井——玛2井，该井由钻井公司4539钻井队承钻，钻探目的是了解中生界各组的含油气性、生、储、盖组合关系，以及为开展斜坡区岩相古地理研究和地球物理解释提供参数。玛2井于1992年1月13日开钻，7月5日完钻，7月27日完井，完钻井深3658m，井底地层为二叠系乌尔禾组。8月28日，射开乌尔禾组3561～3538m井段试油。压裂后3mm油嘴试油，获日产原油16.7t，气2668m^3，从而发现了玛北油田。1993年5月10日，上返三叠系百口泉组3471.5～3460.5m井段试油，压裂后3mm油嘴，日产原油12.54t，气3083m^3，又发现了百口泉组油藏。

1993年9月，完成300km^{2}三维地震勘探。先后钻预探井5口（玛2、玛3、玛4、玛5、玛7），钻井进尺18844.2m；评价井8口（玛001、玛002、玛003、玛004、玛005、玛006、玛007、玛009），钻井进尺29699.6m；开发井8口，钻井进尺28944.5m。取心井12口，取心进尺 405.73m，实长393.48m，收获率97.0%，含油岩心长148.63m。

百口泉组取心井10口，取心进尺 192.45m，实长187.93m，收获率97.7%，含油岩心长80.86m；试油13井26层，获工业油流5井10层（玛2、玛001、玛006、玛007、玛009）。

乌尔禾组取心井12口，取心进尺213.28m，实长205.55m，收获率96.4%，含油岩心长67.77m；试油12井22层，获工业油流5井9层（玛2、玛4、玛001、玛006、玛007）。

已完钻的探井和评价井采用CSU和MAXIS−500测井系列，开发井采用“小数控”测井系列。其中一口开发井（M2527）采用小数控和CSU平行测井，一口评价井玛006采用JD581和CSU平行测井。

大事记

1992 年

1 月 13 日　新疆石油管理局钻井公司（以下简称钻井公司）4539 钻井队承钻的玛北地区玛 2 井开钻，7 月 5 日完钻，7 月 27 日完井。

8 月 28 日　玛 2 井射开二叠系乌尔禾组 3561 ~ 3538m 井段，射后井口外溢少量水及天然气。

9 月 8 日　玛 2 井经压裂改造后，用 3mm 油嘴试油，日产原油 16.7t、天然气 $2668m^3$，发现了玛北油田。

1994 年

12 月　新疆石油管理局勘探开发研究院（以下简称勘探开发研究院）李桂苹、雷德文等编制了《玛北油田二叠系乌尔禾组、三叠系百口泉组油藏探明储量报告》。1995 年 1 月经全国矿产储量委员会批准为Ⅲ类探明储量，探明含油面积 $59.0km^2$、石油地质储量 4378×10^4t。1995 年被全国矿产储量委员会评为二等奖。

1996 年

10 月 31 日　由中国石油天然气总公司总经理助理陈耕主持，专题研究新疆石油管理局与江汉石油管理局合作开发玛北油田问题。经协商达成了 7 条合作开发意向。

1997 年

1 月　勘探开发研究院魏利燕、彭永灿等人编制了《玛北油田开发前期试验及评价井部署意见》。

1998 年

5 月 1 日　新疆石油管理局采油二厂作为乙方正式对玛北油田承包管理，甲方为新疆石油管理局玛北油田开发项目经理部（由新疆石油管理局和江汉石油管理局合作开发）。采油二厂成立了玛北油田项目经理部。

1999 年

3 月　江汉石油管理局撤出玛北油田合作开发项目。玛北油田完全交由采油二厂管理。

2002 年

2 月 20 日　新疆石油管理局井下作业公司采油项目部成立了玛北油田采油队管理玛北油田。

2005 年

9 月　新疆石油管理局合作开发采油作业区（新疆石油管理局和新疆油田分公司合作）管理玛北油田。

第一章

油 田 地 质

第一节 构 造

玛北油田的勘探研究工作始于20世纪80年代初，经二维数字地震解释证实玛北地区处于乌—夏断阶带下盘的斜坡带，在单斜背景上有局部低幅度背斜圈闭（图1-1）。1992年部署钻探了玛2井，经试油获工业油流，证实了含油构造圈闭的存在。1993年完成300km^{2}三维地震勘探，进一步解释出百口泉组、乌尔禾组分层低幅度背斜圈闭（图1-2、图1-3）。1994年，勘探开发研究院雷德文等利用已完钻井资料对三维地震进行重新解释后，进一步确认了乌尔禾组和百口泉组构造圈闭的存在（图1-4、图1-5）。二叠系下乌尔禾组油藏顶部（P_2w）构造形态为一陡缓不等的向南倾的单斜（倾角3°～5°），局部发育有玛2井鼻状构造，在鼻状构造上发育着玛006井低幅度背斜，闭合面积3.8km^2，闭合高度12m。三叠系百口泉组油藏顶面构造形态有一定的继承性，也为陡缓不等的向南倾的单斜，玛006井低幅度背斜T_1b^2砂层组闭合面积0.27 km^2，闭合度9m，T_1b^3砂层组闭合面积2.2 km^2，闭合度7m。玛北油田水平最大主应力方向为86°～99°。

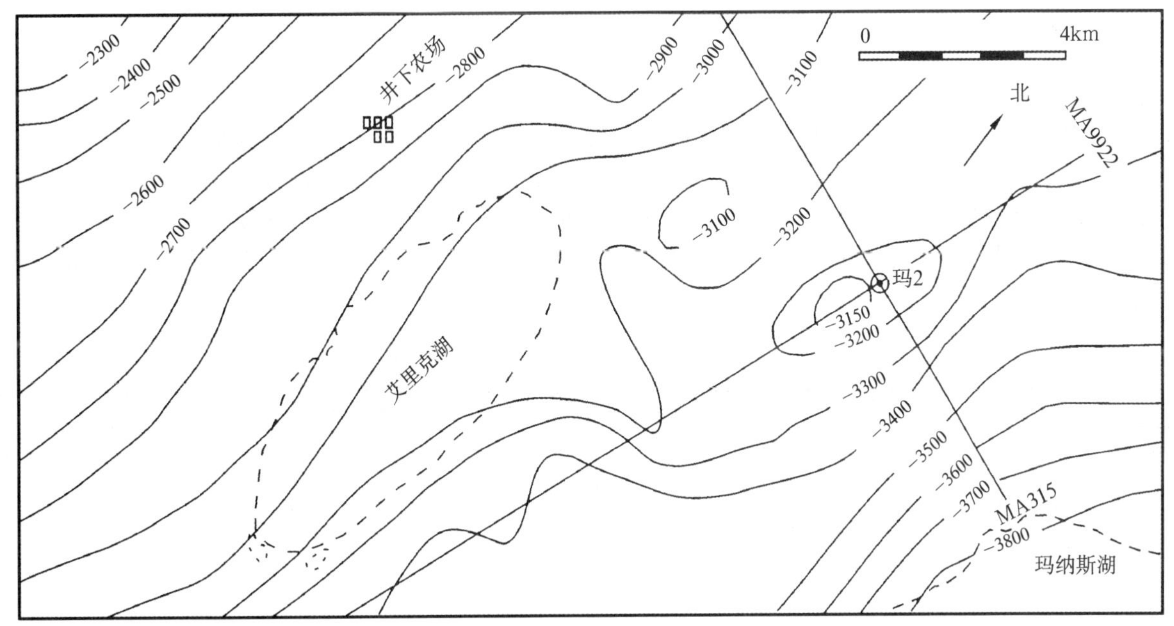

图1-1 玛北油田百口泉组1992年构造图
(新疆石油管理局勘探开发研究院编制，1993年9月)

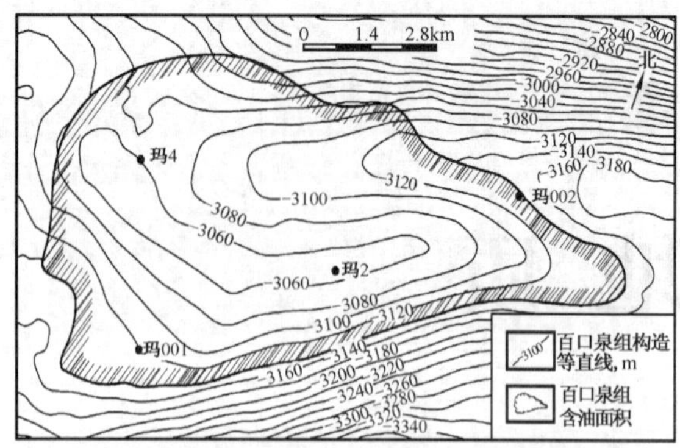

图1-2　玛北油田百口泉组1993年构造图
（新疆石油管理局勘探开发研究院编制，1994年9月）

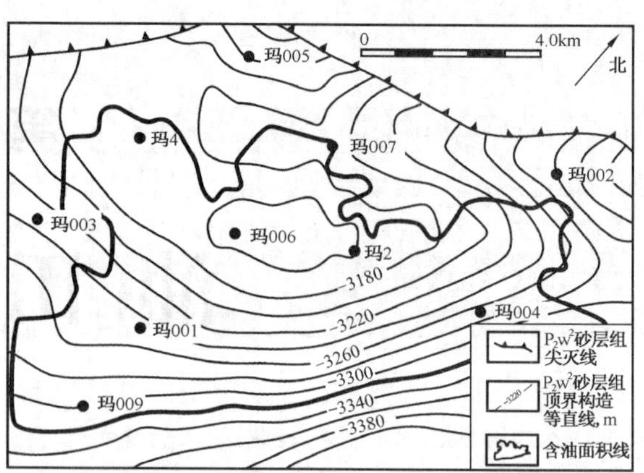

图1-3　玛北油田乌尔禾组1993年构造图
（新疆石油管理局勘探开发研究院编制，1994年9月）

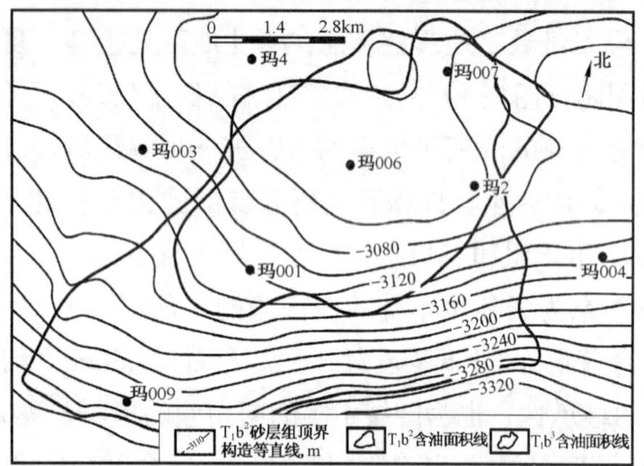

图1-4　玛北油田百口泉组1994年构造图
（新疆石油管理局勘探开发研究院编制，1997年1月）

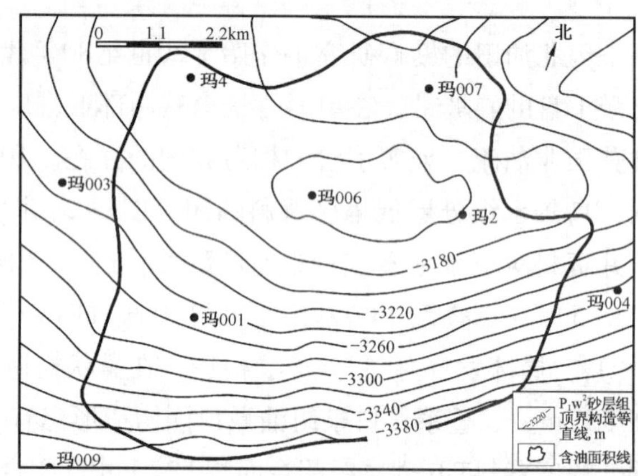

图1-5　玛北油田乌尔禾组1994年构造图
（新疆石油管理局勘探开发研究院编制，1997年1月）

第二节　储　层

由探井和评价井钻揭的地层层序自下而上为：二叠系下乌尔禾组（P_2w）、三叠系百口泉组（T_1b）、克下组（T_2k_1）、克上组（T_2k_2）、白碱滩组（T_3b）、侏罗系八道湾组（J_1b）、三工河组（J_1s）、西山窑组（J_2x）、头屯河组（J_2t）、齐古组（J_3q）、吐谷鲁组（K_1t）。各层之间除二叠系下乌尔禾组上部遭受过剥蚀外，其他各层组间为整合接触，沉积稳定，均可进行区域对比。经试油证实的储集层为百口泉组及下乌尔禾组，自上而下各分为三个砂层组，即T_1b^1、T_1b^2、T_1b^3及P_2w^1、P_2w^2、P_2w^3砂层组（表1-1、表1-2）。

表1-1　玛北油田百口泉组T_1b砂层组划分简表

地层		井段 m	岩性描述	沉积相划分			试油成果
组	砂层段			相	亚相	微相	
T_1b	T_1b^1	3358～3391.5	上部为褐灰色、褐色泥岩夹褐色泥质砂岩及大套绿灰色粉砂质泥岩；下部为绿灰色荧光泥质砂岩和荧光砂砾岩	冲积扇	扇顶	漫洪带	
						主槽	
	T_1b^2	3391.5～3451	上部为褐色粉砂质泥岩、杂色荧光砂砾岩、褐色泥岩；中部绿灰色荧光砂砾岩；下部为绿灰色细砂岩		扇中	漫流带	射孔井段：3413～3427m 油嘴：3mm 日产油：12.84t 日产气：2456m³
						辫状沟槽	
						漫流带	
					扇顶	主槽	射孔井段：3442～3449m 油嘴：3mm 日产油：13.25t 日产气：2452m³

续表

地层		井段 m	岩性描述	沉积相划分			试油成果
组	砂层段			相	亚相	微相	
T_1b	T_1b^3	3451～3492.5	上部为褐色泥岩； 中部绿灰色荧光砂砾岩夹薄的褐色含砾泥岩和含砾不等粒砂岩； 下部为褐色砂质泥岩、泥岩及绿灰色砂砾岩	冲积扇	扇顶	漫洪带	射孔井段：3461～3469m 油嘴：3mm 日产油：12.54t 日产气：3083m³
						主槽	
						漫洪带	

注：依据玛北油田单井钻井总结和探明储量报告资料编制。

表1–2　玛北油田P_2w砂层组划分简表

地层			井段 m	岩性描述	沉积相划分			试油成果
组	砂层段				相	亚相	微相	
P_2w	P_2w^1		3492.5～3518.5	上部为褐灰色泥岩及灰色泥质粉砂岩；中部为灰色砂砾岩；下部为褐灰色粉砂质泥岩和泥岩	水下扇	扇缘		
	P_2w^2	P_2w^{2-1}	3518.5～3545	上部绿灰色荧光砂砾岩； 中部为褐灰色粉砂质泥岩和黑色碳质泥岩； 下部绿灰色荧光砂砾岩		扇中	辫状沟槽	射孔井段：3518～3532m 油嘴：3mm 日产油：10.6t 日产气：1863m³
		P_2w^{2-2}	3545～3577	上部为褐灰色泥岩及灰色泥质砂岩； 中部为灰色荧光砂砾岩及褐灰色泥岩互层； 下部为褐灰色粉砂质泥岩及灰色荧光砂砾岩			漫流带	射孔井段：3538～3550m 油嘴：3mm 日产油：16.66t 日产气：2668m³
	P_2w^3		3577～3658	上部为褐灰色泥岩、灰色泥质砂岩、褐灰色粉砂质泥岩及灰色荧光砂砾岩； 中部为褐灰色泥岩、灰色荧光砂砾岩、灰色泥质砂岩及灰色荧光砂砾岩； 下部为褐灰色粉砂质泥岩、灰色荧光砂砾岩、灰色泥质砂岩及灰色荧光砂砾岩		扇中	漫流带	射孔井段：3594.5～3616m 油嘴：3mm 日产油：1.257t
							辫状沟槽	
							漫流带	
							辫状沟槽	
							漫流带	
							辫状沟槽	

注：依据玛北油田单井钻井总结和探明储量报告资料编制。

依据 12口取心井资料和测井资料的分析认为下乌尔禾组为水下扇，细分为辫状沟槽和漫流带微相。百口泉组为冲积扇，细分为扇顶、扇中亚相以及主槽、漫洪带、辫状沟槽、漫流带等微相（图1–6、图1–7）。

由3112块岩心样品分析，确定两套储层（T_1b、P_2w）均属特低孔隙度（8.88%、8.07%）、特低渗透率（1.23mD、2.24mD）、微细喉道（0.112μm、0.144μm）、非均质性和水敏性较强的孔隙型储层。

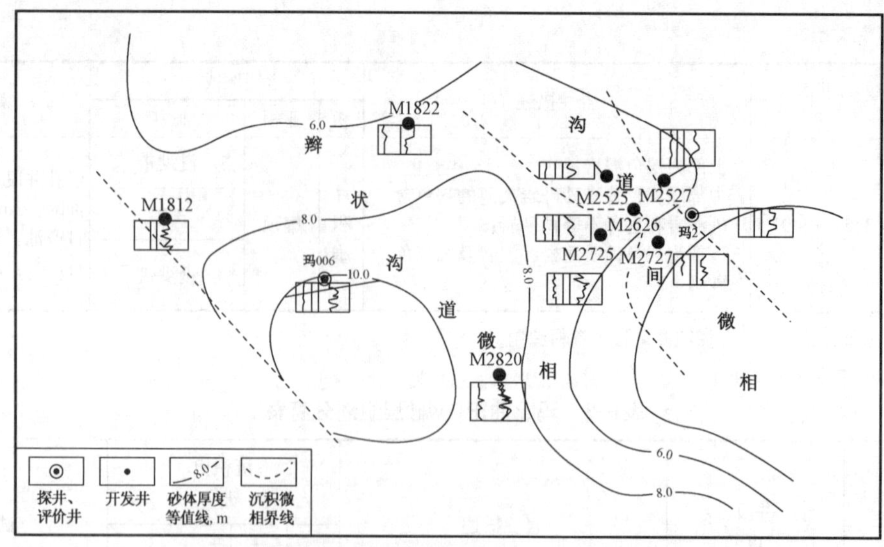

图 1-6 玛北油田二叠系下乌尔禾组油藏（$P_2w^{2\text{-}2\text{-}2}$）沉积微相平面图
（新疆油田分公司勘探开发研究院编制，2005 年 11 月）

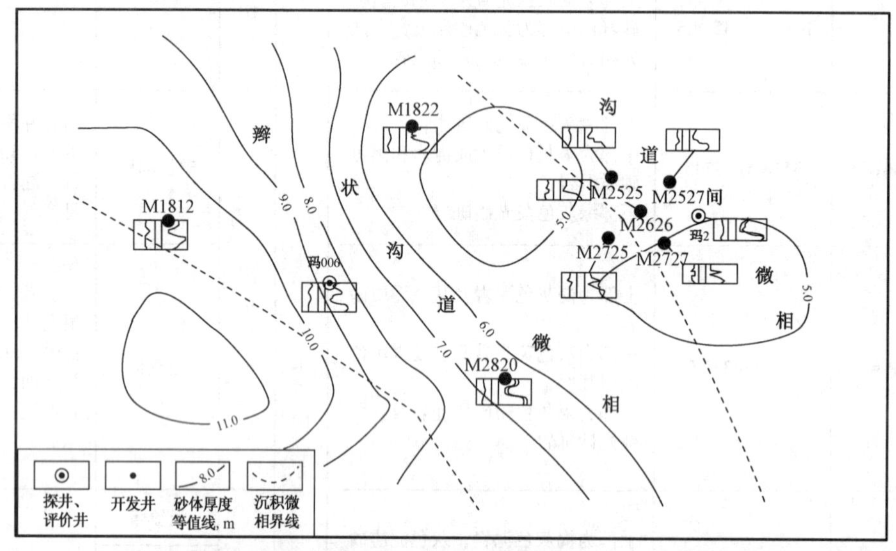

图 1-7 玛北油田三叠系百口泉组油藏（$T_1b^{3\text{-}3}$）沉积微相平面图
（新疆油田分公司勘探开发研究院编制，2005 年 11 月）

第三节 油藏物性

经过试油、试采证实两油藏（T_1b、P_2w）均属于高压、低饱和程度的常规稀油油藏。

乌尔禾组油藏：据8井17层测试资料，原始地层压力59.3MPa（−3297.5m），压力系数1.64，平均地层温度 89℃（中部深度3640m）；据3井4层高压物性（PVT）分析资料，油藏饱和压力7.6MPa、地饱压差51.7MPa、饱和程度12.8%，地层油密度0.769g/ cm^3、黏度7.92mPa·s，原始气油比44.2m^3/t，压缩系数13.61×10^{-4} MPa^{-1}；另据8井23个地面油气样品分析资料，地面原油密度0.848g/ cm^3，50℃时黏度13.5mPa·s，含蜡量9.7%，溶解气相对密度1.038、甲烷含量55.38%；油藏原始驱动类型为弹性驱动。

百口泉组油藏：据6井6层测试资料，原始地层压力56.7MPa（−3209m），压力系数1.61，平均地层温度 87.2℃（中部深度3552m）；据2井2层高压物性（PVT）分析资料，油藏饱和压力18.4 MPa、地饱压差38.3 MPa、饱和程度32.5%，地层油密度0.716g/ cm^3、黏度2.43mPa·s，原始气油比120.9m^3/t，压缩系数15.42×10^{-4} MPa^{-1}；另据10井36个地面原油样品分析资料，地面原油密度$0.824g/cm^3$、50℃时黏度4.4mPa·s、含蜡量8.2%；据3口井7个溶解气样品分析，相对密度0.674、甲烷含量84.42%、乙烷含量为7.2%。据10口井32个地层水样品分析资料，地层水总矿化度平均为19032 mg/L，水型为重碳酸氢钠型（$NaHCO_3$）；油藏原始驱动类型为弹性—弱溶解气驱。

第四节　储　量

1993年9月上报三叠系百口泉组油藏控制储量4118×10^4t，含油面积$65.3km^2$。1994年9月上报二叠系乌尔禾组油藏控制储量2853×10^4t，含油面积53.2 km^2。

在控制储量的基础上，为使储量升级，李桂萍、陈新、雷德文等于1994年主要做了以下工作：

（1）为了进一步查明构造、储层变化及油气水分布规律，落实含油边界及油藏类型，三叠系百口泉组油藏新增试油12井24层，获工业油流4井7层（玛001、玛006、玛007、玛009）；二叠系乌尔禾组油藏新增试油2井2层，均获工业油流。

（2）百口泉组新增取心井9口，取心进尺 187.55m，实长183.43m，收获率97.6%，含油岩心长77.4m，新增岩心分析样品1526块。乌尔禾组油藏新增取心井1口，取心进尺 14m，实长13.86m，收获率99%，含油岩心长0.37m，新增岩心分析样品398块。

（3）开展了乌尔禾组、百口泉组油藏的精细描述。

针对玛北油田岩性油藏特点，在新疆石油管理局、勘探开发研究院有关领导的具体指导下，由勘探开发研究院、测井研究所、地调处地物所合作进行了玛北油田百口泉组、乌尔禾组油藏精细描述工作；同时，考虑到油藏的复杂性，与大港油田研究院处理中心协作，进行了砂体预测及油气检测工作。油藏描述工作综合各种资料，对研究该油田的储层、沉积相及含油气规律等起到了指导作用。

1994年12月，勘探开发研究院李桂萍、陈新、雷德文完成玛北油田探明储量计算报告，并于1995年1月经国家储委石油天然气专业委员会批准为Ⅲ类探明储量，探明含油面积$59.0km^2$，原油地质储量4378×10^4t，溶解气地质储量$8.09\times10^8m^3$。其中玛北油田乌尔禾组油藏探明含油面积46.4km，原油地质储量2291×10^4t，溶解气地质储量$4.12\times10^8m^3$，选定采收率15%，原油可采储量343.7×10^4t，溶解气可采储量$0.62\times10^8m^3$。玛北油田百口泉组油藏探明含油面积54.3 km^2，原油地质储量2087×10^4t，溶解气地质储量$3.97\times10^8m^3$，选定采收率16%，原油可采储量333.9×10^4t，溶解气可采储量$0.64\times10^8m^3$。

第二章

油田开发

玛北油田为油层埋藏深（中部深度3640m）、特低渗透的岩性油藏。控制程度低，油层分布及产能均不落实，开发风险大，因此采取滚动开发的策略。

第一节　开发历程

自1992年8月发现玛北油田乌尔禾组油藏和百口泉组油藏。至1997年10月，玛2、玛001、玛006和玛007井相继转百口泉组试采，试采初期3个月单井平均产量4.5t/d，阶段累积产油量1442t。

试油试采资料证实，油井产量不高，开发投资大，效益差，风险大。能否投入工业性开发取决于能否大幅度降低开发建设投资，以及采油工艺是否能成功地提高单井产能和建立有效保持压力的开采系统。因此，在仅有几口探井资料的基础上，尚不具备编制开发方案的条件。为进一步取得油藏的静态、动态资料以及试验研究高效益的钻井工艺和配套采油工艺，并能在试验和评价的基础上，确定一块可供开发的面积，加快玛北油田的开发，决定在玛北油田先部署3口评价井和开辟一个五点法注水试验井组

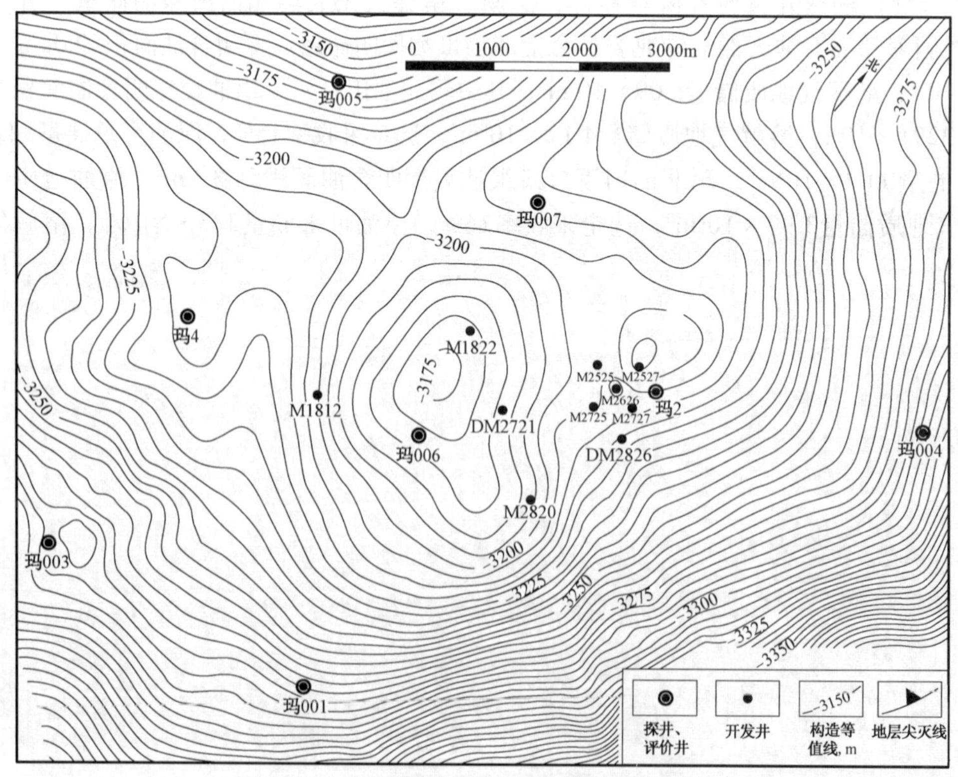

图2–1　玛北油田评价井及试验井组部署图
（新疆石油管理局勘探开发研究院编制，1997年1月）

（图 2–1），进行前期评价工作。在对油藏的特征和产能有进一步认识之后，再着手开展试验区或全油藏开发方案的编制工作。

1997 年 1 月，玛北油田乌尔禾组油藏以开发试验为目的，由勘探开发研究院副总地质师欧阳可悦和开发室主任钱根宝负责，魏利燕和彭永灿等编制了《玛北油田开发前期试验及评价井部署方案》，并通过新疆石油管理局开发处长闻玉贵审查和局开发副总地质师孙川生审批通过。5 口试验井组的井和 3 口评价井全部完钻。1997 年 11 月 M1822 井、M2527 井、M2727 井和 M2820 井相继在百口泉组试采，试采情况见表 2–1，仅 M2527 井和 M2727 井产量较高，其他井均不能达到经济有效开采。1998 年 5 月，5 口试验井组的井和 3 口评价井在乌尔禾组油藏试采，初期平均产能 4.9t/d（表 2–2）。因试验效果不理想，投资大，效益低，1998 年 7 月后停止了试验。

表 2–1　玛北油田百口泉组试采情况表

井号	初期生产天数 d	初期平均产量 t/d	累积生产时间 d	累积平均产量 t/d
玛 2	63.6	6.6	537.5	2.7
玛 001	62.9	3.2	2789.9	3.9
玛 006	82.5	4.3	2799.2	4.0
玛 007	75.5	3.7	1867.3	2.6
M1822	32.4	3.9	145.2	3.4
M2527	82.4	22.5	176.0	20
M2727	68	26.9	208.1	25
M2820	48.6	12	199.6	8
平均	—	10.3	—	8.7

注：依据新疆油田分公司中心数据库数据资料编制。

表 2–2　玛北油田乌尔禾组试采情况表

井号	初期生产天数 d	初期平均产量 t/d	累积生产时间 d	累积平均产量 t/d
M1812	64	2.2	1515.1	1.3
M1822	62	5.3	1953.4	2.3
M2525	90	3.7	1827.2	3.1
M2527	90	6.9	2861．0	5.2
M2626	49	1.9	201.2	1.9
M2725	26.4	1.5	1821.5	2.3
M2727	90	14	1325.6	14
M2820	57.9	4	2407.6	2.6
平均	—	4.9	—	4.1

注：依据新疆油田分公司中心数据库数据资料编制。

1996 年 10 月 31 日，中国石油天然气总公司总经理助理陈耕主持召开会议，专题研究新疆玛北油田合作开发问题。参加会议的有中国石油天然气总公司计划局、财务局、开发局和新疆石油管理局、江汉石油管理局等部门和单位的负责同志。会议同意新疆石油管理局和江汉石油管理局合作开发玛北油田，双方派人共同组成合资公司董事会。要求玛北油田合作开发要以经济效益为中心，坚持实事求是的科学态度，积极慎重地开展工作。

1997 年 10 月 1 日，《玛北油田开发试验区方案》正式启动，该项目来源于玛北油田开发项目经理部与新疆石油管理局勘探开发研究院和江汉石油管理局勘探开发研究院鉴定的技术服务合同。目的是总结油田开发地质特点，摸索特低渗透油藏开发规律及采油工艺新技术，编制试验区开发方案。该项目于 1997 年 12 月底完成了合同要求的全部工作，并正式提交验收。玛北油田开发试验区内共部署两个反九点面积注水试验井组，以 425m × 600m 注采井距布井。设计井数为 15 口，其中采油井 13 口，注水井 2 口（表 2–3）。利用老井 1 口，钻新井 14 口，设计单井井深 3650m，总进尺为 5.11×10^4m，设计单井产量 10t/d，年产能力 3.9×10^4t。

表 2–3　玛北油田试验区及评价井部署井号

类别	总井数 口	油井数 口	油井井号	注水井数 口	注水 井号
试验井	15	13	玛 006、M2018、M2020、M2022、M2024、M2216、M2220、M2224、M2416、M2418、M2420、M2422、M2424	2	M2218 M2222
评价井	3	3	M1808、M2812、M2230	—	—
合计	18	16	—	2	—

注：摘自《玛北油田开发试验区方案》，1997 年 10 月。

三口评价井分别部署在 M1812– 玛 001 井、M2820—玛 001 井及玛 007—M2527 井之间，总进尺为 1.095×10^4m。后因开发投资不到位，合作开发未能进行下去，《玛北油田开发试验区方案》部署的井没有实施，合作期间没有钻井。

第二节　开发现状

截至 2005 年 12 月，玛北油田共有采油井 16 口，开井 12 口，其中百口泉组油藏有 7 口采油井，开井 4 口；乌尔禾组油藏有 9 口采油井，开井 8 口。全区日产液 1t，日产油 1t，年产油 0.78×10^4t，累计产油 11.678×10^4t。单井生产现状见表 2–4、表 2–5。

表 2–4　玛北油田百口泉组单井生产现状表

序号	井号	生产层位	投产日期	日产液 t	日产油 t	气油比 m^3/t	含水率 %	累计产油 t	累计产水 m^3	累产天数 d
1	玛 4	T_1b	2002 年 6 月	0.192	0.192	29	0	4808	344	880.8
2	玛 6	T_1b	2002 年 6 月	0	0	—	—	1004	653	572.7
3	玛 001	T_1b	1997 年 10 月	0.192	0.192	37	0	10829	523	2789.9
4	玛 005	T_1b	2002 年 6 月	0	0	—	—	158	31	461.8
5	玛 006	T_1b	1997 年 10 月	0.138	0.138	40	0	11180	576	2799.2
6	玛 007	T_1b	1997 年 10 月	0.036	0.036	52	0	4836	11	1867.3
7	玛 009	T_1b	2002 年 6 月	—	—	—	—	296	47	548.3

注：依据新疆油田分公司中心数据库数据资料编制。

表 2–5　玛北油田乌尔禾组单井生产现状表

序号	井号	生产层位	投产日期	日产液 t	日产油 t	气油比 m^3/t	含水率 %	累计产油 t	累计产水 m^3	累产天数 d
1	玛 2	P_2w	2000 年 7 月	0.06	0.06	36	0	5446	283	1790.4
2	M1812	P_2w	1998 年 12 月	0.018	0.018	14	0	1927	161	1515.1
3	M1822	P_2w	1998 年 12 月	0.036	0.036	47	0	4583	27	1953.4
4	M2525	P_2w	1998 年 12 月	0.078	0.078	32	0	5691	387	1827.2
5	M2527	P_2w	1998 年 5 月	0.078	0.078	545	0	15017	491	2861
6	M2725	P_2w	1998 年 12 月	0.078	0.078	68	0	4192	297	1821.5
7	M2626	P_2w	1998 年 5 月	—	—	—	—	2381	—	201.2
8	M2727	P_2w	1998 年 5 月	0.06	0.06	112	0	24411	612	2892
9	M2820	P_2w	1998 年 5 月	0.036	0.036	37	0	6241	2217	2407

注：依据新疆油田分公司中心数据库数据资料编制。

第三章

钻采工程及地面生产系统

第一节　钻井工程

1992年8月28日，钻井公司4539钻井队（队长刘道胜、技术员任仟新、侯绪田）承钻的玛2井试出工业油流后，于1997年开始投入开发试验，至2005年共钻探井和开发井21口，进尺77488.3m。

玛北油田二叠系乌尔禾组属异常高压油藏，侏罗系以上地层属正常压力系统，钻井过程中上漏下溢为主要难题。经认真分析钻井剖面的压力变化、岩性特征以及油气水等地质特点之后，采取合理的井身结构，推广应用优质钻井液、优选钻头、喷射钻井和优选参数钻井、优选水泥浆配方和平衡压力固井技术等现代钻井工艺技术，提高了钻井速度、保证了固井质量，为油田勘探开发奠定了基础。

第二节　采油工程

玛北油田1994年投入试验开发。1994年7月，新疆石油管理局油田工艺研究所方案研究室主任王嘉淮以及张传新、黄高传等编写了《玛北油田试验区采油工艺方案》，局采油处处长蒋宗野、局副总工程师宋林虎均对方案作了批示。

乌尔禾组和百口泉组油藏低孔低渗，需要进行储层改造，因此采用ϕ139.7mm油层套管注水泥固井射孔完井。选用LS－1防膨射孔液、YD－89射孔枪射孔，每米16孔、90°螺旋布孔，采用电缆传输负压方式射孔，负压值20MPa。油井必须压裂投产，压后均能自喷，自喷时间1～56个月，多数井10个月左右。选用$2^7/_8$in壁厚5.51mm外加厚的P105油管，KY65/25型井口投入生产。

到2005年14口生产井均已转抽，抽油用14型节能抽油机，型号为CYJSQ14－5－73HY和CYJQ14－5－73HXP。抽油杆为H级四级组合：ϕ25mm×21%+ϕ22mm×24%+ϕ19mm×27%+ϕ16mm×28%。抽油泵为ϕ38mm整筒泵，下泵深度2800m。由于油井严重供液不足，采用间抽方式生产，调开时间8~15天，但油井供液仍不足，平均泵效仅5%左右。为减少冲程损失，抽油井均采用了YH油管补偿器和油管锚。

油井清蜡自喷期采用机械方式，清蜡深度800m左右，每天清1～2次。抽油期采用定期热化清方式，热化清液温度110℃，30～60天热洗1次，能满足油井正常生产。

本区只有一口注水井——M2626井，注水管柱为$2^7/_8$in壁厚5.51mm外加厚的P105油管，井口为KY65/25型。注入水水质按夏子街油田水质标准执行，水质达标。M2626井1998年6月对乌尔禾组油藏压裂投产，初期日产油为10.8t。1998年12月转注，日配注量30m^3，实际日注水25m^3，井口压力高达29MPa。1998年12月至1999年1月共注水36.2天，累积注水量920m^3，之后因管线冻等原因关井8个月，1999年9月转为采油井生产。

由于储层低孔低渗，所有井都进行了压裂改造。采用三维压裂设计软件（FracproPT）对压裂规模及参数进行优化，裂缝长度控制在井距1/2左右。压裂管柱采用$2^7/_8$in壁厚5.51mm外加厚的P105油管。因破裂压力高，井口装100MPa井口保护器、井下用封隔器封隔被免油套环空出现高压。百口泉组油藏支撑剂主要采用石英砂，加砂量4～30m^3，平均19m^3，破裂压力55MPa左右；乌尔禾组油藏支撑剂主要采用石英砂并尾追陶粒，加砂量8～35m^3，陶粒4～15m^3，破裂压力在70 MPa左右。1997年以前压裂采用瓜尔胶或田箐压裂液，1997年以后主要为HG−70或YLG−01水基瓜尔胶压裂液，施工排量2.5～3.5 m^3/min，总用量150～280m^3，平均砂比20%～30%。压裂效果较好，大多数井压裂前不出或产量很低，压裂后日产液量2～35t，平均日产油9t。有2口井（M2820、M2527）在原井段进行了重复压裂，但增产效果不明显。1997年10月1822井新井投产时采用了投球分层压裂，投入球径20mm、相对密度0.85的塑料球180枚。

第三节　地面生产系统

一、油气集输

玛北油田集油注水试验站于1998年建成，站内建有12井式计量间1座，生产分离器1座，60m^{3}高位储油罐两座，供原油加热和采暖用水套炉1座，清水处理间1座，注水泵房1座及200m^{3}注水罐两座。3口评价井因距试验站较远采用单井拉油生产方式。1998年前采油井生产方式为单井出油进储油罐、油罐车拉油，井场设有盘管加热炉，油气分离器和60m^{3}高位储油罐。

试验站的油井井场设有盘管加热炉，油气加热后进计量间，需计量的井经计量分离器进行油气计量，计量后的油气进压力平衡罐与非计量井原油汇集经水套炉加热后进生产分离器进行油气分离，分离出的原油进入2×60m^{3}高位储油罐，装车拉至百联站，分离出的天然气除自用外引至放空火炬燃烧。

二、油田注水

试验区注水井只有1口，注水泵房内设有三柱塞泵两台，一用一备，注入水经注水泵升压和计量后注入注水井。

三、地面配套系统

供水：供水水源为试验区附近的3口水源井（玛水2、玛水4、玛水3）。试验站注水用的是玛水2井的水，经ϕ114mm×4mm、长4km的集水管线输至试验站水处理间，经纤维球过滤器处理后进注水罐。

供电：电源引自百口泉至夏子街110kV电力线路，在226～227号杆间采用“T”形连接，在试验站设置了临时变电站，油区和试验站建设了供电电网。

附　录

附录一　附　表

附表 1　油田综合地质参数表

层位	油藏类型	含油面积 km^2	有效厚度 m	孔隙度 %	原始含油饱和度 %	体积系数	探明储量 10^4t	可采储量 10^4t	渗透率 mD	原始地层压力 MPa	地面原油密度 g/cm^3	凝固点 ℃	含蜡量 %	地层水型
T_1b	岩性	54.3	9.9	9.2	56	1.089	2087	333.7	1.11	52.33	0.825	7.44	7.92	$NaHCO_3$
P_2w	岩性	46.4	14.9	7.6	56	1.088	2291	343.7	6.42	57.30	0.838	11.52	9.85	$NaHCO_3$

注：依据新疆油田分公司数据中心数据库的数据编制。

附表 2　油田开发综合数据表

时间	动用地质储量		采油井		核实产油量		核实产液量		含水率 %	产气量		注水井		注水量		注采比		气油比
	当年 10^4t	累计 10^4t	总井数 口	开井数 口	年 10^4t	累计 10^4t	年 10^4t	累计 10^4t		年 10^4m^3	累计 10^4m^3	总井数 口	开井数 口	年 10^4m^3	累计 10^4m^3	月	累计	m^3/t
1997	—	—	5	5	0.1465	0.2128	0.1647	0.2310	12.7	4.9	4.9	—	—	—	—	—	—	6
1998	—	—	11	9	3.2637	3.4765	3.3785	3.6108	2.2	150	157.2	1	1	0.0482	0.0482	0.23	0.01	94
1999	—	—	12	11	2.3794	5.8559	2.4511	6.6019	3.7	191.2	348.4	—	—	0.0438	0.092	—	0.02	199
2000	—	—	12	12	1.3053	7.1612	1.3825	7.4444	5.1	149.5	497.9	—	—	—	0.092	—	0.01	117
2001	—	—	12	11	1.1777	8.3389	1.2214	8.6658	2.2	117.3	615.2	—	—	—	0.092	—	0.01	125
2002	—	—	16	14	0.9795	9.3184	1.0663	9.7321	6.2	91.4	706.6	—	—	—	0.092	—	0.01	82
2003	—	—	16	13	0.7446	10.0630	0.7965	10.5286	8.1	43.9	750.5	—	—	—	0.092	—	0.01	35
2004	—	—	16	15	0.8316	10.8946	1.2638	11.7924	9.0	35.3	785.8	—	—	—	0.092	—	0.01	30
2005	—	—	16	12	0.7814	11.6760	0.8550	12.6474	3.8	27.3	813.1	—	—	—	0.092	—	0.01	40

注：依据新疆油田分公司中心数据库每年 12 月份的开发数据编制。

附录二　人物名录

玛北油田开发项目经理部

经　理：

周治荣（1997年1月—1999年3月）

新疆石油管理局采油二厂玛北油田项目经理部

经　理：

朱水桥（1998年5月—2002年2月）

地质负责人：

刘江林（1998年5月—2002年2月）

工程负责人：

刘淑贞（1998年5月—2002年2月）

新疆石油管理局井下作业公司采油项目经理部

经　理：

李建军（2002年2月—2004年2月）

经　理：

庞德新（2004年3月—2005年9月）

新疆石油管理局井下作业公司玛北油田采油队

队　长：

向　东（2002年2月—2005年12月）

新疆石油管理局合作开发采油作业区

经　理：

庞德新（2005年9月—2007年7月）

编纂始末

2006年11月，在接到新疆油田公司关于编纂《玛北油田志》的任务通知后，成立了以新疆油田分公司勘探开发研究院院长况军为主任的《玛北油田志》编纂委员会，以油藏评价所副所长彭永灿为编纂组组长的编纂组。油藏评价所、工程所的8位同志参与志书的编纂工作，明确了职责和时限。编纂工作启动以来，新疆油田分公司领导多次召开有关会议，明确编纂思路，了解工作进展情况，协调解决相关问题。

《玛北油田志》编纂工作分为学习培训、资料收集、分类编纂、汇总整理、专家审查、整改完善几个阶段。在编纂过程中，编纂人员遇到了许多问题和困难：一是全体编纂人员均是兼职工作，编纂时间难以保证，大部分只能在业余时间进行；二是油田开发历程跨度较大，资料不全，搜集整理困难；三是编纂人员没有志书编纂经验，需要边干边学、边学边干。尽管如此，编纂人员还是在生产任务紧张、工作十分繁忙的情况下，加班加点，保证分阶段任务的完成。通过参加培训，组织学习，掌握志书编纂方法，领会了《中国油气田开发志》总编纂委员会的编纂思路和要求，学习了2006年10月文件通知、学习材料，2007年6月《中国油气田开发志》总编纂委员会郑州会议精神、学习材料，《大民屯油田志》编写方式、编写内容，2007年10月新疆油气区开发志会议材料。经过学习、培训，编纂组成员在掌握志书基本编纂方法的基础上，根据新疆油田分公司草拟的油气田篇编写提纲，结合所掌握的玛北油田勘探开发历程和特点，2008年2月提出了《玛北油田志》初步编纂思路：以勘探开发历程为主线，以重大认识和发现为主要内容，辅以写事，略以记人。2008年6月，根据《中国油气田开发志》总编纂委员会郑州会议精神，参照《大民屯油田志》，对编纂思路进行了调整：从技术报告模式转变为以写事为主，力求真实再现油田发展的历史。2008年12月，给《中国油气田开发志》新疆油气区编纂委员会报送初稿，经过专家组成员的审议，认为编纂还有所不足。按照各位专家所提意见，第三次调整了编纂思路：在以写事为主的同时，以事系人，突出玛北油田的特点。“章”的内容按2007年6月《中国油气田开发志》总编纂委员会郑州会议要求设计，其下的“节”根据油田实际情况略作调整。

经过耐心细致的工作，按照《中国油气田开发志》油气田篇的要求，经过多次调整修改，至2009年11月，完成了《玛北油田志》第六稿。

由于编纂水平有限，可能存在疏漏，敬请读者、专家给予指正。

《玛北油田志》编纂组

2009年12月

编号：07-012

乌尔禾油田志

《乌尔禾油田志》编纂组　编

乌尔禾油田景观（于光辉摄）

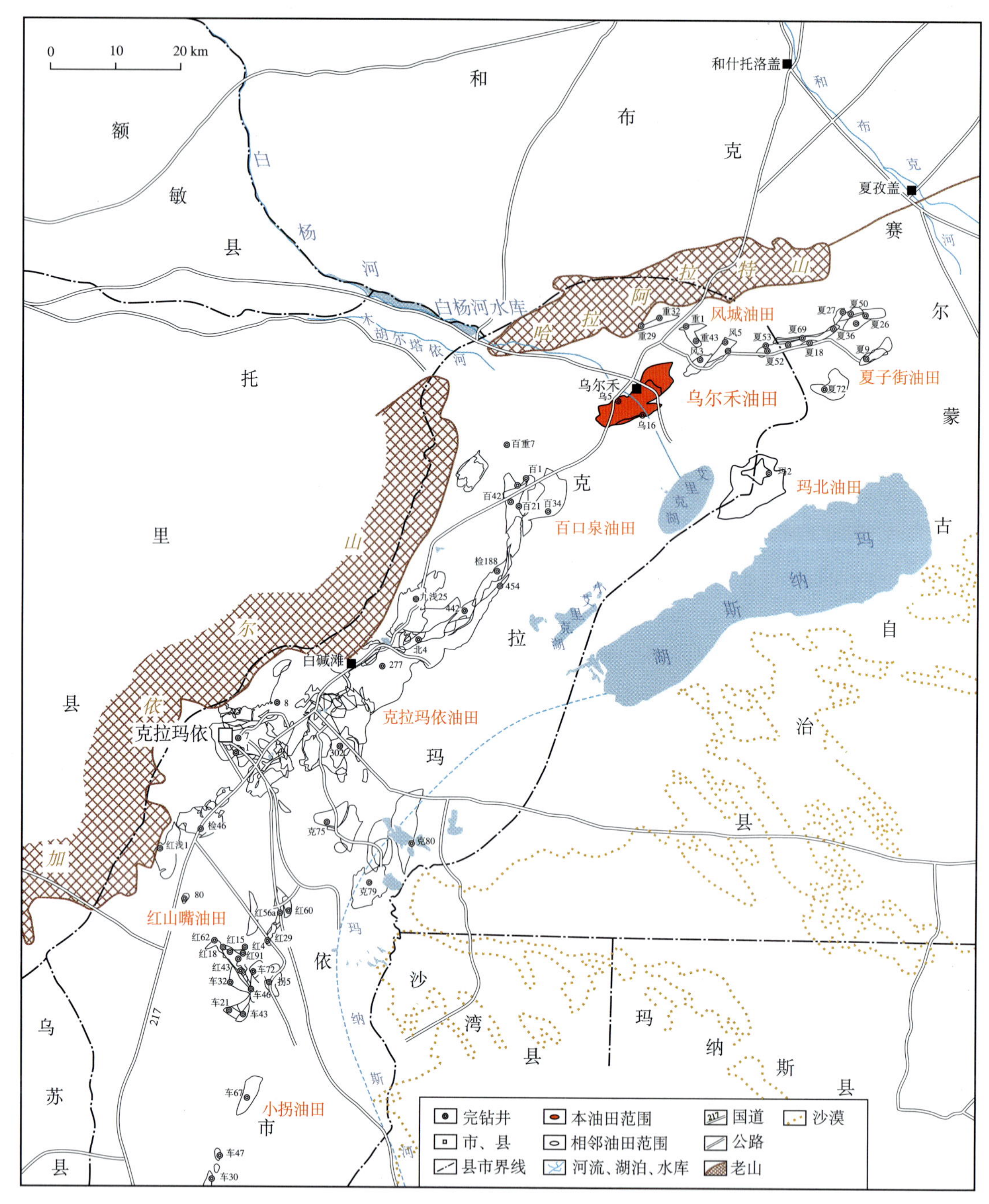

乌尔禾油田地理位置图

（新疆油田分公司勘探开发研究院编制）

正断层
逆断层
T_2k_2顶面构造等值线，m
含油面积
2004年上报
1998年上报
1999年上报
0 0.4 0.8 1.2 1.6 km
DW470
DW028
乌19
乌18
乌27
乌11
乌23
乌16
乌9
乌26
乌5
乌10
乌20
乌30
乌8
风15
风20
254a
132

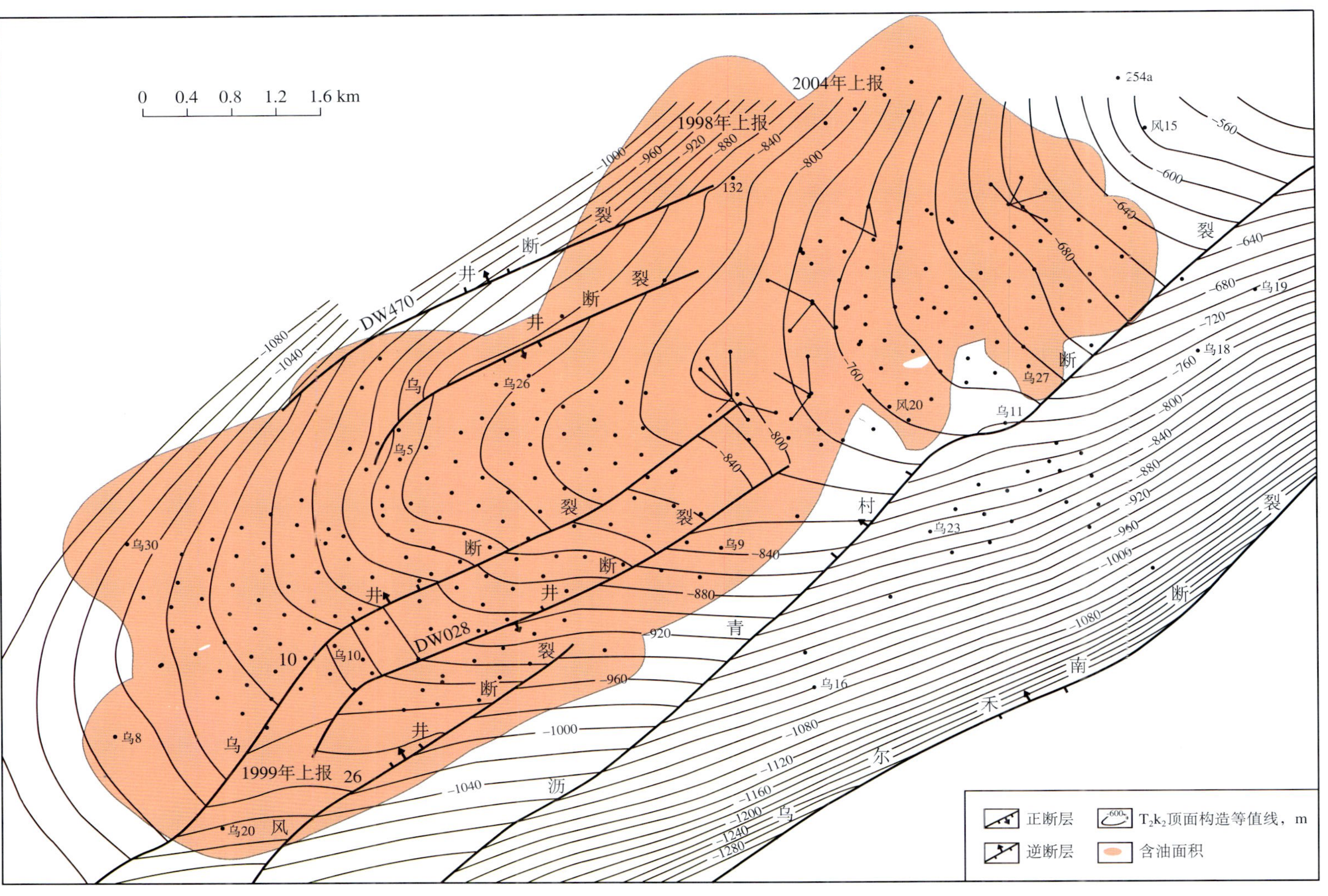

乌尔禾油田构造井位图

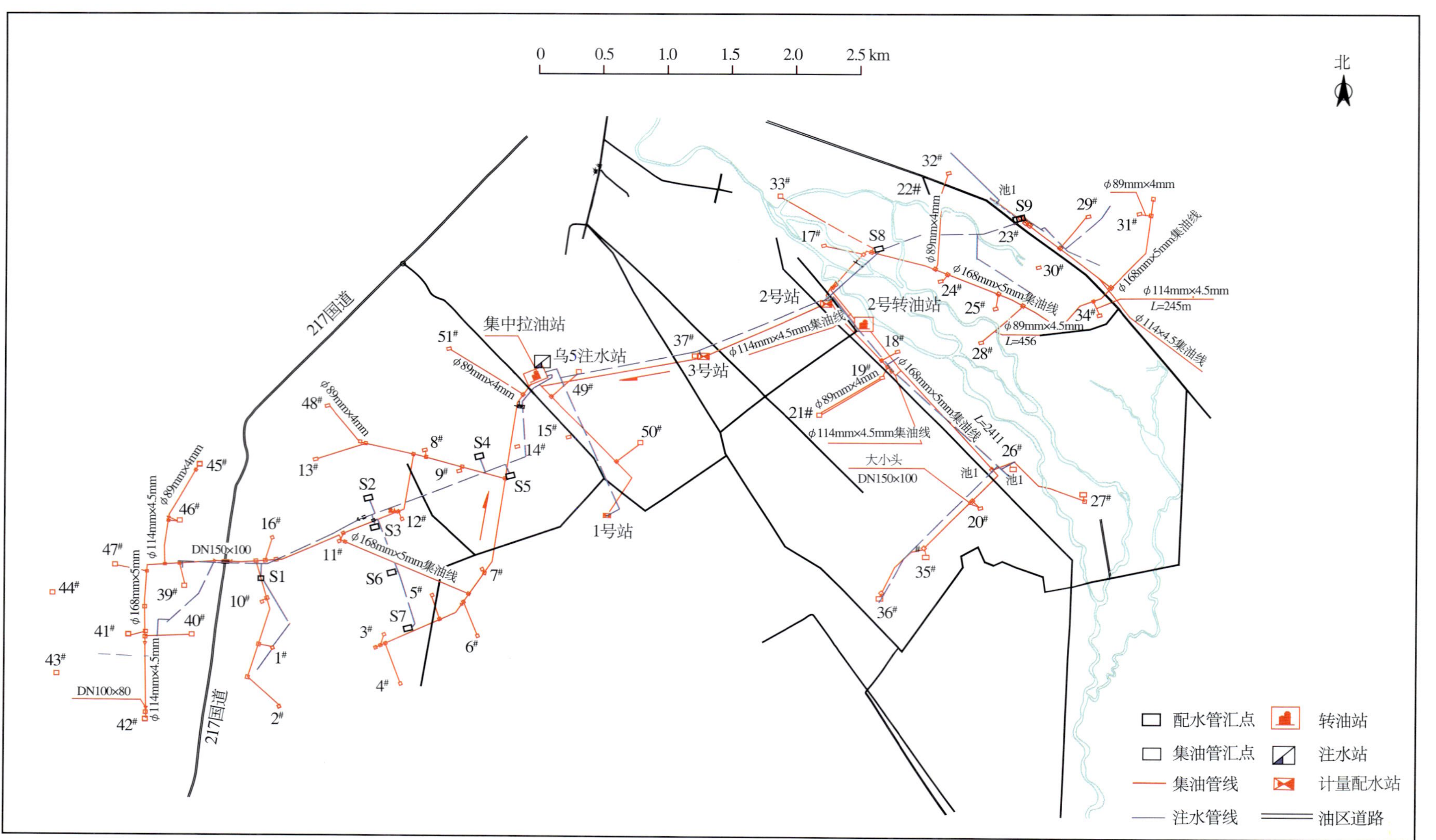

乌尔禾油田地面生产系统示意图

《乌尔禾油田志》编纂委员会

主　任：况　军

副主任：钱根宝　张学鲁　朱志宏

成　员：王延杰　邹正银　姚玉萍　樊玉新　王济新　张　元

《乌尔禾油田志》编纂组

组　长：钱根宝

成　员：魏利燕　夏　兰　胡新玉　沈晓燕　盛世锋　赖　年
仇发全　宛红梅　樊玉新　胡开利　李　予

本志目录

概　述

乌尔禾油田是乌—夏断裂带南端受断层遮挡的鼻状构造油藏，1958 年发现，1992 年投入开发，属低产油田。隶属于中国石油新疆油田分公司，与新疆石油管理局合作开发，由新疆石油管理局合作开发采油作业区管理。

一

乌尔禾油田地处克拉玛依市乌尔禾区境内的绿洲与荒漠结合部，西南距克拉玛依市区 90km，距百口泉油田 20km。地面海拔 259 ~ 361m，平均 302m。年温差 −40 ~ 40℃，降雨量少，蒸发量大，属大陆干旱气候。中部部分地区为农田和村舍，地下水位较高，地表常见植被有胡杨、红柳、梭梭、芨芨草等，偶见黄羊、野兔、狐狸等动物。白杨河从油田东北侧流过，东北部地面白垩系风蚀雅丹地貌发育，紧临魔鬼城风景区。217 国道从油田西侧穿过，油田有简易公路与其相接，交通便利。

二

乌尔禾油田区域构造处于准噶尔盆地西北缘乌—夏断裂带乌尔禾断鼻构造上。二叠纪末期的构造运动，形成了克—乌大断裂带的基本轮廓，三叠纪末期的构造运动，形成了乌尔禾—夏子街断鼻构造带，有油气大量聚集。

乌尔禾油田自上而下钻遇地层为白垩系吐谷鲁群，侏罗系齐古组、头屯河组、西山窑组、三工河组、八道湾组，三叠系白碱滩组、克上组、克下组、百口泉组，二叠系乌尔禾组、夏子街组和风城组。其中侏罗系与三叠系、三叠系与二叠系为不整合接触，东北构造高部位白碱滩组和克上组遭受剥蚀。主要生油层系为二叠系风城组，其次为下乌尔禾组。断裂是连接二叠系油源与三叠系圈闭垂向运移的重要通道。区域性的盖层为上三叠统白碱滩组，中下三叠统砂砾岩间的泥岩隔层（厚度大于 3m）也在局部起盖层作用。

含油层系为克上组、克下组和百口泉组，储层特征相近，均属扇三角洲亚相沉积，主要岩性为砂砾岩，储集类型为孔隙型，属于中等容量、特低渗透、中孔细喉、非均质性强的储集层，平均孔隙度 11.7% ~ 16.5%，空气渗透率 1.6 ~ 5.8mD。原油性质属中等密度（0.826 ~ 0.857g/cm^3）、中等黏度（40℃条件下 13.52 ~ 17.53mPa · s）、凝固点（−2 ~ 3.6℃）和含蜡量（3.48% ~ 5.0%）略低的原油。

三

早在 20 世纪初叶，乌尔禾地区丰富的地面油气显示就引起了石油地质工作者的关注。1954 年中苏石油股份公司和其后的新疆石油公司进行地面地质调查与重磁力及电法勘探，获得了地面地质成果及基底起伏轮廓。1956 年，新疆石油管理局开始地震勘探和钻探，发现乌尔禾背斜构造。按照 1956 年 5

月2日石油工业部部长助理康世恩主持确定在克拉玛依—乌尔禾钻探十条剖面的部署，最东端剖面上的132井1956年6月开钻，1957年底完钻，次年1月克下组1390.0～1374.0m井段试油，经抽汲日产油2.2m^3，发现了乌尔禾油田。其后完钻的乌5、249井在克下组，139、135、133井在二叠系乌尔禾组获低产油流。

20世纪80年代，乌尔禾地区完成二维地震测线145km，部署8口评价井。乌10井1982年11月在百口泉组1751.0～1715.0m试油，压裂后抽吸求产，日产油3.84t；乌9井1983年5月对百口泉组1524.0～1526.0m试油，压裂后日产油6.87t。1983年12月上报了乌5井区三叠系地质储量，其中克下组含油面积18.0km^2，石油地质储量439×10^{4}t；百口泉组含油面积16.5km^2，石油地质储量362×10^{4}t。

1984年2月，乌9井在克上组1228.0～1222.0m试油，压裂后抽吸，日产油9.6t；乌16井1985年10月克上组1551.0～1533.0m试油，经小型压裂改造，2.0mm油嘴生产，日产油3.0t，发现了三叠系克上组油藏。

油田投入开发后，1997年部署三维地震197km^2，1998年在乌尔禾断鼻北翼部署预探井乌26井，主探二叠系下乌尔禾组上段，兼探三叠系。1999年4月对克上组1146.0～1125.0m试油，经压裂改造，3.5mm油嘴，日产油3.9t，日产气2964m^3。1999年上报了乌5井区、乌16井区克上组石油地质储量。

2002年，由新疆油田分公司和新疆石油管理局合作滚动开发，由有利部位逐步向外围扩展。2004年12月上报乌5井区克拉玛依组扩边新增石油探明储量1063×10^{4}t，2005年12月上报乌33井区克下组石油探明储量1083.39×10^{4}t。

截至2005年12月底，乌尔禾油田累计探明含油面积79.45km^2，石油地质储量3750.39×10^{4}t，可采储量754.01×10^{4}t；溶解气地质储量8.39×10^{8}m^3，溶解气可采储量1.70×10^{8}m^3。

四

乌尔禾油田1992年10月正式投入开发，在乌5井区克下组、百口泉组油藏采用四点法面积注水井网，350m井距，共完钻开发井26口（18口油井、8口注水井），全部采用压裂投产，初期平均单井日产油5.25t。由于新钻井产量较低及受地面条件的限制，没有钻完部署的开发井。1993年10月开始注水，投注、转注9口井，累积注水量28.9340×10^{4}m^3，由于注水效果差，1997年4月停注，历时3年半。截至2001年底，共有28口井投产，平均单井日产油1.34t，平均含水36.3%，累积生产原油10.6036×10^{4}t。

2002年，乌尔禾油田乌5井区百口泉组、克拉玛依组油藏、乌16井区克上组油藏等区块与新疆石油管理局合作开发。采用反九点菱形井网钻新井107口（乌5井区101口，乌16井区6口），新建产能9.99×10^{4}t/a。

2003年，钻新井119口（乌5井区107口，乌16井区12口），新建产能6.88×10^{4}t/a。6月开始注水，当年转注水井26口。

2004年，完钻新井40口（全部在乌5井区），新建产能1.56×10^{4}t/a。2005年钻新井10口（乌5井区5口，乌16井区5口），新建产能0.44×10^{4}t/a。

截至2005年底，乌尔禾油田共完钻开发井302口，建产能22.07×10^{4}t/a。投产开发井289口，开井278口，其中油井开井生产227口，注水井51口，2005年产油量20.0806×10^{4}t，年产溶解气0.4350×10^{8}m^3。累计产油67.9984×10^{4}t，生产溶解气1.1248×10^{8}m^3，综合含水39.7%，生产气油比234m^3/t，采出程度5.71%。

五

乌尔禾油田1992年投入开发后，由于新钻井产量低，1993年停钻新井。截至2001年底，尚有1477×10^4t的石油地质储量没有投入开发，成为难采低效的未动用储量。2002年采用低效油田合作开发的模式，滚动开发，强化方案实施过程中的跟踪研究和调整，先实施油藏开发的有利部位，根据实施结果及时进行方案优化调整，再逐步向外围开发，取得了较好的开发效果。截至2005年12月，已开发含油面积10.5km^2，动用石油地质储量1190×10^4t，油田的储量开发动用程度达到了44.6%，盘活了难采储量。

在开发过程中坚持以效益为中心，开展小井眼钻井技术试验、采用定向井和丛式井开发技术、对油井进行压裂改造、采用深穿透射孔方式等，增产效果较为明显，实现了油田的有效开发。

大事记

1954 年

2 月　中苏石油股份公司 1/54 地质调查队（队长吾瓦洛夫，地质师张恺等）完成克拉玛依——乌尔禾地区 1:10 万地质填图，编写了《乌尔禾—克拉玛依地质工作总结报告》，指出这一地区含油远景很好。

1956 年

是年　新疆石油管理局地质调查处组织乌尔禾地质队，队号 3/56，以地质—构造点法进行测绘工作，并在岩层平缓地区以三点法进行地层要素的测绘。队长徐志群编写了《乌尔禾地区地质总结报告》，对乌尔禾地区进行了初步的地质研究与分析，为进一步拟定钻探井位提供了依据。

1958 年

1 月　乌尔禾 132 井在三叠系克下组 1390.0 ~ 1374.0m 井段试油，经抽汲日产油 2.2m^3，标志着乌尔禾油田的发现。该井由克拉玛依矿务局乌尔禾钻井大队 3224 钻井队于 1956 年 6 月 19 日开钻，1957 年 12 月 16 日完钻，井深 2300m。

是年　乌尔禾地区又有乌 5 井、249 井在三叠系克下组获低产油流。

1959 年

12 月　新疆石油管理局克拉玛依矿务局地质处组织编写了《克拉玛依—乌尔禾油区克拉玛依层储油规律研究》，为进一步勘探和油田开发提供了可靠的科学依据。

1981 年

4 月　新疆石油管理局地质处、勘探开发研究院、地质调查处成立了西北缘研究队。12 月，西北缘研究队研究组成员林隆栋、赵白编写了《乌尔禾—夏子街地区油气资源初评》，为今后乌夏地区的勘探部署提供了参考依据。

1982 年

11 月　乌 10 井在三叠系百口泉组 1751.0 ~ 1715.0m 试油，经小型压裂后抽吸求产，获日产油 3.84t 工业性油流。该井于 1982 年 9 月 3 日开钻，10 月 15 日完钻。

1983 年

12 月　乌尔禾油田上报了Ⅲ类地质储量，其中乌 5 井区块克下组含油面积 18.0km^2，石油地质储量 439×10^4t；百口泉组含油面积 16.5km^2，石油地质储量 362×10^4t，叠加含油面积 27.7 km^2。

1990 年

10 月　新疆石油管理局副局长谢宏在夏子街前线指挥部检查工作时指出，为扩大战果，“八五”期间提供新的产能接替块，除夏子街地区继续做工作外，乌 5 井区要做好开发前期准备工作。

11 月　乌尔禾油田在乌 5 井区部署两口检查井，井号为乌检 320 和乌检 322，目的是取得必要的油藏开发资料，搞清产能和油藏特征。

1991 年

3 月　乌尔禾油田在乌 5 井区三叠系油藏又部署两口检查井，井号为乌检 321 和乌检 323，为 1992 年的全面开发打下稳固基础。

1992年

1月　新疆石油管理局勘探开发研究院（以下简称勘探开发研究院）开发室钱根宝等人编写完成了《乌5井区克下组、百口泉组油藏开发布井方案》，方案由新疆石油管理局副局长赵立春审批同意。方案采用以油层厚度大、单井产能高的部位为中心逐步外扩的原则进行开发。乌5井区克下组、百口泉组油藏按350m井距四点法面积注水井网，采用机械采油方式开采，设计开发井43口，其中老井利用3口。

10月　乌5井区投入正式实验开发，百口泉组油藏实际上共钻开发试验井10口；克下组油藏实际上钻开发试验井16口，其中采油井10口（老井利用1口乌检323），注水井6口，平均井深1400m，钻井总进尺 2.24×10^4m，油井全部采用压裂投产。

是月　新疆石油管理局百口泉采油厂负责乌尔禾油田的开发管理工作。

1997年

4月　由于注水效果差，乌5井区克下组、百口泉组油藏注水井共计9口，开井6口，日注量仅为 $18m^3$，4月下旬全面停注，后又在1998年9月和10月恢复注水两个月，未见改善，累积注水量 $23.9840 \times 10^4m^3$。由此全面停注一直延续到2003年5月。

1999年

12月　乌尔禾油田上报乌5井区块克上组含油面积 $13.4km^2$，石油地质储量 690×10^4t；乌16井区块克上组含油面积 $3.9km^2$，石油地质储量 113×10^4t。

2001年

12月　根据中国石油天然气股份有限公司下发的有关尽快启动与地区服务公司合作开发未动用难采储量的通知精神，和中油计字〔2001〕637号文件《关于印发 < 合作开发未动用石油储量工作指导意见 > 的通知》规定，新疆石油管理局低效油田开发研究小组成立，负责乌尔禾区块低效油田开发的管理工作。

2002年

1月　中国石油新疆油田分公司勘探开发研究院（以下简称勘探开发研究院）、新疆石油管理局勘察设计研究院（以下简称设计院）、钻井工艺研究院（以下简称钻研院）、采油工艺研究院（以下简称采研院）等单位共同编制了《乌尔禾油田乌5、乌16井区克拉玛依组、百口泉组油藏开发方案》。方案共部署64口井。其中采油井51口，注水井13口，利用老井15口，钻新井49口，总进尺 7.31×10^4m，年产能力 6.81×10^4t。

2月　经新疆石油管理局批准，井下作业公司低效油田项目部成立，负责乌尔禾区块油田开发、集输等工作。

5月　乌尔禾油田乌5井区滚动开发方案开始实施，经方案调整，确定部署评价井5口，开发井108口。是月，新疆石油管理局低效油田开发研究小组更名为低效油田开发公司。

7月　乌尔禾油田第一口新井DW035井投产，开发层位为克上组。

12月　由新疆石油管理局油田建设工程公司（以下简称油建公司）承建的1号集中拉油站改扩建工程竣工投产，装卸油能力达到 $1600m^3/d$。

2003年

3月　新疆石油管理局井下作业公司（以下简称井下作业公司）低效油田项目部改名为井下作业公司采油项目经理部。

10月　注水站改建及新建的注水管网工程建成投产，2号转油站及其采油系统建成投产，当年投产注水井48口。

2004年

5月　$10 \times 10^4m^3/d$ 的简易天然气增压脱水站建成投产。

12月　乌尔禾油田上报DW208井区块、DW245井区块、DW314井区块克上组含油面积9.1km^2，石油地质储量519×10^{4}t。DW208井区块克下组含油面积4.9km^2，石油地质储量544×10^{4}t。

2005年

1月　乌尔禾油田上报乌5井区克拉玛依组新增探明含油面积10.4km^2（叠加），地质储量1063×10^{4}t。其中克上组含油面积9.1km^2，石油地质储量519×10^{4}t；克下组含油面积4.9km^2，石油地质储量544×10^{4}t。

3月　乌尔禾油田开展了储量套改工作。

9月　井下作业公司采油项目部整体划出井下作业公司，成立新疆石油管理局合作开发采油作业区，执行风险业务管理，与新疆油田分公司合作管理。

12月　乌尔禾油田上报乌33井区块克下组含油面积13.65km^2，石油地质储量1083.39×10^{4}t。

第一章

油 田 地 质

乌尔禾油田的目的层为三叠系的百口泉组、克下组、克上组，构造形态主要为断裂切割的鼻状构造及单斜。储层岩性以砂砾岩、含砾不等粒砂岩为主，含油层系集中在三叠系，剖面上跨度不大，为中浅层；开发单元较少。油田的勘探开发历史跨度大，对其地质特征的认识是一个不断深入、不断完善的过程。

第一节　地层与构造

一、地层

（一）区域地层

1954 年，中苏石油股份公司地质普查队进行了乌尔禾地区的 1:100000 的地质填图，查清了乌尔禾地表出露的地层，基底为哈拉阿拉特山出露的泥盆系变质岩夹火山岩，其上在佳木河河口处出露的中上石炭统（佳木河组 C_{2+3}）的杂乱砾岩夹火成岩脉，再上是超覆沉积的下白垩统吐谷鲁群砂泥岩交互层，遍布于全区，形成了魔鬼城雅丹地貌。

1959 年，克拉玛依矿务局地质处综合研究室编写的《克拉玛依—乌尔禾地区克拉玛依层储油规律研究》报告描述了乌尔禾地区井下地层情况：乌尔禾岩系在乌尔禾隆起部分遭到剥蚀，向南翼地层保存较完整，根据钻井资料，乌尔禾地区钻遇的厚度为 2500m 左右。三叠系是本区的主要储油层系，克下组在乌尔禾地区以 131 井为中心形成低凹地带，沉积厚度达 288m，克上组在乌尔禾地区以 254-139 井为中心为隆起高地，向南西方向沉积厚度变大，最厚的为百口泉—乌尔禾区 233 井、232 井、百 1 井、130 井等范围厚度达 240 ～ 290m。

1980 年，勘探开发研究院区域勘探室的吴庆福等人编写了《乌尔禾—夏子街预探八零年阶段总结》，依据地震及钻井等资料综合分析后认为，该区自下而上钻遇的地层为：中上石炭统佳木河组，二叠系夏子街组、下乌尔禾组、上乌尔禾组，三叠系百口泉组、克下组、克上组、白碱滩组，侏罗系八道湾组、三工河组、西山窑组、头屯河组、齐古组，白垩系。该油田主要的目的层为三叠系百口泉组、克下组、克上组。

1985 年，勘探开发研究院徐洪德等人编写的《准噶尔盆地西北缘乌尔禾—夏子街地区石油地质特征》中，将原井下划分的 C_{2+3}（佳木河组）地层时代改划为早二叠世，原二叠纪地层（夏子街组、下乌尔禾组、上乌尔禾组）时代改划为晚二叠世，对应的地层划分为下二叠统和上二叠统，其余地层的分层方案与原研究结果基本一致。

1992 年，勘探开发研究院王斌等人编写了《乌尔禾油田乌 5 井区克下组油藏、百口泉组油藏开发布井方案》，该研究报告中地层划分如下：乌 5 井区自下而上钻遇的地层有二叠系的风城组（未穿）、夏子街组、乌尔禾组，三叠系的百口泉组、克下组、克上组、白碱滩组，侏罗系的八道湾组、三工河组、西山窑组、头屯河组、齐古组，白垩系的吐谷鲁组。地层厚度及岩性描述见表 1–1。

表 1–1　乌尔禾油田地层简表

层位		层位代号	厚度 m	岩性简述
系	组			
白垩系	吐谷鲁群	K_1tg	658 ~ 801	厚层状灰绿色泥岩、砂质泥岩；底部为浅灰色中—细砂岩
侏罗系	齐古组	J_3q	48 ~ 59	灰白色泥质粉砂岩及砂质不等粒小砾岩互层
	头屯河组	J_2t	0 ~ 14	
	三工河组	J_1s	108 ~ 180	上部为灰白色泥质粉砂岩，下部为灰色砂质砾岩
	八道湾组	J_1b	121 ~ 142	上部为灰色泥岩、灰色中细砂岩互层，下部为厚层状砂砾岩
三叠系	白碱滩组	T_3b	0 ~ 138	厚层状灰色、灰白色泥岩
	克上组	T_2k_2	110 ~ 191	灰色、绿灰色、杂色砂砾岩与棕色泥岩不等厚互层
	克下组	T_2k_1	94 ~ 138	灰色、绿灰色、杂色砂砾岩与棕色泥岩不等厚互层
	百口泉组	T_1b	74 ~ 112	棕色砂质泥岩、泥质小砾岩、砂质小砾岩及砂砾岩
二叠系	乌尔禾组	P_2w	714 ~ 818	棕色泥岩、砂质泥岩与绿灰色砂砾岩互层，夹薄层砂质小砾岩
	夏子街组	P_2x	819	上部以褐色砂质泥岩为主，下部主要为浅灰色砾岩、砂砾岩
	风城组	P_1f	318(未穿)	灰黑色沉凝灰岩、凝灰质泥岩及凝灰质白云岩、白云质凝灰岩

注：摘自《乌尔禾油田乌 5 井区克下组油藏、百口泉组油藏开发布井方案》，1992 年 3 月。

（二）油田细分层

1959 年，克拉玛依矿务局地质处综合研究室编写的《克拉玛依—乌尔禾地区克拉玛依层储油规律研究》中，根据电测、岩性、重矿物以及沉积旋回方法，重点对克拉玛依层的砂层进行划分，在乌尔禾地区下克拉玛依层（K_1）厚 200 ~ 280m，自上而下划分为 S_6、S_7、S_8 三个砂层组。上克拉玛依层（K_2）在乌尔禾地区最厚达 290m，自上而下划分为 S_{1+2}、S_3、S_4、S_5 四个砂层组。

1961 年，克拉玛依矿务局油田研究大队地质综合研究队孟长生等人编写了《克—乌油区地层研究报告》，对克拉玛依岩系的砂层组进行研究和划分，克下组自上而下划分为 S_6、S_7、S_8、S_9 四个砂层组。其中，S_9 为下伏在乌尔禾系中的上红棕色层（y_1），被划归为克下组底部砂层组。克上组自上而下划分为 S_1、S_2、S_3、S_4、S_5 五个砂层组。

1980 年，勘探开发研究院区域勘探室的吴庆福等人编写的《乌尔禾—夏子街预探八零年阶段总结》中，依据地震及钻井等资料综合分析后认为，克下组分为 S_6、S_7 两个砂层组。

1983 年，勘探开发研究院史宣玉等人编写的《乌尔禾油田乌 5 井区三叠系储量计算报告》中，依据钻井、录井、测井等资料，将三叠系百口泉组自上而下分为 B_1、B_2、B_3 三个砂层组。

1992 年，勘探开发研究院王斌等人编写的《乌尔禾油田乌 5 井区克下组油藏、百口泉组油藏开发布井方案》中，将克下组分为 S_6、S_7、S_8 三个砂层组，其中 S_7 又细分为 S_7^1、S_7^2、S_7^3、S_7^4、S_7^5 五个砂层。

1999 年，中国石油新疆油田分公司勘探开发研究院（以下简称勘探开发研究院）徐新会等人编写的《乌尔禾油田乌 5 井、乌 16 井区块新增石油探明储量报告》中，采用行业标准，将克上组五个砂层组表示为 $T_2k_2^1$、$T_2k_2^2$、$T_2k_2^3$、$T_2k_2^4$、$T_2k_2^5$。

2005 年，勘探开发研究院任军民等人编写了《乌尔禾油田乌 33 井区新增石油探明储量报告》，该研究报告认为：乌 33 井区克下组（T_2k_1）自上而下分为 S_6、S_7 两个砂层组，其中 S_7 砂层组为主力油层，又进一步划分为 S_7^1、S_7^2 和 S_7^3 三个砂层。

二、构造

1959 年，克拉玛依矿务局地质处综合研究室编写的《克拉玛依—乌尔禾地区克拉玛依层储油规律研究》报告依据钻井、测井和地球物理资料将克—乌断裂分为五段，延伸到乌尔禾地区称为乌尔禾段，断裂的性质属于逆断层，断层面向西北倾，断层以北吐谷鲁组或齐古组地层直接盖在二叠系地层上，没有侏罗系、三叠系地层存在，断层以南地层沉积较全，断裂两侧基岩高差达 2000m 左右。另外，乌尔禾地区还有次一级断层如乌尔禾断层，位于 131 井、133 井、141 井以北，139 井、135 井、249 井以南，断距在 141 井处最大，为 1200m 左右，向西逐渐减小，至 131 井以西消失。从构造发展史来看，乌尔禾岩系沉积以后，发生了剧烈的构造运动，形成了乌尔禾鼻状隆起；三叠系构造形态有继承性，仍为鼻状构造，在克上组 S_{1+2}、S_3 砂层组部分区域遭到剥蚀。

1983 年，史宣玉等人在乌 5 井区三叠系储量计算报告中描述：乌尔禾油田乌 5 井区三叠系构造形态为鼻状构造，构造南北两翼分别被乌南断裂和乌尔禾断裂切割，在地震剖面上，三叠纪地层向造顶部逐层超覆在二叠系之上，在构造高部位三叠系被剥蚀（图 1–1、图 1–2）。

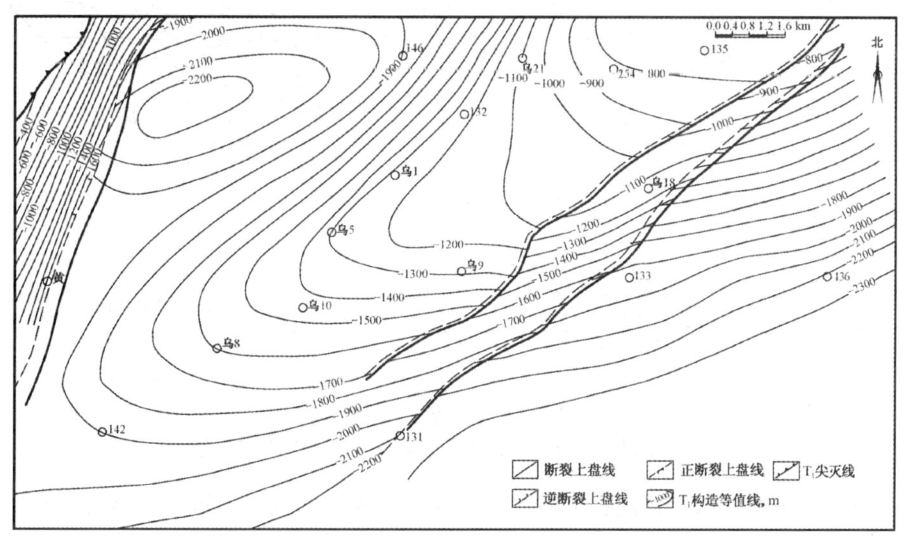

图 1–1　乌尔禾油田百口泉组顶部构造图
（新疆石油管理局勘探开发研究院编制，1983 年 12 月）

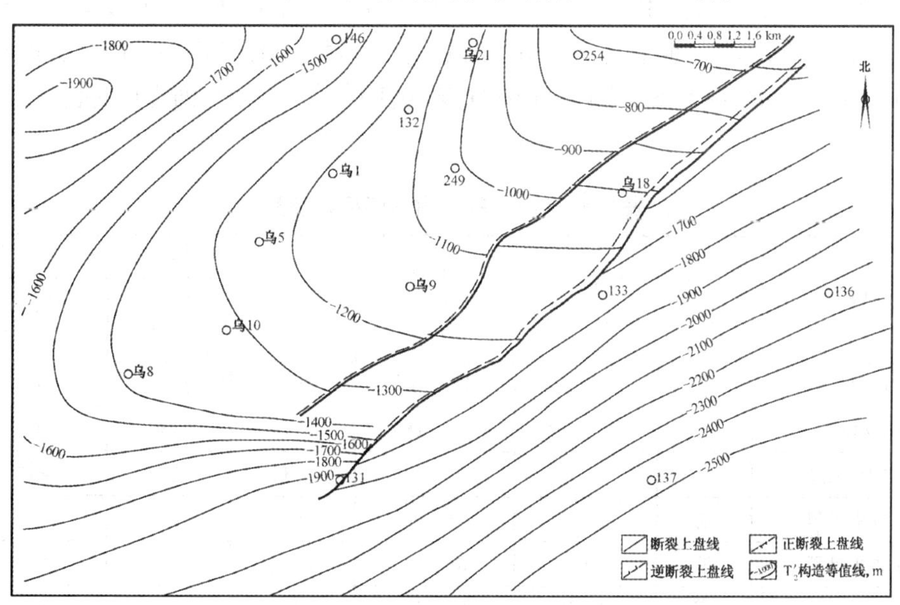

图 1–2　乌尔禾油田克下组顶部构造图
（新疆石油管理局勘探开发研究院编制，1983 年 12 月）

1999 年，勘探开发研究院的徐新会等人在乌 5 井、乌 16 井区块新增石油探明储量报告中描述：根据钻井及三维地震资料解释结果，乌 5 井区块克上组构造形态为南西向展布的鼻状构造，乌 16 井区块上克拉玛依组构造是乌尔禾大型鼻状构造背景上受断层遮挡的断块圈闭，断块内构造形态为由北向南倾的单斜。乌尔禾鼻状构造上发育有 6 条断裂，其中，逆断层 4 条（乌尔禾南断裂、乌 17 井断裂、乌 25 井断裂、乌 24 井断裂），正断层 2 条（乌 10 井断裂、沥青村断裂）（图 1–3）。

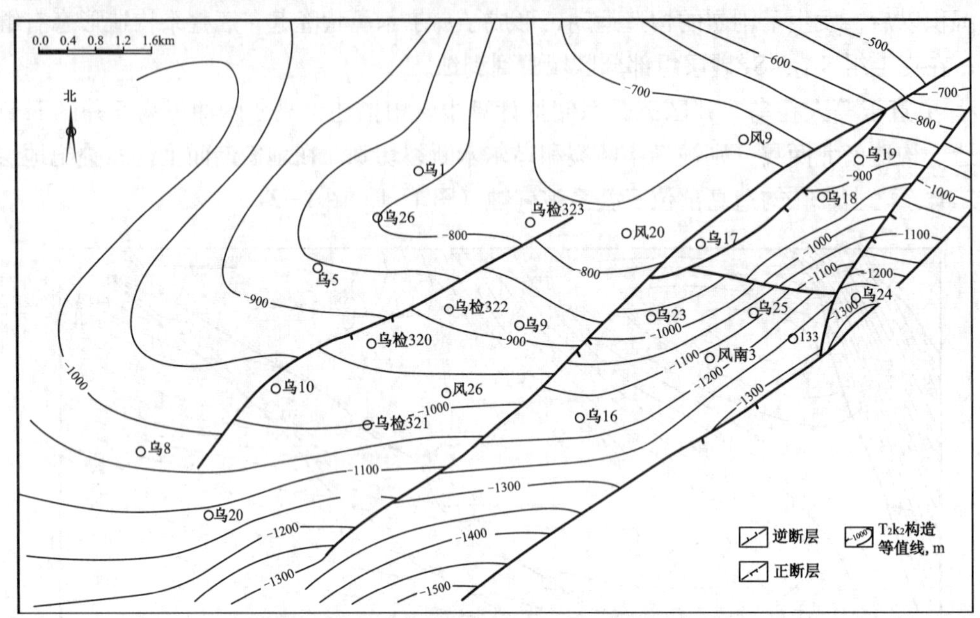

图 1–3　乌尔禾油田克上组顶部构造图
（新疆石油管理局勘探开发研究院编制，1999 年 12 月）

2002 年，由勘探开发研究院的魏利燕等编写了《乌尔禾油田乌 5、乌 16 井区克拉玛依组、百口泉组油藏地质油藏工程方案》，在前人研究的基础上，并根据增加的钻井、三维地震资料，对乌尔禾地区三叠系构造进行了系统研究：乌 5 井区百口泉组、克下组、克上组顶部构造形态均为北东—西南向被沥青村断裂切割的鼻状构造，轴线基本在乌 8 井—乌 5 井—乌 26 井的连线上，地层倾角为 5° ~ 8°。乌 16 井区克上组顶部构造形态是受断裂切割的由北向南倾的单斜，为断块圈闭；闭合面积 8.6 km²，闭合度 350m。区内发育北东向断裂 5 条，北西向断裂 1 条（表 1–2）；其中，沥青村断裂、乌尔禾南断裂对油藏起控制作用。

表 1–2　乌 5、乌 16 井区断层要素表

断层编号	断层名称	断层性质	断开层位	目的层断距 m	断层产状			可靠程度
					走向	倾向	倾角（°）	
1	乌 10 井断裂	正	J，T	15 ~ 45	北东	南东	50	可靠
2	沥青村断裂	正	J，T，P	40 ~ 180	北东	南东	60	可靠
3	乌尔禾南断裂	逆	T，P	50 ~ 200	北东	北西	45	可靠
4	乌 17 井断裂	逆	T，P	30 ~ 80	北东	北西	50	可靠
5	乌 25 井断裂	逆	T	10 ~ 50	北西	北东	55	较可靠
6	乌 24 井断裂	逆	T，P	40 ~ 160	北东	北西	55	较可靠

注：摘自《乌尔禾油田乌 5、乌 16 井区克拉玛依组、百口泉组油藏地质油藏工程方案》，1992 年 4 月。

2004 年，由新疆石油管理局低效油田开发公司和东方物探公司共同合作的研究中，据开发井、三维地震资料等精细解释结果，进一步证实乌5井区克下组、克上组顶部构造形态（图1–4、图1–5）均为北东—西南向被沥青村断裂切割的鼻状构造，区内发育北东向断裂7条：乌尔禾南断裂、沥青村断裂、乌10井断裂、风26井断裂、DW028井断裂、DW470井断裂、乌1井断裂，其中乌尔禾南断裂为逆断层，其余为正断层。

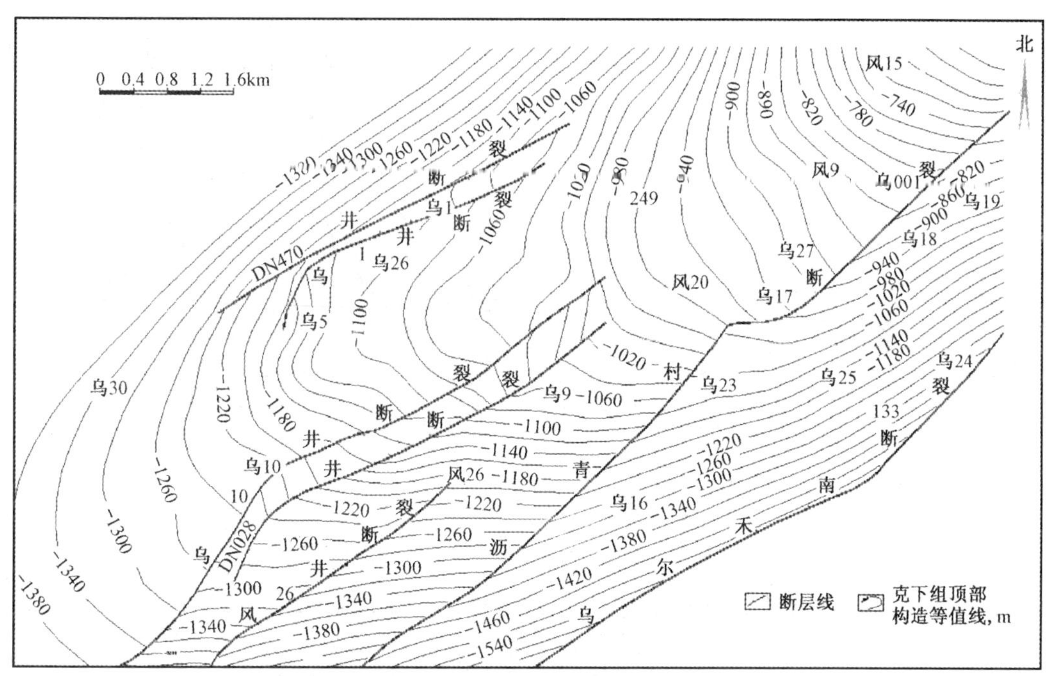

图1–4 乌尔禾油田克下组顶部构造图
（新疆油田分公司勘探开发研究院编制，2004年12月）

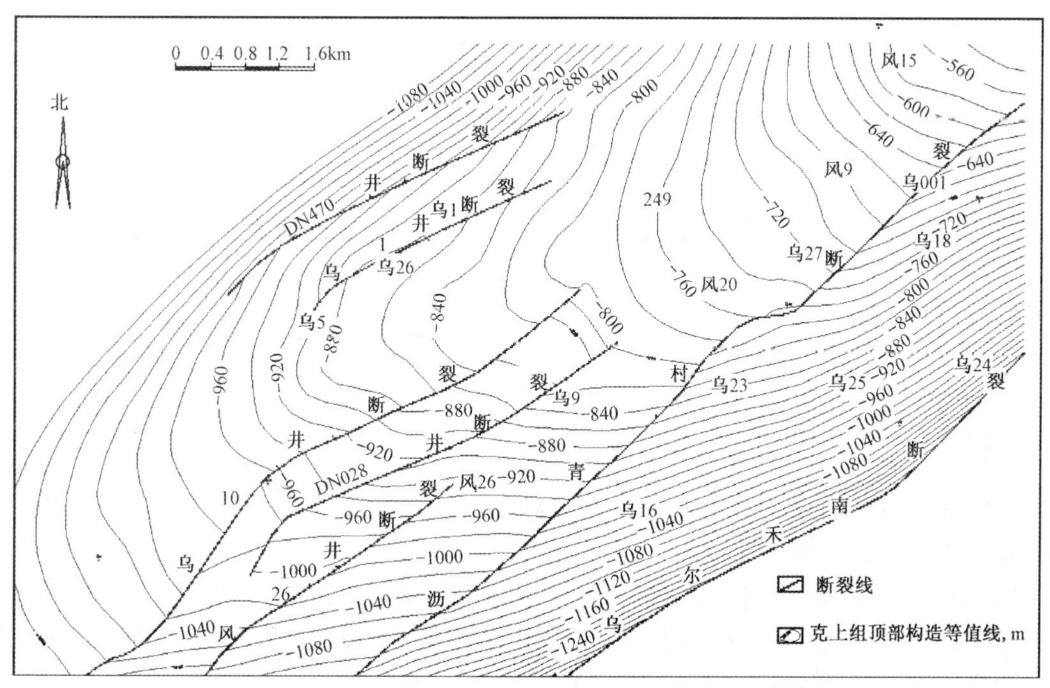

图1–5 乌尔禾油田克上组顶部构造图
（新疆油田分公司勘探开发研究院编制，2004年12月）

2005年，任军民等人编写的《乌尔禾油田乌33井区新增石油探明储量报告》描述：乌33井区克下组顶部构造形态均为被253井北断裂、乌13井东断裂和乌40井南断裂3条逆断层遮挡的大型鼻状构造，轴线基本在乌 8 井—乌 5 井—249—乌 002 井的连线上，地层倾角为 5°～ 8°（图 1–6、表 1–3）。

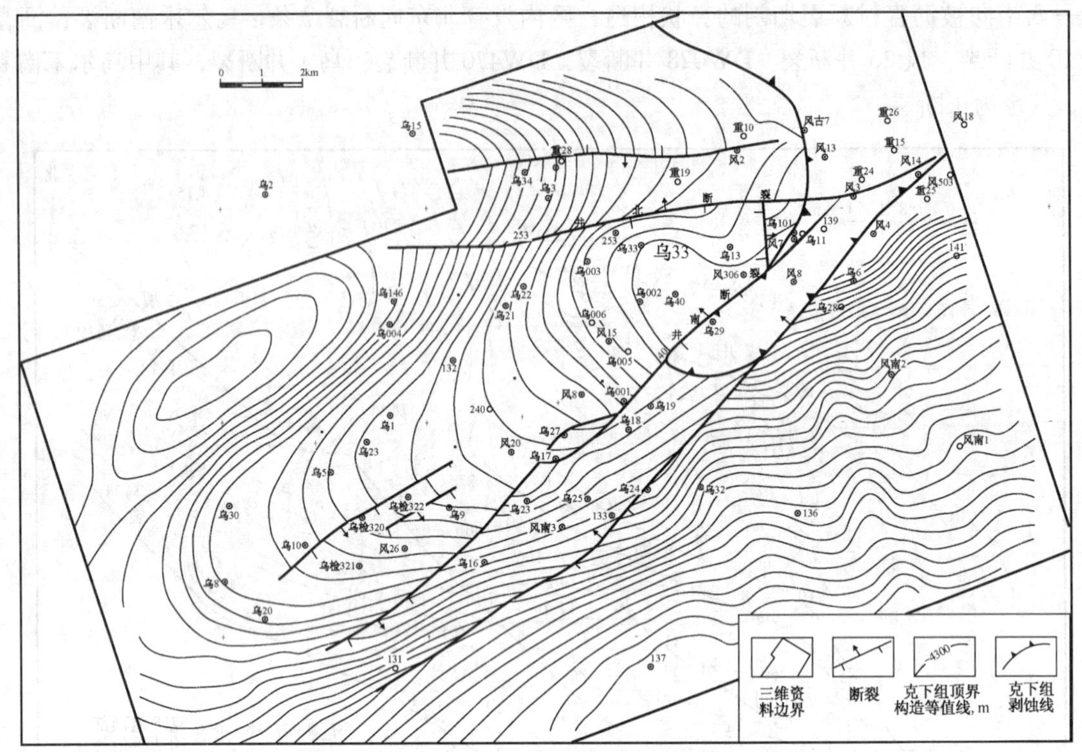

图 1–6　乌 33 井区三叠系克下组顶界构造图
（新疆油田分公司勘探开发研究院编制，2005 年 12 月）

表 1–3　乌尔禾油田乌 33 井区断层要素表

断层编号	断层名称	断层性质	断开层位	目的层断距 m	断层产状			
					走向	倾向	倾角（°）	延伸长度 km
1	253 井北断裂	逆断层	J，T	20 ～ 200	W － E	N	45	15
2	乌 13 井东断裂	逆断层	J，T	10 ～ 20	WN － ES	NE	60	2
3	乌 40 井南断裂	逆断层	J，T	20 ～ 200	WS － NE	SE	55	11

注：摘自《乌尔禾油田乌 33 井区新增石油探明储量报告》，2005 年 12 月。

第二节　储　层

一、沉积相

乌尔禾油田的目的层主要为百口泉组、克拉玛依组，在不同的时期对沉积相的研究与认识有所不同，主要为洪积扇相、扇三角洲相。

1983 年，史宣玉等人编写的《乌 5 井区三叠系储量计算报告》中认为：百口泉组为一套洪积相沉积，岩性主要为棕褐色泥岩与灰色砂砾岩及泥质砂岩互层。克下组为河流相沉积，岩性为灰色、灰绿色砾岩、砂岩、砂质泥岩组成。克上组亦为河流相沉积，岩性为灰色、灰绿色砂岩、砾状砂岩及泥岩互层。

1992 年，王斌等人编写的《乌 5 井区克下组油藏、百口泉组油藏开发布井方案》中认为百口泉组属于一套山麓洪积相沉积，并划分为三个亚相：扇顶亚相，分布在乌 10 井、乌 20 井、乌 8 井以南；扇中亚相，分布在乌检 320 井、乌检 322 井与乌 9 井一带；扇缘亚相，分布在乌检 323 井、风 20 井、乌 8 井以北。克下组大部分地区为河流相沉积，仅在乌 8 井、乌 20 井以南地区可见洪积层。根据沉积特征，划分为河道亚相和泛滥平原亚相。

1999 年，徐新会等人编写的《乌 5 井、乌 16 井区块新增石油探明储量报告》中认为：克上组沉积相为扇三角洲平原亚相的冲积水道、分流水道、砂坝和水道间沉积。

2004 年，由低效油田开发公司和东方物探公司合作研究中，认为克下组为扇三角洲相扇中的三角洲平原亚相沉积，水流方向早期来自北东方向。S_7 沉积时油藏区域以河道沉积为主（图 1–7）。克上组为扇三角洲前缘亚相沉积，水流方向早期仍以北东方向为主，向上逐渐向西偏，油藏区域仍以河道沉积为主（图 1–8）。

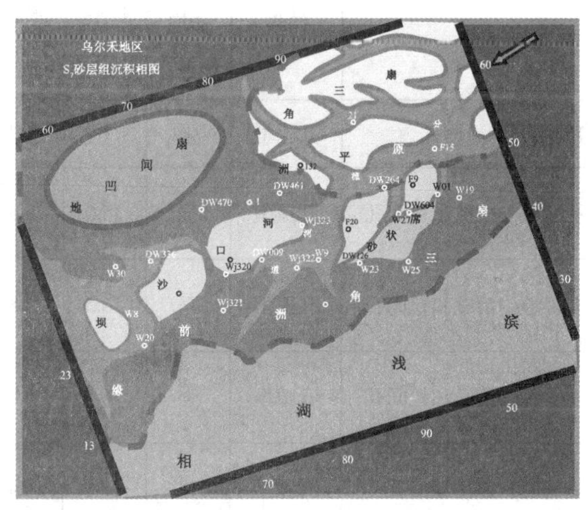

图 1–7　乌尔禾地区克下组 S_7 砂层组沉积相图
（新疆石油管理局低效油田开发公司编制，2004 年 12 月）

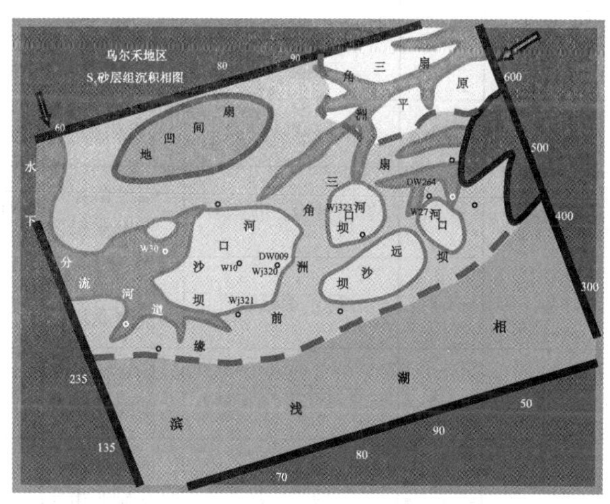

图 1–8　乌尔禾地区克上组 S_5 砂层组沉积相图
（新疆石油管理局低效油田开发公司编制，2004 年 12 月）

2005 年，任军民等人在《乌 33 井区新增探明储量报告》中认为：克下组为灰色、绿灰色细—粗砂岩、砂质不等粒砾岩、含砾砂岩与深灰色粉砂质泥岩、泥质细粉砂岩、泥岩互层，为扇三角洲平原亚相沉积，水流方向早期来自北东方向。S_7 沉积时以分流河道沉积为主（图 1–9），S_6 沉积时，区内分流河道规模变小。

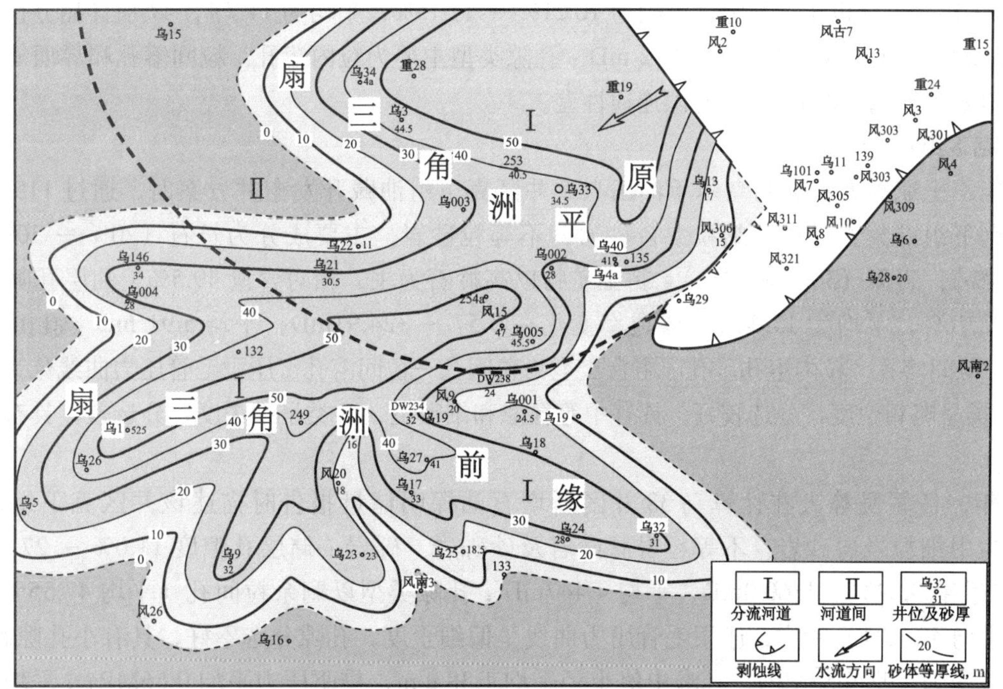

图 1–9　乌 33 井区三叠系克下组 S_7 砂层组沉积相图
（新疆油田分公司勘探开发研究院编制，2005 年 12 月）

二、岩性构造

乌尔禾油田储层分布在百口泉组、克下组和克上组，储层特征相近，属于洪积扇和扇三角洲相的粗碎屑沉积，主要岩性为砂砾岩，储集类型为孔隙型储层，表现为中等容量、特低渗透、中孔细喉、非均质性强的特征。平均孔隙度 11.7% ~ 16.5%，空气渗透率 4.4 ~ 5.9mD（表 1–4）。

表 1–4　乌尔禾油田储层特征表

区块	层位	岩性	沉积相	储集空间	储集类型	非均质性	孔隙度%	渗透率 mD
乌 5 井区块	T_1b	砂砾岩	洪积扇	粒间溶孔和粒间孔	孔隙型	强	11.7	4.7
	T_2k_1	岩屑砂岩、砂砾岩	扇三角洲平原亚相	粒内溶孔、粒间溶孔和粒间孔	孔隙型	强	15.0	5.9
	T_2k_2	含砾不等粒砂岩	扇三角洲前缘亚相	粒间溶孔、粒内溶孔和粒间孔	孔隙型	强	16.5	5.8
乌 16 井区块	T_2k_2	含砾不等粒砂岩	扇三角洲前缘亚相	粒内溶孔、粒间溶孔和粒间孔	孔隙型	强	16.5	5.8
乌 33 井区块	T_2k_1	岩屑砂岩、砂砾岩	扇三角洲平原亚相	剩余粒间孔、原生粒间孔	孔隙型	强	17.8	4.4

注：依据乌尔禾油田各区块探明石油储量报告、开发方案等资料编制。

（一）百口泉组

1992 年，王斌等人编制乌 5 井区百口泉组油藏开发布井方案时，通过 36 块岩心样品统计，百口泉组储集岩为砂砾岩、砂质不等粒砾岩、砾岩。岩石组分中占 90% 以上为岩屑，少量为石英（1% ~ 4%）、长石（1% ~ 3%）；胶结物为泥质、黑云母，其中黏土矿物主要为蒙脱石（相对含量 31% ~ 69%）；据 83 块样品分析统计孔隙度一般为 10.21% ~ 17.15%，平均为 11.7%，47 块样品分析统计渗透率变化在为 0.62 ~ 151.56mD，平均 4.72 mD；孔隙类型主要为粒内溶孔、粒间溶孔和界面缝。百口泉组储层孔隙发育较差，喉道细长，孔隙连通性差。

（二）克下组

1992 年，王斌等人在编制乌尔禾油田乌 5 井区克下组油藏开发布井方案时，通过 115 块岩心样品统计，克下组储集岩为中、细粒混合砂岩、不等粒砂岩，主要成分为长石（20% ~ 30%）、石英（22% ~ 34%）、岩屑（30% ~ 51%）；黏土矿物以高岭石为主，相对含量 49.5%；油层孔隙度一般为 9.18% ~ 22.76%，平均为 15.04%，渗透率变化在 0.57 ~ 324.91mD，平均 5.91 mD；孔隙类型主要为粒间孔、粒间溶孔、粒内溶孔，孔隙组合类型为粒间孔—粒间溶孔；压汞毛管压力曲线分为两类（图 1–10）：Ⅰ类呈略粗歪度，分选较好，具有中等孔隙和细喉道；Ⅱ类呈细歪度，分选差，具有小孔隙和细喉道。

2005 年，任军民等人在计算乌 33 井区新增石油探明储量报告时描述该井区克下组储集层特征：岩性为中细粒岩屑砂岩、不等粒岩屑砂岩及砂砾岩、砾岩；储层孔隙度 11.0% ~ 27.8%，平均 17.8%，渗透率 0.073 ~ 4860.0mD，平均 4.447mD；孔隙类型以剩余粒间孔（平均 47.55%）和原生粒间孔（平均 42.73%）为主，压汞毛管压力曲线呈偏细歪度，孔隙分选不好，具有小孔隙和细喉道，饱和度中值压力平均 6.55MPa，孔喉中值半径平均 1.38 μ m，排驱压力平均 0.66MPa，平均最大孔喉半径 3.36 μ m。

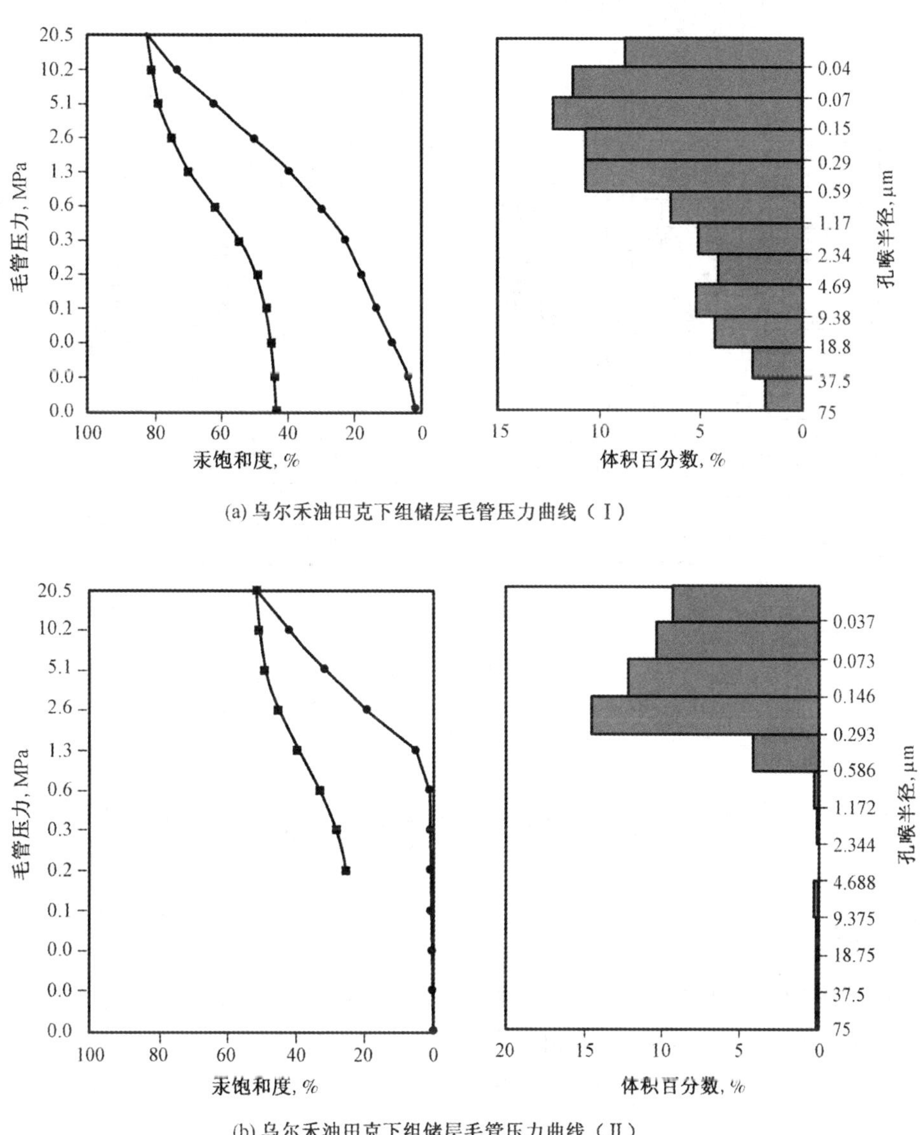

(a) 乌尔禾油田克下组储层毛管压力曲线（Ⅰ）

(b) 乌尔禾油田克下组储层毛管压力曲线（Ⅱ）

图 1–10　乌 5 井区三叠系克下组储层毛管压力曲线
（新疆石油管理局勘探开发研究院编制，1992 年 3 月）

（三）克上组

1999 年，徐新会等人在计算乌 5 井、乌 16 井区块上克拉玛依组新增探明储量时，通过 23 块岩心样品分析：两井区克上组储层岩性主要为砂岩和含砾不等粒砂岩，砂屑成分主要为凝灰岩和变泥岩，平均含量分别为 45%、39%，其次为长石和石英，平均含量分别为 9%、7%；颗粒圆度多为次棱—次圆状，分选中等—较好；胶结类型主要为孔隙—压嵌式，填隙物主要为泥质（4% ~ 6%），偶见方解石，胶结程度致密；储层中黏土矿物以高岭石为主（相对含量为 46.4%）。据 8 口井 103 块储层岩石物性样品统计，孔隙度为 7.6% ~ 25.4%，平均 16.5%，渗透率 0.069 ~ 737.0mD，平均 5.8mD。试井解释的有效渗透率 1.11 ~ 7.57 mD，平均 3.71 mD。由铸体薄片、荧光薄片分析资料统计，克上组孔隙类型以粒间溶孔为主，次为粒间孔，孔径平均值 41 μm，最大孔径 100 ~ 150 μm，统计面孔率 1.27% ~ 2.64%，孔喉配合数 0 ~ 2。依据压汞资料统计，克上组储层毛管压力曲线形态（图 1–11）为偏细歪度，分选中—好；平均排驱压力为 0.1MPa，饱和度中值压力平均为 3.81MPa，最小非饱和体积平均为 41.1%，退汞效率平均为 15%。

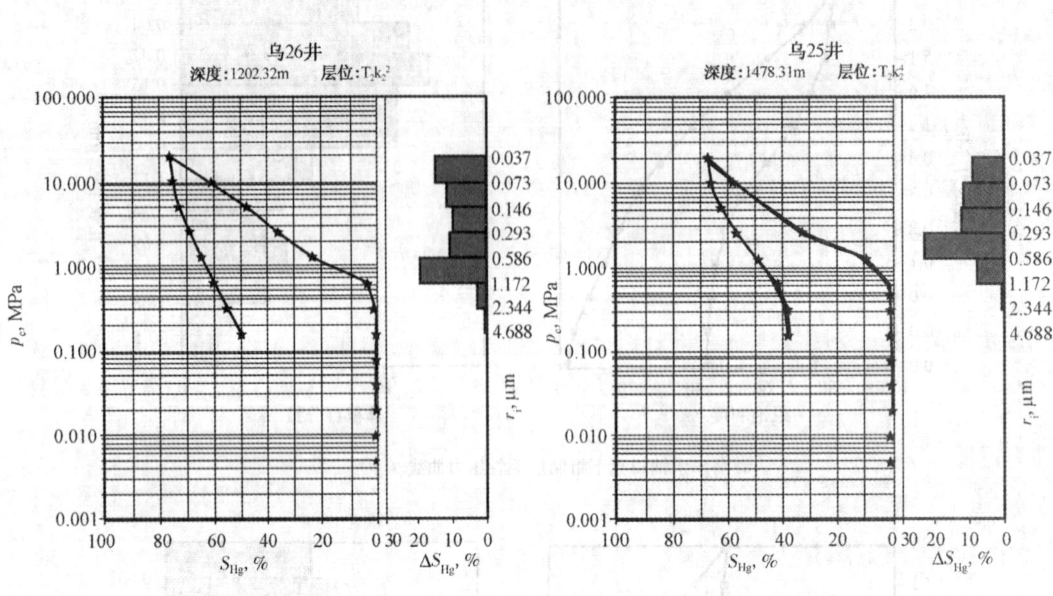

图 1–11　乌 5、乌 16 井区三叠系克上组毛管压力曲线
（新疆石油管理局勘探开发研究院编制，1999 年 12 月）

第三节　流体与渗流

一、流体性质

乌尔禾油田纵向上已探明的油层段为百口泉组、克下组、克上组，按原油性质划分均为稀油。原油密度、黏度中等，溶解气气油比低，饱和程度中等—低，油藏具有不活跃的地层水，水型为氯化钙（$CaCl_2$）型、重碳酸氢钠（$NaHCO_3$）型；地温梯度、压力梯度为正常偏低类型（表 1–5、表 1–6、表 1–7）。

表 1–5　乌尔禾油田各区块油藏特征

区块	层位	中部深度 m	中部海拔 m	地层温度 ℃	地温梯度 ℃ /100m	地层压力 MPa	压力系数	驱动类型
乌 5	T_2k_2	1438	−1138	40.8	2.21	14.15	0.98	弱弹性—溶解气驱
	T_2k_1	1341	−1041	38.7	2.21	13.50	1.01	弹性—弱溶解气驱
	T_1b	1598	−1298	44.2	2.21	14.81	0.93	弱弹性—溶解气驱
乌 16	$T_2k_2^4$	1459	−1159	41.2	2.21	14.32	0.98	弱弹性—溶解气驱
乌 33	T_2k_1	1110	−810	36.7	2.21	11.60	1.05	弹性—弱溶解气驱

注：依据乌尔禾油田各区块探明石油储量报告、开发方案等资料编制。

表 1−6 乌尔禾油田各区块地层流体性质

区块	层位	饱和压力 MPa	地饱压差 MPa	饱和程度 %	地层油性质				
					密度 g/cm³	黏度 mPa · s	溶解气气油比 m³/ t	体积系数	压缩系数 $10^{-4}MPa^{-1}$
乌 5	T_2k_2	10.14	4.01	71.7	0.803	9.74	39	1.054	12.37
	T_2k_1	6.05	7.45	44.8	0.827	10.11	23	1.050	—
	T_1b	10.76	4.05	72.7	0.803	5.57	25	1.050	—
乌 16	$T_2k_2^4$	10.31	4.01	72.0	0.818	11.20	47	1.058	13.17
乌 33	T_2k_1	4.20	7.40	36.7	—	—	—	—	—

注：依据乌尔禾油田各区块探明石油储量报告、开发方案等资料编制。

表 1−7 乌尔禾油田各区块地面流体性质

区块	层位	地面原油						溶解气		地层水		
		密度 g/cm³	黏度（50℃）mPa · s	含蜡 %	胶质	凝固点 ℃	初馏点 ℃	相对密度	甲烷含量 %	水型	氯离子含量 mg/L	总矿化度 mg/L
乌 5	T_2k_2	0.855	15.2	6.1	31.8	5.7	150.0	0.641	85.82	$CaCl_2$	4554.5	8299
	T_2k_1	0.867	52.4	5.0	36.5	5.6	150.0	0.625	95.12	$CaCl_2$	5592.9	12130
	T_1b	0.865	37.7	3.7	39.7	1.8	129.4	0.769	71.65	$CaCl_2$	4336.2	7850
乌 16	T_2k_2	0.879	74	2.7	71.7	−6.4	121.0	0.623	91.03	$NaHCO_3$	6839.2	12733
乌 33	T_2k_1	0.879	47.9	4.2	—	−11.0	146.0	0.642	87.98	—	—	—

注：依据乌尔禾油田各区块探明石油储量报告、开发方案等资料编制。

1980 年，吴庆福等编写的《乌尔禾—夏子街预探八零年阶段总结》认为：(1) 根据乌尔禾地区两口井的测静压资料，克下组油藏压力系数为 0.94、0.96，远低于克拉玛依地区及百口泉地区，属低压油藏；(2) 原油性质差，相对密度大，黏度高，含胶质多，轻质馏分含量极低，反映属破坏残留油藏。

1982 年，勘探开发研究院西北缘研究队李一峰编写的《准噶尔盆地乌尔禾—夏子街地区油、气、水研究小结》认为：(1) 在乌尔禾地区原油相对密度最大的为 139 井百口泉组的 0.9106，最小的为乌 1 井克上组的 0.8389。克下组的原油相对密度介于百口泉组和克上组之间，在该区由南向北增大；(2) 原油性质在乌尔禾地区并不随着深度的增加而变化，说明该区的原油氧化现象较严重；(3) 乌尔禾地区三叠系地层水型主要为重碳酸钠型和氯化钙型，油藏遭受剥蚀的地区，重碳酸钠型水侵入、交替、混合而形成重碳酸钠型分布区，在岩性封闭好的地层中仍保存一些氯化钙型水。

1983 年，史宣玉等人编写的《乌尔禾油田乌 5 井区三叠系储量计算报告》认为：(1) 乌尔禾油田三叠系百口泉组、克下组原油性质较差，原油相对密度较高，平均 0.8602，黏度高，地面平均 123.96 mPa · s（20℃），含胶质多，轻质馏分含量极低，反映属破坏残留油藏。(2) 由于鼻隆顶部三叠系地层被剥蚀，油藏受到破坏，使得油藏压力降低（压力系数在 0.94 ~ 1.005 之间）；根据乌 9 井、249 井的高压物性资料，克下组油藏饱和程度约 45%。

1992 年，王斌等编写的《乌尔禾油田乌 5 井区克下组油藏、百口泉组油藏开发布井方案》中，对两油藏的流体性质进行了总结，认为：(1) 乌 5 井区两油藏原油性质基本相同，属中等密度（0.826 ~ 0.857g/cm³）、中等黏度（13.52 ~ 17.53mPa · s/40℃条件下）、凝固点（−2 ~ 3.6℃）和含蜡量（3.48% ~

5.0%）略低的原油；(2) 溶解气中甲烷含量克下组（87.91%）高于百口泉组（71.65%）；(3) 地层水以低矿化度的碳酸氢钠型为主，总矿化度为 3558 ~ 7251.55mg/L；(4) 油藏均为未饱和油藏，地饱压差较大（5.1 ~ 7.21 MPa），原始溶解汽油比较低（23 ~ 53.3m³/m³）。

1999 年，徐新会等人编写的《乌尔禾油田乌 5 井、乌 16 井区块新增石油探明储量报告》认为：(1) 据乌 5 井区块一口井 PVT 资料及 5 井 16 个地面原油分析资料，克上组地层油密度 0.802g/cm³，地面原油密度 0.855g/cm³；据乌 16 井区块一口井 PVT 资料及 3 井 4 个地面原油分析资料，克上组地层油密度 0.807g/cm³，地面原油密度 0.879g/cm³；(2) 据 3 个溶解气分析资料，克上组溶解气中甲烷含量 86.67%；(3) 据 2 个地层水分析资料，克上组地层水为氯化钙（$CaCl_2$）型，总矿化度为 11600mg/L；(4) 乌 5 井区、乌 16 井区克上组油藏均为未饱和油藏，地饱压差较大（4.04 ~ 4.05MPa）。

2002 年，魏利燕等人编写的《乌尔禾油田乌 5、乌 16 井区克拉玛依组、百口泉组油藏地质油藏工程方案》中，对乌 5 井区百口泉组、克下组、克上组油藏及乌 16 井区克上组油藏流体性质进行了总结，认为：(1) 四个油藏地面原油密度在 0.855 ~ 0.874g/cm³ 之间，黏度在 15.2 ~ 52.4mPa · s 之间；(2) 四个油藏的溶解气相对密度在 0.623 ~ 0.769 之间，甲烷含量在 71.65% ~ 95.12% 之间；(3) 地层水水型为 $CaCl_2$、$NaHCO_3$ 型，总矿化度在 7850 ~ 12733mg/L 之间；(4) 四油藏均为未饱和油藏，地饱压差在 4.01 ~ 7.45MPa 之间（表 1-6）。

2005 年，任军民等人编写了《乌尔禾油田乌 33 井区新增石油探明储量报告》，该研究报告认为：(1) 乌 33 井区克下组油藏原油性质属中等密度（0.879g/cm³）、黏度中等偏稠（50℃为 47.9mPa · s）、凝固点略低（−11℃）的含蜡（4.17%）原油；(2) 乌 33 井区克下组溶解气中甲烷含量 87.98%；(3) 乌 33 井区克下组油藏为未饱和油藏，地饱压差较大（7.4MPa），压力系数 1.05。

二、渗流规律

1993 年，王斌等编写的《乌尔禾油田乌 5 井区克下组油藏、百口泉组油藏射孔方案》中，乌 5 井区克下组一块敏感性样品分析结果，属临界矿化度低（3500mg/L）、临界流速高（4.1mL/min）和中等偏弱的体积流量敏感性储层（图 1-12、图 1-13、图 1-14）。克下组 4 块润湿性样品分析结果，从偏亲水到强亲油都有（表 1-8），由于这 4 块样品非现场密封取样，分析结果仅供参考。

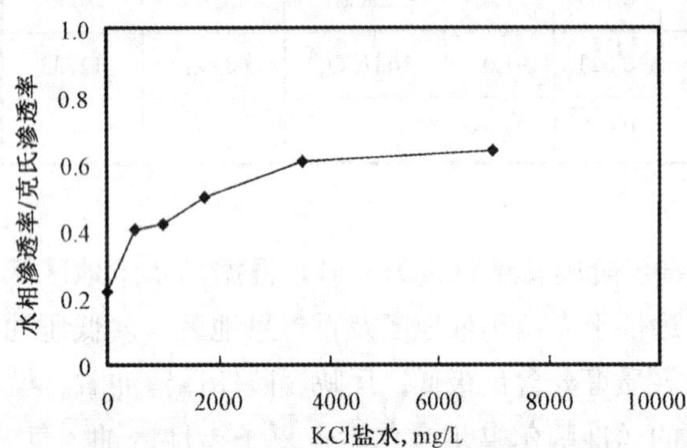

图 1-12　乌检 323 井水敏性评价试验结果
（新疆石油管理局勘探开发研究院编制，1993 年）

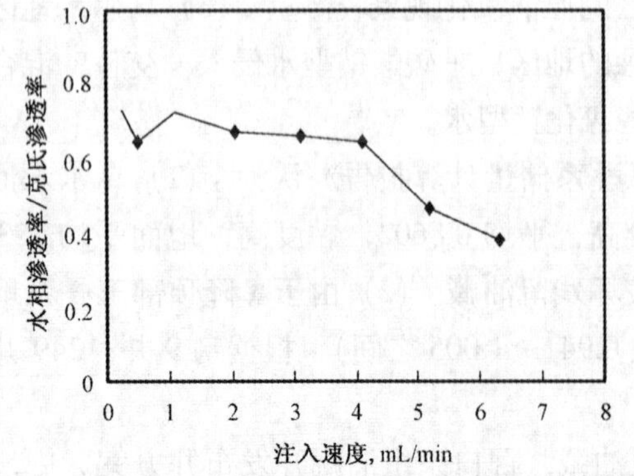

图 1-13　乌检 323 井速敏性评价试验结果
（新疆石油管理局勘探开发研究院编制，1993 年）

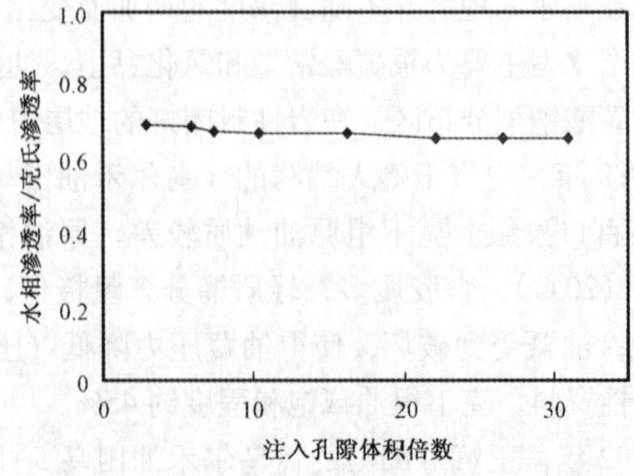

图 1-14　乌检 323 井体积流量评价试验结果
（新疆石油管理局勘探开发研究院编制，1993 年）

表 1-8　乌 5 井区克下组润湿性分析

井号	层位	样品深度 m	岩性	水润湿指数	油润湿指数	润湿性 评价
乌检 323	T_2k_1	1341.34	中—细砂岩	0.141	0.314	偏亲油
		1341.51	含砾不等粒砂岩	0.138	0.286	偏亲油
		1363.50	细砂岩	0.229	0.062	偏亲水
		1366.71	含砾不等粒砂岩	0.818	0	强亲水

注：依据乌检 323 井化验分析资料编制。

克下组 4 块相渗透率样品分析结果显示，岩石润湿性偏亲水，油水两相共渗区域小（图 1-15），可动油范围 40% 左右，预计油藏最终采收率比较低，而且大部分原油要在中高含水期采出。

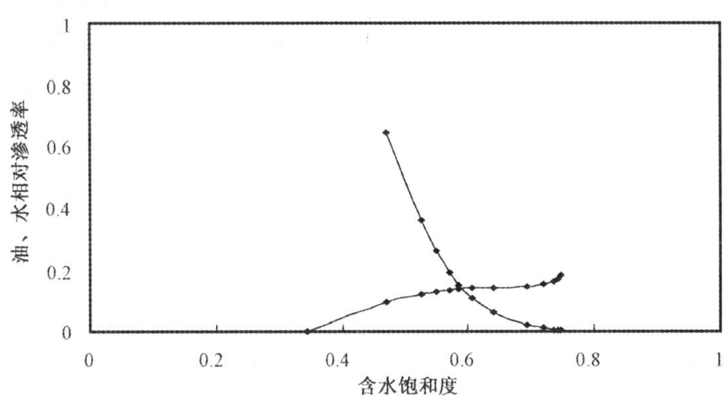

图 1-15　乌检 322 井油水相对渗透率曲线（1467.20m）
（新疆石油管理局勘探开发研究院编制，1993 年）

第四节　油气储量

乌尔禾油田的地质储量是以油藏为单元，采用容积法计算的。自 1958 年发现到 2005 年底共探明 3 个区块 5 个三叠系的稀油油藏，累计探明含油面积 79.45km²，石油地质储量 3750.39×10^4t，可采储量 754.01×10^4t；溶解气地质储量 8.39×10^8m³，可采储量 1.70×10^8m³（表 1-9）。

表 1-9　乌尔禾油田各油藏储量计算参数

区块	上报时间	层位	储量类别	含油面积 km²	有效厚度 m	有效孔隙度 %	含油饱和度 %	地面原油密度 g/cm³	体积系数	石油 地质储量 10^4t	石油 采收率 %	石油 可采储量 10^4t	原始气油比 m³/t	溶解气 地质储量 10^8m³	溶解气 采收率 %	溶解气 可采储量 10^8m³
乌 5	1999 年	T_2k_2	Ⅲ	13.4	7.2	17	52	0.853	1.054	690	20	137.9	39	2.69	20.1	0.54
	2004 年	T_2k_2	Ⅰ	9.1	8.1	17	51	0.854	1.054	519	20	103.8	39	2.02	21.4	0.41
	1983 年	T_2k_1	Ⅲ	18	6.3	12.8	60	0.863	1.050	439	20	79.8	23	1.00	20	0.20
	2004 年	T_2k_1	Ⅰ	4.9	11.1	19	64	0.864	1.050	544	20	114.2	23	1.25	20.8	0.26
	1983 年	T_1b	Ⅲ	16.5	3.9	11.5	60	0.856	1.050	362	20	68.2	25	0.90	20	0.18
乌 16	1999 年	T_2k_2	Ⅲ	3.9	3.1	18	63	0.874	1.058	113	20	22.6	47	0.53	20.8	0.11
乌 33	2005 年	T_2k_1	Ⅱ	13.65	7.7	19.7	62.5	0.879	1.050	1083.39	21	227.51	—	3.57	—	0.71
合计				79.45	—	—	—	—	—	3750.39	—	754.01	—	8.39	—	1.70

注：依据乌尔禾油田各区块探明石油储量报告编制。

1983 年，由勘探开发研究院的史宣玉、张明玉等人在已完钻探井 33 口、三叠系试油获得工业油流 5 井 9 层的基础上，于 1983 年 12 月完成《乌尔禾油田乌 5 井区三叠系储量计算报告》，上报乌 5 井区三叠系百口泉组含油面积 16.5km^2，Ⅲ类基本探明地质储量为 362 × 10^{4}t；克下组含油面积 11.1km^2，基本探明石油地质储量为 439 × 10^{4}t。

1999 年 12 月，由徐新会等人在三维地震、各类井 50 口、试油 6 井 10 层等基础上，完成了《乌尔禾油田乌 5 井、乌 16 井区块新增石油探明储量报告》，上报乌 5 井区块克上组含油面积 13.4km^2，Ⅲ类石油地质储量 690 × 10^{4}t；乌 16 井区块克上组含油面积 3.9km^2，Ⅲ类石油地质储量 113 × 10^{4}t。采用经验公式法和类比法标定两区块克上组油藏采收率 20%，计算乌 5 井区块石油可采储量为 103.8 × 10^{4}t，溶解气的可采储量为 0.41 × 10^{8}m^3；乌 16 井区块石油可采储量为 22.6 × 10^{4}t，溶解气的可采储量为 0.11 × 10^{8}m^3。

从 2002 年开始，新疆油田分公司与新疆石油管理局对乌尔禾油田进行合作开发，采取滚动开发的方式，到 2004 年 12 月，在乌 5 井区块原探明含油面积之外，克下组油藏已有 45 口开发井投产。在已完钻开发井的基础上，由勘探开发研究院薛新克、魏利燕等人完成了《乌尔禾油田乌 5 井区块克拉玛依组油藏扩边新增石油探明储量报告》，上报了乌 5 井区块克下组含油面积 4.9km^2，Ⅰ类探明石油地质储量 544 × 10^{4}t，溶解气地质储量 1.25 × 10^{8}m^3；克上组含油面积 9.1km^2，Ⅰ类探明石油地质储量 519 × 10^{4}t，溶解气地质储量 2.02 × 10^{8}m^3。采用经验公式法和类比法确定乌 5 井区块克下组油藏采收率 21%，计算石油可采储量为 114.2 × 10^{4}t，溶解气可采储量为 0.26 × 10^{8}m^3；克上组油藏采收率 20%，计算石油可采储量为 103.8 × 10^{4}t，溶解气的可采储量为 0.41 × 10^{8}m^3。

2005 年 4 月，在乌 5 开发区东北约 3km 处上钻了乌 33 井。该井在目的层三叠系克拉玛依组见到良好油气显示，取心 33.77m，含油心长 15.8m。完井试油，射开克下组 928 ~ 937m，压裂后日抽油 2.68t，从而发现了乌 33 井区三叠系克下组油藏。乌 33 井获油后，先后部署实施了乌 002、乌 003、乌 004、乌 005 和乌 006 共 5 口评价井。在此基础上，由勘探开发研究院任军民、李岩等人于 2005 年 12 月完成了《乌尔禾油田乌 33 井区新增石油探明储量报告》，上报了乌 33 井区块克下组含油面积 13.65km^2，Ⅱ类探明石油地质储量 1083.39 × 10^{4}t，溶解气地质储量 3.57 × 10^{8}m^3；借用乌 5 井区块克下组油藏采收率 21%，计算石油可采储量为 227.51 × 10^{4}t，溶解气可采储量 0.71 × 10^{8}m^3。

第二章

开发部署与实施

乌尔禾油田于1991年开始进行开发前期评价，1992年由勘探开发研究院编写了《乌尔禾油田乌5井区克下组油藏、百口泉组油藏开发布井方案》，在实施过程中，由于新钻井产量较低及受地面条件的限制，没有钻完部署的开发井就停止了钻井工作。在这之后的十年时间中，一直没有投入新的钻井工作量。2001年底，新疆油田分公司经过认真筛选，将乌尔禾油田乌5井区、乌16井区克拉玛依组、百口泉组油藏作为首批与新疆石油管理局合作开发区块。2002年1月编制了《乌尔禾油田乌5、乌16井区克拉玛依组、百口泉组油藏开发方案》，到2005年底陆续编制了9个开发布井意见和扩边布井意见。开发区块主要为乌5井区和乌16井区，开发层系主要为克拉玛依组和百口泉组。设计开发总井数522口，其中采油井451口，注水井71口，钻新井499口，设计累建生产能力56.61×10^4t/a。截至2005年12月，乌尔禾油田共有采油井238口，注水井51口，年产原油20.0806×10^4t，累计生产原油67.9984×10^4t。已开发含油面积10.5km²，动用石油地质储量1190×10^4t，油田的储量开发动用程度达到44.6%（表2−1）。

表2−1　乌尔禾油田各开采单元开发概况表

开采单元	开采层位	投入开发时间	动用地质储量 10^4t	开发方式	井网	井距 m	2005年产油 10^4t	累计产油 10^4t	采油速度 %	采出程度 %	综合含水 %	气油比 m³/t
乌5	T_2k_1	1992年	636	注水	四点、反九点	300	12.9867	47.5587	2.04	7.48	43.6	244
乌5	T_2k_2	2003年	519	注水	反九点	300	5.1123	13.6103	0.99	2.62	37.4	207
乌5	T_1b	1992年	35	注水	四点、反九点	300	0.8918	4.3840	2.55	12.53	26.3	238
乌5	P_1f	2004年	—	—	—	—	0.0374	0.0637	—	—	12.3	238
乌16	T_2k	2002年	—	注水	反九点	300	1.0524	2.3817	0.93	2.11	12.5	214
乌尔禾油田			1190	注水	反九点	300	20.0806	67.9984	1.69	5.71	39.7	234

注：依据新疆油田分公司中心数据库数据资料编制。

第一节　方案编制与实施

“八五”期间，乌尔禾油田乌5井区三叠系油藏成为新疆石油管理局稀油新区产能建设区块之一，1990年10月至1991年3月，根据局领导指示精神，先后部署了4口检查井（乌检320、乌检322井、乌检321和乌检323井），进行开发前期评价。1992年1月由研究院编写了乌5井区克下组、百口泉组油藏开发布井方案，乌尔禾油田正式投入开发。

一、乌5井区克拉玛依组油藏

1992年1月，由勘探开发研究院钱根宝等人编写了《乌5井区克下组、百口泉组油藏开发布井方案》，由新疆石油管理局副局长赵立春审批。方案根据钻井、岩心、试油等资料，对乌5井区克下组油藏地质特征、储量、初期开采特征进行了分析研究，指出该区为低孔、低渗、低饱和程度油藏，采用以油层厚度较大、单井产能较高的部位为中心逐步外扩的原则进行开发。按350m井距四点法面积注水井网，采用机械采油方式开采，在克下组布井26口（采油井18口，注水井8口），老井利用1口，钻新井25口，单井设计产能6t/d，年产能力3.24×10^4t。

1992年3—8月，根据井位普查，发现方案设计中有24口井（含百口泉组油藏）落在乌尔禾137团6连的农田和村舍内，为此决定采用丛式定向斜井新工艺，根据已完钻的6口井的跟踪研究，为了避免钻低效井和空井，在1992年8月编制的《乌5井区克下组、百口泉组油藏钻井实施调整意见》中将原方案克下组部署的26口井调整为17口（采油井11口，注水井6口），钻新井16口，其中定向斜井12口。

2002年1月，根据中国石油天然气股份有限公司下发的有关尽快启动与地区服务公司合作开发未动用难采储量的通知精神，由勘探开发研究院、设计院、钻研院、采研院等单位共同编制了《乌尔禾油田乌5、乌16井区克拉玛依组、百口泉组油藏开发方案》。其中地质油藏工程和经济评价部分的项目负责人为钱根宝、刘顺生、王兆峰；钻井工程部分的负责人为陈德山；采油工程部分的负责人为王嘉淮；地面工程部分的负责人为张杰。根据开发方式的研究以及布井区域的优选结果，在乌5井区克上组油藏有效厚度大于4.5m的部位，采用菱形反九点法面积注水井网（排距为150m、注采井距为450m）和不规则反七点法（井距为350m）面积注水井网，布井60口（图2-1）。其中采油井47口，注水井13口，利用老井15口，钻新井45口，钻井进尺6.57×10^4m，年产能力5.37×10^4t。

2002年9月、2002年10月及2003年2月在进一步搞清乌5井区克拉玛依组油藏储量面积的基础上，在乌5井区西北、西南及东北部克上克下组作为一套层系，以350m井距反九点法井网3次布井，共布开发井269口（采油井231口，注水井38口），老井利用3口，钻新井266口，设计单井产能4t/d，年产能力27.72×10^4t。

2004年3月、2004年11月及2005年12月又在乌5井区克拉玛依组3次扩边布井51口，单井设计产能3.5～4t/d，年产能力5.82×10^4t，其中克下组布井41口，克上组布井10口。以上乌5井区克拉玛依组历年8次布井共布开发井406口（采油井347口，注水井59口），其中老井利用19口，钻新井387口，设计单井产能3.5～6t/d，累计建产能42.15×10^4t/a（表2-2、图2-2）。

各布井方案经局审批后及时提交现场付诸实施，乌5井区克拉玛依组历年累计完钻新井248口，进尺37.34×10^4m，投产初期单井产能1.5～5.0t/d，建成产能18.55×10^4t/a。其中克下组完钻新井157口，建成产能13.53×10^4t/a；克上组完钻新井91口，建成产能5.02×10^4t/a（表2-3）。

截至2005年底，乌5井区克拉玛依组动用石油地质储量1155×10^4t，开发井总数247口（采油井199口，注水井48口），当年产油18.099×10^4t，累计产油61.169×10^4t。其中克下组动用储量636×10^4t，总井数158口（采油井132口，注水井26口），当年产油12.9867×10^4t，累计产油47.5587×10^4t，采出程度7.48%，综合含水43.6%；克上组动用储量519×10^4t，总井数89口（采油井67口，注水井22口），当年产油5.1123×10^4t，累计产油13.6103×10^4t，采出程度2.62%，综合含水37.4%（表2-4）。

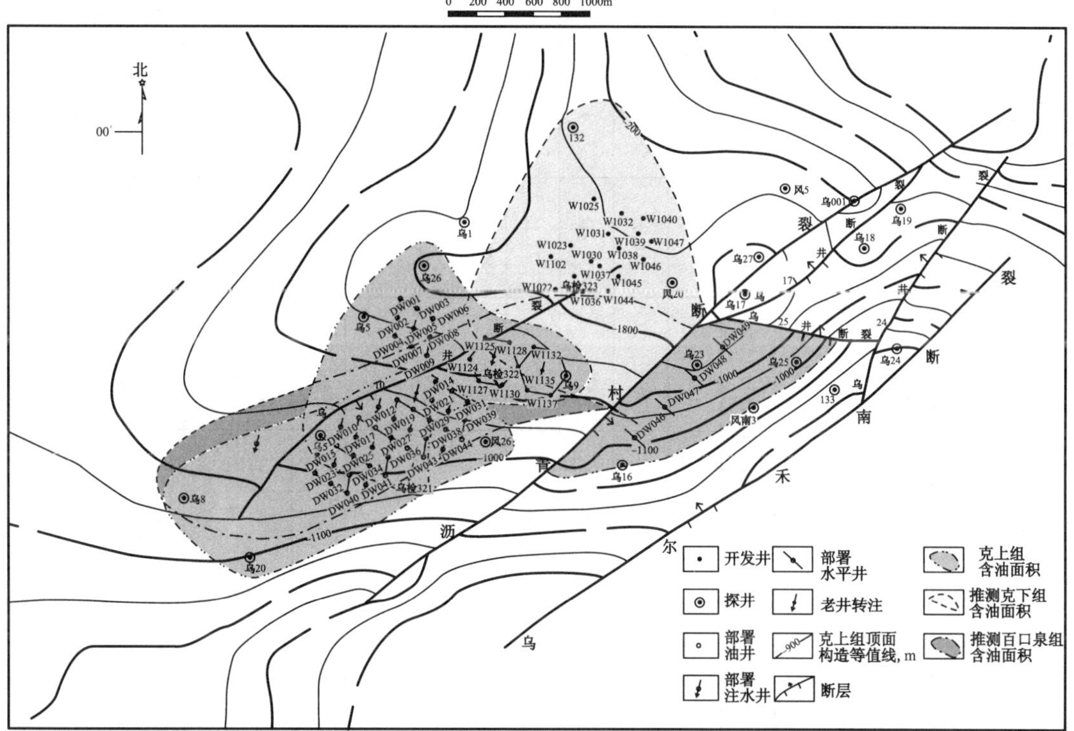

图 2-1　乌 5、乌 16 井区上克拉玛依组油藏开发部署图

（新疆油田分公司勘探开发研究院编制，2002 年 1 月）

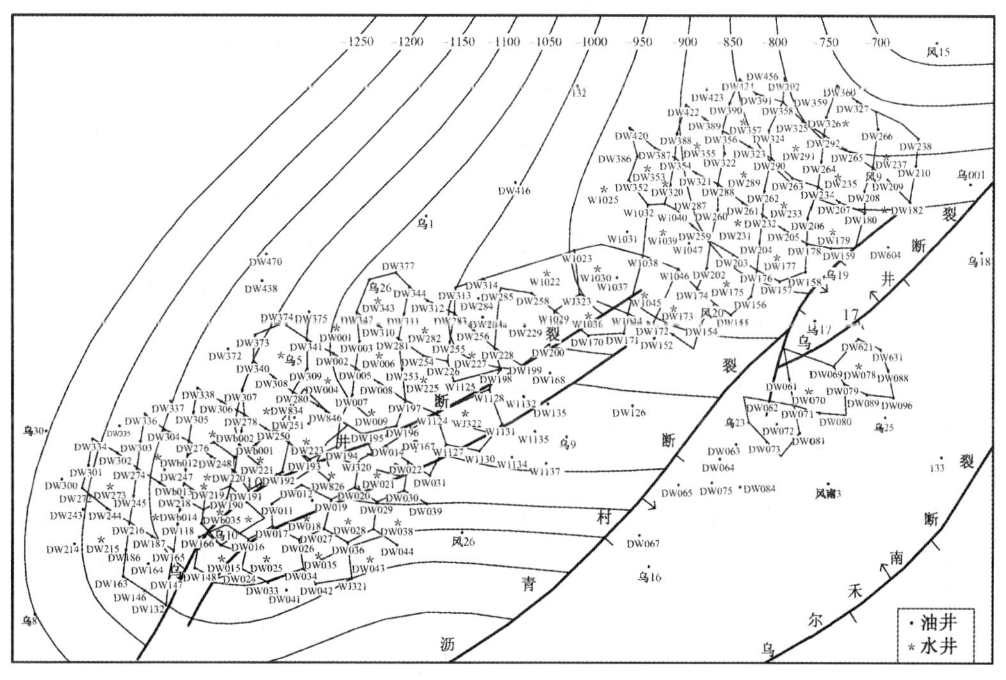

图 2-2　乌尔禾油田乌 5、乌 16 井区井位部署图

（新疆石油管理局低效油田开发公司编制，2005 年 12 月）

表 2-2　乌尔禾油田分区分层开发方案部署情况表

开采单元	层位	编制时间	动用地质储量 10^4t	开发方式	井网	井距 m	采油井 口	注水井 口	钻新井数 口	平均井深 m	钻井进尺 10^4m	设计单井产能 t/d	年产能力 10^4t
乌 5	克下组	1992 年 1 月	92	注水	四点法	350	18	8	25	1400	3.50	6	3.24
		2004 年 3 月	636	注水	反九点	300	10	—	10	1380	1.38	3.5	1.05
		2004 年 11 月	636	注水	反九点	300	6	—	6	1400	0.84	4	0.72
		2005 年 12 月	636	注水	反九点	300	25	—	25	1400	3.50	4	3.0
	克上组	2002 年 1 月	423	注水	反九点	350	47	13	45	1300 ~ 1500	6.57	3.5 ~ 4	5.37
		2004 年 3 月	519	注水	反九点	300	10	—	10	1580	1.58	3.5	1.05
	克上、克下合层	2002 年 9 月	515	注水	反九点	350	41	26	67	1500	10.05	4	4.92
		2002 年 10 月	515	注水	反九点	350	58	—	58	1500	8.70	4	6.96
		2003 年 2 月	515	注水	反九点	350	132	12	141	1500	21.15	4	15.84
	百口泉组	1992 年 1 月	35	注水	四点法	350	12	5	15	1580	2.37	5	1.8
		2004 年 3 月	35	注水	反七点	300	27	7	34	1850	6.29	5	4.05
乌 16	克拉玛依组	2002 年 1 月	—	注水	反九点	300	4	—	4	1850	0.74	12	1.44
		2002 年 9 月	—	注水	反九点	300	19	—	19	1500	2.85	4	2.28
		2003 年 2 月	—	注水	反九点	300	26	—	26	1500	3.90	4	3.12
		2004 年 11 月	—	注水	反九点	300	11	—	9	1500	1.35	4	1.32
乌 18	克拉玛依组	2004 年 3 月	—	注水	反九点	300	5	—	5	1270	0.64	3	0.45
合计			1190	注水	1190	—	451	71	499	—	75.41	—	56.61

注：依据乌尔禾油田各区块开发方案和新疆油田分公司中心数据库数据资料编制。

表 2–3　乌尔禾油田 1992—2005 年产能建设完成情况表

区块	层位	时间	实际井数，口				实际进尺 10^4m^3	初期产能 t/d	实建产能 $10^4t/a$	动用含油面积 km^2	动用地质储量 10^4t
			油井	注水井	总井数	新钻井					
乌 5	T_2k_1	1993 年	11	6	17	16	2.24	5.0	1.65	6.9	636
		2002 年	78	24	102	101	15.12	4.0	9.36		
		2003 年	15	7	22	22	3.08	3.2	1.44		
		2004 年	12	1	13	13	1.82	2.4	0.86		
		2005 年	3	2	5	5	0.7	2.4	0.22		
		小计	119	40	159	157	22.96	—	13.53		
	T_2k_2	2003 年	72	13	85	85	13.43	2.2	4.75	2.3	519
		2004 年	6	—	6	6	0.95	1.5	0.27		
		小计	78	13	91	91	14.38	—	5.02		
	T_1b	1993 年	8	4	12	10	1.58	2.3	0.55	1.3	35
		2004 年	19	2	21	21	3.32	2.5	1.43		
		小计	27	6	33	31	4.9	—	1.98		
乌 16	T_2k	2002 年	6	—	6	6	0.84	3.5	0.63	—	—
		2003 年	10	2	12	12	1.8	2.3	0.69		
		2005 年	5	—	5	5	0.75	1.5	0.23		
		小计	21	2	23	23	3.39	—	1.55		
合计			245	61	306	302	45.63	—	22.07	10.5	1190

注：依据新疆油田分公司中心数据库数据资料编制。

表 2–4　乌尔禾油田乌 5 井区克拉玛依组油藏 1992—2005 年开发数据表

区块	层位	年度	投产井数 口		开井数 口		平均单井产能 t/d	含水率 %	气油比 m^3/t	年产油量 10^4t	累计产油 10^4t	采出程度 %
			油井	注水井	油井	注水井						
乌 5	T_2k_1	1992 年	2	—	2	—	1	—	—	0.0002	0.0002	—
		1993 年	11	6	11	6	6.2	20.7	61	1.4568	1.4570	0.23
		1994 年	11	6	11	6	5.7	33.0	21	1.5967	3.0537	0.48
		1995 年	11	6	11	6	4.9	47.7	36	1.5331	4.5868	0.72
		1996 年	11	6	9	6	3.6	50.1	24	1.1239	5.7107	0.90
		1997 年	11	6	9	—	3.9	32.7	16	0.8100	6.5207	1.03
		1998 年	11	6	9	—	3.0	39.9	32	0.7847	7.3054	1.15

续表

区块	层位	年度	投产井数 口		开井数 口		平均单井产能 t/d	含水率 %	气油比 m^3/t	年产油量 10^4t	累计产油 10^4t	采出程度 %
			油井	注水井	油井	注水井						
乌 5	T_2k_1	1999 年	11	6	7	—	2.9	31.3	90	0.5225	7.8279	1.23
		2000 年	11	6	4	—	2.0	45.9	78	0.2992	8.1271	1.28
		2001 年	11	6	5	—	1.8	47	32	0.2834	8.4105	1.32
		2002 年	113	6	109	—	4.6	25.2	32	3.2547	11.6652	1.83
		2003 年	124	13	123	13	2.5	23	280	11.0192	22.6844	3.57
		2004 年	127	23	125	23	2.2	31.9	310	11.8876	34.5720	5.44
		2005 年	132	26	127	26	0.1	43.6	244	12.9867	47.5587	7.48
	T_2k_2	2003 年	72	13	71	13	1.5	35.4	241	4.7894	4.7894	0.92
		2004 年	68	20	68	18	1.1	45.4	234	3.7086	8.4980	1.64
		2005 年	67	22	63	22	0.1	37.4	207	5.1123	13.6103	2.62

注：依据新疆油田分公司中心数据库数据资料编制。

二、乌 5 井区百口泉组油藏

乌 5 井区百口泉组油藏先后经过两次开发布井：第一次是 1992 年 1 月在《乌 5 井区克下组、百口泉组油藏开发布井方案》中，百口泉组以 350m 井距四点法井网布井 17 口（采油井 12 口，注水井 5 口），老井利用 2 口，钻新井 15 口，设计单井产能 5t/d，年产能力 1.8×10^4t。同年 6 月经跟踪研究，布井总数减为 12 口；第二次是 2004 年 3 月编制的《乌尔禾油田克拉玛依组、百口泉组油藏 2004 年扩边开发部署方案》，在乌 5 井区百口泉组综合有效厚度大于 12m 范围内采用 300m 井距反七点菱形井网布井 34 口（采油井 27 口，注水井 7 口），设计单井产能 5t/d，年产能力 4.05×10^4t。前后两次共布井 51 口，老井利用 2 口，钻新井 49 口，累建产能 $5.85\times10^4t/a$（表 2–2）。

方案分别于 1993 年和 2004 年实施完毕，共完钻新井 31 口，初期单井产能 2.3 ~ 2.5t/d，建成产能 $1.98\times10^4t/a$（表 2–3）。截至 2005 年底生产井数 26 口（采油井 24 口，注水井 2 口），平均单井产能 0.1 t/d，当年产油 0.8918×10^4t，累计产油 4.3840×10^4t，采出程度 12.53%，综合含水 26.3%（表 2–5）。

表 2–5　乌尔禾油田乌 5 井区百口泉组油藏 1992—2005 年开发数据表

区块	层位	时间	投产井数，口		开井数，口		平均单井产能 t/d	含水率 %	气油比 m^3/t	年产油量 10^4t	累计产油 10^4t	采出程度 %
			油井	注水井	油井	注水井						
乌 5	T_1b	1992 年	10	—	10	—	2.3	5.4	11	0.0851	0.0851	0.24
		1993 年	8	2	8	2	1.0	3.6	25	0.5713	0.6564	1.88
		1994 年	8	3	8	3	1.4	2.3	15	0.2820	0.9384	2.68
		1995 年	8	3	8	3	1.1	4.5	40	0.2430	1.1814	3.38

续表

区块	层位	时间	投产井数，口		开井数，口		平均单井产能 t/d	含水率 %	气油比 m^3/t	年产油量 10^4t	累计产油 10^4t	采出程度 %
			油井	注水井	油井	注水井						
乌5	T_1b	1996年	8	3	8	2	0.6	4.1	107	0.2049	1.3863	3.96
		1997年	8	3	7	—	1.4	3.7	29	0.1596	1.5459	4.42
		1998年	8	3	8	—	0.9	3.8	39	0.2143	1.7602	5.03
		1999年	8	3	4	—	1.2	2.7	41	0.1842	1.9444	5.56
		2000年	8	3	4	—	1.1	2.8	64	0.1144	2.0588	5.88
		2001年	8	3	4	—	1.3	4.7	56	0.1343	2.1931	6.27
		2002年	8	3	5	—	2.1	12.5	18	0.3813	2.5744	7.36
		2003年	3	—	3	—	2.3	33.5	182	0.1519	2.7263	7.79
		2004年	27	2	26	2	1.5	33.0	298	0.7659	3.4922	9.98
		2005年	24	2	22	2	0.1	26.3	238	0.8918	4.3840	12.53

注：依据新疆油田分公司中心数据库数据资料编制。

三、乌16井区克拉玛依组油藏

乌16井区克拉玛依组油藏先后于2002年1月、2002年9月、2003年2月及2004年11月4次布井，采用300m井距反九点井网共布开发井60口，设计单井产能4～12t/d（直井按4t/d，水平井按12t/d设计），年产能力8.16×10^4t（表2-2），在所布60口开发井中包括2002年1月布的4口水平井，这4口水平井后被取消。

方案实施后共完钻23口，初期单井产能1.5～3.5t/d，建成产能1.55×10^4t/a（表2-3）。截至2005年12月底，生产井数15口（采油井14口，注水井1口），平均单井产能0.1 t/d，当年产油1.0524×10^4t，累计产油2.3817×10^4t。其中克下组生产井13口，当年产油0.8059×10^4t，累计产油1.8632×10^4t；克上组生产井2口，当年产油0.2465×10^4t，累计产油0.5185×10^4t（表2-6）。方案实施没有达到设计产能，开发效果不理想。

表2-6　乌尔禾油田乌16井区克拉玛依组油藏2003—2005年开发数据表

区块	层位	时间	投产井数 口		开井数 口		平均单井产能 t/d	含水率 %	气油比 m^3/t	年产油量 10^4t	累计产油 10^4t	采出程度 %
			油井	注水井	油井	注水井						
乌16	T_2k_1	2003年	8	0	7	0	1.6	10.9	313	0.6277	0.6277	—
		2004年	7	1	6	1	1.3	19.4	397	0.4296	1.0573	—
		2005年	12	1	12	1	0.1	12.5	214	0.8059	1.8632	—
	T_2k_2	2003年	2	—	2	—	4.1	13.8	242	0.0739	0.0739	—
		2004年	2	—	1	—	0.8	31.4	333	0.1981	0.2720	—
		2005年	2	—	2	—	0.1	—	500	0.2465	0.5185	—

注：依据新疆油田分公司中心数据库数据资料编制。

第二节 油田动态监测

乌尔禾油田进入全面开发后，动态监测主要依据《新疆油气田动态监测资料录取规定》来编制历年油田动态监测方案，由于该油田直到2002年才正式投入全面开发，测试手段都是目前新疆油田最新的仪器和技术，测试内容主要为油气水分析、油水井产吸剖面、油水井复压、流压等。监测井点按点状方式布置。监测项目的测试制度为每年一次。截至2005年，乌尔禾油田共有压力监测井点35口，产吸剖面监测井点63口，流体分析监测井点195口，共完成动态监测工作量656井次。

一、油、水井地层压力监测

乌尔禾油田地层压力测试技术、工艺和其他油田相同，油井全部采用目前较为通用的存储式电子压力计进行测试，注水井主要采用观察井口压降方式进行测试。

随着开发不断深入，开发井日益增多，压力资料呈逐年递增趋势，年平均增幅都在50%以上。2005年乌尔禾油田共对三套主力开发层系测复压29井次，从测试结果来看，压力保持程度较低，平均只有49%（表2-7）。

表2-7 乌尔禾油田历年平均地层压力统计表

层位	原始地层压力 MPa	2003年		2004年		2005年	
		地层压力 MPa	保持程度 %	地层压力 MPa	保持程度 %	地层压力 MPa	保持程度 %
S5乌10井断裂上盘	13.87	10.89	79	6.75	49	8.56	62
S5乌10井断裂下盘		6.49	47	8.00	58	6.55	48
S_6层	12.52	—	—	4.46	36	4.26	34
S_7层	12.43	9.95	80	6.03	49	6.39	51

注：依据新疆油田分公司中心数据库数据资料编制。

截至2005年底，进行地层压力测试76井次，为油田选择合理生产制度、实施有效增产措施提供了依据。

二、产液剖面监测

产液剖面测试主要使用国产五参数测井系列，但该测试仪器要求油井产液量不低于1t/d，由于乌尔禾油田储层初期单井产能低，递减快，致使满足测试条件井点逐年减少。

截至2005年底，乌尔禾油田虽有偏心井口35个，实际满足产液剖面测试要求的井只有5口，开发4年来，只有35井次的产液剖面测试资料，给油田动态分析带来了难度。

三、吸水剖面监测

由于产液剖面测试难度大，资料少，所以作业区加大了吸水剖面的测试力度，每年每口注水井都有一个测试资料，测井技术主要采用同位素测井。

随着油田投注水井的不断增多，吸水剖面测试工作量不断加大，年平均增幅都在100%左右，截至2005年底，58口注水井共测试吸水剖面122井次，为油田注水动态分析提供了依据。

四、流体性质监测

油水常规物性分析是在常压下对地面原油、天然气、油田水化学性质的监测分析，乌尔禾油田主要流体性质监测为原油全分析、地层水全分析、氯离子测定。

截至 2005 年底，原油全分析共有 55 个测试井点，取得原油全分析资料 69 井次，地层水全分析 9 个测试井点测试 14 井次，氯离子监测 131 井点共进行测试 340 井次，这些资料的取得为认识油藏流体性质，分析注水动态提供了依据。

第三章

钻井与采油工程

第一节　开发钻井

乌尔禾背斜构造的钻探始于1956年。1958年1月，克拉玛依矿务局乌尔禾钻井大队3224钻井队（队长项文龙、技术员朱永祥）承钻的132井完钻试油在三叠系克下组获工业油流，发现乌尔禾油田。该油田克下组油藏、百口泉组油藏于1991年开始进行开发前期评价，1992年正式投入开发。乌尔禾油田钻井由于受到周围农田的影响，部分井为定向斜井和丛式平台井，在2003—2004年部署试验了5口$4^1/_2$in小井眼井。截至2005年底，乌尔禾油田共钻井339口，进尺50.29×10^4m，其中直井308口，进尺45.28×10^4m，丛式井平台10个，钻定向井31口，进尺5.01×10^4m。

一、空气雾化钻井

1988年，新疆石油管理局引进美国英格索兰公司全套空气钻井设备。1989年10月，在乌尔禾油田乌24井进行空气雾化钻井试验，即以压缩空气为循环介质的空气钻井和在空气中加入一定比例的防腐蚀液体、发泡剂、稳定剂等形成雾状流体作为循环介质的雾化钻井。空气雾化流体与各种钻井液相比，密度是最低的，它能有效地发现、评价和保护油气层，机械钻速比用液相钻井液钻井提高10倍左右，钻井成本大幅度下降。

二、丛式井

由于乌尔禾油田毗邻农七师137团和乌尔禾乡，油区和农田相交错，部分井采用定向井、丛式井开发，尽可能减少占用耕地，使油藏开发和环境保护实现了和谐发展。

定向井采用直—造（增）斜—稳斜三段制剖面，用悬链法设计。在直井段用防斜打直技术，至造斜点用弯接头和螺杆钻具造斜至5°～10°，换用转盘钻增斜和稳斜。

丛式井应用井身剖面三维空间轨迹设计方法，编制丛式井防碰扫描及待钻轨迹预测的计算机软件。选用增斜、稳斜、降斜钻具结构，使用有线随钻测斜系统，增强了轨迹控制能力，中靶率100%。

三、钻头

根据区块的地层岩石力学特性参数，合理地进行钻头选型和钻井参数优化。使得钻井速度有了较大的提高，平均钻机月速度达3986m/（台·月），平均机械钻速达14.96m/h，同时也减少了钻头用量和成本。2003年在此基础上考虑了钻头的性价比，将原先设计的ϕ216mmHJ437、HJ517型号的钻头组合改为ϕ216mmSH11R、SH22R、HJ437组合，在保证钻进速度的前提下，与2002年相比，单井节约钻头费用2.9万元。

四、钻井液

针对目标区块地层特性以及钻井过程中的实际情况，进行了钻井液体系优选。在低渗、低压区块采用低固相聚合物钻井液体系。此体系比聚合物混油钻井液每口井可节约 1.07 万元。对于定向井钻井则仍采用聚合物混油钻井液。总体上，现场钻井液技术满足了工程的需要，井身质量合格率达 99%，钻井电测一次通过率达到 90%。

为降低对油层的伤害，针对各区块油藏物性、孔喉特征以及储层的敏感性评价及分析数据，在油层段采取屏蔽暂堵技术。

五、小井眼钻井

为降低低效油田开发钻井成本，提高油田开发效益，开展了小井眼钻井技术研究、开发和应用。2003 年在乌尔禾油田共试验了两口 $4^1/_2$in 小井眼试验井，2004 年又钻了 3 口小井眼井。先后实施了小井眼钻井、测井、射孔和压裂（分别实现了小油管压裂和套管压裂两种工艺）、抽汲、抽油采油工艺，试验获得成功。试验井与常规井眼井的各项生产指标相比基本相当，每口井可节约投资约 14 万元，取得了较好的试验效果。

第二节　完　井

一、完井方式

根据开发方案，全部采用套管固井射孔方式完井。

二、井身结构

（一）常规井

表层套管：采用 ϕ311.2mm 钻头钻至 230m，下入 ϕ244.5mm 表层套管，水泥浆返至地面。

油层套管：ϕ215.9mm 钻头钻至设计井深，下入 ϕ139.7mm 油层套管，封隔住上部克上、克下及百口泉组地层，水泥浆返至克上组顶界以上 200m。

（二）小井眼井

表层套管：采用 ϕ215.9mm 钻头钻至 230m，下入 ϕ177.8mm 表层套管注水泥固井，水泥浆返至地面。

油层套管：采用 ϕ152.4mm 钻头钻至设计井深 1500m，下入 ϕ114.3mm 油层套管，水泥浆返至克上组顶界以上 200m。

三、固井技术

常规井固井采用 G 级水泥正常固井工艺，小井眼固井为防止施工过程中发生漏失，在水泥浆性能、套管下放速度、前置液性能、施工排量的选择等方面进行进一步优化，保证了固井质量。

四、射孔

采用 YD-89 弹射孔参数：60° 相位角，20 孔 /m，螺旋布孔。由于该油藏渗透率低，产能低，部分井将进行压裂改造，压裂液对孔眼的冲刷远大于负压射孔的效果，因此，射孔方式采用电缆传输近平衡射孔。射孔液采用无污染射孔液进行压井。

第三节　采　油

乌 5、乌 16 井区属于低产低能区块，油藏本身不具备自喷能力，举升工艺主要是立足于机械采油，选择有杆泵举升工艺，到 2005 年底共有油井 269 口，其中常规抽油井 249 口，套管抽捞井 18 口，气井 2 口。

一、常规抽油

最大下泵深度 1400m，接近或超过油层中部，具体下泵深度根据转抽时的产液大小由单井设计确定。

根据推荐下泵深度选用 CYJ8-3-37HY 型抽油机。随着乌尔禾油田东南部开发，油层埋深逐渐变浅，选用 CYJS6－3－26HY 型抽油机 36 台，采用该型抽油机后，每口井可节省固定资产投资 1.5 万元，电机额定功率从 18.5kW 减少到 15kW。

井内油管为 $2^7/_8$in 平式油管，抽油杆选择 D 级二级组合：ϕ22mm × 65%+ ϕ19mm × 35%。

根据油井实际产液能力，选用 ϕ38mm、ϕ44mm 管式泵。

为提高抽油系统效率，减少冲程损失，使用了油管锚。为改善抽油杆工作状况，安装了抽油杆扶正器、抽油杆防脱器。

乌尔禾油田抽油多数采用 ϕ38mm 管式泵，下泵深度位于油层中部或顶部，平均泵挂深度 1307m。抽油井一般采用冲程 3 m，冲次 4 min^{-1} 的工作制度，由于供液不足平均沉没度只有 85m，平均泵效 18.9%。平均单井日产液量 2.14t，日产油量 1.07t，吨液耗电 66kW · h，检泵周期 395 天。

二、其他方法

由于乌尔禾油田部分井远离生产区，没有电力线，不具备机抽条件的井采用移动抽吸车定期进行套管抽捞生产，抽捞井 18 口，每天抽吸捞油 15t 左右，是有效利用边缘零散井的一个途径。

第四节　注　水

为了补充地层能量，百口泉采油厂于 1993 年 10 月开始注水试验，9 口井全部采用笼统注水，到 1997 年由于注水泵运行不正常，对低效油田的注水重视不够，造成全面停注。

2002 年，由低效油田开发公司接管开发后，2003 年 6 月重新恢复注水，并进行滚动开发。到 2005 年 12 月共有注水井 58 口，其中合注井 21 口，一级两层地面分注 35 口，二级三层分注 2 口（1 口为偏心配水、1 口为液力投捞），日注水量 1112m^3。

一、注水水质

乌尔禾油田注水采用地面清水，注水水质可以满足《碎屑岩油藏注水水质推荐指标及分析方法》对水质的要求（表 3–1），克下组注水压力为 7 ~ 8MPa，克上组最高注水压力达到 17MPa。乌尔禾注水站采用 2 台 24m^3/h 的柱塞泵，泵压 15MPa，带一拖二变频控制，注克下组；1 台 49.5m^3/h 的柱塞泵，泵压 18MPa，注克上组。

二、分层注水

一级两层地面分注 35 口井都采用 Y211 封隔器，套管注上层，油管注下层，井口油、套管各连接 1

表 3-1　乌尔禾油田注水水质标准

标准分级		A2
控制指标	悬浮固体含量，mg/L	5
	含油量，mg/L	15
	平均腐蚀率，mm/a	0.076
	点腐蚀	试片表面有轻微点蚀
	硫酸盐还原菌，个 /mL	$\leqslant 10^2$
	腐生菌，个 /mL	$\leqslant 10^3$
	铁细菌，个 /mL	$\leqslant 10^3$
辅助指标	溶解氧，mg/L	≤ 0.5
	硫化物，mg/L	≤ 2.0
	悬浮固体颗粒直径，μm	≤ 3.0
	侵蚀性二氧化碳，mg/L	$-1.0 \leqslant c_{CO_2} \leqslant 1.0$

注：摘自新疆石油管理局企业标准《碎屑岩油藏注水水质推荐指标及分析方法》，1994 年。

块水表计量单层注水量。

液力投捞井分注三层，采用 2 个 Y341 封隔器和 3 个偏心配水器组合，通过车载绞车用钢丝打捞、调换水嘴控制单层吸水量。

空心配水是采油院开发的分注管柱，管柱结构（自下而上）：丝堵（可选）、筛管（可选）、密封插管、KCY453 封隔器、KYDT114×46 自调配水器（三层自调配水器与封隔器加工成一体）、油管扶正器、油管。打捞芯子采用液力冲出或钢丝打捞。

第五节　增产措施

乌尔禾油田储层物性差，属于低压、低孔、低渗的三低油藏，新井投产需要压裂，弥补老井产量递减也要采用水力压裂。

乌 5 井区克下组 W1128、W1131 井于 1992 年 9 月 29 日压裂投产，1992—1993 年乌 5 井区压裂投产 27 口井，采用 WOT-60 乳化压裂液，油管普压单井用液量 70 m^3，排量 2.0 ～ 2.4m^3/min，施工泵注压力 31 ～ 14MPa，每米油层加砂量 1.54 m^3，平均砂比 42.8%。百口泉组油藏压裂投产 10 口井，初期平均单井日产油 3.34t。克下组油藏压裂投产 17 口井，初期平均单井日产油 6.53t。

2002 年滚动开发中，三叠系克下组油层实施整体压裂 74 口井，采用了两种类型压裂液，即 DP-1 低聚合物压裂液和加入防膨剂的 YSBD-1 有机硼水基压裂液，支撑剂选用新疆砂。工艺上分别采用大排量、高砂比、欠顶替的方法。由于地层温度低，为达到低温压裂液快速破胶返排，减少对储层的二次污染和伤害，施工中采用追加部分破胶剂的方法进行处理，单井压裂平均日产油 6 ～ 9t（含老井），大部分井生产平稳，取得了较好的效果。

施工排量根据油层射开跨度、厚度的不同而不同，目的是用较高排量压开所有射孔井段，达到同时改造多段油层的目的。射孔孔数多的井排量控制在 3.0 ～ 3.5m^3/min，小的井控制在 2.5 ～ 3.0m^3/min，根据油井实际情况，采用普压或者分压，泵压 16.0 ～ 19.0MPa，施工中单井加砂量较高，一般砂量 25 m^3，最高砂比 40%，平均砂比约 32% 左右，单井最大加砂强度 3.2m^3/m。

第六节　化学调剖

在开展分层注水、动态调水的同时，为解决层间矛盾，提高注水波及系数，开展了化学调剖技术的研究与应用，与西南石油大学一同研制了弱凝胶调驱，在克下组 S_6 层实施 5 个井组。共计注入钠土 550 m^3，弱凝胶 13050 m^3。弱凝胶的增黏作用降低油水黏度比，改善水驱油的效果。

弱凝胶技术在国内外提高采收率技术研究和应用领域中已受到普遍关注。在低浓度的聚合物溶液中加入少量添加剂，形成的弱凝胶体系的分子尺寸和黏度都比相同浓度的聚合物大得多，因此具有很好的流体改向和流度控制作用，可用于水驱油藏的深度调剖与驱油。弱凝胶的性质介于凝胶和聚合物溶液之间，在较低的压力梯度下，弱凝胶不能流经孔隙较小的多孔介质；而在较高的压力梯度下，弱凝胶的分子结构发生变化，能够通过多孔介质。

实施效果，分两种情况：第一种，吸水指数明显下降，从五口调驱水井的吸水指数变化看，其中四口井平均下降了 0.68 m^3/（MPa · d），下降最大的是 DW223 井，该井调驱前吸水指数为 5.56m^3/（MPa · d），调驱后为 3.41m^3/（MPa · d）；第二种，液量上升但含水基本稳定，克下组 S_6 层产液水平已从 2005 年 1 月的 88t/d 上升到 2005 年 11 月的 115t/d，但含水基本稳定在 55% 左右，11 月产油水平为 51t/d，其中 DW224 井和 DW253 井效果最明显，产液、产油水平前者提高 10.18t/d 和 2.77t/d，后者提高 2.42t/d 和 1.34t/d。

第七节　油水井维护及修井

乌尔禾油田投入开发后，为了保证油井正常生产，技术人员先后开展了多项维护性管理措施的研究与应用。

一、油井维护

抽油井清防蜡先后采用了抽油井尼龙扶正刮蜡器、热化清熔蜡及油基化学清蜡技术。在转抽井作业时，直接将抽油杆尼龙扶正刮蜡器下入井内，利用抽油杆上下冲程的运动，带动活动的尼龙扶正刮蜡器进行清蜡。

乌尔禾油田开发初期，地层压力较高，抽油井采用热化学清蜡。但是由于油田注水滞后，地下亏空地层压力下降快，1 口井热洗用 35m^3 化清液大部分漏入地层，既影响了熔蜡效果又延长了排液时间。2004 年通过对比试验，研究使用了油基化学清蜡剂，利用有机溶剂从套管 40 ～ 60 天定期加入 400kg，通过抽油泵抽到油管内熔蜡，取得了很好的效果，尤其是地层漏失严重的井更有效。

乌尔禾油田有定向丛式井平台 10 个，定向井 31 口。定向井倾角在 15° ～ 20°，一般造斜点在 600m 左右，下泵深度在 1280m 左右，因此斜井段抽油的油管、抽油杆偏磨问题十分严重，为了使该问题得到有效解决，在平台定向斜井上配套使用了滚轮式抽油杆扶正器、尼龙环抽油杆扶正器、聚四氟乙烯扶正接箍等，有效地解决了抽油杆偏磨问题，延长了管杆的使用寿命。

二、修井

乌尔禾油田井下小修一般都是进行普通的检泵、维修作业，遇到的主要问题是蜡卡解卡、丛式平台井作业。

蜡卡解卡，地层漏失严重井在热洗清蜡中，由于溶解的蜡块不能及时排出，堆积管内造成抽油杆蜡卡。对蜡卡井作业，首先采用活动解卡，活动提升吨位不得超过抽油杆抗拉强度；如果活动解卡无效，则采用倒扣解卡，提出上部抽油杆，再灌入柴油等熔蜡剂浸泡解卡。此类作业井有 5 口，例如 W1128 井 2005 年 8 月份检泵，由于蜡卡倒扣提出抽油杆 28 根，三天内油管灌入柴油 200kg 浸泡融蜡，提出油管 23 根见抽油杆鱼顶，续提抽油杆活动解卡成功。

丛式平台井作业，在丛式平台井作业，由于井距较小（一般间距 8m），施工作业中管、杆摆放以及安全通道都会受到影响。为了保证作业队伍安全，在丛式平台井作业时都要求将两侧的抽油机停抽，将修井机正对井口摆放，其中一侧摆放油管和抽油杆，另一侧作为施工作业人员的安全通道。

第四章

地面生产系统

第一节　油气集输

一、建设概况

乌尔禾油田乌5井区1992年投入开发，在开发区建成了集油管网及计量配水站3座，其中1座为集中拉油站，1座注水站，采油、注水井场26个。2002—2003年，油田进入全面开发阶段，地面生产系统进行了二期工程建设，新建了2号转油站，转油规模为1000m³/d。设有200m³缓冲罐2座，转油泵2台，ϕ2000×6400油气分离器2台，ϕ1000×3200除油器1台，800kW水套加热炉2台；对1号集中拉油站进行了改扩建，新建了1000kW水套加热炉2台，ϕ2000×6400油气分离器2台，更换原油装车泵2台，利用站内原有2座500m³储油罐，装卸油能力增至1600m³/d；新建天然气增压站1座，规模为10×10⁴m³/d。该站形成了集拉油、注水、天然气增压站组合的乌尔禾联合站。集油区建成了54座集油管汇点和井场298个，集油管道40.85km及配套的供水、供电、通讯等系统。集输系统投产前的探井生产采用井场建高位罐，用油罐车拉油方式生产。地面生产系统设计单位为设计院，一期工程项目负责人杨东旭，二期工程项目负责人宋思，施工单位为油建公司。

二、油气集输流程

一期工程油气集输流程为井场加热单管进计量配水站至集中拉油站，原油用油罐车拉运至百联站处理的二级布站流程。二期工程采用井场不加热，单井油气进集油管汇点，汇集后的油气经集油管线盘管加热炉加热后输至转油站或集中拉油站。原油用油罐车拉至百口泉15×10⁴t/a稀油脱水站的三级布站流程。管汇点采用保温盒保温。设60m³高位油罐1座。集油管网建成前在管汇点拉油。管网建成后单井产液量用油罐计量。计量后的原油用油罐车拉走。其流程见图4−1。

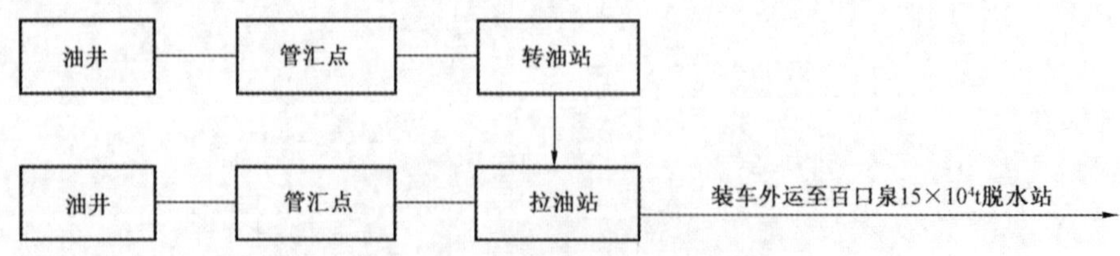

图4−1　二期工程油气采输流程框图
（新疆油田分公司勘探开发研究院编制）

三、天然气处理

2004年，建成10×10⁴m³/d简易天然气增压脱水站1座。主要功能是增压和对天然气进行浅度脱水、脱烃和降低天然气露点。主要设备有除油器 2 座，压缩机 3 台，换热器 3 台，分离器 3 座，空冷器 2 台。其中除油器、空冷器和 2 台压缩机为油田闲置设备，修复后使用。其工艺流程分夏季和冬季两种生产方式。由于夏季气温高，输气管道不会产生冻堵，且夏—百输气管道输送的天然气为简单处理的湿气，因此夏季天然气处理只采用增压、冷却、分离、计量后外输的流程。其流程见图 4–2。

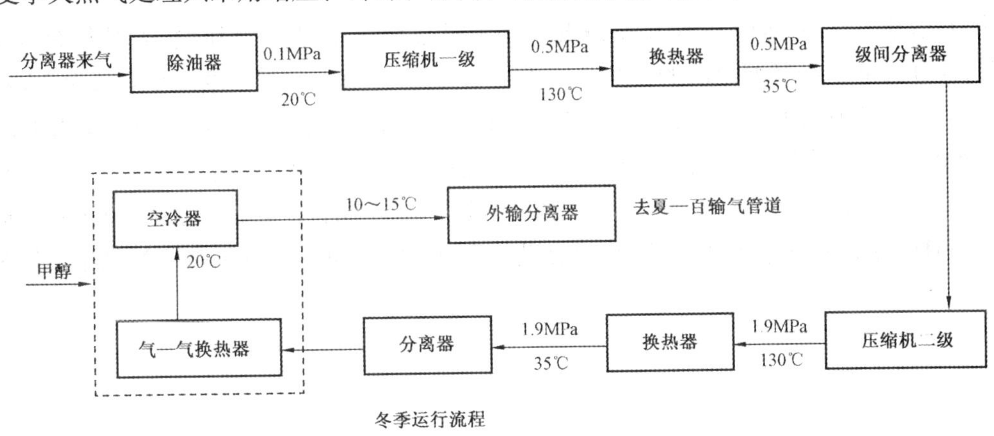

图 4–2 天然气增压站生产流程框图
（新疆油田分公司勘探开发研究院编制）

第二节 注水系统

一、注水站

1993 年 9 月，注水站建成投产。主要设备有 5ZB-12/30 柱塞泵 2 台，300m³ 的注水罐 2 座，设计注水能力 537m³/d。系统设计压力 16MPa，满足乌 5 井区 9 口注水井的注水需求。

2002—2003 年，油田投入全面开发，因注水井的增多，已建注水站注水能力不能满足地质配注要求，2003 年在已建注水泵房内更换了 2 台柱塞泵，排量为 25m³/h，额定压力 16MPa，使注水能力提高到 1200m³/d，2004 年，根据注水能力需求，又新建 1 台 5S175–49.7/17.8–T 柱塞泵，注水能力最终达到 2400m³/d。

二、注水管网

一期工程采用单干管多井配水间流程。配水间与采油计量间合建成计量配水站。单井配水用 DN25 高压水表计量，洗井用 DN50 高压水表计量。共设 3 座配水间，8 个注水井场。为减少工程投资，降低生产成本，二期工程采用单干管多井注水管汇点，注水量在井口计量的注水流程。注水井口及管汇点的注水管汇采用保温盒保温。油区建注水管汇点 9 个，管辖注水井 58 口。

第三节 地面配套系统

一、供水

乌尔禾油田供水水源为油区内的地下水。1992 年油田开发初期在注水站附近建设水源井 1 口，2002—2003 年投入规模开发后，又钻水源井 1 口。

2005 年，为适应乌尔禾油田注水和前线生活公寓供水的需要，在公寓附近又钻水源井 1 口，供水总能力为 3880m³/d。水源井至注水站敷设集水管线，水进入注水站 300m³ 的注水罐内。

二、供电

1993 年为适应乌尔禾油田注水开发需要，在 1 号集中拉油站附近建设 35kV 简易变电所 1 座，35kV 电源引自百口泉 110kV 变电所的百黄线，线路全长 28.19km。该简易变主变容量为 2.5MV · A，有 4 条出线。其中，1 条为乌尔禾油区供电，1 条为乌尔禾镇供电，1 条为 137 团供电，备用 1 条出线。

2002—2003 年，随着开发深入，已建变电所容量满足不了新增产能建设需要，于 2003 年 5 月建设 35kV 乌五 2# 简易变并投产，电源引自百口泉 110kV 变电所的百乌线，线路长 26km。该简易变主变容量为 3.15MV · A，有 5 条出线。其中，2 条为乌尔禾油区供电，2 条为乌联站供电，1 条电容补偿出线。

附　录

附录一　附　图

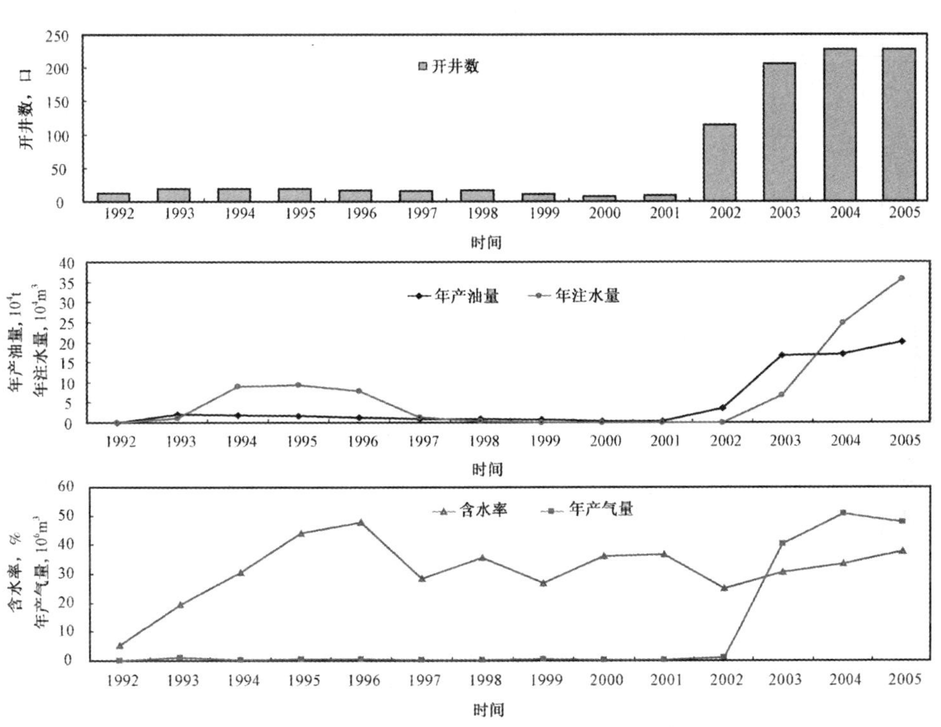

附图 1　乌尔禾油田开采综合曲线图

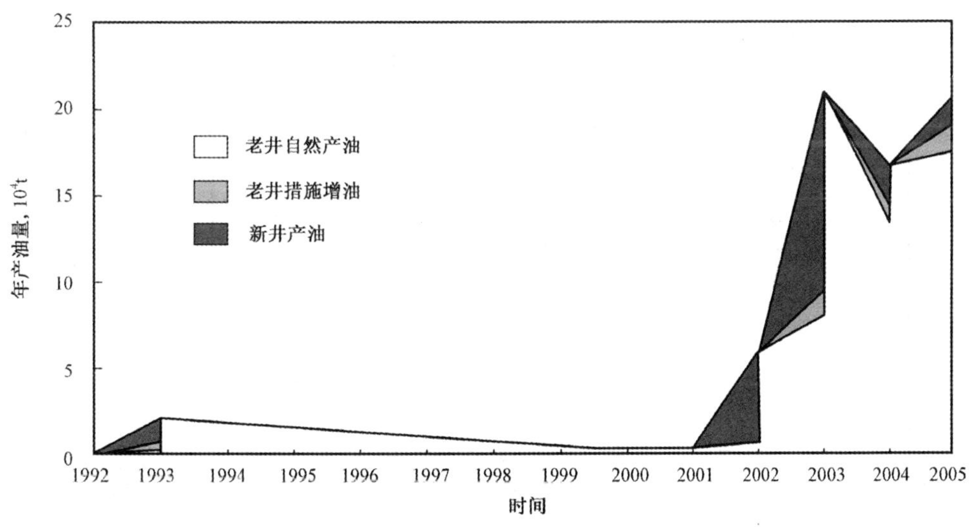

附图 2　乌尔禾油田产量构成曲线图

附录二 附 表

附表 1 乌尔禾油田综合地质参数表

区块	开发单元	开发层系	油藏埋深 m	有效厚度 m	渗透率 mD	孔隙度 %	原始地层压力 MPa	原始含油饱和度 %	地层油黏度 mPa·s	气油比 m^3/t	原油密度 g/cm^3
乌 5 井区块	乌 5 井区	T_2k_2	1438	7.2 ~ 8.1	5.8	16.5	14.15	51 ~ 52	9.74	39	0.8545
	乌 5 井区	T_2k_1	1341	6.3 ~ 11.1	5.9	15.0	13.50	60 ~ 64	10.11	23	0.8670
	乌 5 井区	T_1b	1598	3.9	4.7	11.7	14.81	60	5.57	53	0.8645
乌 16 井区块	乌 16 井区	T_2k_2	1459	3.1	5.8	16.5	14.32	63	11.20	47	0.8788
乌 33 井区块	乌 33 井区	T_2k_1	1110	7.7	4.4	17.8	11.60	63	—	—	0.8790

注：依据新疆油田分公司中心数据库数据资料编制。

附表 2 乌尔禾油田历年开发综合数据表

时间	开发储量 10^4t	可采储量 10^4t	采油井		核实产油量			核实产液量			产气量		含水率 %	采油速度 %	注水井		注水量			注采比		气油比 m^3/t	采出程度 %
			总井数 口	开井数 口	日 t	年 10^4t	累计 10^4t	日 t	年 10^4t	累计 10^4t	年 10^4m^3	累计 10^4m^3			总井数 口	开井数 口	日 m^3	年 10^4m^3	累计 10^4m^3	月	累计		
1992	127	25.4	12	12	11	0.0853	0.0853	12	0.0922	0.0922	0.8	0.8	5.4	0	0	0	0	0	0	0	0	11	0
1993	127	11.0	19	19	70	2.0281	2.1134	86	2.3947	2.4869	52.5	53.3	19.3	1.60	8	8	184	1.1419	1.1419	1.50	0.36	57	1.66
1994	127	11.0	19	19	73	1.8787	3.9921	104	2.4607	4.9476	76.0	129.3	29.7	1.48	9	9	187	9.0117	10.1536	1.62	1.56	20	3.14
1995	127	11.0	19	19	36	1.7761	5.7682	64	2.8196	7.7672	74.7	204.0	44.2	1.40	9	9	277	9.3582	19.5118	2.14	1.81	37	4.54
1996	127	11.0	19	17	27	1.3288	7.0970	51	2.6040	10.3712	62.6	266.6	47.0	0.78	9	8	202	7.8322	27.3440	2.60	1.86	34	5.59
1997	127	11.0	19	16	23	0.9696	8.0666	32	1.7114	12.0826	38.6	305.2	27.7	0.76	9	0	0	1.2390	28.5830	0	1.64	19	6.35
1998	127	11.0	19	17	23	0.9990	9.0656	36	1.5287	13.6113	36.5	341.7	35.1	0.79	9	0	0	0.3510	28.9340	0	1.47	34	7.14

续表

时间	开发储量 10^4t	可采储量 10^4t	采油井		核实产油量			核实产液量			产气量		含水率 %	采油速度 %	注水井		注水量			注采比		气油比 m^3/t	采出程度 %
			总井数 口	开井数 口	日 t	年 10^4t	累计 10^4t	日 t	年 10^4t	累计 10^4t	年 10^4m^3	累计 10^4m^3			总井数 口	开井数 口	日 m^3	年 10^4m^3	累计 10^4m^3	月	累计		
1999	127	11.0	19	11	18	0.7067	9.7723	26	1.0693	14.6806	37.6	379.3	27.2	0.56	9	0	0	0	28.9340	0	1.37	81	7.69
2000	127	11.0	19	8	12	0.4136	10.1859	19	0.6465	15.3271	39.1	418.4	35.4	0.33	9	0	0	0	28.9340	0	1.30	73	8.02
2001	127	13.3	19	9	11	0.4177	10.6036	17	0.6593	15.9864	34.0	452.4	36.7	0.33	9	0	0	0	28.9340	0	1.25	41	8.35
2002	127	13.3	121	114	386	3.6360	14.2396	514	4.9840	20.9704	134.3	586.7	24.7	2.86	9	0	0	0	28.9340	0	0.98	31	11.21
2003	127	13.3	209	206	464	16.6621	30.9017	636	21.7973	42.7677	1610.1	2196.8	26.5	13.12	26	26	485	6.7167	35.6507	0.33	0.59	268	24.33
2004	1190	231.3	232	227	0	17.0161	47.9178	0	26.3574	69.1251	4701.1	6897.9	34.7	1.43	46	44	789	24.7675	60.4182	0.52	0.53	297	4.02
2005	1190	231.3	238	227	12	20.0806	67.9984	20	33.2636	102.3887	4349.9	11247.8	39.7	1.69	51	51	1028	35.5924	96.0106	26.51	0.56	234	5.71

注：依据新疆油田分公司中心数据库每年12月份的开发数据编制，2009年10月。

附录三 人物名录

百口泉采油厂采油8队（1998年10月更名为采油10队）

采油队长：

刘步方（1992年8月—1993年10月）

金　斌（1993年10月—1998年10月）

吴会成（1998年10月—2001年6月）

指导员：

刘步方（1992年8月—1993年9月）

张志明（1993年10月—2001年6月）

地质员：

陈建权（1992年11月—1994年6月）

陈红玲（1994年6月—1996年8月）

土克林（1996年8月—2001年6月）

技术员：

李祖民（1992年8月—1995年8月）

谢文波（1995年8月—1997年6月）

程松林（1997年6月—2001年6月）

新疆石油管理局低效油田开发研究小组（低效油田开发公司）

组　长：

文明康（2001年12月—2005年12月）

井下作业公司低效油田项目部（井下作业公司采油项目经理部）

党委书记：

庞德新（2003年2月—2005年9月）

经　理：

李建军（2002年2月—2003年2月）

庞德新（2003年2月—2005年9月）

新疆石油管理局合作开发采油作业区

党委书记：

马国安（2005年9月—2005年12月）

经　理：

庞德新（2005年9月—2005年12月）

副总地质师：

张　元（2005年9月—2005年12月）

附录四 获奖项目

项目名称	获奖等级	获奖时间	项目完成者
聚合物压裂液技术研究及应用	新疆维吾尔自治区科学技术进步二等奖	2004年	李曙光、高成武、文明康、黄高传、庞德新、张天翔、王玉斌、丁克保、李彦林

附录五 征引文献

文献名	作者	出版时间	出版社
《百口泉采油厂厂志》	《百口泉采油厂厂志》编纂委员会	1999年	新疆人民出版社

编纂始末

2007 年 3 月，新疆油田公司勘探开发研究院在接到新疆油田分公司关于编纂《乌尔禾油田志》的任务通知后，院领导高度重视，立即成立了以院长况军为主任的《乌尔禾油田志》编纂委员会，联合风城作业区，组织了地质、工艺、地面等部门技术人员，以研究院副院长钱根宝为编纂组组长，参与志书的编纂工作，明确了职责和时限。

编纂初期，通过学习、领会《中国油气田开发志》总编纂委员会的编纂思路和要求，参考《大民屯油田志》、《百口泉油田志》等范本，掌握了志书编纂的基本方法。2008 年 10 月，完成了《乌尔禾油田志》的初稿。根据专家组审查意见，对编纂模式进行了调整，即从技术报告模式转变为以写事为主，力求真实再现气田勘探开发的历史。2009 年 6 月，完成了《乌尔禾油田志》第二稿，经专家组的审查认为，编纂方式仍具有专业技术报告的特点，与志书的编纂有一定的差距。2009 年 10 月，完成了《乌尔禾油田志》的第三稿修改工作，经审查认为：《乌尔禾油田志》第三稿的基本框架已经成型，编纂内容符合要求，个别数据需进一步核实、修改。根据专家组的意见，按照《中国油气田开发志》油气田篇的要求，经过再次修改之后，至 2009 年 12 月，完成了《乌尔禾油田志》的编纂工作。

在编纂过程中，编纂人员克服了由于兼职工作，编纂时间难以保证，没有志书编纂经验等一系列的困难，边学边干，加班加点，保证了志书编纂的顺利完成。由于编纂水平和时间限制，难免存在疏漏，敬请读者、专家给予指正。

《乌尔禾油田志》编纂组

2009年12月

编号：07–013

车排子油田志

《车排子油田志》编纂组　编

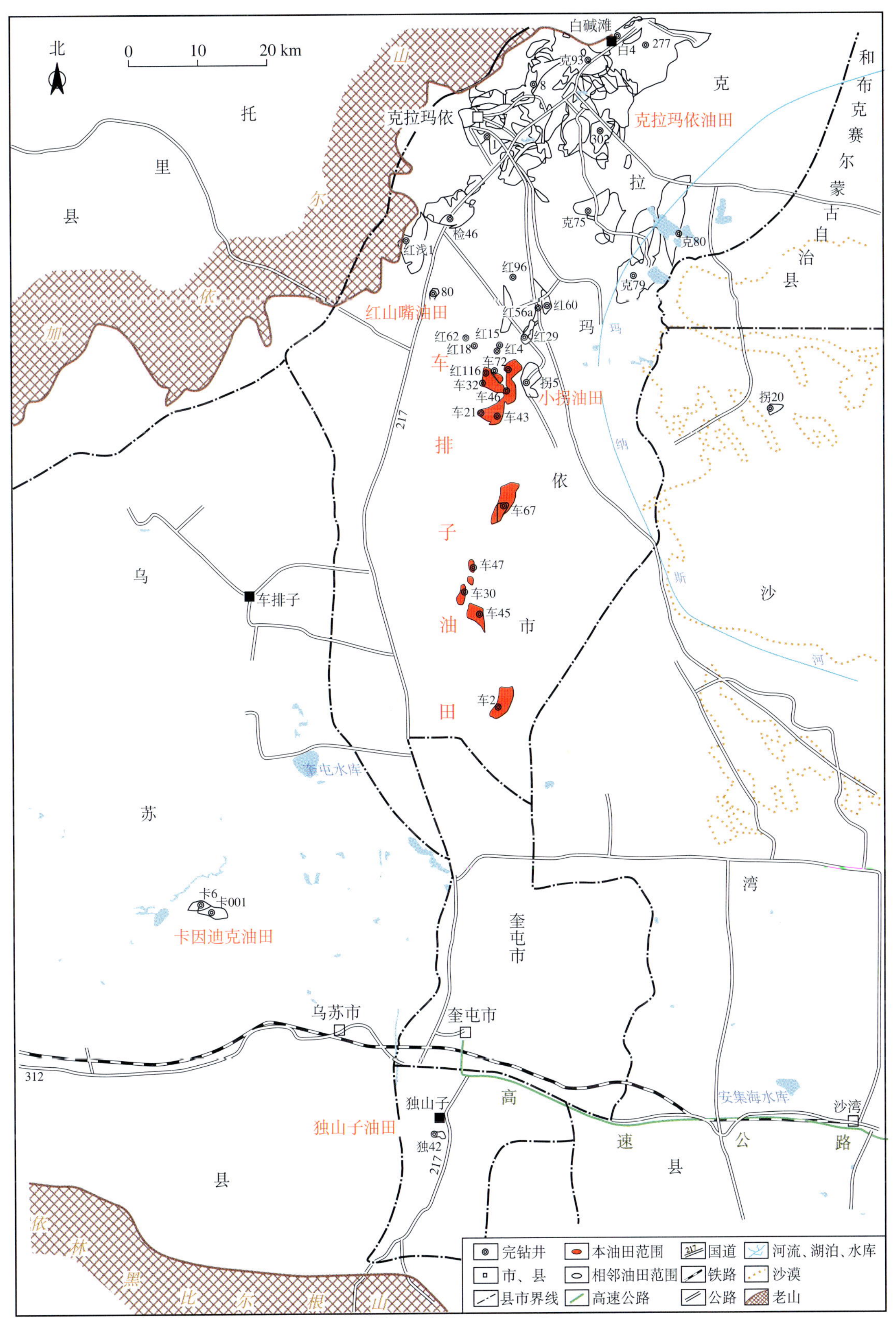

车排子油田地理位置图

（新疆油田分公司勘探开发研究院编制）

北
0 2 4 6 8 km
含油气面积
车27 探井
T底部构造等值线，m
逆断层
正断层
T尖灭线
红49
红18
红4
车9
车17
车72
车116
车32
车202
车46
拐6
拐5
拐001
车21
车43
车502
车67
车501
车26
车47
车50
车30
车64
车45
车002
车60
车3
车55
车2
车27
车59
车56
车17
车10
车80
车57
车18
红2井东断裂
小拐断裂

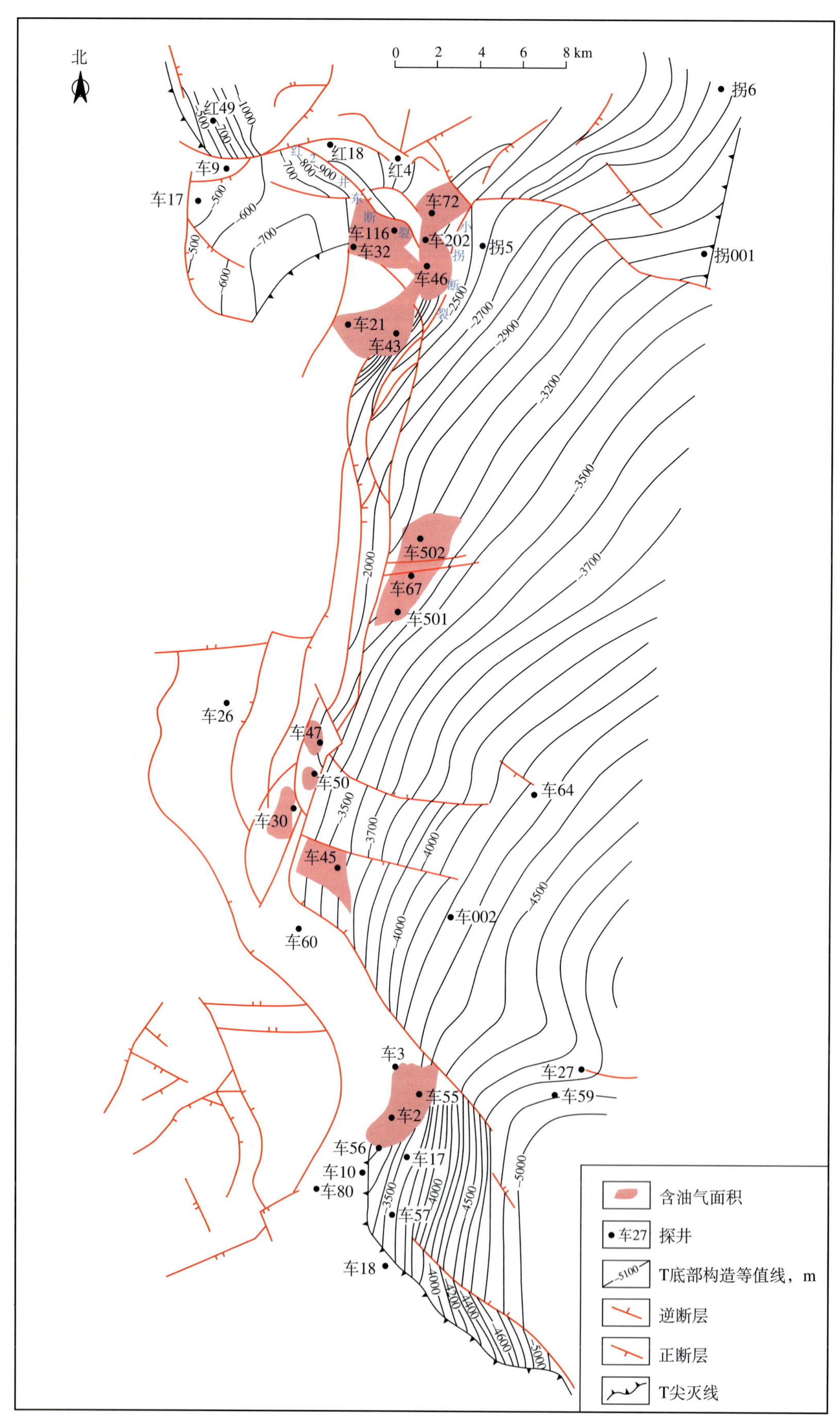

车排子油田构造井位图

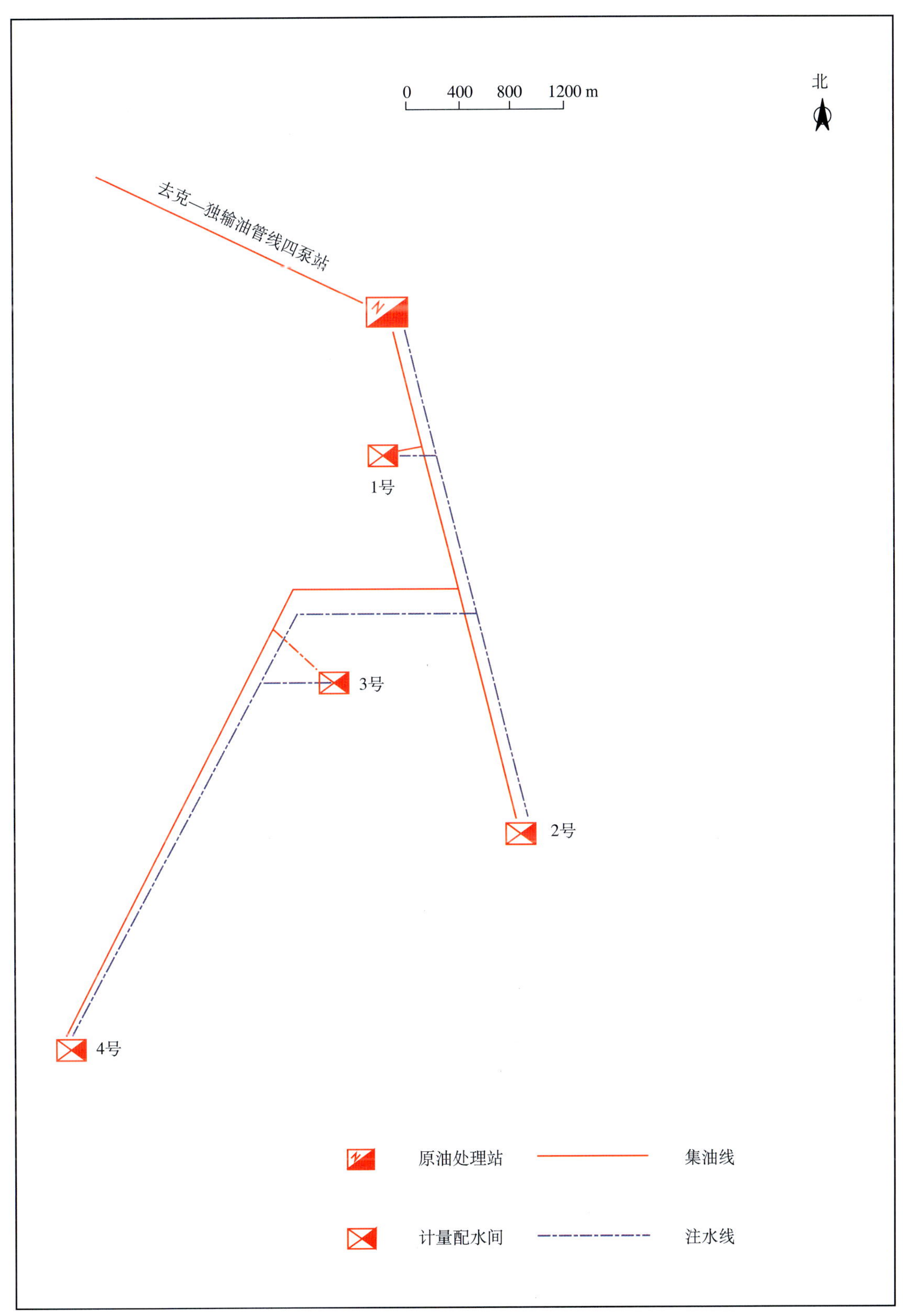

车排子油田地面生产系统示意图

《车排子油田志》编纂委员会

主　任：关泉生
副主任：谈继强　胡学雷
成　员：李拥军　杨志冬　梁爱国

《车排子油田志》编纂组

组　长：谈继强
成　员：王波生　史建英　张宗琴　王建国　胡　勇

本志目录

概 述

车排子油田是准噶尔盆地西北缘南端的油田，1984 年发现，1992 年投入开发，由中国石油新疆油田分公司采油一厂车排子作业区管理。

一

车排子油田位于古尔班通古特沙漠西缘克拉玛依市境内，北距克拉玛依市区约 40km，因邻近乌苏市车排子镇而得名。油田北邻红山嘴油田，东靠小拐油田。地势较平坦，平均地面海拔 285m 左右。部分地表为未固定—半固定沙丘，大部分为戈壁荒滩，有胡杨、红柳、梭梭、芨芨草等荒漠植被，少部分为农牧区。201 省道沿油田东侧通过，217 国道从油田西部穿过，有油田公路和简易公路与其连接，交通便利。

车排子油田属典型性大陆型气候，冬夏长，春秋短，昼夜温差大，光照充足。春、秋季多风，时有风害发生。冬季寒冷漫长，极端最低气温 −42.3℃，夏季炎热，极端最高气温 42.1℃。年平均降水量 161.5mm, 冬季积雪厚度平均 20cm。年蒸发量平均 1785mm，相对湿度低。浅井钻至 300 ～ 410m 可采工业用水。

二

车排子油田在构造上属于准噶尔盆地西部隆起的红—车断裂带中南段和车排子凸起东部以及沙湾凹陷西北斜坡上。红—车断裂带长约 70km，总体呈反“S”形，为近南北向的隐伏断裂，与小拐东断裂、小拐断裂、车 5 井西断裂、车 47 井南断裂等分支断裂相交，派生出许多小断裂，形成一系列断裂控制的油气藏。

车排子油田钻揭的地层自上而下有：第四系西域组，新近系独山子组、塔西河组、沙湾组，古近系安集海河组、紫泥泉子组，白垩系东沟组、吐谷鲁群，侏罗系齐古组、头屯河组、西山窑组、三工河组、八道湾组，三叠系白碱滩组、克拉玛依组，二叠系乌尔禾组、夏子街组、佳木河组和石炭系。已发现的含油层系有新近系沙湾组，白垩系，侏罗系齐古组、西山窑组和八道湾组，三叠系克拉玛依组，二叠系夏子街组、佳木河组和石炭系共九套含油层系。已探明的石油、天然气储量主要分布在石炭系，二叠系佳木河组，侏罗系齐古组、八道湾组。其中侏罗系齐古组是主力生产层系。

车排子油田主要发育两大类储层：双重介质储层和孔隙性储层。双重介质储层主要发育在二叠系夏子街组、佳木河组和石炭系中，岩性主要为火山角砾岩、安山岩、玄武岩、凝灰岩、火山碎屑岩等，属低渗透、非均质性强储层。孔隙性储层主要发育在三叠系克下组、侏罗系齐古组、西山窑组和八道湾组、白垩系、新近系沙湾组中，岩性从粉砂岩到砂砾岩，多呈正韵律或反韵律分布，属中—低孔隙度、低渗透储层。

车排子油田已发现的油气藏均为未饱和油气藏，各含油气层系均为正常压力系统，压力系数为

1.00 ～ 1.32。由于断层的分割，全油田无统一的油水界面，边水能量较小。油藏属于常规稀油油藏，地面原油密度在 0.795 ～ 0.879g/cm³ 之间，地面原油黏度在 0.81 ～ 31.90mPa · s 之间。气藏为含有凝析油的一般湿气藏，均为正常的压力和温度系统，为具有不活跃的边底水，地面天然气相对密度 0.613 ～ 0.687，凝析油地面原油密度为 0.780 ～ 0.823g/cm³。

三

1952 年开始，中苏石油股份公司组织磁力队、重力队、电法队、地震队在车排子地区做勘探工作。1956—1958 年新疆石油管理局地质调查处（以下简称地调处）在车排子地区钻地质浅井 22 口，有 11 口井在第三系、石炭系见到油气显示。1958 年 6 月 25 日新疆石油管理局独山子矿务局（以下简称独山子矿务局）在车排子地区钻第一口参数井户 1 井，1958 年 9 月 4 日因井壁坍塌工程报废，完钻井深 1331.1m。同年 9 月 3 日，其更新井户 1a 井开钻，1959 年 2 月 1 日因工程事故完钻，完钻井深 2690.36m。1959—1968 年，以三叠系为目的层所钻的红 1 井、红 2 井、车 4 井等井见到油气显示，但未获得工业油气流。

20 世纪 70 年代末，准噶尔盆地西北缘进行大规模二维地震勘探，初步建立起红—车断裂带—车排子凸起复杂构造模式，并在利用二维解释发现的构造圈闭上相继钻探了车浅 1 井等探井。1984 年 3 月 6 日，由新疆石油管理局钻井处（以下简称钻井处）32946 队承钻的红 116 井在石炭系 1197 ～ 1207m 井段试油，3mm 油嘴获日产 13.6t 的工业油流（该井原为红山嘴油田三叠系克拉玛依组的开发评价井，加深钻探到石炭系，后经研究确认该井段钻到了红 2 井东断裂上盘车排子油田区域内）。同年 4 月 8 日，钻井处 32949 队承钻的车 21 井在石炭系 1537 ～ 1577m 井段试油，3mm 油嘴获得了日产 3.45t 的工业油流，发现了车排子油田。

1985 年 11 月 8 日，在车 2 井侏罗系齐古组 3177 ～ 3184m 井段试油，5mm 油嘴试油获得日产 53t 高产工业油气流，发现了车 2 井区齐古组油藏。

1986 年 3 月，在车 47 井二叠系佳木河组 2864 ～ 2877m 井段试油，经压裂获日产 8.62t 的工业油流，1987 年 11 月在车 30 井二叠系佳木河组 2286.6 ～ 2292.6m 井段试油，获日产 $13.05 \times 10^4 m^3$ 的工业气流，发现了佳木河组油气藏。1991 年 3 月开始，相继在车 38 井区、车 47 井区、车 27 井区、车 77 井区部署三维地震，根据新的三维地震资料，经钻井先后发现车 43 井区、车 46 井区、车 72 井区佳木河组油藏、车 45 井区八道湾组气藏、车 67 井区八道湾组、夏子街组油藏。

2003 年 9 月，车 202 井上返克下组 S_7^5 层 1877 ～ 1890m 井段试油，经压裂后获 4.5mm 油嘴日产油 9.1t 的工业油流，发现了车 202 井区克下组油藏。

到 2005 年底，车排子油田累计探明红 116 井区、车 21 井区、车 32 井区石炭系、车 2 井区齐古组、车 47 井区、车 72 井区、车 43 井区、车 46 井区佳木河组等 10 个层块的油藏，车 45 井区、车 30 井区两个层块的气藏。探明含油面积 49.1km²，石油地质储量 $3643 \times 10^4 t$，可采储量 $821.8 \times 10^4 t$；探明含气面积 15.5km²，地质储量 $56.13 \times 10^8 m^3$，可采储量 $30.08 \times 10^8 m^3$。

四

1984 年，第一口探井出油后即开始试采。1991 年，试油试采井增加到 8 口，日产油 83t，综合气油比 154m³/t，累计产油 $10.66 \times 10^4 t$。

1992 年，红 116 井区石炭系油藏投入开发，采用 300m 井距、四点法面积注水井网，设计井数 8 口

（利用老井 1 口），其中采油井 6 口，注水井 2 口。1992 年实际完钻 5 口井，由于属于火山岩裂缝油藏，开发风险较大，余井不再实施，到 1992 年底，日产油水平 29.2t。

1991 年 11 月，编制《车 2 井区齐古组油藏开发布井方案》，设计总井数 25 口（利用老井 5 口），其中注水井 8 口，油井 17 口，另布开发预备井 2 口。1992 年先期实施了 CH2004 试验井组，共完钻 5 口井。根据开发试验取得的资料，1993 年 12 月编制《车 2 井区齐古组油藏开发布井补充意见》，设计井数 7 口（利用老井 1 口），连同第一次共部署开发井 32 口（其中利用老井 6 口，新井 26 口），预备井 2 口，设计产能 7.92×10^4t。到 1995 年底全部实施完毕，累计完钻新井 26 口，区块日产油 358t，当年产油 13.84×10^4t。

截至 1995 年底，全油田共有采油井 37 口，开井 31 口，日产油水平 376t，当年产油 14.68×10^4t，采油速度 3.39%，采出程度 9.78%，可采采出程度 35.88%。

1996 年，车 47 井区佳木河组油藏投入开发，采用 350m ×（500 ～ 600）m 井距斜反九点面积注水井网整体部署开发井 42 口（利用老井 2 口），其中采油井 33 口，注水井 9 口，设计产能 13.07×10^4t。由于属于裂缝—孔隙双重介质油藏，开发难度大，到 1997 年底，实际完钻井 16 口，余井不再实施，日产油水平 101t，年产油 2.32×10^4t。

车 2 井区齐古组油藏从 1995 年到 1998 年历经 4 次滚动扩边，实际完钻新井 18 口，建成产能 2.52×10^4t。由于车 47 井区、车 2 井区的滚动开发，使车排子油田 1996 年产油量达到最高峰（14.90×10^4t）。到 1999 年累计产油 96.26×10^4t，采油速度 1.64%，采出程度 13.58%，可采采出程度 60.39%。

2000 年，车 67 井区八道湾组油藏投入滚动开发，采用 960m × 480m × 180m 矩形井网部署开发井 18 口（利用老井 2 口），其中采油井 14 口，注水井 4 口，设计产能 4.62×10^4t，截至 2001 年 2 月，完钻新井 12 口，正常生产井 11 口，全区日产油 39.3t，平均单井日产油 3.6t，累计产油 1.38×10^4t，综合含水 43%。

车 21 井区、车 32 井区石炭系油藏为新疆油田公司与新疆石油管理局合作开发，由新疆石油管理局低效油田开发公司负责生产管理。2004 年编制了开发方案，采用 350m 井距七点法面积井网衰竭式开发，共布井 96 口，逐年滚动开发。依据开发方案 2004 年到 2005 年完钻投产新井 31 口，平均单井日产油 2.9t，基本达到方案设计产能 3t/d。截至 2005 年底，车 21 井区共有采油井 33 口，开井 32 口。当年产原油 1.49×10^4t，累计生产原油 2.64×10^4t。

2005 年，车 2 井区齐古组油藏部署滚动扩边井、更新井 7 口，实际完钻 6 口，新建产能 0.75×10^4t，新井日产油 36.3t。2005 年，车 202 井区克下组油藏投入滚动开发，采用 250m × 350m 井距反九点法面积注水井网部署开发井 10 口（利用老井 2 口），其中采油井 7 口，注水井 3 口。实际完钻投产新井 5 口，初期平均单井日产油 23.2t，综合含水 15%，截至 2005 年底，全区日产油水平 15t，累计产油 3798t。

2000 年以后，新投入开发了车 21 井区石炭系油藏、车 67 井区八道湾组油藏、车 2 井区齐古组油藏扩边和车 202 井区克下组油藏，但由于增加的产量远低于主力油藏车 2 井区齐古组产量递减，到 2005 年，日产油水平由 318t 降到 213t，采油速度由 0.93% 降到 0.83%，综合含水由 38.3% 上升到 57.5%。

至 2005 年底，车排子油田先后投入开发了红 116 井区石炭系、车 2 井区齐古组、车 47 井区佳木河组、车 67 井区八道湾组、车 21 井区石炭系、车 202 井区克下组（该层块当年未申报探明石油地质储量）六个层块的油藏，累计动用地质储量 1093×10^4t，投产生产井 116 口，开井 86 口，日产油水平 213t，2005 年产油 9.09×10^4t，累计产油 152.82×10^4t，综合含水 57.5%，年采油速度 0.83%，采出程度 13.98%，可采采出程度 60.19%。注水井总数 15 口，开井数 13 口，日注水 354m^3，累计注水 $101.60\times10^4m^3$，累计注采比 0.36。

五

车排子油田主体位于红—车断裂带和沙湾凹陷西斜坡，油气藏类型多，油藏控制因素复杂，对油藏的认识不可能一次完成。在油藏开发过程中，坚持滚动开发，加强跟踪研究，随时调整开发部署，减少空井造成的浪费，提高了油藏开发的效益。

针对车 2 井区齐古组油藏强水敏、低渗透特性，经过技术攻关，在油田的勘探开发中形成了一些特色技术，如新井投产全过程中的油层保护工艺和负压射孔的技术，以及低渗油藏的防膨注水开发等适用技术，提升了油藏开发的水平，积累了开发此类油藏的经验。

大事记

1952 年

是年　中苏石油股份公司组织磁力队、重力队、电法队、地震队在车排子地区开始地质调查工作，确认了车排子高地的存在，并发现车排子地区存在断裂。

1956 年

是年　地调处在车排子地区开始钻地质浅井，到 1958 年钻井 22 口，11 口井见到油气显示。

1958 年

6 月 25 日　独山子矿务局开钻车排子地区第一口参数井户 1 井，9 月 4 日因井壁坍塌工程报废，完钻井深 1331.1m。

9 月 3 日　独山子矿务局在户 1 井附近开钻更新井户 1a 井，于 1959 年 2 月 1 日因工程事故完钻，完钻井深 2690.36m，见到油气显示，但未获得工业油流。

1959 年

是年　新疆石油管理局开始在车排子区域钻以三叠系地层为目的层的探井，到 1968 年所钻的车 4 井、红 2 井、红 1 井等井虽见到油气显示，但未获得工业油流。

1984 年

3 月 6 日　钻井处 32946 队承钻的红 116 井，是三叠系克拉玛依组的开发评价井，加深到石炭系，在石炭系 1197 ~ 1207m 井段，3.0mm 油嘴试油获 13.6t/d 工业性油流。

4 月 8 日　钻井处 32949 队承钻的车 21 井在石炭系 1537 ~ 1577m 井段，3.0mm 油嘴试油获 3.45t/d 工业油流。红 116 井、车 21 井的相继出油，标志着车排子油田的发现。

1985 年

1 月　新疆石油管理局采油一厂（以下简称采油一厂）采油八队开始管理车排子油田。

4 月　新疆石油管理局勘探开发研究院（以下简称勘探开发研究院）油区勘探室孟继荣等人编制了《车排子油田车 21 井区石炭系油藏储量计算报告》，共探明含油面积 17.6km^2，探明（Ⅲ类）地质储量 1193×10^4t。

11 月 8 日　车排子油田车 2 井在侏罗系齐古组 3177 ~ 3184m 井段，5mm 油嘴试油获得日产 53t 的工业油流，发现了车 2 井区齐古组油藏。

1986 年

3 月　车排子油田车 47 井射开井段 2864 ~ 2877m 井段，3mm 油嘴试油获 8.62t/d 工业油流，从而发现车 47 井断块二叠系佳木河组火山岩油藏。

1987 年

11 月　车 30 井在二叠系佳木河组 2286.6 ~ 2292.6m 井段试油获 13.05×10^4m^3/d 工业气流。

1991 年

是年　勘探开发研究院编制了车排子油田第一个开发方案《红 116 井区石炭系开发布井意见》，共布井 8 口，后实际完钻 5 口，投产 5 口，单井平均日产油 7.3t，区日产油 29.2t。

1992 年

是年　勘探开发研究院技术经济规划室单守会、谢义林与采油一厂油田研究所熊朝东、刘启华共同编制的《车 2 井区齐古组油藏开发布井方案》开始实施，共布井 25 口，当年完钻 5 口试验井组，并投入试验开发，单井日产油在 11.4t ～ 36.3t，平均日产油 24.9t。

1993 年

12 月　车排子油田由地方电网供电。

1994 年

3 月　采油一厂稀油作业区车排子采油区队成立，负责管理车排子油田。

4 月　车排子油田车 2 井区齐古组油藏注水试验井组（CH2004 井组）开始投入试验。

1995 年

10 月　由新疆石油管理局油田建设工程公司（以下简称油建公司）承建的车 2 井区原油集中处理站建成，处理规模 15×10^4t/a，原油不再拉至采油一厂稀油处理站。

1996 年

4 月　车排子油田车 47 断块、车 30 断块二叠系佳木河组油藏、气藏申报并批准探明石油地质储量 784×10^4t、天然气地质储量 $35.96 \times 10^8 m^3$。

5 月　车排子油田车 47 井区佳木河组油藏投入开发，部署开发井 42 口，当年完钻 12 口，投产 9 口，3 口井达到设计产能。

7 月　车排子油田车 45 井射开侏罗系八道湾组 3063 ～ 3080m 井段试油，获日产天然气 10149m³，发现了车 45 井区八道湾组气藏。

10 月　车排子油田车 46 井在二叠系佳木河组 2623 ～ 2636m 井段试油，获 4mm 油嘴 8.9t/d 的工业油流。

12 月　车排子油田日产油水平 427t，当年产油 14.90×10^4t，为油田年产油最高水平。

1997 年

1 月 1 日　采油一厂车排子作业区成立，负责管理车排子油田的全部油水井。

8 月 15 日　车排子油田车 67 井射开二叠系夏子街组 3760 ～ 3748m 井段试油，3.5mm 油嘴获 18.5t/d 工业油流，发现了车 67 井区夏子街组油藏。

10 月　克独输油管线四泵站至车排子油田 35kV 供电线路建成，至此车排子油田电网并入克拉玛依电网。

11 月　车排子油田申报并通过车 72、车 46、车 43 井区二叠系佳木河组储量，新增探明地质储量 1359×10^4t。

1998 年

4 月 5 日　车排子油田车 67 井射开侏罗系八道湾组 2578 ～ 2592m 井段试油，3.5mm 油嘴获 10.75t/d 工业油流，发现了车 67 井区八道湾组油藏。

11 月　车排子油田申报并通过车 45 井区八道湾组气藏储量，新增探明含气面积 5.3km²，天然气储量 $20.17 \times 10^8 m^3$。

12 月　车排子油田申报并通过车 67 井区二叠系夏子街组、侏罗系八道湾组油藏储量，夏子街组新增含油面积 5.8km²，新增探明地质储量 440×10^4t；八道湾组新增含油面积 4.3 km²，新增探明地质储量 450×10^4t。

2000 年

是年　车排子油田车 67 井区八道湾组油藏投入滚动开发，部署新井 18 口，到 2001 年 2 月完钻投产 14 口，全区日产油 39.3t，平均单井日产油 3.6t。

2001 年

10 月　由油建公司承建的车排子油田污水处理装置建成，处理能力为 500m^3/d。

2002 年

12 月　车排子油田车 2 井区新增齐古组探明含油面积 3.4 km^2，新增探明地质储量 141×10^4t。

2003 年

5 月　车排子原油处理站进行了扩建改造，改造处理规模增至 20×10^4t/a。

9 月　车排子油田车 202 井上返克下组 S_7^5 层 1877 ~ 1890m 井段压裂试油，4.5mm 油嘴日产油 9.1t，发现了车 202 井区克下组油藏。

2005 年

4 月　车排子油田车 202 井区投入开发，共部署开发井 10 口，实际完钻投产新井 5 口，初期平均单井日产油 23.2t，达到设计产能。

12 月　新疆石油管理局钻井公司（以下简称钻井公司）30639 队承钻的中国石油天然气集团公司“十五”重点科技攻关项目“新疆油田分支井钻井完井技术”的工程试验井——车 21 井区 DC024 井于 12 月 11 日正式投产。

第一章

油田地质

第一节　地层与构造

一、地层

1959年，独山子矿务局张应骞根据车排子油田户1井和户1a井钻井所揭示的地层资料，与独山子油田和卡因迪克油田的地质分层资料对比后，将该区地层自上而下分为第三系苍棕色层（N_2^1）、上绿色层（N_1^2）、下褐色层（N_1^1），其中下褐色层是主要的含油层系。

1959—1960年，在车排子地区部署并完钻了户3井、红1井、红2井、车4井、车5井等，根据钻井资料，将该区地层自上而下分为：第四系（Q），第三系苍棕色层（N_2^1）、上绿色层（N_1^2）、下褐色层（N_1^1），白垩系（Cr），中上侏罗统齐古层（Js），中下侏罗统煤系层（J_{1+2}），三叠系克拉玛依岩系（K层），二叠系乌尔禾岩系(Pw)，古生界(Pz)。

1968—1969年，根据在车排子地区完钻的车6井、车7井等井钻井资料，将该区地层自上而下分为第四系(Q)，第三系(N)，白垩系吐谷鲁组(K_1)，侏罗系齐古组(J_3)、头屯河组(J_{1+2}^4)、西山窑组(J_{1+2}^3)、三工河组(J_{1+2}^2)、八道湾组(J_{1+2}^1)，三叠系白碱滩组(T_3)、克上组(T_2)、克下组(T_1)，二叠系乌尔禾组(Py)，古生界(Pz)。

1979年，勘探开发研究院孟长生编写的《80年代准噶尔盆地西北缘试行地层表》，经过与全盆地系统对比将车排子地区地层自上而下分为：第四系西域砾岩组(Q)，上第三系独山子组（N_2）、索索泉组（N_1），下第三系乌伦古河组（E_3）、红砾山组（E_{1+2}），白垩系艾里克湖组（K_2a）、吐谷鲁组（K_1t）；侏罗系齐古组（J_3^2）、头屯河组（J_3^1）、西山窑组（J_2^1）、三工河组（J_1^2）、八道湾组（J_1^1），三叠系白碱滩组（T_3）、上克拉玛依组（T_2^2）、下克拉玛依组（T_2^1）、百口泉组（T_1），二叠系上乌尔禾组（P_2^2）、下乌尔禾组（P_2^1）、夏子街组（P_1）、佳木河组（C_{2+3}）。

1985年，勘探开发研究院李旭等人编写的《准噶尔盆地车排子地区地层层序划分对比及含油层系概述》中认为该区整体缺失三叠系百口泉组（T_1）和二叠系风城组（P_1f）。部分缺失侏罗系头屯河组（J_3^1）和三叠系白碱滩组（T_3）。

1985年12月，勘探开发研究院王招明、张纪易负责编写的《西北缘车排子地区井下分层方案》，将车排子地层自上而下分为：西域砾岩组（Q_1x），上第三系独山子组（N_2d）、塔西河组（N_1t）、沙湾组（N_1s），下第三系安集海河组（E_3a），白垩系艾里克湖组（K_2a）、吐谷鲁组（K_1tg），侏罗系齐古组（J_3q）、头屯河组（J_2t）、西山窑组（J_2x）、三工河组（J_1s）、八道湾组（J_1b），三叠系白碱滩组（T_3b）、上克拉玛依组（T_2k_2）、下克拉玛依组（T_2k_1），二叠系乌尔禾组上亚组（P_2w_2）、乌尔禾组下亚组（P_2w_1）、佳木河组（Pj_1），石炭系砂泥岩段（C_2—P_1）、砂砾岩段（C_2—P_1）、火山岩段（C_2—P_1）、包古图组（C_1b）、希贝库拉斯组（C_1x）。

1991 年，由勘探开发研究院孟长生、杨瑞麒负责编写了《井下地层储集层划分对比命名规范》（Q/XJ0102—91），该标准将二叠系上乌尔禾组划归为下三叠统（T_1wr）。1999 年，局研究院杨文孝、杨瑞麒修订了《井下地层储集层划分命名规范》（Q/CNPC 0102—99）。该标准对井下地层划分作了以下改动：三叠系上乌尔禾组改为上二叠统（P_3w），下乌尔禾组、夏子街组改称为中二叠统（P_2w、P_2x），佳木河组改称为下二叠统（P_1j）（表 1–1）。车排子油田井下地层划分执行了这个标准。1992 年，在车 002 井钻井地质总结中首次将吐谷鲁群（K_1tg）四分为连木沁组（K_1l）、胜金口组（K_1s）、呼图壁河组（K_1h）、清水河组（K_1q）（表 1–1），之后车 59、车 80 等井又做了相同的划分。

1987 年，勘探开发研究院韩小平、孟继荣等人计算车 2 井区齐古组油藏储量过程中，根据岩性、电性资料将齐古组自上而下划分为 G_1、G_2、G_3 三个砂层组，G_2、G_3 为主力油层。其中 G_2 层自上而下细分为两个砂层，即 G_2^1、G_2^2。

1998 年，勘探开发研究院薛新克等人在计算车 67 井区八道湾组探明储量时，将八道湾组自上而下分为四个砂层段，即 J_1b_{1+2}、J_1b_3、J_1b_4、J_1b_5；其中 J_1b_3、J_1b_4 砂层为油层。

表 1–1　车排子油田地层简况

<table>
<tr><th>界</th><th>系</th><th>统</th><th colspan="2">组</th><th>代号</th><th>地层厚度
m</th><th>地层简述</th></tr>
<tr><td rowspan="6">新生界</td><td>第四系</td><td></td><td colspan="2"></td><td>Q</td><td>38 ~ 714</td><td>全区都有分布</td></tr>
<tr><td rowspan="3">新近系</td><td>上新统
N_2</td><td colspan="2">独山子组</td><td>N_2d</td><td>60 ~ 650</td><td>岩性主要为浅褐色、少量灰绿色泥岩夹砂岩、砾岩，全区都有分布</td></tr>
<tr><td rowspan="2">中新统
N_1</td><td colspan="2">塔西河组</td><td>N_1t</td><td>50 ~ 310</td><td>岩性主要为灰色、棕色泥岩夹薄砂层，全区都有分布</td></tr>
<tr><td colspan="2">沙湾组</td><td>N_1s</td><td>30 ~ 260</td><td>岩性主要为褐红色泥岩夹绿色砾岩及灰白、褐黄色砂岩，全区都有分布</td></tr>
<tr><td rowspan="2">古近系</td><td>渐新统
E_3</td><td colspan="2">安集海河组</td><td>$E_{1-2}z$</td><td>70 ~ 320</td><td>岩性主要为灰绿、黄绿、褐红等杂色泥岩，全区都有分布</td></tr>
<tr><td>古新统
E_1</td><td colspan="2">紫泥泉子组</td><td>E_1–K_2z</td><td>210 ~ 700</td><td>岩性主要为红色、褐色泥岩及灰色砾岩夹砂岩，底部为灰质砾岩，全区都有分布</td></tr>
<tr><td rowspan="5">中生界</td><td rowspan="5">白垩系</td><td>上统
K_2</td><td colspan="2">东沟组</td><td>K_2d</td><td>120 ~ 380</td><td>岩性主要为砖红、红褐色泥岩及灰色砾岩夹砂岩，底部为灰质砾岩，全区都有分布</td></tr>
<tr><td rowspan="4">下统
K_1</td><td rowspan="4">吐谷鲁群
(K_1tg)</td><td>连木沁组</td><td>K_1l</td><td>180 ~ 460</td><td rowspan="4">岩性主要为褐色泥岩、褐灰色泥质砂岩粉砂岩、细砂岩，底部为灰色含砾粗砂岩。在车排子凸起、红车断裂带北部下白垩统不细分，称为吐谷鲁群。红车断裂带中南部、红车断裂带下盘下白垩统细分为连木沁组、胜金口组、呼图壁河组、清水河组</td></tr>
<tr><td>胜金口组</td><td>K_1s</td><td>80 ~ 180</td></tr>
<tr><td>呼图壁河组</td><td>K_1h</td><td>160 ~ 350</td></tr>
<tr><td>清水河组</td><td>K_1q</td><td>80 ~ 360</td></tr>
</table>

续表

界	系	统	组	代号	地层厚度 m	地层简述
中生界	侏罗系	上统 J_3	齐古组	J_3q	0 ~ 220	岩性主要为紫红、褐色及少量灰绿、灰白色泥岩与砂岩互层，主要分布在红车断裂带下盘
		中统 J_2	头屯河组	J_2t	0 ~ 360	岩性主要为灰色泥岩、砂岩互层夹煤线和泥灰岩，主要分布在红车断裂带下盘
			西山窑组	J_2x	0 ~ 270	岩性主要为灰绿色砂岩、泥岩互层夹煤线和泥灰岩，主要分布在红车断裂带下盘
		下统 K_1	三工河组	J_1s	0 ~ 360	岩性主要为灰黑、灰绿色泥岩夹薄层砂岩，主要分布在红车断裂带下盘
			八道湾组	J_1b	0 ~ 420	岩性上部砂、泥岩互层夹薄煤层，中部为深灰色泥岩，下部为砂砾岩及煤层，主要分布在红车断裂带下盘
	三叠系	上统 T_3	白碱滩组	T_3b	0 ~ 320	岩性上部为灰绿色砂岩与灰黑色泥岩互层，下部为灰绿、灰黑色泥岩，主要分布在红车断裂带下盘
		中统 T_2	上克拉玛依组	T_2k_2	0 ~ 200	岩性主要为绿灰色褐灰色含砾不等粒砂岩与灰绿色、深灰色、棕褐色泥岩不等厚互层，主要分布在红车断裂带下盘
			下克拉玛依组	T_2k_1	0 ~ 180	岩性主要为绿灰色褐灰色含砾不等粒砂岩与灰绿色棕褐色泥岩不等厚互层，主要分布在红车断裂带下盘
古生界	二叠系	上统 P_3	上乌尔禾组	P_3w	0 ~ 152	岩性主要为棕色、棕红色、紫灰色砂质泥岩、泥质粉砂岩与粉细砂岩互层夹薄层砂砾岩，主要分布在红车断裂带下盘
		中统 P_2	下乌尔禾组	P_2w	0 ~ 332	浅灰绿色、棕褐色、棕红色不等粒砂岩、砂砾岩，主要分布在红车断裂带下盘
			夏子街组	P_2x	180 ~ 270	岩性主要为灰褐、灰绿色砾岩与棕色、灰褐色砂岩，全区都有分布
		下统 P_1	佳木河组	P_1j	210 ~ 480	岩性主要为褐灰色安山岩、玄武岩、火山角砾岩，全区都有分布
	石炭系			C_{1-2}	60 ~ 630	岩性主要为灰色、灰绿色凝灰岩、玄武岩等，全区都有分布

注：摘自《准噶尔盆地车排子地区地层层序划分对比及含油层系概述》，1985 年 12 月；新疆石油管理局企业标准《井下地层储集层划分命名规范》，1999 年。

1998 年，勘探开发研究院李桂萍等人在计算车 45 井区侏罗系八道湾组气藏探明储量时，将八道湾组自上而下分为五个砂层组，J_1b_1、J_1b_2、J_1b_3、J_1b_4、J_1b_5，其中 J_1b_5 层为含气砂层组。

2003 年，西南石油大学师永民编写的《红山嘴油田克下组精细沉积相研究》，报告中经过区域对比，将车 202 井区克下组按其岩性、电性特征又细分为两个砂层组 S_6、S_7，八个砂层，即 S_6^1、S_6^2、S_6^3、S_7^1、S_7^2、S_7^3、S_7^4、S_7^5，其中 S_7^5 层为主力油层。

1998 年，勘探开发研究院薛新克等人在计算车 67 井区夏子街组探明石油地质储量中，根据岩电特征、含油显示和与邻井对比，将夏子街组自上而下分为P_2x_1、P_2x_2、P_2x_3三段，主力油层段P_2x_3细分为$P_2x_3^1$、$P_2x_3^2$、$P_2x_3^3$三个砂层组，其中油层主要集中在$P_2x_3^2$砂层组。

1997年，勘探开发研究院油田开发室张梅英编写的《车排子油田二叠系佳木河组1997年油藏滚动开发布井意见》中，根据岩性和电性的特征，将佳木河组自上而下分为P_1j_1、P_1j_2、P_1j_3、P_1j_4四段。其中P_1j_2为主力出油层段，P_1j_3段为次要出油层段。

二、构造

1953年，中苏石油股份公司开始对车排子地区进行重力、磁力和电法普查工作，1954年15/54队和16/54队工作后，确认了车排子高地的存在，发现重磁力异常，大地电流有S线密集，分析认为是断裂的显示。1957年，新疆石油管理局511/57重磁力综合研究大队指出："车排子地区的基岩构造，平面上是一个由西北向东南区域性倾斜的斜坡，这个斜坡的不同地段又被不同性质的断裂及局部地区基岩的不平整所复杂化，车排子基岩表面为一鼻状隆起"。1958年，地调处107/57队宋汉良等人编写的《准噶尔盆地车排子—德仑山地质专题研究总结报告》，认为车排子高地的周围区域有明显的断裂存在，南北走向的强烈磁异常标志着沿断裂有侵入体，从重力资料分析，该区域存在南北走向的断裂带。1959—1960年，新疆石油管理局开展了以地震、钻井及研究相结合的综合性勘探，在西北缘查明了车排子—乌尔禾地区存在有两组主断裂，一是克—乌大断裂，二是红—车断裂。地调处陈甫达等人在1973年到1979年编写的《准噶尔盆地车排子—红旗坝地区地震成果报告》中认为车排子高地（凸起）是盆地西部一个区域性隆起带，东侧以红—车断裂为界，北部被北西向的红2井断裂切割，控制车排子隆起的红—车断裂为逆掩断层。证实红—车断裂控制二叠系地层，断裂因受压应力作用，地层相应发生褶曲变形出现正牵引，表现为由缓到陡的挠曲，这一结构有利于寻找断裂圈闭。

1982年，新疆石油管理局西北缘地质综合研究大队的尤绮妹、赵白、林隆栋等人正式提出"红—车断裂带"的概念。1984年，谢宏、赵白、林隆栋、尤绮妹等在《新疆石油地质》1984年第三期上发表《准噶尔盆地西北缘逆掩区带的含油特点》一文指出：地震及钻井资料证实，西北缘是一个隐伏的逆掩断裂带，总体呈北东向展布，由红—车断裂带、克—百断裂带和乌—夏断裂带组成，三者之间由北西向的红山嘴东侧断裂与黄羊泉断裂构成转换边界。认为红—车断裂带属于冲断型推覆构造，断裂全长70km，近于南北走向，总体呈反"S"形。经历了海西期推覆、印支期扭动，上盘推覆体较为简单，褶皱作用微弱（图1–1）。

1998年，地调处党玉芳、支东明等人对车排子地区断裂的研究后认为，本区断裂活动主要有三期：海西中晚期、印支—燕山早期、燕山晚期。断裂可分为上下两套断裂系统，下部为逆断裂系统，上部正断裂系统（图1–2）。本区95%以上的断裂均为逆断裂，断开层位多、分布广。所有大、中型断裂均为逆断裂。正断裂很少，主要分布在车排子凸起中段的红—车断裂上盘，规模小，断开层位主要为石炭系、白垩系、古近系等。断裂主要分布在红—车断裂带上，也是车排子地区油气的主要聚集部位。

2001年，中国石油新疆油田分公司勘探开发研究院（以下简称勘探开发研究院）王绪龙等人编写的《准噶尔盆地第三次油气资源评价》认为车排子地区的油气主要来源于沙湾凹陷下二叠统烃源岩，主要成藏期为三叠纪，其次为侏罗纪至早白垩世。2003年，根据勘探开发研究院准噶尔盆地新的构造划分方案，车排子油田一级构造单元属准噶尔盆地西部隆起，二级构造单元为红—车断裂带和车排子凸起，其下盘与沙湾凹陷西北斜坡紧密相连（图1–3）。

车排子油田主断裂的下盘为单斜与沙湾凹陷西北斜坡带相连，小拐东断裂、小拐断裂、车5井西断裂、车47井南断裂等分支断裂与主断裂相交，派生出许多小断裂（表1–2），形成了一系列断裂控制的油藏：在主断裂上盘的红116、车21、车32井区石炭系油藏，车72、车46、车43、车30、车47井区佳木河组油气藏；主断裂下盘的车2井区齐古组油藏，车67、车45井区的八道湾组油气藏。

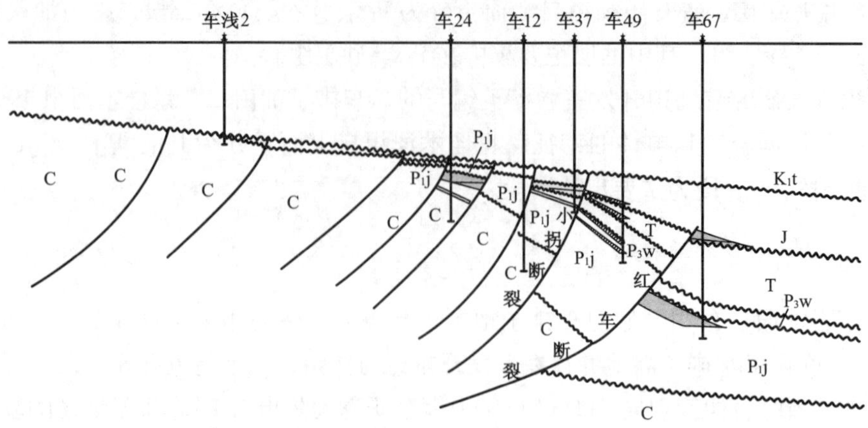

图 1–1　红—车断裂带油藏地质剖面图
（新疆油田分公司勘探开发研究院编制，2005 年 10 月）

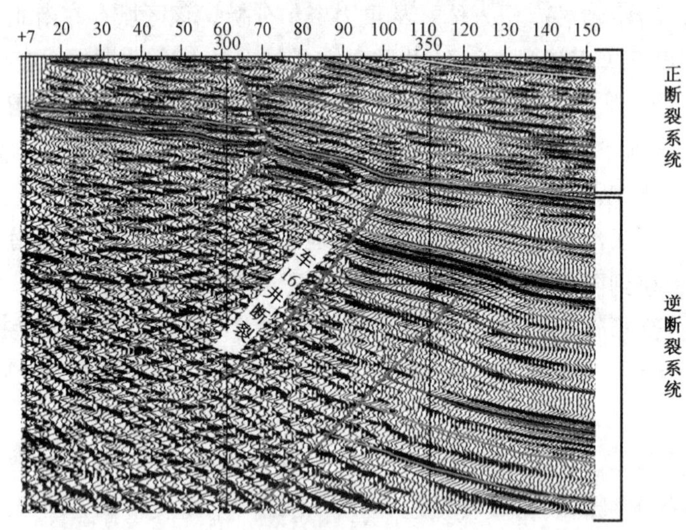

图 1–2　车排子断裂系统示意图（LINE939 地震剖面）
（新疆石油管理局地调处编制，1998 年 12 月）

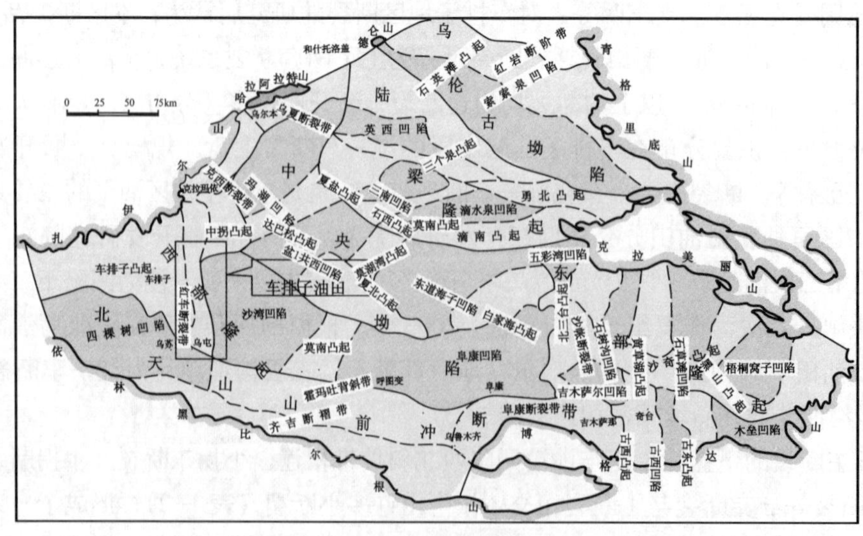

图 1–3　车排子油田构造位置图
（新疆油田分公司勘探开发研究院编制，2003 年 12 月）

表 1–2　车排子油田主要断裂要素表

断裂名称	走向	倾向	性质	延伸长度 km	断距 m	断开层位
红车断裂	NE	W	逆	＞ 60.0	＞ 60	J、T、P、C
小拐断裂	NS	W	逆	16.0	＞ 50	J、T、P、C
红光镇断裂	SN	W	逆	21.8	＞ 300	P、C
红旗镇断裂	SN	W	逆	22.0	30 ～ 100	P、C
红 3 井东侧断裂	EW	N	逆	22.0	＞ 100	T、P、C
小拐东断裂	NS	W	逆	13.0	5 ～ 60	C—J
车 28 井东断裂	NW	WS	逆	9.0	＜ 50	C—E
车 28 井西断裂	NW	WS	下正上逆	5.5	＞ 30	C—E
车 47 井西断裂	NS	W	正	12.0	10 ～ 50	C—K
车 5 井西断裂	NW	WS	逆	＞ 11.0	0 ～ 100	C—K
车 47 井南断裂	NW	WS	正	12.0	5 ～ 80	C—Q
车 51 井东断裂	NW	NE	正	11.0	30 ～ 50	K—J
车 49 井西断裂	NS	W	逆	5.5	6 ～ 50	C—K
车 53 井断裂	NS	W	逆	8.0	＞ 20	C—J
四泵站 1 号断裂	WE	S	正	5.5	20 ～ 50	C—Q
四泵站 2 号断裂	WE	S	逆	11.0	10 ～ 50	C—E
车 9 井断裂	EW	S	逆	12.0	＞ 50	C—K
红旗镇 1 号断裂	NW	W	逆	19.0	＞ 500	C—T
红旗镇 2 号断裂	NW	E	逆	18.0	＞ 300	C—T
车 68 井西断裂	NS	W	逆	16.0	30 ～ 100	P、C
五星镇 2 号断裂	N	NE	逆	12.0	50 ～ 100	K、P、C
五星镇 4 号断裂	NW	W	逆	3.0	＞ 100	K、P、C
沙门子断裂	NW	WS	下正上逆	44.0	＞ 100	P、C

注：摘自《车拐地区油气成藏史研究》，2001 年 12 月。

第二节　储　层

一、沉积相

车排子油田的沉积相主要有：冲积扇相、洪积—冲积扇—辫状河流相、扇三角洲相。

（一）冲积扇相

1998 年，勘探开发研究院在计算车 67 井区夏子街组探明储量时，认为车 67 井区夏子街组储层为冲积扇相沉积，细分为冲积扇的扇顶、扇中亚相。

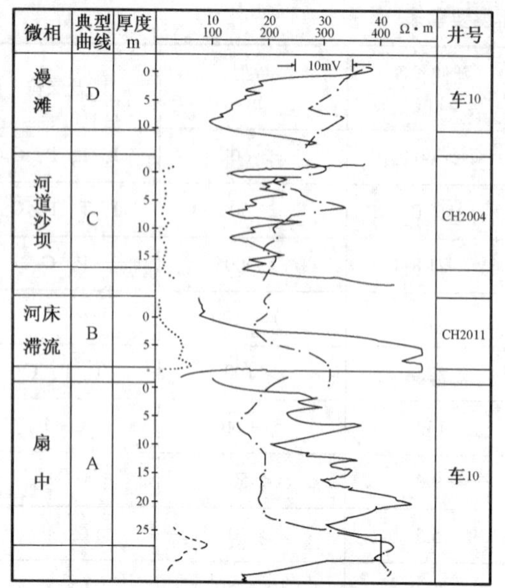

图 1–4　车 2 井区齐古组典型岩相曲线
（新疆油田分公司勘探开发研究院编制，2000 年 12 月）

（二）洪积—冲积扇—辫状河流相

1996 年，勘探开发研究院李一峰等人编制车 2 井区齐古组油藏射孔方案时，认为车 2 井区齐古组为辫状河流相沉积，物源主要来自西、西南的车排子凸起。细分为两个微相：辫流河床微相、心滩微相。2000 年，勘探开发研究院李一峰等人在车排子油田车 2 井区齐古组油藏描述中，根据划相标志及垂向沉积模式，将齐古组沉积相划分为辫状河流相及冲积扇相。辫状河流相包括河道和冲积平原亚相，河道亚相细分为河床、河道沙坝或心滩微相，冲积平原亚相可细分为分支流河道、分支流河道间或漫滩微相，主要发育在 G_2^2 砂层组。冲积扇分为扇顶、扇中、扇缘亚相，车 2 井区齐古组主要发育扇中亚相，又细分为辫流带及辫流沙岛微相，主要发育在 G_2^1 砂层组（图 1–4 至图 1–6）。

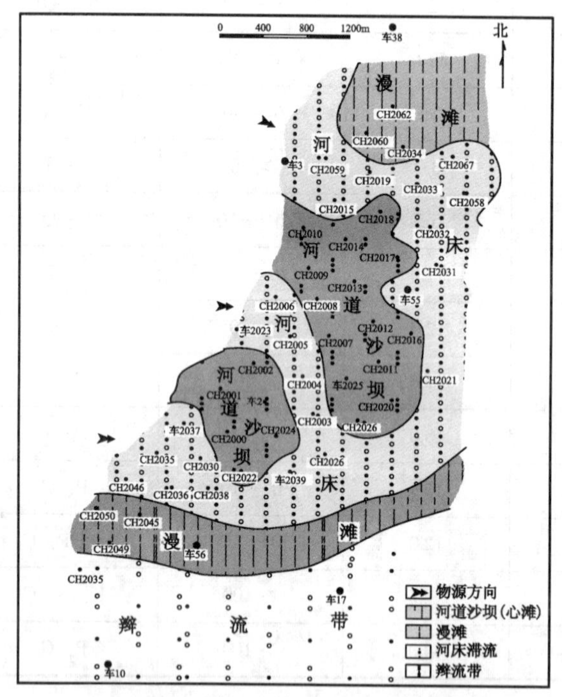

图 1–5　车 2 井区 G_2^1 砂层组岩相图
（新疆油田分公司勘探开发研究院编制，2000 年 12 月）

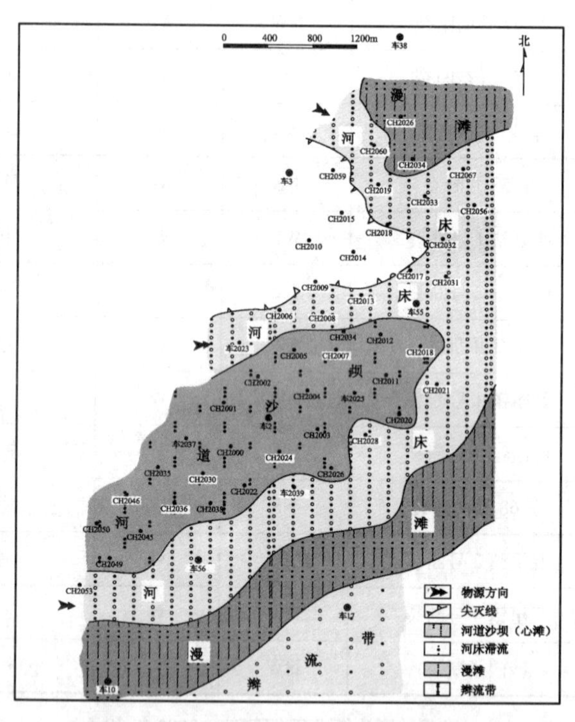

图 1–6　车 2 井区 G_2^2 砂层组岩相图
（新疆油田分公司勘探开发研究院编制，2000 年 12 月）

2003 年，中国石油新疆油田分公司采油一厂（以下简称采油一厂）与西南石油学院合作完成的《红山嘴油田克下组沉积微相研究》报告，认为与红山嘴油田相邻的车 202 井区克下组物源来自西部车排子凸起，沉积环境为近物源洪积相、河流相沉积。其中，S_7^5 属近物源山麓洪积扇沉积，微相为扇中主水道。S_7^4、S_7^3、S_7^2、S_7^1 和 S_6 各砂层组为辫状河流相沉积，微相为辫状主河道、浅河道和泛滥平原。油层主要发育在 S_7^5 层的扇中主水道沉积砂体和 S_7^4、S_7^3、S_7^2、S_7^1、S_6^3、S_6^2 的河道沉积砂体。

（三）扇三角洲相

1998 年，勘探开发研究院在计算车 45 井区块侏罗系八道湾组气藏探明储量时认为：车 45 井区八道湾组属于扇三角洲沉积。J_1b_5 砂层组属于扇三角洲平原亚相沉积，J_1b_1、J_1b_2、J_1b_3、J_1b_4 砂层组为扇三角洲前缘亚相沉积。

二、火山岩相

车排子地区的火山岩相主要有火山爆发相、火山溢流相、喷发—沉积相等。

2003 年，勘探开发研究院王建新等人在复算车 47 井区佳木河组油探明储量时，把该区的火山岩相划为火山爆发相、火山溢流相（图 1–7）。

1997 年，勘探开发研究院张从祯等人在计算车排子油田北部断块区二叠系佳木河组油藏探明储量时，把车 72、车 43、车 46 井区佳木河组的火山岩划为近火山口的爆发相、溢流相及远离火山口的喷发—沉积相。

2002 年，勘探开发研究院李一峰等人在《车 21、车 32 井区石炭系油藏地质研究》中，把车 21、车 32 井区石炭系划为火山爆发相、火山溢流相与喷发—沉积相。

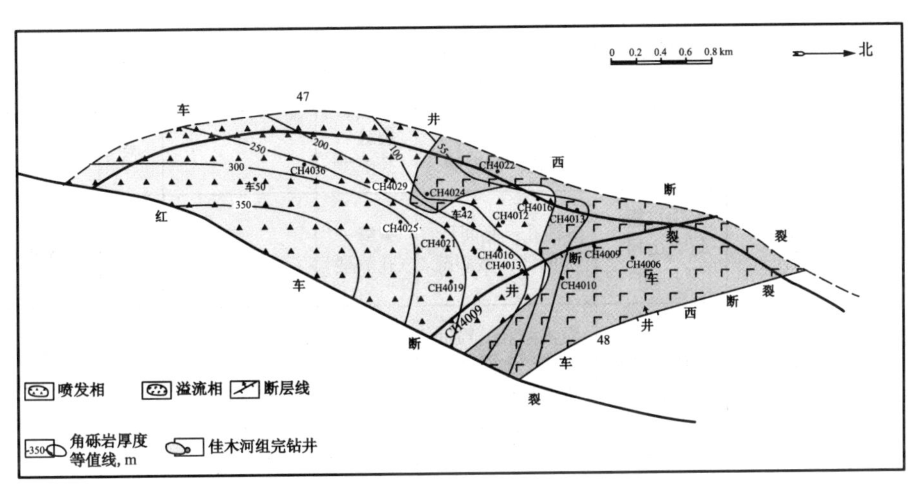

图 1–7 车 47 井区佳木河组岩相分区图
（新疆油田分公司勘探开发研究院编制，2003 年 9 月）

三、岩性物性

车排子油田在勘探开发过程中，经实际钻探证实储层类型多、结构复杂、物性较差，且分布不集中，在各油气藏的储量计算和开发布井方案的研究中都进行了总结，总体上分为两类：双重介质储层、孔隙性储层。

（一）双重介质储层

此类储层分布在石炭系和二叠系佳木河组、夏子街组油藏中，储层岩性主要为火山岩、火山碎屑岩和致密砂砾岩。

石炭系储层：主要分布在红 116 井、车 21 井、车 32 井等区块，是一套长期遭受风化剥蚀的巨厚块状火山岩体。主要岩性为安山岩、玄武岩和砂砾岩。据车 19、车 20、车 21、车 36 井岩心观察，裂缝较为发育，主要为分布不规则的微细缝及微细网状缝，偶有高角度斜交缝。靠近风化壳的淋滤带，裂缝密度一般为 10 ~ 15 条 /10cm，切穿岩心长 10 ~ 15cm，缝宽 0.5 ~ 3mm，方解石或绿泥石充填—半充填，部分裂缝未充填；中下部微细裂缝减小，充填加剧。根据车 21 等井岩心样品压汞毛管压力分析，排驱压力高，进汞饱和度低，孔喉为分选不好的偏细歪度型，为连通孔喉半径小、容量小、特低渗透、非均质性极强的裂缝—孔隙双重介质储层（表 1–3）。

表 1–3　车排子油田储层特征表

区块	层位	岩性	岩相	储集空间	储集类型	黏土矿物	非均质性	孔隙度 %	渗透率 mD
红 116 井区	C	安山岩、砂砾岩	爆发相、溢流相等	微裂缝、溶蚀孔、晶间孔	裂缝—孔隙型	—	极强	10.00	0.10
车 21 井区	C	安山岩、玄武岩、砂砾岩	爆发相、溢流相等	微裂缝、溶蚀孔、晶间孔	裂缝—孔隙型	—	极强	10.00	0.10
车 32 井区	C	安山岩、玄武岩 、砂砾岩	爆发相、溢流相等	微裂缝、溶蚀孔、晶间孔	裂缝—孔隙型	—	极强	9.00	0.10
车 47 井区	P_1j	火山角砾岩、玄武岩	火山口相、近火山相、过渡相	溶蚀孔、晶间孔、晶间缝、微裂缝	裂缝—孔隙型	—	强	10.00	0.13
车 43 井区	P_1j	火山角砾岩、凝灰岩、安山岩	爆发相、溢流相等	粒间溶孔、基质溶孔、微裂缝	裂缝—孔隙型	—	强	13.00	0.10
车 46 井区	P_1j		爆发相、溢流相等	粒间溶孔、基质溶孔、微裂缝	裂缝—孔隙型	—	强	11.00	0.10
车 72 井区	P_1j		爆发相、溢流相等	粒间溶孔、基质溶孔、微裂缝	裂缝—孔隙型	—	强	9.00	0.10
车 30 井区	P_1j	火山角砾岩、玄武岩、安山岩	火山口相、近火山相、过渡相	溶蚀孔、晶间孔、晶间缝、微裂缝	裂缝—孔隙型	—	强	8.40	0.36
车 67 井区	P_2x	以褐色及杂色砂砾岩为主	扇顶、扇中亚相沉积	粒内溶孔、粒间溶孔、微裂缝、少量界面缝、晶间溶孔等	裂缝—孔隙型	—	强	11.40	0.58
车 202 井区	T_2k_1	长石岩屑砂岩、砂质砾岩、不等粒岩屑砂岩和砂砾岩	洪积相河流相	剩余粒间孔、粒间溶孔、粒内溶孔、原生粒间孔和粒间方解石溶孔	孔隙型	以不规则状、蠕虫状高岭石为主，其次为伊蒙混层矿物少量弯曲片状伊利石	中	14.80	2.86
车 67 井区	J_1b	中砂岩、粗砂岩、含砾砂岩和砂砾岩	辫状河流相沉积	主要为粒内溶孔、粒间孔，次为粒间溶孔	孔隙型	以蠕虫状、不规则状高岭石为主，伊蒙混层、伊利石、绿泥石次之	强	14.27	1.15
车 45 井区	J_1b	砾状不等粒砂岩和砂质砾岩	扇三角洲平原及前缘亚相沉积	粒间孔、粒间溶孔、粒内溶孔、少量界面缝、晶间溶孔	孔隙型	以高岭石为主，伊蒙混层、伊利石、绿泥石次之	强	17.00	0.69
车 2 井区	J_3q	含砾砂岩、中细砂岩	辫状河道	粒间孔、粒间溶孔	孔隙型	以蒙皂石为主，伊利石、绿泥石、高岭石次之	强	14.23	11.04

注：摘自《车排子油田储量套改说明》，2005 年 12 月。

佳木河组储层：主要分布在车 47、车 43、车 46、车 72 和车 30 等井区，是一套多期喷发、不同岩性叠加的块状火山岩体。主要岩性为火山角砾岩、玄武岩和安山岩等。油井压力恢复曲线显示储集类型为裂缝—孔隙型（图 1−8）。岩心样品分析孔隙类型主要为溶蚀孔、晶间孔、晶间缝、微裂缝，储集空间以溶蚀孔为主，微裂缝为辅，渗滤通道以裂缝为主，属于连通孔喉半径小、中小容量、低渗透、中孔细喉、非均质性强的储层（表 1−3）。

夏子街组储层：主要分布在车 67 井区，是一套冲积扇沉积的致密砂砾岩体。岩性以褐色及杂色砂砾岩为主，砂砾成分以凝灰岩为主，石英和长石次之，胶结类型为孔隙—压嵌式。岩心样品分析孔隙类型多、形状不规则、连通性差，界面缝发育。储层为中等孔隙、低渗透性、细喉道、分选差的裂缝—孔隙型双重介质储层（表 1−3）。

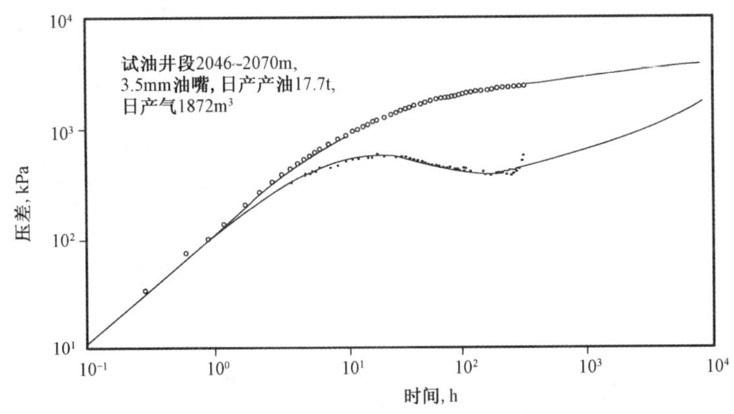

图 1−8　车 43 井佳木河组压力恢复曲线
（新疆石油管理局勘探开发研究院编制，1997 年 11 月）

（二）孔隙性储层

此类储层主要分布在车 202 井区三叠系克下组，车 67、车 45 井区侏罗系八道湾组和车 2 井区侏罗系齐古组。

克下组储层：是一套洪积—河流相砂砾岩体。岩性主要为长石岩屑砂岩、砂质砾岩。碎屑成分以岩屑为主，石英、长石次之，分选差，砂砾呈次圆—次棱角状。胶结物主要为铁方解石，胶结中等—致密，以孔隙式胶结为主。根据岩心样品分析统计储层为中等孔隙、特低渗透、连通性较好的块状储层，具有潜在的速敏性（表 1−3）。

八道湾组储层：是一套扇三角洲相沉积为主的砂砾岩体。岩性以砂砾岩、含砾不等粒砂岩为主，颗粒分选差—中等，呈次棱角—次圆状、次棱角状。胶结中等—致密，胶结成分以菱铁矿为主，方解石、铁白云石次之。岩心样品的分析统计，储层物性车 45 井区好于车 67 井区，剖面上物性自下而上逐渐变好。孔隙类型主要有粒间孔隙、粒间溶孔、粒内溶孔，孔喉组合主要为中孔、中细喉道，孔喉分选差的多峰偏细态型，储层为中等孔隙、特低渗透性储层（表 1−3 和图 1−9）。

齐古组储层：是一套辫状河流相沉积为主的砂岩体，岩性主要为细砂岩、中砂岩、不等粒砂岩和砂砾岩，颗粒成分以岩屑为主，石英和长石次之，分选中—好。胶结中等—致密，孔隙—接触式胶结。根据 X 衍射及扫描电镜资料分析，储层黏土矿物以蒙皂石（相对含量平均为 5.56% ～ 68.79%）、伊 / 蒙混层矿物（平均相对含量 3.11% ～ 41.84%）为主，次为伊利石、绿泥石、少量高岭石。根据岩心样品统计分析，齐古组储层属中等孔隙、低渗透、非均质性强的储层（图 1−10 和表 1−3）。

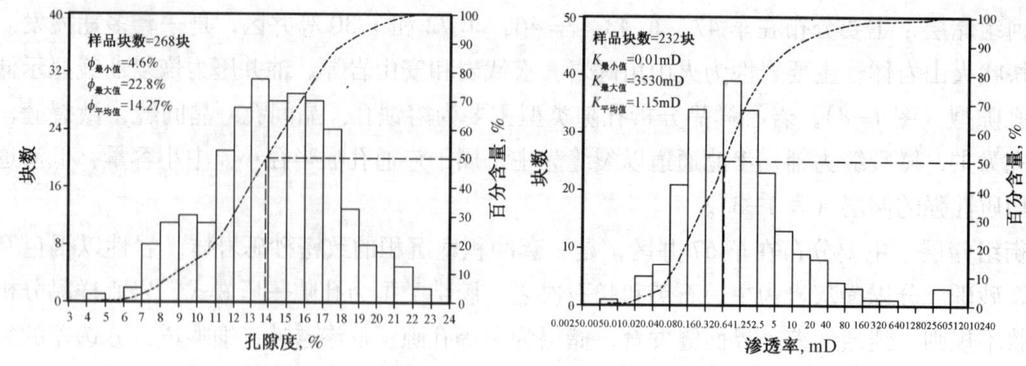

图 1–9　车 67 井区八道湾组孔隙度、渗透率直方图
（新疆石油管理局勘探开发研究院编制，1998 年 12 月）

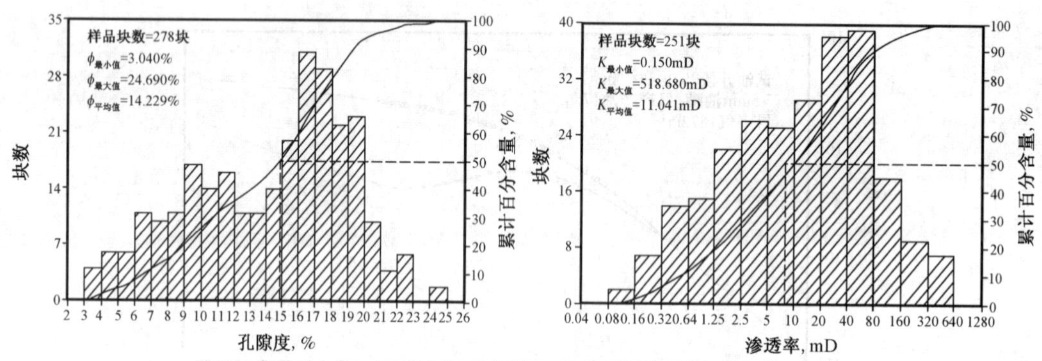

图 1–10　车 2 井区齐古组孔隙度、渗透率直方图
（新疆石油管理局勘探开发研究院编制，1988 年 3 月）

第三节　流体与渗流

一、流体性质

车排子油田包括 11 个稀油油藏，2 个天然气藏。各油气藏多被断层、岩性控制，具有不活跃的边底水，经探井、开发井多次取样分析，证实各油气藏的流体性质。

（一）石炭系油藏

石炭系油藏分布在车 21、车 32、红 116 三个井区，均属正常温度压力系统，天然驱动类型为弹性—溶解气驱（表 1–4）；高压物性取样（PVT）证实各油藏为中—高饱和程度的未饱和油藏（表 1–5）；地面油气水分析证实，各油藏均为常规稀油，溶解气以甲烷为主，地层水以氯化钙型为主（表 1–6）。

表 1–4　车排子油田各区块油气藏特征表

区块	层位	油藏类型	驱动类型	中部深度 m	油藏中部海拔 m	地层压力 MPa	压力系数	地层温度 ℃	油（气）水界面海拔 m
红 116 井区	C	常规稀油	弹性、溶解气驱	1280	−923	14.79	1.20	38.1	−988
车 21 井区	C	常规稀油	弹性、溶解气驱	1597	−1308	15.98	1.00	46.4	—
车 32 井区	C	常规稀油	弹性、溶解气驱	1208	−922	12.81	1.06	38.5	—
车 47 井区	Pj	常规稀油	弹性、溶解气驱	2889	−2594	30.70	1.18	79.1	−2820

续表

区块	层位	油藏类型	驱动类型	中部深度 mv	油藏中部海拔 m	地层压力 MPa	压力系数	地层温度 ℃	油（气）水界面海拔 m
车 43 井区	P_1j	常规稀油	弹性、溶解气驱	1970	−1680	24.34	1.09	62.8	−2055
车 46 井区	P_1j	常规稀油	弹性、溶解气驱	2288	−2000	24.54	1.07	35.5	−2350
车 72 井区	P_1j	常规稀油	弹性、溶解气驱	2025	−1745	—	—	—	−1960
车 67 井区	P_2x	常规稀油	弹性、溶解气驱	3754	−3460	42.60	1.13	87.6	−3590
	J_1b	常规稀油	弹性、溶解气驱	2570	−2286	26.90	1.04	64.0	−2332
车 2 井区	J_3q	常规稀油	弹性、溶解气驱	3172	−2857	32.50	1.02	81.4	—
车 202 井区	T_2k_1	常规稀油	溶解气驱	1764	−1475	18.30	1.03	50.3	−1608
车 30 井区	P_1j	湿气	弹性驱	2065	−1905	25.10	1.32	65.5	−2056
车 45 井区	J_1b	湿气	弹性驱	2975	−2675	34.77	—	73.0	−2776

注：依据新疆油田分公司中心数据库资料编制。

表 1−5　车排子油田油藏地层流体性质统计表

区 块	层位	饱和压力 MPa	地饱压差 MPa	饱和程度 %	地层油性质				
					体积系数	压缩系数 $10^{-4}MPa^{-1}$	原油密度 g/cm^3	原油黏度 mPa · s	气油比 m^3/t
红 116 井区块	C	12.32	2.47	83.3	1.16	13.40	0.747	1.50	70.8
车 21 井区块	C	—	—	—	—	—	—	—	—
车 32 井区块	C	7.20	5.79	54.8	1.07	9.97	0.813	2.21	28.8
车 47 井断块	P_1j	26.80	3.90	87.0	1.34	15.00	0.690	0.41	114.0
车 43 井断块	P_1j	19.44	4.90	79.9	—	10.72	0.758	0.95	—
车 46 井断块	P_1j	19.80	—	80.7	—	—	—	—	—
车 72 井断块	P_1j	—	—	—	—	—	—	—	—
车 67 井区块	P_2x	—	—	—	1.19	10.08	0.785	—	69.0
	J_1b	18.10	8.70	68.0	—	1.19	0.806	4.07	69.0
车 2 井区块	J_3q	27.77	4.73	85.5	1.21	11.10	0.791	—	84.7
车 202 井区块	T_2k_1	—	—	100.0	—	—	0.728	0.76	95.5

注：依据新疆油田分公司中心数据库资料编制。

（二）二叠系油藏

二叠系油藏包括佳木河组的车 47、车 43、车 46、车 72 四个井区和夏子街组的车 67 一个井区。测试资料证实各个油藏均为正常压力、温度系统，具有各自的油水界面，地层水不活跃；天然驱动类型以弹性—溶解气驱为主，其中车 67 井区夏子街组油藏边水水体较大，具有弹性水驱的条件（表 1−4）；据高压物性（PVT）取样分析，证实各油藏均为高饱和程度的未饱和油藏（表 1−5）；地面流体取样分析证实各油藏原油为含蜡量较高的常规稀油；溶解气轻烃组分偏多，地层水水型主要为氯化钙型（表 1−6）。

（三）三叠系—侏罗系油藏

三叠系—侏罗系油藏包括车 202 井区克拉玛依组、车 67 井区八道湾组和车 2 井区齐古组三个油藏。根据测试资料三个油藏均为正常的温度、压力系统，均具有不活跃的边水，天然驱动类型车 202 井区克下组为溶解气驱，车 67 井区八道湾组、车 2 井区齐古组以弹性—溶解气驱为主，两油藏都具有较大的边水，有弹性水驱的条件（表1–4）。车202井区克下组油藏为饱和油藏，车67井区八道湾组、车2井区齐古组为高饱和程度的未饱和油藏（表1–5）。根据地面油气水取样分析，车202井区克下组原油偏轻质、黏度较低，地层水为矿化度较低的氯化钙型；车67井区八道湾组油藏为凝固点较低、黏度较低的常规稀油，地层水为氯化钙型；车2井区齐古组油藏为低密度、低黏度、低酸值的常规稀油，地层水为重碳酸钠型（表1–6）。

表1–6　车排子油田油藏地面流体性质统计表

区块	流体性质类型	层位	原油性质						溶解气性质		地层水性质		
			原油密度 g/cm^3	黏度（50℃）mPa·s	酸值 mg/g(KOH/油)	凝固点 ℃	含蜡量 %	初馏点 ℃	相对密度	甲烷含量 %	Cl^- mg/L	矿化度 mg/L	水型
红116井区	油藏	C	0.825	1.06	—	−18.00	2.2	120.00	0.614	92.26	5211.0	9120.0	$NaHCO_3$
车21井区	油藏	C	0.855	13.58	0.11	10.35	3.8	141.52	0.613	93.17	8366.9	14739.9	$CaCl_2$
车32井区	油藏	C	0.845	9.39	0.26	−7.57	2.6	131.25	0.625	91.73	—	—	$CaCl_2$
车47井区	油藏	P_1j	0.834	5.40	—	5.00	29.0	116.00	0.650	87.20	7304.1	14301.2	$CaCl_2$
车43井区	油藏	P_1j	0.850	14.80	—	28.00	18.0	164.29	0.620	91.30	8245.0	14098.0	$CaCl_2$
车46井区	油藏	P_1j	0.813	0.81	—	—	—	—	0.640	89.15	7199.0	12597.0	$CaCl_2$
车72井区	油藏	P_1j	0.813	2.68	—	12.00	13.7	116.00	0.683	84.50	—	—	—
车67井区	油藏	P_2x	0.851	9.60	—	14.00	8.6	—	0.687	82.96	9237.1～10110.5	15519.7～17682.1	$CaCl_2$
	油藏	J_1b	0.872	2.19	—	−18.00	4.1	—	0.661	88.99	8127.3～10343.8	13564.5～17782.1	$CaCl_2$
车2井区	油藏	J_3q	0.879	31.90	0.42	2.00	5.5	143.60	0.632	89.02	3469.1	7871.1	$NaHCO_3$
车202井区	油藏	T_2k_1	0.795	1.47	—	—	—	—	—	—	7747.9	12754.0	$CaCl_2$

注：依据新疆油田分公司中心数据库资料编制。

（四）天然气藏

天然气藏包括车45井区八道湾组和车30井区佳木河组两个气藏。根据测试资料，两气藏均为正常的温度、压力系统，具有不活跃的边底水，天然驱动类型为弹性驱。根据地面取样分析，证实两气藏为甲烷含量较高的含有凝析油的一般湿气藏；凝析油为低密度、低黏度、低凝固点类型，地层水为氯化钙型（表1–7）。

二、渗流规律

（一）车2井区齐古组油藏

在《车排子油田车2井区侏罗系齐古组储量计算报告》中，CH2007、CH2014两口井5块岩样采用驱替自吸法测定结果，水湿润指数比值变化在 0.62 ~ 0.89 之间，属中—强亲水性。车 2023 井岩心测定的相对渗透率曲线具有：油水两相共渗区域小，束缚水饱和度为 24.46%，残余油饱和度为 46.06%，水相渗透率低且呈“驼背”型，水驱油效率较低。另据水驱油实验测定，当含水率为 98% 时的原油采收率为 31.2%（图 1—11）。

表 1—7　车排子油田气藏流体性质统计表

区块	流体性质类型	层位	凝析油性质					天然气性质										地层水性质		
			原油密度 g/cm³	黏度 50℃ mPa·s	凝固点 ℃	含蜡量 %	初馏点 ℃	相对密度	烃类部分，%							二氧化碳 %	氮 %	Cl⁻ mg/L	矿化度 mg/L	水型
									甲烷	乙烷	丙烷	异丁烷	正丁烷	异戊烷	正戊烷					
车 30 井区	气藏	P_1j	0.823	5.48	−30	—	133.8	0.597	93.25	2.06	0.66	—	0.48	—	0.11	—	3	9403.4	14301.2	$CaCl_2$
车 45 井区	气藏	J_1b	0.780	1.094	−16	2.05	—	0.613	91.74	3.72	0.89	—	0.70	—	0.34	0.23	2.481	10329.0	17854.0	$CaCl_2$

注：依据新疆油田分公司中心数据库资料编制。

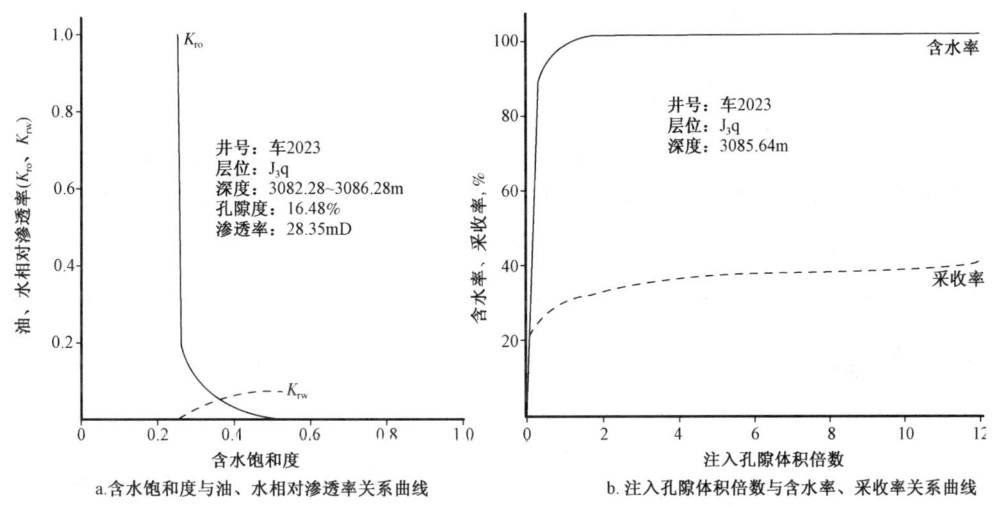

图 1—11　车 2 井区齐古组相渗曲线
（新疆石油管理局勘探开发研究院编制，1988 年 3 月）

2000 年，采油一厂委托勘探开发研究院进行的车 2 井区齐古组油藏精细描述研究中，进行了岩心敏感性实验分析，该区储层具有以下特点：

（1）速敏性：根据 23 块岩心速敏实验曲线（图 1—12）分析，渗透率损失平均为 5% 左右，属于“非—弱”敏感性。

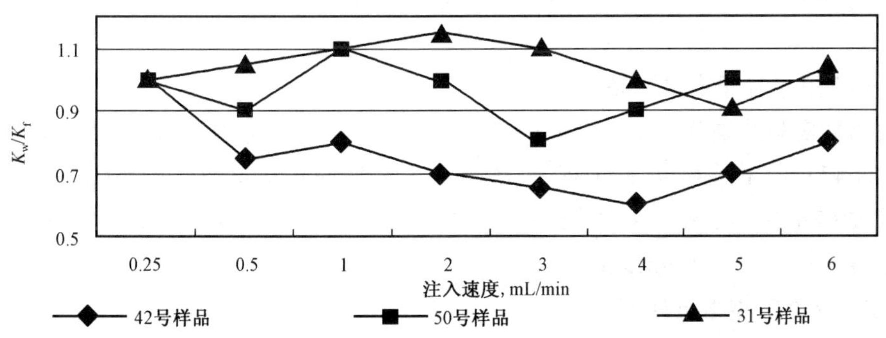

图 1—12　车 2 井区齐古组速敏评价实验曲线
（新疆油田分公司勘探开发研究院编制，2000 年 12 月）

(2) 水敏性：据19块岩样水敏性实验分析结果，矿化度由10075.27mg/L下降到0mg/L时，岩样渗透率与其地层水渗透率的比值为0.0366～0.5638，平均渗透率损失率71.17%，属于"中等—强"的敏感性。用克氏渗透率与盐度为零（淡水）所测渗透率比值计算，则平均渗透率损失率96.28%，水敏指数（I_w）高达0.924，大于0.9的强水敏地层标准，属于"强—极强"水敏感性。

(3) 盐敏性：通过岩心样品盐敏评价实验曲线（图1-13）可以看出，渗透率的降低主要发生在矿化度小于8000～10000mg/L的溶液进入储层时，即该区临界矿化度为10000mg/L，属于"中等偏弱"的盐敏性。

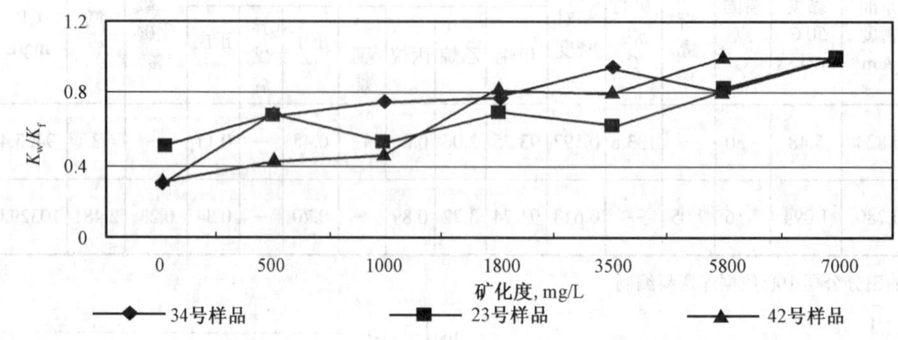

图1-13　车2井区齐古组盐敏评价实验曲线
（新疆油田分公司勘探开发研究院编制，2000年12月）

(4) 体积流量敏感性：通过19块岩样进行体积流量敏感性实验结果及实验曲线（图1-14）看出，该区储层对累积流入量具有较强的敏感性，当累积流入量达到孔隙体积的28.34倍时，渗透率损失程度为97.54%～14.84%，属于"强—中"体积流量敏感性。

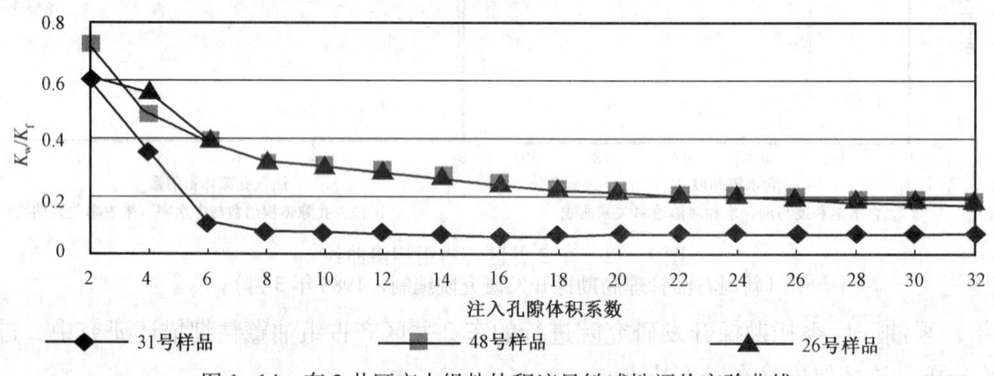

图1-14　车2井区齐古组盐体积流量敏感性评价实验曲线
（新疆油田分公司勘探开发研究院编制，2000年12月）

以上实验证实车2井区齐古组储层属于"强—极强"水敏、"中等偏弱"盐敏、"强—中"体积流量敏感性。

（二）车67井区夏子街组油藏

根据敏感性实验结果分析表明：车67井区夏子街组储层具有中等水敏性（渗透率损失率40.8%～53.2%，平均47.0%）；临界盐度5038～7556mg/L，平均6297mg/L；体积流量敏感性弱—中等（渗透率损失率29.2%～34.9%，平均32.1%）；速度敏感性中等（渗透率损失率13.8%～66.6%，平均39.1%），临界速度从0～1.5mL/min。

（三）车202井区克下组油藏

根据敏感性实验结果分析表明：车202井区克下组储层水敏指数平均0.22，为弱水敏性，速敏渗透率损害率平均0.17，为弱速敏性。

第四节　油气储量

车排子油田储量是以油气藏为单元，采用容积法计算的。自1984年发现到2005年年底，共探明10个层块的油藏，其中石炭系3个（红116、车21、车32井区）；二叠系佳木河组4个（车47、车46、车72、车43井区）；夏子街组1个（车67井区）；侏罗系八道湾组1个（车67井区）；齐古组1个（车2井区）。探明2个层块的气藏：二叠系佳木河组1个（车30井区），侏罗系八道湾组1个（车45井区）。累计探明含油面积49.1km²，石油地质储量3643×10^4t、可采储量821.8×10^4t，溶解气地质储量33.15×10^8m³、可采储量6.18×10^8m³；探明气藏含气面积15.5km²，地质储量56.13×10^8m³，可采储量30.08×10^8m³(表1–8和表1–9)。

表1–8　车排子油田油藏储量汇总表

区块	层位	储量类别	储量参数						石油		溶解气	
			含油面积 km²	有效厚度 m	有效孔隙度 %	含油饱和度 %	地面原油密度 g/cm³	原油体积系数	地质储量 10^4t	可采储量 10^4t	地质储量 10^8m³	可采储量 10^8m³
红116井区	C	Ⅰ	1.2	5.8	10	55	0.836	1.160	28	3.6	0.23	0.03
车21井区	C	Ⅲ	7.3	19.4	10	55	0.853	1.082	614	184.0	3.00	0.6
车32井区	C	Ⅲ	7.7	12.4	9	55	0.853	1.082	373	112.0	1.80	0.36
车2井区	J_3q	Ⅱ	5.9	8.3	17	65	0.883	1.215	393	110.0	3.85	1.08
		Ⅰ	3.4	5.9	17	57	0.879	1.207	141	39.5	1.38	0.38
车47井区	P_1j	Ⅰ	1.5	21.2	10	55	0.834	1.340	109	16.4	1.49	0.23
车43井区	P_1j	Ⅱ	2.8	25.3	13	56	0.85	1.203	364	61.9	2.76	0.47
车46井区	P_1j	Ⅱ	7.5	19.9	11	59	0.813	1.203	655	111.4	4.96	0.85
车72井区	P_1j	Ⅱ	2.6	34.1	9	63	0.813	1.203	340	57.8	2.57	0.44
车67井区	P_2x	Ⅲ	5.8	18.8	13	51	0.851	1.398	440	88.0	9.64	1.45
	J_1b	Ⅰ	3.4	7.4	17	60	0.868	1.177	186	37.2	1.47	0.29
合计		Ⅰ	9.5						464	96.7	4.57	0.93
		Ⅱ	18.8						1752	341.1	14.14	2.84
		Ⅲ	20.8						1427	384.0	14.44	2.41
总计			49.1						3643	821.8	33.15	6.18

注：依据新疆油田分公司中心数据库数据资料编制。

表1–9　车排子油田气藏储量汇总表

区块	层位	储量类别	储量参数							天然气	
			含气面积 km²	有效厚度 m	有效孔隙度 %	含气饱和度 %	气层温度 ℃	原始地层压力 MPa	气体偏差系数	地质储量 10^8m³	可采储量 10^8m³
车30井区	P_1j	Ⅲ	10.2	21.3	11.0	64.0	64	25.10	0.92	35.96	17.98
车45井区	J_1b	Ⅱ	5.3	12.1	17.0	68.0	73	34.77	1.09	20.17	12.10
总　计			15.50							56.13	30.08

注：依据新疆油田分公司中心数据库数据资料编制。

一、红116井区、车21井区、车32井区石炭系油藏

1986年4月，勘探开发研究院编写了《车排子油田车21井区石炭系储量计算报告》，报告中将车21井区的储量分为三个单元来计算，即红116井区、车21井区、车32井区。共探明含油面积17.6km²，探明Ⅲ类地质储量：原油1193×10^4t，溶解气6.5×10^8m³；可采储量：原油358×10^4t，溶解气1.95×10^8m³。其中红116井区含油面积2.6km²，石油地质储量206×10^4t、可采储量62×10^4t，溶解气地质储量1.7×10^8m³；车21井区含油面积7.3km²，石油地质储量614×10^4t、可采储量184×10^4t，溶解气地质储量3.0×10^8m³；车32井区含油面积7.7km²，石油地质储量373×10^4t、可采储量112×10^4t，溶解气地质储量1.8×10^8m³。

2001年，勘探开发研究院王建新等人根据红116井区石炭系油藏全面投入开发的资料对储量进行了复算，复算后含油面积为1.2km²，Ⅰ类探明石油地质储量为28×10^4t，溶解气地质储量0.23×10^8m³，核减Ⅲ类地质储量178×10^4t。核减的主要原因是含油面积减少1.4km²，引起储量减少111×10^4t，其次是有效厚度减少14.2m，引起储量减少67×10^4t。

二、车2井区齐古组油藏

1988年3月，勘探开发研究院编写了《车排子油田车2井区侏罗系齐古组储量计算报告》，计算车2井区齐古组油藏Ⅱ类探明含油面积5.9km²，石油地质储量393×10^4t，溶解气地质储量3.85×10^8m³，根据岩心分析和经验公式确定该区的原油采收率为28%，计算可采储量原油为110×10^4t，溶解气为1.08×10^8m³。

2002年11月，勘探开发研究院编写了《车排子油田车2井区块侏罗系齐古组油藏扩边新增石油探明储量报告》，根据车2井区齐古组油藏1995—1999年的滚动开发过程中增加的扩边生产井资料，申报新增Ⅰ类含油面积3.4km²，石油地质储量141×10^4t，可采储量39.5×10^4t。至此，车2井区齐古组油藏Ⅰ＋Ⅱ类含油面积9.3km²，地质储量：原油534×10^4t，溶解气5.23×10^8m³；可采储量：原油149.5×10^4t，溶解气1.46×10^8m³。

三、车47井区、车30井区佳木河组油气藏

1996年4月，勘探开发研究院薛新克等人编写了《车排子油田车47井断块、车30井区下二叠统佳木河组油、气藏探明储量报告》，计算车47井区佳木河组油藏Ⅲ类探明含油面积6.1km²，石油地质储量784×10^4t，溶解气地质储量10.2×10^8m³，根据经验公式确定该区的原油采收率为15%，计算可采储量原油为117.6×10^4t，溶解气为1.53×10^8m³。计算车30井区佳木河组气藏Ⅲ类含气面积10.2km²，天然气地质储量35.96×10^8m³，采用类比法确定气藏的采收率为50%，计算可采储量为17.98×10^8m³。

2003年9月，勘探开发研究院根据车47井区投入开发后的资料，修正了储量参数解释标准，重新确定了储量参数。复算后确定Ⅰ类探明含油面积1.5 km²，石油地质储量109×10^4t、可采储量16.4×10^4t，溶解气地质储量1.49×10^8m³、可采储量为0.23×10^8m³。石油地质储量比复算前减少675×10^4t，主要是由于含油面积减少4.6km²、有效厚度减少3.5m、孔隙度减少5%等因素引起的。

四、车46井区、车43井区、车72井区佳木河组油藏

1997年11月，勘探开发研究院编写的《车排子油气田北部断块区二叠系佳木河组油藏探明储量报告》，计算了车43井区、车46井区、车72井区佳木河组油藏探明储量，共申报探明含油面积12.9km²，Ⅱ类探明石油地质储量1359×10^4t，根据经验公式确定采收率为17%，原油可采储量为231.1×10^4t，溶解气地质储量10.29×10^8m³，溶解气可采储量为1.76×10^8m³。其中车43井区含油面

积 2.8km^2，石油地质储量为 364×10^4t，溶解气地质储量 2.76×10^8m^3，石油可采储量 61.9×10^4t，溶解气可采储量为 0.47×10^8m^3；车 46 井区含油面积 7.5km^2，石油地质储量为 655×10^4t，溶解气地质储量 4.96×10^8m^3，石油可采储量 111.4×10^4t，溶解气可采储量为 0.85×10^8m^3；车 72 井区含油面积 2.6km^2，石油地质储量为 340×10^4t，溶解气地质储量 2.57×10^8m^3，石油可采储量 57.8×10^4t，溶解气可采储量为 0.44×10^8m^3。

五、车 45 井区八道湾组气藏

1998 年 1 月，勘探开发研究院编写的《车 45 井区块八道湾组气藏探明储量报告》，申报八道湾组含气面积 5.3km^2，Ⅱ类探明天然气地质储量 20.17×10^8m^3，采收率按照经验公式确定为 60%，可采储量为 12.10×10^8m^3。

六、车 67 井区八道湾组、夏子街组油藏

1998 年 12 月，勘探开发研究院编写的《车 67 井区块新增探明储量报告》，报告中对车 67 井区八道湾组、夏子街组储量进行了计算，申报八道湾组油藏探明含油面积 4.3km^2，Ⅲ类探明石油地质储量 450×10^4t，采收率根据经验公式确定为 20%，石油可采储量为 90×10^4t，溶解气地质储量 3.56×10^8m^3，溶解气可采储量为 0.71×10^8m^3。申报夏子街组油藏探明含油面积 5.8km^2，Ⅲ类探明石油地质储量 440×10^4t，石油可采储量为 88×10^4t，溶解气地质储量 9.64×10^8m^3，溶解气可采储量为 1.45×10^8m^3。

2003 年 7 月，勘探开发研究院祝芸、王剑峰等人根据车 67 井区八道湾组油藏投入开发后取得的资料，对侏罗系八道湾组油藏储量进行了复算，复算后含油面积 3.4km^2，Ⅰ类石油地质储量 186×10^4t、可采储量 37.2×10^4t，溶解气地质储量 1.47×10^8m^3、可采储量 0.29×10^8m^3。

第二章

开发部署与实施

车排子油田1984年发现，1992年投入开发。截至2005年底，投入开发的区块有红116井区石炭系油藏、车2井区侏罗系齐古组油藏、车47井区二叠系佳木河组油藏，车67井区侏罗系八道湾组油藏、车21井区石炭系油藏、车202井区三叠系克下组油藏，其中车2井区齐古组油藏为车排子油田的主力开采单元。累计动用石油地质储量1093×10^4t，投产生产井116口，开井86口，日产油213t，当年产油9.09×10^4t，累计产油152.82×10^4t，综合含水57.5%，采油速度0.83%，采出程度13.98%，可采采出程度60.19%。注水井15口，开井13口，日注水354m^3，累计注水101.60×10^4m^3，累计注采比0.36（表2–1）。

表2–1　车排子油田各开采单元开发概况表

开采单元	发现时间	投入开发时间	开采层位	动用含油面积 km^2	动用地质储量 10^4t	可采储量 10^4t	主要开采方式	2005年产油量 10^4t	2005年底累计产油 10^4t	采油速度 %	采出程度 %	可采采出程度 %	综合含水 %	气油比 m^3/t
车2	1985年11月	1992年	J_3q	9.3	534	149.5	注水	0.5741 2	121.4759	1.08	22.75	81.25	58.90	55
红116	1984年3月	1992年	C	1.2	28	3.6	衰竭	0.1376	4.3305	0.49	15.47	120.29	25.30	5
车47	1986年3月	1996年	P_1j	1.5	109	16.4	衰竭	0.4168	12.2874	0.38	11.27	74.92	71.00	36
车67	1998年4月	2000年	J_1b	3.4	186	37.2	注水	0.7638	4.7588	0.41	2.56	12.79	51.70	186
车21	1984年4月	2004年	C	2.76	236	47.2	衰竭	1.4875	2.6432	0.63	1.12	5.60	23.50	—
车202	2003年9月	2005年	T_2k_1	—	—	—	注水	0.3798	0.3798	—	—	—	—	728
其他								0.1657	6.9417					
合计				18.16	1093	253.9		9.0924	152.8173	0.83	13.98	60.19	57.50	130

注：依据新疆油田分公司中心数据库数据资料编制。

第一节　方案编制与实施

一、车2井区侏罗系齐古组油藏

车2井区齐古组油藏是车排子油田的主力区块，由于油藏比较复杂，认识不可能一次完成，采用了滚动开发的模式。

（一）开发前的地质研究

1985 年底到 1987 年，在车 2 井区先后钻探了车 3、车 10、车 17、车 55、车 56 井 5 口探井，初步确定了油藏的含油范围。为了解该油藏的产能，部署了车 2023、车 2037 等 4 口开发控制井，试油试采资料表明，该油藏属于低渗透油藏，储层具有强水敏性，油层经过压裂改造后，单井产能较高。

为了进一步搞清车 2 井区在开发过程中储层表现出来的水敏性对开发可能造成的影响，1990 年勘探开发研究院开设专题研究，由勘探开发研究院技术经济综合室杨生榛、单守会、韩小平编写了《准噶尔盆地西北缘车 2 井区、446 井区储层敏感性研究》，研究认为车 2 井区储层具有极强的敏感性，车 3 井和车 57 井的试验证实，黏土矿物含量高，储层中流体达到一定值时，能引起储层中的颗粒移动。黏土矿物遇水膨胀，会使大孔喉减少，小孔喉和不连通的孔隙增加，使好储层变为差储层或非储层。这项研究成果为方案编制提供了重要依据。

（二）开发布井方案编制与实施

1991 年 11 月，由勘探开发研究院技术经济规划室单守会、谢义林与采油一厂油田研究所熊朝东、刘启华共同编制了《车 2 井区齐古组油藏开发布井方案》，经局地质处闻玉贵审核，局总地质师赵立春审批。该方案采用 450m 井距，四点法面积注水井网，共布井 25 口（采油井 17 口，注水井 8 口，利用探井 5 口），需钻新井 20 口，另部署开发预备井 2 口，动用含油面积 5.9km^2，动用地质储量 393×10^{4}t，平均井深 3200m，钻井进尺 6.4×10^{4}m，设计单井产能 12t/d，年产能力 6.12×10^{4}t。

1992 年 3 月开始实施，当年完钻 CH2004 试验井组 5 口生产井，投产后单井日产油在 11.4～36.3t，平均日产油 24.9t。

根据试验井组的实施情况，1993 年 12 月李一峰等编写了《车 2 井区齐古组油藏开发布井补充意见》。以 450m 井距，在原开发井网基础上向外边延伸，完善井网，增布开发井 7 口（利用老井 1 口），其中采油井 5 口，注水井 2 口。单井设计产能 12t/d，年产能力 1.8×10^{4}t。连同第一次布井共部署开发井 32 口，预备井 2 口，其中利用老井 6 口，钻新井 26 口，合计建年产能 7.92×10^{4}t。

到 1995 年 12 月，共完钻新井 21 口，投产初期单井平均日产油 15.4t，均超过设计产能。全区累计完钻新井 26 口，建成年产能力 6.48×10^{4}t。方案实施后车 2 井区最高年产量达到 13.84×10^{4}t（1995 年）。

（三）扩边方案部署与实施

在车 2 井区齐古组油藏开发布井方案与补充意见实施过程中，加强了跟踪研究，通过对新完钻井的测井、试采及三维地震资料的分析，在含油面积外围的有利含油区域，实行滚动扩边，从 1995 年到 2005 年先后五次扩边，其中 1995 年 3 月在 CH2037 井以南及车 55 井以东布扩边井 7 口；1996 年在油藏西南部布扩边井 10 口；1997 年 5 月在油藏东北部布扩边井 7 口（先部署实施 3 口采油井）；1998 年 1 月在油藏东北部布扩边井 23 口（当年部署实施的 11 口井，采油井 8 口，注水井 3 口）；2005 年 1 月布扩边井 7 口。五次共部署扩边井 54 口（采油井 34 口，注水井 20 口），先期实施 38 口井（采油井 27 口，注水井 11 口），设计年产能力 10.5×10^{4}t。

实施过程中，根据已完钻井的投产情况及时作出了调整，对落入水区或油层变差产能很低的井区及时采取终止措施，实际钻井数少，特别是 1998 年 1 月在油藏东北部所布的 23 口扩边井，通过先期实施的 3 口井完钻后发现油层变差，产能很低，及时终止了其余井的实施。五次扩边实际完钻新井 24 口（采油井 15 口，注水井 9 口），建成年产能力 3.27×10^{4}t（表 2–2 和图 2–1）。

截至 2005 年底，车 2 井区齐古组油藏共有采油井 37 口，开井 28 口，日产油 143t，当年产油 5.74×10^{4}t，累计产油 121.48×10^{4}t，综合含水 58.9%，采油速度 1.08%，采出程度 22.75%，可采采出程度 81.25%。注水井 11 口，开井 9 口，日注水量 256m^3，累计注水量 83.89×10^{4}m^3，累计注采比 0.38。

表 2-2　车 2 井区齐古组油藏历次扩边情况统计表

时间	方案名称	方案部署						实施情况				
		布井总数 口	采油井数 口	注水井数 口	先期实施 口	设计单井产能 t	年产能力 10^4t	完钻井数 口	采油井 口	水井 口	初期单井平均产能 t/d	建成年产能力 10^4t
1995 年 3 月	车 2 井区齐古组扩边井位意见	7	5	2	7	12	1.80	6	4	2	13.1	1.44
1996 年 1 月	车井区齐古组油藏滚动开发意见	10	7	3	10	12	2.52	6	4	2	出水或低产关井	
1997 年 5 月	车 2 井区齐古组油藏扩边意见	7	5	2	3	12	1.08	3	3		20	1.08
1998 年 1 月	车 2 井区齐古组油藏东北部滚动开发意见	23	13	10	11	15	3.60	3	1	2	初期 5.4t/d，后不出	
2005 年 1 月	车排子油田车 2 井区齐古组油藏扩边、更新布井方案	7	4	3	7	12.5	1.50	6	3	3	12.1	0.75
合　计		54	34	20	38		10.50	24	15	9		3.27

注：依据新疆油田分公司中心数据库数据资料编制。

二、红 116 井区石炭系油藏

红 116 井区石炭系油藏的红 116 井进行了长期试采，自 1984 年到 1991 年，累计生产天数 2363 天，累计产油 1.94×10^4t。

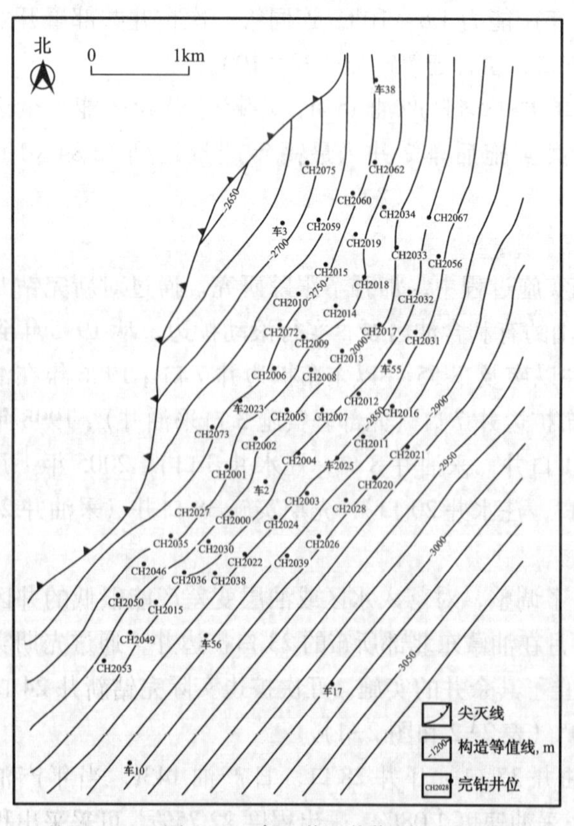

图 2-1　车 2 井区井位图
（新疆油田分公司勘探开发研究院编制，2005 年 12 月）

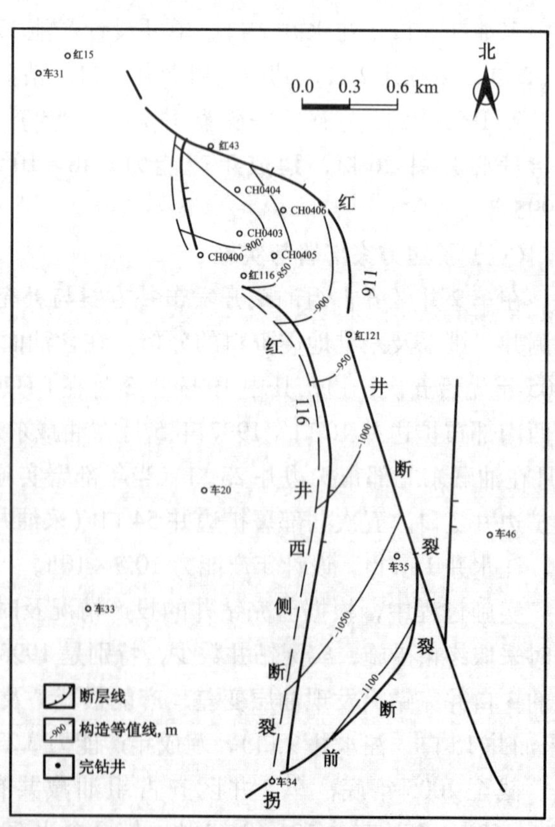

图 2-2　红 116 井区井位图
（新疆油田分公司勘探开发研究院编制，2005 年 12 月）

在认真研究红116井区石炭系油藏特征和试采资料的基础上，1991年11月，勘探开发研究院杨生榛、杨莉编制了《红116井区石炭系油藏开发布井意见》。经局主管部门批准，决定在红116井区的构造高部位，采用300m井距四点法面积注水井网部署布井8口（利用老井1口），其中采油井6口，注水井2口，动用含油面积2.6km²，动用地质储量206×10⁴t。设计单井日产油6.0t，区日产油36t，年产能力1.08×10⁴t。设计区年注水1.4×10⁴m³，单井日注水20m³。1992年根据滚动开发的模式实际完钻投产5口井，单井平均日产油7.3t，区日产油29.2t，建成年产能力0.9×10⁴t。当年产油0.96×10⁴t。

截至2005年年底，共有采油井4口，开井1口，日产油4.0t，当年产油1376t，累计产油4.33×10⁴t，采油速度0.49%，采出程度15.47%，综合含水25.3%（图2—2）。

三、车47井区二叠系佳木河组油藏

1996年3月，勘探开发研究院编写了《车排子油田车47井区二叠系佳木河组油藏滚动开发布井意见》，鉴于油藏为一块状火山岩储集体，故作为一个开发层系对待。以注水开发方式保持地层压力开采，采用350m×（500～600）m井距斜反九点面积注水井网，布井井排的连线与裂缝延伸方向成30°角，以避免注入水沿裂缝过早窜入油井。整体部署开发井42口（利用老井2口），其中采油井33口，注水井9口。设计平均井深2950m，钻井总进尺12.10×10⁴m，单井产能12.0t/d，设计年产能力13.07×10⁴t。动用含油面积6.1km²，动用石油地质储量784×10⁴t。由于断块内储量控制程度低，为降低开发风险，决定采用滚动开发方式进行开发。

方案于1996年5月开始实施，截至1996年底，共完钻12口，投产9口。初期单井平均产能6t/d，区日产油54t。其中3口井达到设计产能，2口井未达到设计产能，4口井不出。分析原因：3口达到设计产能的井处于车47井断块的有利相带；2口未达到设计产能的井是油层和裂缝不发育；4口不出的井是处于不利相带，压裂措施不成功。1997年又实施了4口井，均未达到设计产能，为确保油藏的开发效益，其余新井未再实施。截至1997年底，实际建成年产能力2.1×10⁴t。

截至2005年底，共有采油井20口（含非井网井2口），开井9口，区日产油16t，当年产油4168t，累计产油12.29×10⁴t，采油速度0.38%，采出程度11.27%，可采采出程度74.92%，综合含水率71%（图2—3）。

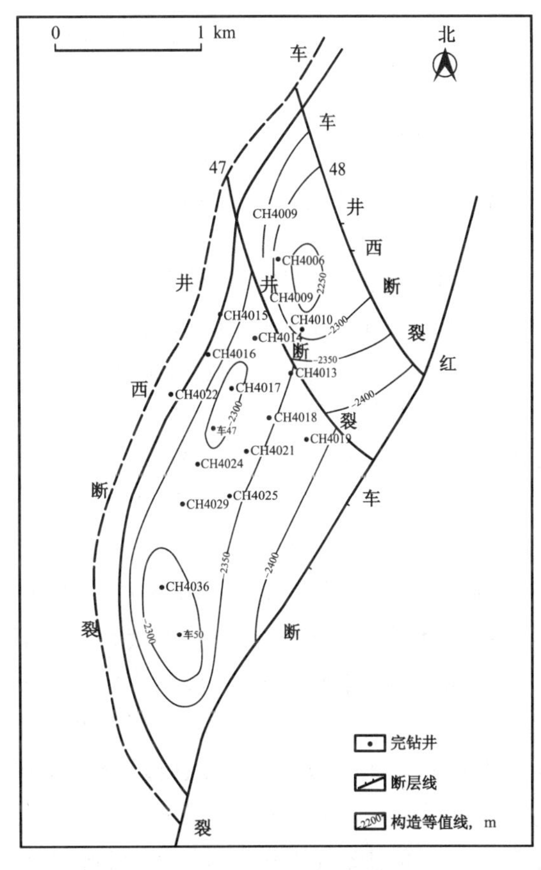

图2—3 车47井区井位图

（新疆油田分公司勘探开发研究院编制，2005年12月）

四、车67井区侏罗系八道湾组油藏

车67井区八道湾组油藏于1996年7月发现，1999年10月，勘探开发研究院开发所魏利燕等编制了《车67井区八道湾组油藏开发评价井布井意见》，部署开发评价井CH8032井，该井试油获日产油6.9t，试油试采效果较好。2000年1月，该所孙宝宗、李勤良等编写了《车67井区八道湾组油藏滚动开发布井方案》。采用960m×480m×180m矩形井网部署开发井18口（利用老井2口），其中采油井14口，注水井4口，钻新井16口。设计平均井深2650m，钻井进尺3.975×10⁴m，设计单井产能11t/d，

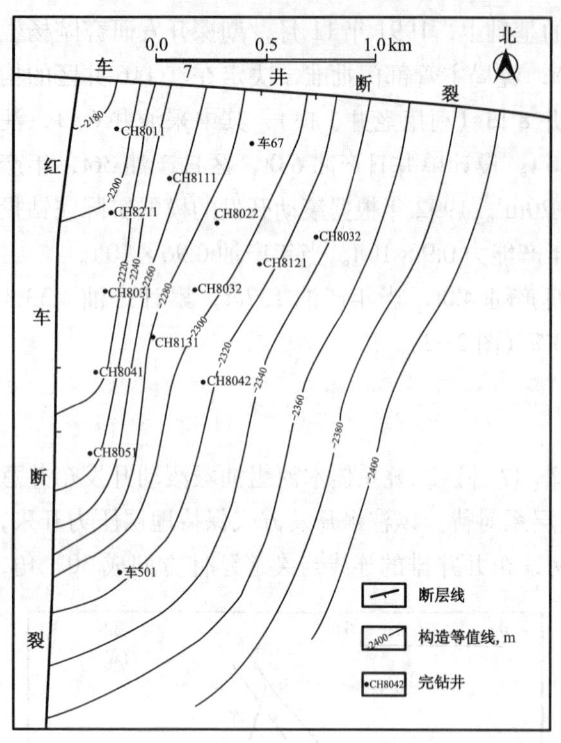

图 2-4　车 67 井区井位图
（新疆油田分公司勘探开发研究院编制，2005 年 12 月）

年产能力 4.62×10⁴t，动用地质储量 450×10⁴t。按照整体部署、择优开发的原则，立足于早期注水开发。对八道湾组的主力油层 J_1b_3 和 J_1b_4 层采取合层开发的方式，在开发过程中发现 J_1b_4 层高含水，后调整为以开发 J_1b_3 层为主。到 2001 年 2 月，全区完钻新井 12 口，正常生产井 11 口，全区日产油 39.3t，平均单井日产油 3.6t，实际建成年产能力 1.19×10⁴t。2002 年 3 月转注 3 口井，由于油藏渗透率低，储层敏感性强，注入水水质不合格，注水开发效果差。

截至 2005 年底，全区共有采油井 13 口，开井 8 口，日产油 26t，当年产油 7638t，累计产油 4.76×10⁴t，采油速度 0.41%，采出程度 2.56%，可采采出程度 12.79%，综合含水 51.7%，注水井 3 口，开井 3 口，日注水量 66m³，累计注水 12.30×10⁴m³（图 2-4）。

五、车 21 井区石炭系油藏

2002 年 3 月，勘探开发研究院、新疆石油管理局钻井工艺研究院（以下简称钻研院）李一峰、范志国等人编制了《车排子油田车 21、车 32 井区石炭系油藏开发前期评价方案》，审核人为钱根宝、许树谦，决定在车 21 井区、车 32 井区部署三口评价井，2003 年完钻一口评价井 DC1002，获得日产 4.7t 的工业油流。

2004 年 3 月，新疆石油管理局采油工艺研究院（以下简称采研院）和新疆石油管理局低效油田开发公司程卫民、蒲丽平、刘瑞兰等人编制了车 21 井区滚动开发布井方案，决定在车 21 井区首先实施评价井 DC1003 井及生产控制井 DC006、DC015 井。采用 350m 井距四点法井网部署滚动开发井，分批实施 41 口动用含油面积 2.76km²，动用地质储量 236×10⁴t。设计单井产能 3.5t，钻井总进尺 6.073×10⁴m，新建产能 4.3×10⁴t。

2004 年 5 月，评价井 DC1003 井、生产控制井 DC015 井、DC006 井投产以后，获得较好的效果，其中 DC015 井试油 5mm 油嘴日产液 54.1t，日产油 46t，含水 15%。为了降低油藏的开发风险，由新疆石油管理局工程咨询中心作为编制单位，采研院、低效油田开发公司、钻研院和新疆时代石油工程有限责任公司作为参加单位，潘竟军、程卫民等人编制了《车排子油田车 21 井区石炭系油藏、车 43 井区二叠系佳木河组油藏 2004 年开发建设可行性研究报告》，从政策层面，社会稳定层面、管理局自身技术队伍发展层面分析了项目建设的必要性，从资源分布、油藏地质、开发建设方案、人力资源配置、经济评价等各个角度对该区块开发进行了可行性论证，认为该项目油价以 18 美元 / 桶为盈利基准，近年来高油价为低效油田开发提供了契机，给难动用储量经济有效动用留下了盈利空间，项目具有可行性。

2004—2005 年，该区共完钻投产新井 31 口，平均单井初期日产油 2.9t。截至 2005 年底，车 21 井区共有采油井 33 口，开井 32 口，平均单井日产油 2.4t，实际建成年产能力 2.30×10⁴t，年产原油 1.49×10⁴t。累计生产原油 2.64×10⁴t，累计产水 1.30×10⁴t，采出程度 1.12%，可采采出程度 5.6%，采油速度为 0.63%（图 2-5）。

六、车 202 井区克下组油藏

车 202 井区克下组油藏发现井是车 202 井，2003 年 9 月上返克下组 S_7^5 层 1877 ~ 1890m 压裂试油，4.5mm 油嘴获日产油 9.1t 的工业油流。2004 年 4 月在该断块钻专层评价井 1 口（CH0508 井），获得 28t/d 的油流。2005 年 4 月，采油一厂油田地质研究所编制了《车 202 井区滚动开发部署意见》，采用 250m × 350m 井距反九点法面积注水井网部署开发井 10 口（利用老井 2 口），其中采油井 7 口，注水井 3 口，设计单井产能 8t/d，新建产能 1.68×10^4t。实际完钻投产新井 5 口，初期平均单井日产油 23.2t，综合含水 15%，建成年产能力 1.2×10^4t。2005 年 11 月转注 CH0508 井。截至 2005 年底，全区共有油井 5 口（利用老井 1 口），日产油 15t，累计产油 3798t；注水井 1 口，平均日注水 $33m^3$，累计注水 $1882m^3$（图 2–6）。

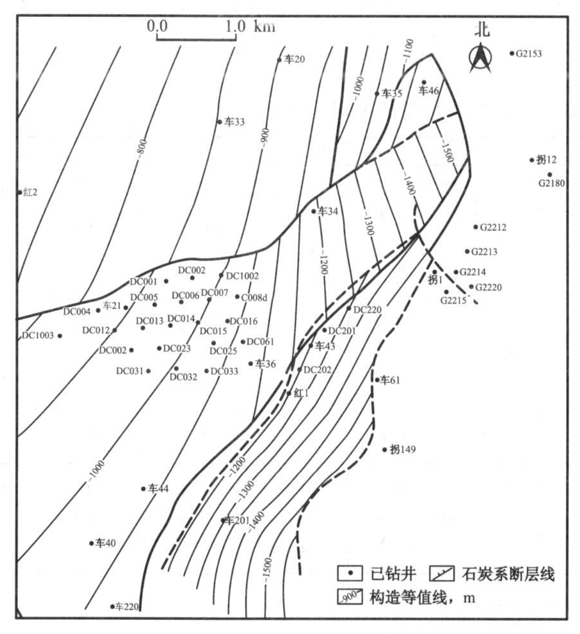

图 2–5　车 21 井区井位图
（新疆油田分公司勘探开发研究院编制，2005 年 12 月）

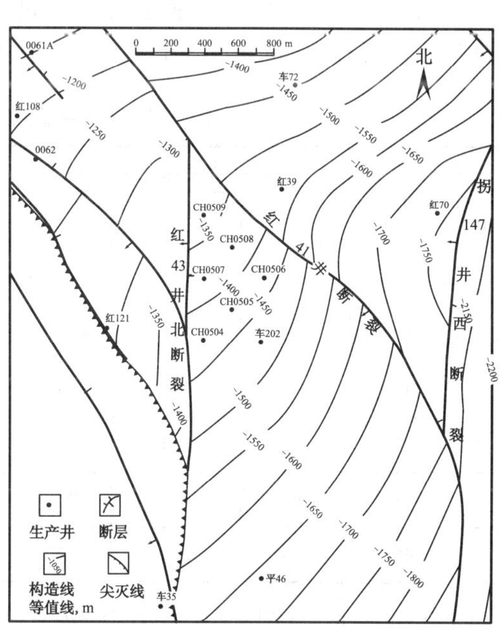

图 2–6　车 202 井区井位图
（新疆油田分公司采油一厂编制，2005 年 12 月）

第二节　开发过程控制

在车排子油田开发过程中，以主力开采单元车 2 井区齐古组油藏为重点，以动态监测资料为依据，进行了开发过程跟踪研究，并采取多种措施，予以控制，取得了较好的效果。

一、投转注增注，补充油藏能量

车 2 井区齐古组油藏属于强水敏性储层，开发此类油藏经验不足，故将 CH2004 井组作为注水开发试验井组先期实施。1992 年 12 月完钻试验井组 5 口新井。按照勘探开发研究院油田开发室编制的《车 2 井区齐古组油藏 CH2004 井组注水试验方案》要求，1994 年 8 月 8 日注水试验开始，至 11 月 23 日因天气寒冷暂停现场试验，当年共注水 $1600m^3$。1995 年 4 月 27 日继续试验，7 月 16 日试验结束，注水 $3722m^3$，累计注水 $5322m^3$。同年 9 月，勘探开发研究院油田开发室编制了《车 2 井区齐古组油藏注水意见》，设计日注水平 $605m^3$，年注水能力 $20 \times 10^4m^3$，初期单井日注入量 $55m^3$，注水井井口最高注入压力不超过 12.5MPa，为防止水敏矿物膨胀，注入水中需加入防膨剂。

由于油藏始终处于滚动开发过程中，开发初期每年都有新井投产，开发井数每年都在增加，注水系统工程早期难以实施，造成油层压力下降，地层原油脱气，进而导致油井供液不足减产，生产水平在 1995 年达到高峰以后，1996—1998 年生产下降幅度逐年加大。1998 年自然递减 43%，综合递减

21.9%。1998年5月，采油一厂油田开发所编制了《车2井区齐古组油藏转注方案》，决定对方案注水井分批实施投注，1998年注水站建成，当年转注6口，1999年累计转注井数10口，年注水4.62×10^4m^3，累计注水6.97×10^4m^3。投入注水两年，初见成效，1999年全区生产情况与1998年相比基本趋于稳定，地层压力出现回升趋势，递减有所减缓。同井点动液面（受水井影响的油井），由1998年的1817m回升到1803m，反映该区的供液能力在逐步恢复，为该区稳产奠定了基础（表2–3）。2001年以来，对不满足配注要求的注水井先后酸化增注39井次，有效31井次，有效率79.5%，增注水量5.56×10^4m^3。2001年到2004年基本达到注采平衡，月注采比0.95～1.38。截至2005年底，注水井数达11口，当年注水10.99×10^4m^3，累计注水83.89×10^4m^3。由于地层能量得到补充，油层脱气情况有所减缓，气油比由最高163m^3/t下降至1999年的110m^3/t，2005年进一步下降到55m^3/t。

表2–3　车2井区齐古组油藏注水前后开发情况对比表

时间	年末油井总数 口	年生产水平情况		年综合含水 %	单井日产油水平 t	递减		地层亏空 10^4m^3	同井点		地层压力 MPa
		日产液 t	日产油 t			自然递减 %	综合递减 %		动液面 m	沉没度 m	
1995年	33	465	379	19.0	15.3	8.3	-10.0	54	1402	665	29.0
1996年	43	466	378	18.9	10.9	15.6	14.1	77	1615	452	26.1
1997年	47	437	310	29.1	8.8	27.8	20.1	98	1774	292	25.7
1998年	47	367	255	30.5	7.8	43.0	21.9	112	1817	260	25.5
1999年	45	378	254	32.8	7.7	-3.2	-2.0	119	1803	274	26.0

注：摘自《车2井区齐古组低渗透强水敏油藏防膨注水经验总结》，2001年5月。

二、控制含水上升，抑制边水推进

油藏地质研究结果表明，车2井区齐古组边、底水体积大约是油区体积的6～10倍。由于车2井区齐古组油藏单井投产时间不同，加之探井试油结束后进行了长期试采，直到1994年后大批开发井才相继完钻并投产，因而造成了全区地层压力高低分布不均。试采时间长、地下亏空体积大的区域，地层压力保持相对较低；而油区东南部构造较低部位由于边底水能量的补充，地层压力保持相对较高。随着开采时间的延长，东南部边底水整体向西北部压力低的油区中心部位逐步推进。发现这些问题后，1998年开始，采取补充地层能量抑制边水推进、隔水抽油降低含水、控制生产压差减缓含水上升速度等技术对策，通过11口井的转注，6口井的分注，控制生产压差在2.05MPa，以及合理配注等措施，使油藏的含水上升率得到控制。据1999年12月至2005年12月的资料数据统计，阶段含水上升22.6%（由36.3%上升到58.9%），阶段产油量44.02×10^4t，阶段采出地质储量8.24%，平均每采1%的地质储量含水上升2.7%。

三、综合措施挖潜

针对车排子油田低渗透、强水敏的地质特点，采取了上返补层、堵隔水、油井酸化压裂等措施，使油田的自然递减率由1998年最高的43%降低到2005年的20.9%。

（一）上返补层、堵隔水

从2000年开始，先后实施上返补层措施14井次，有效8井次，措施有效率57%，累计增油6120t。如2003年在CH2019井补层射开齐古组3049.5～3058.5m井段，增油1097t。共实施隔堵水19井次，有效 10 井次，措施有效率 52.6%。累计增油 5731t，如 2004 年在 CH2002 井实施堵隔水措施，封堵 G_3 层，日增油 8t，含水由 87% 下降到 8%，当年增油 2280t。

（二）油井压裂、酸化

车 2 井区储层具有极强的水敏性，在 1996 年前压裂施工中，用乳化原油压裂液效果较差。1996 年以后，改进施工工艺，采用防膨水基瓜尔胶压裂液。1996 年至 2005 年施工 13 口井，措施有效率达 92.3%，累计增油 3255t。为了解除油井在钻井、修井过程中形成的油层污染和堵塞，开展了酸化解堵措施，1997 年实施车 2 井区第一口（CH2013 井）土酸酸化解堵工艺措施，处理近井地带的无机堵塞，施工排量每分钟 1.2m³，施工压力 16MPa，增油 134t。1997—2005 年共实施酸化 25 口井，措施有效率达 64%，累计增油 7117t。

第三节　油田动态监测

车排子油田动态监测资料的录取遵循《油田开发管理纲要》中的取资料要求，年度制定分区油藏动态监测方案。监测系统主要包括油井的产出剖面监测系统、注水井吸水剖面监测系统、油水井压力监测系统、井下技术状况监测系统、油水井流体性质监测系统等，其中油气水井压力监测制度为每半年监测一次，其余监测系统均为每年监测一次。选井原则为平面定点，测试比例按《油田开发管理纲要》不同类型油气藏取资料比例要求进行。注水井分层注水的测试按新疆石油管理局《采油队管理细则》的要求执行，每季度测试一次。抽油井动液面和示功图的测试按新疆石油管理局《采油队管理细则》的要求执行，每月测试一次。

一、油水井压力监测

油水井压力监测仪器经历从弹簧式机械压力计向存储式电子压力计的技术转变，到 1996 年测试仪器更新完毕，全面使用存储式电子压力计，提高了油水井压力资料录取的准确性。

油水井压力监测主要在三个开发区进行，即车 2 井区、车 47 井区、车 67 井区。

车 2 井区齐古组油藏初期主要采油方式是自喷采油，压力资料的录取主要采用压力计实测法。随着自喷井的逐渐转抽，由于井深达到 3200m，受测试仪器下入深度的限制，压力资料的录取受到影响，直到 2003 年，测试服务单位开发出随深井泵同时起下的测压新技术，才在抽油井上实现深井测压，但由于需要井下作业的配合，每年的测试井数受到限制。截至 2005 年底，车 2 井区共录取油井压力资料 96 井次，年均监测 5 井次，从 2004 年开始利用深井泵测试技术，共计完成 3 井次。注水井测压 83 井次，年均监测 10 井次。

车 47、车 67 井区由于投入开发井数少，单井产量下降快，油水井压力监测井数受限，截至 2005 年，两区块合计油井压力监测 21 井次，车 67 井区有注水井 3 口，由于长期注不进，没有开展压力监测。

油井的动液面、静液面测试是监测抽油井压力变化的主要手段，主要采用双声道回声仪测试，车 2、车 47 和车 67 三个正常开发区块平均年监测 400 井次。

二、产液剖面监测

车排子油田产液剖面监测受井深、井口产量低等限制，仅在车 2 井区和车 47 井区开展工作。

车 2 井区自喷时期产液剖面采用 DDL3 引进仪连续流量计组合测井。抽油井环空测试受井深和气体影响，测试工艺复杂、难度大，测试成功资料很少。截至 2005 年底仅成功测试 3 井次，它们分别是 1994 年测试的 CH2002 井和 1996、1997 年完成测试的 CH2013 井。车 47 井区完成 2 井次。

三、吸水剖面监测

吸水剖面监测主要在注水开发区车2井区进行。该区由于受井深限制国产仪器无法完成，主要采用DDL−3连续流量计测井技术。截至2005年底，共计完成吸水剖面测井39井次，年均测试5井次，测试率达到40%～50%，依据注水井吸水剖面的解释资料，通过油水井对应关系的分析应用，合理调配注水量，优化调整生产参数，部分弥补了产液剖面资料少给生产分析带来的困难。如根据测试资料综合研究认为车2井区G_3层水淹水窜明显，而G_2层渗透率低，含水饱和度低，剩余油储量较大，是主要潜力层。对于水淹水窜水井采取堵隔水措施，取得良好的效果。

四、油气水流体分析监测

流体性质监测主要由采油一厂化验室承担，内容包括油气水常规分析、油气水流体性质监测和注入水水质监测等。

油气水常规分析主要开展了原油含水、沉淀物分析和注入水的机杂、含铁分析。原油含水率分析采用离心法，资料的录取按新疆油田《采油队工作细则》要求进行。截至2005年底，共计完成含水、含砂分析10692井次，年均890井次，沉淀物分析8352井次，年均696井次。注入水水质分析5820井次，年均分析485井次。

原油物性分析建立了原油黏度、密度等单项的检测分析方法，原油密度检测采用密度计法；原油黏度检测采用毛细管黏度计法；原油含盐量测定有电量法、电导法及容量抽提法等。截至2005年底，共计录取全分析资料456井次，年均分析38井次。

地层水分析包括密度、黏度、各种盐类和离子的含量及有关特殊成分，确定总矿化度及水型。截至2005年底共计录取550井次，年均录取34井次。地层水分析资料对于见水油井判断出水来源于地层水还是注入水有着至关重要的作用。

每月对油田3个注水泵出口定点取样化验进行注入水水质分析。坚持长期监控注入水源水质情况，为注水工艺设计提供了依据。

天然气分析主要是应用气相色谱仪测定天然气的相对密度和组分，用以确定天然气性质。天然气的组分分析经历了从人工到完全应用计算机技术，使分析和数据处理简便而完善。分析内容有相对密度（天然气密度比空气密度）、烃类气体（CH_4、C_2H_6、C_3H_8、C_4H_{10}、C_5H_{12}等）、非烃类气体（CO_2、CO、N_2、H_2O、H_2S等）及稀有元素（氦、氖、氩等）的含量，为天然气的利用提供了基础数据。

第三章

钻井和采油工程

第一节 开发钻井

车排子地区的钻井工作开始于1956年，由地调处用B3钻机钻地质浅井，至1958年共完钻地质浅井22口，均为裸眼完井，其中11口井见油气显示。

1958年6月25日，由独山子矿务局钻井处3231钻井队承钻的预探井户1井开钻，1958年9月4日因工程事故完井，井深1331.1m。其更新井户1a井于1958年9月3日开钻，1959年2月1日又因工程事故完钻，完钻井深2690.36m，两口井均未下油层套管。随后户2、户3井均因工程事故报废。1959—1968年在该区又相继完成了车4井、红1井、红2井等井，但大多数井未下油层套管。至此该区钻井工作停顿。

1984年，开始重新在车排子地区进行钻探，在总结1968年以前该区钻井失败经验教训的基础上，采用新的钻井工艺技术取得了突破，红116井、车2井等相继试出了工业油流。并于1992年投入开发，至2005年累计钻井241口，进尺53.99×10^4m。

一、钻井液

通过对地层岩矿特性和矿物组分的分析，上部大段泥岩组分以蒙皂石为主，极易吸水膨胀垮塌，造成卡钻事故，这是1968年以前钻井事故频繁发生的主要原因。储层内含大量的水敏性黏土矿物，易造成储层污染，通过反复研究和试验，采用了KCl防塌钻井液（KCl含量为7%~12%），屏蔽暂堵油层保护技术，严格控制钻井液滤失量，且密度小于1.20g/cm^3，在钻井施工中取得了良好的效果。

二、多项钻井技术配套应用

1996—2000年，新疆石油管理局钻研院与中国石油大学（北京）、西南石油学院合作研究开发中国石油天然气集团公司攻关项目“复杂地质条件下深井钻井技术研究”。该项目共选择5个区块7口井作为工程试验井，1999年选择车77井为工程实验井，采用多项新技术配套应用，如地层孔隙压力预测技术；修正DC指数法随钻检测地层孔隙压力技术；井身结构及安全钻井液密度使用范围的确定；套管柱的优化设计；岩石力学分析及钻头选型；水力参数优化设计；钻具组合设计及力学分析；提高钻速技术措施。

这些技术在该井的现场使用收到了较好的效果：根据预测的孔隙、坍塌和破裂压力设计的井身结构满足了钻井施工的要求，复杂事故时率降低了2%；利用修正的DC指数法实时检测的地层孔隙压力与实测值对比精度达到了90%；用岩石力学参数法进行选型的钻头在现场使用的过程中达到了提高钻速、减少钻头用量和起下钻时间、节约钻井成本的目的，钻头用量减少16.67%；经过优化设计的套管柱满足了车77井固井工程要求；设计的水力参数、钻具组合使用为提高钻速提供了条件；制定的提高钻速的技术措施确保了快速钻进的目的。与邻井车18井对比，机械钻速提高了24.17%，完井周期缩短22.22%。

三、分支井

2005年，钻井公司30639队在车排子油田车21井区钻成DC024分支井，该井是中国石油天然气集团公司“十五”重点科技攻关项目“新疆油田分支井钻井完井技术”的工程试验井。该井于2005年7月10日开钻，7月19日钻至井深1405m，下入ϕ244.50mm技术套管，固井水泥返至600m，8月2日钻至1670m，下入ϕ139.70mm尾管，固井水泥返至1312.71m。8月12日从1302m开窗侧钻分支井，用ϕ215.9mm钻头钻至斜深1728m，下入ϕ177.80mm带悬挂器的尾管，固井后发现因尾管悬挂器壁钩脱落，导致尾管下沉，决定此分支井眼工程报废。9月30日从1292m处重新开窗侧钻，用ϕ215.9mm钻头钻至斜深1710m完钻，最大井斜角43.93°，方位角175.76°，总水平位移241.23m，下入ϕ177.8mm悬挂尾管，固井水泥返至ϕ244.50mm套管内，用铣锥铣通直井内被堵塞部分，实现直井和分支井均可通入，完成了分支井的施工任务，该井于2005年11月27日完井，12月11日正式投产（图3−1）。

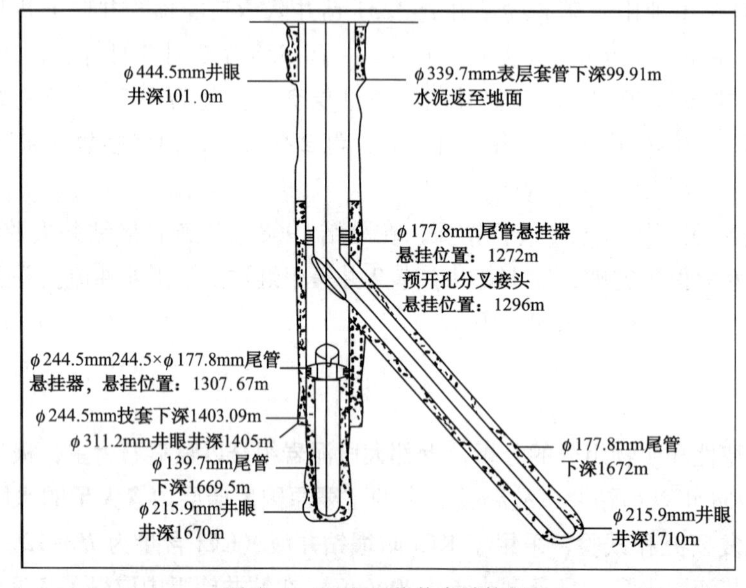

图3−1 DC024井井身结构图
（新疆石油管理局钻研院编制，2005年12月）

第二节 完 井

一、完井方式

车排子油田开发井均采用套管射孔完井方式。

二、井身结构

用ϕ444.5mm钻头钻至450m，下入ϕ339.7mm套管，固井水泥返至地面；二开用ϕ215.9mm钻头钻至设计井深，下入ϕ139.7mm油层套管，固井水泥返至八道湾组底界以上150m。分支井用

ϕ444.5mm 钻头钻至 100m，下入 ϕ339.7mm 表层套管，固井水泥返至地面，用 ϕ311mm 钻头钻至 1405m，下入 ϕ244.5mm 技术套管。

三、固井

采用低密度水泥浆，平衡压力固井工艺技术，固井质量合格率为 100%。

四 、射孔

采用 YD−89 射孔弹，射孔密度一般为 16 孔 /m。开发初期采用电缆传输射孔，管内灌清水成负压 20MPa，由于储层属于低渗透、强水敏地层，后期射孔液由清水改为防膨液（清水中加入 1% 的 BSC-851 防膨剂），射孔方式改为油管传输射孔，负压 8 ～ 10MPa。

第三节　采　油

一、自喷采油

车 2 井于 1985 年 11 月 8 日射孔试油，5mm 油嘴日产原油 53t。车 2 井区 1993 年至 1994 年采用负压 (8 ～ 10MPa) 射孔 25 井次，射后能自喷生产，初期平均单井日产均超出单井设计产能，负压射孔使车 2 井区获得了高产。仅不用压裂投产这一项就节约费用 300 万元（压裂 1 口按 12 万元计）。

车 2 井区井口为克拉玛依机械厂生产的 KY24.5/65 型采油树，采油管柱为 $2^7/_8$in 的 N80 外加厚油管，井口扣有保温盒，全部采用螺旋盘管炉热油循环加热保温。采用机械清蜡车下刮蜡片清蜡，清蜡钢丝一般采用 ϕ1.8mm，刮蜡片直径为 ϕ58mm。

二、机械采油

车排子油田各井区压力系数低，渗透率低，地层能量不足，自喷期很短。由于油田远离克拉玛依市区，在油田转抽初期没有油田电网，在电源短缺情况下，1990 年车 2 井安装了 16.4kW 的天然气发电机转抽。1992 年购进了济南柴油机厂生产的两台 55kW 的天然气发电机组（实际生产厂址在东营市），除供车 2 井用电转抽外，车 55、CH2023、CH2025、CH2037、CH2039 等井也安装了抽油机转抽，1994 年由农七师 129 团电网架线 13km 到车 2 井区，为全面转抽创造了条件，1995 年至 1996 年转抽 36 口井。

（一）抽油设备

根据抽油负荷（泵挂深度）车 2 井区有三种机型抽油机：CYJY14−5.5−89HF 异相游梁复合平衡抽油机，配用电机 75kW；CYJY14−5.5−53HF 异相双驴头复合平衡抽油机，配用电机 55kW；个别泵挂浅的井采用 CYJY10−3−53HB 异相游梁曲柄平衡抽油机，配用电机 22kW。

1997 年，车 47 井区投入开发，井深 3000m，配备了 CYJY14−5.5−53HF 异相双驴头复合平衡抽油机，配用 55kW 电机。

2000 年，车 67 井区主力机型为 CYJQ12−5−53HY 调径变矩抽油机，配用电机 30kW，该抽油机是将曲柄平衡变为游梁平衡，通过改善动态平衡实现节能。2005 年车 2 井区扩边的 5 口井全部使用此机型。

2000 年，在采油一厂生产管理中心技术人员刘乾义主持下，运用下偏杠铃装置进行节能改造，将车排子油区 CYJY14−5.5−89HF 异相游梁复合平衡抽油机改为 CYJ14−5.5−89(H)PF 下偏杠铃游梁复合平衡抽油机。其中 6 台电机由 75kW 降为 45 ～ 55kW，大大降低了车 2 井区的用电负荷。

车排子油田属于深井区块，抽油杆采用高强度 H 级三级组合（ϕ25mm、ϕ22mm、ϕ19mm），为了增大流道面积和降低活塞效应，减少油流阻力，降低因为出现在接箍处严重结蜡而发生卡井事故的几率，解决部分井偏磨严重等问题，2003 年引进小井眼接箍超高强度抽油杆，在偏磨严重井上试用，2003 年至 2005 年，陆续在车 2 井区 20 口井推广应用，小井眼接箍超高强度抽油杆的使用平均延长检泵周期 5 ～ 6 个月。普通接箍与小接箍参数对比如表 3−1 所示：

表 3−1　接箍外径尺寸对比表

抽油杆规格，mm	25.0	22.0	19.0	16.0
普通接箍外径，mm	55.6	46.0	41.3	38.1
小井眼接箍外径，mm	50.8	41.3	38.1	31.8

注：摘自《采油工程手册》第四册（修订版），1991 年 3 月。

抽油泵主要采用管式泵，杆式泵只是零星使用。使用的抽油泵泵径为 ϕ38mm、ϕ44mm，主力泵径 ϕ38mm，占全油田的 80% 以上。小泵深抽是本油田特点，下泵深度 2500 ～ 2800m。2000 年在生产管理中心技术人员王建国的建议下，全部使用 DGM−114 或 DLXM−1 油管锚，有效地解决了油田深井冲程损失问题。

从 2000 年开始，车排子油田在检泵过程中，陆续发现有 15 口机械采油井杆柱偏磨，其中有 7 口井因杆柱偏磨造成断脱检泵。2001 年抽油杆柱采用尼龙滚轮扶正器防偏磨。2002 年开始使用型号 JR/KMF58−19 的扶正器，并通过修井时现场观察，调整井下杆柱设计。通过抽油杆柱防脱、扶正技术的有效应用，抽油杆偏磨、脱扣和断杆等故障有所下降。

（二）抽油井管理

转抽初期，工程人员仅凭自身经验和技术资料进行抽油杆柱组合设计，2003 年引进西南石油学院开发的《有杆抽油系统软件》和华北油田《优化抽油机井系统设计》软件进行优化设计，使抽油系统效率逐年提高：2002 年平均系统效率为 15.87%，2003 年平均系统效率为 25.57%，2004 年平均系统效率为 31.56%，2005 年平均系统效率为 27%。产液单耗由 2002 年的 24.78 kW · h/t 降低到 2005 年的 17.7 kW · h/t。2005 年 12 月有抽油井 51 口，ϕ38mm 管式泵平均泵挂 2200 ～ 2350m，平均泵效 40%，平均检泵周期一年。

第四节　注　水

车排子油田由于储层水敏性极强、渗透率低、不均质严重造成层间矛盾突出，因而注水工程中储层防膨、分注、增注是其必须采取的重要措施。

一、注水防膨

注水用水为本油田水源井水，按水质标准要求除矿化度较低外，其他指标达标。为解决储层防膨，1994 年 8 月和 1995 年 7 月对 CH2004 井先后通过两次防膨现场实验。对 MA−212 和 GY−2 防膨剂对比筛选，结果是水中加入浓度为 0.6%GY−2 效果最好。根据室内模拟实验，防膨剂注入浓度可采取由高到低阶梯方式。1998 年水井投注时防膨剂浓度为 0.6%，1999 年 1 月、4 月，两次降低防膨剂浓度至 0.3% 和 0.15%，由于部分井注水压力有所上升，当年 9 月份加防膨剂浓度调为 0.3%。至 2005 年 12 月，加防膨剂浓度一直维持在 0.3%，注水井口压力基本保持稳定。

为防止油层污染，转注前对油管进行一次热洗清蜡，并挤入一定量的 TF 活性剂解堵，再挤入浓度 10% GY−2 防膨剂溶液 60 m^3 后才投入正常防膨注水。为确保储层防膨，修井时的修井液也加入浓度 0.5%GY−2 防膨剂。

二、分注

从小层动用程度及吸水能力对比可知，车 2 井区齐古组油藏存在较大的层间矛盾，需要分注。从 1999 年 6 月开始陆续进行了分注。分注工艺采用一级两层，层间由支柱封隔器或卡瓦封隔器分隔，实施油、套分注。通过分注，井组含水有所下降，油量也逐步回升，取得了较好的效果。

截至 2000 年 12 月，车 2 井区齐古组油藏投注 11 口，分注 6 口，车 2 井区全面进入注水开发阶段。

三、增注

车 2 井区齐古组油藏由于渗透率低，部分井初期注水已不满足，有的井注水后井口压力逐渐升高，注水量达不到地质配注的要求，为了保证油井的正常生产，开展了化学增注。第一口酸化解堵增注井是 CH2019 井，于 2001 年用土酸 30 m^3，施工压力 22MPa，措施后注水压力下降 2.8 MPa，增注水量 3293 m^3。2001 年至 2005 年共实施增注 39 口井，措施有效率 79.4%，累计增注水量 5.56×10^4 m^3。注酸方式由 700 型水泥车大排量注入发展到由自动控制的微量泵注入，排量由 15 ～ 25m^3/h 转变为 2.8 ～ 3m^3/h，小排量长时间注入，有利于酸液进入油层深部，增加酸液的有效作用时间，小排量泵增注占增注总井数的 70%。历年酸化增注效果如表 3–2 所示：

表 3–2　车排子油田水井酸化增注统计表

时间	施工井次 口	有效率 %	年累计注水量 m^3	化学剂类型
2001 年	8	87.5	11895	土酸
2002 年	8	87.5	19367	土酸
2003 年	10	80.0	13494	土酸
2004 年	10	70.0	9117	土酸

注：依据新疆油田分公司中心数据库数据资料编制。

第五节　增产措施

一、水力压裂

车 2 井区储层中黏土矿物以蒙皂石（相对含量平均为 5.56% ～ 68.79%），伊 / 蒙混层矿物（平均相对含量 3.11% ～ 41.84%）为主，蒙皂石、伊 / 蒙混层矿物的存在，使其岩层具有极强的水敏性。1986 年，施工第一口压裂井 CH2025 井用乳化液 87m^3 压裂，加入石英砂 4m^3，砂比为 12%，施工压力 64MPa，施工泵车 1000 型压裂车。因对压裂液未进行防膨处理，压裂效果不好。1996 年以后，首先在车 47 井区的 CH4018 井用具有防膨性能（浓度 2% 氯化钾防膨剂）水基瓜尔胶压裂液 175m^3 压裂，加石英砂量 16m^3，砂比 26%，压裂后增油 197t。1996—2005 年用具有防膨性能（浓度 2% 氯化钾防膨剂）瓜尔胶压裂液施工 13 口井，措施有效率达 92.3%，累计增油 3255t。

二、油井酸化

由于车 2 井区齐古组油藏储层具有强水敏特征，经过多次修井后，油井产量都有不同程度的下降，主要是储层受到了水敏性的伤害。

1997 年，车 2 井区 CH2013 井实施第一口土酸酸化解堵处理，解除近井地带的无机堵塞，施工排量每分钟 1.2m³，施工压力 16MPa，当年累计增油 134t。1997—2005 年共实施酸化 25 口井，措施有效率达 64%，累计增油 7117t。

第六节　油水井维护与修井

一、油水井维护

（一）抽油井清防蜡

1. 热化学清蜡

1996 年以前，油井清蜡大多采用热油溶蜡车加热原油循环溶蜡，热洗周期 15 ～ 20 天，原油用量 50m³。1998 年后用清水加水基清防蜡剂作为热洗清蜡介质替代原油，经试验效果较好。加热温度为 90℃，热洗周期 10 ～ 15 天，用量 80 ～ 100m³。2002 年，针对 CH2056 井等 3 口结蜡严重井发生蜡堵油管，采油一厂生产运行科王建国提出使用 KSH−014 油基清蜡剂浸泡溶蜡，用量 6 ～ 8m³，彻底解决蜡堵问题。2003 年至 2005 年，所有抽油井定期进行套管加药，加药周期 10 ～ 30 天不等，加药量 0.4 m³，解决了抽油井清蜡问题。

2. 机械清蜡

车 2 井区抽油井全部采用抽油杆尼龙刮蜡器清蜡，刮蜡器下深 1400m（结蜡点为 1300m）。此技术成本低、清蜡效果好，延长热油清蜡周期。同时具有扶正防偏磨功能，有效解决了由于结蜡造成断脱、卡堵等问题。但 1996 年开始由于尼龙刮蜡环材质和尼龙刮蜡环的限位器加工质量差，尼龙刮蜡环在井内脱落问题日益增多，1997 年以后用量下降。2003 年对尼龙刮蜡环材质和尼龙刮蜡环限位器加工质量作出改进后，又在车排子油田大规模使用，起到了既防蜡又扶正的作用。

（二）防砂固砂

车排子油田储层含较多非均质细、粉砂岩，低压、低渗、强水敏。克下组储层砂岩粒径中值为 0.2mm，齐古组储层砂岩粒径中值为 0.12mm，1997 年后陆续发现出砂。采用的防砂方法主要有机械挡砂、化学固砂和防砂泵防砂。

1. 机械防砂

1997—2000 年，在 CH2012 井等两口出砂井采用金属棉滤砂管进行防砂试验，发现滤砂管很容易被细粉砂堵死，造成油流不畅。另一方面由于滤砂管外径大壁薄，基管内径小，一旦被卡埋，处理时无论是内部抓捞还是外部套取，成功率极低，2000 年以后不再使用。1998 年采用激光割缝筛管进行挡砂试验，成功率高且费用较低，易操作，至 2005 年共使用 10 井次，成功率 100%，保证油井达到正常检泵周期，已成为油田主要的防砂工艺。

2. 化学固砂

1998 年起，从胜利油田采油工艺研究院引进 SW−91 疏松砂岩稳定剂防砂技术，2000 年又用性能更好的 GX−1 固砂剂代替 SW−91 实施油层固砂，2002 年后随着油层胶结物流失造成措施有效期太短而停用，共实施 7 井次，有效率约 70%。

3. 防砂泵防砂

1999 年，开始试用 CYB44THF 型防砂泵，试用结果表明对于缓慢出砂，井筒积砂少的一般出砂井，能起到防止砂卡的作用，该技术简单易实施，较为经济，至 2005 年 12 月在 CH2010 井、CH2059 井等 5 口井上应用。

二、修井

（一）小修

为适应车排子油田低压、强水敏特性，1994 年至 2002 年间，在低固相修井液中又加入浓度 0.5%GY−2 溶液作为修井液和射孔防膨液，2001 年后利用车排子处理站脱油污水作为修井液，降低了小修作业成本。

2000 年，车 67 井区投入开发，为解决低压井因热洗清蜡污染油层问题，采油一厂生产指挥中心王建国、刘乾义负责，与采油院联合研究防漏热洗抽油管柱，共施工 12 井次，因无法准确测得实际液面资料，2001 年起不再使用。

为适应车排子油田深井（井深超过 3200m 以上）小修作业的需要，购置了 XJ−350 修井机，2000 年以后用动力钻或螺杆钻具配合进行钻塞、回采和套铣以及可钻电桥上返作业 8 井次，如：车 64 井钻塞回采、CH4015 井套铣打捞、CH2035 井可钻电桥上返作业，成功率 100%。

采用三球打捞器、翻板式抽油杆捞筒、开窗捞筒、弯鱼头捞筒、油管捞矛、捞筒，从 1995 年至 2005 年，共进行油管和套管内打捞断脱抽油杆 6 井次，打捞 CH2010 井因偏磨造成断脱油管 1 井次，成功率 100%。

（二）大修

自投入开发至 2005 年，由于油田地质条件复杂，油水井生产过程中经常出现砂、蜡卡泵，套破、套变形等问题，导致油水井不能正常生产。因此管柱解卡、打捞和修套成为大修的主要任务。

2003 年以前，依靠液柱压力平衡地层压力，2003 年以后，所有大修队伍均按井控实施细则配备相应的井控装置，确保安全生产。

长期开发，地层胶结强度降低，出砂现象严重。如 CH2010 井出现砂卡、砂埋，严重影响生产。采用活动解卡法和套铣解卡法，起出被卡管柱，解除卡钻事故，恢复油井生产。

管柱因磨损或腐蚀造成断脱，这类事故比较常见，小修无法处理，大修进行打捞，1996 年以来，共处理此类事故 6 井次，成功 4 口井，暂闭 2 口井。

随着开采时间的延长，套损井越来越多，严重影响油水井进行各项作业。采用梨型胀管器和梨型磨鞋进行修套，使用 XY−98 封堵剂进行堵漏，在 CH2010 井、CH4015 井施工，均获得成功。车 3 井套破严重，先用梨型胀管器或梨型磨鞋进行修套，再下衬管固井完井，获得成功。

第四章

地面生产系统

第一节　油气集输

车排子油田由车 2 井区、车 47 井区、车 67 井区等区块组成。车 2 井区油气集输系统 1995 年 10 月建成投产，处理规模 15×10^4t/a，设计单位为新疆石油管理局勘察设计研究院，项目负责人赵晓梅。1997 年车 47 井区投入开发，2000 年车 67 井区投入开发，两区块集油方式为罐车拉油，原油运至车 2 井区集中处理站处理。在处理站建成前原油拉至采油一厂稀油处理站处理。

车排子油田油气集输系统采用井场加热单管进计量站至处理站的二级布站方式。共建 4 座计量配水站、一座处理站及集油区集油管网；车 47 井区有计量站 1 座，车 67 井区有计量站 2 座。

车排子油田计量站采用 24 井式管汇和 ϕ 800 型计量分离器对气液进行计量。并建有值班室及配套站区保温系统，车 2 井区计量间与配水间合建为计量配水站。

油田保温，井口采用盘管加热炉、计量站用水套加热炉对进站原油进行集中加热，同时提供站区采暖，所用燃料为自产伴生气。为了适应巡井制和生产安全，2003 年计量站水套炉全部改为常压运行。随着油田开发含水不断上升，2004 年井口加热炉停运，实行常温集输，井口采用保温盒保温。

车 2 井区有 D219×7 埋地铺设集油干线 1 条，长度 1875m；D159×5 埋地铺设集油支线 4 条，长度 5400m。

第二节　油气水处理

一、油气处理系统

原油处理站主要流程为：集油区来油气与卸油台来油混合后进入 800kW 水套加热炉将原油加热至 60℃左右，再由多功能处理器（带有电脱功能）进行油、气、水分离，原油进入净化油罐；天然气用于处理站加热炉及燃气锅炉燃料，多余天然气放空燃烧；油田采出水经 1 座 300m³ 沉降除油罐处理后，排放至站外的 90000m³ 蒸发池。主要生产设施有：卸油台 1 座、卸油泵房 1 座，800kW 加热炉两座、多功能处理器两座，700 m³ 净化油罐 3 座，300m³ 污水罐 1 座，2t 低压蒸汽锅炉两座，输油泵房 1 座。

2003 年 5 月，车排子处理站进行了改扩建，新增 1 座三相分离器、1 座 1000 m³ 二段沉降脱水罐和一座 500m³ 净化油罐，处理工艺改为：集油线来油经三相分离器油、气、水分离后原油与卸油台来油混合加热后经多功能处理器进入 1000m³ 沉降脱水罐，1000m³ 沉降脱水罐出油进入净化油罐，原油在净化油罐进行再次沉降脱水后交输油公司外输。由于三相分离器液位不好控制和压降过高，实际运行流程为原油不经多功能处理器而直接进 1000m³ 沉降脱水罐；天然气保持原流程不变，多余天然气放空燃烧；采出水经沉降除油罐去污水处理系统。改造后处理规模增至 20×10^4t/a。改造前原油脱水流程框图见图

4−1，改造后原油脱水流程框图见图 4−2。

3 座 700 m^3 净化油罐同时也是外输储油罐，原油经外输泵和 DN100、长度 16.7km 的外输管道输往克—独输油管道的四泵站，再由四泵站转输至独山子炼油厂。

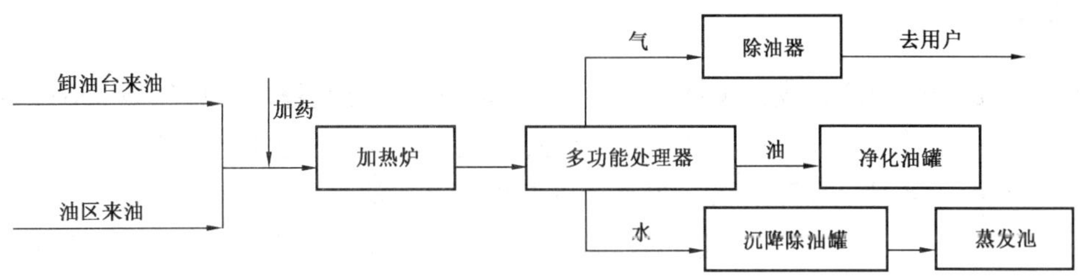

图 4−1　改造前原油脱水流程框图
（新疆油田分公司采油一厂编制，2003 年 5 月）

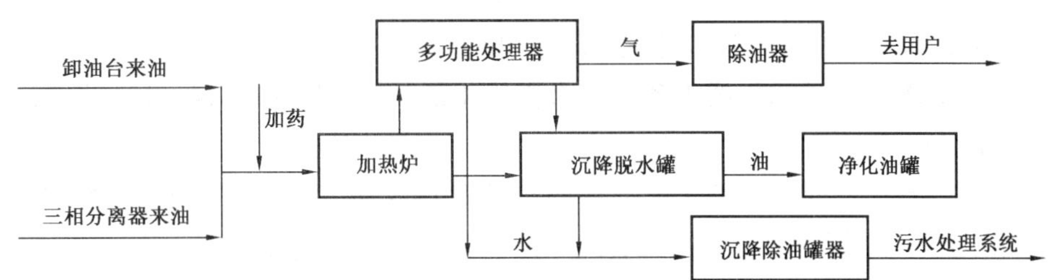

图 4−2　改造后原油脱水流程框图
（新疆油田分公司采油一厂编制，2003 年 5 月）

二、采出水处理系统

1995 年，处理站投产时未建采出水处理系统，只建了 1 座 300m^3 污水沉降除油罐，除油后的污水排至站外的 90000m^3 蒸发池自然蒸发。

2001 年，采出水处理装置建成投产，设计单位是华北油田设计院，项目负责人谈士祥。该装置运用重力和化学方法除油，处理能力为 500m^3/d。工艺流程为：原 300m^3 采出水沉降除油罐出水进入 300 m^3 缓冲罐，经提升泵提压后进入 2 座 30m^3 反应罐，再经过两座改性纤维球过滤器，处理后的净化水进入注水罐回注。但是整套装置仅仅运行了半年，就不能正常运行，主要原因：一是工艺设备存在问题，处理设备偏大；二是进处理装置水量严重不稳定，水量多时达到 350m^3/d，少的时候不到 100m^3/d，而且小时进水量也不均匀，无法保证设备连续运行，该处理装置于 2002 年下半年就停止运行。处理流程如图 4−3 所示。

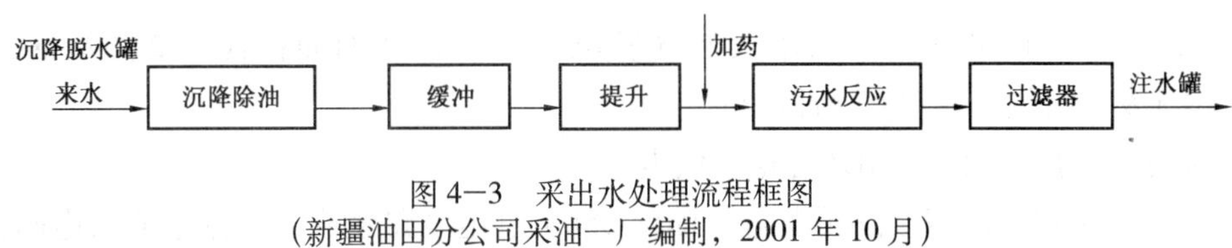

图 4−3　采出水处理流程框图
（新疆油田分公司采油一厂编制，2001 年 10 月）

为解决污水处理装置不能正常运行的问题，2004—2005 年对污水处理系统进行了改造，改造工程仍由原设计单位和施工单位进行，改造内容：对污水反应罐内部结构进行调整使污水在反应罐内更加充分混合；将改性纤维球过滤器更换为改性双滤料过滤器，处理流程未变。改造后的净化水水质达到了回注标准。

第三节 注水系统

一、注水站

注水站与原油处理站同期建成，设计注水能力 360m³/d。主要设备有：两台 WG3S15/20 三柱塞泵、两座 100m³ 清水缓冲罐、两座 500m³ 注水罐、两座核桃壳过滤器及一套加药设备。

注水方式：2005 年 8 月以前注清水，2005 年 8 月以后开始清水、污水混注。

由于两台 WG3S15/20 三柱塞泵长期运转，事故频繁，维修工作量大，于 2000 年 6 月将 WG3S15/20 三柱塞泵换为 3H-8/450II 型三柱塞泵。注水能力由 360m³/d 提高到 500m³/d。

二、注水管网

车 2 井区注水流程采用的是单干管多井配水间流程。

管网系统压力为 20MPa，注水干线 1 条，注水支线 4 条，管径均为 D114×10，埋深 −1.8m，长度 7275m。有注水井 13 口。

车 67 井区 2003 年 6 月建成注水站 1 座，主要设备有 QCZ 水平注水泵 1 台，储水罐两座（60m³、100m³）。采用注水泵经配水管汇至注水井口的注水方式，共有 3 口注水井。

三、配水间

配水间与计量间合建，单井配水计量初期采用 LGX−D−25A 型电子水表，2001 年 9 月将 LGX−D−25A 型电子水表换为 DN25 LWBT−K 电磁流量计。

第四节 地面配套系统

一、供水系统

1986 年 6 月，在车排子钻水源井 1 口（水 3 井）。1996 年为满足生产注水需求在原油处理站周围补打两口水源井（水 12 井、水 13 井）。

集水管线：水 3 井，D165×4.5 钢管，长度 3951m；水 12 井，D114×9 钢管，长度 1077m；水 13 井，D165×4.5 钢管，长度 651m，供水能力 1000 m³/d。3 口水源井均输至联合站的注水站。

二、供电

1990 年，在无供电电网情况下采用天然气发电机直接带动抽油机使车 2 井抽油，1992 年改用 T21−90 型天然气发电机供电带动 6 台抽油机。

1993 年 12 月，车排子油田改由地方电网供电。

1997 年 10 月，克独管线四泵站至车排子油田 35kV 供电线路建成，车排子油田电网并入克拉玛依油田电网。

1997 年 10 月，车 47 井区供电线路及简易变电站建成开始供电。

2000 年 3 月，车 67 井区供电线路及简易变电站建成开始供电。

附 录

附录一 附 图

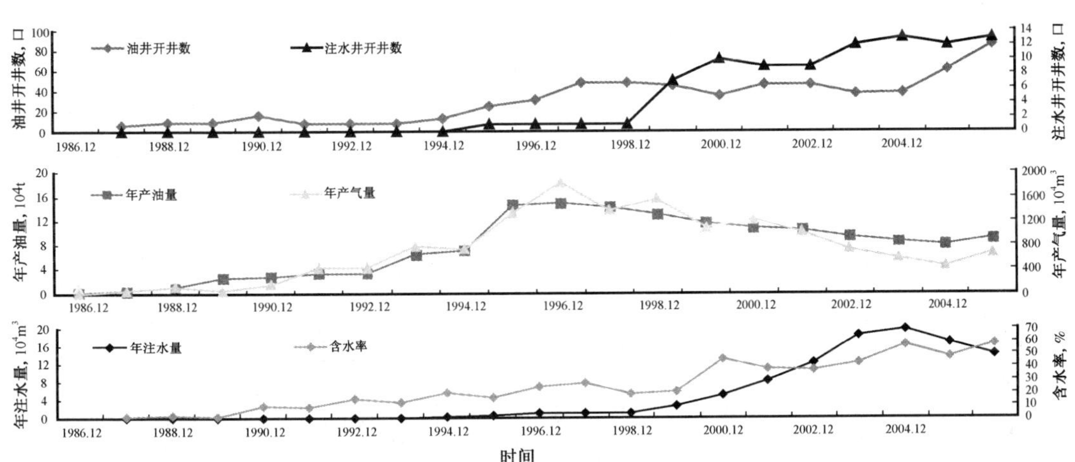

附图1 车排子油田开发综合曲线图

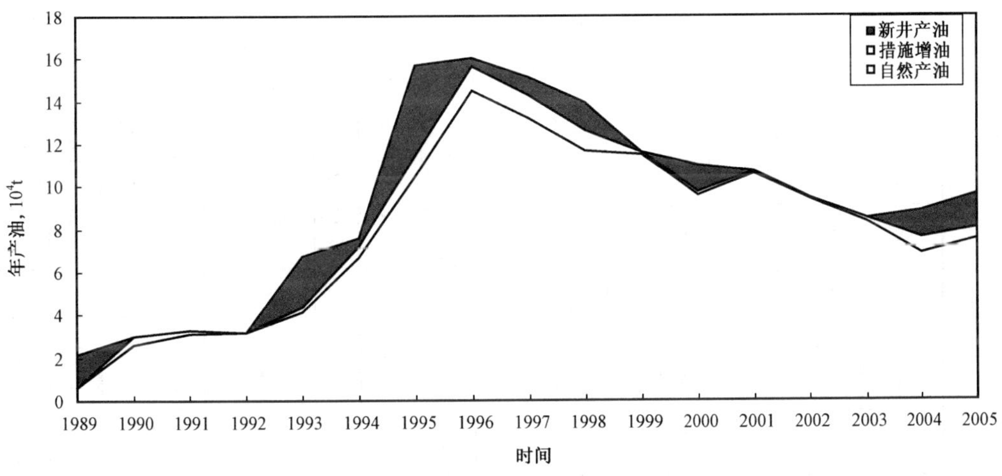

附图2 车排子油田历年产量构成曲线图

附录二　附　表

附表 1　油田地质综合地质数据表

区块	层位	油气藏类型	含油面积 km^2	地质储量 10^4t	油层压力 MPa	油藏深度 m	有效厚度 m	有效孔隙度 %	有效渗透率 mD	地面原油性质		地层原油性质			地层水性质			天然气相对密度
										原油密度 g/cm^3	50℃黏度 mPa·s	体积系数	原油密度 g/cm^3	原油黏度 mPa·s	Cl^- mg/L	矿化度 mg/L	水型	
红 116 井区块	C	常规稀油	1.2	28	14.79	1280	5.8	10.00	0.10	0.825	1.06	1.16	0.747	1.50	5211.0	9120.0	$NaHCO_3$	0.614
车 47 井断块	P_1j	常规稀油	1.5	109	30.70	2889	21.2	10.00	0.13	0.834	5.40	1.34	0.690	0.41	7304.1	14301.2	$CaCl_2$	0.650
车 67 井区块	J_1b	常规稀油	3.4	186	26.90	2570	10.0	14.27	1.15	0.872	2.19		0.806	4.07	13564.5 ～ 17782.1	13564.5 ～ 17782.1	$CaCl_2$	0.661
车 2 井区块	J_3q	常规稀油	9.3	534	32.50	3172	11.8	14.23	11.04	0.879	31.90	1.21	0.791		3469.1	7871.1	$NaHCO_3$	0.632
车 202 井区块	T_2k_1	常规稀油			18.30	1764	13.6	14.80	2.86	0.795	1.47		0.728	0.76	7747.9	12754.0	$CaCl_2$	

注：依据新疆油田分公司中心数据库数据资料编制。

附表 2　车排子历年油田开发综合数据表

时间	采油井		核实产油量			核实产液量			产气量		含水率 %	采油速度 %	注水井		注水量			注采比		气油比 m^3/t	开发地质储量 10^4t	可采储量 10^4t	采出程度 %	可采采出程度 %
	总井数 口	开井数 口	日产油 t	年产油 10^4t	累计产油 10^4t	日产液 t	年产液 10^4t	累计产液 10^4t	年产气 10^4m^3	累计产气 10^4m^3			总井数 口	开井数 口	日注水 m^3	年注水 10^4m^3	累计注水 10^4m^3	月注采比	累计注采比					
1986	9	6	16	0.1636	0.1636	16	0.1848	0.1848	7.9	7.9	1.0	0.00	0	0	0	0	0	0	0	68	0	0	0	0
1987	14	9	25	0.5243	0.6879	25	0.5463	0.7311	50.9	58.8	1.5	0.00	0	0	0	0	0	0	0	35	0	0	0	0
1988	13	9	20	1.0949	1.7828	20	1.1204	1.8515	112.4	171.2	1.2	0.00	0	0	0	0	0	0	0	97	0	0	0	0
1989	18	16	58	2.6381	4.4209	64	2.8424	4.6939	47.2	218.4	9.3	0.00	0	0	0	0	0	0	0	5	0	0	0	0
1990	14	8	86	2.8639	7.2848	94	3.0874	7.7813	153.1	371.5	8.8	0.00	0	0	0	0	0	0	0	88	0	0	0	0
1991	15	8	83	3.3790	10.6638	98	3.7423	11.5236	423.7	795.2	15.3	0.00	0	0	0	0	0	0	0	154	0	0	0	0

续表

时间	采油井		核实产油量			核实产液量			产气量		含水率 %	采油速度 %	注水井		注水量			注采比		气油比 m^3/t	开发地质储量 10^4t	可采储量 10^4t	采出程度 %	可采采出程度 %
	总井数 口	开井数 口	日产油 t	年产油 10^4t	累计产油 10^4t	日产液 t	年产液 10^4t	累计产液 10^4t	年产气 10^4m^3	累计产气 10^4m^3			总井数 口	开井数 口	日注水 m^3	年注水 10^4m^3	累计注水 10^4m^3	月注采比	累计注采比					
1992	12	8	94	3.1705	14.0941	107	3.5951	15.2917	430.2	1046.2	12.3	0.00	0	0	0	0	0	0	0	118	0	0	0	0
1993	14	13	182	6.4535	20.5476	226	7.3138	22.7020	779.9	2133.5	19.3	16.13	1	0	0	0.2383	0.2413	0	0.01	100	40	8	51.37	256.85
1994	26	25	258	7.1081	27.6557	306	8.7690	31.4710	732.9	2866.4	15.7	1.64	2	1	0	0.4666	0.7079	0	0.02	77	433	118	6.39	23.44
1995	37	31	376	14.6791	42.3348	495	17.6766	49.1476	1332.5	4198.9	23.9	3.39	2	1	30	1.1796	1.8875	0.04	0.03	165	433	118	9.78	35.88
1996	56	48	427	14.8994	57.2342	583	19.0797	68.2273	1835.1	6034.0	26.7	2.47	2	1	30	1.0985	2.9860	0.05	0.03	102	631	147.7	9.07	38.75
1997	68	48	427	14.3132	71.5474	524	18.7405	86.9678	1375.7	7409.7	18.5	2.02	1	1	30	1.0915	4.0775	0.05	0.03	100	709	159.4	10.09	44.89
1998	68	45	347	13.0690	84.6164	439	16.8115	103.7793	1558.1	8967.8	20.8	1.84	7	7	199	2.5399	6.6174	0.32	0.05	118	709	159.4	11.93	53.08
1999	64	35	276	11.6455	96.2619	504	17.6005	121.3798	1081.3	10049.1	45.4	1.64	11	10	165	5.1753	11.7927	0.27	0.07	122	709	159.4	13.58	60.39
2000	79	46	318	10.8120	107.0486	516	17.1913	13.8540	1208.7	11257.7	38.3	0.93	10	9	343	8.2653	20.0580	0.54	0.11	95	1159	249.4	9.24	42.92
2001	81	46	274	10.5742	117.6228	431	17.2667	15.5806	1016.6	12274.3	37.1	0.92	10	9	441	12.3644	32.4224	0.81	0.16	91	1147	276.3	10.25	42.57
2002	78	37	304	9.3916	127.0144	614	15.7025	171.5089	732.4	13006.7	43.0	0.73	13	12	572	18.4883	50.9107	1.21	0.23	74	1288	284.5	9.86	44.64
2003	69	38	180	8.6021	135.6165	416	17.8711	189.3800	582.0	13588.7	57.0	1.00	14	13	599	19.8556	70.7663	1.21	0.29	90	857	206.7	15.82	65.61
2004	93	61	184	8.1084	143.7249	391	16.0481	20.5428	455.1	14043.8	47.8	0.74	14	12	422	16.8292	87.5955	0.69	0.33	39	1093	253.9	13.15	56.61
2005	116	86	213	9.0924	152.8173	508	19.4342	224.8623	668.3	14712.1	57.5	0.83	15	13	354	14.0049	101.6004	0.61	0.36	130	1093	253.9	13.98	60.19

注：依据新疆油田分公司中心数据库每年12月份的开发数据资料编制。

附录三 人物名录

采油一厂采油八队

队 长：

陈庆荣（1985年1月—1986年11月）
霍建选（1987年7月—1993年9月）
崔建国（1993年3月—1994年3月）

政治指导员：

刘定山（1985年1月—1985年8月）
王秀民（1990年2月—1993年10月）
霍建选（1993年10月—1994年3月）

技术员：

徐永选（1988年8月—1988年12月）
任晋疆（1988年12月—1991年9月）
张 涛（1991年9月—1993年12月）

地质员：

袁晓萍（1990年2月—1991年9月）
张克川（1991年9月—1994年3月）

采油一厂稀油作业区车排子采油区队

队 长：

崔建国（1994年3月—1996年12月）

政治指导员：

霍建选（1994年3月—1995年11月）

技术员：

廉 超（1994年3月—1996年12月）
刘卫东（1994年3月—1995年3月）
阿尔孜古丽·斯拉木
（1994年3月—1996年12月）
杨志民（1996年3月—1996年12月）

地质员：

张克川（1994年3月—1996年12月）
易家萱（1995年8月—1996年12月）

采油一厂车排子作业区

经 理：

张 庆（1997年1月—1998年7月）
魏光明（1998年7月—2005年12月）

政治指导员：

顾 浩（1997年1月—1998年7月）
张 庆（1998年7月—2000年1月）

地质总监：

高玉旭（2002年2月—2005年12月）

地质员：

张克川（1996年12月—1998年9月）
易家萱（1996年12月—2002年2月）
桑玲华（1998年9月—2005年12月）

工程总监：

吴建忠（2005年3月—2005年12月）

技术员：

阿尔孜古丽·斯拉木
（1996年12月—2005年12月）
杨志民（1996年12月—1998年4月）
廉 超（1996年12月—2005年12月）
郭大光（1998年10月—2005年7月）
柯 利（1998年7月—2002年7月）
史建英（1999年3月—2005年12月）
杜雪峰（2000年5月—2002年5月）

附录四　获奖项目

序号	项目名称	获奖等级	获奖时间	项目完成者
1	车 2 井区深井高水敏低渗油田几项采油工艺的研究应用	新疆石油管理局科技成果一等奖	1995 年	赵志福、高同堂、康朝斌、白凤云、呼玉堂、丁有德、沈新安、刘泽民、陈　萍
2	车 2 井区深井高水敏低渗油田几项采油工艺的研究应用	新疆维吾尔自治区科学技术进步四等奖	1996 年	赵志福、高同堂、康朝斌、白凤云、呼玉堂、沈新安、丁有德
3	车 2 井区齐古组油藏储层评价与低阻油层识别	新疆维吾尔自治区科技进步三等奖	2005 年	蔡圣权、邹鲁新、杨志冬、赵　斌、李　宏、何　冰、高玉旭、盛云霞、耿　梅
4	车 2 井区齐古组油藏储层评价与低阻油层识别	新疆油田分公司技术创新一等奖	2005 年	蔡圣权、邹鲁新、杨志冬、赵　斌、李　宏、何　冰、高玉旭、盛云霞、耿　梅

附录五　征引文献

文献名称	作者	出版时间	出版社
《中国石油地质志·新疆油气区》（卷十五）	新疆油气区石油地质志编写组	1993 年	石油工业出版社
《新疆通志·石油工业志》	《新疆通志·石油工业志》编纂委员会	1999 年	新疆人民出版社
《中国中西部前陆盆地冲断带油气勘探文集》	中国石油勘探与生产分公司	2002 年	石油工业出版社
《准噶尔盆地油气田开发的回顾与思考》（1950—2000 年）	《准噶尔盆地油气田开发的回顾与思考》编写组	2006 年	石油工业出版社

编纂始末

2006年11月16日，新疆油田分公司和新疆石油管理局联合下发了关于“《中国油气田开发志·新疆油气区卷》油（气）田篇编纂工作的通知”。按照通知中油田篇编纂组织分工要求，采油一厂高度重视，迅速成立了以关泉生厂长为主任，谈继强、胡学雷副厂长为副主任的《车排子油田志》编纂委员会，并成立由谈继强副厂长为组长的编纂组，组织地质、工程、生产技术、技术监督等部门10余人，参与了志书的编纂工作。编纂工作根据不同专业人员对油田掌握的情况，分工明确，职责和时限具体，要求清楚。编纂工作开展后组织了多次讨论会，了解工作进展，协调解决相关问题，推动工作有序进行。

《车排子油田志》编纂工作分为学习培训、资料收集、分类编组、汇总整理、专家审查、修改完善等几个阶段。在编纂过程中，编纂人员遇到了许多问题和实际困难。一是所有抽调出来的编纂人员均担负着油田开发方案编制、科研项目研究、生产管理和现场实施工作，兼职编纂的时间难以保证；二是油田从勘探到开发历程跨度较大，编纂人员大多数是年轻同志，熟知油田变迁经历的人员少，资料收集整理困难；三是无论工作资历长短的编纂人员均没有志书编纂的经验，所有编纂人员在学中干，干中学。但尽管如此，编纂人员还是在繁忙的工作之余，加班加点，认真地收集各方面资料，精心策划，力求保证各专业、各阶段分工任务顺利的完成。

志书编纂期间，通过参加油田公司组织专家授课培训，组织学习，逐步掌握了志书编纂方法，领会了《中国油气田开发志》总编纂委员会的编纂思路和要求，学习了关于《〈中国油气田开发志〉油气田篇编纂过程中若干问题的说明》等文件、历次编纂工作会议纪要和相关学习材料，学习了《大民屯油田志》、《胜坨油田志》和《百口泉油田志》等编纂范例。经过学习、培训这一过程，编纂组成员在基本掌握志书编纂方法的基础上，根据《中国油气田开发志》新疆油气区编纂委员会编拟的油气田篇编写提纲，结合收集到的车排子油田资料，初步制定了编纂思路，并从2007年年初开始投入到《车排子油田志》的编纂进程中。

《车排子油田志》的编纂思路是以勘探历程为主线，以重大认识和发现为主要内容，辅助以写事，略以记人。车排子油田勘探始于1952年，发现于1984年，正式投入开发于1992年，勘探开发历史时间长，跨度大，油气藏区块多，油气藏类型复杂，开发模式各异。认真学习掌握、消化吸收车排子油田开发过程中的各项资料，编纂过程中共收集整理基础文字资料180余册，图片、图表和多媒体资料120余幅，勘探开发数据约12万个，走访当年车排子油田勘探开发各个阶段的当事人31人次，专家组多次对《车排子油田志》进行审查评议，并提出许多修改意见，编纂组对文字和图表进行反复修改，于2009年12月通过《中国油气田开发志》新疆油气区编纂委员会的审查验收。

由于编纂水平和有效工作的时间有限，志书仍存在许多疏漏，敬请广大读者、专家指正。

《车排子油田志》编纂组

2009年12月

编号：07-014

莫北油田志

《莫北油田志》编纂组　编

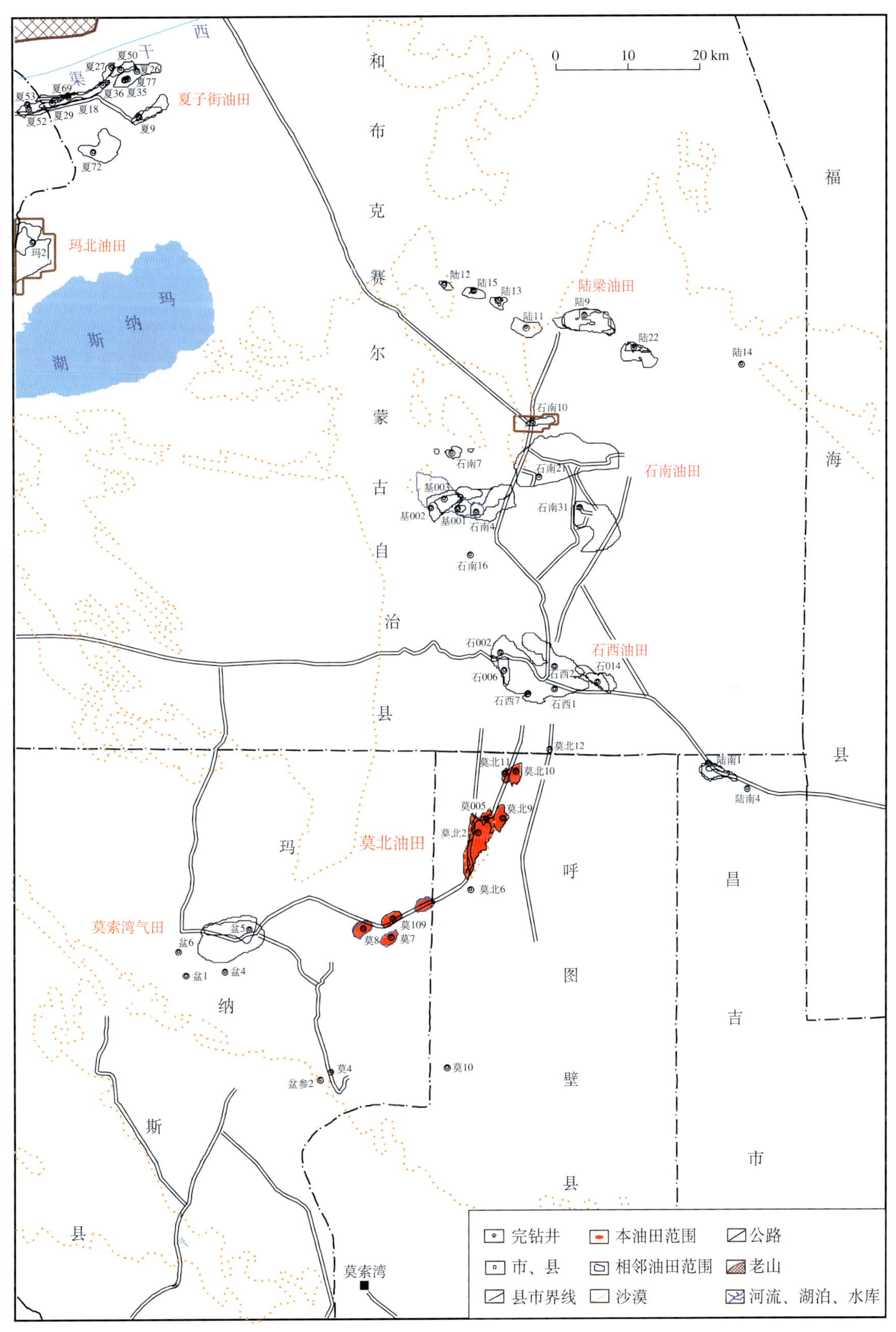

莫北油田地理位置图

（新疆油田分公司勘探开发研究院编制）

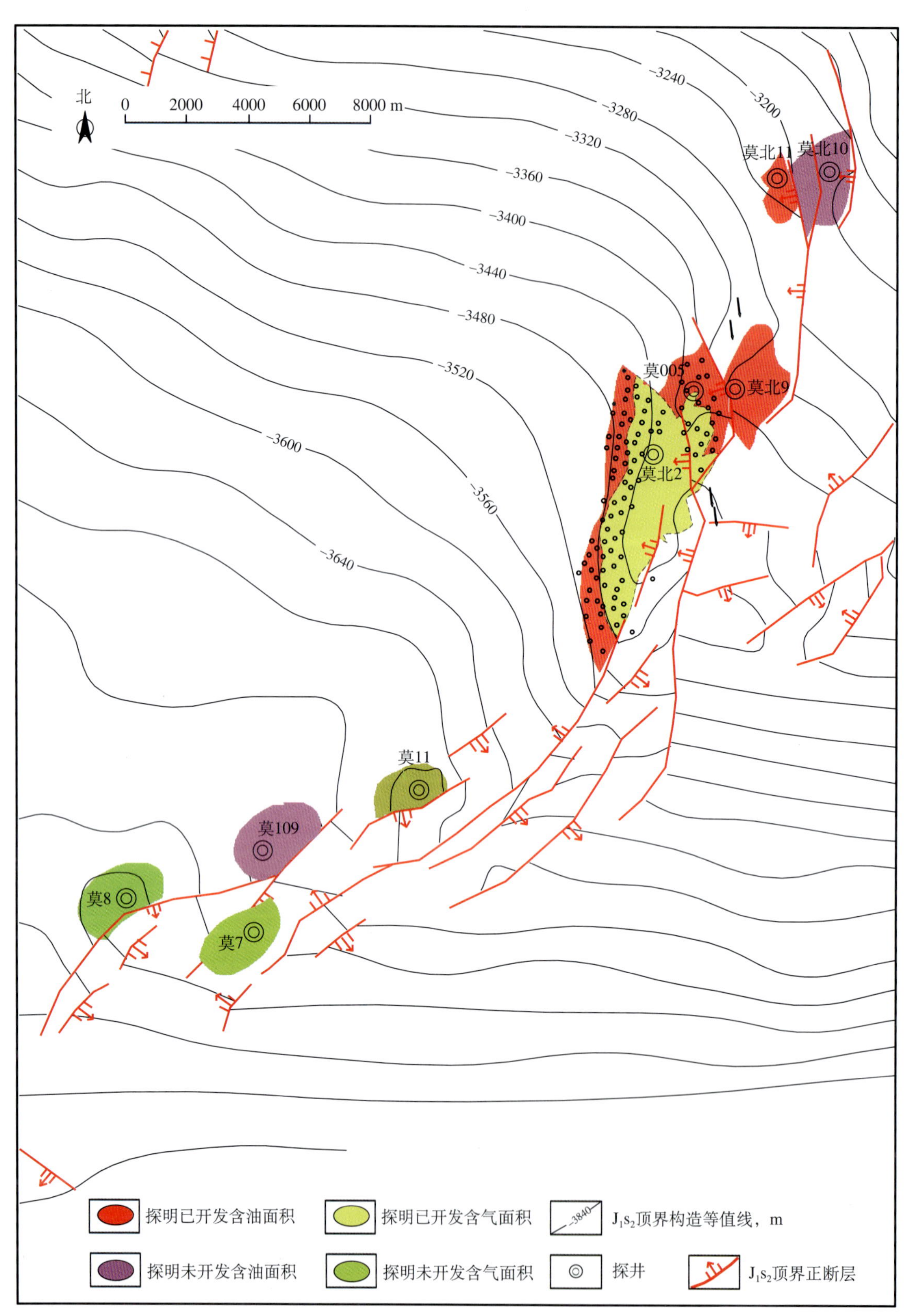

莫北油田构造井位图

（新疆油田分公司石西油田作业区编制，2005 年）

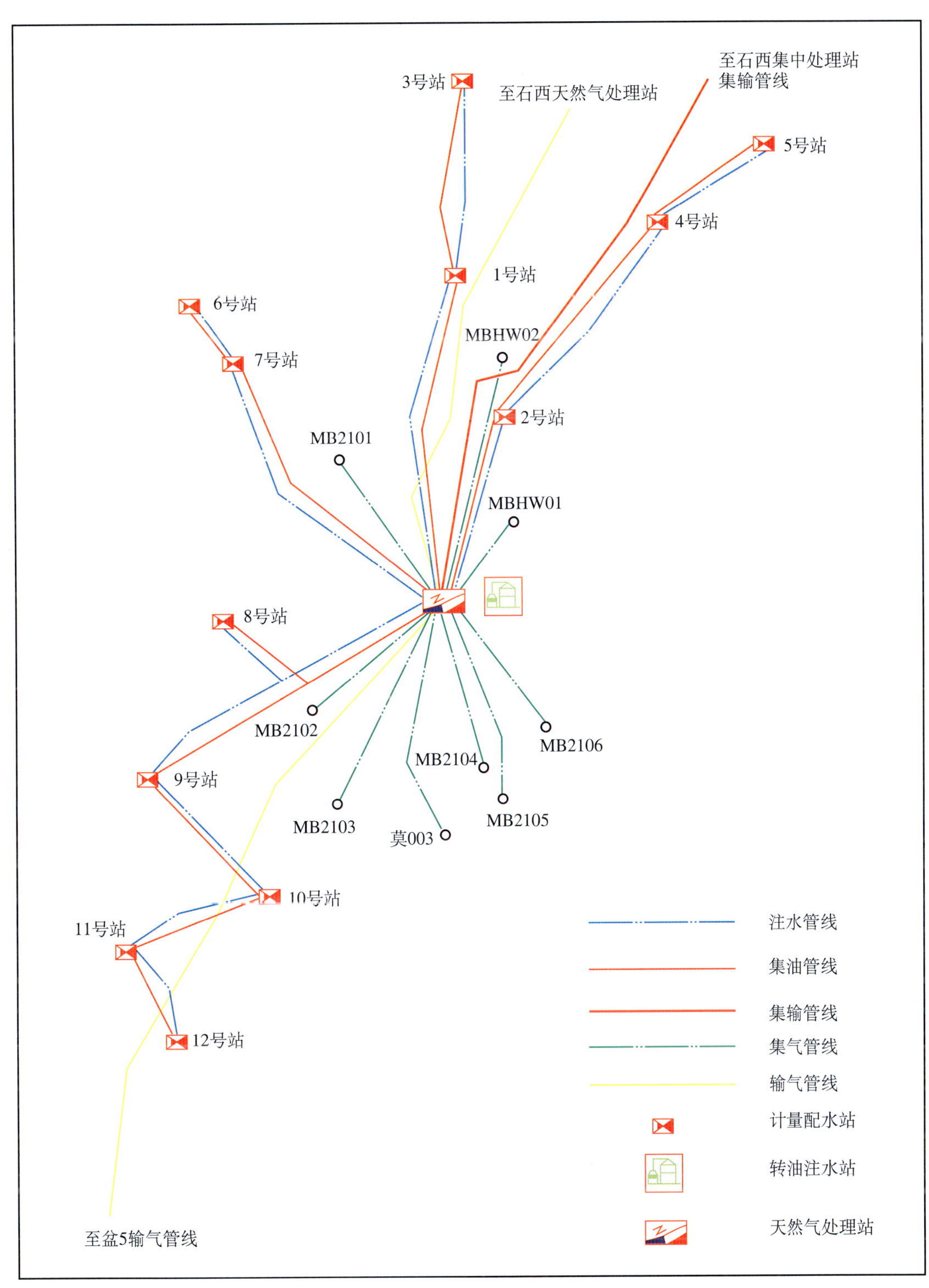

莫北油田地面生产系统示意图

（新疆油田分公司石西油田作业区编制，2005年）

《莫北油田志》编纂委员会

主　任：汪政德

副主任：丁　亮

成　员：刘　静　姚鹏翔　何　帆　倪　斌

《莫北油田志》编纂组

组　长：汪政德

副组长：刘　静

成　员：倪　斌　汪学华　何　帆　孟庆庄　阚兴福　陈　峰

本志目录

概　述

莫北油田是准噶尔盆地古尔班通古特沙漠腹地的沙漠油田，1998 年 3 月发现，2000 年 6 月投入开发，由新疆油田分公司石西油田作业区莫北转油联合站管理。

一

莫北油田位于和布克赛尔蒙古自治县、玛纳斯县、呼图壁县三县结合部，西距克拉玛依市区 180km，东北距已开发的石西油田约 20km。地面海拔 400 ～ 450m。地表为未固定和半固定沙丘，沙丘相对高差一般 20 ～ 30m，最大可达 50m。

莫北油田属温带大陆性气候，干燥、少雨。夏季干热，最高气温在 45℃以上；冬季寒冷，最低气温可达 -42℃，年平均气温 7℃。年降水量 80mm，最大积雪深度 20cm 以上。沙丘上分布有梭梭、蒿属、蛇麻黄和多种一年生植物，植被覆盖率在固定沙丘上可达 40% ～ 50%，半固定沙丘上在 15% ～ 25% 之间，附近有牧民的冬季牧场。

莫北油田距横贯盆地的彩南—石西—克拉玛依油田公路约 30km，油田有公路与其连接。有线电话属克拉玛依油田网，中国移动通信公司及中国联通公司无线通信网络覆盖整个油田。交通便利，通讯便捷。

二

莫北油田所处的莫北凸起属准噶尔盆地中央坳陷带次级构造单元，北东向，基底为石炭系古褶皱。沉积地层自下而上为三叠系，侏罗系八道湾组、三工河组、西山窑组、头屯河组，白垩系吐谷鲁群，古近系，新近系。

莫北油田在莫北凸起的中部，大构造背景为向南西倾的单斜，被一系列近南北向和南西—北东向的 11 条断裂切割，形成 5 个断块。

莫北油田烃源区为盆 1 井西凹陷，运移通道为断层、不整合面。横向上砂体连通较好，纵向上油气层集中，层系单一，主要为侏罗系三工河组油气藏。储层以三角洲平原及前缘亚相沉积为主。储层岩性为不等粒砂岩和细、中砂岩，有少量砾状砂岩。油藏类型为受构造控制的低孔低渗带凝析气顶的油藏。

莫北油田地面原油密度 0.834g/cm^3，50℃时黏度 7.91mPa · s，凝固点 15℃，平均含蜡量 11%。天然气组分中甲烷含量 89.57% ～ 90.65%，中间烃含量 3.89%，天然气相对密度 0.615 ～ 0.619。

三

1956 年，新疆石油管理局地质调查处（以下简称地调处）重力 32/56、33/56 队与磁力 34/56、35/56 队在准噶尔盆地中央古尔班通古特沙漠进行重、磁力勘探，完成了野外作业和布格重力图、剩余重力图、垂直磁力图的编制，对了解基底构造形态起了重要作用。20 世纪 80 年代初，新疆石油管理局与法国 CGG 公司合作进行地震勘探，莫北地区二维地震测网达到 2km × 2km ～ 4km × 4km，测线总长 1200km。1995 年至 1997 年下半年，新疆石油管理局勘探开发研究院（以下简称勘探开发研究院）对莫北地区进行新一轮地震地质解释和综合研究，发现了侏罗系莫北 1 号断鼻。1997 年 6 月在莫北 2 号异常体上钻莫北 1 井，在侏罗系见到良好油气显示，试油未获工业油气流。为了查明莫北 1 号断鼻的含油气性并为该区域研究提供地球物理参数，1997 年在莫北 1 号断鼻钻莫北 2 井，由新疆石油管理局钻井公司（以下简称钻井公司）45190 钻井队承钻，于 1997 年 10 月 23 日开钻，1998 年 4 月 7 日完钻，井深 4438m。1998 年 3 月 3 日在侏罗系三工河组 3877.01 ～ 3954.5m 井段中途测试，4.76mm 油嘴试油日产原油 23.9t，日产气 49336m^3，发现了莫北油田。

1998 年，地调处完成莫北 (A、B 块) 大面元三维地震。1999 年新疆石油管理局在莫北 2 井南部钻莫 003 井，北部钻莫 005 井，相继获得工业油气流。同年，在莫北 2 井东断裂北偏东方向相继钻探了莫北 9、莫北 10 井，2000 年钻探了莫 006 井和莫北 11 井，均获得了工业油流。经钻探证实莫北油田三工河组油藏构造为向南西倾的单斜，被多条断层切割，形成一系列的断块和背斜构造。莫 005 井区是一被莫北 2 井东断裂和莫 005 井东断裂夹持的三角形背斜断块。同年 4—5 月，大庆物探公司 2288 队完成莫北 C 块三维资料的采集。2000 年 3 月完成《莫北油气田莫 005 井区三工河组油藏 MB5033 等 8 口井滚动实施意见》，部署 7 口井进行滚动开发。实钻发现 MB5015 井的 $J_1s_2^2$ 砂层顶深比原来三维地震解释的要低 30m 左右，利用该井资料重新对三维地震资料进行标定和解释，在油藏构造高部位变得较为平缓的同时，两条大的主控断层向西南有所偏移。

2000 年底，新疆油田分公司部署面元 25m × 50m、满覆盖面积 84.06km^2 的小面元开发三维地震。结合莫北油田三工河组沉积相和莫北 2 井流体性质的研究认为，莫北 2 井区是带油环的凝析气藏。2000 年 7 月又在莫北 2 井区构造翼部部署开发评价井 MB2005 井，发现该井构造位置比原来低 20m，在 $J_1s_2^2$ 砂层用 4mm 油嘴试油获日产油 33.9t 的高产油气流，证实了油环的存在。为提高控制程度，钻 5 口控制井，有 4 口获得工业油气流，落实了含油气面积和储量。

随着莫北油气田和莫索湾油气田的发现，显示出盆 1 井西凹陷东环带的断裂发育带，是有利的勘探目标，2002 年，中国石油新疆油田分公司勘探开发研究院（以下简称勘探开发研究院）地球物理研究所资料处理中心承担完成了准噶尔盆地腹部盆 5 井北—莫北 C 块三维连片地震资料处理，发现圈闭 7 个，圈闭类型主要以断块为主。勘探开发研究院勘探所于 2002—2004 年在莫北凸起先后部署上钻了莫 7、莫 8、莫 11、莫 109 等井，并相继在侏罗系三工河组获得工业油气流。

到 2005 年 12 月，莫北油田累计探明含油面积 41.05km^2，石油地质储量 2454.05 × 10^4t，溶解气储量 52.19 × 10^8m^3 ；探明含气面积 23.86km^2，干气地质储量 91.73 × 10^8m^3。

四

莫北油田三工河组油藏 2000 年 1 月开始试采。同年 4 月在莫 005 井区三工河组 $J_1s_2^2$ 含油面积范围内，采用 350m 井距反九点井网，部署开发井 28 口（利用探井 1 口），并钻开发评价井 2 口。到 2000 年底，实际完钻投产 26 口井，初期单井平均日产油 22t，当年产油 6.95 × 10^4t。

2002 年，莫北 2 井区三工河组 $J_1s_2^2$ 凝析气藏油环和凝析气藏各采用一套井网开发，在 $J_1s_2^1$ 凝析气藏油环完钻开发井 4 口，在 $J_1s_2^2$ 油藏完钻开发井 8 口，共投产 12 口井，日产油水平 200t，生产原油 2.8 × 10^4t，新建产能 5.07 × 10^4t。到 2002 年底，莫北 2 井区完钻投产 56 口井，日产油水平 1119t，当年产油 27.4 × 10^4t。

由于油田注水系统地面建设工程严重滞后，2002 年 11 月才开始全面注水。同期采油速度最高达到

3.4%，主力开发区块莫北 2 井区三工河组油藏采油速度最高时接近 5%，从而导致地层能量亏空较大，地层压力大幅下降，地层压力总降幅超过了 25%，油田亏空已达 $124.04 \times 10^4 m^3$。

油田全面注水后，由于储层物性差，隔夹层不发育，导压能力弱，注水见效缓慢，边底水推进快，导致部分油井含水上升快，产量递减大，没有稳产期。日产油水平由 2002 年 11 月最高的 1386t 下降到 2004 年 1 月的 718t，油层气窜及脱气严重，气油比由初期的 $205m^3/t$ 上升到到 2004 年 1 月的 $827m^3/t$。到 2004 年 9 月，油田共有采油井 118 口，开井 99 口，日产油水平 740t，综合含水 37.3%，累计产油 $153.2 \times 10^4 t$；注水井 27 口，开井 27 口，日注水量 $2830m^3$，月注采比 1.6；采气井 8 口，开井 8 口，日产气水平 $62.7 \times 10^4 m^3$，累计产气 $4.0 \times 10^8 m^3$。

2004 年 10 月，在深化油藏研究的基础上，强化注水工作，大幅度提高注水量，增加水驱储量，调整和完善注采井网、适时加密和扩边，实施压裂、堵隔水等进攻性措施，细化油藏管理，使油气田产量递减得到控制。气油比下降，平均气油比由全面注水前的 $827m^3/t$ 降至 2005 年底的 $320m^3/t$；地层压力有所回升，上升幅度 1.9 ～ 3.6MPa；油田递减持续减缓，2005 年油量水平自然递减已降至 26.5%，含水上升率仅为 3.5%。由边底水锥进导致的油田含水上升过快的不利局面得到有效控制。

至 2005 年 12 月底，全油田共有采油井 123 口，日产油水平 493t，采油速度 1.04%，累计产油量 $169.98 \times 10^4 t$，采出程度 8.37%，综合含水 36.3%；注水井 32 口，日注水平 $3304m^3$，累计注水 $300.66 \times 10^4 m^3$；采气井 9 口，日产气水平 $67.5 \times 10^4 m^3$，累计产气 $15 \times 10^8 m^3$。动用地质储量 $2032 \times 10^4 t$，可采储量 $508.3 \times 10^4 t$，建成莫北转油联合站 1 座，原油外输能力 $80 \times 10^4 t/a$，天然气处理系统 2 套，处理能力 $60 \times 10^4 m^3/d$，年产轻烃 $1.9 \times 10^4 t$，清水处理系统 1 套，注水能力 $3300m^3/d$，计量配水站 12 座。

五

莫北油田构造幅度低，埋藏深度大，地质条件复杂，勘探阶段采用了高分辨率精细三维地震技术，为准确认识油气藏奠定了可靠的基础。

在开发试采阶段，针对油气水层识别难度大等问题，综合运用核磁共振、地层重复测试等多种适用新技术和新方法，有效地解决了复杂油气藏油气水层识别的难题。

在全面开发过程中，由于注水严重滞后，初期开采速度过高，油气界面平衡控制不合理，导致地层压力下降快，气窜及脱气严重；油田转入注水开发后，由于注水恢复地层能量速度过快，注采对应关系不完善，水窜水淹现象严重。为了保持油田稳产，通过不断完善注采对应关系、调整注采井网、优化注水结构、合理控制采液速度以及深井酸化、压裂等技术措施的系统研究和成功应用，使油田递减和含水上升速度得到了有效控制，开采形势趋于平稳。

大事记

1983 年

11 月　新疆石油管理局与法国地球物理公司（CGG）合作进行准噶尔盆地腹部地震勘探，二维地震测网达到 2km × 2km~4km × 4km，测线总长 1200km。1986 年，经过区域校正以后的剩余重力图显示在盆地中央有一横贯的大致东西走向的隆起带，其位置亦大致与中央磁力极大相符合，通过区域地震地质解释，发现了莫北凸起。

1997 年

6 月 19 日　钻井公司 45167 钻井队在莫北 2 号异常体上开始钻探莫北 1 井，8 月 3 日完钻。先后在侏罗系八道湾组、三工河组、白垩系清水河组试油，在侏罗系见到良好油气显示，但试油未能获得工业油气流。

1998 年

3 月 3 日　钻井公司 45190 钻井队在莫北 1 号断鼻上钻探的莫北 2 井，在侏罗系三工河组 3877.01~3954.5m 井段中途测试，4.76mm 油嘴试油，日产原油 23.9t，日产气 $49336m^3$，从而发现了莫北油田。

1999 年

3 月 1 日　中国石油天然气集团公司总经理马富才一行到石西油田作业区检查指导莫北油田勘探开发工作。新疆石油管理局局长戴明梓、局党委副书记唐健及新疆维吾尔自治区人民政府办公厅副主任依利等陪同。

12 月　勘探开发研究院完成《莫北油气田莫北 2 井、莫 005 井区块新增油气探明储量报告》。上报含油面积 $24.0km^2$，石油地质储量 2408×10^4t。上报含气面积 $17.6km^2$，Ⅱ类探明天然气地质储量 $76.98 \times 10^8m^3$。

2000 年

1 月 5 日　新疆油田分公司成立莫北项目经理部，负责莫北油气田产能建设及油气藏评价工作。

3 月 24 日　根据 1999 年 12 月勘探开发研究院陆续编制的《莫北油气田莫 005 井区三工河组油藏开发评价井布井意见》、《莫北油气田莫 005 井区三工河组油藏 MB5033 等 8 口井滚动实施意见》，莫北油田莫 005 井区三工河组油藏投入正式开发。

10 月　勘探开发研究院编制了《莫北 9、莫北 10、莫北 11 井区块侏罗系三工河组油藏新增（Ⅰ + Ⅱ）类探明石油地质储量报告》，探明石油地质储量 547×10^4t。

11 月 26 日　莫北油田第一口水平井 MBHW04 井投产。初期日产油 72.6t，日产天然气 $8800m^3$，为直井单井产能的 3 ～ 4 倍。

2001 年

1 月　勘探开发研究院完成对资料面积 $160.98km^2$，CMP 面元 25m × 50m，采集方向与断裂走向垂直（与原三维采集方向垂直）的高分辨率开发三维地震资料的解释工作。新发现 10 条断裂，断距在 5 ～ 20m 范围内。同时，还发现莫北 2 井区三工河组油藏构造圈闭溢出点比原来的认识低了 20m，从而发现该区三工河组 $J_1s^2{}_2$、$J_1s_2{}^1$ 油藏气顶之下存在油环。

2 月　勘探开发研究院编制了《莫北油气田侏罗系三工河组油气藏地质油气藏工程方案》，在上报储量和方案编制的基础上，4 月，莫北 2 井区三工河组油藏及莫北 9 井区三工河组油藏正式投入开发。

12 月　由新疆石油管理局油田建设工程公司（以下简称油建公司）承建的莫北转油站及莫 005 井区集油、注水管网建成投产。

2002 年

1 月　新疆油田分公司石西油田作业区（以下简称石西油田作业区）成立莫北转油联合站，对莫北油气田油气井进行生产管理及油气集输。

7 月　由油建公司承建的莫北 2 井区集气及莫北 9 井区集油、注水管网建成投产。

9 月　莫北油田进行了莫北 2 井区三工河组油藏、莫北 9 井区三工河组油藏的转注会战，方案设计的 17 口井全部转注。

11 月 24 日　莫北油田第三台 $20 \times 10^4 m^3$ 天然气压缩机开机成功，28 日莫北油田 6 口气井全部投产，日外输天然气 $60 \times 10^4 m^3$。

2003 年

5 月　莫北站注水系统提压改扩建工程完工，注水系统压力由 18MPa 提高至 22MPa，日注水能力由 $1800 \times m^3$ 增加到 $2500 \times m^3$。

6 月　石西油田作业区和采油工艺研究院（以下简称采研院）共同研究组织实施的 MB5010 井水基压裂液压裂成功，解决了水基压裂液体系在莫北油田高温、强水敏油藏的油藏保护与压裂耐高温问题，为莫北油田压裂增产提供了新手段。

2004 年

4 月　石西油田作业区对莫北站伴生气放空装置进行了迁移改造，迁移伴生气火炬 1 座、火炬分液罐 1 台。

7 月　石西油田作业区在莫北油田 4 口注水井上引进、实施了同心集成分注工艺，实现埋深 3900m 注水井分层配注和分层酸化，为深井分注工艺提供了宝贵经验。

8 月 13 日　中国工程院院士、原中国石油天然气总公司副总经理、中国石油学会理事长邱中建到莫北油田视察指导工作，油田公司副总经理匡立春等陪同。

9 月　勘探开发研究院编写了《莫北油气田莫北 2 井、莫 005 井、莫北 9 井、莫北 11 井区块三工河组油气藏探明储量复算报告》，通过了中国石油天然气股份有限公司专业储量委员会的评审，复算后全油田含油面积为 $29.2km^2$，探明石油地质储量总计为 $2136 \times 10^4 t$。含气面积 $13.2km^2$。凝析油储量 $119.0 \times 10^4 t$，天然气储量 $69.74 \times 10^8 m^3$。

10 月 24 日　中国石油哈萨克斯坦阿克纠宾油田股份公司员工一行 12 人到莫北油田参观学习，进行岗位技能提高培训。

12 月　勘探开发研究院编写了《莫北油气田莫 7、莫 8 井区块侏罗系三工河组新增石油、天然气探明储量报告》，通过了中国石油天然气股份有限公司专业储量委员会的评审，探明Ⅱ类石油（黑油、凝析油）地质储量 $63.7 \times 10^4 t$，天然气（干气、溶解气）地质储量 $16.21 \times 10^8 m^3$。

2005 年

4 月　莫北气处理装置增设的 6 座 35m 高避雷针塔完工。

5 月　莫北气田气、莫北伴生气装置首次进行不停机年度检修。

9 月 8 日　国家环保总局、中国石油天然气集团公司质量安全环保部、新疆维吾尔自治区环境监测中心站的领导和专家对莫北油田开发建设环保现场进行了检查验收，符合国家安全环保指标。

10 月 26 日　莫北油田—莫索湾气田长约 25km 的输气管道工程投产成功，为莫北油田天然气建成了外输通道。

12月　勘探开发研究院编写的《莫北油气田莫11、莫109井区块侏罗系三工河组新增石油、天然气探明储量报告》通过了中国石油天然气股份有限公司专业储量委员会的评审，探明Ⅱ类石油（黑油、凝析油）地质储量 282.53×10^4t，天然气（干气、溶解气）地质储量 $12.08 \times 10^8 m^3$，含油气面积 $7.81 km^2$。

第一章

油田地质

第一节 地层与构造

一、地层

1986 年开始的二维地震勘探地震剖面上显示出侏罗系中、下部的强反射层 Jt_1、Jt_2（相当于八道湾组、三工河组、西山窑组）能量强、连续性好，易于追踪对比，尤其是相当于侏罗系八道湾组中、下段和西山窑组底部的三套煤层的 2~3 个强相位组成的双轨反射波组，表现出较强的连续性。上部 Jt_3（相当于头屯河组、白垩系）反射弱、连续性差。

1997 年，莫北 1 井的实钻显示自上而下的地层层序为第四系（Q），新近—古近系（N—E），白垩系吐谷鲁群（K_1tg），侏罗系头屯河组（J_2t）、三工河组（J_1s）和八道湾组（J_1b）。缺失西山窑组（J_2x）。

1999 年钻探的莫北 2 井完井报告中描述的实钻地层层序：自上而下有第四系（Q），第三系（R），白垩系吐谷鲁群（K_1tg），侏罗系头屯河组（J_2t）、西山窑组（J_2x）、三工河组（J_1s）和八道湾组（J_1b）。结合地质、地震分析认为莫北凸起存在三叠系及二叠系上部地层，二叠系下部地层缺失，石炭系为基底岩系。目的层侏罗系三工河组总厚度 404 ~ 447m，全区分布稳定，与其上下地层为整合接触关系。由此确立了莫北油田地层层序的划分(表 1–1)。

表1–1 莫北油田地层划分表

层位			层位代号	厚度 m	岩性简述
系	统	组			
第四系			Q	320	砾岩夹砂泥岩；与下伏地层不整合接触
古近—新近系			E—N	1210	泥岩为主，夹砂岩、砾岩；与下伏地层不整合接触
白垩系	下统	吐谷鲁群	K_1tg	1800	泥岩、砂岩不均匀互层，底部为砾岩；与下伏地层不整合接触
侏罗系	中统	头屯河组	J_2t	11~108	泥岩、砂岩互层；与下伏地层局部不整合
		西山窑组	J_2x	18~174	砂岩、泥岩互层夹煤层；为标志层；与下伏地层整合接触
	下统	三工河组	J_1s	404~447	泥岩为主、夹砂岩；为含油气层；与下伏地层整合接触
		八道湾组	J_1b	547	砂岩、泥岩互层夹煤层；与下伏地层不整合接触
三叠系			T	540	灰色及棕褐色块状砂砾岩、含砾砂岩
二叠系			P	1300	深浅湖相的灰色、浅灰色泥岩，砂质泥岩夹灰色、褐色砂岩，砾状砂岩

注：摘自《莫北油气田侏罗系三工河组油气藏地质油气藏工程方案》，2001年2月。

1999 年 5 月，勘探开发研究院张年富、张越迁、曹耀华等人在进行陆西—莫北地区侏罗系精细沉积相及勘探目标研究的过程中，通过地震、钻井、古生物等资料的综合研究对比，将主要含油气层系侏罗系三工河组采用三分法：上段 J_1s_1 为区域性湖相泥岩层，中段 J_1s_2 为砂砾岩、砂岩和泥岩，下段 J_1s_3 以砂泥岩互层为主。

1999 年 12 月，勘探开发研究院张有平、王安生等人在《莫北油气田莫北 2 井、莫 005 井区块新增油气探明储量报告》中，将三工河组自上而下分为三个砂层组，即 J_1s_1、J_1s_2、J_1s_3，其中 J_1s_2 为主要目的层，按岩性、电性特征又细分为 $J_1s_2^1$ 和 $J_1s_2^2$ 两个砂层。按砂层的韵律性、厚度及纵横向沉积演变，自上而下将 $J_1s_2^1$ 细分为 $J_1s_2^{1-1}$、$J_1s_2^{1-2}$、$J_1s_2^{1-3}$ 三个单砂层；将 $J_1s_2^2$ 细分为 $J_1s_2^{2-1}$、$J_1s_2^{2-2}$、$J_1s_2^{2-3}$、$J_1s_2^{2-4}$、$J_1s_2^{2-5}$、$J_1s_2^{2-6}$ 六个单砂层。

2000 年 11 月，勘探开发研究院张从侦、曹耀华以岩性组合及次级旋回特征为依据，进一步将三工河组下段 J_1s_3 自上而下分为 $J_1s_3^1$、$J_1s_3^2$、$J_1s_3^3$ 三个砂层。

2003 年 7 月，张纪易在《莫北油气田三工河组细分沉积相》专题研究报告中，根据砂层的韵律性、厚度及纵横向沉积演变，将 $J_1s_2^1$ 砂层自上而下细分为两个单层（$J_1s_2^{1-1}$、$J_1s_2^{1-2}$），两个单层之间发育的前三角洲泥岩为划分标志层；$J_1s_2^2$ 砂层根据岩电关系和沉积旋回特征，自上而下细分为 $J_1s_2^{2-1}$、$J_1s_2^{2-2}$、$J_1s_2^{2-3}$、$J_1s_2^{2-4}$、J1s$_2^{2-5}$ 五个单砂层。

二、构造

1956 年，地调处进行了准噶尔盆地横穿古尔班通古特大沙漠的重磁力普查。证实了盆地中央为一古老的地块，在其向南缓倾的斜坡上，具有相当的沉积岩厚度，并有潜伏构造。

1982 年，开始进行了大规模的数字地震勘探，在油田范围内的二维测网密度 2km×2km ~ 2km×4km，测线总长约 1200km。1986 年经过区域校正后的剩余重力图显示在盆地中央有一大致为东西走向的隆起带，其位置亦大致与中央磁力极大相符合，通过区域地震地质解释，发现了莫北凸起（图 1–1）。

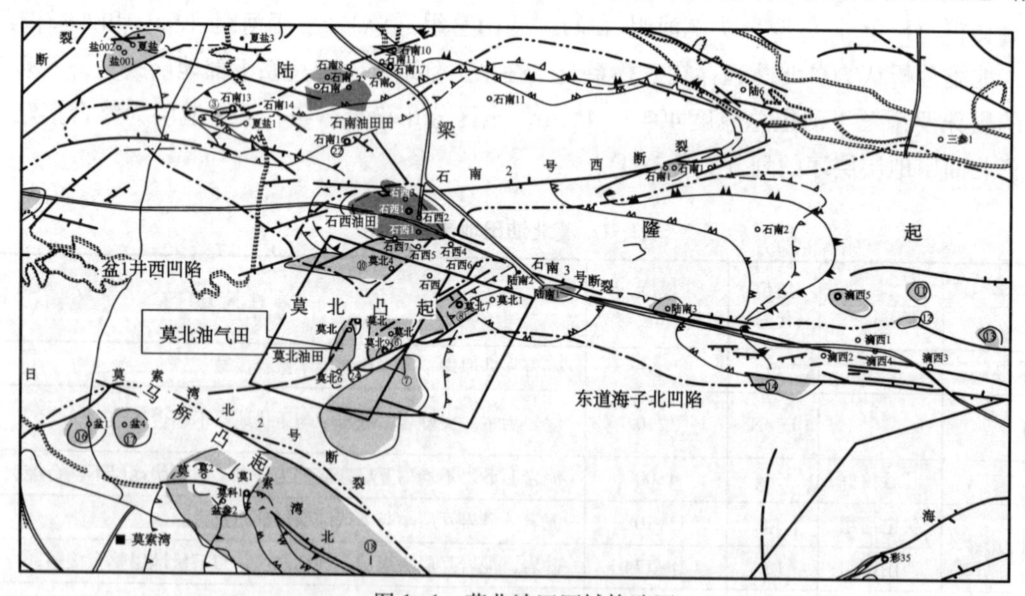

图 1–1　莫北油田区域构造图

（新疆石油管理局勘探开发研究院编制，1986 年 4 月）

1993 年底以前，在该区进行的二维地震资料品质较差，造成解释的低幅度构造圈闭可靠程度较低。深层反射资料太差，使二叠系、石炭系层序展布、接触关系等地质问题不清。

1994 年，地调处对莫北凸起的二叠系—侏罗系的 6 个主要地震反射层资料进行了解释对比，划分了 10 个地震层序，认为莫北地区内构造圈闭不发育。

1995 年，勘探开发研究院与成都理工学院合作对莫北地区 27 条 1218km 地震测线进行了高分辨率处理，做了 G-Log、三瞬、波阻抗等特殊处理。通过对地震参数的分析，发现了白垩系底界、西山窑组、三工河组等三个地震层序在剖面上具有强反射特征的地震异常。

1997 年下半年，勘探开发研究院对该区进行了新一轮地震地质解释和综合研究，在侏罗系发现了莫北 1 号、2 号、3 号地层圈闭以及莫北 1 号、2 号异常体和侏罗系八道湾组圈闭面积仅 2.6km² 的莫北 1 号断鼻。在当时“大网捕大鱼”的勘探思想指导下，1997 年 6 月在莫北 2 号异常体上部署并钻探了莫北 1 井，该井在侏罗系见到良好油气显示，但试油未获得工业油气流。为了查明莫北 1 号断鼻的含油气性并为区域研究提供地球物理参数，在莫北 1 号断鼻上部署并钻探了莫北 2 井（图 1–2）。1998 年 3 月莫北 2 井在侏罗系三工河组中途测试获日产油 23.9m³，日产气 49336m³ 的工业油气流。由此，发现了莫北油田。随后又在相邻的莫北 1 号异常体上部署钻探了莫北 5 井。

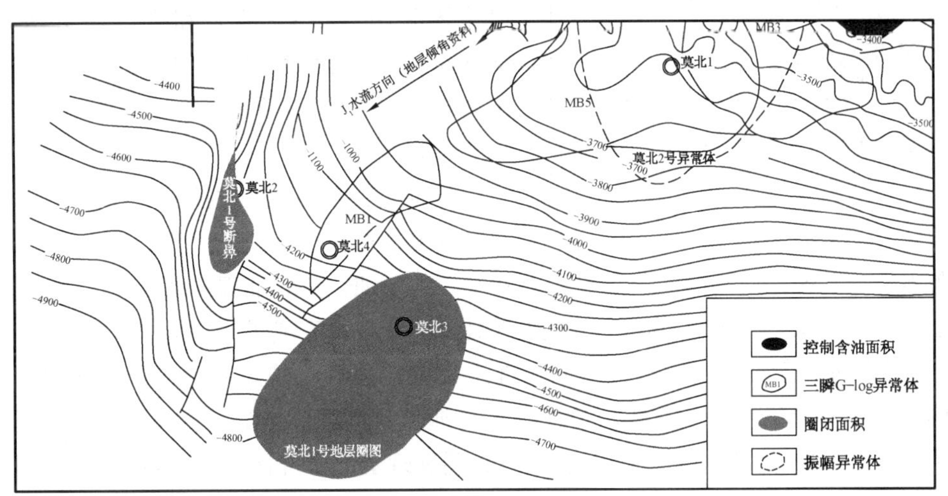

图 1–2 莫北地区二维地震 J_1s_2 顶面构造图

（新疆石油管理局勘探开发研究院编制，1997 年 6 月）

1998 年 4 月，勘探开发研究院唐建华等人对莫北地区约 40 条二维地震剖面进行了叠后和叠前重新处理，得到了信噪比较高的资料，利用两口探井的资料，对地震资料进行精细标定、解释与研究，在侏罗系目的层发现了莫北 4 号断块、在二叠系佳木河组和石炭系发现了莫北 5 井断块和莫北 5 井南断块。新处理解释表明莫北 1 号断鼻在侏罗系三工河组不存在（图 1–3）。

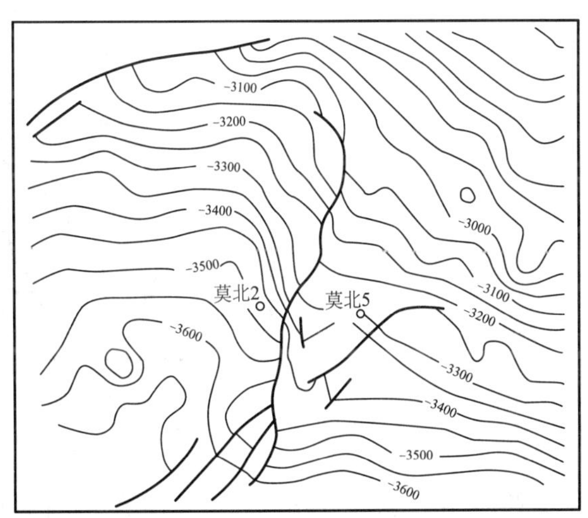

图 1–3 莫北地区二维地震 J_1s_2 顶面构造图

（新疆石油管理局勘探开发研究院编制，1998 年 4 月）

勘探开发研究院科研人员对莫北地区的构造特征及油气藏类型进行了研究认为：莫北 2 井出油，控油因素为岩性而非构造；地震约束反演结果表明莫北 2 井西部发育侏罗系三工河组 S_2 砂体。遂决定在莫北 4 号断块部署莫北 6 井，在莫北 2 井已出油砂体发育区部署莫 001、莫 002 两口评价井。这三口井先后落空。其后在根据二维地震资料识别的莫北 2 号地层圈闭上部署的莫北 4 井也未获成功。至此，在沙漠覆盖区二维地震勘探的精度受到质疑。

1998 年 5 月至 1999 年，莫北地区按照“整体部署、分步实施”的方针，首先施工了 A 块三维地震，资料面积 573.68km²，CMP 面元 50m × 100m。1998 年 9 月位于莫北 1 号异常体上的莫北 5 井在

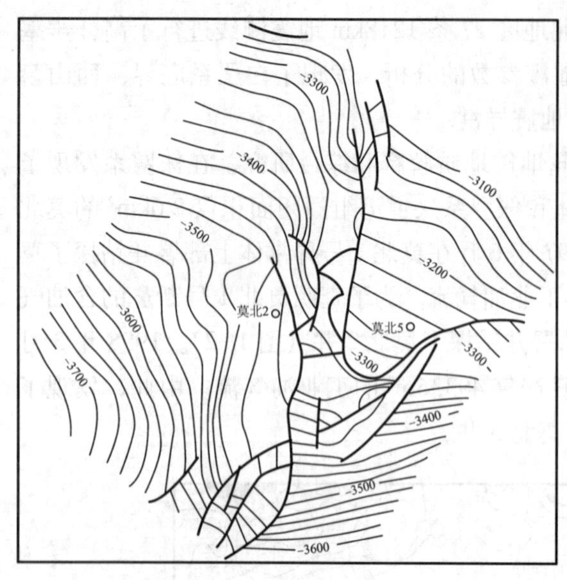

图 1-4　莫北地区 A 块三维地震 J_1s_2 顶面构造图
（新疆石油管理局勘探开发研究院编制，1999 年 2 月）

侏罗系三工河组中途测试获得日产油 21.6m³、日产气 21000m³ 的工业油气流后，又施工了 CMP 面元相同的莫北 B 块三维地震，资料面积 387.34km²。1998 年 9~12 月三维地震解释后发现莫北 2 井区侏罗系三工河组构造形态为一近南北走向受断裂切割的断背斜，莫北 2 井位于该断背斜北部的局部断鼻构造上，此外还发现了 4 个侏罗系新的构造圈闭（图 1-4）。

2000 年又对莫北 A 块三维地震资料进行了静校正、速度分析和偏移方法等处理方法的攻关，重新处理的资料在断裂显示和构造形态上均有改善，利用该资料又发现了莫北 10 井西 1 号断块和莫北 10 井西 2 号断鼻，根据研究人员的建议在莫北 9 井区部署了评价井莫 006 和在莫北 10 井西 2 号断鼻上部署了莫北 11 井均获得了高产工业油气流。

此时的莫北油田开发控制程度很低，几乎每一断块只有一个出油气井点；特别是莫北 2 井区三工河组油藏由于存在油气关系及其分布不清，构造形态不落实，砂体展布不清等关键地质问题，一直没投入开发。为了加快莫北油田莫北 9 井、莫北 2 井区块侏罗系三工河组油藏开发方案的编制，2000 年 10 月新疆油田分公司完成了资料面积 160.98km²、CMP 面元 25m×50m、采集方向与断裂走向垂直（与原三维采集方向垂直）的高分辨率开发三维地震资料采集。精细三维使构造的解释精确度大大提高，2001 年 1 月通过对精细三维地震资料的解释，新发现了 10 条新断裂，断距在 5 ~ 20m 范围内（图 1-5）。同时，还发现莫北 2 井区三工河组油藏构造圈闭溢出点比原来的认识低了 20m，从而发现该区三工河组 $J_1s_2^2$、$J_1s_2^1$ 油藏气顶之下存在油环。

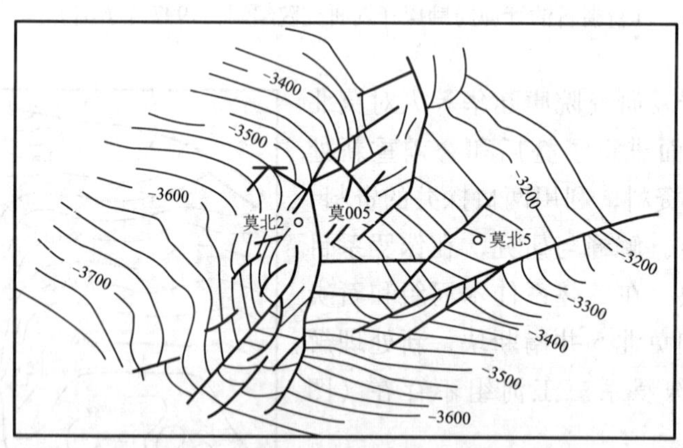

图 1-5　莫北地区三维地震 J_1s_2 顶面构造图
（新疆油田分公司勘探开发研究院编制，2001 年 3 月）

2000 年，新疆油田分公司在莫北凸起的西南部部署实施了资料面积 330.7km²，CMP 面元 50m×100m 的莫北 C 块三维地震，2001 年勘探开发研究院利用该资料解释出 4 个断背斜构造圈闭（图 1-6），2002—2004 年在这 4 个圈闭上钻探了莫 7、莫 8、莫 11、莫 109 等井，并相继在侏罗系三工河组试油获工业油气流。至此，基本落实了莫北地区各区块油气藏的构造形态及断裂分布情况。

截至 2005 年底，经钻井证实的油田总体构造为向南西倾的单斜，且被一系列断裂切割，形成了一系列的断块、断背斜和断鼻构造：莫 005、莫北 10 井区断块构造；莫北 2、莫 7、莫 8、莫 109、莫 11 井区断背斜构造；莫北 9、莫北 11 井区断鼻构造（见书前页莫北油田构造井位图）。断裂主要分为两组，一组为近南北向，另一组为南西—北东向，断层主要发育于燕山期，主要断开地层为侏罗系（表 1–2）。

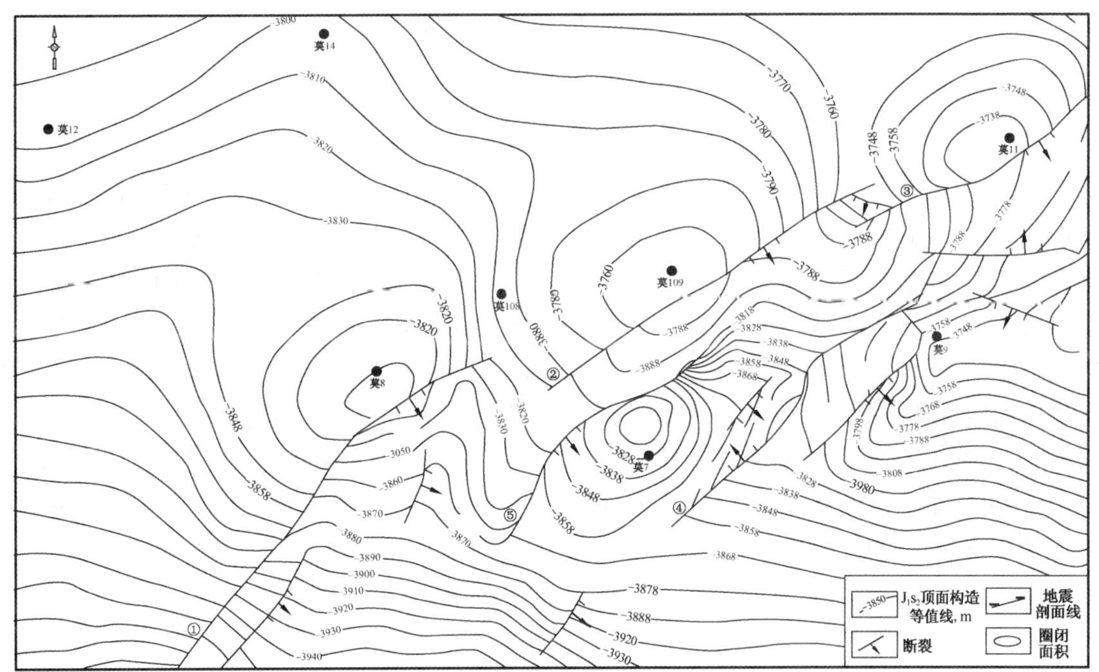

图 1–6　莫北 C 块三维地震 J_1s_2 顶面构造图
（新疆油田分公司勘探开发研究院编制，2001 年 3 月）

表 1–2　莫北油田主要断裂要素表

序号	断裂名称	性质	延伸长度 km	断开层位	断裂产状			最大断距 m
					走向	倾向	倾角 (°)	
1	莫北 2 井东断裂	正	13.0	J、T	南北	西	70~80	140
2	莫北 2 井西 1 号断裂	正	7.0	J	北东	北西	70~80	20
3	莫北 6 井西断裂	正	4.6	J	北东	南东	60~80	15
4	莫 003 井东断裂	正	8.5	J	南北	东	70~80	30
5	莫 005 井东断裂	正	6.4	J、T	南北	西	50~60	110
6	莫 005 井西断裂	正	2.4	J	北东	北西	60~80	15
7	MB5029 井断裂	正	4.6	J	南北	东	75~85	15
8	莫 7 井西断裂	正	4.7	J、K	北东	南东	60~80	35
9	莫 8 井南断裂	正	6.8	J、K	北东	南东	60~80	35
10	莫北 9 井东断裂	正	10.8	J、T	南北	西	50~60	120
11	莫北 10 井东断裂	正	5.4	J、T	南北	西	50~60	40
12	莫北 10 井西断裂	正	3.2	J、T	南北	西	50~60	24
13	莫北 11 井西 1 号断裂	正	2.8	J	北东	北西	60~80	15
14	莫北 11 井西 2 号断裂	正	1.8	J	北东	北西	60~80	15
15	莫 11 井南断裂	正	8.3	J—T	北东	南东	60~80	80
16	莫 11 井北断裂	逆	2.3	J	南东	南	60~80	8
17	M1102 井西断裂	逆	2.1	J	南东	南	60~80	10
18	莫 109 井南断裂	正	5.6	J—K	北东	南东	60~80	25

注：摘自《莫北油气田莫北 2 井、莫 005 井、莫北 9 井、莫北 11 井区块三工河组油气藏探明储量复算报告》等，2005 年 12 月。

第二节 储 层

一、沉积相

1999年，勘探开发研究院张有平等人在研究编制《莫北油气田莫北2井、莫005井区块新增油气探明储量报告》时，将莫北油田侏罗系三工河组J_1s_1定为滨浅湖相沉积，J_1s_2、J_1s_3为辫状河三角洲前缘亚相沉积。2000—2001年勘探开发研究院开发所孙宝宗、王彬等人综合研究了三工河组的沉积环境。通过对砂层发育情况、粒度、层理、微量元素、有机质含量和化石层位变化的分析，认为三工河组沉积相以三角洲前缘沉积为主，部分发育有前三角洲沉积；物源方向以北西向为主，北及北东向物源次之；三工河组$J_1s_2^2$砂层组的中下部$J_1s_2^{2-2}$和$J_1s_2^{2-3}$为三角洲平原亚相，上部$J_1s_2^{2-1}$为滨浅湖亚相。

2003年，张纪易在莫北油气田三工河组细分沉积相研究中，通过观察岩心，发现了三工河组J_1s_2段内存在沉积间断和不整合现象，认为$J_1s_2^2$砂层组的主体仍属三角洲前缘亚相，但也不排除有分流平原亚相的成分。$J_1s_2^1$和$J_1s_2^2$砂层组是两期三角洲沉积，它们之间由属于滨湖相或三角洲平原亚相的夹有火山凝灰岩的泥岩、高碳泥岩和薄煤层分隔。

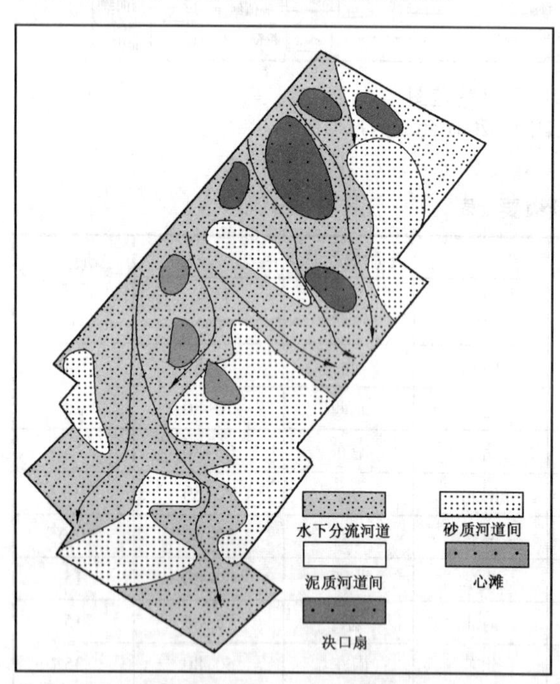

图1-7 莫北油田$J_1s_2^2$沉积相图
（新疆油田分公司勘探开发研究院编制，2001年3月）

$J_1s_2^2$是在本区经历了震荡性升降环境后，转入地壳单向抬升时期形成的湖退三角洲沉积。$J_1s_2^{2-5}$、$J_1s_2^{2-4}$两个砂体为三角洲前缘沉积，继承了J_1s_3的沉积特征，延续性较好，其水流方向主要为由北向南，主要沉积微相为水下分流河道、河口沙坝、席状砂和水下分流河道间，岩性以中、细砂岩为主，含少量的砂砾岩；$J_1s_2^{2-3}$、$J_1s_2^{2-2}$、$J_1s_2^{2-1}$进入三角洲平原亚相沉积，$J_1s_2^{2-3}$、$J_1s_2^{2-2}$主要沉积微相为分流河道、心滩、河道间、决口扇和河漫滩，岩性以砂砾岩、中粗砂岩和细砂岩为主，内部均发育钙质、泥质砂砾岩薄层，由于河流的频繁摆动，河道逐渐向西偏移，其水流方向主要来自于北偏西方向；$J_1s_2^{2-1}$时期由于河道的冲刷下切，造成除河道外大部分地区的沉积间断，在莫北地区沉积了以粉砂质泥岩、泥质粉砂岩和泥岩为主的河漫滩沉积（图1-7）。

$J_1s_2^1$时期再次形成了湖进三角洲，$J_1s_2^{1-2}$为三角洲前缘沉积亚相，主要沉积微相为水下分流河道、河口沙坝、席状砂和水下分流河道间，岩性以中、细砂岩为主，这一时期的水流主要来自北偏东及北偏西方向；$J_1s_2^{1-1}$时期进入前三角洲沉积亚相，水下分流河道微相已逐渐萎缩，沉积规模较小，主要沉积微相为水下分流河道间、前三角洲泥和滨浅湖沉积。

二、岩性物性

1999年11月，由勘探开发研究院王安生、李岩等在《莫北2井、莫005井区块新增油气探明储量报告》中，运用了6口取心井的岩心分析样品1824块，对两套储层——$J_1s_2^1$和$J_1s_2^2$砂砾岩储层进行了综合研究，为储量计算和开发方案的编制提供了地质依据。

2000年，勘探开发研究院开发研究所在编制三工河组油气藏开发方案的过程中，对莫北油田三工河组储层特征做了进一步的研究和详细阐述：$J_1s_2^1$和$J_1s_2^2$的岩性主要为砂砾岩、含砾不等粒砂岩、粗中砂岩和细砂岩，碎屑成分以凝灰岩岩屑为主，岩石颗粒分选中等，颗粒磨圆度以次棱角—次圆状为主；胶结类型主要为压嵌式，胶结致密，颗粒接触以线接触、点—线接触为主；据766块岩心样品的分析，储层孔隙度分布在0.3%～19.4%之间，平均为13%，空气渗透率分布在0.01～665mD之间，平均值为4.6mD（表1–3）。

表1–3　莫北油田三工河组储层物性分析统计表

区　块	层位	孔隙度，%			水平渗透率，mD		
		变化范围	平均	样品数	变化范围	平均	样品数
莫北2井区	J_1s_2	5.5～19.4	13.2	129	0.01～665	4.60	129
莫北9—莫北11井区	J_1s_2	1.4～18.6	11.4	128	0.023～411	2.25	126
莫005井区	J_1s_2	0.3～16.9	11.2	524	0.01～360	3.00	511
莫109—莫11井区	J_1s_2	3.0～15.4	12.0	119	0.032～427	10.19	119
莫7—莫8井区	J_1s_2	1.5～17.1	12.0	168	0.05～203	6.97	167
莫北油田		0.3～19.4	13.0		0.01～665	4.60	

注：摘自《莫北油气田莫北2井、莫005井、莫北9井、莫北11井区块三工河组油气藏探明储量复算报告》等，2005年12月。

莫北2井区和莫005井区$J_1s_2^1$和$J_1s_2^2$含油砂体厚度较大（28～56.3m）；莫北9井区油砂体厚度相对较薄（8.5～35.4m），全区$J_1s_2^1$和$J_1s_2^2$油砂体呈连片状分布，油砂体的分布明显受沉积微相的控制，表现出较强的平面非均质性。纵向上各砂层、油砂体之间泥质隔层发育，厚度变化在7.45～42.4m，具有层状分布的特点。

表1–4　莫北油田三工河组储层黏土矿物含量统计表

区块	层位	范围	黏土矿物含量，%				混层比 %	样品数
			伊蒙混层 I/S	伊利石 I	高岭石 K	绿泥石 C		
莫北2井区	J_1s_2	范围	6～41	5～27	18～52	15～55	20～65	29
		平均值	17.34	12.52	34.38	35.79	31.55	
莫005井区	J_1s_2	范围	2～38	5～49	13～74	13～50	25～40	74
		平均值	14.43	20.12	37.70	27.74	27.36	

注：摘自《莫北油气田侏罗系三工河组油气藏地质油气藏工程方案》等，2001年2月。

据莫北2、莫005井区103块X衍射样品分析，J_1s_2黏土矿物以高岭石、绿泥石为主，伊/蒙混层和伊利石次之（表1–4）。高岭石和伊利石多以书页状、蠕虫状、丝状分布于粒间或粒表，特别是高岭石多呈粒间分布，充填孔隙。剖面上，高岭石、绿泥石的含量有自下而上增高的趋势；伊利石含量有自下而上减少的趋势。

2000年勘探开发研究院在编制《莫北油气田侏罗系三工河组油气藏地质油气藏工程方案》的研究中，依据莫北2、莫003、莫005和MB5023等井55块岩样所做的压汞分析，储层毛细管压力曲线形态为略中—偏细歪度，平台短，喉道分选差，排驱压力0.01～2.33MPa，平均0.31MPa；最大孔喉半径0.32～62.83μm，平均9.40μm；最小非饱和体积3.41%～78.15%，平均29.37%；饱和度中值压力高，一般在0.08～15.47MPa，平均喉道半径1.86μm，表明储层较致密。

第三节 流体与渗流

一、流体性质

莫北油田自 1998 年发现到 2005 年底，共探明了 15 个油气藏（表 1–5），其中 3 个带凝析气顶的饱和油藏，7 个饱和油藏，4 个凝析气藏，1 个带油环的凝析气藏。

表 1–5 莫北油田油（气）藏单元表

区块	油（气）藏	圈闭类型	油（气）藏类型
莫北 2	$J_1s_2^1$	断背斜	边水带油环的凝析气藏
	$J_1s_2^2$		边水带凝析气顶的饱和油藏
莫 005	$J_1s_2^1$	断块	带凝析气顶的饱和油藏
	$J_1s_2^2$		边水带凝析气顶的饱和油藏
莫北 9	$J_1s_2^1$	断鼻	饱和油藏
	$J_1s_2^2$		具底水的饱和油藏
莫北 10	$J_1s_2^2$	断鼻	具底水的饱和油藏
莫北 11	$J_1s_2^2$	断鼻	具底水的饱和油藏
莫 7	$J_1s_2^1$	断背斜	具边水的凝析气藏
	$J_1s_2^2$		具底水的凝析气藏
莫 8	$J_1s_2^1$	断背斜	具边水的凝析气藏
	$J_1s_2^2$		具底水的饱和油藏
莫 11	$J_1s_2^1$	断背斜	具边水的凝析气藏
	$J_1s_2^2$		具边水的饱和油藏
莫 109	$J_1s_2^1$	断背斜	具边水的饱和油藏

注：摘自《莫北油气田莫北 2 井、莫 005 井、莫北 9 井、莫北 11 井区块三工河组油气藏探明储量复算报告》等，2005 年 12 月。

（一）带凝析气顶的饱和油藏

油藏流体相态研究结果表明，莫北 2 井区 $J_1s_2^2$、莫 005 井区 $J_1s_2^1$、$J_1s_2^2$ 等 3 个油藏均为带凝析气顶的饱和油藏。在流体相态图（图 1–8）中地层压力、地层温度状态点位于包络线收敛点的右方，属于典型的凝析气体系相图，原始地层压力 36.11 ~ 38.33MPa，压力系数 0.94 ~ 0.98，露点压力 37.69MPa，地露压差 0.45MPa，地层温度 100 ~ 103℃，属于饱和油藏（表 1–6）。

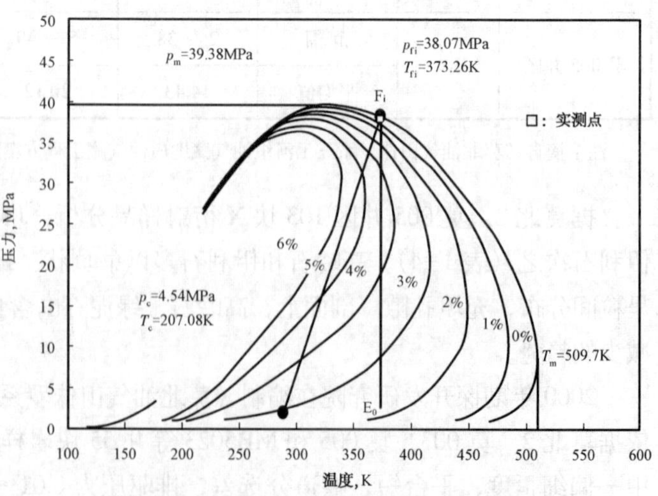

图 1–8 莫北 2 井区 $J_1s_2^2$ 层流体拟合相态图
（新疆石油管理局勘探开发研究院编制，1998 年 10 月）

油环高压物性（PVT）取样分析，地层油原始溶解气油比较高，地层油密度小、地层油黏度低（表 1–7）。

表 1–6　莫北油气田油（气）藏参数表

区块	油气藏		油气藏中部深度 m	油气藏中部海拔 m	油气藏高度 m	地层压力 MPa	压力系数	油气界面海拔 m	油（气）水界面海拔 m	油气藏温度 ℃
莫北 2	$J_1s_2^1$	气顶	3894	–3472	80	38.11	0.98	–3512		102
		油柱	3954	–3532	40	38.33	0.97		–3552	103
	$J_1s_2^2$	气顶	3906	–3484	56	38.14	0.98	–3512		102
		油柱	3954	–3532	40	38.33	0.97		–3552	103
莫 005	$J_1s_2^1$	气顶	3791	–3351	54	36.11	0.95	–3378		100
		油柱	3852	–3412	68	36.25	0.94			101
	$J_1s_2^2$	气顶	3803	–3363	30	36.14	0.95	–3378		100
		油柱	3865	–3425	94	36.34	0.94		–3472	101
莫北 9	$J_1s_2^1$ 油藏		3731	–3301	28	35.96	0.96			98
	$J_1s_2^2$ 油藏		3753	–3323	24	36.11	0.96		–3331	99
莫北 10	$J_1s_2^2$ 油藏		3668	–3225	20	35.66	0.97		–3235	97
莫北 11	$J_1s_2^2$ 油藏		3719	-3276	34	35.78	0.96		–3302	98
莫 7	$J_1s_2^1$ 凝析气藏		4232	–3814	40	39.10	0.92		–3830	104
	$J_1s_2^2$ 凝析气藏		4252	–3834	40	40.40	0.95		–3850	104
莫 8	$J_1s_2^1$ 凝析气藏		4233	–3792	20	40.6	0.96		–3805	104
	$J_1s_2^2$ 油藏		4263	–3822	20	40.5	0.95		–3830	105
莫 11	$J_1s_2^1$ 凝析气藏		4157	–3720	40	39.88	0.95		–3740	102
	$J_1s_2^2$ 油藏		4185	–3750	40	39.56	0.96		–3770	103
莫 109	$J_1s_2^1$ 油藏		4182	–3760	20	39.96	0.96		–3770	103

注：摘自《莫北油气田莫北 2 井、莫 005 井、莫北 9 井、莫北 11 井区块三工河组油气藏探明储量复算报告》等，2005 年 12 月。

地面取样分析，干气相对密度在 0.61 左右，甲烷含量 90% 以上，凝析油含量中等（表 1–9）。油环原油密度低，黏度低，初馏点低，凝固点中等，含蜡量高。溶解气相对密度 0.628 ~ 0.674，甲烷含量 85.89% ~ 87.9%（表 1–8）。

（二）饱和油藏

油藏地质特征及流体性质分析结果表明，莫北 9 井区 $J_1s_2^1$、$J_1s_2^2$、莫北 10 井区 $J_1s_2^2$、莫北 11 井区 $J_1s_2^2$、莫 8 井区 $J_1s_2^2$、莫 11 井区 $J_1s_2^2$、莫 109 井区 $J_1s_2^1$ 等 7 个油藏均为饱和油藏。原始地层压力 35.6 ~ 40.5MPa，压力系数 0.95 ~ 0.97，饱和程度 100%。除莫北 9 井区 $J_1s_2^1$ 油藏外，其他 6 个油藏都具有边水，油水界面为 –3235 ~ –3830m，（表 1–6）。经高压物性（PVT）取样分析，证实地层油原始气油比较高、密度小、黏度低，体积系数较大（表 1–7）。

地面取样分析，原油密度低、黏度低、初馏点低、凝固点中等、含蜡量高。溶解气相对密度 0.623 ~ 0.666，甲烷含量 83.33% ~ 89.56%（表 1–8）。

（三）凝析气藏

油藏地质特征及流体性质分析结果表明，莫北 2 井区 $J_1s_2^1$、莫 7 井区 $J_1s_2^1$、$J_1s_2^2$、莫 8 井区 $J_1s_2^1$、莫

11 井区 $J_1s_2^1$ 等 5 个气藏均为凝析气藏，其中莫北 2 井区 $J_1s_2^1$ 为带油环的凝析气藏。

1999 年，勘探开发研究院张有平、王安生等人在编制《莫北油气田莫北 2 井、莫 005 井区块新增油气探明储量报告》时，将莫北 2 井区 $J_1s_2^1$ 定为凝析气藏。2004 年，勘探开发研究院李庆、包强等人在研究编制《莫北油气田莫北 2 井、莫 005 井、莫北 9 井、莫北 11 井区块三工河组油气藏探明储量复算报告》时，最终将莫北 2 井区 $J_1s_2^1$ 定为带油环的凝析气藏。

凝析气藏地面取样后，经实验室配样及高压物性（PVT）分析，井流物组分和组成如下，C_1 摩尔百分比组成为 90.38%，C_2 摩尔百分比组成为 4.14%，C_3 摩尔百分比组成为 0.05%，iC_4 摩尔百分比组成为 0.01%，nC_4 摩尔百分比组成为 0.02%，iC_5 摩尔百分比组成为 0.01%，nC_5 摩尔百分比组成为 0.01%，C_6 摩尔百分比组成为 0.06%，C_7 摩尔百分比组成为 0.19%，C_8 摩尔百分比组成为 0.42%，C_9 摩尔百分比组成为 0.42%，C_{10} 摩尔百分比组成为 0.34%，C_{11+} 摩尔百分比组成为 1.52%。露点压力 36.19MPa，地层压力 37.89MPa，地露压差 1.70MPa。凝析油含量 178g/m^3。

表 1-7　莫北油田地层流体性质表

区块	层位		饱和（露点）压力 MPa	地饱（露）压差 MPa	饱和程度 %	密度 g/cm^3	黏度 mPa·s	溶解气油比 m^3/m^3	体积系数	压缩系数 10^{-4}MPa^{-1}
莫北 2	$J_1s_2^1$	气顶	36.97	1.14	97.0					
		油柱	38.33	0	100					
	$J_1s_2^2$	气顶	37.69	0.45	98.8					
		油柱	38.33	0	100	0.668	0.51	197	1.563	1.919
莫 005	$J_1s_2^1$	气顶								
		油柱	36.25	0	100	0.688	0.82	155	1.345	1.438
	$J_1s_2^2$	气顶								
		油柱	36.34	0	100	0.658	0.71	174	1.444	1.648
莫北 9	$J_1s_2^1$ 油藏		35.96	0	100	0.671	0.33	158	1.457	1.409
	$J_1s_2^2$ 油藏		36.09	0	100	0.636	0.67	177	1.541	1.632
莫北 10	$J_1s_2^2$ 油藏		35.66	0	100	0.681	0.92	178	1.512	
莫北 11	$J_1s_2^2$ 油藏		35.78	0	100	0.681	0.93	180	1.518	
莫 7	$J_1s_2^1$ 凝析气藏		38.28	0.82	97.9					
	$J_1s_2^2$ 凝析气藏		37.49	2.91	92.8					
莫 8	$J_1s_2^1$ 凝析气藏		39.29	1.31	96.8			178	1.378	
	$J_1s_2^2$ 油藏		40.5	0	100				1.378	
莫 11	$J_1s_2^1$ 凝析气藏		40.33	0.45		0.611				
	$J_1s_2^2$ 油藏		39.51	0	100	0.651	0.45	207	1.537	
莫 109	$J_1s_2^1$ 油藏		39.56	0	100	0.714	0.52	141	1.371	

注：摘自《莫北油气田莫北 2 井、莫 005 井、莫北 9 井、莫北 11 井区块三工河组油气藏探明储量复算报告》等，2005 年 12 月。

表 1–8　莫北油田地面原油及溶解气性质表

区块	层位	原油					溶解气			
		密度 g/cm³	50℃时黏度 mPa · s	含蜡 %	凝固点 ℃	初馏点 ℃	相对密度	甲烷含量 %	二氧化碳含量 %	氮气含量 %
莫北 2	$J_1s_2^1$	0.842	7.35	7.73	12.60	106				
	$J_1s_2^2$	0.825	5.90	10.25	9.40	97	0.628	87.9	0.48	4.08
莫 005	$J_1s_2^1$	0.842	8.57	13.39	18.3	149	0.674	85.89	0.51	3.12
	$J_1s_2^2$	0.838	7.69	10.40	13.9	150	0.653	86.54	0.58	2.21
莫北 9	$J_1s_2^1$	0.853	9.95	9.52	14.87	132	0.666	83.33	0.41	5.85
	$J_1s_2^2$	0.836	6.47	9.54	13.80	135	0.623	89.74	0.42	3.01
莫北 11	$J_1s_2^2$	0.824	1.24	10.36	11	138	0.652	86.77	0.19	2.16
莫北 10	$J_1s_2^2$	0.833	6.52	6.68	14.4	131	0.641	87.46	0.65	3.29
莫 8	$J_1s_2^2$	0.87	21.29	5.44	17	147	0.616	89.56	0.04	2.86
莫 11	$J_1s_2^2$	0.829	5.15	7.23	17	123	0.624	89.46	0.24	3.83
莫 109	$J_1s_2^1$	0.864	21.54	4.93	19	156	0.628	87.86	0.58	5.09

注：摘自《莫北油气田莫北 2 井、莫 005 井、莫北 9 井、莫北 11 井区块三工河组油气藏探明储量复算报告》等，2005 年 12 月。

表 1–9　莫北油田凝析气组分表

区块	层位	天然气						凝析油					
		相对密度	甲烷 %	中间烃 %	C_{7+} %	C_{11+} %	非烃 %	密度 g/cm³	50℃时黏度 mPa · s	含蜡 %	凝固点 ℃	初馏点 ℃	凝析油含量 g/m³
莫北 2	$J_1s_2^1$	0.613	90.65	3.89	2.42	1.21	2.37	0.7808	1.22	2.60	−12	108	178
	$J_1s_2^2$	0.617	89.57	5.51	2.18	0.93	2.75	0.7623	1.41	3.83	−4	85	176
莫 7	$J_1s_2^1$	0.610	87.95	6.94	1.83	0.88	2.4	0.786	1.36	2.88	−5	113	132
	$J_1s_2^2$	0.612	89.23	6.29	1.35	0.92	2.41	0.778	1.15	2.55	−17	87	166
莫 8	$J_1s_2^1$	0.614	91.05	5.83	1.06	0.75	1.31	0.816	3.18	3.21	0.3	67	124
莫 11	$J_1s_2^1$	0.611	88.27	6.27	1.22	2.29	1.95	0.79	1.38	2.35	−8	109	171

注：摘自《莫北油气田莫北 2 井、莫 005 井、莫北 9 井、莫北 11 井区块三工河组油气藏探明储量复算报告》等，2005 年 12 月。

二、渗流特征

莫北油田利用岩心样品做了 201 个敏感性实验，分别对岩石水敏性、盐敏性、速敏性和体积流量敏感性进行了分析（表 1–10）。

表 1–10　储层敏感性评价表

实验项目	样品数	最终渗透率损失 K/K_∞		评价指标		敏感性评价
水敏性	51	范围	0.04 ~ 0.35	水敏指数（K_w/K_f）	0.22 ~ 0.97	强—中等
		平均	0.16		0.47	
盐敏性	49	范围	0.03 ~ 0.28	K/K_∞	0.03 ~ 0.28	强
		平均	0.18		0.18	
速敏性	49	范围	0.07 ~ 0.45	速敏指数（K_{min}/K_{max}）	0.51 ~ 0.91	中等—弱
		平均	0.29		0.78	

续表

<table>
<tr><td>实验项目</td><td>样品数</td><td colspan="2">最终渗透率损失
K/K_{∞}</td><td colspan="2">评价指标</td><td>敏感性评价</td></tr>
<tr><td rowspan="2">体敏性</td><td rowspan="2">52</td><td>范围</td><td>0.04 ~ 0.3</td><td rowspan="2">K/K_{∞}</td><td>0.04 ~ 0.3</td><td rowspan="2">强</td></tr>
<tr><td>平均</td><td>0.18</td><td>0.18</td></tr>
</table>

注：摘自《莫北油气田莫北 2 井、莫 005 井、莫北 9 井、莫北 11 井区块三工河组油气藏探明储量复算报告》等，2005 年 12 月。

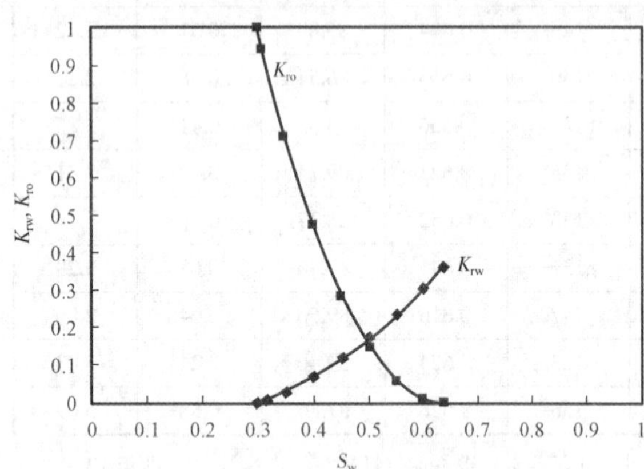

图 1–9　莫北 2 井区 $J_1s_2^2$ 相渗透率曲线
（新疆油田分公司勘探开发研究院编制，2000 年 8 月）

其中，水敏分析结果表明，储层最终渗透率损失为 0.04 ~ 0.35，水敏指数 K_w/K_f 为 0.22 ~ 0.97，储层具有强—中等的水敏性；盐敏分析结果表明，储层最终渗透率损失为 0.03 ~ 0.28，确定临界矿化度 12680 ~ 16906.97mg/L。速敏分析结果表明，储层具有较强的盐敏性。储层最终渗透率损失为 0.07 ~ 0.45。速敏指数为 0.51 ~ 0.91，储层具有中等—弱速度敏感性。体积流量敏感性分析结果表明，储层最终渗透率损失（K/K_{∞}）为 0.04 ~ 0.3 表明储层具有较强的体积流量敏感性。

莫北 2 井区三工河组 $J_1s_2^1$ 油藏 9 块储层岩样润湿性分析表明，储层具有弱亲水性（相对润湿指数为 0.11）。相对渗透率曲线共渗点含水饱和度为 56.2%，亦显示弱亲水的润湿特性。

利用 MB2005 井和莫 003 井 11 块岩心样品做油水相对渗透率（非稳态法）测定，经归一化处理（图 1–9），得到平均可动油饱和度为 36%，束缚水饱和度为 30%，计算水驱油效率为 48%，属于中等。样品测定表明，随着渗透率的降低，束缚水及残余油饱和度有增高的趋势。

第四节　油气储量

1999 年，勘探开发研究院完成了《莫北油气田莫北 2 井、莫 005 井区块新增油气探明储量报告》，储量计算采用容积法，平面上以断块为计算单元，纵向上以砂层组为计算单元，对气顶、油柱储量分别计算。1999 年 12 月上报全国矿产资源委员会，经审查批准 Ⅱ 类探明含油面积 24.0km²，石油地质储量 2408×10⁴t、可采储量 602.1×10⁴t，溶解气地质储量 56.51×10⁸m³、可采储量 14.13×10⁸m³；含气面积 17.6km²，凝析气地质储量 79.41×10⁸m³，其中干气地质储量 76.98×10⁸m³、可采储量 65.43×10⁸m³，凝析油地质储量 136.2×10⁴t、可采储量 20.4×10⁴t（图 1–10、表 1–11 和表 1–12）。

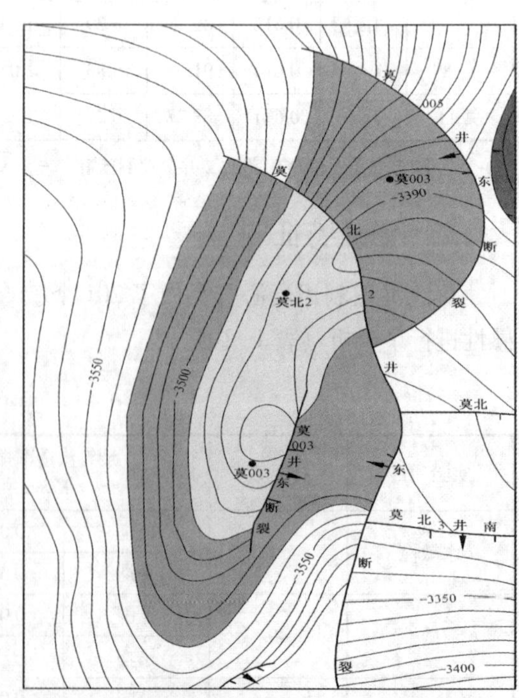

图 1–10　莫北油田探明石油地质储量图
（新疆石油管理局勘探开发研究院编制，1999 年）

2000 年以后，又相继发现了莫北 9 井区、莫北 11 井区和莫北 10 井区等断块油藏。2001 年 6 月，根据这 3 个区块 16 口完钻井、4 口取心井以及试油等资料，勘探开发研究院王安生、李岩等人完成了《莫北油气田莫北 9 井、莫北 11 井、莫北 10 井区块新增石油探明储量报告》，上报 4 个计算单元共计含油面积 11.7km²，探明石油地质储量

547×10⁴t、可采储量 136.8×10⁴t，溶解气地质储量 11.09×10⁸m³、可采储量 4.1×10⁸m³。其中，莫北 9 井区块储量为Ⅰ类探明储量，莫北 11 井、莫北 10 井区块储量为Ⅱ类探明储量（图 1−11 和表 1−12）。

至 2001 年，莫北油田累计探明Ⅱ类含油面积 35.7km²，探明石油地质储量 2955×10⁴t、可采储量 738.9×10⁴t，溶解气地质储量 67.6×10⁸m³，可采储量 25.1×10⁸m³；含气面积 17.6km²，凝析气地质储量 79.41×10⁸m³，其中干气地质储量 76.98×10⁸m³、可采储量 65.43×10⁸m³，凝析油地质储量 136.2×10⁴t、可采储量 20.4×10⁴t。

2004 年，勘探开发研究院与西南油田公司地质勘探开发研究院合作，根据试油试采、三维地震、录井、测井以及电缆测试（MDT）等资料，重新整理、解释，识别了流体性质，重新落实了构造形态和断层的展布特征，新发现了若干新的断裂；重新落实了各区块的油气水界面；发现了莫北 2 井区 $J_1s_2^1$ 气藏存在油环，莫 005 井区块在 $J_1s_2^1$ 和 $J_1s_2^2$ 油藏均发现有气顶存在。此外，在增加的岩心物性分析数据基础上，修正了孔隙度解释图版，重新解释并计算了所有开发井、探井各层段的孔隙度、含油饱和度、有效厚度等。在此基础上，于 2004 年 7 月编写了《莫北油气田莫北

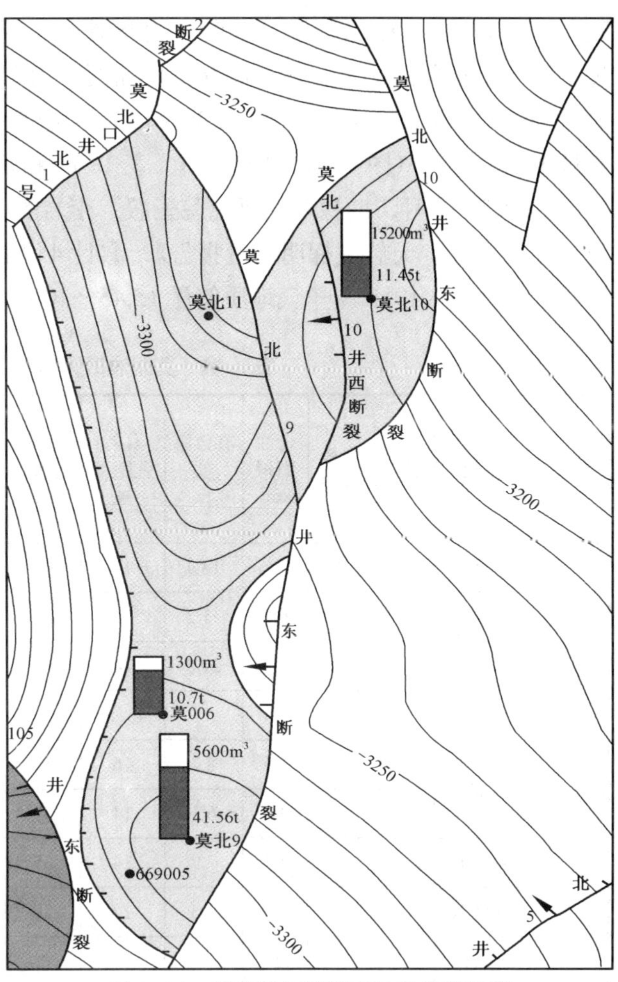

图 1−11　莫北油田探明石油地质储量图
（新疆油田分公司勘探开发研究院编制，2001 年）

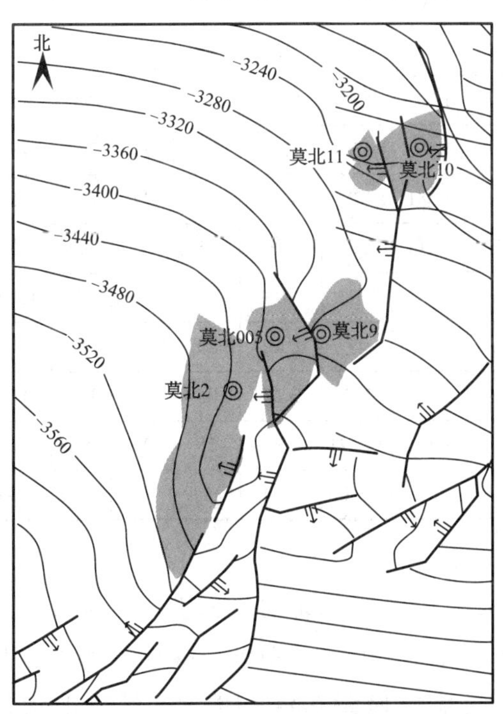

图 1−12　莫北油田探明石油地质储量分布图
（新疆油田分公司勘探开发研究院编制，2004 年）

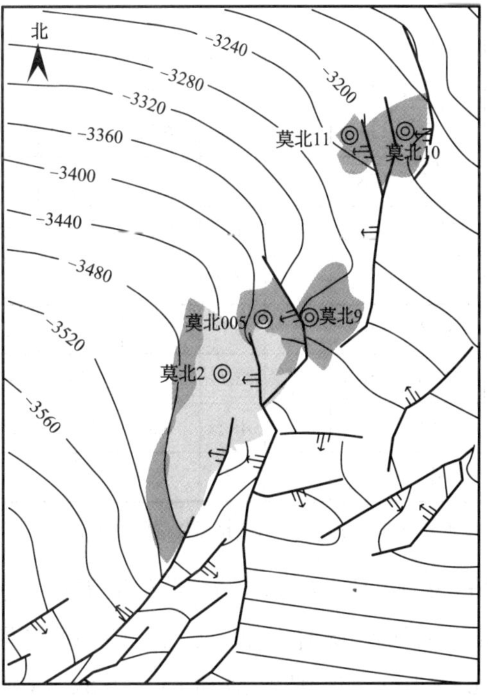

图 1−13　莫北油田探明天然气地质储量分布图
（新疆油田分公司勘探开发研究院编制，2004 年）

2井、莫005井、莫北9井、莫北11井区块三工河组油气藏探明储量复算报告》，并于2004年9月通过了国土资源部的评审，复算后叠合含油面积为25.3km²，探明石油地质储量总计为2032×10^4t，可采储量508.3×10^4t，溶解气储量$44.21\times10^8m^3$；叠合含气面积13.2km²，干气储量$69.74\times10^8m^3$，凝析油储量119.0×10^4t（图1–12、图1–13、表1–11和表1–12）。

2004年12月，勘探开发研究院王毅、李岩等人完成了《莫北油气田莫7、莫8井区块侏罗系三工河组新增石油、天然气探明储量报告》，共计4个计算单元，探明Ⅱ类石油地质储量47×10^4t，溶解气地质储量$0.19\times10^8m^3$；干气地质储量$15.45\times10^8m^3$，凝析油地质储量16.7×10^4t（表1–11和表1–12）。

表1–11　莫北油田历年新增探明及复算石油储量参数表

年份	区块	层位	储量级别	含油面积 km²	有效厚度 m	有效孔隙度 %	含油饱和度 %	地面原油密度 g/cm³	原油体积系数	地质储量 10^4t	溶解气储量 10^8m^3	油采收率 %	气采收率 %	原油可采储量 10^4t	溶解气可采储量 10^8m^3	备注
1999年	莫北2	$J_1s^2_2$	Ⅱ	17.6	18.4	14	64	0.809	1.699	1382	39.11	25	37	345.5	14.5	新增
	莫005	$J_1s^2_1$	Ⅱ	6.4	11.2	14	57	0.837	1.48	323	5.59	25	37	80.8	2.1	
		$J_1s^2_2$	Ⅱ	6.2	21.8	14	63	0.841	1.426	703	11.81	25	37	175.8	4.4	
	小计			24.0						2408	56.51			602.1	21	
2001年	莫北9	$J_1s^2_1$	Ⅱ	4.5	8.7	16	58	0.853	1.457	213	4.01	25	37	53.3	1.5	新增
		$J_1s^2_2$	Ⅱ	4.4	6.3	14	57	0.837	1.541	120	2.45	25	37	30.0	0.9	
	莫北11	$J_1s^2_2$	Ⅱ	3.3	7.9	14	55	0.833	1.521	110	2.38	25	37	27.5	0.9	
	莫北10	$J_1s^2_2$	Ⅱ	3.9	7.3	12	56	0.824	1.512	104	2.25	25	37	26	0.8	
	小计			11.7						547	11.09			136.8	4.1	
2004年	莫北2	$J_1s^2_1$	Ⅰ	6.4	8	13	60	0.842	1.563	215	5.03	25	37	53.8	1.86	复算
		$J_1s^2_2$	Ⅰ	11	15.4	13	61	0.825	1.563	709	16.95	25	37	177.3	6.27	
	莫005	$J_1s^2_1$	Ⅰ	4.4	11.2	14	59	0.842	1.486	231	4.24	25	37	57.8	1.57	
		$J_1s^2_2$	Ⅰ	5.3	24.7	14	62	0.838	1.507	632	13.14	25	37	158.0	4.86	
	莫北9	$J_1s^2_1$	Ⅰ	4.5	6.2	15	55	0.853	1.451	135	2.5	25	37	33.8	0.93	
		$J_1s^2_2$	Ⅰ	4.4	4	14	56	0.836	1.581	73	1.55	25	37	18.3	0.57	
	莫北11	$J_1s^2_2$	Ⅰ	1.5	6.1	13	57	0.833	1.514	37	0.8	25	37	9.3	0.30	
	小计			25.3						2032	44.21			508.3	16.36	
	莫8	$J_1s^2_2$	Ⅱ	4.1	2.6	12	58	0.87	1.378	47	0.19	25	25	11.8	0.05	新增
2005年	莫11	$J_1s^2_2$	Ⅱ	3.7	8.9	12.4	58.1	0.829	1.537	129.34	3.23	25	25	32.3	0.81	新增
	莫109	$J_1s^2_2$	Ⅱ	4.05	6.8	12.6	64.8	0.864	1.371	141.71	2.31	25	25	35.43	0.58	
	小计			7.75						271.05	5.54			67.73	1.39	

注：依据新疆油田分公司中心数据库数据资料编制。

2005年12月，勘探开发研究院王毅、张宇等人完成了《莫北油气田莫11、莫109井区块侏罗系三工河组新增石油、天然气探明储量报告》，共计3个计算单元，探明Ⅱ类原油地质储量271.05×10^4t，溶解气地质储量$5.54\times10^8m^3$；干气地质储量$6.54\times10^8m^3$，凝析油地质储量11.48×10^4t（表1–11和表1–12）。

表 1–12 莫北油田历年新增及复算天然气探明储量参数表

年份	区块	层位	储量级别	含气面积 km²	有效厚度 m	有效孔隙度 %	含气饱和度 %	凝析气体积系数	凝析气地质储量 10^8m^3	干气储量 10^8m^3	凝析油储量 10^4t	干气可采储量 10^8m^3	凝析油可采储量 10^4t	备注
1999 年	莫北 2	$J_1s_2^1$	Ⅱ	17.6	13.2	14	64	0.00379	54.92	53.27	94.6	45.28	14.2	新增
		$J_1s_2^2$	Ⅱ	7	13	14	67	0.00349	24.49	23.71	41.6	20.15	6.2	
	小 计			17.6					79.41	76.98	136.2	65.43	20.4	
2004 年	莫北 2	$J_1s_2^1$	Ⅰ	10.9	11.1	14	63	0.00379	28.16	27.51	48.8	16.51	7.3	复算
		$J_1s_2^2$	Ⅰ	7.9	18.3	13	70	0.00358	36.71	35.87	63	21.52	9.5	
	小 计			10.9					64.87	63.38	111.8	38.03	16.8	
	莫 005	$J_1s_2^1$	Ⅰ	2.3	9.5	14	61	0.00369	5.06	4.98	5.6	2.99	0.85	
		$J_1s_2^2$	Ⅰ	0.6	10.3	13	64	0.00368	1.4	1.38	1.6	0.83	0.23	
	小 计			2.3					6.46	6.36	7.2	3.82	1.08	
	莫 7	$J_1s_2^1$	Ⅱ	3.5	7.1	13	62	0.00352	5.69	5.55	6.8	4.72	1.7	新增
		$J_1s_2^2$	Ⅱ	3.2	7.9	13	58	0.00337	5.66	5.54	5.4	4.71	1.4	
	小 计			3.5					11.35	11.09	12.2	9.43	3.1	
	莫 8	$J_1s_2^1$	Ⅱ	3.8	6.8	11	55	0.00352	4.44	4.36	4.5	3.71	1.1	
2005 年	莫 11	$J_1s_2^1$	Ⅱ	3.36	9.9	12.2	56.5	0.0034	6.74	6.54	11.48	5.23	2.87	新增

注：依据新疆油田分公司中心数据库数据资料编制。

至 2005 年底，全油田探明叠合含油面积 41.05km²，石油地质储量 2454.05×10^4t，溶解气储量 $52.19\times10^8m^3$；探明叠合含气面积 23.86km²，干气地质储量 $91.73\times10^8m^3$（表 1–13 和表 1–14）。

表 1–13 截至 2005 年底莫北油田石油探明储量数据表

区块	层位	储量类别	叠合含油面积 km²	原 油		溶解气		备注
				地质储量 10^4t	可采储量 10^4t	地质储量 10^8m^3	可采储量 10^8m^3	
莫北 2	J_1s_2	Ⅰ	13.8	924	231.1	21.98	8.13	复算
莫 005	J_1s_2	Ⅰ	5.5	863	215.8	17.38	6.43	复算
莫北 9	J_1s_2	Ⅰ	4.5	208	52.1	4.05	1.50	复算
莫北 11	$J_1s_2^2$	Ⅰ	1.5	37	9.3	0.80	0.30	复算
莫北 10	$J_1s_2^2$	Ⅱ	3.9	104	26.0	2.25	0.83	新增
莫 8	$J_1s_2^2$	Ⅱ	4.1	47	11.8	0.19	0.05	新增
莫 11	$J_1s_2^2$	Ⅱ	3.7	129.34	32.34	3.23	0.81	新增
莫 109	$J_1s_2^1$	Ⅱ	4.05	141.71	35.43	2.31	0.58	新增
合 计		Ⅰ＋Ⅱ	41.05	2454.05	613.87	52.19	18.63	

注：依据新疆油田分公司中心数据库数据资料编制。

表 1-14　截至 2005 年底莫北油田探明天然气储量数据表

区块	层位	储量类别	叠合含气面积 km^2	干气		凝析油		备注
				地质储量 10^8m^3	可采储量 10^8m^3	地质储量 10^4t	可采储量 10^4t	
莫北 2	J_1s_2	Ⅰ	10.9	63.38	38.03	111.8	16.8	复算
莫 005	J_1s_2	Ⅰ	2.3	6.36	3.82	7.2	1.08	复算
莫 7	J_1s_2	Ⅱ	3.5	11.09	9.43	12.2	3.1	新增
莫 8	J_1s_2	Ⅱ	3.8	4.36	3.71	4.5	1.1	新增
莫 11	J_1s_2	Ⅱ	3.36	6.54	5.23	11.48	2.87	新增
合计			23.86	91.73	60.22	147.18	24.95	

注：依据新疆油田分公司中心数据库数据资料编制。

第二章

开发部署与实施

莫北油田于 1998 年发现后，经过近一步的钻探以及试油、试采，积累了丰富的基础资料，在此基础上做了大量的综合研究工作与开发前期准备工作，对油田地质构造、沉积、储层、流体性质及储集类型等有了一定的认识，针对构造及油气水关系复杂的情况，采取了“总体部署、控制井先行、突出重点、择优开发、分步实施、及时调整、逐步完善”的原则，自 2000 年开始，相继开发了莫 005 井区、莫北 2 井区、莫北 9—莫北 11 井区三工河组油藏和莫北 2 井区三工河组气藏，建成年产油 58.59×10⁴t、年产气 3.2×10⁸m³ 的生产能力。2002 年 12 月开始全面注水。2003—2004 年对莫北 2 井区三工河组油藏实施局部加密调整和注采井网完善，注采对应状况得到改善。2005 年在莫北 2 井区三工河组油藏边部滚动扩边，新建年产油能力 2.1×10⁴t。截至 2005 年底全油田累计动用含油面积 25.3km²，动用地质储量 2032×10⁴t，累计产油 169.9794×10⁴t，采出程度 8.37%，综合含水 36.3%（表 2−1）。

表 2−1 莫北油田各开采单元开发概况表

开采单元	发现时间	投入开发时间	开采层位	动用含油面积 km²	动用地质储量 10⁴t	可采储量 10⁴t	主要开采方式	2005 年产油量 10⁴t	2005 年底累计产油 10⁴t	采油速度 %	采出程度 %	综合含水 %	气油比 m³/t
莫 005	1999 年	2000 年	J_1s_2	5.5	863	215	注水开发	6.37	71.27	0.74	8.3	33	322
莫北 2	1998 年	2000 年	J_1s_2	13.8	924	231	注水开发	10.88	82.24	1.18	8.9	42.4	316
莫北 9	2000 年	2001 年	J_1s_2	4.5	208	52	注水开发	1.20	7.52	0.58	3.6	44	189
莫北 11	2000 年	2001 年	J_1s_2	1.5	37	9.3	注水开发	0.20	1.21	0.54	3.3	13.9	63
其他								2.67	7.74				
合计				25.3	2032	508.3		21.23	169.98	1.04	8.4	36.3	301

注：依据新疆油田分公司中心数据库数据资料编制。

第一节 方案编制与实施

一、莫 005 井区三工河组油藏

莫 005 井区三工河组油藏位于准噶尔盆地腹部莫北凸起上，1999 年 12 月探明含油面积 6.4km²，探明石油地质储量 1026×10⁴t，溶解气储量 17.40×10⁸m³。2004 年经复算探明含油面积 5.5km²，石油地质储量 863×10⁴t，溶解气储量 17.38×10⁸m³。其油层自上而下分为 2 个砂层组（$J_1s_2^1$、$J_1s_2^2$）。

开发部署时，为降低开发风险，1999 年 1 月在莫 005 井构造两翼相对落实的部位部署了 2 口开发

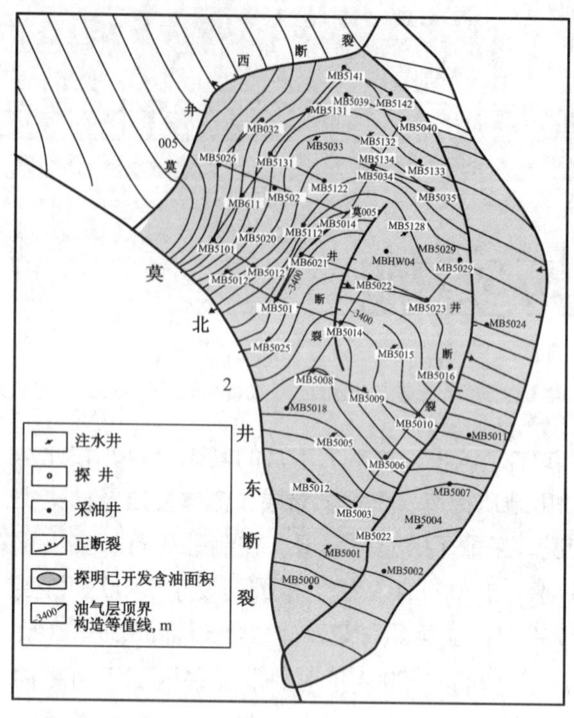

图 2-1　莫 005 井区开发井网部署图
（新疆油田分公司勘探开发研究院编制，2000 年 6 月）

评价井（MB5015 井、MB5033 井），实施后日产油均大于 30t。经过 1999 年近一年的钻探和试油试采，在基本搞清油藏情况的基础上，采取“整体部署、控制井先行、择优分批实施”的原则，选择油层厚度较大、产量较高的部位优先投入开发。2000 年 4 月和 6 月，勘探开发研究院王彬、刘颖等人先后编制了《莫北油气田莫 005 井区三工河组油藏开发布井方案》、《莫北油气田莫 005 井区三工河组油藏开发布井方案补充意见》。考虑到该区 $J_1s_2^2$ 砂层组油层厚度大于 $J_1s_2^1$ 砂层组，两个砂层组之间有 15m 左右的较稳定泥岩隔层，且各具不同的油水界面，确定采用两套井网开采。同时，鉴于构造中部 $J_1s_2^1$ 砂层组砂体分布较稳定，延伸性好，属低孔、低渗储层，油藏中部深度 3849m，有效厚度 11.2m，在水平井允许的条件范围内，确定采用水平井开发，$J_1s_2^2$ 砂层组采用直井开发。

按照上述原则，布井方案在 $J_1s_2^2$ 油藏采用反九点法井网 350m 井距，共部署开发井 28 口（含老井利用 3 口），其中采油井 21 口，注水井 7 口；在 $J_1s_2^1$ 油藏部署水平井 5 口（图 2-1），直井、水平井单井设计产能分别为 18t/d 和 50t/d。全区设计日产能力为 628t，年产能力为 18.84×10^4t。

方案于 2000 年 6 月开始实施，至同年 12 月共完钻投产开发井 26 口（直井 23 口，水平井 3 口），直井初期单井产能 22t/d，区日产水平 467t，建成产能 14.01×10^4t，当年累计产油 7.1×10^4t。位于构造中高部位已完钻的 3 口水平井中有 2 口井投产后出气，证实莫 005 井区 $J_1s_2^1$ 砂层顶部为气顶，鉴于这种情况，剩余 2 口设计水平井停止实施。

在方案实施过程中，根据新完钻井投产资料及三维地震解释成果的跟踪研究，对该区构造、砂体分布和初期产能特征有了新的认识，认为油藏西北部有断层圈闭，含油面积将有所扩大，同时已开发区砂体厚度分布稳定，开发井生产稳定、含水较低。2001 年 1 月勘探开发研究院编制了《莫 005 井区三工河组油藏扩边布井意见》，在 $J_1s_2^2$ 油藏原 350m 井距反九点井网上部署扩边开发井 9 口，其中采油井 7 口，注水井 2 口；在 $J_1s_2^1$ 油藏部署开发井 12 口，其中采油井 10 口，注水井 2 口。单井设计产能 17t/d，全区设计日产能力为 290t，年产能力 8.7×10^4t。扩边井于 2001 年 4 月开始实施，完钻投产新井 24 口，初期平均单井产能 20t，均超过设计产能，建成产能 12.21×10^4t/a。

截至 2001 年 12 月产能建设期结束，全区共完钻并投产开发井 50 口，动用含油面积 5.5km^2，动用石油地质储量 863×10^4t。全区日产油水平为 623t，新建产能 26.22×10^4t，当年实际年产油量达到 22.3×10^4t。2002 年 5 月开始全面注水，日注能力 450m^3。方案实施情况与方案设计指标对比见表 2-2。

二、莫北 2 井区三工河组油藏

莫北 2 井区三工河组油气藏位于准噶尔盆地腹部莫北凸起上，经复算 J_1s^2 探明含油面积 17.4km^2，石油地质储量 924×10^4t，溶解气储量 21.98×10^8m^3，探明凝析气藏含气面积 18.8km^2，凝析气地质储量 64.87×10^8m^3。

通过 2000 年的钻井和试采，对莫北 2 井区的构造、储层、油气水关系等有了一定的认识，特别是勘探开发研究院王彬等人进行油气藏流体相态研究时，发现在流体相态图中地层压力、地层温度状态点位于包络线收敛点的右方，属于典型的凝析气体系相图，并经 ϕ 、C_{5+}、C_1/C_{5+}、F、Z 等参数判别，认为莫北 2 井区三工河组 $J_1s_2^1$ 属带油环的凝析气藏，后经 $J_1s_2^2$ 两口开发井上返 $J_1s_2^{2-1}$ 试油证实存在油环，$J_1s_2^{2-2}$ 属带边底水、具有凝析气顶的油藏。

2001 年 2 月，勘探开发研究院王彬、王兆峰等编制了《莫北油气田侏罗系三工河组油气藏滚动开发方案》，采取先动用油藏后动用气顶的原则，$J_1s_2^2$ 油环油藏采用 400m 井距环状布井井网注水开发，设计开发井 48 口（利用老井 1 口），其中采油井 36 口，注水井 12 口，设计单井产能 17t/d，年产油能力为 18.81×10^4t；气顶区布气井 7 口，其中，$J_1s_2^2$ 气顶布气井平衡井 2 口，单井日产气 $15\times10^4m^3$，$J_1s_2^1$ 气藏布气井 5 口，设计单井日产气 $7\times10^4m^3$。年产气能力 $1.95\times10^8m^3$。

2001 年 8 月，勘探开发研究院完成了《莫北油气田莫北 2 井区侏罗系三工河组 $J_1s_2^1$ 油气藏布井意见》，对 $J_1s_2^1$ 油环采用 400m 井距环状井网布井，设计开发井 14 口，其中采油井 8 口，注水井 6 口，设计单井产能 16t/d，年产油能力为 3.8×10^4t。

方案实施过程中，根据 MB2078 井断块中构造位置变低，物性变差，油层厚度变薄，以及莫北 2 井区主断块 $J_1s_2^1$ 储层物性发育差的情况，取消了方案设计井 6 口（图 2–2）。截至 2002 年 12 月底，莫北 2 井区油环区完钻新井 56 口，其中采油井 41 口，注水井 15 口，投产初期平均单井产能 26t/d，区日产油 1119t，建成年产能力 24.6×10^4t，当年实际年产油量 27.4×10^4t。动用含油面积 $17.4km^2$，动用石油地质储量 924×10^4t。气顶区于 2002 年 11 月投入开发，共投产气井 6 口，建成年产气能力 $1.65\times10^8m^3$，日产气能力 $55\times10^4m^3$，日产凝析油 57t，累计采气量 $5.37\times10^8m^3$，累计采出凝析油量 6.1×10^4t。实施情况与方案指标对比见表 2–2。

2005 年初，根据莫北油田油藏精细描述研究成果，在莫北 2 井区 $J_1s_2^1$、$J_1s_2^2$ 砂层有效厚度大于 10m

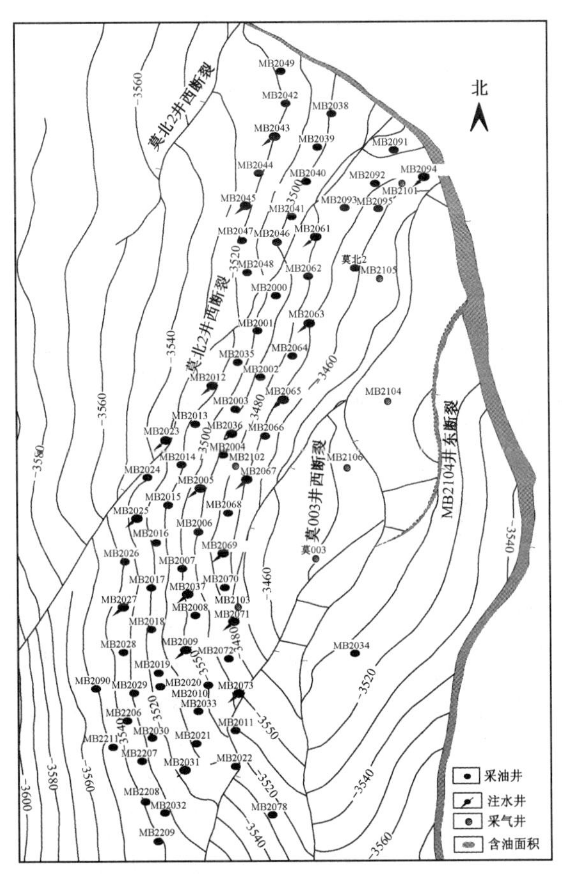

图 2–2　莫北 2 井区开发井网部署图
（新疆油田分公司勘探开发研究院编制，2001 年 2 月）

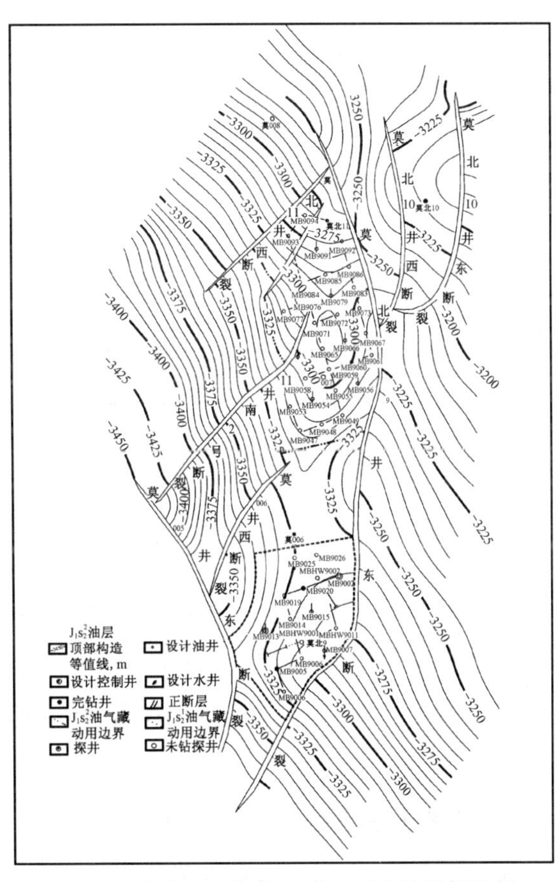

图 2–3　莫北 9—莫北 11 井区开发井网部署图
（新疆油田分公司勘探开发研究院编制，2000 年 9 月）

的含油范围内实施滚动扩边，其中，$J_1s_2^2$ 部署采油井 3 口，设计单井产能 16t/d，年产油能力 1.44×10^4t。$J_1s_2^1$ 部署扩边井 9 口，其中，注水井 3 口，采油井 6 口，设计单井产能 14t/d，年产油能力 2.52×10^4t。

扩边方案实际完钻投产采油井 4 口，初期平均日产油能力 17.1t，建成产能 2.05×10^4t，当年产油 0.4973×10^4t。

三、莫北 9—莫北 11 井区三工河组油藏

莫北 9—莫北 11 井区三工河组油藏位于准噶尔盆地腹部莫北凸起上，为断层遮挡的构造油藏，经过复算莫北 9 井区三工河组 J_1s_2 油藏探明含油面积 $4.5km^2$，石油地质储量为 208×10^4t。莫北 11 井区三工河组 J_1s_2 油藏探明含油面积 $1.5km^2$，石油地质储量 37×10^4t。

2000 年 9 月，勘探开发研究院李一峰等编制了《莫北油气田莫北 9—莫北 11 井区三工河组油藏开发布井意见》，采用 350m 井距反九点井网注水开发，$J_1s_2^2$ 布开发井 30 口（含老井利用 3 口），其中，采油井 24 口，注水井 6 口，设计单井产能 16t/d，年产油能力 11.52×10^4t。在 $J_1s_2^1$ 布开发井 16 口，其中采油井 13 口，注水井 3 口（图 2–3），设计单井产能 15t/d，年产油能力 5.85×10^4t。在方案实施过程中，根据开发控制井的试油试采结果，发现油水界面发生变化，取消了构造低部位 27 口井的实施，其中采油井 14 口，注水井 13 口。截至 2002 年 3 月，莫北 9—莫北 11 井区三工河组油藏完钻投产各类井 19 口，其中采油井 17 口，注水井 2 口，投产初期平均单井产能 12t/d，建成年产能力 6.12×10^4t。方案实施后当年产油量 3.2×10^4t，动用地质储量 245×10^4t。实施情况与方案指标对比见表 2–2。

表 2–2　莫北油田开发方案实施情况统计表

区块	方案设计					方案实施					
	油井 口	水井 口	气井 口	年产油 10^4t	年产气 10^8m^3	时间	油井 口	水井 口	气井 口	建成年产油能力 10^4t	建成年产气能力 10^8m^3
莫 005 井区	43	11		27.54		2000 年 6 月—2001 年 12 月	38	10	2	26.22	0.30
莫北 2 井区	44	18		22.68		2001 年 4 月—2002 年 8 月	41	15		24.60	
莫北 2 气藏			7		1.95	2001 年 12 月			6		1.65
莫北 9—11 井区	31	15		17.37		2001 年 4 月—2002 年 3 月	17	2		6.12	
合计	118	44	7	67.59	1.95		96	27	8	56.94	1.95

注：依据莫北油田各区块历年开发方案和新疆油田分公司中心数据库数据资料编制。

第二节　开发过程控制

莫北油田开发初期采油速度过高，注水工作滞后，导致压力下降快、气窜及脱气严重、含水上升速度快、产量递减大，稳产难度大。在随后的 2 年多的开发生产过程中，通过完善注采对应关系、调整注采井网、优化注水结构、合理控制采液速度等稳产措施的系统研究和成功应用，使油田递减和含水上升速度得到了有效控制。

一、完善注采系统、优化注水

莫北油田全面开发后，按照开发方案制定的注采系统，滞后 2 年才开始注水，油藏压力得不到很好的保持。全油田在 2003 年注采关系调整前有 21 口井发生气窜，含水上升率在 10% 以上，油量自然递

减高达 20% 以上。

按照 2003 年 3 月新疆油田分公司注水开发工作会议上提出的要“完善注采对应关系，优化注水结构，强化注水，恢复压力，尽快改善开发效果”的要求，2003 年 5 月，勘探开发研究院李庆、王彬及石西油田作业区汪政德、姚鹏翔、刘静根据此次会议精神，进行了莫北油田开发特征及效果评价、注采井网适应性评价等研究，通过研究认为现井网注采层段对应性较差，且局部区域注采井网不完善，需要进行综合调整，以提高油藏整体开发效果。

在此基础上，勘探开发研究院和石西油田作业区研究所共同编制了《莫北油田三工河组油气藏开发调整方案》，制定的调整原则为：完善注采井网，强化注采对应关系；优化注水，抑制气顶气窜和地层压力下降，稳定产量；立足现注水井网，尽量保持目前注水井井别不变，减少投资；最大限度地提高水驱效率，以提高原油采收率。方案部署新钻注水井 2 口，新钻加密采油井 2 口，以完善注采井网（图 2–4）。确定了 19 井次的注采井网调整及完善注采对应关系的具体措施，并于 2003 年 7 月共实施了注水井补层及回注措施 16 口井。2004 年完钻投注注水井 2 口，完钻投产加密采油井 2 口，老井转注 5 口，通过以上措施油田井组连通率由 62% 提高至 79%，注采对应状况得到改善。

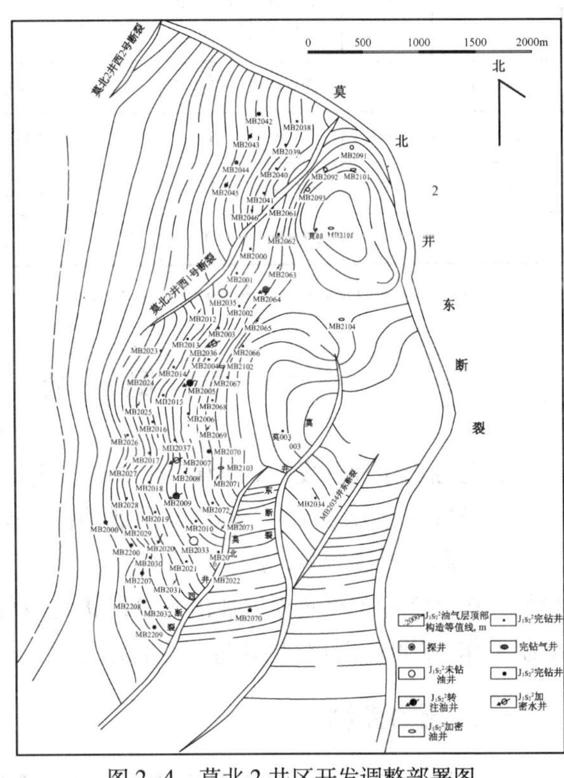

图 2–4　莫北 2 井区开发调整部署图
（新疆油田分公司勘探开发研究院编制，2003 年 5 月）

在强化注水方面采取了系统提压增注和单井增注措施相结合的措施：一是对承压过低的部位进行改造，注水系统的承压等级由 18MPa 提高到 22MPa，增加日注水能力 200m^3；二是新装注水泵 2 台，系统注水能力提高到 3600m^3/d；三是对单井实施酸化增注，共实施常规酸化增注 52 井次，累计增注水量 33.8 × 10^{4}m^3；四是实施 4 井次单井增压泵增注措施，日增注水能力 120m^3。通过强化注水，注水能力有了较大的提高。油藏地层压力下降趋势得以扭转，地层能量逐步得到恢复。2005 年与 2003 年对比莫北 2 井区地层压力上升了 2.1MPa，压力保持程度达到 90% 以上；气窜井数由 2003 年的 21 口井降至 6 口，油田生产气油比由 2003 年的 843m^3/t 降至 481m^3/t，油井气窜现象得到有效控制。油田油量自然递减由 2003 年的 28.5% 下降至 2005 年的 21.4%；年含水上升率由 2003 年的 7.2% 下降至 2005 年的 6.4%。为了较快补充地层亏空，开始强注，至 2005 年年注采比提高到 2.17，累积注采比为 0.91，在较高的注采比下，地层压力恢复较快，已接近原始地层压力，部分油井开始出现水窜，区块含水大幅上升。至 2005 年底，莫北 2 井区年综合含水 43.6%，采出程度 9.63%。

二、油井堵隔水

针对莫北油田储层隔夹层不发育，油井边底水锥进速度快的特点，开展了多种方式的找水工作，根据油井见水特点和现有的工艺技术水平，制定了隔抽、开窗挤堵剂、二次固井等综合性的堵隔水措施方案，部分井辅以补孔措施，增产效果显著。2003—2005 年选择底水锥进速度过快的油井实施堵隔水 15 口井（其中有 6 口井还进行了补孔措施），有效井 12 口，有效率 80%，日产液由措施前的 258.3t 下降至措施后的 238.9t，日产油由措施前的 10.5t 增至措施后的 72.5t，日产水由措施前的 247.8t 下降至措施后的 166.4t，累计增油 10773t，单井平均增油 718t（表 2–3）。

表 2–3 2003—2005 年油井隔水措施效果统计表

时间	措施井次	措施前			措施后			目前			增产水平 t	累计增油 t
		日产液 t	日产油 t	含水 %	日产液 t	日产油 t	含水 %	日产液 t	日产油 t	含水 %		
2003 年	2	30.0	0.4	98.7	13.8	4.2	69.6	6.4	3.0	53.1	3.8	216
2004 年	6	117.4	6.3	94.6	104.9	19.9	81.0	88	28.4	67.7	21.3	4874
2005 年	7	110.9	3.8	96.6	120.2	48.4	59.7	71.29	34.17	52.1	30.4	5683
合计		258.3	10.5	95.9	238.9	72.5	69.7	165.7	65.6	60.4	55.5	10773

注：依据新疆油田分公司中心数据库数据资料编制。

第三节 油田动态监测

莫北油田全面开发后，2002 年 12 月，石西油田作业区汪政德、刘静等人按照《新疆油气田动态监测资料录取规定》，编制了 2003 年莫北油田动态监测方案，建立了油田动态监测系统，动态监测项目包括压力监测、温度监测，产出剖面监测、吸水剖面监测及流体性质监测。均采取点状控制，测试间隔每半年一次。之后每年底根据油田开发现状及油藏研究的需要，进行下一年度的油田动态监测调整方案的编制工作。2004 年部分层块进入高含水开采期后，开展了干扰试井及水驱方向监测。

一、压力监测

油田开发初期，主要使用 PPS 系列井下高精度存储式电子压力计测取油水井的流压、静压，评价油藏压力的分布状况，了解地层能量的保持情况，并对录取的试井资料进行系统的解释分析并结合油藏的生产动态特点及油藏地质特征建立了三种基本储层模型。

为满足地面直读测试工艺，引进了进口高精度直读压力计 10 支，用于自喷井及环空井地面直读测试，该测试仪可动态调整测试时间，在保证测试资料的完整性的同时可减少占产时间，提高一次测试成功率。随着转抽井数的不断增加，应用 SCDA 系统加 DM–52 型回声仪和 CY611 水力动力仪进行液面及示功图的自动监测。为保证抽油井测试资料的真实、完整性，采用了不停抽测试井口设备，保证了准确的流压和井筒中的流态测试。针对井口压力过高的情况，采用高压（70MPa）防喷管。

二、产吸剖面监测

2002 年底以前，油井全部采用油管传输射孔方式投产，油管尾部带射孔枪身，产液剖面仪无法下入射孔段进行测试。直到 2002 年底，随着油井停喷转抽作业的进行，提出射孔枪身并安装环空井口后，才逐渐开始进行产液剖面测试。2004 年针对莫北 2 井区 $J_1s_2^2$ 砂层油井水淹状况日趋严重的问题，采用国产七参数连续流量测井仪对安装环空井口的油井进行产液剖面测试。通过测产液剖面资料与动态资料对比分析，确定主要的出水层位，为油井隔水措施的进行提供了依据。

吸水剖面监测工作从 2002 年底注水井全面转注后开始，应用同位素测试技术。随着分注井数的不断增加，2004 年应用测分层流量的井下流量计，在分注井上进行测试，2005 年引进了脉冲中子氧活化测井技术，使分注井的吸水剖面测试技术得到进一步完善。

三、微地震波监测与干扰试井

为了解油田水驱油状况，2003 年 12 月利用微地震波监测技术对油田 8 口井的注入水流的主要推进方向进行了监测。其中莫 005 井区 6 口井通过监测查明注入水流都有明显的主要推进方向，且都有一个方向与附近的断裂近似平行；莫北 2 井区 2 口井注入水流的主要推进方向差异较大，1 口井注入水流呈两向线状推进，另 1 口呈两向带状推进。

为了验证断层的延伸及封闭情况，2004 年由新科澳油田测试技术服务分公司利用进口的高精度直读压力计在莫 005 井区进行了 3 组干扰试井，初步判定了莫 005 井区 $J_1s_2^2$ 油藏内部 2 条小断层的封闭性。

四、流体性质监测

油藏流体性质监测主要由勘探开发研究院化验中心承担，内容包括油气水流体性质监测和注入水水质监测。

原油含水分析：主要采用蒸馏法。油田开发初期，含水低，原油含水方式以油包水为主。随着油田开发进入中含水期后，原油含水方式以游离水为主。

原油物性分析：主要分析原油中蜡、胶质等含量及原油密度、黏度、凝固点等。蜡、胶质等含量分析采用抽提法，黏度分析采用 DV2 黏度自动测定仪测定。

油田水性质分析主要分析油田水阴、阳离子及矿化度等。分析方法为滴定法。

天然气分析主要分析甲烷、乙烷、丙烷、丁烷、H_2S、CO_2 等组分。

注入水水质分析：主要分析注入水的含铁、机杂含量。分析方法为分光光度计法。

截至 2005 年底，油田共录取各类动态测试资料 1292 井次，其中油水井地层压力测试 500 井次，干扰试井 3 井次，产吸剖面测试 270 井次，流体性质监测 519 井次（表 2–4）。

表 2–4　2000—2005 年莫北油田动态监测完成情况表

项　目	2000 年	2001 年	2002 年	2003 年	2004 年	2005 年	小计
油井测压，井次	10	44	60	56	60	46	276
水井测压，井次	0	0	38	56	38	92	224
产液剖面，井次	6	8	6	26	38	28	112
吸水剖面，井次	0	6	36	38	40	38	158
干扰试井，井次	0	0	0	0	3	—	3
流体性质，井次	22	65	101	105	110	116	519
合　计	38	123	241	281	289	116	1292

注：依据新疆油田分公司中心数据库数据资料编制。

第三章

钻井与采油工程

第一节　开发钻井

1998 年 3 月，新疆石油管理局钻井公司 45190 钻井队（队长陆军，指导员杨建国，技术员王坤侬）承钻的莫北 2 井，在侏罗系三工河组中途测试获工业油气流，从而发现莫北油田。

2000 年开始，相继开发了莫 005 井区、莫北 2 井区、莫北 9—莫 11 井区三工河组油藏和莫北 2 井区三工河组气藏。

截至 2005 年，莫北油田共钻探井 9 口，进尺 40500m；钻开发井 128 口，进尺 513280m，其中水平井 3 口，进尺 12900m。

主要应用了以下钻井工艺技术。

一、复合钻井

1999 年，在莫北油田莫北 2 井进行涡轮钻具配 PDC 钻头现场试验，试验用的 FW-175（ϕ175mm）涡轮钻具是由江汉石油学院研制的，钻井总进尺 948.87m，总工作时间约 80h，纯钻时间 59.06h，平均机械钻速 16.07m/h，最高机械钻速 33.88m/h。与相同区块的钻盘钻相比，机械钻速提高 0.5 ～ 1.5 倍。

二、井身结构

2000 年新疆油田分公司开发公司、勘探开发研究院、新疆石油管理局钻井公司、钻井工艺研究院共同完成《莫北油田不下技术套管钻井技术研究与应用》。莫北油田莫 005 井区为 2000 年的重点开发区块，该区块由于油藏埋藏较深，同时因吐谷鲁组群地层大段泥岩极易吸水膨胀、缩径造成井下复杂的问题，西山窑组煤层坍塌应力较高，坍塌压力系数达 1.23，在勘探阶段曾试验过不下技术套管，但钻井中途均发生严重井塌卡钻事故，处理周期长，经济损失大。该项目本着节约开发钻井投资的目的开展技术研究，旨在解决长裸眼井段地层泥岩吸水膨胀、缩径而引起的井下复杂情况，实现在不下技术套管条件下，安全、顺利钻达目的层，缩短钻井周期，节约下技术套管费用，进而达到大幅度降低钻井投资的目的。

经过项目攻关研究与现场试验，基本形成了在莫北油田莫 005 井区不下技术套管钻井配套工艺技术。该项目的关键技术在于：(1) 优选钻头类型和优化钻井参数，大幅度提高钻井速度。(2) 对钻井液体系、钻井液外加剂性能进行评选和配方优化，强化钻井液对泥岩的抑制、封堵能力和润滑造壁性能，二开井段钻井液密度设计为 1.24 ～ 1.28g/cm³，钻井液采用钾钙基聚磺混油钻井液体系，同时进行了有机盐钻井液体系试验并取得成功。(3) 不下技术套管的井身结构确定和配套工程技术措施的制定。这些技术的综合运用在国内属先进水平。

通过现场推广应用，达到或超过了预定的技术指标：2000 年在莫 005 井区、莫北 2 井区和莫北 9 井区共实施了不下技术套管井 26 口均获得了成功，成功率为 100%；不下技术套管井平均机械钻速 11.65m/h，与该区开发评价井 MB5015 井（8.7m/h）相比提高了 33%；不下技术套管井平均钻井周期 31.73d，与该区开发评价井 MB5015（69d）相比减少了 46%；钻井成本大幅度降低，单井节约钻井投资达 192 万元，每米钻井成本节约 486 元，26 口井共节约钻井投资约 4992 万元。2000—2002 年，莫北油田共有 111 口不下技术套管井钻井全部取得成功，单井每米成本下降 535.3 元，单井钻井成本减少了 211.45 万元，累计节约钻井投资 33260 万元。

《莫北油田不下技术套管钻井技术技术研究与应用》获得 2001 年新疆维吾尔自治区科技进步三等奖（主要完成人：宋渝新、杨志毅等）。

三、高压差条件下的储层保护

为降低开发钻井成本，按照《莫北油田不下技术套管技术研究与应用》项目研究成果，二开井段钻井液密度值为 1.24 ~ 1.28g/cm^3，而油气层的孔隙压力系数仅为 0.94 ~ 0.98，液柱压力与储层压力压差高达 13MPa。为此，开展了高压差条件下的储层保护技术研究。通过对储层孔喉特性和伤害机理的分析研究，利用屏蔽暂堵技术，优选储层保护剂的种类、粒径级配和加量，在钻达油层顶界 50 ~ 100m 以前，严格按设计要求将储层保护剂加入钻井液中。同时加强监督、检查等管理措施，有效地解决了高压差条件下的储层保护技术。室内试验表明，在压差 10MPa 条件下，钻井液污染深度不超过 15mm，渗透率恢复值为 80%。现场实施后，在投产时实现了射孔后油气层自喷出油。

四、深层砂岩油藏水平井

莫北油气田侏罗系三工河组油藏储层 $J_1s_2^1$ 为中细砂岩，岩性组合复杂，非均质性严重，平均井深达到 3800m 以上，用直井开发效益较低。开发方案设计时决定对该砂层组采用水平井技术开采。2000—2001 年，在侏罗系三工河组油藏完成 3 口水平井（MBHW04 井、MBHW02 井和 MBHW01 井）。

MBHW04 水平井是第一口开发可行性试验井。目的层是侏罗系三工河组油藏 $J_1s_2^1$ 砂岩油层，这口水平井主要存在两个难点：一是三开裸眼井段长，井眼轨迹控制和钻井液性能维护难度很大；二是该区目的层三工河组油藏内部存在一些复杂的小断层，水平段主力油层变化的判别和把握难度较大，如果水平井井眼轨迹始终按照最初设计的几何曲线钻进，就会偏离地质目标，错过最佳油气层，难以取得高产和效益。该水平井于 2000 年 8 月 15 日开钻，11 月 8 日完钻，完钻井深 4238m，垂深 3819.66m，水平位移 544.24m，闭合方位 255.86°，最大井斜角 94.01°，最大全角变化率 13.75°/30m。三开采用钾钙基聚磺屏蔽钻井液完井液体系，确保了井眼稳定、润滑和清洁。钻井过程中首次尝试使用 MWD+ 随钻伽马测井，配合地质综合录井，并根据邻井电测资料进行工程轨迹控制，实施地质导向钻井，使得实钻井眼轨迹沿主力油层延伸钻进。投产后获得高产，初期使用 12mm 油嘴日产高达 112t，后用 6mm 油嘴日产稳定在 56t 左右，油气产量达到周围邻井的 2.5 ~ 5 倍，取得了较好的经济效益。

MBHW02 水平井 2001 年 4 月 14 日开钻，7 月 30 日完钻，井深 4380.26m，垂深 3795.59m，水平位移 660.92m，水平段长 407m，固井射孔完井。MBHW01 水平井 2001 年 5 月 9 日开钻，8 月 30 日完钻，井深 4498m，垂深 3787.75m，水平位移 797.22m，水平段长 524.27m，仍然是采用固井射孔方式完井。MBHW02 和 MBHW01 水平井试投产后，日产天然气 10 多万立方米，凝析油 20 多立方米。

五、有机盐钻井液

2000 年 9 月，在莫 005 井区 MB5011 井开展了有机盐钻井液体系试验，该钻井液体系有较强的抑制性和防塌性，对井壁有很好的稳定作用。

有机盐钻井液体系的主要特点：(1) 溶液可达到较高密度，而所需固相加重材料量较常规钻井液低得多，有利于提高钻速；(2) 钻井液有较强的抑制性，可抑制钻屑分散及黏土膨胀，钻井液中亚微米颗粒少，有利于提高钻速；(3) 与其他常用钻井液处理剂配伍，可配出性能优良的钻井液；(4) 钻井液所含组分与地层及地层水中组分不会生成对油气储层不利的物质，有利于保护油气层；(5) 钻井液所含组分无毒，对环境无污染；(6) 钻井液对钻具无腐蚀；(7) 钻井液成本适中；(8) 钻井液的密度可在广泛范围内调节，且流变性及造壁性良好，适于各种深度及不同压力地层的钻井；(9) 钻井液抗各种污染（黏土污染、盐污染、石膏污染）能力强。

第二节　完　井

一、完井方式

根据开发方案要求，直井采用下套管固井射孔完井，水平井采用悬挂器悬挂打孔管完井或固井射孔完井。

二、井身结构

直井：表层套管为 ϕ339.7mm，钢级 P110，一般下深 500m，管外采用注水泥封固，水泥返高至地面；油层套管为 ϕ139.7mm，钢级 P110，壁厚 7.72mm 和 9.17mm 两种，即油层三工河组上部套管壁厚为 7.72mm，油层段套管壁厚为 9.17mm，固井水泥要求返至白垩系底界以上 300 ～ 500m。

水平井：表层套管为 ϕ339.7mm，钢级 P110，一般下深 500m，管外采用注水泥封固，水泥返高至地面；直井段套管直径 244.5mm，壁厚 10.03mm，钢级 P110，下深 3900m。一口井完井油层套管采用复合管柱：ϕ177.8mm 油层套管 ×3502m+ϕ139.7mm 油层套管 ×（3502~3867.55m）+ 分级箍 + 管外封隔器 +ϕ139.7mm 割缝管和套管 ×（3888.78~4229.77m），环空注水泥浆封固井段 3000~3867.55m。另外，两口井中采用 ϕ177.8mm + ϕ139.7mm 复合套管，管外注水泥，水泥返至 ϕ244.5mm 套管鞋以上 200m 左右。

三、固井

在固井过程中，选用符合 API 技术标准的 G 级油井水泥及添加剂，基本达到了油气井固井质量的要求。

四、射孔

射孔方式主要为油管传输负压射孔方式完井，负压值为 20 ～ 25MPa；射孔弹为 YD−89、YD−127、YD−127− Ⅱ；射孔孔密：16 孔 /m，相位角：90°；射孔液为加 1% 的表面活性剂的防膨射孔液。

由于油田压力系数低（0.96 ～ 0.98），从 1998 年试采到 2001 年投入开发均采用传输负压射孔工艺，负压值 20 ～ 25MPa。

第三节　采　油

莫北油田自 2000 年投入开发，生产初期主要以自喷采油为主。随着开发时间的延长与地层压力的下降，莫北 2、莫 005、莫北 9 等油井相继停喷，转为抽油生产。

一、自喷采油

自喷生产阶段，根据油层生产能力，选取 3 ～ 6mm 油嘴、$2^7/_8$in 外加厚油管以及 KY80−35 采油树生产。

开发初期，射孔后一般都能自喷生产，2002 年引进车载制氮设备，对个别负压射孔后不能自喷的井或井筒积液停喷的井，采用现场制氮对油井气举诱喷，它具有安全、诱喷速度快等优点，已被广泛应用。

对 MB5029、MB2020 两口积液停喷井，于 2003 年 11 月采用柱塞气举工艺（图 3−1），即利用关井期间储存在柱塞下方的天然气能量，通过开井时在柱塞上下产生的压差，把柱塞和井内液体举升到地面，恢复了连续自喷生产。对井口压力高 (20MPa)、气量大（2000m³/d）井筒内易发生冻堵的 MB5000、MB5010 两口井，安装 6.0mm 井下油嘴，井口压力由 20MPa 降至 7MPa，解决了井筒积液冻堵和井口结霜高气油比油井的生产问题。

莫北油田原油含蜡量 7.07% ～ 16.63%，油管结蜡严重，由新科澳油田测试技术服务分公司根据制定的清蜡制度，由机械清蜡车下 ϕ 2.2mm 钢丝 ϕ 58mm 刮蜡片清蜡，清蜡周期根据含水、产量确定，清蜡深度 1500m。

二、机械采油

（一）抽油设备

随着油藏压力下降，自喷井陆续从 2002 年开始停喷，转为抽油方式生产。根据莫北油田油气藏低

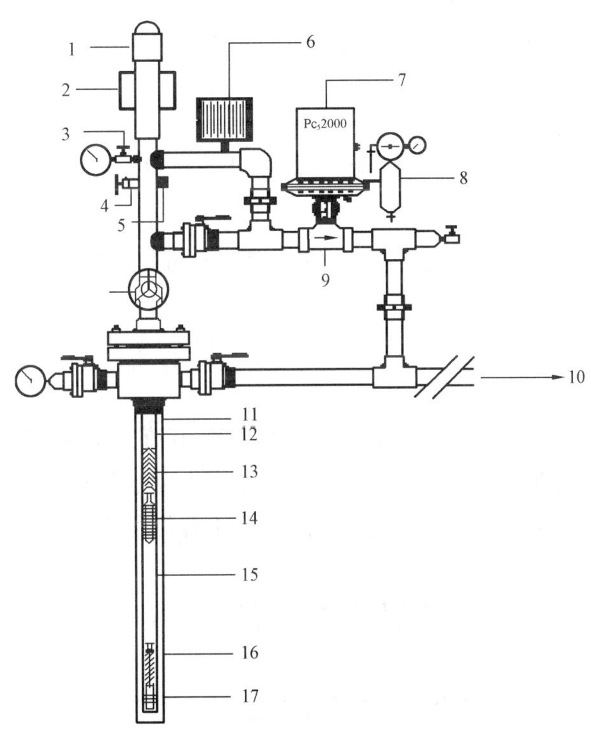

图 3−1 柱塞气举工艺示意图
（新疆油田分公司石西油田作业区编制，2002年5月）
1—防喷帽；2—防喷管；3—针形阀；4—柱塞捕捉装置；
5—电子传感器；6—太阳能面板；7—电子控制器；8—气液分离器；
9—气动阀；10—出油管线；11—套管；12—油管；13—举升液体；
14—柱塞；15—气体；16—底部减震弹簧和标准阀；17—油管限位装置

孔、低渗且油藏埋深达4000m的特点，进行了深井采油工艺设备的配套研究。

全面推广使用新型节能抽油机，机型主要为12型、14型、16型的双驴头抽油机、调径变矩抽油机、曲柄游梁复合平衡抽油机。14型抽油机正常工况下可满足泵挂2600m的工作要求；16型由华东石油局机械厂生产，抽油机冲程设计为4m、4.7m、5.5m，冲次为3、4.5、6min^{-1}，正常工况下可满足泵挂3000m的工作要求。在实际应用中为减少气体对泵筒充满系数的影响，抽油机运行参数采用长冲程、慢冲次的原则。

因井深采用高强度H级ϕ25mm、ϕ22mm、ϕ19mm三级优化组合抽油杆，深井泵选用ϕ38mm、ϕ44mm整筒管式泵。

（二）抽油井管理

1. 自动化管理

充分利用现有的自动化技术，实现了实时计量，实时采集示功图，实时诊断，并实现了36口抽油井远程启停抽油机、抽油井自动间抽控制，提高了抽油井管理水平。

2. 提高机采系统效率

莫北油田气油比比较高，为减少气体影响，提高抽油泵效，经过优化计算结合实践经验，确定抽油泵沉没度为500～800m与2000m的合理泵挂深度。

初期抽油井杆柱设计主要是根据设计人员的经验，为了提高抽油井的系统效率，从2004年5月起在抽油井实施检泵、转抽的生产管柱设计时，开始采用华北油田采油工艺研究院研制的优化设计软件，对抽油管柱进行优化设计，通过设计抽油机负荷符合率达到82%，油井产能符合率达到76%，实现了机、杆、泵一体性的优化设计，提高了机械系统效率。2004年11月，通过对8口抽油井的系统效率测试，平均抽油系统效率由19.23%提高至25.88%，吨液耗电9.95kW·h。2005年10月，通过对15口抽油井的系统效率测试，平均抽油系统效率由18.02%，提高至23.18%，吨液耗电8.76kW·h。

（三）边探井燃气发动机抽油

2002年引进大庆油田生产的抽油机驱动燃气发动机，利用本井套管气或计量站分离的产出气通过减压后作为能源供给燃气发动机。同年10月在MB1122井，利用本井套管气驱动天然气发动机抽油，日恢复产油5t。由于实施效果较好，又在MB11等3口油井进行了推广，对无电源的边探井抽油生产是一种比较适用的成熟技术。

三、采气

莫北油田有9口气井，日产气量60×10^{4}m^3，井口二级节流、水浴炉加热方式集输进处理站。采用KQ65-70采气井口、2$^7/_8$in外加厚P110气井专用油管进行生产。MB2106井采用4.0mm井下气嘴，油压由26MPa下降至13MPa，在井口安装水套炉加热，解决井筒积液和冻堵问题。

第四节　注　水

2001年4月，油田进入注水开发阶段。注水工艺经历了从笼统注水到分层精细注水。

一、水质

注入水来自8口莫北水源井，经过水质处理的采出水经莫北转油站注水泵加压后，由注水管网将高压水输送到各计量站配水间，经单井DN50注水管线到注水井井口注水。注水系统效率57.6%，吨水单耗8.3kW·h。莫北注入水的水质标准见表3-1。

表 3−1　莫北注入水的水质标准

序号	项　目	标准	序号	项　目	标准
1	悬浮物含量，mg/L	≤ 2.0	6	硫化物，mg/L	≤ 2.0
2	平均腐蚀率，mm/a	≤ 0.076	7	游离二氧化碳，mg/L	$-1.0 \leqslant C_{CO_2} \leqslant 1.0$
3	硫酸还原菌，个 /mL	≤ 100	8	pH 值	7±0.5
4	腐生菌，个 /mL	≤ 1000	9	总铁含量，mg/L	≤ 0.5
5	溶解氧，mg/L	≤ 0.5			

注：石西油田作业区参照石西油田注水水质标准结合莫北油田特点制定该标准，2001 年。

注水系统通过加入浓度 80mg/L 杀菌剂、100mg/L 缓蚀剂以及浓度 0.3%SJNW 黏土稳定剂，确保达到表 3−1 所列的注水水质标准。

注水井转注时发现 15 口水井油管结蜡严重，通过先加入 2% 的清蜡剂进行循环洗井，清洗结蜡，保护油层。

二、分注

2004 年以前，莫北油田共有注水井 32 口，全为合注井。2004 年选用大庆油田的同心集成式细分注水与测试技术，在莫北 2 井区 4 口注水井（MB2027 井、MB2031 井、MB2043 井、MB2045 井）组织现场实施，分层注水 8 层。现场应用，投捞成功率 90% 以上，配注准确度 95% 以上。由于莫北注水井井深达 4000m，为了使深井分注井正常运行，采取了系统的管理以及相关的配套措施：

（1）对有水敏特征的区块在注入水中加入浓度 0.3% 的 SJNW 黏土稳定剂，按日注水量为基数确定加药量；

（2）对无法满足地质配注的分注井，有 6 个小层实施了小泵酸化增注；

（3）在分注过程中，对已分注井采取每季验封方式，及时了解封隔器的密封情况，保证分注井的正常分层注水；

（4）为解决注入水水质对井下管柱的腐蚀及结垢对分注井的影响，对油藏埋深 4000m 的 4 口分注井，投捞周期缩短为 30 ～ 50 天，使分注井的投捞成功率达 95%、测试合格率达 90%，基本满足地质分层注水的需要。

三、增注

（一）机械增注

由于油藏自身存在低孔、低渗、水敏性中等偏强的特点，部分注水井在注水系统压力（18MPa）下，无法达到配注要求，2003 年注水系统增加了一台注水泵，更换了注水泵房和配水间的注水管线，使整个油田的注水系统压力从 18MPa 提高到 22MPa，注水能力提高近 800m^3/d。欠注井从 15 口下降到 6 口，注水量由 330 m^3/d 提高到 1000m^3/d。

2005 年先后，在 4 口注水井（MB2045 井、MB2067 井、MB5112 井、MB5132 井）上，安装了单井增压泵，注水量由安装前的 177m^3/d 增加到 347m^3/d，增加注水能力 170m^3/d，截至年底，累计增加注水量 75215m^3，解决了注水井长期欠注的难题。

（二）化学增注

2003—2004 年，使用缓速土酸深穿透段塞式酸化 32 口注水井，其中 18 口井进行过二次酸化增注，4 口井进行过三次酸化增注，共计 48 井次。初次酸化增注短期内可达到较好的增注效果，有效期 8 个月，注入量由增注前 783m³/d 增加到 2760m³/d，增加注入能力 1977m³/d，基本满足了地质配注要求。

为了提高增注效果，从 2004 年 7 月起，采用北京中油的小泵酸化增注工艺对 15 口注水井进行增注，通过增大酸液量加大了对地层的处理深度，与常规酸化相比，增注有效期由 8 个月增至 12 个月，累计增注 28965m³。如 MB2005 井于 2004 年 10 月进行了小泵酸化，总注酸 95m³，截至 2005 年底累计增注 5267m³。

第五节　增产措施

一、深井压裂

莫北油田各区块油藏埋藏深、非均质性强、地层压力系数低、低孔、低渗，需要压裂改造。经过多年的研究和实践，油田的压裂改造已形成了成熟的配套工艺。

该油藏地层破裂压力高达 80 ～ 90MPa，采用常规通径采油树油管管柱压裂作业时，井口施工压力超过 100MPa，无法满足施工要求。2002 年经过新疆石油管理局采油工艺研究院研究与计算论证，研制开发了 KY80-35 采油树（通径 ϕ 80mm）和 KYS-100 型压裂井口保护器（承压 100MPa），采用 $3^1/_2$in 油管组成压裂管柱和 KCY211-115 卡瓦轨道式封隔器保护套管，实施结果降低了井筒摩阻、提高了井口装置的承压能力、降低了施工风险。

2002 年以前，采用油基压裂液进行压裂，摩阻大，施工压力及施工安全风险高，排量与加砂比难以提高。

2003 年后，逐渐采用耐高温、无伤害、摩阻低、携砂能力强、施工安全风险低、施工工序简化的清洁压裂液、平均加砂比由 20% 提高到 25%，单井加砂强度达到 3m³/m，与油基液压裂相比加砂强度提高 5%，加砂量增加 1m³/m，施工泵压降低 15 ～ 20MPa；莫北油田地层实际闭合压力在 40.3 ～ 35.0MPa，选用宜兴或成都中—高强陶粒作为支撑剂，形成渗透率强的导流通道。通过对压裂液优选，选用清洁压裂液对 $J_1s_2^1$ 层 8 口油井、$J_1s_2^2$ 层 5 口油井实施压裂，压裂成功率 100%，平均单井增油 4.5t/d。其中，$J_1s_2^1$ 压裂井平均单井增油 5.5t/d，$J_1s_2^2$ 压裂井平均单井增油 2.9t/d。

2004 年，采用水基瓜尔胶压裂液和低聚合物压裂液，对储层改造条件相对较好的 $J_1s_2^1$ 的 10 口油井进行压裂，3 口井采用水基瓜尔胶压裂液，7 口采用低聚合物压裂液。在压裂的 10 口井中，有效井数 9 口，成功率 90%，平均单井增油 1838t。单井的压裂液价格从油基、清洁压裂液的 750 元 / m³ 降至 450 元 / m³。

二、油井隔堵水

莫北油气田经过一段时间开采后，因固井质量差、底水锥进造成部分油井含水上升，2003 开始在油井上实施了隔堵水措施，实现控水增油的目的。

油井隔堵水是将 Y453 － 108 插管桥塞封于 $J_1s_2^1$ 与 $J_1s_2^2$ 两层位之间，采取封下采上机械隔抽；将密度 1.7g/cm³G 级封堵剂挤入隔堵目的层，进行化学堵水。

2003—2005 年，先后在 MB2002、MB2007 等 6 口油井上，实施了机械隔水措施；在 MB2000、MB2013 等 9 口油井实施了化学堵水措施。有效井 12 口，有效率 80%，累计增油 10773t。

第六节　油水井维护与修井

一、油井维护

莫北油田转入抽油生产阶段后，对清防蜡、防偏磨先后开展各项维护型措施的研究与应用。

（一）清防蜡及防偏磨

从 2001 年起，采用的清防蜡方式主要有热油清蜡、液体清防蜡及尼龙刮蜡杆清蜡。

（1）热油清蜡。油井原油含蜡量在 5.67% ~ 11.55% 之间，根据抽油井生产情况，以现场实测示功图载荷，电机电流变化来确定各区块的清蜡周期，最短清蜡周期 7 天。2002—2005 年，所有热油清蜡井采用克拉玛依新科澳热洗车组实施热清作业。

（2）液体清防蜡。选用克拉玛依科力公司生产的 DC 和 KRQ−1 液体清蜡剂分别在 63 口井推广使用，清蜡作业 537 井次，达到了清蜡目的，节约自用油 5.9×10^4t，取得较好的经济效益。

（3）尼龙刮蜡杆清蜡。由于莫北各区块井较深，井眼轨迹的方位角、倾角普遍呈螺旋状变化，导致抽油时管杆普遍偏磨。2002 年后从彩南油田引进了尼龙刮蜡扶正抽油杆技术，基本解决了清蜡及井下管杆偏磨的问题。2001 年以后，将原来每根抽油杆 5 定 4 刮改进为 6 定 5 刮，每根扶正抽油杆 1 个扶正块改为了 2 个扶正块，进一步改善了防磨效果。

（二）管柱防腐、阻垢

莫北油田各区块产出地层水矿化度高，井下管柱极易结垢、腐蚀。在 1998 至 2001 年，由于腐蚀结垢而造成检泵高达 40 余井次，检泵费用高达 200 余万元。

为此，作业区与勘探开发研究院合作，开展井下防腐、阻垢技术研究，从 2002 年起用高效的缓蚀阻垢药剂通过固化后投入井下，使其按设计缓慢释放，从而达到防腐阻垢的目的。截至 2005 年底推广井下防腐阻垢累计 30 余井次，在减轻抽油井井下腐蚀、结垢方面取得良好效果，每年因腐蚀结垢原因检泵井次下降了 30%。

注入水中掺入一定浓度杀菌剂、缓蚀阻垢剂，以及采用防腐效果较好的三层复合涂镀管柱，对注水管柱的防腐起到了很好的作用。

二、修井

（一）小修

莫北油田与其他油田相比，井深、气油比高、井况复杂，开发过程中作业难度较大的冲砂、解卡、打捞、二次固井、机械堵水、低压捞砂等技术得到不断改进和完善。

2001 年，采用 XJ−60 修井机，为莫北油田三工河油藏 4000m 井完成油管传输负压射孔、维修等作业，提下管柱由单根增加到双根，普通常规作业只需 2.5d，比初期提前 0.5d，提高了作业效率。

2002 年，采用新疆石油管理局第五工程技术服务公司 XJ−80 修井机，圆满地完成了 8 口油井换 $3^1/_2$in 大通径管柱配套压裂作业。

2002 年，开始深井光油管挤水泥封堵出水层作业，由于油层吸收性极差，2002 年 4 月 15 日在莫 005 井进行挤水泥作业时，造成水泥在高压下失水凝固，酿成钢固水泥。从此以后，改用下插管电桥挤水泥工艺，成功率较高，效果较好，被推广应用。

2003—2005 年，在 15 口井上实施了隔抽、开窗挤堵剂、二次固井等隔堵水作业，有效井 12 口，措施累计增油 10773t，单井平均增油 718t。

为防止沙漠环境作业砂子黏附在抽油泵、抽油杆、油管以及其他井下工具上造成井下卡泵，2002

年开始在井场上采用了铺环保塑料薄膜。同时，采用克拉玛依建业公司修井洗井用油气分离器，修井液不落地回收拖罐，天然气外排点火放烧，达到作业安全、环保，文明施工。

（二）大修

莫北油田开发较晚，井况相对较好，大修作业较少。2001 年 7 月，MB9022 井压裂后冲砂过程中造成砂卡管柱，油管拔脱后大修打捞。主要采用公锥、母锥、捞矛等常规工具。

2003 年 5 月，针对 MB5006 油管蜡卡进行了解卡作业，采用了公锥、母锥常规打捞工具倒扣后大力提升、辅助热洗融蜡解卡技术获得成功。

2003 年 6—9 月，针对莫 005 井钢固水泥，建业公司大修队采用长井段套铣打捞与高效磨鞋磨铣的新工艺技术，将该井钢固油管 400 余米成功捞出，恢复该井生产。

第四章

地面生产系统

第一节　油气集输

莫北油田由莫北油藏和莫 2 井区凝析油气藏两部分组成，油藏部分油气集输系统于 2001 年建成投产，凝析油气藏部分于 2002 年建成投产。设计单位是新疆时代石油工程有限公司，项目负责人分别是王志坚和侯卫国，施工单位是新疆石油管理局油田建设工程公司。油气集输系统投产前，油区生产方式是在井场建高位储油罐，原油用油罐车拉运至石西集中处理站处理，天然气放空或燃烧。

油气集输流程：采油部分采用井场加热单管进计量配水站→转油站→处理站（石西集中处理站）的三级布站流程。集气部分采用井场节流加热中压进处理站的一级布站流程，集油区共建有计量配水站 12 座，集气区建有采气井场 9 个。计量站辖采油井 8 ～ 12 口，分井计量采用 ϕ800mm 计量分离器计量，液相为质量计量，气相用旋进漩涡流量计进行体积计量，计量参数通过自动化仪表上传至处理站集中控制室。

井场采用盘管加热炉对油气根据需要进行加热或不经加热进行常温集输。计量站采用水套炉对油气进行加热和计量站采暖供热。为确保生产安全，2004 年将水套炉由压力蒸汽循环采暖改造为常压热水循环。

气井井场设置水套炉对井产气进行节流加热，实现中压集输，水套炉管程为高压运行，壳程为常压运行，其流程框图如图 4−1 所示。

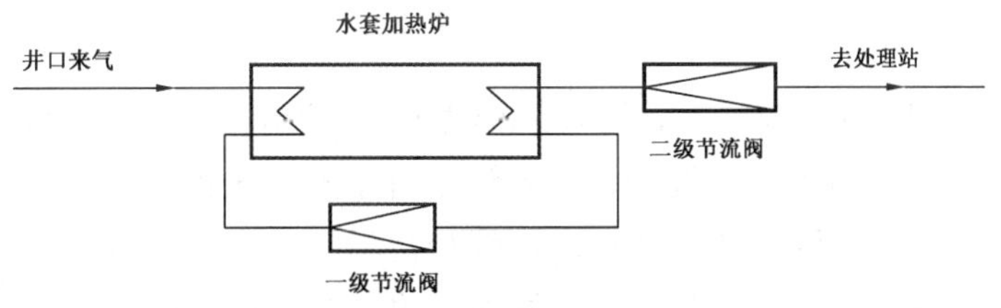

图 4−1　采气井场工艺流程框图
（新疆油田分公司石西油田作业区编制，2004 年 2 月）

第二节　油气处理

油气处理在莫北联合站内进行，联合站内设有转油站、油田伴生气处理站、气藏气处理站、注水站、变配电站、热媒炉供热系统等。

一、转油站

设计规模 80×10^4t/a，设有 ϕ3400×12800mm 油气分离器两座、ϕ3400×10200mm 缓冲罐 1 座、ϕ3000×11200mm 气体除油器两座。在分离缓冲罐操作间内设置 100ky100-300 离心转油泵两台，一备一用，转油泵配调速变频器。设有 1000m^3 事故罐 3 座，及两台 65y−60A 离心掺油泵两台，将事故油罐的原油均匀地掺入外输泵入口。转油站原油经外输泵升压及经换热器升温通过 ϕ219mm×7mm 长度为 24.4km 的输油管道输至石西集中处理站进行处理。伴生气去增压脱水站，经脱水后输往石西天然气处理站进行深度处理。转油站设置了加药泵房，房内有两台 J2-M20/1.0 加药计量泵和 1 台 DBY 型倒筒泵，两座 ϕ800×1500mm 的储药罐，由计量泵将破乳剂均匀地打入外输泵进口，实现含水原油的管道破乳，提高脱水效率，站内还设有两车位卸油台，60m^3 卸油罐两座及卸油泵两台。转油系统工艺流程框图如图 4−2 所示。

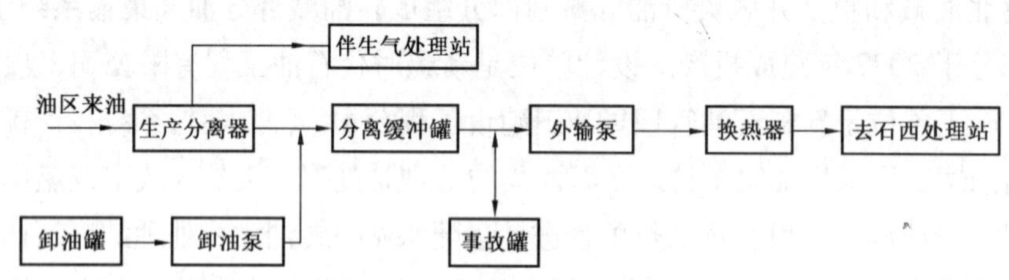

图 4−2　转油站工艺流程框图
（新疆油田分公司石西油田作业区编制，2002 年 12 月）

二、油田伴生气处理

油田伴生气处理站规模 $80\times10^4m^3/d$，采用三甘醇脱水工艺，处理后的伴生气输往石西天然气处理站进行深度处理，外输压力 1.0MPa，主要设备有加拿大库伯公司生产的 DPC−2803 压缩机 3 台，三甘醇脱水橇 1 座，及配套设施。输气管道采用 ϕ273mm×7mm 钢管，长度为 24.4km。因气量减少 2005 年将 1 台压缩机搬迁至采油二厂天然气处理站。

三、气田气处理

气藏气处理站 2002 年 11 月建成投产，建设规模为 $60\times10^4m^3/d$，接收 9 口气井来气，采用节流制冷乙二醇防冻处理工艺，产品为干气和混烃，主要设备有生产分离器 2 台、计量分离器 1 台、气气换热器 2 台、浅冷分离器 2 台、低温分离器 2 台、液烃分离器 1 台、轻烃罐 2 座、乙二醇系统 1 套、导热油加热系统 1 套、空冷器 2 台、轻烃泵 2 台，处理后的天然气输往石西集中处理站的管道与站内的天然气外输管线连接，输往油气储运公司 704 泵站的管道与 DN500 输气管道连接。输往石西的输气管道为 ϕ273mm×7mm 钢管，长度为 24.4km，输往 704 泵站的管道为 ϕ355mm×7mm 钢管，长度为 104.4km。气田气处理工艺流程框图如图 4−3 所示。

四、站区供热

转油站供热热源由两台 HG1500 热媒炉及配套系统组成，原油加热、站区采暖及生产用热均由热媒炉供应，热媒炉和热媒循环泵设在操作间内，循环热水泵设在泵房内。原油加热和采暖用换热器布置在换热区内。

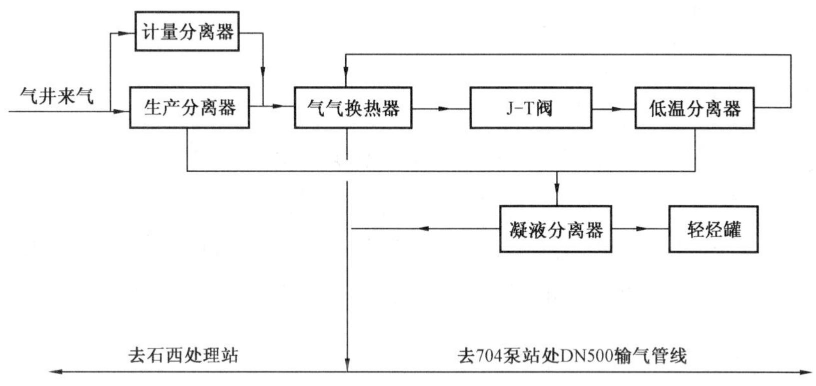

图 4-3　气田气处理工艺流程框图
（新疆油田分公司石西油田作业区编制，2002 年 10 月）

第三节　注水系统

一、注水站

注水站于 2002 年 3 月建成投产，注水系统由 2 座 1000m³ 清水罐、2 座 1000m³ 注水罐、4 台 5ZB-20/43 柱塞泵和 2 台 QCZS550/25 水平螺杆泵组成。设计注水能力 3800m³/d，2005 年底实际注水量 3300m³/d。工艺流程是水源井来水进源水罐，经杀菌和掺入缓蚀阻垢剂处理后，经提升泵提升至注水罐，经注水泵升压后进分水器和注水干支线，再经配水间配水注入注水井。

因安装的 5 柱塞泵震动大，运行不正常等原因，2003 年对莫北注水站进行了改造，加了 1 台柱塞泵，更换了 3 台柱塞泵和配水间的注水管线，使注水工作压力从 18MPa 提高到 22MPa，更换后的注水泵排量为 43m³/h，额定工作压力 25MPa。

清水处理设备由 2 台 30m³/h、1 台 70m³/h 纤维球过滤器及投加杀菌剂、阻垢剂设施和 3 台提升泵（Q=100m³/h，H=70m，N=37kW）组成。

二、注水管网

注水管网采用单干管多井配水间流程，配水间内单井配水量用 DN25 高压水表计量，洗井用 DN50 高压水表计量，每座配水间辖井 4 ~ 5 口，配水间分水器上的压力传感器将压力传送至石西中控室。到 2005 年底莫北油田共有 12 座配水间，注水井 32 口。

2002 年 4 月建成 5 条注水干线，注水干线和至各配水间的注水支线均为 ϕ114mm×10mm 无缝钢管，注水管线总长 17.66km。

第四节　地面配套系统

一、供水系统

莫北油田供水由 8 口水源井提供注入水和生活用水，2001 年 9 月至 2002 年 5 月陆续投用，水源井井水通过井下潜水离心泵加压经集水管送至莫北转油站的源水罐。

单井日产水量约 1000m³，日供水量 6900m³，铺设 DN150 钢骨架复合集水管 1.3km，DN250 钢骨架复合集水管 2.17km。

二、供电系统

2001 年建成莫北油田输变电站，电源分别来自 110kV 枢石线和夏陆线油田生产电力网。高压配电线路为 35kV，高低压配电线路为 10kV 和 0.4kV。用电设备比较单一，分为两类：单井抽油机电机用电和莫北转油站集输处理用电。莫北油田共有 35kV 线路 1 条，长度 2.66km；10kV 出线 2 条，长度 26km；0.4kV 低压线路 15 条，长度 5.6km。莫北井区共有变压器 200 台。

三、自动化信息系统

（一）信息系统

1. 网络系统

2001 年 11 月，完成莫北油田的自动化安装调试工作，自动化系统投入运行。2003 年 5 月开始规划建设石西门户网站并在当年投入使用。2004 年 11 月对作业区门户网站系统进行了升级。

随着作业区油田规模的扩大，2005 年 12 月对油田网络系统进行了扩容，逐步建成了以石西油田为中心辐射至石南油田、莫北油田的油田办公网络。

2. 数据系统

2002 年 11 月，完成了开发静态、动态、采油工程、井下作业、生产测试、试井、分析化验七大数据库建库工作，2003 年 12 月补录完成了开发静态数据 38423 条、动态月数据 6996 条、日数据 9737 条、地面采油工程 12456 条、井下作业 748 井次数据、生产测试 20 个井次数据，试井 6501 条。

2005 年 6 月开始进行《石西油田作业区地面工程信息系统》项目建设。2005 年 12 月完成了石西油田地面工程测绘，建立了五个图册，共计 67 幅图。

3. 应用系统

2002 年 11 月，“生产综合查询系统”投用。2003 年 11 月，完成了“生产测试”和“试井数据管理”2 套专用软件的调试投用工作。并对“生产综合查询系统”进行了二次开发。开发完成了井史管理系统、设备信息管理系统，推广完成了中油档案信息管理系统、计量管理系统、质量标准系统、安全环保管理系统等工作。

（二）油田自动化系统

石西油田自动化系统分为两部分，即：油田现场管理的 SCADA 系统和莫北转油站 DCS 系统。

1. 油气处理站集散控制系统（DCS）

系统广泛应用了自动控制、计算机网络、光纤通信等多项新技术，检测、控制点覆盖了从采油、油气集输、高压注水、污水回收处理、轻烃加工、原油稳定及外输的生产全过程，另外还包括消防、工业监视、生产辅助管理系统控制，具有规模大、技术含量高、功能强、可靠性高、操作方便、维护经济等特点。

DCS 系统投入使用，系统采用和利时公司 MACS3 系统，对站内消防系统和非消防系统（包括油气处理、清水处理、注水系统等）进行数据采集和远程控制。

2. 油区监控与数据采集系统（SCADA）

油井可实现压力、温度、电流、示功图数据的自动采集，并可远程自动启停抽油机；注水井可实现压力、注水量自动监测；计量站可实现温度、压力、可燃气体浓度的自动采集，并可实现自动选井计量，燃烧器大小火调节等功能。

2001 年 8—10 月，莫北油田 SCADA 系统安装调试完毕 (包括油井 RPC 和计量站 RTU)，系统采用北京安控 Echo SCADA 系统。

3. 自动化应用系统

2003 年 3 月至 2005 年 12 月，作业区先后开发了自动化数据处理 DMS 系统、自动化数据 WEB 发布系统。DMS 系统对 SCADA 系统采集的数据进行处理，自动生成油水井、水源井、计量站日报表。WEB 发布系统利用从实时数据库转储到 ORACLE 数据库中的数据，实现历史数据的报表查询、曲线生成、数据分析功能，实现了自动化数据的实时处理和生产信息及时发布。

附　录

附录一　附　图

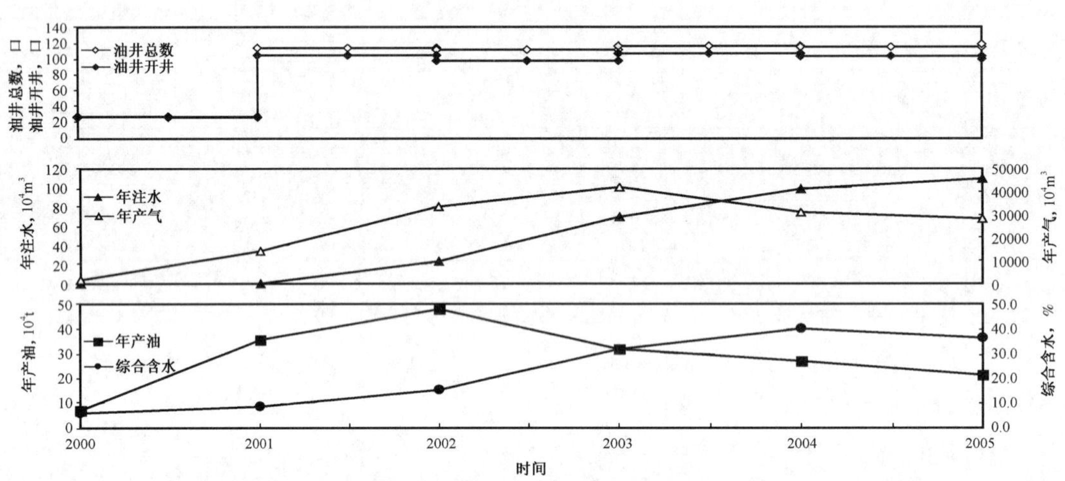

附图 1　莫北油田综合开发曲线图

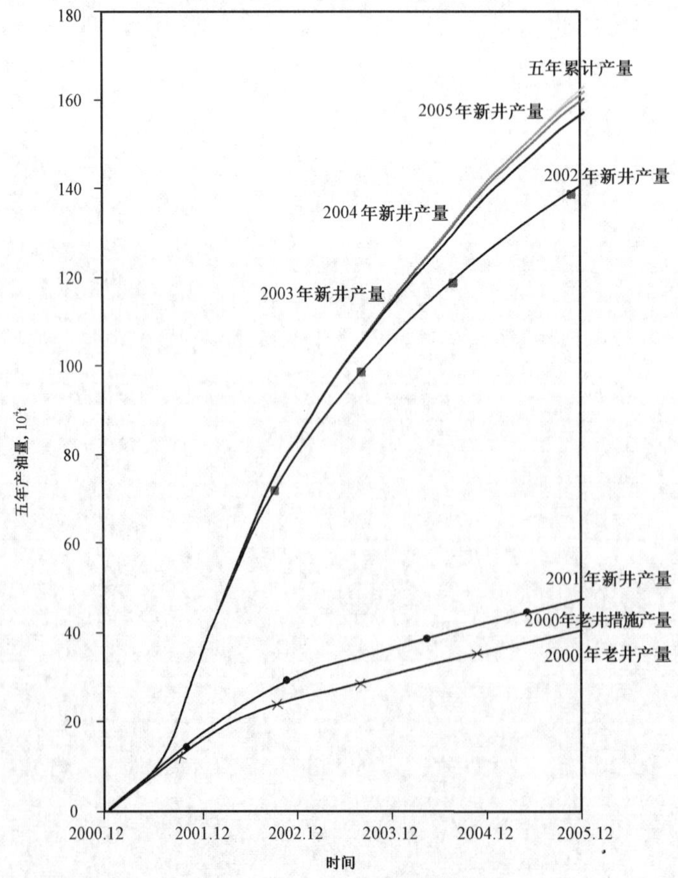

附图 2　莫北油田五年产量构成曲线

附录二 附 表

附表 1 莫北油田开发区综合地质参数表

区块	层位	含油面积 km^2	开发储量 10^4t	可采储量 10^4t	油层中部深度 m	孔隙度 %	渗透率 mD	原始油层压力 MPa	地层原油物性				脱气原油性质				天然气性质	
									油层温度 ℃	饱和压力 MPa	黏度 mPa·s	原始气油比 m^3/t	密度 g/cm^3	黏度（50℃）mPa·s	凝固点 ℃	含蜡量 %	相对密度	甲烷含量 %
莫北 2 井区	$J_1s_2^1$	6.4	215	53.8	3954	13.96	8.28	38.33	103	38.33	0.51	167	0.842	7.35	12.6	7.7	0.622	90.65
莫北 2 井区	$J_1s_2^2$	11.0	709	177.3	3954	13.2	10.54	38.33	103	38.33	0.51	197	0.825	5.90	9.4	10.3	0.628	87.90
莫 005 井区	$J_1s_2^1$	4.4	231	57.8	3852	13.9	—	36.25	101	36.25	0.82	155	0.842	8.57	18.3	13.4	0.653	86.54
莫 005 井区	$J_1s_2^2$	5.3	632	158	3865	12.9	9.15	36.34	101	36.34	0.71	174	0.838	7.69	13.9	10.4	0.674	85.89
莫北 9 井区	J_1s_2	4.5	208	52.1	3745	15.6	9.85	36.00	98	35.99	0.33	158	0.853	9.95	14.9	9.5	0.623	89.74
莫北 11 井区	J_1s_2	1.5	37	9.3	3719	14.57	18.62	35.78	98	35.78	0.93	178	0.833	6.52	14.4	6.7	0.652	86.77

注：依据新疆油田分公司中心数据库数据资料编制。

附表 2 莫北油田综合开发数据表

时间	开发储量 10^4t	可采储量 10^4t	井数		注水量			核实产油量			核实产水量			综合含水 %	产气量		注采平衡			采油速度 %	采出程度 %
			油井口	注水井口	日注水 m^3	年注水 10^4m^3	累计注水 10^4m^3	日产油 t	年产油 10^4t	累计产油 10^4t	日产水 m^3	年产水 10^4m^3	累计产水 10^4m^3		年产气 10^4m^3	累计产气 10^4m^3	月注采比	累计注采比	累计亏空 10^4m^3		
2000	703	175.8	28	0	0	0	0	431	6.9487	6.9487	28	0.3074	0.3074	6.1	1419.9	1419.9	—	—	14	0.99	0.99
2001	2383	595.9	113	0	0	0	0	1696	35.4997	42.4484	159	3.2344	3.5418	8.6	14132.2	15552.1	—	—	117	1.49	1.78
2002	2400	600.2	111	25	1783	22.9791	22.9791	752	47.5783	90.0267	136	7.3019	10.8437	15.3	33305.7	48857.8	0.44	0.07	289	1.98	3.75
2003	2400	600.2	116	25	2668	69.2507	92.2298	668	31.7158	121.7425	310	12.0128	22.8565	31.7	41959.3	90817.1	0.87	0.21	357	1.32	5.07
2004	2032	508.3	114	32	2986	99.1084	191.3382	692	27.0042	148.7467	462	15.5055	38.362	39.8	30962.7	121779.8	1.31	0.35	348	1.31	7.23
2005	2032	508.3	123	32	3304	109.3258	300.664	493	21.2327	169.9794	281	13.3693	51.7313	36.3	28314.9	150094.7	1.77	0.49	315	1.04	8.37

注：依据新疆油田分公司中心数据库每年 12 月份的开发数据编制。

附录三　人物名录

莫北项目经理部

指　挥：

宋渝新（2000年1月—2001年10月）

莫北转油联合站

站　长：

朱宏海（2001年10月—2002年10月）

张新学（2002年11月—2003年1月）

副站长：

陈　勇（2003年2月—2005年12月主管全面工作）

附录四　获奖项目

序号	项目名称	获奖等级	获奖时间	项目完成者
1	莫北油田不下技术套管钻井技术研究与应用	新疆维吾尔自治区科学技术进步三等奖	2001 年	宋渝新、杨志毅、徐显广、胡家忠、周红灯、杨　洪、石　磊
2	莫北油气田莫北 2 井区三工河组带气顶油藏技术开发	新疆维吾尔自治区科学技术进步二等奖	2002 年	王　彬、欧阳可悦、宋渝新、李　庆、孙宝宗、杨　琨、李一峰、秦　莉、张君劫
3	莫北油气田莫北 2 井区三工河组带气顶油藏开发技术研究	新疆油田分公司技术创新一等奖	2001 年	王　彬、欧阳可悦、宋渝新、李　庆、孙宝宗、李一峰、杨　琨、秦　莉、张君劫

附录五　征引文献

书　名	作者	出版时间	出版社
《新疆通志·石油工业志》	《新疆通志·石油工业志》编纂委员会	1999 年	新疆人民出版社
《准噶尔盆地油气田开发的回顾与思考》（1950—2000 年）	《准噶尔盆地油气田开发的回顾与思考》编写组	2006 年	石油工业出版社

编纂始末

按照《中国油气田开发志》新疆油气区编纂委员会的统一安排安排部署，新疆油田分公司和新疆石油管理局于2006年11月16日联合下发了“关于启动《中国油气田开发志·新疆油气区油气田卷》编纂工作的通知”。为了认真贯彻落实通知精神，石西油田作业区领导高度重视，于2007年2月5日成立以作业区副经理汪政德、总工程师丁亮分别为主任和副主任的《莫北油田志》编纂委员会。并设立《莫北油田志》编纂组，组织分别来自地质、工艺、集输、生产运行、党政办等部门的刘静、倪斌、何帆、汪学华、孟庆庄、阚兴福、陈峰等7人参与编纂工作，明确了职责和时限。

2007年2月15日，《莫北油田志》编纂组根据《中国油气田开发志》新疆油气区编纂委员会提出的编纂纲要，参照胜利、玉门油田开发志先行篇，确定了编纂的篇章节目，《莫北油田志》的编纂工作全面启动。

油田志编纂重点围绕油田开发的各个领域叙述其历史变迁，其内容涵盖油气田地质、开发方案、钻采工程和地面生产系统等开发的各个方面。油田志共分7大部分，包括概述、大事记、油田地质、开发部署与调整、钻井和采油工程、地面生产系统、附录。

《莫北油田志》编纂工作分为学习培训、资料收集、分类编纂、汇总整理、专家审查、整改完善几个阶段。在编纂过程中，编纂人员遇到了许多问题和困难：一是全体编纂人员均是兼职工作，编纂时间难以保证，大部分只能在业余时间进行；二是油田开发资料不全，搜集整理困难；三是编纂人员没有志书编纂经验，需要边干边学、边学边干。

尽管如此，编纂人员还是在生产任务紧张、工作十分繁忙的情况下，加班加点，为确保编纂工作顺利进行，首先将《中国油气田开发志》总编纂委员会下发的学习辅导材料和老君庙、胜坨油田及大民屯油田范本印发到每个编纂人手中进行学习。其次，上网搜索编纂志书的相关知识、学习材料作为指导。经过学习、培训，编纂组成员在掌握志书基本编纂方法的基础上，参照老君庙油田的编纂体系，根据新疆油田分公司草拟的油气田篇编写提纲，结合所掌握的莫北油田的勘探开发历程和特点，2007年3月提出了《莫北油田志》的初步编纂思路：以勘探开发历程为主线，以重大认识和发现为主要内容，辅以写事，略以记人。

2007年4月开始，编纂组成员先后多次到油田公司档案馆、局采油院、钻研所、测井公司、地质录井公司等单位，收集了大量相关资料，共收集整理基础文字资料100余册，图片图表资料50余幅，走访老一辈石油工作者10余人次，为《莫北油田志》的编纂提供了十分难得的史料。

经过资料录入、分类编写、汇总整理阶段，2007年12月向《中国油气田开发志》新疆油气区编纂委员会报送了初稿。经过专家、审核组成员的审议，认为编纂还有很多不足，要求从技术报告模式转变为以写事为主，以事系人，力求真实再现莫北油田发展的历史的同时，突出莫北油田的开发特点。

编纂组立即系统整理专家审核组的评审意见，并认真组织学习2007年6月郑州会议精神及学习材料，对照检查本志的缺陷和谬误，查漏补缺，改进完善。经过调整修改，于2008年4月10日向专家组提交了《莫北油田志》第二稿。2008年5月4日专家组对《莫北油田志》第二稿进行了评议。2009年1月12

日专家组对《莫北油田志》第三稿进行了评议。于2009年4月15日完成了《莫北油田志》第四稿，提交专家组进行评审。2009年9月1日向专家组提交了《莫北油田志》第五稿。2009年12月20日通过终审。

《莫北油田志》的完成得到了《中国油气田开发志》新疆油气区编纂委员会及专家组的大力支持，同时，也得到了新疆油田分公司研究院档案室的帮助，在此，一并表示衷心的感谢。

由于编写内容涉及时间跨度大，技术范围广，编纂人员能力和水平有限，文稿中错误和疏漏在所难免，恳请读者批评指正。

《莫北油田志》编纂组

2009年12月

编号：07-015

三台油田志

《三台油田志》编纂组　编

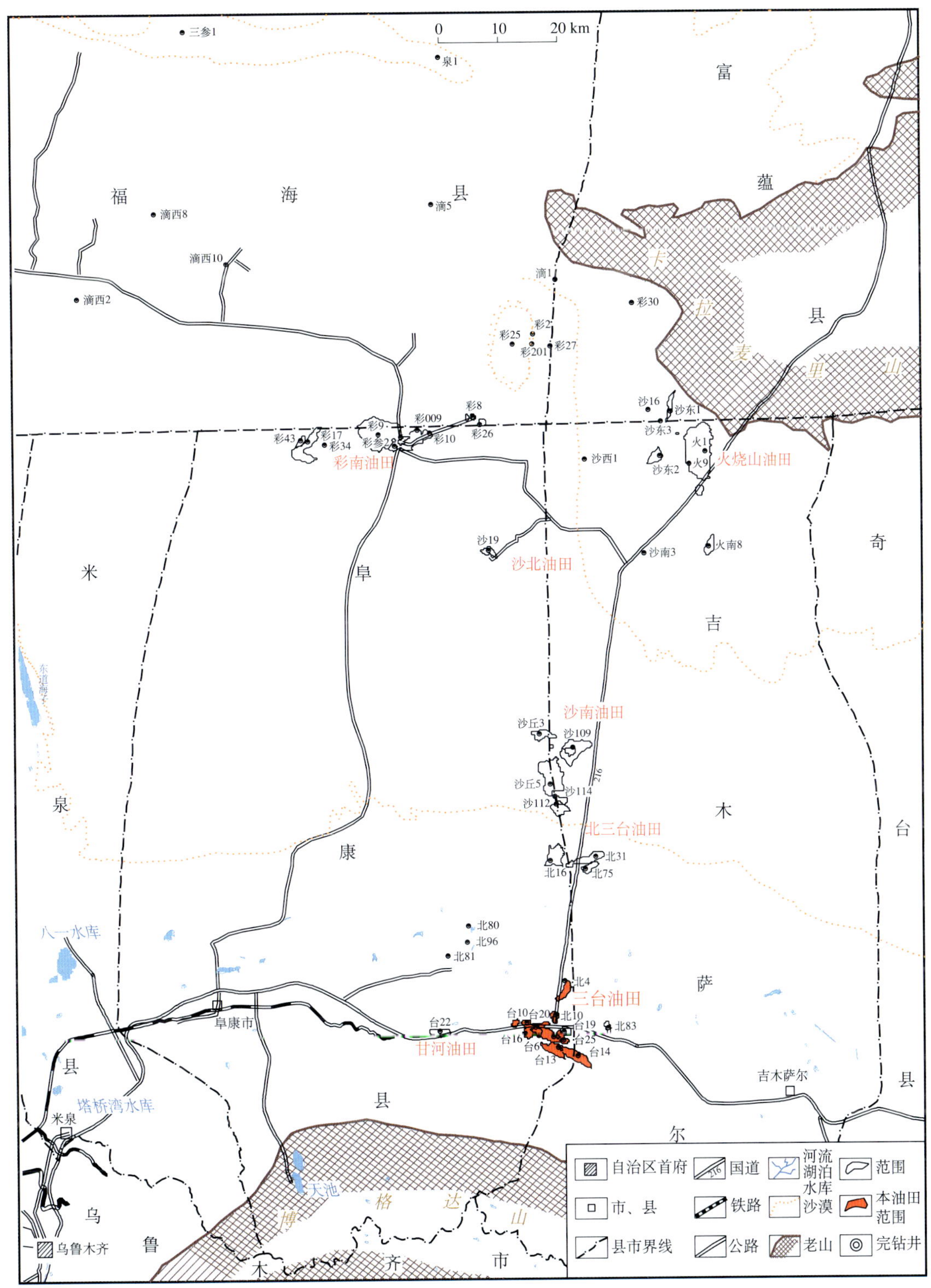

三台油田地理位置图

（新疆油田分公司勘探开发研究院编制）

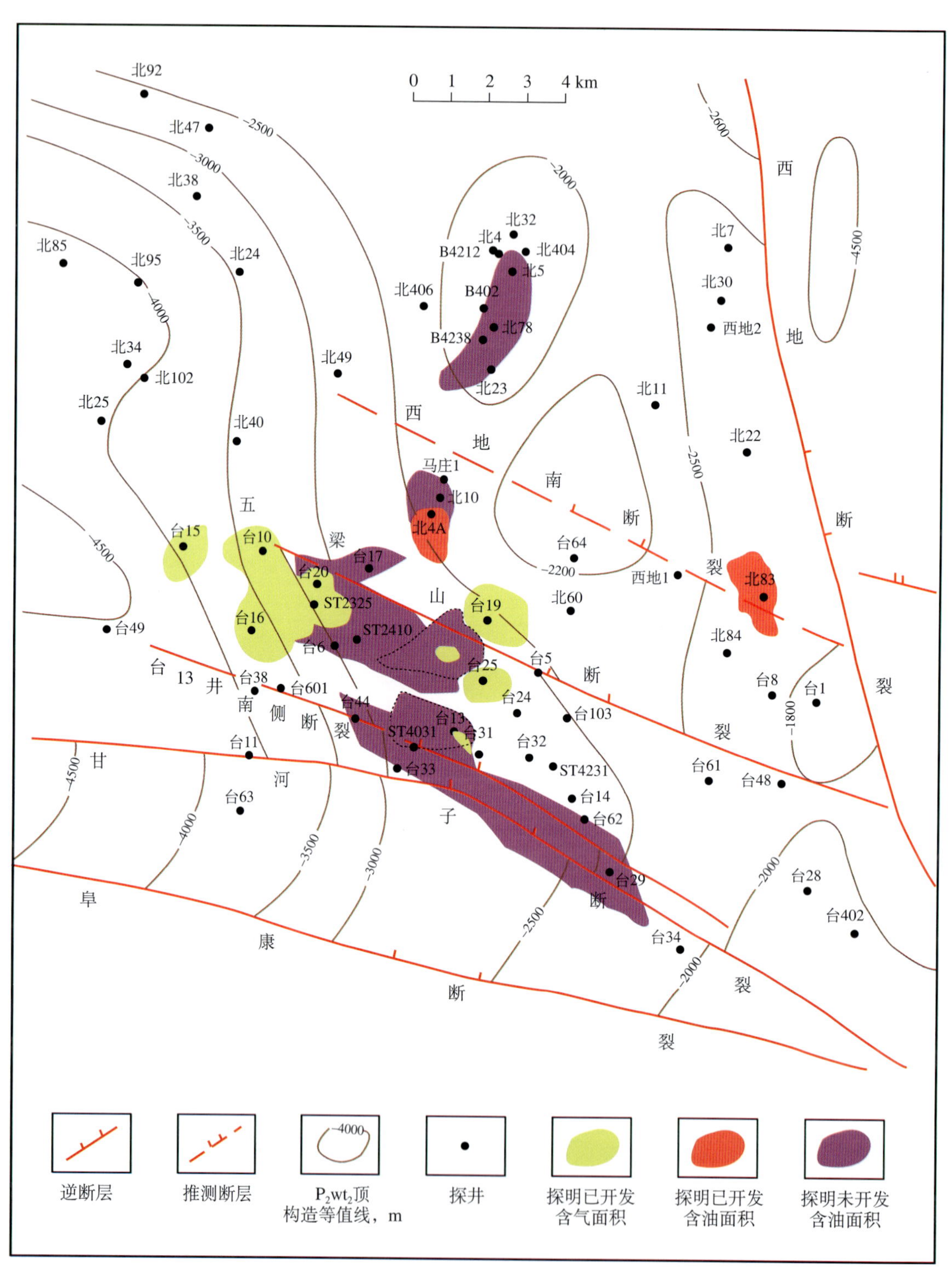

三台油田东泉堤隆构造井位图

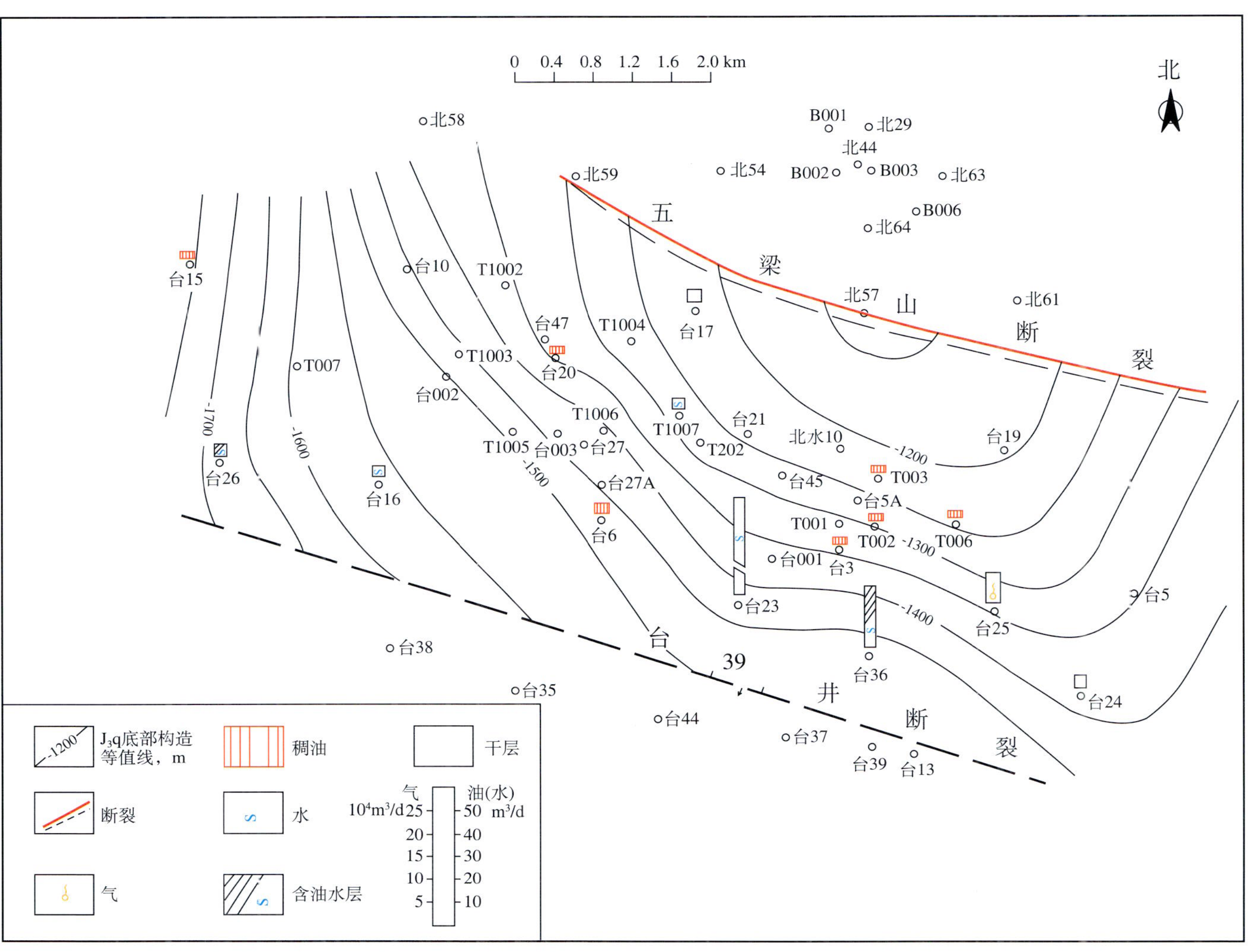

三台油田三台断块区构造井位图

（新疆石油管理局勘探开发研究院编制，1994 年 8 月）

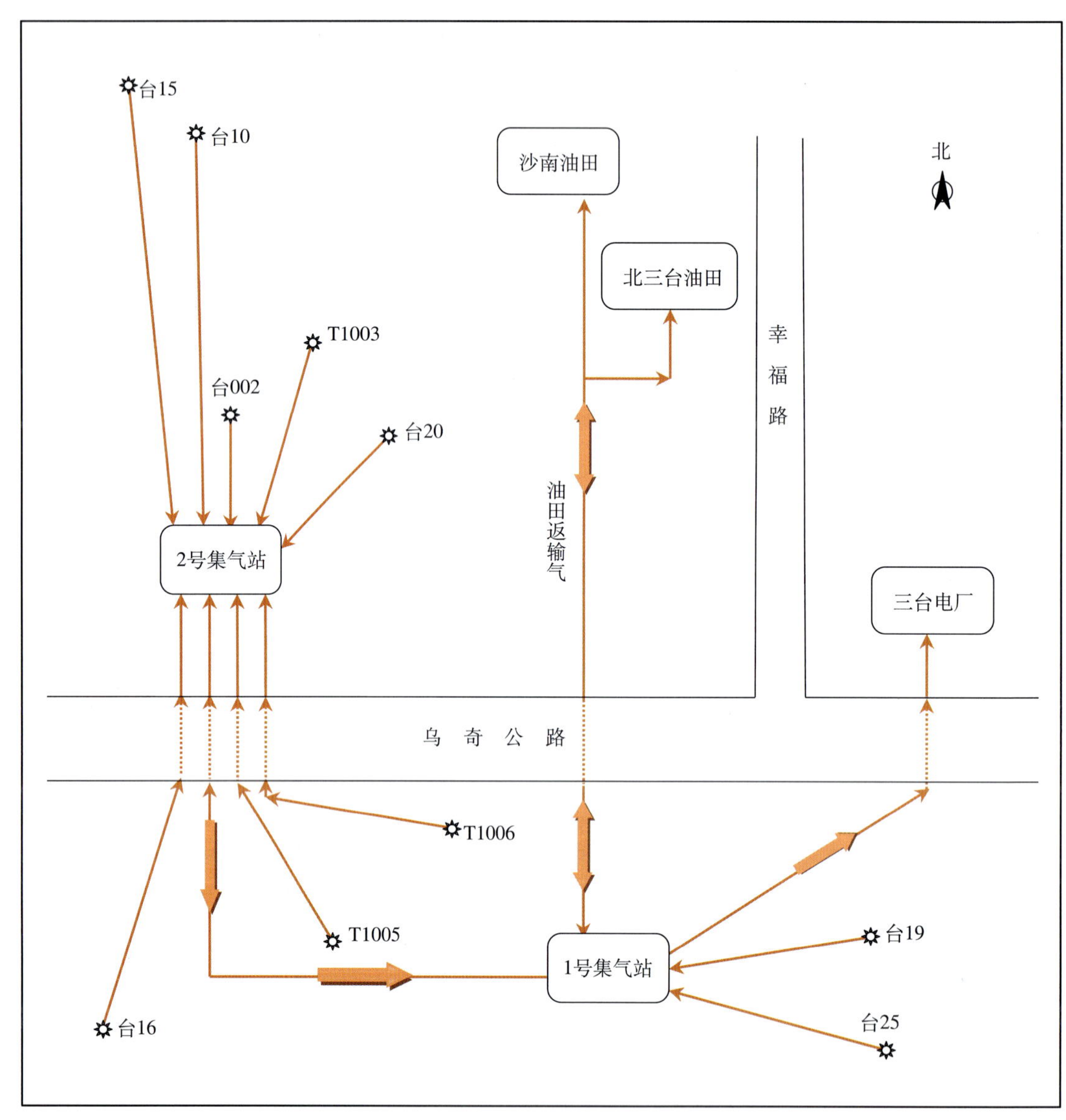

三台油田台3断块齐古组气藏地面生产系统示意图
（新疆油田分公司准东采油厂编制，2005年）

《三台油田志》编纂委员会

主　任：吴西华

副主任：李　斌　王少峰　徐学成　刘卫东

成　员：李培俊　陈春勇　谢建勇　张绍鹏　朱跃胜　石　彦
　　　　万文胜　蔡　军　李建良　郑心泉　钟权峰

《三台油田志》编纂组

组　长：谭文东

成　员：王轶斐　唐晓川　杜军社　张　多

本志目录

概　述

三台油田是准噶尔盆地东部地区博格达山前被多条断裂切割的多断块油田，位于新疆维吾尔自治区阜康市、吉木萨尔县交界处，西距首府乌鲁木齐市 120km，东距吉木萨尔县三台镇 14km，并由此得名。地表为第四系砂砾、黄土覆盖，植被稀疏，地面海拔 600 ~ 900m。夏季炎热，冬季寒冷，极端温度 −40 ~ +40℃，年降雨量 150 ~ 200mm，年蒸发量可达 2000mm，属大陆干旱性气候。区内有二工河、黄山河等多条季节性河流，横穿油田的 303 省道与 216 国道相连，交通便利。自 1985 年北 10 井区、台 3 断块区发现后，部分油井先后投入试采。三台油田由中国石油新疆油田分公司准东采油厂探井作业区管理。

第一章

油田地质

第一节 地层与流体性质

三台油田区域构造跨越了两个构造单元，准噶尔盆地南缘冲断带东段阜康断裂带的三台断块和准噶尔盆地东部隆起北三台凸起隆南端的东泉堤隆。由此决定了油田内的两个局部构造的地层、构造、沉积、储层、流体性质等方面的差异。

一、三台断块区

20 世纪 50 年代，地质部 631 地质大队和新疆石油管理局地质调查处（以下简称地调处）进行了地面地质调查和填图，查清了三台断块区南部地表出露的地层，即二叠系仓房沟群（P_2）和三叠系小泉沟群（$T_{2\text{-}3}xq$），并确定了阜康断裂带的位置。在覆盖区进行了重磁力普查，确定了潜伏的三台凸起的存在。

1985 年，地调处对三台地区进行了二维地震勘探，明确了侏罗系三台断背斜的存在，并经台 3、台 10、台 13 等井的钻探，确定了断背斜及阜康断裂带下盘各断块为含油气构造（图 1–1）。

1986—1988 年，台 3、台 6、台 10、台 13、台 21 等预探井实钻地层自上而下依次为第四系（Q），新近系（N），古近系（E），下白垩统吐谷鲁群（K_1tg），上侏罗统齐古组（J_3q），中侏罗统头屯河组（J_2t）、西山窑组（J_2x），下侏罗统三工河组（J_1s）、八道湾组（J_1b），上三叠统郝家沟组（T_3h）、黄山街组（T_3hs），中三叠统克拉玛依组（T_2k），下三叠统烧房沟组（T_1s）、韭菜园子组（T_1j），上二叠统梧桐沟组（P_3wt），中二叠统仓房沟群（P_2）和石炭系（C）。经过预探井试油证实，油气分布层位主要集中在中三叠统克拉玛依组、下侏罗统八道湾组和上侏罗统齐古组。经过细分对比，克拉玛依组自上而下分为三个砂层组（S_1、S_2、S_3）；八道湾组纵向上自上而下细分为 J_1b_1、J_1b_2、J_1b_3 和 J_1b_4 四个砂层组；齐古组自上而下细分为 G_1、G_2、G_3 三个砂层组，8 个砂层（G_1^1、G_1^2、G_1^3、G_2^1、G_2^2、G_2^3、G_3^1、G_3^2）。

齐古组储层为曲流河相沉积的透镜状砂岩层，主要岩性为细砂岩、中砂岩及含砾不等粒砂岩；以粒间溶孔为主，孔径一般为 13 ~ 130μm；以泥质胶结为主，含量达 6% ~ 13%，泥质中黏土矿物以蒙皂石为主，相对含量达 65% 以上，次为伊利石和绿泥石，敏感性实验证实具有强—极强水敏性。压汞毛管压力曲线呈细歪度型，最大孔喉半径为 5.77 ~ 25μm，孔喉半径中值 0.75 ~ 0.25μm，孔喉体积比 0.9 ~ 0.78；退汞效率 11.3% ~ 53.4%；储层物性样品分析孔隙度 5.57% ~ 28.68%，平均 19.2% ~ 20.2%，渗透率 0.11 ~ 879.72mD，平均 84.3 ~ 150.4mD，为中孔中渗孔隙性储层。

八道湾组储层为河流相沉积，厚 68 ~ 166m，由西南向东北方向减薄。储层主要岩性为中—细砂岩和含砾砂岩，砂层厚度 20 ~ 30m。碎屑成分主要为岩屑，呈次棱角状，分选中—差；填隙物以泥质、钙质为主，黏土矿物主要为高岭石，次为伊 / 蒙混层、伊利石和绿泥石；储集空间类型以粒间溶孔为主，次为粒内孔和粒内溶孔，孔径 32.6 ～ 0.946μm，孔喉半径中值 0.658 ～ 0.085μm；储层物性孔隙度 12.52% ～ 20.39%，平均 15.4%，渗透率 0.21 ～ 172.23mD，平均 21.32mD，为中孔低渗孔隙性储层。

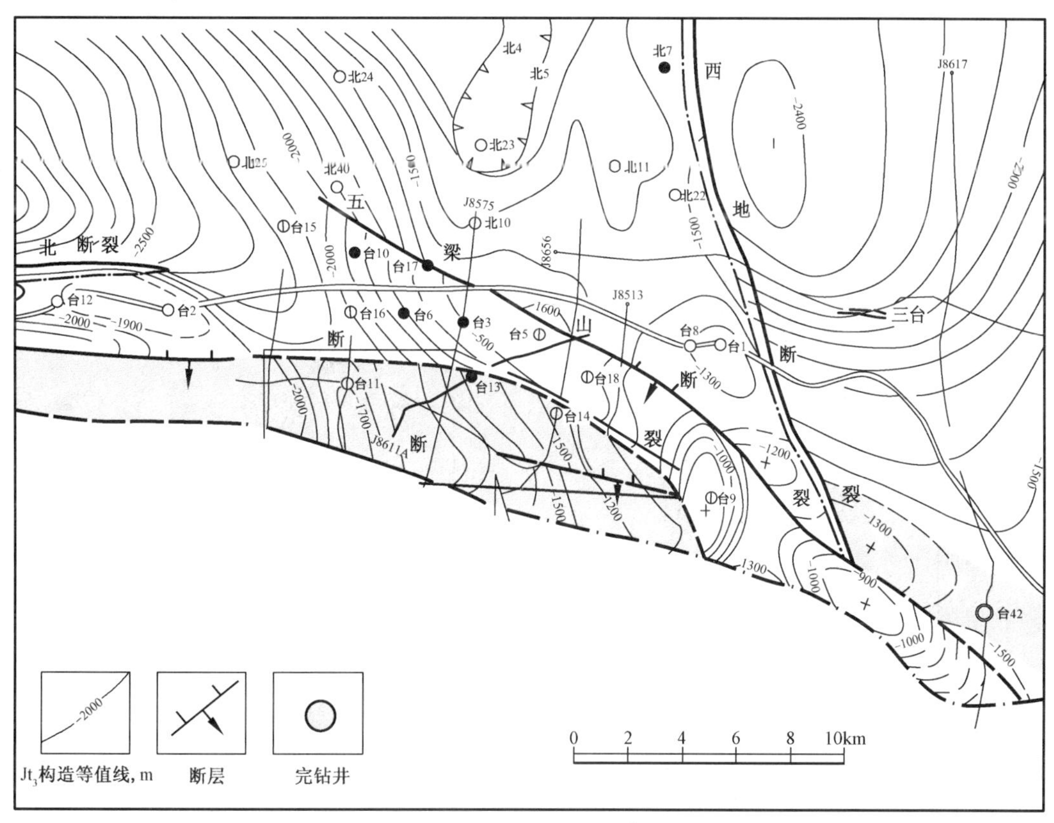

图 1–1　1985 年三台油田 Jt_3 构造图
（新疆石油管理局勘探开发研究院编制，1985 年）

克拉玛依组储层为滨浅湖相水下扇沉积，物源来自其东南面的古隆起区。储层岩性以中—粗砂岩和含砾砂岩为主，岩石颗粒成分以岩屑为主，平均为 71.3%，石英含量 8% ～ 40%，平均为 25%，长石平均含量 3.7%，颗粒呈次棱角状—半圆状，分选中等；胶结物以钙质为主，胶结类型以孔隙—接触式为主，填隙物平均含量 7.5%；黏土矿物主要为高岭石（相对含量 33% ～ 88%），次为绿泥石（相对含量 8% ～ 37%），伊利石（相对含量 3% ～ 20%），扫描电镜资料显示，高岭石结晶多呈不规则状、蠕虫状及弯曲片状，以充填方式产出，与自形粒状石英晶体共生；据 5 口井 376 块岩心常规物性分析，孔隙度在 15.1% ～ 26.36%，平均为 20.65%，渗透率为 0.001 ～ 359.24mD，平均为 46.732mD；储层孔隙类型以粒间溶孔、粒间孔为主（占 85%），其次为粒内孔和晶间孔（占 8.6%），孔径均值 14 ～ 356μm，平均 50.81μm，最大孔径 50 ～ 550μm，平均 118.8μm，面孔率 0.03% ～ 5.04%，平均为 1.40%，孔喉配位数为 0 ～ 2；压汞毛管压力曲线形态呈略粗歪度，孔喉分选为中等—较差，孔喉变化范围 10 ～ 0.0375μm，主要渗透孔径区间为 10 ～ 0.147μm。克拉玛依组储层整体上属中孔、低渗、非均质性较强的孔隙性储层。

三台断块区自 1986 年发现工业油气流以来，共探明了 1 个气藏和 3 个油藏。

齐古组气藏：气藏分布在台 3 井断背斜上，由于受岩性控制，气藏形成了多个压力系统，据 10 口井 12 层测压资料建立了各井区的不同的压力梯度（图 1–2），各井区气层中部平均地层压力为 17.3 ～ 27.3MPa，压力系数 0.89 ～ 1.28，各井区为同一地层温度系统，平均地层温度 49℃（海拔 –2093m）；

气藏东、中、西部具有不同的气油、气水界面。东部为 −1335m，中部为 −1320m，西部为 −1375m。天然气地面取样分析：东、西部气体组分略有差异，西部天然气相对密度 0.562，甲烷含量 97.37%，乙烷含量 0.59%，丙烷含量 0.28%，丁烷含量 0.01%，无戊烷；东部天然气相对密度平均 0.573，甲烷含量 96.98%，乙烷含量 0.95%，丙烷含量 0.44%，丁烷含量 0.27%，戊烷含量 0.12%。气藏底部存在稠油，地面取样分析：原油密度 0.9230 ~ 0.9470g/cm³，平均 0.934g/cm³，50℃黏度为 1256.4 ~ 9896.3mPa · s。含蜡量平均为 3.20%，凝固点 17℃；地层水取样分析：氯离子含量 8500mg/L，总矿化度 13200mg/L，水型为氯化钙型。

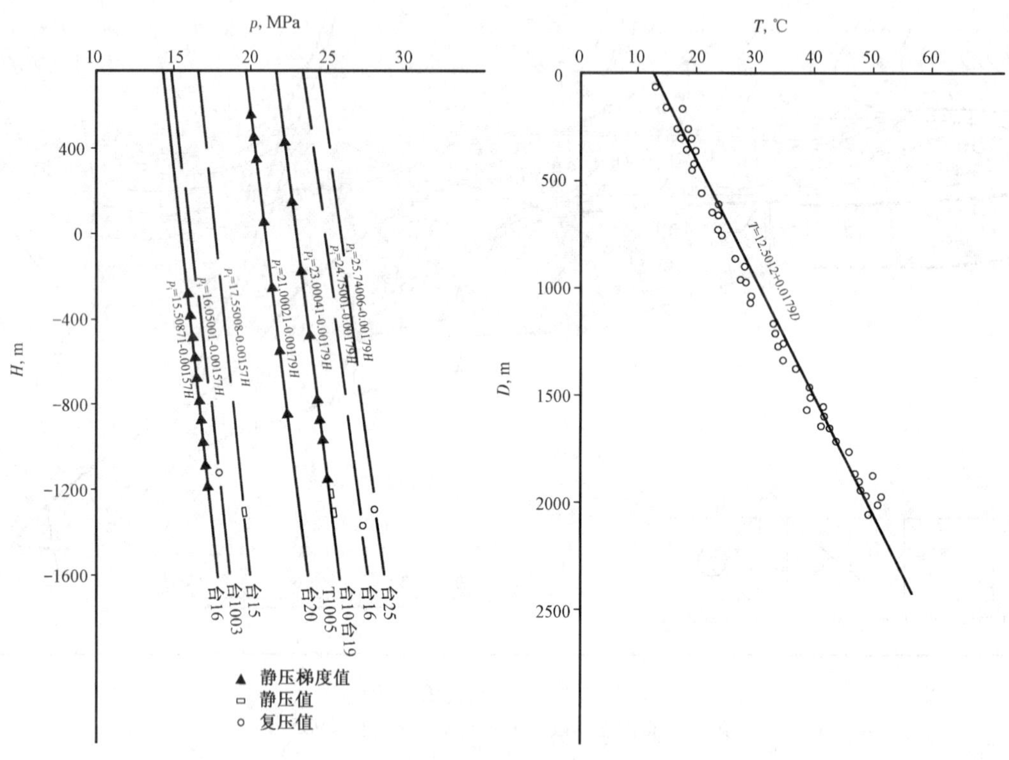

图 1–2　三台油田齐古组气藏压力梯度、温度梯度曲线图
（新疆石油管理局勘探开发研究院编制，1994 年）

齐古组油藏：分布在台 3、台 6、台 20、台 13 井区，从油藏特点及流体性质来看，各井区虽有差异，但都属于压力偏高、中等饱和程度的普通稠油油藏，详细统计资料见表 1−1 至表 1−3。

表 1−1　三台油田齐古组油藏性质参数表

井区名称	中部深度 m	中部海拔 m	地层压力 MPa	压力系数	油水界面 / 油气界面 m	地层温度 ℃	地温梯度 ℃ /100m	驱动类型
台 3 井	1978	−1215	31.21	1.58	—	49.75	2.05	弹性、溶解气
台 6 井	2108	−1382	—	—	—	—	—	弹性、溶解气
台 20 井	1969	−1255	28.83	1.46	—	49.56	2.05	弹性、溶解气
台 13	2331	−1475	31.99	1.37	—	58.61	2.11	弹性、溶解气

注：依据三台油田各区块历年探明储量报告编制。

表 1–2　三台油田齐古组油藏地层流体性质参数表

井区名称	PVT样品数个	饱和压力MPa	地饱压差MPa	饱和程度%	地层原油密度g/cm³	地层原油黏度mPa·s	溶解气油比m³/m³	体积系数	压缩系数$10^{-4}MPa^{-1}$
台 3 井	1	14.54	16.67	46.59	0.879	197.25	42	1.091	11.57
台 20		14.88	13.95	51.61	0.877	185.06	43	1.095	11.30
台 13	1	18.10	13.89	56.58	0.844	25.92	47	1.112	8.49

注：依据三台油田各区块历年探明储量报告编制。

表 1–3　三台油田齐古组油藏地面流体性质参数表

井区名称	原　油					初馏点℃	溶解气		地层水		
	密度g/cm³	50℃黏度mPa·s	含蜡量%	含硫量%	凝固点℃		相对密度	甲烷%	Cl^- mg/L	矿化度mg/L	地层水型
台 3	0.934	3194.88	3.73	—	14	218	0.58	95.21	4975.83	8684.1	$CaCl_2$
台 6	0.942	2930	2.14	—	13	201.5	—	—	—	—	—
台 20	0.937	1982.84	2.98	—	15	189	0.559	96.21	4111.48	7079.6	$CaCl_2$
台 13	0.903	208.87	2.85	—	−2.9	156	0.583	93.99	2339.9	4487.9	$NaHCO_3$

注：依据三台油田各区块历年探明储量报告编制。

八道湾组油藏：分布在台 13、台 14 井区，从油藏特点及流体性质来看，两个井区差异不大，都属于高压、中等饱和程度的普通稠油油藏，详细统计资料见表 1–4 至表 1–6。

表 1–4　三台油田八道湾组油藏性质参数表

井区名称	中部深度m	中部海拔m	地层压力MPa	压力系数	油气界面m	地层温度℃	地温梯度℃ /100m	驱动类型
台 13	2691	−1836	47.70	1.77	−2119.5	68.29	0.219	弹性、溶解气
台 14	2556	−1700	41.00	1.60	—	65.34	0.219	弹性、溶解气

注：依据三台油田各区块历年探明储量报告编制。

表 1–5　三台油田八道湾组油藏地层流体性质参数表

井区名称	PVT样品数个	饱和压力MPa	地饱压差MPa	饱和程度%	地层原油密度g/cm³	地层原油黏度mPa·s	溶解气油比m³/m³	体积系数	压缩系数$10^{-4}MPa^{-1}$
台 13	—	21.71	25.99	45.50	未取得				
台 14	—	23.71	17.29	57.83	未取得				

注：依据三台油田各区块历年探明储量报告编制。

表 1–6 三台油田八道湾组油藏地面流体性质参数表

井区名称	原油						溶解气		地层水		
	密度 g/cm³	50℃黏度 mPa·s	含蜡量 %	含硫量 %	凝固点 ℃	初馏点 ℃	相对密度	甲烷 %	Cl^- mg/L	矿化度 mg/L	地层水型
台 13	0.896	141.67	4.15	—	11.6	159	0.6	93.2	6283.1	13114.5	$NaHCO_3$
台 14	0.901	145.14	3.48	—	11.3	143	0.609	93.3	4579.3	9645.18	$NaHCO_3$

注：依据三台油田各区块历年探明储量报告编制。

克拉玛依组油藏：分布在台 21、台 27A、台 001 井区，从油藏特点及流体性质来看，各井区有一定差异，但都属于高压、低饱和程度的常规黑油油藏，详细统计资料见表 1–7 至表 1–9。

表 1–7 三台油田克拉玛依组油藏性质参数表

井区名称	中部深度 m	中部海拔 m	地层压力 MPa	压力系数	油水界面 m	地层温度 ℃	地温梯度 ℃/100m	驱动类型
台 21	2705	−1965	40.34	1.49	—	69.54	2.23	弹性、溶解气
台 27A	2771	−2032	47.61	1.72	−2183	71.04	2.23	弹性、溶解气
台 001	2910	−2170	48.81	1.68	−2157	74.11	2.23	弹性、溶解气

注：依据三台油田各区块历年探明储量报告编制。

表 1–8 三台油田克拉玛依组油藏地层流体性质参数表

井区名称	PVT 样品数 个	饱和压力 MPa	地饱压差 MPa	饱和程度 %	地层原油密度 g/cm³	地层原油黏度 mPa·s	溶解气油比 m³/m³	体积系数	压缩系数 $10^{-4}MPa^{-1}$
台 21	1	9.54	30.80	23.60	0.819	5.23	31	1.069	11.26
台 27A	1	7.36	40.25	15.46	0.866	8.53	32	1.079	9.87
台 001		8.52	40.29	17.46	0.867	—	37	1.091	11.43

注：依据三台油田各区块历年探明储量报告编制。

表 1–9 三台油田克拉玛依组油藏地面流体性质参数表

井区名称	原油						溶解气		地层水		
	密度 g/cm³	50℃黏度 mPa·s	含蜡量 %	含硫量 %	凝固点 ℃	初馏点 ℃	相对密度	甲烷 %	Cl^- mg/L	矿化度 mg/L	地层水型
台 21	0.889	361.19	6.84	—	21	148	0.684	83.6	7878	17984	$NaHCO_3$
台 27A	0.877	50.82	7.33	0.18	22	129	0.689	81.3	4802	11038	$NaHCO_3$
台 001	0.881	60.92	6.29	—	23	161	—	—	6281	11618	$NaHCO_3$

注：依据三台油田各区块历年探明储量报告编制。

二、东泉堤隆区

20 世纪 50 年代，准噶尔盆地覆盖区的重磁力普查，确定了北三台凸起，同时钻探井 3 口，证实为古生代隆起的“秃顶”构造。1984 年二维地震概查确定了北三台凸起向南延伸与三台凸起衔接的东泉堤隆以及其上的西地一号、西地二号背斜，经北 4、北 5 井钻探证实，西地一号背斜为二叠—三叠系的含油构造。1986 年北 10 井的钻探查清了侏罗系在堤隆区为底超上削的南倾单斜，北 10 井区侏罗系头屯河组油藏为岩性控制的普通稠油油藏。

北 4、北 5、北 10 等预探井的钻探，实钻地层自上而下为第四系（Q），新近系（N），古近系（E），上侏罗统齐古组（J_3q）（北 10 井区北部已被剥蚀殆尽），中侏罗统头屯河组（J_2t），中三叠统克拉玛依组（T_2k），下三叠统烧房沟组（T_1s）、韭菜园子组（T_1j），上二叠统梧桐沟组（P_3wt），中二叠统平地泉组（P_2p）和石炭系（C）。同时证实，中侏罗统头屯河组和上二叠统梧桐沟组为含油储层，经细分对比，头屯河组自上而下分为头一段（J_2t_1）和头二段（J_2t_2）两个砂层组，含油层段主要集中在头一段。梧桐沟组自下而上分为梧一段（P_3wt_1）和梧二段（P_3wt_2），油层主要发育在梧一段底部。

头屯河组储层，分布在北 10 井区，厚约 10 ～ 38m；岩性主要为细粒长石岩屑砂岩，少量中粒岩屑长石砂岩及含砾砂岩，颗粒呈棱角状—次棱角状，部分次圆状，分选中等—较好；填隙物多为泥质，含量 8% ～ 13%，黏土矿物多以蒙皂石为主，平均相对含量达 77%，属于强水敏性；储集空间类型主要为粒间溶孔、原生粒间孔，次为粒内孔、晶间孔、粒缘缝等，局部见纵向上延伸不长的裂缝；储层物性分析结果表明，孔隙度为 19% ～ 27%，平均为 24%，渗透率为 0.11 ～ 333.19mD，平均为 56mD，为中孔中渗孔隙性储层。

梧桐沟组储层，主要分布在北 4、北 5 井区，为曲流河相沉积，砂层呈透镜状，含油砂体厚度为 3.8 ～ 15.2m；储层岩性主要为中、细砂岩，颗粒成分主要为岩屑，其次为长石，颗粒一般为次棱角状，分选中等—较好；填隙物多为泥质，含量 4% ～ 6%，胶结致密。储层中黏土矿物以蒙皂石为主，平均相对含量达 73.5%，次为高岭石和绿泥石，相对含量分别为 18.7%、7.0%；储集空间类型主要为粒间溶孔、粒间孔，次为粒内溶孔、晶间溶孔、粒缘缝等。储层物性分析结果，孔隙度为 16.64% ～ 28.36%，平均为 20.95%，渗透率为 0.86 ～ 95mD，平均为 7.47mD，属中孔低渗孔隙性储层。

北 10 井区头屯河组油藏：油藏中部深度 1959m，油藏中部海拔平均 −1281m，地层压力 31.75MPa，压力系数为 1.54，油层温度为 50.2℃，地温梯度 2.4℃ /100m，驱动类型主要为弹性—溶解气驱动。据 B001 井 PVT 资料，饱和压力 11.4MPa，饱和程度 37.67%，属低饱和程度油藏，地层原油密度为 0.91g/cm^3，黏度为 204.62mPa · s，饱和压力下原油黏度为 85.0mPa · s，单次分泌原始气油比为 27.69m^3/t。单次分泌饱和压力下的体积系数为 1.033，地层压力下的体积系数为 1.0068，原油压缩系数为 12.48×10^{-4}MPa^{-1}。地面脱气原油密度为 0.92g/cm^3，50.2℃黏度为 591.11mPa · s。平面上原油密度东稀西稠。原油含蜡量 0.6% ～ 5.5%，凝固点 −8.5 ～ 17℃；溶解气甲烷含量高，为 97.07% ～ 98.98%，平均为 98.03%；在含油面积内未见水。

北 4 井区梧桐沟组油藏：受构造及岩性双重因素控制，属于构造—岩性圈闭油藏。油藏中部深度 2566m，油藏中部海拔 −1932m，边水不活跃。地层压力 31.46MPa，压力系数 1.23，地层温度为 72℃，地温梯度为 2.85℃ /100m，饱和压力 3.0MPa，地饱压差 28.46MPa，饱和程度 10%，属低饱和程度油藏，驱动类型主要为弹性驱动。据 5 口井 15 个地面原油资料分析：原油密度平均为 0.893g/cm^3，50℃黏度为 101mPa · s，含蜡量平均 8.73%，凝固点平均 24℃。3 口井 3 个溶解气样品分析：相对密度平均 0.632，甲烷占 87.74%。地层水为氯化钙型，矿化度为 12570mg/L，氯离子含量 7368mg/L。

第二节　油气储量

一、三台断块区

20 世纪 50 年代初，地质部 631 地质大队和地调处在三台南部露头区进行地面地质调查和填图，查清了出露的地层构造和阜康断裂带的位置；北部覆盖区进行了重磁力调查，发现了三台潜伏构造。

1984 年，恢复了三台地区的勘探工作，地调处对三台地区进行了二维地震勘探，测网密度达 0.5km×1km，经解释发现了侏罗系 Jt_2 和 Jt_3 反射层为一断背斜，并在构造高点部署了台 3 预探井。该井由新疆石油管理局钻井公司（以下简称钻井公司）32830 钻井队承钻，队长舒大财，技术员常发。台 3 井于 1986 年 3 月 3 日开钻，同年 7 月 6 日完钻，完钻井深 2517.66m，井底层位为侏罗系八道湾组。钻井过程中于 1986 年 6 月 21 日在侏罗系八道湾组 2429.47 ~ 2450.54m 井段中途测试时获得了 21.58t/d 的工业油流，由此发现了三台断块区的八道湾组油藏。

与台 3 井同时部署在断背斜高点东西侧的台 5、台 10 井亦相继开钻，台 5 井于 1987 年 9 月 5 日开钻，1988 年 1 月 20 日完钻，完钻井深 2435m，井底层位为三叠系小泉沟群。该井在侏罗系头屯河组、齐古组试油结果均为含油层。台 10 井由钻井公司 32827 钻井队承钻，队长吕经平，技术员齐国忠，于 1987 年 1 月 6 日开钻，同年 3 月 5 日，钻至齐古组 1985m 井喷，发生火灾、垮塌卡钻报废。1987 年 5 月 24 日，由原井场向东南移动 85m 重新钻台 10 井，于同年 9 月 6 日完钻，完钻井深 2584.5m，井底层位为侏罗系八道湾组。钻井过程中，于 8 月 1—6 日，在 2003 ~ 1996.8m 井段进行中途测试，4mm 油嘴，日产气 $3.59\times10^4m^3$，由此发现齐古组气藏；台 10 井完井后，于 1988 年 4 月 30 日至 7 月 10 日，对 2046 ~ 2032m、1991 ~ 1983m 井段试气，分别获日产气量 $6.05\times10^4m^3$、$4.53\times10^4m^3$。继台 10 井之后，又在台 16、台 19、台 20 和台 25 等井的齐古组试气均获得了工业气流，为探明齐古组气藏奠定了基础。

位于高点西南侧的台 6 井由新疆石油管局准东钻井公司 4568 钻井队承钻，队长郭竹南，技术员陈玲、齐光。台 6 井于 1987 年 6 月 9 日开钻，同年 10 月 8 日完钻，完钻井深 2500m，井底层位为侏罗系八道湾组。1987 年 8 月 5 日钻至齐古组 2061.0 ~ 2065.2m 井段中途测试，4.76mm 油嘴，获日产油 3.66t，由此发现了台 3 井断背斜的齐古组油藏。后在台 3、台 20 等井齐古组试油均获得工业油流。

跨入南部山区的地震剖面显示，阜康断裂带下盘有局部隆起存在，于是部署了台 13 井，该井由钻井公司 32844 钻井队承钻，队长何吉友，技术员罗向阳。该井于 1987 年 8 月 28 日开钻，1988 年 5 月 2 日完钻，完钻井深 2644m，井底层位为侏罗系八道湾组。1987 年 11 月 24 日钻至齐古组井深 2250.35m 时，见油气侵，其后钻至井深 2273.78m 共发生 4 次后效显示。同年 12 月 7 日对齐古组井段 1779.53 ~ 2273.78m 裸眼测试，6.35mm 油嘴，日产油 37.7t，从而发现了台 13 井断块齐古组油藏。1988 年 4 月 10 日钻至八道湾组井深 2603m 发生强烈油气侵，压井后取心，岩心中有油味，见气泡，后提钻过程中发生井喷，放喷喷程高达 46m，喷出钻井液和天然气，完井后于 1988 年 6 月 7 日对八道湾组井段 2602.3 ~ 2622.0m 试油，10.1mm 油嘴，日产油 72.2t，天然气 $19.31\times10^4m^3$。从而又发现了台 13 井断块八道湾组油气藏。

1988 年，在三台断块区的中心位置部署了台 21 井，该井由钻井公司 32830 钻井队承钻，队长毛前发，技术员许绍南。台 21 井于 1988 年 7 月 28 日开钻，同年 10 月 30 日完钻，完钻井深 2633.5m，井底层位为三叠系克拉玛依组。完井后于 1988 年 12 月 10 自至 1989 年 5 月 9 日对克拉玛依组 2589 ~ 2598m 井段试油，经压裂改造，2.5mm 油嘴，日产油 7.5t，天然气 $341m^3$，从而发现了三叠系克拉玛依组油藏。

截至 2005 年底，三台断块区取得测网密度为 1.5km×1.0km 的二维地震资料 768km，面元 50m×50m 三维地震 $556km^2$。完钻探井 52 口，开发井 31 口，其中取心井 43 口，取心进尺 756.89m，岩心实长 674.36m，收获率 89.1%。累计探明含油面积 $26.5km^2$，含气面积 $12.9km^2$，探明原油地质储量 2142.15×10^4t，可采储量 447.4×10^4t；探明溶解气地质储量 $11.9\times10^8m^3$，可采储量 $2.63\times10^8m^3$；探明气层气地质储量 $27.35\times10^8m^3$，可采储量 $16.25\times10^8m^3$。三台油田三台断块区提交各级石油、天然气储量见表 1-10 至表 1-13。

表 1-10　三台油田三台断块区历年探明石油储量数据表

时间	区 块	层位	储量类别	含油面积 km²	石油		溶解气		备注
					地质储量 10^4t	可采储量 10^4t	地质储量 10^8m^3	可采储量 10^8m^3	
1989 年	台 13 井断块	J_3q	Ⅲ	2.2	143.22	25.7	0.94	0.17	新增
1993 年	台 3 井断块	J_3q	Ⅲ	2.6	344.35	68.8	0.96	0.19	新增
1993 年	台 3 井断块	T_2k	Ⅲ	7.5	791.30	142.6	3.22	0.58	新增
1993 年	台 6 井区块	J_3q	Ⅲ	0.6	90.12	18.0	0.25	0.05	新增
1993 年	台 20 井区块	J_3q	Ⅲ	1.9	172.08	34.4	0.48	0.10	新增
1995 年	台 13 井断块	J_1b	Ⅱ	4.6	151. 68	45.6	1.32	0.39	新增
1997 年	台 14 井断块	J_1b	Ⅱ	7.1	449.40	112.3	4.73	1.15	新增
合　计				26.5	2142.15	447.4	11.9	2.63	

注：依据三台油田各区块历年探明储量报告编制。

表 1-11　三台油田三台断块区历年探明石油储量参数表

区 块	层位	含油面积 km²	有效厚度 m	有效孔隙度 %	含油饱和度 %	原油体积系数	溶解气油比 m³/m³	地面原油密度 g/cm³	地质储量		
									石油		溶解气 10^8m^3
									10^4m^3	10^4t	
台 3 井断块	T_2k	7.50	11.9	20.0	55.0	1.098	36	0.885	894.12	791.30	3.22
	J_3q	2.60	9.9	23.0	64.0	1.020	26	0.927	371.47	344.35	0.96
台 6 井区块	J_3q	0.60	9.2	26.0	68.0	1.019	26	0.941	95.77	90.12	0.25
台 20 井区块	J_3q	1.90	5.8	25.0	68.0	1.019	26	0.936	183.85	172.08	0.48
台 13 井断块	J_3q	2.20	5.8	22.0	64.0	1.134	60	0.904	158.43	143.22	0.94
	J_1b	4.60	4.4	17.0	60.0	1.210	77	0.889	170.62	151.68	1.32
台 14 井断块	J_1b	7.10	7.7	20.0	60.0	1.308	92	0.896	501.56	449.40	4.73

注：依据三台油田各区块历年探明储量报告编制。

表 1-12　三台油田历年探明天然气储量数据表

时间	区 块	层位	储量类别	含气面积 km²	地质储量 10^8m^3	可采储量 10^8m^3	备注
1994 年	台 10 井区块	J_3q	Ⅱ	5.2	16.32	9.79	复算
1994 年	台 16 井区块	J_3q	Ⅱ	4.5	7.46	4.48	复算
1994 年	台 19 井区块	J_3q	Ⅱ	1.9	1.35	0.81	复算
1994 年	台 25 井区块	J_3q	Ⅱ	1.2	1.84	0.92	复算
1995 年	台 13 井断块	J_1b	Ⅱ	0.1	0.38	0.25	新增
合 计				12.9	27.35	16.25	

注：依据三台油田各区块历年探明储量报告编制。

表 1-13　三台油田三台断块区探明天然气储量参数表

区 块	层位	含气面积 km^2	有效厚度 m	有效孔隙度 %	含气饱和度 %	气层压力 MPa	气层温度 ℃	偏差系数	地质储量 10^8m^3
台 10 井区块	J_3q	5.2	9.3	22.3	59	25	48	0.884	16.32
台 16 井区块	J_3q	4.5	6.2	22.5	55	20.7	48	0.86	7.46
台 19 井区块	J_3q	1.9	1.8	26.9	57	24.75	44	0.878	1.35
台 25 井区块	J_3q	1.2	5	20.3	55	27.92	50	0.913	1.84
台 13 井断块	J_1b	0.1	6.3	19	73	17.02	71.9	0.92	0.38

注：依据三台油田各区块历年探明储量报告编制。

二、东泉堤隆区

20 世纪 50 年代，地调处进行了准噶尔盆地覆盖区的重磁力普查，发现了北三台凸起潜伏构造，经 3 口探井证实为古生代隆起的“秃顶”构造。

1984 年，恢复了北三台地区的勘探工作，地调处对东泉地区进行二维地震勘探，测网密度达 0.5km × 1km，经解释确定了北三台凸起向南延伸与三台凸起衔接的东泉堤隆以及其上的西地一号、西地二号背斜。1984 年初首先在东泉堤隆西地一号背斜钻探北 4 井。该井由钻井公司 4541 钻井队承钻，队长丁玉春，技术员石贵成。北 4 井于 1984 年 3 月开钻，同年 4 月完钻，完钻井深 2369.52m，井底层位为三叠系。完井后在下三叠统井深 2066.6 ~ 2178.6m 井段试油，经抽汲产油 4.1t/d，为北三台凸起南斜坡的第一个工业出油点。随后在该井东南 500m 处部署了北 5 井，该井由钻井公司 4541 钻井队承钻，队长孟平，技术员石贵成。于 1984 年 6 月 7 日开钻，1984 年 10 月 25 日完钻，完钻井深 3500.81m，井底层位为石炭系。同年 10 月在二叠系梧桐沟组井段 2501 ~ 2515m 试油，压裂改造后抽汲，日产油 7.3t，发现了梧桐沟组油藏。为控制已发现油藏的范围，在北 5 井以南又部署了北 10 井，该井由钻井公司 32838 钻井队承钻，队长毛前发，技术员杜晓旭。北 10 井于 1986 年 3 月 17 日开钻，同年 6 月 30 日完钻，完钻井深 2860m，井底层位为二叠系梧桐沟组。钻井过程中在侏罗系头屯河组见 3 次油气侵，并在头屯河组取心，岩心中含油。完井后在头屯河组井深 2005.0 ~ 2027.5m 试油，无油嘴自喷日产油 1.23t，累计产油 5.08t，从而发现了北 10 井区头屯河组油藏。

截至 2005 年底，东泉堤隆区取得测网密度为 1.5km × 1.0km 的二维地震资料 291km，面元 25m × 25m 三维地震 7.65km^2。完钻探井 25 口，开发井 8 口，其中取心井 13 口，取心进尺 437.61m，岩心实长 403.14m，收获率 92.1%，探明含油面积 5.8km^2，探明原油地质储量 449 × 10^4t，可采储量 64.4 × 10^4t；探明溶解气地质储量 1.28 × 10^8m^3，可采储量 0.19 × 10^8m^3。东泉堤隆提交各级石油储量见表 1-14 和表 1-15。

表 1-14　三台油田东泉堤隆区年探明石油储量数据表

时间	区 块	层位	储量类别	含油面积 km^2	石油		溶解气		备注
					地质储量 10^4t	可采储量 10^4t	地质储量 10^8m^3	可采储量 10^8m^3	
1989 年	北 10 井区块	J_2t	Ⅲ	2.1	299	41.9	0.84	0.12	新增
1998 年	北 4 井区块	P_3wt	Ⅲ	3.7	150	22.5	0.44	0.07	新增
合 计				5.8	449	64.4	1.28	0.19	

注：依据三台油田北 10 井区、北 4 井区探明储量报告编制。

表 1–15　三台油田东泉堤隆区石油探明地质储量参数表

区 块	层位	含油面积 km^2	有效厚度 m	有效孔隙度 %	含油饱和度 %	原油体积系数	溶解气油比 m^3/m^3	地面原油密度 g/cm^3	地质储量		
									石油		溶解气 10^8m^3
									10^4m^3	10^4t	
北 10 井区块	J_2t	2.1	9.5	24	68	1.007	26	0.924	324.00	299.00	0.84
北 4 井区块	P_3wt	3.7	4.4	20.0	52.0	1.006	26	0.893	168.30	150.29	0.44

注：依据三台油田北 10 井区、北 4 井区探明储量报告编制。

第二章

油田开发

三台油田所在构造位置南靠博格达山前凹陷，北接北三台凸起，东邻吉木萨尔凹陷，西与阜康凹陷过渡。油藏的控制因素较为复杂，地面多为山地，地形条件复杂，钻井成本偏高，且所钻探井、评价井产量较低，故三台油田未全面投入开发，只对北10井区头屯河组油藏、台3井断块齐古组气藏进行开发，并对台13井区进行了长期试采，详细情况见表2–1。

表2–1　三台油田各开采单元开发概况表

开采单元	发现时间	投入开发（试采）时间	累计动用			2005年产油（气）10^4t（10^8m^3）	累计产油（气）10^4t（10^8m^3）	采油（气）速度%	采出程度%	综合含水%	气油比m^3/t
			含油（气）面积km^2	地质储量油（气）10^4t（$10^8 m^3$）	可采储量油（气）10^4t（$10^8 m^3$）						
北10井区块	1986年6月	1988年3月	1.1	157	22	0.2160	5.9886	0.2	3.89	10.5	54
台13井断块	1987年8月	1988年9月	—	—	—	1.4691	13.5853	—	—	—	—
其 他	1984年4月	1988年11月	—	—	—	0.8805	4.8154	—	—	—	—
合 计	—	—	1.1	157	22	2.5656	24.3893	1.63	15.53	43.0	54
台3井断块齐古组气藏	1987年9月	1991年2月	10.7	(26.97)	(16.00)	(0.1590)	(3.7929)	(0.5)	13.3	3.2	—

注：依据新疆油田分公司中心数据库数据资料编制。

第一节　各油气藏开发情况

北10井区头屯河组油藏：该油藏于1986年6月发现，为中深层稠油油藏（原油密度平均为0.926g/cm³，50℃时黏度平均为1312.3mPa · s）。为进一步了解台3—北10井区侏罗系的含油情况及解决东部中深层稠油开发工艺上的难题，1987年12月，由新疆石油管理局勘探开发研究院（以下简称勘探开发研究院）开发室关维东、杨瑞麒编写了《台3—北10井区侏罗系油藏开发试验井组布井意见及实施要求》，其中北10井区采用400m井距五点法井网，采注井距283m，共一个井组布井5口，其中老井1口（北29井）、布新井4口（B001、B002、B003、B004井，B001已完钻试采），平均井深2050m，钻井进尺0.615×10⁴m。设计采用先期防砂和射孔两种工艺完井，大泵冷抽开采。B002、B004井下7in油层套管射孔完井，B003井先期防砂完井，油层套管下至主力砂层顶部，固井后下12in扩径钻头钻穿主力砂层，下5in绕筛管，砾岩填充。方案于1988年3月开始实施，先后完钻B001、B002两口井，B004未钻。B003于3月29日开钻，6月7日完井，在完井的过程中因油层套管串中下入的三个标节壁厚不一致，填砂工具无法下到要求井深，后决定该井不先期防砂，改下衬管完井。投产后在

1920 ～ 1973m 井段试油，4mm 油嘴，日产油 11.82t，日产气 359m^3。B002 井同年 6 月 17 日开钻，8 月 15 日先期防砂完井，5in 绕筛管下至 1914.69 ～ 2046.99m，砾石充填。投产后试油 4mm 油嘴日产油 7.32t。

方案编制前完钻的 B001 井也是 5in 绕丝筛管先期防砂完井，1987 年 7 月 25 日开钻，9 月 13 日完井。筛管缝宽 0.3 ～ 0.4mm，管外充填粒径 0.8 ～ 1.2mm 石英砂 7.1m^3。筛管井段为 1882.73 ～ 1978.81m。早期 6mm 油嘴开井试产，日产油 4.95m^3（4.57t），后用 6mm、9mm 及无嘴试产，产量增加不明显。又用 6mm 油嘴连续自喷试采 18 天，日产油 2.0 ～ 2.5m^3（1.85 ～ 2.31t）。以后又采取抽油机抽油、下泵掺稀冷抽、自溢、自喷等措施，均证明这些措施的效果很不理想。后来又采取掺 80℃柴油及下大泵抽等措施，效果也不佳，每天产油量一直维持在 1.0 ～ 2.0t 之间。试验结果与套管完井相比，没有显示先期防砂完井的优越性，没有较大幅度提高单井产油量。历年来在北 10 井区含油面积范围内共完钻各类井 12 口（其中试验井 4 口，探井 8 口），截至 2005 年底，开井 4 口，当年产油 0.22×10^4t，累计产油量 5.99×10^4t。

台 13 井断块齐古组油藏：该油藏没有进行系统的开发，只对具备条件的探井、评价井进行长期试采。油藏发现井为台 13 井。1988 年 9 月 11 日至 1989 年 2 月 23 日，对齐古组井段 2247 ～ 2267m 试采，4mm 油嘴，日产油 11.18t，日产气 817m^3。随后台 14、台 32、台 37、台 39、台 003 井均在齐古组试油获得成功。截至 2005 年底，长期试采井 6 口，当年产油 1.47×10^4t，累计产油量 13.59×10^4t。

台 3 井断块齐古组气藏：包括台 10 井、台 16 井、台 19 井和台 25 井 4 个井区，气藏发现井为 1987 年完井的台 10 井。继台 10 井之后，又在台 16 井、台 19 井、台 20 井和台 25 井等的齐谷组试气获得工业气流。1991 年 2 月，由勘探开发研究院开发室李一峰等人编写了《准东油（气）区台 3 井断块齐古组气藏开发布井意见及取资料要求》，采用三角形井网，井距 800m，设计井数 14 口，利用老井 7 口，新钻井 7 口，设计平均井深 2090m，钻井进尺 1.463×10^4m。该方案于 1992 年 4 月实施完毕，新钻井 6 口，2004 年对台 002 井齐古组恢复试油获得日产气 3×10^4m^3。截至 2005 年底，共有采气井 7 口，开井 6 口。平均日产气 4.9×10^4m^3，当年产气 0.16×10^8m^3，累计产气量 3.79×10^8m^3。

第二节　开发现状

截至 2005 年 12 月，油气井总数 19 口。其中采油井 12 口，开井 10 口，日产油 67t，当年产油 2.56×10^4t，采油速度 1.63%，累计产油 24.39×10^4t，采出程度 15.53%，综合含水 43.0%；采气井数 7 口气，开井 6 口，平均日产气 4.9×10^4m^3，当年产气 0.16×10^8m^3，累计产气量 3.79×10^8m^3。

第三章

钻采工程及地面生产系统

第一节　钻井完井工程

1987 年开始，陆续开发了台 3 断块齐古组气藏、北 10 井区头屯河组油藏等区块。至 2005 年底，共钻井 128 口，进尺 36 万余米。

三台油田属山前构造带，侏罗系齐古组由于压力剖面相对简单，钻井难度不大。但八道湾以下油藏，地层压力高，油气水活跃，断层发育。前期由于技术套管未能将八道湾组以上低压易漏地层封固，钻井过程中复杂事故频繁发生，钻井周期长，低压井区油气藏污染严重。1987 年后，经调整井身结构设计，试验、推广应用 DC 指数随钻压力监测技术，并按监测资料及时调整钻井液密度值，推广应用钾基防塌钻井液，减少了井下复杂情况，提高了钻井速度。

台 3 断块齐古组气藏开发过程中，认真吸取台 10 井井喷失控着火事故的教训，严格按设计要求，安装、管理、使用好井控装置，强化井控管理工作，认真落实标准化安装、座岗液面监测、防喷演习、持证上岗等关键环节，杜绝了井喷失控事故的发生。

北 10 井区稠油开发过程中，曾试验砾石充填先期防砂筛管完井、衬管完井、射孔完井三种完井方式，开发效果无明显区别。所完成的 13 口井中，砾石充填先期防砂筛管完成井由于工艺复杂、成本高，只试验一口井，其余井 5 口为衬管完成，7 口为射孔完成。

第二节　采油工程

三台油田包括北 10 井区稠油油藏、台 3 井区齐古组气藏和台 13 井区稀油油藏等油气藏，油气藏类型不同，开采工艺各具特色。

一、北 10 井区稠油开采

北 10 井区稠油油藏埋深在 2000m 左右，原油密度 0.922g/cm^3，50℃时原油黏度为 400 ~ 2200mPa · s。1991 年全区投入开发，至 1992 年共投产油井 13 口，其中筛管完井 1 口，衬管完井 5 口，套管射孔完井 7 口。1992 年底以前，多数井自喷采油，采用 3.5 ~ 4.5mm 油嘴生产，少数井（约占 1/3）井筒捞油，产量都很低（表 3–1）。

为了有效开采北10稠油油藏，1993—1994年进行了掺稀降黏、井下电缆加热、安装螺杆泵等开采实验。1993年5月在B010井进行抽油加掺稀实验，日挤0#柴油1.5m^3，可日产油6.2t，累计挤柴油54.5m^3，产油875t；同年还在B008和B012进行了螺杆泵采油实验，日产量仅1.1t和0.5t，螺杆泵不能解决稠油生产。

加热降黏是开采稠油有效的方法，1993 年在 B002 井进行了电缆加热工艺实验，井下加热电缆自空心抽油杆下至 1002m，ϕ 44mm 管式泵泵挂 1491m，累计生产 14h 后因抽油负荷大跳闸。1994 年 9 月

表 3–1　北 10 稠油油藏单井产量表

井号	投产时间	初期			目前（2005 年 12 月）				备注
		油嘴 mm	日产油 t	日产水 m^3	油嘴 mm	日产油 t	日产水 m^3	累计采油 t	
B001	1991 年 3 月	捞油	0.5	0	捞油	0.6	0	419	筛管，非井网井
B002	1991 年 4 月	4.5	3.0	0	—	计关	—	2407	衬管
B003	1991 年 5 月	4.0	7.2	0	停抽自溢	2.5	0	12863	衬管
B005	2001 年 3 月	捞油	0.2	0	捞油	0.1	0	97	射孔，非井网井
B007	1992 年 3 月	4.5	3.9	0	—	计关	—	772	衬管
B008	1991 年 6 月	3.5	5.7	0	螺杆泵	1.1	0	11423	射孔
B009	1992 年 8 月	4.5	2.3	0	停抽自溢	0.7	0	5807	射孔
B010	1991 年 12 月	4.5	6.4	0	停抽自溢	0.8	0	6139	衬管
B012	1991 年 6 月	无	1.0	0	螺杆泵，停抽自溢	0.5	0	3420	射孔
北 4A	1995 年 6 月	无	1.4	0	无	0.9	0	2156	射孔，非井网井
北 29	1991 年 3 月	捞油	0.1	0	捞油	0.1	0	93	射孔，非井网井
北 57	1991 年 3 月	捞油	0.1	0	捞油	0.1	0	77	射孔，非井网井
北 64	1991 年 4 月	4.5	6.5	0	停抽自溢	1.4	0	11942	衬管

注：依据新疆油田分公司准东采油厂采油地质月报资料编制，2008 年 8 月。

换为 ϕ44mm 流线型泵，泵挂提至 975m，加 38mm 加重杆 8 根，启抽 1 天后不出停抽。

2004 年在 B009 井（停抽自溢）油管内下入加热电缆 1000m，试验前日产水平 0.9t，试验期间，加热温度可保持在 30 ~ 53℃左右，试油井呈间喷状态，喷时日产油 2.6t。同年在北 64 井（停抽自溢）油管内下入加热电缆 1600m 进行自喷采油，下入后加热 47 ~ 60℃仍不出。

针对北 10 井区抽油井井筒液面较高，部分井自溢生产，2005 年先后对 6 口井进行了 18 井次氮气气举采油，有效 13 井次，每次氮气用量 400 ~ 3000m^3，举出液体 8m^3 左右，累计产油 92m^3。其中北 64 井经 3 次气举诱喷后，恢复自溢生产状态。但由于安全要求严格，氮气气举成本较高，仅作为酸化后的排液手段而未作为正常的举升工艺使用。

北 10 井区井下原油黏度较高，掺稀、电缆加热、螺杆泵和氮气气举等都是在井筒做试验，但都没有取得好的效果，根据北 10 井区开采情况，若要获得比较好的效果，必须从加热油层开始。

二、台 3 井断块齐古组采气

台 3 井断块齐古组气藏原始平均地层压力 27.3MPa，压力系数 1.28 ~ 1.53，气层温度较低，平均在 50℃左右。天然气相对密度 0.562 ~ 0.573。1991 年开始，先后投产 12 口气井。正常生产过的气井仅有 7 口，最高全区日产气曾经达到 $20\times10^4m^3$。

由于对气田认识程度不够，加之生产管理经验不足，生产中出现井筒冻堵、管线结冰、井底积液、油气同出等系列问题。造成这些问题主要有以下原因：

（1）易形成水合物。由于气层温度低（48 ~ 52℃），气体流至井口的剩余温度仅为 9 ~ 12℃，温度偏低；气层压力高（27 ~ 30MPa），气体流至井口剩余压力为 10 ~ 18MPa，压力偏高，故存在井筒及地面管线冻堵现象。井底温度较高，在该压力下不会形成水合物，但当气体向井口运移时，随着温度降低，会逐渐形成水合物。要想抑制水合物形成必须节流降压，使压力低于该温度下形成水合物的压力。

（2）井筒积液。气体向地面运移过程中，由于温度、压力的改变，烃类和水从气流中凝析出来。当气量不足时油管中的气流速度不能阻止液体积聚。来自地层的液体超过被气流携带走的量，造成气井积液。

表 3－2　台 3 井断块齐古组气藏部分井携液速度表

井　号	台 16		台 19		台 20		台 25	
井口油压，MPa	5.0		12.0		5.0		5.0	
油管内径，mm	62.0	25.4	62.0	25.4	62.0	25.4	62.0	25.4
携水速度，m^3/d	44206	5256	78587	9174	44570	5319	44280	5208
携油速度，m^3/d	31317	7419	54661	13189	31694	7411	31320	7432

注：依据新疆油田分公司准东采油厂采油地质月报资料编制。

台 3 井断块齐古组气藏目前采用 62mm 油管生产，平均单井日产气 $1.93\times10^4m^3$，即保持单井日产气量在 $2\times10^4m^3$ 左右，从表 3－2 可以看出，62mm 油管生产时产气量小于携液速度所需要的气量，因此气井不能正常生产，气井积液在台 3 井断块齐古组气藏普遍存在。根据台 3 井断块齐古组气藏生产实际应推荐选用 25.4mm 油管生产较为合理，但生产上很难实现。

针对以上问题，采取了安装井下节流气嘴、井口放喷、机械抽吸、化学剂解堵等一系列措施。1993—1994 年在 4 口井井下安装节流气嘴及改变地面流程，一定程度上解决了井筒冻堵的问题，使气井在较低的温度下也能生产，但下井下节流气嘴后，测试以及井下节流气嘴以下的积液无法排除，而且气嘴打捞困难。

另外，井口放喷排液 3 井次，有效率 67%，井均累计恢复气量 $486\times10^4m^3$；机械抽吸积液井 3 井次，有效率 67%，井均累计恢复气量 $310\times10^4m^3$；化学剂解堵 1 井次，有效 1 井次，累计恢复气量 $394\times10^4m^3$，对冻堵严重的 T1006 井实施后，冻堵情况有所缓解，但使用化学剂有效期短，不能解决根本问题。

历年来，开采台 3 井齐古组气藏共实施各类措施 25 井次，有效 8 井次，有效率 33%，总增气量 $2978\times10^4m^3$，平均单井增气 $119\times10^4m^3$。

三、台 13 油藏防砂

台 13 齐古组油藏 2005 年底共有油井 16 口，其中自喷井 2 口，采用 3.5mm 油嘴生产。抽油井 14 口，抽油机主要机型为 CYJQ12－5－53HY，占 90%，冲程 1.8 ～ 5.0m，冲次 4 ～ 6 次 / min；抽油杆采用 H 级两级组合，自下而上为 ϕ 19mm 抽杆 ×65%+ϕ 22mm 抽杆 ×35%；泵型主要为 ϕ 38mm 杆式泵，占 80%。全区平均单井日产液 6.0t，日产油 3.1t，含水 40%。

台 13 油藏出砂油井较多，主要是头屯河组、齐古组油藏，曾试验过绕丝筛管、烧结筛管、割缝筛管防砂和砾石充填防砂等工艺，因三台油气田地层出砂严重（粒径由粉砂至中砂）、出砂量大且作业成本高等原因，以上各种机械防砂工艺均不适用。

在普通防砂工艺难以治理的情况下，2005 年对于台 24、台 001 和北 82 井进行了树脂砂防砂先导性试验，即在压裂施工时在泵入石英砂后期将树脂覆膜砂尾追泵入油层，树脂粘合剂交联固化后形成具有一定渗透率的挡砂屏障。该工艺在三台油田应用效果较好，3 口井压裂防砂后都不再出砂，解决了长期以来一直未解决的防砂问题。

第三节　地面生产系统

三台油田主要由台 13、北 10 和台 3 井断块齐古组气藏等油气区块组成。

台 3 井断块齐古组气藏也称马庄气田，地面工程建设及集输系统的设计和施工单位为四川石油设计院，设计规模为 $60\times10^4m^3/d$，设计最高工作压力 25MPa。

台 3 井断块齐古组气藏集气系统流程为在井场进行一级气液分离、加热、节流调压及计量，单井气进入集气站，在集气站进行二级气液分离和经加醇装置加入乙醇防冻，分离出的轻烃进入储罐，分离出的气相经调压后进入外输管线，分别输至三台电厂、北三台油田和三台油库。

台 3 井断块齐古组气藏采气系统于 1991 年投产，经过一期、二期工程建设，最高产气能力 $40\times10^4m^3/d$，先后建成了 1 号集气站（其中加醇装置因气田生产不稳定，产气量未达到处理要求，未投用）、2 号集气站、电厂配气站、三台油库配气站以及 12 口井的采气井场。所产天然气主要供三台电厂、三台油库及油田保温用气。

1994 年，由于产气量下降，三台油库停止用气，油库配气站停用。

1998 年，由于产气量已下降至 $6\times10^4m^3/d$，集气站的天然气直接输送至三台电厂。

2000 年 11 月，2 号集气站所辖 9 口气井，改为直接进入输气管线向电厂供气，2 号集气站处理装置停用。

2005 年底，气藏共有气井 10 口，正常生产井 6 口，日产气 $14\times10^4m^3$，其中供三台电厂 $10\times10^4m^3/d$，气田自用 $4\times10^4m^3/d$；集气系统的自动化监控设备因维修成本高等原因出现问题后即改为手动操作。

气藏自投产至 2005 年底，1 号集气站、2 号集气站及所辖 12 口气井的井场用电电源来自三台电厂，经油田电网提供，用水采用水罐车自电厂南水源地拉运供给。

台 13、北 10 井区未建油气集输系统，所有探井均采用井场建高台储油罐（或低产井井场直接摆放方罐，小型泵车将方罐原油泵入罐车）、汽车拉油的方式生产。

附　录

附录一　附　表

附表 1　三台油田地质参数表

区块	油藏类型	开发层位	油层深度 m	有效厚度 m	孔隙度 %	渗透率 mD	含油饱和度 %	原始地层压力 MPa	脱气原油性质				油田水性质		天然气性质	
									密度 g/cm^3	黏度（50℃）mPa·s	凝固点 ℃	含蜡量 %	水型	总矿化度 mg/L	相对密度	甲烷含量 %
北 10	断鼻—构造	J_2t	1959	9.5	24.0	56.0	68.0	31.75	0.924	591.11	50	3.0	$NaHCO_3$	14000	0.555	98.03
台 3	构造—岩性	J_3q	1950	9.9	23.0	115.0	64.0	31.5	0.934	3194.88	14	3.73	$CaCl_2$	8684.1	0.580	95.21
	构造—岩性	T_2k	2800	11.9	20.0	50.34	55.0	42.6	0.885	160.7	21.7	6.6	$CaCl_2$	15840	0.6756	82.72
台 6	构造—岩性	J_3q	1950	9.2	26.0	115.0	68.0	31.5	0.942	2930	13	2.14	$CaCl_2$	19000	—	—
台 20	构造—岩性	J_3q	1950	5.8	25.0	115.0	68.0	31.5	0.937	1982.84	15	2.98	$CaCl_2$	7079.6	0.559	96.21
台 13	构造—岩性	J_3q	2300	5.8	22.0	83.0	64.0	31.7	0.903	208.87	−2.9	2.85	$NaHCO_3$	4487.9	0.583	93.99
	构造	J_1b	2750	4.4	17.0	21.32	60.0	48.96	0.896	141.67	11.6	4.15	$NaHCO_3$	13114.5	0.600	93.2
台 14	构造—岩性	J_1b	2650	7.7	20.0	47.0	60.0	42.6	0.901	145.14	11.3	3.48	$NaHCO_3$	9645.18	0.609	93.3
北 4	构造—岩性	P_3wt	2566	4.4	20.0	7.473	52.0	31.46	0.893	101.0	24	8.73	$CaCl_2$	12570	0.632	87.74

注：依据三台油田各区块探明储量报告编制。

附表 2　三台油田综合开发数据表

年度	采油井		核实产油量			核实产液量			产气量		综合含水 %	开发储量 10^4t	可采储量 10^4t	采油速度 %	采出程度 %
	总井数 口	开井数 口	日产油 t	年产油 10^4t	累计产油 10^4t	日产液 t	年产液 10^4t	累计产液 10^4t	年产气 10^4m^3	累计产气 10^8m^3					
1991	10	8	38	0.6057	0.6057	38	0.6062	0.6062	371.0	371	0	157	22	0.39	0.39
1992	16	14	26	1.5358	2.1415	26	1.5373	2.1435	3676.1	4047	0	157	22	0.98	1.36
1993	17	13	46	1.6380	3.7795	47	1.6468	3.7903	6954.7	11002	2.6	157	22	1.04	2.41
1994	19	12	25	1.4942	5.2737	25	1.5023	5.2926	5227.4	16229	0	157	22	0.95	3.36
1995	21	14	5	1.5684	6.8421	5	1.6002	6.8928	4739.9	20969	2.2	157	22	1.00	4.36
1996	23	15	16	1.4537	8.2958	17	1.4903	8.3831	3272.7	24242	3.3	157	22	0.37	5.28
1997	22	12	44	1.5794	8.3828	44	1.5907	8.4092	3162.2	24764	0.3	157	22	1.01	5.34
1998	22	10	37	1.7856	1.01684	38	1.8185	10.2277	2571.2	27335	2.3	157	22	1.14	6.48
1999	22	10	37	1.5632	11.7316	43	1.6487	11.8764	2350.1	29685	13.6	157	22	1.00	7.47
2000	22	12	50	2.2744	14.0060	61	2.5557	14.4321	1764.6	31450	16.6	157	22	1.45	8.92
2001	22	12	49	2.4442	16.4502	49	2.7212	17.1533	1577.7	33028	0.8	157	22	1.56	10.48
2002	19	15	46	1.8564	18.3066	50	2.1231	19.2764	1247.9	34276	8.6	157	22	1.18	11.66
2003	15	11	46	1.6147	19.9213	50	1.8511	21.1275	1039.1	35315	7.5	157	22	1.03	12.69
2004	15	11	53	1.9024	21.8237	71	2.2132	23.3407	1024.9	36340	24.7	157	22	1.21	13.90
2005	19	16	67	2.5656	24.3893	118	3.6416	26.9823	1589.9	37929	43.0	157	22	1.63	15.53

注：依据新疆油田分公司中心数据库每年 12 份的开发数据编制。

附录二　人物名录

三台油田发现后由火烧山采油厂马庄采气队管理。1997 年马庄采气队改属沙南作业区，三台油田仍然由马庄采气队管理。2005 年 6 月马庄采气队又改属准东采油厂探井作业区。

队　长：

高　杰（1990年4月—1992年9月）

李金成（1992年10月—1993年9月）

谈　卫（1993年10月—1997年7月）

王　辉（1997年8月—2002年3月）

韩晓程（2002年4月—2003年3月）

肖立强（2003年4月—2005年12月）

指导员：

周来喜（1990年4月—1991年6月）

郝金贵（1991年7月—1993年10月）

何文武（1993年11月—1997年4月）

肖立强（1997年5月—2005年12月）

技术员：

王　辉（1990年4月—1997年7月）

郑小泉（1992年9月—1993年9月）

哈力克·阿布拉（1997年8月—2005年12月）

附录三　征引文献

文献名	作者	出版时间	出版社
《新疆通志·石油工业志》	《新疆通志·石油工业志》编纂委员会	1999 年	新疆人民出版社

编纂始末

2006年11月，准东采油厂在接到新疆油田分公司关于编纂《中国油气田开发志》的通知后，厂领导高度重视，立即成立了以厂党委书记吴西华为主任，厂长、副厂长、总地质师和总工程师为副主任的《三台油田志》编纂委员会，以准东采油厂所辖油田为单元分设6个编纂组。准东采油厂勘探开发研究所高级工程师谭文东任《三台油田志》编纂组组长，组织地质、工艺、地面工程等方面4人参与开发志编纂的准备工作，同时明确了责任和分工。

编纂初期，按照《中国油气田开发志》总编纂委员会推出的《大民屯油田志》作范本，根据《中国油气田开发志》新疆油气区编纂委员会的要求，明确编纂思路，开展学习培训、进行资料收集、整理。三台油田虽然开发程度不高，但区块及开发层位多，且多数区块为1998年以前发现的，因管理上经过多次改制，资料分散，在资料的收集及整理上难度很大。编纂人员加班加点共搜集、整理文字资料60余册、30余万字，图片、图表资料100余幅。2008年3月，《三台油田志》首稿初步编纂完成，报《中国油气田开发志》新疆油气区编纂委员会专家组审核。专家组老专家杨瑞麒、顾方闰等分章节给出了详细的书面审核意见。编纂人员认真贯彻落实专家组的审核意见，重新梳理编纂思路，对各章节的篇幅大小，行文格式，资料准确性进行了修改、落实。8月，《三台油田志》第二稿编纂完成。其后，专家组与编纂人员开展了多次座谈、交流沟通，五易其稿。2009年12月，通过了专家组和领导的终审和验收。

《三台油田志》为略写油田志，但编纂工作量也很大，且编纂人员主要为年轻的生产技术骨干，担负着繁忙的油田管理和科研生产工作，缺乏编制经验，编纂过程也是一个逐步学习，深入了解油田开发历史的过程。因此，编纂难度可想而知，错误和疏漏在所难免，恳请专家、同行及广大读者给予批评指正。

《三台油田志》编纂组

2009年12月

编号：07-016

沙南油田志

《沙南油田志》编纂组　编

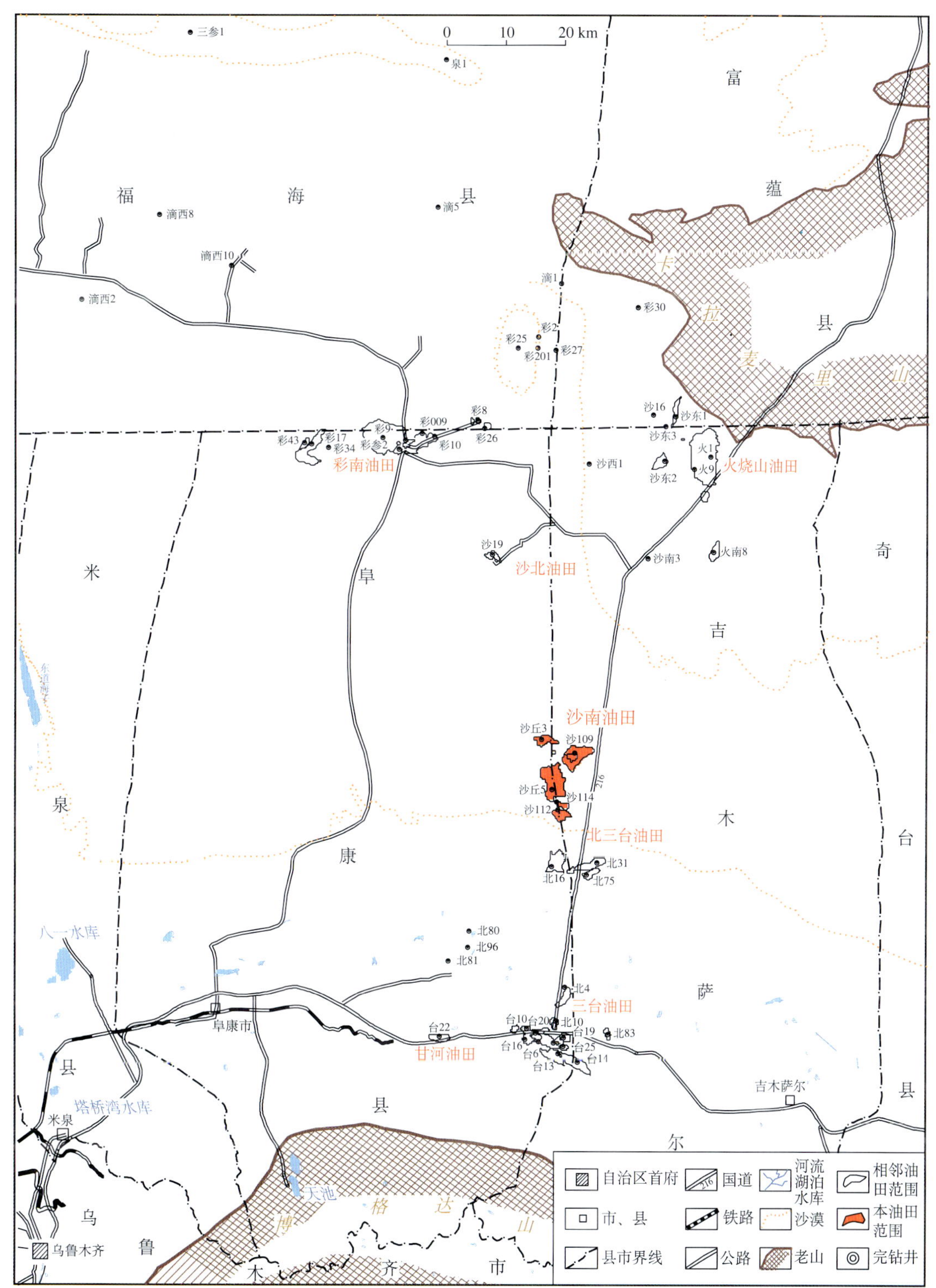

沙南油田地理位置图
（新疆油田分公司勘探开发研究院编制）

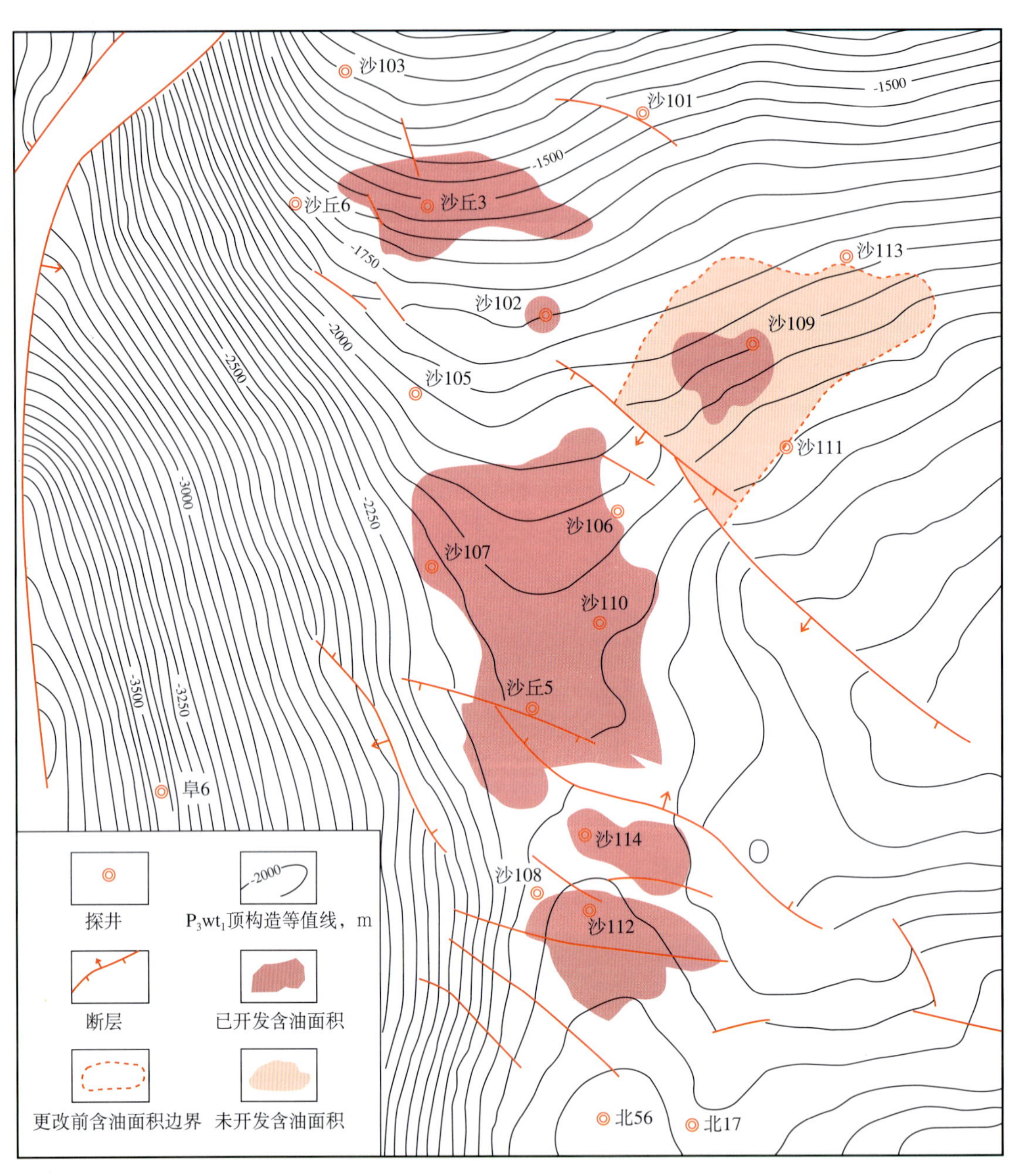

沙南油田构造井位图

（新疆油田分公司准东采油厂勘探开发研究所编制，2005年10月）

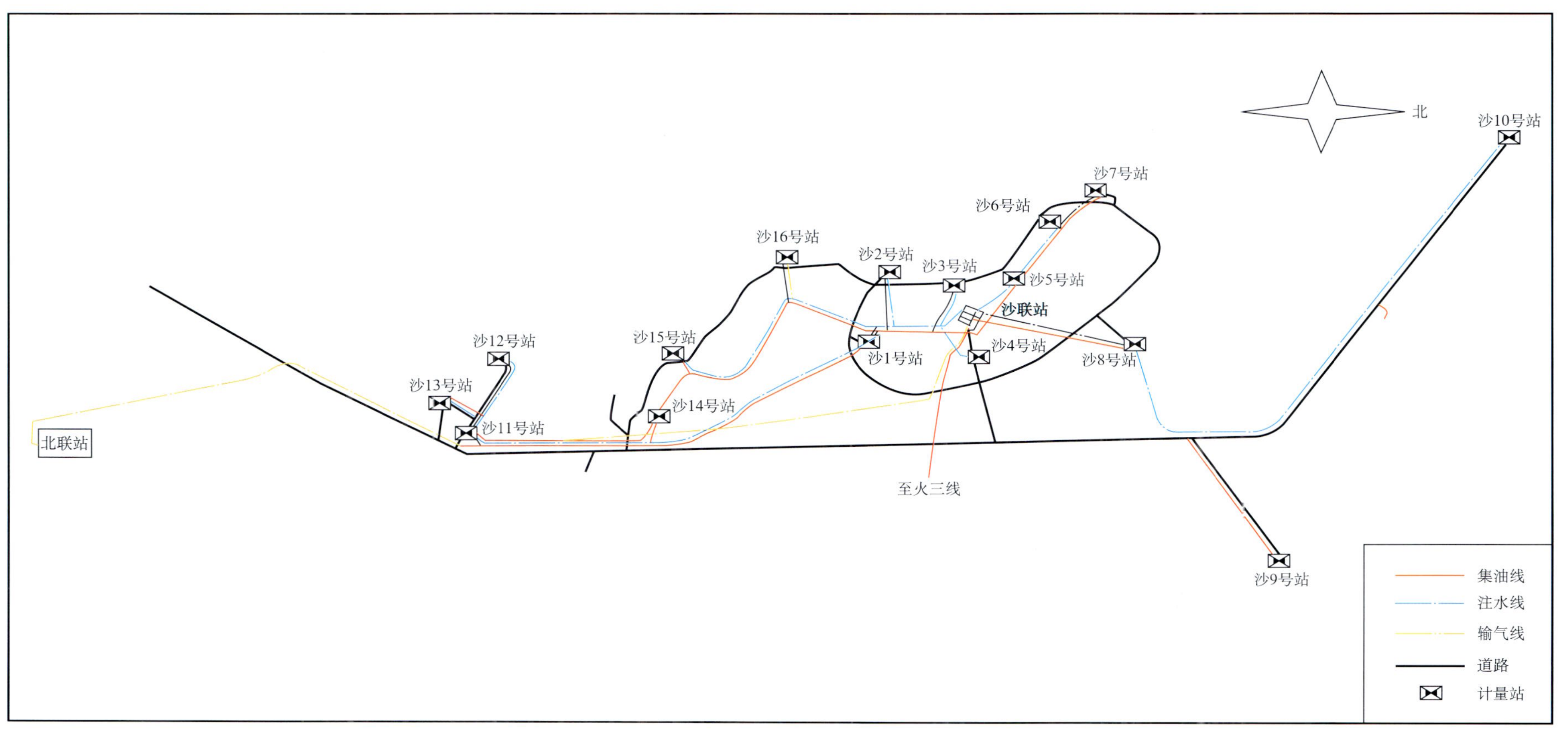

沙南油田地面生产系统示意图

（新疆油田分公司准东采油厂编制，2005 年）

《沙南油田志》编纂委员会

主　任：吴西华

副主任：李　斌　王少峰　徐学成　刘卫东

成　员：李培俊　陈春勇　谢建勇　张绍鹏　朱跃胜　石　彦

万文胜　蔡　军　李建良　郑心泉　钟权峰

《沙南油田志》编纂组

组　长：王国先

成　员：范　杰　唐晓川　沈永根　沈月文　杜军社　郭新江

朱喜萍

本志目录

概　述

沙南油田是准噶尔盆地古尔班通古特沙漠东部油田之一。1997 发现并投入开发，由中国石油新疆油田分公司准东采油厂（以下简称准东采油厂）沙南作业区管理。

一

沙南油田位于昌吉回族自治州阜康市和吉木萨尔县交界处，距阜康市 68km，距乌鲁木齐市 125km。地表为半植被覆盖沙漠，沙丘高差 40 ～ 50m，砂层厚度 80m 左右，地面海拔 520 ～ 580m。属大陆性干旱气候，夏季干热，最高气温 45℃，冬季寒冷，最低气温 −42℃，年平均降水量 150 ～ 200mm，年蒸发量 2000mm。北侧 5km 处沙南油田水源地地下水埋深浅，钻至 350 ～ 450m 即可采得工业用水。216 国道从油田东侧穿过，交通较为便利。

二

沙南油田区域构造处于准噶尔盆地东部隆起的帐北断褶带中段，包括沙丘古构造、北三台凸起及两者夹持的平缓鞍部地区，属一正性构造单元。沙丘古构造及北三台凸起形成于海西期，是石炭系的一个古构造。二叠系沉积初期一直处于抬升阶段，造成平地泉组在构造的高部位超覆尖灭，构造低部位及其西南凹陷中，则接受厚度差异悬殊的湖相泥岩和河流相砂岩沉积，依次沉积了二叠系平地泉组湖相白云质砂泥岩和梧桐沟组砂砾岩以及三叠系红褐色泥岩夹薄层灰色细粒砂岩。

沙南油田自下而上发育有石炭系巴山组（C_2b），二叠系平地泉组（P_2p）、梧桐沟组（P_3wt），三叠系韭菜园子组（T_1j）、烧房沟组（T_1s）、小泉沟群（$T_{2\text{-}3}xq$），侏罗系八道湾组（J_1b），白垩系吐谷鲁群（K_1tg），古近系，新近系，第四系。含油层系为二叠系梧桐沟组和三叠系韭菜园子组。梧桐沟组沉积早期下段（P_3wt_1）为冲积扇—扇三角洲、湖泊叠合沉积，是主要含油层段；沉积晚期上段（P_3wt_2）为一套低阻泥岩夹薄砂岩盖层，基本不含油。三叠系韭菜园子组由一组正旋回沉积地层组成，底部为砂砾岩，其上渐变为粉砂岩及泥岩互层，与上覆烧房沟组整合接触，与下伏二叠系梧桐沟组假整合接触。

受构造和岩性控制，沙南油田平面上分为 6 个开发单元，由北向南分别是：沙丘 3 井区韭菜园子组油藏、沙 102 井区梧桐沟组油藏，沙 109 井区梧桐沟组油藏，沙丘 5 井区梧桐沟组油藏、沙 114 井区梧桐沟组油藏和沙 112 井区梧桐沟组油藏。二叠系梧桐沟组顶面构造形态为典型的鞍状构造，向北向南台升，向东向西倾伏，构造西翼较陡，东翼平缓。中部被北西西向正断层切割形成一些小的断鼻或断块，梧桐沟组主要发育有 5 条断裂，既是油气运移的通道，又对油藏的分布起到控制作用。二叠系梧桐沟组油藏埋深 2340 ～ 2580m，主要为构造—岩性油藏，个别为构造油藏或岩性油藏；三叠系韭菜园子组油藏埋深 1770m，为岩性油藏。梧桐沟组油藏和韭菜园子组油藏均为未饱和油藏，驱动类型为弹性驱动，属正常温度压力系统。梧桐沟组油藏地层压力 28.50 ～ 29.70MPa，压力系数 1.13 ～ 1.16，地层温度 76.4 ～ 80.2℃，地温梯度 2.17 ～ 2.75℃ /100 m。韭菜园子组油藏地层压力 20.30MPa，压力系数 1.15，地层温度 57.9℃，地温梯度 2.75℃ /100 m。

梧桐沟组油藏各区块原油性质相近，地面原油密度 0.843 ～ 0.849g/cm^3，50℃时黏度 7.11 ～ 9.83mPa · s。溶解气相对密度 0.695 ～ 1.041，主要烃类组分为甲烷，含量 46.26% ～ 76.40%。地层水为氯化钙型，矿化度 7646 ～ 19648mg/L；韭菜园子组油藏地面原油密度 0.844g/cm^3，50℃时黏度为 10.10mPa · s。溶解气相对密度 0.765，主要烃类组分为甲烷，含量 71.14%。地层水为氯化钙型，矿化度 18933mg/L。

三

20 世纪 50 年代，中华人民共和国地质部（以下简称地质部）631 队和新疆石油管理局地质调查处（以下简称地调处）先后在准噶尔盆地东部地区进行地质普查和重磁力概查，发现沙丘古构造。20 世纪 80 年代，地调处完成二维地震测线 50 条，基本落实了主体构造形态和沙丘断块、沙丘背斜、沙丘南、北断鼻的构造特征。1985 年 7 月，新疆石油管理钻井处（以下简称钻井处）32844 队钻沙丘地区第一口预探井沙丘 1 井，1989 年 6 月钻沙丘 2 井，两口井均无油气显示，发现沙丘南地层圈闭。1991 年和 1994 年，完成二维高分辨率地震勘探，开展圈闭精细描述。

1997 年 2 月，由新疆石油管理局准东勘探开发公司钻井公司（以下简称准东钻井公司）45207 队（队长陈信忠，指导员韩新平，技术员罗和江）承钻的沙丘 3 井，钻至三叠系韭菜园子组 1769.0 ～ 1778.0m 井段发生强烈油浸，4 月 19 日中完钻机试油，射开韭菜园子组 1769.0 ～ 1781.0m 井段，8mm 油嘴试油日产油 145.9t、产气 11355m^3，发现沙南油田韭菜园子组油藏；7 月 16 日完钻，8 月 12 日射开二叠系梧桐沟组 2015.0 ～ 2027.0m 井段，经压裂改造，3.5mm 油嘴试油日产油 27.6t、产气 4519m^3，发现二叠系梧桐沟组油藏。同年 4 月，成立由地调处、准东勘探开发公司（以下简称准东公司）、新疆石油管理局勘探开发研究院（以下简称勘探开发研究院）、测井公司等单位有关人员组成沙南油田联合项目研究组，负责沙丘地区油藏评价及描述。5 月底，勘探开发研究院欧远德、薛新克等编制《沙丘地区油藏评价部署方案》，建议在沙丘古构造部署 400 km^2 三维地震，部署 10 口评价井和 2 口预探井（沙丘 4 井、沙丘 5 井）。

同年 8 月，沙 102 井梧桐沟组、沙 103 井韭菜园子组及已投产的沙丘 3 井区韭菜园组 5 口开发井相继获得工业油流，进一步扩大了韭菜园子组及梧桐沟组油藏的含油面积。沙 102 井在梧桐沟组 2338.8 井段试油获日产油 15.9t 工业油流，发现沙 102 井区梧桐沟组油藏。

同年 9 月，在沙丘古构造与北三台凸起间鞍部钻预探井沙丘 5 井，10 月，由地调处完成三维地震 404km^2。1998 年 3 月 3 日，沙丘 5 井在梧桐沟组 2561.0 ～ 2571.0m 井段，5mm 油嘴试油日产油 29.4t、产气 2829m^3，发现沙丘 5 井区梧桐沟组油藏。经精细三维地震解释，在沙丘 5 井以南 3km 处新发现一断鼻圈闭。由此沙南油田的研究重点逐步向沙丘 5 井区以南地区转移，每年都探明一定规模的石油地质储量，使沙南油田的范围不断扩大。

1999 年 5 月，在沙丘 3 井东南钻沙 109 井，在梧桐沟组 2422.0 ～ 2430.0m 井段试油获工业油流，发现沙 109 井区梧桐沟组油藏。9 月，在沙丘 5 井南断鼻圈闭高部位钻沙 112 井，2000 年 2 月 27 日，梧桐沟组 2550.5 ～ 2556.0m 井段试油，经压裂 4mm 油嘴试油获日产 9.4t 工业油流，发现沙 112 井区梧桐沟组油藏。4 月 20 日，在沙 112 井南沿构造轴线方向圈闭下倾部位钻沙 114 井，梧桐沟组 2591.0 ～ 2596.0m 井段试油，获日产 3.3t 低产工业油流，2002 年 4 月，在梧桐沟组 2580.0 ～ 2588.0m、2591.0 ～ 2596.0m 井段试油，获日产 12.0t 工业油流，发现沙 114 井区梧桐沟组油藏。

在勘探和开发钻井过程中，部分井分别在石炭系、三叠系、侏罗系以及外围二叠系不同程度地见到油气显示或获得工业油流。从 2000 年下半年开始，开展《沙丘地区滚动勘探开发研究》项目，把二叠系梧桐沟组作为主攻目的层，其次是三叠系韭菜园子组，然后是石炭系、侏罗系。项目共完成和复核三维地震精细解释、波阻抗约束反演 90km^2，完成各类设计、方案、总结、报告 12 篇，提供滚动开发井井位 22 口，实施 17 口，滚动勘探开发控制井井位 3 口，实施 2 口，均获工业油流。

在开发梧桐沟油藏的同时，SQ402 井在三叠系韭菜园子组地质录井发现良好油气显示。2002 年 10 月，SQ5002 井韭菜园子组韭一段 2319.5 ～ 2327.5m 试油，获日产 2.5t 的低产工业油流，2003 年 3 月，补开韭菜园子组韭一段 2307.0 ～ 2312.0m，合试获日产 11.5t 的工业油流，发现沙丘 5 井区三叠系韭菜园子组油藏。

至 2005 年底，沙南油田共完成测网密度 1.5km × 1.0km 二维地震资料 2300km，面元 50m × 50m 三维地震 404 km^2，完钻探井 16 口，开发井 243 口。累计探明含油面积 40.3km^2，石油地质储量 2590 × 10^{4}t、可采储量 601.9 × 10^{4}t，溶解气地质储量 21.16 × 10^{8}m^3、可采储量 4.91 × 10^{8}m^3。

四

1997 年 4 月，沙丘 3 井韭菜园子组出油，8 月，沙丘 3 井区韭菜园组油藏投入滚动开发，1998 年 6 月产能建设基本完成，当月开发井井数 15 口，日产水平 113t，核实日产油 130t，为沙丘 3 井区日产量最高时期。2002 年 12 月，沙丘 3 井区投入注水开发，由于投注时间较晚，地层能量严重不足，区块供液及产液能力极低，当月日产水平 46t，核实日产油 45t。

1999 年 1 月，沙丘 5 井区梧桐沟组油藏投入开发，未建立注采井网，依靠天然能量开采。12 月开发井总数 100 口，日产水平 997t，核实日产油 917t，为沙丘 5 井区日产量最高时期。2000 年 6 月，沙丘 5 井区开始注水，年底全面投入注水开发，见效较快，产量递减得到控制。2001 年 4 月，沙 109 井区和沙 112 井区梧桐沟组油藏投入开发，2002 年 11 月，沙 109 井区、沙 112 井区投入注水开发。2003 年 5 月，沙 114 井区梧桐沟组油藏投入开发，同年 12 月开始注水。2005 年 4 月，沙 102 井区梧桐沟组油藏投入滚动开发，次月开始注水。5 月全油田开发井总数 245 口，其中采油井 190 口，注水井 55 口，日产油 711t，综合含水 41.0%，累计产油 193.1039 × 10^{4}t。

主力油藏沙丘 5 井区梧桐沟组油藏开始注水初期，为恢复地层压力保持了较高注采比，加上储层发育微裂缝，2002 年 9 月开始出现含水快速上升，产量递减幅度加大。为改善开发效果，2003 年 6 月以后，对 35 口含水快速上升井实施补开后备层（$P_3wt_1{}^2$）措施，减缓了递减，但剖面和平面注采矛盾日益突出。2004 年，围绕“稳油控水”开展了调剖、堵水、分注等多项研究和现场试验，但油藏递减依然较大，2005 年沙丘 5 井区自然递减和综合递减分别为 25.2% 和 17.6%。

五

截至 2005 年 12 月，沙南油田动用石油地质储量 2180 × 10^{4}t，动用可采储量 507.7 × 10^{4}t。共有油水井 251 口，其中采油井 195 口，日产液 943t，日产油 503t，综合含水 46.7%，综合气油比 75m^3/t，平均单井日产油 3.7t。采液速度 1.95%，采油速度 1.13%，采出程度 9.50%，年产油 24.6757 × 10^{4}t，累计产油 207.1227 × 10^{4}t。注水井 56 口，平均井日注水量 31m^3，日注水平 1666m^3，月度注采比 1.22，累计注采比 0.70。开采形势基本稳定，自然递减和综合递减分别从上年的 29.7% 和 25.7% 下降到 25.2% 和 17.6%；产量稳升井比从 44.5% 上升到 51.7%，含水稳降井比从 51.0% 上升到 55.0%；含水上升率从 8.1% 下降到 6.6%。

六

沙南油田的发现，填补了帐北断褶带火烧山油田与北三台油田之间无整装油田的空白。1997 年发现当年投入滚动开发，至 2005 年底，先后开发了 6 个油藏，为准东采油厂产量稳定增长做出了贡献，为同类油藏的发现和开发积累了经验：

（1）油田的发现过程是滚动勘探、评价的动态认识过程，对于岩性和构造双重控制的沙 112 井区和沙 114 井区梧桐沟组油藏，其发现和探明经历了反复的地震解释、反演以及试油试采修正原有的认识，最终获得突破。

（2）沙南油田属特低渗油藏，油藏压力系数不高，注水时机的选择十分重要。除沙 102 井区外，各区块都存在不同程度的注水滞后情况，尤其是沙丘 3 井区晚注水达 5 年之久，导致地层能量严重不足，后期的注水工作很难恢复到正常的压力系统，造成开发过程中的困难。

大事记

1955年

是年　地矿部部署准噶尔盆地东部沙南地区重磁力测量，发现沙丘古构造。

1983年

是年　地调处完成沙丘古构造二维地震测线50条，约1500km，发现了沙丘断块、沙丘背斜、沙丘北断鼻、沙丘南地层圈闭。

1985年

7月　钻井处32844队开钻沙丘地区第一口预探井沙丘1井，进一步落实了沙丘背斜构造形态。

1991年

是年　地调处部署了二维高分辨率地震勘探，对沙丘地区的圈闭进行了精细描述和评价。

1997年

2月　准东钻井公司45207队承钻的沙丘3井，钻至三叠系韭菜园子组1769～1778m井段发生强烈油浸，4月19日试油射开1761～1781m井段，未进行任何改造措施，8mm油嘴试油日产油145.9t、产气11355m^3，发现沙南油田。

8月　沙丘3井区三叠系韭菜园子组油藏投入开发。

是月　沙南油田预探井沙丘5井，在二叠系梧桐沟组2561～2571m井段试油，5mm油嘴试油日产油29.4t、产气2829m^3，发现沙丘5井区梧桐沟组油藏；部署的评价井沙102井，在梧桐沟组2338.8～2351.7m井段试油日产油15.9t，发现沙102井区梧桐沟组油藏。

12月　地调处完成沙南地区三维地震勘探。

是月　建成沙丘3井区计量配水站。

1998年

8月　成立准东公司沙南筹建处。

12月　新疆石油管理局申报沙南油田沙丘3井区三叠系韭菜园子组油藏含油面积4.5 km^2，已开发探明储量154×10^4t，二叠系梧桐沟组油藏含油面积1.3 km^2，未开发探明储量53×10^4t。

1999年

1月　沙丘5井区二叠系梧桐沟组油藏投入开发。

5月　沙南油田沙109井，在梧桐沟组2422～2430m井段试油，2mm油嘴日产油4.0t，发现沙109井区梧桐沟组油藏。

2000年

2月　沙南油田沙112井，在梧桐沟组2550.5～2556.0m井段试油，4mm油嘴日产油9.4t，发现沙112井区梧桐沟组油藏。

3月3日　准东采油厂领导来北三台地区现场办公，宣布沙南筹建处和火烧山采油厂北采大队合并重组，成立沙南油田作业区。

4月　沙109井区、沙112井区梧桐沟组油藏投入开发。

6月　沙南油田联合站的注水站建成投注，注水能力2800m^3/d，沙丘5井区梧桐沟组油藏开始注水。

9月　沙南油田联合站的原油处理站建成投产，处理能力 40×10^4t/d。

12月　沙丘5井区梧桐沟组油藏全面投入注水开发。

2002年

4月　沙南油田沙114井，在梧桐沟组2580～2596m井段恢复试油，日产油12t，发现沙114井区梧桐沟组油藏。

7月　中国石油新疆油田分公司勘探开发研究院（以下简称勘探开发研究院）对沙南油田沙丘5井区梧桐沟组油藏进行储量复算工作，提交I类已开发探明储量 1320×10^4t。

11月　沙109井区、沙112井区梧桐沟组油藏开始注水。

12月　沙丘3井区韭菜园子组油藏开始注水。

2003年

3月　沙南油田SQ5002井射开三叠系韭菜园子组韭一段2307.0～2312.0m，获日产11.5t工业油流；SQ5045井射开三叠系韭菜园子组韭一段2322.0～2373.5m，获日产7.7t工业油流，发现沙丘5井区三叠系韭菜园子组油藏。

5月　沙114井区梧桐沟组油藏投入开发。

12月　沙114井区梧桐沟组油藏开始注水。

2004年

9月　沙南油田在SQ3091井滚动开发钻井成功的基础上，完善以沙102井为中心的反七点部署井网，钻新井5口，全部达到或超过设计产能。

2005年

4月　沙102井区梧桐沟组油藏投入滚动开发。

5月　沙102井区梧桐沟组油藏开始注水。

10月　沙南油田在沙102井区滚动开发成功的基础上编制了《沙南油田沙102井区梧桐沟组油藏第二轮井位意见》，沙102井区梧桐沟组油藏投入正式开发。

第一章

油 田 地 质

沙南油田区域构造处于准噶尔盆地东部隆起区帐北断褶带中段沙丘背斜上，构造形态为典型的鞍状构造，向北向南抬升，向东向西倾伏，鞍状构造中部被北西西向正断层切割形成一些小的断鼻或断块。主要含油层系为二叠系梧桐沟组、三叠系韭菜园子组。储层属中低孔隙、特低渗透、较强非均质性储层。

第一节　地层与构造

一、地层

1985 年 7 月，钻井处 32844 钻井队李文强、钟建民编写的《准噶尔盆地沙帐地区沙丘背斜沙丘 1 井钻井地质总结》参照沙帐地区沙南 1 井分层方案，首次对沙丘地区地层进行划分，自下而上分为：中石炭统巴塔玛依内山组，上二叠统平地泉组、下仓房沟群，上三叠系仓房沟群，下白垩统吐谷鲁组，第三系，第四系。1991 年 6 月，准东勘探开发公司地质所（以下简称准东地质所）黄世建编制《准噶尔盆地东部沙丘背斜地区二叠系地层分布及构造特征》，地质层位确定从沙南地区和北三台地区南北两个方向同时引入，将上二叠统平地泉组分为三段，平一、平二段全区发育，平三段地层尖灭线分布于沙丘北断鼻东西两翼和沙丘背斜顶部。1997 年 5 月，勘探开发研究院欧远德、薛新克等编制的《沙丘地区油藏评价部署方案》对二叠系和三叠系重新进行划分，提出目的层为二叠系下仓房沟群梧桐沟组，地层自下而上为：石炭系，二叠系平地泉组、下仓房沟群梧桐沟组，三叠系韭菜园子组、烧房沟组，侏罗系八道湾组，白垩系，古近—新近系，第四系。

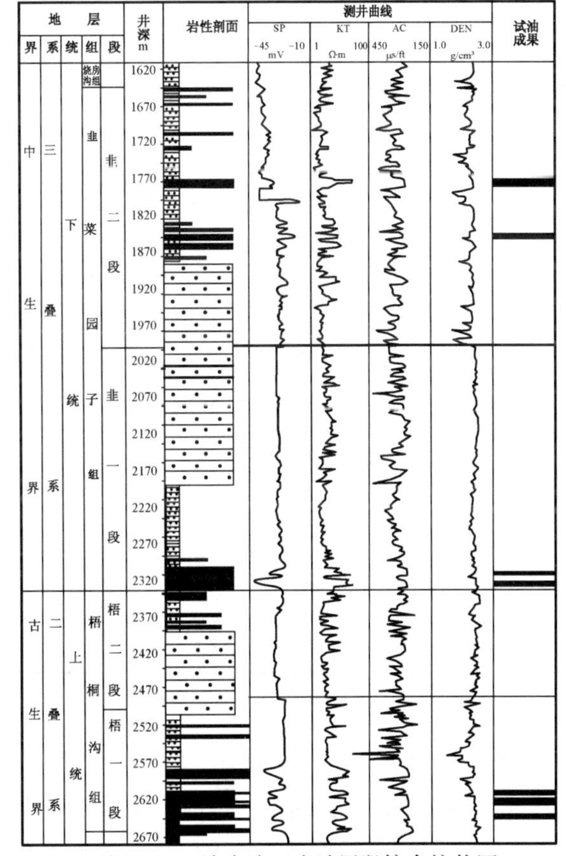

图 1-1　沙南油田含油层段综合柱状图

（新疆油田分公司准东采油厂勘探开发研究所编制，2005 年）

1997 年 12 月，根据沙丘 3 井钻遇地层情况，准东公司勘探开发研究所（以下简称准东研究所）李培俊、向辉等编制的《沙南油田地质特征及前景预测》对沙南油田地层重新进行划分，地层自下而上为：石炭系巴塔玛依内山组，中二叠统平地泉组、上二叠统梧桐沟组，下三叠统韭菜园子组、烧房沟组、中上三叠统小泉沟群，下侏罗统八道湾组、下白垩统吐谷鲁组，古近系，新近系，第四系。缺失二叠系部分平地泉组、三叠系黄山街组及中、上侏罗统和下侏罗统的三工河组。主要含油层系为上二叠统梧桐沟组梧一段和下三叠统韭菜园子组韭二段。由此，沙南油田区域地层划分最终确定。梧桐沟组在本区沉积厚度 250 ～ 300m，与上覆韭菜园子组假整合接触，与下伏平地泉组呈不整合接触，分上、下两段：上段梧二段为大段灰色、灰褐色低阻泥岩夹薄砂岩盖层；下段梧一段上部为灰色厚层泥岩夹浅灰色细、粉砂岩，下部为砾岩、砂砾岩及不等粒砂岩夹灰褐色泥岩。韭菜园子组为一正旋回沉积组合，平均厚度 204m，与上覆烧房沟组整合接触，分上、下两段：下段韭一段沉积厚度 66 ～ 89m，为粉砂质泥岩夹细、中砂岩；上段韭二段沉积厚度 99 ～ 174m，为棕褐色泥岩夹细、中砂岩和含砾不等粒砂岩和灰色粉砂岩（表 1–1 和图 1–1）。

表1–1　沙南油田地层划分表

界	系	统	群	组	段	层位代号	厚度 m	岩性描述
新生界	第四系					Q	40 ～ 80	土黄色粗、中、细粒散沙
	新近系					N	450 ～ 500	土黄色、棕红色巨厚层泥岩夹厚层深灰色砾岩
	古近系					E	100 ～ 150	棕红色巨厚层膏泥岩与灰白色、浅棕红色巨厚层泥岩互层
中生界	白垩系	下统	吐谷鲁群			K_1tg	550 ～ 650	灰黄色泥岩
	侏罗系	下统	水西沟群	八道湾组		J_1b	50 ～ 150	深灰色泥岩、灰色砂砾岩、细砂岩，灰黑色碳质泥岩夹黑色煤
	三叠系	中上统	小泉沟群			$T_{2-3}xq$	50 ～ 100	深灰色泥岩、灰色粉砂岩及泥质小砾岩
		下统	上仓房沟群	烧房沟组		T_1s	200 ～ 250	棕红色泥岩、棕褐色粉砂质泥岩、杂色中砂岩及灰色粉砂岩
				韭菜园子组	韭二段	T_1j_2：$T_1j_2^1$、$T_1j_2^2$	99 ～ 174	棕褐色泥岩夹细、中砂岩和含砂不等粒砂岩和灰色粉砂岩
					韭一段	T_1j_1	66 ～ 89	粉砂质泥岩夹细、中砂岩
古生界	二叠系	上统	下仓房沟群	梧桐沟组	梧二段	P_3wt_2	120 ～ 170	为大段灰色、灰褐色低阻泥岩夹薄砂岩盖层
					梧一段	P_3wt_1：$P_3wt_1^1$、$P_3wt_1^2$、$P_3wt_1^3$、$P_3wt_1^4$	120 ～ 150	上部为灰色厚层泥岩夹浅灰色细、粉砂岩，下部为砾岩、砂砾岩及不等粒砂岩夹灰褐色泥岩
		中统		平地泉组		P_2p	150 ～ 200	灰黑色碳质泥岩、灰白色细砂岩和深灰色泥岩
	石炭系	中统		巴塔玛依内山组		C_2b	未穿	灰绿色玄武岩、褐色安山岩

注：摘自《沙南油田地质特征及前景预测》，1997年12月。

1998 年 12 月，准东研究所李晓慈等编制了《准噶尔盆地东部沙南油田梧桐沟组油藏描述》，根据岩电特征及其砂体的沉积韵律，将梧一段进一步划分出 4 个砂层组：$P_3wt_1^1$、$P_3wt_1^2$、$P_3wt_1^3$、$P_3wt_1^4$，均为含油砂层组。12 月，勘探开发研究院曹跃华、石新璞等编制《沙南油田二叠系梧桐沟组细分沉积相研究》，将梧一段 4 个砂层组进一步细分出 12 个砂层，每个砂层之间被中薄层灰黑色泥岩隔开，代表一期的重力流搬运沉积过程。其中 $P_3wt_1^3$ 砂层组砂体最发育，为主力油层，细分出 $P_3wt_1^{3-1}$、$P_3wt_1^{3-2}$、$P_3wt_1^{3-3}$ 三个砂层；$P_3wt_1^2$ 砂层组细分出 $P_3wt_1^{2-1}$、$P_3wt_1^{2-2}$ 两个砂层，为仅次于 $P_3wt_1^3$ 层的油层（图 1–2）。

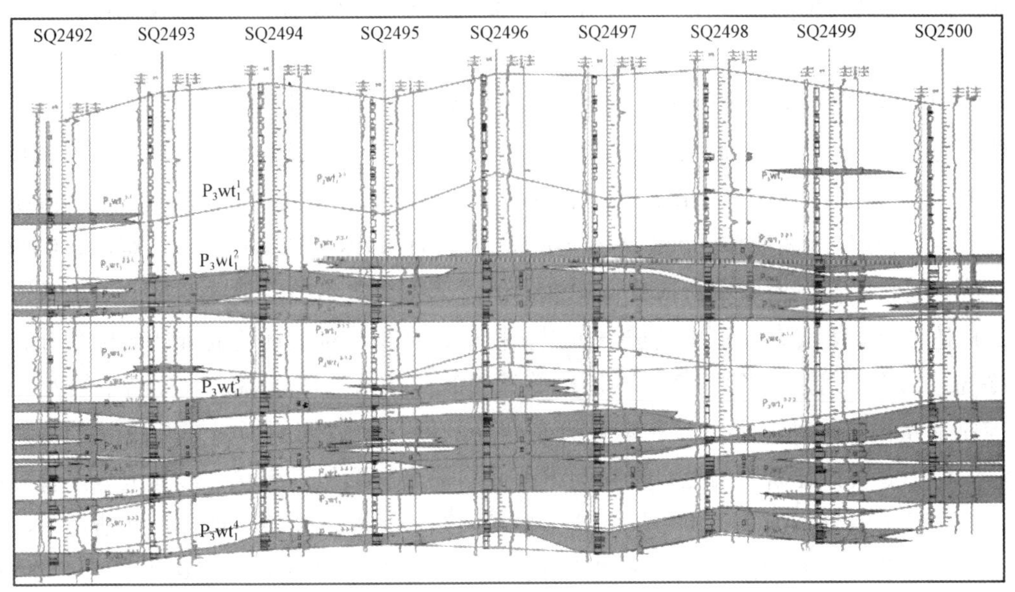

图 1–2　沙南油田沙丘 5 井区梧桐沟组梧一段砂体联井剖面图
（杭州地质研究所编制，2004 年）

同年 11 月，准东研究所万文胜等编制的《沙南油田沙丘 3 井区韭菜园子组油藏综合研究》将韭二段划分为 2 个砂层组：上部 $T_1j_2^1$ 砂层组沉积厚度 75 ～ 153m，砂层不发育；下部 $T_1j_2^2$ 砂层组，沉积厚度 21 ～ 28m，分布稳定，是沙丘 3 井区主要出油层（图 1–3）。

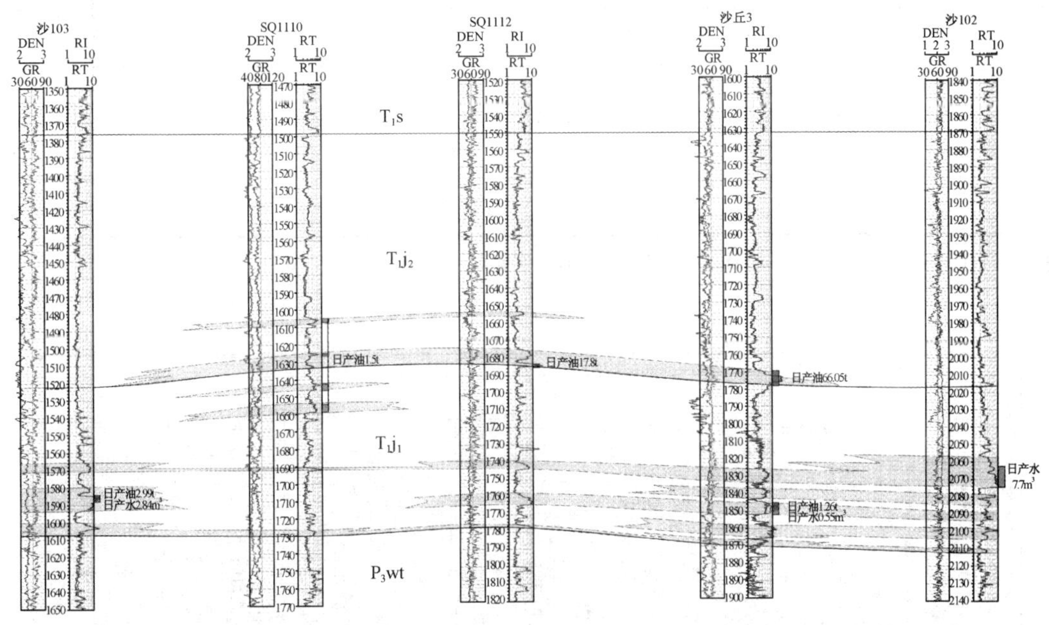

图 1–3　过沙 103 井—SQ1112 井—沙 102 井三叠系韭菜园子组砂层对比图
（新疆油田分公司准东采油厂勘探开发研究所编制，2005 年）

二、构造

20 世纪 50 年代，地调处在准噶尔盆地东部地区进行了重磁力概查，发现沙丘古构造，之后相继做了包括沙丘地区在内的自由空气重力及航磁概查工作。20 世纪 80 年代，新疆石油管理局完成二维地震测线 50 条，钻沙丘 1 井和沙丘 2 井，落实了主体构造形态和沙丘断块、沙丘背斜、沙丘南、北断鼻的构造特征，并发现沙丘南地层圈闭。1991 年和 1994 年，完成二维高分辨率地震勘探，开展圈闭精细描述。

1991 年 6 月，《准噶尔盆地东部沙丘背斜地区二叠系地层分布及构造特征》进一步落实沙丘背斜、沙丘北断鼻的构造特征和沙丘北断裂、沙丘断裂的展布特征。其中沙丘背斜为北翼和西围斜坡被沙丘断裂切割的背斜—地层沉积尖灭复合型圈闭；沙丘北断鼻为沙丘断裂切割沙丘背斜而形成的圈闭。

1997 年 5 月，《沙丘地区油藏评价部署方案》认为，沙丘地区构造运动频繁、强烈，经历了五次升降运动。伴随断裂的发育，地层不断抬升、剥蚀，使白垩系依次不整合于侏罗系、三叠系、二叠系之上。沙丘古构造形成于印支期，燕山期进一步强化抬升，喜马拉雅运动使北部区域性抬升，形成了现今的构造格局。10 月，勘探开发研究院石新璞等编制的《沙南油田三叠系韭菜园子组及二叠系梧桐沟组油藏控制储量报告》认为，沙丘构造被近东西向的沙丘断裂切割为南北两块，北块为沙丘北断鼻，沙南油田位于南块沙丘断背斜上，梧桐沟组顶面构造形态形似贝壳状。沙丘地区发育三条近南北向逆断裂，将沙丘构造分割为 3 个次一级断块，自西向东沙丘 6 井断块、沙丘 3 井断块、沙 101 井断块。韭菜园子组油藏和梧桐沟组油藏主要发育在沙丘 3 井断块和沙丘 6 井断块中（表 1–2 和表 1–3、图 1–4 和图 1–5）。

表 1–2　沙南油田断裂要素表

序号	断裂名称	性质	走向	倾向	倾角（°）	断裂长度 km	断距 m
1	沙丘北断裂	逆断裂	西北转北东	南转东南	45	26	150 ~ 400
2	沙丘断裂	逆断裂	东西	南	50	15	200 ~ 600
3	沙丘 3 井东断裂	逆断裂	北	南	60 ~ 70	11	20 ~ 50
4	沙丘 3 井西断裂	逆断裂	北	东	60 ~ 70	16	20 ~ 100
5	沙丘 6 井西断裂	逆断裂	西南转北西	东北转东南	70	7	50 ~ 100

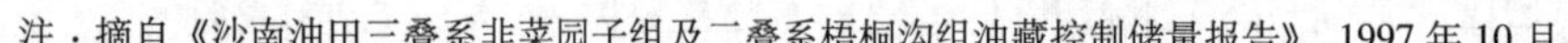
注：摘自《沙南油田三叠系韭菜园子组及二叠系梧桐沟组油藏控制储量报告》，1997 年 10 月。

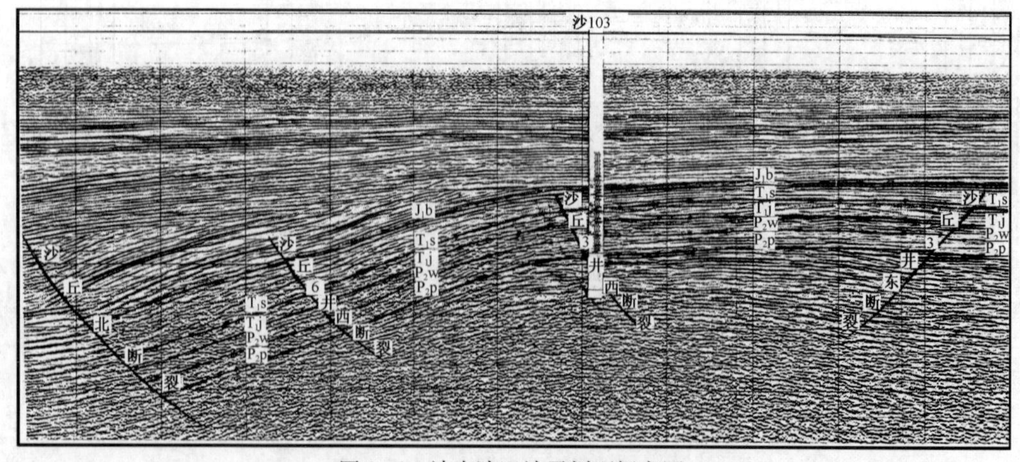

图 1–4　沙南油田地震剖面标定图
（新疆石油管理局勘探开发研究院编制，1997 年）

表 1—3　沙南油田梧桐沟组油藏主要断裂要素表

序号	断裂名称	性质	最大断距 m	断开层位	产状要素 走向 / 倾向 / 倾角	延伸长度 km
1	沙丘断裂	逆断裂	750	C—K	E—W/S/45° ～ 50°	49
2	沙丘北断裂	逆断裂	600	C—K	NE—SW/SE/50°	＞18
3	沙丘西断裂	逆断裂	1200	C—K	SN 转 NE/E—SE/50°	＞23
4	沙 106 井北断裂	正断裂	35	C—T_1j	NW—SE/S/60°	3
5	沙 106 井东断裂	逆断裂	50	C—T_1j	NW—SE/SW/65°	7.5
6	沙丘 5 井断裂	正断裂	40	C—T_1j	近 EW/S/55°	4.2
7	沙丘 5 井南断裂	正断裂	40	C—T_1j	NW—SE/NE/60°	5
8	沙 108 井西断裂	逆断裂	90	C—J	NW—SE/NE/65°	7

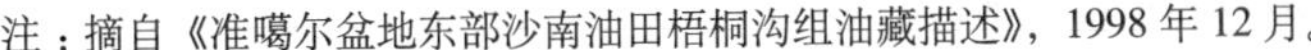

注：摘自《准噶尔盆地东部沙南油田梧桐沟组油藏描述》，1998 年 12 月。

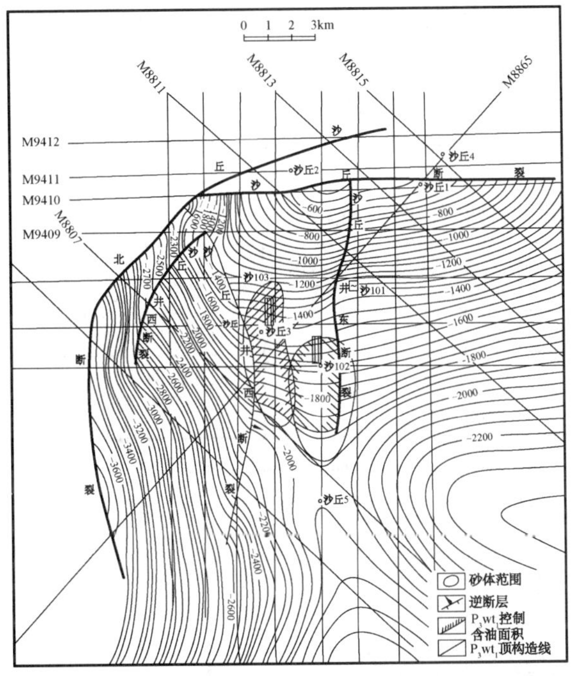

图 1—5　沙南油田梧桐沟组顶部构造图
（新疆石油管理局勘探开发研究院编制，1997 年）

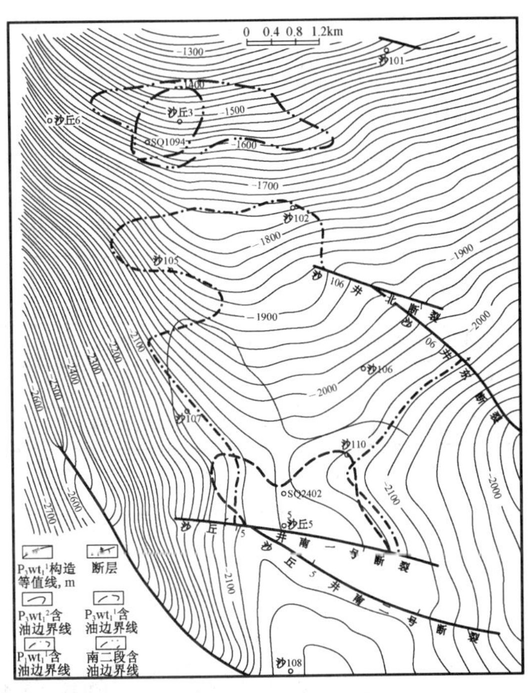

图1—6　沙南油田梧桐沟组顶部构造图
（新疆石油管理局勘探开发研究院编制，1998 年）

同年 12 月，勘探开发研究院石新璞等编制的《沙南油田沙丘 5—沙丘 3 井区块新增石油探明储量报告》认为，油藏的主体部位处在南北向梁子上的鞍部，西侧地层较陡，东侧地层相对较缓。在断鼻构造上发育两组北西—南东向断裂，对梧桐沟组油藏起一定的控制作用。将沙丘 5 井断裂和沙丘 5 井南断裂重新解释命名为沙丘 5 井南 1 号断裂和沙丘 5 井南 2 号断裂，去除沙 108 井西断裂（表 1—4 和图 1—6）。由此，沙南油田主体构造形态及主要断裂分布得以确定。

表 1—4　沙南油田沙丘 5—沙丘 3 井区断裂要素表

断裂名称	性质	走向	倾向	倾角 （°）	断裂长度 km	断距 m
沙 106 井北断裂	正断裂	北西—南东	南	60	3	35~60
沙 106 井东断裂	逆断裂	北西—南东	南西	65	7.5	50
沙丘 5 井南 1 号断裂	正断裂	北西—南东	南	55	4.2	40
沙丘 5 井南 2 号断裂	正断裂	北西—南东	北东	60	5	50

注：摘自《沙南油田沙丘 5—沙丘 3 井区块新增石油探明储量报告》，1998 年 12 月。

2002 年 12 月，准东采油厂勘探开发研究所（以下简称准东采油厂研究所）李培俊等编制《沙南油田沙 112 井区块二叠系梧桐沟组新增石油探明储量报告》，认为沙 112 井区位于向北下倾、向南抬升的鼻状构造的轴部中央，区块内共发育 4 条小型正断层（表 1–5 和图 1–7）。

表 1–5　沙南油田沙 112 井区梧桐沟组油藏断裂要素表

断裂名称	性质	倾向	断距 m	延伸长度 m
SQ4125 井断裂	正断裂	N	20	1200
SQ4104 井西断裂	正断裂	NE	5~10	1000
SQ401 井北断裂	正断裂	N	5~10	3100
SQ4066 井东断裂	正断裂	NE	5	700

注：摘自《沙南油田沙 112 井区块二叠系梧桐沟组新增石油探明储量报告》，2002 年 12 月。

2003 年 12 月，准东采油厂研究所谭文东等编制的《沙南油田沙 114 井区、SQ402 井区、SQ4214 井区二叠系梧桐沟组油藏新增石油探明储量报告》认为，沙 114 井区梧桐沟组油藏构造总体背景为一典型的鞍部，东西两边下倾，南北两端上翘，中间为一中轴呈近东西向的向斜，由三个圈闭组成。主要发育两条北西南东向正断层，北部为沙丘 5 井南 1 号断裂，中部为沙丘 5 井南 2 号断裂（表 1–6 和图 1–7）。

表 1–6　沙 114 井区梧桐沟组油藏圈闭构造要素表

圈闭名称	层位	圈闭类型	闭合线 m	闭合高度 m	闭合面积 km²	构造走向	地层倾角 （°）
SQ4214 井断鼻	$P_3wt_1^2$	断鼻	-2075	50	1.8	近东西向	4.3
SQ402 井断鼻	$P_3wt_1^3$	断鼻	-2112	35	0.8	近东西向	2.5
沙 114 井岩性圈闭	$P_3wt_1^2$	岩性圈闭			1.8		

注：摘自《沙南油田沙 114 井区、SQ402 井区、SQ4214 井区二叠系梧桐沟组油藏新增石油探明储量报告》，2003 年 12 月。

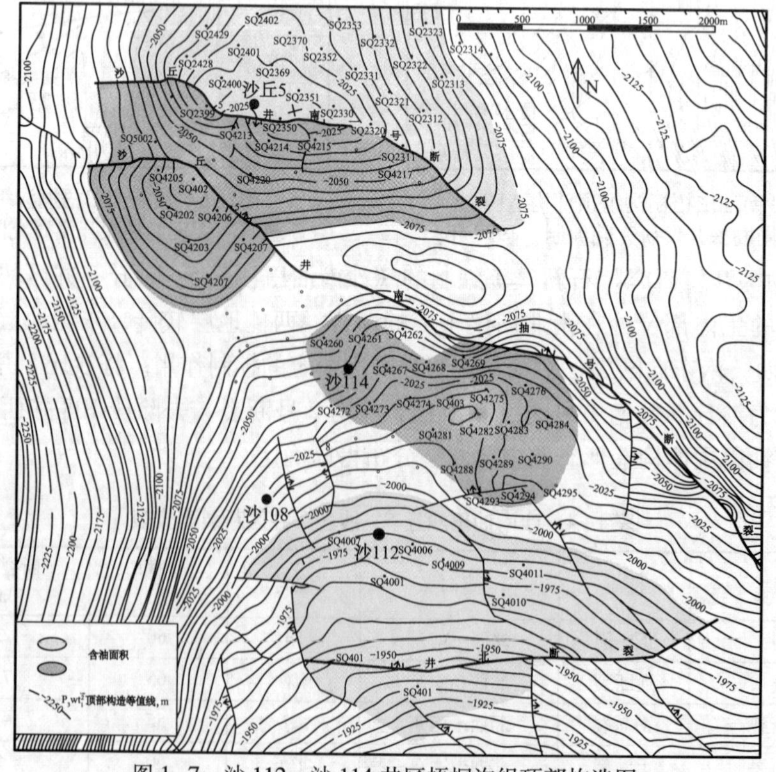

图 1–7　沙 112—沙 114 井区梧桐沟组顶部构造图
（新疆油田分公司准东采油厂研究所编制，2004 年）

第二节 储 层

一、沉积相

沙南油田发现前，多个报告讨论过准噶尔盆地梧桐沟组的沉积环境和相。1987 年，赵霞飞教授在《准噶尔盆地北三台地区二叠系—三叠系仓房沟群岩相及含油远景》中将梧桐沟组定为冲积扇相；1990 年 6 月，由关强编写的《乌鲁木齐—阜康地区地面地质补充调查工作总结报告》认为梧桐沟组为河流相；1995 年，詹家桢等编写的《准噶尔盆地二叠系古生物地层研究》认为梧桐沟组为湖泊—河流相。

沙南油田发现后，1997 年 5 月，《沙丘地区油藏评价部署方案》认为，沙丘地区韭菜园子组储层与南面的北三台油田北 16 井区相同，属于平原河流相沉积，剖面上发育 6 个砂层，呈指状特征；12 月，《沙南油田地质特征及前景预测》认为，沙南油田韭菜园子组物源来自东部奇台隆起的西端，韭一段为洪泛平原曲流河沉积，韭二段为扇三角洲沉积；梧桐沟组物源来自南部北三台古隆起，为扇三角洲扇端亚相沉积。

1998 年 12 月，《准噶尔盆地东部沙南油田梧桐沟组油藏描述》根据沙丘 5 井和沙 106 井取心、测井资料开展单井沉积相分析，认为梧桐沟组为一套水进—高位体系域沉积，梧一段储层为具有周期性快速沉积的浊积扇沉积。12 月，《沙南油田二叠系梧桐沟组细分沉积相研究》认为，梧桐沟组梧一段第四至第二砂层组（$P_3wt_1^4$—$P_3wt_1^2$）为阵发性洪水重力流浊积扇沉积，梧一段第一砂层组（$P_3wt_1^1$）南边为扇三角洲沉积，北边为辫状河三角洲沉积。将梧一段划分 4 个相 9 个亚相 20 个微相。浊积扇经历了发育期（$P_3wt_1^4$）、全盛期（$P_3wt_1^3$）和衰亡期（$P_3wt_1^2$）三个演变阶段。此观点广泛应用于以后的开发方案及储量报告中（图 1–8）。

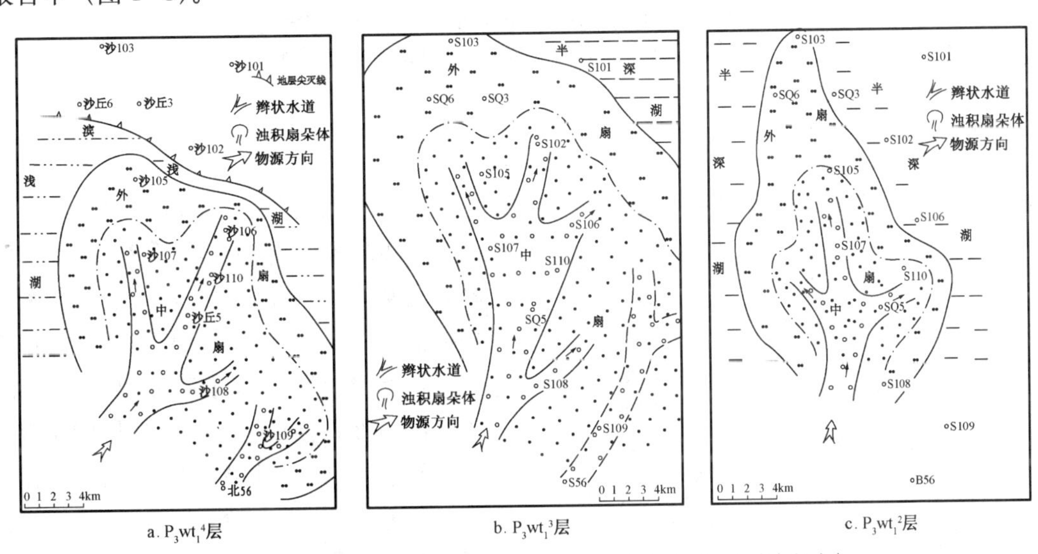

图 1–8 沙南油田梧桐沟组 $P_3wt_1^4$—$P_3wt_1^2$ 层沉积相图（浊积扇）
（新疆石油管理局勘探开发研究院编制，1998 年）

2002 年 4 月，由张纪易和准东采油厂研究所王国先等编制的《沙丘 5 井区细分沉积相研究》认为：(1) 通过岩石类型对比说明，梧桐沟组的下部是一套粗碎屑岩夹暗色泥岩沉积，其可能的沉积相类型有水下冲积扇、扇三角洲和浊流沉积（浊积扇）；(2) 从接触关系上看，不整合面之上覆盖的全是砾岩，其间没有深色泥岩过渡，说明梧桐沟组底砂砾岩应是水上沉积，属冲积扇相，排除了浊积扇的可能；(3) 层理类型有 4 个特点，即牵引流搬运机制、间歇性洪水影响、高沉积速率和夹杂在湖相泥岩中，从而进一步肯定属于扇三角洲的可能性。故梧桐沟组 $P_3wt_1^2$—$P_3wt_1^4$ 砂层组属冲积扇—扇三角洲相而不是浊积扇相。在 $P_3wt_1^4$ 层沉积晚期，湖水西侵覆盖本区，开始出现扇三角洲，至 $P_3wt_1^2$ 层沉积中期，结束扇三角洲历史进入湖泊—三角洲沉积阶段。存在南、东、北 3 个物源方向。可细分为 7 种微相，其中辫流线、水下分流河道和首次划分的分流滩为有利含油微相。下伏平地泉组为烃源岩，梧桐沟组梧一段 $P_3wt_1^2$—$P_3wt_1^4$ 砂层组为储层，梧桐沟组梧一段第一砂层组及梧二段泥岩为盖层。由此，沙南油田二叠系梧桐沟组沉积相划分最终确定（图 1-9）。

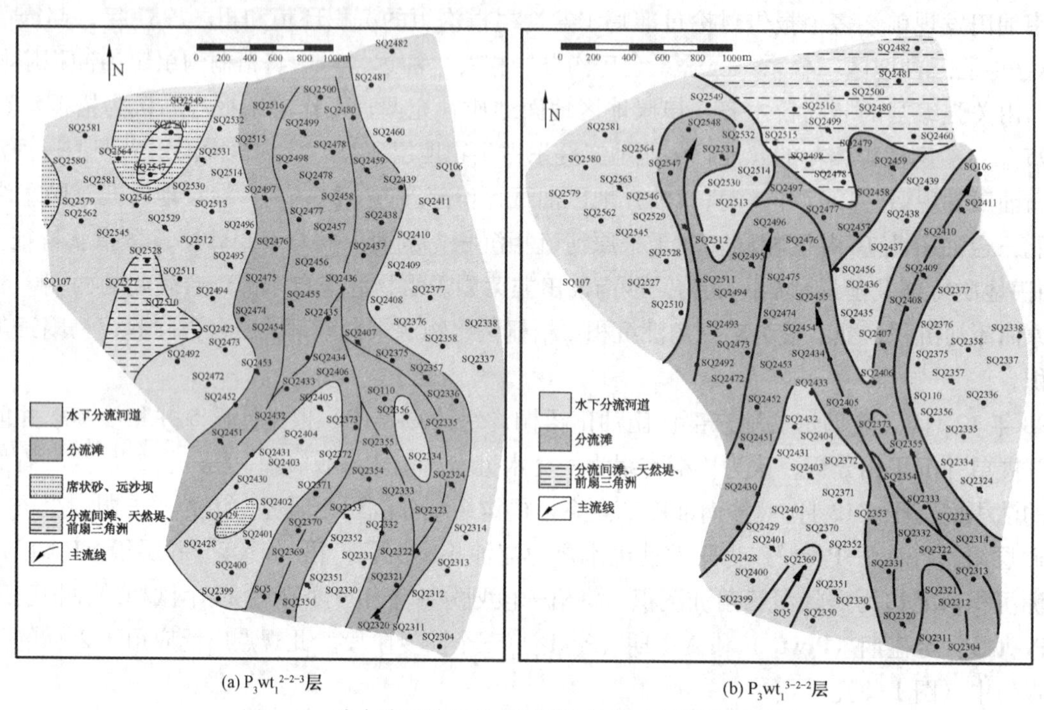

图 1-9　沙南油田沙丘 5 井区梧桐沟组小层沉积微相图
（新疆油田分公司准东采油厂研究所编制，2002 年）

二、岩性物性

沙南油田自 1997 年发现至 2004 年底，共钻取心井 14 口，取心进尺 470.80m，岩心实长 462.50m，收获率 98.2%，含油岩心长 223.53m，完成各类岩心化验分析资料 5261 块。含油层系为二叠系梧桐沟组梧一段和三叠系韭菜园子组韭二段。

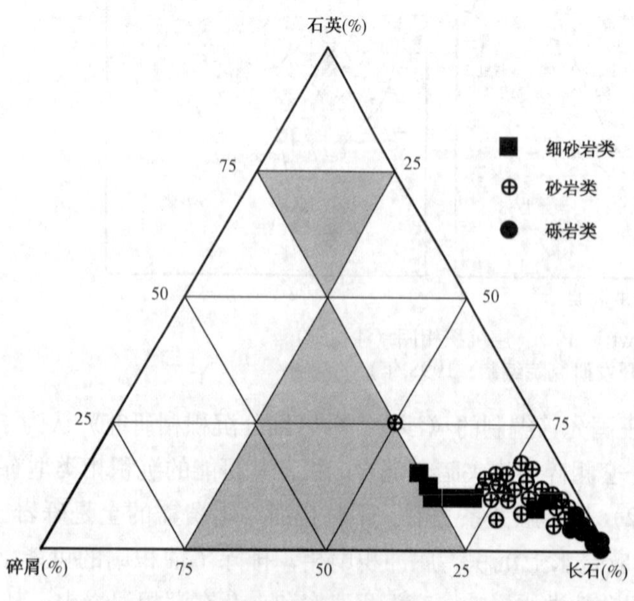

图 1-10 沙南油田梧桐沟组储层岩矿特征图
（杭州地质研究所编制，2004）

1998 年 12 月，《准噶尔盆地东部沙南油田梧桐沟组油藏描述》认为，梧桐沟组储层岩性主要为砾状砂岩、中砂岩、粗砂岩；自南向北岩石类型由砂砾岩变为砂岩、粉砂岩，砾石含量降低，砾径变细，砂砾岩厚度向外围逐渐变薄。岩石颗粒成分以岩屑（79.1%）为主，其次为长石（8.1%）和石英（6.9%），岩石成分成熟度低；颗粒磨圆度为次棱角—次圆状，分选好—中等—差，颗粒间以线接触为主；胶结类型以接触式、孔隙—接触式、压嵌式和压嵌—孔隙式为主，胶结致密；孔隙类型为原生粒间孔、剩余粒间孔、粒间溶孔；填隙物以高岭石（4.0%）为主，胶结物为方解石；据扫描电镜观察，黏土矿物以粒表不规则状伊蒙混层（相对含量 43.87%）和粒间书页状高岭石（相对含量 33.75%）为主。油层孔隙度 6.30% ~ 23.95%，平均 16.09%；油层渗透率 0.123 ~ 533.680mD，平均 4.992mD。根据 2 口井取心观察和 3 口井微电阻率扫描成像（FMI）测井解释，梧桐沟组储层发育天然裂缝，裂缝长 0.15 ~ 53.60m，主要为直劈裂缝，无充填物，裂缝走向大致分为南北向和北东东向两组（表 1–7 和表 1–8、图 1–10 和图 1–11）。

表 1–7 沙南油田梧桐沟组储层孔隙度、渗透率统计表

类别	层位	孔隙度，%		渗透率，mD			样品数，块
		变化范围	平均值	变化范围	平均值	级差 K_{max}/K_{min}	孔 / 渗
储层	$P_3wt_1^1$	14.13~23.32	18.31	0.285~1.932	0.827	6.78	30/30
	$P_3wt_1^2$	6.41~23.95	15.16	0.107~553.680	2.756	5174.58	309/235
	$P_3wt_1^3$	6.30~21.20	14.00	0.102~136.380	2.233	1337.09	345/275
	$P_3wt_1^4$	6.99~17.05	12.34	0.334~8.639	0.907	25.87	28/4
	合计	6.30~23.95	14.62	0.102~553.680	2.300	5428.24	712/544
油层	$P_3wt_1^1$	14.13~21.33	18.42	0.539~1.932	0.966	3.58	17/17
	$P_3wt_1^2$	9.18~23.95	17.08	0.136~533.680	7.364	3924.12	91/91
	$P_3wt_1^3$	6.30~21.20	15.08	0.123~136.380	4.700	1108.78	129/124
	合计	6.30~23.95	16.09	0.123~533.680	4.992	5232.15	237/232

注：摘自《准噶尔盆地东部沙南油田梧桐沟组油藏描述》，1998 年 12 月。

表 1–8 沙南油田梧桐沟组储层孔隙结构特征统计表

层位		孔隙结构参数								镜下孔隙类型及含量，%							样品数块
		平均孔径 μm	平均喉宽 μm	孔吼直径比	统计面孔率	平均配位数	裂缝宽度 μm	裂缝密度	裂隙率	粒间孔隙	粒间溶孔	粒内溶孔	基质溶孔	微裂缝	界面缝	微层理缝	
$P_3wt_1^1$	范围	68.1~128.7	12~222.7	4.52~6.92	1.24~6.26	0.04~0.18	0~3.91	0~1.51	0~0.14	30~60	35~60	5~5	—	—	—	0~5	7
	平均	101.7	18.07	5.65	4.79	0.11	0.56	0.22	0.02	52.0	42.1	5.0	—	—	—	0.60	
$P_3wt_1^2$	范围	14.3~166.6	0~32.9	0~14.57	0~11.93	0~0.31	0~13.14	0~3.46	0~0.16	0~90	0~95	0~100	0~9.5	0~27	0~5	0~91	64
	平均	89.87	10.5	4.39	2.59	0.08	1.08	0.32	0.01	37.26	43.93	14.08	0.58	0.61	0.25	3.44	
$P_3wt_1^3$	范围	0~185.6	0~33	0~15.6	0~6.99	0~0.19	0~5.95	0~12.05	0~0.07	0~87	0~89	0~94	0~15	0~100	0~8	0~90	71
	平均	85.57	9.94	4.0	2.34	0.06	0.62	0.49	0.04	44.23	41.18	9.31	1.35	2.41	0.45	0.07	
$P_3wt_1^4$	范围	44.7~81.2	0~11.9	0~10.26	0.01~1.66	0~0.1	—	—	—	0~40	0~69.5	5~100	0~1	—	—	—	6
	平均	64.65	6.63	4.64	0.64	0.05	—	—	—	11.67	49.42	38.33	0.58	—	—	—	
合计	范围	0~185.6	0~33	0~15.6	0~11.93	0~0.32	0~13.14	0~12.05	0~0.16	0~90	0~95	0~100	0~15	0~100	0~8	0~91	148
	平均	83.01	10.43	4.27	2.49	0.07	0.79	0.38	0.01	40.26	42.75	12.3	0.92	1.39	0.32	2.19	

注：摘自《准噶尔盆地东部沙南油田梧桐沟组油藏描述》，1998 年 12 月。

(a) 细砂岩

(b) 中砂岩

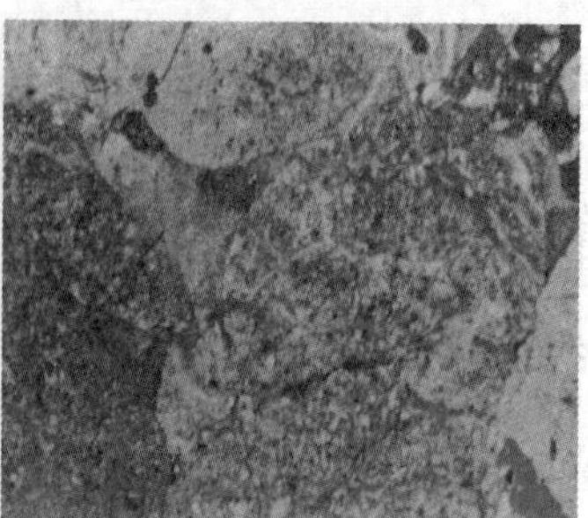

(c) 砂砾岩

图 1-11 沙南油田梧桐沟组储层微观孔隙类型特征图
(杭州地质研究所编制，2004)

同年 11 月，《沙南油田沙丘 3 井区韭菜园子组油藏综合研究》认为，韭菜园子组储层岩性为细、中砂岩及含砾不等粒砂岩。孔隙类型以粒间孔、粒间溶孔为主，其次为粒内溶孔，基质溶孔、粒膜孔及少量微裂缝，孔隙组合主要为粒间孔—粒间溶孔，其次为粒间溶孔—粒间孔—基质溶孔—粒膜孔。平均孔径 19.9 ~ 146.6 μm，平均喉道宽度 3.7 ~ 28.7 μm。油层孔隙度 17.63% ~ 27.08%，平均 22.92%；油层渗透率 0.857 ~ 248.600mD，平均 5.482mD。孔隙类型为原生粒间孔、剩余粒间孔、粒间溶孔，属中孔、特低渗、强非均质性储层（表 1-9 和表 1-10）。

表 1-9 沙丘 3 井区韭菜园子组孔隙度、渗透率统计表

样品	层位	样品数 块	孔隙度，%		样品数 块	渗透率，mD	
			一般	平均		一般	平均
储层样品	$T_1j_2^2$	53	13.98~27.08	20.33	46	0.227~69.236	3.709
	T_1j_1	57	9.64~26.86	23.06	57	0.167~248.610	6.387
	T_1j	110	9.64~27.08	21.73	103	0.167~248.610	4.998
油层样品	$T_1j_2^2$	35	17.63~27.08	22.09	32	0.931~69.236	3.551
	T_1j_1	54	19.44~26.86	23.46	54	0.857~248.610	7.091
	T_1j	89	17.63~27.08	22.92	86	0.857~248.610	5.482

注：摘自《沙南油田沙丘 3 井区韭菜园子组油藏综合研究》，1997 年 11 月。

表 1-10 沙丘 3 井区韭菜园子组孔隙结构特征统计表

特征参数		沙 103	SQ1113	Σ
统计层位		T_1j_1	$T_1j_2^2$	T_1j
样品数，块		14	10	24
粒间孔，%	分布区间	0~50	0~80	0~80
	平均	34.6	33.2	34.0
粒间溶孔，%	分布区间	45~89	0~65	0~89
	平均	56.8	40.5	50.0
粒内溶孔，%	分布区间	5~30	1~40	1~40
	平均	7.9	10.3	8.9
基质溶孔，%	分布区间	0~5	0~80	0~80
	平均	0.8	9.0	4.1
粒模孔，%	分布区间	0	0~70	0~70
	平均	0	7	2.9

续表

特征参数		沙 103	SQ1113	Σ
统计层位		T_1j_1	$T_1j_2^2$	T_1j
样品数，块		14	10	24
平均孔径，μm	分布区间	43.4~146.6	19.9~144.6	19.9~146.6
	平均	95. 6	80.5	89.3
分选系数	分布区间	0.8~1.2	0.7~1.4	0.7~1.4
	平均	0.89	0.88	0.88
变异系数	分布区间	0.2~0.3	0.1~0.3	0.1~0.3
	平均	0.26	0.22	0.24
偏度	分布区间	0.05~0.69	0.28~1.67	0.05~1.67
	平均	0.36	0.88	0.58
尖度	分布区间	2.13~3.46	1.79~6.15	1.79~6.15
	平均	2.86	4.26	3.44
平均喉道宽度 μm	分布区间	6.6~28.7	3.7~26.9	3.7~28.7
	平均	19.7	13.4	17.0
孔喉直径比	分布区间	4.01~6.54	4.26~7.91	4.01~7.91
	平均	5.08	6.15	5.55
最大配位数	分布区间	2~3	1~3	1~3
	平均	2.1	2.1	2.1
平均配位数	分布区间	0.08~0.32	0.06~0.29	0.06~0.32
	平均	0.16	0.14	0.15
面孔率 ,%	分布区间	0.01~9.68	0.03~6.92	0.01~9.68
	平均	5.00	3.58	4.57

注：摘自《沙南油田沙丘 3 井区韭菜园子组油藏综合研究》，1997 年 11 月。

第三节　流体与渗流

沙南油田纵向上由两套含油体系组成，横向上由 6 个开发单元组成，分属不同压力系统。油藏类型主要为构造—岩性油藏，个别为构造油藏或岩性油藏。属未饱和油藏，驱动类型为弹性驱动，为正常温度压力系统。各区块原油性质相近，油田中部地面原油性质较好，油水边界附近相对略差；纵向上，随着深度的增加，压力增大，原油密度、黏度略微减小，总体上变化不大。

一、流体性质

1998 年 12 月，《沙南油田沙丘 5—沙丘 3 井区块新增石油探明储量报告》认为，沙丘 5 井区梧桐沟组油藏为岩性—构造油藏，油水界面为 -2100m，油层温度 79.4℃，地层压力 29.50MPa，压力系数 1.15；原油具有“三低两高”的特点，即低黏度、低密度、低酸值、高含蜡量、高凝固点。地层原油密度 0.715g/cm³，黏度 0.88mPa · s；地面原油密度 0.848g/cm³，50℃时黏度 8.10mPa · s；溶解气相对密度 0.909，甲烷含量 56.63%；地层水为氯化钙型，矿化度 19648mg/L，氯离子含量 11814mg/L。沙丘 3 井区韭菜园子油藏为单斜构造上的岩性油藏，油层温度 57.9℃，地层压力 20.30MPa，压力系数 1.15，为未饱和油藏。原油具“四低两高”的特点，即低黏度、低密度、低酸值、低初馏点、高含蜡、高凝固点。地层原油密度 0.774g/cm³，黏度 1.95mPa · s；地面原油密度 0.844g/cm³，50℃时黏度 10.10mPa · s；溶解气相对密度 0.765，甲烷含量 71.14%；地层水为氯化钙型。

2002 年 7 月，勘探开发研究院祝芸等编制了《沙南油田沙丘 5 井区块二叠系梧桐沟组油藏储量复算报告》，补充增加 59 口开发井的油、气、水分析资料、6 井次高压物性以及静压、复压、电缆测试（MDT）压力、试采资料，对沙丘 5 井区梧桐沟组油藏参数和流体性质重新进行计算，结果为：油水界面为 −2109m，原始地层压力 29.07MPa，压力系数 1.14，为饱和程度较低的未饱和油藏，地层温度 78.3℃；地层油密度 0.748g/cm³，黏度 1.11mPa · s；地面原油密度 0.845g/cm³，50℃时黏度 7.71mPa · s；地层水氯离子含量 4222mg/L，总矿化度 7646mg/L。

同年 12 月，《沙南油田沙丘 112 井区块二叠系梧桐沟组油藏新增石油探明储量报告》认为，沙 112 井区梧桐沟组油藏为岩性—构造油藏，地层压力 28.50 MPa，饱和压力 14.60MPa，为未饱和油藏，油层温度 78.3℃；地层原油密度 0.745g/cm³，黏度 1.42mPa · s；地面原油密度 0.843g/cm³，50℃时黏度 7.11mPa · s；溶解气相对密度 0.815，甲烷含量 63.00%，地层水为氯化钙型。

2003 年 12 月，《沙南油田沙 114 井区、SQ402 井区、SQ4214 井区二叠系梧桐沟组油藏新增石油探明储量报告》认为，沙 114 井区由三个油藏组成，以断层或向斜相隔，北部 SQ4214 井断鼻构造油藏，中部 SQ402 井断鼻构造油藏，东南部沙 114 井岩性尖灭油藏。地层压力 29.70MPa，饱和压力 9.80MPa，为未饱和油藏，地层温度 80.2℃；地层原油密度 0.774g/cm³，黏度 2.81mPa · s；地面原油密度 0.844g/cm³，50℃时黏度 7.78mPa · s；溶解气相对密度平均 0.695，甲烷含量 76.40%，地层水为氯化钙型。

沙南油田各区块流体性质具体情况见表 1−11、表 1−12 和表 1−13。

表 1−11　沙南油田各区块油藏特征表

区块	层位	油藏类型	油藏中部海拔 m	油水界面 m	地层压力 MPa	压力系数	地温梯度 ℃ /100m	地层温度 ℃
沙丘 3	T_1j	岩性	−1200		20.30	1.15	2.75	57.9
沙丘 5	P_3wt_1	岩性构造	−2000	−2109	29.07	1.14	2.17	78.3
沙 109	P_3wt_1	构造岩性	−1904	−2024	28.80	1.15	2.75	76.4
沙 112	P_3wt_1	构造岩性	−1970	−2027	28.50	1.13	2.75	78.3
沙 114	P_3wt_1	构造岩性	−2050		29.70	1.16	2.75	80.2

注：依据沙南油田各区块探明储量报告编制。

表 1−12　沙南油田各区块地层流体性质表

区块	层位	饱和压力 MPa	地饱压差 MPa	饱和程度 %	溶解气油比 m³/m³	密度 g/cm³	黏度 mPa · s	体积系数	压缩系数 $10^{-4}MPa^{-1}$
沙丘 3	T_1j	12.76	7.54	63.0	89	0.774	1.95	1.187	16.51
沙丘 5	P_3wt_1	14.47	14.60	49.8	92	0.748	1.11	1.270	18.20
沙 109	P_3wt_1	7.99	20.81	28.0	112	0.715	0.88	1.319	13.71
沙 112	P_3wt_1	14.60	13.90	51.0	94	0.745	1.42	1.263	17.74
沙 114	P_3wt_1	9.80	19.90	33.0	85	0.774	2.81	1.218	11.13

注：依据沙南油田各区块探明储量报告编制。

表 1–13　沙南油田各区块地面流体性质表

区块	层位	原油					溶解气		地层水		
		密度 g/cm³	黏度（50℃）mPa·s	凝固点 ℃	含蜡量 %	初馏点 ℃	相对密度	甲烷含量 %	总矿化度 mg/L	氯离子 mg/L	水型
沙丘 3	T_1j	0.844	10.10	20.4	8.7	78.0	0.765	71.14	18933	11467	$CaCl_2$
沙丘 5	P_3wt_1	0.845	7.71	16.6	7.5	78.5	0.879	61.00	7646	4222	$CaCl_2$
沙 109	P_3wt_1	0.849	9.83	18.0	8.3	78.0	1.041	46.26	19648	11814	$CaCl_2$
沙 112	P_3wt_1	0.843	7.11	17.0	6.3	73.0	0.815	63.00	19648	11814	$CaCl_2$
沙 114	P_3wt_1	0.844	7.78	17.5	6.9	77.0	0.695	76.40	19648	11814	$CaCl_2$

注：依据沙南油田各区块探明储量报告编制。

二、渗流规律

（一）水驱油特征

沙南油田梧桐沟组油藏共有润湿性样品 10 块，通过驱替和渗吸实验，水润湿指数 0.02 ~ 0.21，平均 0.07，油排比为 0，储层为弱亲水。

2004 年 7 月，杭州地质研究所郭沫贞、朱国华编制的《沙丘 5 井区储层微观特征与渗流机理研究》对 4 口井 26 块岩心样品进行核磁共振可动油及相渗测试，认为：(1) 油层的束缚水饱和度高，为 29.75% ~ 64.3%，具有典型的特低渗油藏特征；(2) 油水两相流动范围很窄，仅为 14.6% ~ 28.9%，反映出油藏水驱油效率低的特点；(3) 随着含水饱和度增加，油相相对渗透率下降快，水相相对渗透率上升慢，残余油下的水相相对渗透率较低，反映出油井水淹后靠提液稳产的能力差；(4) 含水饱和度稍有增加，油相相对渗透率急剧下降，水相相对渗透率明显上升，说明油井见水后产量迅速下降，稳产条件差（表 1–14 和图 1–12）。

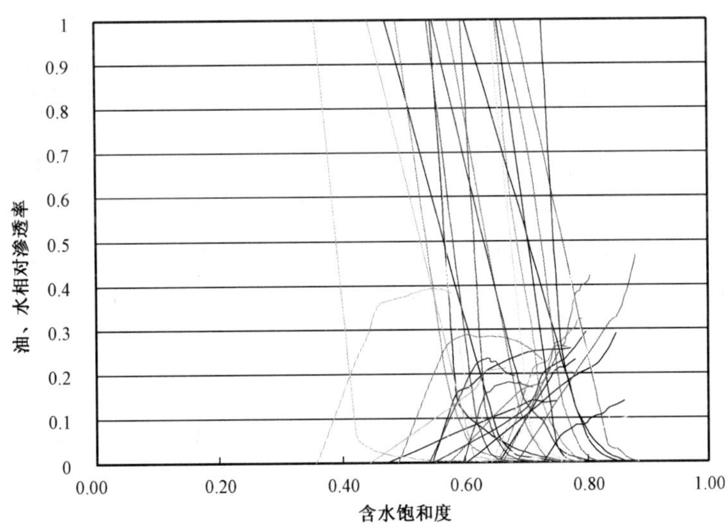

图 1–12　沙丘 5 井区梧桐沟组相对渗透率曲线
（杭州地质研究所编制，2004 年 7 月）

表 1-14　核磁共振分析油藏可动油结果和相渗实验结果对比表

井号	岩性	孔隙度 %	渗透率 mD	核磁共振		相渗		
				束缚水饱和度 %	可动油饱和度 %	束缚水饱和度 %	剩余油饱和度 %	驱油效率 %
SQ2480	中砂岩	21.47	67.02	29.75	60.33	29.02	41.48	41.81
SQ2480	粗砂岩	20.97	190.66	50.54	53.21	50.31	29.38	40.87
沙 110	砂砾岩	15.80	61.48	57.86	64.17	57.38	21.15	50.37
SQ2369	砾状砂岩	13.25	7.24	44.85	70.15	44.92	25.54	53.64
沙丘 5	细砾岩	13.83	8.87	60.80	65.72	61.75	20.19	53.64
SQ2480	中细砂岩	17.77	5.50	63.06	53.53	61.86	22.84	40.10
沙 110	含砾粗砂岩	18.16	82.50	53.75	55.64	58.12	22.27	46.83
SQ2369	含砾砂岩	16.40	9.45	64.30	43.52	63.66	25.28	30.32
SQ2369	不等粒砂岩	13.98	30.37	60.89	50.12	63.82	21.17	41.50
平均		16.85	51.45	53.98	57.38	54.54	25.48	44.34

注：摘自《沙丘 5 井区储层微观特征与渗流机理研究》，2004 年 7 月。

对比砂岩类和砾岩类的相渗曲线，发现油、水两相的共渗区间，砂岩类较宽，即油、水两相同出区间较宽（图 1-13 和图 1-14）。

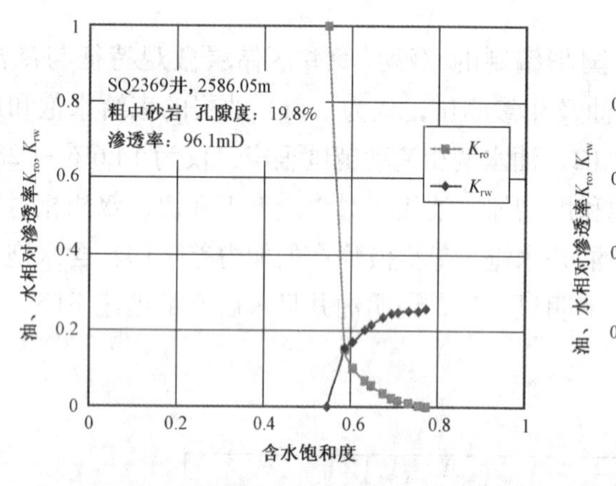

图 1-13　梧桐沟组典型粗中砂岩相渗曲线
（新疆油田分公司准东采油厂研究所编制，2004 年）

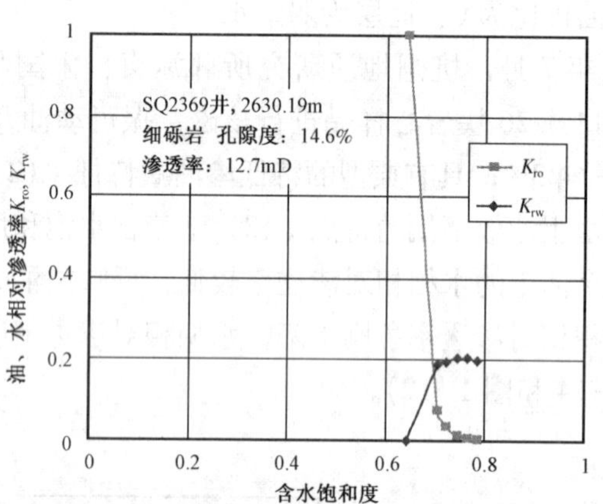

图 1-14　梧桐沟组典型细砾岩相渗曲线
（新疆油田分公司准东采油厂研究所编制，2004 年）

根据沙南油田梧桐沟组 38 块岩心压汞资料，形态为斜线上升型，呈分选极差的偏粗歪度型。排驱压力 1.52MPa，饱和度中值压力平均 8.86MPa。最大孔喉半径 2.49μm，平均毛细管半径 0.16μm，退汞效率平均 20.61%，一定程度上反应采收率较高；根据沙南油田韭菜园子组 2 口井 27 块岩样压汞资料，曲线形态为无平台斜线上升型，排驱压力高（0.28MPa），对应的最大毛细管半径 3.46μm，平均毛细管半径 0.94μm。退汞效率低（17.76%），反应出采收率较低。孔喉分选差，分选系数 2.46（图 1-15 和图 1-16）。

（二）敏感性

根据梧桐沟组 3 口井 8 块岩心样品敏感性实验，2 块样品水敏程度属强水敏，2 块属中等水敏，渗透率损失率 40.14% ~ 82.09%，平均 59.2%；2 块属强盐敏，2 块属中强盐敏，渗透率损失率 17.26% ~ 67.8%，平均 39.26%（表 1-15）。

根据韭菜园子组 4 块样品敏感性实验，水敏指数为 0.491 ~ 0.625，属中、强水敏程度；临界盐度 10000 ~ 12000μg/g，渗透率损失 52.3% ~ 59.9%（表 1-16）。

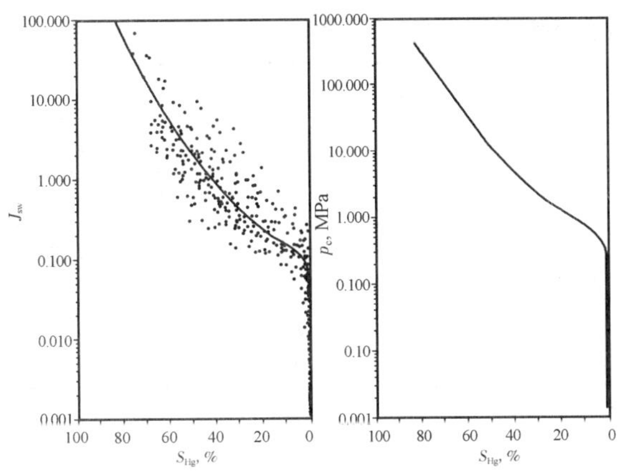

图 1-15　梧桐沟组“J”函数、平均毛管压力曲线
（新疆石油管理局勘探开发研究院编制，1998 年）

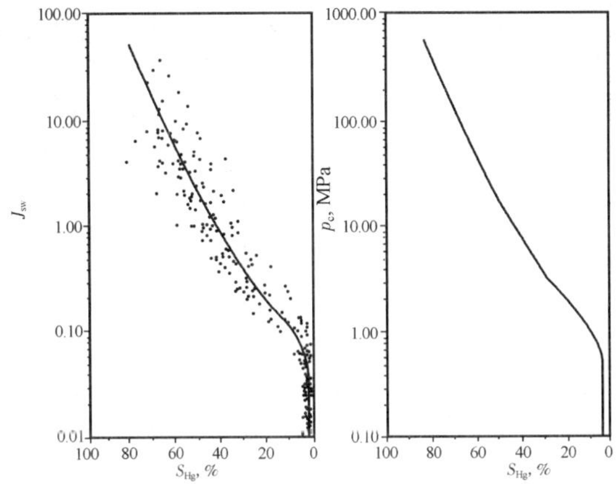

图 1-16　韭菜园子组“J”函数、平均毛管压力曲线
（新疆石油管理局准东采油厂研究所编制，1998 年）

表1-15　沙南油田梧桐沟组储层敏感性评价表

井号	层位	样品深度 m	类型	克氏渗透率 mD	地层水渗透率 mD	最终渗透率 mD	渗透率损失率 %	渗透率损失等级				
								≤10%	10%~30%	30%~70%	70%~90%	>90%
								弱	中	强	极	极强
SQ2434	$P_3wt_1^2$	2581.02	盐敏感性	6.21	2.39	0.43	82.09				✓	
SQ2434	$P_3wt_1^2$	2586.48		300.00	122.00	36.80	69.84				✓	
SQ2434	$P_3wt_1^3$	2610.76		13.00	5.83	3.49	40.14			✓		
SQ2434	$P_3wt_1^3$	2624.06		15.50	7.32	4.10	43.99			✓		
SQ2480	$P_3wt_1^2$	2532.43		56.60	15.80	3.96	74.94				✓	
SQ2480	$P_3wt_1^2$	2540.79		34.70	22.70	13.50	40.53			✓		
SQ2369	$P_3wt_1^2$	2585.01		137.00	66.40	13.50	79.67				✓	
SQ2369	$P_3wt_1^3$	2611.05		9.70	5.29	2.78	47.45			✓		
SQ2434	$P_3wt_1^2$	2581.02	体积敏感性	3.15	0.67	0.22	67.61			✓		
SQ2434	$P_3wt_1^2$	2586.48		164.00	20.60	10.20	50.49			✓		
SQ2434	$P_3wt_1^3$	2610.76		12.20	5.74	4.50	21.60		✓			
SQ2434	$P_3wt_1^3$	2624.06		11.70	3.36	2.78	17.26		✓			
SQ2480	$P_3wt_1^2$	2532.43		41.90	19.10	15.20	20.42		✓			
SQ2480	$P_3wt_1^2$	2540.79		4.81	3.31	2.69	18.73		✓			
SQ2369	$P_3wt_1^2$	2585.01		94.40	28.50	15.30	46.32			✓		
SQ2369	$P_3wt_1^3$	2611.05		5.18	2.64	1.92	27.27		✓			
SQ2434	$P_3wt_1^2$	2581.02	速度敏感性	10.00	1.84	1.81	1.63	✓				
SQ2434	$P_3wt_1^2$	2586.48		307.00	70.70	65.20	7.78	✓				
SQ2434	$P_3wt_1^3$	2610.76		13.90	7.10	6.76	4.79	✓				
SQ2434	$P_3wt_1^3$	2624.06		17.00	6.59	6.56	0.46	✓				
SQ2480	$P_3wt_1^2$	2532.43		78.20	25.50	28.80						
SQ2480	$P_3wt_1^2$	2540.79		53.30	23.70	31.10						
SQ2369	$P_3wt_1^2$	2585.01		148.00	109.00	82.90	23.94	✓				
SQ2369	$P_3wt_1^3$	2611.05		18.90	9.07	1.18	86.99	✓				
SQ2369	$P_3wt_1^3$	2613.76		1.64	0.51	1.08						

注：摘自《沙南油田沙丘 5 井区射孔方案》，2000 年 9 月。

表 1-16　沙丘 3 井区韭菜园子组储层水敏试验结果表

井号	层位	K_{∞} mD	渗透率，mD			
			标准盐水	次标准盐水	去离子水	水敏指数
SQ1113	$T_1j_2^2$	1.213	0.750	0.741	0.382	0.491
SQ1113	$T_1j_2^2$	2.598	0.192	0.119	0.077	0.599
沙 103	T_1j_1	3.950	1.927	1.919	0.723	0.625
沙 103	T_1j_1	4.972	2.297	2.430	1.096	0.523

注：摘自《沙南油田沙丘 3 井区韭菜园子组油藏综合研究》，1997 年 11 月。

第四节　油气储量

1997 年 10 月，《沙南油田三叠系韭菜园子组及二叠系梧桐沟组油藏控制储量报告》对沙丘 3 井区韭菜园子组、梧桐沟组以及沙 102 井区梧桐沟组控制储量进行计算，计算结果：韭菜园子组控制石油地质储量 4853×10^4t、可采储量 1261.8×10^4t，溶解气地质储量 43.19×10^8m^3、可采储量 11.23×10^8m^3，含油面积 47.2km^2；梧桐沟组控制石油地质储量 669×10^4t、可采储量 120.4×10^4t，溶解气地质储量 9.56×10^8m^3、可采储量 1.72×10^8m^3，含油面积 16.3km^2；合计控制石油地质储量 5522×10^4t、可采储量 1382.2×10^4t，溶解气地质储量 52.75×10^8m^3、可采储量 12.95×10^8m^3，最大叠合含油面积 49.2km^2。

1998 年 12 月，在发现沙丘 5 井区梧桐沟组油藏基础上，勘探开发研究院石新璞等人编写的《沙南油田沙丘 5—沙丘 3 井区块新增石油探明储量报告》对沙南油田梧桐沟组和韭菜园子组储量进行了新增、升级和冲销，计算结果：梧桐沟组未开发探明（Ⅱ类）石油地质储量 1670×10^4t、可采储量 384.1×10^4t，溶解气地质储量 18.87×10^8m^3、可采储量 4.34×10^8m^3，含油面积 27.3km^2；韭菜园子组开发探明（Ⅰ类）石油地质储量 154×10^4t、可采储量 38.5×10^4t，溶解气地质储量 1.37×10^8m^3、可采储量 0.34×10^8m^3，含油面积 4.5km^2。合计探明石油地质储量 1824×10^4t、可采储量 422.6×10^4t，溶解气地质储量 20.24×10^8m^3、可采储量 4.68×10^8m^3，梧桐沟组最大叠合含油面积 27.3km^2，梧桐沟组与韭菜园子组最大叠合含油面积 30.5km^2。

1999 年 12 月，在发现沙 109 井区梧桐沟组油藏基础上，准东研究所李晓慈、张学军等编写并上报《沙南油田沙 109 井区块新增石油探明储量报告》，对沙南油田储量进行了新增扩边，计算结果：沙 109 井区梧桐沟组油藏基本探明（Ⅲ类）石油地质储量 470×10^4t、可采储量 108×10^4t，溶解气地质储量 1.65×10^8m^3、可采储量 0.38×10^8m^3，含油面积 12.1km^2。

2000 年 10 月，沙南油田沙丘 5 井区梧桐沟组油藏已投入滚动开发，在发现沙丘 5 井区梧桐沟组 $P_3wt_1^4$ 新含油砂层以及油藏北部梧桐沟组 $P_3wt_1^2$ 含油砂层含油面积扩大的基础上，《沙南油田沙丘 5 井区二叠系梧桐沟组油藏新增石油探明储量报告》对沙丘 5 井区梧桐沟组 $P_3wt_1^2$ 层和 $P_3wt_1^4$ 层新增储量进行计算，计算结果：沙丘 5 井区梧桐沟组新增开发探明（Ⅰ类）石油地质储量 204×10^4t、可采储量 51.0×10^4t，溶解气地质储量 1.88×10^8m^3、可采储量 0.47×10^8m^3，最大叠合含油面积 5.3km^2。

2002 年 7 月，在沙丘 5 井区已完钻各类探井 5 口、开发井 116 口、投产 115 口井的基础上，《沙南油田沙丘 5 井区二叠系梧桐沟组油藏探明储量复算报告》对 1998 年 12 月上报的沙丘 5 井区梧桐沟组油藏未开发探明（Ⅱ类）石油地质储量进行复算升级并与 2000 年 10 月上报的新增开发探明储量（Ⅰ类）石油地质储量合并，计算结果：沙丘 5 井区梧桐沟组开发探明（Ⅰ类）石油地质储量 1320×10^4t、可采储量 307.8×10^4t，溶解气地质储量 12.14×10^8m^3、可采储量 2.83×10^8m^3，最大叠合含油面积 20.4km^2。与原探明储量相比，复算后含油面积减少 10.9 km^2，减少石油地质储量 501×10^4t，减少溶解气地质储

量 $7.85\times10^8m^3$。

同年12月，在发现沙112井区梧桐沟组油藏的基础上，《沙南油田沙112井区二叠系梧桐沟组新增石油探明储量报告》对沙112井区梧桐沟组油藏储量进行计算，计算结果：直接升级新增开发探明（Ⅰ类）石油地质储量 289×10^4t、可采储量 66.4×10^4t，溶解气地质储量 $2.72\times10^8m^3$、可采储量 $0.62\times10^8m^3$，含油面积 $4.2\ km^2$。

2003年12月，在发现沙114井区梧桐沟组油藏的基础上，《沙南油田沙114井区、SQ402井区、SQ4214井区二叠系梧桐沟组油藏新增探明石油地质储量报告》对沙114井区梧桐沟组油藏储量进行计算，计算结果：直接升级新增Ⅰ、Ⅱ类探明石油地质储量 201×10^4t、可采储量 46.3×10^4t，溶解气地质储量 $1.70\times10^8m^3$、可采储量 $0.39\times10^8m^3$，含油面积 $4.4km^2$。

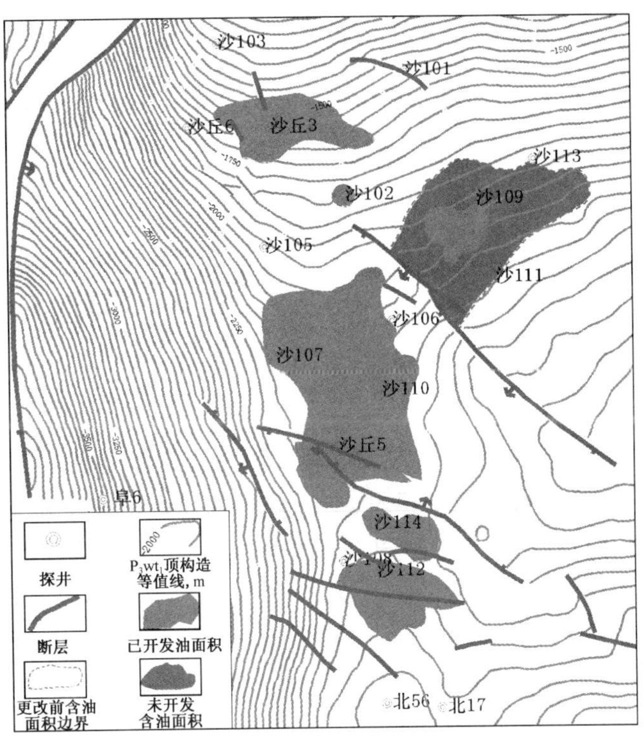

图1-17 沙南油田探明储量分布图
（新疆油田分公司准东采油厂研究所编制，2005年）

2004年10月，准东采油厂研究所谭文东、李培俊等编写并上报《沙南油田沙丘5井区块三叠系韭菜园子组油藏新增探明石油地质储量报告》，对沙丘5井区韭菜园子组油藏储量进行计算，计算结果：直接升级新增开发探明（Ⅰ类）石油地质储量 103×10^4t、可采储量 22.7×10^4t，溶解气地质储量 $0.82\times10^8m^3$、可采储量 $0.18\times10^8m^3$，含油面积 $1.8km^2$。

截至2005年底，沙南油田共有Ⅰ、Ⅱ、Ⅲ类探明储量单元9个。其中韭菜园子组2个，梧桐沟组7个；开发探明（Ⅰ类）单元5个，未开发探明（Ⅱ类）单元3个，基本探明（Ⅲ类）单元1个。累计探明各类石油地质储量 2590×10^4t、可采储量 601.9×10^4t，溶解气地质储量 $21.16\times10^8m^3$、可采储量 $4.91\times10^8m^3$，含油面积 $40.3km^2$（表1-17、图1-17）。

表1-17 沙南油田2005年底探明储量参数表

区块	层位	储量类别	储量参数						石油		溶解气		备注
			含油面积 km^2	有效厚度 m	有效孔隙度 %	含油饱和度 %	原油密度 g/cm^3	原油体积系数	地质储量 10^4t	可采储量 10^4t	地质储量 10^8m^3	可采储量 10^8m^3	
沙丘3井区	T_1j	Ⅰ类	4.5	3.9	23	53	0.844	1.172	154	38.5	1.37	0.34	升级
	P_3wt_1	Ⅱ类	1.3	5.8	21	53	0.843	1.325	53	12.2	0.76	0.17	升级
沙丘5井区	P_3wt_1	Ⅰ类	20.4	11.0	17	59	0.845	1.236	1320	307.8	12.14	2.83	复算+新增
	T_1j	Ⅰ类	1.8	8.5	19	50	0.843	1.188	103	22.7	0.82	0.18	新增
沙109井区	P_3wt_1	Ⅲ类	12.1	5.5	19	49	0.849	1.119	470	108.0	1.65	0.38	新增
沙112井区	P_3wt_1	Ⅰ类	4.2	10.5	18	54	0.843	1.244	289	66.4	2.72	0.62	新增
沙114井区	P_3wt_1	Ⅰ、Ⅱ类	4.4	7.2	17	54	0.844	1.188	201	46.3	1.70	0.39	新增
总计			40.3						2590	601.9	21.16	4.91	

注：依据沙南油田各区块探明储量报告编制。

第二章 

开发部署与实施

沙南油田于1997年8月开始陆续投入开发，共分为6个开发单元。按照投入开发的时间顺序依次为：沙丘3井区韭菜园子组油藏、沙丘5井区梧桐沟组油藏、沙109井区梧桐沟组油藏、沙112井区梧桐沟组油藏、沙114井区梧桐沟组油藏、沙102井区梧桐沟组油藏。其中，沙102井区梧桐沟组油藏正在滚动开发建设之中。截至2005年底，动用地质储量2180×10^4t，动用可采储量507.7×10^4t。共有油水井251口，其中采油井195口，日产液943t，日产油503t，综合含水46.7%，综合气油比75m^3/t，平均单井日产油3.7t。采液速度2.0%，采油速度1.1%，采出程度9.50%，年产油24.68×10^4t，累计产油207.12×10^4t。注水井56口，平均井日注水量31m^3，日注水平1666m^3，月度注采比1.22，累计注采比0.70（表2−1）。

表2−1　沙南油田各开发单元开发概况表

开采单元	开采层位	发现时间	开发时间	累计动用			开采方式	2005年产油 10^4t	累计产油 10^4t	采油速度 %	采出程度 %	综合含水 %	气油比 m^3/t
				含油面积 km^2	地质储量 10^4t	可采储量 10^4t							
沙丘3	T_1j	1997年4月	1997年	4.5	154	38.5	注水	0.9002	18.7218	0.5	12.44	50.2	10
沙丘5	P_3wt_1	1998年3月	1999年	20.4	1476	342.7	注水	13.8130	146.6198	1.0	11.29	47.3	92
沙109	P_3wt_1	1999年8月	2001年	1.3	60	13.8	注水	0.7996	6.4506	1.1	11.12	44.6	7
沙112	P_3wt_1	1999年9月	2001年	4.2	289	66.4	注水	2.5447	18.6793	0.7	6.28	67.5	45
沙114	P_3wt_1	2002年4月	2003年	4.4	201	46.3	注水	5.7698	15.5536	2.6	8.53	37.1	82
沙102	P_3wt_1	1997年8月	2005年	—	—	—	注水	0.8420	0.8420	—	—	3.1	9
其他	—	—	—	—	—	—	—	0.0064	0.2556	—	—	—	—
合计	—	—	—	37.9	2180	507.7	—	24.6757	207.1227	1.1	9.50	46.7	75

注：依据新疆油田分公司中心数据库数据资料编制。

第一节　方案编制与实施

沙南油田自1997年发现后，立足滚动开发，遵循“总体部署，控制井先行，分批实施”的原则，根据钻井、投产情况，及时进行井位调整，大大提高了钻井成功率和产能到位率。自1997年起，陆续编制并实施了各区块开发布井方案和意见，并随时进行调整和优化补充，保证了开发方案的顺利有效实施。

一、沙丘5井区梧桐沟组油藏

1999年2月，由勘探开发研究院王延杰、姚鹏翔等编制了《沙南油田二叠系梧桐沟组油藏滚动开发布井方案》，在二叠系梧桐沟组 $P_3wt_1^3$ 和 $P_3wt_1^2$ 层重叠的含油面积区域部署开发井网，动用含油面积 10.7km²，动用石油地质储量 1038×10⁴t。方案采用 300m×425m 井距反九点面积注水井网，部署开发井 96 口（采油井 76 口，注水井 20 口），利用老井 3 口（沙丘 5、SQ2401、SQ2402），钻新井 93 口。设计单井产能 12.0t/d，区日产油 912t，年产油能力 27.36×10⁴t，平均井深 2660m，钻井进尺 24.74×10⁴m。

同年 7 月，根据已完钻井的资料和三维地震的最新解释成果，原方案组编制了《沙南油田沙丘 5 井区二叠系梧桐沟组油藏扩边井布井意见》，决定在井区北部有效厚度较大的区域内部署扩边井，采用 300m×425m 井距反九点面积注水井网，共部署扩边井 35 口（含开发控制井 3 口），其中采油井 27 口，注水井 8 口。设计单井产能 12.0t/d，扩边区日产油 324t，年产油能力 9.72×10⁴t，平均井深 2700m，钻井进尺 9.45×10⁴m。

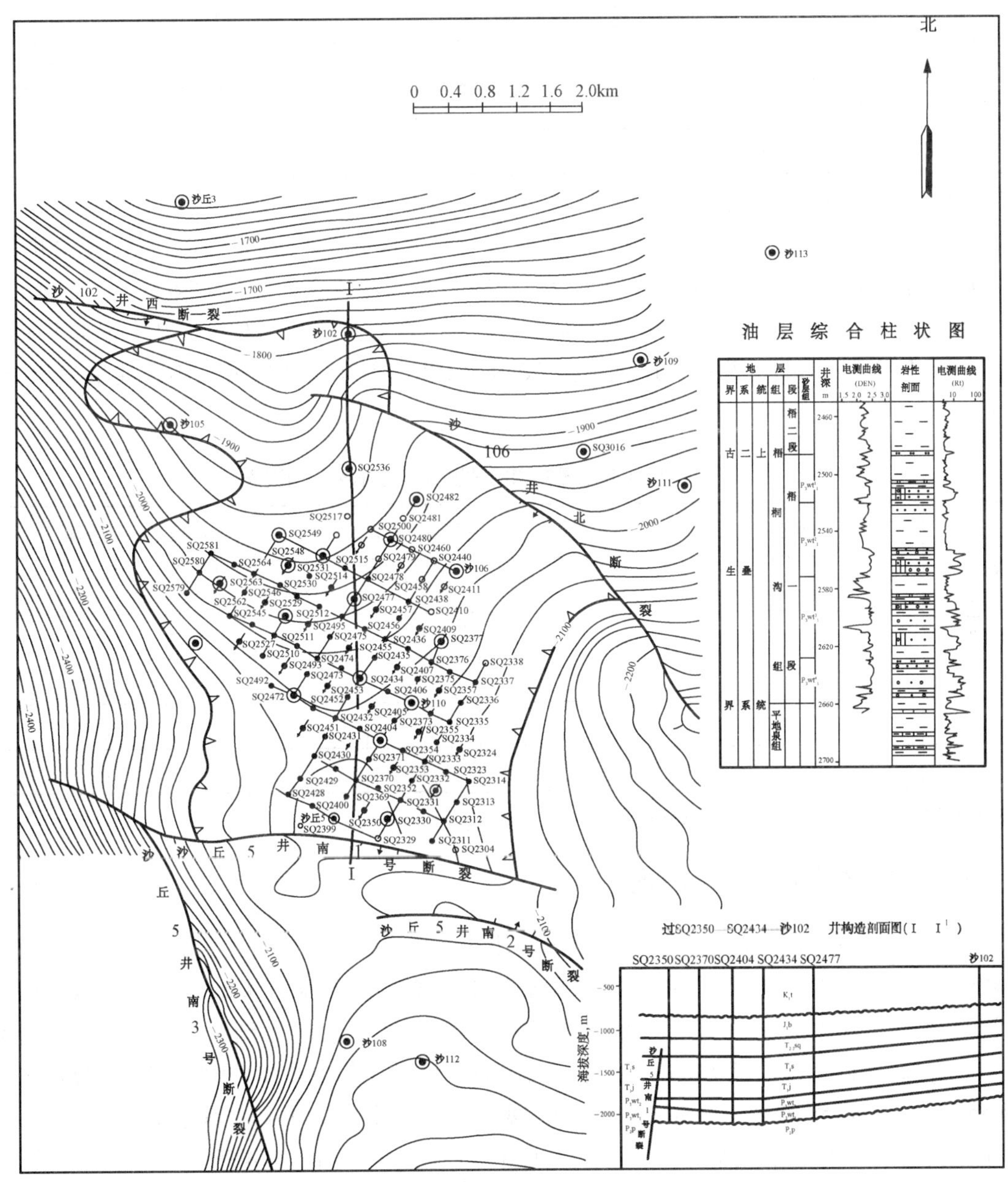

图 2-1 沙丘 5 井区梧桐沟组油藏开发井位部署图
（附 $P_3wt_1^3$ 顶部构造线）
（新疆石油管理局勘探开发研究院编制，1999 年）

同年 12 月，根据扩边井投产情况，原方案组编制了《沙南油田二叠系梧桐沟组油藏东北部滚动开发布井方案》，部署扩边井 35 口井，其中采油井 26 口，注水井 9 口。设计单井产能 10.0t/d，扩边区日产油 260t，年产油能力 7.80 × 10⁴t，平均井深 2700m，钻井进尺 9.45 × 10⁴m。同年 9 月，在沙 102—沙 106—SQ2477 井一带部署开发控制井 3 口。

以上沙丘 5 井区历次共布开发井 166 口（利用老井 3 口），新钻井 163 口，其中采油井 129 口，注水井 37 口，区日产油 1496t，设计年产油能力 44.88 × 10⁴t（表 2–2）。

表 2–2 沙丘 5 井区梧桐沟组油藏开发方案部署情况表

时间	部署新井，口			利用老井，口			设计井深 m	总进尺 10^4m	设计单井产能 t/d	新建产能 10^4t/a
	采油井	注水井	合计	采油井	注水井	合计				
1999 年 2 月	74	19	93	2	1	3	2660	24.74	12.0	27.36
1999 年 9 月	27	8	35	—	—	—	2700	9.45	12.0	9.72
1999 年 12 月	26	9	35	—	—	—	2700	9.45	10.0	7.80
合计	127	36	163	2	1	3		43.64		44.88

注：依据沙丘 5 井区历年开发布井方案编制。

方案实施过程中进行了多次优化调整，分层次、有步骤地分 5 批进行实施，每轮开发井完钻后均采用三维地震构造及储层横向解释技术，结合新完钻井及测井资料，对油砂体进行横向预测，指导下一轮井实施。截止 2000 年 10 月，共完钻新井 117 口，新老井总数 120 口，其中采油井 94 口，注水井 26 口。区日产油 1152t，建成年产油能力 30.58 × 10^4t，方案实施后最高年产油量为 30.38 × 10^4t（表 2–3）。

表 2–3 沙丘 5 井区梧桐沟组油藏开发方案实施情况表

对应方案编制时间	实际完钻新井，口			利用老井，口			平均单井产能 t/d	实际新建年产能 10^4t	产能到位率 %
	采油井	注水井	合计	采油井	注水井	合计			
1999 年 2 月	66	18	84	2	1	3	12.5	25.50	103.1
1999 年 9 月	15	4	19	—	—	—	6.5	2.93	30.1
1999 年 12 月	11	3	14	—	—	—	6.5	2.15	27.6
合计	92	25	117	2	1	3		30.58	68.1

注：依据新疆油田分公司中心数据库数据资料编制。

二、沙丘 3 井区韭菜园子组油藏

1997 年 8 月，在《沙南油田梧桐沟组油藏滚动开发布井意见》的基础上，勘探开发研究院王延杰、姚鹏翔编制了《沙南油田韭菜园子组油藏滚动开发布井方案》，方案采用 425m × 600m 井距反九点面积注水井网，以沙丘 3 井为中心展开，部署开发井 36 口（利用老井 1 口），新钻井 35 口，其中采油井 27 口，注水井 9 口。设计单井产能 8.0t/d，区日产油 216t，年产油能力 6.48 × 10^4t，平均井深 1870m，钻井进尺 6.55 × 10^4m。截至 1998 年 5 月，完钻新井 18 口，新老井总数 19 口，其中采油井 14 口，注水井 5 口，抽油生产。单井平均日产油 11.5t，区日产油 161t，建成年产油能力 4.83 × 10^4t。

2000 年 5 月，准东采油厂研究所编制了《沙南油田沙丘 3 井区韭菜园子组油藏扩边布井意见》，在 SQ1174 井以东砂层厚度大于 7m 未布井的区域采用 300m 井距部署扩边井 4 口，均为采油井。设计单井产能 6t/d，扩边区日产油 24t，年产油能力 0.72 × 10^4t，平均井深 1870 m，钻井进尺 0.75 × 10^4m。截至 2001 年 8 月，完钻新井 4 口，区日产油 16.0t，建成年产油能力 0.48 × 10^4t。除 SQ1177 井外，有 3 口井落入稠油区，3 口稠油井平均单井日产油 1.5t，未达到设计产能。

2001 年 12 月，准东采油厂研究所宋小彬等编制了《沙南油田沙丘 3 井区韭菜园子组油藏加密注水方案》，将原 425m × 600m 反九点井网加密成 300m × 425m 反九点井网，相应井网密度由 5.54 口井 /km² 增加到 11.11 口井 /km²，布井范围在砂层厚度 8m 线以内，共部署加密油井 12 口，老井采转注 6 口。设计单井产能 12.0t/d，区日产油 144t，年产油能力 4.32 × 10⁴t，平均井深 1810m，钻井进尺 2.17 × 10⁴m。截至 2003 年 6 月，完钻新井 10 口，老井采转注 6 口，平均单井日产油 6.0t，未达到设计产能，区日产油 60t，建成年产油能力 1.8 × 10⁴t（图 2–2）。

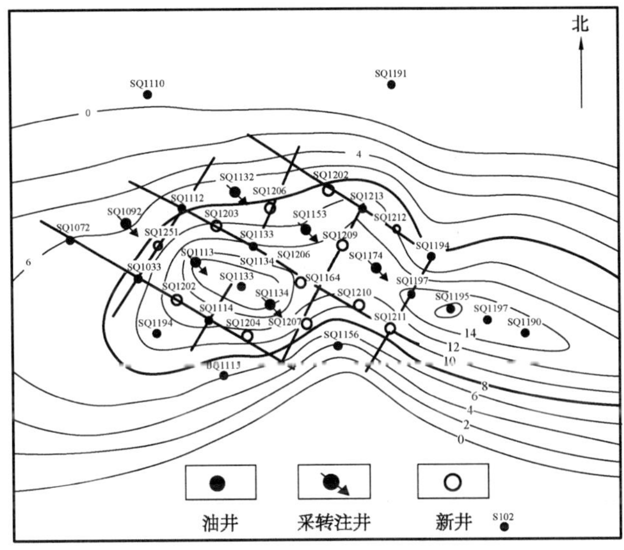

图 2–2　沙丘 3 井区韭菜园子组油藏加密井网图
（新疆油田分公司准东采油厂研究所编制，2001 年）

以上沙丘 3 井区历次布开发井 53 口（利用老井 1 口），新钻井 52 口，其中采油井 43 口，注水井 10 口，区日产油 384t，设计年产油能力 11.52 × 10⁴t（表 2–4）。

表 2–4　沙丘 3 井区韭菜园子组油藏开发方案部署情况表

时间	部署新井，口			利用老井，口			设计井深 m	总进尺 10⁴m	设计单井产能 t/d	新建年产能 10⁴t
	采油井	注水井	合计	采油井	注水井	合计				
1997 年 8 月	27	9	36		1	1	1870	6.55	8.0	6.48
2000 年 5 月	4		4				1870	0.75	6.0	0.72
2001 年 12 月	12		12				1810	2.17	12.0	4.32
合计	43	9	52		1	1		9.47		11.52

注：依据沙丘 3 井区历年开发布井方案编制。

截至 2003 年 6 月，共完钻新井 32 口，新老井总数 33 口，其中采油井 28 口，注水井 5 口。区日产油 237t，建成年产油能力 7.11 × 10⁴t（表 2–5）。

表 2–5　沙丘 3 井区韭菜园子组油藏开发方案实施情况表

对应方案编制时间	实际完钻新井，口			利用老井，口			平均单井产能 t/d	实际新建年产能 10⁴t	产能到位率 %
	采油井	注水井	合计	采油井	注水井	合计			
1997 年 8 月	14	4	18		1	1	11.5	4.83	74.5
2000 年 5 月	4		4				4.0	0.48	66.7
2001 年 12 月	10		10				6.0	1.80	41.7
合计	28	4	32		1	1		7.11	61.7

注：依据新疆油田分公司中心数据库数据资料编制。

三、沙 109 井区梧桐沟组油藏

沙 109 井区梧桐沟组油藏发现井为沙 109 井，该井于 1999 年 8 月射开梧桐沟组 2422.0 ~ 2430.0m

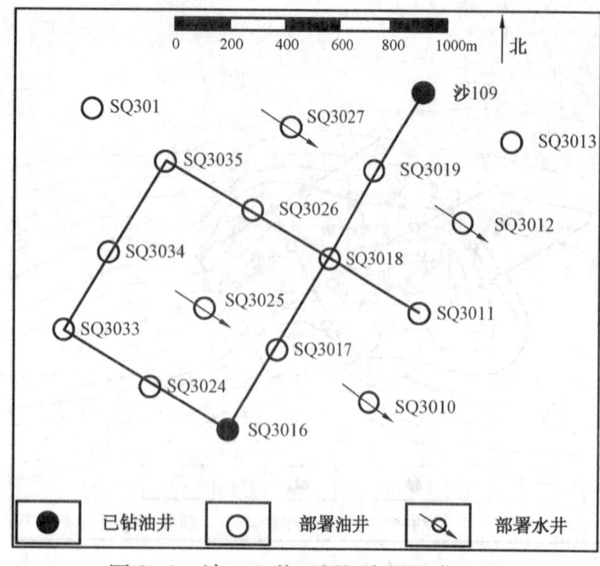

图 2–3 沙 109 井区梧桐沟组油藏滚动开发井位部署图

（新疆油田分公司勘探开发研究院编制，2000 年）

井段试油获工业油流。2000 年 10 月，勘探开发研究院姚鹏翔等编制了《沙南油田沙 109 井区梧桐沟组油藏滚动开发评价井布井意见》，部署并实施了 1 口开发评价井 SQ3016 井，10 月 17 日压裂后转抽日产油 11.4t，含水 37%。

2000 年 12 月，根据开发评价井 SQ3016 井压裂后获得较高产量的情况，姚鹏翔、王斌等编制了《沙南油田沙 109 井区梧桐沟组油藏滚动开发布井意见》，根据沉积相和砂体分布，在沙 109 井和 SQ3016 井之间采用 350m × 500m 井距反九点面积注水井网，共布井 17 口（采油井 13 口，注水井 4 口），利用老井 2 口，新钻井 15 口，动用含油面积 $2.1km^2$，动用石油地质储量 92×10^4t。设计单井产能 8.0t/d，区日产油 104t，年产油能力 3.12×10^4t，平均井深 2540m，钻井进尺 3.81×10^4m（图 2–3）。

截至 2001 年 8 月，完钻新井 10 口，新老井总数 12 口，其中采油井 10 口，注水井 2 口。单井平均日产油 7.5t，区日产油 75t，建成年产油能力 2.25×10^4t，产能到位率 72.1%。

四、沙 112 井区梧桐沟组油藏

2000 年 12 月，在《准东沙丘地区沙 112 井区 P_3wt 油藏控制因素》项目研究的基础上，准东采油厂研究所熊小华等编制《准东油区沙 112 井区梧桐沟组油藏滚动开发布井意见》，方案设计将 $P_3wt_1^3$、$P_3wt_1^2$ 两套油层一并考虑，首先在 $P_3wt_1^3$ 层探明含油面积内按 500m 井距反九点面积注水井网布井 7 口，均为采油井，老井利用 1 口，新钻井 6 口。单井设计产能 7.0t/d，区日产油 49t，年产油能力 1.47×10^4t。2001 年 12 月，准东采油厂研究所万文胜等编制了《沙南油田沙 112 井区梧桐沟组油藏滚动开发布井补充意见》，将原方案 500m 反九点井网调整为 300m 不规则反九点井网，井号也做了变更，布井范围限在沙 112 井断鼻 $P_3wt_1^3$ 层含油外边界以内。共布井 16 口（采油井 13 口，注水井 3 口），老井利用 1 口，新钻井 15 口。设计单井产能 10t/d，区日产油 130t，年产油能力 3.9×10^4t，平均井深 2620m，钻井进尺 4.19×10^4m。

2002 年 5 月，根据完钻井投产情况及构造、砂体重新解释成果，准东采油厂研究所万文胜、谭文东编制了《沙南油田沙 112 井区梧桐沟组油藏滚动开发布井方案调整意见》，对 2001 年 12 月的方案做了适当调整。调整后的方案采用 300m × 425m 井距反九点面积注水井网，共布井 45 口（含原方案部署 16 口井），其中采油井 34 口，注水井 11 口，利用老井 1 口，新钻井 44 口。设计单井产能 10.0t/d，区日产能力 340t，年产油能力 10.2×10^4t，平均井深 2570m，钻井进尺 11.57×10^4m（图 2–4）。

2003 年 2 月，准东采油厂研究所编制了《沙南油田沙 112 井区二叠系梧桐沟组油藏扩边井布井意见》，在沙 112 井断鼻 $P_3wt_1^3$ 层含油外边界以内及沙 112 井以南的 SQ401 井区以西采用 250 ~ 300m 井距不规则反九点井网，布扩边井 7 口。设计单井产能 8.0t/d，年产油能力 1.68×10^4t。

考虑到沙 112 井区原方案不能完全适应油藏特点的情况，按照 2003 年 4 月编制的《沙南油田沙 112 井区井别调整意见》，将原井网设计注水井 SQ4104、SQ4126、SQ4066、SQ4085 改为采油井，将原采油井 SQ4094、SQ4113、SQ4004 改为注水井。

以上沙 112 井区历次共布开发井 52 口井（采油井 41 口，注水井 11 口），利用老井 1 口，新钻井 51 口，区日产油 396t，设计年产油能力 11.88×10^4t（表 2–6）。

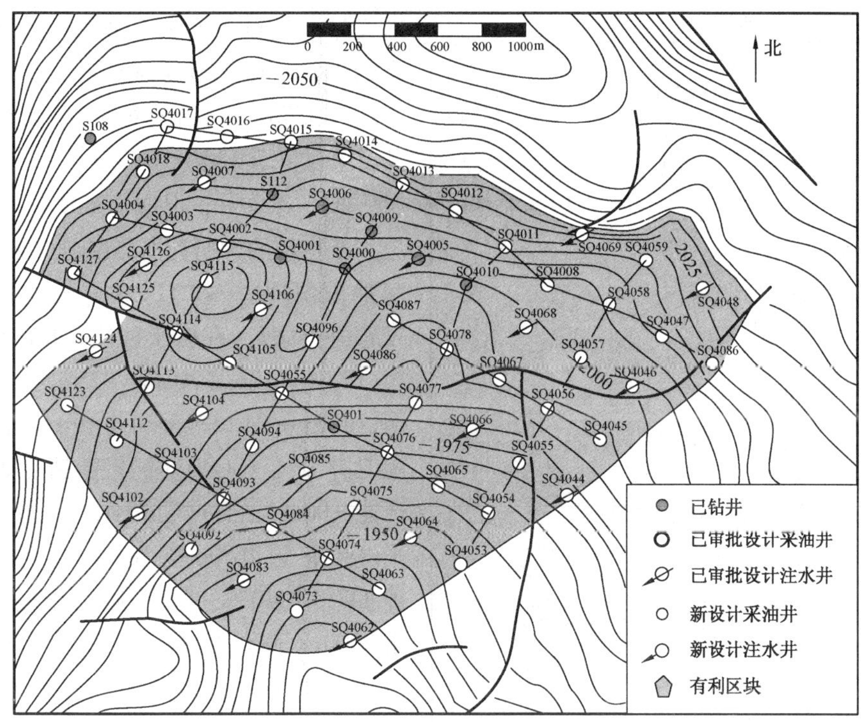

图 2–4　沙 112 井区梧桐沟组油藏开发布井调整图
（新疆油田分公司准东采油厂研究所编制，2002 年）

截至 2003 年 12 月，共完钻新井 32 口，新老井总数 33 口，其中采油井 22 口，注水井 11 口。区日产油 210t，建成年产油能力 6.3×10^4t（表 2–7）。

表 2–6　沙 112 井区梧桐沟组油藏开发方案部署情况表

时间	部署新井，口			利用老井，口			设计井深 m	总进尺 10^4m	设计单井产能 t/d	新建年产能 10^4t
	采油井	注水井	合计	采油井	注水井	合计				
2002 年 5 月	33	11	44	1	—	1	2570	11.57	10.0	10.20
2003 年 2 月	7	—	7	—	—	—	2580	1.81	8.0	1.68
合计	40	11	51	1	—	1	—	13.38	—	11.88

注：依据沙 112 井区历年开发布井方案编制。

表 2–7　沙 112 井区梧桐沟组油藏开发方案实施情况表

对应方案编制时间	实际完钻新井，口			利用老井，口			平均单井产能 t/d	实际新建年产能 10^4t	产能到位率 %
	采油井	注水井	合计	采油井	注水井	合计			
2002 年 5 月	20	11	31	1	—	1	10.0	6.30	61.8
2003 年 2 月	1	—	1	—	—	—	—	—	—
合计	21	11	32	1	—	1	—	6.30	53.0

注：依据新疆油田分公司中心数据库数据资料编制。

五、沙 114 井区梧桐沟组油藏

为了做好沙 114 井区梧桐沟组油藏开发前期准备工作，2002 年 6—9 月，在沙 114 井区部署了开发评价井和开发控制井各 2 口（SQ402 井、SQ403 井、SQ5002 井、SQ5045 井）。同年 12 月，4 口井全

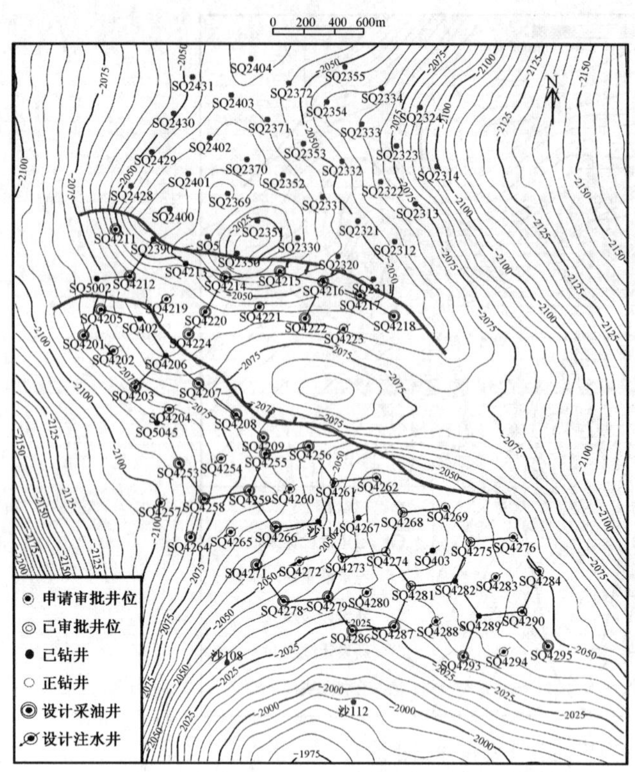

图 2-5 沙 114 井区梧桐沟组油藏滚动开发井位部署图
（新疆油田分公司准东采油厂研究所编制，2003 年）

部完钻，经试采均获工业油流。其中 SQ402 井日产油 18t，含水 2%；SQ403 井日产油 11.6t，含水 3%；SQ5002 井日产油 2.2t，含水 11%；SQ5045 井日产油 2.5t，含水 60%。

2003 年 3 月，根据 SQ402 井、SQ403 井出油情况，准东采油厂研究所张品雁、宋小彬编制了《沙南油田 SQ402—沙 114 井区梧桐沟组油藏滚动开发布井方案》，在位于沙丘 5 井南断鼻的第三砂层组（$P_3wt_1^3$）采用 300m×425m 反九点面积注水井网，共布井 24 口（采油井 19 口，注水井 5 口），利用老井 1 口（SQ402 井），新钻井 23 口。设计单井产能 9.0t/d，区日产油 171t，年产油能力 5.13×10⁴t，平均井深 2680m，钻井进尺 6.16×10⁴m；在沙 114—SQ403 井区块第二砂层组（$P_3wt_1^2$）采用 300m×300m 反七点面积注水井网，共布井 39 口（采油井 28 口，注水井 11 口），利用老井 2 口（SQ403 井、沙 114 井），新钻井 37 口。设计单井产能 8.0t/d，区日产能力 224t，年产油能力 6.72×10⁴t，平均井深 2650m，钻井进尺 9.81×10⁴m。全区共部署开发井 63 口（采油井 47 口，注水井 16 口），利用老井 3 口，新钻井 60 口。区日产能力 395t，年产油能力 11.85×10⁴t，钻井进尺 15.97×10⁴m（图 2-5）。

2004 年 3 月，准东采油厂研究所编制了《沙南油田沙 114 井区二叠系梧桐沟组油藏滚动扩边部署意见》，共部署扩边井 14 口（采油井 8 口，注水井 6 口）。设计单井产能 8.0t/d，区日产能力 64t，年产油能力 1.92×10⁴t，平均井深 2650m，钻井进尺 3.71×10⁴ m。

2005 年 2 月，根据油藏东南部外扩井生产情况，准东采油厂研究所编制了《沙南油田沙 114 井区东南部梧桐沟组油藏滚动扩边布井意见》，采用 300m 井距反七点面积注水井网，共布扩边井 8 口（采油井 6 口，注水井 2 口）。设计单井产能 7.0t/d，区日产能力 42t，年产油能力 1.26×10⁴t，平均井深 2650m，钻井进尺 2.12×10⁴m。

以上沙 114 井区历次共布开发井 85 口井（采油井 61 口，注水井 24 口），利用老井 3 口，新钻井 82 口，设计年产油能力 15.03×10⁴t（表 2-8）。

表 2-8 沙 114 井区梧桐沟组油藏开发方案部署情况表

时间	部署新井，口			利用老井，口			设计井深 m	总进尺 10⁴m	设计单井产能 t/d	新建年产能 10⁴t
	采油井	注水井	合计	采油井	注水井	合计				
2003 年 1 月	45	15	60	2	1	3	2680/2650	15.97	7.0/8.0	11.85
2004 年 3 月	8	6	14	—	—	—	2650	3.71	8.0	1.92
2005 年 2 月	6	2	8	—	—	—	2650	2.12	7.0	1.26
合计	59	23	82	2	1	3	—	21.8	—	15.03

注：依据沙 114 井区历年开发布井方案编制。

截至 2005 年 8 月，共完钻新井 38 口，新老井总数 41 口，其中采油井 30 口，注水井 11 口，建成年产油能力 6.54 × 10⁴t（表 2–9）。

表 2–9　沙 114 井区梧桐沟组油藏开发方案实施情况表

对应方案编制时间	实际完钻新井，口			利用老井，口			平均单井产能 t/d	实际新建年产能 10^4t	产能到位率 %
	采油井	注水井	合计	采油井	注水井	合计			
2003 年 1 月	24	8	32	2	1	3	7.5	5.85	49.4
2004 年 3 月	2	2	4	—	—	—	4.0	0.24	12.5
2005 年 2 月	2	—	2	—	—	—	7.5	0.45	35.7
合计	28	10	38	2	1	3	—	6.54	43.5

注：依据新疆油田分公司中心数据库数据资料编制。

六、沙 102 井区梧桐沟组油藏

2004 年 9 月，在 SQ3091 井滚动开发钻井成功的基础上，准东采油厂研究所王震、宋小彬等编制了《沙南油田沙 102 井区梧桐沟组油藏滚动开发布井意见》。根据砂体分布及三维地震解释的有利区域，在沙 102 井周围采用 300m 井距反七点面积注水井网部署开发井 38 口（采油井 26 口，注水井 12 口），利用老井 2 口，新钻井 36 口（图 2-6）。设计单井产能 7.5t/d，年产油能力 5.85×10^4t，平均井深 2400m，钻井进尺 8.64×10^4m。

截至 2005 年 12 月，完钻新井 5 口，新老井总数 7 口，其中采油井 6 口，注水井 1 口。单井平均日产油 7.5t，建成年产油能力 1.35×10^4t，方案正在继续实施。

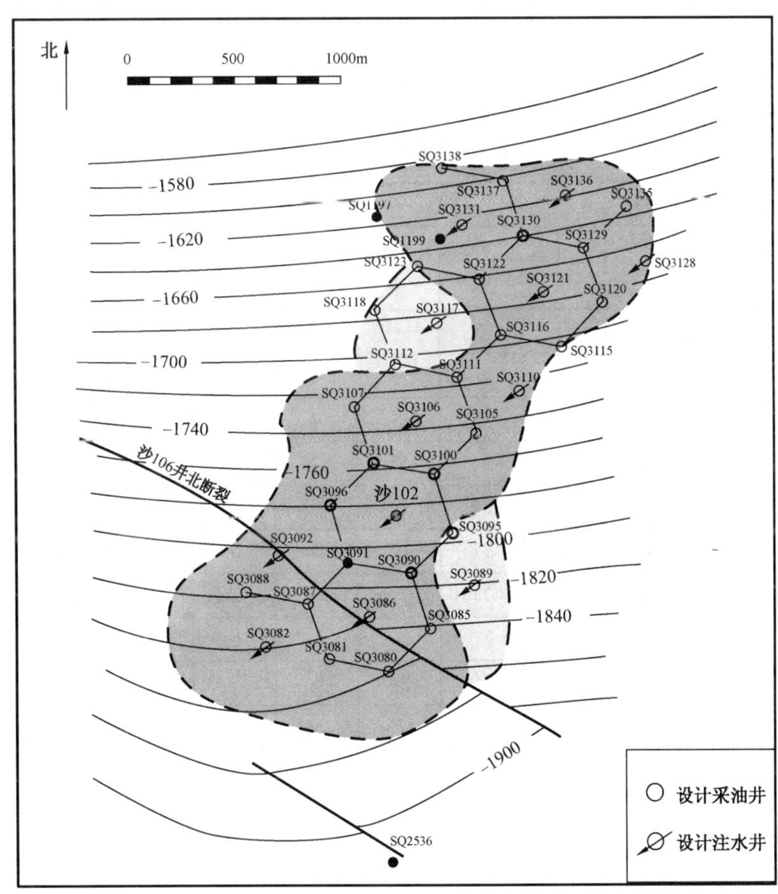

图 2–6　沙 102 井区梧桐沟组滚动开发井网部署图
（新疆油田分公司准东采油厂研究所编制，2004 年）

第二节　油田动态监测

油田动态监测贯穿于油田开发全过程。沙南油田投入开发一开始，就重视抓动态监测工作。每季度由准东采油厂生产技术科牵头组织地质、采油、工艺、测试、化验等单位按照管理局规定的《新疆油气田动态监测资料录取规定》进行现场检查，并进行严格考核评比，促进了油田开发第一手基础资料录取的齐全准确。大量动态监测资料的录取为油藏动态分析、增产增注等措施的制定提供了依据，同时也为油藏的跟踪数值模拟提供数据资料。

一、动态监测方案

沙南油田的动态监测工作始于1997年，根据石油部颁发的监测系统方案设计要求，编制了各层块的动态监测方案。在滚动开发和产能建设期间，配合研究和上产需求开展了大量的动态监测工作。2000年11月，由准东采油厂生产技术科和准东采油厂研究所编制了《准东采油厂“十五”油田动态监测方案》，建立了沙南油田“十五”期间动态监测系统和相应监测制度，此后一直到2005年，均按此监测方案开展动态监测工作。

按照监测方案部署，监测项目主要包括油水井地层压力监测、油井产液剖面监测、油层温度监测、注水井吸水剖面监测、流体性质监测、油水井系统试井、特殊测井及其他监测。产液剖面和吸水剖面开发初期每半年测一次，以后每年测一次；油水井压力、温度监测，投产初期测一次，以后每半年测一次；投产后选择2%油井定期取PVT样实验分析，每3～5年做一次；选择20%井进行地面原油全分析，含水井做水样全分析，1/3的油井录取溶解气全分析资料。2005年，全油田共有压力、温度监测井点61口，剖面监测井点38口，原油全分析监测井点20口，系统试井监测井点12口，特殊测井监测井点4口。1997—2005年期间，动态监测工作量共完成3556井次。分年度各项监测项目资料录取情况参见表2–10。

表2–10　1997—2005年沙南油田动态监测完成工作量统计表

时间＼工作量井次＼项目	测试总井次	压力			剖面		系统试井		油、气、水分析				地层温度
		静压	复压	流压	产液	吸水	油井	水井	PVT	油	水	溶解气	
1997年	101	—	—	21	2	—	6	—	1	19	36	16	—
1998年	187	4	9	70	5	—	—	—	4	33	25	24	13
1999年	611	11	16	362	18	—	4	—	3	86	18	66	27
2000年	493	29	12	301	27	15	2	5	—	24	16	12	50
2001年	330	23	47	102	24	12	—	2	—	27	19	4	70
2002年	345	16	61	71	17	12	3	5	—	36	11	36	77
2003年	439	8	105	100	23	37	6	11	1	31	3	1	113
2004年	582	29	127	149	27	26	5	6	—	25	10	22	156
2005年	468	22	107	102	21	24	3	7	1	24	12	16	129
合计	3556	142	484	1278	164	126	29	36	10	305	150	197	635

注：依据新疆油田分公司中心数据库数据资料编制。

二、压力监测

压力监测主要包括不稳定压力恢复试井、静压、流压等内容。采用电子压力计测试，电子压力计类型有地面直读式和井下存储式两类。截至 2005 年 12 月，共进行压力测试 1904 井次，其中采油水井复压 484 井次，静压 142 井次，流压 1278 井次。

三、产吸剖面监测

产液剖面测试主要采用 83-1 型两参数测试及数控测井 DDL- Ⅲ系列测试；吸水剖面采取同位素测试以及数控测井 DDL- Ⅲ系列测试，重点进行注水井流量计法测试，该法具有认识吸水层位清楚、准确的特点。以后采用了江汉油田研制的 JZL–B 注水井分层流量计测试仪，还应用了准东石油技术股份有限公司与北京双福星科技有限公司共同研发的 ZELM 型高精度井下存储式电子流量计，该流量计有效地克服了井下水质对流量测试的影响，提高了测试精度和测试成功率，适应于油田各种注水方式和注水管柱分层注水量的测试。截至 2005 年 12 月，共进行产、吸剖面测试 290 井次，其中产液剖面测试 164 井次，吸水剖面测试 126 井次。

四、油气水分析监测

油藏流体性质监测由准东研究所化验室和勘探开发研究院化验中心承担，内容包括油气水流体性质监测和注入水水质监测。

原油含水分析：在油田开发初期，含水较低，主要采用蒸馏法。随着油田含水的升高，分析化验工作量增大，含水以游离水为主，配套采用离心法。

原油物性分析：主要分析原油中硫、蜡、胶质 + 沥青质等的含量及原油的密度、黏度、凝固点等。蜡、胶质 + 沥青质含量分析采用抽提法，黏度分析采用逆流式毛细管黏度计法。样品称重初期采用电光分析天平，以后采用电子分析天平。

油田水性质分析：主要分析油田水中氯离子含量及矿化度等。一直使用滴定法进行分析，包括络合滴定法、中和滴定法。

溶解气分析：初期采用四川仪器厂生产的 SC–4 和 SC–7 气相色谱仪，手动分析，2002 年起应用上海产工作站式的全自动 SP–3400 气相色谱仪，主要分析甲烷、乙烷、丙烷、丁烷、H_2S、CO_2 等组分。

截至 2005 年 12 月，全油田完成原油全分析 305 井次，水质全分析 150 井次，溶解气分析 197 井次，原油含水分析 62546 井次。

第三章

钻井与采油工程

第一节 开发钻井

1997年4月19日，准东钻井公司45207钻井队（队长陈信忠，指导员韩新平，技术员罗和江）承钻的沙丘3井中完，在三叠系韭菜园子组试油，获得工业油流，发现沙南油田。沙南油田的开发钻井工作从1997年8月开始，针对沙南油田上部古近—新近系及白垩系吐谷鲁群地层易缩径卡钻，中下部三叠系烧房沟组、韭菜园子组及二叠系梧桐沟组底层可钻性差，机械钻速提高后井身质量难以保证，低压裂缝性油层易漏失，固井质量难以保证等技术难点，进行技术攻关，形成了一整套沙南地区开发钻井工艺配套技术。到2005年底，相继在沙丘3井区、沙丘5井区、沙丘109井区、沙丘112井区、沙丘114井区、沙102井区等6个不同区块，共钻各类开发井243口，进尺61.71×10^4m，所钻开发井均为直井。

一、井身结构

二开井段在上部易缩径的泥岩井段，选用ϕ241mm等较大尺寸钻头，钻至1200m左右，再用ϕ216mm钻头钻达设计井深，上部选用较大尺寸井眼，有利于避免因上部膏泥岩层的缩径造成的卡钻事故。

二、钻头及钻井参数

应用岩石可钻性研究成果，在ϕ241mm和ϕ216mm井眼的相应层段选用FS系列PDC钻头，并配合钻压、泵压、钻速等参数，大大提高了三叠系烧房沟组、韭菜园子组及二叠系梧桐沟组地层的机械钻速，全井平均机械钻速由8.3m/h提高到27.33m/h，建井周期由原来的33.5天缩短到15.9天。

三、钻具结构

为保证井身质量，钻具下部结构采用三稳定器满井眼钻具组合，井身质量合格率达到100%，优质率达86.54%。

四、防漏堵漏

（1）正电胶钻井液具有较强携屑与悬浮钻屑能力，井壁附近的“滞流层”也有利于防漏、堵漏。

（2）在正电胶钻井液体系中加入KCl、磺化沥青等防塌剂，有效地解决了古近—新近系膏泥岩及三叠系烧房沟组地层泥岩缩径、垮塌等难题。同时该体系钻井液具有良好的泥饼质量和润滑性。

准东公司王振兴、孙凡等完成的《沙南油田开发钻井工艺技术》获1999年新疆石油管理局科技成果二等奖。

第二节　完　井

一、完井方式

根据开发方案沙南地区钻井均采用套管固井射孔完井。

二、井身结构

表层套管：前期采用 ϕ339.7mm，J55 钢级，壁厚 9.65mm 的表层套管下至 250m，水泥返至地面。后期为保护地下水源，改用 ϕ273.05mm，J55 钢级，壁厚 8.89mm 的表层套管下至 450m，水泥返至地面。

油层套管：采用 ϕ139.7mm，N80 钢级，壁厚 7.72mm 的油层套管下至设计井深，水泥返高到日的层段以上 250m。

三、固井

针对储层水敏性强、直劈裂缝发育、油气活跃和地层压力系数低等特点，采用以下固井技术措施：

（1）完井电测后对井筒进行承压试验，并依据试验结果确定固井时水泥返高。

（2）通过分段选择合理的注替排量，降低环空动态液柱压力，减小或消除不必要的压力激动，实现近平衡压力固井。

（3）优化水泥浆配方，合理选择添加剂，使水泥浆具有良好的流变性能，合理的稠化时间，低失水，较高的水泥石强度，良好的水泥胶结质量。

通过采用以上三点措施为主要内容的各项技术措施，结合严格的施工管理制度，固井质量合格率100%，优质率 88.2%。

四、射孔

采用 YD−89 弹 16 孔每米电缆传输方式射孔，部分井选用 YD−89 弹 16 孔每米负压 5MPa 帕油管传输投棒射孔。

第三节　采　油

沙南油田从 1997 年投入开发，部分井自喷生产，采用 3.5~4.0mm 油嘴，$2^7/_8$in 材质 N−80 平式油管，KY24.5/65 采油井口生产，1998 年自喷井逐渐转抽，当年抽油井已占 83%。

沙南油田共装抽油机 193 台，根据油井负荷多选用 12 型机（占 90.7%），主要型号为 CYJQ12−5−53HY（占 76.5%），全部配套 30kW 的 Y250M−8 型电机。采用 H 级抽油杆，自下而上 ϕ19mm 抽杆 ×65%+ϕ22mm 抽杆 ×35%。采用 ϕ38mm 杆式泵（占 95%），平均下泵深度 1930.5m，平均泵效 29.2%。

抽油系统优化是从 2005 年使用 PE−office 优化软件开始的。2005 年对 87 口转抽、检泵井进行了参数优化，其中有 9 口井进行了参数调整，平均泵效由 23% 提高到 27%。2005 年抽选了 14 口井进行抽油机系统效率测试，测试结果见表 3。系统效率达到了油田公司下达的 23% 目标值。

2005 年底，共有油井 195 口，计划关井 21 口，调开井 31 口，除沙 102 井区 2 口新井 4.0mm 油嘴自喷生产外，其他全部为抽油井。日产油 503t，平均单井日产油 3.7t，含水 46.7%。

表 3–1　沙南油田抽油系统效率测试结果表

测试井数	电机功率因数	地面效率 %	井下效率 %	系统效率 %	平衡度达标率 %	产液单耗 kW · h/t
14	0.28	57.9	40.5	24	85.7	30.6

注：依据西北节能监测中心 2005 年 11 月统计资料编制，2009 年。

第四节　注　水

一、水质

沙南油田 2000 年开始投入注水开发，注入水来自沙南联合站，为清污混合水（1:2），污水为油田处理水，清水来自水源井。由于油田多数油藏具有中强水敏的特性，注水初期对注水井加入浓度 2% 的 KCl 溶液进行防膨处理，油田注入水矿化度为 3219 ~ 3258mg/L，依然达不到储层临界矿化度（6722mg/L）的要求。为此，加入浓度 0.3%RWD–05 和浓度 2%KCl 防膨。油田沿用新疆石油管理局《低渗油田注水水质标准》，水质一直不达标，沙南油田联合站注水泵出口腐生菌 2.5×10^3 个 /mL（标准≤ 10^3 个 /mL）、还原菌 4.5×10^2 个 /mL（标准≤ 10^2 个 /mL）、悬浮物 12.70mg/L（标准≤ 3.00 mg/L）等多项指标均不符合要求，水质不达标是沙南油田下一步亟待解决的问题。

二、分注

沙南油田储层非均质性较强，因此采用分层注水技术。2000 年注水井 22 口，15 口笼统注水，7 口地面一级两层分注。2005 年 12 月注水井 56 口，由于层间压差大（5 ~ 8MPa），注入水水质差，配水嘴易堵塞，故地面一级两层分注占 34 口，采用 Y211 可洗井封隔器解决洗井问题。井下分注试验过多种方式，最终选用液力投捞分注，井下两级三层分注 5 口，其余 17 口为合注井。

三、增注

油田投注初期压力较低，由于储层水敏性强，随着生产时间的延长，井口压力持续上升，日欠注水 406m³，占配注量的 1/3。为解决油田欠注，开展了高能气体压裂、缩膨、水力振荡等多项增注措施，但效果差、有效期短，且施工费高。为此，改用提压增注。

2005 年底，在沙丘 5 井区 9 口注水井井场安装橇装增注泵房，将单井注水压力由 16 MPa 提高至 25MPa；其中在沙南 1 号站、沙南 16 号站安装增注泵后，日增注水量 90m³（沙南 1 号站日增加注水量 40m³，沙南 16 号站日增加注水量 50m³）。

2005 年 12 月，沙南油田提压增注工程可以满足 20 口井 27 井层的注水，占总欠注井数的 75%。但仍有 7 口井 9 井层欠注，占总欠注井数的 25%，下一步要尽快完成沙南油田 8 号、3 号、4 号单站提压增注。

第五节　油层改造

一、压裂

沙南油田开发初期压裂液采用乳化压裂液、瓜尔胶压裂液，压裂设计采用拟二维模型设计软件，压裂方式以普压和投球选压为主。1999 年开始使用 Fracturing 全三维压裂模型设计软件。部分井射孔后日产量很低，在 2.0t 以下，经压裂后平均日产油量增加到 7.0t。压裂投产的井约占总投产井数的 35%。2000 年，瓜尔胶压裂液的交联剂由无机硼改为有机硼，压裂液交联方式由速交体系发展到缓交体系。2004 年，准东采油厂研究所陈新志通过调研，在原脱节式分压管柱基础上，组配了二级三层压裂管柱，通过两次投钢球，达到分压三层的目的，已获国家专利。

老井初期压裂加砂规模较大（$1.5m^3/m$），虽然井均年累计增油达到 1437t，但老井重复压裂井均增油仅 279t。2005 年，引入转向压裂技术，在 SQ4284 和 SQ4095 两口井试用获得成功，平均单井日增油 1.1t。

同年，准东采油厂研究所刘进军综合沙丘 5 井区沉积微相、地层压力、人造裂缝方向、压裂规模、断层与压裂效果关系的研究结果，提出沙丘 5 井区压裂指导原则：油藏中部区域，储层物性好且裂缝不发育，是压裂选井主要区域；而储层物性较好，裂缝较发育的油藏南部和西北部区域，压裂时特别要注意控制规模；油藏东部，边水对该区影响较大，油井普遍高含水，不适合压裂。

二、酸化

2000 年，对沙 107、SQ2357 以及 SQ2353 井进行酸化，酸液选用缓速酸加硝酸，以氧化解堵剂降解有机高分子堵塞，光油管酸化后下泵复抽排液，3 口井均无效。2001 年，在沙丘 5 井区 5 井次进行酸化，仅 1 口井有效，SQ2473 井酸化后液量反而降低，其他两口井仅提高了液量，未提高产油量。

油田酸化仅经历 2000—2001 年两年时间，酸化 8 口井，只有 1 口井有效，有效率 11%，累计增油 1020t。

第六节　调剖堵水

自 2000 年沙丘 5 井区全面注水开发以来，部分油井出现含水猛增，层间矛盾突出。在借鉴火烧山油田堵水调剖经验的基础上，根据沙南油田储层实际，进行了堵剂筛选及调堵试验。

2002 年，首次进行调堵水试验，堵水井 SQ2428 井和 SQ2545 井都有效，累计增油 492t。2004 年，采用聚合物冻胶体系调剖剂调剖 38 井次、堵水 2 井次，调剖可对比 21 井次中有效 14 井次，有效率 67%，平均单井增油 196t。从现场试验得出沙丘 5 井区适合小剂量低强度调剖，宜小排量段塞式低压泵入，但堵水两口井均没有效果。

针对沙南油田储层特低渗、水敏的特点，2005 年引进抗盐聚合物冻胶、预交联体系等新型堵剂，在弱冻胶堵剂中加入体膨型颗粒对地层的大孔道形成有效封堵。调剖完成 56 井次，可对比 31 井次，有效 19 井次，累计增油 3071t，累计降水 $363m^3$。堵水 4 井次，都没有效果。在堵剂强度的掌握上，强度过小堵不住水层，过大又容易堵死油井。如何提高堵水效果，已是沙南油田亟待解决的问题。

第七节　油水井维护与修井

一、油水井维护

沙南油田先后采用了热力清蜡、化学清防蜡和微生物清防蜡等技术。热力清蜡是油田最主要的清蜡方式，平均单井用液量 $40m^3$，热洗周期 40 天左右，为保护储层改进为短路热洗。2003 年开展固体防蜡试验，试验两井次，有效期可达 229 天。2005 年进行了微生物清防蜡试验，3 口试验井都不成功，分析原因主要是地层温度 78℃左右，微生物菌种在此温度下不易存活。2005 年固体防蜡完成 7 井次，累计下入480块防蜡块，可对比5井次全部有效，平均有效天数220天。

沙南油田储层特低渗、强水敏。2002年11月，沙丘5井区采用2%浓度的TW−1防膨剂，实施了8井层的单井二次防膨试验，防膨后所有井井口压力下降，视吸水指数增加。在单井二次防膨取得较好效果的基础上，对全区能够正常生产的井进行二次系统防膨。系统二次防膨36个井层，有效25井层，平均压力下降1.4MPa。

2003年3月，在沙丘5井区采用系统连续防膨，到2004年6月，防膨的42个井层中有33个井层出现井口压力下降的现象，平均压力下降1.5MPa。2004年6月以后，因防膨费用问题，开始降低防膨浓度，实施后注水井压力有缓慢上升趋势，欠注井层增加，不能满足注水需求。

二、修井

2005年，沙南完成各类小修作业188井次，其中油井160井次，水井28井次。施工涉及检泵、补层、维修、隔抽、打捞、分注等，其中检泵63井次，隔抽11井次，新井射孔8井次，老井补层上返8井次。修井作业最频繁的是抽油杆断脱，以沙丘5井区为例，近年抽油杆断脱共计55井次，占总检泵井次的51%。分析原因主要是新旧杆混用，没有对旧杆进行强度检验。解决抽油杆断脱频繁，已成为沙南油田亟待解决的问题。

沙南油田从1997年投入滚动开发以来，已累计大修16井次，主要是因分层压裂后压裂砂将封隔器卡死在井筒内造成大修。2003—2004年大修5井次有4井次是因为分压后砂卡造成，SQ2354井分压后将Y211−115封隔器卡在井内，小修拔负荷300～400kN活动解卡多次无效后上大修，大修下上提360～670kN活动解卡多次成功。并冲出大量压裂砂。

2004年后，通过对分压管柱优化配套以及对水力锚、喷砂器等机具结构的不断改造，同时加强对卡井事故的预防与处理并研究开发了可退脱节喷砂器，使分压事故率大幅度降低。2005年，沙南油田大修3井次，无一是因分压而造成大修。

第四章

地面生产系统

第一节　油气集输

一、油气集输系统简述

沙南油田集输系统由沙丘5井区、沙丘3井区、沙102井区、沙112井区、沙109井区、沙114井区6个井区组成。2000年9月，油气集输系统建成投产，建设产能$40 \times 10^4 m^3/a$，同时建成了处理站至“火—三”输油线的原油外输管线，将净化原油经“火—三”输油管线输至北三台油库。设计单位新疆石油管理局勘察设计研究院，项目负责人吴昊，施工单位新疆石油管理局油田建设公司。2000年9月前，油田原油集输采用单井井场、计量站或多个计量站在集中拉油点的生产方式，站场设置储油罐，用拉油车将原油运至火联站或北三台联合站。

二、集输流程

沙丘5井区采用井场加热单管进计量配水站至处理站的二级布站流程（图4−1）。沙114井区、沙112井区采用有混输泵的三级布站流程（图4−2）。沙丘3井区、沙109井区、沙102井区均采用集油站油罐车拉油的生产方式。在常年摸索经验的基础上，2004年对88口井由井场加热改用常温集输，长期应用效果良好。

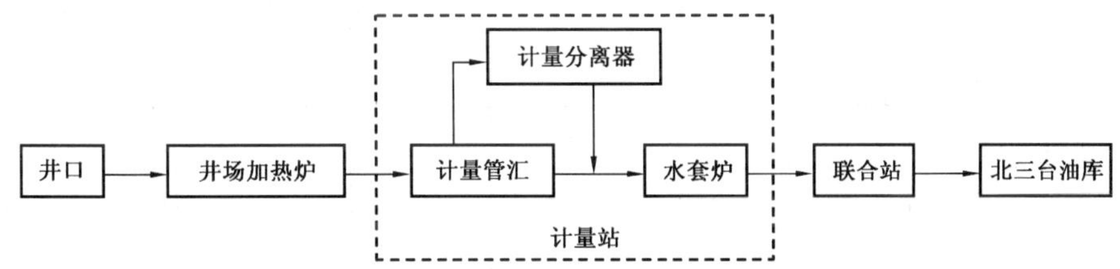

图4−1　沙丘5井区油气集输系统方框流程图
（新疆油田分公司准东采油厂沙南作业区编制）

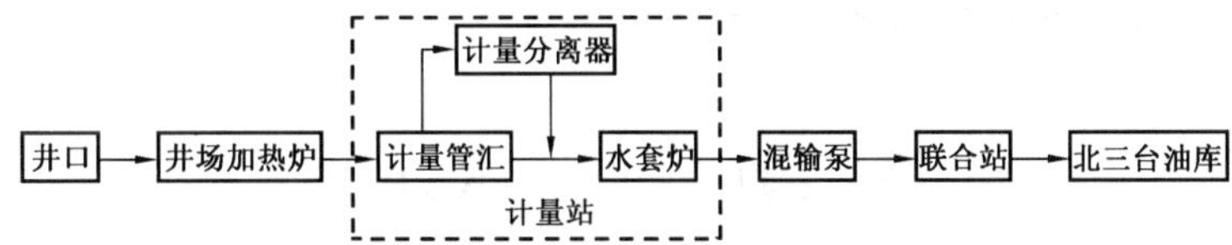

图4−2　沙114井区、沙112井区油气集输系统方框流程图
（新疆油田分公司准东采油厂沙南作业区编制）

三、计量站建站模式和油井计量方式

沙南油田 1 ～ 7 号计量站是按 14 井式建设的，8 号、16 号计量站是按 16 井式建设的，计量站都与配水间合建在一起为计量配水站，原油计量采用立式计量分离器玻璃管人工计量，天然气计量采用旋进漩涡流量计计量。

四、井场和计量站加热方式

油田开发初期都采用 40kW 燃气盘管炉加热，因油井气量不足，2002 年开始逐步推广 18kW 电加热炉，计量站加热方式仍采用燃气水套炉加热。

五、油气集输系统建设历程

1997 年 12 月，由准东工程建设公司承建，建成沙丘 3 井区 18×4 井式计量配水站，后于 2003 年 4 月改造成 24×4 井式计量配水站，12 月沙丘 3 计量站更名为沙 10 号计量站。

1999 年 7—12 月，建成沙南油田 1 ～ 7 号计量配水站、集油管线及 4×300m³ 储油罐的集中拉油点。2000 年建成沙南联合站，5 月 1 日沙南联合站注水系统投产，7 月建成沙南油田 8 号计量配水站及集油管线，9 月 30 日建成沙南联合站原油处理系统，同时建成采出水处理站，2001 年 1 月，建成沙南联合站天然气处理系统。2002 年 9 月，建成沙南联合站注水系统的临时防膨剂加入设施，11 月建成沙南油田 9 号计量配水站及站后拉油点和沙南油田 11 ～ 13 号计量配水站至处理站的集油管线。2004 年 10 月，建成沙南油田 14 号、16 号采油计量站及进处理站集油管线，11 月建成沙南联合站注水系统正规防膨剂加入装置；2004 年 7 月建成沙南油田 11 号站油气混输泵。2005 年 8 月，建成沙南油田 16 号站混输泵，10 月建成沙南油田 15 号采油计量站并接入集输系统。

沙南油田 1999—2005 年油气集输系统建设历程见表 4–1。

表 4–1 沙南油田 1999 年至 2005 年油气集输系统建设历程表

时间	计量配水站 座	联合站 座	转油站 座	集输管线 km	原油外输管线 km	输气管线 km	备 注
1997 年	1	—	—	—	—	—	10 号
1999 年	7	—	—	6.74	—	—	1 号、2 号、3 号、4 号、5 号、6 号、7 号
2000 年	1	1	—	2.00	—	—	8 号
2002 年	1	—	—	—	—	—	9 号
2003 年	3	—	—	6.46	—	—	11 号、12 号、13 号
2004 年	2	—	—	3.66	—	—	14 号、16 号
2005 年	1	—	—	2.00	—	—	15 号
合计	16	1	—	20.86	—	—	—

注：依据新疆油田分公司准东采油厂沙南作业区提供数据编制。

第二节　油气水处理

沙南油田联合站于 2000 年 9 月建成投产，处理规模为 40×10^4t/a，是一座集油、气、水集中处理站、油田注水站、原油外输、供热设施和消防系统、变配电为一体的联合站。

一、油气分离及原油脱水

油区来油气及卸油台来的原油脱水由两台 ϕ4mm × 17.4m 的多功能处理器完成。多功能处理器具有油气分离，原油加热和一段、二段热化学沉降脱水功能，一座设备完成多座设备的处理工序。为使多功能处理器运行平稳，卸油台来油经掺油泵小排量均匀地进入多功能处理器。沙南油田联合站原油处理系统方框流程图见图 4−3。

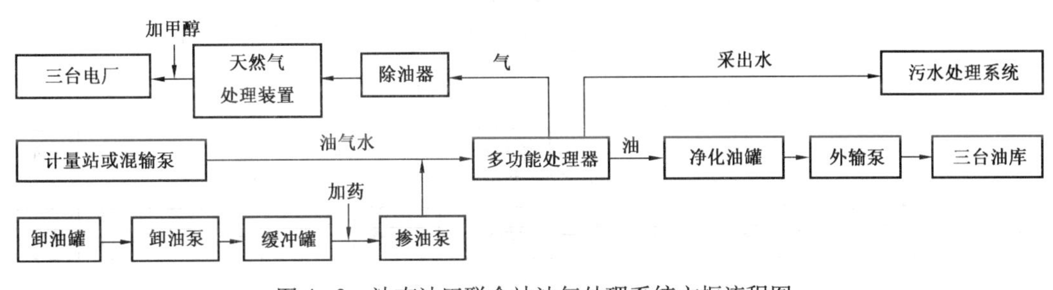

图 4−3　沙南油田联合站油气处理系统方框流程图
（新疆油田分公司准东采油厂沙南作业区编制）

站区采暖建有一座内设 3 台 2t/h 蒸汽锅炉的锅炉房，燃料为 0.30MPa 天然气，安装 WNS2−1.25−Q 燃气锅炉 2 台，一用一备，预留 1 台锅炉位置。

二、天然气处理

天然气处理系统于 2000 年 11 月建成并投产，其设计处理能力为 10 × 10^4m^3/d，处理工艺为：多功能处理器来的天然气先经过换热器降温，经天然气除油器除液后进入压缩机增压，增压后的天然气经过 NG 制冷橇制冷，再经三级增压外输。NG 橇分离出的液烃经液烃分离器分离出水后，油气一起进入脱乙烷塔，塔顶出气回到压缩机进口。塔底出液进入液化气塔。液化气塔顶出液化气经与水换热到 40℃后进入液化气储罐储存。塔底出轻油经与水换热到 40℃后进入轻油储罐储存。

天然气处理系统主要设备包括卡特彼勒 G3516 引擎、ARIELJE/4 型压缩机、NGX3040C 制冷回收部分，液化气罐、轻油罐、液化气轻油装车泵房、液化气轻油装车台等。其配套系统包括仪表系统、配电系统及自动化控制系统。天然气处理装置的投产，回收了部分轻烃组分，改善了天然气质量，为三台电厂和油田提供干气燃料。由于油田产量递减伴生气供气不足，自 2000 年 11 月脱乙烷塔液化气塔及配套设施处于停产封存状态。沙南油田联合站天然气处理方框流程图见图 4−4。

三、净化原油外输

站内设 2000m^3 原油储罐 4 座，原油储罐和外输泵站储罐共用，外输原油在新建的处理站至“火—三”输油管线汇合处进入“火—三”线，经“火—三”线输至三台油库。

四、油田采出水处理

采出水处理系统始建于 2000 年，处理能力为 600m^3/d，运行 1 年后因处理能力不能满足生产需求，于 2003 年 11 月对采出水处理系统进行了改造，改造后的处理能力为 1800m^3/d，主要设备包括 300m^3 接收罐 2 座，96m^3、25m^3 反应罐各 1 座，200m^3 斜板沉降罐 1 座，100m^3 缓冲罐 1 座，60m^3 收油罐 1 座，采出水处理技术采用“高效水质净化与稳定技术”，处理工艺采用混凝沉降 + 过滤工艺，污泥处理工艺采用离心脱水机对污泥进行处理，投产处理后的净化水水质达到了注水水质标准要求。沙南联合站采出水处理系统方框流程图见图 4−5。

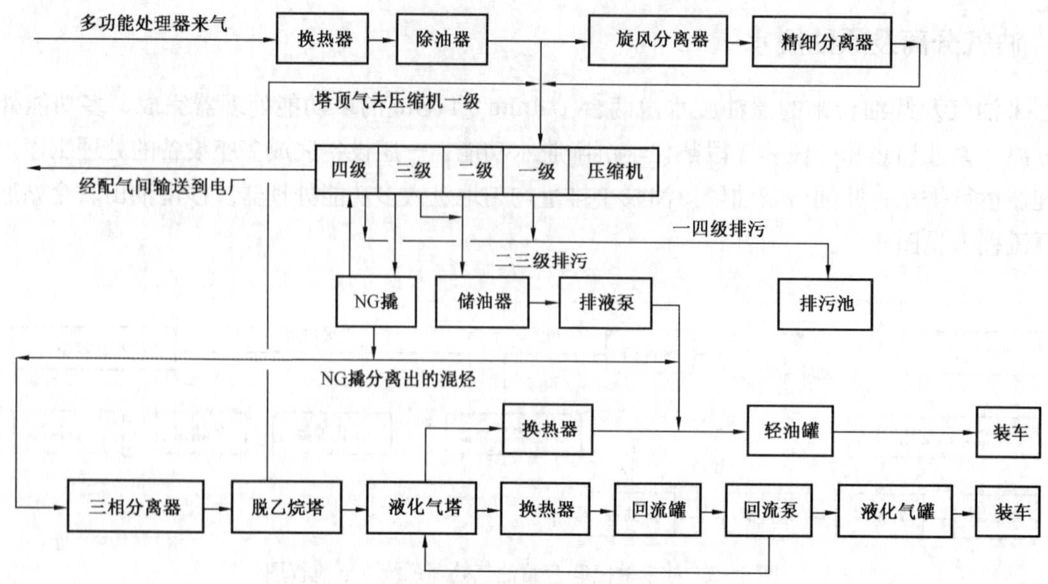

图 4—4　沙南油田联合站天然气处理流程框图
（新疆油田分公司准东采油厂沙南作业区编制）

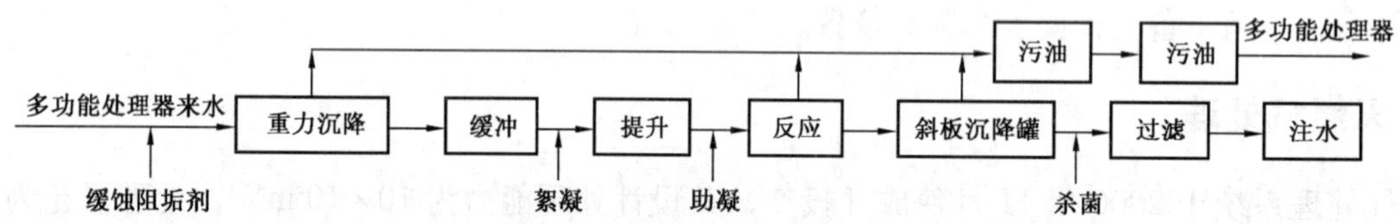

图 4—5　沙南联合站采出水处理系统流程框图
（新疆油田分公司准东采油厂沙南作业区编制）

第三节　注水系统

一、注水站

注水系统于 2000 年 6 月 30 日建成投产，注水站设计注水能力为 2800m³/d，注水泵型号为：DF120—150×12 离心泵 2 台，DF80—150×12 离心泵 2 台，额定注水压力 18MPa。1000m³ 清水罐 1 座，1000m³ 注水罐 2 座。水源井来的水直接进入 1 号清水罐，由提升泵增压经清水过滤器过滤处理，进入 2 号、3 号注水罐，通过注水泵增压经高压配水管汇向油田分区块注水。

二、注水管网

沙南油田注水管网采用单干管多井配水间流程，配水间与采油计量站合建为计量配水站。注水站共有出线 4 条干线，其中向沙南 1 号、2 号、3 号、4 号站供水 1 条，向沙南 5 号、6 号、7 号站供水 1 条，向沙南 8 号站供水 1 条，预留空头 1 条；注水干线的规格均为 ϕ168mm×13mm 无缝钢管，设计工作压力 20MPa。沙南 8 号至 9 ~ 10 号站注水干线的规格为 DN100 的玻璃钢管线，设计工作压力 25MPa，沙南 11 ~ 16 号站注水管线的规格为 ϕ114mm×14mm 无缝钢管，设计工作压力 25MPa。

1999 年 7—12 月，建成沙南油田 1 ~ 7 号计量配水站及注水支干线。2000 年 7 月，建成沙南油田 8 号计量配水站及注水支干线。2002 年，建成沙南油田 9 ~ 10 号计量配水站及注水支干线，2003 年，建成 11 ～ 13 号计量配水站及注水支干线。2004 年 10 月，建成沙南油田 14 号、16 号采油计量站及注水支干线。2005 年 10 月，建成沙南油田 15 号计量站配水站并接入注水系统。沙南油田注水系统建设历程见表 4–2。

表 4–2　沙南油田注水系统建设历程表

年度	注水站 座	配水间 座	注水支干线 km	备　注
1999	—	7	6.78	1 号、2 号、3 号、4 号、5 号、6 号、7 号
2000	1	1	2	8 号
2002	—	2	9.4	9 号、10 号
2003	—	3	6.46	11 号、12 号、13 号
2004	—	2	3.66	14 号、16 号
2005	—	1	2	15 号
合计	1	16	30.3	—

注：依据新疆油田分公司准东采油厂沙南作业区提供数据编制。

沙南油田每座配水间可辖注水井 4 口，单井配水流量计采用 DN25 高压水表，洗井采用 DN50 高压水表进行水量控制。

第四节　地面配套系统

一、供电系统

沙南油田供电电源是三台电厂，由北三台变电所分两路 35kV 输电线路向沙南油田供电，即北沙 1 线、北沙 2 线，油区设有 35kV 简易变电所 3 座。

沙丘 3 简易变电所建成于 1999 年，规模 35kV，10kV 出线 3 路：沙 1、沙 2、沙 3 线，负责沙丘三井区供电，2006 年后带上沙 102 井区。

沙 112 简易变电所建成于 2002 年，规模 35kV，10kV 出线 3 路：沙 6、沙 7、沙 8 线。负责沙 114 区块生产供电。

沙丘 5 简易变电所建成于 2000 年，规模 35kV，10kV 出线 5 路：沙联 1、沙联 2、沙联 3 线和沙 4、沙 5 线。负责沙丘 5 井区和沙联站生产供电。

二、供水系统

沙南联合站供水水源为地下水，1999 年及以后共打水井 4 口，日供水能力 1000 ～ 4300m^3，铺设 DN150 输水管道 0.32km，DN100 输水管道 2.85km，将水输至沙南联合站清水罐。水源井位于沙南联合站周围，采水动力为深井潜水泵，泵压 0.35MPa。

三、自动化信息系统

2000 年 11 月，建成沙南联合站原油处理、注水系统、采出水处理系统的数据采集和生产运行状况监测系统，实现了站内容器液位、压力、温度、设备运行状态远程监测。沙南联合站数据采集和生产运行状况监测系统采用迪威尔公司的数据采集控制器，采用 IFIX 组态软件平台开发的控制系统。

2003 年 11 月，对采出水处理数据采集和生产运行状况监测系统进行了升级改造。

附 录

附录一 附 图

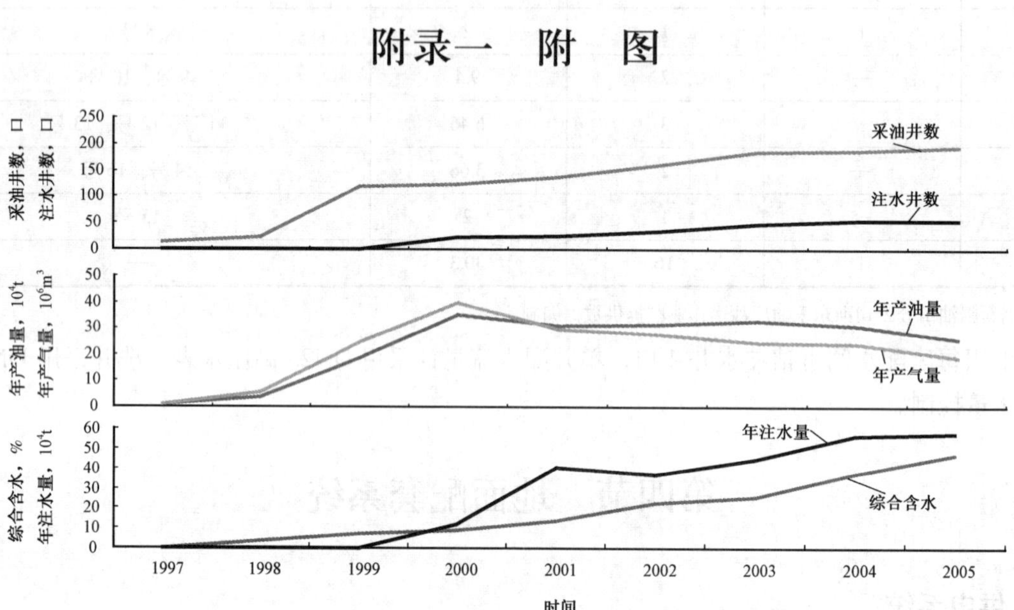

附图1 沙南油田开发综合曲线图

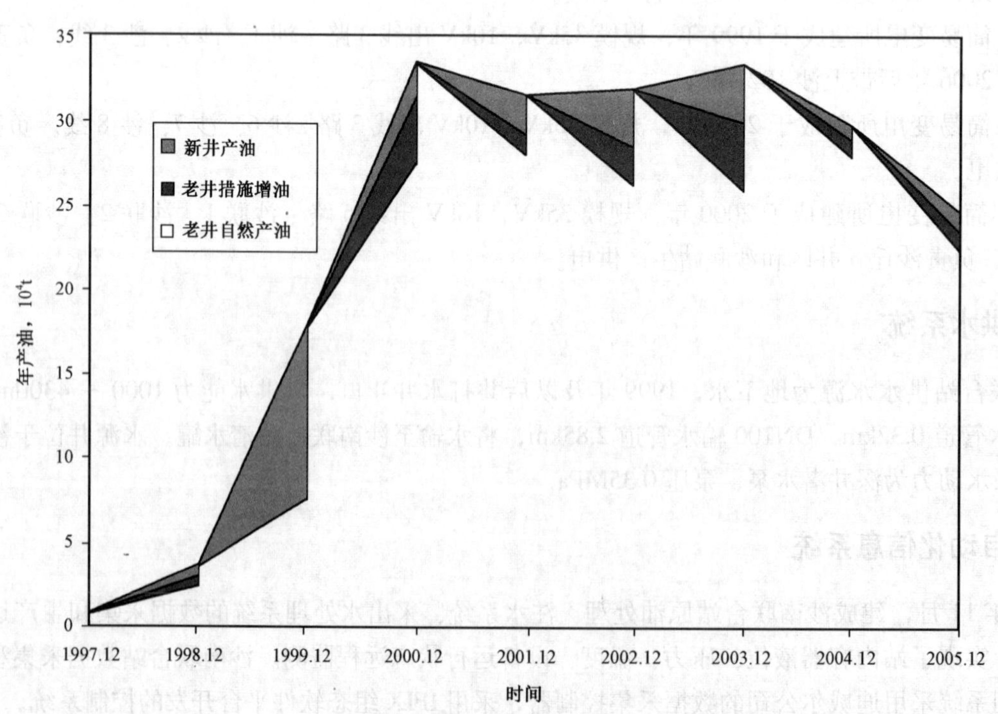

附图2 沙南油田历年产量构成曲线图

附录二 附 表

附表 1 油田地质综合数据表

区块	层位	岩性	油藏类型	探明		动用			油层中部深度 m	平均有效厚度 m	有效孔隙度 %	渗透率 mD		原始地层压力 MPa	地面原油密度 g/cm^3	溶解气甲烷含量 %	地层水总矿化度 mg/L	水型
				含油面积 km^2	地质储量 10^4t	含油面积 km^2	地质储量 10^4t	可采储量 10^4t				空气	有效					
沙丘 3 井区	T_1j	细、中砂岩	岩性	4.5	154	4.5	154	38.5	1770	4.5	23	4.22	4.46	20.30	0.844	71.14	18933	$CaCl_2$
沙丘 5 井区	P_3wt_1	砾状砂岩	构造—岩性	15.1	1320	20.4	1476	342.7	2550	11.1	17	4.99	4.11	29.07	0.845	61.00	7646	$CaCl_2$
沙 109 井区	P_3wt_1	砾状砂岩	构造—岩性	12.1	470	1.3	60	13.8	2510	10.5	18	3.70	8.74	28.80	0.849	46.26	19648	$CaCl_2$
沙 112 井区	P_3wt_1	砾状砂岩	构造—岩性	4.2	289	4.2	289	66.4	2580	7.2	17	3.83	5.37	28.50	0.843	63.00	19648	$CaCl_2$
沙 114 井区	P_3wt_1	砾状砂岩	构造—岩性	4.4	201	4.4	201	46.3	2451	5.5	19	2.14	2.47	29.70	0.844	76.40	19648	$CaCl_2$
沙南油田合计				40.3	2590	34.8	2180	507.7										

注：依据沙南油田各区块探明储量报告编制。

附表 2 历年油田开发综合数据表

时间	开发储量	可采储量	采油井		核实产液量		核实产油量		产气量		综合含水 %	采油速度		采出程度		注水井		注水量		注采比	
			总井数 口	开井数 口	年产液 10^4t	累计产液 10^4t	年产油 10^4t	累计产油 10^4t	年产气 10^4m^3	累计产气 10^4m^3		地质 %	可采 %	地质 %	可采 %	总井数 口	开井数 口	年注水 10^4m^3	累计注水 10^4m^3	月	累计
1997	—	—	14	14	1.0224	1.0224	0.9917	0.9917	81.9	81.9	—	—	—	0.00	0.00	—	—	—	—	0.00	0.00
1998	154	38.5	22	14	3.9052	4.9276	3.7425	4.7342	546.6	628.5	3.6	2.43	9.72	3.07	12.30	—	—	—	—	0.00	0.00
1999	1366	317.3	120	107	18.7610	23.6886	17.8189	22.5531	2433.9	3062.4	7.3	1.3	5.62	1.65	7.11	—	—	—	—	0.00	0.00
2000	1623	376.4	124	119	36.3786	60.0672	33.2911	55.8442	3990.5	7052.9	9.0	2.05	8.84	3.44	14.84	22	22	11.5948	11.5948	0.60	0.13
2001	1683	350.2	138	122	35.8661	95.9333	31.6070	87.4512	2967.2	10020.1	13.5	1.88	8.1	5.20	22.41	25	25	40.4599	52.0547	0.98	0.38
2002	1876	438.7	161	151	40.3014	136.2347	31.9326	119.3838	2795.9	12816	22.8	1.7	7.28	6.36	27.21	34	30	37.0136	89.0683	0.75	0.47
2003	2048	478.3	186	171	46.6510	182.8857	33.3214	152.7052	2475.8	15291.8	25.8	1.63	6.97	7.46	31.93	48	46	44.6965	133.7648	0.96	0.54
2004	2180	507.7	188	171	43.8527	226.7384	29.7418	182.4470	2417.8	17709.6	37.5	1.36	5.86	8.37	35.94	55	53	56.7214	190.4862	1.17	0.63
2005	2180	507.7	195	174	42.4211	269.1595	24.6757	207.1227	1908.5	19618.1	46.7	1.13	4.86	9.50	40.80	56	54	57.5974	248.0836	1.22	0.70

注：依据新疆油田分公司中心数据库每年 12 月份的开发数据编制。

附录三　人物名录

北三台采油大队

大队长：

张生斌（1997年8月—1998年7月）

王万鹏（1998年9月—2000年2月）

沙南油田作业区

经理兼党委书记：

刘辉元（2000年2月—2003年10月）

经　理：

黄大勇（2003年10月—2005年12月）

党委书记：

曹汉新（2003年10月—2005年12月）

总工程师：

黄大勇（2000年2月—2003年10月）

李海伟（2003年10月—2005年12月）

总地质师：

肖明亮（1999年7月—2002年10月）

陈伦俊（2003年10月—2004年7月）

颜龙生（2004年7月—2005年12月）

附录四　获奖项目

项目名称	获奖等级	获奖时间	项目完成者
沙南油田二叠系梧桐沟组油藏滚动开发研究	新疆维吾尔自治区科学技术进步三等奖	2000年	董培基、刘明高、钱根宝、姚鹏翔、王延杰、王　斌、江晓晖

附录五　征引文献

文献名	作者	出版时间	出版社
《新疆通志·石油工业志》	《新疆通志·石油工业志》编纂委员会	1999年	新疆人民出版社
《新疆石油50年》	安定一等	2005年	新疆人民出版社
《准噶尔盆地油气田开发的回顾与思考》（1950—2000年）	《准噶尔盆地油气田开发的回顾与思考》编写组	2006年	石油工业出版社

编纂始末

2007年3月，准东采油厂在接到新疆油田分公司关于编纂《沙南油田志》的任务通知后，厂领导高度重视，立即成立《沙南油田志》编纂委员会，下设由准东采油厂研究所副所长王国先为组长的《沙南油田志》编纂组，组织地质、工艺、基建、集输等方面8人参与编纂工作，并明确了责任和分工。编纂工作启动以来，厂领导多次召开有关会议，明确编纂思路，了解工作进展情况，协调解决相关问题。

《沙南油田志》编纂工作分为学习培训、资料收集、分类编纂、汇总整理、专家审查、整改完善几个阶段。在编纂过程中，编纂人员遇到了许多问题和困难：一是全体编纂人员均是兼职工作，编纂时间难以保证，大部分编纂工作只能在业余时间进行；二是油田开发历程跨度较大，资料不全，搜集整理困难；三是编纂人员没有志书编纂经验，需要边干边学、边学边干。尽管如此，编纂人员还是在生产任务紧张、工作十分繁忙的情况下，加班加点，保证分阶段任务的完成。根据《中国油气田开发志》新疆油气区编纂委员会草拟的油气田篇编写提纲，参照范本《大民屯油田志》，并结合沙南油田的勘探开发历程和特点，2007年11月提出了《沙南油田志》的初步编纂思路：以勘探开发历程为主线，以重大认识和发现为主要内容，辅以写事，略以记人。2008年3月，对编纂思路进行了调整：从技术报告模式转变为以写事为主，力求真实再现油田发展的历史。2008年6月，给《中国油气田开发志》新疆油气区编纂委员会报送初稿，经过专家组成员的审议，认为目前的编纂还有所不足，为此第三次调整了编纂思路：在以写事为主的同时，以事系人，突出沙南油田的特点。

本志编纂过程中共收集整理基础文字资料100余册，图片图表资料200余幅，走访老一辈石油工作者10余人次。

经过资料录入、分类编写、汇总整理阶段，经过两次调整修改， 2008年11月中旬，完成了《沙南油田志》第二稿。经专家组审查，又进行了整改完善。2009年10月，完成了送审稿，经《中国油气田开发志》新疆油气区编纂委员会审查，提出了进一步修改完善的意见。2009年11月至2010年2月，根据专家组及《中国油气田开发志》总编纂委员会的意见进行了多次修改，并最终成稿通过终审和验收。

由于编纂水平和时间限制，难免存在疏漏，敬请专家、同行及广大读者给予指正。

《沙南油田志》编纂组

2009年12月

编号：07-017

北三台油田志

《北三台油田志》编纂组 编

北三台油田景观（于光辉摄，2002年）

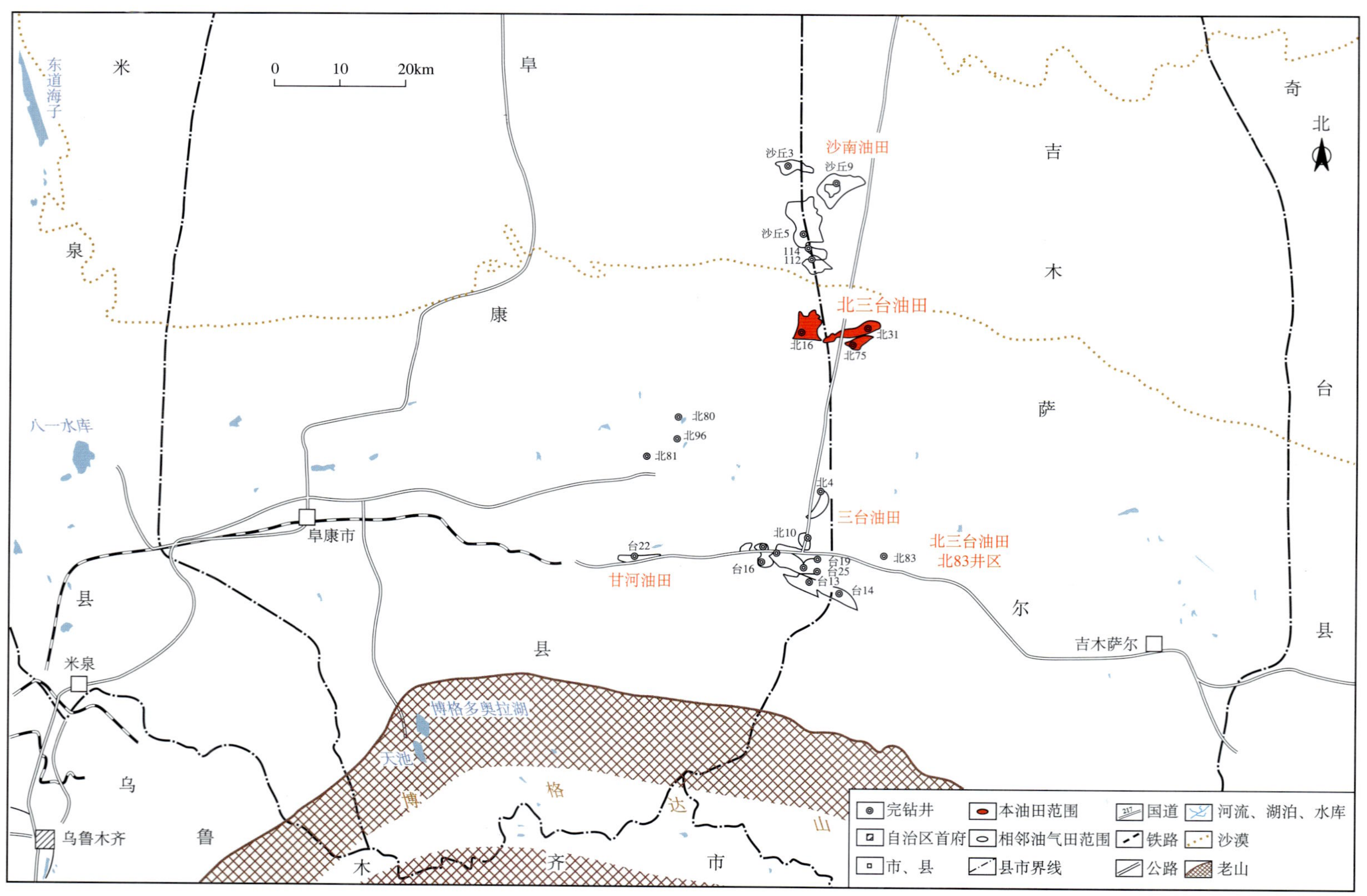

北三台油田地理位置图

（新疆油田分公司勘探开发研究院编制）

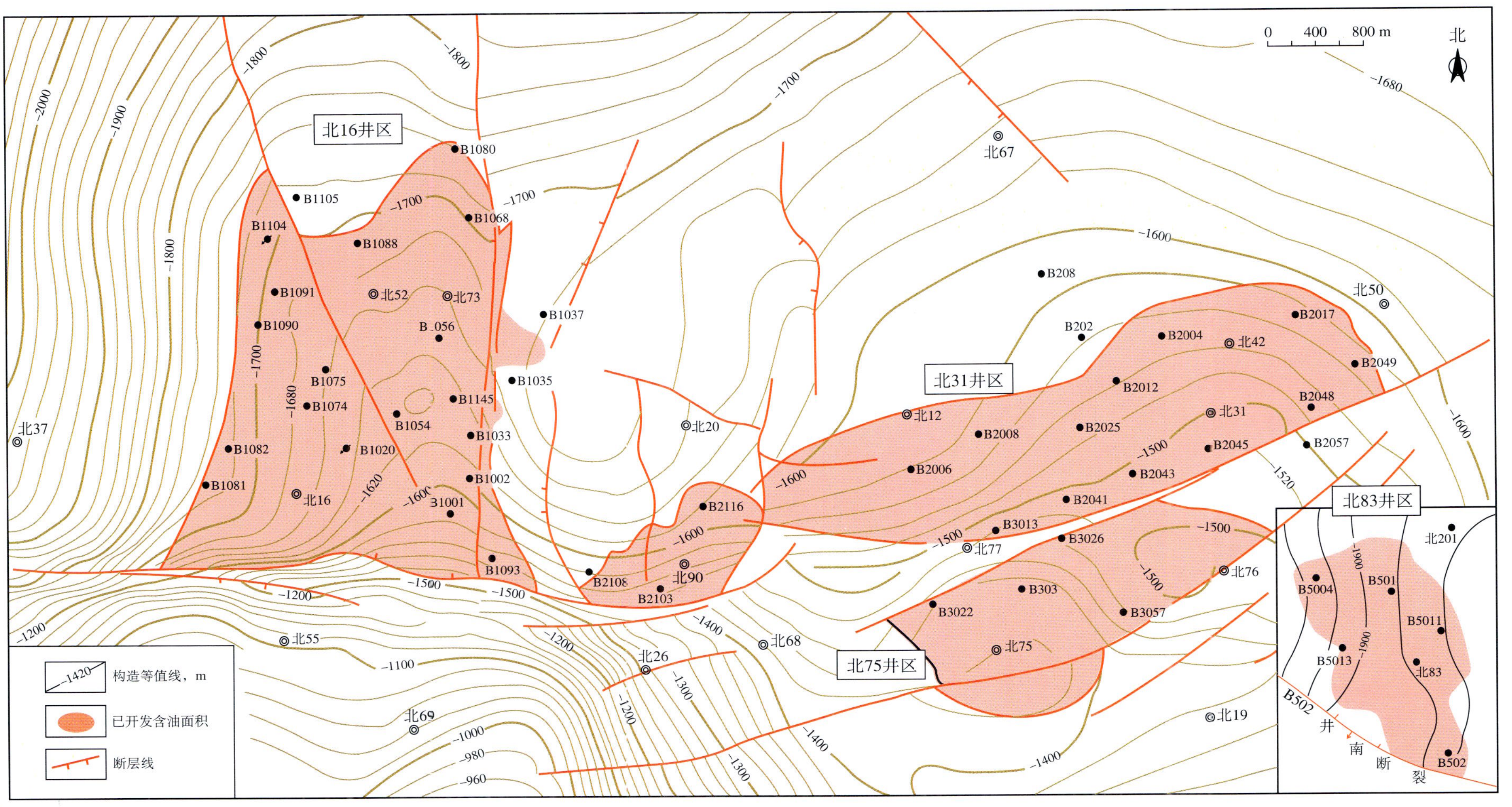

北三台油田构造井位图

（新疆油田分公司准东采油厂编制，2005 年 11 月）

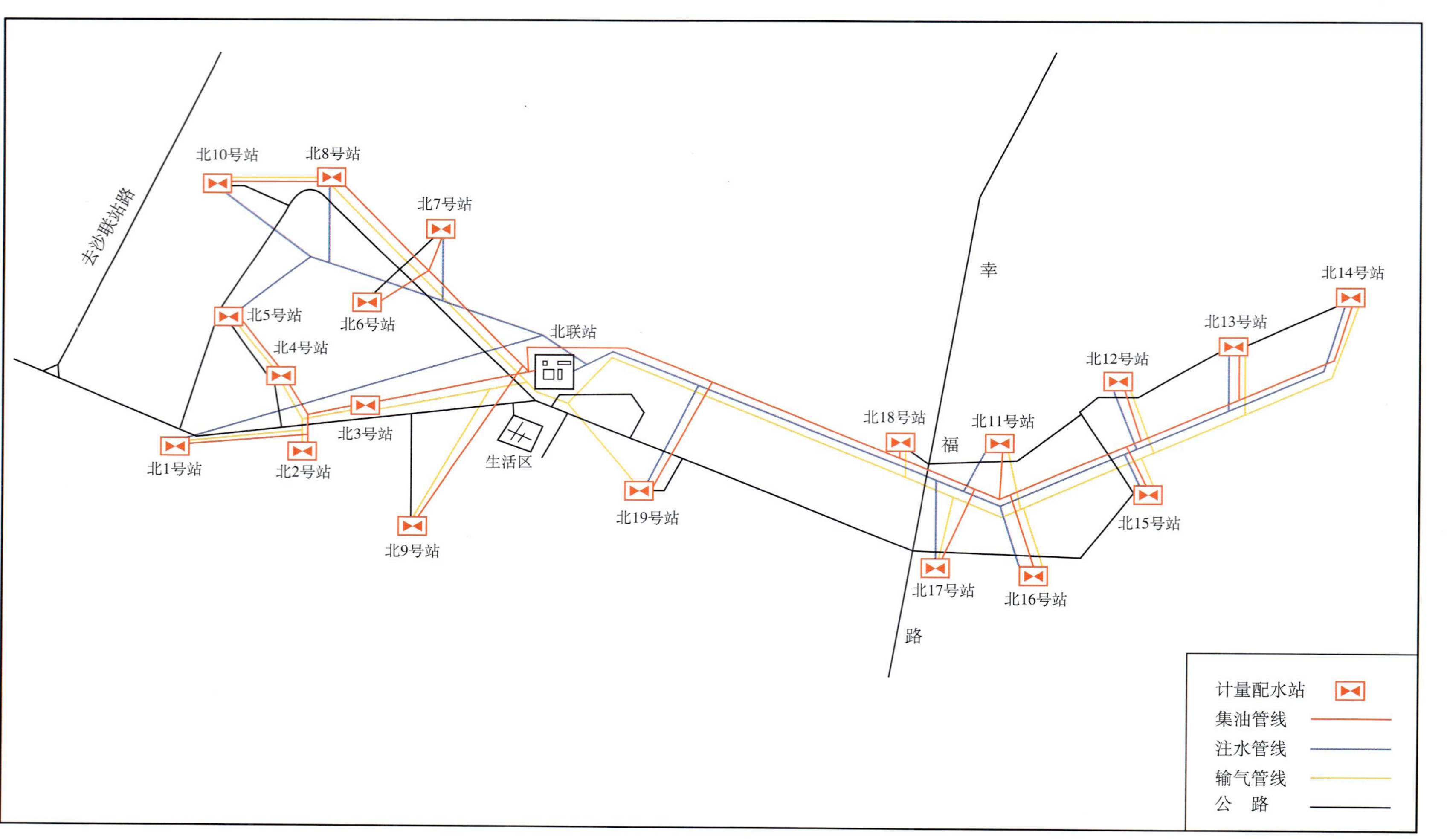

北三台油田地面生产系统示意图

（新疆油田分公司准东采油厂编制，2005 年 11 月）

《北三台油田志》编纂委员会

主　任：吴西华

副主任：李　斌　王少峰　徐学成　刘卫东

成　员：李培俊　陈春勇　谢建勇　张绍鹏　朱跃胜　石　彦
　　　　万文胜　蔡　军　李建良　郑心泉　钟权峰

《北三台油田志》编纂组

组　长：陈春勇

副组长：王　震

成　员：沈月文　杜军社　唐晓川

本志目录

概 述

北三台油田是准噶尔盆地东部地区一个多断块、低渗透、水敏性油田，由北 16、北 31、北 75、北 20、北 83 等 5 个已开发油藏和北 73、北 89、B305、北 16 韭菜园子组等 4 个未开发油藏组成，1985 年发现，1989 年投入开发，由中国石油新疆油田分公司准东采油厂沙南油田作业区管理。

一

北三台油田西南距乌鲁木齐市区 90km，油田主体在阜康市境内，部分井区在吉木萨尔县境内。

油田北邻古尔班通古特沙漠，地面海拔 540 ~ 700m，地表为平坦戈壁，有红柳、梭梭等荒漠植被以及黄羊、野兔、狐狸等动物，偶有野驴、狼等出没。属大陆性干旱型气候，春、秋季节多风，最大风速可达十二级，大风和沙尘暴灾害时有发生。夏季炎热，冬季寒冷，地表年温差大，为 −40 ~ 40℃，年降水量 140mm 左右，年蒸发量可达 2000mm。交通便利，有乌鲁木齐至奇台公路和 216 国道贯穿油田。

二

北三台油田所在准噶尔盆地东部隆起北三台凸起，是近于南北向的正性二级构造单元，在海西褶皱基底上经历了晚海西期的断陷、印支期的盆地统一、燕山早中期振荡抬升和燕山晚期—喜马拉雅晚期的抬升收缩四个发展阶段，印支运动，特别是燕山运动在该区反映较为强烈，形成了大型的、继承性的北三台凸起。

油田含油层系为上二叠统梧桐沟组（P_3wt），在油藏范围内，梧桐沟组上面覆盖了 2000 ~ 2500m 的中、新生代地层，凸起北坡梧桐沟组沉积厚度 600 ~ 320m，为冲积扇沉积；南面的北 83 井区沉积厚度约 120 ~ 250m，为河流相沉积。在北三台凸起的顶部，三叠系表现为剥蚀，侏罗系下部超覆、顶部削蚀，白垩系吐谷鲁群 (K_1tg) 直接覆盖于石炭系之上。

油藏储层物性较差，平均孔隙度为 18.0%，平均渗透率为 19mD，非均质性强；储层中伊 / 蒙混层黏土矿物含量高（相对含量在 50% 以上），为水敏性的低孔低渗储层，属于地层油密度黏度中等、饱和压力低、中等饱和程度的未饱和油藏。地面原油密度 0.885g/cm^3，地层水为封闭的氯化钙型，矿化度为 12500 ~ 16800mg/L。溶解气以甲烷为主，相对密度 0.734。

三

北三台地区油气勘探始于 20 世纪 50 年代，新疆石油管理局利用重磁力勘探发现了北三台潜伏构造（凸起），并在凸起高部位钻探井 3 口，证实了凸起构造存在但未获得工业油流。80 年代继续勘探，完成二维地震测网框架，先后部署实施了一批探井。1985 年 9 月，北三台北断鼻上的北 12 井在二叠系梧桐沟组获得工业油流，5.0mm 油嘴试油，日产油 4.1t、日产气 4489.0m^3，发现北三台油田。1986 年

6月北12井西的北16井获得工业油流，4.0mm油嘴试油，日产油13.3t、日产气734.0m³。1987年5月北12井和北16井之间的北20井梧桐沟组试油出水，证实北三台北断鼻北12井梧桐沟组东西各为油、水界面不同的独立油藏。其后在东侧相继发现了北31井和北75井二叠系梧桐沟组油藏。

1998年6月，预探井北83井在梧桐沟组试产，获得日产油9.5t、日产气321m³的工业油流，发现北83梧桐沟组油藏。

1998—1999年，通过三维地震精细构造解释，发现了一些新的圈闭。2001年北20断块的北90井在梧桐沟组3mm油嘴试油获得日产7.8t的油流，发现了北20井断块梧桐沟组油藏。

截至2005年12月，北三台油田共发现并提交储量的区块9个，累计探明石油地质储量2184×10⁴t，投入开发的区块5个，动用地质储量1984×10⁴t，可采储量534.6×10⁴t。

四

北三台油田北16断鼻油藏、北31断鼻油藏和北75断块油藏三个区块分别于1989年3月、11月和1990年3月投入开发，北83井区和北20井断块2001年投入开发，目的层均为二叠系梧桐沟组。

1989年1月，编制《北16断鼻油藏开发布井方案》，在纯含油面积和油水过渡带分别采用240m和340m井距，反九点法面积注水井网，设计总井数80口，其中注水井19口，采油井61口，同年5月新井陆续投产、排液。1990年4月，注水井开始投注。到2005年底生产总井数97口，其中注水井24口，采油井73口。

1989年6月，编制《北31断鼻油藏开发方案》，采用300m井距，反七点法面积注水井网，设计总井数29口，其中注水井9口，采油井20口。1989年11月完钻新井陆续投产、排液。1990年3月编写开发射孔实施要求。1990年11月注水井陆续投注，到2005年底生产总井数48口，其中注水井16口，采油井32口。

北75断块油藏为滚动勘探开发区块。1989年6月编制勘探开发部署意见，部署设想井网井42口，同年底完钻井4口。1990年3月编写了开发射孔实施要求，部署了开发井位，采用300m井距，反七点法面积注水井网，设计总井数30口，其中注水井9口，采油井21口。1990年11月注水井陆续投注。截至2005年底区块井数21口，其中注水井6口，采油井15口。

北83井区为滚动开发区块。2001年6月编制部署了2口开发评价井方案，2002年1月，编制了滚动开发布井意见，采用300m井距，反七点法面积注水井网，设计总井数29口，其中注水井10口，采油井19口。2002年11月油井陆续完钻投产，12月注水井投注。截至2005年底区块井数21口，其中注水井5口，采油井16口。

北20断块为滚动勘探开发区块。2001年10月编制勘探开发部署意见，采用300m井距，反七点法面积注水井网，设计总井数29口，其中注水井9口，采油井20口。2002年底完钻8口，并陆续投产、排液，2003年3月注水井投注。截至2005年底区块井数12口，其中注水井1口，采油井11口。

截至2005年底，北三台油田开发井数205口，其中注水井53口，采油井152口，油井开井数152口，单井日产油量2.3t，区日产水平404t，综合含水70.5%，综合气油比65.0m³/t，年产油量14.23×10⁴t，累计采油366.15×10⁴t，采油速度0.72%，采出程度18.46%。注水井开井50口，平均单井日注水量35.0m³，日注水平1806.0m³，累计注水705.1×10⁴m³。

五

北三台油田经过多年的勘探、开发实践，取得了较好的开发效果，标定采收率从最初的27%提高到 30%，总结出了一些低渗透水敏性油藏开发的经验。

(1) 北三台油田构造复杂，多为断块油藏，构造的发现和落实程度很大程度上取决于地震分辨率和地震解释工作者的解释水平。因此，北三台油田在勘探开发过程中，一方面采用新技术提高地震分辨率；另一方面注重地震解释人员技术水平的培训，提高构造解释的精确度。

(2) 由于储层水敏性较强，在勘探开发过程中储层保护至关重要。北三台油田在勘探开发实践中，从钻井液优选开始，一直到注入水的水质等各个环节全程监测，尽量减少对储层的伤害。

(3) 由于北三台油田储层层间渗透率差异较大，因此在开发实践中，在注水井上采用多级别的注水方式分层注水，这样就降低了高渗层注入水水窜、剖面动用程度不均的风险，提高了剖面动用程度。

大事记

1985 年

9 月　北三台地区北 12 井在二叠系梧桐沟组 2010.15 ~ 2108.2m 试油，采用 5.0mm 油嘴，自喷日产油 4.1t，日产气 4489.0m^3，发现北三台油田。该井由新疆石油管理局钻井处（以下简称钻井处）32836 队承钻，5 月 15 日开钻，6 月 30 日完钻，完钻井深 2646.31m。

1986 年

6 月　北三台油田北 16 井在梧桐沟组试油，采用 4.0mm 油嘴，自喷日产油 13.3t，日产气 734.0m^3，扩大了北三台油田二叠系梧桐沟组油藏的规模。该井由钻井处 32838 队承钻，1985 年 10 月 27 日开钻，1986 年 1 月 20 日完钻，完钻井深 2750.0m。

是月　石油工业部部长王涛等一行 9 人视察北三台油田。

1987 年

5 月　北 12 井和北 16 井之间部署的北 20 井在二叠系梧桐沟组试油为水层，从而改变了北 12 和北 16 油藏为同一大构造、具有同一油水界面的认识。

1988 年

7 月　新疆石油管理局党委决定，成立北三台采油大队，设 3 个采油队。

1989 年

3 月　北 16 井区梧桐沟组油藏正式投入开发，采用 300m 井距反九点法井网，部署井数 80 口，设计年产能力 25.7×10^4t，实际完钻生产井 91 口，建成年产能 27.24×10^4t。

10 月　北三台油田北 31 井区二叠系梧桐沟组油藏正式投入开发，采用 300m 井距反七点法井网，部署井数 29 口，设计年产能力 5.28×10^4t，实际完钻生产井 51 口，建成年产能 9.45×10^4t。

1990 年

9 月　北三台油田北 16 井区集输系统和北三台联合站建成投产，建设年产能 30×10^4m^3，该工程由新疆石油管理局勘察设计研究院（以下简称设计院）设计，准东工程建设公司施工。

10 月　北三台油田北 16 井区进行了油田自动化工程试验，建立了自动化系统。

1991 年

9 月　北三台油田北 31、北 75 井区集输系统建成投产，该工程由设计院设计，准东工程建设公司施工。

1994 年

10 月　阜康—北三台公路通车，缩短了从油田到生活基地的时间。

1998 年

5 月　开始沙丘 5 井南三维地震资料采集工作，此次三维地震面元 25m × 50m，覆盖次数 40 次，满覆盖面积 183.1km^2，北三台油田被整体覆盖，成为北三台油田构造精细解释的重要资料。

6 月　北 83 井在梧桐沟组试油，采用 3.0mm 油嘴，自喷日产油 9.5t，日产气 321.0m^3，发现北 83 井区二叠系梧桐沟组油藏。该井由钻井处 45198 队承钻，4 月 2 日开钻，5 月 21 日完钻，完钻井深 2700.0m。

10 月　开始北 83 井三维地震资料采集工作，此次三维地震面元 25m × 50m，覆盖次数 60 次，满覆盖面积 197.93km²，成为北 83 井区构造精细解释的重要资料。

1999 年

11 月　北三台油田改建的自动化系统投产，实时监控单井的生产状况，采集生产数据，实现了油田自动化管理。

2000 年

3 月　沙南筹建处和火烧山采油厂北采大队合并重组，成立准东采油厂沙南油田作业区，直接管理北三台油田和沙南油田。

2001 年

6 月　北三台油田北 83 井区梧桐沟组油藏投入滚动开发，采用 300m 井距反七点法井网，部署井数 29 口，设计年产能力 6.27×10^4t，实际完钻生产井 21 口，建成年产能 3.375×10^4t。

10 月　北三台油田北 20 井区梧桐沟组油藏投入滚动开发，采用 300m 井距反七点法井网，部署井数 29 口，设计年产能力 4.8×10^4t，实际完钻生产井 10 口，建成年产能 2.25×10^4t。

2002 年

9 月　北三台油田北 83 井区采注计量站建成投产。

2003 年

3 月　北三台油田北 20 井区注水井全面投注，至此北三台油田的 5 个开发区块全部实现了注水开发。

2004 年

5 月　北三台油田北 83 井区进行注水系统改造，提高注水泵压，区块日注水平由 28.0m³ 提高到 69m³，达到了设计水平。

11 月　北三台油田北 31 井区东边部署的扩边井 B2060 井完井投产，机抽日产液 17.0t，日产油 12.8t，该井的成功为油藏边部井组扩边完善提供了依据。

2005 年

1 月　北三台油田北 31 井区开展换大泵提高排液量实验，截至年底，累计换大泵提排 7 井次，有效 6 井次，增油 1597t，取得明显效果，为今后应用该措施挖潜增油奠定了基础。

第一章

油田地质

第一节　地层与构造

一、地层

1985 年，北三台地区北 12 井完井后，新疆石油管理局东部会战指挥部 32836 队的地质员秦勇在北 12 井完井总结报告中根据实钻情况，认为北三台地区地层自下而上发育比较齐全，含油层段为二叠系梧桐沟组。1989 年 1 月，新疆石油管理局勘探开发研究院（以下简称勘探开发研究院）东部室欧远德根据北 16 井区已完钻的 9 口井的钻井、录井和测井资料，认为北三台地区梧桐沟组油藏含油层段相当于北部火烧山油田的平地泉组，且含油层段比火烧山油田高，根据岩性和电性特征，将含油层分为上下两段。随后，为了统一用法，沿用火烧山油田的细分层系统分别称为 H_0 层和 H_1 层。1999 年，准东勘探开发公司勘探开发研究所（以下简称准东公司研究所）勘探室李培俊编写的《准噶尔盆地东部井下地层划分与对比》，报告系统总结了勘探开发准噶尔盆地东部地区历年探井分层，根据各组段地层的岩性、古生物组合特征、地震反射层追踪等，对准噶尔盆地东部地区的地层重新进行了统一划分。结果发现，北三台地区的地层缺失二叠系平地泉组，其含油层系为梧桐沟组，从下而上发育有石炭系巴塔玛依内山组，二叠系梧桐沟组，三叠系韭菜园子组、烧房沟组、克拉玛依组，侏罗系八道湾组，白垩系吐谷鲁群，古近系，新近系，第四系（表 1–1）。

表 1–1　北三台油田井下地层划分表

界	系	统	组	地层符号	沉积厚度 m	岩性
新生界	第四系			Q	320 ~ 480	灰黑色砾石
	新近系			N	450 ~ 1260	褐色泥岩和灰绿色砾岩薄层
	古近系			E	100 ~ 160	棕褐色泥岩夹黑绿色砾岩薄层，底部为砾岩
中生界	白垩系	下统		K_1tg	0 ~ 450	上部褐色泥岩，下部灰绿色细砂岩夹褐色泥岩，底部砾岩
	侏罗系	中统	头屯河组	J_2t	0 ~ 120	灰绿色砂岩夹薄层—中厚层砂质泥岩及泥岩，底部夹薄层灰绿色含砾不等粒砂岩
		下统	八道湾组	J_1b	0 ~ 120	灰绿色泥砂岩互层，夹碳质泥岩及煤层
	三叠系	中统	克拉玛依组	T_2k	40 ~ 130	上部灰色砂岩为主，下部以灰褐色泥岩为主
		下统	烧房沟组	T_1s	80 ~ 160	棕褐色泥岩夹灰色砂岩及杂色砂岩和砾石、碳质泥岩
			韭菜园子组	T_1j	150 ~ 240	灰色中砂岩、细砂岩、褐色砂质泥岩和泥岩
古生界	二叠系	上统	梧桐沟组	P_3wt	110 ~ 600	上部厚层灰色泥岩夹薄砂层，下部以灰色砂砾岩为主
	石炭系	上统	巴塔玛依内山组	C_2b		黑色安山岩、流纹岩为主，夹砂岩和碳质泥岩

注：摘自《准噶尔盆地东部井下地层划分与对比》，1999 年 12 月。

新的分层认为北三台油田的 H_0 层和 H_1 层不属于平地泉组油层，而是属于二叠系梧桐沟组，并依据沉积旋回自上而下划分为四个砂层组：$P_3wt_1^1$、$P_3wt_1^2$、$P_3wt_1^3$、$P_3wt_1^4$。H_0 层对应于新分层的梧桐沟组梧一段的第二砂层组 $P_3wt_1^2$，H_1 层对应于新分层的梧桐沟组梧一段的第三砂层组 $P_3wt_1^3$。

二、构造

20 世纪 50 年代，新疆石油管理局地质调查处通过重磁力勘探，发现了北三台凸起潜伏构造，80 年代根据二维地震资料发现凸起北翼围斜有一条大断裂——北三台北断裂，断裂下盘形成一个独立的向北倾伏的鼻状构造，此构造上部署的北 12 井在梧桐沟组获工业油流，从而发现了北三台北翼二叠系梧桐沟组油藏（图 1–1）。

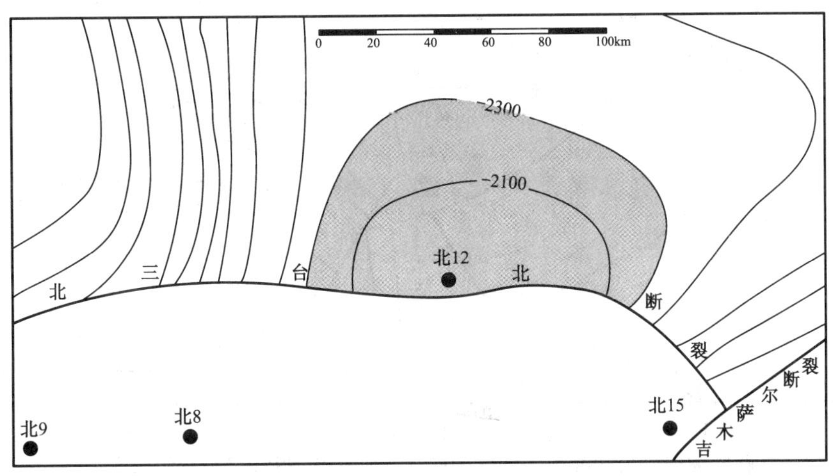

图 1–1　北 12 井区二叠系底构造图
（新疆石油管理局勘探开发研究院编制，1985 年 12 月）

随着勘探程度的深入，探井数量和试油井层的增加，逐渐发现之前认识的完整鼻状构造并不完整，北 16 井、北 20 井、北 31 井和北 75 井等之间都有断层隔开，它们位于不同的断块内，各断块都有不同的水动力系统和油水界面，形成各自独立的油藏：西侧形成了北 16 井断鼻，东侧则形成了北 31 井断鼻、北 75 井 断块和 B305 井断块，中间为北 20 井断块（图 1–2）。

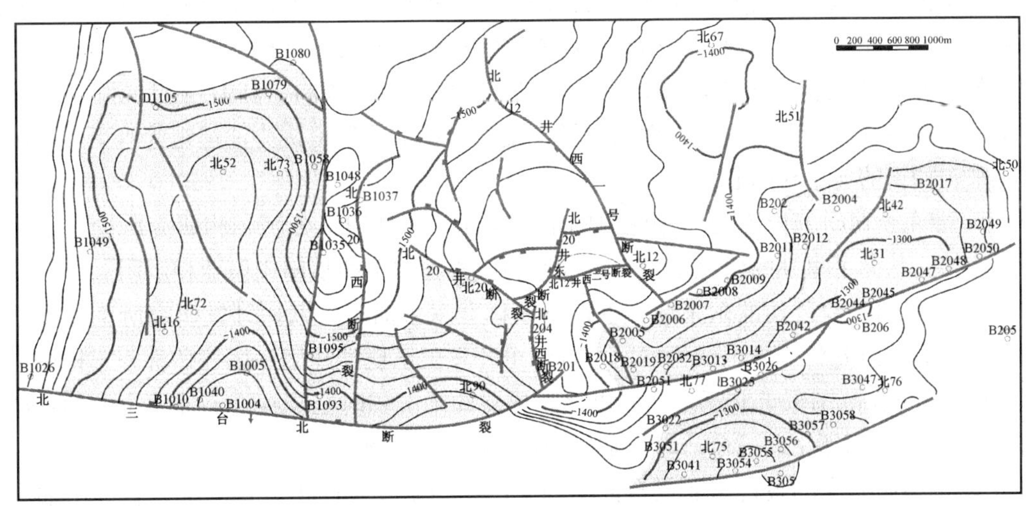

图 1–2　北三台油田二叠系底构造图
（新疆油田分公司准东采油厂勘探开发研究所编制，2002 年 4 月）

1998 年，北三台地区部署并实施了 599km² 的高分辨率三维地震，覆盖了全油田，通过精细解释，发现在北三台凸起南围斜有一近南北向短轴状背斜，由于北西西走向的 B502 井东断裂和 B502 井南断裂的切割作用形成南北两个断鼻，北边为一向北倾没的断鼻，南陡北缓，闭合度约 240m。1998 年 6 月北断鼻上部署的北 83 井在梧桐沟组试油获得工业油流，从而发现北 83 井区梧桐沟组油藏（图 1–3），油藏位于该断鼻的西北翼上，属受河道砂控制的无边底水的岩性油藏。

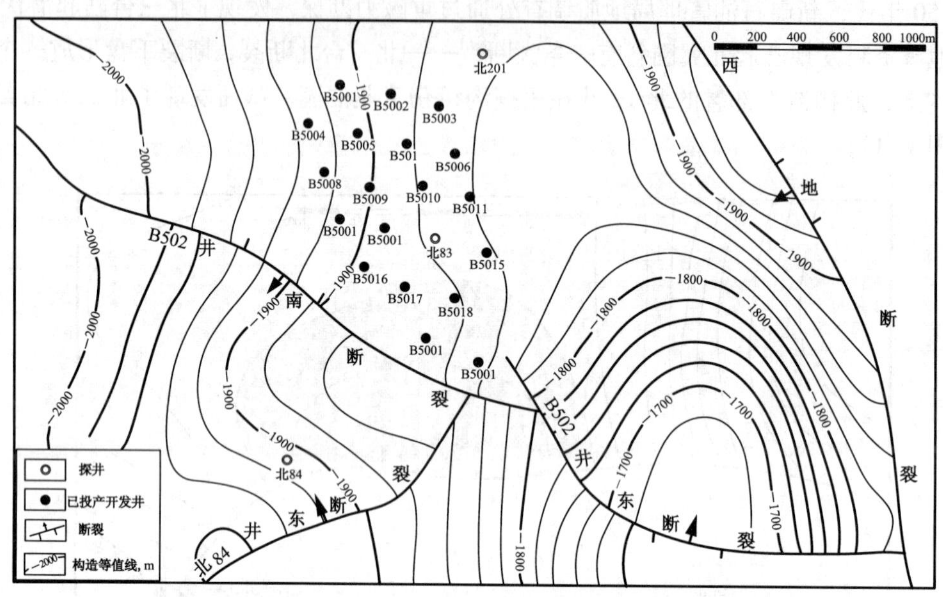

图 1–3　北三台油田北 83 井区二叠系梧桐沟组砂层顶构造图
（新疆油田分公司准东采油厂勘探开发研究所编制，2002 年 12 月）

第二节　储　层

一、沉积相

勘探评价阶段，勘探开发研究院东部综合室薛梦岚等根据 5 口探井的钻井、测井资料、岩性组合和区域地质背景，认为北三台油田梧桐沟组储层属于洪积—辫状河流相沉积。

油田开发初期，在勘探评价阶段基础上又增加了一批取心井资料，1991 年勘探开发研究院东部研究室张有平等依据钻井、测井资料、岩性组合及粒度分布特征等资料认为油层组为水下冲积扇中段亚相沉积，物源来自西南的北三台凸起。

1996 年，准东公司研究所陈伦俊等完成的报告《北三台油田细分沉积相研究》论述了北三台油田的相带分布规律，认同了早期的研究成果，认为目的层段为水下冲积扇中段亚相沉积。

2002 年，新疆油田分公司准东采油厂（以下简称准东采油厂）勘探开发研究所王国先完成的《沙南地区油田地质基础研究》一文，认为本区梧桐沟组开发层系属冲积扇—扇三角洲相；梧桐沟组是一套超覆沉积，$P_3wt_1^4$ 沉积范围限于北三台凸起以北；梧桐沟组沉积时至少存在南北两个大的物源，南面物源的入湖口在北 19 井两侧；北三台凸起不是梧桐沟组的碎屑物源。

2004 年，王国先完成的报告《北三台油田细分沉积相研究及应用》认为北三台油田油层为扇三角洲前缘亚相沉积，以水下分流河道和分流滩微相最发育（图 1–4）；物源区单一，由南而北，来自古天山，而且流向稳定，不存在来自古卡拉麦里山的沉积。

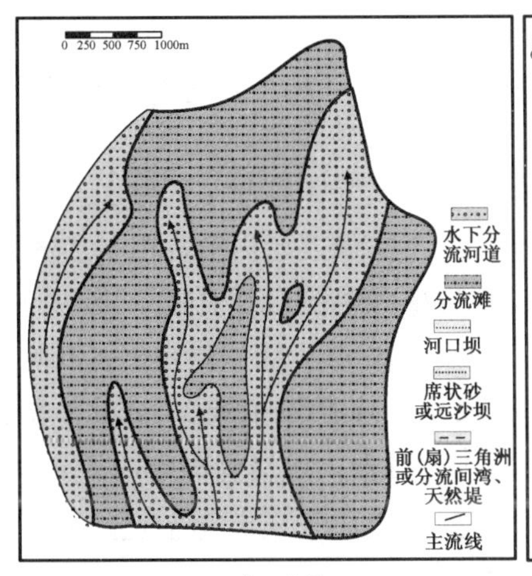

(a) 北16井区

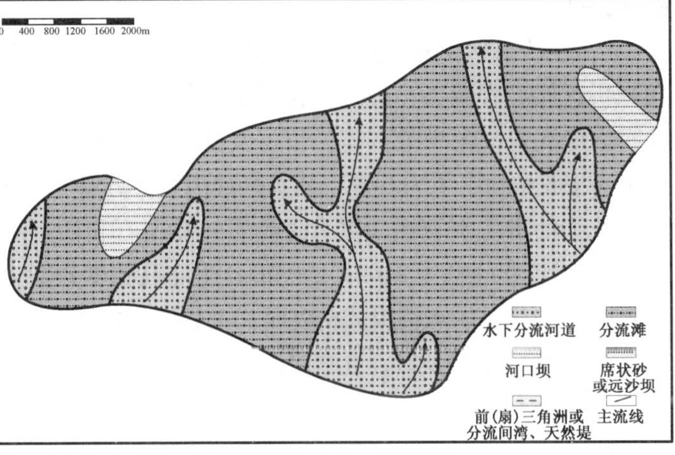

(b) 北20—北31—北75井区

图 1–4　北三台油田二叠系梧桐沟组油藏沉积微相分布图
（新疆油田分公司准东采油厂勘探开发研究所编制，2002 年 12 月）

1999 年，北 83 井区梧桐沟组油藏发现后，准东采油厂勘探开发研究所勘探室曹新峰等人研究后认为，该区主要为河流相沉积，包括河床、堤岸、泛滥平原等亚相。根据区域重矿物和粒度分析，物源方向主要来自东南方（图 1–5）。

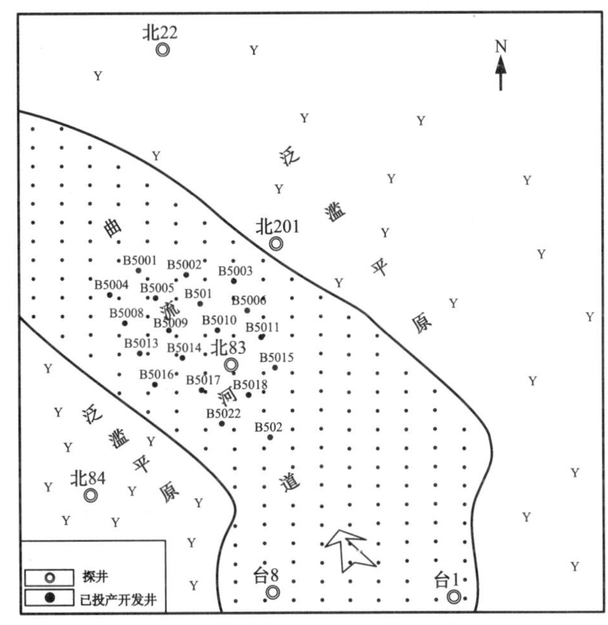

图 1–5　北 83 井区梧桐沟组油藏沉积微相分布图
（新疆石油管理局准东采油厂勘探开发研究所编制，1999 年 12 月）

二、岩性物性

北 16 井区 $P_3wt_1^2$—$P_3wt_1^3$ 砂层组，沉积厚度 110m，依据 6 口井岩心观察和 495 块岩样分析，储层岩性为灰色砂岩、小砾岩、砾岩与泥岩、砂质泥岩不等厚互层；砂、砾岩储层以粒间孔、粒间溶孔为主；胶结物主要为方解石，含量 8% 左右，填隙物以伊 / 蒙混层为主，相对含量 50%，其次为高岭石、伊利石、绿泥石；孔隙连通性较好，具有细喉—细孔、孔喉配合数低（0 ~ 2）等特点。通过 90 块油层样品分析，孔隙度为 16% ~ 19.2%，渗透率为 5.6 ~ 36.8mD；49 块样品压汞资料分析表明，毛管压力曲线具有高斜率细歪度、退出曲线近于直立、排驱压力低、中值饱和度压力低、退汞效率低的特点（图

1−6 和表 1−2)。

北 31—北 75 井区 $P_3wt_1^2$ 砂层组，沉积厚度 95m，沉积稳定。依据 7 口井 319.43 m岩心观察和 613 块岩样分析，储层岩性为小砾岩、含砾中—粗砂岩、中砂岩，其次为细砂岩；砂、砾成分主要为凝灰岩，其次为变泥岩，含少量石英、长石及硅化岩；砾石分选差，磨圆度为次圆状；胶结类型主要为孔隙—接触式；胶结物主要为石膏，其次是片沸石、方解石；填隙物以伊 / 蒙混层为主，相对含量 50% 左右，具有较强的潜在水敏性，次为高岭石、绿泥石和伊利石。据 479 块物性分析样品，北 31 井断鼻、北 75 井断块渗透率分别为 34mD、50mD，平均孔隙度分别为 21.3%、21.6%，储层属中—低孔隙、低渗透储油层。46 块样品压汞资料分析表明，毛管压力曲线呈略粗歪度型，其退出曲线近于直立，排驱压力普遍不高（0.02 ~ 0.97MPa），孔喉中值半径 0.24 ~ 3.09 μ m，孔喉分选差，退出效率低（图 1−7）。

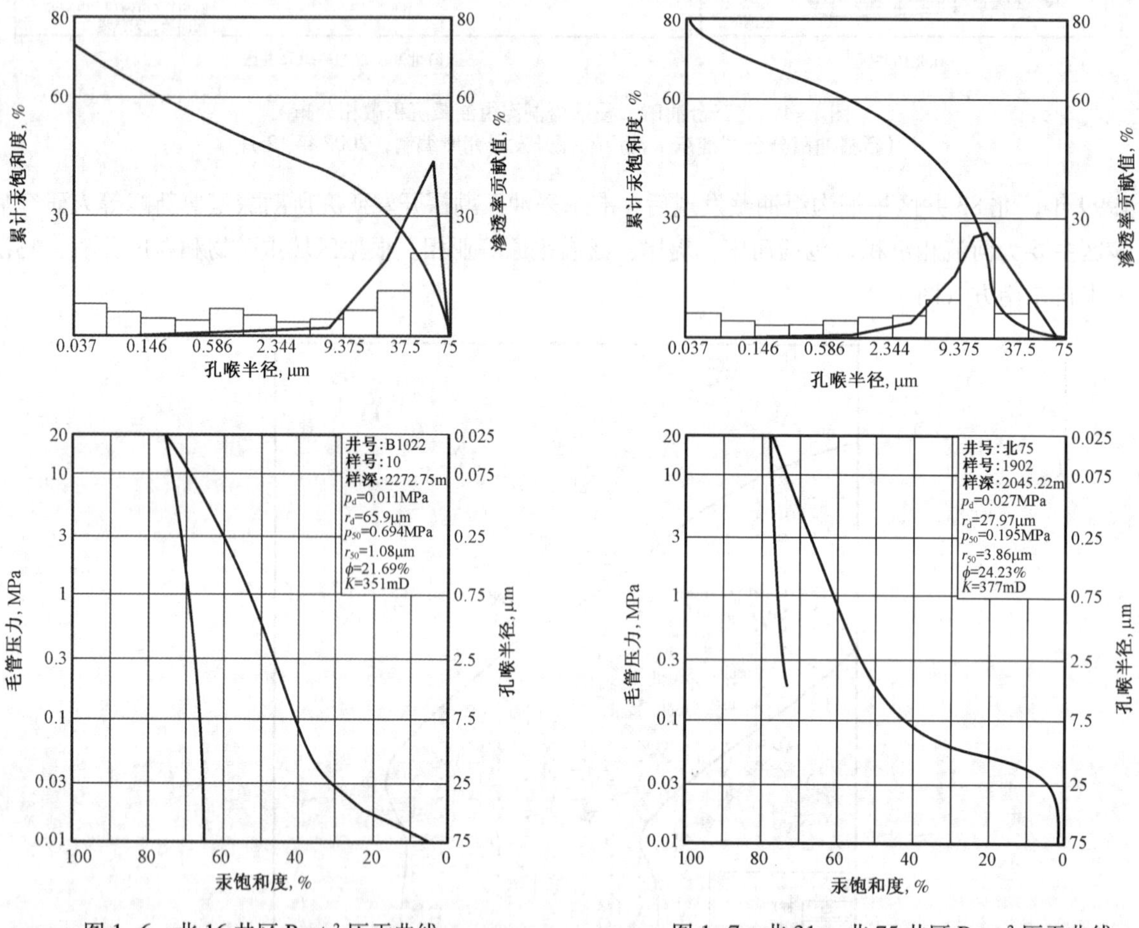

图 1−6 北 16 井区 $P_3wt_1^2$ 压汞曲线
（新疆石油管理局准东采油厂勘探开发研究所编制，1997 年 12 月）

图 1−7 北 31 −北 75 井区 $P_3wt_1^2$ 压汞曲线
（新疆石油管理局准东采油厂勘探开发研究所编制，1997年12月）

表1−2 物性与镜下孔隙参数统计表

区块	层位	孔隙度 %	渗透率 mD	平均孔径 μ m	最大孔径 μ m	统计面孔率 %	孔喉配合数
北16	$P_3wt_1^{2+3}$	16.00	20.0	48.86	135.71	1.05	0~1
北31—75	$P_3wt_1^2$	18.51	36.8	36.44	136.11	3.62	0~2
北20	$P_3wt_1^2$	18.3	5.6	51.80	100.50	1.36	0~1
北83	$P_3wt_1^2$	19.2	5.7	58.00	64.10	1.05	0~2

注：摘自《北三台油田油藏精细描述》，2001年12月。

依据 3 口井 48.8m 岩心和 602 个岩样分析，北 83 井区梧桐沟组储层为细砂岩及含砾砂岩，颗粒成分以岩屑为主，长石次之，含少量石英；孔隙类型以粒间溶孔、原生粒间孔为主，其次为微裂缝、粒内溶孔和基质溶孔；黏土矿物以伊 / 蒙混层为主，其次是高岭石，含少量伊利石。油层 88 块岩心孔、渗分析资料统计，平均孔隙度 21%，平均空气渗透率 6.72 mD，储层属于中孔隙、特低渗透性储层，孔渗相关性好。39 块样品压汞资料显示，孔吼半径小，分选均一，具有退汞效率低的特点（图 1–8）。

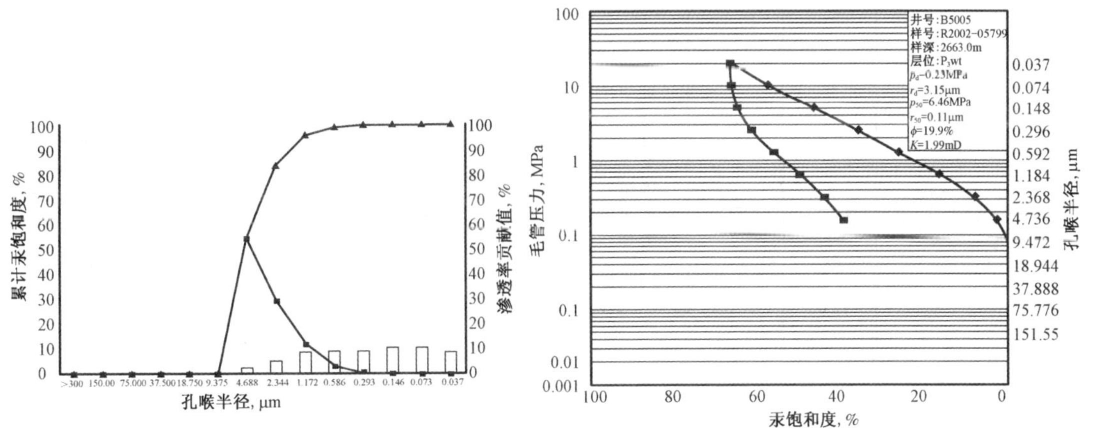

图 1–8　北 83 井区 $P_3wt_1^2$ 压汞曲线

（新疆油田分公司准东采油厂勘探开发研究所编制，2002 年 12 月）

第三节　流体与渗流

一、流体性质

北三台油田据试油和投产初期取得的实际资料，建立了各油藏的原始地层压力及地温梯度关系式，所得油藏参数见表 1–3，各油藏均属于正常压力、温度系统，除北 83 井区外，均有不活跃边底水存在。

表 1–3　北三台油田油藏基本参数表

层块	油藏中部深度 m	油层中部海拔 m	油水界面 m	地层压力 MPa	压力系数	油层温度 ℃	地温梯度 ℃ /100m	天然驱动类型
北 16	2250	−1710	−1755	25.3	1.13	66.74	2.35	弹性—溶解气驱
北 31	2050	−1510	−1584	23.74	1.16	65.15	2.69	弹性—溶解气驱
北 75	2020	−1480	−1516	23.49	1.16	64.39	2.69	弹性—溶解气驱
北 20	2175	−1635	−1660	23.53	1.08	64.00	2.40	弹性—溶解气驱
北 83	2600	−1900		38.47	1.48	68.00	2.28	弹性—溶解气驱

注：摘自《北三台油田油藏精细描述》，2001 年 12 月。

据 14 口井油层高压物性（PVT）取样分析，各油藏均为中等饱和程度的未饱和油藏，地层原油黏度中等，天然驱动类型为弹性—溶解气驱动（表 1–4）。据 156 个地面流体样品分析，地面原油属于密度、黏度较高、酸值低的石蜡基原油，溶解气为甲烷含量较高的轻组分气，地层水为中等矿化度的氯化钙型（表 1–5）。

表 1−4　北三台油田地层油性质表

层块	层位	饱和压力 MPa	地饱压差 MPa	饱和程度 %	条件	密度 g/cm³	黏度 mPa · s	压缩系数 $10^{-4}MPa^{-1}$	原始气油比 m³/t	体积系数
北 16	$P_3wt_1^{2+3}$	19.05	6.25	75.30	地层压力	0.807	6.61	9.39		1.166
					饱和压力	0.802	5.49	9.39	76.00	1.173
北 31	$P_3wt_1^2$	11.11	12.60	46.80	地层压力	0.842	11.8	12.32		1.093
					饱和压力	0.829	9.59	12.32	40.59	1.110
北 75	$P_3wt_1^2$	10.89	12.60	46.40	地层压力	0.851	14.85	12.20		1.091
					饱和压力	0.836	12.65	12.20	39.39	1.108
北 20	$P_3wt_1^2$	13.10	10.43	55.67	地层压力	0.777	3.73	6.10		1.160
					饱和压力	0.828	3.42		63.00	1.164
北 83	$P_3wt_1^2$	5.54	32.93	58.00	地层压力	0.830	15.80	1.51		1.048
					饱和压力		8.80	1.51	22.00	1.103

注：摘自《北三台油田油藏精细描述》，2001 年 12 月。

表 1−5　北三台油田地面流体性质表

层块	原油性质					溶解气性质		地层水性质		
	密度 g/cm³	50℃ 黏度 mP · s	凝固点 ℃	含蜡量 %	酸值 mg/g	相对 密度	甲烷 含量 %	水型	矿化度 mg/L	氯离子 mg/L
北 16	0.8841	39.0	12.0	8.05	0.26	0.7402	88.39	$CaCl_2$	17000	9000
北 31	0.884	41.0	11.3	5.21	0.14	0.7356	88.11	$CaCl_2$	13000	8000
北 75	0.892	62.0	11.5	6.11	0.12	0.7356	88.11	$CaCl_2$	13000	8000
北 20	0.881	41.4	9.0	3.21	0.16	0.7388	91.41	$CaCl_2$	13830	8423
北 83	0.886	94.2	20.0	7.30	0.12	0.7201	80.67	$CaCl_2$	16836	10000

注：摘自《北三台油田油藏精细描述》，2001 年 12 月。

表 1−6　储层水敏性评价表

序号	井号	层位	取样深度 m	黏土含量 %	孔隙度 %	空气渗透率 mD	地层水渗透率 (K_f) mD	最终渗透率 (K_w) mD	K_w/K_f	水敏性
1	B1022	$P_3wt_1^3$	2276.0	2.1	20.68	15.83	4.98	0.90	0.18	强
2			2277.6	6.4	18.23	5.30	2.19	0.49	0.22	强
3	B1007	$P_3wt_1^3$	2250.0	—	17.30	16.08	5.44	2.01	0.37	强
4			2254.0	—	14.14	1.67	0.69	0.27	0.39	中
5	北 52	$P_3wt_1^2$	2265.0	4.6	19.87	8.77	4.37	1.74	0.40	中
6	北 31	$P_3wt_1^2$	2056.2	2.9	20.05	4.18	1.12	0.25	0.22	强
7	北 75	$P_3wt_1^2$	2046.5	6.1	22.59	3.02	0.89	0.52	0.58	中
8			2051.2	—	18.84	132.2	55.69	17.92	0.32	强

注：摘自《北三台油田油藏精细描述》，2001 年 12 月。

二、渗流规律

北三台油田据5口井12块油层样品储层敏感性实验，确认梧桐沟组储层具有强水敏性，油层渗透率损失在80%以上。尤其是B1022井$P_3wt_1^3$层实验样品渗透率损失在95%以上（表1–6），体积流量敏感性、流速敏感性均属弱—中等（表1–7和表1–8）。据实验后7块样品的扫描电镜观察，以衬垫式分布于储层中的伊/蒙混层矿物，遇到不配伍的注入水时发生膨胀，堵死部分喉道，降低了岩样渗透率。而高岭石含量少，结晶紧密，未见破碎移动，因此速敏、体积流量敏感性表现不明显。

表1–7　储层体积流量敏感性评价表

序号	井号	层位	取样深度 m	黏土含量 %	孔隙度 %	空气渗透率 mD	地层水渗透率（K_f）mD	最终渗透率（K_w）mD	K_w/K_f	体敏性
1	B1022	$P_3wt_1^3$	2276.0	2.1	20.44	10.67	1.04	0.84	0.81	弱
2			2277.6	6.4	16.68	2.78	0.70	0.47	0.69	弱
3	B1007	$P_3wt_1^3$	2250.0	—	17.50	9.72	1.99	1.09	0.55	中
4			2254.0	—	14.17	1.15	0.33	0.13	0.40	中
5	北52	$P_3wt_1^2$	2265.0	4.6	19.92	1.45	0.80	0.78	0.98	弱
6	北31	$P_3wt_1^2$	2056.2	2.9	20.11	2.35	0.21	0.08	0.38	中
7	北75	$P_3wt_1^2$	2046.5	6.1	23.32	2.80	2.46	1.35	0.55	中
8			2051.2	—	20.00	118.0	27.30	14.95	0.55	中

注：摘自《北三台油田油藏精细描述》，2001年12月。

表1–8　储层速敏性评价表

序号	井号	层位	取样深度 m	黏土含量 %	孔隙度 %	空气渗透率 mD	地层水渗透率（K_f）mD	最终渗透率（K_w）mD	K_w/K_f	速敏性
1	B1022	$P_3wt_1^3$	2276.0	2.1	20.62	18.67	9.70	7.97	0.83	弱
2			2277.6	6.4	17.59	6.30	2.77	1.45	0.52	中
3	B1007	$P_3wt_1^3$	2250.0	—	14.30	18.77	4.95	4.07	0.82	弱
4			2254.0	—	14.31	2.62	1.55	0.91	0.59	中
5	北52	$P_3wt_1^2$	2265.0	4.6	20.35	9.94	4.78	6.52	1.36	非
6	北31	$P_3wt_1^2$	2056.2	2.9	21.48	16.37	7.13	4.69	0.66	中
7	北75	$P_3wt_1^2$	2046.5	6.1	23.09	3.29	1.33	1.55	1.16	非
8			2051.2	—	21.62	180.10	103.3	47.68	0.46	中

注：摘自《北三台油田油藏精细描述》，2001年12月。

据25个样品相渗试验结果显示，$P_3wt_1^2$和$P_3wt_1^3$层差别不大（图1–9），油、水两相共渗区域小，可动油范围在25%左右，油层见水后，随着含水饱和度的增加，油相渗透率下降很快，水相渗透率上升幅度较大；油井含水后，含水上升速度快，低含水期表现更为突出，在含水50%时，驱油效率为13.7%～15.5%，当含水98%时，驱油效率为33.5%～36.0%。

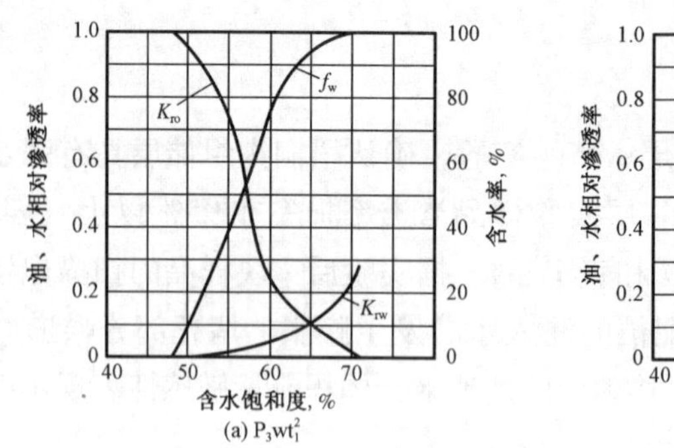

图 1–9　北三台油田梧桐沟组油水相对渗透率曲线
（新疆石油管理局准东采油厂勘探开发研究所编制，1997 年 12 月）

第四节　油气储量

1985 年 9 月北三台地区北 12 井梧桐沟组首获工业油流后，在北三台北断裂遮挡的完整鼻状构造范围内，又有北 16、北 17、北 20、北 21 等井获得工业油流，1987 年申报了北 12 井区梧桐沟组控制储量 3369×10^4t，含油面积 35.1km²。随之展开了油藏评价工作，截至 2005 年底，北三台油田共探明了 5 个井区，含油面积 18.1km²，地质储量：石油 2184×10^4t，溶解气 13.16×10^8m³；可采储量：石油 597.3×10^4t，溶解气 3.53×10^8m³（表 1–9）。

表 1–9　北三台油田储量明细表

区块	层位	类别	含油面积 km²	有效厚度 m	孔隙度 %	饱和度 %	原油密度 g/cm³	体积系数	石油 10⁴t		溶解气 10⁸m³		备注
									地质储量	可采储量	地质储量	可采储量	
北 16	T_1j	Ⅱ	2.9	2.3	20	58	0.876	1.076	63	16.4	1.30	0.35	
	P_3wt_2	Ⅱ	3.2	4.4	20	53	0.877	1.088	120	32.4	0.65	0.20	
	$P_3wt_1^{2+3}$	Ⅰ	7.3	16.6	18	54	0.884	1.166	893	266.6	6.78	1.83	全部动用
北 31	$P_3wt_1^2$	Ⅰ	4.8	17.6	20	50	0.887	1.093	686	172	2.81	0.71	全部动用
	$P_3wt_1^2$	Ⅱ	1.0	3.5	20	49	0.885	1.093	28	6.2	0.12	0.03	全部动用
北 75	$P_3wt_1^2$	Ⅰ	2.5	11.1	21	52	0.890	1.092	236	71.0	0.92	0.29	全部动用
B305	$P_3wt_1^2$	Ⅱ	0.4	5.4	20	48	0.894	1.091	17.0	4.9	0.07	0.02	
北 20	$P_3wt_1^2$	Ⅰ	0.9	4.6	20	53	0.881	1.160	33	7.3	0.24	0.05	全部动用
北 83	$P_3wt_1^2$	Ⅰ	1.7	6.5	20	58	0.886	1.048	108	20.5	0.27	0.05	全部动用
合计			24.7						2184	597.3	13.16	3.53	

注：依据北三台油田各区块历年探明储量报告编制。

一、北 16 井区

1989 年初，在钻探井和开发资料井共 19 口，进尺 4.9729×10^4m，试油 16 口井 53 层，取心井 6 口，岩心长 296.68m，岩样分析 487 块的基础上，薛梦岚等计算上报了北 16 井区梧桐沟组梧一段Ⅱ类探明含油面积 8.7km²，地质储量：原油 907×10^4t，溶解气 7.4×10^8m³；可采储量：原油 244.9×10^4t，溶解气 2.0×10^8m³。

从 1986 年到 1990 年，先后有 6 口井在北 16 井区梧桐沟组梧二段试油，获工业油流 3 口井，干层

3 口井；有 6 口井在北 16 井区韭菜园子组试油，获 2 口工业油流井。根据试油资料和穿层井的钻井和测井资料，1990 年 5 月勘探开发研究院东部综合研究室朗风江等分别计算并上报 II 类石油探明储量：梧二段含油面积 3.2km^2，地质储量：原油 120×10^4t，溶解气 $0.65\times10^8m^3$；可采储量：原油 32.4×10^4t，溶解气 $0.18\times10^8m^3$。韭菜园子组含油面积 2.9km^2，地质储量：原油 63×10^4t，溶解气 $0.3\times10^8m^3$；可采储量：原油 16.4×10^4t，溶解气 $0.08\times10^8m^3$。

1990 年底，北 16 井区梧桐沟组梧一段投入开发，1991 年 6 月，勘探开发研究院东部综合研究室张有平等对北 16 井区梧桐沟组梧一段储量进行升级复算，计算并上报 I 类探明含油面积 7.3km^2，地质储量：原油 893×10^4t，溶解气 $6.78\times10^8m^3$；可采储量：原油 241.2×10^4t，溶解气 $1.831\times10^8m^3$。

1990 年，北 16 井区注水井投注后，油藏开始受效，递减速度减缓，于 1993 年 12 月标定可采储量为 242.6×10^4t，采收率为 27.2%。在随后的油藏开发中，由于加强了油藏注水管理工作，逐渐增加井下分注工艺井的比例，注水见效显著，于 1996 年 12 月采用水驱曲线法标定可采储量为 250.0×10^4t，采收率为 28%。1997—1998 年实施第一批加密井，改善了注采关系，开发形势好转，于 1999 年 12 月标定可采储量为 266.6×10^4t，采收率达 30%。

二、北 31—北 75 井区

1989 年通过高分辨率地震解释，北 31 井断鼻上盘新发现一个圈闭，在其高部位所钻的北 75 井于当年 6 月射开二叠系梧桐沟组 2023.0 ~ 2034.0m 井段，3.0mm 油嘴试油日产油 19.4t、日产气 146.0m^3。1990 年初，勘探开发研究院东部综合研究室薛梦岚等计算上报了北 31 井区和北 75 井区梧一段断鼻油藏 II 类石油探明储量：北 31 井断鼻含油面积 5.2km^2，地质储量：原油 581×10^4t、溶解气 $42\times10^8m^3$；可采储量：原油 127.8×10^4t；溶解气 $2.44\times10^8m^3$。北 75 井断鼻含油面积 2.5km^2，地质储量：原油 246×10^4t，溶解气 $41\times10^8m^3$；可采储量：原油 71.3×10^4t；溶解气 $1.01\times10^8m^3$。

1991 年 10 月，北 31—北 75 井区开发井网井已全部完钻，张有平等进行了储量复算升级。根据新资料落实了各项储量参数，储量复算后 I 类探明储量为 922×10^4t，含油面积 7.2km^2，其中北 31 井断鼻含油面积 4.8km^2，地质储量 686×10^4t；北 75 井断鼻含油面积 24km^2，地质 236×10^4t。北 31 井区西边未开发的 II 类探明储量面积 1.0km^2，地质储量 28×10^4t。影响储量变化的原因主要是含油面积的变化，其次是孔隙度、地面原油密度、含油饱和度、有效厚度和原油体积系数等参数变化。

北 31 井区 1989 年 11 月投入开发，初期由于投产井数少，动用地质储量 360×10^4t，标定采收率为 22%，可采储量 79.2×10^4t；随着投产井数的增加，井网控制程度越来越高，1990 年 12 月动用地质储量为 581×10^4t，采收率仍为 22%，可采储量 127.8×10^4t；1991 年又有 3 口井投产，至此，除了西边的 II 类探明储量未动用外，动用地质储量 686×10^4t，这一阶段注水井注水开始见效，油藏递减减缓，1991 年 12 月标定可采储量为 171.5×10^4t，采收率为 25%；此后经过几年的开发，油藏西边的 28×10^4t II 类探明储量也投入开发动用，1997 年 12 月标定动用地质储量为 714×10^4t，采收率标定为 25%，可采储量为 178.2×10^4t。

北 75 井区从投产初期，地质储量为 236×10^4t 就全部动用，可采储量在生产过程中进行过三次标定，投产初期标定采收率为 29%，可采储量为 68.4×10^4t；由于该区块注水见效差，油藏递减较大，1993 年 12 月标定采收率降为 27%，可采储量为 64.1×10^4t；此后加强了注水工作，油藏开发形势开始变好，递减减缓，1996 年 12 月重新标定采收率为 30%，可采储量为 71×10^4t。此后开发形势稳定，2004 年标定结果和 1996 年一致，可采储量没有变化。

三、B305 断块

在 1990 年到 1991 年开发北 75 井断鼻过程中，发现了北 75 井断鼻南面存在 B305 井断块梧桐沟组油藏，经 B305 井和 B302 井试油后，初步确定了 B305 井断块的含油范围，1991 年 10 月，张有平等申报含油面积 $0.4km^2$，II 类新增石油地质储量 17×10^4t，溶解气 $0.07 \times 10^8m^3$；可采储量：原油 4.9×10^4t，溶解气 $0.02 \times 10^8m^3$。

该断块由于油井产能低，产油量递减快未投入开发。

四、北 20 井区

2001 年，在北 20 井断块钻探的北 90 井获得工业油流后，2001 年钻开发控制井 B2109 井、B2112 井，基本查清了油藏特征与含油范围，区块共完钻各类井 12 口，钻井总进尺 27644m；目的层取心 1 口（B2109 井），取心进尺 16.44m，实长 16.44m，其中各种级别含油岩心长 9.95m。常规试油 1 井层，取得储层分析化验样品 231 个，油层压力、温度资料各 2 个，高压物性 1 井层，油气水分析资料 12 个。2002 年 12 月，准东采油厂勘探开发研究所陈春勇等申报 I 类新增含油面积 $0.9km^2$，石油地质储量 33×10^4t，溶解气 $0.24 \times 10^8m^3$；可采储量：原油 7.3×10^4t，溶解气 $0.05 \times 10^8m^3$。

五、北 83 井区

1998 年 6 月 7 日，北 83 井射开梧桐沟组 2599 ～ 2610m 井段，3mm 油嘴试产，平均日产油 9.5t、日产气 $321m^3$，发现了北 83 井区二叠系梧桐沟组油藏。1999 年 12 月据北 83 井单井资料结合油藏描述项目成果，准东采油厂勘探开发研究所曹新峰等计算并上报控制石油地质储量 888×10^4t，含油面积 $7.8km^2$。2001 年 6 月，该区投入滚动开发，2002 年 11 月底，区内完钻探井 2 口，钻井进尺 5420m，各类开发井 19 口，钻井进尺 50818m，目的层取心 3 口，取心进尺 51.84m，探井试油 1 口井 2 层，获工业油流 1 口井 2 层，其中 1 层进行了系统试井，取得了油层压力、温度、高压物性、流体性质等资料；完成各种分析化验样品 602 个。2002 年底，准东采油厂勘探开发研究所吴建英等计算并上报新增 I 类探明含油面积 $1.7km^2$，石油地质储量 108×10^4t，可采储量 20.5×10^4t；溶解气地质储量 $0.27 \times 10^8m^3$，可采储量 $0.05 \times 10^8m^3$。

第二章

开发部署与调整

北三台油田从1985年第一口井出油以来，先后有北16、北31、北75、北20和北83等5个井区投入开发（表2−1），根据油藏的实际情况和开发需要，按照注采同步的方针，进行开发方案和调整方案的编制与实施。

表2−1　北三台油田各开采单元开发概况表

开采单元	开采层位	发现时间	开发时间	累计动用			开采方式	2005年产油 10^4t	累计产油 10^4t	采油速度 %	采出程度 %	综合含水 %	气油比 m^3/t
				含油面积 km^2	地质储量 10^4t	可采储量 10^4t							
北16井区	P_3wt_1	1986年	1989年	7.3	893	266.6	注水	5.9722	186.8638	0.7	22.58	69.1	76
北31井区	P_3wt_1	1985年	1989年	5.8	714	178.2	注水	4.0144	124.9523	0.6	18.76	76.1	41
北75井区	P_3wt_1	1989年	1989年	2.4	236	71.0	注水	0.9058	36.7159	0.5	16.62	79.1	39
北20井区	P_3wt_1	2000年	2002年	0.9	33	7.3	注水	1.0484	4.6466	2.5	15.51	66.6	63
北83井区	P_3wt_1	1998年	2001年	1.7	108	20.5	注水	1.9358	9.3474	1.6	8.51	10.5	36
其他								0.3543	3.6242				
合计				18.1	1984	543.6		14.2309	366.1502	0.72	18.46	70.5	65

注：依据新疆油田分公司中心数据库数据资料编制。

第一节　开发方案编制与实施

一、北16井区梧桐沟组油藏

1989年1月，根据前期的认识，勘探开发研究院东部室欧远德等编制了《准噶尔盆地北三台油田北16井区开发井实施要求》，采用340m井距反九点法井网，共布井66口，其中注水井15口，采油井51口，利用老井4口，钻新井62口。中国石油天然气总公司在审查方案时，要求井距加密成240m，经研究决定，在2.5km^2的纯含油面积内将井距改成240m。方案总井数80口（利用老井3口），其中注水井19口，采油井61口，平均井深2360.0m，钻井进尺18.17×10^4m，设计单井产能13.0t/d，年产能力25.7×10^4t，采油速度为2.8%。

1989年2月方案开始实施，1990年5月，勘探开发研究院东部室谷斌等根据新的构造解释及已完钻井生产情况编写了《北三台油田开发扩边井位意见》，在该断鼻增加扩边井11口，设计单井产能13.0t/d，年产能力29.6×10^4t。实施后北16井区生产井总数91口，开发井网井89口（2口在含油范围外），其中注水井21口，采油井68口，平均单井产能13.4t/d，建成年产能27.24×10^4t。

方案实施过程中，根据油藏特征及油井的供油半径，考虑新区开发应相对稳产，将纯油区内240m

井距的井网拆成 340m 井距的上（$P_3wt_1^2$）、下（$P_3wt_1^3$）两套井网，上层井网有 63 口井，其中注水井 16 口，采油井 47 口；下层井网 26 口井，其中注水井 5 口，采油井 21 口。1990 年 4 月注水井开始注水，1991 年 5 月全面注水开发，最高年产量达 20.17×10^4t（1990 年）。

二、北 31、北 75 井区梧桐沟组油藏

1989 年 7 月，北 31 井在梧桐沟组试油，采用 3.0mm 油嘴，自喷日产油 23.0t、日产气 994.0m³，发现了北 31 井断鼻二叠系梧桐沟组油藏。1989 年 8 月北 75 井在梧桐沟组试油，采用 3.0mm 油嘴，自喷日产油 19.4t、日产气 146.0m³，发现北 75 井断鼻二叠系梧桐沟组油藏，为了加速该地区的勘探开发，欧远德等编制了《北三台油田北 31—北 75 井地区勘探开发部署意见》，采用 300m 井距、四点法面积注水井网，在北 31 井区布井 29 口（利用老井 3 口），其中注水井 9 口，采油井 20 口，平均井深 2140.0m，钻井进尺 5.56×10^4m，设计单井产能 8.0t/d，年产能力 5.28×10^4t；北 75 井区，布设井网井 42 口，在井网上选择了 5 口井做滚动勘探开发井首先实施。

截至 1989 年底，完钻新井 31 口，其中北 31 井区完钻 27 口，北 75 井区完钻 4 口。1990 年，勘探开发研究院东部室杜卫星等编写了《准东油区北三台油田北 31—北 75 井地区开发射孔实施要求》，在已完钻 31 口的基础上扩大了布井范围，井数达 74 口（利用老井 8 口），平均井深 2060.0m，钻井进尺 13.9×10^4m，单井设计产能 8.0t/d，设计年产能 13.4×10^4t，其中北 31 井区设计井数 44 口（含已完钻的 27 口），利用老井 5 口；北 75 井区设计井数 30 口（含已完钻的 4 口），老井利用 3 口。实施过程中，进行了 3 次井位调整，截至 1991 年 8 月，钻井实施完毕，完钻新井 45 口，二区块开发井总井数 76 口（注水井 23 口，采油井 53 口），其中北 31 井区 51 口，北 75 井区 25 口。初期单井平均产能 9.3t/d，建成年产能 14.8×10^4t，最高年产量达 15.56×10^4t（1991 年）。

三、北 20 井区梧桐沟组油藏

2001 年 9 月，北 20 井断块投入滚动勘探开发，部署了滚动勘探评价井北 90 井，该井在梧桐沟组试油，采用 3.0mm 油嘴，自喷日产油 20.0t，发现北 20 井区二叠系梧桐沟组油藏。2001 年 10 月，准东采油厂开发方案室宋小彬等编写了《北三台油田北 20 井断块平地泉组油藏滚动开发布井意见》，部署了滚动开发控制井 B2109 井、B2112 井，试油均获工业油流。2001 年底，准东采油厂开发方案室张品雁等编写了《北 20 井断块滚动开发部署意见》，采用 300m 井距反七点面积注水井网，共布井 29 口（采油井 20 口，注水井 9 口），利用探井 1 口（北 90 井）、开发控制井 2 口（B2109 井和 B2112 井），需新钻井 26 口，设计单井平均产能 8t/d，区日产能力 160t，年产油能力为 4.8×10^4t。方案部署第一批先实施 8 口井，待实施完毕后，根据投产情况，再依次钻后续各井。

截至 2002 年 9 月，共完钻开发井 10 口，新井投产初期平均单井产能 7.5t/d，建成年产能 2.25×10^4t。根据已钻井资料分析，储层横向出现相变，变化规律尚不清楚，其余井停止实施。

四、北 83 井区梧桐沟组油藏

2001 年 6 月，北 83 井区块投入滚动开发，准东采油厂开发方案室陈春勇等编写了《准东油区北 83 井区梧桐沟组油藏滚动勘探布井意见》，首轮部署 2 口开发评价井（B501 井、B502 井）。B501 井在二叠系梧桐沟组试油，3.5mm 油嘴获得日产 23t 的工业油流。B502 井于 12 月投产，经压裂 4mm 油嘴日产油 5.2t，含水 2%。2002 年 1 月，准东采油厂开发方案室万文胜等编写了《北 83 井区滚动开发布井意见》，采用 300m 井距反七点面积注水井网，共布井 29 口（采油井 19 口，注水井 10 口），利用探井 1 口（北 83 井）、开发评价井 2 口（B501 井和 B502 井），需新钻井 26 口，设计单井平均产能 11t/d，年产油能力为 6.27×10^4t。第一批先实施 5 口井，待实施完毕后，根据投产情况，再依次钻后续各井。

截至 2002 年 11 月，该区块共完钻开发井 19 口，利用探井 2 口，总井数 21 口，其中采油井 15 口，注水井 6 口，初期单井平均产能 7.5t/d，建成年产能 3.375×10^4t。由于新井投产后产能递减较大，生产情况不理想，其余井停止实施。

第二节　调整方案与实施

北 16 井区梧桐沟组油藏从 1989 年 3 月投入开发后，油藏总体开采效果较好，但也存在着一些影响油田稳产的因素，如：部分井吸水不满足；部分地区井距偏大，地层压力保持程度低；部分井井底位移大，影响注水开发效果等。

1997 年，在低含水的剩余油富集区设计加密调整井 4 口，当年全部实施完毕。1998 年 2 月，提出了整体加密调整的方案。准东采油厂勘探开发研究所方案室万文胜等编写了《北 16 井区调整井布井意见》，方案设计采用 240m 反九点井网＋不规则面积注水井网，共布加密调整井 25 口井（包括 1997 年已钻 4 口井），设计平均井深 2314m，总进尺 5.7847×10^4m。其中采油井数 19 口，注水井 6 口，设计单井产能 7.5t/d，建成年产能 4.27×10^4t。同时，老井转注 6 口，全区油井总数达到 86 口，注水井总数 31 口，注采井数比由 1:3.8 提高到 1:2.8。

截至 2001 年底，共完钻加密井 17 口（其中采油井 14 口，注水井 3 口），根据已实施井的生产情况和油藏生产动态及对油藏的重新认识，取消了调整井 8 口。已实施的调整井投产初期，日产液 165.2t，日产油 120.4t，综合含水比 27.1%，平均单井产能 8.6t/d，达到了方案设计要求（7.5t/d），建成年产能 3.61×10^4t，取得了较好效果。

第三节　油田动态监测

油田动态监测贯穿于油田的开发全过程。监测重点是在油井和注水井上进行测试，包括产液剖面、吸水剖面、油水井压力、油气水流体性质监测等。

北三台油田动态监测主要采用固定井点监测，同时在生产需要时增加临时监测井点。固定监测井点的分布考虑整个油藏的需要，基本上比较均匀分布在油藏中，将整个油藏覆盖。目前全油田比较固定的压力监测井点有 52 个，吸水剖面监测井点 20 个，产液剖面监测井点 28 个，每年的原油分析数据平均有 30 个。

一、压力监测

压力监测主要包括不稳定压力恢复试井、干扰试井、流压或动液面监测。油水井压力投产初期测一次，以后根据监测方案固定井点每半年测一次。

油田开发初期压力主要采用机械压力计，电子压力计主要应用于干扰试井，1997 年全部改用电子压力计，主要有地面直读式和井下存储式两大类。

截至 2005 年 12 月，全油田共完成各种压力监测资料 621 井次，为及时掌握油层压力变化，采取相应开发对策提供了依据。

二、产液剖面监测

产液剖面开发初期每半年测一次，以后每一年测一次，主要采用 83−1 型两参数测试、数控测井 DDL− Ⅲ系列。

截至 2005 年 12 月，全油田共完成产液剖面测试 1601 层段，产液剖面的监测，可以定量了解油层剖面各个小层的产出状况，为调整出液剖面，挖掘小层潜力提供依据。

三、吸水剖面监测

吸水剖面监测采用同位素测试以及数控测井 DDL－Ⅲ系列，应用该设备重点完成了注水井流量计法吸水剖面测试，该测试技术具有认识吸水层位清楚、准确的特点。

1999 年，应用江汉油田 JZL－B 注水井分层流量计测试仪，开展了注水井分层流量测试。同时应用了准东石油技术股份有限公司与北京双福星科技有限公司共同研发的 ZELM 型高精度井下存储式电子流量计，该流量计有效地克服了井下水质对流量测试的影响，提高了测试精度和测试成功率，适应于油田各种注水方式和注水管柱的分层注水量的测试。

截至 2005 年 12 月，全油田共完成吸水剖面测试 1188 层段。吸水剖面的监测，可以提供各个小层的吸水能力，为注水井调剖提供依据。

四、油气水分析

投产后选择 2% 油井定期取 PVT 样实验分析，以后每 3 ～ 5 年做一次，选择 20% 井进行地面原油全分析，含水井做水样全分析，1/3 的油井取天然气全分析资料。油藏流体性质监测主要由准东采油厂勘探开发研究所化验室承担，内容包括油气水流体性质监测和注入水水质监测。

原油含水分析：油田开发初期，含水较低，主要采用蒸馏法。随着油田的原油含水方式的转换（以游离水为主），配套采用离心法，解决了化验分析样品多，工作量大的问题。

原油物性分析：主要分析原油中硫、蜡、胶质＋沥青质等的含量及原油的密度、黏度、凝固点等。蜡、胶质＋沥青质含量分析一直采用抽提法，黏度分析采用逆流式毛细管黏度计法。样品称重初期主要采用电光分析天平，以后采用电子分析天平。

油田水性质分析主要分析油田水中氯离子含量及矿化度等。使用的分析方法为滴定法，包括络合滴定法与中和滴定法。氯离子分析在油田动态分析中发挥了重要作用，通过氯离子分析，直观地判断水淹水窜（注入水还是地层水）的性质，边底水的推进速度。

天然气分析初期采用四川仪器厂生产的 SC−4 和 SC−7 气相色谱仪，手动分析，2002 年应用上海产工作站式的全自动 SP−3400 气相色谱仪，主要分析甲烷、乙烷、丙烷、丁烷、戊烷、H_2S、CO_2 等组分。

截至 2005 年 12 月，全油田共完成原油全分析 1042 个，天然气分析 276 个，氯离子分析 3209 个，为掌握油田生产动态提供了依据。

第三章

钻井与采油工程

第一节　开发钻井

1985 年 9 月，准东钻井公司 32836 钻井队（队长孟平，指导员陈富尧）承钻的北 12 井在二叠系梧桐沟组获工业油流，发现北三台油田。从 1989 年开始，北 16 井断鼻、北 31 井断鼻、北 75 断块、北 20 断块、北 83 断鼻等区块先后投入开发。北三台油田断层多，钻井中易发生井漏、井壁坍塌、卡钻、井喷等事故，针对这些特点，北三台油田开发钻井中通过相应的钻井工艺技术，较好地解决了这些问题。截至 2005 年底，共钻井 247 口，进尺 56.68×10^4m。

主要应用了以下钻井工艺技术。

一、喷射钻井

北三台油田从勘探阶段开始，就较好地应用了喷射钻井技术。开发阶段全面推广喷射钻井技术，并在喷嘴组合方面由原来直径相同的 3 个油嘴，改进为不同直径的组合喷嘴；对刮刀钻头，喷嘴直径由原来 19 ～ 21mm 改为 20 ～ 24mm，摸索出了一套适合该区喷射钻井的合理泵压、排量与组合喷嘴相配套的方案。32836 钻井队在 B1010 井创造北 16 井区最高日进尺 700m 成绩，创单钻头进尺 2103m 的最高纪录。

二、井身结构

北三台地区原设计的开发基础井是在进入目的层以前，下技术套管封住上部的高压层，然后再进入较低压的目的层。1988 年 5 月，新疆石油管理局准东勘探指挥部完成的《北三台地区钻井工艺的改进》，改变原设计井身结构，不下技术套管。1988 年 6 月，由 32947 钻井队首先在 B1049 井进行试验，从开钻到完钻只用了 16 天 22 小时钻完 2450m，建井周期 280 天，比原设计缩短 63%，节约投资 46%，创该地区历史最好水平。1989 年北三台油田正式投入开发后，制定了《北 16 井区打开发井技术措施》，又将 ϕ339.7mm 表层套管改为 ϕ244.5mm。开发钻井平均钻井周期 618h，钻机月速度 2035m/ 台月，机械钻速 8.88m/h，每只钻头进尺为 1815m，完井作业时间 8 天，单位成本 561.56 元 /m。

三、钻井液

北三台油田泥岩地层具有水敏性强，易水化膨胀引起井壁垮塌的特点，勘探与开发初期阶段，主要使用氯化钾聚合物防塌钻井液（KCl 含量 3% ～ 5%）。1987 年底开始研制以磷酸钾、醋酸钾为钾基的新型钾基防塌钻井液。目的层以上地层钻井液密度 1.35 ～ 1.40g/cm^3，漏斗黏度在 100s 以内，中压失水小于 10mL，要求钻井液具有良好的护壁性能和携砂能力，为满足喷射钻井的需要，还应具备良好的剪切稀释特性。进入易垮塌层前添加足量的防塌剂（KAC 等），在油层上部形成稳定井壁，延长地层被水化膨胀的时间，并严格控制固相含量及含砂量。进入目的层后，将钻井液密度降到 1.20g/cm³ 左右，达到保护油气层，进一步提高钻速的目的。同时，新型钾基防塌钻井液具有低氯离子的特点，对改进测井资料质量，发现油气层有积极意义。

四、dc 指数法随钻地层压力监测

1987 年，在北三台地区开始应用 dc 指数法随钻监测地层压力技术。及时调整钻井液密度，保持近平衡压力钻井，对建立合理的井身结构，减少井下复杂情况，提高钻井速度，发现油气层，有明显效果。钻机月速度提高 48%，机械钻速提高 12%，事故率下降 96%。

五、井控

北三台油田地质条件复杂，稍有不慎就会发生井喷事故。1988 年对会战的钻井队均装备了液压防喷器、节流管汇和压井管汇。

第二节 完 井

一、完井方式

北三台油田所钻井全部采用下套管固井射孔投产的完井方式。

二、井身结构

勘探和开发初期阶段，用 φ445mm 钻头打完 200m 第四系砾石层，下 φ339.7mm 表层套管，水泥返至地面；第二次用 φ311mm 钻头开钻，钻至 1800m 下 φ244.5mm 技术套管，水泥返至 500m；第三次开钻用 φ216mm 钻头钻穿目的层，下 φ139.7mm 油层套管，水泥返至 1400m。开发阶段，用 φ455mm 钻头开钻，打完第四系砾石层，下 φ339.7mm 表层套管，水泥返至地面，二开采用复合井眼，用 φ311mm 钻头钻完古近—新近系换用 φ216mm 钻头钻到目的层，下 φ139.7mm 油层套管，水泥返至 1400m。

三、固井

1988 年，32841 钻井队在北 53 井首次试做 φ244.5mm 自动灌浆浮箍，减少了下套管时间，提高了工效，保证了安全，并在后续开发井下套管作业中推广应用，取得了明显效果。

北三台油田压力系数 1.20 左右，以前采用普通密度水泥固井，固井后经常有油、气、水外溢。1989 年，新疆石油管理局钻井公司采用防气窜剂固井工艺。即在水泥浆中加入防气窜剂 KQ−1，再加入降失水剂。在北三台油田试验，获得成功，经声幅测井检验，固井质量良好，1989 年完井 28 口开发井固井合格率 100%。之后，在北三台油田推广应用。

四、完井电测

开发井中完以上只测标准、井斜和井径。完井电测采用稀油开发井系列，除了标准、井斜和井径测试外，还有八三组合测井系列和小数控组合测井系列。另外，根据开发方案需要，个别井要加测 CUS、FMS（裂缝识别）和 SHDT（地层倾角）。工程测井要求中完测声幅。完井电测项目：磁性定位、放射性校深或变密度测井。完井电测时要求在 18℃条件下钻井液电阻率不小于 1Ω · m。完井立足于保护油层，减少油层污染。完钻电测遇阻不超过 5m，必须先测标斜，测至开发层位底界以下 25m。

五、射孔

开发初期主要使用 WS–73 和 73–400 射孔弹，1989 年以后使用 YD–89 弹射孔。射孔方式多采用电缆传输磁性定位跟踪射孔。开发初期，个别井使用过电缆传输丈量射孔。由于油田长期注水开发，使后期钻井完井工作所面对的地质情况比较复杂。为了减少对油层污染，使用了油管传输负压射孔方式进行完井作业；油管输送射孔具有负压差高，易于解除射孔对储层的伤害等优点。

采油井射孔孔密每米 10 孔，注水井每米 8 孔；后来油水井多采用每米 16 孔，射孔孔径 12.5mm，射孔相位 90° 或 120°，射孔格式为螺旋布孔。射孔液均为清水。装 CYD–250 型采油树、试压合格后完井。

第三节　采　油

北三台油田从 1989 年全面投入开发后，所有井都自喷生产，采用 3.0 ~ 4.5mm 油嘴，$2^7/_8$in 材质 N–80 平式油管，KY24.5/65 采油井口生产，次年自喷井逐渐转抽，1990 年底抽油井已占 72%。

一、抽油设备

北三台油田有抽油机 164 台，其中 CYJ8–3–53HB 和 CYJ10–3–53HB 占 75%；北 83 井区有抽油机 15 台，型号全部为 CYJQ12–5–53HY。为节约能耗，对抽油机进行节能改造，截至 2005 年共改造 63 台。西北节能监测中心对 3 口井进行测试，改造后的抽油机平衡度由 75% 提高到 90%，井均地面效率提高 17.5%。

北三台油区都采用 D 级组合杆，北 83 井区采用 H 级组合杆。抽杆自下而上为 ϕ19mm 抽杆 ×65%+ϕ22mm 抽杆 ×35%。抽油泵 ϕ38mm 管式 I 级间隙泵约占 80%，其次为杆式泵。平均下泵深度 1581.8m，冲程 1.8 ~ 3.0m、冲次以 $6min^{-1}$ 为主。由于下泵作业时管式泵需要起下全部油管，为降低修井时间和费用，计划今后逐步将所有管式泵改为杆式泵。

二、抽油井管理

2005 年以前，抽油设备的选择以及参数优化主要来自于工程技术人员的经验。从 2005 年起，应用 PE-office 优化软件对 32 口井进行了参数调整，通过加深泵挂、调整泵径，泵效由 31.5% 提高到 35.4%。全油田选取 63 口井进行系统效率测试，平均系统效率为 20.2%（表 3–1），低于油田公司提出的 23% 目标值，主要原因是储层低渗、供液能力差、泵效低。

表 3–1　北三台油田抽油系统效率测试结果表

测试井数	电机功率因数	地面效率 %	井下效率 %	系统效率 %	平衡度达标率 %	产液单耗 kW · h/t
63	0.44	54.7	38.7	20.2	73	24.4

注：依据新疆油田分公司准东采油厂信息中心统计数据编制。

2005 年 12 月，北三台油区共有油井 164 口，其中抽油井 163 口，自喷井 1 口，日产油 356t，单井平均日产油 2.2t。北 83 井区共有油井 15 口，全部抽油生产，单井平均日产油 3.2t。

第四节　注　水

一、水质

北三台油田1990年11月进入全面注水开发。储层为强水敏性，早期未对储层伤害引起足够重视，直接采用地面清水入井，投注初期平均注入压力7.1MPa，由于注入水矿化度（3500～4500mg/L）与地层水矿化度（12000～17000mg/L）不配伍造成渗透率损失，使全区注水井投注3个月平均注入压力上升5.1MPa。

1992年，改为清污混注，清污比约为1:2。经勘探开发研究院等部门论证，清污混注经济有效，矿化度能满足防膨要求，无需强制性加入防膨剂。2005年北三台联合站注水泵出口腐生菌6.0×10^4个/mL（标准≤10^3个/mL）、还原菌9.5×10^2个/mL（标准≤10^2个/mL）、悬浮物24.10mg/L（标准≤3.00 mg/L）等多项指标均不符合要求，水质严重超标是北三台油田下一步亟待解决的问题。

北83井区注水井仅6口，供水水质较好，对注入水加入防膨剂、杀菌剂以及过滤等方法处理，基本达标。

二、分注

北三台油田储层非均质性严重，为解决层间矛盾，早期采用地面分注技术，分注率75%。2005年12月北三台油田共有注水井47口，采用地面一级两层分注和井下液力投捞分注。其中地面分注井20口，井下分注井20口，分注率85%。井下分注先后实验过同心管分注、空心配水器分注、偏心配水器分注等多种工艺，现已配套了适合油田的分注管柱——液力投捞分注，该工艺投捞测试简便，且能够实现三层分注，2005年北三台油田的所有井下分注均采用液力投捞分注。

北83井区共有注水井6口，由于层数少（2层）且两层吸水比较均匀，所以6口注水井都采用笼统注水。

三、增注

北三台油田油区辖4个区块，西线北16井区，东线北31井区、北75井区、北20井区。早期由于低渗、水敏等原因，注入压力快速上升造成井区很多注水井出现不同程度的欠注。为解决油田欠注问题，展开了防膨增注、缩膨增注、井下放电、水力震荡等措施，但效果差，即有效期非常短，而且施工费用较高，为此开展提压增注。北三台油田北16井区注水启动压力远超过北三台联合泵站的系统压力，1996年开始陆续用7台高压增注泵为井区14口水井实现高压增注，增注后注水井井口压力由15.9MPa上升到18.7MPa，日注水量从341m^3上升到476m^3。增注后地层压力下降的势头得到遏制，并缓慢回升保持在17MPa以上。

为了进一步解决欠注问题，2004年提出将北三台联合站离心泵（18.5MPa）更换为柱塞泵（25MPa）。根据北三台油田注水井的压力分析及区域特征，对西线和东线实施分压注水，其中西线的配注最高压力要求为25MPa；东线配注最高压力要求为20MPa，已于2005年11月完成对西线北16井区系统提压及管汇的改造，改造后系统压力由16.5MPa提高到22MPa，欠注井由原来7口井减小至2口井，日欠注水平由120m^3减小至30m^3，平均油压上升2.5MPa，套压上升2.6 MPa。而待实施的东线北31、北75、北20系统提压工作安排在2006年进行。

第五节　油气层改造

北三台油田从西向东规模相对较大的有北 16 井断鼻、北 31 井断鼻、北 75 井断块，均为断层遮挡的岩性—构造油气藏，由于储层具有中低孔隙、低渗透的特点，北三台油田先后进行了水力压裂、酸化等储层改造工艺。

一、压裂

北三台油田开发初期压裂规模较小，以油套环空作为压裂通道，携砂液为原油，平均加砂强度在 0.5 ～ 0.8m^3/m 左右，全部采用普压。1991 年开始使用田菁压裂液，并改为从油管压裂。1994 年全面使用瓜尔胶压裂液。由于储层低渗，大部分井射孔后产量很低，初期压裂井虽然规模较小，但压后效果明显，压前几乎不出的井压后平均单井日产油量在 10.4t，井均增油达 1000t。

2000 年，把原瓜尔胶压裂液由无机硼交联改用有机硼代替，提高了压裂液的耐温性能和交联时间。2000 年后压裂规模有所增大，平均加砂强度为 1.5m^3/m，压裂方式除了普压，还采用了投球选压、分压等技术。2002 年推广应用脱节式分压管柱，全年分压 29 井次，成功率 100%。这一期间压裂规模虽然有所增大，但由于地层压力递减较大、重复压裂次数较多、注水水窜等原因造成压裂效果开始变差，井均增油在 350t 左右。

2005 年，研究出可退脱喷砂器，全年分压无一起卡井事故。准东采油厂勘探开发研究所陈新志组配出二级三层压裂管柱，采用两次投钢球，达到分压三层的目的，并获国家专利。2005 年压裂施工 25 井次，平均单井增油 284t。2005 年引入了转向压裂技术，转向压裂 7 井次，压裂有效率达到 100%，平均单井增油达到 553t。

准东采油厂工程技术人员，利用实际裂缝监测结果修正北三台压裂裂缝模型。准东采油厂勘探开发研究所刘进军综合北 16 井区沉积微相、地层压力、人造裂缝方向、压裂规模、断层与压裂效果关系的研究结果，确定北三台油田压裂指导原则：

（1）北 16 井区油藏中部区域储层物性好，水窜严重含水较高，改造应以高砂比、宽裂缝为主；油藏边部储层物性较差，液量较低，规模应适当放大造成长裂缝。

（2）北 31 井区和北 75 井区综合含水较高，压裂应形成高导流能力的宽短裂缝。

二、酸化

北三台油田 1996 年使用乳化酸对 B1095 井和 B3013 井进行酸化解堵，两口井累计增油分别为 344t 和 1029t。1997 年油井酸化井数 5 口，使用的酸液除乳化酸外，还进行了两口（B1076 井、B1046 井）泡沫酸化试验，累计增油分别为 150t 和 74t。1999 年 4 口油井的酸化中仅有一口井成功，其余三口井措施后反而污染了储层。2000 年开始使用缓速酸，同时使用了硝酸以及氧化剂解堵，当年在 4 口油井酸化中，两口井酸化后液量反而降低，尽管采取了带泵快速返排的措施，但是依然没有效果，此后油井酸化措施就一直未进行。

北三台油田酸化从 1996 年开始到 2000 年结束，酸化井共计 18 口，有效 7 口，有效率仅 38.9%，即使有效的井效果都不太好，5 年来 18 口井累计增油仅 3269t。

第六节　堵水调剖

北三台油田从 1993 年开始进行调堵工作，大体经历了三个阶段的发展。第一阶段从 1993 年到

2001 年，这一阶段对调剖持谨慎态度施工仅 11 井次，对低渗油藏水窜的治理主要是油井堵水、隔水及注水井细分层。先后实验了 9 种堵剂，主要有聚合物铬冻胶、石灰乳、凝胶等。该阶段堵水 34 井次，有效 7 井次，累计增油 932t，平均单井增油 27t。

第二阶段从 2002 年开始，在总结前面试验的基础上，选择了改性酚醛树脂为主剂的 MDR–2 堵剂以及复合颗粒体膨型堵剂进行堵水调剖。该阶段在北 16 井区堵水 5 口井，调剖 7 口井，采用调、堵一体化并成片实施，累计增油 1035t。

第三阶段是 2003 年以后，调剖技术正式成为北三台油田综合治理的必备手段之一，注水井成片调剖，调堵对应施工，调剖的井数和频率增加，引进了聚合物冻胶体系、凝胶、复合凝胶、预交联颗粒冻胶等，并在聚合物体系加入各类颗粒以增加封堵强度，在施工工艺上由初期的水泥车注入改为小排量调堵泵低压注入。此阶段调剖施工 30 井次，调剖后平均单井井口压力上升 0.6MPa，累计增油 6135t，平均单井增油 204t；堵水 32 井次，累计增油 3422t，平均单井增油 107t。

第七节　油水井维护与修井

一、油水井维护

投产初期采用热力清蜡，热洗介质为原油，单井用液量 20t 左右，周期在 30 天左右。1991—1994 年开始进行小范围的化学清防蜡试验，试验结果使热洗周期延长 4 倍。2002 年选择 2 口井进行固体防蜡现场试验，但不到半年时间就出现蜡卡。2003 年在 5 口井进行了微生物清防蜡试验，结果因注入微生物造成油井堵塞而失败。2004 年在总结 2003 年微生物清防蜡失败的基础上再选油井 28 口进行微生物清防蜡试验，可对比 24 井次，有效 22 井次，注入微生物菌液后，油井生产正常，一年内未进行其他清防蜡措施和修井作业，节约热洗井次 292 井次。同年北三台油田开展了采用缩短热洗周期（由 35 天缩短到 12 天）、降低单次用液量（由 $40m^3$ 降到 $10m^3$）、提高热洗温度（90℃提高到 98℃）的“高温低液”热洗方式，不仅节约了热洗费用，清蜡周期的缩短也减少了油井结蜡。2005 年，北三台油田推广微生物清防蜡，应用井数达到 55 口，在可对比的 44 井次中，43 井次有效，有效率达 98%，节约热洗井次 691 井次。

注水井井下管柱腐蚀严重，2001 年开始采用镍磷镀油管，这种油管具有优异的耐蚀性能。随着使用时期的延长，在起、下油管过程中的挤压和摩擦，易造成化学镀层的损坏，从而导致基体材料（油管）的腐蚀，所以在井下作业中特别注意对油管的保护。

二、井下作业

2005 年，北三台油田完成各类小修作业 161 井次，其中油井 133 井次，水井 28 井次。施工涉及检泵、提泵、复抽、转抽、补层、维修、隔抽、打捞、提泵、分注等，其中检泵 73 井次，隔抽 7 井次，新井射孔 2 井次，老井补层上返 12 井次。小修作业最频繁的是抽油杆断脱，其中 2005 年断脱 25 井次，占所有检泵井次的 35%。分析原因主要是新旧杆混用，没有对旧杆进行强度检验等。解决抽油杆断脱频繁，已成为北三台油田亟待解决的问题。

从 1989 年油田全面投入开发以来，已累计大修 43 井次，主要是因分层压裂后压裂砂将封隔器卡死在井筒内造成大修。原因主要有老水力锚结构不合理、胶筒窜漏、套管问题、固井质量差等。2005 年以前，分压井中管柱卡井大修的比率为 10%。2004 年全年大修 4 井次中，除 B2021 井为因堵水后封隔器被堵剂卡住造成大修外，其他 3 井次都是因为分压后砂卡造成大修，B101 井 2004 年压裂后将 Y211–114 封隔器卡在井内，复抽时 360 ~ 400kN 活动解卡多次无效后上大修，大修下 ϕ73mm 反扣钻杆尾带

ϕ 62mm × 0.68mm 反扣公锥解卡成功并冲出大量压裂砂。

2004 年后，通过对分压管柱优化配套以及对水力锚、喷砂器等机具结构的不断改造，同时加强对卡井事故的预防与处理并研究开发了可退脱节喷砂器，使分压事故率大幅度降低。2005 年，全年北三台油田无一起大修事故。

第四章

地面生产系统

第一节　油气集输

一、油气集输系统简述

北三台油田由北16井区、北31井区、北75井区、北20井区、北83井区五个井区组成。1990年9月北16井区集输系统和北三台联合站建成投产，建设年产能$30 \times 10^4 m^3$，1991年9月北31、北75井区集输系统建成投产。设计单位为设计院，项目负责人祝和军。1988年至1990年北三台油田集输系统投产前采用计量站站后建储油罐，汽车拉油的生产方式。2002年9月北83井区集油注水站建成投产，一直采用汽车拉油生产方式。

二、集输流程

北16井区采用井场加热单管进计量配水站至处理站的二级布站流程（图4–1）。北31、北75井区采用有转油站的三级布站流程（图4–2）。1993年部分井场加热炉停运，改为常温集输，1995年油井改抽油生产后转油站停运，1998年北三台油田计量站进行了大修，采油管汇改用多通阀取代，同年计量站水套炉由压力蒸汽循环采暖改为常压热水循环采暖。

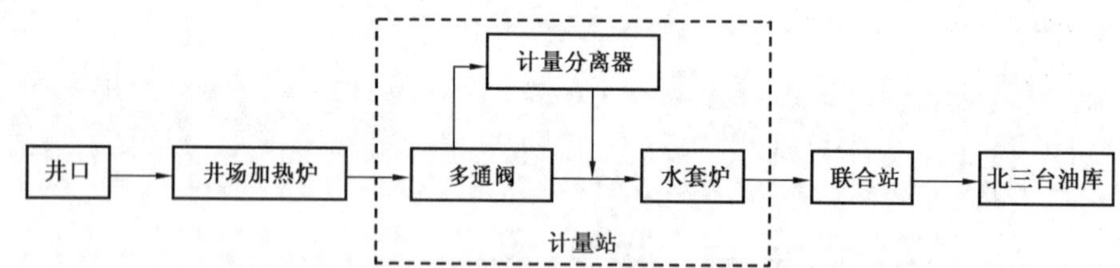

图4–1　北16井区油气集输系统流程框图
（新疆油田分公司准东采油厂编制）

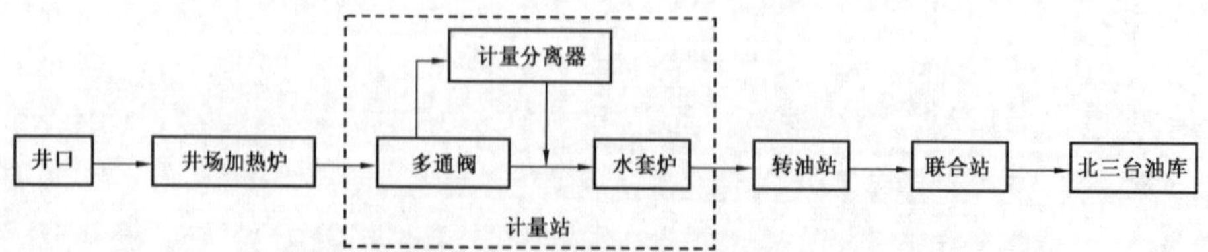

图4–2　北31—北75井区油气集输系统流程框图
（新疆油田分公司准东采油厂编制）

北83井区采用井场加热单管进集油注水站流程，采油部分站内建有一座油气计量间和$500m^3$、$60m^3$储油罐各一座，原油用油罐车拉运至北联站处理。

三、计量站建站模式和油井计量方式

北三台油田计量站是按 12×4 井式建设的，与配水间合建在一起为计量配水站，建设初期北 16 井区采用卧式计量分离器，北 31、北 75、北 83 井区都采用立式计量分离器。1999 年北 16、北 31、北 75、北 20 井区计量站管汇改为电动多通阀，计量方式由人工计量改为自动计量。

四、井场和计量站加热方式

油田开发初期井场采用 40kW 燃气盘管加热炉，2002 年新建油田采用 18kW 电加热炉，计量站加热方式仍为燃气水套炉加热。

五、油气集输系统建设历程

1988 年 7 月，三台油田北 16 井区投入开发，并建成了北三台 6 号计量配水站，投产后采用站后罐拉运生产，原油由罐车拉运到王家沟油库。1989 年 3 月北三台油田全面开发，当年建成了北三台 2 号、3 号、4 号、5 号、8 号、11 号、16 号计量配水站。1990 年 7 月先后建成了北三台 1 号、12 号、13 号、14 号、15 号、17 号计量配水站和联合站及油区集油管线、原油外输管线，油气集输系统全面投运。同年建成了北三台联合站至马庄气田 1 号集气站输气管线。1991 年 9 月建成了北三台 9 号计量配水站及进系统的集油管线。1992 年 7 月建成了北三台 10 号、18 号计量配水站计量间及进系统的集油管线。2002 年 9 月建成 19 号计量配水站并接入集输系统。

1990 年 11 月，建成北三台油田北 31 转油站，设计年转油能力 $25\times10^4m^3$，后于 1995 年 9 月停止使用，2003 年拆除。

1992 年 3 月至 1993 年 9 月，先后建成北三台油田返输气管线，油田伴生气在北三台联合站处理后返输到油田，供井口及站区保温使用，设计单位为设计院。2005 年 11 月在北 18 号计量站集油干线节点处，安装了一台混输泵，进泵压力 0.15MPa，出泵压力为 0.5MPa，降低油井回压 0.5MPa。

第二节　油气水处理

油气水处理在联合站内进行，北联站于 1990 年与油区集输系统同期建成投产，建设规模为 $30\times10^4t/a$，初期建有 2 台电脱水器；1997 年扩建 1 台电脱水器，处理能力增大到 $40\times10^4t/a$。2004 年进行了改造，改造后处理能力为 $20\times10^4t/a$，设计单位为设计院，施工单位为准东工程建设公司。

一、油气分离及原油脱水

一期工程采用热化学和电化学脱水工艺，油气分离和原油一段脱水采用三相分离器，二段脱水采用电脱水器，其流程方框图见图 4–3。

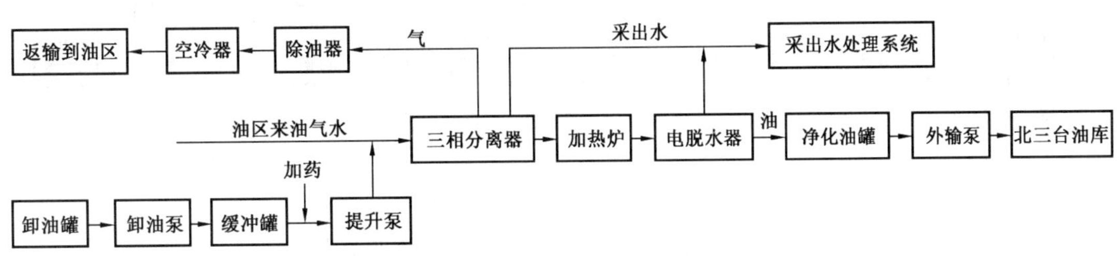

图 4–3　北联站一期工程油气处理系统流程框图
（新疆油田分公司准东采油厂编制）

2004 年，改造后油气分离和原油脱水采用了两台 ϕ3mm×16m 的多功能处理器和 1 台 ϕ2.6mm×11.7m 带电脱装置的多功能处理器，其中 ϕ2.6mm×11.7m 带电脱装置的多功能处理器专门处理卸油台来的原油和收回的落地老化油；两台 ϕ3mm×16m 的多功能处理器处理密闭集油系统来油。北联站改造后的油气处理方框图见图 4–4。

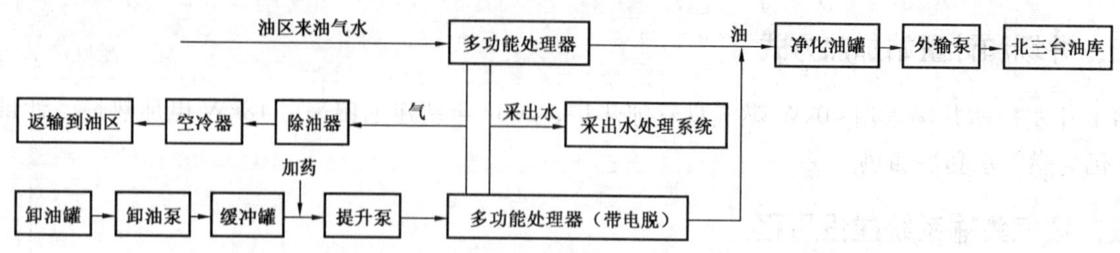

图 4–4　北联站改造后的油气处理系统方框流程图
（新疆油田分公司准东采油厂编制）

站区采暖建有 1 座内设 3 台 2t/h 蒸汽锅炉的锅炉房，燃料为 0.30MPa 天然气，安装 WNS2–1.25–Q 燃气锅炉 3 台，两用一备。

二、天然气处理

北联站天然气未深度处理，只经过除油器除液和 6 组大气冷凝器冷凝脱水的简单处理即供油田保温、公寓生活和北联站作燃料使用。

三、净化原油外输

联合站内设 2000m³ 原油储罐 4 座，原油储罐和外输泵站的储罐共用，净化原油经外输泵和 DN200 外输管道输往三台油库。

四、油田采出水处理

北联站采出水处理系统始建于 1991 年，建成后因各种原因未投运，2001 年 11 月进行改造，当年投产，改造后设计处理能力为 1600m³/d，处理后的净化水达到了油田注水水质的要求。主要处理设备有 500m³ 重力除油罐 1 座、300m³ 缓冲罐 2 座、20m³ 反应罐 2 座、斜板沉降罐 2 座、污油罐 1 座、过滤器 4 台（粗滤精滤各 2 台）、污泥浓缩罐 2 座、采出水提升泵 3 台、污油泵 2 台、采出水回收泵 2 台、污泥泵 1 台、相应加药泵 14 台。北联站油田采出水处理系统方框流程图见图 4–5。

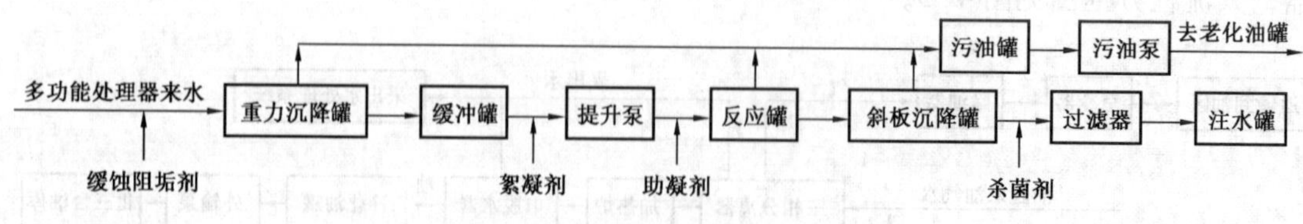

图 4–5　北联站油田采出水处理系统流程框图
（新疆油田分公司准东采油厂编制）

第三节　注水系统

一、注水站

北联站注水站于 1992 年 6 月建成投产，设计注水能力为 $1800m^3/d$，注水方式为清污水混注，设 DF80−150×12 注水泵 2 台（其中 1 台备用），额定压力 18.0MPa，$1000m^3$ 清水罐 1 座，$1000m^3$ 注水罐 2 座。2004 年原油系统改造时增加 $1000m^3$ 清水罐 1 座。2005 年 7 月对北联站注水系统进行了改造，是年 11 月完工投产，改造后的注水能力为 $2200m^3/d$，分北 16 井区和北 31—北 75 井区两个压力系统，北 16 井区压力等级为 25MPa，北 31—北 75 井区压力等级为 20MPa。站内设 5S125-23/25/T 的柱塞泵 5 台，$1000m^3$ 清水罐 2 座，注水罐 2 座，清水过滤器 2 套。水源井来的水直接进入 1 号、2 号清水罐，然后由离心泵增压经清水过滤器过滤，进入 3 号、4 号注水罐，由注水泵向北 16 井区和北 31—北 75 井区进行分压注水。

北 83 井区集油注水站注入水是清水，通过加入化学防膨剂（抗水敏）、杀菌剂、经过滤器过滤处理即基本达到注水水质标准要求；站内设注水泵房 1 座，内设注水泵 2 台、$300m^3$ 水罐一座，另有计量间、配水间、值班室、车库等。

二、注水管网

北三台油田注水流程采用的是单干管多井配水间流程。北联站注水站有三条注水干线，即北 16 南线、北 16 北线、北 31—北 75 线，注水干、支线的规格均为 ϕ114mm×10mm 无缝钢管，系统设计工作压力 16MPa。其中北 16 南线连接 1 号、2 号、3 号、4 号、5 号计量站配水间；北 16 北线连接 6 号、7 号、8 号、9 号、10 号计量站配水间；北 31—北 75 线连接 11 号、12 号、13 号、14 号、15 号、16 号、17 号、18 号、19 号计量站配水间。配水间都是按 5 井式建设并与采油计量站合建为计量配水站，其中 1~8 号、11~13 号配水分水器与原油计量间合建在一个房间，9 号、10 号、14~19 号配水间与原油计量间分开建设，所辖注水井 30 口井，注水流量计都采用高压电子水表。

北三台油田注水系统建设历程如下：

1988 年，建成北三台 6 号采出计量站配水间；1989 年建成了北三台 2 号、3 号、4 号、5 号、8 号、11 号、16 号计量配水站配水间。1990 年建成了北三台 1 号、12 号、13 号、14 号、15 号、17 号计量配水站配水间及油区注水支干线。1991 年 9 月建成了北三台 9 号、10 号计量配水站配水间及注水支线。2002 年 9 月建成北 19 号计量配水站及注水支线。2005 年 10 月新建 18 号计量配水站配水间及注水支线。

2003 年，更换北联站至 11 号计量配水间注水干线，2004 年更换了 11~14 号计量配水间注水干线，更换后北 31—北 75 注水系统设计压力等级为 20MPa，管线规格为 ϕ114mm×10mm 无缝钢管。

2005 年，北 16 井区系统提压增注更换了北 16 的注水支干线，更换后北 16 注水系统设计压力等级为 25MPa，管线规格为 ϕ87mm 玻璃钢管线，强度试压为 32MPa，验收合格后投产。同时因 9 号计量站注水井少管线距离长，在改造中将 9 号计量站的注水井接入了 3 号计量站配水间，9 号计量站注水支线和配水间停运。

2002 年 9 月，北 83 集油注水站建成投产。2004 年，高压注水柱塞泵节能改造，由原先的 3S175−15/25−T 更换成 3S100−6.5/25−T 型高压注水泵，并于 2004 年 5 月投入使用，排量由 $15m^3/h$ 降至 $6.5m^3/h$。

第四节　地面配套系统

一、供电系统

1990 年，在北联站建设两台 8V 190/300kW 柴油发电机组的自备电站，1991 年由三台电站供电，1994 年 6 月建成投产了北三台油田 35kV 变电所，共有 10kV 出线 8 路，分别是北 31 线、北 16 线、北水线、生活线、联合一线、联合二线、注水一线、注水二线，负责北 16 地区油田生产、生活后勤供电。

北 83 井区所需的生产、生活用电均来自准东三台电厂。

二、供水系统

北三台联合站供水水源为地下水，1989 年及以后共打水井 5 口，单井日产水量 1700 ~ 2500m^3，铺设 DN250 输水管道 4.6km，将水输至北联站清水罐。水源井位于北联站以南，采水动力为深井潜水泵，泵压 0.15MPa。

北 83 井区生产、生活用水水源为三台电厂以南水源地的 7 口水井，经供水大队 1 号水泵站至北 83 井区集油注水站的 DN100 输水管线供给。

三、自动化信息系统

1990 年，北 16 井区作为中国石油天然气总公司低产油田自动化科研项目，进行了油田自动化工程试验。试验内容有 5 座计量站油气水三相计量的自动控制及 45 口井和 1 座联合站的数据采集和监控。软件开发和部分硬件由航空航天部北京 634 所提供，设计院祝和军、王会堂及火烧山采油厂马金山等人配合施工及试运行。因技术不够先进和元部件质量不过关，不能正常平稳运行，于 1992 年自动化系统停用。

1999 年 11 月，在北三台油田建成了 17 座计量站、142 口油井、42 口注水井的油田自动化系统，油井实现了压力、温度、抽油井电流、示功图以及远程控制抽油机启停操作，计量站采用了多通阀，实现了远程控制自动计量，水井流量自动采集，站区温度压力的自动采集。该自动化系统由江苏华盛有限公司开发研制和安装调试，系统运行良好，整个北三台油田的日常生产均使用该系统进行管理。

2001 年，建成了北联站采出水处理、注水系统的监控系统。采出水处理自动化系统实现了容器液位、压力、流量的数据采集，实现了各类泵运行状态检测和远程控制。注水系统自动化实现了注水泵轴承温度检测以及注水压力、流量的数据采集。

2002 年，建成了北三台 19 号计量站监控系统。

2004 年，建成了北联站原油处理系统监控系统。实现了原油处理系统液位、压力温度、流量的数据采集，原油多功能处理器燃烧器的自动控制、油水室液位的自动控制以及提升泵运行状态监测和远程控制。

2005 年，北联站注水站进行改造，仪表自动化系统进行了扩容，使注水系统生产过程实现了数据集中采集和监控。

附 录

附录一 附 图

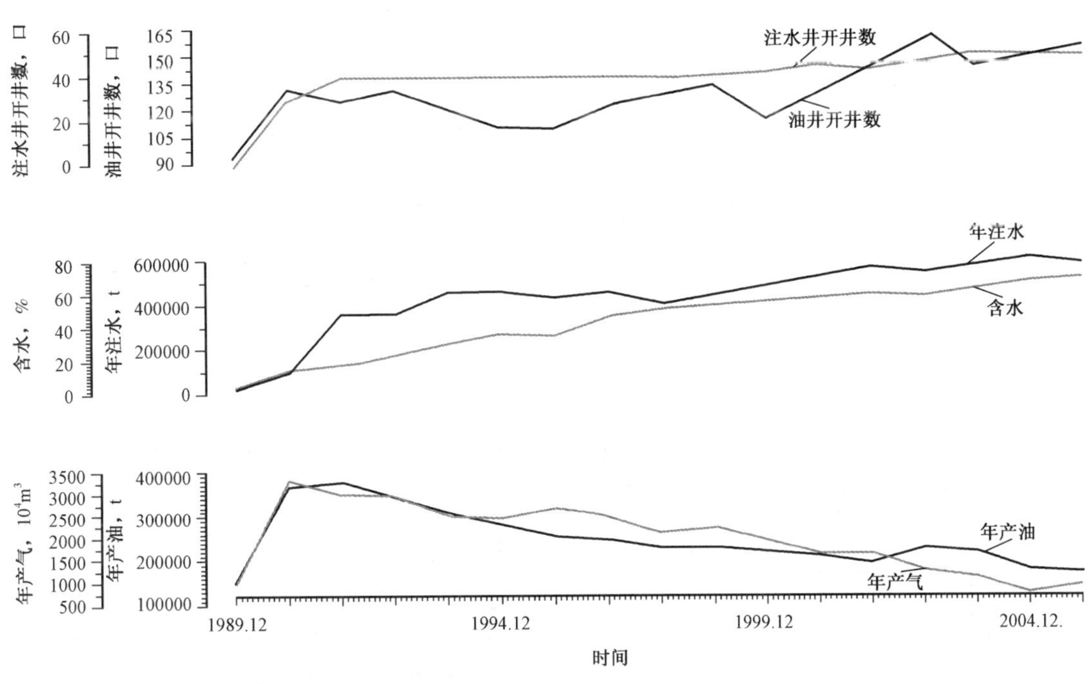

附图 1 北三台油田综合开发曲线

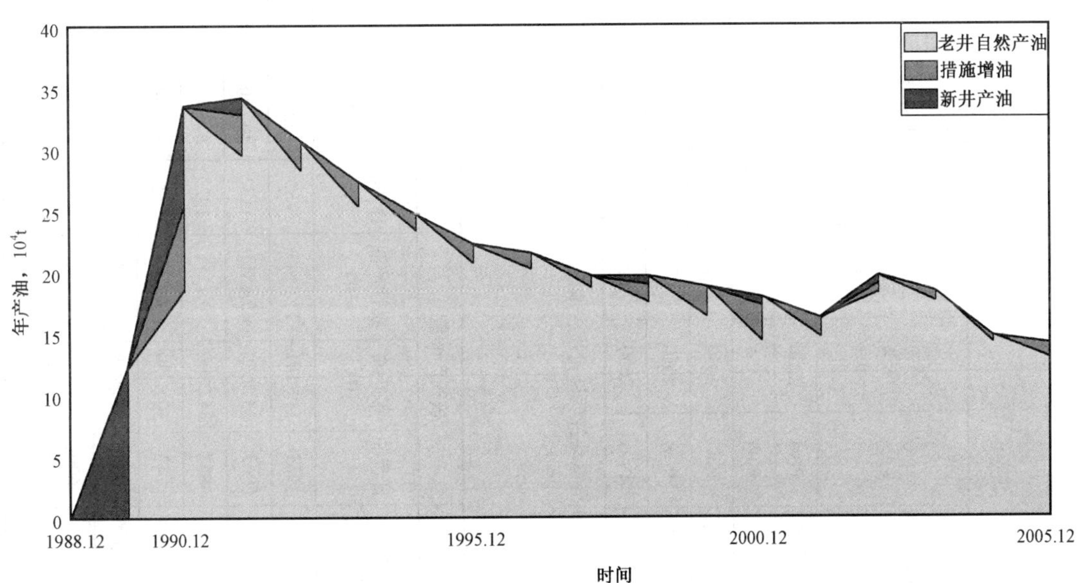

附图 2 北三台油田历年产量构成曲线

附录二 附 表

附表 1 北三台油田地质参数表

区块	油藏类型	开发层位	油层深度 m	有效厚度 m	孔隙度 %	渗透率 mD	含油饱和度 %	原始地层压力 MPa	脱气原油性质				油田水性质		天然气性质		
									密度 g/cm³	黏度（50℃）mPa · s	凝固点 ℃	含蜡量 %	水型	总矿化度 mg/L	相对密度	甲烷含量 %	二氧化碳含量 %
北 16	岩性—构造	P_3wt	2250	15.7	17.0	28.5	52	25.3	0.8841	39.0	12.0	8.1	$CaCl_2$	17000	0.740	93.9	0.12
北 20	岩性—构造	P_3wt	2175	4.6	17.3	5.6	53	23.5	0.881	31.0	9.0	2.8	$CaCl_2$	13830	0.612	91.4	0.08
北 31	岩性—构造	P_3wt	2050	14.1	20.0	48.0	49	23.7	0.884	41.0	11.3	5.2	$CaCl_2$	13000	0.736	81.4	0.05
北 75	岩性—构造	P_3wt	2020	11.1	21.0	88.8	52	23.5	0.892	62.0	11.5	6.1	$CaCl_2$	13000	0.736	81.4	0.05
北 83	岩性	P_3wt	2600	6.5	19.2	6.70	58	38.5	0.886	94.2	20.0	7.3	$CaCl_2$	16000	0.720	80.7	0.10

注：依据北三台油田各区块探明储量报告编制。

附表 2 北三台油田开发综合数据表

时间	井数		核实产油量			核实产液量			综合含水 %	注水量			月注采比	累计注采比	开发地质储量 10^4t	可采储量 10^4t	采油速度 %	采出程度 %	产气量	
	采油井 口	注水井 口	日产油 t	年产油 10^4t	累计产油 10^4t	日产液 t	年产液 10^4t	累计产液 10^4t		日注水 m³	年注水 10^4m³	累计注水 10^4m³							年产气 10^4m³	累计产气 10^4m³
1989	99	0	931	11.9141	11.9141	962	12.5315	12.5315	3.2	0	0	0	0	0	1267.0	324.1	0.94	0.94	986.4	986.4
1990	135	29	962	33.5670	45.4811	1131	36.1768	48.7083	14.4	901	7.3332	7.3332	0.46	0.10	1734.0	444.0	1.94	2.62	3291.3	4277.7
1991	135	40	847	34.2300	79.7111	1029	39.9171	88.6254	17.6	827	33.2221	40.5553	0.55	0.31	1815.0	460.4	1.89	4.39	3026.3	7304.0
1992	138	40	743	30.8339	110.5450	965	38.4588	127.0842	22.8	1219	34.1716	74.7269	0.90	0.40	1815.0	460.4	1.70	6.09	2942.3	10246.3
1993	133	40	735	27.4978	138.0428	1055	38.1331	165.2173	30.3	1303	44.0684	118.7953	0.91	0.50	1815.0	493.0	1.52	7.61	2522.8	12769.1
1994	126	40	609	24.8387	162.8815	951	37.4644	202.6817	36.0	1301	43.9889	162.7842	0.97	0.56	1815.0	493.0	1.37	8.97	2469.1	15238.2
1995	126	40	509	22.3578	185.2393	796	35.9338	238.6155	36.0	1229	41.7038	204.4880	0.95	0.6	1815.0	493.0	1.23	10.21	2650.4	17888.6
1996	126	40	581	21.5419	206.7812	1083	38.1963	276.8118	46.1	1196	43.9480	248.4360	0.89	0.64	1815.0	493.0	1.17	11.39	2491.8	20380.4

续表

时间	井数		核实产油量			核实产液量			综合含水 %	注水量			月注采比	累计注采比	开发地质储量 10^4t	可采储量 10^4t	采油速度 %	采出程度 %	产气量	
	采油井 口	注水井 口	日产油 t	年产油 10^4t	累计产油 10^4t	日产液 t	年产液 10^4t	累计产液 10^4t		日注水 m^3	年注水 10^4m^3	累计注水 10^4m^3							年产气 10^4m^3	累计产气 10^4m^3
1997	132	40	535	19.7783	226.5595	1113	38.6694	315.4812	52.1	1072	38.3407	286.7767	0.87	0.66	1843.0	499.2	1.07	12.29	2137	22517.4
1998	137	42	517	19.6413	246.2008	1127	43.3764	358.8576	55	1270	41.5275	328.3042	0.91	0.67	1843.0	499.2	1.07	13.36	2231.6	24749.0
1999	137	42	469	18.7585	264.9593	1046	40.8684	399.7260	56.6	1355	45.5195	373.8237	1.25	0.70	1843.0	515.8	1.02	14.38	1968.6	26717.6
2000	140	45	482	17.8565	282.8158	1138	42.5346	442.2606	57.8	1707	50.1672	423.9909	1.27	0.73	1843.0	515.8	0.97	15.35	1663.5	28381.1
2001	148	45	416	16.2204	299.0362	1049	39.3594	481.6200	60.4	1605	55.4141	479.4050	1.20	0.76	1843.0	515.8	0.88	16.23	1673.3	30054.4
2002	160	48	459	19.7225	318.7587	1085	47.3149	528.9349	59.1	1544	52.8637	532.2687	0.99	0.78	1984.0	543.6	0.99	16.07	1277.9	31332.3
2003	151	51	467	18.4380	337.1967	1247	49.0991	578.0340	64.0	1756	56.2761	588.5448	1.20	0.79	1984.0	543.6	0.93	17.00	1128.4	32460.7
2004	152	51	341	14.7226	351.9193	1073	43.4881	621.5221	68.4	1614	59.1572	647.7020	1.15	0.82	1984.0	543.6	0.74	17.74	812.7	33273.4
2005	152	53	277	14.2309	366.1502	938	42.6176	664.1397	70.5	1806	57.4566	705.1586	1.21	0.84	1984.0	543.6	0.72	18.46	958.4	34231.8

注：依据新疆油田分公司中心数据库每年 12 月份的开发数据编制。

附录三　人物名录

北三台采油大队

大队长：

王守信（1988年7月—1995年10月）

张生斌（1995年10月—1998年7月）

王万鹏（1998年7月—2000年2月）

沙南油田作业区

经　理：

刘辉元（2000年2月—2003年10月）

黄大勇（2003年10月—2005年12月）

党委书记：

刘辉元（2000年4月—2003年10月）

曹汉新（2003年10月—2005年12月）

总工程师：

黄大勇（2000年2月—2003年10月）

李海伟（2003年10月—2005年12月）

总地质师：

肖明亮（1999年7月—2002年10月）

陈伦俊（2003年10月—2004年7月）

颜龙生（2004年7月—2005年12月）

附录四　获奖项目

项目名称	获奖等级	获奖时间	项目完成者
北三台油田生产自动化系统	新疆维吾尔自治区科学技术二等奖	2000 年	陈长庚、李斌、刘辉元等

附录五　征引文献

文献名	作者	出版时间	出版社
《新疆通志·石油工业志》	《新疆通志·石油工业志》编纂委员会	1999 年	新疆人民出版社
《新疆石油 50 年》	安定一等	2005 年	新疆人民出版社
《准噶尔盆地油气田开发的回顾与思考》（1950—2000 年）	《准噶尔盆地油气田开发的回顾与思考》编写组	2006 年	石油工业出版社

编纂始末

2006年11月，准东采油厂在接到新疆油田分公司关于编纂《北三台油田志》的通知后，厂领导高度重视，立即成立了以厂党委书记吴西华为主任，厂长李斌、副厂长王少峰、总地质师徐学成、总工程师刘卫东为副主任的《北三台油田志》编纂委员会。以准东采油厂所辖油田为单元分设6个编纂组。《北三台油田志》编纂组由厂副总地质师陈春勇为组长，科研和生产一线的4名同志为编纂组成员。编纂工作启动以来，厂领导多次召开有关会议，明确编纂思路，了解工作进展情况，协调解决相关问题。

编纂初期，我们按照《中国油气田开发志》总编纂委员会推出的《大民屯油田志》作范本，根据《中国油气田开发志》新疆油气区编纂委员会的要求，明确编纂思路，开展学习培训、进行资料收集、整理。北三台油田开发历程跨度大、管理上经过多次改制，资料分散。通过编纂人员努力累计搜集、整理文字资料50余册、40余万字，图片、图表资料200余幅。2008年3月，《北三台油田志》首稿初步编纂完成，报《中国油气田开发志》新疆油气区编纂委员会专家组审核。专家组老专家分章节给出了详细的书面审核意见。编纂人员认真贯彻落实专家组的审核意见，重新梳理编纂思路，对各章节的篇幅大小、行文格式、资料准确性进行了修改、落实。8月，《北三台油田志》第二稿编纂完成。其后，专家组与编写人员开展了多次座谈、交流沟通，五易其稿。2009年12月，《北三台油田志》编纂组对终稿整改完毕并上报《中国油气田开发志》总编纂委员会审阅。

《北三台油田志》的编纂人员主要为生产技术骨干，担负着繁忙的油田管理和科研生产工作，大部分比较年轻，缺乏编纂经验，编纂过程也是一个逐步学习，深入了解油田开发历史的过程。因此，编纂难度可想而知，错误和疏漏在所难免，恳请专家、同行及广大读者给予批评指正。

《北三台油田志》编纂组

2009年12月

编号：07-018

莫索湾气田志

《莫索湾气田志》编纂组 编

莫索湾气田景观（张有兴摄，2004年）

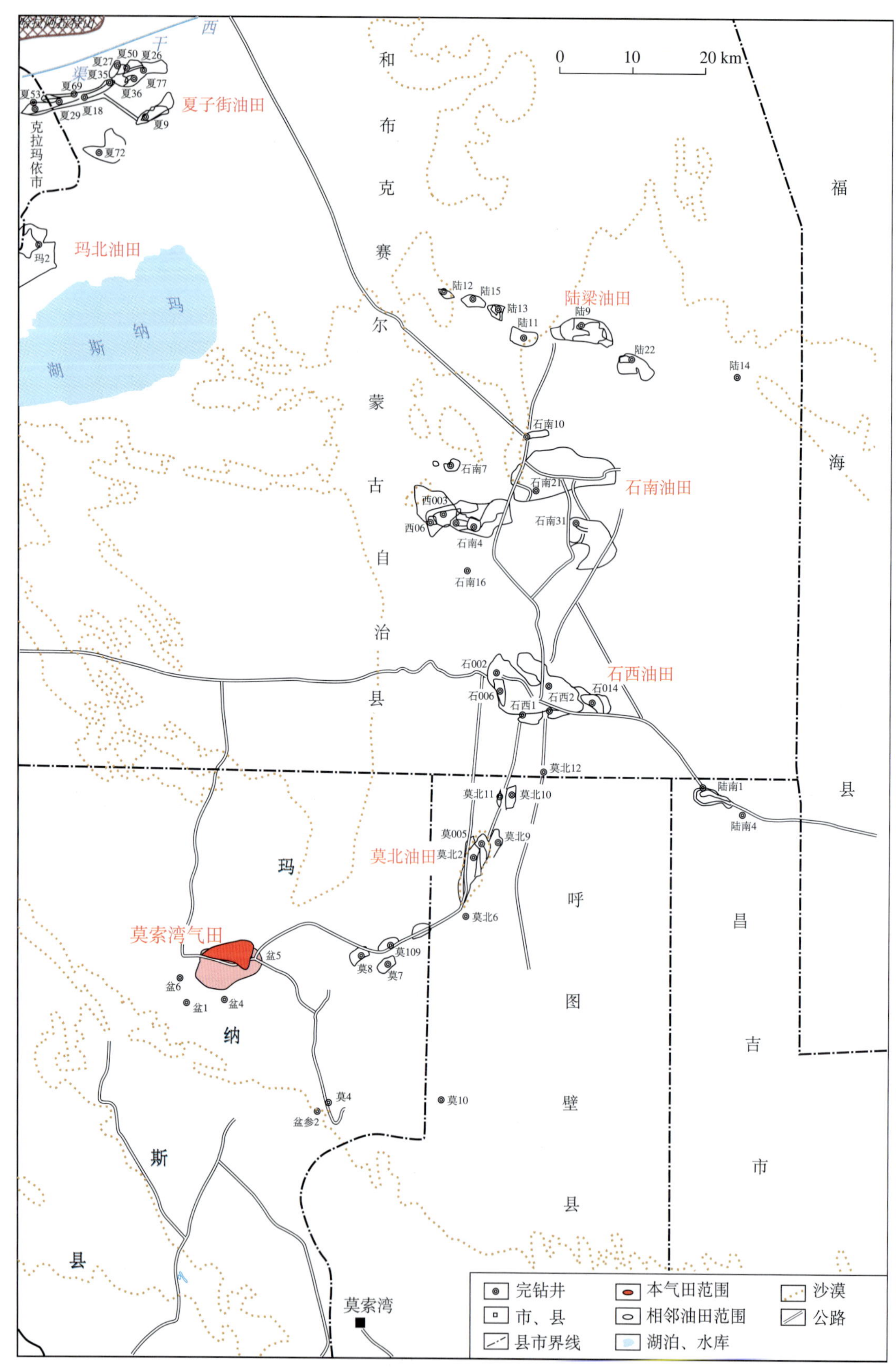

莫索湾气田地理位置图

（新疆油田分公司勘探开发研究院编制）

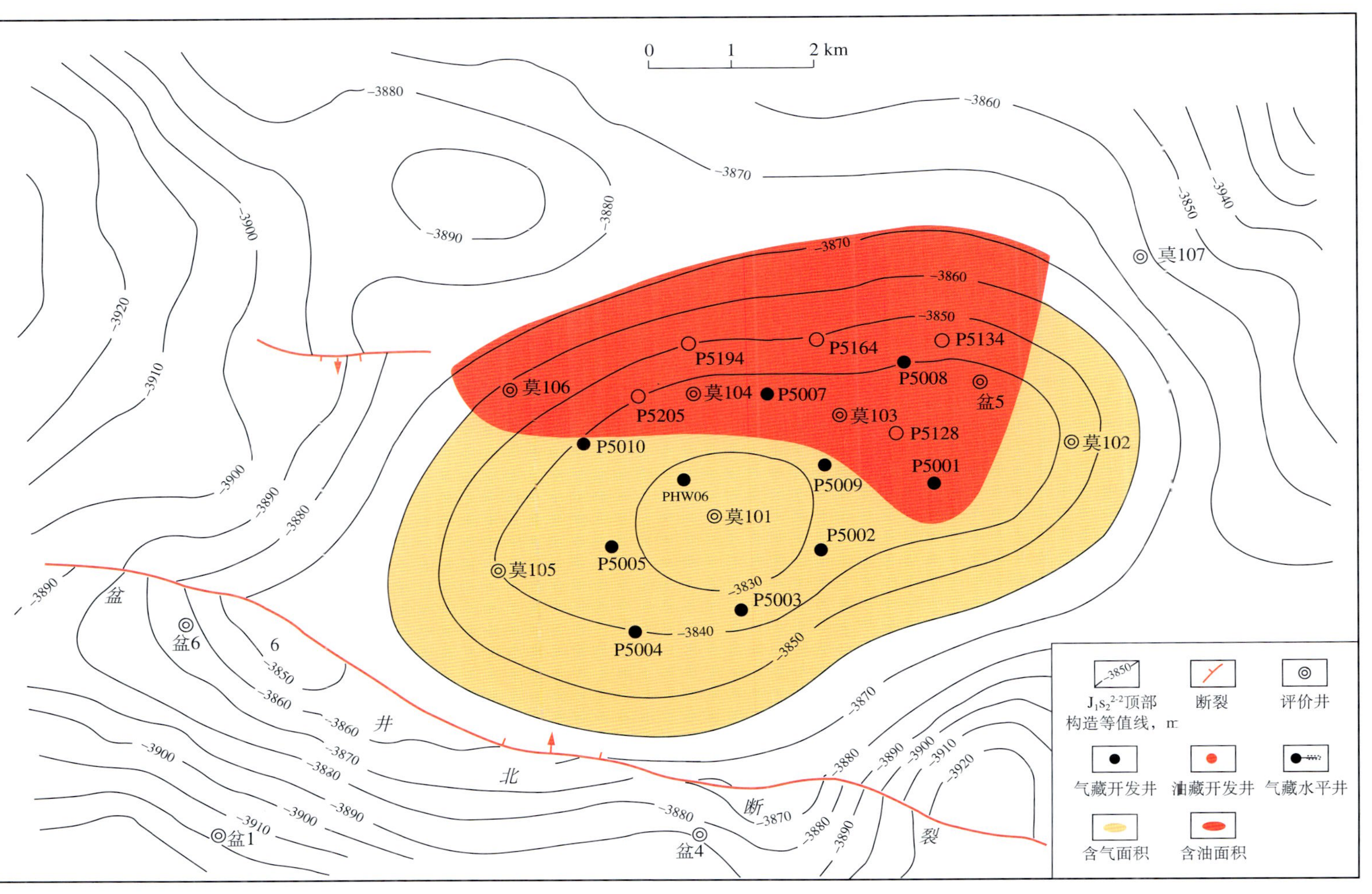

莫索湾气田构造井位图

（新疆油田分公司勘探开发研究院编制，2005 年）

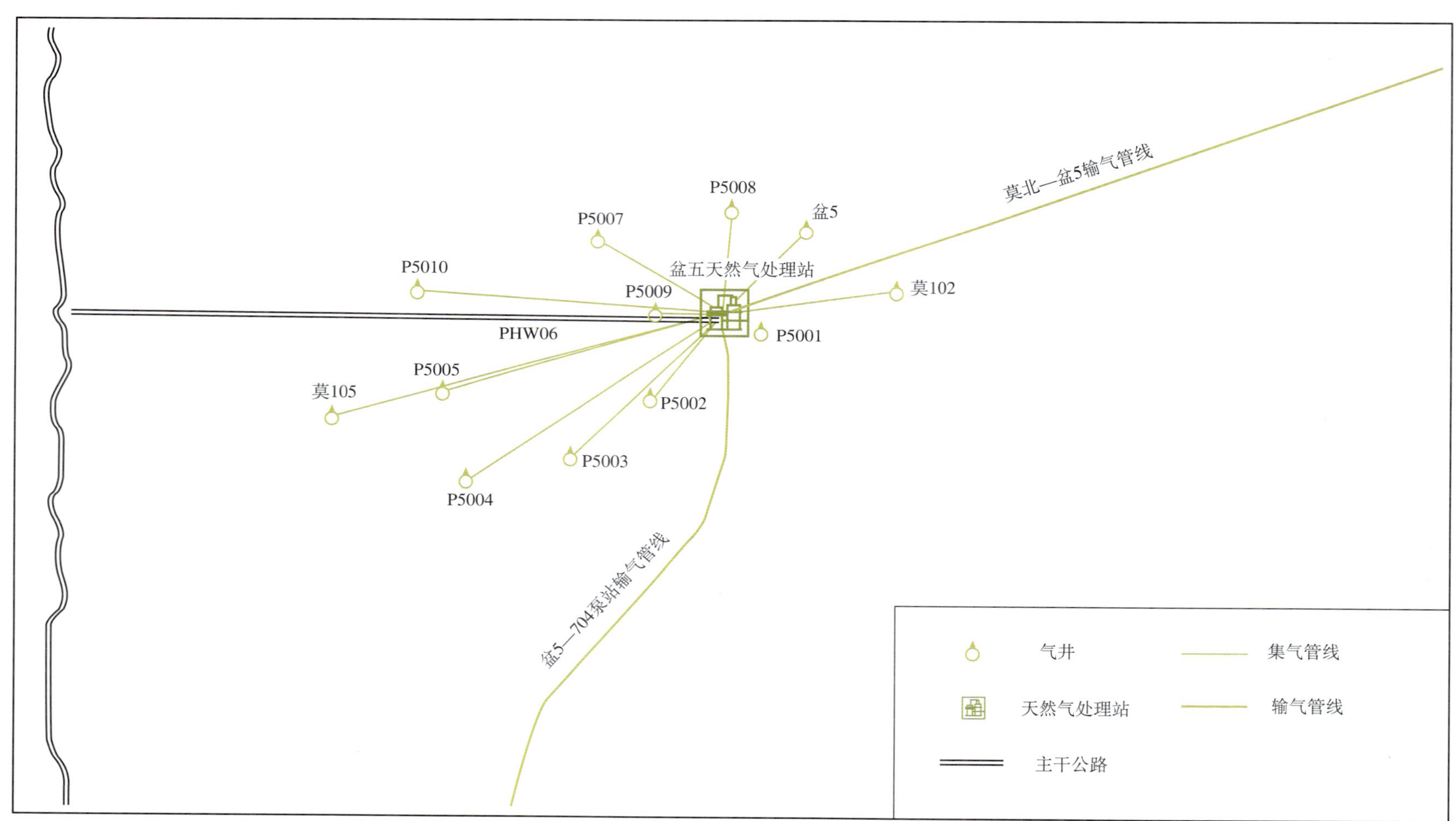

莫索湾气田地面生产系统示意图

（新疆油田分公司勘探开发研究院编制，2005 年）

《莫索湾气田志》编纂委员会

主　任：况　军

成　员：钱根宝　张学鲁　朱志宏　胡新平　王延杰　喻克全
　　　　姚玉萍　王济新　李维轩

《莫索湾气田志》编纂组

组　长：王　彬

成　员：李一峰　王如燕　舒振辉　马增辉　王致友

本志目录

概　述

莫索湾气田为低孔低渗带底油的凝析气藏，因邻近莫索湾垦区而得名，是准噶尔盆地腹部发现的第一个以气为主的中型气田，2001 年发现，2003 年投入开发，由中国石油新疆油田分公司采油三厂盆 5 作业区管理。

一

莫索湾气田地处准噶尔盆地古尔班通古特沙漠腹地，在昌吉回族自治州玛纳斯县境内，西北距克拉玛依市区 128km，南距玛纳斯县城约 85km。地面海拔 350 ~ 400m，平均 380m。地表为沙漠、戈壁，沙丘起伏较大，有稀疏的胡杨、红柳、梭梭等植被。气候条件恶劣，夏季干热，最高气温 43℃；冬季酷寒，最低气温 −42.8℃，昼夜温差悬殊。年降水量 120.6mm，年蒸发量 1967.9mm。气田西侧有公路与 201 省道相连。

二

莫索湾气田所在的准噶尔盆地中央坳陷莫索湾凸起，东邻东道海子北凹陷，西连盆 1 井西凹陷，南临阜康凹陷，北接莫北凸起，为典型的坳中凸，有利于油气聚集。莫索湾凸起是一个海西期发育，印支期、燕山期轻微隆起的披覆性凸起，在不断抬升过程中，相邻的盆 1 井西凹陷、沙湾凹陷及东道海子北凹陷持续下沉，形成良好的生油凹陷。该区发育有两组断裂，一组为海西晚期形成的古生界逆断裂，由于凸起上拱产生的应力挤压而形成，在纵向上可作为油气向上运移的通道；另一组为燕山运动早期形成的中生界侏罗系正断裂，这些断裂与古生界的断裂呈“Y”形相连，起到沟通深层油气的作用。

莫索湾气田已探明气藏盆 5 井区为背斜构造，沉积地层自上而下为第四系、新近系、古近系、白垩系吐谷鲁群、侏罗系西山窑组、三工河组、八道湾组和三叠系白碱滩组。目的层侏罗系三工河组为带边底水和底油的凝析气藏。气藏至少经历了三次油气运移过程：第一次在中晚侏罗世，莫索湾凸起高部位成为抬升剥蚀区，盆 1 井西凹陷中南部风城组生油岩达到高成熟阶段，油气运移至侏罗系三工河组储层中；第二次是马桥凸起逐渐由凸起变为平台，继而与莫北凸起连成为斜坡区，在深层石炭系、二叠系、三叠系形成的一些油气藏受到燕山晚期构造的影响遭受破坏向上运移至侏罗系和白垩系地层中，使得油气在三工河组圈闭中再次聚集成藏；第三次是新近纪晚期，盆 1 井西凹陷的上二叠统乌尔禾组生油烃源岩达到大量生烃阶段，生成的气态烃运移到盆 5 井区形成带底油的 $J_1s_2^2$ 凝析油气藏和 $J_1s_2^1$ 凝析气藏。储层低孔隙度（11.9% ~ 14.2%）、低渗透率（1.07 ~ 38.0mD）、非均质严重。凝析气相对密度（0.668）和中间烃含量（11.7%）高。

三

20 世纪 50 年代，中苏石油股份公司和其后的新疆石油公司、新疆石油管理局在莫索湾地区进行了 1:20 万重磁力概查，1955 年完成第 1 条电法大剖面。20 世纪 60 年代，新疆石油管理局地质调查处（以下简称地调处）完成光点型地震大剖面，基本查清了基底的隆凹格局，明确了莫索湾基底隆起的存在。1964 年，由新疆石油管理局钻井处（以下简称钻井处）钻井 17 队钻盆 1 井，完钻井深 3555m，是 20 世纪 80 年代以前准噶尔盆地最深的一口井，完钻层位白垩系吐谷鲁群，未获得工业油气流。1984 年进行 1:20 万航空磁测，1988—1992 年，分 5 次以 2km×2km 测网进行数字地震勘探普查，落实了一批侏罗系低幅度背斜。1992 年 10 月钻盆参 2 井，在三工河组、八道湾组见到近千米的油气显示。随后相继钻盆 4 井、莫 1 井、莫 2 井和莫 3 井，在侏罗系和白垩系均见到良好油气显示，试油获得低产油流。根据盆参 2 井区和盆 1 井区三维地震资料，2001 年 5 月 21 日在盆 1 井区内部署的盆 5 井开钻，7 月 19 日完钻，井深 4375m，完钻层位侏罗系三工河组。2001 年 8 月 31 日射开 4243 ~ 4257m 三工河组 $J_1s_2^2$ 砂层，针阀控制试产，油压 17MPa，套压 17MPa，折算日产油 103.8m^3，日产气 229111m^3，发现莫索湾气田。其后，在盆 5 井区部署的莫 101 井、莫 102 井和莫 103 井 3 口评价井均获得高产油气流。其中莫 101 井 2002 年 4 月 24 日射开 4173 ~ 4176m 三工河组 $J_1s_2^1$ 砂层，9.5mm 油嘴控制试产，油压 16.0MPa，套压 16.5MPa，日产油 33.9m^3，日产气 144266m^3，发现 $J_1s_2^1$ 气藏。

2002 年 4 月，在盆 5 井区西北部部署莫 104、莫 105 两口评价井，在 $J_1s_2^2$ 砂层试油均获得工业油气流。2002 年 7 月，在莫 105 井以北部署评价井莫 106 井，在 $J_1s_2^2$ 砂层试油获得工业油流。10 月在盆 5 井东北部部署了评价井莫 107 井，在 $J_1s_2^2$ 砂层试油没有获得工业油流。

莫索湾气田已探明并投入开发的油气藏为盆 5 井区，其他井区为探区评价。截至 2005 年 12 月，$J_1s_2^2$ 凝析气藏上报探明含气面积 38.1km^2，凝析气地质储量 134.86×10^8m^3，凝析油地质储量 322.3×10^4t；上报 $J_1s_2^1$ 气藏探明含气面积 16.2km^2，凝析气地质储量 17.88×10^8m^3，凝析油地质储量 39.1×10^4t。$J_1s_2^2$ 底油上报探明含油面积 17.0km^2，石油地质储量 582×10^4t，可采储量 145.5×10^4t。

四

从 2001 年 8 月盆 5 井获得工业气流后，开发提前介入。2002 年 3 月编制气藏初步开发方案，采用 1400m 井距不规则井网布井，设计开发井 7 口，一套井网开发。4 月 28 日中国石油勘探与生产分公司组织专家对该方案进行预评估通过。6 月莫 101、莫 102 井恢复试气，8 月在气藏南部部署开发评价井 P5002 井。随着详探评价工作的深入，三维地震构造解释和评价井的实施，发现气藏构造圈闭面积、含气面积有所变化，气藏储量有可能增加和下游用户需求发生变化，初步开发方案未予实施，决定待气田储量进一步落实以后重新部署。

在 2002 年 12 月上报气藏新增地质储量基础上，2003 年 4 月编制出《莫索湾油气田盆 5 井区三工河组凝析气藏开发方案》，同月中国石油勘探与生产分公司在克拉玛依召开方案审查会，分地质气藏工程、钻采工程、地面工程及经济评价四个专业组进行审查并通过。方案共部署生产井 11 口，其中 1 口水平井，设计平均区日产气 150×10^4m^3，年产气 4.95×10^8m^3。2003 年 12 月，除水平井未完钻外，其余开发井投产。2003 年 7 月设计底油油藏开发控制井 5 口，当年全部完钻，2004 年 5 月相继投产，产量较低，开发效果不佳，底油的开发没有进一步展开。

2003 年 12 月，气田建成投产，投产气井 11 口，开井 10 口，日产气稳定在 150×10^4m^3 左右。由于气藏非均质性强，各井产能差异大，平均日产气量高于 $20\times10^4m^3$ 的气井 3 口，占总井数的 27.27%；平均日产气量介于（10 ~ 15）$\times10^4m^3$ 的 4 口，占总井数的 36.36%；平均日产气量低于 $10\times10^4m^3$ 的 4 口，占总井数的 36.36%。

根据现场试气资料，气藏直井单井产气 $11.02\times10^4m/d$，水平井产气 $30.0\times10^4m^3/d$ 左右。水平井生产压差在 1.35 ~ 3.39MPa 之间，而直井在 2.41 ~ 15.34MPa 之间，水平井生产压差明显小于直井。水平井单位压降产气量 $0.437\times10^8m^3/MPa$，是直井平均单位压降产气量的 3 倍（$0.144\times10^8m^3/MPa$），水平井开发效果较好。

截至 2005 年 12 月，莫索湾气田盆 5 井区气藏采气井数 11 口，开井 10 口，平均日产气 $134.1\times10^4m^3$，年产气量 $4.8508\times10^8m^3$，累计产气量 $11.2885\times10^8m^3$；年产凝析油 8.36×10^4t，累计产凝析油 21.8071×10^4t。底油采油井数 9 口，开井 5 口，平均日产油 10t，年产油 1.449×10^4t，累计产油 3.6628×10^4t。年产伴生气量 $0.0687\times10^8m^3$，累计伴生气量 $0.3751\times10^8m^3$。全气田年产气量 $4.9195\times10^8m^3$，累计产气量 $11.6636\times10^8m^3$；年产油 9.81×10^4t，累计产油 25.4699×10^4t。

五

由于开发早期介入，按照边勘探评价、边开发建设的方针，部署并实施了气藏地质工程、钻井工程、采气工程、地面工程、经济评价等多项开发前期研究，莫索湾气田从 2001 年发现到 2003 年探明全面开发，只用三年时间，体现了勘探开发一体化优势，在方案实施过程中实现了“总体规划，分步实施，在实施中调整和优化”的开发原则，对结束克拉玛依油田冬季稠油锅炉烧原油，改变克拉玛依天然气供气紧张状况，并使新疆油田分公司的天然气进入乌鲁木齐及天山北麓沿线用气市场，提高新疆油田分公司开发整体效益起了重要作用。在气田开发过程中针对气藏具有底油和凝析油含量高的特点，进行水平井开发实验，并获得成功，为气藏水平井开发提供了经验。

大事记

1955年

是年　新疆石油公司在莫索湾地区完成了1条电法剖面，1961年新疆石油管理局在莫索湾地区又完成了2条光点型地震大剖面，基本查清了基底的隆凹格局，明确了莫索湾基底隆起的存在。

1964年

4月28日　钻井处钻井17队在莫索湾地区开钻了第一口探井（基准井）——盆1井，9月10日完钻，完钻井深3555m，完钻层位白垩系吐谷鲁群。未见油气显示。

1990年

10月30日　新疆石油管理局钻井公司（以下简称钻井公司）6044队在莫索湾地区盆参2井开钻，1992年2月3日完钻，完钻井深5300m，完钻层位侏罗系八道湾组。在侏罗系三工河组、八道湾组见到油气显示。

2000年

是年　中国石油新疆油田分公司在莫索湾地区部署了两块三维地震：盆参2井区和盆1井区，面积分别为315km²和382km²。

2001年

3月　新疆油田分公司勘探开发研究院（以下简称勘探开发研究院）编制了盆5井上钻方案，经新疆油田分公司批准。5月21日新疆石油管理局钻井公司50586队承钻的盆5井开钻，7月19日完钻，完钻井深4375m，完钻层位侏罗系三工河组。8月31日在侏罗系三工河组$J_1s_2^2$砂层射开4243～4257m井段，针阀控制试产，获日产气229111m³的高产工业气流，发现莫索湾气田。

12月　新疆油田分公司上报莫索湾气田盆5井区块侏罗系三工河组$J_1s_2^2$ Ⅱ类探明含气面积21.9km²，凝析气地质储量$72.18 \times 10^8 m^3$。

2002年

4月　新疆油田分公司在盆5井区西北部部署了两口评价井（莫104井、莫105井），两口井在侏罗系三工河组$J_1s_2^2$砂层试油均获得工业油气流。

5月　新疆油田分公司新疆油田开发公司（以下简称新疆油田开发公司）成立盆5井区气田开发项目部，设置了地质、钻井、采油、地面、经营、综合6个办公室。

是月　新疆油田分公司采油三厂（以下简称采油三厂）成立盆5气田产能建设项目经理部，副厂长张新民为经理、副总工程师柳海为副经理。

10月8日　莫索湾气田盆5井区第1口开发评价井P5002井开钻，12月23日完钻。2003年4月31日在侏罗系三工河组$J_1s_2^2$砂层4215.0～4242.0m井段针阀试产获日产油93.2t、日产气250587m³的高产工业油气流。

12月　新疆油田分公司上报莫索湾气田盆5井区块侏罗系三工河组J_1s_2凝析气藏Ⅱ类探明含气面积18.1km²，凝析气地质储量为$80.56 \times 10^8 m^3$。

2003年

4月1日　莫索湾气田投入开发，盆5井区第一口开发井P5008井开钻，5月17日完钻。6月

31 日在侏罗系三工河组 $J_1s_2^2$ 砂层 4243.0 ~ 4249.5m 井段 4.76mm 油嘴试油获日产油 31.1t、日产气 13125m^3 的高产工业油气流。

是月　勘探开发研究院编制了《莫索湾油气田盆 5 井区三工河组凝析气藏开发方案》。中国石油勘探与生产分公司在新疆克拉玛依组织方案审查会，方案予以通过。

6 月 8 日　莫索湾气田 PHW06 井——新疆油田气藏第一口水平井开钻。2004 年 7 月在侏罗系三工河组 $J_1s_2^2$ 砂层试气获日产气 50.6845×10^4m^3 的工业气流，8 月 12 日 PHW06 井投产成功。

7 月 8 日　采油三厂盆 5 井区作业区正式成立，下设工程办公室、经营办公室、地质办公室和 8 个运行班组。基地设在石河子农八师 149 团。

7 月 27 日　莫索湾气田盆五天然气处理站正式投产，处理站设计天然气处理能力 150×10^4m^3/d，凝析油 300t/d。天然气顺利外输，各项参数平稳。

7 月 27 日至 12 月 10 日　盆 5 井、P5002 井、莫 102 井、P5005 井、P5004 井、莫 105 井、P5001 井、P5003 井、P5007 井、莫 101 井共 10 口直井依次顺利投产。

12 月　新疆油田分公司上报莫索湾气田盆 6 井区块侏罗系三工河组 J_1s_2 新增Ⅱ类石油探明含油面积 17.0km^2，石油地质储量为 582×10^4t，可采储量为 145.5×10^4t。

2004 年

8 月 24 日　采油三厂盆 5 作业区进行了第一次 QHSE 管理体系认证。

9 月 18—23 日　采油三厂盆 6 作业区对盆五天然气处理站进行了第一次设备检修改造。

2005 年

5 月 11 日　盆 5 作业区通过 QHSE 管理体系外审认证。

9 月 19—24 日　采油三厂盆 6 作业区对盆五天然气处理站进行了第二次设备大检修。

第一章

气田地质

第一节　地层与构造

一、地层

1964 年，新疆石油管理局在准噶尔盆地腹地莫索湾地区钻了第一口井——盆 1 井。据完井总结盆 1 井完钻井深为 3555m，井底地层为下白垩统吐谷鲁群，该井自上而下实钻的地层有第四系（Q），新第三系苍棕色组（N_2）、上绿色组（N_1^2）、褐色组（N_1^1），老第三系乌伦古河组（E_3）、红砾山组（$E_{1\text{-}2}$），上白垩统艾里克湖组（K_2），下白垩统吐谷鲁群（K_1）。

1992 年 2 月，莫索湾地区完钻了第二口井——盆参 2 井，据完井报告中地层描述，该井自上而下钻遇的地层有：第四系，上第三系独山子组（N_2d）、塔西河组（N_1t）、沙湾组（N_1s），下第三系安集海河组（E_3a）、紫泥泉子组（$E_{1\text{-}2}z$），白垩系东沟组（K_2d）、吐谷鲁群（K_1tg），侏罗系齐古组（J_3q）、头屯河组（J_2t）、西山窑组（J_2x）、三工河组（J_1s）、八道湾组（J_1b）。

2001 年 12 月，勘探开发研究院在《莫索湾油气田盆 5 井区块新增油气探明储量报告》中，依据已完钻的探井、评价井，对油田内地层进行了划分与对比，确定了莫索湾地区地层层序同盆参 2 井，钻揭最老的地层为三叠系白碱滩组（T_3b），目的层段三工河组自上而下划分为三个砂层组：J_1s_1、J_1s_2、J_1s_3；其中，J_1s_2 砂层组按沉积旋回和岩电特征，细分为 $J_1s_2^1$、$J_1s_2^2$ 两个砂层。

2003 年 3 月，由勘探开发研究院开发所编制了《莫索湾油气田盆 5 井区三工河组凝析气藏开发方案》，对目的层进行了详细描述：

白垩系吐谷鲁群，井段 500 ~ 3985.00m。中上部岩性以褐色、灰褐色泥岩及砂质泥岩为主，向下部逐渐变为巨厚层状深灰色泥岩和巨厚层灰色细砂岩。与下伏地层呈假整合接触。

侏罗系西山窑组，井段 3985 ~ 4068m。自上而下细分为西一（X_1）、西二（X_2）、西三（X_3）、西四（X_4）四个砂层组，西一（X_1）（井段 3985 ~ 4014m）为厚层状褐色砂质泥岩及灰色粉—细砂岩，西二—西三（X_{2+3}）（井段 4014 ~ 4058m）为厚层深灰色泥岩、碳质泥岩，西四（X_4）（井段 4014 ~ 4068m）为厚层状褐色砂质泥岩及灰色粉—细砂岩。与下伏地层呈假整合接触。

侏罗系三工河组，根据沉积旋回、岩性、电性特征进行区域对比，自上而下划分为三个砂层组：J_1s_1、J_1s_2、J_1s_3。其中，上部的 J_1s_1 砂层组主要为一套深灰色泥岩沉积，是良好的区域盖层；下部的 J_1s_3 砂层组为一套砂泥岩互层沉积，为非储层和水层；中部的 J_1s_2 砂层组为储层，按沉积旋回和岩电特征，分为 $J_1s_2^1$、$J_1s_2^2$ 两个砂层：

$J_1s_2^1$ 砂层主要为一套泥岩、砂质泥岩夹薄层细砂岩、粉细砂岩及泥质细砂岩沉积，测井显示自然伽马一般大于 90API；视电阻率一般大于 15Ω · m；自然电位平直，为本区次要储层。

$J_1s_2^2$ 砂层按沉积旋回和岩电特征，又细分为 4 个小层，即 $J_1s_2^{2\text{-}1}$、$J_1s_2^{2\text{-}2}$、$J_1s_2^{2\text{-}3}$、$J_1s_2^{2\text{-}4}$（图 1–1）。

$J_1s_2^{2-1}$ 层为泥岩、砂质泥岩，为本气藏的盖层，是细分对比的标志层；$J_1s_2^{2-2}$ 层为中细砂岩、不等粒砂岩、砂砾岩的互层，自然伽马一般小于 80API，视电阻率一般大于 20Ω · m，自然电位呈负异常，是主要含油气层段；$J_1s_2^{2-3}$ 层为泥岩、粉砂质泥岩和泥质粉砂岩沉积，是隔层；$J_1s_2^{2-4}$ 层自然伽马一般小于 80API，视电阻率一般小于 20Ω•m，为水层和非储层。

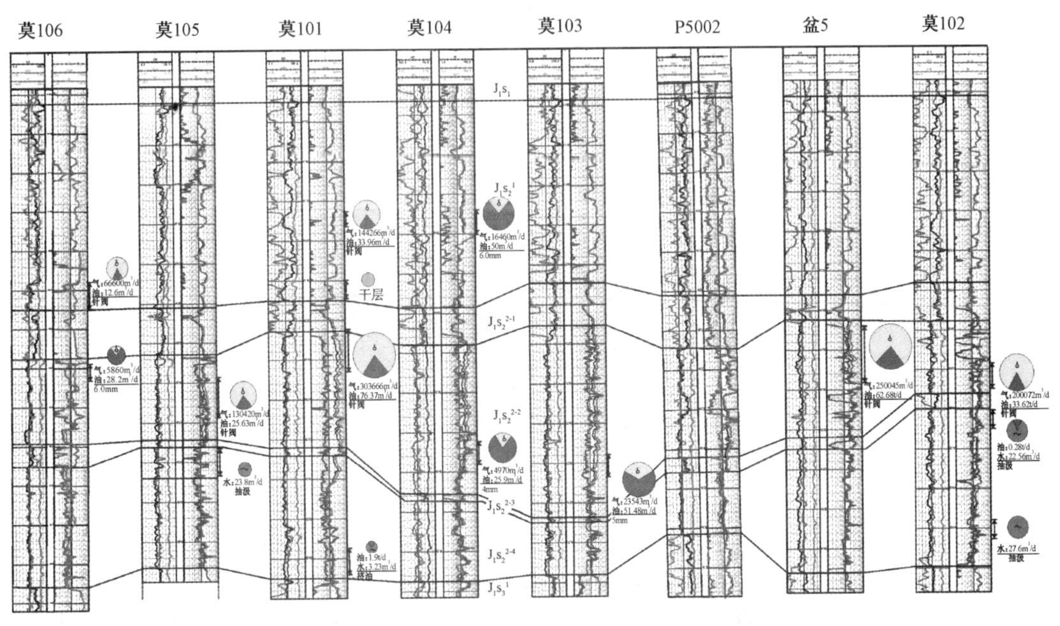

图 1–1　盆 5 井区过莫 106—莫 102 井电性对比图
（新疆油田分公司勘探开发研究院开发所编制，2003 年 3 月）

二、构造

莫索湾地区 20 世纪 50 年代由新疆石油管理局进行了 1:20 万重磁力概查，发现了本区基底隆起。1955 年完成 1 条电法剖面，20 世纪 60 年代完成 2 条光点型地震剖面，基本查清了基底的隆凹格局，明确了莫索湾基底隆起的存在。

在 1984 年进行了 1:20 万航空磁测，1988—1992 年，分 5 次以 2km × 2km 的测网进行了数字地震普查，1991 年地调处吴永剑、郑新梅等人编写了《准噶尔盆地腹部盆 1 井—莫索湾地区侏罗系低幅度构造解释及评价》，落实了莫索湾盆 1 井、盆 4 井等侏罗系低幅度背斜，认为莫索湾背斜是多层组含油气构造。2000 年在该地区部署了两块三维地震：盆参 2 井区和盆 1 井区，面积分别为 315km² 和 382km²。2001 年 3 月，盆 1 井三维工区内解释出盆 4 井北宽缓低幅度背斜，背斜是在向西南倾伏的鼻隆背景上形成的。2001 年 5 月在背斜上部署了盆 5 井（图 1–2），完井后试油获高产油气流，证实为含油气构造。

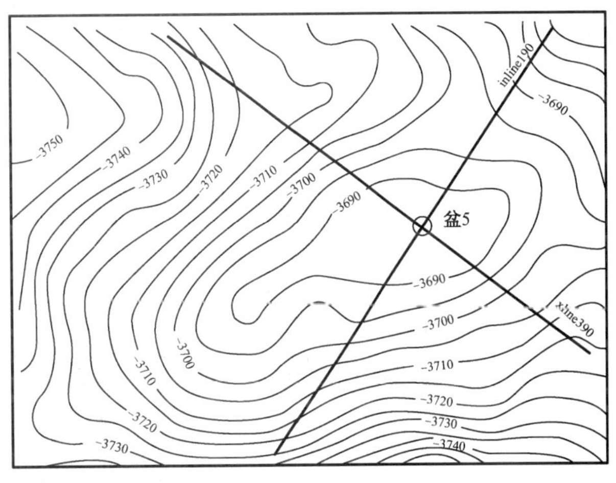

图 1–2　盆 5 井井位部署图
（新疆油田分公司勘探开发研究院勘探所编制，2001 年 5 月）

2001 年 12 月，勘探开发研究院匡立春、薛新克、王安生等人完成了《莫索湾油气田盆 5 井区块油气藏特征及精细描述》研究，利用莫索湾气田各井的合成地震记录和垂直地震（VSP）资料，以西山窑组煤层反射为标志，对三维地震资料标定后，进行了精细构造解释。该区侏罗系为向西南倾没的鼻隆，在鼻隆上形成一系列背斜和断鼻构造，盆5井区三工河组为一背斜（图1–3），$J_1s_2^2$砂层闭合面积为33km²，闭合高度为45m，构造高点在莫101井附近。

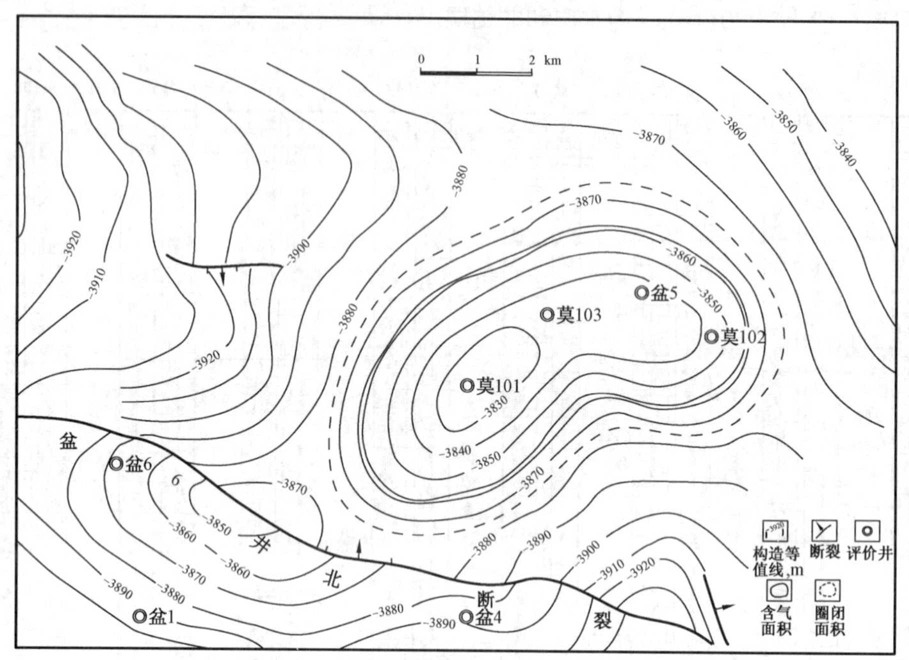

图1–3 2001年盆5井区三工河组气藏构造图（附三工河组$J_1s_2^2$顶部构造线）
（新疆油田分公司勘探开发研究院勘探所编制，2001年12月）

2002年部署莫104、莫105、莫106、莫107井等评价井，根据4口评价井的钻探，进一步落实了盆5井区三工河组的背斜构造（图1–4），$J_1s_2^2$砂层闭合面积为56.0km²，闭合高度为47m，构造高点在莫101井附近。背斜西南部发育一条正断层，即盆6井北断裂，走向北西—南东，倾向北东，垂直断距为11～27m，断开层位为侏罗系，该断层对油气水的分布起一定的控制作用。圈闭要素见表1–1。

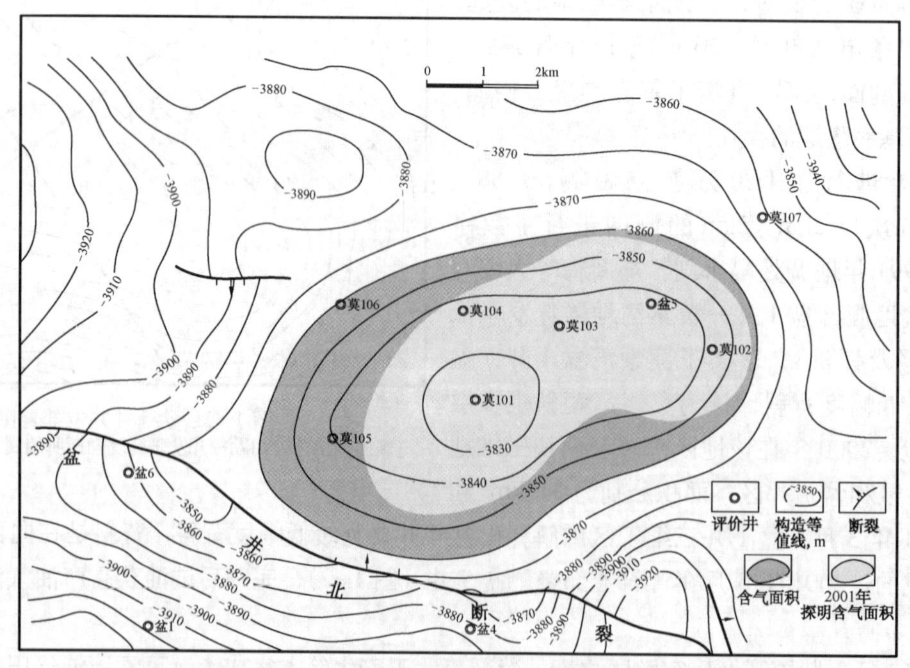

图1-4 2002年盆5井区三工河组气藏构造图（附三工河组$J_1s_2^2$顶部构造线）
（新疆油田分公司勘探开发研究院勘探所编制，2002年12月）

表 1–1　盆 5 井区圈闭要素表

时间	层位	圈闭类型	闭合面积 km^2	闭合高度 m	溢出点海拔 m	高点埋深 m
2001 年	$J_1s_2^2$	背斜	33.00	45.00	-3875.00	4220.00
2002 年	$J_1s_2^2$	背斜	56.00	47.00	-3872.00	4204.00

注：依据莫索湾气田盆 5 井区三工河组历年探明储量报告编制，2009 年。

第二节　储　层

一、沉积相

在 2001 年 12 月编写的《莫索湾油气田盆 5 井区块油气藏特征及精细描述》报告中认为，J_1s_3 为泥岩夹砂岩，主要为浅湖和三角洲前缘沉积；J_1s_2 分布相对稳定，砂体厚度较大，由东北向西南展布且稍有减薄，盆 5 井砂体最厚为 63m，到西南方向的盆 4 井砂体减薄为 47m，其中目的层 $J_1s_2^2$ 主要为三角洲前缘亚相的水下分流河道微相（图 1–5）。$J_1s_2^1$ 主要为湖底扇沉积；J_1s_1 分布稳定，厚度 100m 左右，主要为一套湖相泥岩，为区域性盖层。

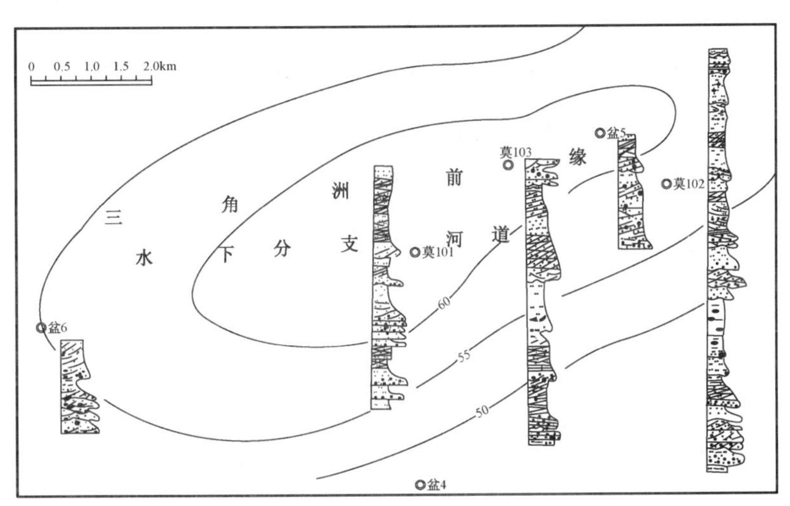

图 1–5　莫索湾油气田 $J_1s_2^2$ 砂体厚度和沉积相图
（新疆油田分公司勘探开发研究院勘探所编制，2001 年 12 月）

2003 年勘探开发研究院开发所王彬、秦莉等人编制了《莫索湾油气田盆 5 井区三工河组凝析气藏开发方案》，研究报告中对三工河组沉积模式、沉积体系提出了与前不同的观点，认为三工河组 J_1s_2 砂层组沉积环境主要为三角洲相和湖泊相沉积，划分为两大沉积体系域，即湖退和湖进沉积体系域，目的层 $J_1s_2^2$ 砂层沉积厚度为 65 ~ 72m，由四期小的沉积体系组成，即两个湖退和两个湖进的沉积体系（图 1–6）。

$J_1s_2^{2\text{-}4}$：沉积厚度为 12 ~ 40m，岩性为灰色中细砂岩、细砂岩、不等粒砂岩、粗砂岩夹薄层砂质小砾岩、砂砾岩、薄层泥岩、粉砂质泥岩，局部见炭屑、炭化枝干及植物叶片印模，具水平层理、斜层理和交错层理，呈反粒序沉积。为第一期湖退沉积，即三角洲前缘亚相水下分流河道、分流河道间沉积，砂体厚度达 10 ~ 36m，平面分布比较稳定，在莫 102 井和莫 105 井附近发育两条分支河道，物源来自北部（图 1–7）。

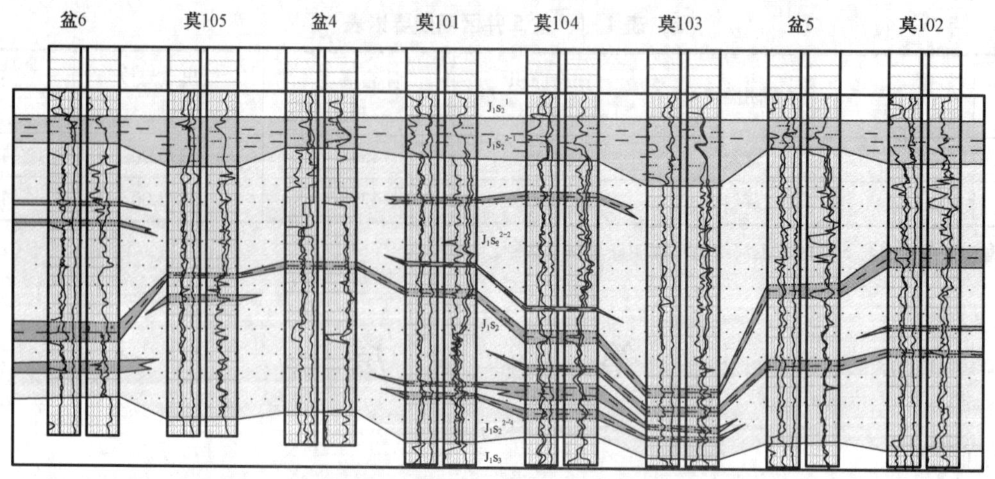

图 1–6　盆 5 井区三工河组砂体连通图
（新疆油田分公司勘探开发研究院开发所编制，2003 年 3 月）

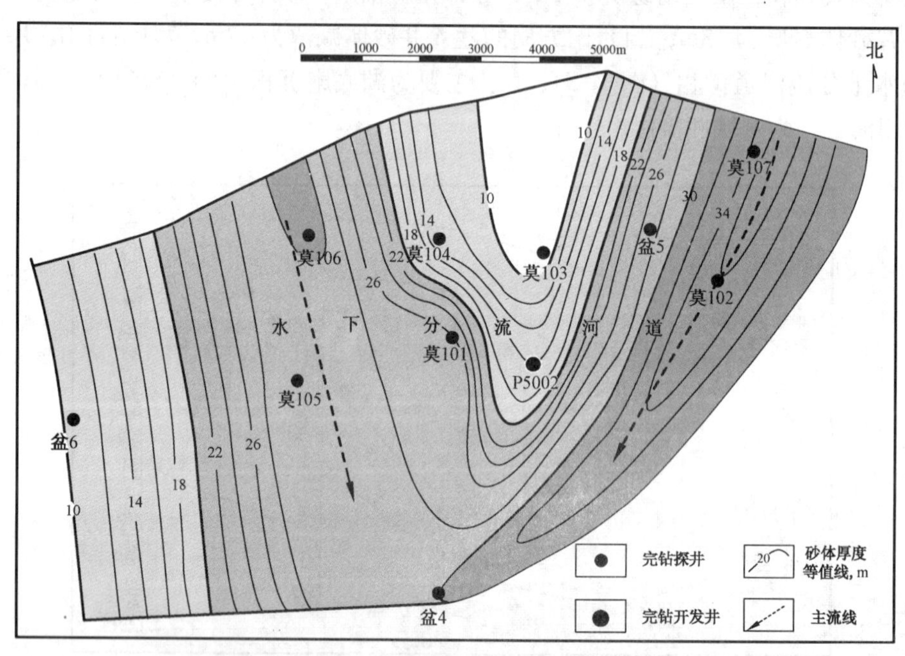

图 1–7　$J_1s_2^{2\text{-}4}$ 砂体厚度和沉积相图（2003 年）
（新疆油田分公司勘探开发研究院开发所编制，2003 年 3 月）

$J_1s_2^{2\text{-}3}$：沉积厚度为 1 ~ 5m，岩性为深灰色粉砂质泥岩、泥岩和泥质粉砂岩，平面上分布相对稳定。该区进入短暂的第一期湖进沉积，即一套厚度较薄、分布较广的滨湖—浅湖相沉积。

$J_1s_2^{2\text{-}2}$：沉积厚度为 18 ~ 44.5m，岩性为灰色中细砂岩、不等粒砂岩、含砾中细砂岩、粗砂岩、砂质小砾岩及砂砾岩互层，局部见炭化植物碎屑，具水平层理和交错层理。粒度正态概率曲线多为两段式，发育跳跃和悬浮总体，*C—M* 图由 PQ、QR、RS 段组成，反映河控三角洲的牵引流特征。该区进入第二湖退沉积期，主要为三角洲前缘亚相水下分流河道微相沉积，砂体厚度为 14.5 ~ 41m，主河道在莫 103 井附近，砂体厚度较大，在莫 105 井、莫 102 井附近厚度相对较薄，物源主要来自北部（图 1–8）。

$J_1s_2^{2\text{-}1}$：该期进入了广泛的湖盆沉积，即第二期湖进沉积，沉积厚度为 7.0 ~ 14.5m，岩性主要为深灰色泥岩、砂质泥岩，区域分布稳定，为一套滨湖—浅湖相沉积。

$J_1s_2^{1}$ 沉积厚度 46 ~ 78m，主要为浅湖—半深湖相沉积，局部地区发育湖进型三角洲前缘水下分流河道砂体，岩性为深灰色泥岩、砂质泥岩夹薄层细砂岩、粉细砂岩及泥质细砂岩，砂体厚度较薄，为 2.3 ~ 13.2m，平面分布不稳定，在莫 106—莫 101 井、盆 6 井附近砂体厚度相对较大。

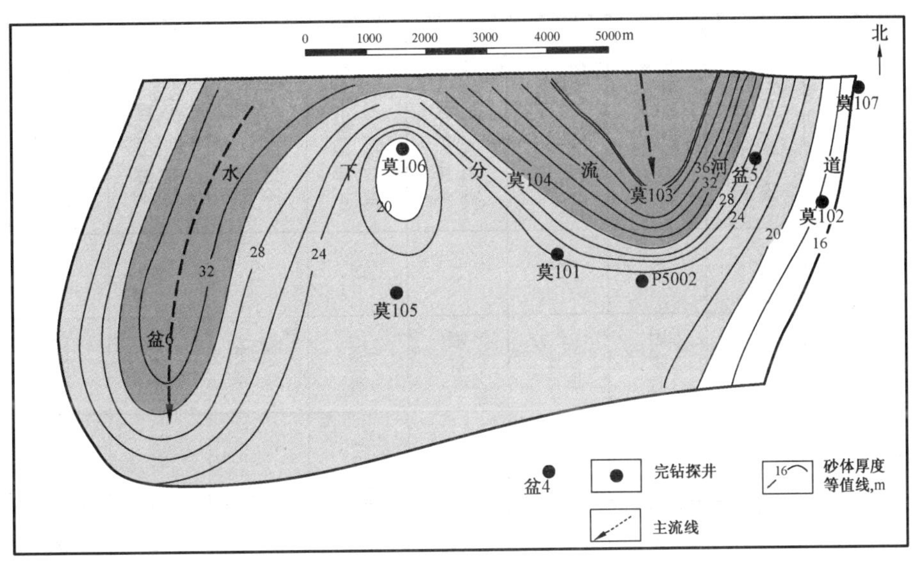

图 1–8 $J_1s_2^{2-2}$ 砂体厚度和沉积相图（2003 年）
（新疆油田分公司勘探开发研究院开发所编制，2003 年 3 月）

二、岩性物性

2001—2003 年，通过油气藏特征及精细描述、探明储量计算、开发方案编制等都对储层进行了分析：侏罗系三工河组 $J_1s_2^2$ 储层岩性主要为细—中粒和不等粒岩屑砂岩，碎屑成分以凝灰岩岩屑为主，次为石英、长石；碎屑颗粒分选中等—差，磨圆度主要为次圆状，颗粒间主要为线接触、点—线接触；颗粒间充填的杂基以黏土矿物为主；胶结物主要为铁方解石，胶结类型以压嵌式胶结为主；储集空间主要为剩余粒间孔和原生粒间孔，少量粒内溶孔，偶见微裂缝。黏土矿物以高岭石为主，多呈蠕虫状、书叶状充填于粒间；次为绿泥石，呈叶片状，以衬垫式和充填式分布；伊 / 蒙混层、伊利石含量较少，以不规则状分布于粒表（表 1–2）。总体上储层物性属于低孔、低渗储层（表 1–3）。

表 1–3 盆 5 井区储层物性统计表

时间	层位	分类	孔隙度，%			渗透率，mD		
			范围	平均	样品数	范围	平均	样品数
2001 年	$J_1s_2^2$	砂层	1.70 ~ 16.70	11.40		0.13 ~ 566.00	7.32	
	$J_1s_2^2$	气层		12.50			14.54	
2002 年	$J_1s_2^2$	砂层	1.70 ~ 17.20	11.40		0.08 ~ 673.00	6.82	
	$J_1s_2^2$	气层		11.90			5.65	
2003 年	$J_1s_2^2$	砂层	1.70 ~ 29.50	12.50	571	0.08 ~ 673.00	9.10	568
		气层	9.00 ~ 19.90	12.50	170	0.13 ~ 274.00	5.99	169
		油层	9.90 ~ 24.90	14.20	93	1.14 ~ 397.00	38.00	92
	$J_1s_2^1$	砂层	9.20 ~ 15.60	11.90	30	0.35 ~ 10.70	1.07	30

注：依据莫索湾气田盆 5 井区三工河组历年探明储量报告和开发方案编制，2009 年。

2003 年，在开发方案编制过程中，深入研究了储层的相关关系、孔隙结构分类，以及储层综合评价：利用 $J_1s_2^2$ 砂层岩心物性样品分析资料，建立了孔隙度（ϕ）与水平渗透率（K）的相关关系，即在单对数坐标中呈较好的直线关系（$K=0.0041e^{0.6391\phi}$）（图 1–9）；储层的水平渗透率（K_h）和垂直渗透率（K_v）呈乘幂关系（$K_v=0.5894K_h^{0.9781}$），水平渗透率是垂直渗透率的 1.7 倍左右。

表 1–2　储层岩矿特征参数表

时间	井数 口	岩矿成分						颗粒 分选	磨圆度	颗粒 接触	杂基		胶结物		胶结 类型	储集空间		黏土矿物		
		岩屑，%		凝灰岩，%		石英 %	长石 %				种类	含量 %	种类	含量 %		类型	比例 %	种类	相对 含量 %	结晶 形态
		范围	平均	范围	平均															
2001 年	4	30 ~ 62	44	20 ~ 39	29	25 ~ 50	8 ~ 23	中等 —差	次圆状	线、 点—线	黏土	3	铁方 解石	1 ~ 6	压嵌	剩余粒间孔	49.3	高岭石	45	蠕虫状、书叶状充填于粒间
																原生粒间孔	47.5	绿泥石	43	叶片状，以衬垫式和充填式分布
																		伊 / 蒙 混层	12	不规则状分布于粒表
2002 年	8	38 ~ 57	43	20 ~ 39	30	25 ~ 50	8 ~ 23	中等 —差	次圆状	线、 点—线	黏土	3	铁方 解石	1 ~ 6	压嵌	剩余粒间孔	51.3	高岭石	41	蠕虫状、书叶状充填于粒间
																原生粒间孔	46.1	绿泥石	32	叶片状，以衬垫式和充填式分布
																		伊 / 蒙 混层	12	不规则状分布于粒表
2003 年	12	30 ~ 62	45	20 ~ 39	30	36	19	中等 —差	次圆状、 次棱角— 次圆状	线、 点—线	黏土	3	铁方 解石	2.5	压嵌、 孔隙— 压嵌	剩余粒间孔	58	高岭石	44	蠕虫状、书叶状充填于粒间
																原生粒间孔	37	绿泥石	31	叶片状，以衬垫式和充填式分布
																		伊 / 蒙 混层	13	不规则状分布于粒表

注：依据莫索湾气田盆 5 井区三工河组历年探明储量报告和开发方案编制，2009 年。

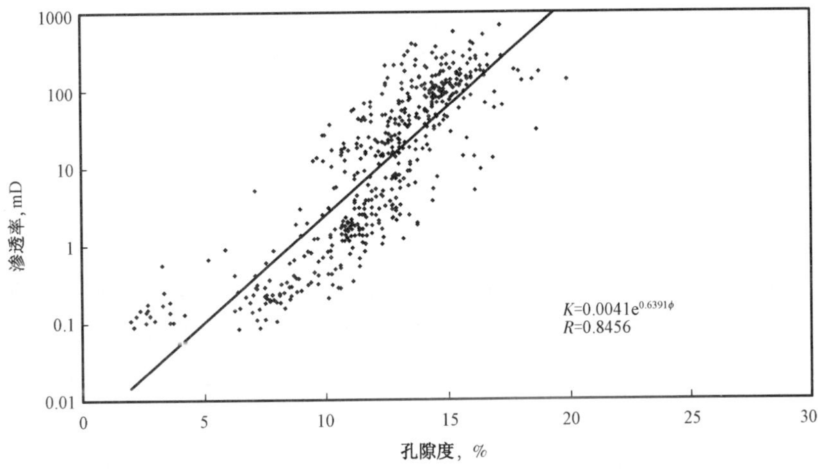

图 1−9　盆 5 井区三工河组孔渗关系图
（新疆油田分公司勘探开发研究院开发所编制，2003 年 3 月）

储层物性与其岩性有密切的关系，粗砂岩、中粗砂岩物性最好，细中砂岩、不等粒砂岩次之，细砂岩和中细砂岩物性较差，泥质粉砂岩、含灰质砂岩最差（表 1−4）。

表 1−4　储层岩性与物性关系表

岩 性	孔隙度，%			水平渗透率，mD		
	范 围	平均	样品个数	范 围	平均	样品个数
粗砂岩、中砂岩	9.50 ~ 17.80	14.30	29	15.90 ~ 300.00	87.80	29
细中砂岩、不等粒砂岩	8.90 ~ 17.00	12.50	53	0.30 ~ 273.00	14.40	53
细砂岩、中细砂岩	7.50 ~ 15.30	11.30	31	0.11 ~ 88.90	1.50	31
泥质粉砂岩、含灰质砂岩	1.90 ~ 8.50	5.20	13	0.01 ~ 0.67	0.15	11

注：摘自《莫索湾油气田盆 5 井区三工河组凝析气藏开发方案》，2003 年 4 月。

利用 6 口井 103 块压汞资料统计研究，$J_1s_2^2$ 储层孔隙结构分为四类（图 1−10）。气层以Ⅱ＋Ⅲ类储层为主，油层以Ⅰ＋Ⅱ类储层为主。按照四类孔隙结构进行储层综合评价得出：Ⅰ类为较好储层，Ⅱ类为中等储层，Ⅲ类为较差储层，Ⅳ类为差—非储层。

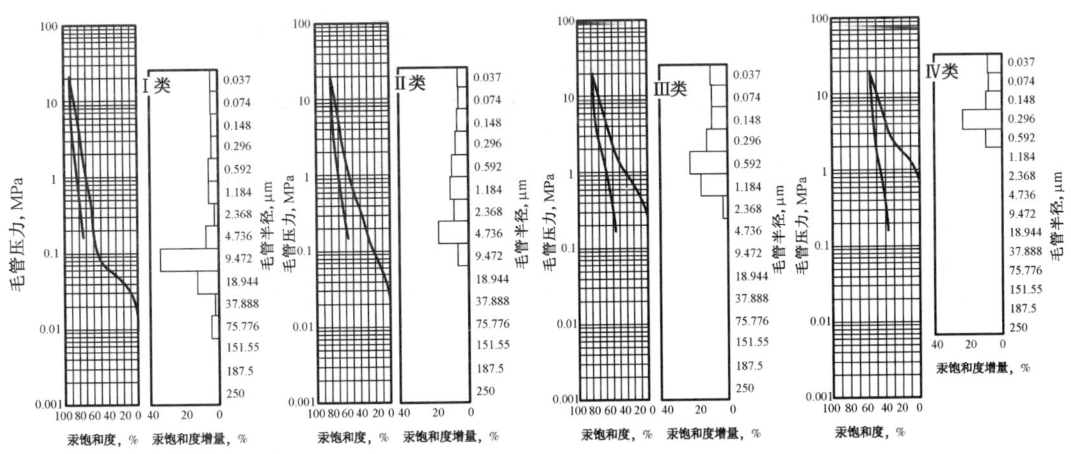

图 1−10　盆 5 井区三工河组 $J_1s_2^2$ 储层毛管压力曲线分类图
（新疆油田分公司勘探开发研究院开发所编制，2003 年 4 月）

第三节　流体与渗流

一、流体性质

2001 年，《莫索湾油气田盆 5 井区块油气藏特征及精细描述》报告中，利用莫 101、莫 102 和莫 103 井电缆测试（MDT）资料求得气层压力梯度曲线 ($p_{gi}=-0.002889H+30.2955$) 和油层压力梯度曲线 ($p_{oi}=-0.007007H+14.3897$)（图 1-11），油气界面海拔 −3862.6m，气顶中部压力为 41.41MPa，压力系数 0.97。气顶中部温度 108℃。盆 5 井区块 $J_1s_2^2$ 气藏类型为带底油的凝析气藏（图 1-12）。

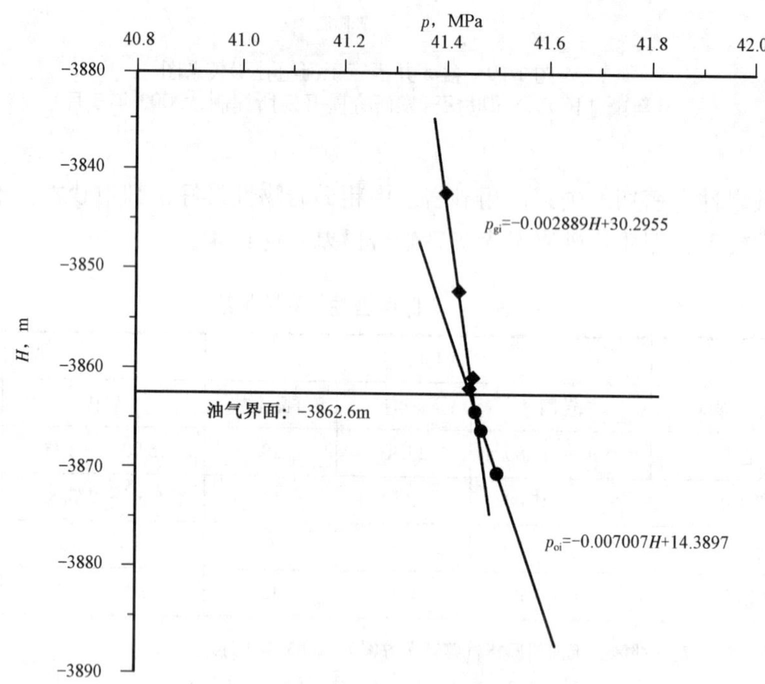

图 1-11　盆 5 井区块 $J_1s_2^2$ 砂层地层压力曲线图
（新疆油田分公司勘探开发研究院勘探所编制，2001 年 12 月）

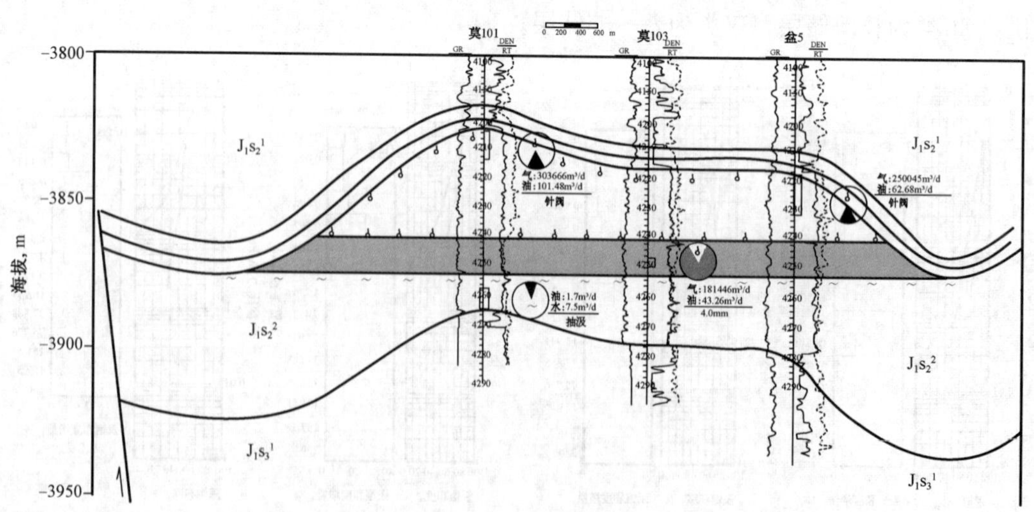

图 1-12　盆 5 井—莫 102 井侏罗系三工河组油气藏剖面图
（新疆油田分公司勘探开发研究院勘探所编制，2001 年 12 月）

2002 年《莫索湾油气田盆 5 井区块侏罗系三工河组新增油气探明储量报告》中认为盆 5 井区块 $J_1s_2^2$ 为一个油气水系统，属于构造—岩性油气藏类型（图 1-13），气油界面海拔为 -3860m，气顶高度 35m，中部海拔 -3845m，中部深度 4225m。$J_1s_2^1$ 为岩性气藏，中部海拔 -3820m，中部深度 4195m。

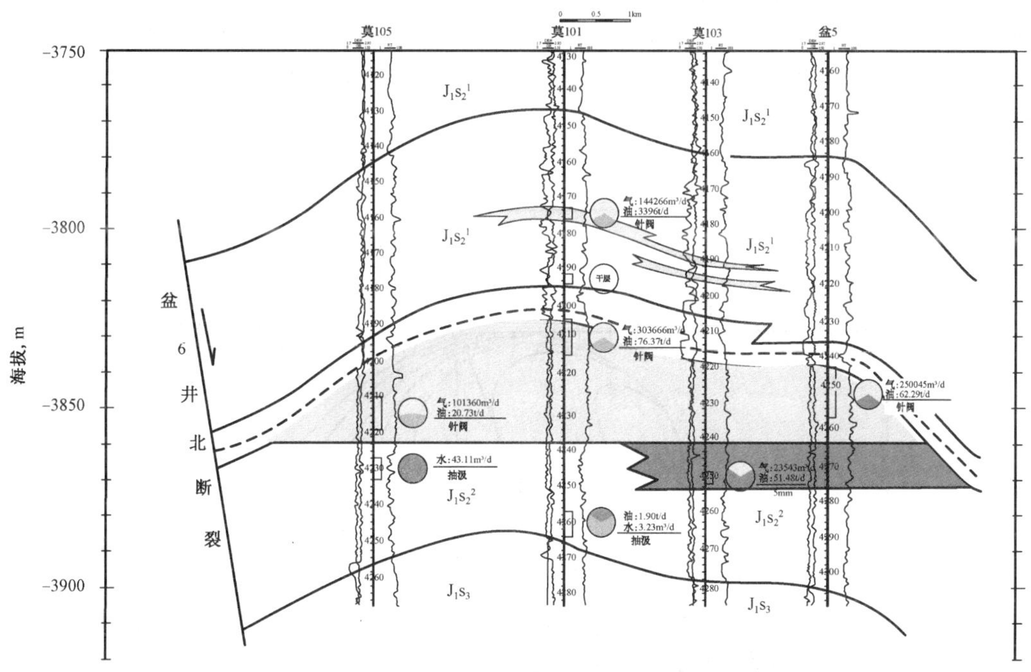

图 1-13　莫 105 井—盆 5 井侏罗系三工河组油气藏剖面图
（新疆油田分公司勘探开发研究院勘探所编制，2002 年 12 月）

在 2003 年《莫索湾油气田盆 5 井区三工河组凝析气藏开发方案》报告中，认为盆 5 井区油气层主要分布在 $J_1s_2^{2-2}$ 砂层中，为带边底水、带底油的岩性构造凝析气藏（图 1-14）。气藏主要受构造控制，在构造高部位，气井产能高、有效厚度大，低部位气井产能较低、有效厚度减薄，油气界面海拔为 -3860m，气藏高度为 35m，中部深度为 4222.5m（海拔深度 -3842.5m）。

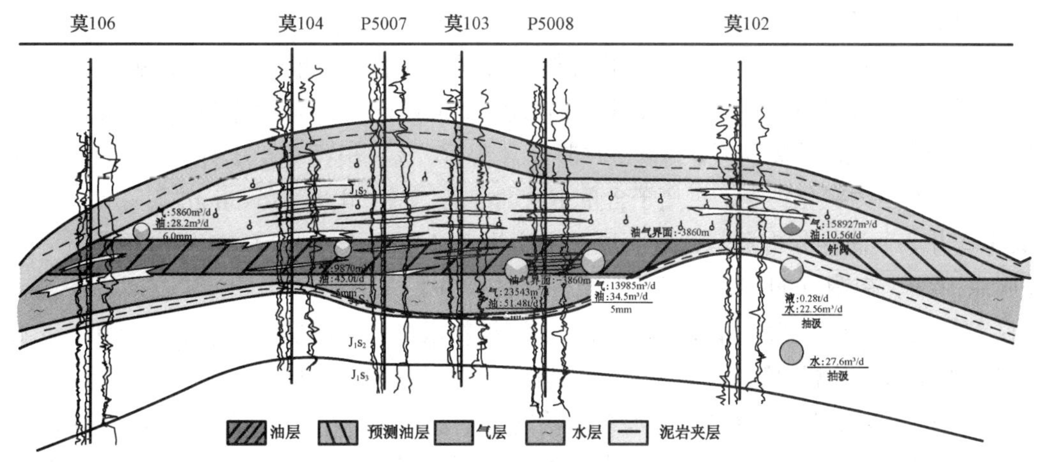

图 1-14　盆 5 井区 J_1s_2 油气藏剖面示意图
（新疆油田分公司勘探开发研究院开发所编制，2003 年 3 月）

底油的分布主要受背斜构造和断裂的控制，属于岩性构造油藏。油水界面海拔为 -3872m，油柱高度 12m，底油中部深度 4246m（海拔 −3866m）。

盆 5 井区 $J_1s_2^1$ 砂层平面砂体分布不连续，呈透镜状，为受岩性控制的凝析气藏。气藏中部深度 4195m（海拔深度 -3820.0m）。地层压力 41.33MPa，地层温度 107℃。

2001 年《莫索湾油气田盆 5 井区块油气藏特征及精细描述》报告中，根据盆 5 井 $J_1s_2^2$ 气层相态分析资料，确定气顶露点压力 40.58MPa，地露压差 0.83MPa，井流物组分：甲烷含量 86.12%，中间烃含量 8.91%，重烃含量 C_{7+}3.13%、C_{11+}1.04%，非烃含量 1.84%，气油比 3876 m^3/t，凝析油含量 239g/m^3，属中含凝析气藏（图 1−15）。

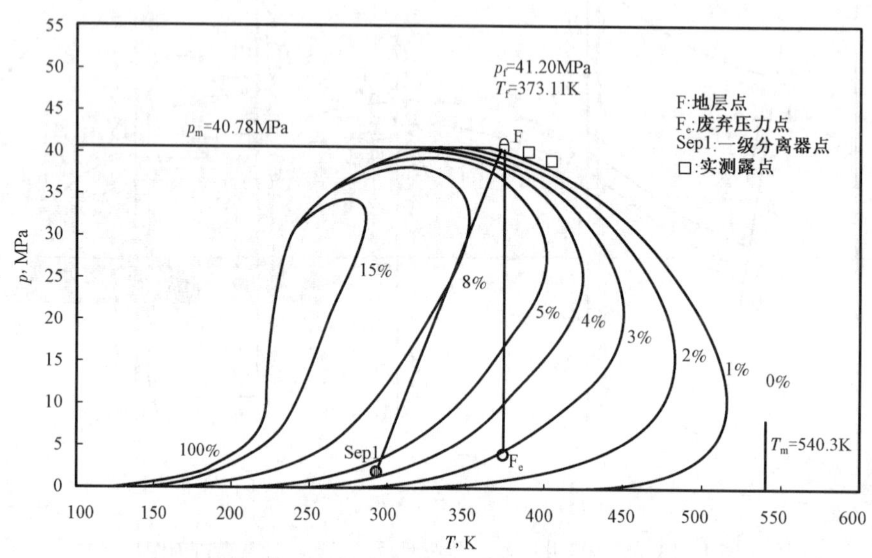

图 1−15 盆 5 井 $J_1s_2^2$ 层 4243~4257m 井段地层流体拟合相图
（新疆油田分公司勘探开发研究院勘探所编制，2001 年 12 月）

莫 103 井在 $J_1s_2^2$ 油层 4249 ～ 4252m 井段进行 PVT 井下取样，未取到原始状态样，后改用地面 PVT 配样分析，得到地层油的性质：饱和压力为 41.02MPa，溶解气油比为 197m^3/t，原始地层压力下体积系数为 1.517，压缩系数为 $19.334\times10^{-4}MPa^{-1}$，收缩率为 34.07%，饱和压力下地层油黏度为 0.81mPa · s，地层油密度为 0.6705g/cm^3。

根据盆 5 井 7 个地面分离器取气样、油样分析，得到干气组分：甲烷含量 85.49%，二氧化碳含量 0.45%，氮气含量 2.60%，相对密度 0.671；凝析油密度 0.757g/cm^3，50℃时黏度为 0.73mPa · s，含蜡量 1.26%，凝固点 −17℃，初馏点 70℃，300℃时馏分含量 66.7%。根据莫 101 井、莫 102 井 7 个地层水分析资料，得地层水型为氯化钙型，氯离子含量 10358mg/L，总矿化度 17645mg/L。

根据莫 103 井 2 个油样分析资料，地面原油密度为 0.854g/cm^3，50℃黏度为 10.98mPa · s，含蜡量 6.77%，凝固点 16℃，初馏点 116℃，300℃时馏分含量 6.1%。

2002 年《莫索湾油气田盆 5 井区块侏罗系三工河组新增油气探明储量报告》报告中，甲烷含量略有减少，为 83.95%；氮气含量增加，为 3.96%，其他含量变化不大。

2003 年《莫索湾油气田盆 5 井区三工河组凝析气藏开发方案》利用 71 个地面油气水样品统计分析后得到气田流体性质：干气具有“二高二低”的特点，即相对密度较高，中间烃含量高，甲烷含量较低，非烃含量较低（表 1−5）。

凝析油具有密度低、黏度低、凝固点低、含蜡量低、初馏点低的特点（表 1−6）。

$J_1s_2^2$ 底油的地面原油具有密度高、黏度高、凝固点高、含蜡量高、初馏点高的特点（表 1−7）。

表 1–5　干气性质表

层位	样品数个	相对密度	组分含量，%								
			甲烷	乙烷	丙烷	异丁烷	正丁烷	异戊烷	正戊烷	氮气	二氧化碳
$J_1s_2^2$	12	0.668	83.95	6.95	2.76	0.77	0.97	0.10	0.11	3.96	0.41
$J_1s_2^1$	6	0.673	79.92	5.51	2.12	0.47	0.69	0.08	0.13	10.7	0.38

注：摘自《莫索湾油气田盆 5 井区三工河组凝析气藏开发方案》，2003 年 3 月。

表 1–6　凝析油性质数据表

层位	样品数个	密度 g/cm³	黏度，mPa · s				凝固点 ℃	含蜡量 %	初馏点 ℃
			30℃	35℃	40℃	50℃			
$J_1s_2^2$	12	0.764	1.09	1.00	0.92	0.82	−14.00	1.55	73.00
$J_1s_2^1$	6	0.765	1.04	0.86	0.92	0.82	−18.00	0.79	55.00

注：摘自《莫索湾油气田盆 5 井区三工河组凝析气藏开发方案》，2003 年 4 月。

表 1–7　地面流体性质数据表

层位	原油						溶解气		地层水		
	样品数个	密度 g/cm³	50℃ 黏度 mPa · s	凝固点 ℃	含蜡量 %	初馏点 ℃	相对密度	甲烷 %	水型	总矿化度 mg/L	氯离子 mg/L
$J_1s_2^2$	13	0.845	13.26	15.00	5.97	111.00	0.688	82.56	$CaCl_2$	17645.00	10358.00

注：摘自《莫索湾油气田盆 5 井区三工河组凝析气藏开发方案》，2003 年 4 月。

二、渗流规律

2001—2002 年在莫索湾气田选取 4 口井 20 块底油油层岩样进行油水相对渗透率实验，得到油层水驱的以下特征：

（1）油层束缚水饱和度在 40% 左右，残余油饱和度在 25% 左右，油水两相共渗区的可动用油饱和度为 35% 左右，预计最终采收率较低。

（2）油水两相等渗点在含水饱和度 50% 左右，其润湿性表现为中—弱亲水性。

（3）油井见水后，随含水饱和度上升，含水上升快，油相渗透率急剧下降，水相渗透率增长缓慢，油层渗流阻力增加，采液指数快速下降（图 1–16 和图 1–17）。

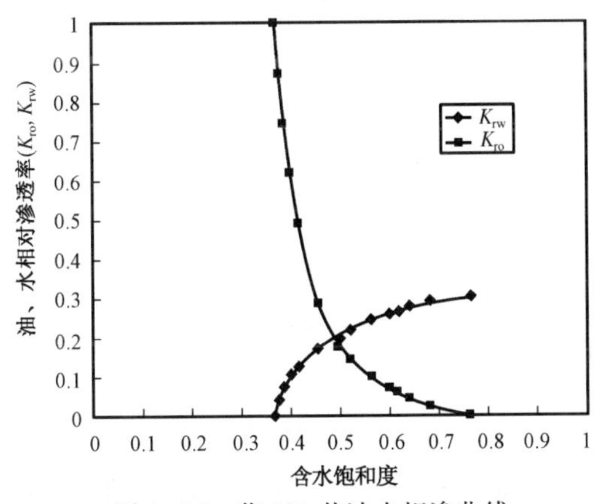

图 1–16　莫 101 井油水相渗曲线
（新疆油田分公司勘探开发研究院编制，2001 年）

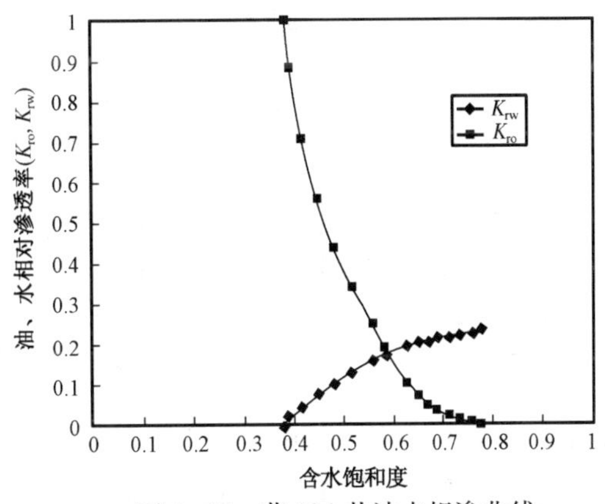

图 1–17　莫 104 井油水相渗曲线
（新疆油田分公司勘探开发研究院编制，2002 年）

第四节　油气储量

莫索湾气田从2001年到2003年，共进行了3次探明储量申报。

2001年，莫索湾气田在三维地震、4口探井和评价井（盆5井、莫101井、莫102井、莫103井）、取出岩心实长75.1m、试油4井7层、流体取样分析28个、岩心分析化验17项1367块等基础上，勘探开发研究院王安生、李岩等人采用容积法计算了储量，2001年12月上报并经全国矿产储量委员会审批，莫索湾气田盆5井区块侏罗系三工河组Ⅱ类探明凝析气地质储量72.18×10⁸m³，其中干气储量68.80×10⁸m³，凝析油储量172.3×10⁴t；干气可采储量58.48×10⁸m³，凝析油可采储量43.08×10⁴t（图1–18和表1–8）。

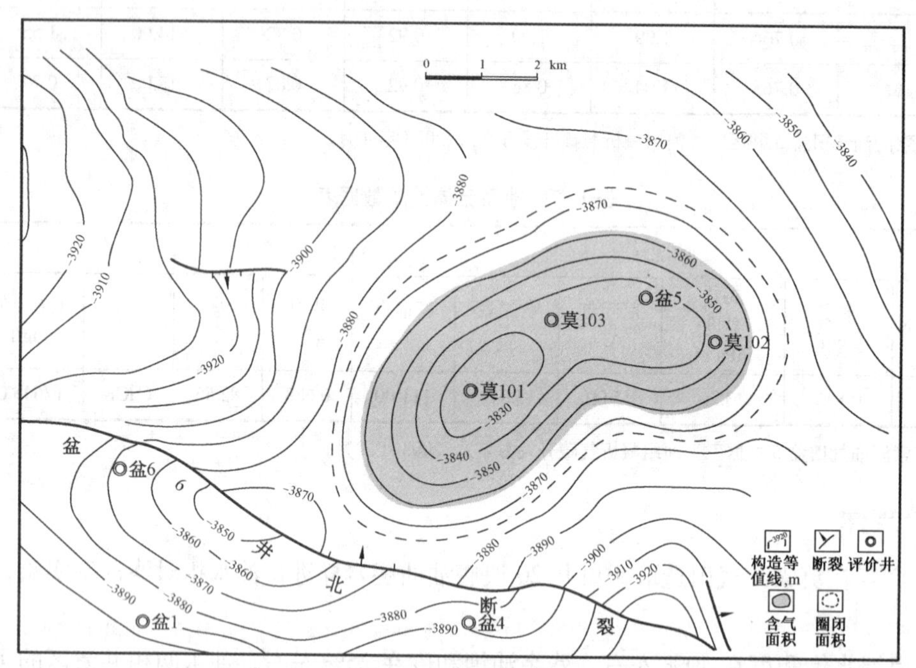

图1–18　莫索湾气田盆5井区三工河组气藏含气面积图（附三工河组$J_1s_2^2$顶部构造线）
（新疆油田分公司勘探开发研究院勘探所编制，2001年12月）

表1–8　盆5井区块凝析气顶储量参数表

计算单元	储量类别	储量参数							地质储量			采收率		可采储量	
		含气面积 km²	有效厚度 m	孔隙度 %	含气饱和度 %	气体偏差系数	地层压力 MPa	地层温度 ℃	凝析气 10⁸m³	干气 10⁸m³	凝析油 10⁴t	干气 %	凝析油 %	干气 10⁸m³	凝析油 10⁴t
$J_1s_2^2$ 气顶	Ⅱ	21.90	13.40	13.00	70.00	1.166	41.41	108	72.18	68.80	172.30	85.00	25.00	58.48	43.10

注：摘自《莫索湾油气田盆5井区块侏罗系三工河组新增油气探明储量报告》，2001年12月。

2002年，莫索湾气田在2001年资料基础上，增加评价井4口（莫104井、莫105井、莫106井、莫107井），共有岩心实长156.76m，试油7井16层，流体分析88个，岩心分析化验17项2711块，根据气藏勘探成果，采用容积法计算储量，经全国矿产储量委员会审批，2002年12月上报莫索湾气田盆 5 井区块侏罗系三工河组 $J_1s_2^2$ 油气藏气顶新增Ⅱ类探明含气面积 16.2km²（图 1－19），凝析气地质储量为 $62.68\times10^8m^3$，凝析油地质储量为 150.00×10^4t；$J_1s_2^1$ 新增探明含气面积 16.2km²（图 1－20），凝析气地质储量 $17.88\times10^8m^3$，其中干气 $17.17\times10^8m^3$，凝析油 39.10×10^4t（表 1－9）。同时还上报侏罗系三工河组 $J_1s_2^2$ 气藏底油控制石油地质储量 511×10^4t，含油面积 19.4km²。

表 1－9　盆 5 井区块凝析气顶储量参数表

计算单元	储量类别	储量参数							地质储量			采收率		可采储量		备注
		含气面积 km²	有效厚度 m	孔隙度 %	含气饱和度 %	气体偏差系数	地层压力 MPa	地层温度 ℃	凝析气 10^8m^3	干气 10^8m^3	凝析油 10^4t	干气 %	凝析油 %	干气 10^8m^3	凝析油 10^4t	
$J_1s_2^2$ 气顶	Ⅱ	16.20	(15.90)	13	69	1.166	41.41	108	62.68	59.91	150.00	85	25	50.92	37.50	2002 年新增
		21.90	13.40	13	70	1.166	41.41	108	72.18	68.80	172.30	85	25	58.48	43.10	2001 年已报
小计		38.10	14.60	13	69	1.166	41.41	108	134.86	128.71	322.30	85	25	109.40	80.60	
$J_1s_2^1$	Ⅱ	16.20	4.00	14	68	1.092	41.40	108	17.88	17.19	39.10	85	25	14.61	9.80	2002 年新增
合计									152.74	145.90	361.40			124.01	90.40	

注：摘自《莫索湾油气田盆 5 井区块侏罗系三工河组新增油气探明储量报告》，2002 年 12 月。

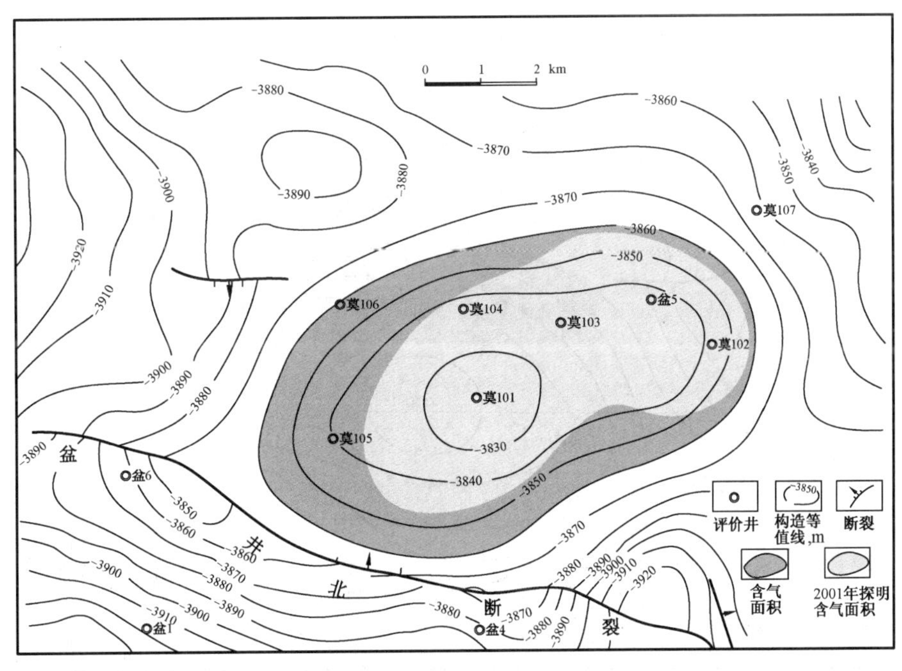

图 1－19　莫索湾气田盆 5 井区 $J_1s_2^2$ 气藏含气面积图（附三工河组 $J_1s_2^2$ 顶部构造线）
（新疆油田分公司勘探开发研究院勘探所编制，2002 年 12 月）

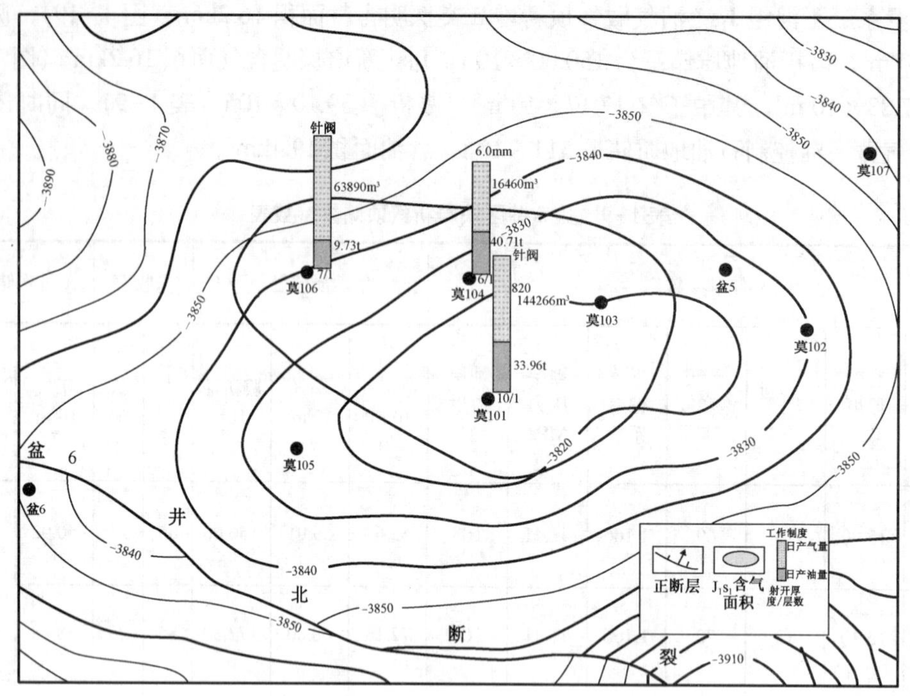

图 1-20　莫索湾气田盆 5 井区 $J_1s_2^1$ 气藏含气面积图
（新疆油田分公司勘探开发研究院勘探所编制，2002 年 12 月）

2003 年 12 月，在莫索湾气田盆 5 井区块 $J_1s_2^2$ 气藏底油含油面积内完钻 12 口井（其中探井 4 口），并有 5 口井试油获得高产油流的基础上，采用容积法计算储量，经全国矿产储量委员会审批，盆 5 井区块侏罗系三工河组（$J_1s_2^2$）气藏底油新增Ⅱ类石油探明储量 582.00×10^4t，可采储量为 145.50×10^4t，含油面积 17.00km²（表 1-10 和图 1-21）。

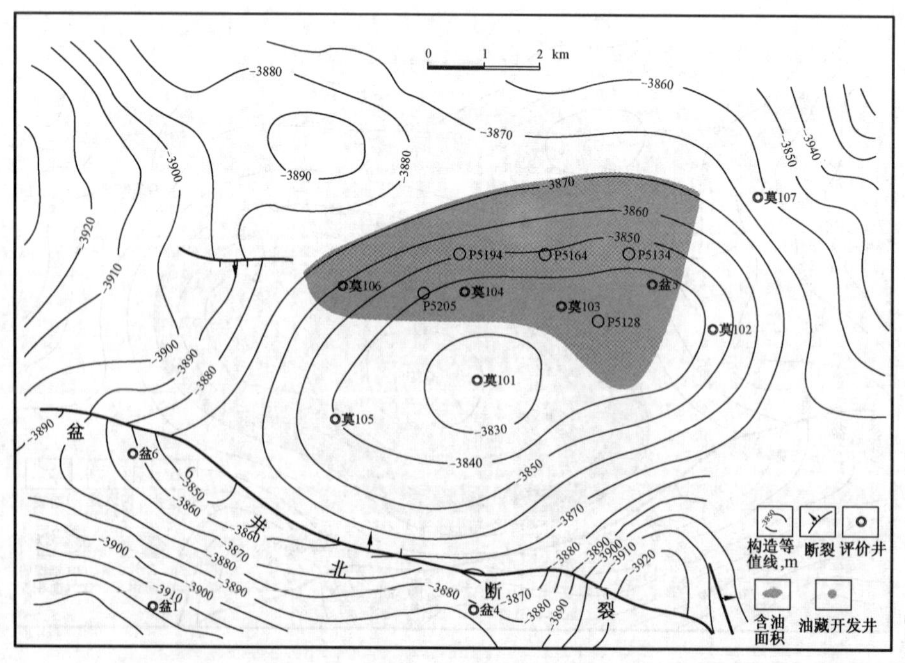

图 1-21　莫索湾气田盆 5 井区气藏探明底油含油面积图（附三工河组 $J_1s_2^2$ 顶部构造线）
（新疆油田分公司勘探开发研究院勘探所编制，2003 年 12 月）

表 1-10　盆 5 井区块石油储量参数表

计算单元	储量类别	储量参数						地质储量		采收率		可采储量	
		含油面积 km^2	有效厚度 m	孔隙度 %	含油饱和度 %	原油密度 g/cm^3	原油体积系数	原油 10^4t	溶解气 10^8m^3	原油 %	溶解气 %	原油 10^4t	溶解气 10^8m^3
$J_1s_2^2$ 油藏	Ⅱ	17.00	7.10	13	69	0.846	1.575	582.00	13.47	25	38	145.50	5.12

注：摘自《莫索湾油气田盆 5 井区块侏罗系三工河组新增石油探明储量报告》，2003 年 12 月。

截至 2005 年底，莫索湾气田总计探明凝析气地质储量 $152.74\times10^8m^3$，干气地质储量 $149.90\times10^8m^3$，凝析油地质储量 361.40×10^4t，原油地质储量 582×10^4t，溶解气地质储量 $13.47\times10^8m^3$。干气可采储量 $124.01\times10^8m^3$，凝析油可采储量 90.40×10^4t，原油可采储量 145.50×10^4t，溶解气可采储量 $5.12\times10^8m^3$。

三工河组 $J_1s_2^2$ 气藏含气面积 $38.10km^2$，凝析气地质储量 $134.86\times10^8m^3$，其中干气 $128.71\times10^8m^3$、凝析油 322.30×10^4t。干气可采储量 $109.40\times10^8m^3$，凝析油可采储量 80.60×10^4t；$J_1s_2^1$ 探明含气面积 $16.20km^2$，凝析气地质储量 $17.88\times10^8m^3$，其中干气 $17.19\times10^8m^3$、凝析油 39.10×10^4t，干气可采储量 $14.61\times10^8m^3$，凝析油可采储量 9.80×10^4t；$J_1s_2^2$ 底油探明含油面积 $17.00km^2$，原油地质储量 582.00×10^4t、溶解气地质储量 $13.47\times10^8m^3$。原油可采储量 145.50×10^4t，溶解气可采储量 $5.12\times10^8m^3$（图 1-22）。

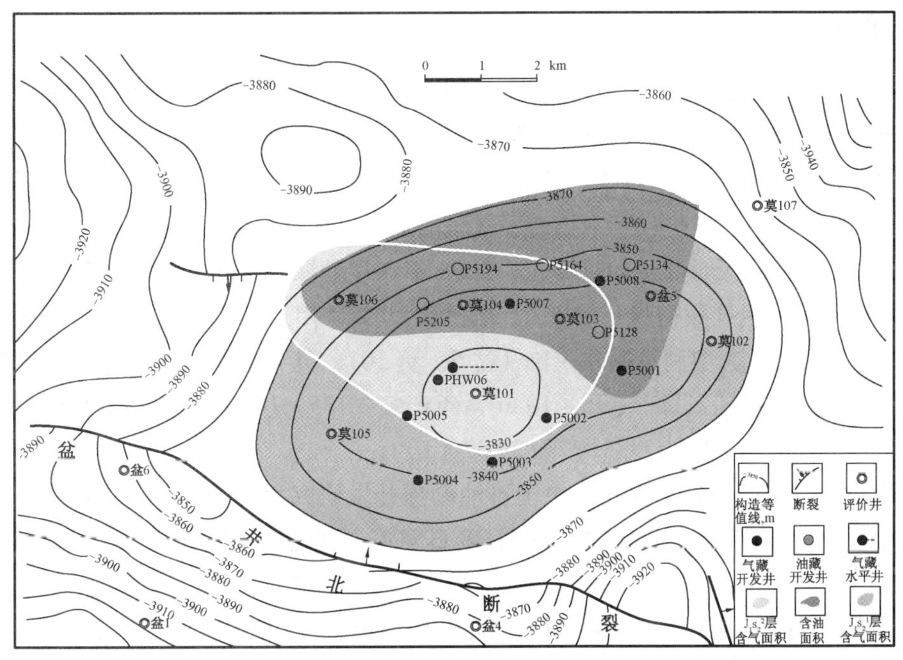

图 1-22　莫索湾气田盆 5 井区气藏探明油气面积图（附三工河组 $J_1s_2^2$ 顶部构造线）
（新疆油田分公司勘探开发研究院编制，2005 年 12 月）

第二章

开发部署与实施

2001 年 8 月，盆 5 井获得工业气流后，新疆油田分公司开发一路就开始介入，按照边勘探、边开发建设的方针，部署并实施了气田地质、气藏工程、钻井工艺、采气工艺、地面工程、经济评价等多项开发前期研究。2003 年 7 月，盆 5、莫 102、莫 105 井投产，盆 5 井区天然气处理装置进入试运行阶段，产气规模达到 $70\times10^4m^3/d$。同年 12 月 10 日前，P5001、P5002、P5003、P5004、P5005、P5007、莫 101 井相继投产，2004 年 8 月 PHW06 水平井投产，至此莫索湾气田盆 5 井区三工河组 10 口直井 1 口水平井全部投产，生产规模达到日产天然气 $150\times10^4m^3$，日产凝析油 300t，达到了设计建设规模。

第一节　方案编制与实施

一、方案编制

莫索湾气田经过几年的地震、钻井、测井、试井、试油、试采，积累了丰富的第一手资料，为了改变克拉玛依天然气用气紧张状况，结束冬季稠油锅炉烧原油，满足中国石油股份有限公司乌鲁木齐石化公司及乌鲁木齐市用气的需要，2002 年新疆油田公司加快了盆 5 井区三工河组气藏的开发研究。经过开发技术人员大量分析研究工作，基本搞清了气藏的地层、构造、储层、流体性质、储集类型等，在 2001 年 12 月首次上报气藏探明储量的基础上，2002 年 3 月勘探开发研究院开发所完成了莫索湾油气田盆 5 井区侏罗系三工河组气藏初步开发方案的编制，方案采用 1400m 井距不规则井网布井，一套井网开发。设计开发井 7 口，其中利用探井 3 口（盆 5、莫 101、莫 102 井）（图 2−1），平均井深 4280m，钻井进尺 1.712×10^4m，设计区日产气 $95\times10^4m^3$，年产气 $3.135\times10^8m^3$，采气速度 4.34%，预计稳产 8 年，稳产期累计产气 $25.65\times10^8m^3$，累计产油 29.67×10^4t。

受中国石油勘探与生产分公司委托，中国石油勘探开发研究院廊坊分院开发所组织卢林生、孟慕尧、李海平等 10 余名有关专家，于 2002 年 4 月 28 日对该方案进行了预评估。评审结果对方案部署给予肯定并予以通过。

在上述方案编制与预评估正在进行的时候，气田详探评价工作并没有结束，新一轮详探评价井已相继部署并付诸实施，以进一步搞清气田的含气范围与储量规模。随着气田详探评价工作的深入，三维地震构造解释和评价井的实施，发现气藏构造圈闭面积有所增大，含气面积有所变化，气藏储量很有可能增加。同时下游用户需求情况也发生了一些变化。鉴于这种情况，为了定准气田的生产建设规模，使开发部署建立在资源更可靠的基础上，新疆油田分公司决定待气田储量资源进一步落实以后再重新整体部署，上述方案先不予实施。经过进一步的详探评价，很快有了结果，气田探明的面积和储量均有明显增加，2002 年 12 月上报新增探明含气面积 $16.2km^2$，新增凝析气地质储量 $62.68\times10^8m^3$。为了加强对气田的控制，2002 年 8 月研究院开发所在气藏南部部署了 1 口开发评价井（P5002 井）。

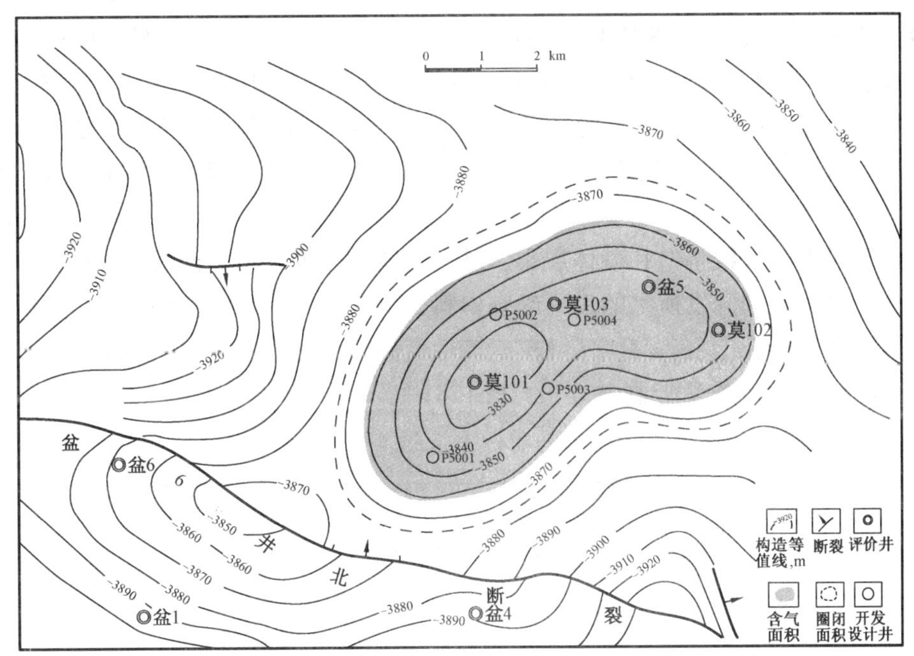

图 2–1　莫索湾气田盆 5 井区三工河组气藏 2002 年开发部署图（附三工河组 $J_1s_2^2$ 顶部构造线）
（新疆油田分公司勘探开发研究院开发所编制，2002 年 3 月）

在以上工作基础上，2003 年 4 月勘探开发研究院王彬、秦莉、张文波、刘利等编制了《莫索湾油气田盆 5 井区三工河组凝析气藏开发方案》，院总地质师刘明高和油田公司开发处油藏总监欧阳可悦进行了审查，油田公司副总地质师闻玉贵进行了审批。方案确定以开发 $J_1s_2^2$ 凝析气藏为主，全气藏按一套井网衰竭式开采，在构造高部位采用井距 1200 ~ 1400m 左右不规则井网布井，动用天然气地质储量 $152.74\times10^8m^3$，可采储量 $124.01\times10^8m^3$，共部署生产井 11 口（图 2–2），利用探井和开发评价井 4 口（盆 5 井、莫 102 井、莫 105 井、P5002 井），钻新井 7 口，其中水平井 1 口 (PHW06)，直井 6 口 (P5001 井、P5003 井、P5004 井、P5005 井、P5007 井、P5008 井)，设计直井井深 4280m，水平井井深 4800m，钻井进尺 3.05×10^4m。配产 10 口井，备用直井 1 口，设计单井日产气 $15\times10^4m^3$，区日产气 $150\times10^4m^3$，建成产能 $4.95\times10^8m^3/a$；预计稳产 7 年，稳产期末采出程度 23%。

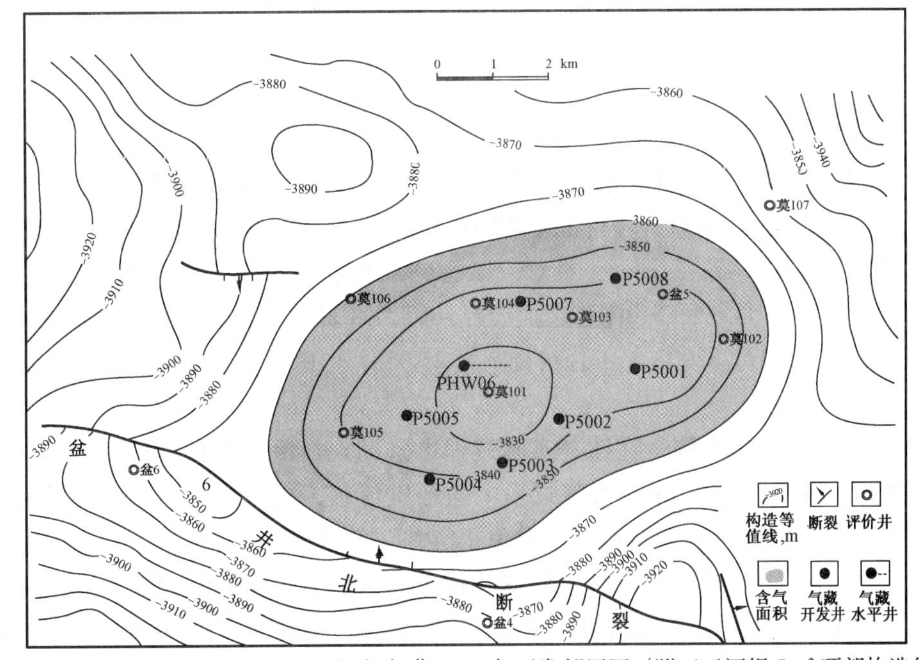

图 2–2　莫索湾气田盆 5 井区三工河组气藏 2003 年开发部署图（附三工河组 $J_1s_2^2$ 顶部构造线）
（新疆油田分公司勘探开发研究院开发所编制，2003 年 4 月）

2003 年 4 月 16—17 日，中国石油勘探与生产分公司在新疆克拉玛依市组织召开了方案审查会，审查组认为该方案基础资料齐全准确，研究方法科学适用，技术上合理可行，基本上达到了开发方案编制要求，原则同意将该方案作为气田开发的指导性文件。并要求“认真组织好各项实施工作，加快节奏，确保 7 月 31 日向乌石化供气，年内配套建成 $150\times10^4m^3/d$ 生产能力，解决克拉玛依地区稠油热采的用气问题。”

为了落实三工河组油气藏构造和砂体展布，进一步落实底油性质、油气水界面，搞清底油的产能大小与分布特点，录取底油开发所需的动、静态资料，为底油下一步的合理开发提供依据，2003 年 7 月勘探开发研究院开发所孙宝宗等编制了《莫索湾油气田盆 5 井区三工河组带油环凝析气藏开发控制井布井意见》，在底油设计开发控制井 5 口（P5128 井、P5134 井、P5164 井、P5194 井、P5205 井）（图 2–3）。

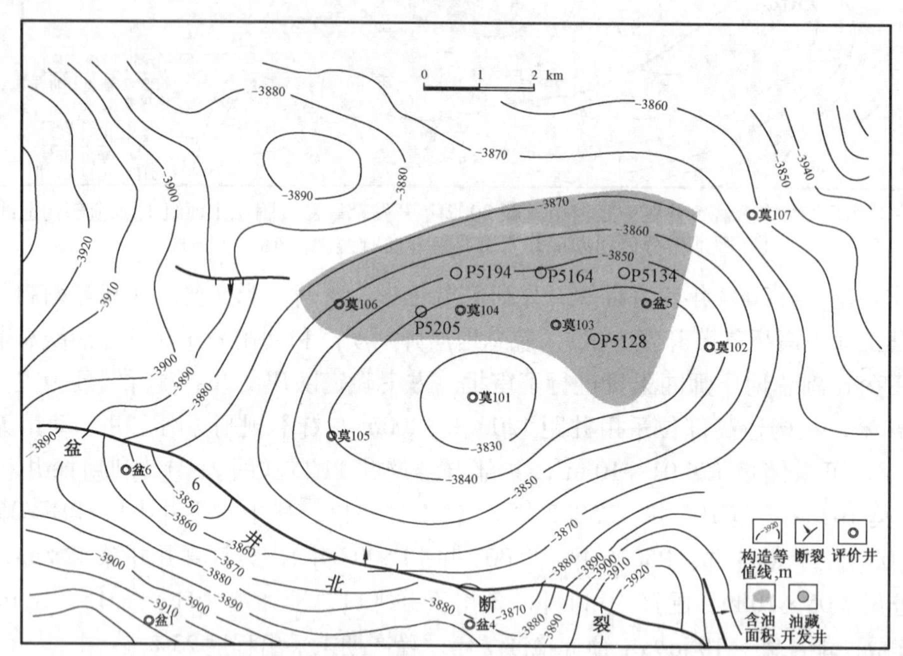

图 2–3 莫索湾气田盆 5 井区三工河组油藏 2003 年开发控制井部署图（附三工河组 $J_1s_2^2$ 顶部构造线）
（新疆油田分公司勘探开发研究院开发所编制，2003 年 7 月）

二、方案实施

2002 年，为加快莫索湾气田开发建设进度，新疆油田开发公司成立莫索湾气田开发项目部，全面负责盆 5 井区天然气开发建设管理。项目部基地设在新疆生产建设兵团农八师 149 团场，项目部经理为宋渝新，下设地质、钻井、采油、地面、经营、综合 6 个办公室。为落实盆 5 井区气井产能，对莫 102 井恢复试气工作。同年 10 月地面建设工程全面展开，10 月 8 日第一口开发控制井 P5002 井开钻，12 月 23 日完钻，钻井进尺 4291m，2003 年 4 月获日产气 $25.0587\times10^4m^3$ 的工业气流，为加快气田的开发奠定了基础。

2003 年 4 月起方案开始实施，在钻井实施过程中研究人员深入现场，和生产单位密切配合，切实抓好现场地质跟踪研究工作，掌握实施过程中的地质信息，根据新完钻的测井及投产井资料，进行认真对比分析研究，及时进行方案调整，避免了空井、低效井。4 月 1 日第一口开发井 P5008 井开钻，在同一个月里 P5004 井和 P5005 井也相继开钻，6—8 月又有 P5001 井、P5003 井及 P5007 井开钻。当年完钻气井 6 口，钻井进尺 2.5817×10^4m。在做好钻新井的同时，及时组织新井试油试气和老井恢复试气工作，共系统试井试气 6 井 6 层，获工业气流 6 井 6 层，无阻流量（36 ~ 114）$\times10^4m^3/$

d，同年7月盆5、莫102、莫105井投产，产气规模达到$70\times10^4m^3/d$。7月29日天然气顺利外输。年底前P5001、P5002、P5003、P5004、P5005、P5007、莫101井相继投产，直井累计投产井数达到10口。

水平井PHW06井2003年6月8日开钻，在首次钻造斜段时，因气层之间有一很薄的隔层，岩性上也没有明显的区别，给现场准确判断气层的顶部带来了困难。为了解决这个难题，项目部与勘探开发研究院开发所研究决定打导眼井，根据导眼井的测井资料，第二次钻造斜段，研究人员驻在钻井现场，和录井人员共同研究，及时解决钻井中出现的问题，并综合应用钻时、录井和随钻测量数据，准确地确定了主力气层的顶部。经过努力，2004年6月顺利完钻。7月试气获日产气$50.68\times10^4m^3$的工业气流。从而使气田具备日产气能力$150\times10^4m^3$、年产气能力$4.95\times10^8m^3$的生产规模。

为了弄清底油的分布、产能大小和规模，根据2003年7月底油开发控制井布井意见的实施要求，当年完钻控制井5口，钻井进尺2.1555×10^4m。2004年5月，开发控制井相继投产，其中2口井射孔不出关井。其余井初期日产油3.1～11.4t，从投产效果来看，开发控制井油层物性较差，产量较低，开发效果不佳，因此底油的开发没有进一步展开。

截至2005年12月，莫索湾气田盆5井区气藏采气井数11口，开井10口，平均日产气$134.1\times10^4m^3$，年产气量$4.85\times10^8m^3$，累计产气量$11.29\times10^8m^3$，采气速度3.32%，采出程度7.74%。年产凝析油8.36×10^4t，累计产凝析油21.81×10^4t，采油速度2.37%，采出程度6.03%。底油采油井数9口，开井5口，平均日产油10t，年产油1.45×10^4t，累计产油3.66×10^4t。年产伴生气$0.07\times10^8m^3$，累计产伴生气$0.38\times10^8m^3$，采油速度0.06%，采出程度0.63%。全气田年产气量$4.92\times10^8m^3$，累计产气量$11.66\times10^8m^3$；年产油9.81×10^4t，累计产油25.47×10^4t，

第二节　气藏动态监测

气藏动态监测贯穿于气藏开发全过程。在莫索湾气田盆5井区三工河组凝析气藏开发方案中，根据1995年12月中国石油天然气总公司发布的《气藏开发井取资料技术要求》及2000年11月中国石油天然气股份有限公司下发的《油气藏动态监测管理条例》，建立了盆5井区三工河组气藏动态监测系统（表2–1）。鉴于气藏性质为带边底水和带底油的凝析气藏，根据油气井的分布，选定莫102、莫104、莫105、莫106井重点监测油气水界面的移动，莫101井作为气藏顶部观察井（表2–2）。每年由采油三厂地质所牵头组织各个采气单位进行一次气井大调查，在此基础上，由厂地质所动态室负责编写气田动态监测方案，管理室负责方案的实施和考评工作，确保录取的资料准确齐全。气田动态监测主要内容是气井的复压测试、干扰测试、流压流温测试、静压静温测试、天然气组分、凝析油组分、凝析水和地层水组分等。

表2–1　莫索湾气田动态监测系统表

监测项目	井数，口	监测时间	井 号
测静压、流压	2	1次/半年	盆5、P5004
流体全分析	2	1次/年	盆5、P5004
系统试井	2	1次/年	盆5、P5004
PVT	1	1次/年	P5004

注：摘自《莫索湾气田动态监测方案》，2003年12月。

表 2-2 莫索湾气田开发井油气界面监测系统表

监测项目	观察井号	监测时间	监测手段
气顶压力	莫 101	1 次 / 半年	测静压
气水界面	莫 102、莫 105	1 次 / 年	补偿中子测井
油气界面	莫 106、莫 104	1 次 / 年	补偿中子测井

注：摘自《莫索湾气田动态监测方案》，2003 年 12 月。

一、压力、温度测试

盆 5 井区侏罗系三工河组 $J_1s_2^2$ 气藏 2003 年 7 月投入开发，2003 年底开始进行气井压力温度监测，采用中国石油天然气集团公司勘探开发科学研究院瑞比德公司生产的 ENH 井下存储式电子压力计（图 2-4）。截至 2005 年底，共监测 89 井次，其中恢复压力监测 12 井次，流压流温、静压静温监测 49 井次，流压、静压梯度监测 28 井次，所录取的测试资料全部合格，为掌握气藏开采动态、科学调控产量提供了重要依据。应用西南石油学院现代试井解释软件《试井之星》进行试井解释（图 2-5）。

图 2-4 ENH 井下存储式电子压力计
（引自《ENH 井下存储式电子压力计产品说明书》，2003 年 12 月）

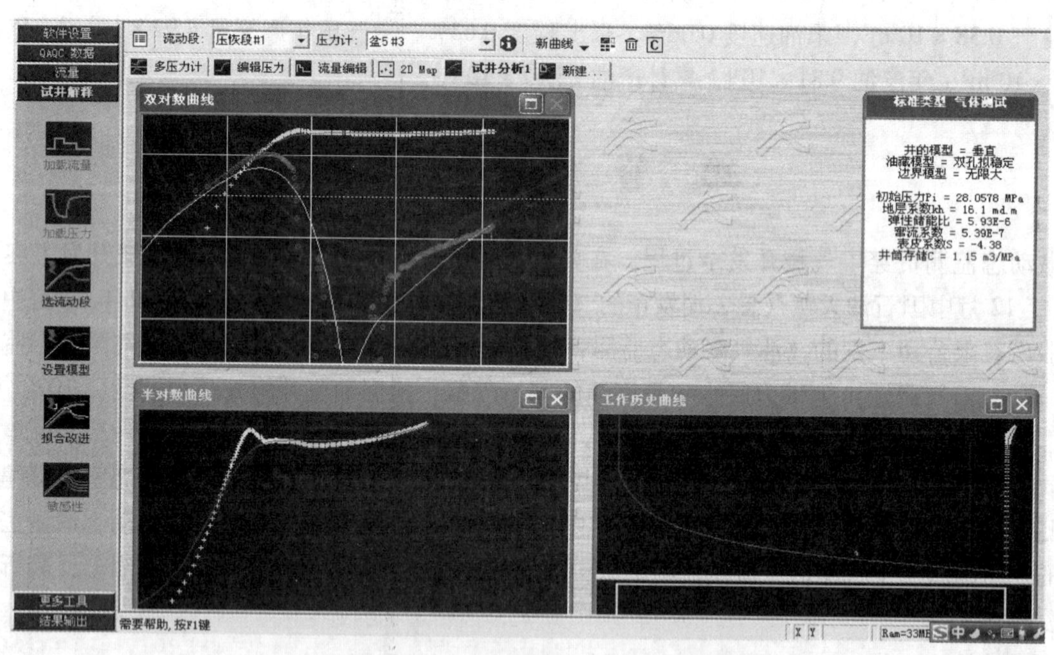

图 2-5 《试井之星》软件解释盆 5 井压力恢复解释曲线
（新疆油田分公司采油三厂地质所编制，2003 年 12 月）

二、流体组分监测

流体组分监测由采油三厂技术监督站化验室承担，分别对天然气组分、凝析油组分、凝析水和地层水组分以及含水进行分析测定。

天然气组分：初期按照 GB/T 13610 国家标准，并结合上海分析仪器厂 1001 气相色谱仪编写的 QJ/CS 269-30 企业标准，2004 年应用北京东西电子技术研究所的 GC4000A 气相色谱仪，将标准修改为

YXSC/CZ[09]020-2004。主要分析甲烷 (C_1)—己烷 (C_6)、氧气、二氧化碳、氮气组分以及气体密度。截至 2005 年底，共录取气体组分分析样 54 井次。

凝析油组分：按照 GB2538 国家标准进行 20℃、30℃、40℃、50℃原油黏度，酸值、凝固点、密度、馏程以及馏分油的黏度、凝固点等项目的测定。黏度测定采用大连北方仪器厂的 BF-03 黏度测定仪测定，馏程测定采用西安实验仪器厂的 SY0102 常压馏程测定仪，凝固点测定采用大连安特技术有限公司的 TSY−1154 凝固点测定仪。截至 2005 年底，共进行凝析油组分分析 50 井次。

凝析水和地层水组分：按照 SY5523 石油行业标准，主要采用化学滴定法。取定量体积的水溶液用标准溶液滴定，用消耗的标准溶液体积计算出所测定离子的含量。主要测定氯离子、钙离子、镁离子、碳酸根、重碳酸根、氢氧根、钾＋钠离子含量，确定矿化度、水型分类、硬度等指标。主要仪器设备有精度万分之一的 BA210S 电子天平 2 台。截至 2005 年底，共进行凝析水和地层水组分分析 18 井次。

含水分析：按照 GB260 国家标准，采用蒸馏法，测量精度高于离心法，特别是在低含水（10% 以下）阶段。仪器设备采用电热套加热，用药物天平称重。截至 2005 年底，共录取含水分析资料 17 井次。

第三章

钻井与采气工程

第一节　开发钻井

莫索湾气田的钻井始于1964年。2001年8月31日，钻井公司50586钻井队（队长郑重、指导员李文东）承钻的盆5井完井试油，在侏罗系三工河组获得高产油气流，从而发现莫索湾油气田。该气田2003年投入开发，截至2005年，共钻直井28口，进尺122986.4m，钻水平井1口，进尺4813.20 m。

在盆5井试出高产油气流后，从勘探评价阶段钻井系统就紧紧围绕提高钻井速度和质量、降低钻井成本这一中心开展科研攻关，通过不断总结钻井施工中的经验教训，综合应用20世纪80、90年代形成的成熟钻井技术，结合盆5井区钻井地质、工程的实际情况，形成了相对完善的配套钻井技术，使第一轮3口评价井平均钻井周期达54.22天，比盆5井缩短了43.11天；平均机械钻速9.86m/h，比盆5井提高了33.42%；平均钻井月速度2385.29m，比盆5井提高了76.64%。第二轮4口评价井平均钻井月速度又在第一轮三口井的基础上提高了1.5%。

一、直井钻井

（一）钻具组合

一开采用塔式钻具组合，二开采用双稳定器钟摆钻具组合，三开采用单稳定器钟摆钻具组合，所钻井最大井斜角为4.61°，最大水平位移为69.86m。井眼圆滑、规则，减少了电测复杂井率(探井遇阻、卡电缆等复杂井率高达62.5%，开发井为8.3%)。实践表明使用钻具组合先进、合理，适应所钻井地层特性需要。

（二）钻头

根据岩石可钻性研究，结合分井段岩性特点，一开井段选用MP2G钻头；二开井段500 ~ 1200m，使用GA114钻头；1200 ~ 2200m使用HJ437金属密封牙轮钻头；2200 ~ 3300m，采用DBS公司FS2463PDC钻头；三开井段采用DBS公司FM2565 PDC钻头；4150 ~ 4310m，使用HJ517金属密封牙轮钻头。

（三）钻井液

根据地层矿物组分和物理化学特性分析结果，结合岩性、井底温度和压力分段设计了钻井液体系及性能，并制定了详细的维护处理措施。实践表明所使用的钻井液具有较好的现场操作性、良好的抑制性、封堵性和失水造壁性等特性，不仅保证了井下安全，有效地减少了钻井复杂情况；而且保障了井径规则，为提高测井解释精度和固井质量创造了先决条件。开发井单井钻井液费用比评价井节约20万元。

（四）气层保护

莫索湾气田三工河组储层物性和黏土矿物组分以及各种敏感性评价研究表明：储层具有中等偏弱

的速敏性、中等偏强的水敏性和盐敏性，临界矿化度为16679mg/L，气层水锁损害严重。技术人员针对莫索湾气田储层特点，开展了各种储层保护实验评价，优化出了适合莫索湾气田的油气层保护方案。油气层保护钻井完井液配方为钾钙基聚磺屏蔽钻井液 + 2% 轻钙 (QCX−1)+ 1% 重钙 (WC−1)+2% 油溶性暂堵剂 (FB−2 或 ST−2)+0.2% 表面活性剂 (ABSN)。采取复配暂堵方案后，岩心渗透率恢复值提高到80% 以上，岩心切片表明污染半径仅为0.5cm；6口开发直井初期平均日产气 $17.5\times10^4m^3$，平均日产油 $36.6m^3$，油气层保护效果良好。

二、水平井

PHW06水平井采用“直井段—增斜段—水平段”三段制中半径剖面，增斜率为9°/30m。直井段采用双稳定器钟摆防斜钻具组合，增斜段采用1.5°、ϕ172mm单弯螺杆增斜钻具组合钻进，钻到靶窗A点 (靶前位移140m)，井斜角达到地质设计井斜角88°；水平段采用0.5°×0.75° ϕ120mm异向双弯螺杆 (DTU) 或单稳定器稳斜钻具组合钻井，水平段长度500m。采用MWD测量方式随钻控制，采用ESS电子多点进行轨迹校正。该井实施时由于技术套管未封固至A点，增斜段三工河组硬脆性页岩吸水后强度降低，呈周期性剥落、坍塌，起下钻阻卡严重，给钻井施工造成很大的困难。

第二节　完　井

一、完井方式

（一）直井完井方式

直井采用套管射孔完井方式。

（二）水平井完井方式

水平段采用割缝筛管完井方式。

二、井身结构

（一）直井井身结构

莫索湾气田气井采用三层套管井身结构：一开 ϕ444.5mm钻头，表层下入 ϕ339.7mm套管（J55钢级，壁厚9.65mm)，下入深度500m，水泥浆返至地面；二开 ϕ311.2mm钻头，ϕ244.5mm技术套管（N80和P110钢级，壁厚11.05mm或11.99mm)，下入深度3300m，水泥浆返至2500m；三开 ϕ215.9mm钻头，气层下入 ϕ139.7mm生产套管（N80和P110钢级，壁厚7.72mm或9.17mm)，完钻井深4295.7m，水泥浆返至技术套管鞋内200m(井深3100m)。

油井采用二层套管井身结构：一开 ϕ444.5mm钻头，表层下入 ϕ339.7mm套管（J55钢级，壁厚9.65mm)，下入深度500m，水泥浆返至地面；二开 ϕ215.9mm钻头，油层下入 ϕ139.7mm生产套管(N80和P110钢级，壁厚7.72mm或9.17mm)，完钻井深4300m，水泥浆返至井深3100m。

（二）水平井井身结构

PHW06水平井原井身结构设计为一开采用 ϕ444.5mm钻头钻至井深500m，下入 ϕ339.7mm表层套管；二开采用 ϕ311.2mm钻头钻穿吐谷鲁群底界地层 (井深3910m)，下入 ϕ244.5mm技术套管；三开使用 ϕ215.9mm钻头钻直导眼至井深4255m，注灰回填井深4040m后，用 ϕ215.9mm钻头于井深4969m处造斜，水平段钻进至设计完钻井深4783m，下入 ϕ177.8mm+ϕ139.7mm复合生产套管和割缝筛管完井。

由于井下异常复杂，采用多种手段处理、收效甚微，难以继续钻进，被迫两次侧钻，侧钻后及时补

下 ϕ177.8mm 技术尾管至 A 点，封隔大斜度复杂层段。采用 ϕ152.4mm 钻头四开，水平段钻进至 B 点完钻，下入 ϕ127mm 割缝尾管，回接 ϕ177.8mm 技术套管完井。

三、固井

（一）直井固井

莫索湾气田开发井生产套管使用 ϕ139.7mm、TM 扣气密封套管，固井使用 G 级水泥、国产 ST 系列不渗透降滤失剂、KQ 系列防气窜剂、SEP 膨胀增塑早强剂为主复配的具有双作用防止气窜、增塑和微膨胀的多功能水泥浆体系，固井质量合格。

（二）水平井固井

PHW06 是 1 口重点井，下入 ϕ127mm 割缝尾管，悬挂在 ϕ177.8mm 技术尾管内，回接 ϕ177.8mm 技术套管完井。套管下入摩阻较大，固井施工对水泥浆性能要求较高，通过增加浆体稳定性，提高防水窜能力，采用平衡压力固井工艺固井，防止了在固井施工和候凝过程中水泥浆的水侵和气窜，确保水泥浆的稳定性和水泥石的后期强度。

四、射孔

（一）射孔弹型

莫索湾气田是 20 世纪 90 年代初期开始勘探和开发的气田，初期使用 YD89 射孔器：孔密为 16 ～ 20 孔 /m；YD127－ Ⅱ射孔器：孔密为 16 孔 /m；YD127 射孔器：孔密为 16 孔 /m。

2004 年度开始使用 SDP102 射孔器：孔密为 16 孔 /m；打混凝土靶射孔孔深 856mm、射孔孔径 12 mm。

（二）射孔方式

射孔方式是根据目的层的物性采用电缆传输方式和油管传输方式进行作业。油管传输射孔解决了负压条件下的射孔工艺难题。

（三）射孔液

采用无固相和低失水压井液，其射孔完井效果得到很大改善。根据目的层的地质物性采用相容的射孔完井液。

第三节　采　气

莫索湾气田截至 2005 年底共投产气井 11 口，其中直井 10 口，水平井 1 口，直井单井设计产能 $5\times10^4m^3$ /d，水平井单井设计产能 $30\times10^4m^3$ /d，采用衰竭式开采方式。气藏中部深度 4222.5m，原始地层压力 41.4MPa，储层压力系数 0.98，地层温度 108℃。

一、管径优选

运用气井垂直管流平均温度压缩系数流动模型，对油管尺寸进行敏感分计结果表明，气井产量随油管尺寸增大而增大，油管内径由 50.6mm 增到 90.1mm 时，产量由 $23.8\times10^4m^3/d$ 增加到 $26.1\times10^4m^3/d$，但其增加趋势逐渐变缓，再增大管径，产量增加很少。

油管管径大产气量增大，但过大管径会使流速变慢，对携带井筒积液不利，因此进行了不同压力下气井最少携液流量计算（表 3−1）。

直井设计产能为 $5\times10^4m^3/d$，据计算结果，油压低于 20 MPa 时，62mm 和 76mm 内径油管均能满足携液生产要求。但气井油压较高，同时又考虑到气井上修和长期生产后产能下降等因素，选用内径

表 3–1　不同压力下气井最小携液流量

油压 MPa	最小携液流量，$10^4m^3/d$	
	内径 62 mm 油管 ($2^7/_8$in)	内径 76mm 油管 ($3^1/_2$in)
10	2.20	3.31
15	2.67	4.01
20	3.05	4.58
25	3.37	5.07
30	3.65	5.49
35	3.90	5.87

注：摘自《莫索湾油气田盆 5 井区三工河组凝析气藏开发方案》，2003 年 4 月。

62mm 油管作为气井生产管柱。规格为 $2^7/_8$in 外加厚、壁厚 5.51mm、钢级 P110 的气密封油管。

二、气井投产

莫索湾气田侏罗系三工河组储层为低孔隙度、低渗透率，较低排驱压力，孔隙连通性较好的中等储层。10 口直井均采用油管传输负压丢枪射孔一次性完井，负压值控制在 18 ~ 20MPa，水平井采用割缝筛管完井。三相分离器针阀控制排液，多数井能自喷生产，对一些低产不能自喷井，主要采用正注液氮降压助排，均可使气井达到设计产能。

莫索湾气藏原始地层压力 41.41MPa，压力系数 0.98，关井井口压力约 29.7MPa，$J_1s_2^2$ 地层破裂压力为 72.1MPa。因此 11 口投产气井均使用上海（美国）钻采公司耐压 70MPa、通径 65mm 的 KQ65-70 型采气树，其防腐性能达到 EE 级，满足气井生产及措施要求，井口都配套安装了自动紧急切断装置。

气井生产至 2005 年底，9 口直井日产气量 $103.3\times10^4m^3$，水平井日产气量 $30.8\times10^4m^3$，气田合计日产气量 $134.1\times10^4m^3$（表 3–2）。

表 3–2　2005 年 12 月盆 5 井区气井生产统计表

井号	井别	油压 MPa	套压 MPa	日产气量 10^4m^3	日产凝析油量 t	井口温度 ℃
盆 5	直井	17.8	18.2	21.0	50.2	50
P5001	直井	18.8	19.7	9.5	24.2	36
P5002	直井	16.8	18.0	6.0	14.0	28
P5003	直井	19.2	19.9	13.5	29.5	41
P5004	直井	17.8	19.0	7.0	19.1	32
P5005	直井	15.5	16.5	4.8	15.6	29
P5007	直井	18.5	19.9	25.0	26.7	51
莫 101	直井	20.5	21.7	15.0	18.9	42
莫 102	直井	9.0	12.6	1.5	4.6	22
莫 105	直井	11.8	11.3	0	0	0
PHW06	水平井	18.1	21.3	30.8	50.8	43

注：依据新疆油田分公司中心数据库数据资料编制。

三、采气工艺

（一）防冻堵

根据莫索湾气田凝析气取样组分分析结果，天然气相对密度在 0.6 ~ 0.7 之间，其水化物形成压力—温度曲线见图 3-1。

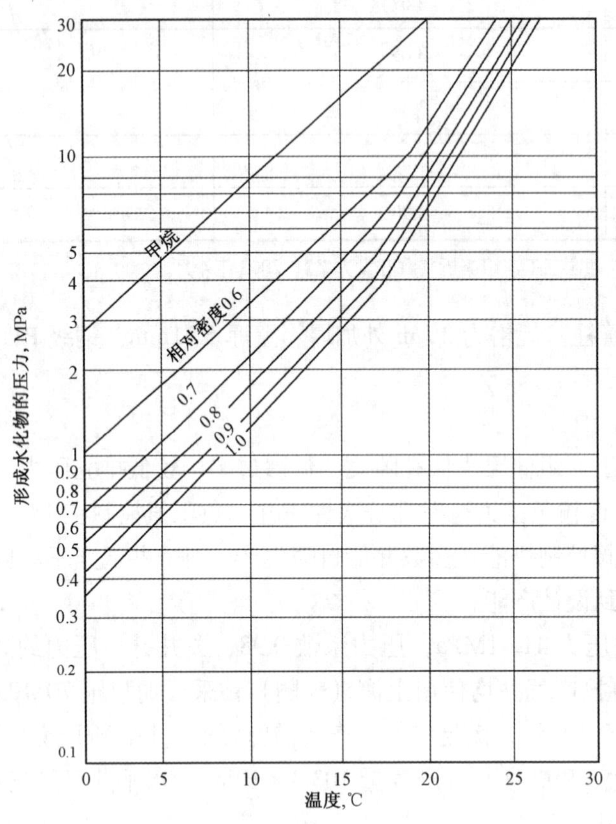

图 3-1　水化物形成压力—温度曲线
（引自李士伦主编《气田与凝析气田开发》，2004 年 12 月）

气井实际生产情况见表 3-2，再对比表 3-3 预测水化物生成温度，气井不会生成水化物，但接近生成水化物条件，如油压略高或井口温度略低即要生成水化物，可下井下油嘴降低井筒压力预防。2005 年 8 月 17 日莫 105 井下 3mm 气嘴于 1470m，但由于该井受水淹影响，未能恢复生产。

表 3-3　气井配产条件下井口压力—温度预测

井 号	配产 $10^4m^3/d$	油压 MPa	流压 MPa	井口温度 ℃	水合物生成温度 ℃
莫 105	5	29.7	40.2	23.70	23.40
莫 102	8	28.4	39.5	28.60	23.35
盆 5	15	26.0	38.4	38.15	23.25
莫 101	18	25.7	37.5	41.10	22.45

注：摘自《莫索湾油气田盆 5 井区三工河组凝析气藏开发方案》，2003 年 4 月。

气井井口采用节流阀节流降压，安装加热炉对天然气加热，避免井口管线发生冻堵。

（二）排除井筒积液

2005 年前盆 5 气井单井产量较高，产液量主要是以凝析油为主，但产量不大，井筒积液现象较少。

发现有积液现象的一般采用内排措施，提高气井瞬时流量携出积液，维持气井的稳定生产。

（三）气井维修

为了气井的安全生产，2003 年 6 月对盆 5、莫 102、莫 105 三口井更换采气树，更换为上海（美国）钻采公司的 KQ65—70 型采气树。作业过程如下：

（1）用 1.05g/cm^3 优质压井液压井、反洗井，边提边灌满井筒压井提出管柱。

（2）更换 KQ65—70 型采气树，注塑试压合格。

（3）用清水替出井内压井液后正注液氮助排，至喷出天然气后转入正常生产。

第四章

地面生产系统

第一节　天然气集输

盆 5 井区为凝析油气田，2003 年有 11 口气井和一座天然气处理站建成投产，天然气处理规模 $150\times10^4m^3/d$，凝析油处理规模 300t/d，设计单位为新疆时代石油工程有限公司，项目负责人张国文，施工单位为新疆石油管理局油田工程建设有限责任公司。

天然气集输系统采用井口至处理站的一级布站工艺流程，井场采用加热节流中压集输工艺，第一口井加热炉燃气为二级节流后的天然气及经再次节流后的湿气，其余井场燃料气来自处理站返输的干气。采气井场流程框图如图 4–1 所示。

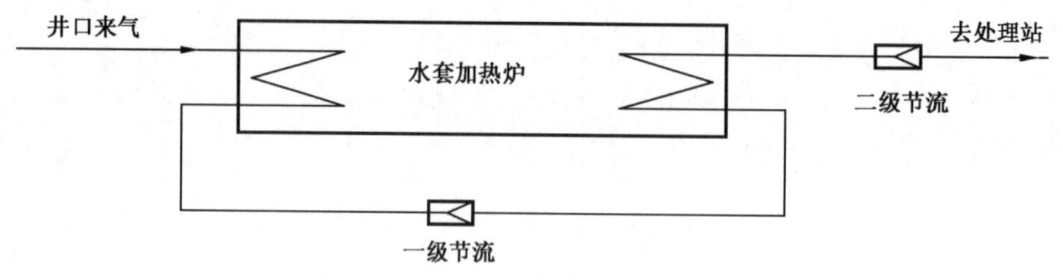

图 4–1　采气井场流程框图
（新疆时代石油工程有限公司编制，2003 年 7 月）

采气直井计量采用计量分离器轮井计量方式，计量周期为 4 天，采气管线管径为 DN80。采气水平井采用连续计量工艺，采气管线为 DN150。共设计量间 2 座，其中 1 号计量间设 8 井式管汇 1 套（预留 1 个空头）、计量分离器 1 座；2 号计量间设 3 井式管汇 1 套、计量分离器 2 座，其中 1 座计量分离器为水平井提供连续计量。

第二节　天然气处理

天然气处理站由导热油炉、换热器、JT 阀、分离器、吸收塔、冷凝器、乙二醇再生系统、乙二醇储罐、凝析油储罐等组成。主要处理气藏来的天然气及凝析油。

天然气处理采用注醇防冻、节流制冷、低温分离、脱水脱烃工艺。天然气经脱水、脱烃达到管输要求后外输，生产的液化气储存、外销，由于开发方案提供的天然气物性资料与投产后气井压力和天然气组分差别很大，生产分离器分出的液相中含有黑色原油，致使脱丙、丁烷塔不能正常工作，生产液化气的功能未能实现。产出的凝析油经稳定后储存、外销。干气外输至克—乌管线 704 泵站处进入 ϕ529mm×8mm 的输气管道，供克拉玛依和乌鲁木齐地区用户用气。盆 5 井区至 704 泵站天然气外输管线 65.4km，管径为 ϕ355.6mm×7.1mm，材质 L360（X52），设计压力 5MPa。其处理流程见图 4–2。

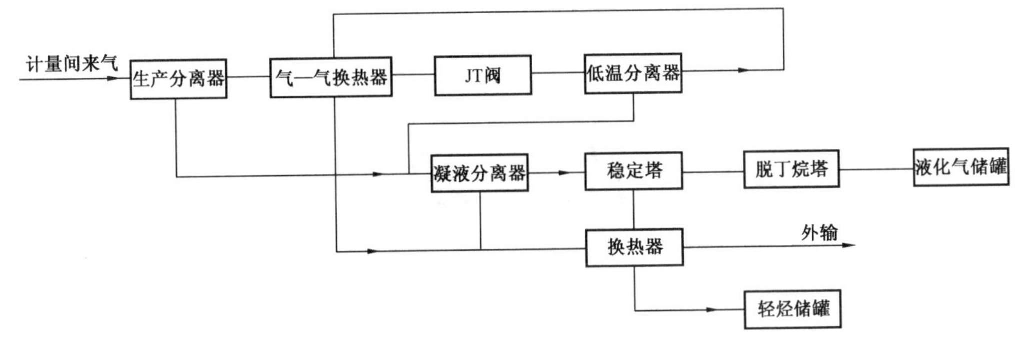

图 4–2　天然气处理工艺流程框图
（新疆时代石油工程有限公司编制，2003 年 7 月）

站内设置导热油加热系统，用于生产和采暖循环水供热，采暖系统设置了钠离子交换器水质处理装置。

第三节　地面配套系统

一、供电

盆 5 气田远离供电电网，电源由自建的 2 台 315kW 燃气发电机组组成的燃气发电站供给，另设 1 台 167kW 柴油发电机作为应急电源。

天然气处理站电源由燃气电站经 0.4kV 电力电缆引来，水源井及盆 5 井井场电源也由燃气电站供给，其余井场采用太阳能供电。

二、供水系统

主要用水点包括：站内工作人员的生活用水、消防用水及采暖循环水。站内设置 2 座 1000m³ 水罐，作为储水和消防水罐，水源为处理站附近的盆水 1、盆水 2 两口水源井，每口水源井可提供 32m³/h 水量，满足消防水罐补水及生活用水的要求。水源井的深井泵在处理站中控室遥控启停。

三、信息及自动化

天然气集气系统和处理系统设置了 SCADA 和 DCS 系统，对气井和处理站集中控制和管理，具有以下功能：

井场设置小型远程终端，完成温度、压力、流量、液位的数据采集，对井场加热炉进行熄火报警。

远程终端数据通过无线方式传输至仪控室 SCADA 计算机系统，实现气井、水源井井场无人值守。

在天然气处理站设置一套 DCS 系统，完成天然气处理站的温度、压力、流量、液位的数据采集及控制，监视天然气处理站的生产过程，记录有关数据按时或随时打印各种报表。

站区实现安全联锁控制，进、出站压力超压时，自动关闭进站、出站气动切断阀，打开放空气动切断阀，自动点燃放空火炬。

爆炸危险区域设置可燃气体浓度检测器，信号传至仪控室进行报警。

附 录

附录一 附 图

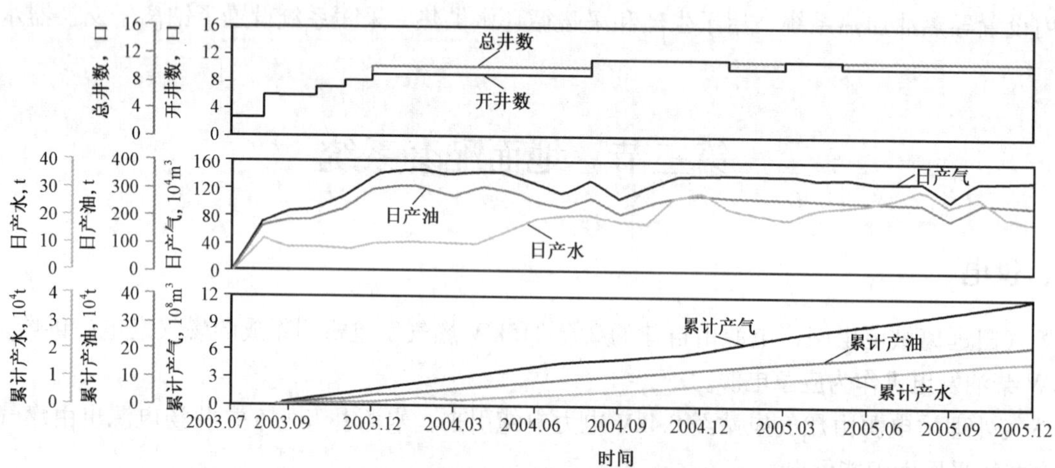

附图 1 莫索湾气田盆 5 井区三工河组气藏开发综合曲线图

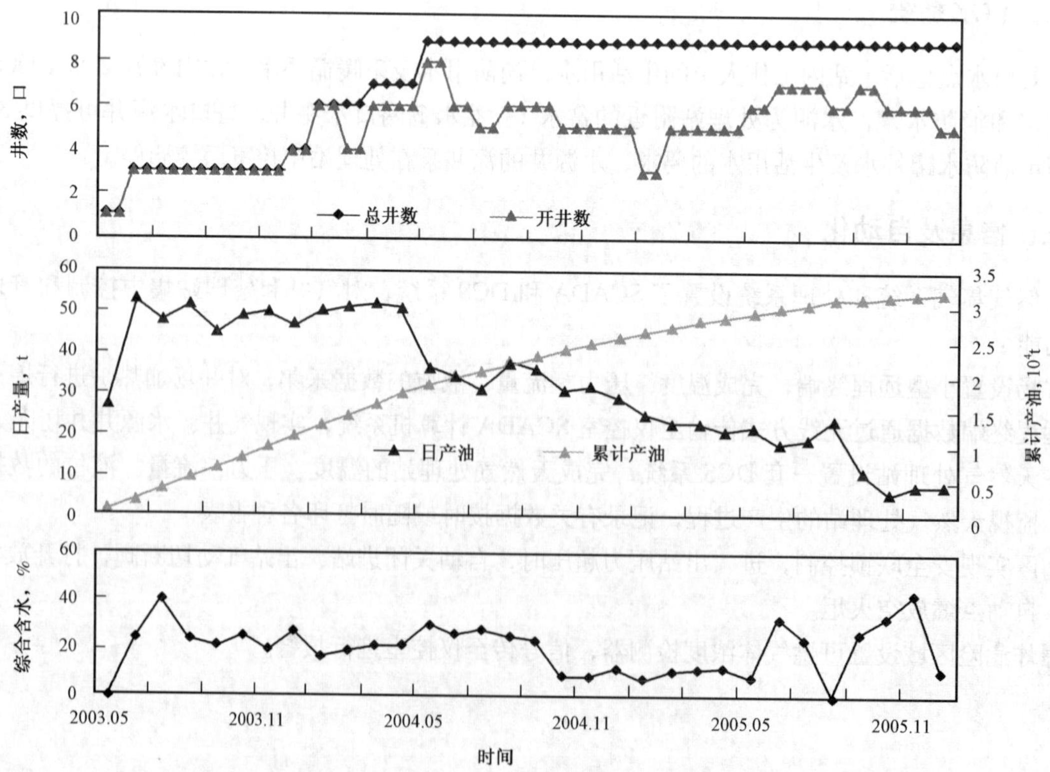

附图 2 莫索湾气田盆 5 井区三工河组油藏开发综合曲线图

附录二 附 表

附表 1 莫索湾气田气藏综合地质参数数据表

区块	层位	岩性	气藏类型	探明储量 10^8m^3	开发储量 10^8m^3	可采储量 10^8m^3	气层深度 m	有效厚度 m	孔隙度 %	渗透率 mD	含气饱和度 %	原始气层压力 MPa	原始气层温度 ℃	天然气性质				地层水性质	
														相对密度	甲烷含量 %	乙烷含量 %	含硫量 %	矿化度 mg/L	水型
盆5井区	$J_1s_2^1$	砂岩	岩性—构造	17.19	17.19	14.61	4195.00	4.00	11.90	11.07	68.00	41.33	107.00	0.673	79.92	5.51	—		
	$J_1s_2^2$	砂岩		128.71	128.71	109.4	4222.50	14.60	12.50	12.99	69.00	41.40	108.00	0.668	83.95	3.51	—	17645.00	$CaCl_2$
合计				145.90	145.90	124.01													

注：依据新疆油田分公司数据中心数据库数据资料编制。

附表 2 莫索湾气田历年三工河组气藏开发综合数据表

时间	气井		气层气							凝析油						
			产量			储量		采气速度 %	采出程度 %	产量			储量		采油速度 %	采出程度 %
	总井数 口	开井数 口	年底日产 10^4m^3	年产 10^4m^3	累计 10^4m^3	开发 10^8m^3	可采 10^8m^3			年底日产 t	年产 10^4t	累计 10^4t	开发 10^4t	可采 10^4t		
2003	10	9	137.60	15475.60	15475.60	145.90	124.01	1.06	1.06	290.00	3.4664	3.4664	361.40	90.40	2.92	0.96
2004	11	11	143.80	48900.80	64376.40	145.90	124.01	3.35	4.41	237.00	9.9795	13.4460	361.40	90.40	2.39	3.72
2005	11	10	134.10	48508.40	112884.80	145.90	124.01	3.32	7.74	235.00	8.3611	21.8071	361.40	90.40	2.37	6.03

注：依据新疆油田分公司数据中心数据库数据资料编制。

附表3　北莫索湾气田历年三工河组油藏开发综合数据表

时间	采油井，口		核实产油量			核实产液量			伴生气产量		综合含水 %	开发储量 10^4t	可采储量 10^4t	采油速度 %	采出程度 %
	总井数	开井数	日产 t	年产 10^4t	累计 10^4t	日产 t	年产 10^4t	累计 10^4t	年产 10^4m^3	累计 10^4m^3					
2003	4	4	51.00	0.7622	0.7622	60.00	1.3353	1.3353	1231.30	1231.30	42.90	582.00	145.50	0.32	0.13
2004	9	5	25.00	1.4516	2.2138	27.00	1.8461	3.1814	1833.10	3064.40	21.40	582.00	145.50	0.16	0.38
2005	9	5	10.00	1.449	3.6628	11.00	1.6738	4.8552	687.00	3751.60	13.40	582.00	145.50	0.06	0.63

注：依据新疆油田分公司数据中心数据库每年12月份的开发数据编制。

附表4　莫索湾气田综合开发数据表

时间	采气井		采油井		天然气产量			核实产油量			综合含水 %	开发储量				可采储量			
												气藏		油藏		气藏		油藏	
	总井数 口	开井数 口	总井数 口	开井数 口	日产气 10^4m^3	年产气 10^4m^3	累计产气 10^4m^3	日产油 t	年产油 10^4t	累计产油 10^4t		干气 10^8m^3	凝析油 10^4t	石油 10^4t	溶解气 10^8m^3	干气 10^8m^3	凝析油 10^4t	石油 10^4t	溶解气 10^8m^3
2003	10	9	4	4	145.20	16706.90	16706.90	341.00	4.2286	4.2286	7.50	145.90	361.40	582.00	13.47	124.01	90.40	145.50	5.12
2004	11	11	9	5	146.55	50734.10	67441.00	262.00	11.4312	15.6598	9.30	145.90	361.40	582.00	13.47	124.01	90.40	145.50	5.12
2005	11	10	9	5	135.02	49195.40	116636.40	245.00	9.8101	25.4699	7.00	145.90	361.40	582.00	13.47	124.01	90.40	145.50	5.12

注：(1) 依据新疆油田分公司数据中心数据库每年12月份的开发数据编制。
(2) 天然气产量中含溶解气产量。

附录三　人物名录

采油三厂盆5作业区

经　理：

赵志卫（2003年7月—2005年12月）

工艺总监：

陈建国（2005年7月—2005年12月）

编纂始末

2006年11月，在接到新疆油田分公司关于编纂《莫索湾气田志》的任务通知后，成立了以勘探开发研究院院长况军为主任的《莫索湾气田志》编纂委员会。为更好地做好编纂工作，在编纂委员会的协调安排下，先后抽调勘探开发研究院开发所王彬、李一峰，工程所舒振辉、王致友，采油三厂地质所王如燕，采气所马增辉等同志组成了编纂组，勘探开发研究院工程所李强也参与部分编纂工作，明确了职责和时限。

2007年2月16日，编纂组根据《中国油气田开发志》新疆油气区编纂委员会提出的编纂纲要，参照胜利、玉门油田先行篇，确定了编纂的篇章节目，《莫索湾气田志》的编纂工作全面启动。

编纂重点围绕气田开发的各个领域叙述其历史变迁，其内容涵盖气田地质、开发方案、钻采工程和地面生产系统等开发的各个方面。气田志共分7大部分，包括概述、大事记、气田地质、开发部署与实施、钻井和采气工程、地面生产系统、附录 。

近三年的开发志编纂工作，分为学习培训、资料收集、分类编纂、汇总整理、专家审查、整改完善几个阶段。在编纂过程中，编纂人员遇到了许多问题和困难：一是全体编纂人员均是兼职工作，编纂时间难以保证，大部分只能在业余时间进行；二是气田开发史实资料不全，收集整理困难；三是编纂人员没有志书编纂经验，需要边干边学、边学边干。

尽管如此，编纂组成员抱着认真、负责、积极的态度，边学习、边收集整理相关资料和文献，在生产任务紧张、工作十分繁忙的情况下，加班加点，为确保编纂工作顺利进行，首先将《中国油气田开发志》总编纂委员会下发的学习辅导材料和老君庙、胜坨油田及大民屯油田开发志范本印发到每个编纂人手中进行学习，先后两次参加了《中国油气田开发志》新疆油气区编纂委员会组织的油气田开发志编纂学习交流会。通过学习交流，进一步明确了开发志的编纂内容和要求。经过学习、培训，编纂组成员在掌握志书基本编纂方法的基础上，2008年5月，根据《中国油气田开发志》总编纂委员会郑州会议精神，参照《大民屯油田志》及新疆油田分公司草拟的油气田篇编纂提纲，对编纂思路进行了调整：结合莫索湾气田的勘探开发历程和特点，以勘探开发研究历程为主线，以重大认识和发现为主要内容，按照以事系人的原则进行编纂。

经过资料录入、分类编写、汇总整理阶段，2008年6月给《中国油气田开发志》新疆油气区编纂委员会专家组报送了初稿。经过专家组成员的审议，认为编写还有很多不足，要求从技术报告模式转变为以写事为主，以事系人，力求真实再现气田发展的历史的同时，突出莫索湾气田的开发特点。

2009年2—10月，专家组先后对《莫索湾气田志》第二稿、第三稿、第四稿、第五稿进行了评议和审查，编纂组根据专家的意见先后进行了4次修改工作，于11月初完成第六稿交专家组进行最后评审。

在本志编纂过程中，受到了《中国油气田开发志》新疆油气区编纂委员会及专家组的大力支持，同时，也得到了新疆油田分公司勘探开发研究院档案馆的帮助，在此，一并表示衷心的感谢。

由于编纂经验不足，编纂人员能力和水平有限，错误和疏漏在所难免，恳请大家批评指正。

《莫索湾气田志》编纂组

2009年12月

编号：07-019

齐古油田志

《齐古油田志》编纂组　编

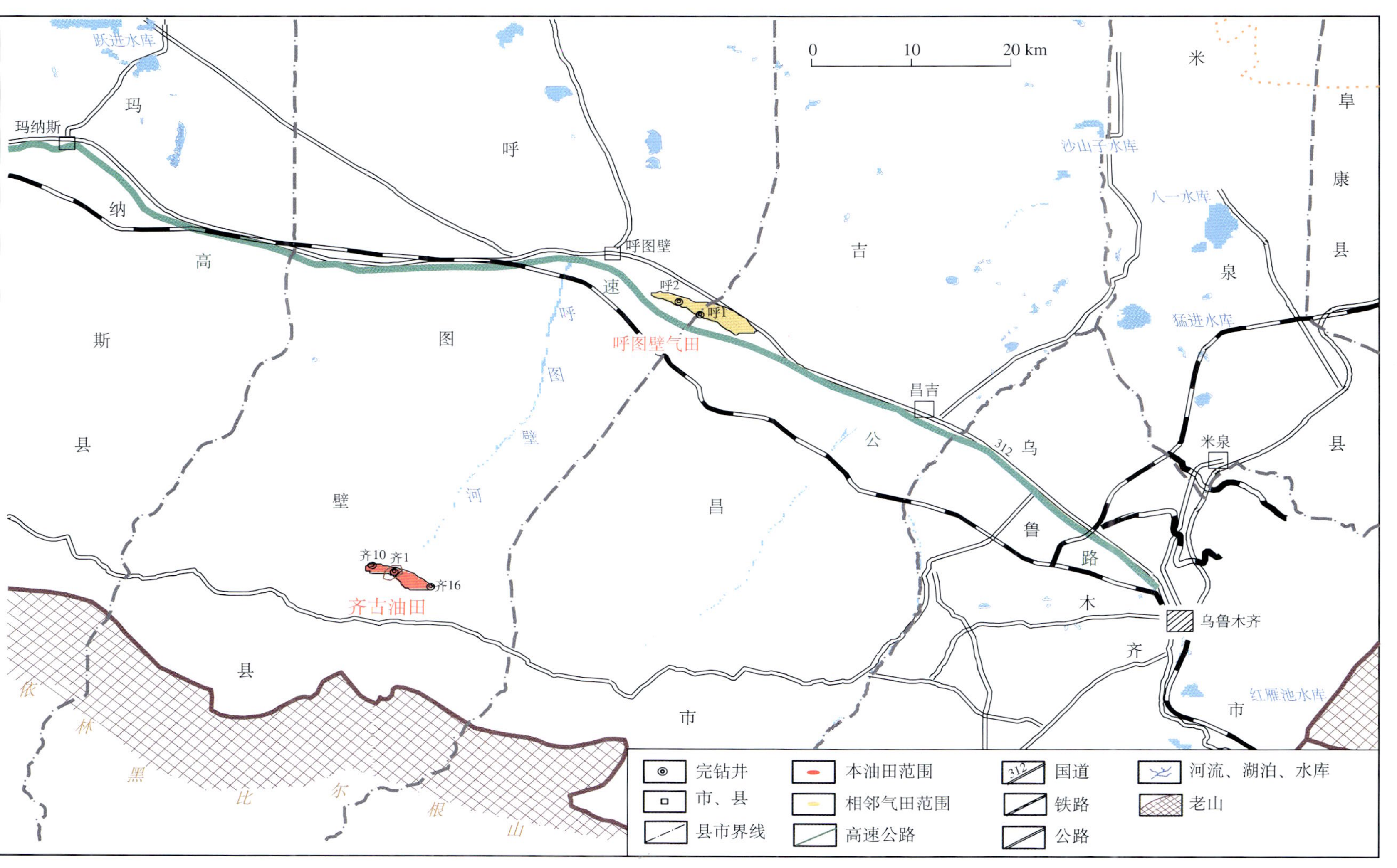

齐古油田地理位置图

（新疆油田分公司勘探开发研究院编制）

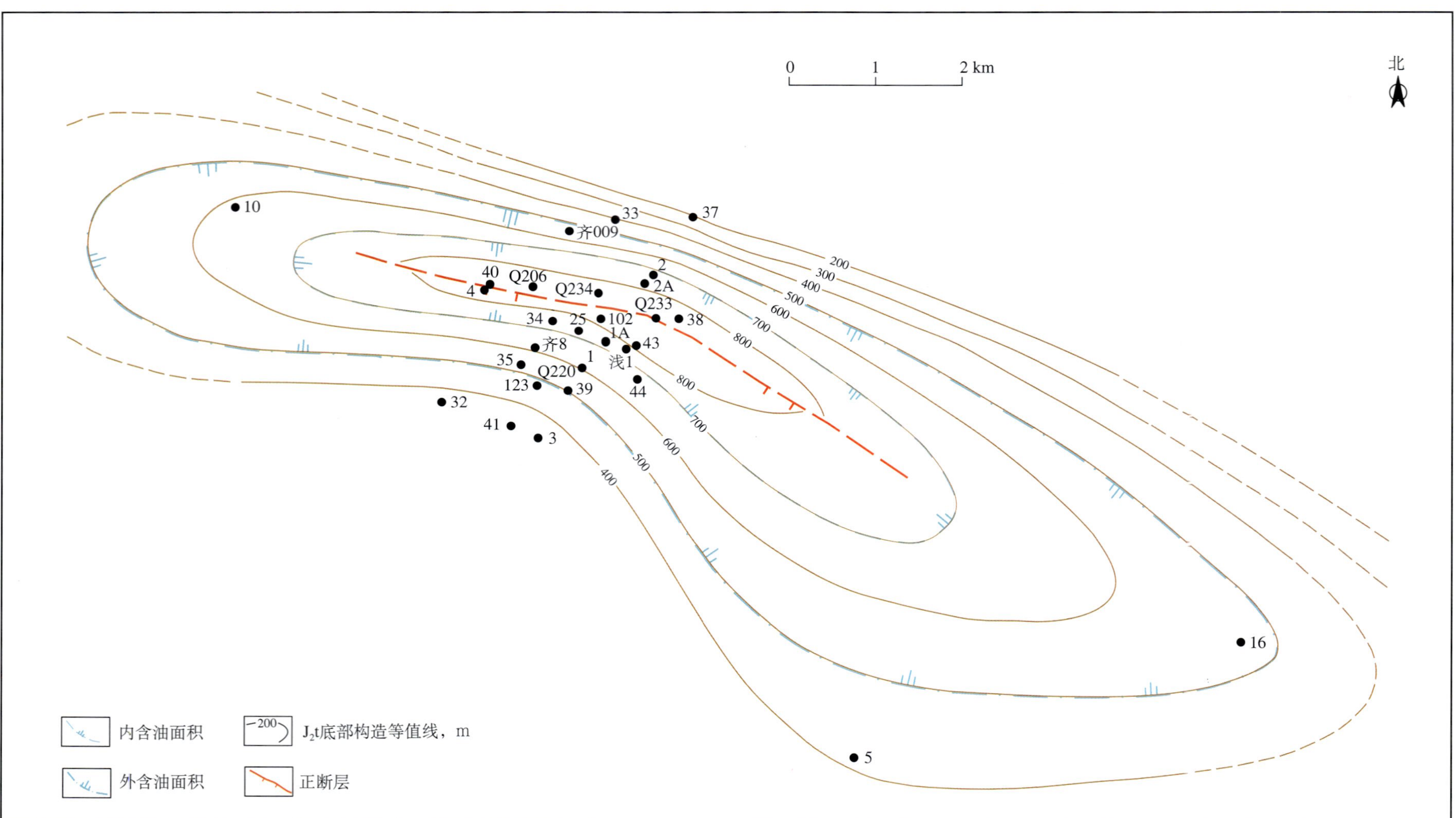

齐古油田构造井位图

（新疆油田分公司石西油田作业区编制）

《齐古油田志》编纂委员会

主　任：饶　政

成　员：姚鹏翔　熊朝东

《齐古油田志》编纂组

组　长：姚鹏翔

成　员：郭晓坤　周龙跃

本志目录

概　述

齐古油田是准噶尔盆地南缘20世纪50年代发现尚未正式开发的小油田，位于呼图壁县城以南45km处。地形复杂，沟谷纵横，地面海拔1148～1204m，呼图壁河垂直构造走向横穿而过，把油田地表分割成东西两块。自1958年发现后，部分油井先后断续试采，由新疆石油管理局独山子矿务局和新疆石油管理局采油一厂（以下简称采油一厂）主管，1997年以后由黑油山有限责任公司管理。

1954年，中苏石油股份公司地质调查处进行了1:50000地面地质详查工作，查清了地表出露的地层和背斜构造形态；1956年，地调处1/56队进行了1:25000的构造细测，并为钻探提出了井位设计；1957年8月，地调处浅钻井队在构造上承钻了浅1井，钻井过程中，从井深174m（J_1t）开始，常有油气显示，295.24m钻井液严重油气侵，并有大量原油带出地面（约1t），由此确定了齐古背斜为一含油构造。

1958年，新疆石油管理局根据石油工业部批准的钻探计划，首先在齐古背斜西高点顶部部署了1号井，设计井深1200m，目的是探查中下侏罗统含油气情况。该井于1958年1月1日开钻，在钻侏罗系头屯河组的钻探过程中，发生多次油气显示，在井段117～417m发生多段气测显示，钻井液严重气侵并见油膜，岩屑见含油显示，取出含油砂岩岩心；在井深442～448m时发生井涌，喷出淡水带油花，流量约86～240m³/d，并收集原油600L/d。至此无法钻进，宣布工程报废。

根据1号井钻探结果认为齐古构造有很好的含油前景，1958年6月22日又重新设计钻探了1A井。该井设计井深1200m, 1958年7月13日完钻，实钻井深874.45m。1958年8月15日在下侏罗统三工河组845～847m井段试油，11mm油嘴，获得日产油12.6t工业油流，发现了齐古油田。

依据所钻23口探井及头屯河组、西山窑组、三工河组出油的11个砂层的资料，1963年，科学研究所编制储量年报时，计算了齐古油田侏罗系三工河组地质储量：含油面积8.3km²，估算石油地质储量1732.36×10^4t（B+C级）。1983年储量年报上报齐古油田三工河组三级含油面积8.3km²，石油地质储量1732×10^4t。

由于齐古油田地形、地质条件复杂，工程事故多，致使油田的勘探长期处于停顿状态。直至1990年、1991年以侏罗系头屯河组、三工河组为目的层，部署并钻探了4口评价井：Q206井、Q220井、Q233井、Q234井。其中，Q220井在八道湾组1076～1083m和1178～1190m井段分别试油，压裂后分获31.8t/d、7.4t/d的高产工业油流，从而证实了八道湾组油藏的存在；Q206井在三工河组、西山窑组分别试油均为水层；Q234井在三工河组1166～1174m井段试油，压裂后获日产油5.06t、日产水14.01m³，为油水同层；Q233因固井质量差未试油。

1990年，地调处在齐古背斜内完成二维山地地震勘探工作，测线总长188.25 km，测网密度（0.8～3.0）km×（1～2）km。

为查明齐古背斜构造三叠系含油气情况，兼探八道湾组含油气情况，扩大勘探领域，了解二叠系岩性及含油性，1991年部署并钻探了齐8预探井，1991年9月16日完钻，在三叠系小泉沟群2715～2723m、2731～2736m井段试油，压裂后4mm油嘴日产油25.37t，日产气2040m³。1992年又钻探了齐009评价井，1992年10月31日完钻，在三叠系小泉沟群2539～2551m井段用25mm孔板试气，日产气 27250 m^3；在 2557 ～ 2565m、2580 ～ 2587m 井段用针阀试气，获日产气 30980m^3，从而证实了小泉沟群油气藏的存在。早先钻探的齐 25 井曾钻达小泉沟群，并见有良好的油气显示，但因套管破裂无法试油而报废。

大事记

1954 年

是年　中苏石油股份公司地质调查处（以下简称中苏石油股份公司地调处）在齐古构造上进行了1:50000 地面地质详查，查清了齐古背斜核部出露最老的地层为中下侏罗纪头屯河组上部，其上依次有齐古组、喀拉扎组、吐谷鲁群等地层，围成了地面出露的背斜构造。

1956 年

是年　新疆石油管理局地质调查处（以下简称地调处）在齐古构造进行地面构造细测，确定该构造长 16km，宽约 3km。

1957 年

8 月　地调处浅钻井队在齐古构造上钻了浅 1 井，从井深 174m（J_2t）开始，钻井中常有油气显示，295.24m 钻井液严重油气侵，并有大量原油带出地面（约 1t），证明为一含油构造。

1958 年

6 月 22 日　独山子矿务局 3225 钻井队承钻的 1A 井开钻。该井设计井深 1200m，7 月 13 日完钻，实钻井深 874.45m。8 月 15 日，在下侏罗统三工河组 845 ～ 847m 井段试油，日产油 12.6t，从而发现了齐古油田。

12 月 14 日　齐古油田 2a 井于侏罗系西山窑组裸眼试采，初期日产油 1 ～ 2t，因井壁坍塌，日产量下降至 0.2 ～ 0.3t。截至 1959 年 11 月 24 日，共采出原油 266.2t。

1959 年

3 月 29 日　齐古油田 43 井射开侏罗系头屯河组 317 ～ 196.5m 井段后试采，日产水 20m^3，日产油 1.5t，产量递减快，后因井塌停产，截至 8 月共采出原油 42.7t。

1962 年

是年　新疆石油管理局将齐古油田交由采油一厂管理。

1963 年

是年　新疆石油管理局科学研究所（以下简称科学研究所）编制储量年报时，计算了齐古油田侏罗系三工河组，含油面积 8.3km^2，石油地质储量 1732.36×10^4t（B+C 级）。

1990 年

是年　地调处在工区内完成二维地震勘探工作，测线总长 188.25 km，测网密度（0.8 ～ 3.0）km ×（1 ～ 2）km。

1992 年

是年　新疆石油管理局进行山地地震攻关试验，完成齐古构造地震二维测线 14 条 173.89 km，测网密度 3.2 km × 5.9 km。

1997 年

是年　采油一厂将齐古油田交由新疆石油管理局黑油山有限责任公司（以下简称黑油山有限责任公司）管理。

2003 年

7 月　黑油山有限责任公司购置的一台 50kW 燃气发电机投用，为生活区和抽油机供电。

2005 年

是年　齐古油田开井 4 口生产，核实累计产油 0.5457×10^4t，累计产液 0.7655×10^4t。

第一章

油田地质

齐古油田位于准噶尔盆地南缘冲断带中部第一排构造带上，为一侏罗系—三叠系组成的近东西走向的长轴背斜。

1954 年，中苏石油股份公司地质调查处在构造上进行了地面地质详查，查清了背斜核部出露最老的地层为头屯河组上部，其上依次有齐古组、喀拉扎组、吐谷鲁群等地层，围成了地面出露的背斜构造。1956 年，地调处进行了地面构造细测，查清了地面构造长 16km，宽约 3km，轴部出露中下侏罗统头屯河组，沿构造轴有一断距不大的南倾正断层，断层附近有油气苗和泥火山，南翼倾角 30°，北翼倾角 45° ~ 60°，东西围斜倾角 8° ~ 13°。构造有两个高点，主要高点在呼图壁河附近，另一高点在呼图壁河以东 2km 处。

1957 年 8 月，地调处浅钻队在构造中部钻浅 1 井时，于井深 174m（头屯河组）见到油气显示，钻到 295.24m 时钻井液严重气侵，并有大量原油带出地面，证实了齐古背斜为一含油构造。1958 年 4 月，新疆石油管理局开始在构造上进行了深井钻探和试油工作，同年 8 月 1A 井在三工河组试油获得工业油流，发现了齐古油田。之后相继在构造的不同部位又钻了 22 口探井，沿轴部向东最远的 5、16 井，向西最远的 10 井，沿呼图壁河向北翼最远的 37 井，向南翼最远的 3、32 井等。基本查清了齐古油田的地质情况。在中侏罗统头屯河组之下钻遇的地层还有西山窑组（J_2x）、下侏罗统三工河组（J_1s）、八道湾组（J_1b）和中上三叠统的小泉沟群（$T_{2\text{-}3}xq$）。按钻井资料绘制的三工河组底部构造图计算，背斜长轴 21.4km，短轴 5.2km；闭合度 1600m，闭合面积 87km^2；北翼陡，倾角 30° ~ 56°，南翼缓，倾角 22° ~ 32°。沿构造轴部有一东西走向的正断层，断面南倾，最大断距 107m。经钻井取心、试油、试采证实，主要含油层有以下 3 套：

三工河组为一套黑色、灰绿色泥岩、碳质泥岩、灰绿色砂岩及砾状砂岩组合，沉积厚度为 350 ~ 500m，自上而下划分为 SG_1、SG_2、SG_3、SG_4 四个砂层组，其中 SG_2、SG_3 为滨浅湖相、前三角洲相沉积，是该组主要的产油层段。储层岩性以混合砂岩为主，泥质、方解石胶结，胶结物含量 4% ~ 15%，孔隙度 10% ~ 16.5%，渗透率 21.5mD。

西山窑组上部为棕红色、暗褐色、灰绿色泥岩与灰白色砂岩互层，中部为灰白色厚层砾状砂岩、砂岩夹薄层紫色泥岩，下部为灰色砂岩、砾状砂岩夹薄煤层与灰绿色泥岩互层，沉积厚度为 200 ~ 360m，自上而下划分为 X_1、X_2、X_3 三个砂层组，为沼泽、三角洲平原相沉积。砂岩以泥质胶结为主，方解石次之，胶结物含量 7% ~ 18%，孔隙度 8% ~ 12.6%，渗透率 4.7mD。

头屯河组为紫褐色、棕红色泥岩、灰绿色砾状砂岩与砂岩互层，沉积厚 200 ~ 480m，自上而下分为 J_2t_1、J_2t_2、J_2t_3、J_2t_4 四个砂层组。主要储集层 J_2t_2，J_2t_4 属滨浅湖相砂砾岩沉积，砂砾岩为泥质、方解石胶结，胶结物含量 8% ~ 21.7%，孔隙度 8% ~ 15%，渗透率 4.2 ~ 18.6mD。

齐古油田侏罗系地面原油密度 0.842 ~ 0.880g/cm^3，平均 0.855 g/cm^3；30℃时原油黏度 1.85 ~ 6.36mPa · s，平均 3.15mPa · s；凝固点 14 ~ 30℃，平均 19.2℃；胶质含量 15%，初馏点 160℃左右。地层水为重碳酸钠（$NaHCO_3$）型，矿化度 5000 ~ 6000mg/L。据油井测试和高压物性（PVT）取样分

析，西山窑组地层压力（海拔 750m）为 6.7MPa，压力系数为 1.52；三工河组地层压力 10.08MPa（海拔 328m），压力系数 1.20，饱和压力 7.95MPa，地饱压差 2.07MPa，饱和程度 78.9%，原始气油比 $43.4m^3/m^3$，地层油体积系数 1.095，属未饱和油藏。

1990—1992 年，新疆石油管理局又开始了新一轮的评价钻探，先后钻揭了下侏罗统八道湾组和中上三叠统小泉沟群储层。

八道湾组为灰绿色泥岩、黑灰色页岩与灰绿色、灰白色薄层细—中粒砂岩互层，并夹煤层及砾状砂岩、泥质砂岩，厚度 550 ~ 680m，自上而下划分为 B_1、B_2、B_3、B_4、B_5、B_6 六个砂层组，B_5、B_6 见油气显示。

小泉沟群为黑色碳质页岩与深灰色、黑色泥岩互层，加薄层灰白色、灰绿色砂岩及厚层泥质砂岩，厚度 750m，自上而下划分为 $T_{2-3}xq_1$、$T_{2-3}xq_2$、$T_{2-3}xq_3$、$T_{2-3}xq_4$、$T_{2-3}xq_5$、$T_{2-3}xq_6$ 六个砂层组，为滨湖滩坝微相沉积。储集岩以岩屑砂岩中的细粒砂岩为主，储层孔隙度 2.84% ~ 9.28%，渗透率 0.54mD。齐 8 井试油获得的原油性质属中等密度、黏度偏稠、凝固点中等的含蜡原油，密度为 $0.881g/cm^3$，含蜡量 3.88%。齐 009 井试气获得的气藏气为干气，相对密度 0.570，甲烷含量 96.92%。

第二章

油 田 开 发

自 1958 年 8 月 15 日 1A 井出油后，齐古油田先后对 9 口探井进行了试采。试采目的层为中、下侏罗统，其中头屯河组 4 口（38 井、43 井、44 井、102 井），西山窑组 1 口（2A 井），三工河组 3 口（1A 井、34 井、Q 220 井），八道湾组 1 口（齐 8 井）。1962 年齐古油田试采工作停止，1990 年恢复。

头屯河组 4 口试采井除 43 井以外均为裸眼完井，1959 年投入试采，在经过短暂试采后，由于边水侵入或井壁坍塌等原因当年停产。其中，38 井于当年 6 月 4 日裸眼试采，日产水 100m^3，日产原油 6.5t，因井塌产液量下降，日产油 0.5t，日产水 6 m^3，井塌至井口处即停产，截至 10 月 25 日共采出原油 148.9t。43 井于 3 月 29 日试采，在 317 ～ 196.5m 井段射孔后，日产水 20m^3，日产油 1.5t，产量递减快，后因井塌停产，截至 8 月共采出原油 42.7t。44 井于 4 月 26 日投入试采，初期日产油 6.9t，因井堵下降至 0.2 ～ 0.5t，最后堵至井口而停产，截至 10 月 19 日共采出原油 183.8t。102 井于 4 月 12 日投入试采，替出钻井液不外溢，隔日吊油 0.2 ～ 0.5t 后，因井眼堵死而停产，累计采出原油 8t。

西山窑组 2A 井于 1958 年 12 月 14 日裸眼试采，初期日产油 1 ～ 2t，因井壁坍塌，日产量下降至 0.2 ～ 0.3t。截至 1959 年 11 月 24 日，共采出原油 266.2t。

三工河组 3 口试采井的完井方式均为套管完井，试采初期单井日产油 25t，后递减为 1.5t，其试采结果均反映出产量递减快、压力下降快的特点，表明油藏供液能力严重不足。其中 1A 井自 1958 年 8 月 15 日试油后，间歇试采至 2005 年 12 月底，累计产油 4506t，累计产气 2430m^3。34 井自 1959 年 2 月出油后，间歇试采至 2005 年 12 月底，累计产油 1955t。Q220 井自 1990 年 11 月出油后，间歇试采至 2005 年 12 月底，累计产油 4600t，累计产气 3420m^3。

八道湾组齐 8 井套管完井，1991 年 10 月压裂投产，4mm 油嘴日产油 25.37t，至 2005 年 12 月底日产油 3.5t，累计产油 5873t，累计产气 3690m^3。

截至 2005 年 12 月，全油田在生产的试采井 4 口，其中三工河组 3 口（1A 井、34 井、Q220 井），八道湾组 1 口（齐 8 井）。利用天然能量生产，采取夏季开井生产、冬季关井的生产方式。由于油田地处山区，远离基地，机构不够健全，生产数据不够完整，以前一直没有盘库数据，从 1999 年 6 月起才逐月盘库上报新疆石油管理局和新疆油田分公司，2005 年底核实累计产油 0.5457×10^4t，累计产液 0.7655×10^4t。

第三章

钻采工程及地面生产系统

第一节　钻井工程

齐古油田属准噶尔盆地南缘山前第一排构造，地层倾角大、易斜。20 世纪 50 年代末，共钻井 24 口，总进尺 21296.26m，平均井深 887m，大部分井未下套管，裸眼完井生产。

1990 年重新钻探，至 1993 年共钻井 6 口，进尺 11289m，平均井深 1881.5m。其中，齐 8、齐 009 井钻至三叠系小泉沟群，井深达 3000 余米，这批井均应用了喷射钻井、优质钻井液、高效钻头、液压防喷器等现代钻井设备及工艺，并针对地层倾角大、易井斜的特点，推广应用偏心防斜工具，有效地解放了钻压，控制了井斜，钻井速度提高了 40% 以上，均采用了套管固井完井，油管传输负压射孔工艺生产。

第二节　采油工程

齐古油田是一个没有正式开发的油田，1994 年前属于勘探试油阶段，1994 年以后有 4 口井（1A 井、齐 8 井、34 井、Q220 井）利用天然能量断续生产。自喷井井口装置为克拉玛依机械厂生产的 KY24.5/65 型采油树，油井内下 2 7/8in 油管，油嘴 3 ~ 5mm，原油进井口单罐生产，检尺量油，单井日产 3.5t。清蜡用机械清蜡车清蜡，因清蜡不及时，常造成油井结蜡减产。2000 年 7 月 1—8 日对齐 8 井曾先后分 3 次挤入 KL–99 型液体溶蜡剂共 11.75t，溶蜡前 ϕ27mm 铅锤下不去，溶蜡后 ϕ58mm 刮蜡片下起顺利，日产油由 1.7t 上升到 7t。2003 年 6 月又对齐 8 井进行化学溶蜡，挤入 KL–99 溶蜡剂 12m^3，效果明显，日产油由 1.2t 上升到 6.3t。

齐古油田远离县城，位在山区，道路崎岖，交通不便。产油量又少，缺乏电源，2003 年 7 月以前，只能采用自喷或间开生产方式。

1997 年 8 月至 2003 年 6 月，齐 1A 井曾采用柴油机为动力通过传动机构带动三型抽油机间断抽油。2003 年 7 月以后开始应用天然气发电机进行发电，有 3 口井转抽生产（1A 井、34 井、Q220 井）。抽油机选用四川德阳生产的型号为 CYJY3–1.5–6.5HB 三型和五型抽油机，采用 ϕ19mm 的 D 级抽油杆，ϕ38mm 管式泵、泵挂 744.7 ~ 1050.8m，冲程 1.5m，冲次 6 次 /min。

2003 年 6 月 10—27 日，Q220 井实施了封堵西山窑组水层，回采八道湾组。挤封采用 XY–98 堵剂，相对密度 1.85，用量 16m^3。该井回采后，采用抽油生产，日产液量 4t，日产油量 3t，含水 25%。

由于齐古油田路途遥远，未对抽油井进行任何清蜡工作，只能在检泵作业时对油管采用蒸汽车地面清蜡，检泵周期 1 ~ 2 年。

第三节　地面生产系统

2005年前，每口生产井井场设置 ϕ600 型油气分离器和 60m³ 油罐生产。2005年9月，建成了一座集中拉油站，站内设有3座 200m³ 的储油罐和一座 ϕ1200mm 的油气分离器，4口生产井的原油通过出油管线及集油管汇进 ϕ1200mm 的油气分离器，分出的天然气通过管线输至生活区供生活用气和燃气发电机的燃料，多余的天然气放空，原油进入3座 200m³ 储油罐，然后由油罐车拉运到油气储运公司701泵站。

齐古油田生活基地建有5座简易的铁皮房，生活用水用水罐车从呼图壁县拉运。2003年7月前只有一台小型柴油发电机供照明用电，2003年7月黑油山公司购置的一台 50kW 燃气发电机投用，为生活区和抽油机供电。

附　录

附录一　附　表

附表1　齐古油田综合地质参数表

层位	油藏类型	储层岩性	含油面积 km^2	探明石油储量		有效厚度 m	孔隙度 %	原始含油饱和度 %	体积系数	渗透率 mD	原始地层压力 MPa	地面原油密度 g/cm^3	30℃黏度 mPa·s	凝固点 ℃	含蜡量 %	地层水矿化度 mg/L	地层水型
				地质储量 10^4t	可采储量 10^4t												
J_1s	构造	砂岩	8.3	1732	260	43	10	65	1.095	21.5	10.08	0.855	3.15	19.2		5000～6000	$NaHCO_3$

注：依据《新疆油田分公司2005年油（气）储量汇总表》以及有关研究报告编制。

附表2　齐古油田开发数据表

时间	核实年产油 t	核实累计产油 t	核实年产液 t	核实累计产液 t
1999	94	94	104	104
2000	1524	1618	2184	2288
2001	230	1848	254	2542
2002	508	2356	714	3256
2003	1589	3945	2213	5469
2004	1512	5457	1950	7419
2005	0	5457	236	7655

注：依据新疆油田分公司中心数据库每年12月份的开发数据编制。

附录二　人物名录

黑油山有限责任公司稀油作业区

主　任：

李学源（1997年10月—2005年12月）

副主任：

付景新（1997年10月—2005年12月）

附录三　征引文献

文献名	作者	出版时间	出版社
《新疆通志·石油工业志》	《新疆通志·石油工业志》编纂委员会	1999年	新疆人民出版社

编纂始末

按照《中国油气田开发志》新疆油气区编纂委员会的统一安排部署，新疆油田分公司和新疆石油管理局于2006年11月16日联合下发了“关于启动《中国油气田开发志·新疆油气区油气田卷》编纂工作的通知”。2007年4月5日成立以石西油田作业区总地质师饶政为主任的《齐古油田志》编纂委员会，并成立《齐古油田志》编纂组，分别来自石西油田作业区与黑油山有限责任公司的姚鹏翔、郭晓坤、周龙跃3人参与编纂工作，明确了职责和时限。

2007年4月20日，《齐古油田志》编纂组根据《中国油气田开发志》总编纂委员会提出的《〈中国油气田开发志〉油气田篇》编纂纲要，参照《老君庙油田志》、《胜坨油田志》等先行篇，确定了编纂的篇、章、节、目，《齐古油田志》的编纂工作全面启动。

《齐古油田志》编纂工作分为学习培训、资料收集、分类编纂、汇总整理、专家审查、整改完善几个阶段。在编纂过程中，编纂人员遇到了许多问题和困难：一是编纂人员均是兼职工作，编纂时间难以保证，大部分只能在业余时间进行；二是油田各类资料不全，搜集整理困难；三是编纂人员没有志书编纂经验，需要边干边学、边学边干。

经过资料录入、分类编写、汇总整理阶段，2007年12月给《中国油气田开发志》新疆油气区编纂委员会报送了初稿。经过专家组成员的审议，认为编写还有很多不足，要求从技术报告模式转变为以写事为主，以事系人，力求真实再现齐古油田发展历史的同时，突出齐古油田的开发特点。

编纂组立即系统整理专家组的评审意见，并认真组织学习2007年6月郑州会议精神及学习材料，对照检查本志书的缺陷和谬误，查漏补缺，改进完善。 经过调整修改，于2008年5月29日向专家组提交了《齐古油田志》第二稿。2009年6月5日，专家组对《齐古油田志》第三稿进行了评议。于2009年8月19日完成了《齐古油田志》第四稿，提交《中国油气田开发志》新疆油气区编纂委员会和专家组进行评审。2009年12月14日通过终审。

《齐古油田志》完成受到了《中国油气田开发志》新疆油气区编纂委员会及专家组的大力支持，同时，也得到了新疆油田分公司勘探开发研究院档案馆的帮助，在此，一并表示衷心的感谢。

由于编纂内容涉及时间跨度大，编纂人员能力和水平有限，文稿中疏漏在所难免，恳请读者批评指正。

《齐古油田志》编纂组

2009年12月

编号：07–020

小拐油田志

《小拐油田志》编纂组　编

1996 年 8 月，中共中央政治局委员、国务院副总理吴邦国（前中）到小拐油田视察工作
（新疆油田分公司采油一厂提供）

1996 年 8 月，小拐油田开发建设钻井会战夜景
（新疆油田分公司采油一厂提供）

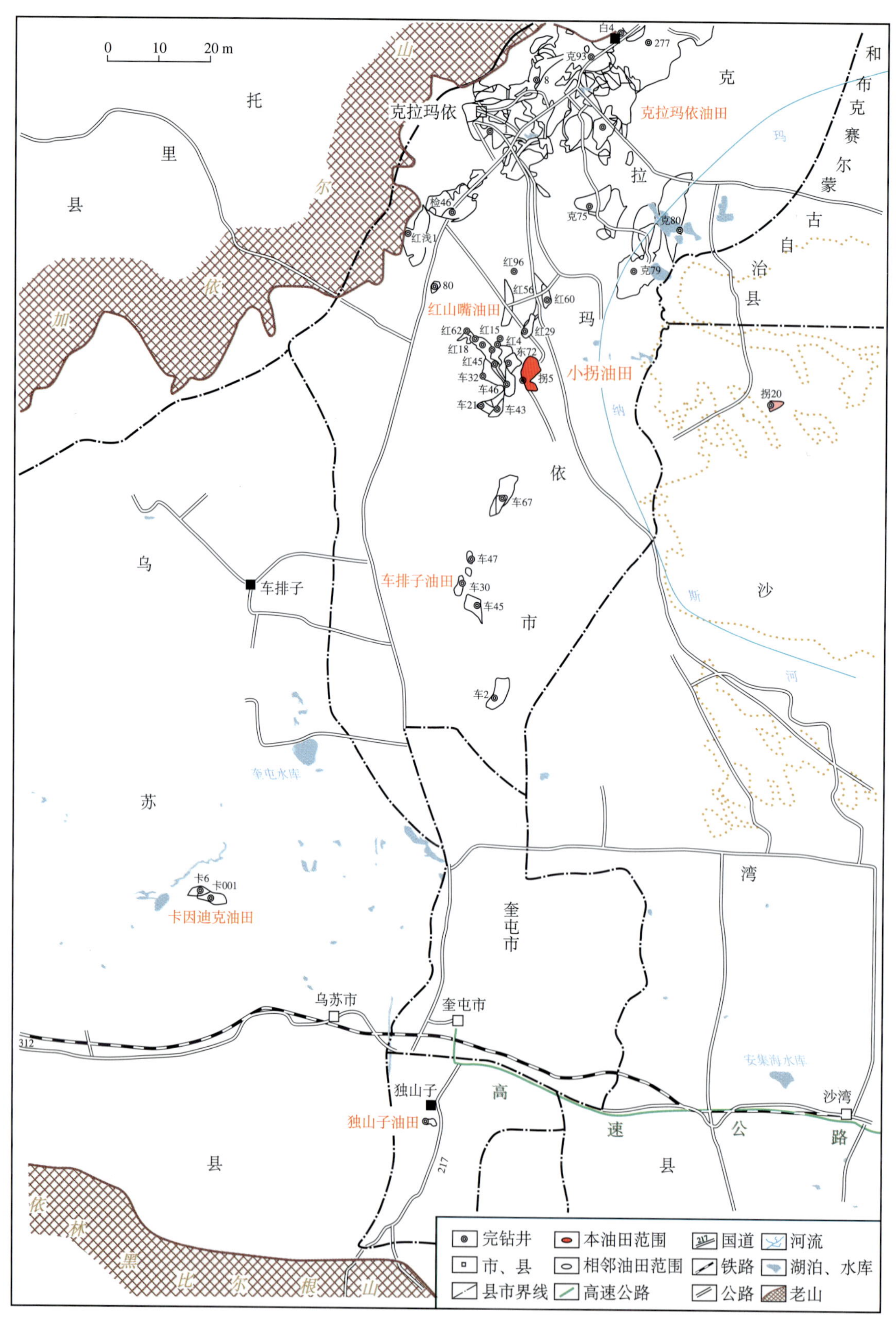

小拐油田地理位置图

（新疆油田分公司勘探开发研究院编制）

北
0 250 500 750 1000 m
东侧断裂
井3红
红井车断裂
新光1号断裂
G2180井南断裂
开发评价井
探井
开发井
断裂
P2x顶部构造等值线，m
夏一段含油范围
夏二段含油范围

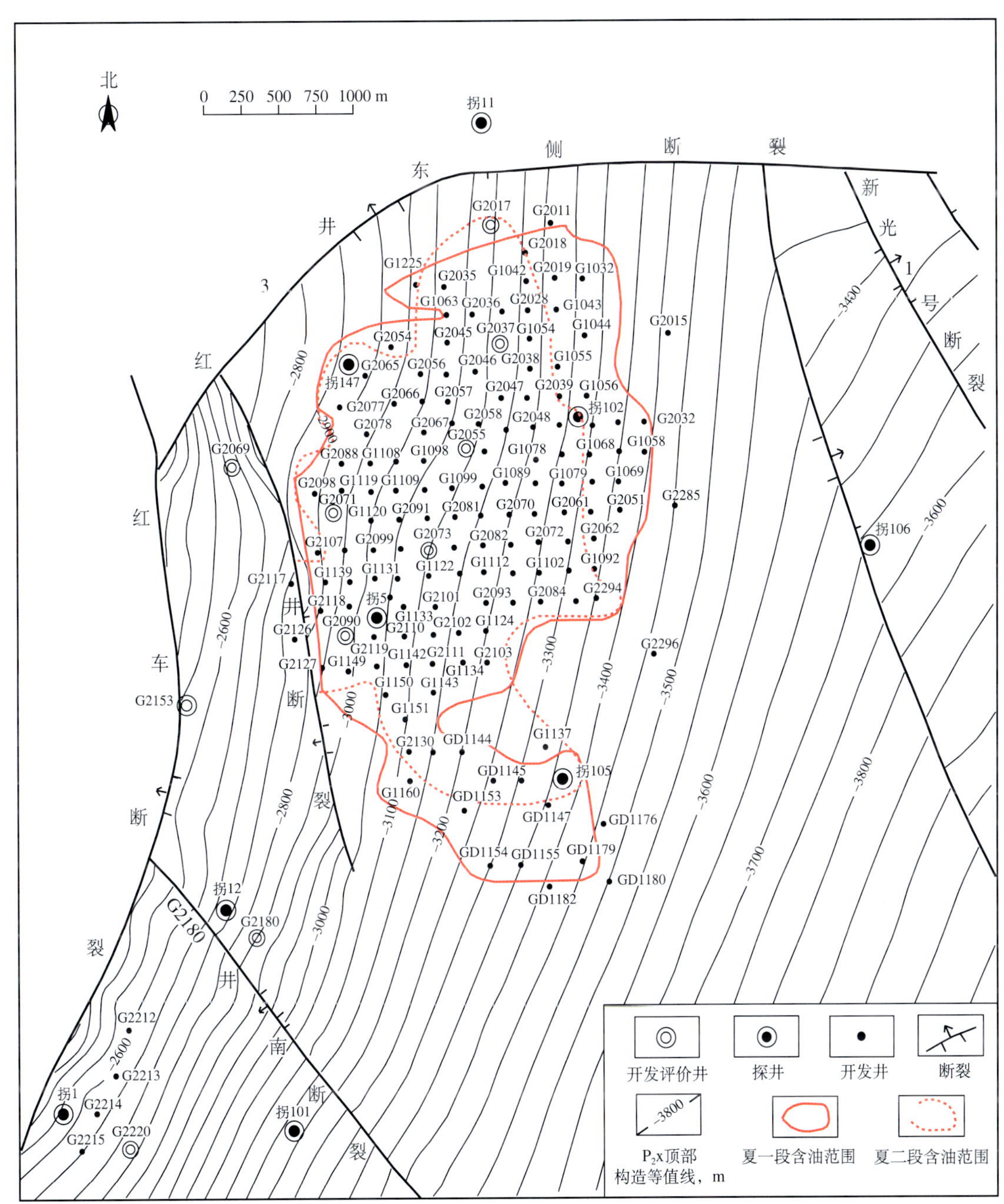

小拐油田构造井位图

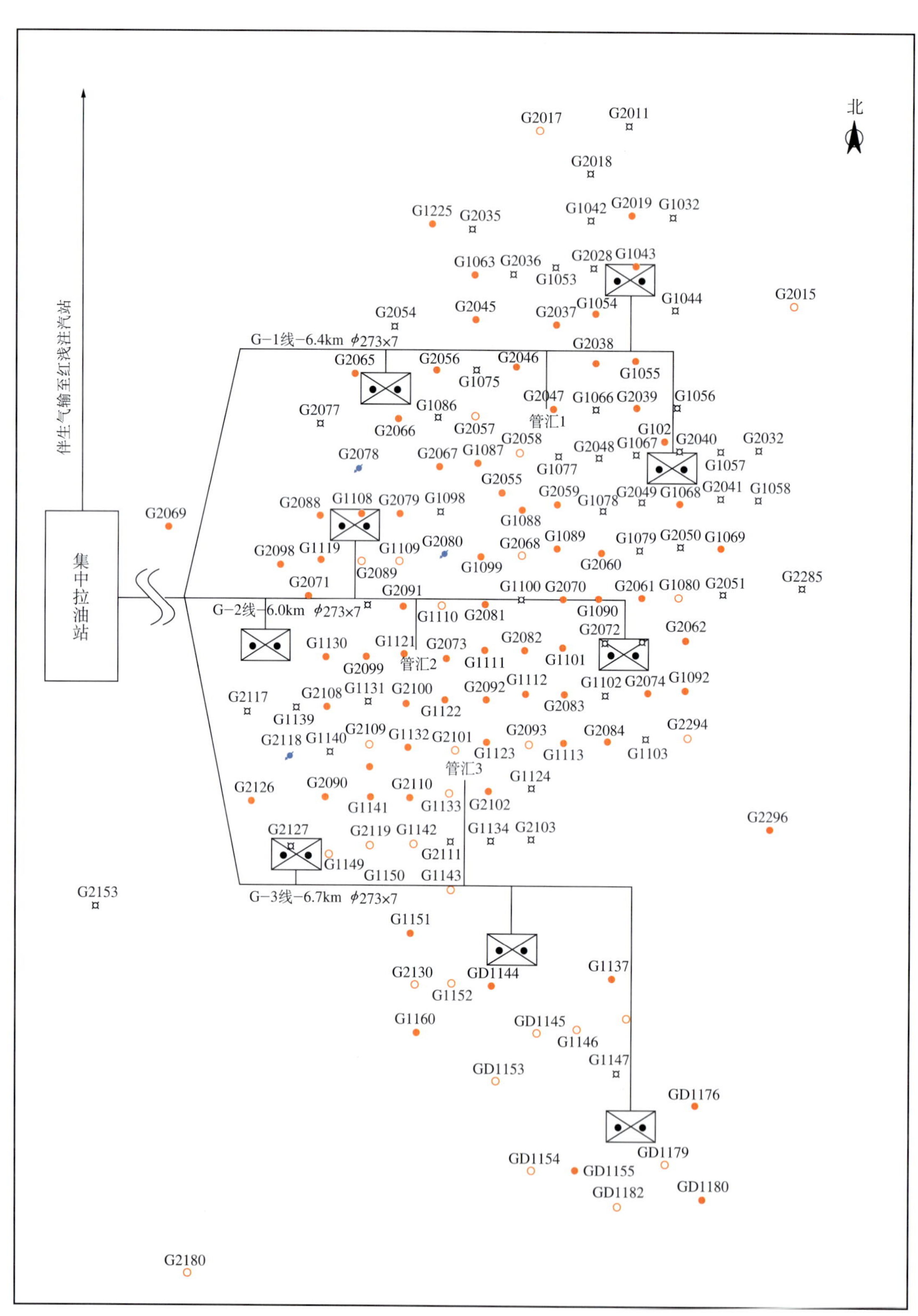

小拐油田地面生产系统示意图
（新疆油田分公司采气一厂编制，2005 年）

《小拐油田志》编纂委员会

主　任：况　军

成　员：钱根宝　朱志宏　王延杰　姚玉萍

《小拐油田志》编纂组

组　长：王延杰

副组长：张耀江　张红军

成　员：舒振辉　桂来疆　徐学礼　刘　如　李雪燕

本志目录

概　述

小拐油田是准噶尔盆地西北缘的深层低孔超低渗透裂缝性砾岩油田，1995年3月发现，在获得控制石油地质储量的基础上，1996年投入开发。由中国石油天然气集团公司新疆油田分公司采油三厂管理。

小拐油田位于新疆克拉玛依市境内，西北距市区约35km，因东邻小拐镇而得名。北邻红山嘴油田，西靠车排子油田北部断块区。地表为半固化沙地，地势较为平坦，平均地面海拔285m左右。属典型大陆性气候，干旱少雨，年平均蒸发量为降水量的20倍左右。春秋多风，年平均八级以上大风日数71.3天。冬季寒冷，夏季炎热，年平均气温8.1℃。植被稀疏，常见有梭梭、芨芨草、骆驼刺、红柳等荒漠植物，偶见黄羊、野兔等动物。因邻近玛纳斯河水系及其古河道，地下水水位较高。克拉玛依至呼图壁县公路从油田旁边经过，克拉玛依油田至车排子油田公路横穿油区，交通便利。

小拐油田区域构造属于准噶尔盆地西部隆起红车断裂带下盘的小拐断块，东南方直对盆地一级构造昌吉凹陷，由红车断裂、红3井东侧断裂和新光1号断裂夹持，3条主断裂水平断距150～1300m，垂直断距200～1300m，其中红3井东断裂为油藏的主要遮挡边界，控制了目的层沉积，地层倾角10°～20°，平均为12°，断块闭合面积396km^2，闭合高度2100m。

小拐油田地层自上而下为白垩系吐谷鲁群，侏罗系西山窑组、三工河组和八道湾组，三叠系白碱滩组和克拉玛依组，二叠系乌尔禾组、夏子街组和佳木河组。含油层系为二叠系夏子街组，是一套物源来自北东方向的巨厚洪积扇沉积，上部夏一段、夏二段是主要含油层，沉积厚度平均约700m。储层由中、粗砾岩、细砾岩、砂质不等粒细砾岩组成，上部以中、粗砾岩为主，大小混杂堆积；下部以中、细砾岩为主夹薄层含砾不等粒砂岩和泥质砂岩。储层基质孔隙主要为微裂缝、界面孔、粒内溶孔和粒间沸石晶间孔。裂缝发育不均，扇中亚相相对发育，岩心裂缝面普遍冒气渗油，具有一定的储集能力。

夏子街组属受断裂、岩相和裂缝控制的低孔超低渗、裂缝性块状砾岩油藏，夏一段和夏二段之间及其内部均无稳定的隔层，一个油水系统，底水能量弱。原始地层压力系数1.13～1.15，原始地层压力39.72MPa；油井高压物性取样确定油藏为饱和油藏；地温梯度2.02℃/100m，油层中部温度85.5℃，正常压力—温度系统。

地面原油密度0.8199～0.8349g/cm^3，50℃温度下黏度3.6～8.02mPa·s，含蜡量平均11.93%；凝固点平均19.2℃，初馏点90～151℃。天然气组分甲烷含量91.65%，乙烷含量3.69%。地层水为$CaCl_2$型，Cl^-含量7945.7mg/L，总矿化度13481.0mg/L。

小拐油田及其附近地区勘探评价工作始于20世纪50年代，预测小拐断块为油气运移指向区，二叠系和三叠系为主要目的层。

1980年，为探明小拐断块的深部构造形态和三叠系、二叠系、石炭系的岩性、物性及油气水的分布与组合特征，新疆石油管理局钻预探井拐147井，由32949钻井队承钻，1981年10月31日完钻，井深3500.30m，完钻层位二叠系。钻井过程中，侏罗系、三叠系和二叠系都有油气显示，特别是在二叠系风城组（目的层）发生四次油气侵，但试油未获得工业油气流。

1994年10月，再次分析拐147井钻井试油资料，决定钻拐5井，新疆石油管理局准东勘探开发公司（以下简称准东公司）4567钻井队承钻。1994年11月11日开钻，1995年1月20日完钻，完钻井深3523.0m。1995年3月7日在二叠系夏子街组3448.0～3428.0m试油，压裂后4.5mm油嘴产油60.87t/d、气8894m³/d，发现小拐油田。

1995年6月完成拐5井区三维地震173.5km²的野外采集，7月份完成三维地震数据体处理，通过解释并结合试油情况认为三条主断裂清晰，储层为冲积扇厚层状砾岩，是受断裂控制的构造油藏，油水关系和油藏性质基本清楚。在探井拐5井试油、拐147井恢复试油出油的条件下，1996年9月上报夏子街组油藏控制含油面积43.2km²，石油地质储量5900×10⁴t。

1996年12月，利用探井拐5、拐102、拐105和拐106井以及部分开发井资料，编制探明储量报告，以夏一段、夏二段基质与裂缝为单元，计算拐5井区二叠系夏子街组油藏探明含油面积33.2km²，石油地质储量6374×10⁴t。2001年经复算核实石油地质储量751×10⁴t，仅相当于原探明储量的1/9。

1995年3月拐5井出油以后，开发研究提前介入，10月在拐5井附近部署4个开发试验井组25口井，准备进行开发试验。

同年11月，在北京召开的中国石油天然气总公司开发工作会议，认为开发部署节奏太慢，要求不必搞开发试验，全面进行滚动开发，用一年半的时间建成年产原油100×10⁴t的生产规模。

为此，新疆石油管理局在只有2个出油井点、储量资源情况不落实、油藏内幕不清楚的条件下，确定先以夏二段油藏为主要目标，在控制储量所划定的纯油区范围内，部署10口开发评价井，进行整体评价，加快开发节奏。经过内部招投标，由采油三厂负责油田开发管理。

1996年3月，在3口探井和3口开发控制井的基础上，完成《小拐油田拐5井区二叠系夏子街组油藏开发概念设计》，经中国石油天然气总公司审查通过。3月13日新疆石油管理局成立小拐油田开发建设指挥部，组织实施。至1996年6月，在拐5井、拐102井和拐147井控制的夏二段油藏开发直井井网内，完钻开发控制井和开发井26口，正钻井29口。由于外围没有增加新出油井点，开辟夏一段油藏开发试验区，采用与夏二段相同的井网井距，相互错开半个井距布井，共4个井组25口井，优先实施。

1996年7月，中国石油天然气总公司勘探开发科学研究院开发所采用地质、测井、油藏工程、钻采等多信息综合研究方法，完成小拐油田区域构造应力场、构造格局、裂缝测井评价和裂缝系统预测等研究，为拐5井区二叠系夏子街组油藏开发方案编制提供了基础。8月，召开小拐油田开发方案审查会，批准夏一段和夏二段两套层系分别采用300m正方形井网开发，早期利用天然能量进行溶解气驱开发。11月下旬，油田开发暴露出油井投产见油率低、产量递减快、地质条件复杂、裂缝预测难度大和钻井、采油等措施对油层伤害大等问题，为此，新疆石油管理局召开小拐油田开发技术研讨会，确定放慢开发钻井速度，深化油藏地质研究和开展开发技术试验。

至1996年12月底，小拐油田共计开钻开发控制井和开发井141口，完钻135口，投产110口，见油62口，占56%，不见油48口，占44%。设计单井产量18t/d，产能67.5×10⁴t/a。实际仅10月15日油田产量达到高峰1017t，以后开井数和原油产量迅速下降，年底28口井正常生产，产量630t/d，全年产油13.13×10⁴t。

1997年2月21日至3月2日，中国石油天然气总公司派咨询中心和勘探开发科学研究院12名专家到小拐油田进行调研。在全面了解各方面资料的基础上，一致认为小拐油田夏子街组储层基质、裂缝系统非常复杂，敏感性和非均质十分严重，属复杂难开发的油藏，存在诸多不利因素，建议暂缓钻开发井，成立专门攻关组，进行解剖研究。4月新疆石油管理局调整了小拐油田开发工作思路，以深化油藏研究和开展定向井、水平井钻井与现场注水试验。全年完钻定向井5口，直井1口，老井定向侧钻井2口，钻井总进尺3.3×10⁴m，年底日产水平440t，年采油19.48×10⁴t。

1998年推广定向钻井和老井定向侧钻，完钻定向井4口，直井3口，老井侧钻井9口。截至年底小拐油田共钻各类开发井154口，其中直井145口（包括老井定向侧钻井11口），定向井9口，设计原

油生产能力为 87.66×10^4t，实际产能不足 20×10^4t。

2000 年起，小拐油田日产量下降至 20~30t，生产由采油三厂分离改制单位克拉玛依市三达有限责任公司托管。

截至 2005 年 12 月，总井数 95 口（59 口井报废），开井 12 口，日产液 136t，日产油 48t，含水 74.2%，年产液 8.003×10^4t，年产油 1.7812×10^4t，采油速度 0.24%，采出程度 9.07%；年产天然气 $420.3 \times 10^4m^3$。累计产油 68.13×10^4t，累计产天然气 $2.06 \times 10^8m^3$。

小拐油田属特殊的复杂油藏，储层基质物性条件差，裂缝预测难度大，缺少成熟的开发技术和经验。在只有探井和开发控制井出油及油藏关键控制因素不清的情况下，不经过必要的开发试验，快速、全面进入滚动开发，虽有少量井初期日产量高至百吨，给人认识上的假象，但递减很快，整个油田开发效果差，教训深刻。

大事记

1995 年

3 月 7 日　准东公司 4567 钻井队承钻的拐 5 井，1994 年 11 月 11 日开钻，1995 年 1 月 20 日完钻，完钻井深 3523.0m，在二叠系夏子街组 3448.0~3428.0m 试油，压裂后 4.5mm 油嘴日产油 60.87t、气 $8894m^3$，从而发现小拐油田。

9 月　由新疆石油管理局上报小拐油田拐 5 井区夏子街组油藏控制石油地质储量 5900×10^4t，含油面积为 $43.2km^2$。

10 月　新疆石油管理局开发部提出小拐油田 4 个开发试验井组 25 口井规划部署，准备进行开发试验。

11 月　在中国石油天然气总公司油田开发工作会议上，总公司领导要求新疆石油管理局小拐油田不必要搞开发试验，1996 年全面滚动开发，用一年半的时间建成 100×10^4t 生产规模。

12 月 20 日　小拐油田第一口开发井（G2071）开钻，拉开了油田整体开发的序幕。

1996 年

1 月　按照中国石油天然气总公司要求，新疆石油管理局将小拐油田开发试验部署调整为整体评价，完成了小拐油田夏二段油藏开发评价井部署意见，提出第一轮 10 口开发评价井。

2 月 29 日　新疆石油管理局对小拐油田的开发管理实行了内部招投标，采油三厂中标取得小拐油田采油作业管理权，并成立小拐油田开发管理项目经理部和组建小拐采油队。

3 月 13 日　新疆石油管理局成立小拐油田开发建设指挥部（项目经理部），全面负责小拐油田开发产能建设工作。

3 月 20 日　新疆石油管理局勘探开发研究院（以下简称勘探开发研究院）、钻井工艺研究院（以下简称钻研院）、采油工艺研究院（以下简称采研院）和勘察设计研究院（以下简称设计院）联合完成小拐油田拐 5 井区二叠系夏子街组油藏开发概念设计，经中国石油天然气总公司开发局审查获得通过。

5 月　小拐油田进行高能气体压裂试验，在高能气体压裂预处理后再采用水力压裂加砂等工艺，试验 4 口井，成功率 100%，均达到了设计产能以上。G2091 井、G2100 井采用高能气体压裂后再用水力压裂加砂，产量达到 50t 以上。

6 月 11 日　采油三厂小拐采油作业区正式成立。

8 月 19—22 日　中国石油天然气总公司开发生产局主持，在新疆克拉玛依市召开了小拐油田开发方案审查会，经审查方案通过。夏一段和夏二段采用 300m 两套正方形开发井网，全油藏部署总井数 206 口，单井设计产能 18t/d，高峰期年产油能力 111×10^4t，配套地面工程总体规模按年产 100×10^4t 设计。

8 月 31 日　国务院副总理吴邦国在中国石油天然气总公司总经理周永康、新疆维吾尔自治区副主席阿不来提·阿不都热西提等陪同下，到小拐油田考察。

10 月 15 日　小拐油田产量达到高峰 1017t/d，新疆石油管理局召开小拐油田原油日产上千吨祝捷大会。

11 月 10 日　由新疆石油管理局油田建设工程公司（以下简称油建工程）承建的小拐集中拉油站正式投产。

11 月 26 日　针对小拐油田开发井投产出油率低、产量递减快和无法实现开发方案设计指标的问题，新疆石油管理局召开了小拐油田开发技术研讨会，制定了“放慢开发钻井速度，深化油藏地质研究和开展开发技术试验”的工作方针。

12 月中旬　勘探开发研究院完成了小拐油田拐 5 井区二叠系夏子街组油藏探明储量报告，上报夏子街组探明石油地质储量 6374×10^4t，溶解气地质储量 134.98×10^8m^3，叠加含油面积为 33.2km^2。

12 月　小拐油田共计开钻开发控制井和开发井 141 口，完钻 135 口，投产 110 口，建成年产能 67.5×10^4t，但年底产量仅有 630t/d，累计产油 13.1×10^4t。G2118、G2080 井组开始现场注水试验。

1997 年

2 月 21 日至 3 月 2 日　中国石油天然气总公司咨询中心和勘探开发科学研究院技术专家李道品、罗迪强、朱兆明、钱绍新、廖明书等一行 12 人组成的专家调研组，对小拐油田开发实施状况进行了调查研究。

2 月 22 日　勘探开发研究院完成小拐油田第一口定向斜井 GD1145 井地质设计意见，6 月 11 日采用泡沫洗井诱喷后直接投产，7.0mm 油嘴，日产油 77.09t。

7 月　小拐油田 G2078 井组开始现场注水试验，单井配注水量 40m^3/d。

12 月　全年完钻定向井 5 口，直井 1 口，老井定向侧钻井 2 口，钻井总进尺 3.3×10^4m，日产油水平 440t，年采油 19.48×10^4t。

1998 年

12 月　小拐油田共钻各类开发井 154 口，总进尺 58.64×10^4m，其中直井 145 口，进尺 51.4×10^4m，定向井 9 口，进尺 3.47×10^4m，老井定向侧钻井 11 口，进尺 3.77×10^4m。同时，中国石油勘探开发科学研究院完成深层低渗透油田储层裂缝地质建模方法及裂缝分布规律研究；新疆石油管理局勘探开发研究院完成小拐油田拐 5 井区二叠系夏子街组油藏开发射孔方案。

1999 年

7—8 月　小拐油田挤微生物进行降黏防蜡增产试验。GD1155 井挤微生物液 180m^3、G2093 井挤微生物液 80m^3、G2213 井挤微生物液 80m^3。

12 月　小拐油田日产油仅为 64t，采油三厂将油田生产管理交由分离改制单位克拉玛依市三达有限责任公司进行托管。

2001 年

9 月 18 日　经国土资源部油气储量评审办公室和中国石油勘探与生产分公司矿权与储量管理办公室审查，核定拐 5 井区二叠系夏子街组油藏叠加含油面积 9.1km^2，Ⅰ类探明石油地质储量为 751×10^4t，溶解气 16.77×10^8m^3。

2005 年

7 月　小拐油田停用两座 5000m^3 储油罐，新建三座 60m^3 高位储油罐。

第一章

油田地质

第一节 地层与构造

一、地层

拐147井为小拐油田的第一口预探井，设计目的层为三叠系、二叠系和石炭系。1981年4月21日开钻，完钻井深3500.3m，与邻区拐148井对比，认为钻揭的目的层为二叠系乌尔禾组（P_2w），但在1994年10月完成的拐5井井位地质论证报告中，称之为风城组（P_1f），为主要勘探目的层。之后，新疆石油管理局勘探研究人员经过对西北缘二叠纪地层的系统划分对比，确定小拐油田目的层层位为二叠系夏子街组（P_2x）。

1995年，勘探地质人员应用完钻探井（拐1井、拐5井、拐147井、拐101井）的钻井、录井、测井资料和地震资料，在新疆石油管理局勘探开发研究院、地质调查处（以下简称地调处）、测井公司马辉树、邵雨、王洪良等编写的《小拐油田拐5井区二叠系夏子街组油藏控制储量》报告中，初步确定了小拐油田钻揭地层划分方案：自上而下为白垩系吐谷鲁群（K_1tg），侏罗系西山窑组（J_2x）、三工河组（J_1s）和八道湾组（J_1b），三叠系白碱滩组（T_3b）和克拉玛依组（T_2k），二叠系乌尔禾组（P_2w）、夏子街组（P_2x）和佳木河组（P_1j）。二叠系夏子街组顶部遭受不同程度的剥蚀，与上覆地层乌尔禾组呈角度不整合接触，底部超覆沉积在二叠系佳木河组之上，根据岩性、电性、沉积旋回及接触关系，将夏子街组由上而下分为三段，即夏一段（P_2x_1）、夏二段（P_2x_2）、夏三段（P_2x_3）。

夏一段全区分布比较稳定，底部发育10m厚的紫红色玻屑凝灰岩，为细分对比标志层，与夏二段呈角度不整合接触。夏二段遭受剥蚀后的残留厚度变化大，最厚可达800m，局部尖灭，与夏三段亦呈不整合接触。夏三段钻揭厚度148~174m，无井钻穿。

1996年8月，在完钻探井和50余口开发评价井和开发井资料基础上，局研究院开发方案编制人员进行了地层的对比与细分工作，依据玻屑凝灰岩层的标志、地震波反射特征和测井显示，将夏一段和夏二段细分为八个砂层组：$P_2x_1^1$、$P_2x_1^2$、$P_2x_1^3$、$P_2x_1^4$、$P_2x_2^1$、$P_2x_2^2$、$P_2x_2^3$和$P_2x_2^4$，各砂层组厚度见表1-1，$P_2x_1^1$、$P_2x_1^2$、$P_2x_1^4$、$P_2x_2^1$和$P_2x_2^3$砂层组底部发育厚薄不一的玻屑凝灰岩、沉凝灰岩等，在区内具一定的连续性，是砂层组细分对比的标志层。

表1-1 小拐油田夏子街组砂层组厚度统计表

砂层组	砂层	厚度范围，m	平均厚度，m
P_2x_1	$P_2x_1^1$	5.5~147	64.1
	$P_2x_1^2$	12.0~102	71.2
	$P_2x_1^3$	24~203	91.8
	$P_2x_1^4$	46.5~221.5	141.0

续表

砂层组	砂层	厚度范围，m	平均厚度，m
P_2x_2	$P_2x_2^1$	25.5~79.5	48.0
	$P_2x_2^2$	25.5~71	56.0
	$P_2x_2^3$	46~97	69.6
	$P_2x_2^4$	23.5~55	43.7

注：摘自《小拐油田拐5井区二叠系夏子街组油藏开发方案》报告，1996年8月。

二、构造

1995年，勘探人员上报小拐油田控制储量前，通过三维地震资料解释，认为二叠系油藏构造位于准噶尔盆地西北缘小拐断块，为红车断裂、红3井东侧断裂和新光1号断裂夹持的断块圈闭，夏子街组圈闭面积396km²，闭合度2100m，高点埋深2770m。内部构造简单，为近东倾的单斜，地层倾角10° ~15° ，油藏分布受红车断裂和红3井东侧断裂控制。

1996年3月，根据新增开发评价井分层数据，进一步解释三维地震资料，发现G2153井和G2017井分别钻遇红车断裂和红3井东侧断裂，且断裂位置有一定变化，同时，内部发育3条平行于红车断裂的次级断裂，造成红车断裂附近夏子街组夏一段至夏三段依次不同程度剥蚀，靠近红车断裂不利于油气聚集。

1996年8月，在随着探井、开发评价井和开发井陆续完钻（36口），对油藏构造认识又有了一定的变化，G2011井、G2017井钻遇了红3井东侧断裂，G2069井钻遇红车断裂，认为红车断裂和红3井东侧断裂属于同一组压扭型弧形断裂，以拐147井为弧顶向东北及西南方向呈帚状撒开，平面上呈“S”型，是一个典型的压扭型断裂，该断裂是由多条呈“叠瓦”型排列的小断裂组成。断块内部发育两条次级小断裂，G2117井断裂是影响夏子街组沉积、储层发育和油水分布的次级断裂，但无井钻遇。G2180井南断裂是一条次一级断裂，油水分布规律分析证实该断裂存在。其中G2117井断裂与红3井东侧断裂、新光1号断裂挟持的断块为主力油区（图1−1）。

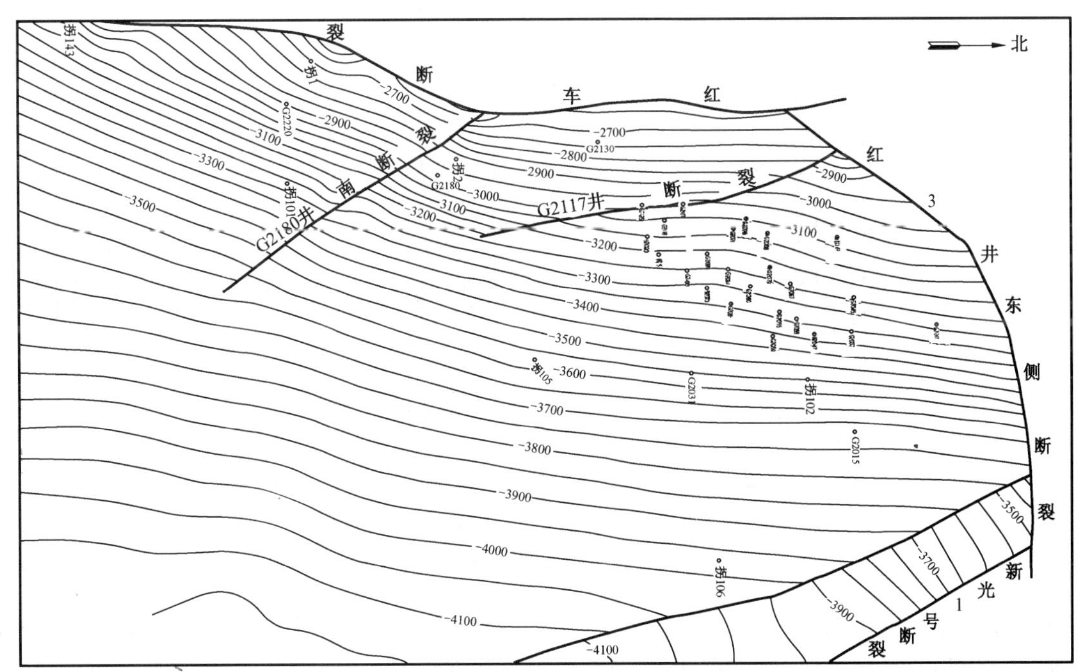

图1−1　小拐油田夏子街组夏二段底部构造图
（新疆石油管理局勘探开发研究院编制，1996年8月）

区内夏一段顶部构造为东南倾的单斜，其顶面为一不整合面，构造高部位地层剥蚀严重，构造较平缓，构造低部位则变陡，平均海拔约为 −2900m。夏二段顶面构造形态也是向东南倾的单斜，明显较夏一段陡斜，并且较为均匀，平均海拔约为 −3200m。夏三段顶部构造与上部层面相似，仅在红 3 井东侧断裂附近，形态变陡，平均海拔约为 −3400m。整体上看夏子街组内部各层面构造具较好继承性，构造形态单一，比较平缓，地层倾角 12° 左右。

第二节　储　层

小拐油田二叠系夏子街组为受断裂活动控制的洪积扇沉积，近物源、快速沉积，厚度变化快，扇顶、扇中亚相发育，具有“断崖扇”特征。砂砾岩储层致密，物性极差，发育少量的高角度天然裂缝，为探井和少量开发井初期高产的主要控制因素。

一、沉积相

1995 年，勘探研究人员认为在早二叠世晚期，小拐油田拐 5 井区及其周边强烈隆起，使二叠系风城组剥蚀殆尽，地势凹凸不平。夏子街组沉积时期，红 3 井东侧断裂强烈活动。断裂上升盘成为小拐断块的主要物源区，山区河流间歇性携带着大量粗碎屑物质在红 3 井东侧断裂下盘堆积，形成拐 5 井断崖扇。自红 3 井东侧断裂向南依次划分为扇顶亚相、扇中亚相和扇缘亚相。扇顶亚相紧邻断崖处，拐 5 井和拐 147 井位于扇顶亚相，以砾岩和砂砾岩为主，夹薄层砂质泥岩，砂砾岩类占 85% 以上，具有粗细相间的洪积层理，为厚层块状的有利储集体；扇中亚相，处于扇体中部，拐 101 井钻遇，沉积物为砂砾岩与泥岩互层，砂砾岩占 35% ~ 85%，为薄层状储层，是较为有利的油气储集相带；扇缘亚相处于扇体前缘，以泥质岩类为主，渗透性很差，为非储集区，尚无井钻遇（图 1–2）。

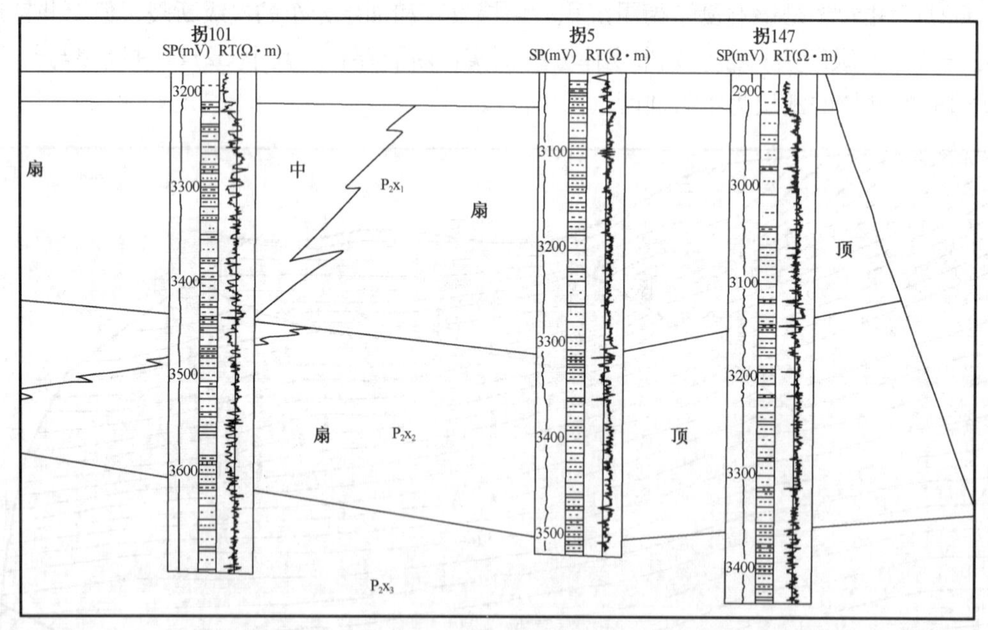

图 1–2　小拐油田二叠系夏子街组沉积剖面图
（新疆石油管理局勘探开发研究院编制，1995 年 9 月）

1996 年 3 月，在编制拐 5 井区开发概念设计时，勘探开发研究院欧阳可悦提出夏子街组为一套洪积扇和水下冲积扇的复合沉积，小拐断块北部发育拐 5 井洪积扇，南部发育拐 9 井水下冲积扇，两扇来自于不同的物源区且受红 3 井东侧断裂、红车断裂和新光 1 号断裂控制，不同时期的断裂活动影响两个扇体的发育特点与规模，总体上是北部的洪积扇远大于南部的水下冲积扇（图 1–3）。

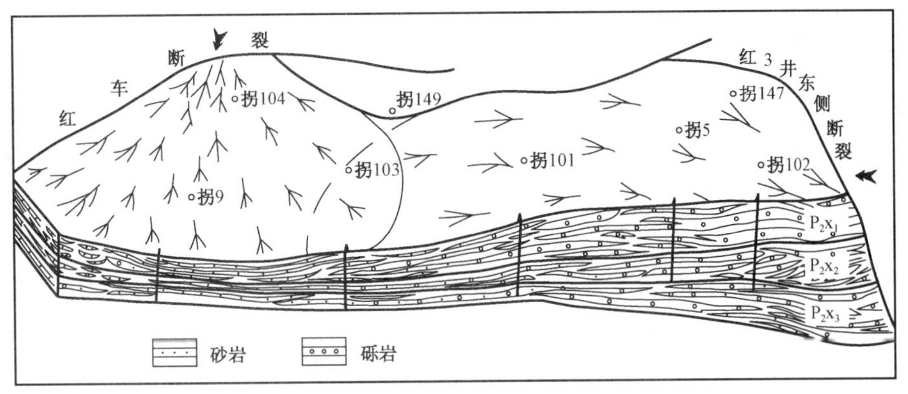

图 1–3　小拐油田二叠系夏子街组沉积相模式图

（新疆石油管理局勘探开发研究院编制，1996 年 3 月）

1998 年 12 月，在中国石油勘探开发科学研究院协作完成的深层裂缝性低渗透油田裂缝地质模型建模研究专题中，曹宏博士通过对拐 5 井区夏子街组岩心观察及部分露头资料分析，并结合微电阻率扫描成像测井（FMI）资料及常规测井曲线的特征研究，对夏子街组夏一段、夏二段的沉积微相进行了划分和分布描述。认为夏子街组为一套巨厚的陆上洪积扇沉积，沉积过程中受断裂活动、火山喷发、物源供应、水动力强弱等诸多因素影响，近物源沉积厚度大，岩性粗、堆积速度快，成分、结构成熟度都很低，电性反映以块状中高电阻率为主，物源来于东北方的中拐凸起和周边火山活动区的产物。通过 G2108 井和 G2057 井两口系统取心井资料，建立了电阻率（RT）、自然伽马（GR）、声波、密度、中子和岩性的相关图版，利用电阻率和自然伽马的标准判别划分了所有探井和开发井的夏子街组六种岩性，建立了夏一段和夏二段沉积微相划分模式，即洪积扇扇顶亚相：主槽、侧缘槽、槽滩、泥石流、漫洪微相；扇中亚相：辫流线和砂岛微相；扇缘亚相。夏子街组洪积扇体系存在扇顶沉积发育而扇中、扇缘沉积不发育的特点。扇顶粗砾岩体分布广泛，扇中砂砾岩体分布局限，形态严格受扇顶区的控制（图 1–4 和图 1–5）。

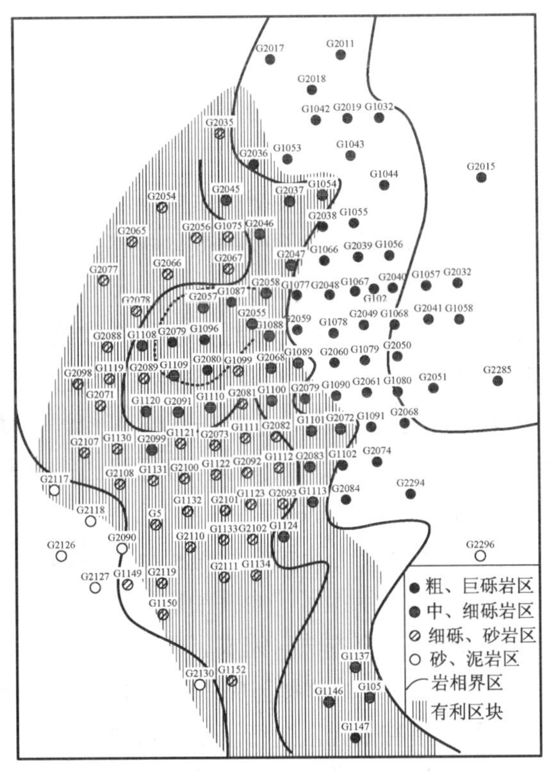

图 1–4　小拐油田夏子街组 $P_2x_2^4$ 沉积微相图

（中国石油勘探开发科学研究院编制，1998 年 12 月）

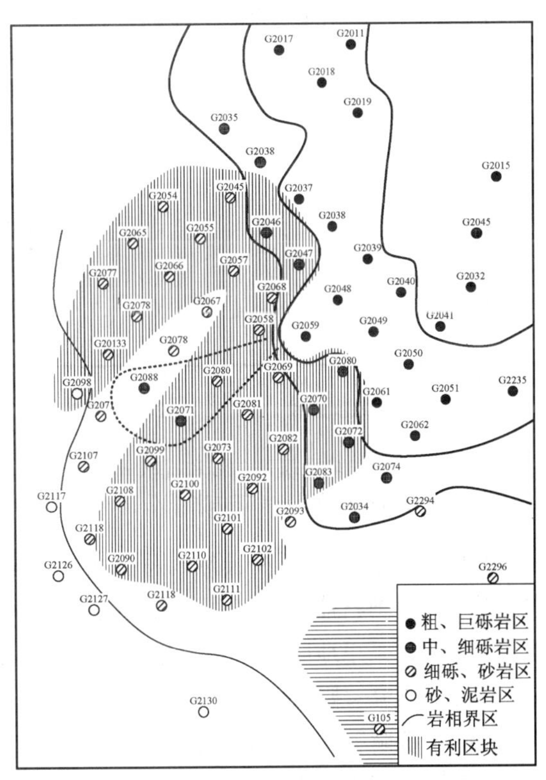

图 1–5　小拐油田夏子街组 $P_2x_1^4$ 沉积微相图

（中国石油勘探开发科学研究院编制，1998 年 12 月）

二、岩性物性

1995 年 9 月，在控制储量报告中，认为夏子街组储层岩性主要为杂色、绿灰色砾岩、砂砾岩，储集空间主要为微裂缝和粒间溶孔，平均孔隙度 7.8%，平均空气渗透率 1.49mD，不稳定试井资料反映为双重介质储层，解释有效渗透率 2.8mD，初步评价夏子街组储层为小孔隙、低渗透、分选差的裂缝—孔隙型双重介质储层。

1996 年 3 月，在编制拐 5 井区开发概念设计中，认为拐 5 井区处在拐 5 井扇主槽的边部，仅有拐 5 井和拐 147 井出油，块状砂砾岩、砂质不等粒砾岩、小砾岩是主要储层。拐 101 井、拐 9 井和拐 104 井一带粗、中砂岩、细砂岩、沉凝灰岩为有利的储集岩。储集空间分析面孔率和裂隙率低，孔喉连通性差、配位数低。基质物性：夏一段平均孔隙度 7.37%，平均渗透率 0.429mD；夏二段平均孔隙度 6.66%，平均渗透率 0.108mD；夏三段孔隙度平均为 5.12%，渗透率平均 0.35mD；纵向上夏一段至夏三段储层物性变差，平面上南部好于北部。

由岩心观察、微电阻率扫描成像测井（FMI）解释和动态特征参数均反映储层裂缝发育，存在多组多期不同走向的天然裂缝，其中东西走向裂缝为主，倾角大，直劈裂缝缝面光滑，无充填物，裂缝高度大，裂缝密度小，钻井诱导缝较发育，与天然缝难区别，试井解释裂缝特征不明显，压裂施工曲线反应裂缝存在，裂缝在地下开闭状态不清。根据电阻率成像测井（FMI）分析现代最大主应力方向 80° ~ 90°，平均 85°，近乎东西向，与天然裂缝走向平行；岩心观察裂缝测量倾角 85° ~ 90°，裂缝密度 0.02 ~ 4 条 /m，高度 0.13 ~ 4.9m；FMI 测井解释垂直缝（80° ~ 89°）占 94.4%，高角度缝（72° ~ 80°）占 5.6%，裂缝密度 1.0 ~ 4 条 /m，平均 1.47 条 /m，裂缝纵向延伸几米至几十米，甚至上百米，占地层厚度的 40.2% ~ 86.11%；裂缝宽度 0.2 ~ 0.7mm，平均 0.31mm；裂缝孔隙度最大值 0.15%，最小值 0.03%，平均 0.058%。利用范·高尔夫—拉特的平板模型计算公式，计算裂缝渗透率 1.4 ~ 156mD。

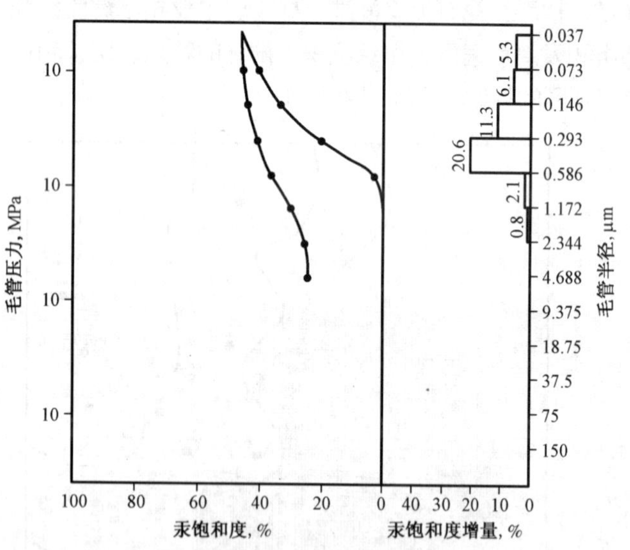

图 1–6 典型压汞曲线和孔喉分布图
（新疆石油管理局勘探开发研究院编制，1995 年 3 月）

夏子街组储层裂缝发育与岩性粗细相关，在平面上，即拐 102—拐 5—拐 101—拐 9 井岩性由砂砾岩至中、细砂岩，裂缝呈由多至少、由高角度至低角度、单缝由大而少的变化规律。纵向上由上至下裂缝逐渐减少。

据压汞曲线分析夏子街组储层的孔隙结构具孔隙连通性差，排驱压力高，平均毛管压力高、孔喉比较小，退汞效率低（图 1–6）。综合评价夏子街组储层属厚油层、低孔隙、特低渗透、小孔道微细喉和裂缝较发育的储层。

1995 年底，中国石油天然气总公司决定整体开发小拐油田。按总公司开发生产局和新疆石油管理局的要求，中国石油天然气总公司勘探开发科学研究院开发所吴若霞等承担了“小拐油田裂缝系统综合研究”课题。采用地质、测井、油藏工程、钻采等多学科多信息综合研究方法，完成了区域构造应力场与构造格局研究、野外露头考察、7 口井系统岩心描述、8 口井 FMI 成果的解释与应用、16 口井的常规测井裂缝系统解释及储层岩性、孔隙结构和油水系统的综合解释，用有限元法进行了古构造应力场模拟和裂缝系统预测，并进行了显微裂缝系统的研究，结合分析化验、试油、试井资料进行了综合研究，并补做了部分铸体薄片、荧光薄片、黏土矿物分析和验证工作，系统描述了储层特征。

夏子街组储层基质孔隙主要为次生孔隙，孔隙类型有粒内溶孔、胶结物晶间孔或溶孔、界面孔和微裂缝。拐 5、拐 101 井面孔率 0.01% ~ 0.2%，裂隙率 0.0118% ~ 0.0755%。储层孔隙度平均 6.37%，平均空气渗透率 0.24mD。由拐 102 井 25 块荧光薄片分析结果：有荧光显示的 7 块，样品平均孔隙度 5.7%，渗透率 0.067mD；储集空间只是胶结物中次生孔、部分粒内溶孔、界面孔、微裂缝形成的孔隙网络。

拐 102、拐 5 井 32 个铸体薄片分析：18 个镜下无可视孔，占样品的 56%；14 个有可视孔，占样品的 44%，其中，12 个有微裂缝，占有可视孔样品的 85.7%。无微裂缝的样品平均空气渗透率为 0.1mD，有微裂缝的样品平均空气渗透率为 0.2mD。所以小拐油田储层平均空气渗透率反映了带有微裂缝的致密基质的渗透性。

为准确评价储层基质对流体的渗流能力及流体饱和度，1996 年 7 月，特请北京石油勘探开发科学研究院廊坊分院渗流力学研究所来油田现场选样，进行核磁共振室内实验分析。经岩心样品测试对比，确认夏子街组储层相对较大孔喉部分所占比例极小。据拐 5 等 6 口井 44 块岩心样品核磁共振室内试验分析与常规方法（称重法、离心法）分析结果对比发现（表 1–2），用称重法得到的孔隙度与核磁共振方法测得的孔隙度较为接近，而用离心法和核磁共振方法测得的可动流体孔隙度也较接近。并将压汞曲线和渗透率贡献分布图与弛豫时间谱对比分析，孔喉半径分布与弛豫时间谱有很好的对应关系，当渗透率贡献 98% 时对应的孔喉半径在 0.1 μ m 左右，由此分析认为难流动喉道半径小于 0.1 μ m，在 I 类储层中占 60% ~ 70%，对应的汞饱和度增量为 20% ~ 15%；II 类储层中占 80% ~ 90%，对应的汞饱和度增量为 10% 左右。说明储层基质的可动流体孔隙度和可动流体饱和度都很小，根据两者的相关性，储层平均孔隙度在 5.0% 左右，对应的可动流体孔隙度 0.5%。

表 1–2 用核磁共振和常规方法测得的岩石物性参数表

序号	岩性	称重法 %	核磁共振法 %	离心法 可动孔隙度 %	核磁共振法 可动孔隙度 %	样品数 块
1	粗砾岩	2.44	2.65	0.53	0.43	7
2	中砾岩	5.68	5.68	0.83	0.79	12
3	细砾岩	7.39	7.43	0.76	0.76	15
4	泥质砂岩	12.41	12.05	1.72	1.72	10
平均		6.98	6.95	0.96	0.92	44

注：摘自《深层裂缝性低渗透油田储层裂缝地质建模方法及裂缝分布规律研究》，1998 年 12 月。

1997 年 7 月，根据中国石油天然气总公司副总经理马富才和总公司勘探局领导的要求，石油物探局派专家对小拐油田进行技术咨询，柴桂林、李玲、冯许魁等来克拉玛依，对该油田勘探开发现状、存在问题进行调研。他们采用地震相干法技术进行了裂缝预测尝试。地震相干处理解释显示：夏一段裂缝发育呈多组系相互交叉，裂缝带规模大的特点。研究区西部呈弧形展布，上部在拐 5 井及拐 105 井以北平面上裂缝带呈指状延展，以北西、北东向两组裂缝为主相互交叉，裂缝带规模大，方向性强，按方向展布特点划分为八个裂缝发育带；下部总体表现出裂缝规模小，尤其是北东向裂缝带，北西向裂缝带仍显出规模较大的特点，但平面上连续性差。夏二段裂缝带发育呈横向延展断续状，规模小，主要裂缝带方向为北东向、北西向及南北向，同时出现一组近东西向，四组裂缝相互切割使储层呈碎块状。

1997 年初，根据中国石油天然气总公司领导要求和新疆石油管理局领导的邀请，中国石油天然气总公司咨询中心李道品、罗迪强和中国石油天然气石油勘探开发科学研究院朱兆明、钱绍新、廖明书、向世琪、高合明、孙聚晨、姚逢昌、王波、宋新民和刘庆怀12名油田开发专家，于2月24日至3月3日在克拉玛依对小拐油田油藏地质、工艺工程及开发产能影响因素等进行了调查研究和咨询工作。

初步获得以下认识，夏子街组储层由冲积扇的巨厚块状砾岩构成，受断裂、构造和岩性控制的裂缝性油藏，地质条件十分复杂，主要表现：(1) 储层孔隙度小。储层孔隙以微裂缝、界面孔、粒间（内）溶孔和晶间孔为主，其中微裂缝面孔率占总面孔率的90%左右。孔隙度分布在5.3% ~ 15.7%范围内，平均6.7% ~ 6.3%。(2) 渗透率最低。储层渗透率分布范围为0.03 ~ 150mD，平均值为0.25 ~ 0.16mD。(3) 裂缝规模大。据FMI测井解释裂缝纵向切深最高达55m，野外露头测量裂缝水平延伸数十米至数百米，是我国裂缝规模最大的油藏之一。(4) 敏感因素多，敏感性强。除了通常的碱敏、水敏、酸敏和盐敏外，还具有很强的压力敏感性。储层裂缝延伸压力梯度仅为0.0139MPa/m，低于一般油田的0.015 ~ 0.019 MPa/m，破裂压力梯度低容易引起压井液漏失和压裂裂缝垂向延伸等复杂情况。(5) 非均质性严重，产量变化剧烈。有些高产井的旁边就有低产甚至不出油井，例如拐5井为高产井，而相邻的G2119井就不出油。

同时，也指出一些有利因素，主要如：(1) 油层厚度大。夏一段和夏二段平均有效厚度达116m，拐5井试油7层出油，射开厚度总共97m。(2) 裂缝发育。据岩心观察和测井曲线分析，在地质条件（岩相和岩性）有利范围内，多数井裂缝都比较发育，利用压力恢复曲线解释，平均有效渗透率为5.8mD，比基质渗透率高二、三十倍。(3) 原油性质特别好。地面原油密度平均0.831g/cm^3，地层原油黏度平均0.64mPa · s。(4) 油水关系简单。只有最东部的拐106井出水，内部没有出水井层。(5) 有部分油井初期产能比较高。油井出油受基质和裂缝双重因素控制，油层易受污染，对产油能力影响很大，甚至不出油。

最后他们对小拐油田开发提出四点建议：一是下最大功夫解决好保护油层防止污染问题。在此问题未解决之前，不宜再钻新井、扩大开发范围。二是改进压裂、投产工艺技术，千方百计挖掘已钻的未投产井和停产井及未见油井的潜力。三是深入分析研究，落实油层物性主要参数（储量计算参数）和裂缝发育及分布规律。四是进一步开展渗流特征机理和合理开发方式的研究实验。

1998年12月，由新疆石油管理局勘探开发研究院和中国石油天然气总公司勘探开发科学研究院开发所宋新民、刘明高、朱怡翔、钱根宝、李彦兰、王延杰等负责完成的《深层裂缝性低渗透油田储层裂缝地质模型建模方法及裂缝分布规律的研究》报告，对小拐油田夏子街组油藏储层基本特征和描述方法与技术做了系统的总结，建立了裂缝性储层地质模型，包含裂缝参数分布的非均质模型和基块物性参数分布的非均质模型。

第三节　流体与渗流

一、流体性质

小拐油田拐5井区夏子街组为一巨厚的块状砾岩油藏，夏一段和夏二段底部及其内部均无稳定的隔层，为一个油水系统，油水边界是受断裂、储层分布、构造控制的，最低出油深度为海拔-3444m。据拐5井、拐102井、G2055井、G2090井测得6井层静压和复压资料，建立的夏子街组地层压力梯度关系，压力系数1.13 ~ 1.15；根据探井井温资料，建立的小拐油田地温梯度关系，地温梯度为2.43℃ /100m；夏一段和夏二段油藏压力和温度见表1-3。

在小拐油田夏子街组油藏的勘探和滚动开发过程中，不同阶段根据所取的流体分析资料，分析拐5井区流体性质基本一致。

表 1-3　小拐油田夏子街组油藏参数表

层位	油藏中部深度 m	油藏中部海拔 m	油藏温度 ℃	地层压力 MPa	压力系数
P_2x_1	3353	-3068	82.4	38.60	1.15
P_2x_2	3520	-3235	85.8	39.72	1.13

注：摘自《小拐油田拐 5 井区二叠系夏子街组油藏开发方案》报告，1996 年 8 月。

拐 5 井、拐 102 井、拐 147 井和 G2055 井 7 井次的常规高压物性取样和 G2055 井五级工作制度下的状态取样分析结果，饱和程度均在 87.8% 以上，且饱和压力随着流动压力的升高而增大，当流动压力控制在原始压力的 96.7% 时，饱和程度已达 94.4%，证明夏子街组油藏属于饱和油藏，其单次分泌条件下的地层油物性见表 1-4。

表 1-4　小拐油田夏子街组地层油性质表

层　位	密度 g/cm^3	黏度 mPa · s	压缩系数 $10^{-4}MPa^{-1}$	原始气油比 m^3/m^3	体积系数
P_2x_1	0.6940	0.67	17.68	180.1	1.4089
P_2x_2	0.6923	0.66	18.73	184.6	1.4181

注：摘自《小拐油田拐 5 井区二叠系夏子街组油藏开发方案》报告，1996 年 8 月。

夏子街组油藏 52 口井 62 井次的地面原油分析结果：原油密度 0.8199 ～ 0.8739g/cm^3；在温度 50℃下，原油黏度 4.02 ～ 7.28mPa · s；酸值 0.02 ～ 0.15mg/g；含蜡量 11.48% ～ 16.99%；凝固点 14 ～ 24℃；初馏点 84 ～ 165℃。11 口井 11 井次的溶解气分析结果：甲烷含量 91.05% ～ 94.22%，相对密度 0.5918 ～ 0.6039，非烃含量较低。

根据 29 井 56 井次地层水全分析资料，地层水水型为 $CaCl_2$ 型，Cl^- 含量平均 14865.27mg/L，矿化度平均 25831.38mg/L，总硬度平均 976.955。

二、渗流规律

夏子街组储层渗流规律研究主要由石油大学（北京）特殊油藏研究室魏俊之副教授负责，1999 年 2 月完成，历时约 1 年半时间，提出了渗流模式的见解。

岩石润湿性研究做了气—水吸渗测试、接触角测试：据 10 块岩心样品气—水自吸法润湿性测定结果，表明储层具有较强的亲水性；接触角测试选用 G2108 井岩心切片 6 块，在 25 ～ 35℃地层水中浸泡 3 天后，放在地层油中老化 11 天。用去极性油清洗岩心表面，然后做接触角测定，平均油水接触角为 56° 左右。

气体单相渗流特征：在不同围压下测试了 16 块岩样的气体渗透率，结果呈现出特低渗孔隙介质气体单相渗流特征。随着静围压升高，岩样气体渗流符合达西定律；储层气体绝对渗透率受围压影响大，其绝对值随上覆压力每增加 10MPa，渗流能力下降 60% ～ 90%，压力敏感性较强。

水相单相渗流特征：经对 3 块细砾岩在恒定净围压下的水相单相渗流测试，测试曲线形态各不相同，岩心单相流体渗流是否符合达西定律，有待于增加实验样品数量后的试验结果验证。

油水两相渗流特征：由于储层基质孔隙度、绝对渗透率低，实验无法测得两相流动数据。

第四节　油气储量

1995年3月7日，小拐油田拐5井二叠系夏子街组夏二段试油获得高产工业油流。之后，勘探开发研究院、地调处和测井公司等单位加强油藏框架描述和现场跟踪研究工作，加快了拐5井和拐147井试油，并部署实施了拐5井区173.5km^{2}的三维地震资料野外采集、处理，并初步应用GeoQuset的Rm包软件、MAXIS-500测井等解释技术，确定了油藏框架的认识。1995年9月由马辉树、邵雨、王洪良等研究人员完成拐5井区二叠系夏子街组油藏控制储量的计算和上报工作，储量采用容积法计算，纵向划分为夏一段和夏二段两个计算单元，平面上分为纯油区和油水过渡带计算单元，上报含油面积43.2km^2，控制石油地质储量5900×10^{4}t，溶解气地质储量为88.90×10^{8}m^3；采收率选用20%，计算石油可采储量1180×10^{4}t，溶解气可采储量为17.78×10^{8}m^3。

1995年底，在控制储量的基础上，开发早期介入，开展油藏控制井部署和开发试验工作，加快了拐5井区夏子街组油藏的工作节奏，为此，1996年初，新疆石油管理局成立了由勘探开发研究院、测井公司研究所和地调处地球物理研究所有关人员组成的联合研究项目组，至1996年11月20日，在完钻开发井123口，录取了大量地质资料的基础上，深化了油藏地质认识，1996年12月完成小拐油田拐5井区二叠系夏子街组油藏探明储量报告，上报夏子街组探明Ⅱ类石油地质储量6374×10^{4}t，溶解气地质储量134.98×10^{8}m^3，叠加含油面积为33.2km^2，其中裂缝石油地质储量为949×10^{4}t；油藏采收率选用15%，石油可采储量956.1×10^{4}t（表1–5）。

表1–5　小拐油田拐5井区夏子街组探明储量参数表

类型	层位	类别	含油面积 km^2	有效厚度 m	有效孔隙度 %	含油饱和度 %	原油密度 g/cm^3	原油体积系数	石油地质储量 10^{4}t	溶解气地质储量 10^{8}m^3	石油可采储量 10^{4}t	溶解气可采储量 10^{8}m^3
基质	P_2x_1	Ⅲ	10.2	67.1	6.7	45	0.831	1.398	1227	25.89	184.05	3.88
		Ⅱ	23	67.1	6.7	45	0.831	1.398	2766	58.36	414.9	8.75
	P_2x_2	Ⅱ	16.7	49.2	6.4	46	0.831	1.404	1432	30.64	214.8	4.6
裂缝	P_2x_1	Ⅲ	10.2	165.9	0.29	80	0.831	1.398	233	4.92	24.95	0.74
		Ⅱ	23	165.9	0.29	80	0.831	1.398	526	11.1	78.9	1.67
	P_2x_2	Ⅱ	16.7	83.0	0.29	80	0.831	1.404	190	4.07	28.5	0.61
小计	P_2x_1	Ⅱ							3292	69.46	493.8	10.42
		Ⅲ							1460	30.81	219.0	4.62
	P_2x_2	Ⅱ							1622	34.71	243.3	5.21
合计									6374	134.98	965.1	20.25

注：摘自《小拐油田拐5井区二叠系夏子街组油藏探明储量报告》，1996年12月。

2001年，与四川石油管理局地质勘探开发研究院协作完成了夏子街组探明石油地质储量复算工作，包强、谢冰等进行了拐5井区二叠系夏子街组油藏储层特征及储层参数专题研究，重点研究了储层的非均质性、含油边界的圈定原则和采用测井多变量（考虑裂缝因素）费歇判别技术解释有效厚度，在此基础上复算小拐油田夏子街组油藏Ⅰ类石油地质储量。并于2001年9月18日在北京怀柔由国土资源部油气储量办公室和中国石油勘探与生产分公司矿权与储量管理办公室组织审查，核定夏子街组叠加含油面积9.1km^2，Ⅰ类石油地质储量为751×10^{4}t，溶解气地质储量16.77×10^{8}m^3（表1–6）。比探明石油地质储量减少5623×10^{4}t，含油面积减少24.1km^2，溶解气地质储量减少118.21×10^{8}m^3。储量减少的原因：

一是原含油边界是由三维地震解释的断裂、构造和有利储层预测以及油水界面圈定的，核实面积是以开发井试采和生产结果为依据，以实际控制井点圈定的，造成含油面积减小；二是有效厚度解释方法不同，原有效厚度图版解释的油层经开发井试采发现差别大，符合率低，核实储量所用的多参数费歇判别方法更适合裂缝性储层，单井解释厚度减小，也是核减储量的主要原因。

根据油藏实际生产数据，预测了夏一段和夏二段年递减率和月递减率，计算其采收率为 9%，确定夏子街组油藏的可采储量为 67.6×10^4t。

表 1–6　小拐油田夏子街组油藏储量计算成果表

计算单元	类型	含油面积 km²	有效厚度 m	有效孔隙度 %	含油饱和度 %	原油密度 g/cm³	原油体积系数	原始气油比 m³/t	石油地质储量 10^4t	溶解气地质储量 10^8m³
P_2x_1	岩 块	8.5	38.7	6.9	34	0.835	1.409	215.7	457	10.25
	裂缝	8.5	38.7	0.1	95	0.835	1.409	215.7	19	0.41
	小计								476	10.66
P_2x_2	岩块	6.6	28．0	7.2	34	0.830	1.418	222.4	265	5.89
	裂缝	6.6	28．0	0.1	95	0.830	1.418	222.4	10	0.22
	小计								275	6.11
总计									751	16.77

注：摘自《小拐油田拐 5 井区二叠系夏子街组油藏复算储量报告》，2001 年 9 月。

第二章

开发部署与实施

小拐油田为深层特低孔、超低渗透、裂缝性块状砾岩油藏，开发难度和风险巨大。中国石油天然气总公司在仅有2口探井出油、油藏地下情况尚不清楚、储量尚未探明和缺少配套技术的情况下，要求跨越开发试验阶段整体投入开发，加快油田建设速度，在1年半时间内建产能 100×10^4t/a。新疆石油管理局按照这一要求，在短期内完成小拐油田整体评价、概念设计和开发方案等部署，集中32台钻机展开产能建设实施工作，完钻各类井154口，设计高峰年产能力 111×10^4t，实际产能到位率17.6%。

第一节 方案部署

1995年3月，在拐5井二叠系夏子街组3448～3428m射孔、压裂试油，4.5mm油嘴产油60.87t/d、产气8894.0m³/d，后在夏子街组试油3层，均获得工业油流，并利用老探井拐147井夏子街组恢复试油3层获工业油流。同年9月上报小拐油田拐5井区二叠系夏子街组油藏控制石油地质储量 5900×10^4t。当时，新疆石油管理局主管开发的领导、开发部门和相关科研人员认为小拐油田正处在勘探评价阶段，只有拐5井和拐147井两个出油井点控制，油藏内幕不清楚、储量规模不落实，不具备整体开发的条件，在进行下一年度工作部署时，为了做好开发前期准备与开发概念设计的准备工作，提出1996年进行开发试验的工作部署，在拐5井附近采用300m×425m井距反九点井网部署4个井组，设计井数25口。

1995年11月，中国石油天然气总公司油田开发工作会议在北京召开，新疆石油管理局在工作汇报中提到小拐油田1996年开发试验部署时，中国石油天然气总公司领导批评新疆石油管理局对小拐油田部署工作太慢，要求1996年全面滚动开发，用一年半的时间建成 100×10^4t 生产规模。

在上述情况下，新疆石油管理局调整了之前小拐油田产能建设部署，确定先以夏二段油藏为主要目标，在控制储量所划定的纯油区范围内，以300m×425m反九点面积注水井网为基础，以油藏北部拐5井和拐147井附近为主，部署7口开发评价井；南部夏二段油藏无出油井点控制，先选择少量评价井进行面上的控制，设计开发评价井3口（图2–1），录取油藏相关资料，通过试油、试采，加深油藏认识，为编制小拐油田开发概念设计创造条件。

1996年3月，以拐5井区二叠系夏子街组油藏控制含油面积43.2km²、石油地质储量 5900×10^4t 为基础，利用完钻探井、部分开发评价井所取资料，在对油藏特征框架认识的条件下，由勘探开发研究院、钻研院、采油院和设计院联合编制了《小拐油田拐5井区二叠系夏子街组油藏开发概念设计》。方案设计夏子街组夏二段采用直井开发，按300m×425m井距反九点正方形井网部署，油井井排与天然裂缝走向呈45度夹角；夏一段采用水平井开发，按600m×850m井距的五点法井网部署，与夏二段开发井网重叠，采油井为水平井，注水井利用夏二段井网上的角井转注兼顾两套井网（图2–2）。共设计油水井189口，其中直井169口，水平井20口，直井采油井127口，注水井42口，总进尺

67×10^4m。第一年利用天然能量开发，单井产量直井为 11t/d，水平井为 34t/d，区产油量 3048t/d，年产油 91.45×10^4t；第二年注水开发，直井单井产量 15t/d，水平井单井产量 45t/d，区产油量 2833t/d，年产油 85.0×10^4t，采油速度 1.45%，年注水 $114.72\times10^4\text{m}^3$。预测 15 年采出程度 11.1%，综合含水 67.6%。

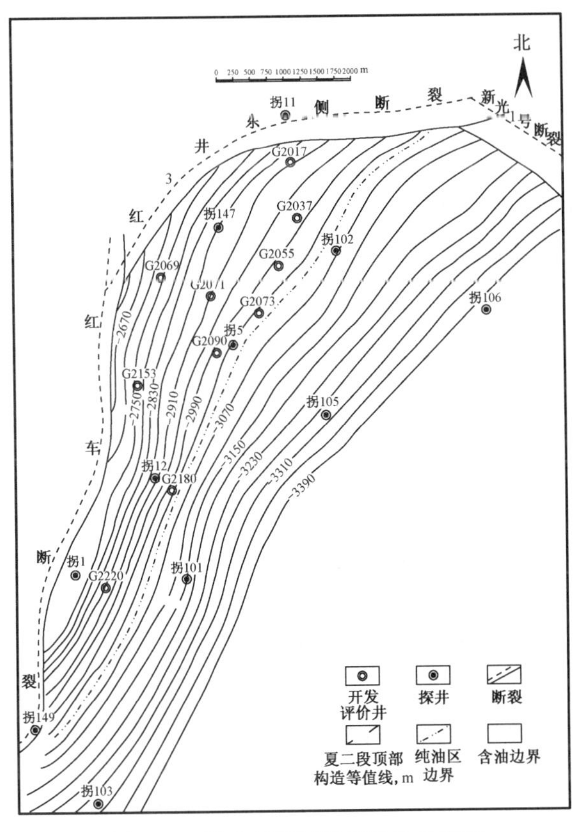

图 2–1　拐 5 井区开发评价井井位图
（新疆石油管理局勘探开发研究院编制，1995 年）

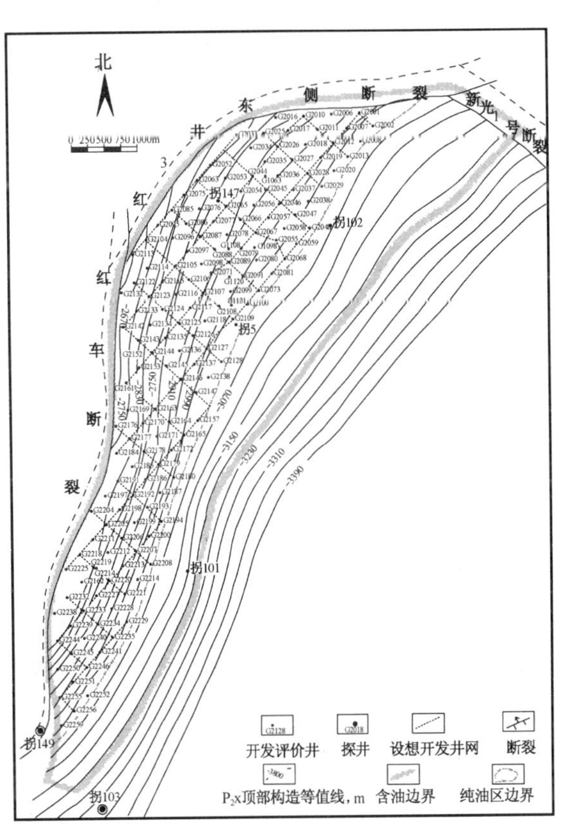

图 2–2　拐 5 井区开发概念设计井网图
（新疆石油管理局勘探开发研究院编制，1996 年）

概念设计审查通过后，3 月下旬勘探开发研究院先后提出了 3 轮 17 口开发井位。4 月中旬，随着开发评价井的陆续完钻和试油试采资料分析的进行，发现主断裂位置与初期构造认识有较大的变化，评价井 G2017、G2153 井落入红车断裂和红 3 井东断裂上盘，同时，内部发育平行红车断裂的多条次级断裂，使得位于其中间断块的评价井 G2069 井落空，另外，油区南部的 G2180、G2220 井油层变差，为低产区。探井拐 102 井在夏二段 3730 ~ 3716m 试油，3.5mm 油嘴获日产油 48.05t，表明拐 102 井、拐 5 井和拐 147 井控制的扇顶部位为有利储油区。根据以上情况，经主管部门与研究院共同研究，将滚动开发区域圈定在拐 102 井、拐 5 井和拐 147 井控制的区域内，对开发井网进行调整，编制了小拐油田夏子街组油藏开发井井位调整意见，原概念设计井网 169 口直井中，保留 74 口，新布井 95 口，总体开发井数及产能规模不变，需新增进尺约 4×10^4m（图 2–3）。

鉴于当时钻井技术条件的限制，概念设计中夏一段水平井开发难以整体实施。1996 年 7 月提出夏一段油藏开发部署的调整意见，开辟一个直井开发试验区，一是可满足小拐钻机正常钻进的需要；二是夏一段油藏埋藏较浅，钻井周期短，见效快；三是可进一步认识夏一段油藏，并与水平井的开发效果进行对比。试验区布井方式采用 300m × 425m 反九点法面积注采井网，油井井排与夏二段井网错开 150m，动用面积 2.25km^2，部署四个试验井组，总井数 25 口，其中采油井 21 口、注水井 4 口。设计平均井深 3460m，钻井总进尺 8.65×10^4m。单井设计产能 18t/d，年产油能力为 11.34×10^4t。

为了加快小拐油田开发方案的编制，在实施开发控制井与部分开发井的同时，地质研究工作加紧进行。1996 年 4 月勘探开发研究院完成小拐地区现代应力场分布规律研究，采用现场测试和室内实验相结合的办法，确定了小拐油田夏子街组油藏水平最大主应力方向与天然裂缝、诱导缝方向基本一致，为东西向，垂直于红车断裂走向，水平两向应力差为 12MPa，天然裂缝在地下基本闭合，断裂附近的应力梯度为 0.0167MPa/m，距断裂 1000m 以外的应力梯度为 0.0154MPa/m，利于开发。1996 年 7 月中国石油天然气总公司石油勘探开发科学研究院开发所完成了小拐油田裂缝系统综合研究，通过古构造应力场模拟和裂缝系统预测为小拐油田井网设计提供了依据。为客观评价超低渗透砾岩储层基质岩块的供液能力，由廊坊分院渗流所进行储层可动流体分布特征研究，选取了 44 块岩心样品，采用低场核磁共振仪测量岩石的可动流体含量和微观孔喉分布特征值，分析储层平均孔隙度为 6.95% ~ 6.98%，可动流体孔隙度为 0.92% ~ 0.96%；孔喉半径小于 0.1μm 的孔隙在砾岩储层中占 60% ~ 70%，对应的进汞饱和度仅为 20% ~ 15%。与此同时，钻井、采油、地面各专业的研究工作也抓紧进行。1996 年 8 月完成了《小拐油田拐 5 井区二叠系夏子街组油藏开发方案》。

方案设计分夏一段和夏二段两套层系，溶解气驱开采，采用 300m 正方形井网，井排方向与东西主裂缝方向呈 45° 夹角，两套开发井网相互错开半个井距，全油藏设计总井数 206 口（图 2–4），全部按直井设计，其中夏一段总井数 120 口，夏二段 86 口，利用老井 2 口，钻井进尺 72.06×10^4m，单井设计产量 18t/d，全油藏高峰期年产油能力 111×10^4t，预测 15 年，累计产油 608.11×10^4t，采出程度 10.31%。总体规模按年产 100×10^4t 进行部署，配套地面工程建设。于 1996 年 8 月 19 日至 22 日在克拉玛依由中国石油天然气总公司开发生产局、钻井局、咨询中心和北京石油勘探开发科学研究院、石油规划设计总院的专家与代表共 14 人，听取了新疆石油管理局小拐油田开发方案编制组的汇报，并分组进行讨论，通过审查，专家组对方案的编制和部署结果给予了肯定，并予以通过。

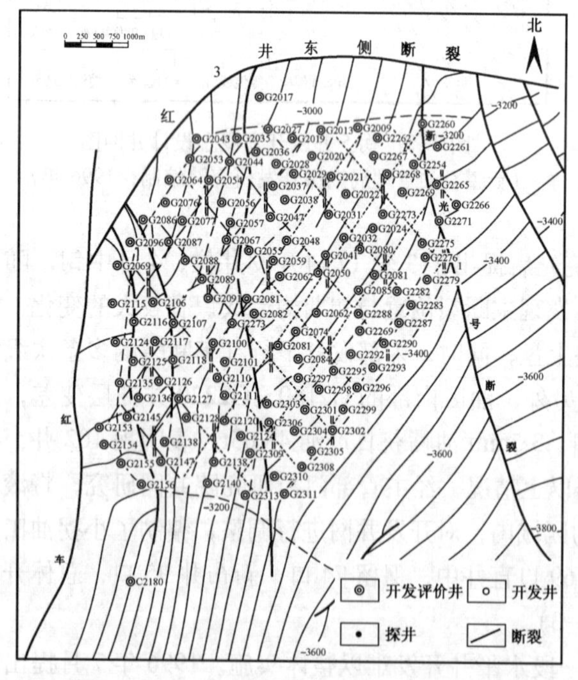

图 2–3 拐 5 井区夏子街组油藏概念设计井网调整图
（新疆石油管理局勘探开发研究院编制，1996 年）

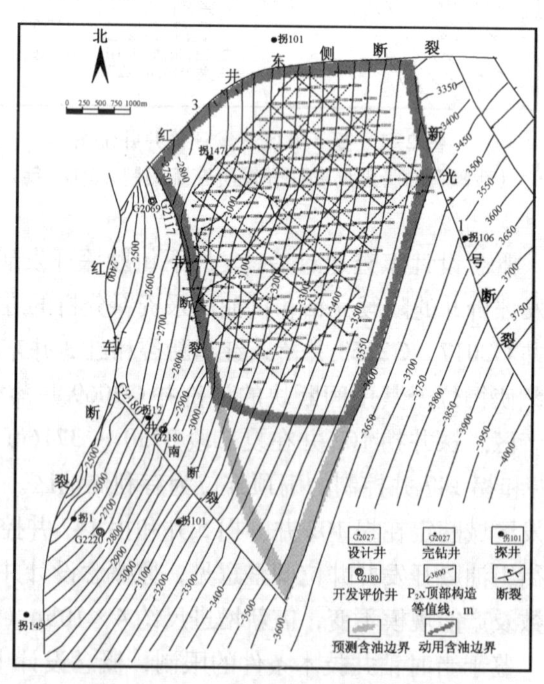

图 2–4 拐 5 井区夏子街组油藏直井井网图
（新疆石油管理局勘探开发研究院编制，1996 年）

1998 年 12 月勘探开发研究院开发所完成小拐油田拐 5 井区二叠系夏子街组油藏开发射孔方案，比较系统地总结了油藏地质研究的认识和生产动态分析。之后，再未进行方案调整研究和方案编制工作。

第二节 方案实施

1995 年 11 月，中国石油天然气总公司油田开发工作会议以后，按照总公司领导的要求调整了小拐油田部署，先部署 10 口开发评价井，并组织 10 台钻机开赴现场，1995 年 12 月 20 日第一台钻机开钻(G2071 井)，至 4 月中旬，评价井陆续完钻并进行试采。

1996 年 3 月 13 日，为了加强小拐油田开发的领导与组织协调，新疆石油管理局成立小拐油田开发建设指挥部（项目经理部），由局主管开发的副局长赵立春兼任指挥，董培基任常务副指挥，孙川生、王旌沙和康建军为副指挥，下设地质办、钻井办、采油办、地面办、经营办和综合办，全面负责小拐油田开发产能建设工作，主要建设单位钻井处、测井公司、采油三厂和油建公司等相应成立项目经理部，油田滚动开发拉开序幕。

首先，围绕探井和评价井出油井点逐轮提出开发井位予以实施，并由此向外钻少量的控制井点落实含油性，进行滚动开发。至 6 月 30 日，小拐油田开发已投入 32 台钻机，主要集中在拐 5 井、拐 147 井和拐 102 井控制的区域内，完钻开发井、评价井 26 口，正钻 29 口，投产 16 口，区产油 280t/d 左右。

8 月中旬，方案设计的两套开发井网钻井实施全面展开。至 1996 年 11 月 20 日，全油田开钻 137 口，完钻 123 口，投产 101 口，开井 47 口，日产油 861.8t，达到设计产能的井 22 口，占投产井数的 21.8%。针对油田开发井投产出油率低、产量递减快和无法实现开发方案设计指标的现实，局开发建设指挥部召开了小拐油田技术研讨会，制定了“放慢钻井速度、深化油藏研究、开展技术试验”的决策。要求重点加强地质油藏工程研究，分析低产、不出油的原因，优选生产层段，恢复老井产量，研究与探索适合小拐油田裂缝性油藏的钻井、完井技术，加强油层改造、注水试验、井下作业和深抽等工艺技术研究与试验，简化地面工程建设，保障油气集输系统通畅运行。

1996 年 12 月底，小拐油田共计开钻开发控制井和开发井 141 口，完钻 135 口，投产 110 口，建产能 67.5×10^4t/a，10 月 15 日油田日产量达到高峰 1017t，很快递减到年底的 630t，累计产油 13.13×10^4t。

1997 年 4 月，新疆石油管理局小拐油田开发建设指挥部领导及部分人员进行调整，采油处处长王旌沙任指挥，召开了小拐油田 1997 年开发产能建设工作部署及动员大会，指导思想为“以效益为中心，以科技为先导，加强研究，强化管理，以科学技术的进步，推动各项工作，努力开创裂缝油田开发新水平”。以深化油藏研究和开展定向井、水平井现场试验为主，全年完钻定向井 5 口，直井 1 口，老井定向侧钻井 2 口，钻井总进尺 3.3×10^4m，年底日产水平 440t，年采油 19.48×10^4t。1998 年进一步推广定向钻井技术和加大老井定向侧钻的力度，完钻定向井 4 口，直井 3 口，老井侧钻井 9 口。年底，日产油 450t，年产油 16.4×10^4t。

1998 年 12 月底，产能建设工作基本结束，共钻井 154 口，总进尺 58.64×10^4m，其中直井 145 口，定向井 9 口，此外老井定向侧钻井 11 口。全油田开井生产 31 口，当年产油 16.40×10^4t，采油速度 0.46%，方案实施效果与预期目标相距甚远，投资无法收回。中国石油天然气总公司在 1998 年有关会议上主动承担了责任。

第三节 开采试验

一、注水开发现场试验

小拐油田开发设计初期采用衰竭式开发，油藏无边底水能量，仅靠溶解气驱开采，采收率低。为了探索注水保持能量开发的可行性，进行了油藏注水现场试验。油藏储层基质物性差且裂缝发育，注水能否起到有效的驱油作用和保持地层压力能否提高最终采收率难以定论。因此在夏二段油藏按照反九点面积注采井网，选择 G2080 井组和 G2118 井组进行注水试验，其中 G2118 井组采油井共 7 口，注采层位为 $P_2x_2^2$—$P_2x_2^3$。G2080 井组采油井共 8 口，注采层位为 $P_2x_2^3$。

现场注水试验于 1996 年 12 月开始，G2118 井投注，单井配注水量 40~120m³/d。1997 年 1 月和 7 月 G2080 井组和 G2078 井组相继投注，3 个井组注水情况详见表 2−1。

表 2−1　小拐油田夏子街组油藏注水试验情况表

井组名	注水时间	日配注量 m³	累计注水天数 d	累计注水量 m³	累计产油量 m³	累计产水量 m³	地下亏空体积 m³	累计注采比
G2118	1996.12	40~120	595.7	42645	21618	492	11990.68	1.39
G2080	1997.1	40~120	575.7	41817	38616	2207	−12940.5	0.76
G2078	1997.7	40	255.8	1002.9	16315	3424	−22131.8	0.04

注：摘自《小拐油田拐 5 井区二叠系夏子街组油藏射孔方案》，1998 年 12 月。

由于夏二段砾岩储层裂缝发育，加之采油井、注水井均经压裂改造，其生产特征、吸水特征与一般低渗透油藏具有明显的差异。

注水井生产特征表现为：第一，注水井吸水能力强，注入压力和启动压力低，注水压力比较平稳。G2118 井和 G2080 井平均吸水指数为 150.4m³/（d · MPa），为开发初期油井平均采油指数的 30.1 倍，而启动压力分别为 10.49MPa 和 6.72MPa。在 1 年半注水试验过程中，G2118 井注入压力在 9 ~ 12MPa，G2080 井注入压力在 7 ~ 11MPa，1997 年 6 月和 1998 年 7 月两次增注，将注水量由 40m³/d 增加到 60m³/d，又由 60m³/d 增加到 120m³/d，注入压力变化不大。第二，油层吸水厚度占总厚度比例较高，各井段吸水量有一定差异。如 1997 年 3 月 G2118、G2080 井组的油层吸水程度分别为 68.2% 和 100%，下部吸水能力较上部强，吸水量占总吸水量的 77%。第三，注水不能有效地保持和恢复油井地层压力。注水前后，井筒附近地层压力注水井稳中有升，相关采油井则直线下降。如注水前 G2118 井 1996 年 10 月地层压力为 37.6MPa，注水 440.4 天后即 1998 年 4 月测试地层压力为 37.503MPa，变化不大；G2080 井注水前 1997 年 1 月测得地层压力为 31.46MPa，1998 年 4 月测试地层压力为 34.23MPa，升高了 2.77MPa。但是，采油井地层压力则呈直线下降趋势，特别是 G2118 井组，累计注采比已达 1.39，G2090 井地层压力却由 38.48MPa 下降为 22.032MPa，平均每年下降 5.48MPa。

采油井生产特征表现为注水试验期间，采油井地层压力持续下降，相继停喷。注水后的反应分为三种情况：第一种情况油井产量递减变缓，流压保持平稳。含水率和气油比变化幅度不大（3 口井）。如 G2090 井，1996 年 6 月至 12 月，日产液量由 23.3t 下降到 12.32t，流压由 27.03MPa 下降到 20.93MPa，平均每月下降 1.07MPa，在注水 2 个月后，日产液量回升到 14.6t，流压连续 5 个月保持在 21.59MPa 左右，油井一直不含水；第二种情况，注入水沿裂缝水窜，出现暴性水淹。如 G2079 井在 G2080 井投注 2 个月后，含水率由 6% 迅速上升到 55%，日产液由 19.6t 下降到 14.1t，导致停喷，转抽后，日产液 30t，含水率达 99.9%；第三种情况，注水未见效，产量持续下降。注水前后生产变化趋势基本保持一致，流压逐步下降，产量持续递减，气油比上升，注水后油井一直含水不高（一般在 3.0% 以内），随着地层压力的下降，油井停喷停产。如 G2108 井和 G2067 井是比较典型的井，初期单井产油 60t/d，从注水井投注到油井含水，时间分别是 5 个月和 4 个月，流压平均每月下降 1.07MPa 和 0.92MPa，月递减率为 11.9% 和 12.6%，到 1997 年 7 月，两口井均停喷，停喷前含水率别为 9.8% 和 2.5%。

通过现场注水试验，从注水井的注水特征和油井水淹、水窜分析，小拐油田具有裂缝性低渗透油藏注水开发的共性，3 口井注水短期见效，占油井数的 18%，累计注采比达到 1.0 以上，采油井地层压力仍持续下降，试验井组中除 G2066 井和三口老井侧钻外，其余 13 口油井均停产关井。

注水试验表明小拐油田夏子街组油藏注水无法有效补充地层能量，保持油田稳产，故油田未全面注水，利用天然能量低产开采至今。

二、定向井和老井侧钻开采试验

针对储层高角度裂缝发育、直井裂缝钻遇率低和油井产量变化大等问题，在小拐油田技术研讨会上提出定向钻井提高单井产量的技术思路：首先，改变钻井方式，选择定向斜井；第二，在钻井过程中采取欠平衡或近平衡方式钻井，避免大量钻井液的漏失和使用堵漏剂，以保护油层；第三，投产时采用泡沫或液氮等洗井液洗井，替出井内钻井液，诱喷成功即连管线生产，减少污染环节以利于发挥油层产能。

1997 年 2 月，勘探开发研究院王延杰完成了小拐油田第一口定向井（GD1145 井）地质设计意见，确定了定向钻井的目的、井位选择依据、定向井设计原则、钻井方向、目的层稳斜角度、长度及水平位移等，该设计在以后的定向井和老井侧钻井的地质设计中起到了示范作用。夏子街组油藏的初始地层压力系数较低，开采过程中压力下降很快，钻井时容易发生钻井液漏失，为减少对油层污染，制定了“钻井发生漏失后，先降低钻井液密度，不加堵漏剂，达到新的平衡时继续钻井，若持续发生井漏就停钻诱喷投产”的技术对策，实施过程中定向井和老井定向侧钻井钻井液密度控制在 1.10g/cm^3 以内。如 GD1145 井 1997 年 3 月 23 日开钻，6 月 2 日完钻，目的层裸眼长度 386m，井斜角 35° 左右，水平位移 161.5m，6 月 11 日采用泡沫洗井诱喷后直接投产，7.0mm 油嘴日产油 77.09t。

截至 1998 年 12 月底，小拐油田共完钻定向井 20 口，其中新钻定向井 9 口，老井定向侧钻井 11 口，全部采取裸眼完井，经泡沫洗井、液氮气举措施洗井投产，其中 15 口井见产，成功率 75%，自喷生产平均单井产油 41.4t/d，单井生产天数 182.2 天，单井累计生产原油 9438.7t（表 2–2）。其中老井定向侧钻井自喷生产 10 口，平均产油 45.2t/d，累计产油量 7.48×10^{4}t，与直井相比定向斜井生产能力明显增强，如 G2055 井与 GD1179 井为直井和定向井生产情况最好的两口井，G2055 井的月自然递减率为 32.8%，GD1179 井仅为 6%。定向井平均采油指数 16.84t/（d·MPa），是高产直井平均采油指数的 1.9 倍，表明定向钻井更适合小拐油田夏子街组裂缝性油藏。

表 2–2　小拐油田夏子街组油藏定向斜井生产数据表

井　型		单井累计产油量，t		累计生产天数，d		井日产量，t	
		范 围	平均值	范 围	平均值	范 围	平均值
老井侧钻（11 口）	自喷井（10）	182~16534	7484.7	9~455.4	165.5	20.2~56.8	45.2
	全部井	0~16534	6804.2	0~455.4	150.5	0~56.8	41.1
定向井（9 口）	自喷井（5）	122~37890	11392.6	12.1~495.4	200.1	10.1~76.6	37.6
	全部井	0~37890	6329.2	0~495.4	111.1	0~76.6	20.9
平均值（20 口）	自喷井（15）	9438.7		182.8		41.4	
	全部井	6566.7		130.8		31.0	

注：摘自《小拐油田拐 5 井区二叠系夏子街组油藏射孔方案》，1998 年 12 月。

第三章

钻井与采油工程

第一节　开发钻井

1995 年 3 月 7 日，准东公司 4567 钻井队（队长胡军、指导员田义山）承钻的拐 5 井在 P_2x 试油获得工业油流，发现小拐油田。新疆石油管理局钻井公司指挥部于 1995 年 12 月 13 日率先进驻小拐油田，拉开了小拐油田开发会战的序幕，从 1996 年初开始，又抽调新疆石油管理局准东钻井公司、华北钻井公司、吐哈钻井公司等单位参加了会战。

截至 2005 年 12 月，小拐地区共钻预探井 19 口，进尺 65280m，取心进尺 381.24m，岩心长 310.46m，收获率 81.14%。钻评价井 7 口，进尺 25521m，取心进尺 151.09m，岩心长 145.36m，收获率 96.21%。钻开发井 135 口，进尺 500515m，其中定向井 5 口，欠平衡定向井 4 口，拔套管侧钻定向井 11 口。

一、钻头

为了提高上部 ϕ244.5mm 井段的钻井速度，在 18 口井上试验和推广应用了新疆 DBS 公司生产的 ϕ245QP19M 型 PDC 钻头，配合机械参数和水力参数的合理匹配与优选，采用多扶正器的刚性满眼钻具组合，平均单只钻头进尺达到 1585.78m，最高单只钻头进尺达到 2436 m，创克拉玛依油田 PDC 钻头单只钻头最高进尺纪录。平均机械钻速达到 25.94m/h，最高机械钻速达到 61.94m/h。与牙轮钻头相比，PDC 钻头平均单只钻头进尺提高 110.76%，平均机械钻速提高 37.32%。

为了提高三叠系地层的钻井速度，在 77 口井上试验和推广应用了新疆 DBS 公司生产的 ϕ216QP19H 型 PDC 钻头，PDC 钻头平均单只钻头进尺达到 564.62m，最高钻头进尺达到 835m，平均机械钻速达到 7.87m/h，最高机械钻速达到 19.75m/h。与牙轮钻头相比，PDC 钻头平均单只钻头进尺提高 120.52%，平均机械钻速提高 115.03%。

针对二叠系地层，优选出 ϕ216ATJ22、ϕ216ATM22 等牙轮钻头。在 77 口井上推广应用，使二叠系地层机械钻速由原来的 1.0 ~ 2.0m/h 普遍提高到 2.5 ~ 4.0m/h，平均机械钻速达到 2.62m/h。与其他牙轮钻头相比（在相同井段 1.91m/h），提高了 37.17%。

二、钻井参数

为了进一步提高侏罗系及其以上地层的钻井速度，在钻头选型、钻井液性能优选的基础上，摸索出一套以喷射钻井、强化钻井为主的快速钻井技术。推广应用了五扶正器的刚性满眼钻具组合，使用 PDC 钻头时保证转盘转速 90 ~ 120r/min，钻压达 300 ~ 400kN，提高了钻井速度。

三、钻井液完井液

小拐油田自滚动开发以来，通过室内实验和现场应用评价，优选出了三套适合小拐油田钻井的钻井液体系：聚合物混油钻井液体系、KCl 聚合物钻井液体系和正电胶钻井液体系。与 KCl 聚合物钻井液体系相比，正电胶钻井液体系油层井段井径扩大率降低 2%，每米成本节约 73.69 元，并促进了机械钻速的提高。

小拐油田是低渗的裂缝—孔隙型双重介质油藏，储层特性复杂，开发难度较大。针对此问题，小拐油田重点开展了油气层的保护工作。在钻井过程中采用近平衡钻井，钻井液密度控制在 1.23 ～ 1.25g/cm^3，少数井在 1.20 ～ 1.23g/cm^3。控制 pH 值在 8.5 ～ 9，以降低由于水敏、碱敏造成对油层的伤害。现场采用防漏堵漏技术和屏蔽暂堵技术相结合，用堵漏剂中刚性颗粒架桥，短绒缠绕，磺化沥青封堵，在裂缝开口处屏蔽，防止或降低钻井液及有害固相进入油气层。在跟踪抽样评价的 28 口井中，渗透率恢复值大于 70% 的井 5 口，大于 60% 的井有 14 口，大于 50% 的井有 6 口，大于 45% 的井有 3 口，效果较好。

会战指挥部还组织新疆石油管理局钻井工艺研究院、钻井公司、江汉石油学院等单位在 G1032、G1119 等三口井上进行了油溶性屏蔽暂堵剂现场试验，该 3 口井在钻井过程中均无漏失现象，固井前承压试验均达到 3.0MPa，固井无漏失现象。后迅速在小拐油田会战中得到推广应用。

四、井控

由于小拐油田目的层孔隙压力和漏失压力接近，裂缝发育，安全密度窗口小，且存在溶解气层，漏喷同层，极易发生先漏后喷。小拐油田技术人员对井控工作十分重视，狠抓井控装备的标准化安装、检查，内控管线和节流压井管汇的冬季保温及井控“四 · 七”动作的规范化，严格按照井控操作规程操作。经过总结两次井喷事故的经验教训，技术人员召开多次技术研讨会，分析防漏与防喷的关系，研究并形成一套立足一次井控，强化二次井控和针对小拐油田特殊性提出的“一方报警，二方循环压井，三方节流循环压井”的有别于常规井控规定的小拐油田钻井井控技术，编写了《小拐油田井控技术暂行规定》。

五、取心

推广应用长筒取心工艺技术，优选取心工具、取心钻头，优化取心技术措施和钻井参数，使小拐油田会战区长筒取心指标创新疆石油管理局历史最高水平。如由新疆石油管理局钻井公司 45206 队承钻的 G2057 井，应用长筒取心工艺在 2981.78 ～ 3327.28m 井段连续取心长达 345.50m，获取心长达 345.11m，收获率达 99.89%，最高单筒取心进尺达到 27.28m/ 筒，平均单筒取心进尺 21.57m/ 筒，又如由新疆石油管理局钻井公司 45200 队承钻的 G2108 井，在 3243.32 ～ 3463.32m 井段连续取心长达 220m，创造了新疆石油管理局当时长井段连续取心平均单筒取心进尺 22 米 / 筒、取心收获率高达 100% 的新纪录。

六、欠平衡定向井

针对小拐油田开发井投产效果不佳的状况和油田地质情况，设计了一批欠平衡定向井。定向井可增大裂缝的钻遇率，增加渗流断面，提高生产井的产能。在预测天然裂缝最为发育的有利区域内，以夏一段和夏二段的裂缝最发育段为目的层，依据天然裂缝走向为东西向，设计钻井方位为 0° 或 180° 左右，目的层段的稳斜角度为 35° ~45° ，井身采用“三段式”，即直井段—增斜段—稳斜段。

欠平衡井可减少油层污染，具体主要技术措施为：密度控制在 1.10g/cm^3 以内，有些降至 1.02g/cm^3，并且制定了“钻井发生漏失后，应先降低钻井液密度，不加堵漏剂，达到新的平衡时继续钻进，若持续发生井漏就停钻诱喷投产”的技术措施。欠平衡钻井时，当井底出油气使井口回压超过 7MPa 时，可暂时关闭原井口防喷器半封，节流循环，待井口回压恢复至安全的欠平衡范围时再改用旋转控制头恢复钻进。两项技术相结合，达到预期较理想的开发效果。截至 1998 年 12 月底，共完成欠平衡定向井 9 口。实钻结果表明，有些井获得了较高产量，少部分井效果不理想。

七、老井开窗侧钻

为了使低产井或无产能井恢复生产，对老井进行开窗侧钻，从 ϕ139.7mm 油层套管内开窗侧钻，进行定向井钻井。截至 1998 年 12 月底，小拐油田共完钻老井开窗侧钻井 11 口，全部采用裸眼完井。

八、分支井

1998 年 9 月 26 日，由钻研院定向井公司设计，钻井公司 45413 钻井队承钻，完成新疆油田第一口小井眼、欠平衡、双分支井 GD1176 井，主、副井眼剖面均采用“直—增—增—稳”连续四段制剖面类型，各项技术指标均达到设计要求。该井在油层段进行了欠平衡边溢边钻施工，取得了成功。

该井技术套管下至 3420m，于 1998 年 8 月 7 日开始三开小井眼钻进，8 月 10 日开始副井眼定向造斜，造斜点井深 3450m，造斜段长 274.08m，增斜段长 177.92m，纯钻 250h，平均机械钻速 1.8m/h，8 月 29 日钻至斜深 3902m，垂深 3830m，水平位移 290.1m，最大井斜角 42.25°，井底闭合方位 82.3°，闭合距 161.72m。

主井眼于 9 月 9 日开始造斜，造斜点井深 3497m，造斜段长 217m，增斜段长 88m，纯钻 207h，平均机械钻速 1.85m/h，实钻斜深 3807m，垂深 3768m，水平位移 201.4m，最大井斜角 40°，井底闭合方位 358.52°，闭合距 126.3m。

第二节　完　井

一、完井方式

小拐油田生产井以下套管固井射孔完井为主。定向井和老井侧钻井全部采用裸眼完井。

二、井身结构

（一）一般直井

一开：ϕ444.5mm 钻头钻至井深 500m，下入 ϕ339.7mm 表层套管，水泥返至地面。

二开：ϕ311.2mm 钻头钻至井深 3380m，下入 ϕ244.5mm 技术套管，水泥返至井深 2660m。

三开：ϕ215.6mm 钻头钻至井深 3680m，下入 ϕ139.7mm 油层套管，水泥返至井深 3100m。

（二）不下技术套管井

一开：ϕ444.5mm 钻头钻至井深 500m，下入 ϕ339.7mm 表层套管，水泥返至地面。

二开：ϕ215.6mm 钻头钻至井深 3765m，下入 ϕ139.7mm 油层套管，水泥返至井深 2900m。

（三）欠平衡直井

一开：ϕ444.5mm 钻头钻至井深 500m，下入 ϕ339.7mm 表层套管，水泥返至地面。

二开：ϕ215.6mm 钻头钻至井深 3385m，下入 ϕ177.8mm 技术套管，水泥返至井深 2660m。

三开：ϕ152.4mm 钻头钻至井深 3680m，裸眼完井。

（四）欠平衡定向侧钻井

一开：ϕ444.5mm 钻头钻至井深 500m，下入 ϕ339.7mm 表层套管，水泥返至地面。

二开：ϕ241.3mm 钻头钻至井深 3285m（井斜 24°），造斜点井深 2997.22m，造斜率 2.2°/30m，下入 ϕ177.8mm 技术套管，水泥返至井深 2790m。

三开：ϕ152.4mm 钻头钻至井深 3676m，井底垂深 3612.7，井底水平位移 214.9m，井斜 34°，裸眼完井。

三、固井

由于小拐油田目的层裂缝发育，孔隙压力和漏失压力接近，承压能力低，易漏易喷，且存在溶解气层，致使小拐油田油层套管固井施工难度很大。经过针对固井难点进行攻关，小拐油田形成了一套以“先期堵漏、承压试验、应用套管外封隔器、双级注水泥、套管居中、塞流顶替、清水替浆”等为主要内容的小拐油田固井工艺技术，并进行了推广应用。固井合格率从会战的第一阶段（1996 年 5 月底，完钻井 15 口）的 53.33%（其中优质率 26.27%）提高到第二阶段（1996 年 12 月底，完钻井 124 口）的 71.77%（其中优质率 46.77%）。

四、射孔

（一）射孔弹型

小拐油田是 20 世纪 80 年代开始勘探和开发的油田，初期使用了大庆射孔弹厂生产的 WDG73–400 型、WDG73–700 型、4S–3 型和 4S–4 型等无枪身聚能射孔弹。射孔孔径 7.5 mm。射孔孔密为 6 ～ 12 孔 /m。

1995 年，对拐 147 井进行了重新评价，并于 1995 年 5 月 15 日对 3426 ～ 3464m 的井段采用穿透能力较深的 YD–89 Ⅲ型射孔弹重新射孔，孔密为 16 孔 /m，产油 5.21t/d，后来油田开发井继续采用此工艺射孔。

（二）射孔方式

20 世纪 80 年代中期以前，射孔方式采用电缆传输方式；20 世纪 80 年代中期开始，射孔方式是根据目的层的物性采用电缆传输方式和油管传输方式进行作业。油管传输射孔解决了负压条件下的射孔工艺难题。

（三）射孔液

主要采用无固相和低失水压井液，进行平衡和正压条件下的射孔作业。

第三节　采　油

小拐油田受地质构造控制，出油井少，高产量井少，油井产量递减快，自喷时间短。1996 年开发当年就转抽 20 口井，平均单井产油 2.1t/d，多数井反映出供液不足或气体影响。

一、自喷采油

小拐油田 1996 年 3 月投入开发，初期以自喷生产为主，油管采用 $2^{7}/_{8}$in × 5.51mm N80 外加厚油管，井口装置采用克拉玛依机械厂生产的 KY24.5/65 型采油树（压裂作业时加井口保护器）。采油井口配套安装操作平台和清蜡支架，方便现场操作。射孔后不出油采用压裂，配合液氮气举或者泡沫洗井投产，生产油嘴 2.5 ～ 4.5mm，但三分之二油井压裂后也不出油。因原油含蜡量高（11.48% ～ 16.99%），采用机械清蜡车清蜡，清蜡深度 1200m，清蜡周期 1 次 / 天，刮蜡片直径 56 ～ 59mm，钢丝直径 1.8mm，深通 2000m 七天一次。因原油凝固点高（14 ～ 24℃），井口采用塔式盘管加热炉加热保温。

二、机械采油

选用克拉玛依机械厂生产的 TCYJY14–5.5–53HF 型和华北新疆联合机械厂生产的 YCYJ14–5–53HB 型双驴头抽油机，抽油泵径为 38mm、44mm 整筒管式泵，抽油杆采用三级组合杆，组合比例为：

一级杆采用H级高强度小接箍杆 ϕ25mm×27%、二级杆采用D级杆 ϕ22mm×32.6%、三级杆采用D级杆 ϕ19mm×40.4%，外带滚轮扶正器，下部连接 ϕ62mm砂锚，或螺旋伞式气锚以及油管水力锚，地面采用套管放气阀控制套压。

抽油井动液面和示功图采用电子示功仪和液面仪测试。抽油井流压用偏心井口下压力计测试，从1999年开始，正常生产的抽油井不到三分之一，抽油井优化设计采用华北油田《抽油井优化设计软件》，油井生产用动态控制图管理，维持油井正常生产。

因为该区块低产低能，从2000年列为特区管理，由三达公司托管。截至2005年12月底，总井数95口（59口井报废），开井12口，日产液136t，日产油48t，含水64.7%。

第四节　注　水

小拐油田于1996年12月选3口井进行试注，投注后，G2118井日注量为40～60m³，注入压力11MPa，G2080井日注量为40～60m³，注入压力7MPa。投注近两年时间，井组大部分油井无注水见效反应，少数井水推进速度很快，结果出现暴性水淹。如水淹井G2079井，根据示踪剂测试水推进速度为6.8m/d。截至1998年10月，油田累计注水94491m³，因注水无效于1998年10月22日停止注水。

针对小拐油田地质特点对如何注好水是很慎重的，首先对水源井采出的地层水，在临时注水站经过纤维球过滤罐过滤，加药处理后，1996年12月达到新疆石油管理局1985年制定的《克拉玛依油田砾岩油藏注入水水质标准》的11项水质指标（悬浮物（机杂）含量、总铁含量、含油量、溶解氧含量、腐生菌含量、硫酸盐还原菌含量、平均腐蚀速度、硫化物含量、二氧化碳含量、滤膜系数、酸碱度pH值），注水管柱采用 $2^7/_8$in×5.51mm N80外加厚镍磷镀防腐油管。投注前先排液400～500m³，彻底洗井后，每口井再挤防膨剂120m³。

第五节　增产措施

一、压裂

小拐油田特低孔、特低渗且裂缝发育，新井需要压裂投产。采油三厂与采油工艺研究院合作，1996年油田投产时计划压裂100井次，实际完成135井次，共产油8.7×10⁴t，压裂有效率56%。

压裂采用笼统方式，根据20口井数据统计，均采用瓜尔胶缓交联压裂液，平均用液量213.3m³，平均加砂量25.2m³，平均砂比24.3%，施工最高破裂压力67MPa，典型井G2180压裂情况见表3-1。

表3-1　G2180井压裂设计与现场施工参数对比

参数名称	单位	设计值	施工值	符合率，%
泵注排量	m³/min	2.8	2.7	96.0
泵压（最大）	MPa	60.0	43.0	71.7
前置液量	m³	100.0	100.6	99.4
携砂液量	m³	129.0	133	97.0
顶替液量	m³	11.0	13.0	84.6
总液量	m³	240.0	246.6	97.3
砂量	m³	38.0	38.0	100.0
砂比	%	29.5	28.6	96.9

注：摘自《小拐油田夏子街组油藏水力压裂改造研究报告》，1997年3月。

小拐油田至 1998 年油井全部经过大型压裂改造，共压裂 214 井次，但有三分之二油井压裂后不出油。1998 年，中国石油天然气总公司廊坊研究院万庄分院选出 4 口井进行压裂，效果也不好。分析认为压裂改造必须使压裂裂缝与天然裂缝沟通才能获得较好效果，但小拐油田天然裂缝既不发育又无规律性，因而压裂很难获得好的效果。

二、酸化

采油三厂工艺研究所刘永学和采研院酸化室景依、李彦林、朱海燕等人通过研究，采用缓速酸实施表皮解堵和深部酸化相结合处理工艺，统计了 10 口酸化井，平均活性水用量 6.65m^3，前置酸用量 20.79m^3，主体酸用量 32.04m^3，后置液用量 13.27m^3，顶替液用量 13.13m^3，平均排量 3.661m^3/min，施工最大压力 40.33MPa，施工顺利，但酸化后仍有三分之二油井效果不好。分析原因认为，小拐油田是特低孔、特低渗、天然裂缝也不发育，属先天不足造成酸化效果差。

三、其他增产措施

压裂前采用高能气体爆破预处理，试验 4 口井，短期均超过设计产能，如 G2091、G2100 井，日产油量 50t，G2118 井日产油量 20t，截至 1996 年 11 月 15 日，高能气体爆破预处理压裂 23 井次，施工成功 20 井次，压裂有效成功率为 86.96%，效果较好。

但高能气体爆破预处理压裂选井条件苛刻、有效期很短、成本较高，经济上不合算，因此后期没再采用。

第六节　油水井维护与修井

一、油水井维护

尼龙刮蜡器清蜡，1996 年实施 25 井次，存在问题是对下泵深度达 1800m 的深井，抽油井上行负荷增大、下行减小，抽油机平衡状况变差，启动困难，油井生产不正常，1997 年以后，停用该工艺。

温控热洗管柱，1996 年计划实施 10 口井，实际完成 14 口。由于是短路热洗，每次热洗液量约 20m^3，减少热洗液量约 50%，提高了抽油井有效生产时率和清蜡效果。缺点是井下单流阀开关不灵活、故障多、热洗启动压力高，从 1997 年以后，停用该工艺。

从 1997 年开始，采用热化清和套管热油溶蜡，到 2005 年 12 月，只有部分井用热化清清蜡，停用套管热油溶蜡；所有井检泵时地面清蜡。

二、井下作业

新井投产射孔液执行《小拐油田二叠系夏子街组油藏采油工程方案》，采用 S-1 优质射孔液或加入 0.4% 醋酸、氯化钾溶液的射孔液。

修井过程中选用 LS 型无固相压井液，压井液密度 1.0 ～ 1.3g/cm^3，它具有防止黏土膨胀、防油水乳化、耐温性能好等特点。补孔改层也选用 LS 型无固相压井液。

上返补孔中永久性封堵下段采用电桥投灰工艺，对暂时性封堵下段采用垫砂工艺、深井填砂工艺，尝试了液体携砂方法，填砂成功率高且不易砂卡。补孔改层共 39 井次。

第四章

地面生产系统

1996 年 8 月，小拐油田油气集输系统由设计院王金泰负责完成地面工程总体设计，并负责施工图设计，项目负责人刘万旭，油建公司负责施工，于 1996 年 10 月建成投产，设计能力为 50×10^4t/a，在该集输系统未建成之前，油井产油采用罐车拉运的运输方式。

第一节　油气集输

一、地面设施

1996 年，小拐油田在开发过程中，发现油井产量递减剧烈，10 月 15 日日产油量由最高峰值的 1017t，不到一个月下降到 700 ~ 800t，因此，油田开发方案进行了多次调整，相应地面生产系统也随着进行了调整。油区及集中处理站原设计规模是 50×10^4t/a，因油田产能递减剧烈，出油情况不理想等原因，1996 年 9 月，决定集中处理站除将要完工的两座 5000m³ 储油罐建成投用外，其他设施一律停建，视油田生产情况再决定是否续建。为满足油田投产的需要，1996 年 10 月在集中处理站周边建成了临时投产设施：计有 ϕ2000mm × 8000mm 油气分离器两座（由夏子街油田调运搬来），ϕ3000mm × 16800mm 分离缓冲罐两座（用作除油器，由采油二厂处理站调运搬来），250kW 加热炉 1 座（由彩南油田调运搬来），抢建了装车泵房和 6 车位装车栈桥、集中处理站改建为集中拉油站。集油区原设计建设 6 座计量配水站，因注水试验不成功，停建了注水系统，后面待建的计量配水站改为计量站或拉油站。原油用罐车拉运至采油三厂稀油处理站，油田伴生气除自用外，建设了至红浅稠油区的 ϕ273mm × 7mm 的输气管道供注汽站作燃料。

1996 年底，小拐油田已投产计量站 6 座，管汇间 3 座，进系统井数为 78 口井，正常生产井 43 口，计量站油气采用人工计量；集中拉油站于同年 11 月 10 日建成投产。

二、油气集输流程

小拐油田油气集输流程由原设计的二级布站变更为三级布站流程，即井场→小站→集中拉油站，原油再用罐车拉运至处理站的三级布站流程，其中的小站分为计量站和管汇间。

三、集输管线

小拐油田建有集油干线三条，分别为 G–1 线，G–2 线，G–3 线，全长 19.1km。其中 G–1 线辖 3 座计量站，1 号站、2 号站、3 号站及 1 座管汇间 GH1，G–2 线辖 2 座计量站 4 号站、5 号站及 1 座管汇间 GH2，G–3 线辖 3 座计量站 7 号站、8 号站、9 号站及 1 座管汇间 GH3（见小拐油田地面生产系统图）。

根据布井情况，集油区布计量站 11 座（实际建成投产 6 座计量站及 3 座管汇间），分别为 12/5 计量配水站 I 型 4 座，16 井式计量站 I 型 4 座，16 井式计量站 II 型 3 座。计量站有 1 号、2 号、3 号、4 号、5 号、7 号、8 号、9 号，3 座管汇间有 GH1、GH2、GH3。

2005 年正常使用的计量站有 2 号、7 号、8 号、9 号，管汇间有 GH2、GH3，其他计量站和管汇间都已经停用，从 2000 年列为特区管理，由三达公司托管。截至 2005 年底，正常生产井 16 口，平均日产液 200t，日产油 35t，日产气 5000m^3。

四、采油井场

井口采用玻璃钢保温箱保温，箱内设有自限式电加热带，1996 年正常保温 26 口井，如图 4–1 所示。井场设置盘管加热炉（型号：JKL70KW1.6/50）对油气进行加热输送，1996 年正常点炉 35 口井，如图 4–2 所示。冬天对停产井油管挤 200kg 原油，防止冻坏井口，1996 年共实施 31 口井。

图 4–1　井口玻璃钢保温箱

图 4–2　井场盘管加热炉

五、计量站

计量站内油气计量用 ϕ800 型计量分离器进行，液相用玻璃管液位计进行质量计量，气相用涡轮流量计进行在线计量，有的计量站设有高位储油罐，可直接装车外运，站内设水套炉给油气加热升温和供计量房采暖，其工艺流程见图 4–3。

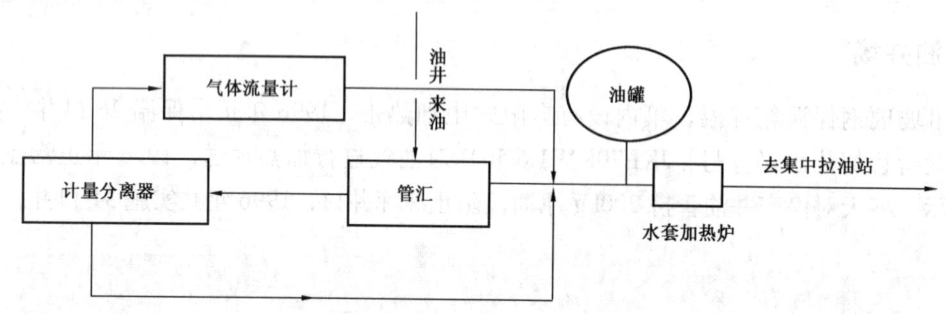

图 4–3 计量站工艺流程框图

六、集中拉油站

集中拉油站由原设计的集中处理站修改变更而成。1997 年对临投设施进行了完善改造，成为永久的生产设施，该站接收油区集输系统来的油气，在站内进行气液分离，液相经加热炉升温后进两座 5000m³ 储油罐，然后经装车泵提升装车外运至采油三厂稀油处理站，油田伴生气经两次除油后用自压方式输至红浅稠油区的注汽站作燃料，1999 年底因天然气量少而停输。其工艺流程见图 4–4。

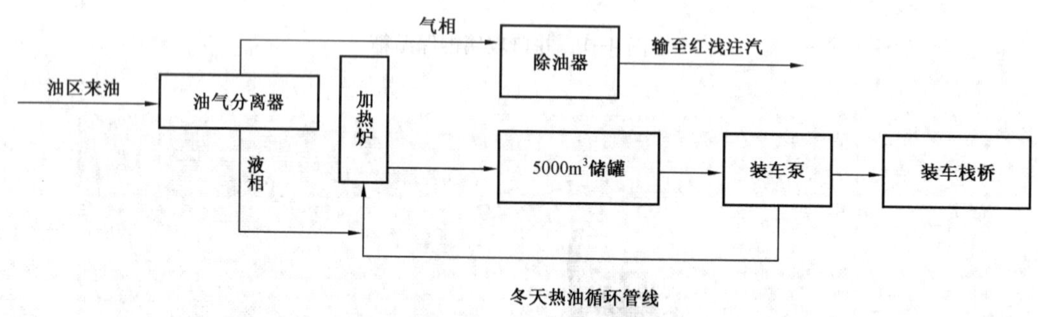

图 4–4 集中拉油站工艺流程框图

两座 5000m³ 罐内无加热盘管，只作了罐外保温层保温，为防止油长时间储存温降过大，不能正常装车外运，设置了循环加热流程。

随着时间的延长，油井产量降低，压力下降，离集中拉油站远的油井，改为在计量站拉油。2005 年，因进集中拉油站油量大量减少，5000m³ 储油罐进液温降大，为保证安全，消防系统必须能够正常运行，但消防系统实际存在的问题较多，维护费用大，为此于 2005 年停用了 5000m³ 储油罐。新建了 3 座 60m³ 高位储油罐，原油直接装车外运。因消防等级降低，原有的固定消防系统也随之停用。

第二节　地面配套系统

一、供电

小拐油田的供电是由红浅 110kV 变电所至小拐油田架设的 1 条 110kV 线路提供，原计划在小拐油田建设 1 座 110kV 变电所，因油田产能递减极快，变更 110kV 线路为 35kV 运行，在小拐建设了 1 座 35kV 简易变电所，向油区供电。

二、供水

小拐油田供水水源为油区附近的地下水，共打水源井 7 口，井深 200 ～ 400m，单井产水量 1000m³/d。其中拐水 1 井用作消防用水和备用水源，进站内 2 座 600m³ 消防水池，拐水 6 井和拐水 4 井水质好作为饮用水和主要水源，进站内 100m³ 调节水罐，经水泵提升加压进除砂过滤器除砂，再进过滤器除去杂质，然后分两路，一路去锅炉房水处理装置，一路去电渗析主机利用阴阳膜对离子的选择透过性实现除盐和除氟的目的，达到饮用水的标准，处理后的水进 60m³ 清水罐。由全自动气压供水装置提升后供用户，水处理流程见图 4–5。该套装置截至 2005 年底还在使用。

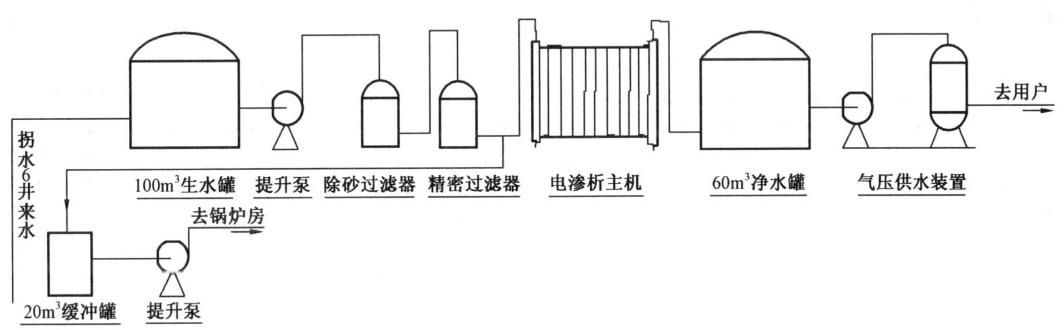

图 4–5　联合站清水处理工艺流程图

附　录

附录一　附　图

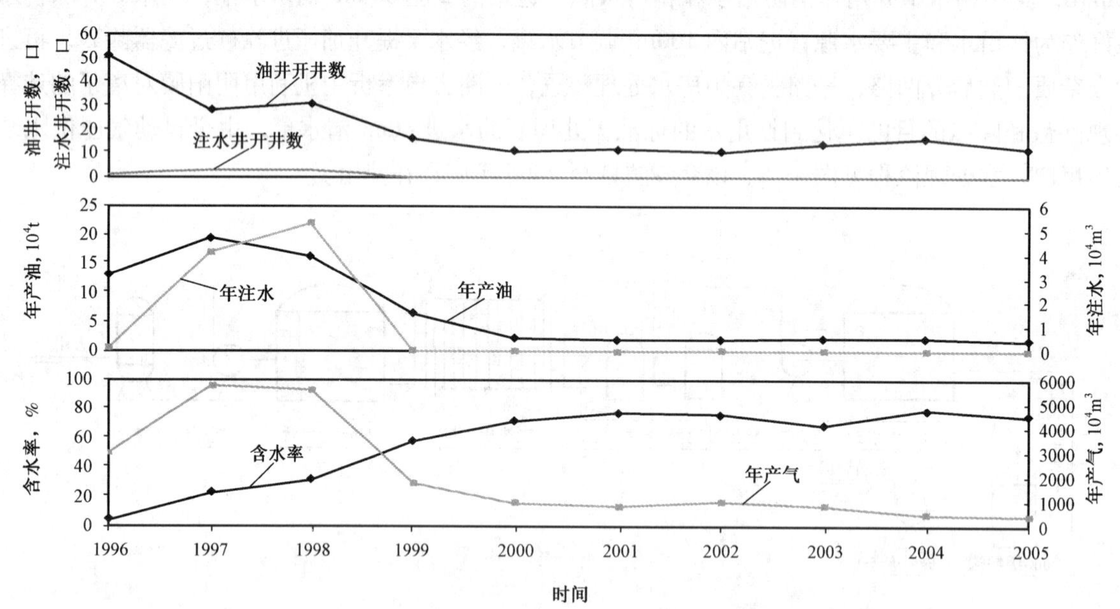

小拐油田开发综合曲线图

附录二　附　表

附表 1　小拐油田地质综合数据表

区块	油藏类型	开发层位		油藏埋深 m	有效厚度 m	孔隙度 %	渗透率 mD	原始地层压力 MPa	原始含油饱和度 %	地层原油黏度 mPa·s	气油比 m^3/m^3	原油密度 g/cm^3	备注
拐 5 井区	构造岩性	P_2x_1	岩块	3353	38.7	6.9	0.099	38.6	34	0.67	180.1	0.835	砂砾岩
			裂缝		38.7	0.1			95				
		P_2x_2	岩块	3520	28.0	7.2	0.126	39.72	34	0.66	184.6	0.830	砂砾岩
			裂缝		28.0	0.1			95				

注：摘自《小拐油田拐 5 井区二叠系夏子街组油藏储量复算报告》，2001 年 9 月。

附表 2　小拐油田历年开发综合数据表

时间	采油井		核实产液量		核实产油量		产气量		综合含水 %	开发储量		采油速度 %	采出程度		注水井		注水量		注采比	
	总井数 口	开井数 口	年产液 10^4t	累计产液 10^4t	年产油 10^4t	累计产油 10^4t	年产气 10^4m^3	累计产气 10^4m^3		地质 10^4t	可采 10^4t		地质 %	可采 %	总井数 口	开井数 口	年注水 10^4t	累计注水 10^4t	月	累计
1996.12	114	51	14.4553	14.4553	13.1255	13.1256	3017.1	3017.1	4.20	3348	502.2	0.72	0.39	2.61	1	1	0.0898	0.0898	0.02	0.00
1997.12	144	28	22.5479	37.0032	19.4835	32.6342	5787.7	8804.8	22.10	3463	277	0.56	0.94	11.78	3	3	4.0904	4.1802	0.17	0.07
1998.12	154	31	19.9137	56.9169	16.3985	49.0428	5608.3	14413.1	31.70	3529	282.3	0.46	1.39	17.37	3	3	5.2689	9.4491	0.00	0.10
1999.12	154	16	14.2707	71.1876	6.4307	55.7928	1749.4	16162.5	58.00	3529	282.3	0.19	1.58	19.75	3	0	0	9.4491		
2000.12	154	11	7.6986	78.8862	2.2000	57.9928	962.2	17124.7	71.30	3529	282.3	0.06	1.64	20.54	3	0	0	9.4491		
2001.12	154	12	6.5951	85.4813	1.8586	59.8514	802.0	17926.7	77.30	751	82.6	0.25	7.97	72.45	3	0	0	9.4491		
2002.12	154	11	6.8433	92.3246	1.9671	61.8185	971.5	18898.2	76.50	751	82.6	0.26	8.23	74.84	3	0	0	9.4491		
2003.12	95	14	8.5030	100.8276	2.2849	64.1034	822.2	19720.4	68.30	751	82.6	0.30	8.54	77.61	3	0	0	9.4491		
2004.12	95	16	8.8807	109.7083	2.2446	66.3480	485.5	20205.9	79.60	751	82.6	0.30	8.83	80.32	3	0	0	9.4491		
2005.12	95	12	8.0025	117.7108	1.7812	68.1292	420.3	20626.2	74.20	751	82.6	0.24	9.07	82.48	3	0	0	9.4491		

注：依据新疆油田分公司中心数据库每年 12 月份的开发数据编制。

附录三　人物名录

新疆石油管理局小拐油田开发建设指挥部

指挥：

赵立春（1996年3月—1997年3月）

王旌沙（1997年4月—1998年12月）

采油三厂小拐油田开发管理项目经理部

经理：

黄庆民（1996年3月—1996年12月）

采油三厂小拐采油作业区

教导员：

赵合功（1996年6月—1997年12月）

贺建明（1998年1月—1998年11月）

王志杰（1998年12月—2000年1月）

经理：

桂来疆（1996年6月—1998年11月）

王志杰（1998年12月—2000年1月）

副经理：

阎京友（2000年2月—2002年12月）

采油三厂小拐采油队

队长：

马建勇（2002年12月—2005年12月）

附录四　获奖项目

序号	项目名称	获奖等级	获奖时间	项目完成者
1	裂缝性超低渗透砾岩油藏开采新技术	中国石油天然气集团公司技术创新二等奖	2000年	孙川生、王嘉淮、钱根宝、王延杰等
2	裂缝性超低渗透砾岩油藏开发新技术研究	新疆石油管理局科技成果一等奖	1999年	钱根宝、王延杰、张红梅、邓　琳、刘明高、孙宝宗、江晓晖、马　亮、祝　芸

附录五　征引文献

文献名	作者	出版时间	出版社
《中国油气田开发若干问题的回顾与思考》	《中国油气田开发若干问题的回顾与思考》编写组	2006年	石油工业出版社

编纂始末

根据2006年11月《中国油气田开发志》新疆油气区编纂委员会第一次大会安排，成立了26个油气田志编纂组。《小拐油田志》编纂组由王延杰担任组长，张耀江、张红军担任副组长，勘探开发研究院和采油三厂（2007年12月更名为采气一厂）联合编写。

通过学习《中国油气田开发志》总编纂委员会的相关文件和开发志实例，基本了解了油田志的内容和要求，按照专业不同进行了工作分工，其中，概述、大事记、第一章、第二章和附录由王延杰负责编写；第三章由张跃江负责编写；第四章由张红军负责编写。先分开编写不同专业章节，再汇编完成油田志。

从2006年11月开始资料收集整理和寻访相关当事人。由于小拐油田开发历程比较特殊，油田志记叙的内容主要集中在1995年底至1997年上半年之间的产能建设阶段，是由当时的新疆石油管理局小拐油田开发项目经理部组织完成的，许多事件缺少文字记录，只能根据当事人回忆来记叙，但绝大多数当事人已调离原工作单位，由原开发项目经理部办公室的徐学礼同志提供了一些相关的文件和图片，采气一厂桂来疆同志说明了原采油三厂小拐采油作业区领导变更情况。通过查阅小拐油田开发概念设计、开发方案、地质储量报告和大量专题研究报告等，于2008年9月完成《小拐油田志》初稿，经专家审核组初审，提出初稿内容齐全，但形式偏重专业技术报告，同时不要回避失误，应客观地记叙油田开发决策过程和失败的原因与教训。2009年1月修改完成了第二稿，专家组各位专家分专业、章节、附录图表进行详细审查，提出了修改意见。2009年9月修改完成第三稿并审查，内容符合要求，但存在个别体例不规范、图表需完善及数据需核实的问题，经修改后，2009年10月交专家组会审。2009年12月通过《中国油气田开发志》新疆油气区编纂委员会验收。

本志在《中国油气田开发志》新疆油气区编纂委员会和专家组的辛勤指导下完成，李雪燕、刘如等为志书编制了部分图表，在此表示感谢！

由于编纂经验、水平有限，本志中定有不妥之处，敬请读者批评指正。

《小拐油田志》编纂组

2009年12月

编号：07–021

呼图壁气田志

《呼图壁气田志》编纂组　编

呼2井井喷抢险现场（江池 摄，1996年8月）

呼图壁气田油气处理站（刘蔷摄，2002年）

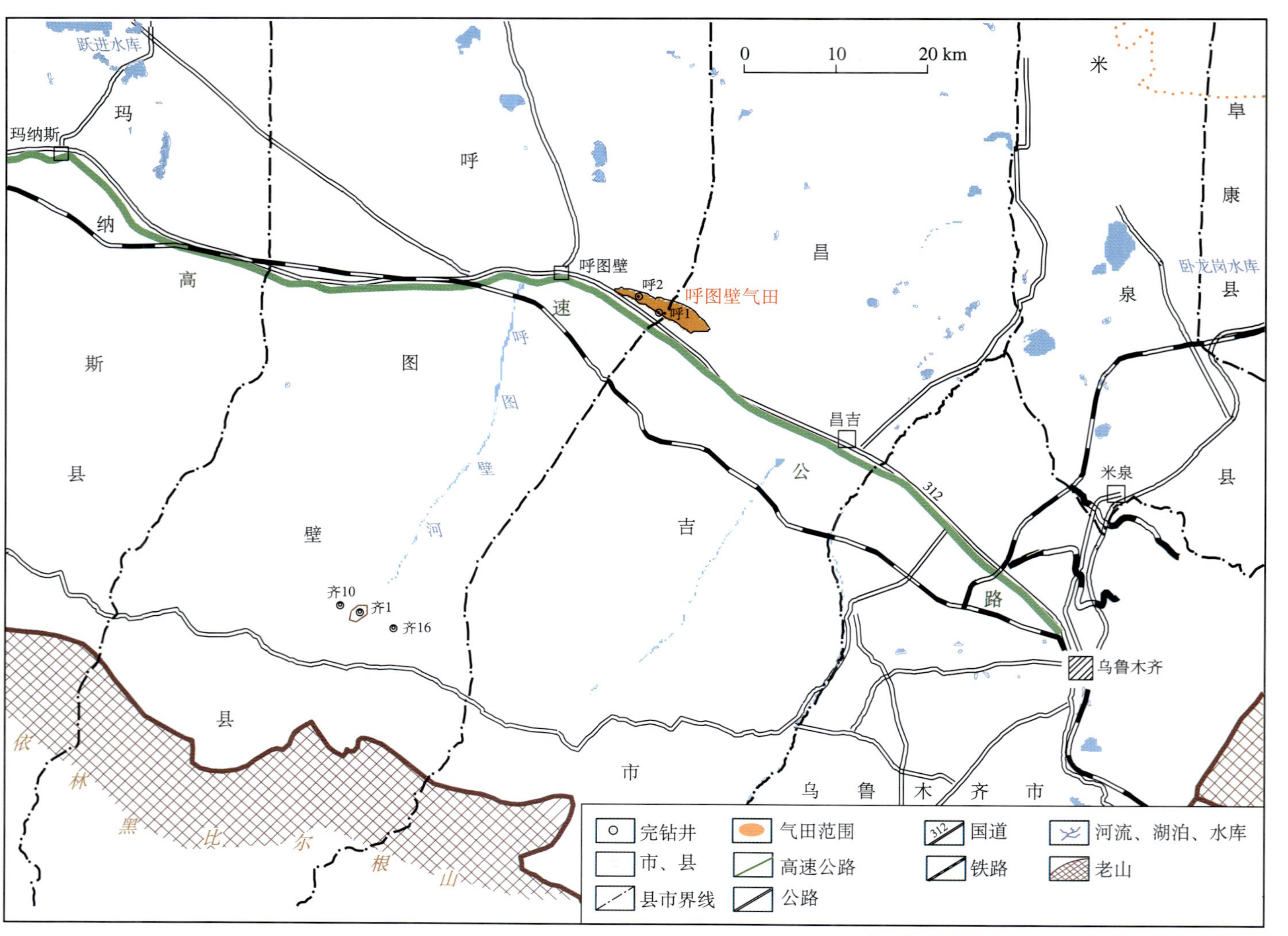

呼图壁气田地理位置图

（新疆油田分公司勘探开发研究院编制）

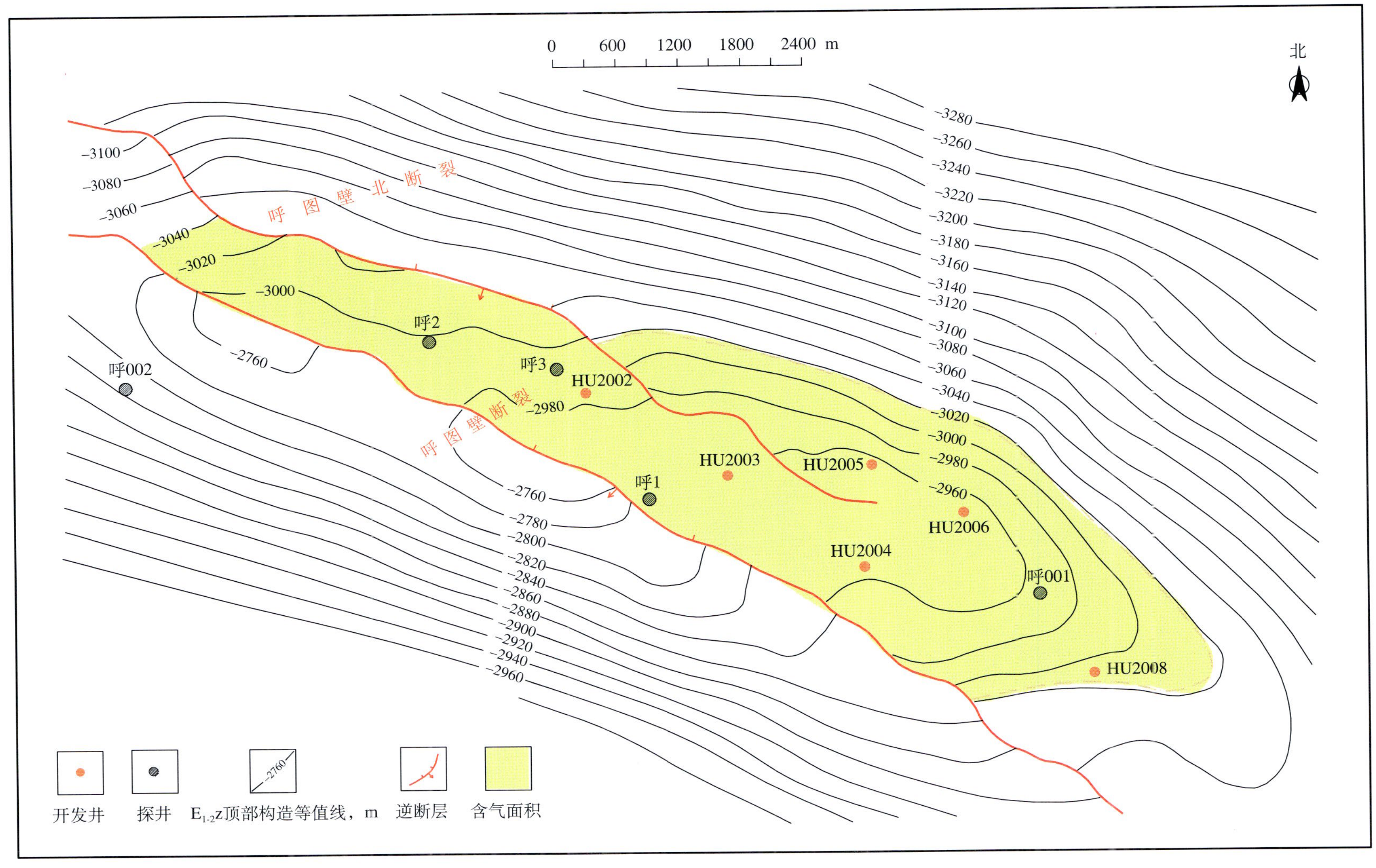

呼图壁气田构造井位图

（新疆石油管理局勘探开发研究院编制，1999 年 12 月）

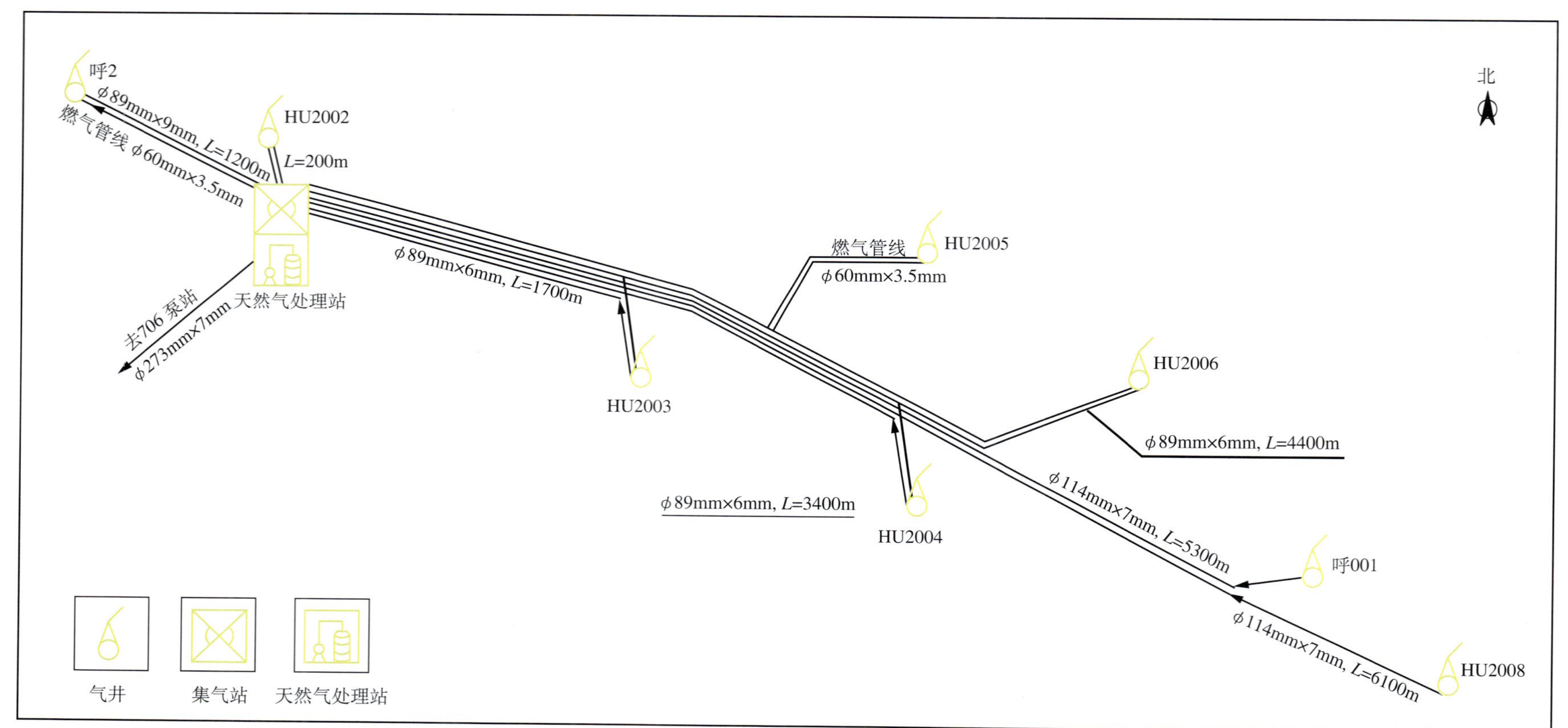

呼图壁气田地面生产系统示意图

（新疆石油管理局勘察设计研究院编制，1998 年 6 月）

《呼图壁气田志》编纂委员会

主　任：唐伏平
副主任：胡新平
成　员：宋元林

《呼图壁气田志》编纂组

组　长：胡新平
成　员：宋元林

本志目录

概　述

呼图壁气田是准噶尔盆地南缘发现的第一个整装气田，属贫凝析气田，1996 年 8 月发现，1998 年 10 月开始试采，1999 年 9 月正式投入开发，由中国石油新疆油田分公司采油三厂管理。

一

呼图壁气田位于新疆维吾尔自治区呼图壁县城东南 4.5km，距乌鲁木齐市约 78km。地面海拔 500 ~ 570m，气田内有农田与村镇，地形比较平坦，向北缓倾。温差悬殊，夏季干热，最高气温 38℃，冬季寒冷，最低气温 −30℃。年均降水量约为 200mm，属干旱气候。交通便利，北侧有 S201 省道（呼克公路），南侧有 312 国道、乌奎高速公路和乌奎铁路。

二

呼图壁气田所在的呼图壁背斜属准噶尔盆地南缘冲断带中部第三排构造带，地层自上而下有第四系、新近系上新统独山子组、中新统塔西河组、沙湾组，古近系渐新统—始新统安集海河组、古新统—上白垩统紫泥泉子组，上白垩统东沟组等。储层紫泥泉子组为辫状三角洲沉积，厚度 572m，储层岩性为棕褐色细砂岩，具有中孔、中渗、非均质性等特点。紫泥泉子组构造形态为近东西向展布的短轴背斜，呼图壁断裂将背斜切割为上下盘两个断背斜圈闭，圈闭类型为构造—岩性圈闭，气田位于断裂下盘的背斜中。

呼图壁气田天然气具有相对密度较低（0.592 ~ 0.608）、非烃含量较低（二氧化碳含量为 0.32% ~ 0.47%）、甲烷含量高（90.09% ~ 93.24%）和不含硫的特点。凝析油密度平均 0.780g/cm^3，凝析油含量低（42.4 ~ 75.0g/m^3），平均 47.3g/m^3，最大反凝析液量 1.45% ~ 2.30%，平均 1.68%。地层水水型为硫酸钠型。

三

1952 年起，中苏石油股份公司在准噶尔盆地南缘进行区域地质调查、重磁力及电法勘探，在呼图壁背斜钻 13 口浅井，证实了地下背斜的存在。1954—1957 年钻呼 1 井，完钻井深 3005m，完钻层位古近系渐新统—始新统（$E_{2-3}a$），未见油气显示。1986 年，新疆石油管理局对呼图壁地区进行二维数字地震勘探。1991 年加密地震勘探，测网密度达 2km × 3km。1994 年，在构造高部位部署预探井呼 2 井，1994 年 8 月 18 日开钻，1995 年 12 月 16 日完钻，井深 4634.31m，完钻层位白垩系东沟组。1996 年 8 月 6 日，射开紫泥泉子组 3594 ~ 3614m 井段时发生强烈井喷，经压井后测试获天然气 78.3 × 10^{4}m^3/d、凝析油 18.82m^3/d 的高产工业油气流，发现了呼图壁气田。

1996 年做大面元（50m × 50m）三维地震 292km^2，证实呼图壁背斜为近东西向展布的短轴背斜，呼图壁断裂将背斜切割为上下盘两个断背斜圈闭。同年开钻呼 001、呼 002 两口评价井。1997 年 9

月 3 日完钻的呼 001 井，12 月 8 日在紫泥泉子组 3550 ~ 3564m 井段获得天然气无阻流量 206.974 × $10^4m^3/d$。年底，HU2002、HU2003、HU2004 三口开发评价井开钻，1998 年 9 月在紫泥泉子组分别获得 231 × $10^4m^3/d$、228 × $10^4m^3/d$、149 × $10^4m^3/d$ 的天然气无阻流量。

通过前期勘探评价，基本上搞清了砂体的展布特征、构造特征及气藏产能分布等特点。1999 年 12 月上报探明含气面积 15.2km^2，探明 I 类凝析气地质储量 127.14 × 10^8m^3，天然气地质储量 126.12 × 10^8m^3，可采储量 107.2 × 10^8m^3，凝析油地质储量为 60 × 10^4t，可采储量 19.2 × 10^4t。

四

呼 2 井获得高产油气流后，按照“整体部署，分步实施”的原则，边评价、边设计、边施工、边投产。

1998 年 2 月，新疆石油管理局成立气田开发建设领导小组和呼图壁气田开发建设项目经理部，明确气田的开发实行项目管理。6 月，呼 2 井区紫泥泉子组气藏开发概念设计通过中国石油天然气总公司开发生产局的评审，共部署开发井 12 口，第一步生产井 7 口，日产气 100 × 10^4m^3，第二步生产井 5 口，日产气 60 × 10^4m^3。7 月，根据气藏开发概念设计审查提出的“少井高产”要求，并结合储层物性特征和生产能力，将单井产能由原来的（12 ~ 15）× $10^4m^3/d$ 提高至 20 × $10^4m^3/d$，开发井数由 12 口调整为 7 口，气藏生产能力不变。

1998 年 10 月进入试采阶段。投产井数 3 口（HU2002 井、HU2003 井、HU2004 井），日产气量达到 48 × 10^4m^3，累计产气 2500 × 10^4m^3。通过试采特征研究认为，紫泥泉子组气层整体上是连通的；Z_2^1 砂层单井控制地质储量在 (7 ~ 15) × 10^8m^3 之间；单井产能高，平均无阻流量 196 × 10^4m^3，单位压降采气量介于（0.3532 ~ 0.6292）× $10^8m^3/MPa$；无地层水产出，试采效果较好。该阶段钻井采用大尺寸井眼井身结构、三牙轮和 PDC 钻头、钾盐钻井液，共完钻开发井 2 口（HU2006 井、HU2008 井）。建成轮井计量、油气集中处理的二级布站临时投产装置，日处理能力 50 × 10^4m^3。

1999 年 9 月 9 日进入全面开发阶段。HU2006 井、呼 2 井和呼 001 井相继投产，日产气量达到 133 × 10^4m^3，平均单井日产气量 22 × 10^4m^3。2000 年 12 月 HU2005 井投产，投产井数达到 7 口，日产气量上升到 150 × 10^4m^3。2004 年 10 月，进行呼 001 井和 HU2005 井单井水浴炉的扩建和地面工艺设备生产能力复核，对单井和处理站压力、温度等工艺参数进行调整，集气能力达到 177 × $10^4m^3/d$。

截至 2005 年底，建成 150 × $10^4m^3/d$ 天然气处理站 1 座，50 × $10^4m^3/d$ 临投装置 1 座，采气井 7 口，7 井式集气站 1 座，集气管线 22.27km。日产气 176 × 10^4m^3，累计产气 30.53 × 10^8m^3，采出程度 24.19%，采气速度 4.49%，水气比 7.0g/m^3。

呼图壁气田正处于衰竭开采中期的稳产开发阶段，开发效果较好，凝析油含量由 2000 年的 46.50g/m^3 下降到 2005 年的 39.85g/m^3，甲烷含量由 1999 年的 92.76% 上升到 2005 年的 95.5%；2001 年将靠近边水的 HU2005 井生产压差由 1.06MPa 降低为 0.45MPa，日产气量从 25 × 10^4m^3 调控为 20 × 10^4m^3，整体压降均衡；井网适应性好，储量动用程度较高；采气指数变化不大，单井保持较高的产能，生产能力旺盛，开发形势稳定。

五

呼图壁气田作为准噶尔油气区第一个中型整装贫凝析气田，实现了高效运行，探索总结了一些方法和经验：

（1）运用气藏地质、气藏工程、采气工艺和地面等评价技术并结合经济综合评价，搞清气田地质特征和产能规模，选择先进实用的新工艺新技术，推行全过程的项目管理，优化方案，少建一座集气站和一条集气管线，气井井数由初期的 12 口减少为 7 口，年产气能力仍为 $5\times10^8m^3$，有效控制了投资规模，做到了当年设计、当年建设、当年投产、当年见效。创立了气田开发前期地下地面一体化、上下游一体化研究模式，探索了气田开发前期评价研究工作的方法。通过开发早期介入，强化研究和项目管理，为实现气田高效开发奠定了基础。

（2）气田投产初期录取了 23 井次的监测资料，正式开发后，利用检修和气量调峰的时机及时录取资料，掌握开采动态，证实储层物性和连通性好，地层压力和单井控制储量有所下降，但无阻流量变化较小，气田稳产能力较强；通过研究压降储量曲线及流体分析结果，证明了气藏具有定容开采的特征，驱动类型为弹性气驱，边底水不活跃，与方案预测的 2005 年前为无水采气阶段一致；动态地质储量为 $129.12\times10^8m^3$，与上报地质储量 $126.12\times10^8m^3$ 相当；利用动态监测成果，确定合理的产量为 $150\times10^4m^3/d$，年采气速度 4.28%，与方案设计开发指标一致。通过重视动态监测资料的录取，强化跟踪研究，深化地质认识，实现高效运行。

（3）与国内同类气藏相比，人均年采集输气量高出 $7831.3\times10^3m^3$，单位集气处理总能耗减少 $939MJ/10^3m^3$，天然气处理耗电量减少 $4.48kW\cdot h/10^3m^3$，天然气集气总能耗减少 $472MJ/10^3m^3$，天然气处理耗气量减少 $2.65m^3/10^3m^3$，装置满负荷运行，设备利用率达 100%，达到高效、安全、平稳运行的国内先进水平。

大事记

1996 年

8 月 6 日　新疆石油管理局钻井公司（以下简称钻井公司）7035 队承钻的预探井呼 2 井，1994 年 8 月 18 日开钻，1995 年 12 月 16 日完钻，完钻井深 4634.31m。在古近系紫泥泉子组试油发生强烈井喷，经压井后测试获得日产天然气 $78.3\times10^4m^3$、日产凝析油 $18.82m^3$ 的工业油气流，发现呼图壁气田。

是月　新疆石油管理局勘探开发研究院（以下简称勘探开发研究院）沈一新、王立宏等人的《准噶尔盆地南缘呼图壁背斜呼 2 井石油地质综合评价》报告完成，系统地总结了各组段地层的岩性、岩相、电性、古生物组合特征、厚度变化，并确定了组段地质界限的依据。

是年　勘探开发研究院王立宏等人完成了呼图壁气田预测储量的计算。预测储量为：纯气区含气面积 $28km^2$，地质储量 $267.64\times10^8m^3$，气水叠合带含气面积 $17km^2$，地质储量 $81.25\times10^8m^3$，合计含气面积 $45km^2$，地质储量 $348.89\times10^8m^3$。

是年　新疆石油管理局地质调查处（以下简称地调处）对呼图壁气田进行了大面元三维地震勘测 $292km^2$（$50m\times50m$）。发现呼图壁背斜为近东西向展布的短轴背斜，呼图壁断裂将背斜切割为上下盘两个断背斜圈闭。

1997 年

10 月　中国石油天然气总公司总经理周永康到呼 001 井钻井现场视察工作。

11 月 11 日　新疆石油管理局召开天然气开发利用工作会议，集中力量对呼图壁构造进行重点勘探。

是月　勘探开发研究院王彬等人完成了《呼图壁气田呼 2 井区紫泥泉子组气藏开发评价井布井意见》，在含气面积内储集物性好、构造位置高的位置部署 3 口开发评价井，井号为 HU2002 井、HU2003 井、HU2004 井。1998 年 7 月 30 日，新疆石油管理局试油公司（以下简称试油公司）对 HU2003 井试气，在紫泥泉子组获得天然气无阻流量 $228\times10^4m^3/d$，9 月 4 日 HU2002 井在紫泥泉子组获得天然气无阻流量 $231\times10^4m^3/d$，9 月 13 日 HU2004 井在紫泥泉子组获得天然气无阻流量 $149\times10^4m^3/d$。

是年　勘探开发研究院刘得光、牛志杰等人完成了呼图壁气田控制储量的计算，经全国矿产储量委员会审查后，批准下盘控制含气面积 $20.4km^2$，控制地质储量 $189.81\times10^8m^3$，申报的上盘控制含气面积 $20.8km^2$，控制地质储量 $73.64\times10^8m^3$ 没有被批准。

1998 年

2 月　新疆石油管理局成立气田开发建设领导小组和呼图壁气田开发建设项目经理部，明确气田的开发实行项目管理。

是月　勘探开发研究院刘颖、王彬完成了《呼图壁气田呼 2 井区紫泥泉子组气藏开发井布井意见》，在呼 001 井附近部署 4 口开发井，井号为 HU2006 井、HU2007 井、HU2008 井、HU2010 井，同时考虑到该气藏是受构造、岩性控制的带边水的岩性构造气藏，气藏探明程度低，建议 HU2006 井和 HU2008 井先实施，其余两口井待 HU2002 井、HU2003 井和 HU2004 井 3 口开发评价井试气结束后再决定是否开钻。1999 年 5 月 14 日，试油公司对 HU2006 井试气，在紫泥泉子组获得天然气无阻流量 170×

$10^4m^3/d$，10 月 15 日 HU2008 井在紫泥泉子组日抽水 $19.2m^3$，未获得工业油气流。

4 月 18 日　新疆石油管理局采油三厂获得呼图壁气田生产管理权。

5 月 11 日　新疆石油管理局勘察设计研究院（以下简称设计院）吴昊编写的《呼图壁气田地面建设工程总体设计方案》及 7 月 28 日编写的《呼图壁气田地面建设工程调整方案》，通过新疆石油管理局计划处的批复，将开发井数由 12 口调整为 7 口，气田生产能力不变，减少 1 个集气站。2001 年 5 月，新疆油田分公司呼图壁气田开发建设项目部郑小宁、辜新军等人编写的《呼图壁气田开发建设地面建设工程竣工验收报告书》通过验收。

是月　试油公司在 1996 年 8 月 12 日开钻的呼 001 井试油，在紫泥泉子组获得天然气无阻流量 $194 \times 10^4m^3/d$。6 月，在 1996 年 10 月 10 日开钻的呼 002 井紫泥泉子组试油，日产水 $27.1m^3$，未获得工业油气流。

6 月 8—10 日　新疆石油管理局王彬、李维轩、张春海、吴昊等人编写的《呼图壁气田呼 2 井区紫泥泉子组气藏开发概念设计》通过中国石油天然气总公司开发生产局的审查，明确了依靠新技术、新体制、高质量、高速度、高效益的开发建设指导思想。

10 月 8 日　采油三厂呼图壁采气队成立。28 日第一口井 HU2002 井投入试采，日产天然气 $14.4 \times 10^4m^3$。

是月　勘探开发研究院刘颖、王彬完成了《呼图壁气田呼 2 井区紫泥泉子组气藏试采方案》。方案建议将开发评价井 HU2002 井、HU2003 井、HU2004 井分别以 $40 \times 10^4m^3/d$ 进行试采半年，提出了在试采期间进行干扰试井、气井出砂、全气藏关井测复压等动态监测资料录取要求。

1999 年

9 月 9 日　呼图壁气田全面开发，日产气量达到 $133 \times 10^4m^3$。

是月　新疆环境保护研究所完成《新疆石油管理局呼图壁气田开发建设工程环境影响报告书》。认为呼图壁气田开发建设工程采用合理的开发方案，利用新技术、新工艺，对生态产生的影响是可逆及可恢复的，在正常生产条件下，基本对环境不产生影响。

12 月　勘探开发研究院徐长胜、孙中春等人完成气田新增探明储量的计算，经全国矿产储量委员会审查后，批准探明含气面积 $15.2km^2$，探明凝析气地质储量为 $127.14 \times 10^8m^3$，天然气地质储量 $126.12 \times 10^8m^3$，天然气可采储量 $107.2 \times 10^8m^3$，凝析油地质储量为 60×10^4t，凝析油可采储量为 19.2×10^4t。

是月　勘探开发研究院王彬、秦莉等人编写了《呼图壁气田开发射孔方案》，提出了选取一套层系开发，采用衰竭式开采方式，井距范围 1100 ～ 1600m，生产井数 6 口（或后备 1 口井），单井日产气 $25 \times 10^4m^3$，区块日产气 $150 \times 10^4m^3$，年产气 $4.95 \times 10^8m^3$，采气速度为 4.24%，稳产年限为 10 年，稳产期累计产气 $56.05 \times 10^8m^3$，采出程度 47.68%。

2000 年

3 月　采油三厂呼图壁气田采气作业区成立。

4 月　勘探开发研究院温东山、秦莉完成了《呼图壁气田呼 2 井区紫泥泉子组气藏 HU2005 布井意见》。于 7 月 22 日由新疆石油管理局钻井公司开钻，11 月 10 日，试油公司对 HU2005 试气，在紫泥泉子组获得天然气无阻流量 $438 \times 10^4m^3/d$；12 月 21 日，HU2005 井投产，日产气量 $20 \times 10^4m^3$。

12 月底　呼图壁气田日产气量达到 $150 \times 10^4m^3$。

2001 年

1 月 1 日　呼图壁气田天然气开始输送到呼图壁县城，每天输气 $6000m^3$。

10 月　为了保护环境，呼图壁气田工业污水经呼 3 井回灌地层。

2002 年

5 月 25 日　采油三厂首次对气田地面生产系统进行了为期一周的检修改造工作，解决了地面处理工艺存在换热器效率低、乙二醇回收装置操作调节困难、工业污水储排工艺不合理、仪表风干燥质量差等问题。

2003 年

9 月　呼图壁采气作业区获得中国石油天然气集团公司“百面红旗”单位称号。

2004 年

8 月 12 日　采油三厂对气田地面生产系统进行改造检修工作，解决了地面工艺系统存在气—气换热器、波纹管换热器和重沸器效率低、J-T 阀无法投用、乙二醇再生塔等部分设备老化的问题。

8 月 15 日　采油三厂对呼 2 井修井，产量提高了 $2\times10^4m^3/d$。

9 月　呼图壁气田被中国石油天然气股份有限公司评为“高效开发气田”。

10 月 16 日至 11 月 10 日　采油三厂进行了气田地面工艺设备生产能力的复核和增产扩建工作，HU2002、HU2004 两口井分别新增了 1 台 315kW 水套炉，使单井的集气能力满足提产要求。

11 月 17 日　呼图壁气田产量达到 $180\times10^4m^3/d$。

12 月　采油三厂首次开展了开发后数值模拟研究，确定了合理的采气速度为 3.8%。

2005 年

12 月　呼图壁气田总井数 7 口，开井 7 口，日产气 $176\times10^4m^3$，年产气 $5.66\times10^8m^3$，总累计产气 $30.53\times10^8m^3$。

第一章

气 田 地 质

呼图壁气田位于准噶尔盆地南缘冲断带中部第三排构造带的呼图壁背斜中，储层为古近系紫泥泉子组辫状三角洲沉积的砂岩，具有非均质性强、中孔中渗、强水敏等特征，天然气具有相对密度低、甲烷含量高和不含硫等特点。气藏属于深层、中丰度、中高产的中型贫凝析气藏。

第一节　地层与构造

一、地层

1996 年 4 月，新疆石油管理局地质录井公司录井 7 小队在《呼 2 井完井地质总结报告》中对地层的描述：呼 2 井实钻地层自上而下为第四系，新近系上新统独山子组（N_2d）、中新统塔西河组（N_1t）、沙湾组（N_1s），古近系渐新统—始新统安集海河组（$E_{2-3}a$）、古新统紫泥泉子组（$E_{1-2}z$）、上白垩统东沟组（K_2d）。

1996 年 8 月，由勘探开发研究院沈一新、王立宏等人编写的《准噶尔盆地南缘呼图壁背斜呼 2 井石油地质综合评价》报告，系统地总结了各组段地层的岩性、岩相、电性、古生物组合等特征及厚度变化，并确定了各组段的地质界限（表 1–1）。

表 1–1　呼图壁气田地层综合数据表

地层系统					底界井深 m	厚度 m	岩性简述	沉积相
界	系	统	组	代号				
新生界	第四系			Q	412 ~ 467	412 ~ 467	灰色砂砾岩、砂质小砾岩为主夹褐灰色泥岩	冲积扇相
	新近系	上新统	独山子组	N_2d	1688 ~ 1805	1247 ~ 1389	上部为灰色砂砾岩、泥质小砾岩与浅棕色泥岩及含砾泥岩不等厚互层，下部为砂泥岩不等厚互层	扇三角洲相
		中新统	塔西河组	N_1t	2159 ~ 2213	399 ~ 491	棕褐色、灰绿色泥岩、粉砂质泥岩夹薄层棕色粉砂岩及泥质粉砂岩	滨浅湖亚相
			沙湾组	N_1s	2441 ~ 2512	253 ~ 328	浅棕、褐灰、灰白色不等粒砂岩、含砾不等粒砂岩、含砾泥质不等粒砂岩及砂质泥岩不等厚互层	辫状三角洲相
	古近系	渐新统—始新统	安集海河组	$E_{2-3}a$	3318 ~ 3362	738 ~ 948	上部为灰绿、浅灰绿及棕色泥岩，砂质泥岩为主夹细粉砂岩，中下部为棕、绿灰色砂质泥岩与砂质不等厚互层	滨浅湖—半深湖亚相
		古新统	紫泥泉子组	$E_{1-2}z$	3963	575	中上部为棕、棕褐色泥岩、砂质泥岩与含砾不等粒砂岩及细粉砂岩互层，底部为含砾不等粒砂岩、泥质细粉砂岩夹泥岩及砂质泥岩	辫状三角洲相
中生界	白垩系	上统	东沟组	K_2d	4634.31 （未穿）	671.3	上部以浅棕、棕褐色砂砾岩、不等粒砂岩、细粉砂岩及泥质砂岩为主夹少量砂质泥岩，中下部为同色不等粒砂岩、泥质砂岩、中细粉砂岩、泥质砂岩与砂质泥岩不等厚互层	辫状河相

注：摘自《准噶尔盆地南缘呼图壁背斜呼 2 井石油地质综合评价》报告，1996 年 8 月。

1999 年 1—12 月，中国石油新疆油田分公司勘探开发研究院（以下简称勘探开发研究院）与西南石油学院合作，由王彬、秦莉和曹文江完成的《呼图壁气田开发射孔方案》，对呼 2 井区紫泥泉子组进行了详细的划分与对比。按照沉积旋回、岩性粒序、岩电特征和标准层，将呼 2 井区紫泥泉子组自上而下划分为 3 个砂层组，即 Z_1、Z_2、Z_3，每个砂层组又划分了 2 个砂层，即 Z_1^1、Z_1^2、Z_2^1、Z_2^2、Z_3^1、Z_3^2 砂层。其中 Z_1 以泥岩为主，为非含气层；Z_2^1 为粉—细砂岩与砂质泥岩、泥岩交互层，为次要含气层；Z_2^2 为粉—细砂岩、中砂岩为主，是主要含气层；Z_3 为含水层（表 1–2）。

表 1–2　呼图壁气田紫泥泉子组储层细分表

<table>
<tr><th rowspan="2">组</th><th rowspan="2">砂层组</th><th rowspan="2">砂层</th><th rowspan="2">厚度
m</th><th rowspan="2">主要岩性</th><th colspan="3">沉积相带</th></tr>
<tr><th>相</th><th>亚相</th><th>微相</th></tr>
<tr><td rowspan="6">紫泥泉子组</td><td rowspan="2">Z_1</td><td>Z_1^1</td><td>67 ~ 97</td><td>褐灰色、棕色泥岩、粉砂质泥岩</td><td rowspan="6">辫状三角洲</td><td rowspan="2">三角洲前缘</td><td rowspan="2">前三角洲泥、远沙坝</td></tr>
<tr><td>Z_1^2</td><td>88 ~ 98</td><td>黄褐色粉砂岩</td></tr>
<tr><td rowspan="2">Z_2</td><td>Z_2^1</td><td>65.5 ~ 75.5</td><td>以棕褐色、褐灰色、灰褐色、灰绿色粉砂岩、细砂岩为主，夹含砾不等粒砂岩、粉砂质泥岩、泥岩</td><td>前三角洲</td><td rowspan="2">河口沙坝、水下分流河道、支流间湾、席状砂、远沙坝</td></tr>
<tr><td>Z_2^2</td><td>28 ~ 44</td><td>以灰褐色、棕褐色、褐灰色、浅棕色、棕色细砂岩、粉砂岩、中细砂岩为主，夹泥质粉砂岩、粉砂质泥岩、泥岩</td><td>三角洲前缘</td></tr>
<tr><td rowspan="2">Z_3</td><td>Z_3^1</td><td>232</td><td>棕褐色、灰褐色粉砂岩、含砾不等粒砂岩、含砾泥质砂岩</td><td>前三角洲</td><td rowspan="2">前三角洲泥、河口沙坝—远沙坝</td></tr>
<tr><td>Z_3^2</td><td>74.5</td><td>棕褐色、灰褐色粉砂岩、含砾不等粒砂岩、含砾泥质砂岩</td><td>三角洲前缘</td></tr>
</table>

注：摘自《呼图壁气田开发射孔方案》报告，1999 年。

二、构造

1951—1952 年，中苏石油股份公司组织的地质调查队、重磁力队、电法队等，开展了天山北麓山前地带石油勘探工作，基本查明了中、新生代露头区两排构造带的地层构造情况；在山前平原地带经重磁力、电法勘探发现了呼图壁、卡因迪克等潜伏构造。

1952 年 10 月 28 日至 1954 年 5 月 1 日，中苏石油股份公司在呼图壁背斜部署并钻探了地质浅井 13 口，证实了呼图壁潜伏背斜的存在。1986 年，地调处对该区进行了二维数字地震勘探，1991 年加密地震测网，测线总长 638km，测网密度达 2km × 3km，落实了呼图壁背斜圈闭（图 1–1 和图 1–2）。

1994年，新疆石油管理局依据该区二维地震Et_2层构造图，部署了呼2预探井。该井于1994年8月18日开钻，1995年12月16日完钻于4634.31m，井底层位白垩系东沟组。全井在紫泥泉子组油气显示良好，于1996年8月6日第三层试油，获得了$78.3 \times 10^4 m^3/d$的高产气流，发现了呼图壁气田。

1996 年，地调处对该区又做了大面元（50m × 50m）三维地震 292km²，证实了呼图壁背斜为一个被断层切割的短轴背斜（图 1–3 和图 1–4），解释认为：呼图壁背斜沙湾组以上地层为一完整背斜，安集海河组以下地层分为东西两个高点，背斜南北翼地层倾角相差不大，东西围斜地层倾角平缓，发育有上下两套断层；上部逆冲断层断面南倾，断面向下变得平缓，呈弧形弯曲，凹面向上，并逐渐顺层滑脱；下部由 4 条逆断层组成花状构造，断面陡、地层破碎、成层性差，是油气运移的主要通道。

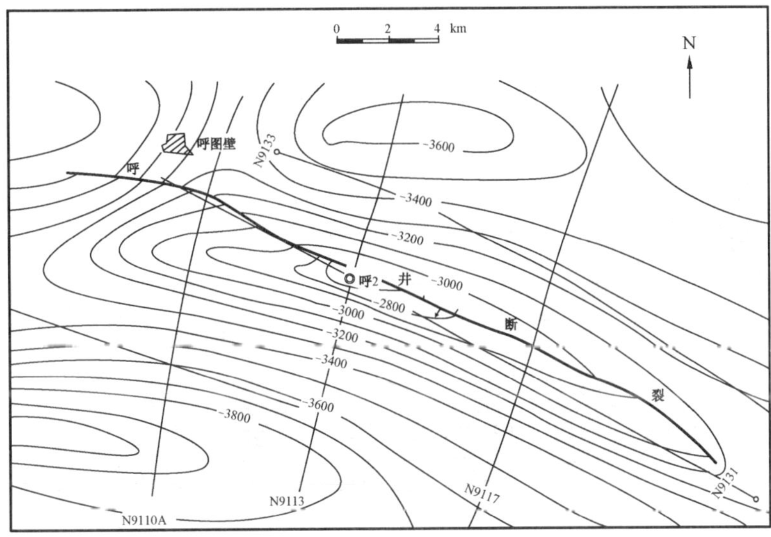

图 1–1 呼图壁背斜紫泥泉子组底界构造图

（新疆石油管理局地调处编制，1991 年）

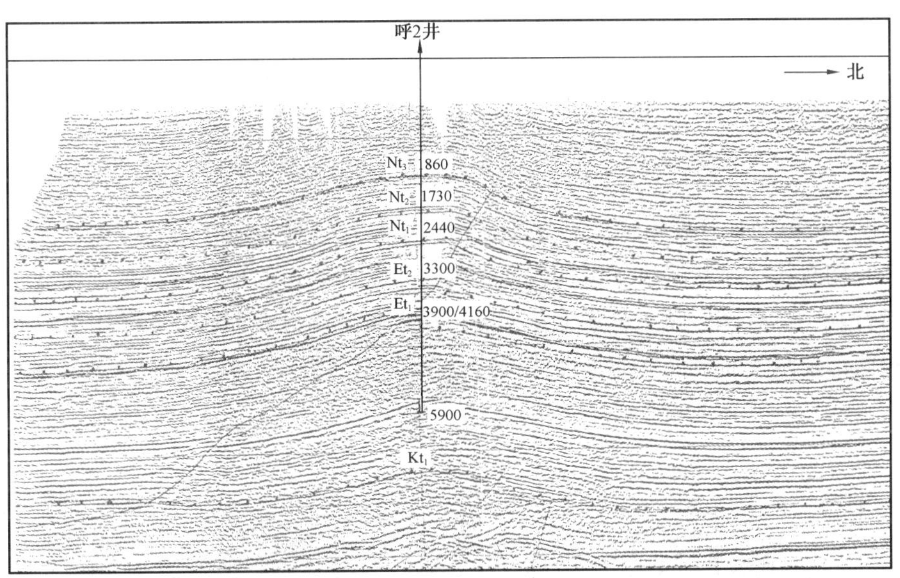

图 1–2 呼图壁背斜过呼 2 井横剖面图（N9113 测线）

（新疆石油管理局地调处编制，1991 年 8 月）

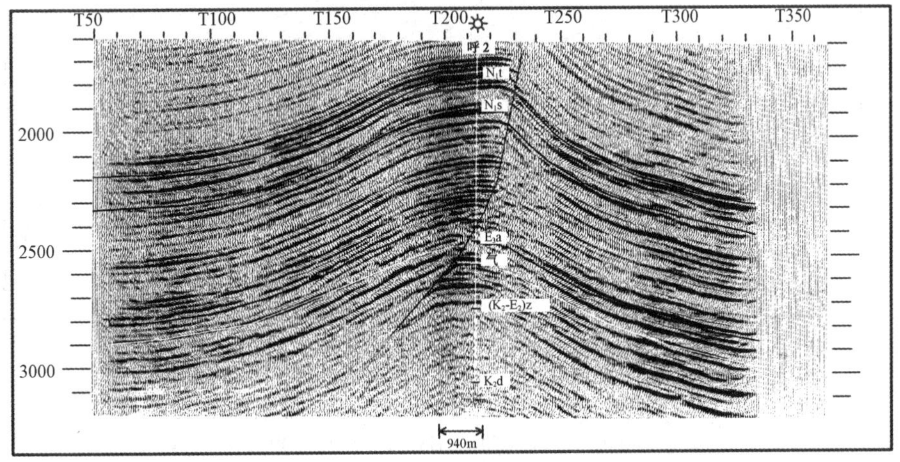

图 1–3 呼图壁背斜呼 2 井剖面图

（新疆石油管理局地调处编制，1996 年 10 月）

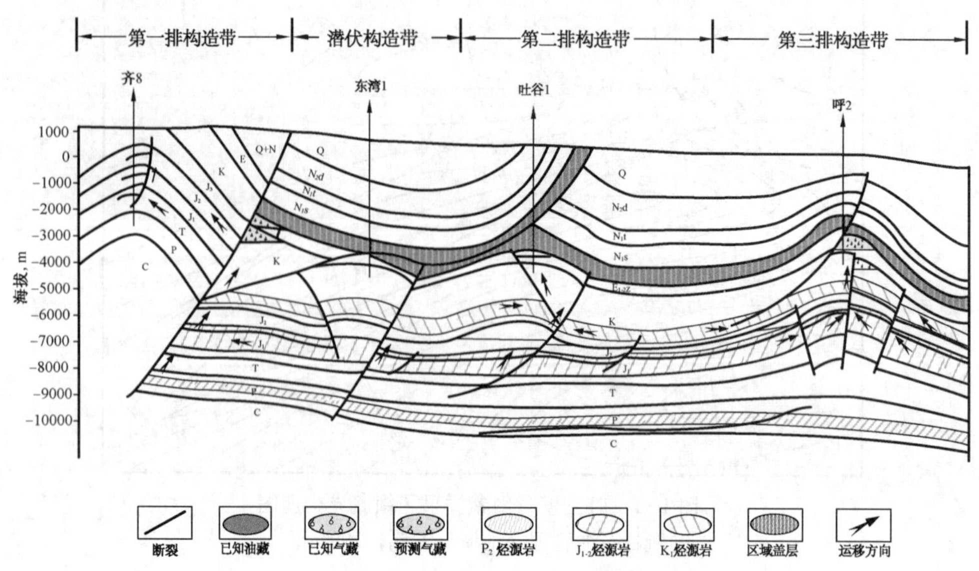

图 1–4　准噶尔盆地南缘构造剖面图
（新疆石油管理局地调处编制，1996 年 10 月）

1999 年 12 月，由勘探开发研究院开发所王彬、秦莉等编写的《呼图壁气田开发射孔方案》总结了开发钻井证实的构造状况：紫泥泉子组构造形态为近东西向展布的短轴背斜，呼图壁断裂将背斜切割为上下盘两个断背斜。下盘地层倾角总体上呈西陡东缓，构造高点在 HU2006 井附近，并发育了呼图壁北断裂，使背斜西部呈两条断裂夹持的条带状构造（图 1–5、图 1–6 和表 1–3、表 1–4）。

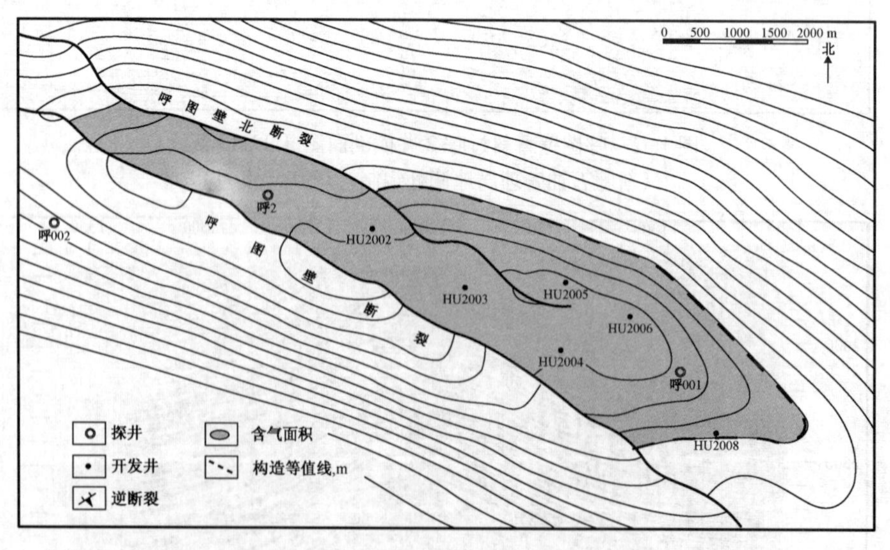

图 1–5　呼图壁气田紫泥泉子组构造图
（新疆石油管理局勘探开发研究院编制，1999 年 12 月）

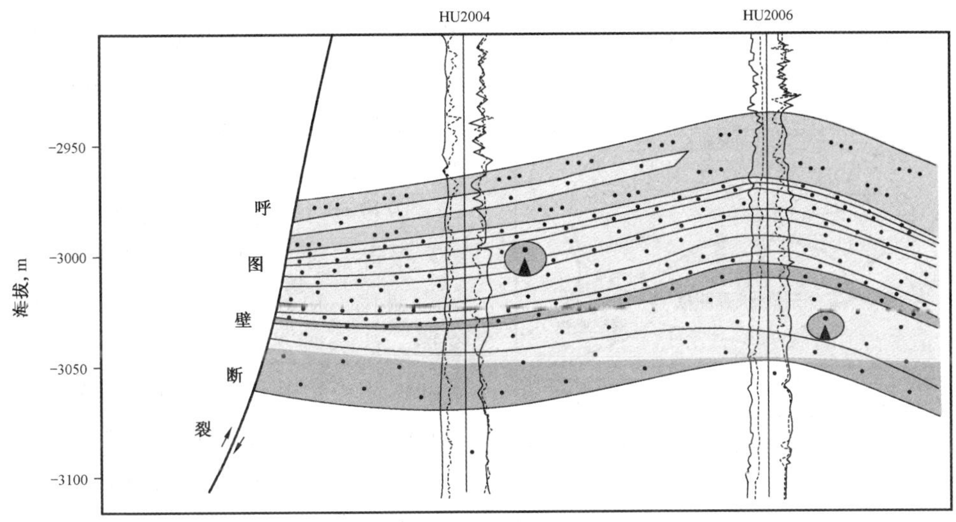

图 1-6　呼图壁气田紫泥泉子组剖面图
（新疆石油管理局勘探开发研究院编制，1999 年 12 月）

表 1-3　圈闭要素表

圈闭名称	层位	圈闭类型	圈闭面积 km^2	闭合度 m	高点埋深 m	溢出点海拔 m	可靠程度
呼图壁背斜下盘	Z_2^1	断背斜	29.2	120	3485	-3060	可靠

注：摘自《呼图壁气田开发射孔方案》报告，1999 年 12 月。

表 1-4　断裂要素表

序号	断裂名称	断裂性质	延伸长度 km	断开层位	走向	倾向	倾角	气层顶面垂直断距 m
1	呼图壁断裂	逆	21	K—N_1t	EW	S	40°～60°	100~250
2	呼图壁北断裂	逆	15	K—$E_{2-3}a$	EW	S	45°～65°	20~130

注：摘自《呼图壁气田开发射孔方案》报告，1999 年 12 月。

第二节　储　层

一、沉积相

1996 年 8 月，在呼 2 井石油地质综合评价报告中对沉积相特征及沉积环境演化进行了论述，认为呼 2 井所钻揭的地层为陆源碎屑沉积，划分为五个大相，即：冲积扇相、扇三角洲相、湖泊相、辫状三角洲相及辫状河流亚相。

1998 年 1 月，由勘探开发研究院王彬、刘颖等人编写的《呼图壁气田呼 2 井区紫泥泉子组气藏地质研究》报告，对紫泥泉子组沉积相和沉积微相做了简要的描述。认为呼图壁气田紫泥泉子组为一套湖进背景下的退积型三角洲沉积，沉积厚度 572m，自下而上砂体的厚度减薄、粒度变细，反映在相序上

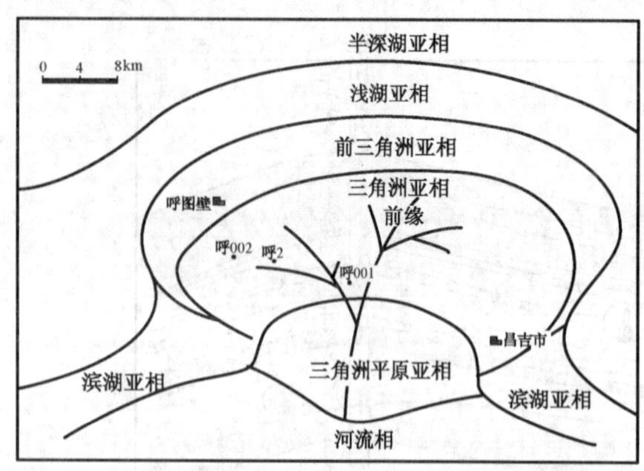

图 1−7 呼图壁气田紫泥泉子组沉积相示意图
（新疆石油管理局勘探开发研究院编制，1996 年 8 月）

为辫状河流亚相、三角洲平原亚相、三角洲前缘亚相、前三角洲亚相、浅湖亚相，总体呈下粗上细的正旋回沉积特征。其中，三角洲前缘亚相是本区紫泥泉子组三角洲沉积的主体，是含气层段的主要沉积相带（图 1−7）。

1999 年 12 月，在《呼图壁气田开发射孔方案》报告中对沉积层序、沉积相与微相、微相的组合与演化、沉积微相与气层分布的关系做了详细论述，认为呼 2 井区紫泥泉子组为一套湖进背景下的退积型辫状三角洲沉积（图 1−8），沉积厚度 433m。沉积过程中在多次由强到弱的水流作用下，形成了若干向上变细的正韵律层，构成辫状三角洲的垂向层序。按相标志，结合本区沉积、岩石组合特征和测井曲线形态，把紫泥泉子组辫状三角洲相细分为：辫状三角洲平原、辫状三角洲前缘和辫状前三角洲三个亚相，其中辫状三角洲平原亚相在已完钻的井中不发育。辫状三角洲前缘亚相又细分为水下辫状分流河道、支流间湾、河口沙坝、席状砂和远沙坝五个沉积微相。

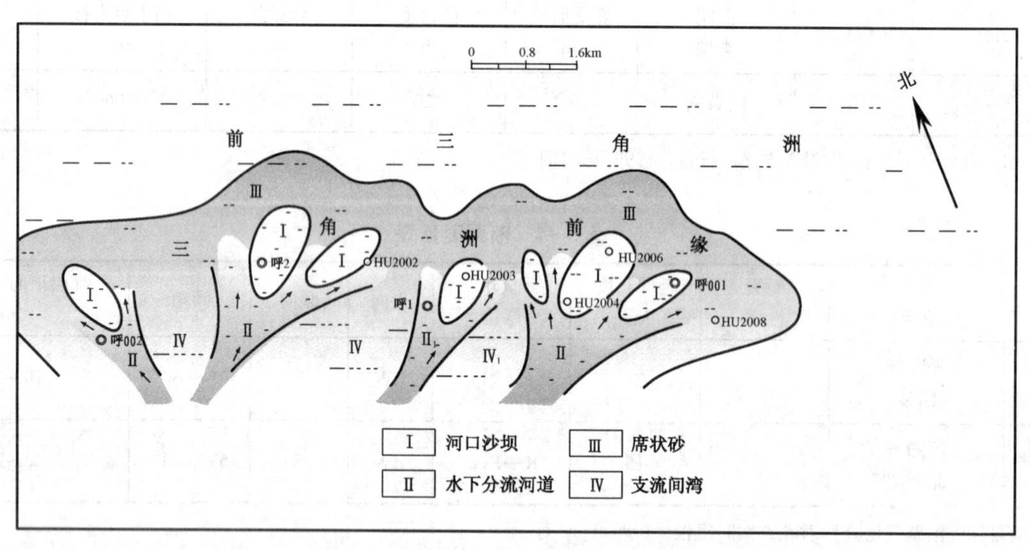

图 1−8 呼图壁气田紫泥泉子组沉积相示意图
（新疆石油管理局勘探开发研究院编制，1999 年 12 月）

Z_2^2 砂层沉积之前该区处于辫状三角洲平原亚相带，Z_2^2 沉积时，湖水扩张（水进），该区进入水下辫状三角洲前缘亚相沉积，平面形态呈扇状，发育了多个大小不等的水下分流河道，河口沙坝的前方为席状砂沉积，其沉积范围在本区较广。物源主要来自西南和偏南部两个方向。

Z_2^1 沉积时期，继承了 Z_2^2 时期的沉积微相带的分布特征。

辫状三角洲前缘亚相的河口沙坝、水下分流河道及席状砂等微相带是主要的储气相带。由气藏有效厚度分布及气井生产效果表明，紫泥泉子组气层明显受各沉积微相带的砂体厚度、岩性、物性以及非均质性影响，主力气层主要分布在河口沙坝微相中，气层有效厚度较大，气井产量高，其他微相气层有效厚度较薄，产量相对较低（图 1−9）。

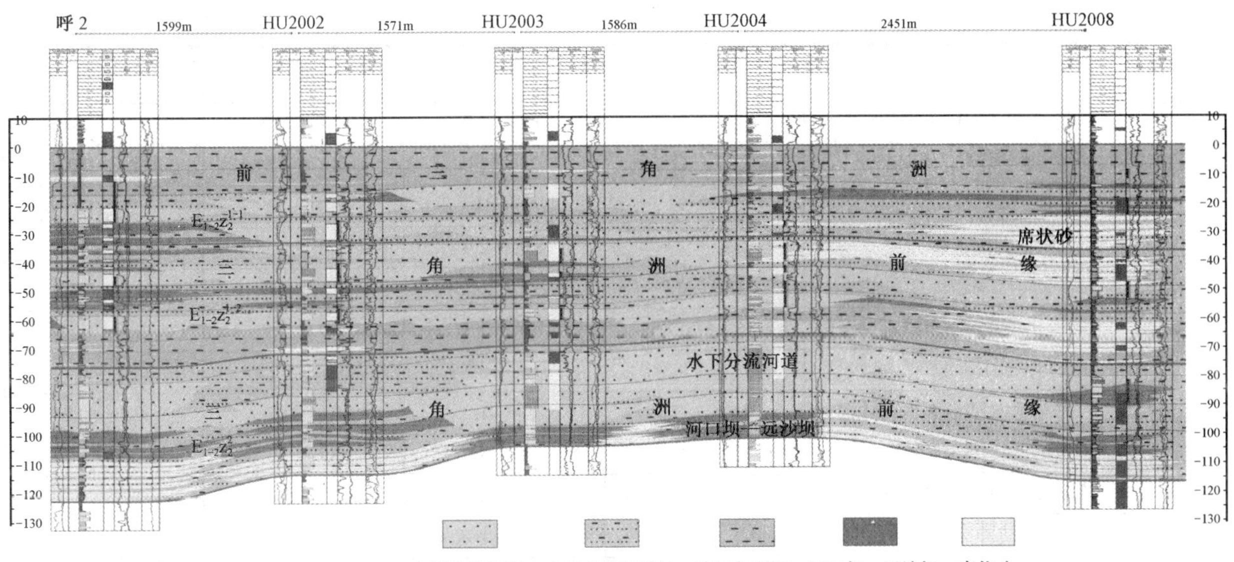

图 1–9　呼图壁气田紫泥泉子组沉积岩相剖面图
（新疆石油管理局勘探开发研究院编制，1999 年 12 月）

二、岩性物性

1996 年 8 月在《呼 2 井石油地质综合评价》报告中认为，东沟组、紫泥泉子组的大套砂岩和安集海河组的厚泥岩段形成了一套储盖组合，为气藏的评价钻探和开发方案编制提供了地质依据。

1999 年《呼图壁气田开发射孔方案》研究指出，呼 2 井区紫泥泉子组储层主要岩性为细砂岩、不等粒砂岩和粉砂岩，砂岩成分中的石英含量为 38.0% ～ 57%，长石含量为 17% ～ 35%。岩石胶结物成分主要为方解石，胶结类型为孔隙式、孔隙—接触式、接触式和压嵌式。砂岩中黏土矿物成分主要以伊 / 蒙混层为主，相对含量为 47% ～ 83%。储层具有潜在敏感性。据 407 块物性分析资料统计，气层孔隙度平均为 20.9%，水平渗透率平均为 93mD，垂直渗透率平均为 45mD。据 31 个细砂岩样品的孔隙结构分析资料，毛细管压力曲线分为四大类，其中Ⅰ、Ⅱ类具有排驱压力和饱和度中值压力低、粗歪度、分选好、孔喉分布频率曲线为单峰偏粗态型的特点，主要岩性为中细砂岩、细砂岩、粉砂质细砂岩，属于好—较好的储层；Ⅲ、Ⅳ类毛细管压力曲线具有排驱压力和饱和度中值压力较高、极细—细歪度、分选中等—差、孔喉分布频率曲线为单峰偏细态型的特点，主要岩性为细砂质粉砂岩、粉砂岩、不等粒砂岩，属于中等—差的储层（表 1–5 和表 1–6）。气田的主要储层毛细管压力曲线以Ⅰ类为主。

表 1–5　呼 2 井区紫泥泉子组储层分类评价表

参数		Ⅰ	Ⅱ	Ⅲ	Ⅳ
物性	孔隙度，%	＞ 18	15 ～ 18	15 ～ 10	10 ～ 5
	渗透率，mD	＞ 50	50 ～ 10	10 ～ 1	1 ～ 0.1
孔隙结构	孔隙组合类型	粒间溶孔—粒间孔	粒间溶孔—粒间孔	粒间孔—粒间溶孔	粒内溶孔—粒间溶孔
	平均孔隙直径，μm	78 ～ 50	50 ～ 20	43 ～ 11	＜ 11
	平均喉道宽度，μm	34 ～ 17	17 ～ 8	7 ～ 4	4 ～ 0.2
	排驱压力，MPa	＜ 0.1	0.1 ～ 0.3	0.3 ～ 0.6	0.6 ～ 1.2

续表

参数		I	II	III	IV
孔隙结构	饱和度中值压力，MPa	< 0.6	0.6 ~ 1.7	1.1 ~ 9.2	2.6 ~ 16.2
	最小非饱和孔隙体积，%	7 ~ 23	20 ~ 34	18 ~ 43	23 ~ 50
	均值	7 ~ 9	9 ~ 11	10 ~ 12	12 ~ 12.6
	分选系数	3.4 ~ 2.4	3.0 ~ 2.4	2.4 ~ 1.8	2.0 ~ 1.4
	偏态	1.9 ~ 0.1	0.5 ~ 0.02	0.7 ~ -0.2	0.1 ~ −0.8
	峰态	5.8 ~ 1.8	2.0 ~ 1.3	1.9 ~ 1.2	2.5 ~ 1.4
	变异系数	0.4 ~ 0.3	0.3 ~ 0.2	0.2 ~ 0.15	0.17 ~ 0.12
	平均毛细管半径，μm	10.4 ~ 3.5	2.1 ~ 1.2	1.1 ~ 0.4	0.5 ~ 0.2
声波时差，μs/ft		> 88	90 ~ 84	89 ~ 76	< 76
每米无阻流量，$10^4m^3/(d \cdot m)$		> 12	12 ~ 6	< 6	—
评价结果		好	较好—中等	中等—较差	很 差

注：摘自《呼图壁气田开发射孔方案》报告，1999 年 12 月。

表 1–6　呼 2 井区紫泥泉子组储层孔隙类型评价表

岩 性		杂基及胶结物含量 %			孔隙类型及含量 %			孔喉参数					储层物性		孔隙组合类型	孔隙发育程度	样品个数
		泥质	水黑云母	方解石	粒间孔隙	粒间溶孔	粒内溶孔	平均孔隙直径 μm	平均喉道宽度 μm	孔喉比	孔喉配位数	总面孔率 %	孔隙度 %	水平渗透率 mD			
细砂岩	范围	1 ~ 6	少量	0 ~ 6.5	75 ~ 95	5 ~ 25		78.4 ~ 49.6	34 ~ 17.1	2.3 ~ 3.9	0 ~ 5	6.6 ~ 10.5	18.5 ~ 26.3	105 ~ 847	粒间溶孔—粒间孔	好	13
	平均	2.8		1.1	87	13		67.6	21.4	3.2			22.9	319			
粗粉砂质细砂岩	范围	2 ~ 8		0 ~ 4	65 ~ 80	20 ~ 35		50.2 ~ 20	13.8 ~ 8.5	2.7 ~ 3.6	0 ~ 3	0.5 ~ 5.7	14.6 ~ 21.1	3.4 ~ 48.2	粒间溶孔—粒间孔	好—中等	6
	平均	5.3		1.8	74	26		31.2	10.2	3.3		2.6	17.6	10.5			
细砂质粗粉砂岩、粉砂质细砂岩	范围	1 ~ 20	0 ~ 8.5	0 ~ 7	0 ~ 60	40 ~ 100		43.3 ~ 11	6.9 ~ 3	2.3 ~ 7.2	0 ~ 2	0.02 ~ 2.1	9 ~ 18.2	0.5 ~ 6.1	粒间孔—粒间溶孔	中等—差	10
	平均	6.1	1.9	2.8	34	64		23.4	5	5.3		0.6	13.5	1.7			
不等粒砂岩、粉砂岩	范围	0 ~ 0.5	3 ~ 5	3 ~ 8		70 ~ 80	20 ~ 30	12.3 ~ 9.1					9.7 ~ 10.5	0.8 ~ 1.2	粒内溶孔—粒间溶孔	差	2
	平均	0.3	4	6		75	25	10.7					10.1	1.0			

注：摘自《呼图壁气田开发射孔方案》报告，1999 年 12 月。

根据紫泥泉子组储层岩性、物性、孔隙结构、电性和产能等特征，将储层划分为四类（表 1–7）。在各类储层中气层的分布是：I 类储层中气层有效厚度为 13.5 ~ 28.4m，平均 19.2m，占 Z_2 砂层组砂岩厚度的 26%；II 类储层中气层有效厚度为 1.9 ~ 9.8m，平均 4.5m，占 Z_2 砂层组砂岩厚度的 6%；III 类储层中气层有效厚度为 1.5 ~ 16.8m，平均 6.4m，占 Z_2 砂层组砂岩厚度的 9%。气层主要以 I 类储层为主，储集性好、产能较高。位于气藏东部的 HU2008 井主要以 III 类和 IV 类储层为主，储层厚度变薄，物性变差，经试气证实未获工业气流。

表 1–7 不同类型储层有效厚度分布频率表

井 号		呼 2	HU2002	HU2003	HU2004	HU2006	呼 001	平均
Z_2 砂岩厚度，m		70.5	64.5	71	86.4	74.3	69	72.6
有效厚度，m		21	22.9	33.2	36	53	21.1	31.2
占砂岩厚度的百分数，%		29.8	35.5	46.8	41.7	71.3	30.6	42.6
Ⅰ类储层	有效厚度，m	18.3	13.5	17.6	28.4	23.9	13.7	19.2
	占砂岩厚庹百分数，%	26	21	25	33	32	20	26
Ⅱ类储层	有效厚度，m		6	3.5	1.9	9.8	5.9	4.5
	占砂岩厚度百分数，%		9	5	2	13	9	6
Ⅲ类储层	有效厚度，m	2.7	3.4	10.4	3.8	16.8	1.5	6.4
	占砂岩厚度百分数，%	4	5	15	4	23	2	9

注：摘自《呼图壁气田开发射孔方案》报告，1999 年 12 月。

第三节 流体与渗流

呼图壁气田纵向上含气层段单一且集中，天然气相对密度较低，不含硫，组分以甲烷为主，凝析油含量较低，地层水为低矿化度的硫酸钠型。

一、流体性质

呼图壁气田自发现到开发初期在紫泥泉子组获取了 7 口井 8 井层的静压、静温测试资料，建立了地层压力梯度、地温梯度曲线和数学表达式，平均气藏中部海拔 −3010m，平均原始地层压力 33.96MPa，压力系数平均 0.95；气藏中部平均深度 3585m，平均地层温度 92.5℃，地温梯度 2.208℃ /100m；据呼 2 井、呼 001 井、HU2002 井和 HU2008 井四口井试油资料分析，气水界面取值为海拔 −3047m。

据 5 口井 6 层段投产初期井口取样做井流物分析，气井井流物摩尔组成具有“二高二低”的特点（表 1–8）；甲烷含量较高，为 92.12% ~ 93.93%，平均 93.08%；中间烃含量较低；生产气油比高，为 10313 ~ 17672m^3/m^3，平均 16579m^3/m^3，折算凝析油含量低，为 42.4 ~ 75.0g/m^3，平均 47.3g/m^3。属于贫凝析气流体类型（表 1–9）。

表 1–8 呼 2 井区气井生产初期井流物组成

井号	井段 m	井流物摩尔组分，%								
		C_1	C_2	C_3	C_4	C_5	C_6	C_{7+}	N_2	CO_2
呼 001	3550 ~ 3564	93.83	3.24	0.61	0.25	0.11	0.08	0.68	1.20	
呼 2	3561 ~ 3575	92.12	3.70	0.60	0.31	0.12	0.08	0.77	1.29	
	3588.5 ~ 3608.5	92.19	2.23	1.09	1.14	0.43	0.24	0.87	1.81	
HU2002	3536 ~ 3571	93.07	2.95	0.55	0.25	0.10	0.07	0.54	2.29	0.17
HU2004	3550 ~ 3558	93.36	2.45	0.22	0.04	0.04	0.05	0.57	2.80	0.46
HU2006	3574 ~ 3582	93.93	3.79	0.11	0.04	0.02	0.02	0.69	1.21	0.19
全区平均		93.08	3.06	0.53	0.34	0.14	0.09	0.69	1.77	0.14

注：摘自《呼图壁气田开发射孔方案》报告，1999 年 12 月。

表 1–9 呼 2 井区气井凝析油含量与气油比特性表

井号	层位	井 段 m	中部海拔 m	稳定气油比 m^3/m^3	凝析油含量 g/m^3	分离器温度 ℃	分离器压力 MPa
呼 001	Z_2^1	3550 ~ 3564	-3010	16082	48.1	24.0	2.10
呼 2	Z_2^1	3561 ~ 3575	-3006	16064	48.4	13.3	1.90
	Z_2^1	3588.5 ~ 3608.5	-3037	10315	75.0	29.0	3.40
HU2002	Z_2^1	3536 ~ 3571	-3003	18487	42.4	18.0	1.70
HU2003	Z_2^1	3546 ~ 3571	-2994	17672	44.4		
HU2004	Z_2^1	3550 ~ 3558	-2993	16641	46.8	23.0	2.30
HU2006	Z_2^2	3574 ~ 3582	-3032	14526	53.8	16.0	2.00
平 均				16579	47.3		

注：摘自《呼图壁气田开发射孔方案》报告，1999 年 12 月。

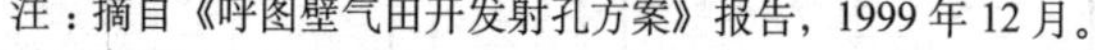

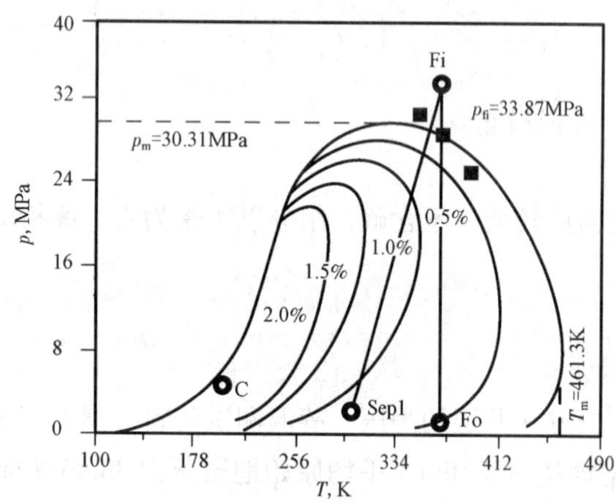

图 1–10 呼图壁气田紫泥泉子组相态图
（新疆石油管理局勘探开发研究院编制，1999 年 12 月）

据 5 口井地面分离器 PVT 取样及全组成分析资料，气藏露点压力为 29.03 ~ 31.4MPa，平均 30.13MPa，地露压差平均 3.59MPa，最大反凝析压力 10.82 ~ 12.25MPa，平均 11.59MPa。最大反凝析液量 1.45% ~ 2.30%，平均 1.68%，表明地层凝析气体系在开采过程中，凝析液量低，主要以单相气体流动为主。根据矿场测试的稳定气油比和 PVT 分析的气油比选择具有代表性的全组成分析及相态图（图 1–10），紫泥泉子组气藏属于典型的凝析气系统，临界压力和临界温度较低，气藏原始状态位于临界点右方，露点线及反凝析区相包络线上方。

据 6 口井 9 层段的天然气常规分析资料，天然气具有“二低一高”和不含硫的特点。天然气相对密度较低，平均为 0.5999；非烃含量较低，二氧化碳含量平均为 0.482%；甲烷含量高，平均为 92.14%（表 1–10）。

表 1–10 呼 2 井区天然气分析数据表

井号	井 段 m	相对密度	烃组分，%							二氧化碳 %	氮气 %
			甲烷	乙烷	丙烷	异丁烷	正丁烷	异戊烷	正戊烷		
呼 2	3561 ~ 3575	0.6055	91.670	5.027	0.617	0.161	0.164	0.114	0.088	0.427	1.732
呼 001	3550 ~ 3564	0.6105	90.087	4.122	0.644	0.171	0.185			0.728	4.063
HU2002	3536 ~ 3572	0.5921	93.242	3.850	0.462	0.080	0.070			0.417	1.879
HU2003	3546 ~ 3571	0.5967	92.652	4.004	0.564	0.152	0.142			0.398	2.088
HU2004	3550 ~ 3580	0.5953	92.864	3.856	0.538	0.120	0.116			0.449	2.059
HU2006	3575 ~ 3582	0.5990	92.335	4.315	0.585	0.150	0.157			0.471	1.984
全区平均		0.5999	92.142	4.196	0.568	0.139	0.139	0.019	0.015	0.482	2.301

注：摘自《呼图壁气田开发射孔方案》报告，1999 年 12 月。

气井地面凝析油颜色为透明的淡黄色，凝析油密度平均 0.780g/cm^3，石蜡含量平均 2.34%，凝固点平均 -14℃，初馏点平均 97℃，地面 30℃温度下黏度平均为 1.087mPa · s。

据呼 001、呼 002、HU2008 井地层水分析资料，紫泥泉子组地层水氯离子含量 2758 ~ 9974mg/L，总矿化度 12834 ~ 16188mg/L，水型为硫酸钠型。

二、渗流规律

1998 年，由勘探开发研究院化验中心对 HU2002 井 Z_2^1 层 6 个样品测定了油气、气水相对渗透率（表 1–11、表 1–12 和图 1–11、图 1–12），结果表明，在岩心束缚水饱和度 59.6% 的条件下，气驱油效率达 48%，残余油饱和度 21%；在岩心束缚水饱和度 36.2% 的条件下，水驱气效率达 66.8%，残余气饱和度 21.2%。

表 1–11　HU2002 井油气相对渗透率数据表

<table>
<tr><td colspan="4">样品编号</td><td colspan="4">R98–02823</td></tr>
<tr><td colspan="4">层 位</td><td colspan="4">E_2^1</td></tr>
<tr><td colspan="4">样品深度，m</td><td colspan="4">3535.90</td></tr>
<tr><td colspan="4">岩石名称</td><td colspan="4">细砂岩</td></tr>
<tr><td colspan="4">岩心处理方法</td><td colspan="4">新鲜</td></tr>
<tr><td colspan="4">实验温度，℃</td><td colspan="4">17.0</td></tr>
<tr><td colspan="4">岩心长度，cm</td><td colspan="4">7.83</td></tr>
<tr><td colspan="4">岩心直径，cm</td><td colspan="4">3.50</td></tr>
<tr><td colspan="4">实验温度下油黏度，mPa · s</td><td colspan="4">2.786</td></tr>
<tr><td colspan="4">实验温度下气体黏度，mPa · s</td><td colspan="4">0.01732</td></tr>
<tr><td colspan="4">水　　型</td><td colspan="4">Na_2SO_4</td></tr>
<tr><td colspan="4">总矿化度，mg/L</td><td colspan="4">10219</td></tr>
<tr><td colspan="4">孔隙度，%</td><td colspan="4">19.8</td></tr>
<tr><td colspan="4">气体渗透率，mD</td><td colspan="4">40.4</td></tr>
<tr><td colspan="4">束缚水饱和度，%</td><td colspan="4">59.6</td></tr>
<tr><td colspan="4">束缚水下油相渗透率，mD</td><td colspan="4">17.0</td></tr>
<tr><td colspan="4">残余油饱和度，%</td><td colspan="4">21.0</td></tr>
<tr><td colspan="4">最终采收率，%</td><td colspan="4">48.0</td></tr>
<tr><td colspan="4">注入压力，MPa</td><td colspan="4">0.120</td></tr>
<tr><td>含液饱和度</td><td>0.931</td><td>0.906</td><td>0.903</td><td>0.892</td><td>0.877</td><td>0.863</td><td>0.848</td></tr>
<tr><td>油相相对渗透率</td><td>0.277</td><td>0.128</td><td>0.128</td><td>0.107</td><td>0.0747</td><td>0.0427</td><td>0.0299</td></tr>
<tr><td>气相相对渗透率</td><td>0.0806</td><td>0.106</td><td>0.122</td><td>0.163</td><td>0.173</td><td>0.179</td><td>0.237</td></tr>
</table>

注：摘自《HU2002 井油气相对渗透率检测分析报告》，1998 年 11 月。

表 1–12　HU2002 井气水相对渗透率数据表

<table>
<tr><td colspan="6">样品编号</td><td colspan="6">R98–02825</td></tr>
<tr><td colspan="6">层位</td><td colspan="6">E_2^1</td></tr>
<tr><td colspan="6">样品深度，m</td><td colspan="6">3538.65</td></tr>
<tr><td colspan="6">岩石名称</td><td colspan="6">细砂岩</td></tr>
<tr><td colspan="6">岩心处理方法</td><td colspan="6">抽取</td></tr>
<tr><td colspan="6">水型</td><td colspan="6">Na_2SO_4</td></tr>
<tr><td colspan="6">总矿化度，mg/L</td><td colspan="6">10219</td></tr>
<tr><td colspan="6">孔隙度，%</td><td colspan="6">23.2</td></tr>
<tr><td colspan="6">岩心长度，cm</td><td colspan="6">7.97</td></tr>
<tr><td colspan="6">岩心直径，cm</td><td colspan="6">3.50</td></tr>
<tr><td colspan="6">实验温度，℃</td><td colspan="6">18.5</td></tr>
<tr><td colspan="6">地层水黏度，mPa · s</td><td colspan="6">1.085</td></tr>
<tr><td colspan="6">气体黏度，mPa · s</td><td colspan="6">0.01739</td></tr>
<tr><td colspan="6">气体渗透率，mD</td><td colspan="6">386</td></tr>
<tr><td colspan="6">水相渗透率，mD</td><td colspan="6">249</td></tr>
<tr><td colspan="6">束缚水饱和度，%</td><td colspan="6">36.2</td></tr>
<tr><td colspan="6">残余气饱和度，%</td><td colspan="6">21.2</td></tr>
<tr><td colspan="6">最终采收率，%</td><td colspan="6">66.8</td></tr>
<tr><td>含液饱和度</td><td>0.362</td><td>0.493</td><td>0.502</td><td>0.512</td><td>0.535</td><td>0.542</td><td>0.580</td><td>0.592</td><td>0.611</td><td>0.634</td><td>0.788</td></tr>
<tr><td>水相相对渗透率</td><td>0</td><td>0.0103</td><td>0.0157</td><td>0.0207</td><td>0.0253</td><td>0.0338</td><td>0.0618</td><td>0.0791</td><td>0.102</td><td>0.144</td><td>0.302</td></tr>
<tr><td>气相相对渗透率</td><td>0.932</td><td>0.542</td><td>0.450</td><td>0.382</td><td>0.308</td><td>0.262</td><td>0.132</td><td>0.0867</td><td>0.0550</td><td>0.0392</td><td>0</td></tr>
</table>

注：摘自《HU2002 井气水相对渗透率检测分析报告》，1998 年 11 月。

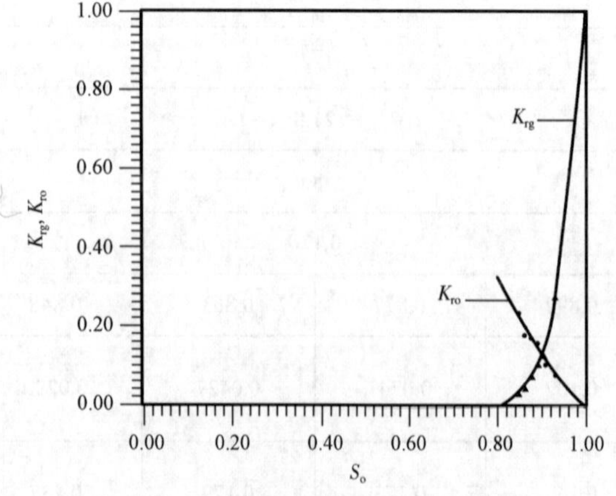

图 1–11　HU2002 井油气相对渗透率曲线

（新疆石油管理局勘探开发研究院编制，1998年11月）

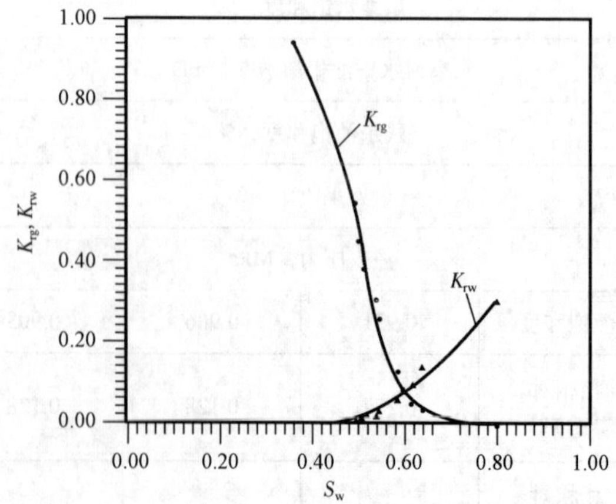

图 1–12　HU2002 井气水相对渗透率曲线

（新疆石油管理局勘探开发研究院编制，1998年11月）

取 Z_2 砂层组 10 块岩心样品做敏感性试验，其中水敏性 3 块、盐敏性 3 块、速敏性 4 块，结果显示，呼 2 井区紫泥泉子组储层具有强—中等的水敏性、中等—强的盐敏性、弱—中等的速敏性（表 1–13）。

表 1–13　呼 2 井区紫泥泉子组储层敏感性评价表

评价类别	井号	层位	岩性	孔隙度 %	克氏渗透率 mD	最终渗透率 mD	渗透率损失 K/K_∞	临界速度 mL/min	评价指标		敏感程度
水敏性	呼 2	Z_2^1	粉砂岩	19.1	33.46	5.22	0.16	—	K_w/K_f	0.38	中等
	HU2002	Z_2^1	细砂岩	21.7	470	182	0.39	—		0.50	中等
	HU2002	Z_2^1	细砂岩	23.1	546	53.9	0.10	—		0.12	强
速敏性	呼 2	Z_2^1	粉砂岩	22.1	75.51	25.51	0.34	6.15	K_{min}/K_{max}	0.93	弱
	HU2002	Z_2^1	细砂岩	23.1	736	443	0.60	6.00		0.83	弱
	HU2002	Z_2^1	细砂岩	23.3	626	252	0.40	0.25		0.58	中等
	HU2002	Z_2^1	细砂岩	23.7	307	140	0.46	0.25		0.65	中等
盐敏性	呼 2	Z_2^1	粉砂岩	19.1	33.46	5.22	0.16	—	K/K_∞	0.16	强
	HU2002	Z_2^1	细砂岩	21.7	470	182	0.39	—		0.39	中等
	HU2002	Z_2^1	细砂岩	23.1	546	53.9	0.10	—		0.10	强

注：(1) K_w/K_f——水敏指数，表示岩心在蒸馏水下的渗透率 K_w 与地层水下的渗透率 K_f 比值。

K_{min}/K_{max}——速敏程度，表示岩心的地层水最小渗透率与最大渗透率的比值。

K/K_∞——盐敏程度，表示岩心不同矿化度地层水的渗透率与克氏渗透率的比值。

(2) 摘自《呼图壁气田开发射孔方案》报告，1999 年 12 月。

Z_2砂层组取得盐敏分析资料3个，样品岩性为粉砂岩、细砂岩。储层最终渗透率损失（K/K_∞）为 0.16～0.39，属强—中等盐敏程度。临界盐度为4960mg/L。

目的层 Z_2 砂层组取得速敏分析资料 4 个，样品岩性为粉砂岩、细砂岩。储层最终渗透率损失为 0.34 ～ 0.60，K_{min}/K_{max}（地层水最小渗透率与最大渗透率的比值）为 0.93 ～ 0.58，速敏程度为弱—中等。临界流速为 0.25 ～ 6.15mL/min。

第四节　油气储量

呼图壁气田自 1996 年发现后到 2005 年历经了预测、控制和探明三种类别的储量计算（表 1–14）。

1996 年 8 月，由勘探开发研究院王立宏等人，采用容积法，平面上将气藏分为纯气区和气水叠合带两个单元，纵向上集中在一个大砂层，作为一个计算单元。根据确定的各项参数，计算呼图壁气田紫泥泉子组气藏的预测储量为：纯气区含气面积 $28km^2$，地质储量 $267.64 \times 10^8m^3$，气水叠合带含气面积 $17km^2$，地质储量 $81.25 \times 10^8m^3$，合计含气面积 $45km^2$，地质储量 $348.89 \times 10^8m^3$。

1997 年 11 月，由勘探开发研究院刘得光、牛志杰等编写的《准噶尔盆地呼图壁气田紫泥泉子组气藏天然气控制储量报告》，采用容积法计算了呼图壁气田呼 2 井区紫泥泉子组气藏控制储量，经全国矿产储量委员会审查后，批准下盘控制含气面积 $20.4km^2$，控制地质储量 $189.81 \times 10^8m^3$，申报的上盘控制含气面积 $20.8km^2$，控制地质储量 $73.64 \times 10^8m^3$ 没有被批准。

表 1-14　呼图壁气田呼 2 井区紫泥泉子组气藏储量计算参数表

年度	储量类别	层位	面积 km^2	厚度 m	孔隙度 %	含气饱和度 %	地层压力 MPa	地层温度 ℃	气体偏差系数	干气摩尔分数	凝析气地质储量 10^8m^3	干气地质储量 10^8m^3	干气可采储量 10^8m^3	凝析油含量 g/m^3	凝析油地质储量 10^4t	凝析油可采储量 10^4t
1996	预测	Z_2^1	28	23.8	19	73	—	—	—	0.995	267.64	266.30	226.36	—	—	—
		Z_2^2	17	11.9	19	73	—	—	—	0.995	81.25	80.84	68.72	—	—	—
		合计			19	73				0.995	348.89	347.15	295.07	28.11	97.6	39.04
1997	控制	Z_2^1	20.4	25.1	18	69	—	—	—	0.992	168.04	166.75	125.06	43.72	72.9	21.90
		Z_2^2	9.7	7.4	18	63	—	—	—	0.992	21.77	21.60	16.20	43.52	9.4	2.80
		上盘	20.8	15.5	14	61	—	—	—	0.992	73.64	73.07	54.80	43.79	32	9.60
		合计	41.2							0.992	263.45	261.42	196.06	43.72	114.3	34.30
1999	探明	Z_2^1	14.8	16.4	19	70	33.96	92	0.978	0.992	88.44	87.73	74.57	47.53	41.7	13.3
		Z_2^2	8.2	14.5	18	66	—	—	0.978	0.992	38.7	38.39	32.63	47.41	18.2	5.8
		合计	15.2		19	69				0.992	127.14	126.12	107.2	47.57	60	19.2

注：摘自《准噶尔盆地呼图壁气田紫泥泉子组气藏天然气预测储量报告》，1996 年 8 月；《准噶尔盆地呼图壁气田紫泥泉子组气藏天然气控制储量报告》，1997 年 11 月；《呼图壁气田呼 2 井区块新增天然气探明储量报告》，1999 年 12 月。

1999 年 12 月，由勘探开发研究院徐长胜、孙中春等人完成的《呼图壁气田呼 2 井区块新增天然气探明储量报告》，采用容积法，按照 Z_2^1 和 Z_2^2 两个单元对储量进行了计算。经全国矿产储量委员会审查后，批准探明含气面积 15.2km²，探明 I 类凝析气地质储量为 $127.14 \times 10^8 m^3$，其中干气地质储量 $126.12 \times 10^8 m^3$、可采储量 $107.2 \times 10^8 m^3$，凝析油地质储量 $60 \times 10^4 t$、可采储量 $19.2 \times 10^4 t$。根据储量规范的评价标准，该气藏属于深层、中丰度、中高产、特低凝析油含量的中型贫凝析气藏（图 1–13）。

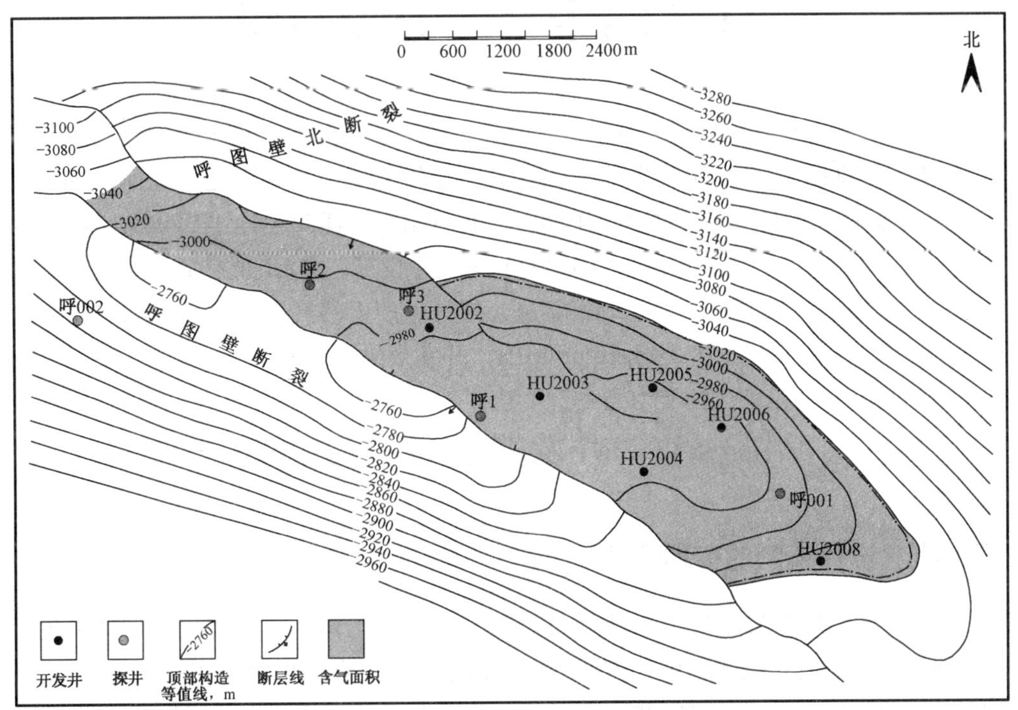

图 1–13　呼 2 井区紫泥泉子组气藏探明面积图
（新疆石油管理局勘探开发研究院编制，1999 年 12 月）

第二章

开发部署与实施

呼图壁气田 1996 年 8 月发现后，开发研究人员开始进行气藏早期描述和研究。1998 年 8 月初，成立了呼图壁气田开发建设领导小组，组织气藏地质、气藏工程、采气工艺、地面集输等各路研究人员，编制了气藏开发概念设计和试采方案，1998 年 10 月前后，HU2002、HU2003、HU2004 三口井投入试采，1999 年 9—11 月，呼 2、呼 001、HU2006 三口井投产，气田进入全面开发。2002 年 12 月，HU2005 井投产，累计投产 7 口井。截至 2005 年底，累计生产天然气 $30.54 \times 10^8 m^3$，采出程度 24.21%，采气速度 4.49%，单位压降采气量达 $3.4 \times 10^8 m^3/MPa$，开发效果较好。

第一节　开发概念设计与实施

一、开发概念设计编制的前期研究

自 1996 年 8 月呼 2 井在紫泥泉子组获得日产天然气 $78.3 \times 10^4 m^3$、凝析油 $18.82m^3$ 的工业油气流后，开发一路研究人员就开始收集气田各方面的地质信息，对于勘探评价工作的动向给予了高度的重视和关注。1997 年 11 月在申报《准噶尔盆地呼图壁气田紫泥泉子组气藏天然气控制储量报告》的同时，根据三维地震解释和测井解释结果，在含气面积内储层物性较好、构造位置较高的部位部署了 3 口开发评价井 (HU2002 井、HU2003 井、HU2004 井)，见图 2-1。同年 12 月，勘探开发研究院与西南石油学院合作完成了“呼图壁气田气藏工程早期研究”，在仅有的 2 口探井（呼 2 井、呼 001 井）资料基础上，

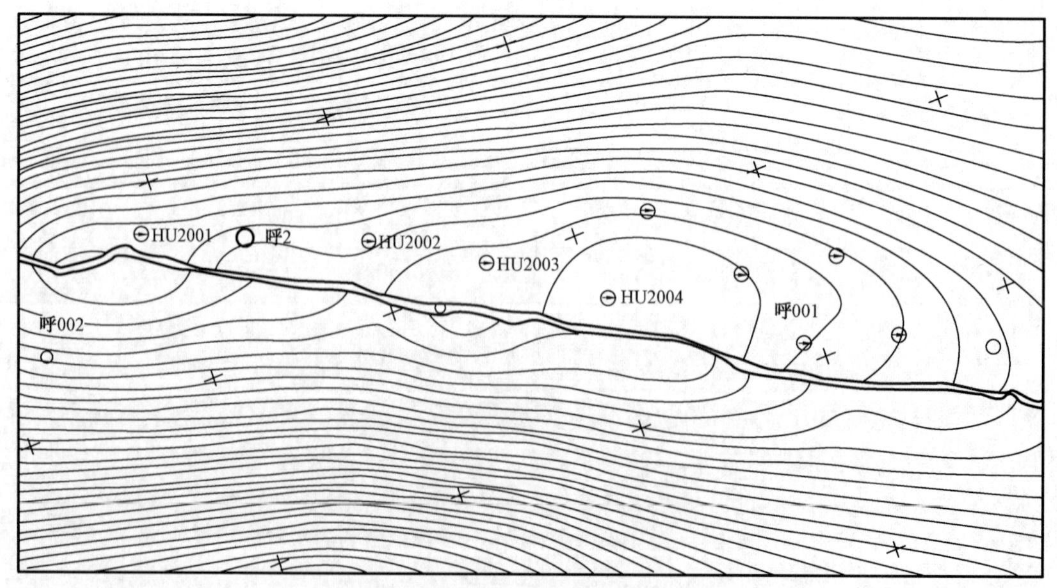

图 2-1　呼图壁气田开发评价井部署图
（新疆石油管理局勘探开发研究院编制，1996 年 8 月）

运用现代技术对呼图壁气田开发有重大影响的关键问题，包括开采层系、开采方式、井网井距、产能设计、指标预测等进行了研究，提出了初步意见，实现了开发早期介入。

二、开发概念设计的编制

1998 年 1 月，新疆石油管理局成立呼图壁气田开发概念设计项目组，由管理局开发各路副总师担任项目负责人，组织勘探开发研究院、钻井工艺研究院（以下简称钻研院）、采油工艺研究院、设计院，分气藏地质、气藏工程、钻井工程、采气工程、地面工程、经济评价各专业，采用地下地面一体化，上下游一体化，多学科、多专业相互配合，技术上相互渗透的模式。在前期研究的基础上，着手呼图壁气田呼 2 井区紫泥泉子组气藏开发概念设计的编制，于 1998 年 4 月完成。主要编制人员有王彬、李维轩、张春海、吴昊等，由开发各路副总师审核，主管副局长审批。概念设计依据少量探井资料，利用三维地震、钻井测井信息确定了气田基本骨架，建立非均质概率模型，应用现代技术建立气井产能方程，确定无阻流量，运用数值模拟技术对气田开发部署决策进行优化与指标预测，在此基础上对气田开发作出了总体部署，确定了开发建设呼图壁气田的指导思想。部署原则及部署要点如下：

（一）部署原则

（1）按照先探明储量、落实用户，再建产能，然后安排天然气生产的科学程序进行工作部署。

（2）采用当前先进成熟的工艺技术，从钻井、完井到工艺措施各个环节，全面注重气层的保护，精心施工，充分发挥气井的生产潜力，实现少投入、多产出，使气田保持较长的稳产年限，获得较好的开发效果和经济效益。

（3）针对气藏的地质特点，合理布井，提高储量动用程度。

（4）总体上，对渗透性较低的储层或气藏伤害严重的井段，以经济合理的规模压裂改造，尽可能提高单井产量，获得较长的稳产期和较高的采收率。

（7）确保地层、井筒和地面管网系统优化协调，规模开采与经营，降低能耗和经营成本。

（二）部署要点

（1）考虑到储层比较单一、无明显隔层的特点，确定紫泥泉子组气藏采用一套层系开发。

（2）鉴于紫泥泉子组气藏凝析油含量较低，未达到干气回注保持压力或部分保持压力开采的技术指标要求，借鉴国内外类似气藏的开发经验，确定采用衰竭式开采方式。

（3）以三维地震约束反演的Ⅰ、Ⅱ类储层为基础，开发井部署在储层物性较好、厚度较大的部位，最大限度提高储量动用程度，采用 1000 ~ 1600m 井距。在开发评价井 HU2003 井以西保持目前可利用的探井（呼 2 井）和开发评价井的格局，井距 1600m，在 HU2003 井以东地区井距 1000 ~ 1600m，高部位井距 1000 ~ 1200m。布井总数 12 口（图 2-2），利用探井 2 口，需钻新井 10 口（含开发评价井 3 口），钻井进尺 3.75×10^4m。

（4）遵循既要充分发挥气井生产能力又要保持气田长期稳定供气能力、稳产年限不低于 10 年的原则，设计呼 2 井及呼 001 井产能为 $20 \times 10^4 m^3/d$，新井为 $12 \times 10^4 m^3/d$，全气田日产气 $160 \times 10^4 m^3$，年产气 $5.28 \times 10^8 m^3$，采气速度 3.77%（按动用储量 $140 \times 10^8 m^3$ 计算），稳产 14 年，最终采收率 71.04%，凝析油采收率 31.1%，内部收益率 15.85%（税后），投资回收期 6.3 年。

（5）考虑到开发评价阶段对储层条件、地质储量和产能认识的局限性，决定 12 口开发井分两步实施。第一步先实施 7 口井，包括 3 口开发评价井，2 口开发井（HU2006 井、HU2008 井）及利用 2 口探井（呼 2 井、呼 001 井），建日产气能力 $100 \times 10^4 m^3$；第二步在完成第一步实施的基础上，落实储层砂体展布、岩性物性变化、核实地质储量和产能变化情况后，再实施后 5 口井，新建产能 $60 \times 10^4 m^3/d$。

（6）设计中充分考虑了该气藏上覆地层压力系统较多、复杂层段多、目的层易坍易漏及敏感性强等特点，从钻井、完井到采油工艺、储层改造各个环节全面注重气藏保护，以充分发挥气藏潜力，地面工程设计以经济效益为中心，紧密结合气藏特点，做到总体布局合理，工艺流程简洁，地层能量得到充分利用，技术先进，管理方便，安全可靠。

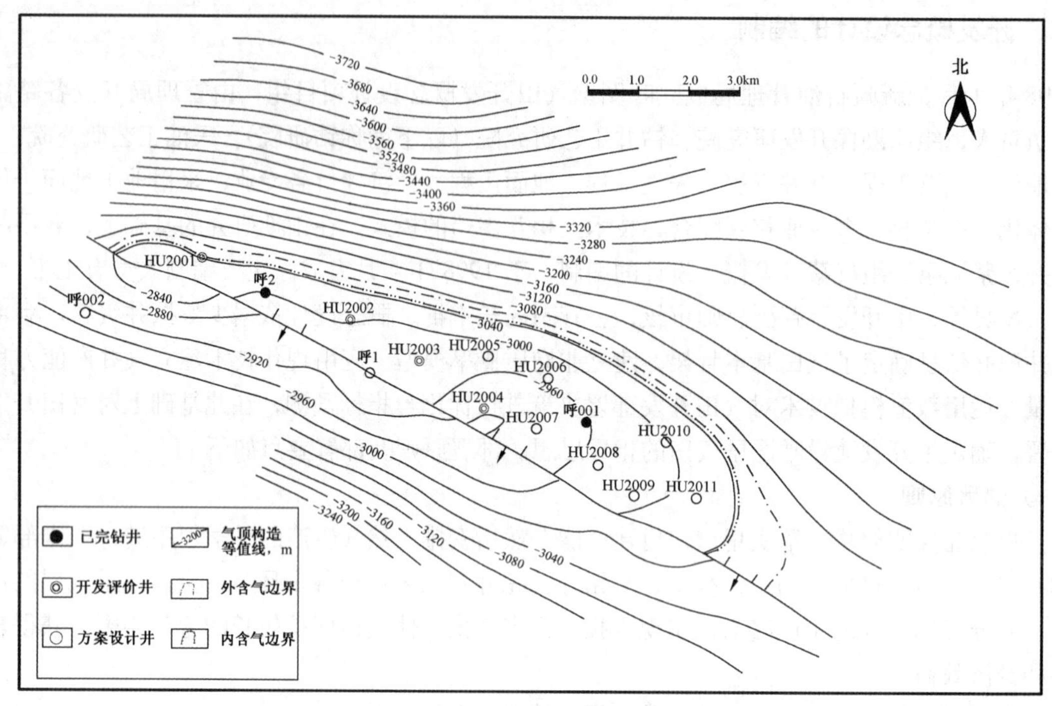

图 2−2　呼图壁气田开发概念设计开发井网部署图
（新疆石油管理局勘探开发研究院编制，1998 年 4 月）

1998 年 6 月 8—10 日，由中国石油天然气总公司开发生产局在新疆石油管理局组织召开了《呼图壁气田呼 2 井区紫泥泉子组气藏开发概念设计》审查会议，参加评审的有总公司科技局、规划总院、万庄分院、四川石油管理局、西南石油学院、塔里木勘探开发指挥部的领导及专家 22 人，会议由开发生产局总工程师孟慕尧主持，新疆石油管理局副总地质师孙川生带队，组织了地质、气藏工程、钻井工程、采气工程、地面建设、经济评价及 529 管线改造工程项目的详细汇报。专家组听取了汇报，并到现场实地考察，对于概念设计的思路和总体部署给予了充分肯定，对于各工程专业技术设计分别进行了审查，并予以通过。在审查纪要中，专家组一致认为：“呼图壁气田开发概念设计研究内容丰富，论证设计规范，在气藏仅有两口井资料的情况下，通过气藏早期描述和研究，就对气田开发进行了总体部署，充分体现了新疆石油管理局勘探开发密切结合、开发早期介入、加快气田开发的工作思路和成果”。针对气藏特点，专家们提出了许多好的建议。

根据气田开发概念设计审查提出的“少井高产”要求，并结合储层物性特征和生产能力，经研究并经局主管部门同意，将单井产能由原来的（12 ~ 15）$\times 10^4 m^3/d$ 提高至 $20\times 10^4 m^3/d$，开发井数由 12 口调整为 7 口，气田生产能力不变。

针对气藏开发概念设计中存在的问题，如气藏沉积相特征及其砂体的展布不落实、气田地质储量级别低、边水能量的大小及其对气藏开发的影响认识不清、气井产能需进一步证实等，加快了 3 口开发评价井的实施及资料录取，1998 年 10 月由刘颖、王彬编写了《呼图壁气田呼 2 井区紫泥泉子组气藏试采方案》，方案要求 3 口开发评价井分别以 $40\times 10^4 m^3/d$ 进行试采半年，在试采期间进行干扰试井、全气藏关井测复压、气井出砂情况等动态监测资料的录取。

为了提高气藏的开发效果，1999 年 12 月由刘明高、钱根宝负责，王彬、秦莉等编制了《呼图壁气田开发射孔方案》，在6口开发井实施的基础上，开展了气藏精细描述研究，对气藏储量进行了核实，核实后的天然气地质储量为126.12×10⁸m³，对气藏的生产能力及开采效果进行了评价，并利用数值模拟技术，研究了提高气藏开发效果的途径与措施，根据气井实际生产资料进行了开发指标预测，生产井数6口（或后备1口井），单井日产气25×10⁴m³，区块日产气150×10⁴m³，年产气4.95×10⁸m³，采气速度4.21%，稳产年限为10年，稳产期累计产气56.05×10⁸m³，采出程度47.68%。由于模拟时利用了气田投入开发以来全部生产井的资料，因而预测的指标更接近于气田实际，成为呼图壁气田开发过程控制和效果评价的重要依据。2000年4月由温东山、秦莉编制了《呼图壁气田呼2井区紫泥泉子组气藏HU2005布井意见》，以提高呼图壁气田的稳定供气能力。

三、开发概念设计方案实施

1998年8—10月，HU2002、HU2003、HU2004三口开发评价井在紫泥泉子组试气，共进行5个制度，日产量为10×10⁴m³、20×10⁴m³、30×10⁴m³、40×10⁴m³、50×10⁴m³，每个制度试气8h，分别获得231×10⁴m³/d、228×10⁴m³/d、149×10⁴m³/d的天然气无阻流量，并于1998年10月28日开始试采，平均单井日产气16×10⁴m³，区块日产气48×10⁴m³，达到了试采方案的设计要求。

1999年4—10月HU2006、HU2008两口井完钻并进行了试气，其中HU2006井在紫泥泉子组获得170×10⁴m³/d的天然气无阻流量，并投入试采，HU2008井日抽水19.2m³，未获得工业气流。在此期间呼2、呼001两口井亦相继投产。气藏全面投入开发，至2000年1月全区投产井数6口，开井数6口，区块日产气量达到120×10⁴m³，平均单井日产气20×10⁴m³。

为了弥补开发井HU2008井出水未获工业气流的不足，实施了2000年部署的备用井HU2005井。该井于2000年7月22日开钻，10月9日完钻，11月在紫泥泉子组试气获得438×10⁴m³/d的天然气无阻流量，12月21日投产，日产气20×10⁴m³。

截至2005年底，气藏总井数7口，开井数7口，日产气176×10⁴m³，日产凝析油67t，年产气5.66×10⁸m³，累计产气30.54×10⁸m³，采出程度24.21%，采气速度4.49%，累计产凝析油12.65×10⁴t。整个气田按照概念设计及开发射孔方案实施以来，储量动用比较充分，压降均衡，单位压降采气量和单井产能较高，水气比低，地层不出砂，生产制度合理，开发形势稳定，开发指标与方案指标符合程度较高，开采效果较好，实现了高效开发（表2–1）。

表2–1　呼图壁气田开发指标与方案对比表

时间	总井数，口		年产气量，10⁸m³		累计产气量，10⁸m³		地层压力，MPa	
	方案设计	实际	方案设计	实际	方案设计	实际	方案设计	实际
1998年	3	3		0.25		0.25		33.96
1999年	6	5	1.69	1.59	1.69	1.84	33.25	33.69
2000年	7	7	4.95	3.87	6.64	5.71	32.50	33.16
2001年	7	7	4.95	5.43	11.59	11.13	31.18	31.02
2002年	7	7	4.95	5.27	16.54	16.41	29.80	29.20
2003年	7	7	4.95	4.79	21.49	21.19	28.39	28.00
2004年	7	7	4.95	3.69	26.44	24.88	27.00	25.90
2005年	7	7	4.95	5.66	31.39	30.54	25.65	24.50

注：依据《呼图壁气田开发射孔方案》报告和新疆油田分公司中心数据库数据编制。

第二节　开发过程控制

气藏全面投入开发以后，在做好动态研究与监测工作的同时，根据气藏的地质特点及开采规律，研究了气藏开发的技术界限，通过措施，在采气速度、压力降落速度及水气比的上升速度等方面实施有效控制，从而实现了气藏的合理高效开发。

一、采气速度控制

1999 年，勘探开发研究院王彬等通过气藏工程研究认为，最大平均单井合理产量不超过 $30\times10^4m^3/d$，底水气井选择 30% 的射开程度，稳产年限可达 9 年以上，既能有效地延缓气井出水时间，又能使气井保持较高的产量和稳定供气能力。

2000 年 1 月，采油三厂刘英等编写的《呼图壁气田开发技术政策及配套工艺技术优化研究》一文，提出了按照无阻流量的 10% 以内进行配产，生产井数 7 口，年采气速度 3.8% 左右，稳产效果较好。

2004 年 12 月，采油三厂宋元林、方志斌完成的《呼图壁气田呼 2 井区紫泥泉子组数值模拟研究》认为：呼图壁断裂对边底水侵入气层有一定的遮挡作用，但受边水影响，呼 001、HU2005、HU2006 井开采后期出水，因此宜适当降低产量以抑制边水的推进速度，气井带水生产时“三稳定”（压力稳定、产量稳定、水气比稳定）是关键，一般不宜关井；当前 3.8% 的采气速度较合理，采气速度不宜超过 4.6%（图 2–3 和图 2–4）。

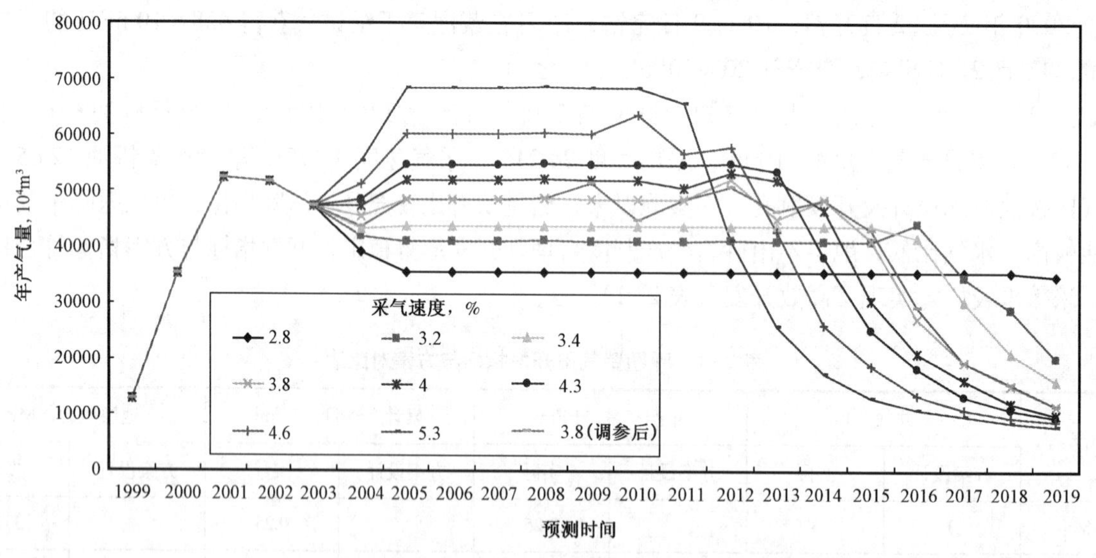

图 2–3　呼图壁气田年产气量与采气速度关系曲线
（新疆油田分公司勘探开发研究院编制，2004 年 12 月）

应用气田开采界限研究成果，对开发过程进行了控制，取得了较好的效果。年产气量平均为 $4.78\times10^8m^3$，与方案设计的 $4.95\times10^8m^3$ 基本吻合；采气速度除 2005 年受调峰的影响为 4.49% 外，此前的采气速度平均为 3.66%，控制在方案设计的 3.92% 和数模的 3.8% 以下。

二、压力控制

应用气田前期研究成果，并结合试采特征，提出了年压降控制在 1.5MPa 以下，可实现气田的稳

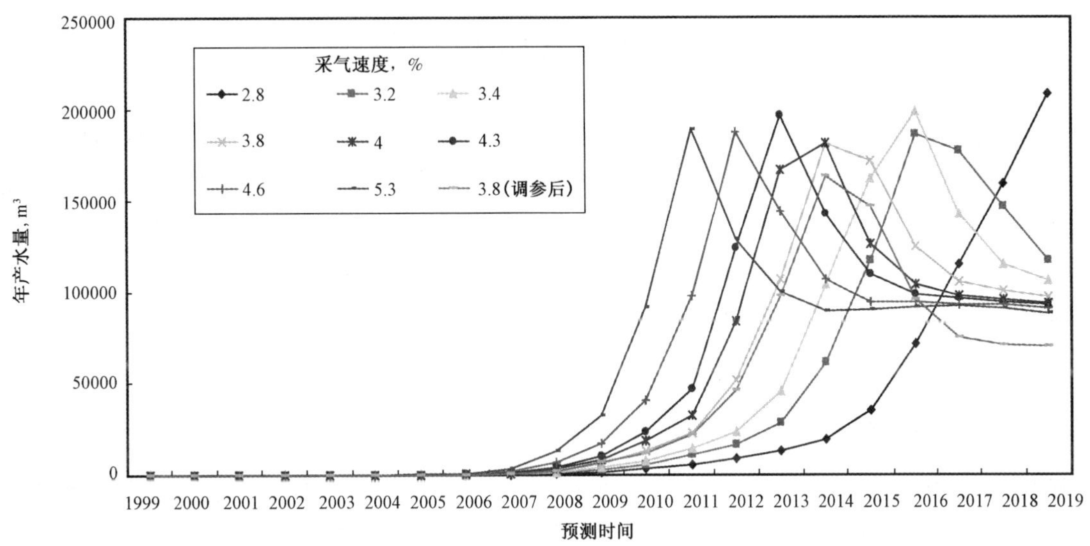

图 2–4　呼图壁气田采气速度与年产水量关系曲线
（新疆油田分公司勘探开发研究院编制，2004 年 12 月）

产和高效开发，相应地合理控制了气田采气速度，按 3.8% 以下进行配产，实现了气田年压降控制在 1.5MPa 以下的目标，取得了较好的效果。气田自投产至 2005 年底，整体压降均衡（图 2–5），年压降在 1.1 ～ 1.5MPa 之间，单位压降采气量在（3.1 ～ 3.5）$\times 10^8 m^3/MPa$。

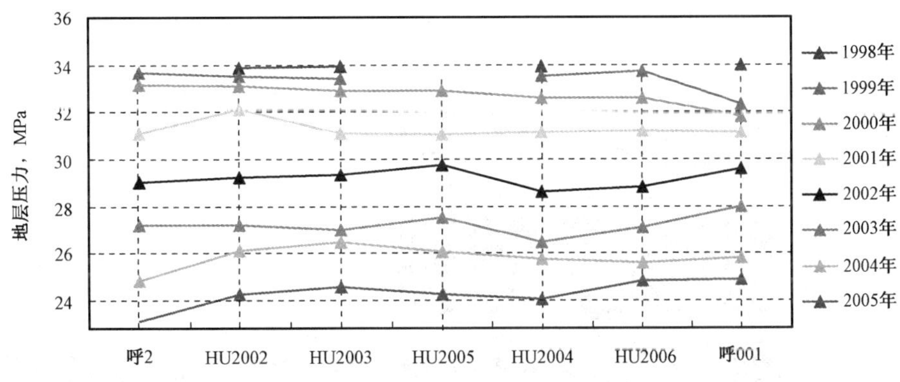

图 2–5　气井压降剖面曲线
（新疆油田分公司采油三厂编制，2005 年）

三、水气比控制

呼图壁气田为带边底水的气藏，根据射孔报告和数模研究成果，呼 2 井、HU2004 井、HU2006 井和 HU2005 井受边底水影响较大，因此，将气井的生产压差控制在由 1.06MPa 以下，日产气量由 $25 \times 10^4 m^3$ 调整为 $20 \times 10^4 m^3$，开发形势稳定。平均日产水量为 $3.1m^3$，平均水气比 $2.5g/m^3$，产出水为碳酸氢钠型，属于凝析水。

以上三个指标的有效控制，实现了气田持续稳产高产，实现了高效开发。

第三节 气田动态监测

呼图壁气田自试采到全面开发后，动态监测工作一直是按照1995年12月由中国石油天然气总公司发布的《气藏开发井取资料技术要求》（SY/T 6176—1995）行业标准执行的。每年由采油三厂地质研究所牵头组织各个采气单位进行一次气井大调查工作，在此基础上，由地质所动态室负责编写气田动态监测方案，管理室负责方案的执行和考评工作，确保录取的资料准确齐全。气田动态监测主要内容是气井的复压测试、干扰测试、流压流温测试、静压静温测试以及天然气组分、凝析油组分、凝析水和地层水组分分析等。

一、压力、温度测试

呼图壁气田1998年10月底开始试采，1999年开始进行气井压力温度监测，截至2005年底，共监测138井次，所录取的测试资料全部合格，为掌握气藏开采动态、科学调控产量提供了依据。

恢复压力监测：1999—2000年采用美国GRC公司生产的EMS720F井下存储式电子压力计（直径ϕ32mm、精度0.2%、最小采样单位2秒、耐温≤125℃）和航天部3405厂（贵州井冈山仪表厂）生产的GJCY94井下存储式电子压力计。共监测4井次。2000年后采用原石油部勘探开发研究所生产的ENH井下存储式电子压力计，共监测16井次。

流压流温、静压静温监测：1999—2000年采用航天部3405厂（贵州井冈山仪表厂）生产的GJCY94井下存储式电子压力计。共监测37井次。2000年后采用原石油部勘探开发研究所生产的ENH井下存储式电子压力计，共监测81井次。

气井的试井解释：1997年使用石油大学（北京）研发的现代试井解释软件进行气井试井解释，2002—2005年底，应用西南石油学院现代试井解释软件《试井之星》对气井进行解释（图2-6）。

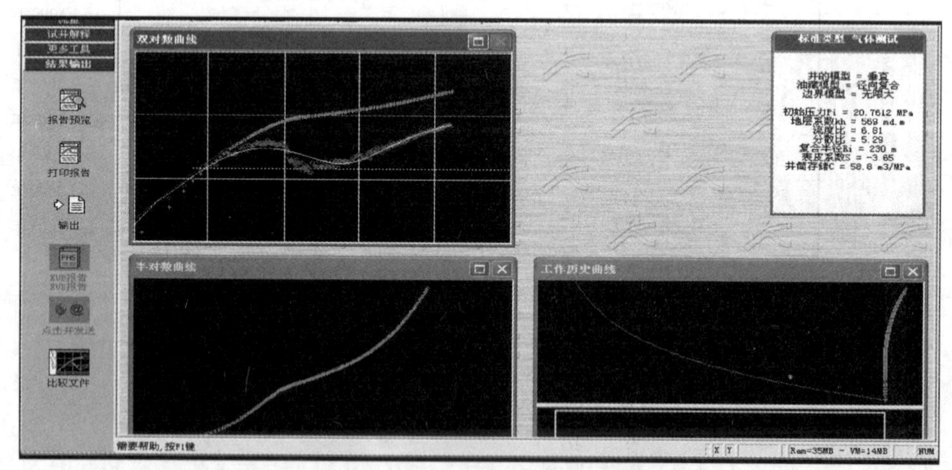

图2-6 试井之星软件压力恢复解释曲线

（新疆油田分公司采油三厂编制，2005年）

通过对压力温度测试资料的分析认为，气井井筒畅通，流体为单向流（图2-7），近井地带渗流能力提高，气藏开发效果较好。

二、流体组分监测

天然气组分分析：初期按照GB/T 13610的国标，并结合上海分析仪器厂1001气相色谱仪编写的

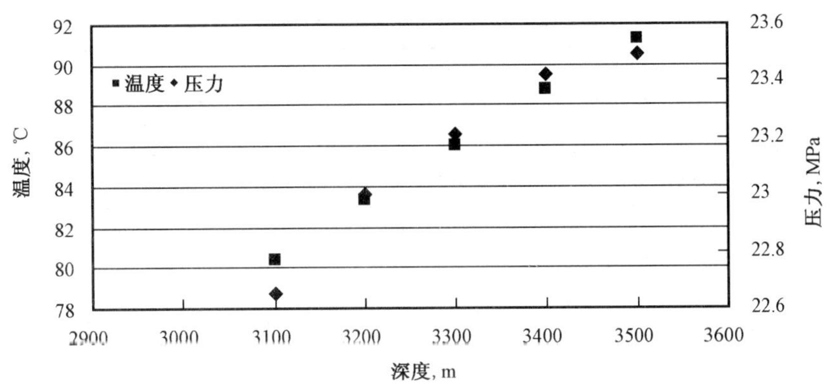

图 2–7　气井温度压力与深度的关系曲线
（新疆油田分公司采油三厂编制，2005 年）

QJ/CS 269—30 的企业标准，2004 年应用北京东西电子技术研究所的 GC4000A 气相色谱仪，将标准修改为 YXSC/CZ[09]020—2004。主要分析 C_1—C_6、氧气、二氧化碳、氮气组分以及气体密度。截至 2005 年底，共录取气体组分分析样 81 井次。

凝析油组分分析：按照 GB 2538 标准进行 20℃、30℃、40℃、50℃原油黏度、酸值、凝固点、密度、馏程以及馏分油的黏度、凝点等项目的测定。黏度采用大连北方仪器厂的 BF-03 测定仪、馏程采用西安实验仪器厂的 SY 0102 常压馏程测定仪进行测定，凝固点采用大连安特技术有限公司的 TSY-1154 凝点测定仪进行测定。截至 2005 年底，共录取凝析油组分分析样 153 井次。

凝析水和地层水组分分析：按照 SY 5523 标准，采用化学滴定法。取定量体积的水溶液用标准溶液滴定，用消耗的标准溶液体积计算出所测定离子的含量。测定氯离子、钙离子、镁离子、碳酸根、重碳酸根、氢氧根、钾＋钠离子和矿化度的计算以及水型分类、硬度等指标。仪器设备有精度万分之一的 BA 210S 电子天平 2 台。截至 2005 年底，共录取凝析水和地层水组分分析样 79 井次。

含水分析：按照 GB 260 的国家标准，采用蒸馏法，较离心法测量精度高，特别是在低含水（10% 以下）阶段。仪器设备采用电热套加热，用药物天平称重。

流体分析资料表明，呼图壁气田凝析油含量下降，天然气组分向轻烃过渡（图 2–8），不产地层水（表 2–2）。

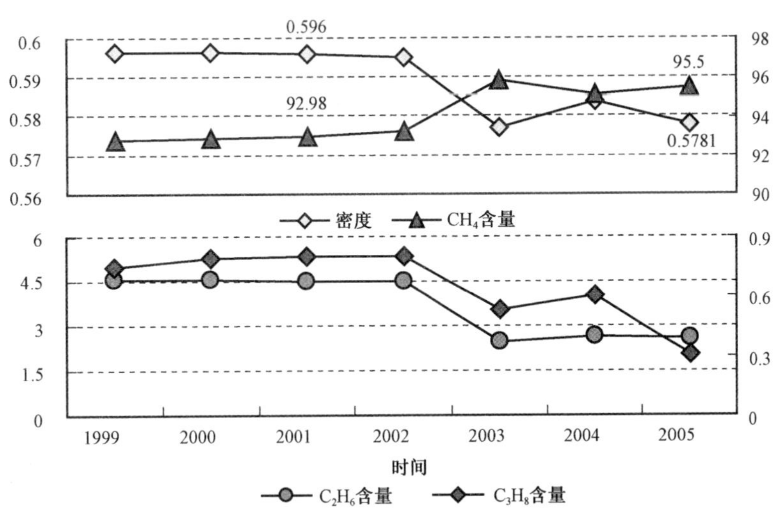

图 2–8　呼图壁气田气体组分曲线
（新疆油田分公司采油三厂编制，2005 年）

表 2-2 呼图壁气田水全分析资料统计表

井 号	时 间	矿化度，mg/L	密度，g/m^3	水 型
HU2002	1998 年 12 月 12 日	2067.4	1.0407	重碳酸钠型
HU2003	1998 年 12 月 12 日	438.5	1.0632	重碳酸钠型
HU2004	1998 年 12 月 12 日	423.1	1.0376	重碳酸钠型
HU2003	1999 年 7 月 10 日	146.9	1.0974	重碳酸钠型
HU2005	2004 年 3 月 4 日	74.2	1.0193	重碳酸钠型
HU2004	2004 年 3 月 4 日	82.3	1.0120	重碳酸钠型
呼 001	2004 年 3 月 7 日	41.5	1.0039	重碳酸钠型
HU2003	2004 年 3 月 9 日	72.7	1.0203	重碳酸钠型
HU2002	2004 年 4 月 5 日	131.2	1.0369	重碳酸钠型
HU2002	2005 年 4 月 6 日	4690.3	1.0395	重碳酸钠型
呼 001	2005 年 4 月 6 日	560.6	1.0306	重碳酸钠型

注：依据新疆油田分公司采气一厂生产数据库资料编制。

第三章

钻井与采气工程

第一节　开发钻井

呼图壁背斜于1954年开始钻探，1996年8月6日，钻井公司7035钻井队（队长张友新，技术员游勇、敬永俊）承钻的预探井呼2井自紫泥泉子组获得高产气流，发现呼图壁气田。1997年，开发早期介入，进行前期评价。1998年4月正式投入开发。截至2005年底，共完钻井9口，其中预探井1口，进尺4634.31m，评价井2口，进尺7613m，开发评价井3口，进尺11207m，开发井3口，进尺11180m。总进尺34634m。在气田的勘探开发过程中，针对山前构造高地应力引起的井壁失稳、安集海河组地层强水敏地层引起的泥岩吸水膨胀垮塌、大尺寸井眼钻进井段长、机械钻速低等难题，开发前期开展了一系列的科学研究工作，并在开发过程中采用边研究、边试验、边总结、边提高的方式，取得了较好的效果。先后应用了快速钻井、钾基聚磺钻井液、屏蔽暂堵保护储层、控制高地应力引起的井壁失稳、优选钻头等多项钻井新技术，实现了“少投入，多产出”高效开发气田的目的。

一、钻井装备

1993年，中国石油天然气总公司将华北油田引进闲置的美国EMSCO公司7000m电动钻机调拨给新疆石油管理局，1994年在预探井呼2井上使用，实现全井泵压24～25MPa，并且为应对复杂地层钻井提供了设备技术保证。

1996年，新疆石油管理局引进加拿大TESCO公司生产的液压驱顶，1997年在评价井和开发井上使用。该装置可以在不停泵、不停转盘的条件下进行倒划眼作业，对解决钻井复杂情况非常有利。

二、钻井液

呼2井安集海河组和紫泥泉子组地层黏土矿物X衍射分析报告表明，泥岩潜在的不稳定性较大，从膨胀分析看，岩心均具有较强的膨胀性，且具有先期快速膨胀的特点。通过大量室内试验研究，确定使用钾基聚磺钻井液，通过现场实施，其性能能够满足钻井作业的要求。解决了井壁垮塌、遇阻遇卡等问题。

三、井身结构和分井段钻井液密度

呼2井在钻井过程中，由于受高地应力、地层破碎、大段强水敏泥岩、纵向上多个压力系统等复杂地质条件的影响，遇阻遇卡事故频繁，全井卡钻6次，损失时间2600h，井漏6次，钻井月速度仅为216.8m/（台·月）。1996年10月呼001、呼002两口评价井相继开钻，针对呼2井钻井过程中发生的复杂事故分析，于1997年开始，钻研院与石油大学（北京）合作启动《高地应力地层井壁失稳及对策》科研项目，利用已钻井全井岩石力学测井资料，以现场地层破裂压力实测数据和室内岩心实测地应力参数作处理软件的标定值，解释出全井段地层压力、破裂压力和坍塌压力剖面，确定了合理的井身结构、各井段合理的钻井液密度值及钻井参数，制定了各井段详细的工艺技术措施，减少了复杂事故，提高了钻井速度。该项目采取边研究边实践、室内研究与现场试验应用相结合的方式，使第二轮探井（呼001井、呼002井）钻井周期比第一轮探井（呼2井）减少45%，复杂事故率由呼2井的24.1%下降到4.1%以下，机械钻速比呼2井提高11.38%～67.48%。

随着研究试验的进一步深入，在开发井上全面推广应用该项成果，取得了预期的效果，达到了高效开发呼图壁气田的目的。

四、钻头

由于前期没有成熟的钻井技术可借鉴，导致钻探初期钻井效率较低，为了加快气田勘探开发步伐，提高气田开发的综合经济效益，钻研院对该气田的复杂地层进行了调研和系统分析，开展了利用测井资料对呼2井钻井岩石力学特性预测研究，建立了牙轮钻头可钻性、PDC钻头可钻性、塑性系数、岩石硬度、岩石抗剪强度、泥质含量六项钻井岩石力学特性全剖面，并推荐出对应的钻头选型和钻井参数。通过在呼001、呼002两口评价井60多只钻头现场应用与验证，机械钻速比呼2井提高11.38%～67.48%，钻头选型更趋合理，钻井速度得到了进一步提高，达到了预期的目的。

第二节 完 井

一、完井方式

根据气田储层特点，由于可能需要进行增产措施改造作业，该区采用套管射孔完成。

二、井身结构

由完井油管规格，并考虑钻井完井费用，气层套管规格选用$5^1/_2$in（ϕ139.7mm），钻井过程中，套管程序和管材质量由钻井工程确定，气层套管满足压裂措施要求，本气层破裂压力梯度0.0175MPa/m，为便于井下作业，套管内径上下一致，接到套管管柱上的短节、接箍同套管同钢级，等壁厚。通过套管强度计算，油层套管采用$5^1/_2$inP−110×9.17以上规格套管，满足了该气藏油层套管完井强度需要，气井选用$5^1/_2$inP−110×9.17规格长圆扣套管做为该气藏新井油层套管完井管柱，螺纹涂抹玛斯特101密封胶，以解决气密封问题，且抗流体化学侵蚀性强。井身结构如下：

一开ϕ444.5mm钻头，完钻井深2540m，下入ϕ339.7mm表层套管，水泥返至地面；

二开ϕ311.2mm钻头，完钻井深3380m，下入ϕ244.5mm技术套管，水泥返至地面；

三开ϕ215.9mm钻头，完钻井深3755m，下入ϕ139.7mm油层套管，水泥返至地面。

三、固井

表层套管采用钻杆插入法G级水泥固井，水泥返至地面。

技术套管第一级固井采用G级水泥，第二级固井采用G级坂土水泥。第一级第二级均采用H级水泥。

油层套管（油层尾管）采用先挂尾管后回接工艺，尾管悬挂器安放在ϕ244.5mm套管鞋以上150～200m左右；API长圆扣套管使用CATTSTM101螺纹密封脂，NS—CC气密封扣套使用API标准螺纹密封脂；尾管固井采用防气窜水泥浆体系。

四、射孔

采用油管传输近平衡射孔，射孔液采用低固相压井液，射孔弹为双射流型，孔密 10 孔 /m，孔径 9.5 ～ 10mm，相位角 90° ，孔深 250mm。

第三节　采气工程

呼图壁气田天然气钻探获得重大突破后，根据气藏性质、产能特征和流体性质，采用节点分析、生产优化设计分析等技术，开展管柱优选、预防水化物生成等一系列科研工作，为满足气田开发需要奠定了基础。

一、管径优选

在管径优选方面主要通过以下几个方面进行论证：

（一）管径敏感性分析

采用 GWNSA 气井节点分析软件对管径进行优选，从管径敏感性分析图 3–1 和表 3–1 上看出，按照井口 5MPa 压力，管径由 40.9mm 增至 90.1mm 时，日产气量由 $0.4159\times10^4m^3$ 增至 $49.7829\times10^4m^3$，井底流压由 32MPa 增至 33MPa，按照该区气井 $12\times10^4m^3/d$ 的合理产量，内径 62mm 油管、流压约 32MPa 时能满足生产要求。

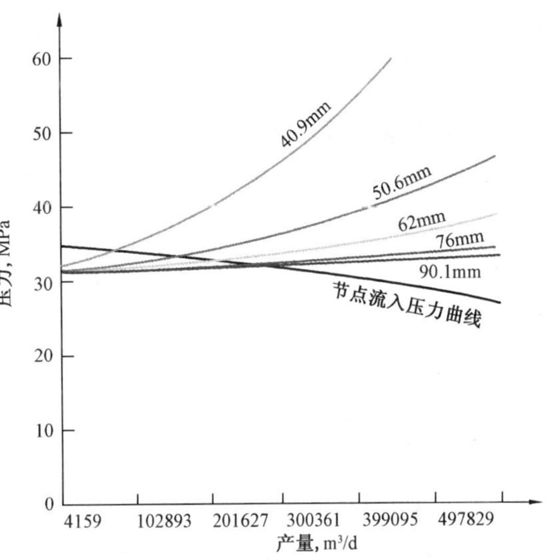

图 3–1　管径敏感性分析图
（新疆石油管理局采油工艺研究院编制，1998 年 6 月）

表 3–1　不同产量、管径下的井底流压

流压，MPa / 气量 $10^4m^3/d$ / 孔径，mm	0.416	10.29	20.16	30.0361	39.9095	49.7829
ϕ 40.9	32.0	37.0	42.0	50.0	59.0	68.0
ϕ 50.6	31.5	33.0	36.0	38.0	41.0	45.0
ϕ 62.0	31.0	32.0	33.0	35.0	36.0	38.0
ϕ 76.0	31.0	31.5	32.0	33.0	34.0	34.0
ϕ 90.1	31.0	31.5	31.5	32.0	33.0	33.0

注：摘自《呼图壁气田呼 2 井区紫泥泉子组气藏开发概念设计》报告，1998 年 6 月。

（二）最小携液气量计算

根据 Turner 等人提出的液滴计算模型，按照井口 5MPa 压力，当管径由 40.9mm 增至 90.1mm 时，最大日产气量由 $10.6\times10^4m^3$ 增至 $24.9\times10^4m^3$，最小携液气量为由 $2.8\times10^4m^3$ 增至 $13.6\times10^4m^3$，即管径越大，最大产量和最小携液气量也越大，当管径大于 62mm 时，最小携液量将大于 $12\times10^4m^3$ 的地质配产，不能满足生产需要。通过对不同管径和最大产量、最小携液最对比分析（表 3–2），62mm 管径，其最大产量为 $20.4\times10^4m^3$，最小携液气量为 $6.6\times10^4m^3$，能够满足地质配产的要求。

表 3–2　不同油管尺寸下最大产量及最小携液气量

井　号	射孔井段 m	油管内径 mm	最大产量 $10^4m^3/d$	最小携液气量 $10^4m^3/d$
呼 2 井	3561 ～ 3575 3594 ～ 3614	40.9	10.6	2.8
		50.6	15.7	4.1
		62.0	20.4	6.6
		76.0	23.5	10.8
		90.1	24.9	13.6

注：摘自《呼图壁气田呼 2 井区紫泥泉子组气藏开发概念设计》报告，1998 年 6 月。

（三）其他因素

考虑到气藏特征及配产量，可对部分低产井进行增产改造，故选用管径 62mm 的油管。在油管强度计算方面，进行了油管丝扣抗拉强度效核，油管下入深度要有安全系数，安全系数为 1.8 时，N–80、P–105（加）单一管柱的允许下入深度均超过设计井深，符合气井完井管柱的设计需要，从投资角度考虑，选用 $2^7/_8$in、钢级 N–80、壁厚 5.51mm 外加厚油管做生产管柱，管柱螺纹涂耐温 150℃玛斯特密封胶。通过以上分析，生产管径选用内径为 62mm 的油管能满足生产需要。

二、生产管理

（一）射孔投产

投产采用油管传输近平衡负压射孔工艺，负压值 6 ～ 8MPa。气井射孔后，没有进行气层改造措施作业，获得了（149 ～ 230）×$10^4m^3/d$ 的天然气无阻流量。

（二）水化物生成预测

按照气田天然气密度 0.594g/cm^3，绘制了不同压力温度下生成水化物图（图 3–2），由图可知当井口温度大于 20℃时不会生成水化物。实际生产数据表明（表 3–3），各气井井口压力 12.7 ～ 16.9MPa，井口温度 28 ～ 55℃，日产气量（9.14 ～ 30.49）×10^4m^3，即无论压力如何变化，在井口温度条件下，均不会生成水化物。

表 3–3　呼图壁气田生产数据表

井号	时间	油压 MPa	套压 MPa	井口温度 ℃	产气 $10^4m^3/d$	产油 t/d	产水 m^3/d	备　注
HU2002	2005 年 12 月	15.1	17.7	54	28.10	10.61	1.26	没有水化物生成
呼 2	2005 年 12 月	12.7	15.5	28	9.14	3.48	5.13	没有水化物生成
呼 001	2005 年 12 月	15.9	17.9	54	30.49	11.48	1.39	没有水化物生成
HU2003	2005 年 12 月	16.4	17.7	54	24.60	9.26	0.97	没有水化物生成
HU2004	2005 年 12 月	16.0	18.5	55	29.22	11.42	1.35	没有水化物生成
HU2006	2005 年 12 月	16.9	18.3	54	24.63	9.35	0.97	没有水化物生成
HU2005	2005 年 12 月	16.0	18.8	55	29.80	11.32	1.35	没有水化物生成

注：依据新疆油田分公司中心数据库 2005 年 12 月份的开发数据编制。

（三）井口装置

井口采用美国钻采系统有限公司生产的采气树，压力等级 10000psi，执行标准 API–6A–PU–BB–PSL3，主阀通径全部为 $3^1/_{16}$in，侧阀通径 $2^9/_{16}$ in 或 $2^1/_{16}$ in，见图 3–3。

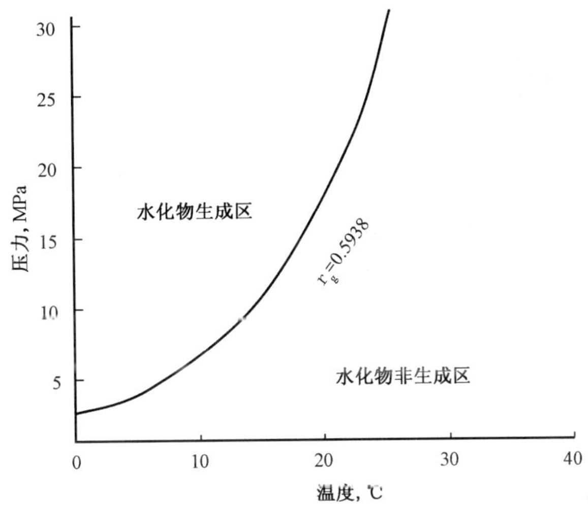

图 3–2　水化物生成温度与压力图
（新疆石油管理局采油工艺研究院编制，1998 年 6 月）

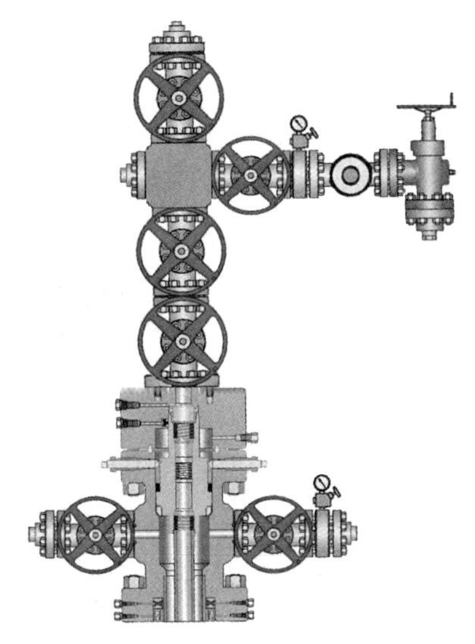

图 3–3　井口装置示意图
（新疆油田分公司采油三厂编制，2005 年）

（四）井下监测

投产初期，每季度监测流压流温 1 次，1999 年后，每半年监测流压流温 1 次，每年选 2 ～ 4 口井监测复压 1 次，截至 2005 年底，共监测流压流温 118 井次，复压 20 井次。监测结果表明，井筒畅通，没有积液和冻堵现象。

（五）修井作业

呼 2 井在 1998 年试气关井测复压过程中，将 2 支压力计、3508m 钢丝及加重锤落入井内。投产后，产量、压力下降较快，井口温度仅 18℃，为了恢复产能，2004 年 8 月 15—24 日，对该井进行了修井作业，采用盐水压井，提出井内全部结构，捞出井下钢丝（2 只压力计和加重锤未捞出），后经液氮诱喷，产量恢复到修前 $15\times10^4m^3/d$ 的水平。

第四章

地面生产系统

第一节　天然气集输

呼图壁气田地面生产系统历经试采和正规建设两个阶段。1998 年 10 月至 1999 年 9 月为试采阶段，有 3 口气井投产，建成一座集气站和一座临时处理装置，处理能力为 $50 \times 10^4 m^3/d$。1999 年 10 月天然气处理装置建成投产，进入正规生产阶段，此时气井井数增至 6 口，2000 年增至 7 口，处理能力为 $150 \times 10^4 m^3/d$，处理后的天然气经输气管道输至克拉玛依和呼图壁县城，凝析油拉运至华澳公司集中处理，污水回注到地层。地面生产系统由设计院设计，项目负责人赵胜，施工单位为新疆石油管理局油田建设工程公司。

一、采气井场工艺流程

气田共布 7 口生产井，建采气井场 7 座，井场采用加热节流降压工艺。井口压力 22MPa，温度 36℃，天然气在水套炉加热温度升到 45℃后进行一级节流，节流后压力降到 15MPa，温度降到 28℃，再进入水套炉升温到 45℃，经二级节流压力降到 9.5MPa，温度降到 30℃后气液输往集气站和处理站。试采阶段井场水套炉燃料气，用二级节流后的分气包分出的天然气经降压后使用，正规生产阶段用处理站返输的干气。井场工艺流程见图 4−1。

图 4−1　气井井场工艺流程框图
（新疆石油管理局勘察设计研究院编制，1998 年 6 月）

2004 年 10 月 12 日，为缓解克拉玛依冬季供气紧张的局面。在 HU2002、HU2004 两口井分别新增了 1 台 315kW 水套炉，并对气井工艺参数进行了调整，使气田产量达到 $180 \times 10^4 m^3/d$。

二、集气工艺流程

气田采用井场加热节流降压中压集气二级布站流程，即气井气经 ϕ114mm × 7mm 或 ϕ89mm × 6mm 出气管输至集气站，经计量后进处理站进行处理。井场加热炉用气采用 ϕ60mm × 3.5mm 管线将干气返输至井场。

试采阶段，投产 HU2002、HU2003、HU2004 三口气井，1999 年 10 月至 2005 年底，先后投产了呼 2、呼 001、HU2006、HU2005 四口井，井数达到 7 口。气井气在集气站，采用轮井计量方式，计量井来气进入计量分离器进行气液分离，分出的天然气和液相分别计量后与未计量井产物经集气管线，进入天然气处理站处理。

第二节 天然气处理

1998 年 10 月天然气临时处理装置建成投产，其处理工艺为：集气站来气压力 7.8MPa，温度 21℃，进入生产分离器进行气液分离，液相进 1000m³ 储油罐，气相经注入乙二醇进行防冻，天然气冰点降到 -20℃左右，再经 J–T 节流阀降压到 3.5MPa，温度降到 −10 ~ −15℃左右后进入低温分离器，分出的气经水套炉加热后外输，油则进入凝析油储罐经泵装车外运（图 4–2）。

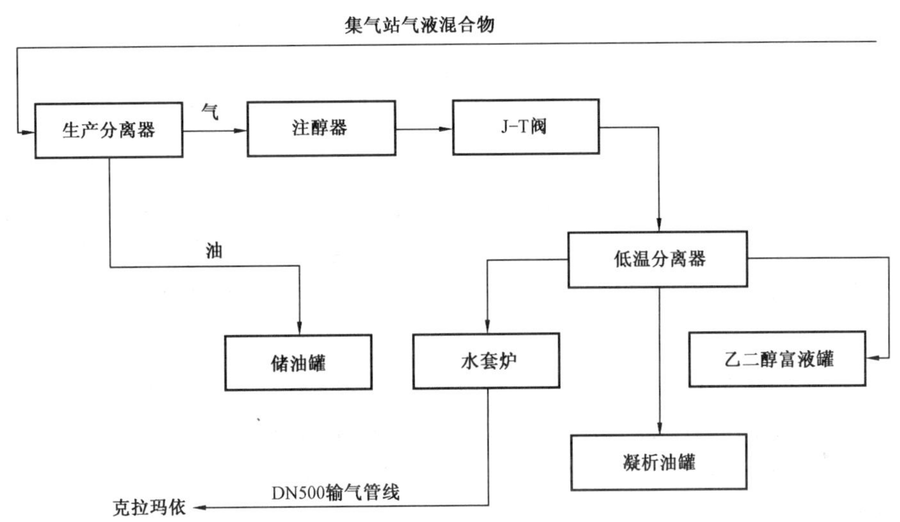

图 4–2 天然气简易处理装置流程框图
（新疆石油管理局勘察设计研究院编制，1998 年 6 月）

1999 年 9 月 9 日，天然气处理站建成投产，日处理能力为 150×10^4m³。其处理工艺为：集气站来气压力 7.8MPa，温度 21℃进入生产分离器进行气液分离、分相计量，计量后的气注入乙二醇进行防冻（注入量为 2.4t/d），冰点降到 −30℃左右，再经气—气换热器与低温气换热到 −5 ~ 10℃经节流阀降压到 4.1MPa，温度降到 −15 ~ −20℃左右后进入低温分离器。从生产分离器分出的液相则经节流至 4.1MPa 后进入液烃分离器进行三相分离，气进低温分离器。低温分离器分出的气经气—气换热器再经与稳定油换热后进行调压和计量，经输气管线在 706 泵站附近进入 ϕ 529mm 输气干线，输往克拉玛依。生产分离器分出的油进入液烃分离器进行气液分离，然后进入凝析油稳定塔，经稳定后的凝析油其饱和蒸汽压达到 0.07MPa 进入凝析油储罐经泵装车外运。稳定塔的低压气 (0.8MPa) 作为站内燃料气。站内生产污水处理后排放到蒸发池，2001 年 10 月后，污水通过呼 3 井回注地层，每天回注 1 次，泵压 14MPa，回注时间 1 ~ 2 小时，回注量约为 3t（图 4–3）。

2002 年 5 月 21 日，经过一年的生产运行，对生产中发现的问题进行了整改和完善，将二级调节阀更换为 DN125 L41H–6.4 直通式手动调节阀；将 10m³ 污水零位罐改为地面罐；更换型号 RCB–1.8（性能指标为：Q=18L/mim，p=1.45MPa，N=1.5kW）乙二醇再生泵两台；更换 PE–3/8 型全封闭式微加热节能再生空气干燥器两台；对 7 个井场水套炉烟囱整体用复合硅酸盐毡—镀锌白铁皮进行保温，消除了 7 台水套炉烟囱的冷凝水现象。

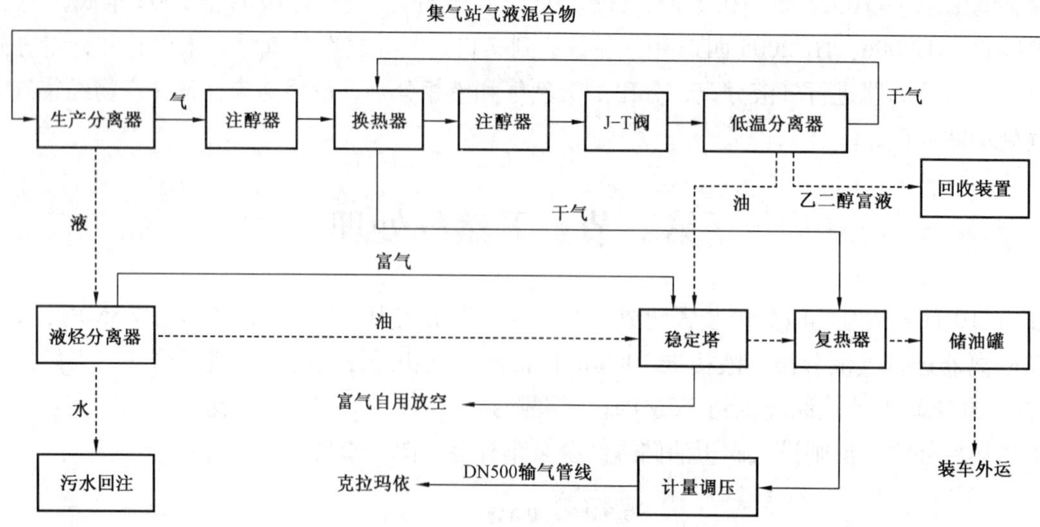

图 4-3　天然气处理站工艺流程框图
（新疆石油管理局勘察设计研究院编制，1998 年 6 月）

2004 年 8 月 12—23 日，针对地面工艺系统存在气—气换热器、波纹管换热器和重沸器效率低、J-T 阀运行不正常、乙二醇再生塔等部分设备老化的问题，对气—气换热器、波纹管换热器、乙二醇再生塔进行了改造，经过运行考核，换热器热效率、常温分离效率和注醇量均有较大的改善，解决了管线冻堵问题，消除了安全隐患，同时通过优化工艺参数，使烃、水露点达到外输标准，提高了外输天然气品质。

截至 2005 年底，井口压力 15 ～ 16.9MPa，井场节流后控制压力 7.2 ～ 8.8MPa，温度 28 ～ 37℃；集气站出站气相压力 6.9MPa，温度 23℃，出站液相压力 2.8MPa；处理站计量调压阀后压力 3MPa，温度 -8℃，即外输压力 3MPa，外输温度 13℃。处理气量 $177\times10^4m^3/d$，装置满负荷运行。$170\times10^4m^3/d$ 天然气进 DN500 输气管线，$5.5\times10^4m^3/d$ 天然气去呼图壁县城，$0.5\times10^4m^3/d$ 天然气自用。

污水处理。初期气田采出水经管道进 $50m^3$ 含油污水沉降除油罐，经沉降除油的采出水装车外运到指定地点排放，2001 年 10 月后站内污水用注污泵经呼 3 井回灌地层。生活污水采用生物接触氧化法进行处理，水质达到外排标准后外排至蒸发池。

第三节　地面建设配套系统

一、供配电系统

气田用电由 706 输油泵站 35kV 变电所 6kV·A 配电室引出，电线架空敷设至天然气处理站，站内建低压配电室 1 座，主变容量 315kV · A，备用电源由 200kW 柴油发电机组提供，满足一级供电要求。主配电室设 GDL 型配电屏 9 面，各单体电源由此配出。户外电缆采用埋地及电缆沟敷设方式，电机控制均采用配电室及就地控制两种方式。无功补偿采用主配电室集中补偿，补偿后功率因素达到 0.92 以上。

二、数据采集和仪控系统

在天然气处理站内设 DCS 控制系统，采用 CS1000 中小型系统，完成集气、天然气处理、热水循环采暖、生产用热三个系统的管理与控制，主要功能为完成生产过程中的数据采集、显示、报警、反馈控制、顺序控制、连锁保护、数据存储、报表生成和打印等。对主要控制回路采用单路 I/O 卡，其他检测回路采用多点 I/O 卡，整个天然气处理站的 I/O 点数 212 点。数据采集和仪控系统自投用以来，运行正常。

三、供热、采暖及通风系统

天然气处理站站内采暖和生产用热，由两台 1600kW 导热油热媒炉供给。生产用热主要是供乙二醇回收装置用热；站区应用热水采暖，热水加热方式为循环水经油水换热器与 260℃左右的热媒进行换热，使水温升至 70~90℃，热水循环动力为热离心水泵，循环水为经钠离子交换器处理后的软化水，管网采用不通行地沟敷设。有油气散发的场所，采用机械通风与自然通风相结合的方式，通风换气次数不小于 10 次 /h，满足规范要求。仪控室设置两台分体空调，同时设置保温换气风机 2 台，保持室内空气新鲜。

四、供水系统

生活、生产供水水源由距离处理站 500m 的 1 口水源井供给，水源井至处理站输水管线采用钢管。清水在站内集中处理、集中供水方式，采气井场水套炉用水由罐车拉软化水供给。

附 录

附录一 附 图

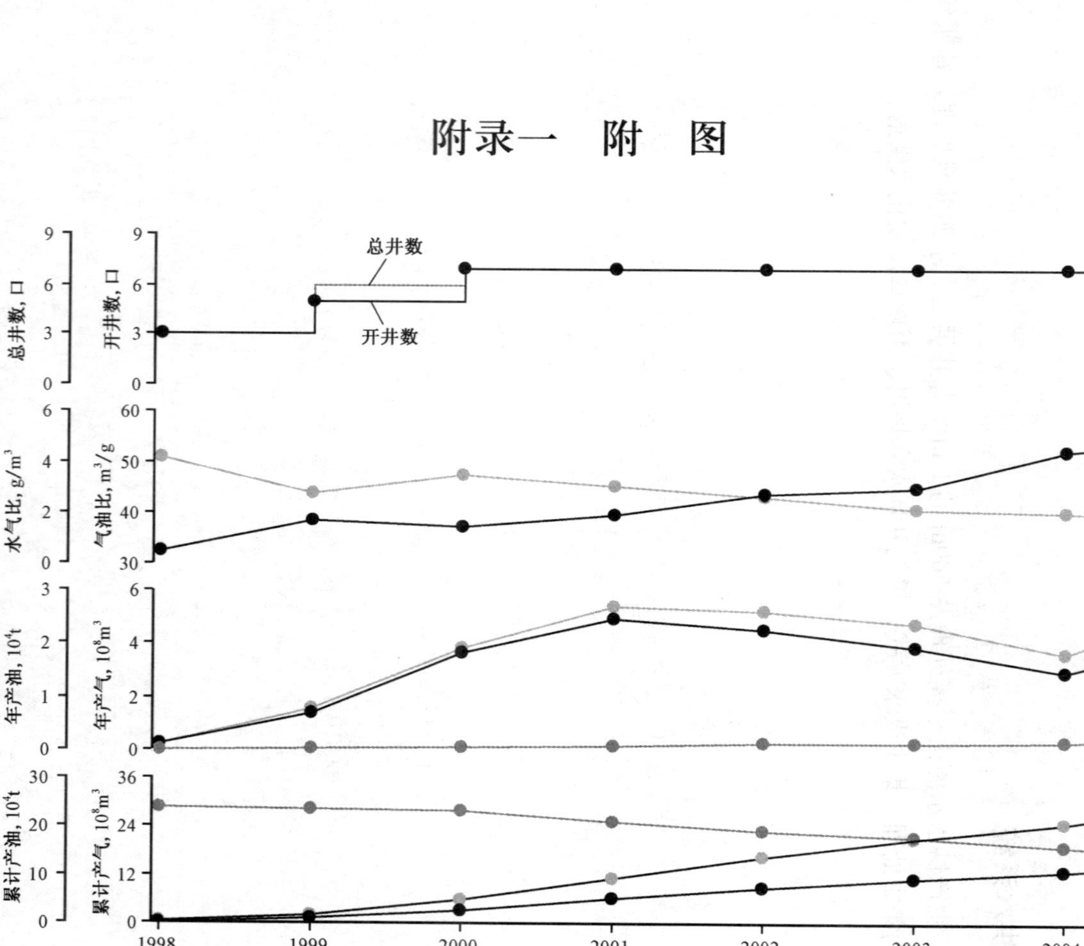

呼图壁气田开发综合曲线图

附录二　附　表

附表 1　呼图壁气田地质综合数据表

参数	Z_2^1	Z_2^2	合计
气藏类型	受岩性构造控制的、带边底水的中高渗透性层状深层砂岩贫凝析气藏		
驱动类型	地层凝析气的膨胀及弹性能量		
构造	近东西向展布的长轴背斜		
沉积相	退积型辫状河三角洲沉积		
岩性	细砂岩、中细砂岩、粉砂岩	细砂岩、中细砂岩、含砾不等粒砂岩	
气藏中部深度，m	3585		
原始地层压力，MPa	33.96		
压力系数	0.95		
地层温度，℃	92.7		
含气面积，km^2	14.8	8.2	15.2
储层厚度，m	16.4	14.5	(23.4)
体积系数	0.00365	0.00365	0.00365
气油比，m^3/m^3	16579	16579	16579
凝析气储量，10^8m^3	88.44	38.70	127.14
干气储量，10^8m^3	87.73	38.39	126.12
天然气可采储量，10^8m^3	74.57	32.63	107.20
凝析油储量，10^4t	41.7	18.2	60
凝析油可采储量，10^4t	13.3	5.8	19.2
渗透率，mD	62.49		
孔隙度，%	19.0	18.0	19
含气饱和度，%	70	66	69
甲烷含量，%	92.14		
凝析油密度，g/cm^3	0.781	0.781	0.781
凝固点，℃	−14		
含蜡，%	2.34		
地层水类型	Na_2SO_4		

注：摘自《呼图壁气田开发射孔方案》，1999 年 12 月。

附表 2　呼图壁气田开发综合数据表

时间	井数 口		井口产气量 10^4m^3		核实凝析油量 10^4t		核实产水量 10^4m^3		凝析油含量 g/m^3	水气比 g/m^3	开发地质储量 10^8m^3	可采储量 10^8m^3	采气速度 %	采出程度 %	地层压力 MPa
	总井	开井	年产气	累计产气	年产油	累计产油	年产水	累计产水							
1998	3	3	2517.2	2517.2	0.1215	0.1215	0.0010	0.0010	50.85	0.40					33.96
1999	6	5	15853.8	18371.0	0.5984	0.7199	0.0220	0.0230	44.01	1.39	126.12	107.20	1.26	1.46	33.69
2000	7	7	38694.0	57065.0	1.7011	2.4210	0.0513	0.0743	35.32	1.33	126.12	107.20	3.07	4.52	33.16
2001	7	7	54262.3	111327.3	2.3514	4.7724	0.0987	0.1730	45.48	1.82	126.12	107.20	4.30	8.83	31.02
2002	7	7	52737.0	164064.3	2.2376	7.0100	0.1450	0.3180	43.28	2.75	126.12	107.20	4.18	13.01	29.20
2003	7	7	47872.4	211936.7	1.9501	8.9601	0.1437	0.4617	40.95	3.00	126.12	107.20	3.80	16.80	28.00
2004	7	7	36873.9	248810.6	1.4797	10.4398	0.1648	0.6265	40.13	4.47	126.12	107.20	2.92	19.73	25.90
2005	7	7	56582.1	305392.7	2.2057	12.6455	0.2892	0.9157	38.98	5.11	126.12	107.20	4.49	24.21	24.50

注：依据新疆油田分公司中心数据库每年 12 月份的开发数据编制。

附录三　人物名录

（一）领导人名录

新疆石油管理局呼图壁气田项目经理部

经理：

欧阳可悦（1998 年 2 月—2000 年 12 月）

书记：

王康军（1998 年 2 月—2000 年 12 月）

采油三厂呼图壁采气队

队长：

刘德青（1998 年 10 月—2000 年 1 月）

政治指导员：

刘志江（1998 年 10 月—2000 年 1 月）

地质技术员：

宋元林（1998 年 10 月—2000 年 1 月）

工程技术员：

赵志卫（1998 年 10 月—2000 年 1 月）

代礼兵（1998 年 10 月—2000 年 1 月）

采油三厂呼图壁气田采气作业区

经理兼政治教导员：

王志杰（2000 年 1 月—2005 年 12 月）

地质技术员：

宋元林（2000 年 1 月—2001 年 12 月）

工程技术员：

赵志卫（2000 年 1 月—2003 年 5 月）

（二）劳动模范名录

2002 年

克拉玛依市劳动模范：王志杰

附录四　获奖项目

项目名称	获奖等级	获奖时间	项目完成者
呼图壁气田早期开发研究	新疆维吾尔自治区科学技术进步二等奖	2000 年	汤承锋、王　彬、刘明高等

附录五　征引文献

文献名	作　者	出版（编制）时间	出版社（现存地）
《新疆油田分公司采油三厂厂史》（1960—2000 年）	采油三厂厂史编辑委员会	2000 年	新疆油田分公司采油三厂
《准噶尔盆地油气田开发的回顾与思考》（1950—2000 年）	《准噶尔盆地油气田开发的回顾与思考》编写组	2006 年	石油工业出版社

编纂始末

2006 年 11 月，按照新疆油田分公司关于编纂《中国油气田开发志·新疆油气区油气田卷》的要求，采气一厂（原采油三厂）领导班子高度重视，立即成立了以厂长唐伏平为主任，副厂长胡新平为副主任，地质研究所副所长宋元林为成员的《呼图壁气田志》编纂委员会，开始编纂工作，通过认真学习和领会开发志编纂的要求，并结合气田的开发实际，明确了编写人员的责任、分工和完成时限。

编纂初期，编纂组以《老君庙油田志》和《大民屯油田志》作为范本，加强培训，草拟提纲，集中力量进行资料收集、分类编纂、专家审查、修改完善等工作。编纂期间，由于编纂人员尚无编纂经验，且是兼职工作，加之气田勘探时间跨度较大，给编纂工作带来了很大的困难。针对编纂过程中的难题，一方面认真学习 2006 年 10 月文件材料，领会 2007 年 6 月郑州会议精神，另一方面消化吸收范本编纂方式及内容。经过前期大量培训学习，在掌握志书编纂方法的基础上，借鉴两个范本的编纂体系，根据专家组审查意见，并结合呼图壁气田的开发特点，提出了气田开发志以勘探开发为主线，重点突出“高效”这个主题，以重大事件和发现为主要内容，辅以写事，略以写人的编纂思路。2008 年 2 月，完成了《呼图壁气田志》的初稿，并进行了审查，根据专家组审查意见，对编纂模式进行了调整，即从技术报告模式转变为以写事为主，力求真实再现气田勘探开发的历史。2008 年 4 月，完成了《呼图壁气田志》第二稿，经专家组的审查认为，编纂方式仍具有专业技术报告的特点，且内容较多，篇目设计不合理。2008 年 11 月，完成了书稿的修改工作，经审查认为，此稿篇目合理，框架构思比较精巧，技术完整且有一定的深度，符合开发志略写的要求，对于部分史料准确性还有待于进一步核实。根据专家组的建议，2009 年 10 月对《呼图壁气田志》存在的 6 处遗漏进行了完善，最终完成了第三稿。

《呼图壁气田志》编纂历经两年的时间，在专家组的帮助、新疆油田分公司勘探开发研究院相关人员的协助以及编纂人员的努力下，克服了种种困难，使得编纂工作得以顺利开展。由于编纂水平和时间的限制，难免存在不足，敬请专家及同行给予指正。

《呼图壁气田志》编纂组

2009 年 12 月

编号：07–022

卡因迪克油田志

《卡因迪克油田志》编纂组　编

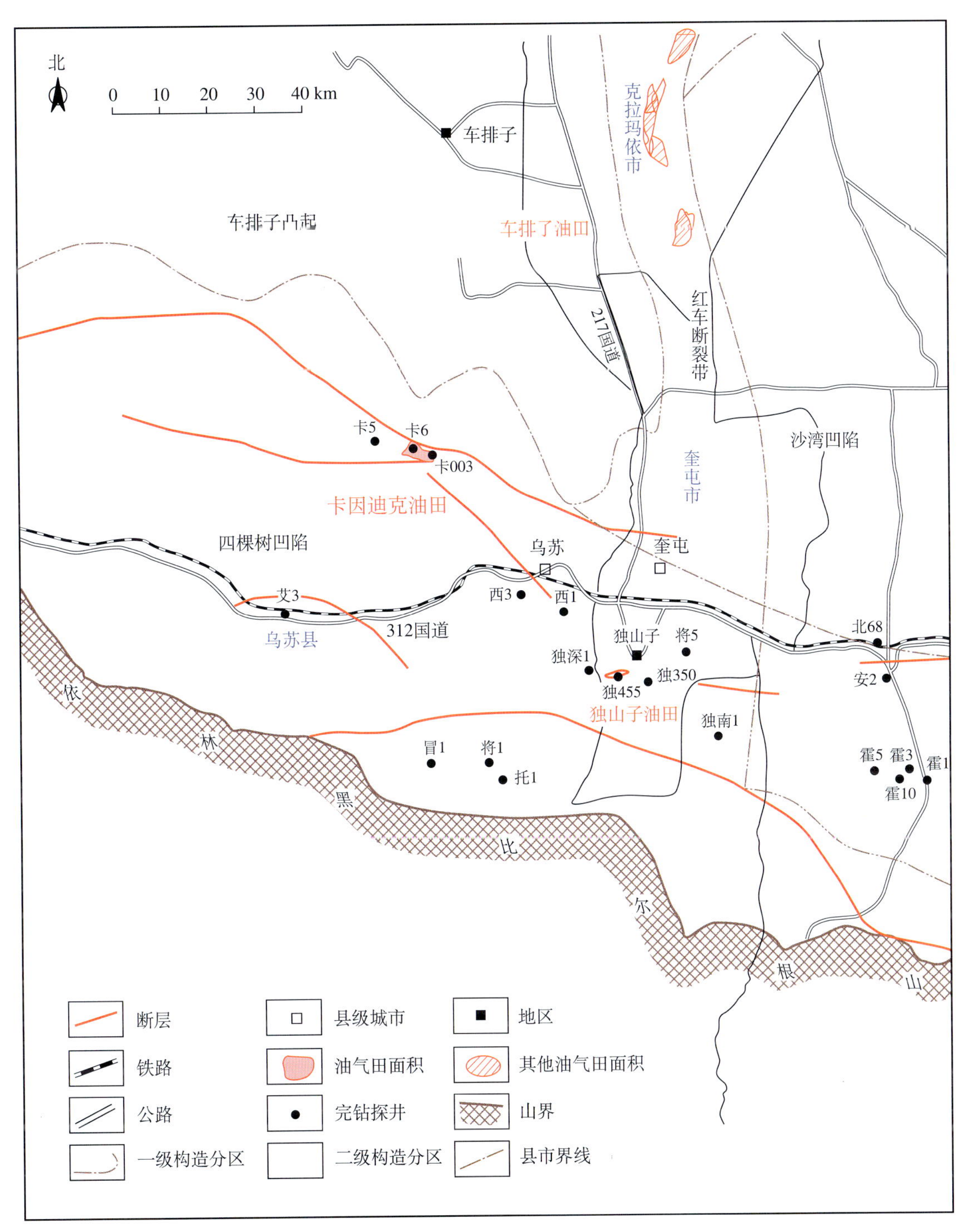

卡因迪克油田地理位置图

（新疆油田分公司勘探开发研究院编制）

区域探井
评价井
采油井
注水井
断层线
$E_{1-2}z$顶部构造等值线，m
含油面积

卡因迪克油田构造井位图

《卡因迪克油田志》编纂委员会

主　任：关泉生

成　员：胡学雷　谈继强　蔡圣权

《卡因迪克油田志》编纂组

组　长：赵　斌

副组长：李家宁

成　员：屈　娟　赵　岽　张旺青　史建英
王建国　胡　勇

本志目录

概 述

卡因迪克油田是准噶尔盆地南缘油田之一，在独山子油田西北约 45km 处，北距克拉玛依市区 120km，地处乌苏市境内。2000 年 7 月发现，2003 年投入开发。隶属采油一厂车排子作业区管理。油田地表为戈壁，地势平坦，生长有稀疏的骆驼刺、红柳、胡杨等适应干燥气候的荒漠植被。217 国道从油田以东 35km 处穿过，312 国道和北疆铁路从油田以南 20km 处穿过，交通便利。昼夜温差大，冬季严寒，最低温度 −37.5℃，夏季干燥炎热，最高温度 42.2℃，属大陆性干燥气候。

1951 年，中苏石油股份公司在乌苏及其以西的广大覆盖区进行的重磁力普查勘探，发现了位于四棵树凹陷东北部的卡因迪克潜伏构造，后经地震勘探，查明为一完整的背斜。1955—1957 年，新疆石油管理局在卡因迪克背斜相继钻探了卡 1、卡 2、卡 3、卡 4、卡 5 等 5 口探井，其中卡 1、卡 4、卡 5 井在新近系下褐色油层见到油气显示，试油证实均为水层，没有发现油气藏。当时，地质人员从古构造研究分析认为“卡因迪克背斜形成较晚，当凹陷中生成的油气运移时，卡因迪克地区还是一个向南倾的单斜构造，不具备圈闭油气的条件，钻井中所见油气显示只是油气经过时遗留的痕迹”。此后勘探工作暂停。

1986—1988 年，新疆石油管理局在四棵树凹陷西北斜坡区钻探了四参 1、艾 1、艾 2、艾 3、艾 4 等区域探井，这 5 口探井除了取得地质资料外，均未获得工业油气流。

1985—1986 年，新疆石油管理局在盆地南缘进行了二维数字地震勘探，地震测线多为南北向，东西向较少，因地形条件影响，间距不一，不成测网。1991 年、1992 年卡因迪克背斜区地震测网加密到了 1.5km × 2km，经解释背斜形态完整。

1993—2000 年，勘探开发研究院勘探所在新的资料基础上，对四棵树凹陷进行了新一轮的石油地质综合研究，提出了中下侏罗统烃源岩能够生成大量油气及卡因迪克背斜有利的成藏条件。在此背景下，新疆油田分公司部署了卡 6 井。该井由四川石油管理局川南矿区 60140 钻井队承钻，新疆油田分公司地质录井公司 991 录井小队承担各项地质资料及有关工程参数的录取，于 2000 年 6 月 10 日开钻，当钻至古近系安集海河组 3252 ～ 3258m 井段时（2000 年 7 月 19 日），气测显示异常并解释为油层，立即停钻下技术套管进行中途试油，7 月 28 日射开 3254 ～ 3260m 井段，3.175mm 油嘴，7 月 29 日获日产油 23.3t、气 430m^3、水 15.52m^3，从而发现了安集海河组油藏。

2000 年 10 月 8 日卡 6 井完井后，于 10 月 25 日射开侏罗系齐古组 3956 ～ 3962m、3966 ～ 3980m 井段，5mm 油嘴试产，获日产油 45.05t、气 7200m^3 的工业油气流，发现了齐古组油藏。

卡 6 井获得工业油流后，在卡因迪克背斜范围内实施三维地震勘探，覆盖面积 142.785km^2，面元 25m × 50m。依据三维地震资料，进一步落实了目的层构造形态。2001 年 3 月，为探明已发现油藏又部署了 3 口评价井（卡 001 井、卡 002 井、卡 003 井）。卡 003 井于 2001 年 10 月 16 日在古近系紫泥泉子组 3450 ～ 3455m 井段试油，4.0mm 油嘴，日产油 29.65m^3、气 4610m^3、水 6.51m^3，发现了紫泥泉子组油藏。

大事记

2000 年

3 月　中国石油新疆油田分公司勘探开发研究院（以下简称勘探开发研究院）王立宏等通过对该区进行石油地质综合研究，认为四棵树凹陷发育侏罗系煤系烃源岩，卡因迪克背斜位于四棵树凹陷生成的油气向车排子隆起运移的必经之地，具有近源的优势，成藏条件优越，在卡因迪克背斜部署了卡 6 井。

6 月 10 日　卡 6 井由四川石油管理局川南矿区 60140 钻井队开钻，10 月 8 日完钻。7 月 28 日原钻机中途试油，射开古近系安集海河组 3254 ~ 3260m 井段，29 日 3.175mm 油嘴获日产油 23.3t，从而发现了卡因迪克油田。10 月 25 日卡 6 井射开侏罗系齐古组 3956 ~ 3962m、3966 ~ 3980m 井段，5mm 油嘴试产，日产油 45.05t，发现了齐古组油藏。

2001 年

10 月 16 日　新疆油田分公司为探明已发现油藏而部署的评价井卡 003 井在古近系紫泥泉子组 3450 ~ 3455m 井段试油，4.0mm 油嘴，日产油 $29.65m^3$，日产气 $4610m^3$，发现了卡 6 井区古近系紫泥泉子组油藏。

2002 年

9 月 21 日　卡 6 井区移交给中国石油新疆油田分公司采油一厂（以下简称采油一厂）车排子作业区管理。

2003 年

3 月　勘探开发研究院彭永灿、王兆峰等编制了《卡因迪克油田卡 6 井区紫泥泉子组和齐古组油藏布井方案》，合计共部署开发井 25 口，设计产能 $9.0 \times 10^4t/a$，动用面积 $5.8km^2$，动用储量 246×10^4t。4 月开始实施，齐古组油藏实际完钻开发井 6 口，平均单井日产油 20.9t，新建产能 $2.5 \times 10^4t/a$；紫泥泉子组油藏实际完钻开发井 7 口，平均单井日产油 13t，新建产能 $1.95 \times 10^4t/a$。

2004 年

8 月　卡因迪克油田齐古组第一口注水井 K2256 井实施转注。

2005 年

3 月　卡因迪克油田卡 6 井区用电改由农七师 125 团电网供给。

第一章

油田地质

卡因迪克油田所处的四棵树凹陷是准噶尔盆地南缘冲断带最西边的一个二级构造单元。1951年中苏石油股份公司通过该地区的重磁力普查勘探，发现了凹陷东北部的卡因迪克潜伏构造，后经地震勘探证实为一完整的背斜构造。1955—1957年在卡因迪克背斜相继钻探了5口探井，经取心、微古生物化石鉴定，与独山子油田地层对比，所钻2600m以下地层相当于新近系下褐色含油层（N_1s），其中3口井在该层段见到了油气显示，证实卡因迪克背斜为一含油构造。1991—1992年，二维地震测网加密到1.5km×2km，经解释，卡因迪克背斜形态完整，东西长5.3km，南北宽1.8km，圈闭面积7.5km^2，中—新生代地层超覆不整合在石炭系之上，背斜内部缺失部分中侏罗世地层。

2000年，勘探开发研究院吴晓智、吴鉴等人编写了《准噶尔盆地南缘四棵树凹陷油气成藏条件及艾卡油气聚集带发现》，认为四棵树凹陷发育侏罗系煤系烃源岩，卡因迪克背斜位于四棵树凹陷生成的油气向车排子隆起运移的必经之地，具有近源的优势，成藏条件优越。2000年3月，新疆油田分公司依据二维地震解释的构造图，在卡因迪克背斜部署了卡6井（图1–1）。

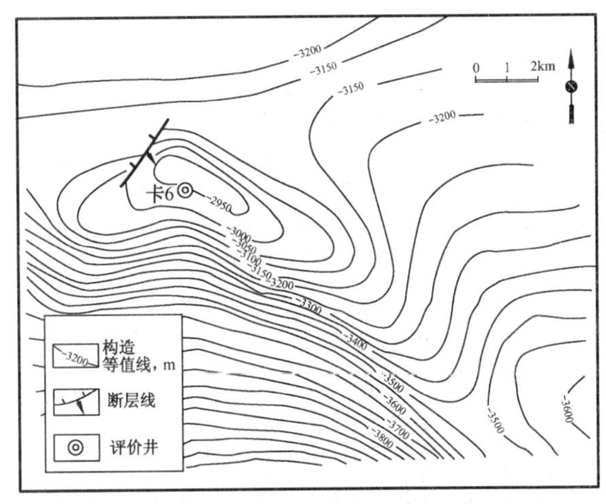

图1–1　卡因迪克古近系顶界构造图

（新疆油田分公司勘探开发研究院编制，2000年3月）

卡6井于2000年7月28日进行中途试油，7月29日在安集海河组（$E_{2-3}a$）获得工业油流；完井后于10月25日射开齐古组试油，又获工业油流。此后，在卡因迪克背斜范围内实施了三维地震，经解释卡因迪克背斜形态完整，由侏罗系至新近系各构造层背斜幅度变小，而背斜圈闭面积则逐层增大（图1–2、图1–3）。经探井证实，侏罗系齐古组为断鼻构造，走向近东西向，北翼地层剥蚀尖灭，上覆地层超覆不整合其上，形成了地层遮挡和卡2井西部断裂遮挡的油藏（图1–3）。上部紫泥泉子组和安集海河组背斜完整，卡2井西断裂断开层位多，由深层侏罗系断至新近系沙湾组，最大断距130m，向上部层位断距变小，对构造形态影响较小。

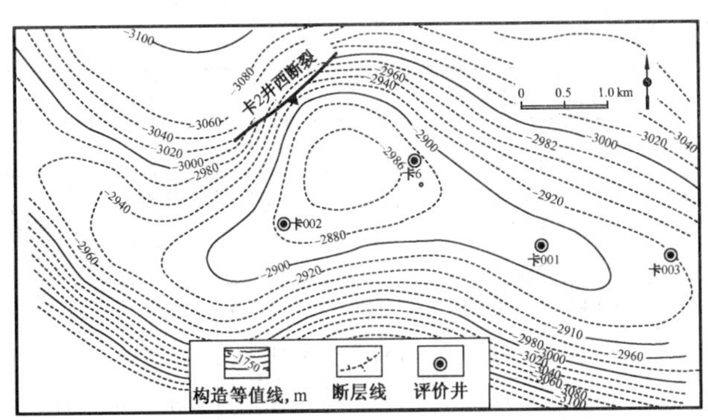

图1–2　安集海河组顶部构造图

（新疆油田分公司勘探开发研究院编制，2005年12月）

经评价井钻井录井和试油证实，卡因迪克油田包括三个油藏：安集海河组油藏、紫泥泉子组油藏、齐古组油藏。

古近系安集海河组（$E_{2-3}a$）油藏。主要为一套滨浅湖相厚层泥岩沉积，底部发育少量薄砂层，厚

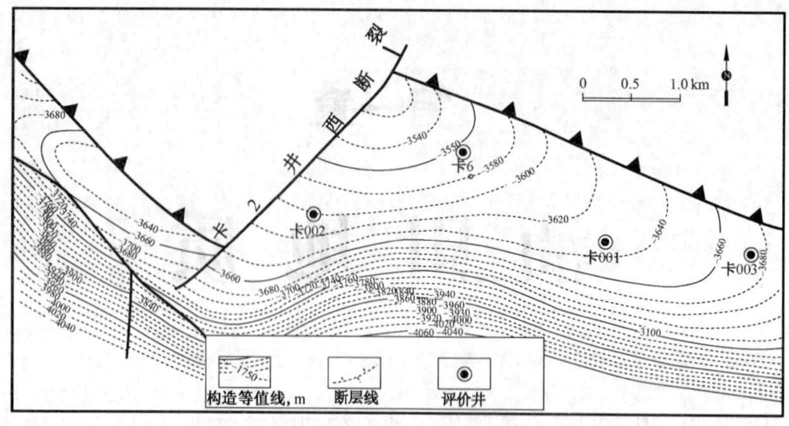

图1-3　齐古组顶部构造图

（新疆油田分公司勘探开发研究院编制，2005 年 12 月）

度 2 ~ 5m 左右且横向变化很大，为辫状河三角洲前缘席状砂沉积。储层为原生粒间孔隙、中等连通性的透镜状砂岩，具有强盐敏和强水敏性。油藏为低密度、低黏度、高含蜡的未饱和油藏（表 1–1 至表 1–3）。

表 1–1　卡因迪克油田储层特征表

层位	岩 性	储集类型	孔隙度 %	渗透率 mD	黏土矿物相对含量，%		
					绿泥石	伊 / 蒙混层	伊利石
$E_{2-3}a$	细砂岩、不等粒砂岩	孔隙型			6.5	64.5	25
$E_{1-2}z$	不等粒砂岩	孔隙型	11.15	4.20	11.5	66.5	22
J_3q	中细砂岩、砂砾岩	孔隙型	10.40	2.35			

注：依据卡因迪克油田各区块探明储量报告编制。

表 1–2　卡 6 井区地层流体性质表

油藏	中部深度 m	中部海拔 m	地层压力 MPa	压力系数	地层温度 ℃	饱和压力 MPa	饱和程度 %	密度 g/cm³	原始气油比 m³/t	体积系数	黏度 mPa•s	压缩系数 $10^{-4}MPa^{-1}$
$E_{2-3}a$	3357	–2967	32.95	0.994	89.37	4.34	13.2	0.706	38	1.231	1.47	9.28
$E_{1-2}z$	3450	–3060	34.21	1.002	94.30	34.21	100.0	0.628	251	1.724	0.44	2.47
J_3q	3940	–3550	40.41	1.013	107.20	40.41	100.0	0.602	276	1.732	0.33	13.90

注：依据卡因迪克油田各区块探明储量报告编制。

表 1–3　卡 6 井区地面流体参数表

分项 / 油藏	原油						溶解气			地层水		
	密度 g/cm³	黏度 （50℃） mPa · s	凝固点 ℃	含蜡 %	初馏点 ℃	300℃ 馏分 %	相对 密度	甲烷 含量 %	乙烷 含量 %	水型	总矿 化度 mg/L	氯离子 mg/L
$E_{2-3}a$	0.837	14.56	28	16.50	112.80	24.86	1.142	38.13	22.48	$NaHCO_3$	15578.57	7779.1
$E_{1-2}z$	0.811	1.59	3	5.72	90.14	15.24	0.795	66.32	15.82	$NaHCO_3$	14514.00	4101.9
J_3q	0.820	2.75	15	8.10	91.57	17.63	0.759	72.52	11.35	$NaHCO_3$	14865.00	6553.0

注：依据卡因迪克油田各区块探明储量报告编制。

古近系紫泥泉子组（$E_{1-2}z$）油藏。按其岩性特征及砂体分布规律，可划分为上下两个岩性段 $E_{1-2}z_1$、

$E_{1-2}z_2$，$E_{1-2}z_2$ 为辫状河三角洲前缘水下分流河道沉积，间夹水下分流河道间沉积；$E_{1-2}z_1$ 为一套褐红色为主的砂泥岩互层的滨浅湖相沉积。储层为原生粒间孔、中低孔隙、特低渗透的层状不等粒砂岩，具有较强盐敏性和强水敏性。油藏为低密度、低黏度、高气油比的饱和油藏（表 1–1 至表 1–3）。

侏罗系齐古组（J_3q）油藏。为一套块状、厚层状褐灰色砂砾岩与含砾中—粗砂岩、中—细砂岩互层为主，夹少量泥质中—细砂岩、砂质泥岩，主要为扇三角洲前缘水下分流河道沉积，底部为一套高阻的致密砂砾岩，厚度 30 ~ 40m，不含油。储层为原生粒间孔、中—低孔隙、特低渗透性层状砂岩—砂砾岩；油藏为低密度、低黏度、高气油比的饱和油藏（表 1–1 至表 1–3）。

为了进一步取得油藏压力、流体性质以及油藏高压物性（PVT）等基础资料，加深对油藏的认识和落实油藏产能，为编制油田开发方案提供依据，2002 年 6 月，由勘探开发研究院的孔垂显、彭永灿等人编制了《卡因迪克油田卡 6 井区古近系和侏罗系油藏评价井布井意见》，实施了 2 口评价井（K1000 井和 K1001 井）。至 2002 年 12 月，在所取资料的基础上，勘探开发研究院任军民等人计算了卡因迪克油田三个油藏的探明储量和可采储量，经国家储委批准，II 类探明储量含油面积 7.5km²，地质储量：原油 453×10^4t，溶解气 $13.04\times10^8m^3$；可采储量：石油 132.1×10^4t，溶解气 $3.89\times10^8m^3$（表 1–4、图 1–4 至图 1–6）。

表 1–4　卡因迪克油田卡 6 井区块探明石油地质储量参数表

层位	储量参数						地质储量		采收率 %	可采储量	
	含油面积 km²	有效厚度 m	有效孔隙度 %	含油饱和度 %	地面原油密度 g/cm³	体积系数	石油 10^4t	溶解气 10^8m^3		石油 10^4t	溶解气 10^8m^3
$E_{2-3}a$	1.6	3.3	25.5	60	0.837	1.231	55	0.25	23	12.7	0.05
$E_{1-2}z$	6.2	8.4	15.0	60	0.811	1.724	220	6.83	30	66.0	2.05
J_3q	2.5	20.6	13.0	56	0.820	1.732	178	5.96	30	53.4	1.79
合计	7.5						453	13.04		132.1	3.89

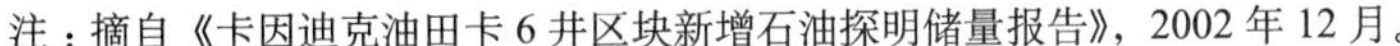
注：摘自《卡因迪克油田卡 6 井区块新增石油探明储量报告》，2002 年 12 月。

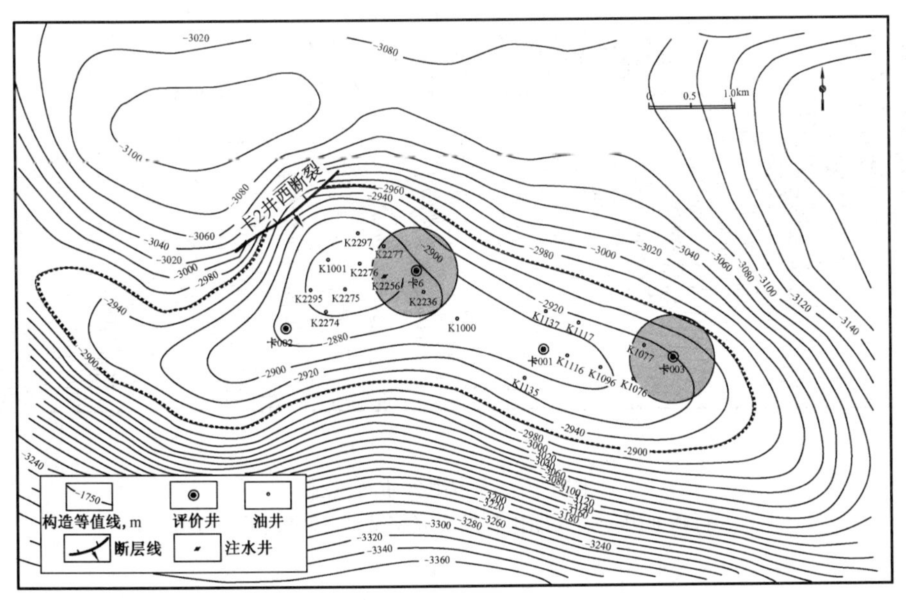

图 1–4　安集海河组含油面积

（新疆油田分公司勘探开发研究院编制，2002 年 12 月）

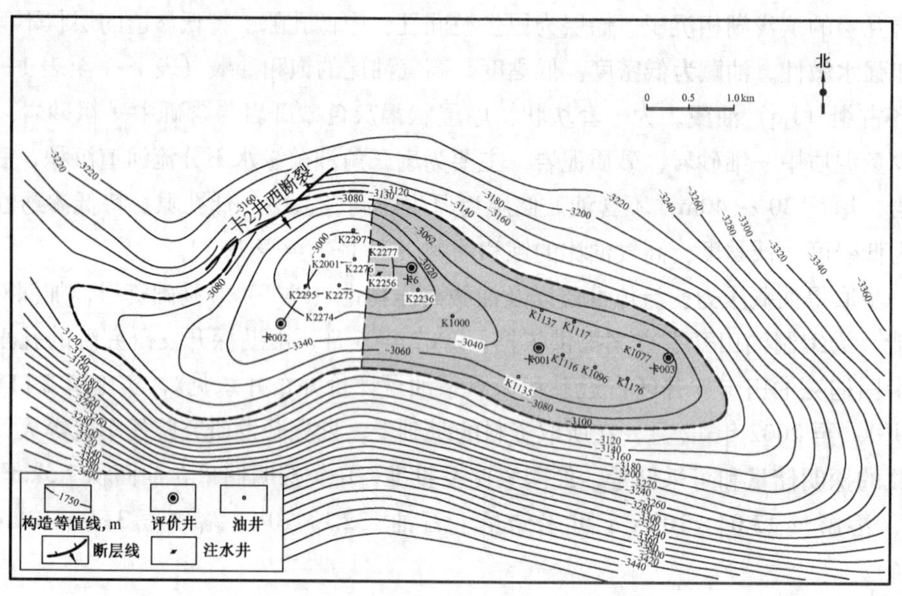

图 1-5 紫泥泉子组含油面积图

（新疆油田分公司勘探开发研究院编制，2002 年 12 月）

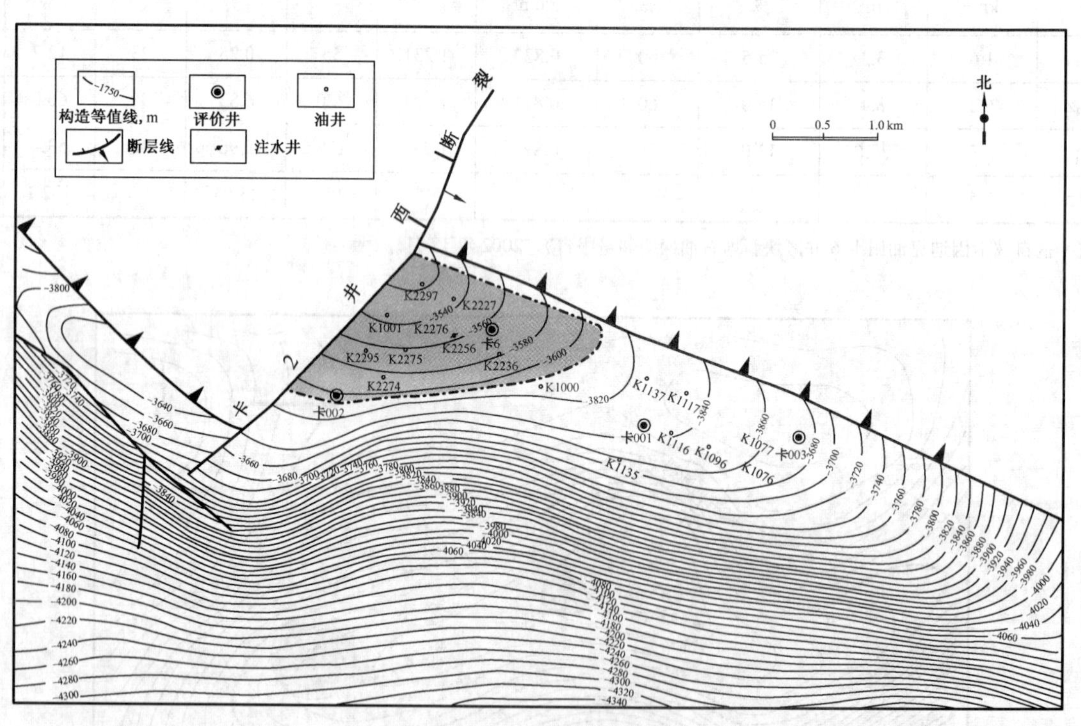

图 1-6 齐古组含油面积图

（新疆油田分公司勘探开发研究院编制，2002 年 12 月）

第二章

油田开发

一、开发历程

卡因迪克油田2000年8月发现，2003年投入开发，由采油一厂车排子作业区管理。

（一）前期试采（2000年8月至2002年12月）

在油田发现井卡6井获得工业油气流后，开发一路科研人员就开始收集探井的试油试采资料及相关地质信息，着手开发前期准备工作。按照滚动开发的原则，实施评价井先行，于2002年6月在卡6井区古近系侏罗系油藏部署了开发评价井2口（K1000井、K1001井），通过评价井的实施，录取了产能、压力、流体性质等基础资料，基本落实了油藏的油层发育及展布，为油藏的全面开发奠定了基础。在同一年内，卡6、卡001、卡002、卡003等4口探井相继投入试采，年底日产液105t，日产油100t，综合含水4.3%，阶段产油0.73×10^4t。

（二）开发布井方案与实施（2003年以后）

2003年，卡因迪克油田被新疆油田分公司列为产能建设重点区块。同年3月，彭永灿、王兆峰等在油藏工程综合研究的基础上，编制了《卡因迪克油田卡6井区紫泥泉子组和齐古组油藏布井方案》，鉴于油藏比较复杂，确定了“整体部署、择优开发、分批实施”的原则，实施滚动开发。由于油层埋藏深、储量丰度低、钻井成本高、开发难度大，开发布井立足于少打井，尽量多的动用地质储量。采用直井、不规则反九点面积井网，分古近系紫泥泉子组与侏罗系齐古组两套层系开发。共部署开发井25口，设计年生产能力9.0×10^4t，动用面积5.8km^2，动用储量246×10^4t。其中紫泥泉子组采用400m×565m井距，部署开发井17口（采油井12口，注水井5口），利用老井2口（采油井1口，注水井1口），新钻井15口，设计井深3470m，钻井进尺5.21×10^4m，单井设计产能16t/d，新建产能5.76×10^4t/a，动用含油面积3.3km^2，动用储量117×10^4t；齐古组采用350m×495m井距，部署开发井8口（采油井6口，注水井2口），利用老采油井2口，新钻井6口，设计井深4030m，钻井进尺3.22×10^4m，单井设计产能18t/d，新建产能3.24×10^4t/a，动用含油面积2.5km^2，动用地质储量129×10^4t。按方案要求先实施齐古组油藏，分2批钻井，每批3口井，紫泥泉子组先实施3口，其他井的实施顺序视这批井的情况再定。

方案经新疆油田分公司批准后于2003年4月开始实施，至9月，紫泥泉子组油藏钻井7口，投产后平均单井日产油13t，建产能2.34×10^4t，动用含油面积1.8km^2，动用地质储量64×10^4t。由于边部井生产效果不好，没有继续实施。方案实施后当年产油1.66×10m^{4}t。齐古组油藏完钻开发井6口，投产后平均单井日产油20.9t，建产能3.76×10^4t，达到设计产能并表现出较强的生产能力，分析认为油藏有继续扩边的潜力，同年9月勘探开发研究院编制了《卡因迪克油田卡6井区齐古组油藏扩边布井意见》，部署扩边井6口，其中采油井4口，注水井2口，要求先实施2口井（K2274井、K2236井）。10月开钻，实际实施2口井。由于边部井生产效果不好，没有继续实施齐古组。齐古组方案实施后当年

产油 $2.94 \times 10m^4$t，动用含油面积 1.8km^2，动用地质储量 124×10^4t。全油田方案实施后井网内新老井总数 19 口，建成产能 6.64×10^4t，当年产油 4.6×10^4t（表 2−1 及附表 2 综合开发数据表），动用含油面积 3.6km^2，动用地质储量 188×10^4t。

表 2−1　卡因迪克油田开发布井与实施情况表

分项 / 井数 / 层系	方案设计，口							方案实施，口			
	总井数	采油井	注水井	利用老井		新钻井		新钻井		井网内新老井总数	
				采油井	注水井	采油井	注水井	采油井	注水井	采油井	注水井
$E_{1-2}z$	17	12	5	1	1	11	4	5	2	6	3
J_3q 方案	8	6	2	2	0	4	2	4	2	6	2
J_3q 扩边	6	4	2	0	0	4	2	1	1	1	1
全油田	31	22	9	3	1	19	8	10	5	13	6

注：依据卡因迪克油田历年开发布井方案和新疆油田分公司中心数据库资料编制。

投入开发后，由于没有及时实施注水，导致地层压力下降，产量快速递减，日产油量由 2003 年末的 177t 下降至 2004 年 6 月的 94t，下降将近一半。针对这种情况，采油一厂总地质师蔡圣权与地质研究所的科研人员经过对卡 6 井区投转注的必要性与可行性的研究，2004 年 8 月对 K2256 井实施转注，日注水 65m^3，在一定程度上缓解了油藏能量不足的矛盾。

卡因迪克油田投入开发以来，开发效果不理想，主要原因是油藏埋藏深、储层分布变化大，单井产量差异大，次经济可采储量所占比重较大，可投入开发的面积较小，整体上开发程度偏低，目前齐古组和紫泥泉子组经济可采储量已基本投入开发，剩余未开发储量开采成本高、产量低，开发风险较大。

二、开发现状

截至 2005 年 12 月，卡因迪克油田生产井总数 21 口（含开发井网井 19 口及卡 002、K1000 非井网井 2 口），其中采油井 20 口，开井 12 口，平均单井日产油 5.1t，区日产油 60t，年产油 2.30×10^4t，采油速度 1.21%，累计产油 11.69×10^4t，采出程度 6.25%，综合含水 46.5%，地下亏空 22×10^4m^3。注水井 1 口，开井 1 口，平均日注水 44m^3，年注水 1.46×10^4m^3，累计注水 2.18×10^4m^3，年注采比 0.31，累计注采比 0.09。

各层系开发现状分述如下：

紫泥泉子组油藏采油井 12 口（含非井网井卡 002、K1000 井及齐古组井网上返至该层生产的 K2274 井），开井 4 口，平均单井日产油 6.5t，区日产油 25t，年产油 0.93×10^4t，采油速度 1.46%，累计产油 4.90×10^4t，采出程度 7.66%，综合含水 33.4%，地下亏空 10×10^4m^3。

齐古组油藏采油井 8 口，开井 8 口，平均单井日产油 4.4t，区日产油 34t，年产油 1.37×10^4t，采油速度 1.1%，累计产油 6.79×10^4t，采出程度 5.48%，综合含水 53.5%，地下亏空 12×10^4m^3。注水井 1 口，开井 1 口，平均日注水 44m^3，年注水 1.46×10^4m^3，累计注水 2.18×10^4m^3，年注采比 0.55，累计注采比 0.15。

第三章

钻采工程及地面生产系统

第一节　钻井与完井工程

1955—1957 年，先后钻探了卡 1、卡 2、卡 3、卡 4、卡 5 等 5 口探井，由于当时钻机设备能力不足，未钻达目的层。2000 年卡 6 井钻至古近系安集海河组时，发现好的油气显示，经中途试油，在 3254 ~ 3260m 井段获得工业油流，2000 年 10 月 8 日完井之后，经试油，又发现了侏罗系齐古组油藏。随后 2001 年卡 003 井发现了古近系紫泥泉子组油藏，2002 年部署 2 口开发评价井，2003 年正式投入开发。至 2005 年底，累计钻井 26 口，进尺 10×10^4m。

卡 6 井上钻之前，钻井工程技术人员认真查阅了 20 世纪 50 年代 5 口钻井实钻资料，分析研究了 5 口井的经验教训，选用钻探能力 6000m 的 F320 钻机，推广应用优选钻头、喷射钻井、优选钻井参数、裸眼中途测试、屏蔽暂堵保护油气层、防窜水泥浆固井等新技术，并根据地层岩性特征，采用钾钙基聚磺混油钻井液，有效地解决了井壁失稳、起下钻阻卡、固井质量差等难题，优质快速地完成钻井任务。

卡因迪克油田开发井均采用套管射孔完井。

第二节　采油工程

卡因迪克油田 2003 年 1 月以前投产的 6 口采油井，全为自喷生产。采油树为四川慧剑石化有限公司的 QQ70/65I、QQ60−92 两种型号，采油管柱为 $2^7/_8$in 防腐油管、钢级 P110，下至油层顶界。采油井口采用盘管加热炉保温，机械清蜡车下刮蜡片清蜡，一般采用 ϕ1.8mm 清蜡钢丝和 ϕ58mm 刮蜡片，清蜡周期每天一次。因油藏压力系数低，自喷期很短，2003 年下半年油井逐渐转抽，抽油机装有胶皮闸门和可调偏光杆密封盒。

抽油机为 CYJQ14−5−73HXP 前置式悬挂偏置游梁复合平衡抽油机，配用电机 37kW，冲程 5m、冲次 3 次 /min；另有 5 台 ROTAELEX800 型皮带抽油机，配用电机 45kW，冲程 7m、冲次 3 次 /min。2005 年系统效率测试：前置式悬挂偏置游梁复合平衡抽油机泵效 41.1%，系统效率 16.3%，吨液耗电 28.05kW · h；皮带抽油机泵效 82.5%，系统效率 29.6%，吨液耗电 13.48kW · h。油区平均检泵周期为一年，单井日产量 8t。

皮带抽油机具有冲程长、冲次少、运行平稳的特点，与前置式悬挂偏置游梁复合平衡抽油机相比更适合供液能力弱的油藏。但因为价格高而未大量使用。

由于井深，抽油杆采用高强度 H 级三级组合（ϕ25mm、ϕ22mm、ϕ19mm），以适应小泵深抽或超深抽作业。抽油泵采用 ϕ38mm、ϕ44mm 管式泵，平均泵挂深度 2200m，冲程损失较大的可达 1.5m 以上，为减少冲程损失采用 DGM−114 或 DLXM−1 油管锚在抽油泵以上 20m 左右打压锚定。

因原油含蜡量较高（8.1%）抽油井都下有尼龙刮蜡器。2003 年根据采油井结蜡和生产状况制定了不同的清防蜡措施：对套压高，结蜡中等油井，如卡 6 井、K003 井、K2297 井实施固体防蜡剂防蜡，有效期达 1 年以上，但更换防蜡剂要动管柱，未被推广；对于产量高，结蜡严重的 9 口井，从 2004 年初实施套管加药，到 2005 年底没有检过泵；对有蜡堵的 K2256、K2274 两口井，采用 KSH−014 油基清蜡剂浸泡溶蜡，很好地解决了蜡堵。

卡因迪克油田出砂井不多，而且出砂量也少，对 K1096 出砂井用 CYB44THF 型防砂泵防砂，效果很好。

卡因迪克油田储层黏土矿物以伊 / 蒙混层为主（平均 66.5%）、伊利石为辅（平均 22%），其他绿泥石平均 11.5%，储层具有中等—强水敏和强盐敏性。K2256 井是唯一的一口注水井，井口采油树为 QQ60/65I 型，井下管柱为 $2^{7}/_{8}$in 防腐油管，钢级 P110。2004 年 7 月进行酸化处理后投入试注，因注水水源是浅层地表水，矿化度较低，必须采取防膨处理。故注入水加入浓度 3% GY−2 防膨剂，11 月防膨剂浓度降为 1.5%，从 2005 年 1 月一直到 12 月防膨剂浓度维持在 1%，注水泵稳压 30MPa，日注水量调至 $60m^3$。

在检泵作业过程中，发生过抽油杆脱扣和油管断、掉事故。针对杆类落物，配备三球打捞器、翻板式抽油杆捞筒；针对管类落物，配备相应的打捞工具，如开窗捞筒、弯鱼头捞筒、油管捞矛、捞筒等，共进行油管内打捞断脱抽油杆、光杆 2 井次，打捞断脱油管 1 井次，成功率 100%。

卡 6 井区 K001 井出现水泥卡管柱事故，采取了套铣解卡法，大修作业解除了卡钻事故，恢复油井生产。

卡 6 井区紫泥泉子组油藏属于中孔隙、渗透性较好储层，考虑到储层具有中等—强的水敏性，为了彻底查清该层含油气情况，更好地提高裂缝的导流能力，完善油层。2003 年对评价井 K1000 井用清洁压裂液压裂实验，针对井深，压裂时破裂压力高的特点，压裂前采油一厂生产运行科工程师王建国选用了新疆石油管理局油田工艺研究院生产的 K341−114 封隔器（工作压力 70MPa）及配套工具（油管锚、节流阀等），封隔油套环空，防止高压传递至井口，保证了压裂作业顺利完成。该井加支撑剂陶粒 $12m^3$，平均砂比 22.5，工作压力 41 ~ 72MPa，破裂压力 74MPa，施工泵车 1400 型压裂车，压后出水控关。原因分析，卡 6 井区油水隔层较薄（约 0.5m 左右），高压易造成隔层破油井水淹。压裂效果不好，不适合实施压裂工艺，故停止了该区的压裂措施。

为处理近井地带的无机堵塞，改造中、低渗透油层，提高油井产量，2004 年对卡 1137 井实施第一口土酸酸化解堵工艺，施工排量每分钟 $1.2m^3$，施工压力 24 ~ 55MPa，施工泵车 1400 型水泥车，累计年增油 5497t。2003 年至 2005 年共实施酸化 10 口井，措施有效率 30%，累计增油 7553t。由于酸化措施后油井的含水上升幅度大，有效期很短，限制了酸化工艺在卡 6 井区的进一步推广应用。

第三节　地面生产系统

一、油气集输

油田现有采油井 20 口，初期采用井场拉油方式生产，井场设有高台 $60m^3$ 储油罐 2 座，及 ϕ800 生产分离器 1 座。2004 年 7 月建成 16 井式拉油计量站两座，计量站由华北油田设计院设计，分井计量采用 ϕ1200 计量分离器计量，站区建有 $100m^3$ 高台储油罐 2 座，原油用油罐车拉至车排子原油处理站处理，天然气除自用外其他放空燃烧。井场设有盘管加热炉，计量站设有水套炉给原油加热和供站区采暖。油气集输采用单管加热进站流程。

二、油田注水

卡6井区共有注水井1口，采用单泵对单井的注水方式，注水泵建在K2256井场旁。安装5ZB−12/42三柱塞注水泵1台，额定输出压力36MPa、排量13.9m³/h，60m³注水罐2座，注水泵及加防膨剂设施设在橇装房内，采用涡轮流量计对注水量进行计量。

三、地面建设配套系统

卡6井区水源为地下水，共打水井2口（水1井、水2井）。由潜水泵供水，经DN65长1.5km的输水管线输至K2256井注水罐。供水能力1000m³/d，可满足生产和生活需要。

2005年以前，井场动力为1190NT型天然气发动机直接带动抽油机。发动机功率37kW，共安装11台，可满足抽油井的正常生产。

2005年3月，卡6井区用电改由农七师125团电网供给。

附 录

附录一 附 图

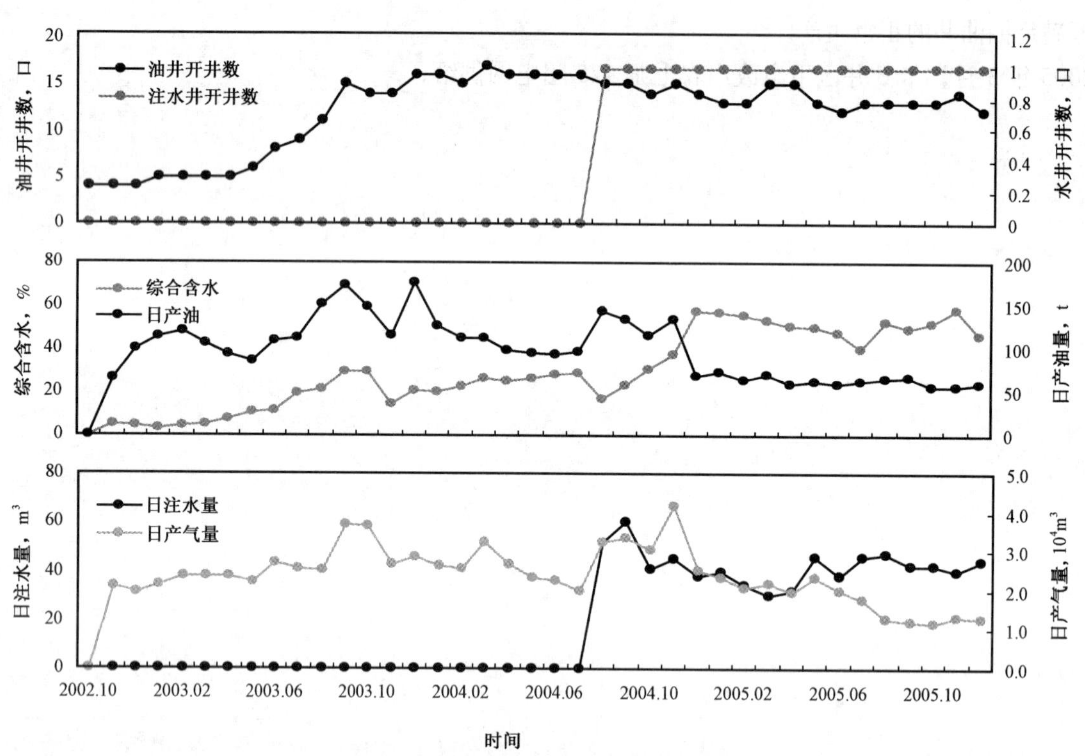

附图1 卡因迪克油田综合开发曲线图

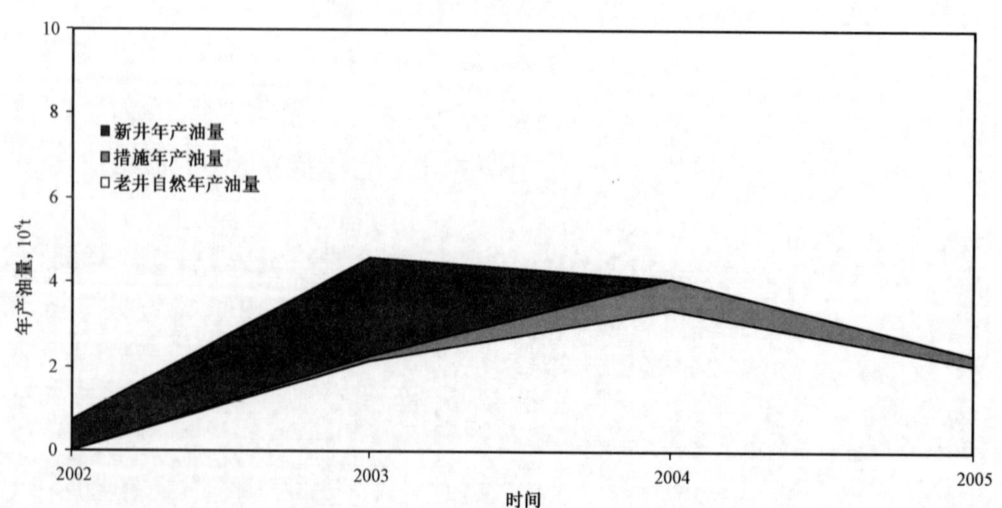

附图2 卡因迪克油田历年产油构成曲线图

附录二　附　表

附表 1　卡因迪克油田综合地质参数表

层位	油藏类型	含油面积 km^2	有效厚度 m	孔隙度 %	原始含油饱和度 %	体积系数	探明储量 10^4t	可采储量 10^4t	渗透率 mD	原始地层压力 MPa	地面原油密度 g/cm^3	凝固点 ℃	含蜡 %	地层水型
$E_{2-3}a$	岩性	1.6	3.3	25.5	60	1.23	55	12.7		32.95	0.837	28	16.48	$NaHCO_3$
$E_{1-2}z$	构造—岩性	6.2	8.4	15.0	60	1.72	220	66.0	4.20	34.21	0.811	3	5.72	$NaHCO_3$
J_3q	地层—构造	2.5	20.6	13.0	56	1.73	178	53.4	2.35	40.41	0.820	15	8.10	$NaHCO_3$

注：依据卡因迪克油田各区块探明储量报告编制。

附表 2　卡因迪克油田综合开发数据表

时间	采油井		核实产油量			核实产液量			综合含水 %	采油速度 %	储量		采出程度		溶解气产量		注水井		注水量		
	总井 口	开井 口	日产油 t	年产油 10^4t	累计产油 10^4t	日产液 t	年产液 10^4t	累计产液 10^4t			开发储量 10^4t	可采储量 10^4t	地质 %	可采 %	年产 10^4m^3	累计 10^4m^3	总井 口	开井 口	日注水 m^3	年注水 10^4m^3	累计注水 10^4m^3
2002	4	4	100	0.7278	0.7278	105	0.7591	0.7591	4.3	0	0	0	0	0	123.1	123.1	0	0	0	0	0
2003	21	16	177	4.5978	5.3256	222	5.5596	6.3187	20.4	2.45	188	56.40	2.83	9.44	982.7	1105.8	0	0	0	0	0
2004	20	14	69	4.0676	9.3932	163	5.7238	12.0425	57.6	2.16	188	56.40	5.00	16.65	1037.9	2143.7	1	1	38	0.7179	0.7179
2005	20	12	60	2.2994	11.6926	112	4.7422	16.7847	46.5	1.22	188	56.40	6.22	20.73	633	2781.7	1	1	44	1.4642	2.1821

注：依据新疆油田分公司中心数据库每年 12 月份的开发数据编制。

附录三　人物名录

新疆油田分公司采油一厂车排子作业区

经理兼党支部书记：

魏光明（2002 年 9 月—2005 年 12 月）

地质总监：

高玉旭（2005 年 2 月—2005 年 12 月）

工程总监：

吴建忠（2004 年 11 月—2005 年 12 月）

编纂始末

2006年11月16日，新疆油田分公司和新疆石油管理局联合下发了“关于《中国油气田开发志·新疆油气区油气田卷》编纂工作的通知”。接到通知后，采油一厂高度重视，依照通知，迅速成立了以关泉生厂长为主任，副厂长谈继强、胡学雷，总地质师蔡圣权为成员的《卡因迪克油田志》编纂委员会，并成立由所长赵斌为组长的编纂组。组织地质、工程、生产技术、技术监督等部门近10余人，参与了开发志的编纂工作。编纂工作根据不同专业人员对油田掌握的情况，分工明确，职责和时限具体，要求清楚。编纂工作开展先后组织了多次讨论会，了解工作进展，协调解决相关问题，推动工作有序进行。

《卡因迪克油田志》编纂工作分为学习培训、资料收集、分类编组、汇总整理、专家审查、修改完善等几个阶段。在编纂过程中，编纂人员遇到了诸多问题和实际困难。首先是编纂人员均没有志书编纂的经验，所有编纂人员都是通过培训学习，多方请教相互讨论，边学边写；其次是油田从勘探到开发历程跨度较大，编纂人员大多数是年轻同志，对油田勘探开发的历程知之甚少，相关资料收集整理难度较大；再次是所有抽出来的编纂人员均担负着油田开发方案编制、科研项目研究、生产管理和现场实施工作，而编纂工作量大、时间长，在工作时间难以保证。尽管存在着诸多主观和客观上的问题与困难，编纂人员见缝插针，充分利用业余时间，加班加点，认真地收集各方面资料，精心策划，力求保证各专业、各阶段分工任务保质保量的完成。

志书编纂期间，学习了“《中国油气田开发志·油（气）田篇》编纂过程中若干问题的说明”等文件、历次编纂工作会议纪要和相关学习材料，学习了《大民屯油田志》、《胜坨油田志》和《百口泉油田志》等编纂范例。通过参加公司组织专家授课培训，组织学习，逐步掌握了志书编纂方法，领会了《中国油气田开发志》总编纂委员会的编纂思路和要求，在此基础之上，根据新疆油田分公司编拟的油（气）田篇编写提纲，结合收集到的卡因迪克油田勘探开发过各中的相关资料，初步制定了编纂思路，并从2007年年初开始投入到《卡因迪克油田志》的编写进程中。

《卡因迪克油田志》属于略写油田志，编纂思路是以勘探历程为主线，以重大认识和发现为主要内容，辅助以写事，略以记人。卡因迪克油田勘探始于1951年，发现于2000年，2003年全面投入开发，勘探开发历史时间长，跨度大，油气藏区块多，油气藏类型复杂，开发模式各异，认真学习掌握、消化吸收卡因迪克油田开发过程中的各项资料，编纂过程中共收集整理基础文字资料近百余册，图片、图表和多媒体资料近百余幅，勘探开发数据约10万个，走访当年卡因迪克油田勘探开发各个阶段的当事人数十人次，文字和图表经过多次修改，达到报送审查的条件。

由于编纂水平和时间有限，书中难免出现不足之处，敬请专家和读者予以帮助和指正。

《卡因迪克油田志》编纂组

2009年12月

编号：07−023

沙北油田志

《沙北油田志》编纂组　编

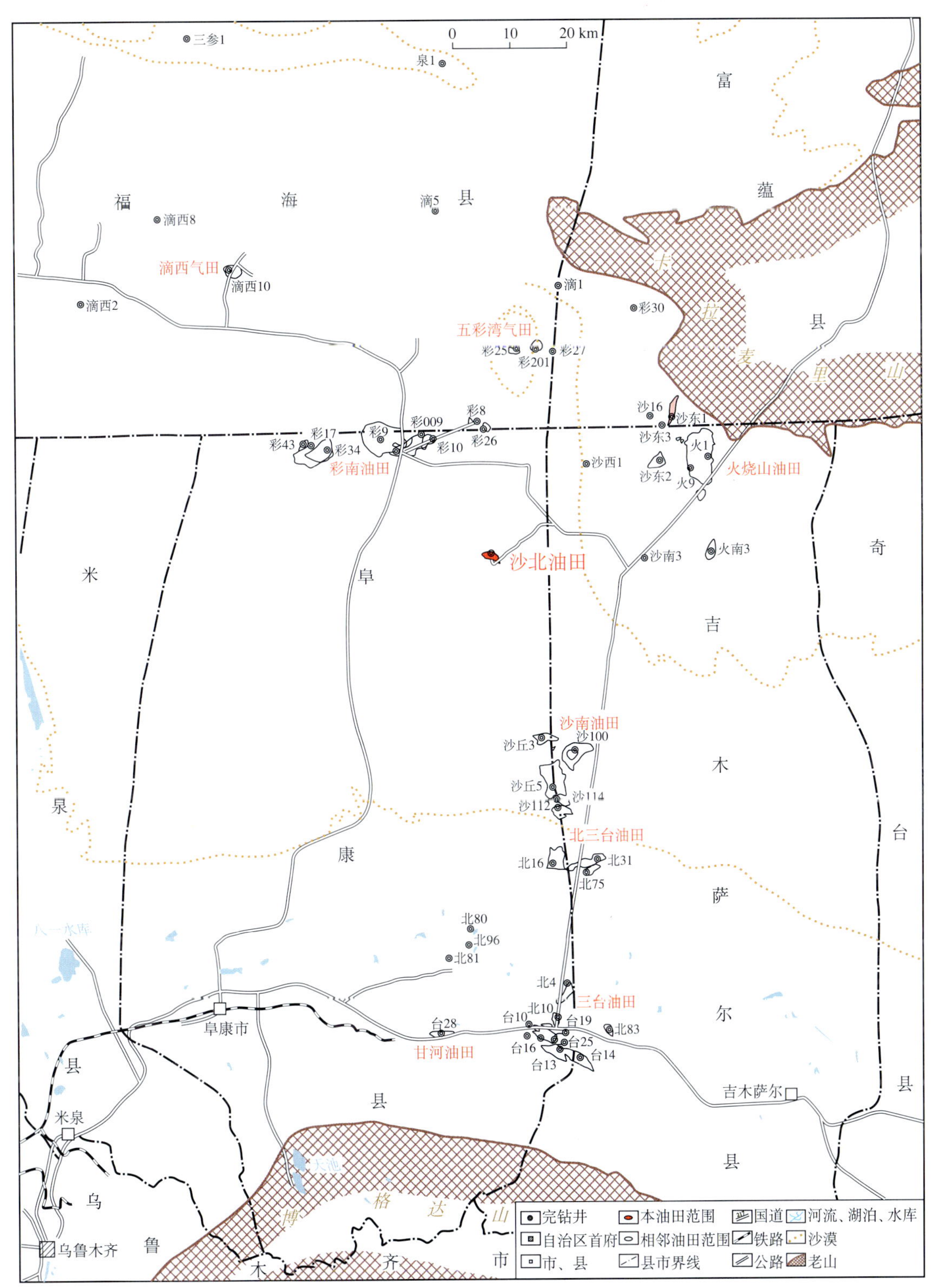

沙北油田地理位置图

（新疆油田分公司勘探开发研究院编制）

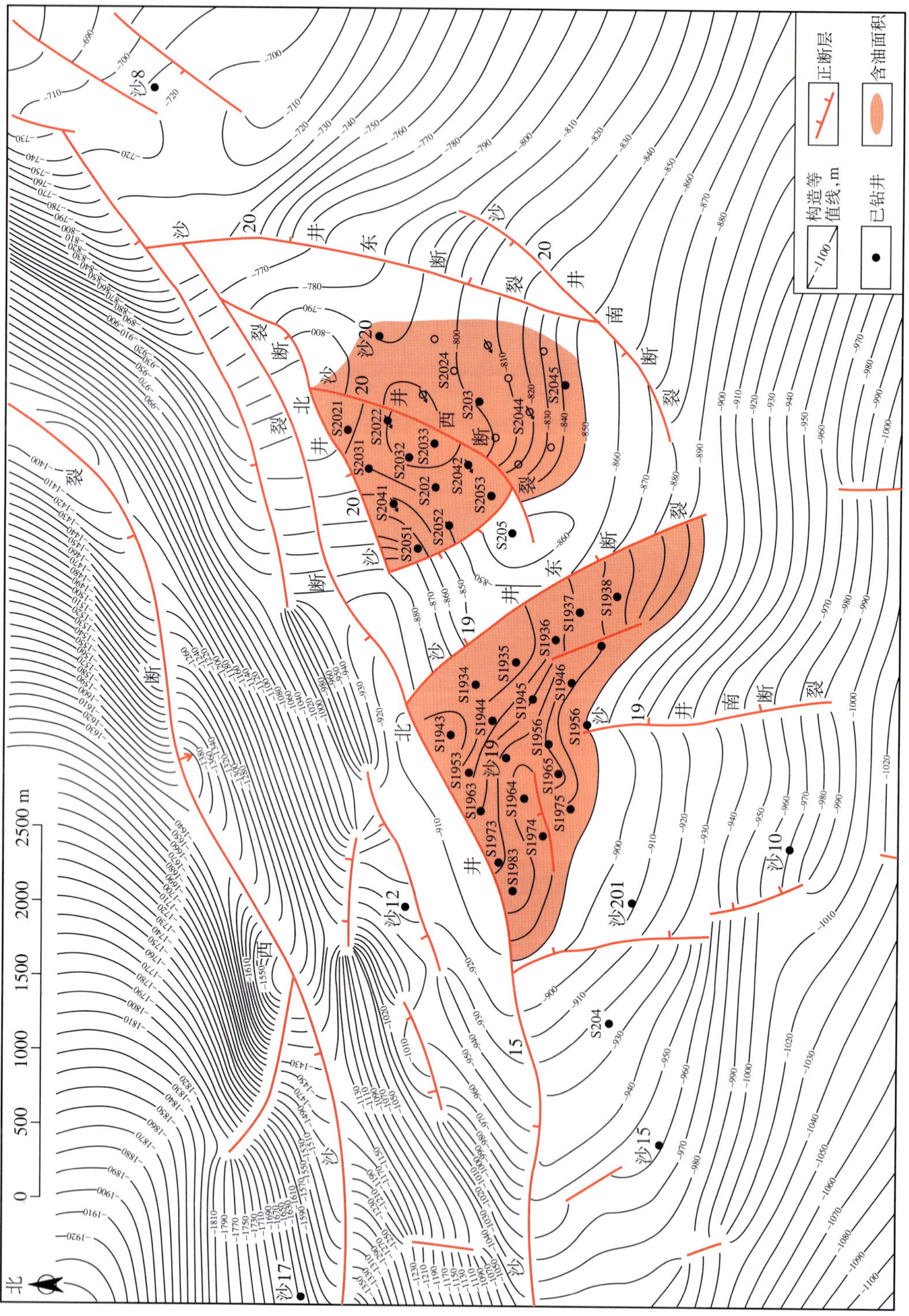

构造等值线，m
正断层
已钻井
含油面积

沙北油田构造井位图

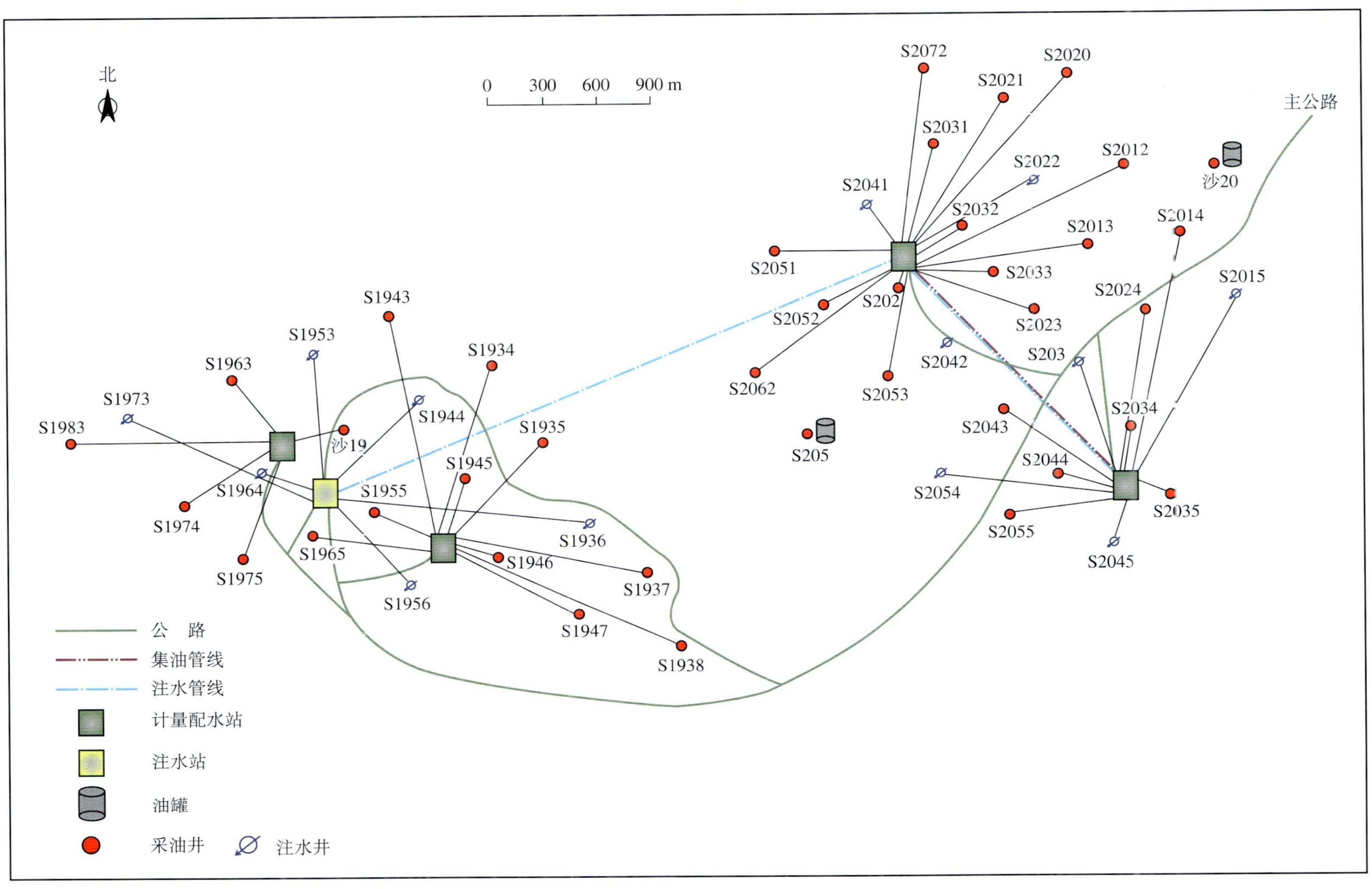

沙北油田地面生产系统示意图

《沙北油田志》编纂委员会

主　任：吴西华

副主任：李　斌　王少峰　徐学成　刘卫东

成　员：李培俊　陈春勇　谢建勇　张绍鹏　朱跃胜　石　彦

万文胜　蔡　军　李建良　郑心泉　钟权峰

《沙北油田志》编纂组

组　长：李培俊

成　员：何贤英　赵建伟

本志目录

概　述

沙北油田是准噶尔盆地古尔班通古特沙漠南缘的沙漠油田之一，地处新疆维吾尔自治区昌吉回族自治州阜康市境内，西南距阜康市区 88km，因位于沙丘河古隆起南部倾没端和沙南油田之北得名，2002年发现，2004 年投入开发，由中国石油新疆油田分公司准东采油厂（以下简称准东采油厂）火烧山作业区采油四队管理。油田地表为沙漠覆盖，沙丘起伏，海拔 550 ~ 770m，植被稀少。夏冬温差悬殊，夏季干热，最高气温 40℃以上，冬季严寒，最低气温在 −40℃以下。年平均降水量小于 200mm，属大陆性干旱气候。阜康市至彩南油田公路和 216 国道分别从油田西侧和东侧通过，交通较为便利。

1980—1994 年在本区进行了二维数字地震勘探，覆盖次数达 12 ~ 24 次，测线密度 1km × 1km ~ 0.5km × 1km，发现了沙南断块区。1989 年，由新疆石油管理局东部会战指挥部根据勘探开发研究院的研究成果，在沙南断块部署第一口预探井——沙 8 井，准东钻井公司 ZJ4568 钻井队承钻，1990 年 2 月 10 日开钻，该井在侏罗系、三叠系、二叠系及石炭系都发现了油气显示。1990—1999 年，在沙南断块区陆续钻井 5 口（沙 9 井、沙 10 井、沙 12 井、沙 13 井、沙 15 井），在沙 15 井三叠系韭菜园子组 2380 ~ 2384m 井段试油，获日产气 8800m^3。

2000 年完成了三维地震勘探，满覆盖资料面积为 301.88km^2，面元为 25m × 50m，覆盖次数为 60 次，精细刻画了断块区构造内幕。2002 年，依据勘探开发研究院杨迪生等人编制的《准噶尔盆地东部沙 8 井西断块沙 19 预探井井位部署意见》，经新疆油田分公司预探井井位部署论证会讨论同意钻探沙 19 井。该井于 2002 年 4 月 26 日开钻，同年 5 月 8 日完钻，完钻井深 1745m，完钻层位侏罗系八道湾组，同年 5 月 28 日射开侏罗系西山窑组 1473.0 ~ 1475.5m 井段，射孔厚 2.5m，试油获日产油 6.16m^3，6 月 7 日又补孔射开 1476.8 ~ 1477.8m、1467.4 ~ 1468.6m 井段，合计射孔厚度 4.7m，压裂后抽汲求产，获日产油 22.43m^3，从而发现了沙北油田侏罗系西山窑组油藏。

2002 年 7 月 6 日在沙 8 井西断块部署的沙 20 井开钻，同年 7 月 30 日完钻，完钻井深 1652m，完钻层位八道湾组；8 月 20 日射开西山窑组 1376 ~ 1380m 井段，压裂后抽汲求产，获日产油 2.33t，日产水 0.7m^3。

2002 年 11 月沙 19 井区块和沙 20 井区块合计上报侏罗系西山窑组油藏控制原油地质储量 461.00 × 10^{4}t，含油面积 7.30km^2。其中沙 19 井区块 248 × 10^{4}t，面积为 2.6km^2；沙 20 井区块储量 213.00 × 10^{4}t，面积为 4.70km^2。

2003 年，准东采油厂研究所研究人员在油田预探井、评价井、三维地震资料基础上，开展了油藏研究和储量计算，于 2003 年 12 月上报沙北油田沙 19 井区块Ⅱ类探明石油地质储量 306 × 10^{4}t，含油面积为 2.5km^2，可采储量 73.4 × 10^{4}t。

第一章

油田地质

沙北油田区域构造属于准噶尔盆地东部隆起区沙奇凸起西北端沙丘河古隆起南部倾没端大型鼻状断块区，通称沙南断块区。沙南断块区西北、东北分别以沙西断裂、沙南断裂为界，由西南向北东方向逐渐抬升，整体表现为一大型鼻状构造，区内断层发育，分割形成了 4 个断块。

该区构造经过多人、多次解释，大的构造形态变化不大，但对局部断裂组合的认识有所不同。

第一次构造认识：2002 年新疆油田分公司勘探开发研究院（以下简称勘探开发研究院）地球物理研究所组织研究人员对三维地震资料进行解释，解释出 9 条断裂，发现了沙 10 井北断块和沙 8 井西断块（图 1–1）。

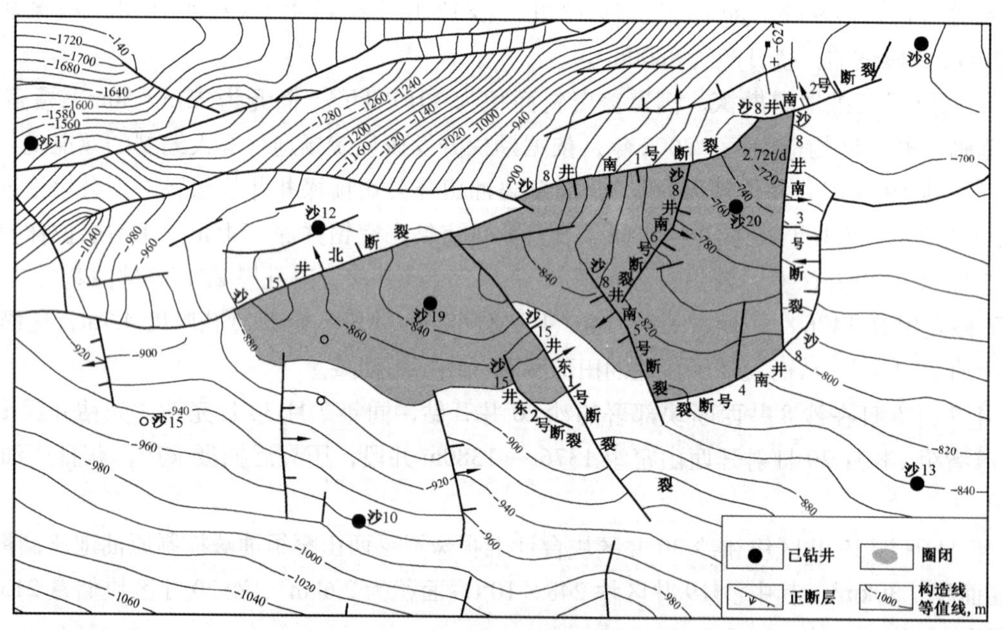

图 1–1 沙 19、沙 20 井区块侏罗系西山窑组
油层顶面构造图（第一次构造图）
（新疆油田分公司勘探开发研究院编制，2002 年 3 月）

第二次构造认识：2003 年准东采油厂研究所研究人员应用三维地震资料并结合完钻井（沙 19、沙 15、沙 201 井）数据，对构造进行了重新解释，构造形态变化不大，根据沙 201 井位置较低的情况重新确定沙 10 井北断块（沙 19 井断块）圈闭面积为 2.5km^2（图 1–2）。

第三次构造认识：2005 年准东采油厂研究所研究人员应用重新处理的三维地震资料并结合完钻开发井及评价井（S202 井）数据，对构造进行了精细解释，重新落实并描述了沙 20 井断块和沙 20 井西断块的形态（图 1–3）。

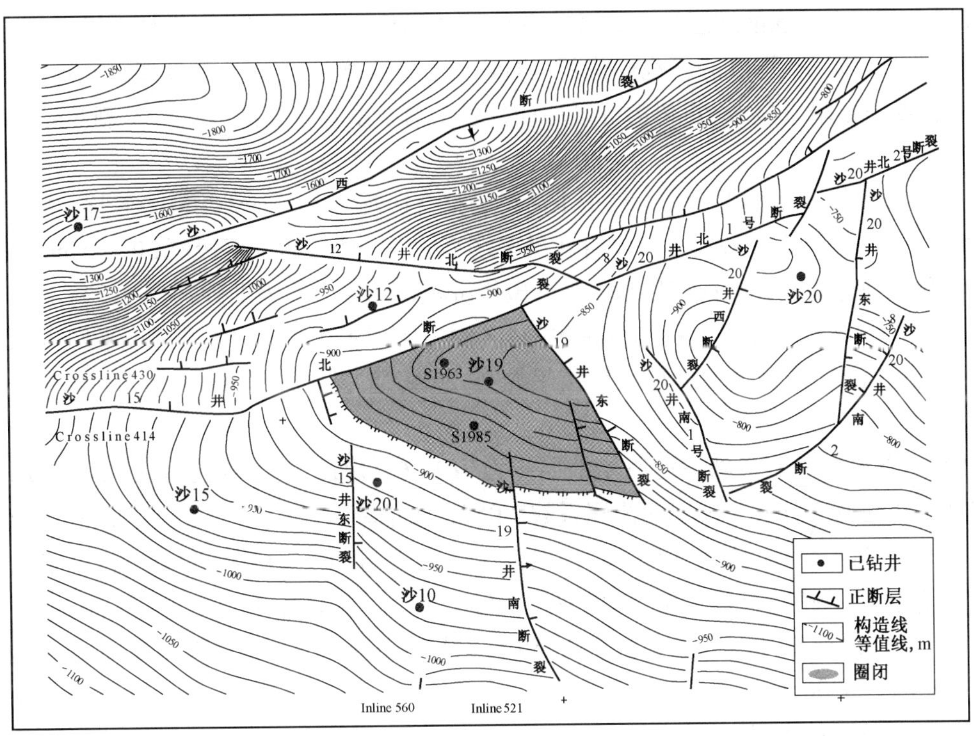

图 1-2　沙 19 井区侏罗系西山窑组砂层顶部构造图（第二次构造图）
（新疆油田分公司准东采油厂编制，2003 年 10 月）

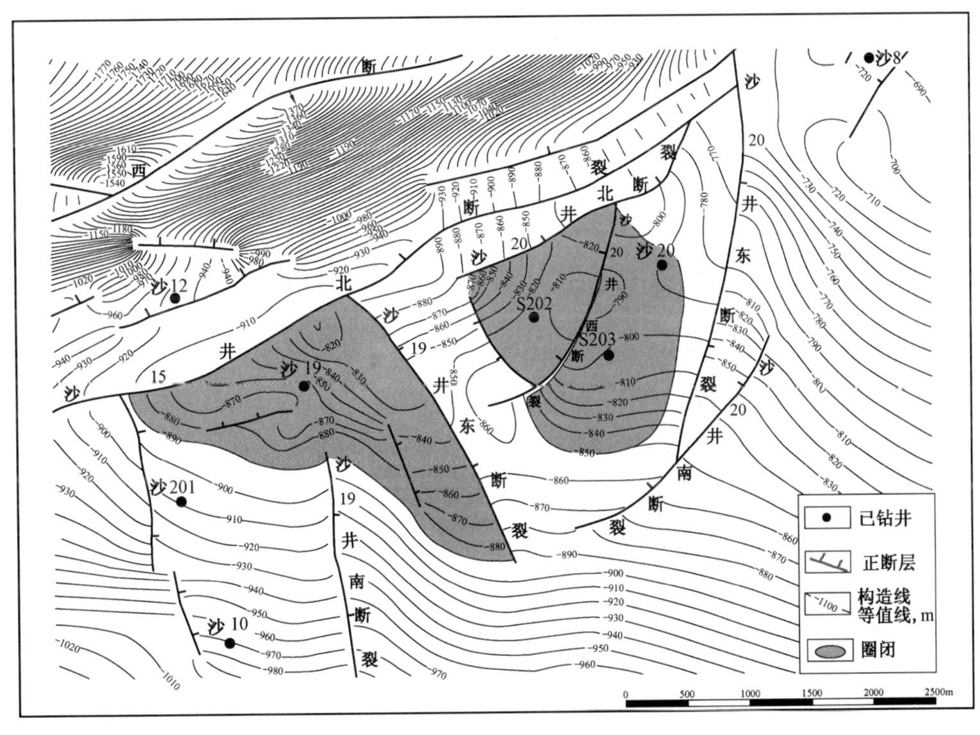

图1-3　沙北油田侏罗系西山窑组砂层顶部构造图（第三次构造图）
（新疆油田分公司准东采油厂编制，2005年8月）

沙北油田自下而上钻遇的地层为石炭系巴塔玛依内山组（C_2b）、二叠系平地泉组（P_2p）、梧桐沟组（P_3wt）、三叠系韭菜园子组（T_1j）、烧房沟组（T_1s）、小泉沟群（$T_{2\text{-}3}xq$）和侏罗系八道湾组（J_1b）、三工河组（J_1s）、西山窑组（J_2x）、石树沟群（$J_{2\text{-}3}sh$）以及白垩系吐谷鲁群（K_1tg）、新近系（N）、第四系（Q）。

目的层为中侏罗统西山窑组，其下与三工河组呈整合接触，上与石树沟群呈假整合接触。西山窑组自下而上划分为西一段和西二段，油层发育在煤层之下的西一段。含油层段厚 30 ~ 50m，埋深 1360 ~ 1510m，为三角洲前缘水下分流河道砂和席状砂微相沉积，储层岩性为细砂岩。

储层孔隙类型主要以原生粒间孔和剩余粒间孔为主。沙 19 井区块油层孔隙度平均为 22.48%，渗透率平均为 0.842mD；沙 20 井区块油层孔隙度平均 24.20%，渗透率平均 10.690mD，属于低渗—特低渗透储层。

据地层测试资料，油藏中部平均原始地层压力为 13.67MPa，压力系数为 0.942，平均地层温度为 55.4℃。据高压物性取样分析，地层油体积系数 1.057，收缩率 5.37%，一次脱气气油比 $13m^3/m^3$，压缩系数 $13.17\times10^{-4}MPa^{-1}$，饱和压力 3.55MPa，地饱压差 10.12MPa，饱和程度 26%。另据地面流体取样分析，地面原油密度 $0.808g/cm^3$，50℃时的黏度 1.52mPa·s，含蜡量 9.2%，凝固点 12℃；溶解气相对密度为 0.873，甲烷含量 51.34%，乙烷含量 3.55%，丙烷含量 9.20%，氮气含量 29.81%；地层水矿化度 12670mg/L，氯离子 6700mg/L，水型为重碳酸钠（$NaHCO_3$）型。油藏为受断裂和岩性控制的低饱和程度的稀油油藏，天然驱动类型为弹性驱动。

第二章

油田开发

第一节　开发历程

2003年10月，根据沙19井试采成果，对三维地震资料再次进行精细解释，重新落实了沙北油田沙19井区侏罗系西山窑组油藏含油面积，同年12月由勘探开发研究院开发所祝芸编写了《沙南油田沙19井区西山窑组油藏开发评价井（控制）意见》，部署并钻了S1963、S1965两口开发控制井，完钻投产分别获15t/d和21t/d的工业油流。与此同时，在沙19井区储量探明的基础上，由准东采油厂研究所勘探室主任陈春勇等依据钻井、录井、试油、试采资料的研究成果，编制了《沙北油田沙19井区西山窑组油藏布井意见》，采用近似正方形反九点面积注水井网，300m井距，共布井16口，其中采油井12口（利用老井3口），注水井4口，设计单井产能12t/d，区日产水平144t，年产油能力4.32×10^4t。该区于2004年2月投入开发，截至2004年7月31日，有油井13口，单井平均产油8.7t/d。2004年8月根据前一阶段钻井情况，由准东采油厂研究所编制了《沙北油田沙19井区S1934、S1936布井意见》，同年12月，准东采油厂研究所依据新的钻井资料，结合地震资料编制了《沙北油田沙19井区第三轮扩边布井意见》，新布扩边井5口。2005年5月完成了《沙北油田沙19井区局部注采井网调整意见》，将原方案设计的注水井S1946、S1937改为采油井，将采油井S1956、S1936井调整为注水井并投注。截至2005年12月31日，沙19井区共钻井22口，其中投产采油井19口，投注注水井3口，单井产油7.7t/d，建成年产油能力4.39×10^4t，当年产油量4.31×10^4t，累计产油6.72×10^4t。

在沙19井区开发的同时，沙20井区相继投入开发。2004年9月由准东采油厂研究所李钢等编制了《沙20井西断块S202滚动评价井布井意见》，S202井西距沙19井1.9km，于2005年4月射开侏罗系西山窑组1436～1454m井段，射厚8.5m，压裂后转抽获15.7t/d的工业油流。沙20井西断块在控制油藏储量面积的基础上当年即投入滚动开发，2005年3月由准东采油厂谭文东等完成《沙北油田沙20井西断块侏罗系西山窑组油藏布井方案》的编制，采用300m井距近似正方形反九点面积注水井网，设计开发井11口（采油井8口，注水井3口），设计单井产能6.5/d，区日产水平52t，年产油能力1.56×10^4t。为了加强对沙20井断块的控制，2005年4月由准东采油厂研究所何贤英等编制了《沙北油田沙20井断块S203井滚动评价布井意见》，S203井西北距沙19井2.39km，于2005年7月射开侏罗系西山窑组1409.5～1425.0m井段，射孔厚度8m，压裂后转抽获7.2t/d工业油流。同年10月由准东采油厂研究所张品雁等完成《沙北油田沙20井断块侏罗系西山窑组油藏开发布井意见》，采用300m井距反九点面积注水井网，共布井12口（采油井9口，注水井3口），包括已钻井1口（S203井），新井11口，设计单井平均产能5.0t/d，区日产水平45t，年产油能力1.35×10^4t，审批后待下一年组织实施。截至2005年12月31日，沙20井区共钻井15口，其中投产采油井13口，投注注水井2口，单井产油8.7t/d，建成年产油能力1.92×10^4t，当年产油量1.4593×10^4t。

沙北油田投转注的工作于2004年10月开始，至2005年12月基本完善了注采井网，累计投注5口井，分注工作也在投注8个月后实施。沙19井区由于注水及时，基本做到了注采同步，注水见效井点多，见效面广，产量稳定。

第二节 开发现状

截至2005年12月，沙北油田油井总数32口，开井数31口，日产油250t，综合含水10.6%，生产气油比10m³/t，单井产油8.1t/d，年产油5.77×10^4t，采油速度1.89%，累计产油8.18×10^4t，采出程度2.67%，油藏地下亏空5×10^4m³，注水井5口，开井5口，日注水185m³，单井注水37m³/d，年注水2.90×10^4m³，累计注水3.63×10^4m³，累计注采比0.41。

第三章

钻采工程及地面生产系统

第一节 钻井工程

在1990年沙8井钻遇油气显示后，2002年沙19井、沙20井相继获得工业油流，2004年投入开发。至2005年12月31日前累计钻井37口，进尺为5.74×10^4m，全部为射孔完成。勘探阶段采用表层套管、技术套管、油层套管三层套管结构，后由于地层压力剖面简单，将井身结构优化为两层套管（表层套管、油层套管）。应用近平衡钻井、喷射钻井、正电胶钻井液等技术，实现了优质、快速钻井目标。

1990—1996年，所钻各井采用的是JD581、XSKC−92测井系列测井，1999年开始采用CSU测井系列测井，后又采用国产521系列测井。

第二节 采油工程

沙北油田2004年投入开发，因压力系数低无自喷期，投产即用游梁式抽油机下泵抽油，泵挂深度1200m。根据供液能力采用ϕ32mm或ϕ38mm杆式泵，泵间隙选择Ⅰ级，泵效30%～50%。抽油杆采用D级杆二级组合：$\phi19\text{mm}\times65\%+\phi22\text{mm}\times35\%$。

至2005年底，共安装抽油机36台，主要用CYJS8−3−37HY型抽油机，最早安装在S1944井上。这种抽油机不仅保持了常规机的结构简单，工作可靠，操作维护方便等优点，由于采用游梁平衡，其前后臂比值小，附加动载荷小，具有结构紧凑、运转平稳、能耗低等优点。油井日产液280t，泵效41.3%，吨液耗能7.53kW·h。

沙19井区开发初期，油井地层压力、流压持续下降，地层压力从13.67MPa下降到11.06MPa。为了补充地层能量，2004年9月30日，从北83调入2台柱塞泵转注2口井（S1944井、S1964井）。截至2005年12月31日，共有注水井5口，地面分注井1口（S1944井2005年6月分注），其余为合注井。注入水只有半分析，杂质含量6mg/L，按照注入水标准，杂质含量偏高，总铁含量0.04mg/L，达到指标要求。其后是逐年滚动开发，陆续投产，按开发方案转注，保持注采平衡。随着抽油井的转注和井组的完善，地层压力和井底流压开始稳定上升。

2005年5月27日，对S1944井用TDB−Ⅱ变频调堵泵进行调剖试验，清水作顶替液，注入不同成胶时间的弱冻胶堵剂（8%HCl+2%HF+0.5%DC）430m^3，通过低速注入进行配伍性试验，验证调剖是否有效。调剖后注水井油、套压分别从7.0MPa、7.1MPa提高到10.5MPa、11.5MPa，证明调剖工艺在沙北油田可以推广使用。

为保护注水管柱，延长其使用寿命，注水井管柱采用$2^7/_8$ in×5.51mm N−80镍磷镀防腐油管，井口为克拉玛依总机厂生产的KY24.5/65型。

沙 19 井侏罗系西山窑组储层的速度敏感性较弱，但具有极强水敏性，注水井投注前要进行防膨处理。从 2004 年 9 月 28 日投注以来，已进行两次周期性防膨。矿场试验证实周期性防膨不可取，后改为连续防膨，浓度 0.3% RWD−05 防膨剂处理一个月后，将防膨剂浓度降为 0.2% 再处理一个月，最后把防膨剂浓度降为 0.1% 进行长期防膨。

沙北油田西山窑组油藏为中孔低渗储层，许多井需经压裂改造才能正常生产。油田开发初期，特别是在低渗区块投产初期，为改善低渗储层的渗流能力，提高油井产能，多采用压裂方式进行储层改造。2004 年到 2005 年 12 月投产抽油井 32 口，12 月份油井开井 31 口，其中 13 口采用压裂投产。压裂采用 $2^7/_8$in 外加厚油管合层混压，选用低聚合物压裂液体系或水基瓜尔胶压裂液体系，新井加砂控制在 1.0 ～ 1.5m^3/m，平均砂比 23.5%.，处理半径 50 ～ 80m，破裂压力正常为 19MPa，最高达到 30MPa，压裂技术已成为沙北油田提高油井产量的最有效的储层改造措施。

沙北油田原油含蜡量 10% 左右，含蜡量较高，且蜡的成分非常特殊，蜡样中沥青质含量高达 42.63%。实验分析资料显示沙北油田熔蜡点在 85℃以上，而火烧山油田熔蜡点则在 53℃左右。沙北油田热洗介质使用本地原油，进入井筒的热洗液能够将管杆壁上的蜡软化、溶解，但仍有一部分蜡以小颗粒形式悬浮在油流中，在抽油杆、油管和泵阀部位结蜡，造成泵阀不严或抽油杆遇卡等问题。2005 年因热洗后减产或不出检泵 11 井次，占油田全年检泵井的 40%。沙北油田进行了多种方式的清防蜡试验，采用过高温低液量热洗，清蜡效果有所改善，但由于井口三通易拉裂，温度不宜过高，没有得到推广应用。到 2005 年油田清蜡仍以热洗为主，并辅以尼龙刮蜡器清蜡、防漏热洗清蜡、微生物清防蜡等工艺。

第三节　地面生产系统

沙北油田由沙 19 井区和 S202 井区组成。

沙 19 井区经历了单井储油，由罐车拉油和计量站集油点拉油两个阶段。2003—2004 年 10 月为单井储油罐拉油阶段，2004 年 10 月后为计量站高架罐集油点拉油阶段。油区有两座计量站，其中 1 号站为集中拉油点，2 号站的油气输至 1 号站。1 号站还建有员工休息间、车库、食堂和注水泵房。

1 号站的单井油气在井场经电加热炉加热后，在计量间进行分井计量，两站油气混合后进水套炉再次加热后进入两个 200m^3 储油罐，用油罐车运至火烧山联合站集中处理，天然气作水套炉燃料或放空。集输流程见图 3−1。

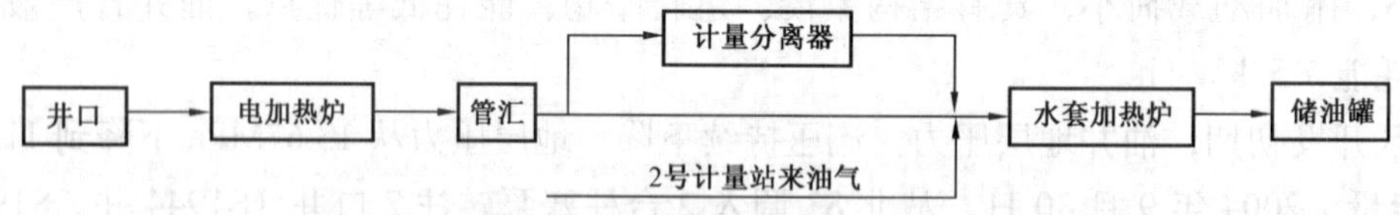

图 3−1　沙 19 井区油气集输流程框图

（新疆油田分公司准东采油厂编制）

S202 井区 2005 年建成 3 号和 4 号橇装式计量站两座。其中 3 号计量站为集中拉油点。单井油气在井场经过电加热炉加热后，在计量橇进行分井计量，两站油气汇合后经油气分离器进行油气分离，分离出的伴生气点火炬，分离出的油进入两个 60m^3 储油罐，用油罐车运至火烧山联合站集中处理（图 3−2）。

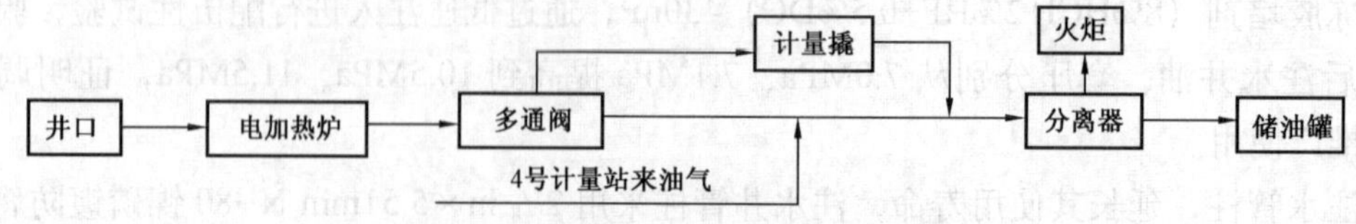

图 3−2　S202 井区油气集输流程框图

（新疆油田分公司准东采油厂编制，2005 年）

油田注水：沙北油田注水系统于 2004 年 10 月建成，注水站位于沙 19 井区的 1 号计量拉油点旁，安装 3S175−15.5/25 型柱塞泵 2 台，设计注水能力为 500m³/d，采用单干管多井配水间流程。设 200m³ 清水罐 1 座，水源由水源井潜水泵升压输入 200m³ 清水罐，由注水泵房内柱塞泵增压经分水器向各区块注水井分配注水（图 3−3）。

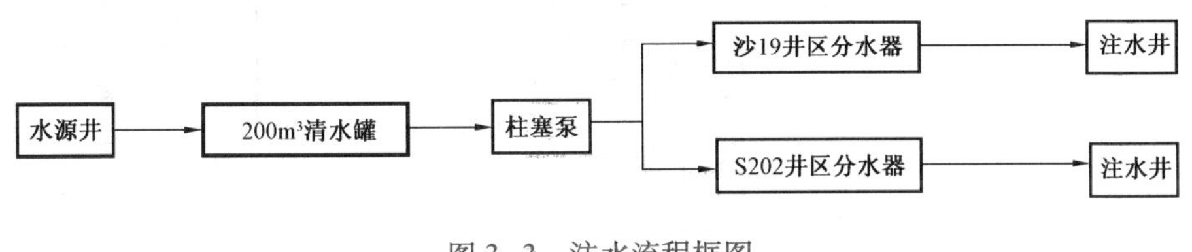

图 3−3　注水流程框图
（新疆油田分公司准东采油厂编制）

供水系统：供水水源为地下水，由沙 10、沙 11 和沙 12 三口水源井和集水管网组成供水系统，水源井位于沙 19 区西南 5km 处，平均单井日产水量 200m³，水质达到饮用水标准。为沙北油田注水和生活用水提供水源。

供电系统：沙北油田电源来自彩南变电所，由彩南燃气电站和三台电厂火彩线共同供电。彩南—沙 19 井区 35kV 输变线路于 2004 年 4 月 22 日建成，并在沙北油田建有 1 座简易变电站。35kV 彩—沙线全长 29.05km，共有杆基数 142 基。

自控信息：沙 19 井区自动化信息系统是利用 CDMA1X 无线数据通讯网络通过工业控制计算机实现对该油区的油水井及注水拉油站的远程监控和管理。2005 年 7 月有 5 口油井自控设施投入运行，数据传送到火烧山控制室。10 月 25 日，又有 10 口油水井自控系统建成投运。通过火烧山控制室监控机，可以监测到油井抽油机的起停情况、油压、套压、出口油温、三相电压值、三相电流值、示功图情况（包括冲程、最大载荷、最小载荷）。沙 19 井区远程自动化监控系统的投运，为边远井区的管理提供了技术保证。

附 录

附录一 附 表

附表 1 沙北油田综合地质参数表

区块	层位	油藏类型	储层岩性	含油面积 km^2	探明储量 10^4t	可采储量 10^4t	有效厚度 m	有效孔隙度 %	原始含油饱和度 %	体积系数	渗透率 mD	原始地层压力 MPa	地面原油密度 g/cm^3	50℃黏度 mPa·s	凝固点 ℃	含蜡量 %	溶解气性质		地层水矿化度 mg/L	地层水型
																	相对密度	甲烷含量 %		
沙 19 井区块	J_2x	构造	细砂岩	2.5	306	73.4	10.3	25	62	1.055	4.225	13.67	0.808	1.52	12	9.2	0.876	51.34	12670	$NaHCO_3$

注：摘自《沙北油田沙 19 井区块侏罗系西山窑组油藏新增探明石油储量报告》，2003 年。

附表 2 沙北油田综合开发数据表

时间	采油井		核实产油量		产气量		核实产液量		综合含水 %	开发储量 10^4t	可采储量 10^4t	采油速度 %	采出程度 %	注水井		注水量	
	总井数 口	开井数 口	年产油 10^4t	累计产油 10^4t	年产气 $10^4 m^3$	累计产气 10^4m^3	年产液 10^4t	累计产液 10^4t						总井数 口	开井数 口	年注水 10^4m^3	累计注水 10^4m^3
2004	15	14	2.3061	2.4087	21.9	22.2	2.4178	2.5222	3.4	306	73.4	0.75	0.79	2	2	0.7299	0.7299
2005	32	31	5.7683	8.1770	36.6	58.8	6.1725	8.6947	10.6	306	73.4	1.89	2.67	5	5	2.9030	3.6329

注：依据新疆油田分公司中心数据库每年 12 月份的开发数据编制。

附录二　人物名录

沙北油田由准东采油厂火烧山作业区采油四队管理。

队长：

李昶之（2004年4月—2005年12月）

技术员：

甫里克提·玉素甫（2004年4 月—2005年12月）

附录三　获奖项目

项目名称	获奖等级	获奖时间	项目完成者
沙北油田西山窑组滚动勘探开发研究	新疆油田分公司技术创新一等奖	2004 年	李培俊、何贤英等

编纂始末

2006年11月，准东采油厂在接到新疆油田分公司关于编纂《沙北油田志》的任务通知后，厂领导高度重视，立即成立了以书记吴西华为主任，厂长李斌、副厂长王少峰等为副主任的《沙北油田志》编纂委员会，组织党政办、地质、工艺、集输、安全环保、生产运行等部门近20人参与开发志的编纂工作，明确了职责和时限。编纂工作启动以来，厂领导多次召开有关会议，明确编纂思路，了解工作进展情况，协调解决相关问题。

《沙北油田志》编纂工作分为学习培训、资料收集、分类编纂、汇总整理、专家审查、整改完善几个阶段。由于编纂人员没有志书编纂经验，需要边干边学、边学边干，加之编纂人员是兼职工作，编纂时间难以保证，致使编纂难度加大。然而，编纂人员并没有因有困难而延误开发志的编制。在繁忙的工作之余，他们加班加点，为编纂任务的顺利完成争取了时间。通过参加培训，组织学习，编纂组成员在掌握志书基本编纂方法的基础上，参照《老君庙油田志》的编纂体系，根据新疆油田分公司草拟的油气田篇编写提纲，结合所掌握的沙北油田的勘探开发历程和特点，2008年01月提出了《沙北油田志》的初步编纂思路：以勘探开发历程为主线，以重大认识和发现为主要内容，辅以写事，略以记人。2008年2月，根据《中国油气田开发志》总编纂委员会郑州会议精神，参照《大民屯油田志》，以写事为主，力求真实再现油田发展历史为原则，开始了《沙北油田志》的编纂。2008年4月给《中国油气田开发志》新疆油气区编纂委员会报送初稿，并通过专家组成员的初步审议，提出了进一步修改完善的意见。经过6次对细节性问题的修改、完善，于2009年10月完成全部编纂修改工作。2009年12月通过《中国油气田开发志》新疆油气区编纂委员会和专家组的审查验收。

本志编纂过程中共收集整理基础文字资料50余册，图片图表资料200余幅。

由于编纂水平和时间限制，若有不足之处，敬请读者、同行给予指正。

《沙北油田志》编纂组

2009年12月

编号：07–024

独山子油田志

《独山子油田志》编纂组　编

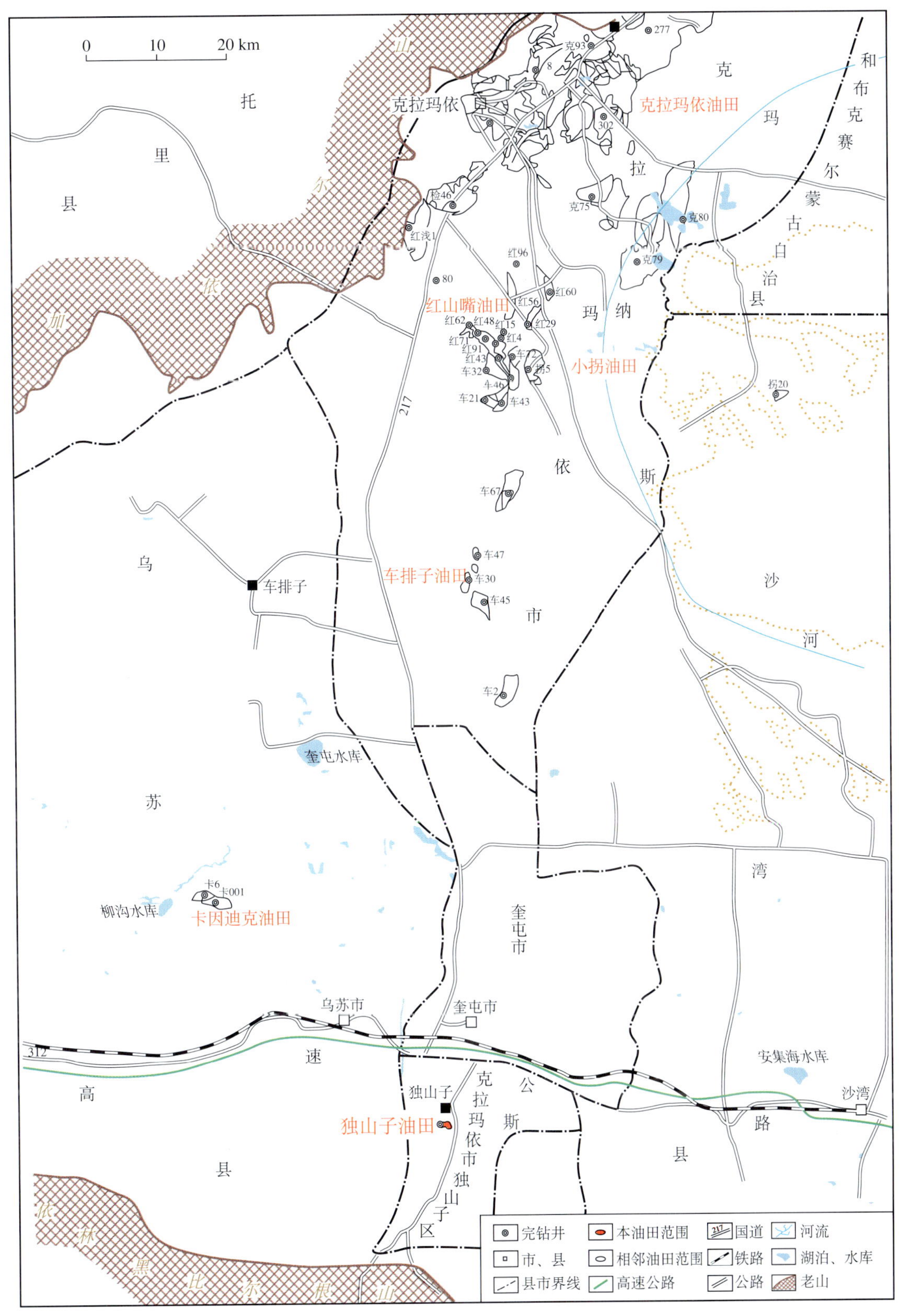

独山子油田地理位置图

（新疆油田分公司勘探开发研究院编制）

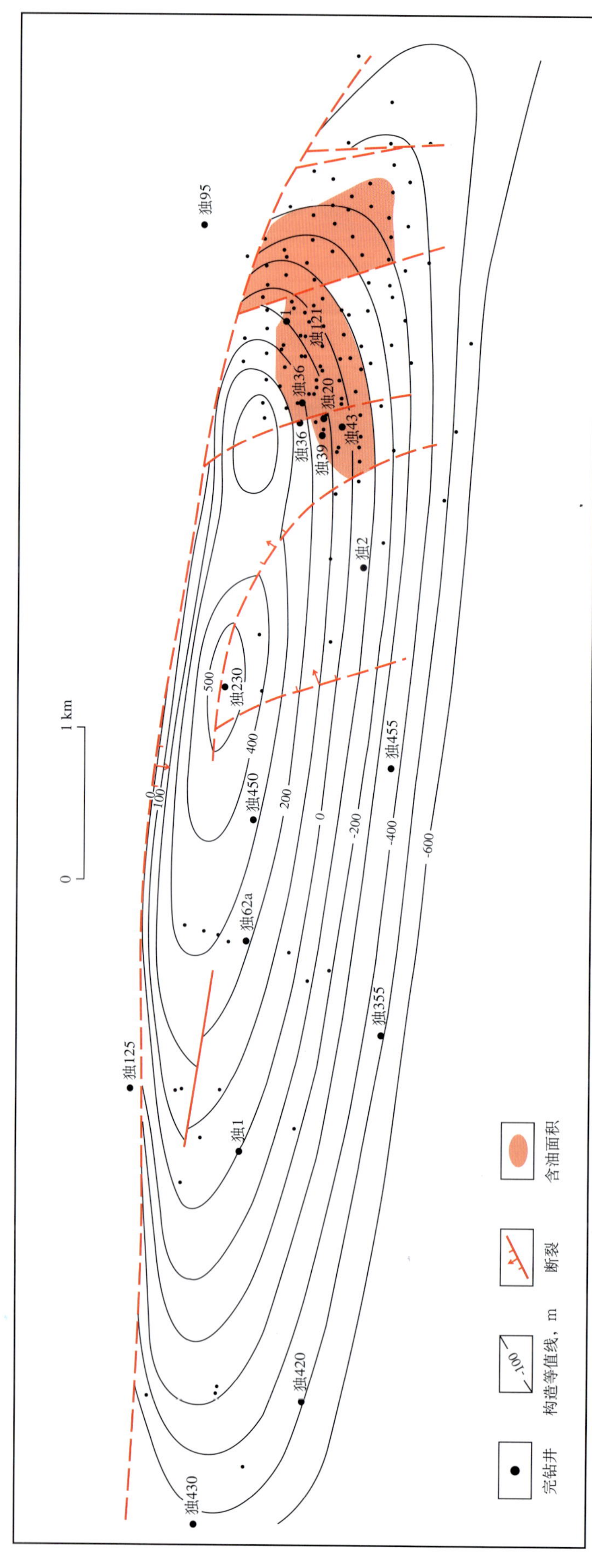

独山子油田构造井位图

（新疆油田分公司勘探开发研究院开发所编制，2005年）

《独山子油田志》编纂委员会

主　任：况　军

副主任：钱根宝　张学鲁

成　员：王延杰　喻克全　蔡圣权　王济新　孟宪政

《独山子油田志》编纂组

组　长：许长福

副组长：罗治彤

成　员：孙　森　庞彩芹　彭寿昌　杨　丽　陈　鹏

本志目录

概　述

独山子油田是新疆油气区发现和开发最早的油田，从清宣统元年（1909）引进近代机器钻油井算起，已有近百年历史，1976 年停止工业开采，2005 年起隶属新疆油田分公司采油一厂管理。油田位于克拉玛依市独山子区境内，北距克拉玛依市区 150km，距奎屯市约 20km，西北距乌苏市 25km。217 国道从油田东侧穿过，312 国道、乌—奎高速公路和北疆铁路分别在其北侧 10 ～ 16km 处通过，交通方便。地面海拔平均 871.2m，地表属低山丘陵地带，植被稀少。年平均气温 8℃，最高气温 41℃，最低气温 −27℃。年平均降水量 184mm。冬季降雪日平均 70 天。

在独山子泥火山分布范围内，发现多处油气苗和油砂露头。文字记载最早可追溯到清光绪三十三年 (1907)《喀喇乌苏直隶厅乡土志》："浮水面易取，色微黑，寒少热多，遇风无之。现商务总局征收此油"。当时新疆地方政府派人采集独山子油样送俄国巴库化验，结果能够提取净油 60%。清宣统元年 (1909) 新疆地方当局从俄国购买"提油机"(釜式蒸馏炼油装置) 安装在迪化（乌鲁木齐）工艺厂；购买"挖油机"(顿钻钻机)"运置独山子，开掘油井，深至七八丈，井内声如波涛，油气蒸腾，直涌而出，以火燃之，焰高数尺"（《新疆图志 · 实业二》），开创了新疆近代石油工业之先河，辛亥革命爆发后停办。土法采油一直延续至民国 25 年（1936），采用的方法：一是直接收集渗出地表飘浮在水面上的石油；二是根据油泉涌露方位开凿"横洞子"，再挖若干竖井 (坑)，捞取渗出的石油。民国 7 年（1918）乌苏县知事邓缵先《续修乌苏县志》记载："各类矿业，惟独山子石油厂，宣统元年开办，现接续开采，原产品年出五千斤，价额九百元，用土法开采，运至省城制炼，获成品四千斤，约值银一千四百元"。民国 23 年（1934）5 月新疆地方政府任命张鸣璠为厂长，在安集海成立炼油厂，将原在迪化的炼油设备迁到安集海，仍然用掘洞撇油的原始方法采运独山子原油，炼出汽油、灯油和润滑油。由于无持续的财力保障，不久就停产了，民国 25 年（1936）10 月迁入独山子，与独山子石油考查厂合并组成独山子炼油厂。

民国 24 年（1935）苏联地质家 M.H. 沙依道夫认为独山子背斜值得钻探，民国 25 年（1936）新疆地方政府与苏联合作开始钻探独山子背斜。9 月下旬第一口井（1 号井）开钻，民国 26 年（1937）1 月 14 日在井深 200m 完钻出油，"自井口喷出数尺之高，油势甚旺"，这标志着具有现代工业开采价值的独山子油田的正式发现。民国 30 年（1941）9 月 12 日部署在南沟的 20 号井开钻，11 月 12 日当钻至 690m 时发现油砂，紧接着发生强烈井喷，三日喷油 150t，压井后继续钻进，完井于 864.2m。经射孔作业，喷出原油，日产油量 40t，这是独山子油田第一口高产油井。1951 年 10 月 23 日完井的 38 号生产井，在下褐色层获得日产油量 26t 的工业油流，发现了下褐色层油藏。1951—1959 年，钻井 142 口，1963 年计算并申报下褐色层的含油面积 $1.2km^2$，Ⅰ类探明地质储量 239.0×10^4t，溶解气地质储量 $2.7 \times 10^8m^3$。

大事记

清光绪三十三年（1907）

是年　新疆布政使王树枏派人采集安集海、独山子、将军沟等地石油、石蜡样品到俄国化验，据称每百斤可提净油 60 余斤。

清宣统元年（1909）

是年　新疆地方当局从俄国购买“提油机”（釜式蒸馏炼油装置）安装在迪化（乌鲁木齐）工艺厂；购买“挖油机”（顿钻钻机）安装在独山子开掘油井，井深约 22 ～ 25m，“油气蒸腾，直涌而出”，开新疆近代石油工业之先河。辛亥革命爆发后巡抚袁大化下令停办。

民国 24 年（1935）

是年　应新疆地方政府邀请，苏联科学考察团（团长 M.H. 沙依道夫、副团长拉木则斯）来新疆进行地质调查。沙依道夫在准噶尔盆地南缘工作，绘制有 1 ： 20 万地质图，发现一系列构造及油苗，认为独山子背斜值得钻探。

民国 25 年（1936）

4 月　新疆地方政府与苏联科学考查团联合组成独山子石油考查团，8 月 28 日改称独山子石油考查厂（厂长戴润博，总工程师拉木则斯）在独山子进行石油勘探。9 月在独山子背斜开始钻井。10 月新疆省政府 1934 年设立于安集海的炼油厂将釜式蒸馏装置迁至独山子，与石油考查厂合并，成立独山子炼油厂，厂长边燮清，总工程师拉木则斯。

民国 26 年（1937）

1 月 14 日　在独山子背斜开钻的第一口井出油，“自井口喷出数尺之高，油势甚旺，”标志着独山子油田被发现。

民国 30 年（1941）

9 月 12 日　独山子油田在南沟开钻的 20 号井，11 月 12 日当钻至 690m 时发现油砂，紧接着发生强烈井喷，三日喷油 150t，新疆省政府财政厅 11 月 24 日致电奖勉。压井后继续钻进，翌年 2 月于 864.2m 完钻。完井后经射孔作业，初期日产量 40t，之后长期稳产 10t 以上。

民国 31 年（1942）

4 月　苏联政府向新疆省政府提出联合经营独山子油矿的协定草案。国民政府与苏联政府经过四次谈判未达成协议。1943 年 6 月 16 日苏联政府决定召回专家，撤走设备，1944 年封闭油井 11 口。将留下的残旧设备连同油井、房屋以 170×10^4 美元卖给国民政府。

是年　独山子油矿有苏方职工 120 人，中方职工 830 人，年产原油 7321t，是民国时期产油量最高的一年。

民国 33 年（1944）

8 月 15 日　国民政府资源委员会设立的甘肃油矿局在独山子成立乌苏油矿筹备处，主任李同照，副主任文自璿，原独山子炼油厂职员、工人全部留用。此时油矿员工共 600 余人，其中职员 60 余人，工人 540 余人。

是年　乌苏油矿筹备处先后将 10 口封闭油井启封修理，有 7 口井能够正常生产，日产原油 10 余吨。其中，20号、43号井每7天利用39号井的天然气进行一次“气举”，可获油800kg。成功的“气举”采油，得到了国民政府资源委员会的传令嘉奖。

民国34年（1945）

9月8日　“三区临时政府”领导的民族军占领独山子油矿。此前，乌苏油矿筹备处人员已撤走，焊封了井口。9月15日三区临时政府成立乌苏独山子油矿管理处，经理阿地尔别克·玉素甫别库夫（乌孜别克族），副经理帕塔尔·乌斯克（俄罗斯族）。

1949年

9月25日、26日　新疆和平解放，独山子油矿有职工150人，两口出油井，日产油3～5t。

1950年

9月30日　中苏石油股份公司正式成立，总经理部暂设独山子。1951年7月下设油田处，负责采油工作。1953年1月中苏石油股份公司总经理部迁往乌鲁木齐，油田处改属新设立的中苏石油股份公司独山子矿务局。1955年1月1日油田处隶属于国家独资经营的新疆石油公司（1956年7月改称新疆石油管理局）独山子矿务局。1958年油田处缩编为试采大队。1960年试采大队改为采油区队。1961年6月27日独山子矿务局撤消，采油区队由独山子炼油厂直接管理。

1951年

5月　独山子油田恢复钻井，50号探井和38号生产井首先开钻，38号生产井10月23日完井，井深800m，日产油量26t，是第一口开发新近系沙湾组（下褐色层）的油井。

1952年

8月　独山子油田开钻68号生产井，11月完钻，井深1000m，日产油量98t，是独山子油田单井产量最高的井。

1953年

是年　独山子油田年产原油7.02×10^4t，创历史最高水平。

1954年

2月20日　中苏石油股份公司总经理德·聂列亭、副总经理钱萍向中苏双方政府石油主管部门呈报独山子油田预测石油地质储量576.8×10^4t，预测天然气地质储量$20.9\times10^8\text{m}^3$。

7月1日　独山子油田开钻110号井，至1956年7月17日完钻，设计井深2800m，实钻井深3002m，是独山子油田惟一超过3000m的深井。

1958年

1月26日　独山子矿务局主任地质师吴华元等编制了《独山子油田天然石油矿产储量平衡表说明书》，计算预测石油地质储量256.6×10^4t。

1963年

是年　新疆石油管理局科学研究所计算了独山子油田下褐色层已开发探明储量239.0×10^4t，溶解气地质储量$2.70\times10^8\text{m}^3$。

1992年

是年　独山子油田采油作业结束，但采气工作还在继续。

1993年

5月5日　采油区队与水资源公司合并成立水资源开发公司，采油区队采气的职能由水资源开发公司下属的水井队瓦斯站接续。1997年5月瓦斯站随水资源开发公司并入动力公司。

1994年

12月15日　在厦门全国陆上天然气可采储量会议上，提出补算独山子油田气层气地质储量和可采储量。12月30日新疆石油管理局勘探开发研究院总地质师杨瑞麒补算了已开发气层气地质储量4.88×

10^8m^3，可采储量 $3.9 \times 10^8m^3$，并报国家储委备案。

2005 年

是年初　独山子油田的采矿权划归新疆油田公司采油一厂，但采气工作仍委托给独山子石化总公司动力公司瓦斯站，以合同方式管理。

第一章

油 田 地 质

独山子油田位于准噶尔盆地南缘冲断带的西部第二排背斜带中的独山子背斜上（图 1–1），是因天山隆起引起的由南向北强烈挤压作用而形成的冲断褶皱构造。《新疆图志 · 实业二》中记载“库尔喀喇乌苏厅城东南，奎屯河左岸戈壁中，一峰突起，名曰独山子。周约百里，土石如赭”。民国 24 年（1935）苏联地质家 M.H. 沙依道夫在准噶尔盆地南缘进行地质调查，发现并描述了独山子背斜的地面形态。

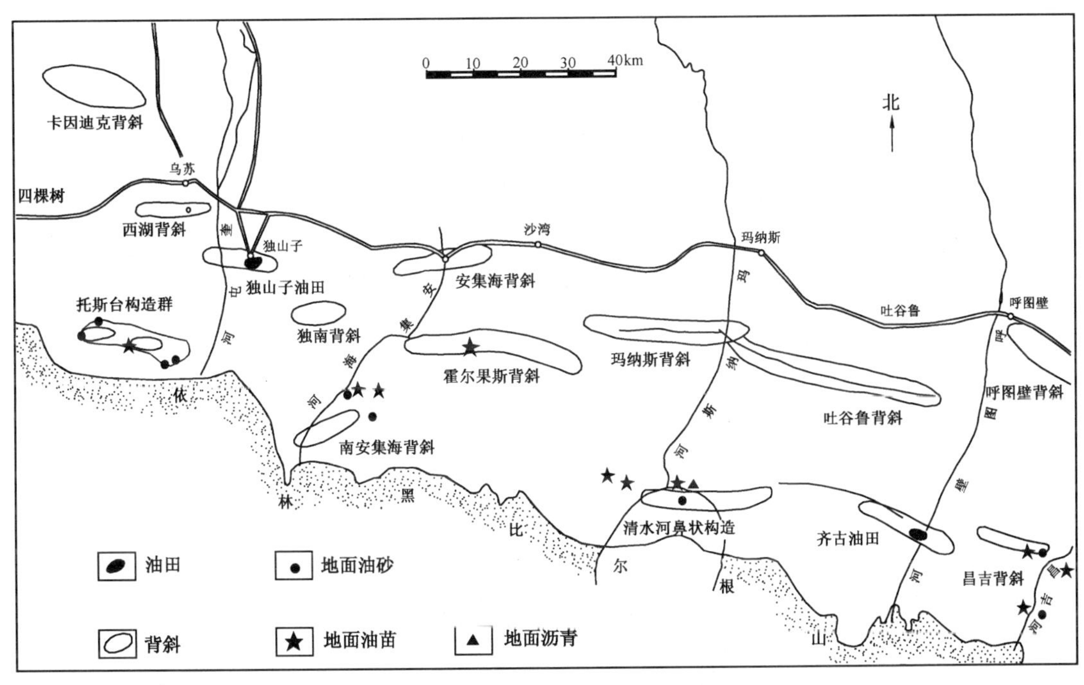

图 1–1　独山子油田区域构造位置图
（新疆油田分公司勘探开发研究院勘探所编制，2004 年 12）

20 世纪 40—50 年代的开发钻井，进一步确定了独山子背斜的地下构造特征。据 1993 年出版的《中国石油地质志 · 准噶尔盆地》第十章第七节独山子油田记载：“背斜构造长轴呈东西走向，长 16km，宽 3km，背斜闭合面积 60km^2（图 1–2）。近轴部偏北翼被一轴向逆断层所切割，断面南倾，倾角 60°，垂直断距 400m。背斜两翼不对称，北翼陡，地层倾角 50° ～ 90°；南翼缓，地层倾角 30° 左右。背斜有东、西两个高点，相距 1.5km，东高点长 0.9km，宽 0.4km，闭合高度为 150m；西高点长 2.3km，宽 0.55km，闭合高度为 250m，轴部被正断层切割。两高点之间有一油气水喷溢形成的泥火山。”北翼下盘地层近于直立，埋藏加深。

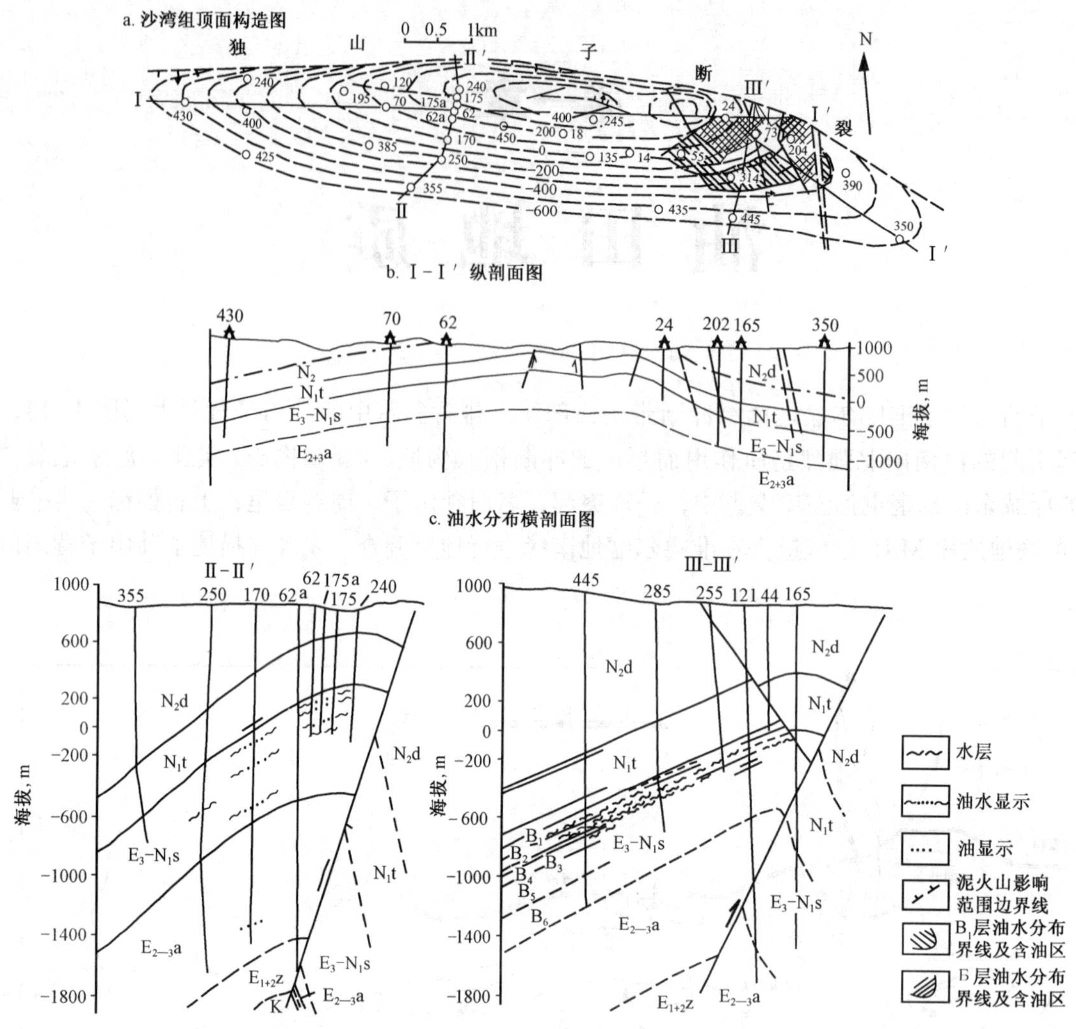

图 1–2 独山子油田综合图

（引自《中国石油地质志·准噶尔盆地》（卷十五），1987 年）

民国 24 年（1935），苏联地质家 M.H. 沙依道夫以地层的颜色特征命名地层，自上而下定名为砾岩层、苍棕色层、上杂色层、上褐色层、上绿色层、下杂色层、二绿色层、下褐色层、下绿色层、红色层。1951—1954 年，中苏石油股份公司科学研究化验室通过微古生物研究，建立了独山子地区中、新生代地层的微古生物标准剖面，确定了地层的地质时代。1991 年，新疆石油管理局新疆石油学校沈建林等与新疆石油管理局勘探开发研究院（以下简称勘探开发研究院）合作研究，在《独山子油田二次评价》中开始采用新疆统一的地层表命名：塔西河组（N_1t）相当于上绿色层（Ng_1^4）、下杂色层（Ng_1^3）、二绿色层（Ng_1^2），沙湾组（E_3—N_1s）相当于下褐色层（Ng_1^1），安集海河组（$E_{2-3}a$）相当于下绿色层（Pg_3），紫泥泉子组（$E_{1-2}z$）相当于红色层（Pg_{1-2}）。1999 年，勘探开发研究院杨文孝、杨瑞麒又在新疆石油管理局企业标准《井下地层、储集层划分及命名规范》（Q/CNPC—XJ0102—1999）中对准噶尔盆地南缘地层进行了统一划分，下更新统统称西域组（Q_1x），涵盖了 1991 年划分的西域组（Q_1x）、乌苏群（Q_3ws）、新疆群（Q_2xn），认为沙湾组（N_1s）时代为上第三系（新近系）中新统，紫泥泉子组（E_1—K_2z）时代为上白垩统—古新统，这一标准沿用至今（表 1–1）。

独山子油田的含油层位多，油层薄，含油层系主要为新近系沙湾组和塔西河组，岩性主要为河流相沉积的棕色、褐色、灰绿色泥岩与灰色、棕色细—粉细砂岩交互层，砂体多呈透镜体状，胶结疏松—

致密，常含钙质。沙湾组沉积厚度550m，自上而下划分为：B_1、B_2、B_3、B_4、B_5、B_6六个含油砂层组，其中B_2砂层组细分为B_2^1、B_2^2砂层，B_4砂层组细分为B_4^1、B_4^2砂层，B_6砂层组细分为B_6^1、B_6^2、B_6^3砂层，主力油层为B_1、B_2和B_3，平均埋深900m；塔西河组沉积厚度360m，细分为A_1、A_2、A_3和$Б_0$、$Б_1$、$Б_2$、$Б_3$七个含油砂层组，是油田的次要含油层系。塔西河组在地表露头处可见油砂，前人曾用土法开采。

表1–1　独山子油田地层划分对比表

地层时代			1999年企业标准		1991年新疆石油学校		50年代中苏石油股份公司		
界	系	统	组（群）	代号	组	代号	层	代号	砂层组代号
新生界 Kz	第四系 Q	下更新统 Q_1	西域组	Q_1x		Q_4	近代冲积层		Q_2
					新疆群	Q_3xn	黄土及砾石层		Q_1
					乌苏群	Q_2ws			
					西域组	Q_1x	砾岩层	Ng_2^2	
	新近系 N	上新统 N_2	独山子组	N_2d	独山子组	N_2d	苍棕色层	Ng_2^1	
							上杂色层	Ng_1^6	
							上褐色层	Ng_1^5	
		中新统 N_1	塔西河组	N_1t	塔西河组	N_1t	上绿色层	Ng_1^4	
							下杂色层	Ng_1^3	A_1、A_2、A_3
							二绿色层	Ng_1^2	$Б_0$、$Б_1$、$Б_2$、$Б_3$
			沙湾组	N_1s	沙湾组	E_3—N_1s	下褐色层	Ng_1^1	B_1、B_2、B_3、B_4、B_5、B_6
	古近系 E	渐新统 E_3	安集海河组	$E_{2-3}a$	安集海河组	$E_{2-3}a$	下绿色层	Pg_3	
		始新统 E_2							
		古新统 E_1	紫泥泉子组	E_1—K_2z	紫泥泉子组	$E_{1-2}z$	红色层	Pg_{1-2}	
中生界 Mz	白垩系 K	上统 K_2							

注：摘自新疆石油管理局企业标准《井下地层、储集层划分及命名规范》，1999年；《独山子油田二次评价》，1991年；《新疆石油管理局勘探开发研究院院志》，1999年。

据岩心分析结果，沙湾组油层有效孔隙度为15.2%～19.2%，平均17.0%，渗透率变化在9～233mD；塔西河组孔隙度平均值18.5%，渗透率变化在1～29mD。沙湾组储层物性好于塔西河组。沙湾组自上而下储层孔隙度逐渐减小，以B_1层物性最好。

据流体样品分析结果，沙湾组地面原油密度0.810～0.830g/cm³，凝固点−3～7℃，含蜡量4%～6%。据高压物性取样（PVT）分析，油藏饱和压力6.18MPa，饱和程度39.6%，地层油黏度1.6mPa·s，原始溶解气油比115m³/t，原油体积系数为1.5。天然气为溶解气和气层气，相对密度为0.715，甲烷含量为69.5%。地层水矿化度为10000～30000mg/L，水型为重碳酸钠($NaHCO_3$)型。

沙湾组压力系数有由上而下增高的趋势，B_1 至 B_4 层的压力系数为 1.26 ～ 1.33，B_5 层平均为 1.41，B_6 层为 1.51。油藏平均地层压力 16MPa。据测温资料，油层温度 31℃，油藏平均地温梯度为 2.1℃/100m。背斜西高点尚未发现工业性油气藏。背斜东高点，被断裂切割为数块。各断块压力自成系统，并具有能量较弱的边、底水。油、气、水分布复杂，为断块岩性油气藏。

民国 31 年（1942），翁文波随黄汲清地质调查队考察完独山子油田后，对第 8 砂层（塔西河组）储量进行了估算，估算地质储量 7.0×10^4t。1954 年 2 月 20 日，中苏石油股份公司总经理德·聂列亭、副总经理钱萍向双方政府石油主管部门呈报下褐色层与二绿色层预测储量合计为 576.8×10^4t，溶解气地质储量 20.9×10^8m³；1958 年，新疆石油管理局独山子矿务局主任地质师吴华元等计算下褐色层与二绿色层预测石油地质储量 256.6×10^4t；1963 年新疆石油管理局科学研究所储量组重新计算了探明储量，核定下褐色层开发含油面积 1.20km²，I 类探明石油地质储量 239.0×10^4t，可采石油储量为 36.4×10^4t，溶解气地质储量 2.7×10^8m³，可采储量 2.17×10^8m³。1992 年 3 月，累计采气量已达 5.60×10^8m³，远远超过溶解气地质储量 2.70×10^8m³。为此，1994 年厦门全国陆上天然气可采储量标定会议提出补算独山子油田游离天然气地质储量和可采储量，当年 12 月，勘探开发研究院总地质师杨瑞麒编写了《独山子油田气层气地质储量估算报告》，并报全国矿产储量委员会审批备案，报告提交 I 类气层气地质储量 4.88×10^8m³，可采储量 3.90×10^8m³。1997 年，新疆石油管理局对独山子背斜重新进行了评价，由勘探开发研究院张明玉等在独山子背斜圈闭研究的基础上，上报全国矿产储量委员会新近系中新统预测储量 1837.0×10^4t（表 1–2）。

表 1–2　独山子油田历年探明石油地质储量表

时间	层位	储量类别	含油（气）面积 km²	原油储量，10^4t		溶解气（气层气）储量，10^8m³	
				地质	可采	地质	可采
1942 年	N_1t	估算	0.5	7.0			
1954 年	N_1s N_1t	预测	1.28	576.8		20.85	
1958 年	N_1s N_1t	预测	4.18	256.6	46.4		
1963 年	N_1s	I 类探明	1.2	239.0	36.4	2.70	2.17
1994 年	N_1	补算 I 类	1.20（气）	—	—	(4.88)	(3.90)
1997 年	N_1	预测储量	11.20	1837.0	495.3		

注：摘自《独山子油田天然石油矿产储量平衡表说明书》，1958 年；《独山子油田气层气地质储量估算报告》，1994 年 12 月；《翁文波学术论文集·中国石油资源十二》，1994 年；《一九九七年度新增石油预测储量总体报告》，1997 年 10 月。

第二章

油 田 开 发

民国 26 年（1937）前一直用土法开采，之后引进旋转钻机开发油田。早期开发阶段钻的浅井目的层全部是新近系中新统下杂色层、二绿色层（塔西河组），恢复生产与全面开发阶段开发目的层是中新统下褐色层（沙湾组）。油田依靠天然能量开发，采用衰竭方式开采。1953 年原油产量创历史新高，之后，产油量逐年递减，1961 年后以调开、捞油为主，至 1992 年 3 月，油田采油工作停止，只剩一口井在采气。

第一节 油藏开发

一、早期开发阶段（1937—1950 年）

民国 25 年（1936）9 月开始，新疆地方政府与苏联合作，在背斜东高点连续钻井 15 口，井距一般 50m，最近的只有 20m，井深 300m 以内，各井都见到了油气。这些井一般最初出油颇旺，不久即告枯竭，大多数井产气时间比较长，产油时间短。从民国 28 年（1939）开始，在背斜西高点轴部（西沟区）钻的 4 口较深井，一般也是气多油少，难以获得稳定的产量。民国 30 年（1941）以后，开始用较大钻探能力的钻机在离背斜轴部稍远的西高点以西（南沟南区）钻井，效果相对较好，有 7 口油井产油量较高。此时形成的井距基本为 150m，有的受地形影响，井距只有 120 ~ 130m，井深 500~900m 不等，油井出油后，继续按三角形井网向外蔓延布井。据严爽《中国油矿纪要》（克拉玛依地方史料辑注转载）所列，民国 31 年（1942）1 月至民国 32 年（1943）4 月独山子油矿有 9 口主要产油井，最高月产量是 8646 桶（约合 1176t，1943 年 4 月）和 7538 桶（约合 1025t，1943 年 3 月），最低月产量 2999 桶（约合 408t，1942 年 1 月）和 3417 桶（约合 465t，1943 年 2 月）。据新疆省财政厅民国 32 年（1943）3 月 20 日出的 82 号统计报表统计，民国 31 年（1942）采出的原油为 7321t，是新疆地方政府与苏联合作时期产量最高的一年。民国 31 年（1942）翁文波在考察独山子时曾对 8 口单井做过动态分析研究。新疆地方政府与苏联政府合作经营独山子油田破裂后，民国 32 年（1943）6 月 16 日苏联政府决定召回专家，拆除设备，油田生产停止。民国 33 年（1944）乌苏油矿筹备处接管了独山子油田，恢复独山子油田生产，有 7 口井能够正常生产，总产量每日 10t 左右。“三区临时政府”经营独山子油矿期间（1945 年 9 月至 1949 年 9 月），7 口生产井产量持续递减，到 1950 年全区能够生产的井仅剩 3 口，日产水平只有 2 ~ 3t。

这个阶段历经独山子炼油厂、乌苏油矿筹备处、独山子石油公司（独山子油矿）3 个管理时期，利用新疆地方政府与苏联合作期间钻的 33 口井中的 11 口有产能的井采油，累计采油 1.1497×10^4t。

二、恢复生产与全面开发阶段（1951—1960 年）

1950 年 9 月 30 日，成立中苏石油股份公司。1951 年 5 月开始，主力开发层系由新近系二绿色层转入下褐色层。38 号井是独山子油田第一口在下褐色层获得高产自喷油流的油井，1951 年 10 月 23 日投产时日产油量 26t。之后，以 150m × 150m 三角形井网逐步外扩，开发面积 1.2km^2，动用地质储量 239 × 10^{4}t。1952 年 8 月开钻的 68 号生产井，井深 1000m，当年 11 月完钻后，日产油量 98t，是独山子油田单井产量最高的井。1953 年开井 50 ～ 60 口，峰值年产油量达 7.02 × 10^{4}t，日产油水平 200 ～ 289t，平均单井日产 6 ～ 20t。1951—1954 年，独山子油田共产原油 17.46 × 10^{4}t，加工原油 17.33 × 10^{4}t，生产汽、煤、柴油 9.24 × 10^{4}t，成为新疆第一个石油生产矿区和比较完备的石油生产基地，为新疆石油工业的发展奠定了初步基础。由于未采取措施保持地层能量，导致地层压力迅速降低，油层压力由初期 16 ～ 18MPa，下降到 1956 年的 4.0MPa。油井也全部转为抽油生产，日产水平降至 80 ～ 90t 左右，1953—1959 年平均年绝对油量递减 27.8%。到 1959 年独山子油田大规模钻井结束，阶段钻井 142 口，获工业油流井 94 口。油田纵向上发育的 7 套油层是同时投入开发的，开发过程中高产井主要分布于沙湾组 B_1、B_2、B_3 层。1959 年后，生产规模缩小至 18 口井，日产水平 30t，生产气油比由初期的 115m^3/t 猛增至 1000m^3/t，含水率亦猛增至 70% 以上。

三、油田开发结束阶段（1961—1992 年）

1961 年，开井 9 口，以调开、捞油生产为主，全区日产水平 4.7t，平均单井日产水平 0.8t，综合含水 83.2%。至 1974 年只有 7 口油井开井，全区日产水平 3t，接近废弃，1976 年油田指令性生产结束。1981 年油田开始实行间歇性的开关井采油，1992 年采油工作结束。当时，全区开井 1 口，年产油 127t，含水率 96.7%，累计采油 34.22 × 10^{4}t（未包括 1950 年以前的井口采油量），采出程度 15.23%。

第二节　天然气开发

独山子油田早期开发阶段生产井就有很高的产气量。在恢复生产与全面开发阶段，为了解决独山子炼油厂和矿区的自用气，有 11 口采油井转为采气井，并于 20 世纪 60 年代钻采气井 3 口。1994 年以前一直认为独山子油田采出天然气全部为溶解气。1994 年确定气藏储量后，重新校正，认为初期只产溶解气，直至 1954 年 9 月结束。阶段产气 2.1711 × 10^{8}m^3，采收率 80.4%。同时认为 1954 年 9 月气藏气开始生产，至 2005 年 12 月已生产天然气 3.93868 × 10^{8}m^3，采出程度 81.7%。由于标定可采储量为 3.9 × 10^{8}m^3，故可采采出程度已超过 100%。实际上近 10 年的年产气量都是估算值，所以气藏气地质储量和采出程度尚需核实。2005 年独山子油田天然气开采由新疆油田公司采油一厂委托独山子石化总厂动力公司瓦斯站管理，能正常工作的井只有 85 号气井，年产气量估计为 420 × 10^{4}m^3，供职工医院、接待处一招、运输公司货运队 3 家用户使用。

第三章

钻采工程及地面生产系统

自民国25年（1936）9月引进钻井技术开发油田以来，采油工作是以井为单元进行的，钻井遇到油层就射孔试采。采油井初期自喷采油，不能自喷就转抽，少数井还使用过气举采油；生产出的油气大部分靠集输管线输送到独山子炼油厂。主要开发设备基本来源于苏联。

第一节　钻井工程

一、钻井

清宣统元年（1909年）新疆商务总局采购俄国一套“挖油机”（据考证此次使用的为蒸汽机带动的顿钻钻机）在独山子钻井，井深约为22~25m。

民国25年（1936）9月，开始使用蒸汽旋转钻机钻井，初期为三脚木制井架，井架高22m，这种设备钻井井深多在300m以内。1940年初运来较大钻机，铁质井架，可以钻中深井，用的是80马力的蒸汽机和80马力柴油机（即C–80拖拉机引擎），用来带动绞车、转盘和泥浆泵。锅炉用矿井的天然气做燃料，通过铁管将天然气送至锅炉。正常钻井用鱼尾（即两刮刀）钻头，有ϕ432mm、ϕ343mm、ϕ298mm、ϕ248mm、ϕ219mm、ϕ149mm共6种规格，取心钻进用三刮刀或四牙轮取心钻头。钻杆尺寸有ϕ168.3mm、ϕ114.3mm、ϕ88.9mm3种规格。新疆地方政府与苏联合营时期（1935—1942年），独山子油田共钻井33口，完钻井26口，报废井7口。其中，深度在300m以内的浅井15口，300m以上的18口，总进尺15838m。1942年12月完钻的21号井井深1453m，是新疆地方政府与苏联合营时期独山子所钻的最深的一口井。由于独山子油田地下有多个油、气、水层，地层压力高，钻井多次出现复杂情况和事故，据不完全统计，发生较严重井喷8井次，其中两口井发生天然气爆炸，套管挤扁事故1次，严重井塌两次。民国32年（1943）新疆地方政府与苏联政府合营破裂，钻采设备全部运回苏联，钻井施工停止。

“三区临时政府”经营独山子油田期间，在1号井旁边补钻了新1号井，井深80m，因钻井材料、设备不足，井壁坍塌报废。

中苏石油股份公司1950年10月在独山子设钻井处，再度恢复钻井生产。使用的苏制钻机型号主要有两种：贝乌（БУ）40型，钻深能力1200m；乌兹特姆（УЗТМ）型，钻深能力3200m。钻井液用当地泥火山黏土加清水配制，根据需要加入重晶石粉提高密度，加入不同处理剂调整其滤失量、流变性等性能，钻井液密度1.2~2.4g/cm^3。早期在井场配制钻井液，后来有了搅拌机，设立泥浆作业部，集中配制，送到井场使用。

1951年5月1日，50号探井和38号开发井首先开钻。1951年至1959年，钻探井66口，生产井76口，合计钻井142口，总进尺18.3981×10^{4}m。1954年7月1日开钻的110号井，历时两年零16天，1956年7月17日完钻，设计井深2800m，实际井深3002m，是独山子油田惟一超过3000m的深井。

1959 年 3 月 401 井完钻后独山子停止大规模钻井。为了解决独山子炼油厂的燃料问题，20 世纪 60 年代钻采气井 3 口。1997—1998 年为再次评价独山子背斜含油气远景，钻独 1 井、独 2 井和独深 1 井 3 口预探井。

1951—1954 年钻机月速度：探井 76.8 ～ 187.7m，生产井 146.3 ～ 260.9m。

二、完井

大部分井的完井方法是筛管完井或射孔完井。射孔时采取爆炸及 ППХ−4、ППК−6、ТПК−22 型射孔弹，仅能射穿套管，不能有效的射开油层，油层打开程度低。

20 世纪 30—40 年代，根据井的深度，套管程序分为 4 种：小于 400m 的井只下一层油层套管；500 ～ 900m 的井，一种为两层，即下入 ϕ273mm 的表层套管和 ϕ168mm 的油层套管；另一种为三层，即下入 ϕ349mm 的表层套管和 ϕ219mm 的技术套管及 ϕ127mm 的油层套管。大于 1000m 的井也为三层，即下入 ϕ375mm 的表层套管和 ϕ273mm 技术套管以及 ϕ168mm 的油层套管。

20 世纪 50 年代后，探井套管最多 4 层，表层套管最大 ϕ476mm。生产井套管开始为 3 层，表层套管最大 ϕ375mm，技术套管 ϕ219mm，油层套管 ϕ127mm 和 ϕ168mm，后期一批井省去了技术套管。为了提高固井水泥浆密度，在水泥中加重晶石粉。注水泥时用混合漏斗配制水泥浆。固井主要使用苏制玛斯 −150 和亚斯 −300 水泥车。

第二节　开采工程

新疆地方政府与苏联合作时期，设立了抽油部对油田进行采油作业。“三区临时政府”时期，成立了采油队。1951 年 7 月中苏石油股份公司成立油田处，专门负责油田开采工作。油田主要依靠自喷采油、机械采油生产，短时间内少量井试验过气举采油。

一、自喷采油

民国 26 年（1937 年），开始在油井安装圣诞树（采油树），让有自喷能力的井自喷生产。20 世纪 50 年代油井投产后多采用 10.0mm 油嘴生产，开采强度大，地层压力下降迅速，造成气、水指进、锥进，油井产油量快速递减。油井产量降低以后，一般仍靠间歇自喷生产一段时间。同期，从苏联进口清蜡绞车和井下压力计与温度计，对自喷井进行清蜡、测井底压力和温度。

二、机械采油

民国 31 年（1942 年）下半年，独山子炼油厂抽油部曾安装少量抽油机。“三区临时政府”时期，不能自喷的井用人工吊桶吊油。

1954 年，油田进入递减阶段，油井逐步转抽，1955 年整个油田基本采用机械采油，采用的是 СКН−3，СКН−5，СКН−6 型苏制抽油机，ϕ19mm、ϕ22mm 抽油杆，ϕ32mm、ϕ38mm 的杆式泵和 ϕ43mm 管式泵。

抽油井测试使用的是苏制 ТДМ−3 型测试仪测示功图和 ГМ−50 型电子管回声仪测动液面，用绞车带钢丝下浮筒测静液面。

三、气举采油

民国 33 年（1944 年），乌苏油矿筹备处技术人员在独山子油矿试验利用 39 号高压气井的天然气举升不能自喷的低产井 20 号井、43 号井，每 7 天举升 1 次，可获油 800kg。气举采油的成功，得到国民政府资源委员会的传令嘉奖。1952 年中苏石油股份公司油田处曾用压风机压缩空气进行气举采油试验，因油井供液不足，不能连续气举，停止试验。

四、增产试验

为了增加地层能量，1958 年初，新疆石油管理局独山子矿务局试采大队试图注天然气，由于气量不足，未实施；8 月 7 日开始对 47 井试注空气，空气严重突进，未见成效，停注。1959 年在 60 井等 5 口井中进行密闭注水试验，挑选不同层位井段射孔，企图寻找高压水层，通过封隔器和井下水嘴回注油层，结果单井日产水量只有 5.9 ～ 2.0m³，未得到高压水源，实验停止。

五、井下工艺

民国 33 年（1944 年）8 月 15 日，国民政府组织甘肃油矿局乌苏油矿筹备处从玉门运来一套小井架，组织工人按照苏联人移交的报告《独山子油矿区油井封固及启封之步骤与方法》进行修井作业。修复 10 口油井，有 7 口井能正常生产。

1952 年，中苏石油股份公司油田处组建了修井队，使用苏联制造的联合作业机（巴库人 –2 型）、蒸汽车（ППУ–2 型），主要从事冲砂、清蜡、检泵打捞作业。抽油机清蜡采用全提清蜡，即把油管、抽油杆、泵全部提出地面，用蒸汽进行清蜡。冲砂、洗井以原油或清水作主要冲砂液，少数井采用泥浆作为冲砂液。井下作业使用打捞筒、卡瓦打捞矛、公锥、母锥、内钩、外钩、偏心捞矛、一把抓、开窗套洗捞筒及尖钻头等工具。

1954—1955 年，独山子矿务局油田处对 200 号等 3 口井用 300 型水泥车压裂，压裂无效；对 8 口井采用挤油、堵水、防砂改造措施，仅有 3 口挤油井，1 口防砂井有效，累计增油 90t。

1958 年，由于开发克拉玛依油田需要套管，便对约 36 口低能、高含水、出砂的井爆炸，拔出套管，支援克拉玛依油田建设。

第三节　地面生产系统

20 世纪 40 年代，新疆地方政府与苏联合作时期，在油区和炼油厂各有两个储油罐（俗称油囤），可储油 1400t。原油通过长度为 2.5km 的 DN150 管道输送至炼油厂；天然气供给钻井井场蒸汽机、发电机及炼油厂做燃料。

20 世纪 50 年代，中苏石油股份公司在独山子油田油气集输采用选油站生产流程，至 1954 年末，建选油站 3 座、集油站 1 座，油区铺设集油管线 10.9km，输油、输气管线 15.3km。单井产出的油气采用大罐检尺方式计量，经出油管线输至选油站。在站内采用 ϕ800mm、ϕ1400mm 分离器脱气，进行油、气分输，冬季出油管线用蒸汽伴热；每个选油站有 6 个 60m³ 带蒸汽加热盘管的油罐，原油在油罐内利用密度差进行沉降脱水，使油、水分离，脱出游离水直接排放于污水池。原油利用位差自流至集油站，进一步加药加热脱水后，用离心泵输至炼油厂。

独山子矿区缺水，起初靠马车从奎屯河拉水。民国 29 年（1940）独山子炼油厂在奎屯河边建抽水站，安装有 65 马力柴油机做动力，日抽水 600t。铺设 DN150 水管线 8km，输到矿区蓄水池，保证生产生活用水需要。50 年代新疆石油管理局在独山子油田建成供水、供电、通信系统，形成了比较完备的地面生产系统。

附 录

附录一 附 表

附表 1 独山子油田油藏综合地质参数表

层位	油藏类型	含油面积 km^2	探明储量 10^4t	可采储量 10^4t	有效厚度 m	孔隙度 %	渗透率 mD	原始含油饱和度 %	原始地层压力 MPa	饱和压力 MPa	压力系数	地面原油密度 g/cm^3	地层原油黏度 mPa·s	天然气性质		地层水水型
														相对密度	甲烷含量 %	
N_1s	构造—岩性	1.2	239.0	36.4	11.4	17.0	20	75	16	6.18	1.33	0.825	1.6	0.715	69.5	$NaHCO_3$
N_1t	构造—岩性	0.5	7.0①			18.5	15									

注：依据《新疆油田分公司2005年石油（气）储量汇总表》编制，2009年。

① 为新中国成立前翁文波估算，其他参数未见遗留数据。

附表 2 独山子油田原油及天然气产量数据表

时间	开发地质储量 10^4t	可采储量 10^4t	核实年产油 10^4t	核实累计产油 10^4t	核实年产水 10^4m^3	年产气 10^4m^3	累计产气 10^4m^3	采油速度 %	采出程度 %	含水率 %	油井数，口	
											总井数	开井数
1951	239	36.4	0.3521	0.3521	0.0200	1939.9	1939.9	0.15	0.15	13.7	10	4
1952	239	36.4	5.2064	5.5585	0.1475	6600.0	8539.9	2.18	2.33	2.4	14	14
1953	239	36.4	7.0200	12.5785	0.8649	8851.1	17391.0	2.94	5.26	13.3	28	28
1954	239	36.4	4.8942	17.4727	1.4436	6283.8	23674.8	2.05	7.31	19.9	39	39
1955	239	36.4	3.2820	20.7547	1.3848	4254.3	27929.1	1.37	8.68	38.1	44	44
1956	239	36.4	2.9733	23.7280	3.1124	4058.6	31987.7	1.24	9.93	50.7	59	52
1957	239	36.4	2.3286	26.0566	2.4339	700.0	32687.7	0.97	10.90	50.3	59	48
1958	239	36.4	1.8882	27.9448	1.7869	700.0	33387.7	0.79	11.69	49.7	59	40
1959	239	36.4	1.0463	28.9911	2.0040	700.0	34087.7	0.44	12.13	68.1	59	18
1960	239	36.4	1.0351	30.0262	1.2961	700.0	34787.7	0.43	12.56	58.8	59	14
1961	239	36.4	0.5383	30.5645	0.6094	700.0	35487.7	0.23	12.79	48.8	59	9
1962	239	36.4	0.3824	30.9469	0.4685	700.0	36187.7	0.16	12.95	59.5	59	9
1963	239	36.4	0.2883	31.2352	0.4513	700.0	36887.7	0.12	13.07	62.1	59	8
1964	239	36.4	0.2736	31.5088	0.4130	700.0	37587.7	0.11	13.18	55.5	59	8
1965	239	36.4	0.1991	31.7079	0.3704	700.0	38287.7	0.08	13.27	69.7	59	8
1966	239	36.4	0.2091	31.9170	0.3682	700.0	38987.7	0.09	13.35	61.5	59	12
1967	239	36.4	0.1771	32.0941	0.3801	699.9	39687.6	0.07	13.43	76.3	49	5
1968	239	36.4	0.1490	32.2431	0.4714	700.0	40387.6	0.06	13.49	79.5	49	7

续表

时间	开发地质储量 10^4t	可采储量 10^4t	核实年产油 10^4t	核实累计产油 10^4t	核实年产水 10^4m^3	年产气 10^4m^3	累计产气 10^4m^3	采油速度 %	采出程度 %	含水率 %	油井数，口	
											总井数	开井数
1969	239	36.4	0.0969	32.3400	0.3328	700.0	41087.6	0.04	13.53	79.8	49	4
1970	239	36.4	0.1454	32.4854	0.4380	700.0	41787.6	0.06	13.59	75.9	49	9
1971	239	36.4	0.1586	32.6440	0.5192	700.0	42487.6	0.07	13.66	76.8	49	10
1972	239	36.4	0.1566	32.8006	0.5146	700.0	43187.6	0.07	13.72	82.1	49	10
1973	239	36.4	0.1343	32.9349	0.4677	699.7	43887.3	0.06	13.78	70.0	11	11
1974	239	36.4	0.0657	33.0006	0.2307	550.1	44437.4	0.03	13.81	80.2	11	8
1975	239	36.4	0.1080	33.1086	0.4721	700.0	45137.4	0.05	13.85	82.7	11	9
1976	239	36.4	0.0791	33.1877	0.4305	700.0	45837.4	0.03	13.89	85.4	11	6
1977	239	36.4	0.1090	33.2967	0.4333	523.2	46360.6	0.05	13.93	80.0	11	7
1978	239	36.4	0.0921	33.3888	0.4525	426.4	46787.0	0.04	13.97	84.3	11	6
1979	239	36.4	0.1159	33.5047	0.6462	601.6	47388.6	0.05	14.02	86.0	6	5
1980	239	36.4	0.1080	33.6127	0.8323	587.6	47976.2	0.05	14.06	92.2	6	6
1981	239	36.4	0.0754	33.6881	0.7840	682.5	48658.7	0.03	14.10	91.8	6	6
1982	239	36.4	0.0621	33.7502	0.7710	787.3	49446.0	0.03	14.12	94.0	4	4
1983	239	36.4	0.0614	33.8116	0.7864	737.8	50183.8	0.03	14.15	92.7	1	1
1984	239	36.4	0.0614	33.8730	0.5801	751.1	50934.9	0.03	14.17	92.6	1	1
1985	239	36	0.0588	33.9318	0.5173	756.2	51691.1	0.02	14.20	91.1	1	1
1986	239	36	0.0698	34.0016	0.4658	795.0	52486.1	0.03	14.23	86.6	1	1
1987	239	36	0.0500	34.0516	0.3981	841.1	53327.2	0.02	14.25	93.4	1	1
1988	239	36	0.0480	34.0996	0.4427	572.0	53899.2	0.02	14.27	86.9	1	1
1989	239	38	0.0450	34.1446	0.4343	588.0	54487.2	0.02	14.29	90.3	1	1
1990	239	38	0.0350	34.1796	0.3280	587.5	55074.7	0.01	14.30	88.9	1	1
1991	239	38	0.0273	34.2069	0.2636	393.1	55467.8	0.01	14.31	97.2	1	1
1992	239	38	0.0127	34.2196	0.1640	423.0	55890.8	0.01	14.32	0	1	0
1993	239	38	0	34.2196	0	360.0	56250.8	0	14.32	0	1	0
1994	239	38	0	34.2196	0	360.0	56610.8	0	14.32	0	1	0
1995	239	38	0	34.2196	1.1070	433.0	57043.8	0	14.32	100	0	0
1996	239	38	0	34.2196	0	297.0	57340.8	0	14.32	0	0	0
1997	239	38	0	34.2196	0.4726	393.0	57733.8	0	14.32	100	0	0
1998	239	38	0	34.2196	0.4413	416.0	58149.8	0	14.32	100	0	0
1999	239	38	0	34.2196	0.4360	427.0	58576.8	0	14.32	100	0	0
2000	239	38	0	34.2196	0.4800	420.0	58996.8	0	14.32	100	0	0
2001	239	34.2	0	34.2196	0.4800	420.0	59416.8	0	14.32	100	0	0
2002	239	34.2	0	34.2196	0.4800	420.0	59836.8	0	14.32	100	0	0
2003	239	34.2	0	34.2196	0.4800	420.0	60256.8	0	14.32	100	0	0
2004	239	34.2	0	34.2196	0.4800	420.0	60676.8	0	14.32	100	0	0
2005	239	34.2	0	34.2196	0.4800	420.0	61096.8	0	14.32	100	0	0

注：(1) 1950 年前，井口累计产油量 1.1497×10^4t。

(2) 依据新疆油田分公司中心数据库每年 12 月份的开发数据编制。

(3) 1994 年校正产气量，认为溶解气自 1941 年至 1954 年 8 月已全部采完，采收率 80.4%；气藏气自 1954 年 9 月开始开采，至 2005 年估算也已全部采完。

附录二 人物名录

（一）领导人名录

中苏石油股份公司油田处

经理：

索斯诺夫（苏）（1951年7月—1951年12月）

彼得洛夫斯基（苏）（1952年1月—1952年12月）

经理：

考洛托夫（苏）（1953年1月—1954年12月）

副经理：

瓦力斯·斯迪克（哈萨克族）（1951年7日—1954年12月）

巴音克西（苏）（1953年1月—1954年12月）

新疆石油公司（1956年7月改新疆石油管理局）独山子矿务局油田处

经理：

只金耀（兼，1955年1月—1956年）

孙燕文（1956年—1958年2月）

党总支书记：

高自强（1955年1月—1958年2月）

独山子矿务局试采大队（1958—1959年）

大队长：

孙燕文（1958年2月—1958年8月）

党支部书记：

许国祥（1958年2月— 1958年8月）

（二）劳动模范名录

1956年

全国先进生产者：达一木江·阿不都拉（维吾尔族）

全国石油工业先进生产者：达一木江·阿不都拉（维吾尔族），木沙尤甫·阿山江（维吾尔族）
阿吉巴也夫·依斯拜尔（哈萨克族）

1959年

自治区先进生产者：李志荣　提衣甫·牙可夫（维吾尔族）

1960年

自治区先进生产者：许利清

附录三 征引文献

文献名	作 者	出版时间	出版社
《中国石油地质志·新疆油气区》（卷十五）	新疆油气区石油地质志编写组	1987年	石油工业出版社
《黄汲清石油地质著作选集》	黄汲清	1993年	科学出版社
《翁文波学术论文集·中国石油资源十二》	翁文波	1994年	石油工业出版社
《新疆通志·石油工业志》	《新疆通志·石油工业志》编纂委员会	1999年	新疆人民出版社
《准噶尔盆地油气田开发的回顾与思考》（1950—2000年）	《准噶尔盆地油气田开发的回顾与思考》编写组	2006年	石油工业出版社
《中国石油钻井》	《中国石油钻井》编辑委员会	2007年	石油工业出版社

编纂始末

2006年11月16日新疆油田分公司和新疆石油管理局召开了新疆油田开发志编纂工作第一次大会，成立由陈新发任主任的《中国油气田开发志》新疆油气区编纂委员会，同时成立了26个油气田志编纂组。在接到《独山子油田志》编写任务后，成立了由新疆油田分公司勘探开发研究院院长况军为主任，主管开发副院长钱根宝、油田分公司采油工程总监张学鲁为副主任，各有关单位领导为成员的《独山子油田志》编纂委员会，在编纂委员会的协调安排下，先后调配勘探开发研究院开发所副所长许长福，高级工程师罗治形，工程师庞彩芹、彭寿昌，采油一厂工艺所所长孙森，曾编写过独山子油田调整方案的采油二厂工程师杨丽，市委史志办陈鹏等同志成立了《独山子油田志》编纂组，编纂组长由勘探开发研究院开发所副所长许长福担任。

2007年1月开始，编纂组成员学习了有关文件和开发志典型实例。由于独山子油田是一个开发时间特别长的油田，故先后到克拉玛依市委史志办，勘探开发研究院档案馆、图书馆，独山子石化总公司信息中心，独山子石化总公司动力公司，采油一厂、二厂，克拉玛依矿史陈列馆等单位收集了有关文献、档案等资料，走访了20多位曾参加过独山子油田开发的老同志。编纂工作始终立足于基础资料考证、借鉴回忆录和老同志的描述。按照编纂委员会的要求，于2007年3月17日提交初稿。根据专家组的意见，增加了大事记。前后提交专家组审核3次。针对反馈意见，编纂组反复推敲、修改，2008年9月10日，专家组认为基本合格。2008年12月10日，作为新疆油田完成较早的两个油田之一，提交《中国油气田开发志》总编纂委员会。之后，对照兄弟油田的范本和下发文件的要求，又陆续不断修改完善，于2009年12月完稿。

对编纂委员会、专家组的指导和帮助及有关单位领导和同志们的大力支持表示感谢。由于编纂经验不足，编纂过程中难免出现不足之处，敬请各位专家和读者予以指正。

《独山子油田志》编纂组

2009年12月

编号：07–025

甘河油田志

《甘河油田志》编纂组　编

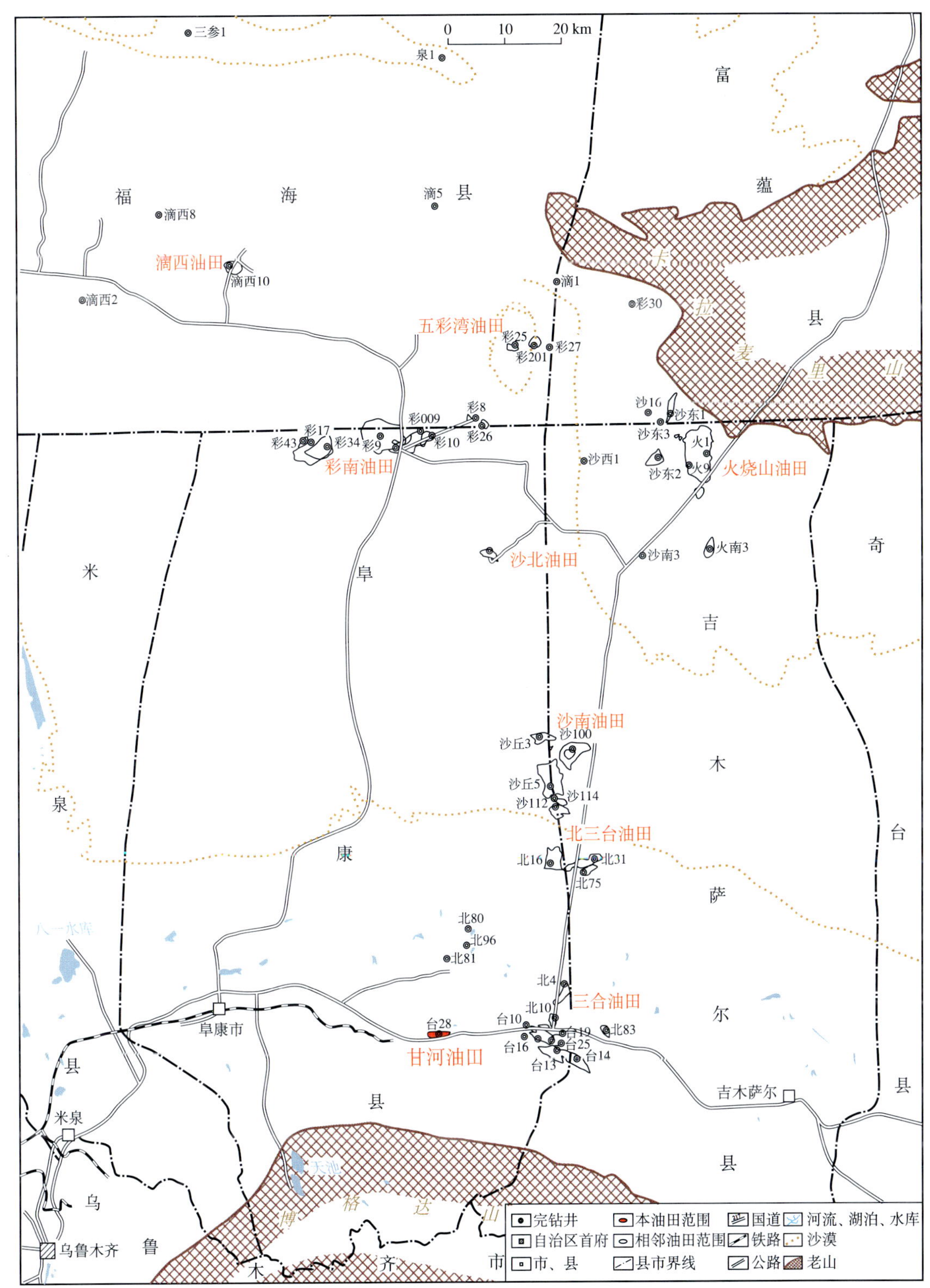

甘河油田地理位置图

（新疆油田分公司勘探开发研究院编制）

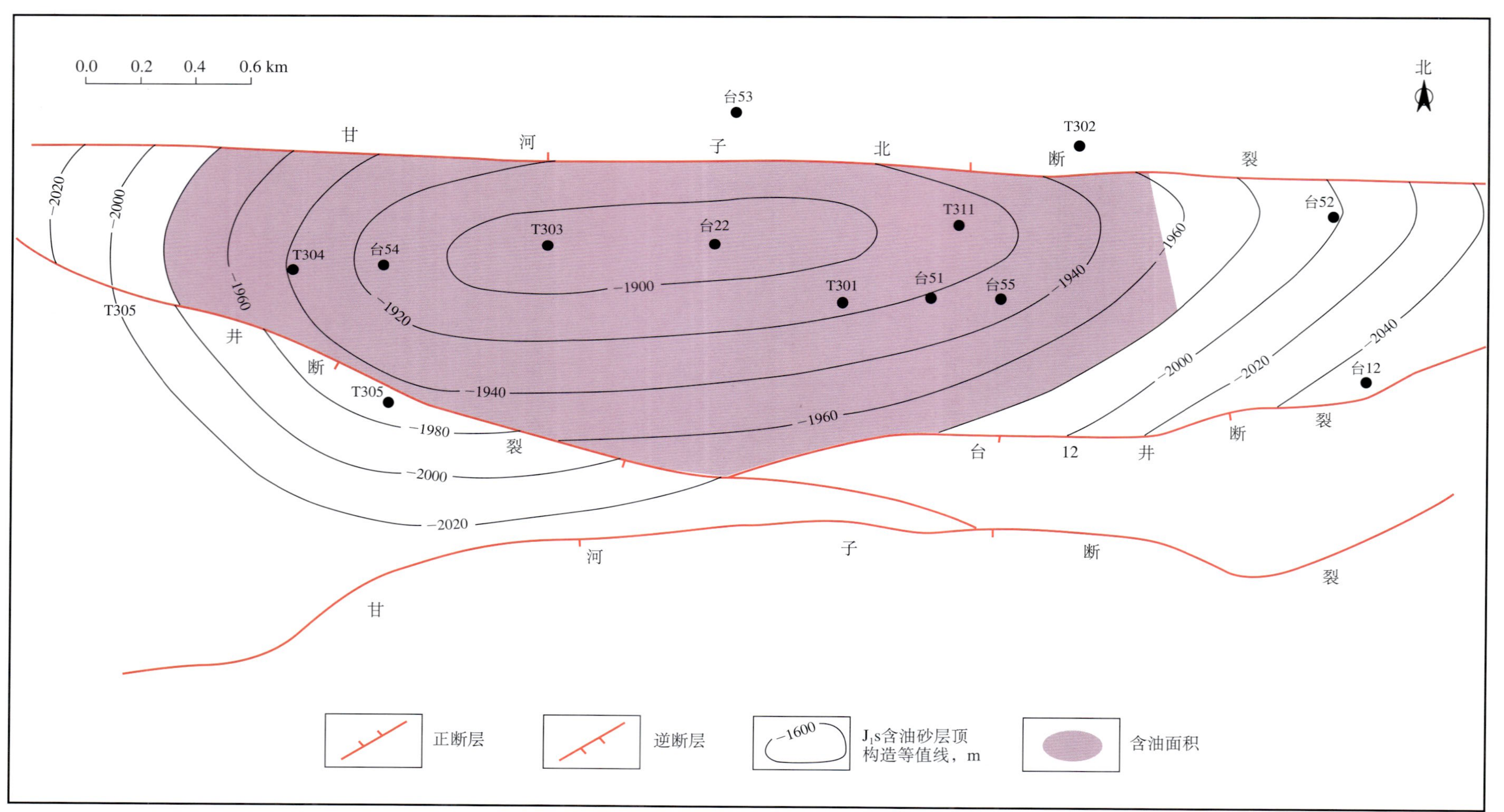

甘河油田构造井位图

（新疆油田分公司准东采油厂勘探开发研究所编制，2005 年 11 月）

《甘河油田志》编纂委员会

《甘河油田志》编纂组

本志目录

概　述

甘河油田是东天山北麓博格达峰山脚下的一个短轴背斜小油田，位于新疆阜康市境内的甘河子镇以东 7km 处，油田由此得名。西距阜康市区 37km，距乌鲁木齐市区 90km。地表为冲积平原砂土层，地势平坦，地面海拔 785m。年温差大，冬季最低气温可达 −40℃，夏季最高可到 40℃，年降水量 160 ~ 170mm，属大陆干旱性气候，植被稀少。横穿油田的省道 303 与国道 216 相连接，交通较便利。油田自 1988 年发现后，部分油井先后投入试采，由中国石油新疆油田分公司准东采油厂管理。

甘河油田所在地区于20世纪50年代完成了地面地质调查和综合研究，在油田毗邻的露头区建立了小泉沟群$T_{2-3}xq$的标准剖面。1956年完成了准噶尔盆地覆盖区1：20万重磁力普查，发现了阜康断裂下盘三台—小泉沟的潜伏隆起带。从1983年开始对该区进行地震勘探，到1989年底完成二维地震测线长183km，测网密度1km × 0.5km。1989年部署满覆盖面积35.08km^{2}三维地震勘探。1989年完成了“甘河子—古牧地地区激发极化法探测”及“甘河子—阜康地区油气化探生产试验”，1990年完成了“甘河子—米泉地区高精度重磁力细测”。

1985年，依据二维地震资料解释结果，发现了小泉沟背斜，并在高点位置部署了台2井。1985年11月，台2井完钻后发现，该井并不在背斜的高点，实钻目的层深度比设计深度低了227m。利用台2井的钻探资料，重新对二维地震资料进行解释，结果认为高点应向西偏移4.73km。按照这次新的解释，在高点部署了台12井。钻探结果发现台12井实钻目的层仍然比设计低了200m，不是真正的高点。据此，又进行了第三次地震构造解释，并于1988年7月在新解释的构造高点部署了台22井。该井于当月20日开钻，1988年11月2日完钻，完钻井深2763.6m，井底层位为侏罗系三工河组。1988年12月25日在侏罗系三工河组2655.2～2699m井段试油，获日产油22.1t、气4987m^{3}的工业油流，发现甘河油田。

油田发现后，为了控制油田的规模，于1989年3月至1990年5月先后部署并钻探了3口预探井：背斜东翼的台52井、北翼的台53井、西翼的台54井，钻探结果均未获得油流。之后，于1990年8月在背斜的次高点，台22井以东1.08km处部署钻探了台55井，1990年 8月 28日开钻，1991年1月1日完钻，于同年5月在侏罗系三工河组2730～2742m井段试油， 获日产油23.2t、气2000m^{3}的工业油流，至此小泉沟背斜三工河组油藏的预探阶段结束，转入评价与探明阶段。

第一章

油田地质

甘河油田所在的小泉沟背斜，区域构造位置处于准噶尔盆地东部博格达山前冲断带中的阜康断裂带中段，北邻阜康凹陷。背斜为一东西向展布的短轴断背斜。地震剖面显示背斜的形态清晰，但是由于地表巨厚砾石层（厚度可达 400 ~ 800m）引起地震速度的变化，造成构造解释的较大误差，经过 3 年 3 轮预探井的钻探才找到了真正的背斜高点（图 1–1 至图 1–3）。

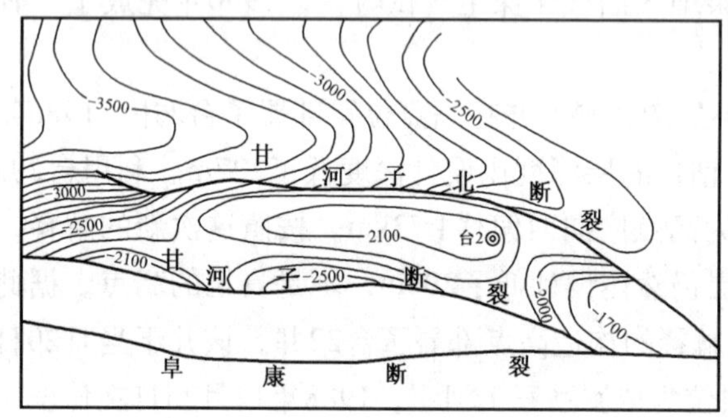

图 1–1　1985 年台 2 井设计平面图
（甘河子—白杨河口 T_{J_3} 构造示意图）
（新疆石油管理局准东采油厂勘探开发研究所编制，1985—1988 年）

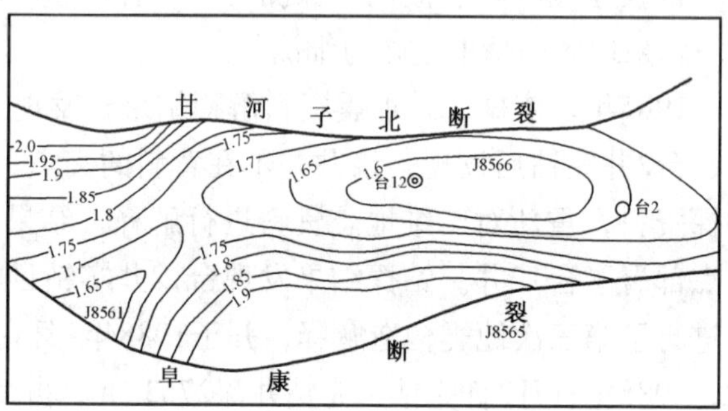

图 1–2　1986 年台 12 井设计平面图
（甘东构造 T_{J_3} 反射层等 T_0 图）
（新疆石油管理局准东采油厂勘探开发研究所编制，1985—1988 年）

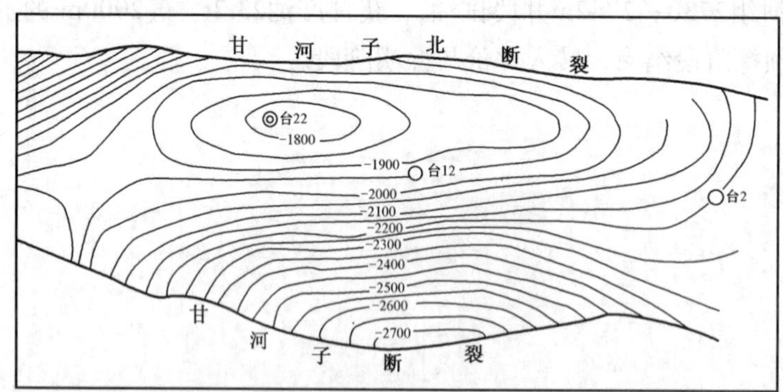

图1–3　1988年台22井设计平面图
（小泉沟背斜T_{J_3}反射层构造图）
（新疆石油管理局准东采油厂勘探开发研究所编制，1985—1988年）

台 22 井获得工业油流后，1989 年该区部署并实施了满覆盖面积 35.08km^2、面元 25m × 25m、12 次覆盖的三维地震勘探。1992 年重新解释后编制了小泉沟背斜三工河组顶面构造图（见文前构造井位图）。该图显示背斜被甘河子北断裂和甘河子断裂夹持，呈东西向展布，长轴 4.5km，短轴 1.0km。背斜南翼被 T305 井和台 12 井两条次一级断裂切割。甘河子北断裂为走向东西、断面南倾的逆断层，三工河组顶面垂直断距 140 ~ 220m，由东向西断距加大，断面倾角 70º，被台 53 井、T302 井钻遇。T305 井断裂发育在背斜西南翼，为逆断层，走向西北，倾向东北，断开第四系以下地层，向东切断台 12 井断裂后相交于甘河子断裂。台 12 井断裂发育在背斜东南翼，为走向东北、倾向西北的逆断层，断开第四系以下地层，台 12 井钻遇该断裂。

据台 22 等 7 口预探井和 T301 等 6 口开发井所钻遇的地层层序，自上而下依次为第四系（Q），新近系（N），古近系（E），下白垩统吐谷鲁群（K_1tg），上侏罗统喀拉扎组（J_3k）、齐古组（J_3q），中侏罗统头屯河组（J_2t）、西山窑组（J_2x），下侏罗统三工河组（J_1s）、八道湾组（J_1b）等。实钻井深 2695（T303 井）~ 3538m（台 53 井）。

甘河油田储油层为侏罗系三工河组，储层岩性为一套河流相灰色细—粉砂岩与灰—深灰色泥岩、砂质泥岩互层，厚 82 ~ 177m。根据岩性及测井响应特征，三工河组自上而下细分为 J_1s_1、J_1s_2、J_1s_3 三个砂层组，油层主要分布在 J_1s_2 砂层组中。据岩心观察和采样分析：储层砂岩的碎屑成分主要为岩屑，次为长石，颗粒呈次棱角状，分选中等，接触式、孔隙—接触式胶结；X 衍射分析表明，储层中黏土矿物以高岭石为主，相对含量 42%，次为伊 / 蒙混层、绿泥石和伊利石，相对含量分别为 24%、20%、14%；电镜扫描及铸体薄片分析，储集空间以粒间溶孔、粒间孔为主，占 90% 以上，其余为少量粒内溶孔、高岭石晶间孔及裂缝，孔径 20 ~ 200μm，平均 84μm，面孔率 0.2% ~ 7.25%，多为 1% ~ 3.5%；毛管压力曲线呈偏粗歪度，排驱压力 0.04 ~ 0.64MPa，平均 0.22MPa，最大连通孔喉半径 1.4 ~ 20μm，多分布在 2 ~ 6μm，饱和度中值压力 2.2MPa，大于 0.3μm 的孔喉体积占 77.82%，退汞效率 40%（图 1—4）；储层物性分析孔隙度为 9.37% ~ 17.4%，平均 12.7%，空气渗透率 0.26 ~ 526.89mD，平均 25mD。总体上看，三工河组储层属低孔、低渗、非均质性强、中等孔隙结构的孔隙性储层。

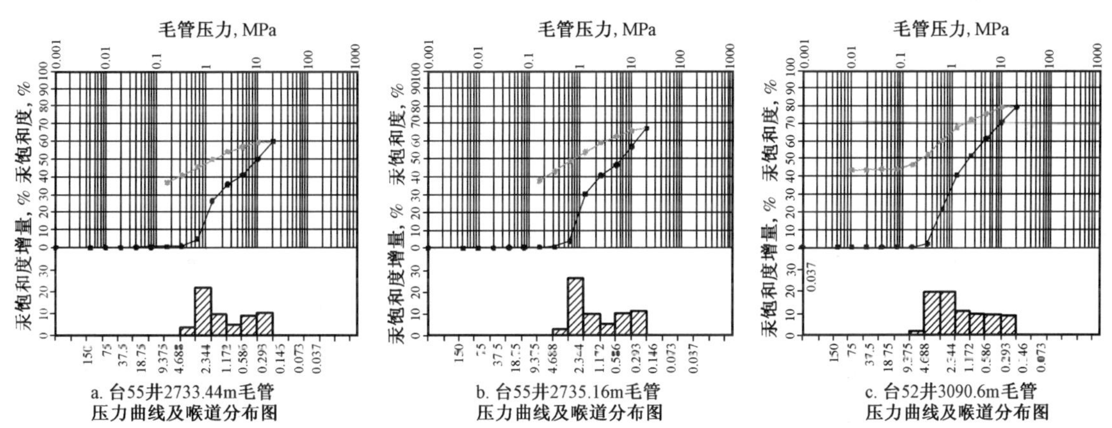

图 1—4　甘河油田侏罗系三工河组油藏毛管压力曲线特征图
（新疆油田分公司准东采油厂勘探开发研究所编制，2002 年 8 月）

利用试油、测试资料建立起的原始地层压力、地层温度与海拔、深度的关系，折算至油藏中部（海拔 −1920m）原始地层压力为 45.74MPa，压力系数 1.685，地层温度为 70.5℃（深度 2750m）。由 T301 井测试资料证实油藏油水界面位于海拔 -1980m，油藏高度 120m，具有不活跃的边水。由地层油高压物性（PVT）分析资料求得：油藏饱和压力 13.18MPa，地饱压差 32.56MPa，饱和程度 28.82%；原始气油比 $68m^3/t$，体积系数 1.123，压缩系数 $12.04 \times 10^{-4}MPa^{-1}$，为高压、低饱和程度油藏，天然驱动类型为弹性—弱溶解气驱。

在 7 口井上取得了 16 个地面原油样品，分析结果平均值为：原油密度 $0.852g/cm^3$，50℃时黏度 13.7mPa·s，凝固点 20℃，含蜡量 5.44%，初馏点 141℃。溶解气相对密度 0.6014，烃类组分含量甲烷

94.52%、乙烷 1.93%、丙烷 0.74%、丁烷 0.47%、戊烷 0.4%、氮气 1.53%、二氧化碳 0.21%。在 9 口井上取得了 18 个地层水样品，分析结果：矿化度 10317 ~ 15647mg/L，水型为重碳酸钠（$NaHCO_3$）型。

1990—1991 年在已控制的含油范围内，部署钻探了开发基础井 6 口（T301 井、T302 井、T303 井、T304 井、T305 井、T311 井），其中有 2 口井（T301 井、T303 井）获得了工业油流，有 1 口井（T305 井）获得了高产气流，至此，三工河组油藏的含油面积得到了基本控制。在小泉沟背斜范围内共钻井 10 口，钻井总进尺 29050m；取心井 4 口，取心总进尺 42.78m，岩心总长 41.23m，平均收获率为 96.38%，获不同级别含油岩心 26.29m；试油井 9 口 17 层，获工业油流井 5 口 7 层。共取得各类岩心分析化验资料及油气水分析资料等 15 项 478 组数据。于 1991 年申报未开发探明储量（Ⅱ类）：原油 240×10^4t，溶解气 $1.63 \times 10^8m^3$，采收率 20%，原油可采储量 48×10^4t，溶解气可采储量 $0.33 \times 10^8m^3$。

第二章

油 田 开 发

甘河油田自1988年12月台22井出油以来先后有6口井转入试采，由于该区构造复杂，地层压力高（压力系数大于1.60），钻井成本很高，而且已钻井多数生产效果不好，投入开发达不到经济要求，到2005年12月底还未全面投入开发，只对试油中产量较高的井进行了试采，油田内只有3口井试油日产油超8t，最高的台55井达23.2t（表1）。到2005年底只有台22、台55、T301等3口井在正常生产（表2）。全油田日产油5.0t，年产油0.23×10^4t，累计产油3.88×10^4t，综合含水44.4%，气油比$63m^3/t$。

表1　甘河油田部分井试油情况

井号	完井 时间	试油 时间	射孔井段 m	射开厚度 m	油嘴 mm	日产油 t	日产气 m^3	日产水 t	油压 MPa	流压 MPa
T301	1989年9月	1989年9月	2780.00 ~ 2775.00 2735.00 ~ 2716.00	5.00 13.00	3.00 3.00	9.90 5.90	505	1.04	2.20 1.50	21.45 22.75
T303	1990年3月	1990年3月 1990年8月	2695.00 ~ 2682.00 2663.00 ~ 2659.00	13.00 4.00	3.00 4.00	4.50 4.35	554 492		1.00	21.09
T304	1990年9月	1990年9月	2781.00 ~ 2758.00	18.00	3.00	1.05		1.80	0.20	26.87
T311	1990年7月	1990年7月	2710.00 ~ 2699.00	11.00		油花		6.64		26.92
台22	1988年12月	1988年12月	2699.00 ~ 2655.20	14.40	3.00	22.00	4987			28.42
台55	1991年5月	1991年5月	2742.00 ~ 2730.00	12.00	3.50	23.20	2000	微	3.70	22.16

注：依据甘河油田探井试油总结资料编制。

表2　甘河油田部分试采井生产现状

井号	生产 层位	生产井段 m	日产液量 t	日产油量 t	含水比 %	累计产油量 t	累计产水量 m^3	生产天数 d	备注
台55	J_1s	2730.00 ~ 2742.00	7.50	2.90	62	31508	11421	4001	
T301	J_1s	2616.00 ~ 2780.00	2.10	1.90	10	1926	520	904	自喷生产
台22	J_1s	2655.00 ~ 2699.00	9.00	7.20	20	488	52	66	

注：依据新疆油田分公司准东采油厂2005年12月采油地质月报数据编制。

第三章

钻采工程及地面生产系统

第一节　钻井工程

甘河油田经历了 3 次钻探，于 1988 年台 22 井出油得以发现。1985—1991 年共钻预探井 7 口，基础开发井 6 口。至 2005 年 12 月 31 日前总钻井 13 口，进尺为 3.85×10^4m，全部为射孔完成。

本区属于山前构造带，高压、易垮塌，所有井均采用表层套管、技术套管、油层套管三层套管结构。表层采用直径 ϕ444.5mm 的三牙轮钻头钻至 300 ～ 500m，下入直径 ϕ339.7mm 表层套管封第四系散沙层；二开采用直径 ϕ311.15mm 的三牙轮钻至 2000 ～ 2200m，下入直径 ϕ244.5mm 技术套管封中、上侏罗统易垮塌层；三开采用直径 ϕ216.0mm 的三牙轮钻头钻至完钻井深，下入直径 ϕ139.7mm 的油层套管至井底，水泥返高至侏罗系上部地层。

采用聚磺 KCl 防塌钻井液，密度随深度逐渐增加，一般 0 ～ 500m 钻井液密度为 1.05 ～ 1.35g/cm^3，500 ～ 1500m 钻井液密度为 1.15 ～ 1.40g/cm^3，1500 ～ 2500m 钻井液密度为 1.40 ～ 1.65g/cm^3，2500m 至井底钻井液密度为 1.60 ～ 1.80g/cm^3。较高的地层压力给钻井带来了很大的困难，也使得钻井成本大幅度的增加。

第二节　采油工程

一、采油工艺

甘河油田从 1988—1991 年共钻油井 13 口，有 T301、T303、T305、台 22、台 51、台 55 等井先后采用 WS−73、YD−89 射孔弹，以每米 10 孔射孔试油投产，初期多为自喷生产，一般选用 3.0 ～ 5.5mm 油嘴。2003 年 5 月准东采油厂为挖潜上产，对 T301、台 51 等井进行了上返补孔，但因为油藏产能低效果不好，到 2005 年底只有台 22、台 55、T301 三口井正常生产，其中自喷井 1 口 T301 井，采用 3.5mm 油嘴生产，日产液 2.1t，含水 10%。抽油井 2 口，安装 12 型节能抽油机，电动机功率 30kW，采用 H 级两级组合抽油杆，抽油杆自下而上为 ϕ19mm 抽杆 ×65%+ϕ22mm 抽杆 ×35%，采用 ϕ38mm 杆式泵生产，平均泵挂在 2000m 左右。

2005 年底，全区日产液 13.0t，日产油 6.4t，综合含水 44%，平均泵效 21.9%。清防蜡方式主要采用热力清蜡，热洗周期为 30 天。

二、增产措施

为清除油井近井地带污染和提高渗流能力，提高油井产量，曾进行 7 井次压裂改造，其中 3 井次有效，措施成功率 43%，累计增油 0.85×10^4t，无效井除油藏自身原因外，还受早期压裂技术所制约：油田初期采用普压，压裂规模较小，平均加砂强度在 1.5m³/m 左右。

随着压裂技术的进步，施工规模有所增大，工艺有所提高，2000 年开始将瓜尔胶压裂液上的无机硼交联改为有机硼交联，提高压裂液的耐温能力和延长其交联时间，加砂强度最高达到了 5.6m³/m，其中台 22 井曾进行大型压裂，加砂达 65m³，同时，考虑油藏埋藏深，岩石上覆压力较大导致支撑剂破碎率较高，尾追陶粒 15m³，改造后该井初期日产油 19.8t。从实践中总结出甘河油田压裂方式是阶梯式中高砂比 + 投球以及阶梯式中高砂比 + 普压。

三、修井

甘河油田有 2 口井大修解故。台 22 井 2000 年 10 月压裂后砂埋管柱，小修未解除交大修，同年 11 月大修未解故，又将 1676m 的钻杆带捞矛留在井下。2002 年 8—11 月第二次上大修，压井后，使用捞矛等打捞工具，提出井内落物，冲砂、解故成功；T303 井 2003 年 5 月压裂后封隔器砂卡，小修解卡无效。大修挤压井后，采取套铣方法，捞出井底落物后 ϕ115mm 水力锚，Y344−115 封隔器，并冲出大量压裂砂，解卡成功。

第三节　地面生产系统

甘河油田属未正式开发的小油田，探井生产井场设有 60m³ 高位储油罐一座，油井生产的原油进储油罐，然后用拉油车送到北三台原油处理站。

附　录

附录一　附　表

附表 1　甘河油田综合地质参数表

层位	油藏类型	储层岩性	含油面积 km^2	探明储量 10^4t	可采储量 10^4t	有效厚度 m	孔隙度 %	原始含油饱和度 %	体积系数	渗透率 mD	原始地层压力 MPa	地面原油密度 g/cm^3	50℃黏度 mPa·s	凝固点 ℃	含蜡量 %	溶解气性质		地层水矿化度 mg/L	地层水型
																相对密度	甲烷含量 %		
J_1s	岩性—构造	砂岩	3.3	240	48	12.7	12	63	1.123	25	45.74	0.852	13.7	20	5.44	0.601	94.5	10317 ~ 15647	$NaHCO_3$

注：依据新疆油田分公司中心数据库数据资料编制。

附表 2　甘河油田综合开发数据表

时间	油井数		核实产油量			核实产水量			综合含水 %	溶解气产量		累计亏空 10^4m^3
	总井数 口	开井数 口	日产油 t	年产油 10^4t	累计产油 10^4t	日产水 m^3	年产水 10^4m^3	累计产水 10^4m^3		年产气 10^4m^3	累计产气 10^4m^3	
1991	1	1	6.2	0.0728	0.1524	0.0	0.0006	0.0006	0	43.4	45.0	0
1992	1	1	7.3	0.2057	0.4181	0.0	0.0000	0.0006	0	1059.0	1104.0	3
1993	1	1	6.0	0.2208	0.6389	0.1	0.0022	0.0028	0	399.4	1503.4	5
1994	1	1	10.7	0.3915	1.0304	0.2	0.0064	0.0092	0	769.0	2272.4	7

续表

时间	油井数		核实产油量			核实产水量			综合含水 %	溶解气产量		累计亏空 10^4m^3
	总井数 口	开井数 口	日产油 t	年产油 10^4t	累计产油 10^4t	日产水 m^3	年产水 10^4m^3	累计产水 10^4m^3		年产气 10^4m^3	累计产气 10^4m^3	
1995	1	1	8.6	0.3126	1.3430	0.8	0.0309	0.0401	0	344.8	2617.2	9
1996	1	1	6.3	0.2290	1.5720	0.9	0.0327	0.0728	10	24.4	2641.6	9
1997	1	1	4.9	0.1780	1.7500	1.1	0.0411	0.1139	10	11.0	2652.6	9
1998	1	1	0.7	0.0262	1.7762	0.0	0.0012	0.1151	10	0.8	2653.4	9
1999	1	1	7.0	0.2984	2.0746	3.0	0.0647	0.1798	30.0	11.5	2664.9	10
2000	1	1	9.0	0.5893	2.6639	2.0	0.1636	0.3434	19.9	7.8	2672.7	10
2001	1	1	6.0	0.2941	2.9580	3.0	0.2382	0.5816	30.1	79.5	2752.2	11
2002	2	1	7.0	0.2583	3.2163	2.0	0.1574	0.7370	27.0	19.6	2771.8	11
2003	3	2	4.0	0.1979	3.4142	5.0	0.2474	0.9846	57.8	8.3	2780.1	12
2004	3	2	7.0	0.2340	3.6482	7.0	0.2514	1.2378	49.3	10.1	2790.2	12
2005	3	2	7.0	0.2332	3.8814	5.0	0.2359	1.4737	44.4	10.8	2801.0	13

注：(1) 依据新疆油田分公司中心数据库每年 12 月份的开发数据编制。

(2) 原油累计产量中包括吉 7 井的试油量 796t。

附录二　人物名录

甘河油田发现后由火烧山作业区马庄采气队管理。1997年马庄采气队改属沙南作业区，甘河油田仍然由马庄采气队管理。2005年6月马庄采气队又改属准东采油厂探井作业区。

队长：

高　杰（1990年4月—1992年9月）

李金成（1992年10月—1993年9月）

谈　卫（1993年10月—1997年7月）

王　辉（1997年8月—2002年3月）

韩晓程（2002年4月—2003年3月）

肖立强（2003年4月—2005年12月）

指导员：

周来喜（1990年4月—1991年6月）

郝金贵（1991年7月—1993年10月）

何文武（1993年11月—1997年4月）

肖立强（1997年5月—2005年12月）

技术员：

王　辉（1990年4月—1992年9月）

郑小泉（1992年10月—1993年9月）

王　辉（1993年10月—1997年7月）

哈力克·阿布拉（维吾尔族）（1997年8月—2005年12月）

附录三　征引文献

文献名	作者	出版时间	出版社
《新疆通志·石油工业志》	《新疆通志·石油工业志》编纂委员会	1999年	新疆人民出版社
《新疆石油50年》	安定一等	2005年	新疆人民出版社
《准噶尔盆地油气田开发的回顾与思考》（1950—2000年）	《准噶尔盆地油气田开发的回顾与思考》编写组	2006年	石油工业出版社

编纂始末

2006年11月，准东采油厂在接到新疆油田分公司关于编纂《甘河油田志》的通知后，厂领导高度重视，立即成立了以厂党委书记吴西华为主任，厂长李斌、副厂长王少峰、总地质师徐学成、总工程师刘卫东为副主任的《甘河油田志》编纂委员会。以准东采油厂所辖油田为单元分设6个编纂组。《甘河油田志》编纂组由勘探开发研究所勘探室主任贺凯任组长，科研生产一线的唐晓川、肖东、杜军社为编纂组成员。编纂工作启动以来，厂领导多次召开有关会议，明确编纂思路，了解工作进展情况，协调解决相关问题。

编纂初期，按照《中国油气田开发志》总编纂委员会推出的《大民屯油田志》范本，根据《中国油气田开发志》新疆油气区编纂委员会的要求，明确编纂思路，开展学习培训、进行资料收集、整理。甘河油田属小而偏的油田，资料分散、收集困难；编纂人员加班加点搜集、整理大量的文字资料、图片、图表资料。2008年3月，《甘河油田志》首稿初步编纂完成，报《中国油气田开发志》新疆油气区编纂委员专家组审核。专家组老专家分章节给出了详细的书面审核意见。编纂人员认真贯彻落实审核意见，重新梳理编纂思路，对各章节的篇幅大小，行文格式，资料准确性进行了修改、落实。8月，《甘河油田志》第二稿编纂完成。其后，专家组与编写人员开展了多次座谈、交流沟通，五易其稿。2009年10月，《甘河油田志》编纂组对终稿整改完毕并上报专家组会审。2009年12月通过《中国油气田开发志》新疆油气区编纂委员会验收。

《甘河油田志》的编纂人员主要为生产技术骨干，担负着繁忙的油田管理和科研生产工作，有的同时还兼任着其他几个油田的编纂任务，大部分比较年轻，缺乏编制经验。编纂过程也是一个逐步学习，深入了解油田开发历史的过程，编纂难度可想而知，错误和疏漏在所难免。恳请专家、同行及广大读者给予批评指正。

《甘河油田志》编纂组

2009 年 12 月

编号：07–026

准噶尔盆地
西北缘稠油专记

《准噶尔盆地西北缘稠油专记》编纂组　编

克拉玛依油田九区稠油开发（桑圣江摄，2005年）

《准噶尔盆地西北缘稠油专记》编纂委员会

主　任：况　军

副主任：钱根宝　朱志宏

成　员：王延杰　喻克全　姚玉萍

《准噶尔盆地西北缘稠油专记》编纂组

组　长：喻克全

成　员：任　香　木合塔尔·买买提　李春涛　王金泰　张传新

孙新革　李维轩　舒振辉　杜　敏　刘　莉　黎庆元

陈学兴　马　鸿　单守会　吴俊英　羊玉平　杨凤翔

段　畅　加热拉·努如拉　商　联　董　宏　柳双林

赵　斌　韩铭毅　黄新然　石　远　李慧敏　陈新文

本志目录

概　述

稠油是一种高黏度、高密度原油，国外统称为重质原油，依据我国石油行业油藏分类标准，将油层条件下黏度大于等于50mPa·s、密度大于等于0.92g/cm^{3}的原油称为稠油。稠油又细分为三类：在油层条件下，原油黏度50～10000mPa·s、密度大于0.92g/cm^{3}的称普通稠油；在油层温度条件下，脱气原油黏度10000～50000mPa·s、密度大于0.95g/cm^{3}的称特稠油；在油层温度条件下，脱气原油黏度大于50000mPa·s、密度大于0.98g/cm^{3}的称超稠油。

准噶尔盆地西北缘具有丰富的稠油资源，从红山嘴到风城，绵延150km范围内，均有稠油油藏分布，主要有克拉玛依油田的九区、六区、四$_2$区、克浅10井区、黑油山区，红山嘴油田红浅1井区，百口泉油田百重7井区及风城油田重1、重32等井区。多数油藏埋深不超过650m。稠油油藏多与稀油油藏相邻近或在同一油田，具备较好的水、电、路、通讯等基础设施。西北缘稠油属于环烷基—中间基、低凝固点的特殊油品，是国民经济和国防建设中的重要原料，在开发中与稀油分采、分输、分炼。自1984年进入大规模工业化开发以来，2005年稠油年产量已占新疆油田分公司全公司总产量的30.5%；在20多年的开发实践中，积累了较为丰富的经验和独具特色的开采工艺。

第一章

油藏地质综述

准噶尔盆地是中国西北边陲的大型内陆盆地之一，在漫长的地质历史演化过程中，在盆地西北缘形成了绵延 250km 的推覆体构造带，由三个舌形体和三条大断裂带组成，即红—车断裂带、克—乌断裂带、乌—夏断裂带（图 1–1），断面倾向西北，倾角上陡下缓，由盆地边缘向盆地中心呈叠瓦状推覆排列，水平推覆距离可达 9 ~ 25km。断裂上下盘地层沉积厚度不同，表现了断裂的同沉积性。推覆构造体大体划分为五个带：(1) 推覆体主部，多为石炭系基岩组成；(2) 前缘断块带，由基岩、下二叠统以及上覆三叠—侏罗系组成；(3) 下盘掩伏带，即推覆体主断裂下盘掩伏部分，多是单斜构造，由二叠系、三叠系和部分侏罗系组成；(4) 超覆尖灭带，在推覆体主部之上被中生代地层超覆，主要由部分三叠系、下侏罗统、上侏罗统和下白垩统组成，是浅层稠油油藏的主要分布区；(5) 前沿外围带，在推覆体主断裂下盘外围，常为单斜或平缓褶皱构造（图 1–2）。

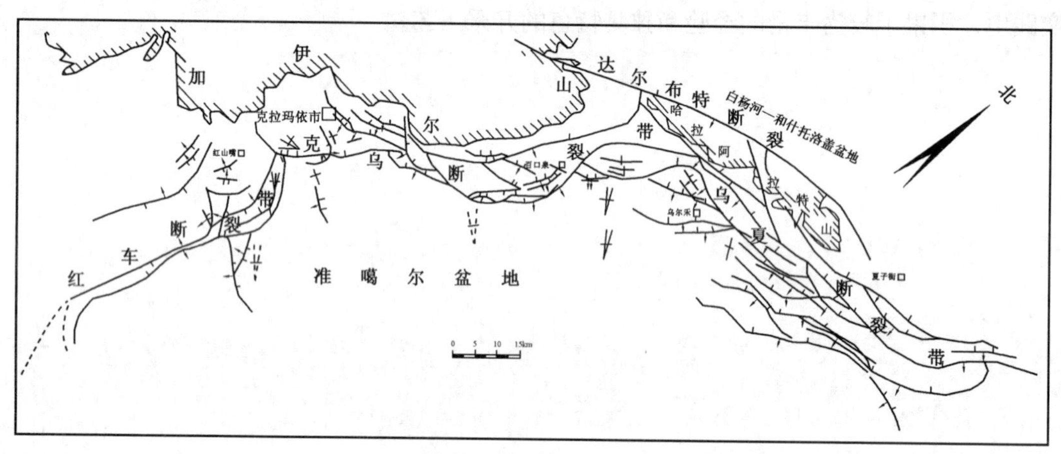

图 1–1　克拉玛依大逆掩断裂带构造纲要图

（新疆石油管理局编制，1984 年）

在推覆体构造背景下，超覆尖灭带在石炭系基岩之上，依次超覆沉积了三叠系克拉玛依组（T_2k）、白碱滩组（T_3b），侏罗系八道湾组（J_1b）、三工河组（J_1s）、西山窑组（J_2x）、头屯河组（J_2t）、齐古组（J_3q），白垩系吐谷鲁群（K_1tg）等（表 1–1）。经开发钻井证实，在地层剖面中存在四个不整合面：三叠系与石炭系之间、侏罗系与三叠系之间、上侏罗统齐古组与下伏层系之间、白垩系与侏罗系之间等不整合接触，这使各时期超覆沉积的各组地层厚度向盆地边缘逐渐减薄，后期的构造运动（抬升），又使地层遭受严重的剥蚀，造成地层剖面的不连续性，但这亦为稠油油藏的形成创造了有利条件。早期（三叠纪末期）形成的油藏遭到破坏，油气沿着断裂和不整合面发生二次、三次运移，向上至推覆体上盘超覆尖灭带形成次生油藏，再经轻质组分挥发散失、水洗氧化以及生物降解作用，最终形成了稠油油藏（图 1 –3）。准噶尔盆地西北缘浅层稠油油藏具有以下特征：

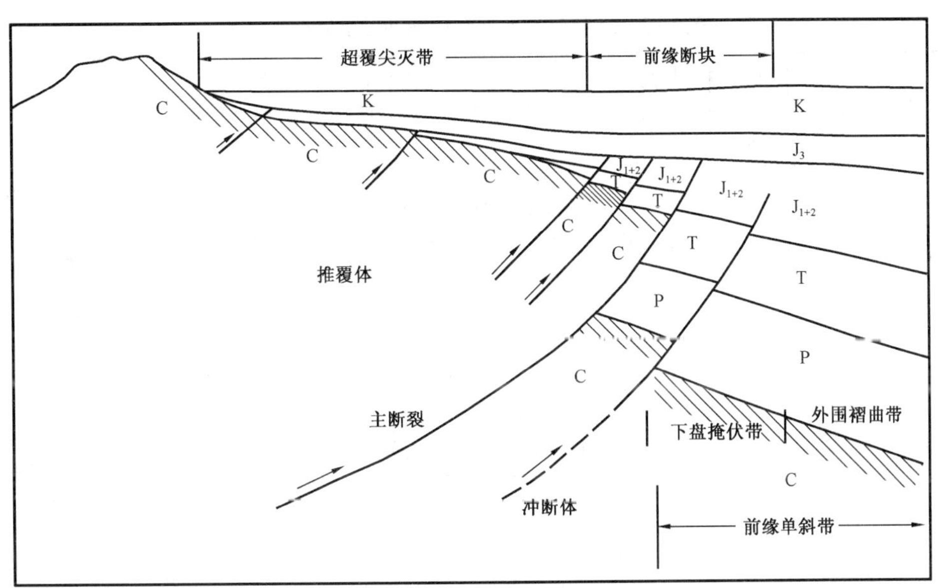

图 1–2 准噶尔盆地构造模式图
（新疆石油管理局勘探开发研究院编制，1982 年）

表 1–1 准噶尔盆地西北缘稠油油藏地层简况表

系	统	地层名称		层位符号	主要岩性
白垩系	下统	吐谷鲁群		K_1tg	灰绿色细砂岩与棕色、褐红色、灰绿色泥岩夹灰质砂岩，底部为灰绿色角砾岩
侏罗系	上统	齐古组		J_3q	紫红、褐色及少量灰绿、灰白色泥岩与砂岩互层
	中统	头屯河组		J_2t	杂色砂岩、泥岩夹砾岩、砂岩
		西山窑组		J_2x	灰白、灰绿色砂、泥岩互层，夹碳质泥岩及煤线，底为砂砾岩
	下统	三工河组		J_1s	灰、灰绿色泥岩为主夹砂岩
		八道湾组		J_1b	灰绿、灰色砂岩、砾岩、泥岩与煤层，底为灰白色砾岩
三叠系	上统	白碱滩组		T_3b	上部灰绿色砂岩与灰黑色泥岩互层，下部灰绿、灰黑色泥岩夹少量薄层砂岩
	中统	克拉玛依组	克上组	T_2k_2	灰绿色砂砾岩及灰绿色泥岩的不等厚互层
			克下组	T_2k_1	绿灰色褐灰色砾岩、含砾不等粒砂岩与灰绿色棕褐色泥岩的不等厚互层
石炭系		石炭系		C	灰色、灰绿色、紫红色薄层状凝灰岩、凝灰色粉砂岩夹辉绿岩、薄层状灰黑色凝灰质泥岩、凝灰质粉砂岩夹硅质岩、砂岩、厚层状灰色、深灰色砂岩与凝灰岩互层，局部夹火山岩和生物灰岩

注：摘自新疆石油管理局企业标准《井下地层、储集层划分对比及命名规范》，1999 年 11 月。

（1）分布广，埋藏浅，资源丰富。准噶尔盆地西北缘从红山嘴到风城，发现的稠油油藏埋深一般为 160 ~ 600m。准噶尔盆地累计探明稠油地质储量 28907×10^4t，其中 97% 以上分布在西北缘，资源丰富。西北缘稠油油品种类齐全，其中普通稠油约占 30%，特稠油约占 36%，超稠油约占 34%。

（2）剖面上含油层位多，储层物性好。目前已发现的稠油油藏，在中三叠统克拉玛依组、下侏罗统八道湾组、上侏罗统齐古组、下白垩统吐谷鲁群及推覆体主部石炭系火山岩中均有发育，层系多，规模较大。含油层岩性以砂岩为主，分选好；储层埋藏浅，欠压实，胶结疏松；储层物性好，油层孔隙度高达 25% ~ 36%，空气渗透率 300 ~ 5000mD，属中—大容量、中—高渗透性储层（表 1–2）。

表 1-2 准噶尔盆地西北缘稠油油藏储层特征表

系	统	组	层位代号	平均埋深 m	平均沉积厚度 m	岩相岩性	油层孔隙度均值 %	油层渗透率均值 mD	储层评价	分布区域
侏罗系	上统	齐古组	J_3q	265	110	辫状河流相，岩性为砂砾岩、中细砂岩、细砂岩、砂质泥岩和泥岩，与下伏地层不整合接触	25 ~ 31	756 ~ 2334	高孔、高渗储层	克拉玛依油田九区、六区、克浅 10 井区，红山嘴油田红浅 1 井区，风城油田重 1、重 29、重 32 井区
	下统	八道湾组	J_1b	450	52	辫状河流相，岩性为中细砂岩、含砾砂岩、小砾岩、砂质泥岩和泥岩，与下伏地层不整合接触	25 ~ 30	400 ~ 845	中孔隙、高渗透、非均质性强的较好储层	克拉玛依油田九区、六东区，红山嘴油田红一$_1$、红一$_2$、红一$_3$区，百口泉油田百重 7 井区，风城油田重 43 井区
三叠系	中统	克拉玛依组	T_2k_2	360	85	辫状河流相，岩性为中粗砂岩、砂质小砾岩、砂质泥岩和泥岩，与下伏地层不整合接触	19 ~ 28.2	140 ~ 715	中孔隙、高渗透、非均质性强的较好储层	克拉玛依油田九区南、四$_2$区、六区、黑油山区，百口泉油田百重 7 井区
			T_2k_1	420	90	冲积扇，岩性为不等粒砾岩、不等粒小砾岩、中粗砂岩、细砂质、泥岩，与下伏地层不整合接触	19 ~ 23	180 ~ 962	中孔隙、高渗透、非均质性强的较好储层	克拉玛依油田四$_2$区、六区、黑油山区
石炭系			C	500（未穿）	220	火山喷发相，岩性为火山岩、火山角砾岩、火山角砾凝灰岩	1.3	1.0	网状缝发育	克拉玛依油田九区南、四$_2$区（检 131、检 129 井区）

注：依据西北缘稠油油藏历年开发方案资料编制。

（3）各油藏主要沿超覆不整合面呈叠瓦状分布，在推覆体主部上覆地层超覆尖灭带上，油藏总是分布在砂层尖灭线的下倾部位，呈自北向南、由新到老逐级下降展布。油气多沿不整合面或断裂运移，并储存在与不整合面连通的砂层中，表现了油藏与不整合面的密切关系。按成因分析，西北缘稠油油藏主要有以下三种类型（图 1-3）。

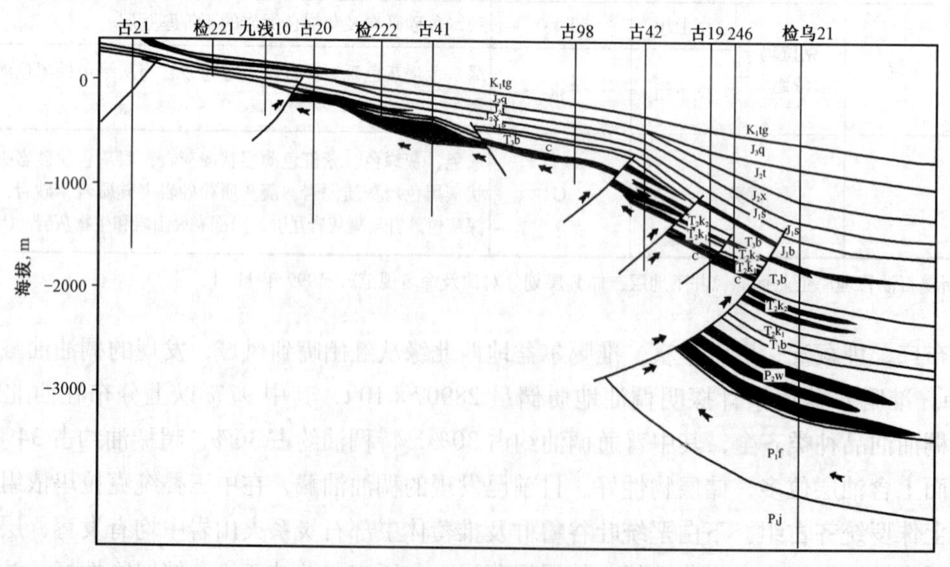

图 1-3 准噶尔盆地西北缘稠油成藏模式图

（新疆油田公司勘探开发研究院编制，2005 年 12 月）

地层超覆不整合型：油藏分布在不整合面之上。油气沿不整合面或断裂面运移至此，聚集在与不整合面连通的砂岩中而形成油藏。如风城油田吐谷鲁群、齐古组、八道湾组油藏，克拉玛依油田四$_2$区克下组（T_2k_1）、黑油山区克拉玛依组（T_2k）等油藏，均属此类。

断裂遮挡的地层超覆型：油藏多分布在断块内。在地层超覆背景下，地层上倾方向被断裂切割，形成断裂遮挡油藏。如克拉玛依油田的六—九区齐古组油藏、红山嘴油田红浅1井区齐古组、八道湾组、克上组油藏均属此类。

不整合面遮挡的基岩型：油藏位于不整合面之下，稠油储集在裂缝发育的基岩中。基岩裂缝密如蛛网，下倾方向与断裂面连通，油气经断裂面进入基岩裂缝，基岩顶面被泥质风化壳或上覆不渗透层遮挡而形成油藏。此类油藏多分布在推覆体主部，如克拉玛依油田九区南、四$_2$区石炭系油藏属此类型。

（4）浅层稠油属环烷基—中间基低凝固点原油，具有“三高四低”的特点。西北缘稠油组成的重要特征是具有较高的分子量和较低的金属含量，常规物理性质可集中概括为“三高四低”，即黏度高，20℃时地面脱气油黏度1300～500000mPa·s；酸值高，平均3.9mg/g；胶质含量高，平均16.8%；含蜡量低，平均2.2%；含硫量低，一般小于0.5%；凝固点低，平均−16～−41℃；沥青质含量低，平均为1.1%。准噶尔盆地西北缘稠油大多属于低凝固点原油的性质，是国家经济建设、国防和航空、航天建设的重要原料。

（5）浅层稠油黏温反映敏感，具有良好的热渗流特征。西北缘稠油黏度对温度的敏感性很强，不同区块、不同开发层位也有明显差异。齐古组地面原油黏度—温度曲线（图1−4），随温度的变化，黏度变化较大，例如九浅7井的原油，当温度由20℃上升到50℃时，密度为0.93g/cm^{3}的原油黏度由7600mPa·s下降到600mPa·s，下降了92%；当温度上升到100℃，黏度降低到44mPa·s，降低了99%。

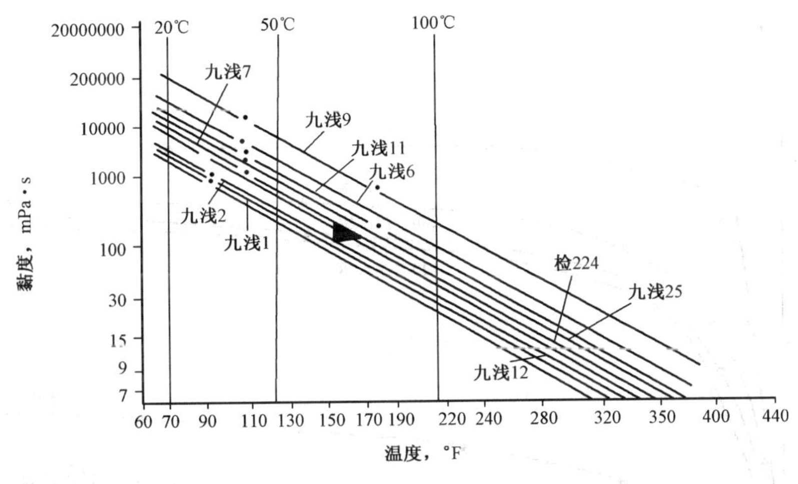

图1−4 九区齐古组黏度—温度曲线图
（新疆石油管理局勘探开发研究院编制，1985年12月）

储层岩石润湿性属弱—中亲水，随温度升高，岩石湿润性向强亲水转变。高温相对渗透率实验结果表明：随着温度的升高，残余油饱和度下降；但在相同温度下，注蒸汽的残余油饱和度低于注热水时的残余油饱和度（图1−5）。

高于热水驱的驱油效率，例如九区齐古组岩心驱油实验，常温注水驱替稠油无效；注入80℃的热水，驱油效率低于30%；当注入0.15倍孔隙体积的250℃蒸汽时，含油饱和度由65.5%下降到18.1%，驱油效率达到72.2%（图1−6）。八道湾组、克上组等稠油油藏亦有同样的热渗流特征。

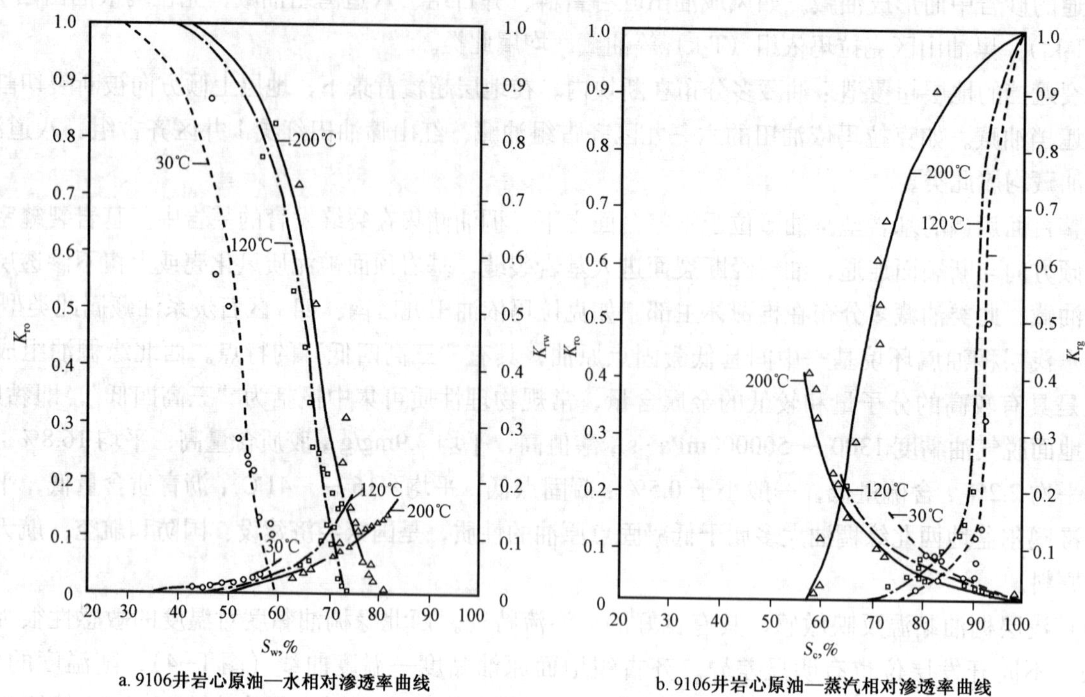

图 1－5　九区齐古组相对渗透率曲线图
（新疆石油管理局勘探开发研究院编制，1985 年 12 月）

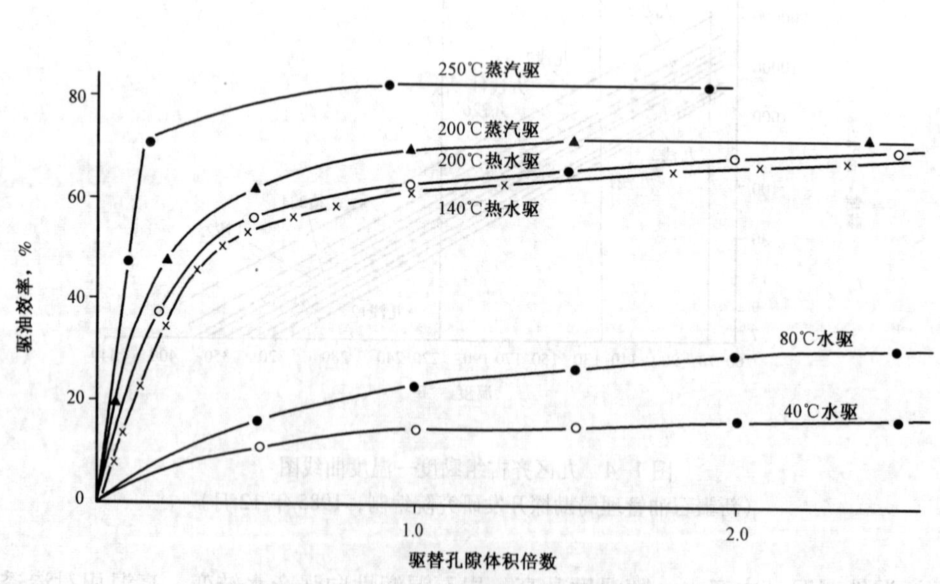

图 1-6　九区齐古组驱油效率曲线图
（新疆石油管理局勘探开发研究院编制，1985 年 12 月）

第二章

油藏发现与探明

早为人们熟知的黑油山沥青丘，就是三叠系含油层暴露地表，经长期挥发、氧化而形成的。沥青丘至今仍有稠油渗出地面。

20 世纪 50 年代，中苏石油股份公司和新疆石油管理局，在准噶尔盆地西北缘的地面地质调查和构造浅井的钻探中，证实了克拉玛依—乌尔禾的浅层稠油带的存在。在克拉玛依沿扎依尔山山脚下出露的三叠系克拉玛依组、侏罗系八道湾组露头中有大量油砂存在；风城地区出露的吐谷鲁群底部见有大面积的油砂，在 48 口构造浅井中，有 18 口井中见到了油气显示。西北缘的油气显示层位主要在白垩系吐谷鲁群、上侏罗统齐古组、下侏罗统八道湾组、三叠系克拉玛依组，油气显示均以稠油、沥青砂为主。鉴于当时的开采工艺和提炼加工水平，限制了人们对稠油资源的工业开发和利用。

20 世纪 50—60 年代，在克拉玛依油田勘探开发中探明了一批属普通于稠油的油藏：黑油山区克上组和克下组、四$_2$区克上组和克下组、六中区克上组和克下组、六东区克上组和克下组等油藏，据 1977 年新疆石油管理局储量年报，各油藏共探明含油面积 70.41km^2，地质储量 5782.55 × 10^{4}t。限于当时的条件，这些储量都采用注水开发，六东区克下组油藏为降低油层黏度，开发初期曾注热水开发。

1982 年，新疆石油管理局重新启动了对西北缘稠油资源的勘探和开发，新发现并探明了风城油田重 1、重 32、重 29 井区齐古组油藏，重 43 井区八道湾组油藏；克拉玛依油田六区、九区、克浅 10 井区、克浅 109 井区齐古组、八道湾组、克上组等油藏；红山嘴油田红浅 1 井区齐古组、八道湾组油藏；百口泉油田百重 7 井区八道湾组、克上组等油藏。截至 2005 年底，累计探明浅层稠油油藏含油面积 158.95km^2，地质储量 28002 × 10^{4}t。

一、风城油田

1983 年 1 月，位于风城油田夏红北断裂上盘地层超覆尖灭带的重 1 井，在白垩系吐谷鲁群和侏罗系齐古组连续钻井取心，取出含油、饱含油岩心 83.89m；1983 年 3 月 23 日至 11 月 20 日对重 1 井齐古组 264.5 ~ 275.0m 井段，采用国产低压、低干度蒸汽发生器进行了注蒸汽吞吐试验。先冷试，油稠不出，后注蒸汽吞吐，3 轮累计注汽 6185t，累计产油 1023t，油汽比 0.165。

1984 年，对风城油田重 32 井进行了注蒸汽吞吐试验，1985 年完钻稠油专层探井 33 口，常规试油 7 口，有 2 口井见稠油。计算表外储量 60888 × 10^{4}t，其中吐谷鲁群 10362 × 10^{4}t，齐古组 37832 × 10^{4}t，八道湾组 12694 × 10^{4}t。

1989 年，重 43 井区八道湾组油藏进行了重点解剖，开辟了 4 个热采试验井组，完钻热采试验井 11 口，采用引进国外的高压、高干度蒸汽发生器进行了 15 井层的注蒸汽吞吐试验，同时进行了不同压力下的稠油易散岩心孔隙度分析及岩心热驱试验，取得了丰富的资料。1989 年上报了稠油控制储量 3088 × 10^{4}t，其中重 1 井断块齐古组 609 × 10^{4}t，重 32 井断块齐古组 2479 × 10^{4}t。为进一步落实重 1 井断块、重 32 井断块齐古组及重 43 井区八道湾组的稠油储量，验证其热采的工业价值，在重 1 井、重 29 井、重

32井断块完成了10条浅层高分辨率地震测线，完钻评价井3口，到1993年底，四个断块共钻专层探井、检查井及开发试验井40口，其中取心井20口，常规试油10井层，见稠油3井层，先后进行了26井层的热采试验，累计吞吐47井次，油汽比最高达到0.28，同时还取得了大量的岩心分析化验资料。到1992年底，共上报稠油基本探明（III类）含油面积12.5km^4，地质储量3320×10^{4}t，可采储量769.6×10^{4}t。

二、克拉玛依油田

1983年3月26日，在预探克拉玛依油田九区石炭系油藏时，古22井（后改名为九浅1井）在钻至侏罗系齐古组时发生强烈的油气显示，并在159.71～162.82m，187.48～190.95m井段处取出含油饱满的油砂，同年5—6月，在182～164m井段试油获抽汲日产0.846m^{3}的工业油流，从而发现了九区齐古组稠油油藏。截至2005年12月底，经国家储委批准，九区齐古组油藏累计探明含油面积46.1km^2，地质储量11022.53×10^{4}t。八道湾组油藏累计探明含油面积16.1km^2，地质储量2173×10^{4}t。1988年4月九区南部克拉玛依组油藏上报探明含油面积5.1km^2，地质储量632×10^{4}t。1984年发现六区齐古组油藏，探明含油面积10.3km^2，地质储量2101×10^{4}t。六东区克下、克上组油藏扩边新增探明含油面积2.3km^2，地质储量260×10^{4}t。

四$_2$区克下组油藏，1986年利用全区62口井的试油、试采资料，重新核算探明含油面积39.2km^2，地质储量2119×10^{4}t，核增储量104.28×10^{4}t。2001年上报石炭系油藏探明含油面积13.1km^2，地质储量193×10^{4}t（该储量均以稀油油藏上报）。

一区克浅10井区早在20世纪60年代初，三叠系探井9、348井在齐古组冷采试油，分别获得小产量稠油；1984—1985年先后在预探井（克浅10井）和专层评价井（克浅11井、克浅12井）齐古组冷采试油，也获得了小产量稠油，鉴于当时冷采产量未达到工业油流，一直未开发动用。直到1997年，在进一步扩大西北缘浅层稠油资源的滚动勘探中，克浅10井区齐古组油藏采用注蒸汽试采获得工业油流。截至2005年底，克浅10井区齐古组油藏累计上报探明含油面积5.1km^2，地质储量698×10^{4}t，西山窑组探明含油面积1.4km^2，地质储量109×10^{4}t。克浅109井区齐古组含油面积1.2km^2，探明地质储量131×10^{4}t。合计探明含油面积7.7 km^2，地质储量938×10^{4}t。

二区新层克上组1999年上报探明含油面积4.7km^2，地质储量330×10^{4}t。

三、红山嘴油田

1984年6月24日，红浅1井在八道湾组经压裂3mm油嘴自喷日产油1.68t，获得工业油流，从而发现了红山嘴油田稠油油藏。1986年红浅1井区齐古组、八道湾组报批探明地质储量3750×10^{4}t，含油面积27.4km^2。

四、百口泉油田

九浅21井于1984年4月3日开钻，5月24日完钻，完钻井深802m，钻达石炭系（未穿）。在八道湾组取得含沥青岩心，在克上组505m处井壁取心获得油斑级岩心。同年6月21日，九浅21井在克上组试油获得0.369t稠油，从而发现了该区稠油油藏，因该井位于百口泉油田范围内，同年12月，该井以东的百重7井完钻，从而命名为百重7稠油油藏。

1997—1998年，百重7井区通过区域地层对比，二维、三维地震资料解释和评价井系统取心确认，该区在两条断层（西白—百断裂和九浅24井南断裂）所夹持的范围内为八道湾组、克上组两个稠油油藏。后又经3个（100m井距反五点井网）井组共13口井注蒸汽热采试验，证实了百重7稠油油藏的工业开采价值。于1999年和2000年上报克上组含油面积12.7 km^2，地质储量1430×10^{4}t；八道湾组含油面积 9.8km²，地质储量 1716×10^4t。

截至 2005 年底（不包括上报的石炭系储量），准噶尔盆地西北缘稠油油藏累计申报探明含油面积 158.95km²，地质储量 28002×10^4t，可采储量 7159.8×10^4t（表 2–1）。

表 2–1　西北缘浅层稠油储量统计表

<table>
<tr><th rowspan="3">油田</th><th colspan="2">地质储量</th><th colspan="4">储量动用情况</th><th rowspan="3">备注</th></tr>
<tr><th rowspan="2">含油面积 km²</th><th rowspan="2">储量 10⁴t</th><th colspan="2">动用</th><th colspan="2">未动用</th></tr>
<tr><th>含油面积 km²</th><th>储量 10⁴t</th><th>含油面积 km²</th><th>储量 10⁴t</th></tr>
<tr><td>风城</td><td>12.5</td><td>3320</td><td></td><td></td><td>12.5</td><td>3320</td><td></td></tr>
<tr><td>克拉玛依</td><td>96.55</td><td>17784</td><td>52.4</td><td>10668</td><td>44.15</td><td>7116</td><td>该储量年报比上报储量多 326×10⁴t</td></tr>
<tr><td>百口泉</td><td>22.5</td><td>3148</td><td>12.65</td><td>1821</td><td>9.85</td><td>1327</td><td></td></tr>
<tr><td>红山嘴</td><td>27.4</td><td>3750</td><td>17.9</td><td>2664</td><td>9.5</td><td>1086</td><td></td></tr>
<tr><td>小计</td><td>158.95</td><td>28002</td><td>82.95</td><td>15153</td><td>76</td><td>12849</td><td></td></tr>
</table>

注：依据《新疆油田分公司 2005 年石油（气）储量汇总表》数据资料编制。

第三章

开 发 简 况

克拉玛依油田20世纪60年代先后开展了火烧油层试验和注蒸汽开采试验，取得了一定的效果。进入80年代后，在改革开放的条件下，引进了外国的先进的设备和热采工艺技术，又先后开展了浅层稠油油藏的注蒸汽吞吐、吞吐后转蒸汽驱、注蒸汽后期热水驱、注水后期转注蒸汽和微生物辅助采油等提高采收率的试验及现场应用，取得了一定的效果。

一、火烧油层开发试验

克拉玛依油田火烧油层试验始于1958年，揭示了燃烧机理，火驱采油、燃烧带移动及提高采收率等规律。1959年开展了井下点火器试验研究（井口明火点火，井下电热器点火等），成功创制了液体式井下燃烧器。

1959—1961年，先后两次在克拉玛依油田黑油山区2.5m深的浅层油层和12.6m深的浅层油井进行矿场试验。1962年科研人员自行研制的K−62型点火器试验成功，在室内试验取得的主要技术参数和操作技术的基础上，已具备开展现场工艺试验的条件。

1965年6月至1976年10月，在克拉玛依油田黑油山区和二西区，先后进行了不同井距、不同井网类型的火烧油层矿场试验：

不规则井网：黑油山黑3区8001井组，S_5^2为试验目的层，井深75～85m，井距71～100m的不规则扇形井网，生产井17口，采用国产空气压缩机和点火器点燃油层。燃烧815天，共生产原油2463.7t，采收率48.2%，采油速度20%。

四点法井网：二西$_2$区南部2001井组，井距39.4～46m，火井1口，生产井3口，目的层S_5^1，埋深410m，采用国产空气压缩机和点火器点燃油层。1969年12月31日限于空气压缩机的排量，风量供应不足而停火，燃烧1008天，采油4635.2t，采收率84%，采油速度28%。

行列井网：黑油山黑4区，在8001井组东北200m处，火井1排5口，生产井5排25口，目的层为S_5^1，埋深110m。采用国产空气压缩机和点火器点燃油层。燃烧748天，采出原油4263t，采收率17.4%，采油速度8.5%。

在行列井网试验结束后，对8254、8115两个面积火烧井组，分别进行湿式燃烧、干式燃烧对比试验，火烧开采挖潜试验，获得了湿式燃烧各项指标优于干式燃烧。1976年10月8115井组结束试验，燃烧933天，采油2798.7t，采收率59.7%，采油速度23.4%。

二、注蒸汽开发试验

1965—1971年，现场注蒸汽试验开始于1965年黑油山5口单井吞吐，后来开展了8024井组蒸汽驱试验。20世纪70年代又在六东区克下组开展井组吞吐＋汽驱试验。1980年底至1983年，先后进行了47次吞吐作业，九浅1井进行蒸汽吞吐试油，日产稠油18t，注蒸汽热采试验取得成功。1987—1990

年，在九区齐古组九$_1^1$、九$_1^2$、九$_3$、九$_6$四个试验区率先进行蒸汽吞吐和蒸汽驱试验，蒸汽吞吐取得了较好效果。在九$_1$区有2个井组、九$_6$区有4个井组进行了加密转蒸汽驱试验，取得了显著效果。这为1996—1997年九$_1$—九$_5$区由100m×140m反九点井网加密成70m×100m反九点井网转蒸汽驱调整提供了依据。

三、水平井开发试验

1994年8月，在风城油田齐古组超稠油油藏首次采用斜井钻机钻成国内第一口斜直水平井FHW001，井口倾斜30°，垂深264m，水平段长212m，总水平位移达524m。共注汽11037t，产液6592t，产油2426t，累计油汽比0.22，累计采注比约0.60。

1997年，在克拉玛依油田九$_6$区、九$_8$区齐古组特、超稠油油藏在已有100m×140m五点井网的基础上，井排之间加一口斜直水平井。共计完钻水平井7口，水平井采用中长曲率半径“三段式”井身轨迹，垂深180m。投产后，九$_6$区3口斜直水平井共吞吐15个周期，累计产液76973t，累计产油43230t，平均单井日产油20.07t，单井日产油22.6t，是直井产量的4.77倍，取得了明显效果。九$_8$区斜直水平井首轮吞吐效果好，4口斜直水平井注汽23129t，周期产液17077t，周期产油5084t，平均单井日产油9.57t，油汽比0.22。从第二轮开始，油井产能低及泵况不良维修增多，斜井修井机故障率高且冬季不能施工，导致生产效果不好，终因油井故障率高，修井作业跟不上，中断了试验。

四、大井眼超稠油开发试验

1997年，在九$_7$区开展了大井眼开采超稠油的先导试验。钻成了9口大井眼井，油藏埋深220m，一开为ϕ445mm井眼，下ϕ340mm套管，二开为ϕ311mm井眼，下ϕ245mm油层套管，沉沙口袋增加到50m。投产后9口井平均单井产油7412t，单井日产油3.2t，油汽比0.32，大井眼明显优于常规井。在此基础上，先后部署实施54口井，在提高蒸汽质量的前提下，运用了井下隔热管、防汽锁重球泵及越泵电加热等工艺技术，平均单井日产油9.6～16.5t，油汽比0.4～0.53，含水32.5%，开发效果明显提高。

准噶尔盆地西北缘浅层稠油自1984年投入开发以来，伴随着地质认识的深入与新技术的应用，经过20多年的努力，2005年产油量达到354.7×10^{4}t。浅层稠油油藏的开发经历了三个阶段：

第一个阶段：1983—1990年，从国外引进高压锅炉技术，结合油田实际，攻克了稠油开采中的疏松地层取心和岩样制备分析、预应力固井、高压蒸汽发生器、注抽两用井口、注采两用泵、球形蒸汽分配器、地面计量、集输、除砂以及原油脱水、污水处理等各项技术难关。1985年新疆石油管理局与石油工业部石油勘探开发科学研究院合作编制了《克拉玛依油田九区齐古组稠油油藏注蒸汽开发总体方案》，为建成年产油能力100×10^{4}t的规模进行设计和部署，与加拿大哈斯基石油公司合作，对建设100×10^{4}t稠油生产能力和超稠油开发进行了技术咨询。1986年11月，新疆石油管理局重油开发公司成立。1989年6月，新疆石油管理局勘探开发研究院（以下简称勘探开发研究院）完成《克拉玛依油田六区齐古组稠油注蒸汽开发方案》并付诸实施。1989年稠油年产油量突破100×10^{4}t，当年产油104.85×10^{4}t。实现了大规模开发稠油的梦想。1990年12月，勘探开发研究院编写完成《红山嘴油田红一区稠油油藏注蒸汽开发总体方案》并付诸实施。

第二个阶段：1991—1999年，为进一步提高稠油采收率，通过转蒸汽驱先导试验，井网加密调整，率先在克拉玛依油田九区、六$_1$区等区块进行转气驱实施，使这些区块的稠油采收率从20%提高到40%以上。1992年稠油年产油量突破200×10^{4}t，达到215.25×10^{4}t。

1997年，勘探开发研究院编制完成了《克拉玛依油田六东区克下组油藏水驱后转注蒸汽开发方案》，1998年六东区克下组油藏在原注水开发井网基础上加密成100m×140m的反九点井网转为蒸汽吞吐大规模开发。

克拉玛依油田九区是新疆稠油开发的主力区块，齐古组油藏是西北缘最大的稠油油藏，开发动用程度最高，其次为八道湾组油藏，三叠系克拉玛依组油藏动用程度较低。1984年正式投入开发，1991年部分区块转入蒸汽驱生产，1997年经过加密调整后转入大面积蒸汽驱生产，1999年达到最高产量 175.2×10^4t，其中蒸汽驱年产量 81.9×10^4t，成为我国浅层稠油油藏蒸汽驱技术应用最成熟、规模最大的生产基地。

第三个阶段：1999—2005年，新疆石油管理局面临着已探明稠油储量中可开发储量严重不足的问题，为此，1997年在对西北缘稠油资源进行系统调查研究的基础上，设立了《老区滚动勘探开发研究》项目，通过深化油藏地质认识，在西北缘开展了卓有成效的滚动勘探开发研究，先后探明并开发了克拉玛依油田的克浅10井区、克浅109井区齐古组、西山窑组，百口泉油田的百重7井区八道湾组和克上组等油藏，新增探明石油地质储量 3994×10^4t，为油田的持续发展奠定了资源基础。同时，在技术进步的基础上，克拉玛依油田的超稠油（九$_{7+8}$区齐古组）、薄油层（四$_2$区克下组）、Ⅲ类砾岩油藏注水后转注蒸汽（六东区克下组）等复杂类型油藏开发动用，通过对已开发油藏的深化认识，不断滚动探明动用新层系和扩边（特别是在九区先后滚动探明J230井区齐古组，九区内部 J_3q_3 层和八道湾组等），依靠滚动开发新增地质储量 7116.41×10^4t、可采储量 1624.83×10^4t，使稠油产量稳步增长，本阶段稠油年产量从 200×10^4t 升至 354.7×10^4t。

截至2005年12月，累计动用地质储量 15153.5×10^4t，完钻井10196口，日产量9934t，2005年产量达 354.7×10^4t（图3–1）。西北缘稠油油藏累计采油 4178.56×10^4t，累计注汽 17801.8×10^4t，累计油汽比0.23，累计采水 $17209.26\times10^4\text{m}^3$，采出程度27.6%。其中克拉玛依油田九区侏罗系油藏发挥了主力区块的作用，共投产6327口井，累计注汽 14161.77×10^4t，累计采油 3444.24×10^4t，累计油汽比0.24，综合含水80.69%，平均采出程度32.29%，占西北缘浅层稠油油藏总产量的82.43%。

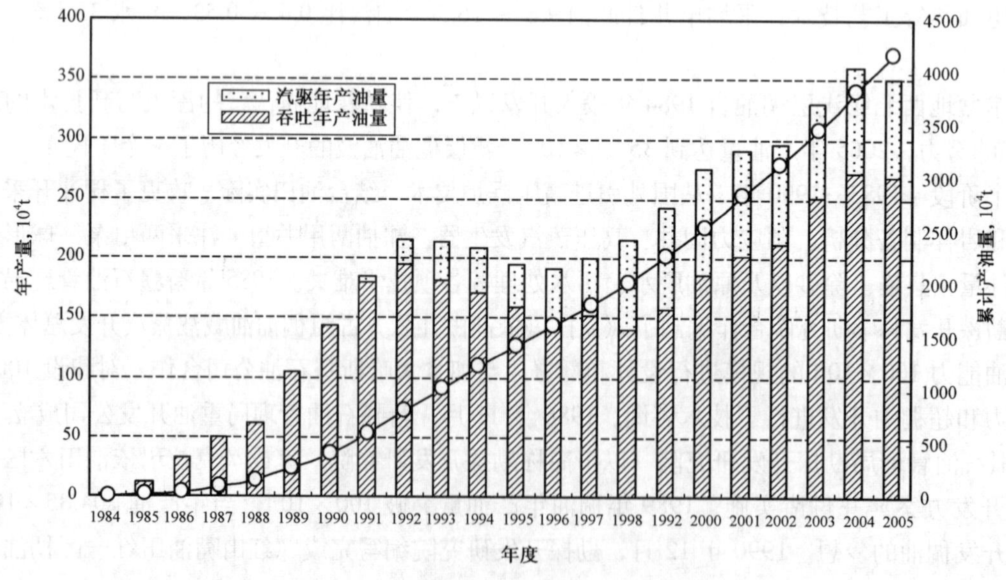

图3–1 新疆油田公司稠油历年产量趋势图

（新疆油田分公司勘探开发研究院编制，2006年1月）

第四章

业绩与经验

准噶尔盆地西北缘浅层稠油开发过程中，面对油藏类型多，地质条件复杂，始终坚持“实践—认识—再实践—再认识”的认识论，运用现代技术，利用一切可利用的手段搞清油藏情况，根据不同油藏的不同地质特点，采取各项技术策略与措施，从1989年起实现了百万吨以上的稳定高效开发，蒸汽驱取得突破性进展，到2005年底，稠油年产量达到354.7×10^4t，占新疆油田公司总产量的三分之一，为增储上产作出了重要贡献。经过多年的不懈努力，依靠广大科技人员的艰苦努力，创造出了适应于浅层稠油油藏的开发经验和工艺技术，形成了浅层稠油油藏开发模式及工艺技术系列。在长期的开发实践中取得如下成功经验。

一、整体设计，分步实施

按照原油黏度、有效厚度、油层物性划分区块，考虑到油层在同一地区的重叠性以一层居多，产能接替采用面积接替方式。开发程序采取先易后难，先普通稠油后特稠油，先浅后深，逐步扩大。开发方式采取先吞吐后汽驱，特稠油以吞吐为主开发，实施步骤采取总体部署、分步实施的原则。

例如克拉玛依油田九区齐古组油藏，九$_1$区蒸汽吞吐试验取得的显著效果，为加快开发整个九区提供了经验。1985年编制了九区注蒸汽总体开发方案。方案针对九区稠油油藏的地质特点，将整个含油区按原油黏度、油层厚度、油层物性等分布状况分成8个区块逐次投入开发，采取先普通稠油，再特稠油和先蒸汽吞吐后转蒸汽驱的开采方式，以实现产量的接替。按照总体开发方案的要求，自1991年8月始，九$_1$、九$_2$、九$_3$、九$_4$、九$_5$、九$_9$六个吞吐生产区块，共290个井组近千口采油井采用100m × 140m反九点井网分期分批转入蒸汽驱生产。投入蒸汽驱面积达11.2 km，地质储量已开发动用近50%。汽驱年产油量由1991年的6.1×10^4t上升到1998年60.0×10^4t，从而使九区齐古组稠油油藏年产油量自1990年以后一直保持在120×10^4t以上。

二、先开辟先导试验，后扩大工业生产

在稠油蒸汽吞吐工业性开采规模不断扩大的同时，不失时机地开展蒸汽驱先导试验，为大面积转汽驱提高最终采收率作技术准备。1987—1990年，先后在九$_1^1$区、九$_1^2$区、九$_3$区、九$_6$区开辟了4个不同井距、不同井网类型的蒸汽驱先导试验区，取得了稠油注蒸汽开采采收率达31% ~ 52%、油汽比0.18 ~ 0.45、采油速度3.8% ~ 8.5%的较好开发效果。

在蒸汽驱开发试验过程中，系统进行了蒸汽驱动态分析，揭示了蒸汽驱开采的主要特征、“三场”（压力场、温度场、饱和度场）分布状况、影响汽驱生产的众多因素以及提高汽驱生产效果的途径，基本解决了汽驱开发过程中转汽驱时机、合理注采参数、井网井距适应性等关键问题，其研究成果对大面积转汽驱生产起到了重要的指导作用。

三、以地质研究为基础，精细油藏描述并建立地质模型，进行系统油藏工程研究

开展油藏数值模拟研究及开发指标预测，包括井网、井距、射孔位置、注采参数优选，转汽驱时机选择等为开发方案的编制提供依据。同时进行各种物理模拟，将其结果应用到方案编制中。特别是在稠油注蒸汽开采实践过程中，运用数值模拟跟踪研究，进行注汽参数的调控，控制蒸汽窜流：对原油黏度小于 20000mPa · s 先吞吐后汽驱的稠油油藏，注汽压力控制在地层破裂压力以下；吞吐初期，对油层厚度小于 10m，原油黏度在 10000mPa · s 以内的油层，每米注汽量选用 100 ～ 120t，有效厚度大于 20m 的油层，每米注汽量降为 60 ～ 90t，第二周期以后逐渐增大；确定蒸汽驱的注汽参数的合理界限，汽驱阶段注汽速率为 2.0 ～ 2.5t/(m · ha · d) 较好；对只适合进行蒸汽吞吐开采的稠油油藏，注汽压力适当放宽；高轮次吞吐后，通过强排、分层选注等工艺措施减少地下存水，提高热效率和油层动用程度。

四、实施分类油藏管理

在克拉玛依油田蒸汽驱开采过程中，发现由于地质条件、吞吐的历史过程和转入汽驱开采时间早晚等方面差异，使汽驱动态也表现明显差别。为此，针对西北缘稠油油藏汽驱开采特征，根据三维三相数值模拟研究结果，对地质条件较好、生产尚属正常的井组采取提高注汽速度，使之达到能形成有效驱替的要求。对已造成蒸汽或热水窜流的井组主要在注汽井采用高、低速度交替注汽和间歇注汽，使之扩大蒸汽波及体积，提高油层动用程度，以达到改善汽驱效果的作用。对产地层水和高黏度的井组，前者采取停注强排，后者采用吞吐、加深泵挂深度及换大泵措施。

五、提高动用程度，适度加密井网

克拉玛依油田九区浅层稠油油藏蒸汽吞吐开发阶段选用的 100m 井距三角形井网，后转蒸汽驱变为 100m × 140m 反九点井网。截至 1997 年，九区各开发单元已投入开发 10 ～ 13 年时间，但油层动用程度仍较低。据油藏工程和三维三相数值模拟研究计算的加热半径为 30 ～ 40m，密闭取心资料证实，距离注汽井 70m 的检 275 井，在汽驱 2 年后仍有 40% 的油层含油饱和度高达 60%。为了分析研究加密开发的可行性，先后在九$_1$区和九$_6$区开辟了 3 个加密试验区，3 个试验区加密时间虽然不同，但均取得了较好的效果。其中九$_1^2$区 9042 井组加密后开发 7 年，采出程度达 32.9%，再加上加密前的 18.5%，达到了 51.4%。九$_1$区 9029 井组加密后仅开发 2 年，采出程度达 12%，平均年采油速度达 6% 以上。九$_6$区四井组加密后一年，采出程度达 5.8%。为此，从 1997 年开始，已将 100m × 140m 反九点汽驱井网加密成 70m × 100m 反九点井网。

六、选用实用性强、规范化程度高、经济有效的配套工艺技术

准噶尔盆地西北缘浅层稠油注蒸汽开采的油井普遍采用耐热水泥固井和套管预应力完井。出砂井多采用套管内下入金属绕丝衬管防砂，取得较好的效果，含砂量降至 0.04% 以内。同时开展高温固砂剂防砂技术，有效率达 80% 左右，一般可延长生产期 65 天左右。对深度小于 300m 的浅井，在 ϕ177.8mm 套管内下入 ϕ63.5mm 油管及耐热封隔器，井筒热损失可以控制在 5% 之内，在注汽温度 260℃下，套管的温度不超过安全极限；深度超过 300m 的油井需下隔热油管及耐热封隔器，并普遍采用自行研制可钻丢手式耐热封隔器。采油井广泛采用双油管一注一采或单油管注汽、抽油两用管柱，在注完蒸汽焖井 3 ～ 5 天后，不动管柱就可启动抽油泵采油，这样可减少 2 ～ 4 次井下作业，既防止油层伤害，又提高生产效率。注汽采用炉群集中供汽，研制并建成高质量的地面隔热管作业线。采用自行研制的 KZP−15 型蒸汽干度在线监测与自控装置，实现锅炉干度自动控制，其出口、井口至井底干度一般可控制在 70% 以上。

准噶尔盆地西北缘浅层稠油在长达数年的注蒸汽开采过程中暴露出来的主要问题是注汽参数虽经多次优化，但由于克拉玛依油田稠油油藏埋藏浅、欠压实，油层胶结疏松，地层破裂压力低，井间蒸汽窜流普遍存在，在第三、第四吞吐周期后更为突出。转入蒸汽驱后，多数情况下注入蒸汽仍沿原窜流通道窜进。为解决蒸汽窜流，曾先后采用木质素 SB−4、DA−8、高温及颗粒类等多种高温封堵剂，均取得不同程度的效果，以 SB−4 封堵剂效果较好，该剂以褐煤为主，加入化学添加剂复配而成，成本低，注入后能优先进入高渗透层或蒸汽窜流通道，形成一种耐高温凝胶，起到封堵蒸汽窜流的作用。另外，对因油层严重非均质以及蒸汽超覆造成油层动用程度低问题，采取自行研制的热胀式注蒸汽封隔器和 ZY−1 型多周期注抽泵组成配套工艺技术，在吞吐井上实施“封上采下”、“封下采上”、“隔热”、“堵漏”等措施，成功率可达到 93.5%，有效地提高了波及程度。对特、超稠油，研制和使用了多种降黏剂，其中 TW33 及 FC1303 两种性能最好，而且成本低。除了能起到井筒降黏作用外，将此剂随蒸汽挤入油层，也能起到辅助降黏提高产油量的效果。

七、采用先进实用的注蒸汽开采工艺技术及装备，为稠油油藏有效开发提供支持

先进实用的注蒸汽开采工艺技术及装备包括：高温高压蒸汽发生器的引进和制造；注汽采油井耐热水泥固井及套管预应力完井技术；可钻丢手式耐热封隔器加隔热油管的井筒隔热技术；双油管注汽采油及单油管注汽抽油两用管柱加注采两用泵技术；蒸汽高压锅炉炉群集中供汽、地面隔热管作业线配套技术、蒸汽干度在线监测与自动控制技术；饱和蒸汽分配、计量和调控技术；MX−240 测井系统产液剖面监测及 TPS−9000 高温测试井下温度、压力、吸汽剖面（两剖面）监测技术；高温测试与三维地震相结合的“三场”、“两剖面”、“一前缘”（蒸汽前缘）时间推移监测技术；蒸汽流向示踪监测技术；耐温胶质水泥、耐温木质素、耐温泡沫等多种封堵剂汽窜封堵技术；化学剂井筒降黏增产及薄膜扩展剂辅助驱油技术；热胀式封隔器封隔高吸汽层单注不吸汽或低吸汽层、氮气与蒸汽交替注入或混注增产技术；井下砂控、机械防砂、化学固砂技术；井口防喷、防顶装置及高密度、耐温、无固相低伤害压井液相配套的汽驱井井下作业技术等。这一系列工艺技术的配套和应用，在西北缘稠油开发过程中起到了十分重要的作用。

八、应用斜直水平井与大井眼井技术开发动用超稠油

为了使浅层特、超稠油资源有效动用，借助于辅助重力驱的采油机理，于 1997 年，采用 ZJ−15X 斜直井钻机、弯外壳螺杆钻具先后在克拉玛依油田齐古组超稠油区和特稠油区钻成了 7 口斜直水平井，采用 ϕ244.5mm 技术套管水泥固井，ϕ177.8mm 悬挂器下挂 ϕ139.7mm 绕丝筛管或割缝筛管完井；油层平均垂深 170.6m，平均水平位移 403.5m，水平段长 201m。每个水平井注蒸汽开发试验区由水平井和直井构成，水平井间距 100m，直井与水平井间距 50m，直井间距 50m。进行注蒸汽驱吞吐试验，取得了优于直井的好效果，为以后转汽驱试验奠定了基础。

1997 年在埋深 220m 的九$_7$区齐古组油藏，开辟了一个 70m × 100m 反九点法大井眼井组进行注蒸汽开发试验。井下结构采用双油管，抽油泵下至油层底界以下，通过几个轮次的吞吐，单井日产油 4.4t，油汽比 0.35，取得了常规稠油热采井所达不到的效果，为特、超稠油的开发开辟了新的途径。

九、成熟配套的地面工程技术，保证了稠油的开发和输送

准噶尔盆地西北缘稠油地面集输工艺特点主要是在井口至计量配汽站采用了注汽、采油合用一条管线，对于 20℃脱气油黏度大于 10000mPa · s 的稠油设 DN25 的蒸汽拌热管，特稠油拌热管蒸汽进油井套管给井筒加热；形成了单管注汽采油、小站计量配汽接转、大站集中处理的稠油集输工艺流程。新疆油田稠油热采单井管线采用注汽、采油合一管线，它是蒸汽注入系统的一部分。其防腐保温的做法为：管

道外壁采用 TS−400 漆酚硅耐高温防腐涂料作外防腐层，保温材料为憎水性水玻璃珍珠岩瓦块，外包环氧煤沥青玻璃丝布等做防水层，其敷设方式为埋地 1.6m。实践证明，这些技术措施满足一般稠油至特稠油的集输要求，与掺活性水、加热炉加热、多管伴热和掺稀油等降黏措施比较，更加经济适用，管理方便。稠油集输一般采用两级布站流程，为降低油井回压和减少接转点，对集输半径大的油区采用三级布站方式。稠油集中处理站的工艺在实践中不断改进和完善，形成了简捷的两段处理工艺，即油区来油进一段沉降脱水罐，低含水油经加药和掺蒸汽加热后进净化油罐，净化油罐兼作二段脱水罐，脱出的含油污水经提升泵进一段沉降脱水罐，合格净化原油外输。一段沉降脱水罐脱出的污水自流进入污水处理系统。到 2005 年底新疆油田共建成稠油处理站 7 座，稠油年处理总能力为 520×10^4t。

稠油地面注汽初期采用集中供热方式，每座注汽站设 6 ~ 8 台高压蒸汽发生器，2003 年随着九$_{7+8}$区特、超稠油开发推广应用了 1 ~ 2 台高压蒸汽发生器与中心计量接转站建在一起的分散供热方式。在高压蒸汽发生器的使用上，初期以进口高压蒸汽发生器为主，1990 年以后主要为国内组装为主。高压蒸汽发生器的给水均经过除氧和软化处理，水处理设备经历了由成套进口到国产化的过程。初期注汽站的水质软化除氧处理工艺是清水先进入调节水罐，后经钠离子交换器处理成为软化水，再经泵升压至除氧塔进行射流真空除氧，然后加入化学药剂补充除氧，使给水含氧量达到指标，再经泵升压进入蒸汽发生器。但该流程存在着除氧水二次爆氧、除氧设备难以调控以及管理不方便等问题。经过多年的生产实践，对流程进行了改进，水源来水经软化处理、射流真空除氧，再加入药剂辅充除氧，合格水直接进入蒸汽发生器，除氧系统为密闭，提高了除氧系统的自控水平，取消了调节水罐和换热器，避免了二次暴氧，运行安全稳定。

第五章

展　望

准噶尔盆地西北缘浅层稠油油藏资源丰富，有良好的开发前景。

准噶尔盆地西北缘稠油油藏整体采出程度不高，部分油藏（如克拉玛依油田九区齐古组J_3q_3层、百口泉油田百重7井区八道湾组、红山嘴油田红浅1井区齐古组等）采出程度不到15%，具有调整挖潜的物质基础。还有一部分油藏（如六东区克下组、百重7井区克上组、四$_2$区克下组等）虽然平均采出程度在25%左右，但平面和剖面动用程度差异较大，局部有一定的调整开发潜力。在油藏描述的基础上，结合动态分析成果，预计可在部分老区部署实施各类调整井2246口，可建产能142.95×10^4t，调整后采用吞吐＋汽驱方式开发可新增可采储量850×10^4t以上。

红山嘴油田西南部新发现5个断块内白垩系清水河组，发育一套以砂砾岩为主、厚度较大、夹层较多的良好储层，具有较好的稠油资源潜力。通过三维地震资料精细解释和加强地质综合研究，部署一定的评价井进行热采试验，红山嘴油田有可能在白垩系取得重大发现，预计可增长稠油储量3000×10^4t左右。

风城油田稠油资源丰富，截至2005年底，累计探明地质储量3320.09×10^4t。但由于属特超稠油，开发技术难度大，一直未能正式投入开发。对这类油藏开发，加拿大采用双水平井SAGD技术开采已较为成熟，采收率可达60%～70%。风城油田稠油储量大部分适用于SAGD技术开采，拟在齐古组油藏选择储量大的区块进行先导试验，探索浅层稠油开采配套工艺技术，为大规模工业化开发积累经验，储备技术，如果开发试验取得成功，风城油田将是新疆油田分公司2008—2020年的主要稠油产能建设区块。

总之，无论从准噶尔盆地西北缘已开发稠油油藏剩余储量开发预测，还是从储量增长潜力和风城特超稠油的开发前景评估，西北缘稠油仍有相当可观的资源量可供勘探开发。这将是新疆油田分公司在“十一五”及其以后相当长时间内原油产量的重要组成部分。

附　录

附录一　附　表

附表 1　准噶尔盆地西北缘稠油综合开发数据表

时间	采油		核实产液量		核实产油量		综合含水 %	采油速度 %	采出程度 %	注汽量		采注比	累计油汽比
	总井数 口	开井数 口	年产液 10^4t	累计产液 10^4t	年产油 10^4t	累计产油 10^4t				年注汽 10^4t	累计注汽 10^4t		
1983	1	1	0.0505	0.0505	0.0200	0.0200	60			0.20	0.15	0.33	0.13
1984	16	15	2.2545	2.3050	2.0174	2.0374	12			0.31	0.46	5.00	4.42
1985	70	70	16.8910	19.1960	11.5534	13.5908	29	4.79	5.7	13.18	13.64	1.41	1.00
1986	212	202	44.0360	63.2320	32.8235	46.4143	27	6.25	8.59	29.97	43.61	1.45	1.06
1987	364	348	97.9770	161.2090	49.0035	95.4178	41	5.48	11.31	77.60	121.21	1.33	0.79
1988	686	663	127.8890	289.0980	60.8801	156.2979	46	3.18	8.38	130.18	251.39	1.15	0.62
1989	1141	1071	247.8670	536.9650	104.8474	261.1453	51	3.36	8.49	296.53	547.92	0.98	0.48
1990	1609	1468	388.7600	925.7250	143.6547	404.8000	56	3.29	9.6	406.43	954.36	0.97	0.42
1991	2233	1998	184.5235	1455.7496	184.6621	589.9067	59	3.34	10.85	517.4162	1456.9938	1.00	0.40
1992	2673	2520	225.6847	2145.9476	215.2500	805.1567	62	3.5	12.8	597.2859	2054.0635	1.04	0.39

续表

时间	采油		核实产液量		核实产油量		综合含水 %	采油速度 %	采出程度 %	注汽量		采注比	累计油汽比
	总井数口	开井数口	年产液 10^4t	累计产液 10^4t	年产油 10^4t	累计产油 10^4t				年注汽 10^4t	累计注汽 10^4t		
1993	2826	2657	843.6163	2989.7272	212.8294	1018.1096	66	3.31	15.14	743.7197	2797.841	1.07	0.36
1994	2857	2648	967.3886	3957.1746	208.5969	1226.7065	69	2.88	17.14	803.8593	3601.7003	1.10	0.34
1995	3179	2884	981.9473	4938.4116	194.5184	1420.7355	71	2.61	19.45	897.2881	4498.9884	1.10	0.32
1996	3420	3030	1105.0768	6043.5421	191.2448	1611.9803	73	2.03	18.16	942.0646	5441.053	1.11	0.30
1997	3977	3498	1224.0465	7267.5809	200.2408	1757.6821	76	2.09	19.91	1109.4842	6550.5372	1.11	0.27
1998	4523	3662	1354.2988	8622.6608	212.3928	1970.4331	77	2.28	21.21	1057.2434	7607.7806	1.13	0.26
1999	5356	4393	1338.3732	9963.1295	243.3767	2271.2395	77	2.3	21.07	1035.7676	8648.8268	1.15	0.26
2000	6220	4945	1517.49	11480.6195	274.6868	2545.9263	78	2.39	21.68	1237.395	9886.2218	1.16	0.26
2001	7061	5584	1658.8719	13139.4914	291.4102	2837.3365	78	2.31	21.77	1413.4829	11299.7047	1.16	0.25
2002	7262	5749	1765.9319	14905.4233	295.8265	3133.163	79	2.21	23.11	1446.9281	12746.6328	1.17	0.25
2003	7808	6336	1961.0754	16866.4987	330.7343	3463.8973	79	2.28	23.94	1516.5319	14263.3163	1.18	0.24
2004	9079	7429	2185.7086	19052.2073	359.9082	3823.7983	80	2.36	24.82	1686.8951	15950.2114	1.19	0.24
2005	10196	8081	2335.6109	21387.8182	354.7590	4178.5573	80	2.15	25.09	1851.589	17801.8004	1.20	0.23

注：(1) 依据新疆油田分公司中心数据库每年 12 月份开发数据编制。

(2) 年产油量和累计产油量包含了探井试油产量和九区检 451 井区石炭系的产量。

附录二　征引文献

文献名	作　者	出版（编制）时间	出版社（现存地）
《中国石油地质志 · 新疆油气区》（卷十五）	新疆油气区石油地质志编写组	1993年	石油工业出版社
《克拉玛依九区热采稠油油藏》	孙川生，彭顺龙	1998年	石油工业出版社
《新疆通志·石油工业志》	《新疆通志·石油工业志》编纂委员会	1999年	新疆人民出版社
《新疆石油管理局勘探开发研究院院志》	《新疆石油管理局勘探开发研究院院志》编纂委员会	1999年	新疆油田分公司
《百口泉采油厂厂志》	《百口泉采油厂厂志》编纂委员会	1999年	新疆人民出版社
《新疆石油管理局钻井公司志》	《新疆石油管理局钻井公司志》编纂委员会	2002年	新疆人民出版社
《准噶尔盆地油气田开发的回顾与思考》（1950—2000年）	《准噶尔盆地油气田开发的回顾与思考》编写组	2006年	石油工业出版社

编纂始末

2006年11月，新疆油田分公司正式启动了《中国油气田开发志·新疆油气油气田区卷》编纂工作，成立26个油气田篇编纂组。准噶尔盆地西北缘稠油是一种特殊油品，稠油产量占新疆油田分公司总产量的三分之一，为了对稠油开发有一个全面的认识，经请示《中国油气田开发志》总编纂委员会，新疆油田分公司决定将西北缘稠油油藏单独撰写一篇《西北缘稠油专记》。由中国石油新疆油田分公司勘探开发研究院负责编纂。在接到开发志编纂任务后，勘探开发研究院成立了由况军院长任主任的《准噶尔盆地西北缘稠油专记》编纂委员会。在编纂委员会的协调安排下，成立了由勘探开发研究院开发所所长喻克全担任组长的《准噶尔盆地西北缘稠油专记》编纂组，先后抽调勘探开发研究院开发所任香、李春涛、木合塔尔、单守会、吴俊英、马鸿、段畅、柳双林和工程所李维轩、商联、陈新文等同志参与编写工作，明确了职责和时限。

准噶尔盆地西北缘稠油油藏有20多年的开发历史，涉及的层块较多。在编纂过程中，编纂人员遇到了许多问题和困难：一是全体编纂人员均是兼职工作，编纂时间难以保证，大部分只能在业余时间进行；二是油田开发历程跨度较大，资料不全，搜集整理困难；三是编纂人员没有志书编纂经验，需要边干边学、边学边干。尽管如此，编纂人员还是在科研、生产任务紧张，工作十分繁忙的情况下，加班加点，先后到研究院档案馆、油田公司档案馆、采油一厂、采油三厂、百口泉采油厂、风城作业区等单位收集了上百份油气田开发、调整、射孔方案、储量年报、有关专题研究报告和各类书籍等大量的资料，走访了油田开发老专家，保证了分阶段任务的完成。根据《中国油气田开发志》总编纂委员会油气田篇编纂大纲的要求，在有关单位领导和同志们的大力支持下，在专家组的指导和帮助下，于2007年12月底完成了初稿。

2008年1月，编纂委员会领导与专家审核组对《准噶尔盆地西北缘稠油专记》进行了审查，认为《准噶尔盆地西北缘稠油专记》编写内容翔实，资料丰富，但与克拉玛依、百口泉、红山嘴等油田志的稠油内容重复。考虑到既要避免与油田篇的内容重复，又要反映出准噶尔盆地西北缘稠油油藏的开发特色，《中国油气田开发志》新疆油气区编纂委员会领导与专家组讨论商议，决定将西北缘稠油油藏开发志以专记的形式编写，由专家组提出《准噶尔盆地西北缘稠油专记》的编纂大纲。

编纂组根据编纂委员会和专家组提出的编纂大纲，对已完成的初稿进行了重新编写和修改工作，于2008年6月完成了《准噶尔盆地西北缘稠油专记》的编纂工作。

2008年9月，专家组对《准噶尔盆地西北缘稠油专记》进行了审查和评议，对编写工作给予了充分的肯定，并针对开发志中存在的问题提出了一些修改意见。编纂组成员根据专家组的修改意见，又查阅了很多资料，对初稿文字进行修改，补充完善了准噶尔盆地西北缘稠油综合开发数据表，2008年12月，编纂组完成了《准噶尔盆地西北缘稠油专记》第二稿。

2009年，专家组分别对开发志第二稿和第三稿进行了评议，提出了进一步修改意见。编纂组于2009月10日完成第四稿的修改工作，交专家组进行最后的会审。2009年12月，《准噶尔盆地西北缘稠油专记》通过了《中国油气田开发志》新疆油气区编纂委员会的验收。

由于编纂经验不足，志书中难免有许多不足之处，敬请各位专家和读者予以指正。

《准噶尔盆地西北缘稠油专记》编纂组

2009年12月

《中国油气田开发志》编辑出版人员

总　策　划：白泽生　张卫国

领导小组

组　　长：白泽生

副 组 长：张卫国　张　镇

编辑出版组

组　　长：周家尧

副 组 长：马　纪　章卫兵　王宇芬　鲜德清　杨仕平　段　玲

运行监督：杨仕平

责任编辑：章卫兵　马　纪　王宇芬　方代煊　贾　迎　何　莉　谭忠心　赵冬梅

编　　辑：崔淑红　王金凤　付　红　庞奇伟　马新福　李　中　马海峰　金平阳　潘玉全　胡宇芳　潘晓军　周　勇

特邀编辑：孔秀兰　牛　瑄　俞志华等

责任校对：王　颜　黄京萍　王　群等

责任印制：赵文杰　郭俊英　孙　波

封面设计：李　欣　孙晋平

版式设计：李　欣　孙晋平　章　虹　袁雪芹

责任排版：张晓军　姚京燕

监　　印：段　玲　张红军